国家出版基金项目
NATIONAL PUBLICATION FOUNDATION

西北旱区农业高效用水与生态服务功能提升研究

邓铭江　王全九　陶汪海 等　著

中国水利水电出版社
www.waterpub.com.cn
·北京·

内 容 提 要

西北旱区国土面积广阔、光热资源丰富，农牧业综合开发潜力巨大，具有粮食、棉花、特色林果及畜牧产品生产的独特优势。然而西北旱区独特的气候、地貌、土壤质量及社会经济状况导致了灌区生产能力和生态服务功能难以满足未来农业发展需求。只有转变农业发展方式，将其视为农业、工业、服务业、信息业等行业的大交叉，先进技术、先进管理的大融合，以及生产关系的大调整，才能实现农业健康可持续发展。因此，迫切需要构建适宜西北旱区的生态农业发展体系，综合提升水土资源生产和生态效能，助推乡村振兴战略的有效实施。

本书共分 4 篇 20 章，在明确西北旱区粮食安全、水土安全、生态安全与乡村振兴战略地位的基础上，以"二元"（结构、功能）协同、"三物"（植物、动物、微生物）共生、"四流"（物质流、能量流、信息流、价值流）同驱、"五维"（斑块、区段、廊道、基质、绿洲）协调为指导思想，创立三生协同（生产、生活、生态）、生态健康（水土平衡、水盐平衡、生态平衡、空间平衡）、系统增效（优质农产品、特色农牧带、优势产业链）发展格局，创建多维度—多业态—多模式—规模化生态农业可持续发展范式，为乡村振兴与农业高质量发展提供科学路径与示范。

本书的出版可为各级政府部门及相关行业部门提供决策依据，为各大院校师生及科研院所研究人员提供参考依据。

图书在版编目（CIP）数据

西北旱区农业高效用水与生态服务功能提升研究 /
邓铭江等著. -- 北京 : 中国水利水电出版社，2025. 4.
ISBN 978-7-5226-3378-7

Ⅰ. S27

中国国家版本馆 CIP 数据核字第 20255GH131 号

策划编辑：殷海军 李 莉 责任编辑：蒋雷生 殷海军

审图号：GS 京（2025）1012 号

书　　名	**西北旱区农业高效用水与生态服务功能提升研究** XIBEI HANQU NONGYE GAOXIAO YONGSHUI YU SHENGTAI FUWU GONGNENG TISHENG YANJIU
作　　者	邓铭江　王全九　陶汪海　等 著
出版发行	中国水利水电出版社 （北京市海淀区玉渊潭南路 1 号 D 座　100038） 网址：www. waterpub. com. cn E - mail：sales@mwr. gov. cn 电话：(010) 68545888（营销中心）
经　　售	北京科水图书销售有限公司 电话：(010) 68545874、63202643 全国各地新华书店和相关出版物销售网点
排　　版	中国水利水电出版社微机排版中心
印　　刷	涿州市星河印刷有限公司
规　　格	184mm×260mm　16 开本　50.25 印张　1217 千字　2 插页
版　　次	2025 年 4 月第 1 版　2025 年 4 月第 1 次印刷
印　　数	0001—2000 册
定　　价	**298.00 元**

　　邓铭江（1960—　），湖南省耒阳人，2017 年当选为中国工程院院士，现任十四届全国政协委员，新疆维吾尔自治区科学技术协会主席（兼），新疆水利发展投资（集团）有限公司首席科学家，我国干旱半干旱地区水资源研究和水利工程领域的学科带头人、战略科学家，共获得国家科技进步二等奖 4 项、新疆科技进步特等奖 1 项、何梁何利科学与技术创新奖等 6 项主要奖励成果。

　　近年来，邓铭江院士带领团队围绕干旱区气候变化与水文循环、生态水利与生态修复、水资源配置与民生工程、高效节水与水盐调控、西北界河开发与保护五大方向开展研究工作，在干旱区生态水利研究领域取得重大突破。2022 年以来开展的"西北灌区农业高效用水与生态服务功能提升策略"重点课题研究中创新性地提出了构建适宜西北旱区的生态农业发展体系，创建多维度—多业态—多模式—规模化生态农业可持续发展范式，综合提升水土资源生产和生态效能，助推乡村振兴战略的有效实施，保障水土安全、粮食安全和生态安全。

罗锡文（1945.12—　），湖南株洲人，中国工程院院士，农业工程专家，主要从事水稻生产机械化和农业机械与装备机电一体化技术研究。

水土资源是国家生存之基、文明之脉。作为国家重要生态安全屏障和战略纵深的西北旱区，由于地形地貌、气候环境等条件的先天不足，水土资源矛盾日益凸显，威胁着区域粮食安全和生态稳定。面对这一严峻挑战，必须树立山水林田湖草沙一体化保护和系统治理的大局观、全局观。

课题组提出了重塑水土关系、优化国土空间开发保护格局的战略构想，以"水量、水质、水能"三维协同为纲，集成水利、物理、化学、生物等现代科技手段，对国土空间进行系统性的改良、保育与修复。这一研究成果是破解西北水土资源困局的关键路径，为构建人与自然生命共同体提供了坚实的实践支撑。

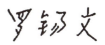

康绍忠（1962.11—　），湖南桃源人，中国工程院院士，农业水土工程专家，主要从事农业节水与水资源研究。

水是生命之源、生产之要、生态之基。我国人多水少，水资源时空分布不均。随着工业化、城镇化进程加快和全球气候变化影响加剧，农业水利建设滞后已成为影响农业稳定发展和国家粮食安全的重大挑战。对于西北旱区而言，水利更是现代农业发展、经济社会进步和生态环境改善不可或缺的基础保障。

课题组深入分析了西北旱区水资源时空分布特征及其与其他资源的匹配关系，基于粮食和生态安全，提出了水土资源利用策略。通过调控水土平衡、水盐平衡、生态平衡及空间平衡，优化生活、生产、生态空间布局，实现资源高效利用和生态服务功能提升。

胡春宏（1962.04—　），浙江宁波人，中国工程院院士，水力学及河流动力学专家，主要从事泥沙运动力学与河床演变、水沙调控技术、江河治理研究。

作物生长高度依赖于气候、土壤等环境要素。土壤作为宝贵的自然资源，是环境物质的源与汇。然而，环境变化、人口增长及人类活动正对土壤构成严重威胁。因此，精准调控农田光、温、水、盐等关键因素，营造适宜的作物微气候，是提升光热利用效率、作物抗逆性和品质的关键。

课题组在深入研究作物生境的内涵、特征及关键要素基础上，创新性提出一套贯穿"三大环境、四大界面、九大要素"的物能调控技术体系，构建了绿色高效的作物生境营造模式，为推动农业高质量发展提供了重要的科学指导。

杨志峰（1963.08—　），河北石家庄人，中国工程院院士，环境生态工程专家，主要从事湿地/城市环境生态保护与修复研究。

粮食安全始终是我国发展的核心议题。当前，工业化、城镇化扩张和生态退耕导致耕地的数量与质量双重下降。同时，人口增长、水资源短缺及气象灾害频发，进一步加剧了农业生产压力，保障国家粮食安全的挑战愈发严峻。此外，农业基础设施薄弱、经营分散等现实问题，也制约了耕地生产潜力的有效发挥。

针对这些挑战，课题组聚焦现代灌区与高标准农田建设、高水效生态农业发展、现代灌区运行管理、生态功能提升与提质增效等方面，提出了涵盖"人、财、物"投入与"建、用、管"全流程的15项体制机制完善建议，对指导我国现代灌区建设与高水效农业发展具有重要现实意义。

尹飞虎（1954.12— ），湖南平江人，中国工程院院士，农业水土工程（水肥高效利用）专家，主要从事农业滴灌节水和水肥一体化技术研究。

粮食安全是"国之大者"，耕地是粮食生产的命根子。土壤盐碱化严重威胁着西北旱区，尤其是新疆地区的土地可持续利用和农业高质量发展。迫切需要发展规模化节水下的灌区水盐协同调控理论与技术，创新以作物生长与盐分和谐共处为理念的盐碱化农田改良技术，为作物生长创造适宜环境。

课题组基于西北旱区盐分的来源、分布特征和危害途径，以灌区绿色、高效、可持续发展为目标，以提升土地生产力、促进作物健康生长、协同生态环境效应为指导思想，提出了重构盐分分布空间格局方法、灌区盐分多层级调控与消纳模式，创建了盐碱胁迫农业生态系统水盐调控技术体系。

尹飞虎

张宗亮（1963.05— ），山东济南人，中国工程院院士，水工结构工程专家，主要从事高坝工程、水网工程和数字工程研究。

西北旱区水土资源分布不均，缺水问题尤为严峻。农业的过度开发和低效用水，进一步加剧了水资源短缺，引发了诸如土地沙化、沙进人退、绿洲萎缩等生态环境问题。必须科学评估流域农业开发规模和水资源承载力，防止流域生态退化。

针对西北旱区面临的现实问题，课题组提出了"总量控制、适度开发、分区调控、分类保障"的水土资源开发利用策略，构建了灌区农业规模、结构与用水分配的原则和方法，优化了生活、生产、生态空间布局，提出了水资源高效利用与生态服务功能的同步提升的途径。

冯起（1966.03— ），陕西横山人，中国工程院院士，生态环境保护与修复专家，主要从事寒旱区生态环境修复与水文水资源研究。

民为国基，谷为民命。粮食安全是国家长治久安的基石，关乎国运民生。党和国家始终将解决人民吃饭问题置于治国安邦的首要位置，立足我国国情粮情，以创新、协调、绿色、开放、共享的新发展理念为引领，落实高质量发展要求，实施新时期国家粮食安全战略，走出了一条中国特色粮食安全之路。

课题组系统分析了农业高质量发展面临的挑战，基于资源禀赋和特色产业优势，对西北地区的优质农产品、特色农牧带、优势产业链进行了科学规划，并深刻指出：保障西北旱区绿色健康发展的关键在于走水肥高效利用、生态功能持续提升的生态农业发展道路。

周创兵（1962.11— ），江苏南通人，中国工程院院士，水利水电工程专家，主要从事水工岩石力学与库坝安全研究。

生态文明建设是中华民族永续发展的根本大计，保护和改善生态环境就是保护和发展生产力。党的十八大以来，以习近平同志为核心的党中央以前所未有的力度推进生态文明建设。西北旱区水资源匮乏、土地盐碱化严重、生态环境脆弱，亟需构建一种兼顾农业提质增效与生态功能提升的农业发展新模式。

课题组基于西北旱区气候、资源禀赋、经济发展水平等现状及问题，深入阐释生态农业的内涵与特征，构建了以高效益、高效率、高品质和高素质人才为支撑的生态农业高质量发展体系，并明确了以高效用水和生态功能提升为核心的发展路径。

《西北旱区农业高效用水
与生态服务功能提升研究》

项目组及编委会成员

总 负 责 人： 邓铭江

依托单位及个人：

西安理工大学

王全九	陶汪海	苏李君	马昌坤	宁松瑞	费良军
穆卫谊	孙 燕	段曼莉	王子天	雷庆元	曹晶晶
罗鹏程	谢淑华	燕浩奎	刘仕尧	董 理	韦 开
邵凡凡	赵 雪	霍洋泽			

协作单位及个人：

西北农林科技大学

刘天军	白秀广	刘军弟	王 玉	张 恒	常芳圆
王力田	陈春华	付星宇	苏春兰	李思潇	
胡笑涛	王玉宝	孙世坤	陈滇豫	降亚楠	操信春
陈 涛	阴亚丽	高 飞	李 鑫	彭雪莲	佟佳骏

华北水利水电大学

黄会平　穆文彬　张家欣

内蒙古农业大学

刘廷玺　史海滨　苗庆丰　冯壮壮

中国水利水电科学研究院

赵 勇　邓晓雅

新疆水利水电科学研究院

张江辉　白云岗

中国科学院新疆生态与环境研究所

田长彦

中国农业大学

霍再林

石河子大学

王振华　张继红

新疆维吾尔自治区生态水利研究中心（水利厅院士专家工作站）

徐 燕　许 佳　凌红波　王映红　巩垠诚　田雅诚

序

　　西北旱区拥有丰富的光热和土地资源，但也面临着资源型缺水问题，水资源已成为该区域农业高质量发展和生态环境建设的主要制约因素。在水资源刚性约束背景下，只有实现水资源高效利用和提高生态系统的服务功能，才能有效缓解水资源供需矛盾。建设现代灌区与发展生态农业是农业生态系统内部的全面转型升级及其功能提升的主要途径，也是国家粮食和生态安全的重要保障，更是世界农业的未来发展主流。习近平总书记"节水优先、空间均衡、系统治理、两手发力"治水思路和"农业要节水化"等一系列重要指示批示精神，为发展高水效农业提供了根本原则。

　　未来 20 年，我国农业领域工程科技创新将由追求高产、再高产向注重农产品品质转变；由高水、高肥、高产向控水、减肥、减药、优产、优质、高效转变，更加重视降本提质增效、绿色发展；由单一粮食安全向综合食物安全和营养健康转变；由传统耕地农业向非传统耕地利用转变；由重点关注农业生产过程的科技创新向关注提升农业产业竞争力和促进乡村振兴的科技创新转变。未来农业领域工程科技发展总体思路是夯实基础研究、突破技术瓶颈、加强条件建设、促进产业提升、实现资源替代、拓展农业领域、增强国际竞争力。

　　破解西北旱区"水危机"、突破粮食增产"水瓶颈"的关键是实现水资源高效利用。为了应对日益严重的干旱缺水问题，保障粮食和农产品供给安全、供水安全，必须依靠科技创新，大力发展高水效农业，提高农业水资源的利用率和生产效率，持续增强农业综合生产能力。高水效农业是在传统节水农业技术中融入了生物科学、高分子材料、计算机模拟、电子信息等一系列高新技术，具有多学科交叉、各种单项技术互相渗透的特征。

　　高水效农业不是简单的工程节水和管理节水问题，也不是简单的农业节水和生物节水问题。高水效农业需要将水利工程学、土壤学、作物学、生物学、遗传学、材料学、数学和化学等多学科有机结合，以降水（灌溉）—土壤水—作物水—光合作用—干物质量—经济产量的转化关系和高效调节为主线，从水分调控、水肥耦合、作物生理与遗传改良等方面出发，探索提高各个环节中水的转化效率与生产效率的机理。此外，现代节水农业技术更需要生物、水利、农艺、信息、计算机、化工等多方面的技术支持，以建立适合我国国情的高水效农业技术体系。

一、旱区生态农业高质量发展圈层结构体系

　　生态农业发展涉及农业资源禀赋、外源化学品投入、生产环节管理、生态环境建设等全产业链，是一项庞杂的系统工程。因此，需要创新全产业链系统理论和各学科间交叉理论，才能探索出区域农业绿色发展的实现途径。欧洲和美国在土壤健康、植物保育、生态健康等方面提出了基于生物多样性和生态系统稳定性的前沿科学理论，并且创新发展了通

过种植覆盖作物、篱笆作物、功能作物/微生物、功能生物产品等增强生态系统健康，构建生态文明的模式。因此，根据世界生态农业发展趋势和西北旱区的现实状况，需要尽快实现从产量导向的生产模式向水资源节约集约利用、农业优质高效、生态文明和生活宜居的多重生态系统服务模式转变，这是解决当前水资源高效利用和农业发展的一个创新性命题。本研究基于西北旱区水土资源、生态系统服务功能、农业生产水平等条件构建了西北旱区生态农业高质量发展的五层级圈层结构（图1）。

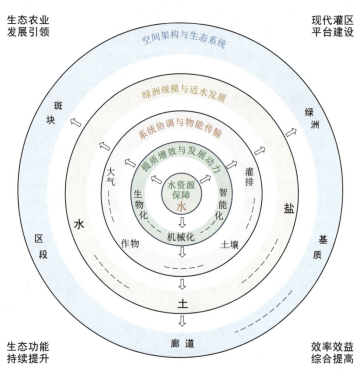

图 1　西北旱区生态农业高质量发展的圈层结构图

（1）斑块—区段—廊道—基质—绿洲是旱区生态农业的基本空间架构。需要科学配置生态单元水源涵养、水土保持、防风固沙、盐分调控、污染物净化、生物多样性维护等重要生态功能的容量和空间格局。优化山川河湖湿地生态系统结构，构建"二屏三带"国家生态安全大格局；调控天然绿洲与人工绿洲二元景观异质结构，维持社会经济系统与自然生态系统合理的耗用水比例；修复治理自然水系和人工水系生态廊道脉络结构，打造"多廊—水网"组合的绿洲廊道生态景观；巩固荒漠—绿洲生态防护结构，遏阻风沙侵袭，改善绿洲宜居环境；建设"城乡—村落—庭院"独具特色的生态单元结构，营造先进文化交流融合平台。

（2）水—土—盐三者之间的关系决定着绿洲在空间维度上的形态和规模、在时间维度上的强度和兴衰。西北旱区水少地多和水资源空间分布显著差异性的现实直接决定着农业生产和生态建设的规模和空间格局。同时，蒸发强烈以及降水稀少的气候条件和内陆盆地的地形特征，导致这一地区的土壤盐碱化分布广、程度高、危害大。山区盐分随融雪和降水形成的地表水与地下水被带向下游盆地，成为盐碱化土壤碱分的补给源。与湿润地区的灌溉农田相比，绿洲灌溉更容易引起土壤次生盐碱化。通过排水技术控制土壤盐分累积的重要性不亚于灌溉系统对土壤水分的补给。因此，西北旱区水—土—盐数量和空间分布直接影响荒漠绿洲和人工绿洲二元结构空间分布及其功能。只有以适水发展为原则，协调旱区水—土—盐三者之间的关系，才能实现空间上的水土平衡和水盐平衡，保障绿洲经济社会发展。

(3) 大气—作物—土壤—灌排构成了过程递进和功能嵌套的大系统。 大气—作物—土壤是一个连续有机体，并与其他环境要素和人类活动所引发的物质和能量传输与转化构成了复杂农田生态系统。由于农业生产的根本是利用作物进行光合作用，涉及多要素参与的复杂物理—化学—生物过程，而且水、肥、气、热、盐、光、电等要素间存在相互促进与制约关系。因此，仅依靠自然力量，旱区作物只能维持基本生命活动，农业生产活动处于低水平、低效率的状态。只有通过灌排系统与水肥一体化等技术，才能有效调控作物生长所必需的营养物质。同时农田生态系统是一个开放系统，只有建立有效的防灾减灾与污染控制技术体系，才能保障农田系统稳定性和良性运作，为作物生长营造适宜的环境。

(4) 生物化—机械化—智能化技术是高水效农业高质量发展的动力之源。 作物是具有生命的有机体，只有适时适量供给所需的必要营养元素和保障适宜生长环境才能实现水资源的高效利用，而现代生物技术、先进作业机械、智能管控系统为精准调控作物生境提供了手段。因此，只有将良种选育、精细耕作、生态栽培、灌排协同、水肥一体、机械作业、智能感知和智慧决策有机结合，才能创新高水效农业生产体系，提升农产品质量和市场供给能力，为农业提质增效提供新动力。

(5) 水是旱区生态农业健康发展的核心，水资源保障与水高效利用是解决西北旱区社会经济发展的根本途径。 水是干旱区社会经济发展的生命线，只有建设现代灌区和发展生态农业，才能有效解决水资源短缺问题从而提高民生福祉。因此，西北旱区迫切需要以水为核心，以适水发展为原则，科学规划生产、生活、生态"三生"空间，创新高水效农业发展体系，提升水土资源的生产—生态功能，实现生态农业高质量发展。

二、旱区生态农业发展需要厘清的三大关系

本研究在构建旱区生态农业高质量发展圈层结构基础上，针对西北旱区高效用水、盐碱治理、生态建设方面的现实需要，重点厘清高效用水与主控要素的耦合关系、盐碱治理与提质增效的共治关系、经济社会与生态环境的协同关系。

(1) 高效用水与主控要素的耦合关系。 农业生产是一种多要素、多过程、系统性的生产活动，农业水资源高效利用是在适水发展的前提下，提升农业生产综合效益的技术体系。只有按照系统学和生态学原理，在生态安全的前提下，树立"农田是根本、耕作是基础、栽培是关键、水肥是动力，管理是保障"的理念，建立优育化种子、精细化耕作、标准化栽培、靶向化水肥、专业化管护的农业生产体系，才能实现农业水土资源的高效利用。

作物生长发育和产品形成过程需要光、热、水、肥、气等生活基本条件，其中光和热来自太阳辐射，水、肥、气主要依靠土壤供给。因此，作物与其生长发育相关环境构成了

一个既相互促进又相互制约的有机体，形成了多过程、多界面、多要素物质传输和能量转化的复杂生态系统。由于土壤是覆被于地球陆地表层的圈层物质，为陆生作物生长提供营养和水分，是农业发展的物质基础，因此，土壤不仅为作物生长提供空间，而且为作物生长提供必需营养物质，土壤中物质的数量和分布直接决定着作物生长状况及其产品产量和质量。作为开放的土壤系统不断与外部进行物质和能量交换，交换的速率与数量决定着土壤质量和供养能力。因此，培养优质的土壤是农业高效用水和提质增效的前提。

土壤耕作作为基础性农业生产活动，可有效调控土壤的水、肥、气、热等状况，营造适宜作物生长的土壤环境和农田小气候，并协调作物生长及其与生态环境间关系，提升土壤供养能力和作物生长能力，提高作物产量并改善品质。因此，发展适宜土壤耕作（如深耕、保护性耕作等）是实现农业水土资源高效利用的基础保障，常言道"人勤地生宝，人懒地生草"，体现了土壤耕作与栽培管理的重要性。

科学的作物栽培技术可有效调节作物生长发育与环境条件间的关系，是作物增产提质、降低成本、提高效益的重要手段。由于不同作物有其自身生长习性和产品形成特点，需要根据农业生产目标和作物生育阶段，科学管理作物生长过程、营养物质供给和生物量分配，才能实现优质高产，如果树修剪、棉花打顶、种植密度调节和作物混作、病虫害等灾害防治等方式。同时，随着先进农业机械和信息技术的不断应用，改善了农业生产方式，提升了调控作物生长及其环境的能力，为农业水资源高效利用创造了条件。

作物根系、微生物和土壤动物既是土壤生物的重要组成部分，又是水分利用的有机体与催化剂。只有适时适量供给生物活动所需要的各种营养元素，包括氮、磷、钾大量营养元素和铁、锌、锰等必需微量元素及氧气，才能为生物活动、作物生长创造良好条件。因此，将智能节水灌溉技术与厨房式或靶向式农田施肥方式相结合，实时调控作物所需营养元素，才能有效提高水肥利用效率。

总之，农业水土资源高效利用是一个系统工程，需要以优良种子和合理耕作及栽培方式为基础，科学利用智能节水灌溉和水肥一体化技术，采取专业化机械作业和智能化科学管理技术，才能实现农业资源高效利用和农业提质增效。

（2）盐碱治理与提质增效的共治关系。土壤盐碱化是一个世界性问题，对全球农业生产和粮食安全及可持续发展构成严峻挑战。据联合国粮食及农业组织（FAO）2021 年报道，全球约有 124.95 亿亩土壤受到盐碱化的威胁，我国作为土壤盐碱化危害最为严重的国家之一，盐碱化土地总面积约为 14.87 亿亩，盐碱化农田占全国中低产田面积的 13.7%。我国西北旱区土壤盐碱化更为严重，特别是新疆被誉为世界盐碱地博物馆，盐碱地面积占比高达 37.7%，具有面积大、类型多、分布广和危害重的特点，致使西北旱区光热资源丰富的优势难以有效发挥。

构建盐碱化土地绿色治理模式是旱区协调农业生产和生态环境建设间关系的重要保障。近百年来，人类对土壤盐碱的来源、危害和治理措施开展了大量研究与实践应用，经历了大水压盐、灌排除盐、节水抑盐、控害增效阶段。在提高水土资源利用效率、抑制盐碱化危害和农业提质增效的现实需求下，迫切需要深化盐碱化对土壤—作物系统生产和生态功能的认识，创新旱区盐碱化农田水盐调控理念和技术。在水资源刚性约束前提下，发展既节水又可有效防治土壤盐碱化、提高作物产量，同时改善农产品品质的盐碱化农田调控方法是旱区生态农业高质量发展必须解决的重大科学技术问题。

创新盐分与作物和谐共存理念为作物生长创造适宜生境，是盐碱化农田绿色治理和科学利用的新方向。土壤盐碱化会破坏土壤结构、降低土壤水溶质势、抑制土壤中酶的活性并存在单离子毒性等问题，直接影响土壤水分有效性、微生物活性和有机质转化，进而降低土壤肥力，威胁作物生长和土壤生产力。基于以上认识，逐渐发展并应用了以灌溉淋洗与排水排盐为主的传统旱区农田盐碱化治理方法。随着水资源短缺问题日益突出和节水灌溉技术的大面积应用，传统的盐碱化农田治理方式受到严重挑战，迫切需要革新盐碱化农田综合治理理念，改进目前以水盐运移转化的物理—化学机制为基础、以农田排水排盐为主的"西医疗法"，发展以物理—化学—生物—电化学机制为基础、以营造作物适宜生长环境为核心的盐碱化农田"中西医综合疗法"。

综合提高土壤供养能力—根系吸收能力—茎秆传导能力—作物生产能力，是盐碱化农田提质增效的重要途径。随着化学和生物技术的不断发展与应用，近年来，世界各国发展了灌溉排水、地面覆盖、施加改良剂、种植耐盐植物、施加生物菌剂等灌排、农艺、化学和生物措施等相结合的盐碱化农田治理方法，取得了显著成效。我国盐碱化农田治理措施仍主要以控盐、排盐为核心，注重对土壤盐分数量和空间分布的调控，以及耐盐作物的培育，忽视了作物对关键营养元素的需求与调节，难以通过根—土、土—气和叶—气等界面进行营养调控。因此，需要科学识别各层次土壤的生产和生态功能（种子发芽、出苗、根系生长、盐分临蓄、横向排盐）及作物生长所需必要营养元素供给方式和强度，发展盐碱化农田作物生长关键要素的有效调控技术（如氧气、铁离子形态、功能微生物结构和活性、电子转移等），创新盐碱化农田作物适宜生境营造及促进作物生长和提质增效的方法。

创建区域盐碱化农田多措施调境—多过程控盐—多界面供养—多要素提效的多维协同调控理论体系、精准管控范式、标准治理样板，是实现节水、节肥、控盐、改境、提质、增效多重目标的重要支撑。土壤盐碱化的发生与发展主要受自然环境（如气候、地质地形、水文、土壤）和人类活动（土地耕作、作物栽培、农田灌溉与排水）等多种因素影响下的水盐运移过程所控制，而且不同类型盐碱化的水盐运移特征及其对土壤供养能力、根系吸收能力、茎秆传导能力和作物生产能力的影响途径和危害程度有显著差异。从表观分析，需要对不同类型盐碱化农田制定各自相应的改良措施和治理模式，但不同区域农田水盐运移和作物生长有其相同的内在机制。这就需要明晰适宜生境要素的区域管控阈值并辨识各调控措施对不同类型盐碱化土地的作用效能，建立适应不同环境条件的盐碱化农田作物生长过程及其生境要素迁移转化过程的统一表达方法和标准化治理模式。

（3）经济社会与生态环境的协同关系。 农业生产和生态环境是以水为纽带形成的相互作用、彼此制约的复合生态系统，而旱区生态农业发展一直受淡水资源短缺、土壤盐碱化和生态功能退化等三重威胁。农田盐碱化不仅威胁农业生产，而且可能引发耕地荒废和土地荒漠化加剧等问题，导致"山水林田湖草沙"系统的生产和生态功能退化。研究表明，近 10 年来，新疆地区因土壤次生盐碱化而弃耕的耕地达 200 万亩，直接导致有效耕地面积缩减，严重影响了旱区生态系统的健康和可持续发展。为了控制潜水蒸发引起的土壤盐碱化问题，盲目开发利用地下水和建设农田排水系统，引起地下水位显著降低，直接威胁着以地下水为生命之源的植被正常生长，引发了农田防护林和植被保护带的死亡或失去其功能。同时，现有盐碱化农田排水控盐技术的应用不但消耗了大量淡水资源，还极易对周边的地表水体造成污染，并影响生物多样性和生态系统健康。因此，需要深化对旱区农业生产与生态环境间协同效应的认识，科学协调水资源利用与水源涵养、地下水开发与生态保护、盐碱化防治与农田排水间关系，实现农业生产和生态保护协调且可持续发展。

协调水资源开发利用与水源涵养间关系，是产、输、养、用水过程的永续性、功能性和健康性的重要保障。旱区地表水和地下水主要来源于降水和冰川融化的雪水，这些水体通过河川和地下水输送到流域各个区域。在输送过程中流经不同生态单元会发生一些物理、化学和生物过程，有些过程对水体会产生污染和引起水质下降，如因土壤侵蚀而携带泥沙、盐分和养分，以及农田排水会携带大量盐分和养分等，但流经的一些湿地、河流、滩地、农田、地下水对水体具有净化和储蓄功能。在水分输送过程中，一部分水资源因农业生产、生态维护以及生活用水需求而被消耗和利用。当过度开发利用上游水资源时，将会引发下游河道断流现象，并最终威胁区域生态安全。同样，地下水的过量开采也会破坏地下水系统的安全性，降低其输送和储存能力。

合理开发和保护地下水，既是水资源可持续利用问题，也是生态安全问题。地下水空间不仅是水体输送和存储的重要场所，而且为农业生产、人居生活和植被生长提供水源，因此，地下水合理开发有利于地下水更新和维持健康生态功能，保障地下水水质和相关联的地表植被的正常生长。但由于地下水补给慢、流程长、治理难等特点，如开发程度超出地下水补给能力及地下水生态安全临界深度，地下水系统及其相关地表植被的生态功能和健康将受到严重影响，并且难以短时间修复。

合理利用井灌井排模式和控制排水方法，是科学利用地下水资源和控制地下水向土壤输送盐分的有效途径。由于旱区蒸发能力大，浅层地下水中的盐分通过潜水蒸发聚集到表层土壤中。通常通过农田排水系统，控制地下水在临界水位以下，可有效抑制地下水向土壤输送盐分和防治土壤盐碱化发生。但由于旱区供水能力有限，在作物需水高峰期，地面灌溉系统难以实时满足大面积作物需水要求。在此情况下，可以适度利用地下水直接灌溉作物，或通过抬升地下水位间接补给作物需水，实现抗旱保收效果。

当然，旱区的水资源利用不能单纯考虑水的生产和生态功能，还应考虑用水的经济效益，这就需要与农业产业布局和产业链密切关联。常言道"农业富农之道，唯有产业兴旺"，打造具有地理品牌的优势农业产业链是提升农业用水效益的有效途径，并将有力推动乡村振兴战略实施。

三、旱区农业水功能提升六大关键技术模式

旱区水资源高效利用与生态农业高质量发展需要借助现代农业、水利、生物、生态、机械、信息等方面的理论和技术，科学处理农业生产与盐碱地治理、生态保护间关系，合理利用降水、地表水和地下水资源，充分发挥地表水库、土壤水库、地下水水库调蓄能力，系统构建灌溉水活化、灌排高效调控、多界面供养、多措施提效、多过程控害、智能化管控等六大关键技术，创新水土资源高效利用模式，提升水土资源生产和生态功能，打造农业优势产业链和特色农产品生产基地，构建旱区农业高质量发展范式，实现农业提质

增效。

（1）灌溉水磁电活化技术。 灌溉水生理功效深刻影响着土壤质量与作物生理环境，而灌溉水理化特性直接决定着灌溉水对土壤和作物的调控、促生效果，是灌溉水生理功效的重要体现。只有明确灌溉水理化特性与土壤质量及作物生长的相互作用机理，科学调控灌溉水关键理化性质，才能最大程度地发挥灌溉水生理功效。灌溉水活化技术是利用磁化、去电子和增氧等方法对灌溉水进行处理，改善灌溉水的表面张力、溶解氧等理化性质，从而提高灌溉水的生理生产功效。因此，应在分析活化水理化性质变化特征的基础上，确定合理的活化水技术指标和效果评价体系，确立活化技术最优组合技术模式，为农田地力提升和作物提质增产提供技术支撑。

（2）灌排用水高效调控技术。 以最大限度实现灌区水源的水量、水质和水能功能为出发点，以提升水资源利用效率和灌溉水实时供给与调配能力为目标，借助农田水利学、流体力学、水环境化学、农业生态学、运筹学等相关理论，系统分析西北灌区自然条件、农业种植结构、水源状况，形成高效输配、节能降耗、节水增效、水盐相融、生态安全、绿色发展的西北旱区农业高效节能型灌排系统优化方法。此外，应推进山区水库逐步代替平原水库，打破现有灌溉系统格局，应对错乱低效的灌溉输水系统实施彻底改造。在重视农业节水的同时，强化输配水系统改造和土壤盐碱化防治、降低运行成本、减少土壤盐分积累、提高系统灌溉水利用效率与综合效益。

（3）叶—土—根多界面供养技术。 明确盐碱化农田多界面（根—土、土—气和叶—气界面）物质传输和能量转化特征，阐明土、根与叶面协同供给作物养分（包括大量和微量元素、生物刺激素）促进作物生长的效能，明晰盐碱化农田水分、养分传输和转化机制并提出定量表征方法。此外，明确盐碱化农田多要素—多界面调控下作物生长特征及作用效能，阐明多界面环境要素与作物光合效率和产量品质的耦合作用机制，定量评价调控措施特征指标与土壤供养能力和作物生产能力间的耦合关系，构建旱区盐碱化农田多界面供养综合技术模式。

（4）抑蒸—抑盐—控害—增效技术。 地表覆盖是旱区控制土面蒸发和改善根区土壤水、盐、热环境的重要手段，在控制根区盐分累积的同时提高土壤有机质含量，实现根区土壤质量提升与控制盐分累积双重目标。研发可降解薄膜，提升薄膜抑蒸、控盐、提温等功效，提出旱区农田适宜的耕作与覆盖模式，为作物生长创造良好的农田水、肥、气、热、盐环境。同时，研发腐殖酸类生物刺激素、纳米化改性生物炭、盐碱地耐盐促生菌等生物技术，降低盐分对土壤和作物的危害，提升有益微生物和酶的活性，提高养分转化与利用效率，改善土壤结构和供水供肥供能能力。

（5）土壤供养—根系吸收—作物生产多过程调控技术。 需要科学识别土壤生产和生态功能及作物生长所需必要营养元素供给方式和强度，明确土壤供养能力对自然环境要素与人为调控措施的响应特征，揭示根系生长和吸收能力的驱动因子与管控阈值，阐明作物生长、产量、品质形成的生物学机制，发展有效调控制约作物生长关键要素（如水分、氧气、铁形态、功能微生物结构和活性、电子等能量转化途径和数量等）的技术，创新土壤供养—根系吸收—作物生产等多过程调控技术模式。

（6）机械化—信息化—智能化精准管控技术。 利用现代"天—地—空—人"一体化监测技术和信息处理技术，对灌区来水过程、需水过程、输配水能力、灌排效率进行实时监测与预测分析。通过现代信息技术，搭建现代监测系统和灌区管理平台，构建集水文气象、土壤墒情、作物生长、用水过程等为一体的实时监测、分析和预测系统，制定合理的配水计划和调度方案，实现按需供水和精准管控。此外，以"粮—经—饲—果"的耕、种、管、收高效智慧生产为重点，根据旱区高效生产需求，研制耕整、种植、施肥、施药、灌溉和收获等智能装备，形成面向智慧化农业生产的精准作业技术模式。

因此，西北旱区生态农业高质量发展应以高效用水与生态功能提升为目标，构建以水为核心、以生物化—机械化—智能化技术为动力、以大气—作物—土壤—灌排网—防护林为农田系统、以水—土—盐优化空间规模、以斑块—区段—廊道—基质—绿洲为空间架构的五层级圈层结构体系，厘清高效用水与主控要素的统一关系、盐碱治理与提质增效的共治关系、经济社会与生态环境的协同关系这三大关系，重点突破灌溉水活化、灌排高效调控、多界面供养、多措施提效、多过程控害、智能化管控等水功能提升的六大关键技术模式，形成结构合理、关系协调、技术先进的旱区生态农业发展体系。

编委会

2025 年 3 月

前　　言

　　我国既是一个农业生产大国，也是一个粮食消费大国，实现粮食安全、水土安全、生态安全和乡村振兴是国家重大战略。党的十八大以来，党中央、国务院高度重视生态文明建设，明确指出面对资源约束趋紧、环境污染严重、生态系统退化的严峻形势，必须树立尊重自然、顺应自然、保护自然的生态文明理念，将生态文明建设放在突出地位，融入政治建设、经济建设、文化建设、社会建设各个方面和全过程。农业是国民经济的基础，农业发展对于生态文明建设的影响十分深远，是生态文明建设的重要领域。目前，我国农业发展面临的资源环境问题是生态文明建设无法回避的问题，只有转变农业发展方式，探索现代生态农业发展之路，改善农业和农村生态环境才能扎实推进生态文明建设。

　　农业是关系人民生活、社会稳定的头等大事。新中国成立以来，国家始终坚持把发展农业放在重要的战略地位，利用占世界不到9％的耕地、6％的淡水资源生产出占世界20％～25％的粮食。但是这些成就付出的代价也是巨大的，2020年我国化肥施用量达到5250.7万t，占世界总施用量的35％；农膜使用量达258万t，占世界总使用量的90％。我国农业用水长期处于高压状态，人均水资源（2300m³）仅为世界平均水平的28％，水污染与水资源利用效率低并存，人均耕地面积不足世界平均水平的1/2。由于大量的化学品投入，造成了能源和资源的过度消耗，增加了农业生产成本，从而进一步影响了农民收益和生产积极性。加之我国人均耕地面积仅为世界人均耕地面积的40％，小规模的家庭经营方式难以实现规模化和集约化带来的成本下降，导致国内农产品与国外农产品相比缺乏价格竞争优势。

　　我国西北旱区国土面积广阔，光热资源丰富，农牧业综合开发潜力巨大，具有粮食、棉花、特色林果及畜牧产品生产的独特优势。同时，西北灌区是我国粮食安全和现代农业发展的基础保障，也是区域经济发展和生态环境保护的重要基石。然而，西北旱区独特的气候、地貌及社会经济状况导致了灌区生产能力和生态服务功能难以满足现代生态农业发展的需求。因此，迫切需要构建现代灌区和生态农业发展体系，创新农业提质增效的关键技术，综合提升水土资源生产和生态效能，实现方式变革、模式创新、质量提升、效能提高，建设农民富裕、环境优美、生活高雅的现代新农村。

　　为发挥"智库作用"，中国工程院于2022年批准开展"西北灌区农业高效用水与生态服务功能提升策略"重点课题研究。课题组联合西安理工大学、旱区水工程生态环境全国重点实验室、新疆水利厅院士工作站、西北农林科技大学、华北水利水电大学、内蒙古农业大学、石河子大学、中国农业大学、新疆生产建设兵团农垦科学院等多所高等院校、科研院所的院士、专家学者们进行系统研究。经过共同努力，最终形成了项目综合报告、研究报告和专题报告。

项目在明确西北旱区粮食安全、水土安全、生态安全与乡村振兴战略地位的基础上，以二元协同、三物共生、四流同驱、五维协调为农业发展思路，以三生协同、生态健康、农业增效为发展策略，以农业高效用水与生态功能提升为根本途径，以现代灌区建设、生态农业发展、农业提质增效为核心任务，在三大理论与技术方面实现重点突破，提出了六方面对策建议，总体框架如图2所示。

本研究得到了王浩、康绍忠、王超、陈学庚、尹飞虎、许唯临、唐洪武等院士的帮助和指导，在此表示诚挚的谢意！

最后感谢项目依托单位和承担单位领导和专家的支持！感谢课题组成员的辛勤付出！特别鸣谢西北农林科技大学刘天军团队和胡笑涛团队，新疆水利水电科学研究院张江辉研究员团队、中国科学院新疆生态与环境研究所田长彦研究员团队、中国农业大学霍再林教授团队、中国水利水电科学研究院赵勇研究员团队、石河子大学王振华教授团队、内蒙古农业大学刘廷玺教授团队、华北水利水电大学黄会平团队以及西安理工大学费良军教授等对本项目的支持。

本研究不当之处在所难免，诚请斧正，以利改进。

作者

2025 年 3 月

图 2 西北旱区农业高效用水与生态服务功能提升总体框架图

总论：基于现代灌区的绿洲生态农业

　　民以食为天，自古以来农业就是安天下、保民生的基础性产业，粮食安全是实现社会长治久安与经济繁荣的根本保障。自新中国成立以来，党和国家就农业农村问题出台了一系列制度和政策，推动农业现代化建设。2015 年以来，乡村振兴战略的实施有力推动了农业高质量发展。习近平总书记多次强调，中国人的饭碗任何时候都要牢牢端在自己手中。粮食安全，根本在耕地，命脉在水利。《中共中央 国务院关于做好 2023 年全面推进乡村振兴重点工作的意见》（2023 年中央一号文件）将抓紧抓好粮食和重要农产品稳产保供列为乡村振兴首要任务，同时提出要全方位夯实粮食安全根基，实施新一轮千亿斤粮食产能提升行动具体任务。2023 年 7 月召开的中央财经委员会会议，再次强调应切实加强耕地保护，全力提升耕地质量，稳步拓展农业生产空间，凸显了农业发展在国家社会经济繁荣中所具有的重要战略地位。

　　西北旱区地域辽阔，光热资源丰富，是我国重要的畜牧业基地和灌溉农业区，以及重要的棉花、粮食、特色水果及肉奶制品生产基地，也是丝绸之路经济带的核心战略枢纽区，包括位于天山北坡的中国最大山地牧场、被誉为"西北粮仓"的河西走廊、拥有"塞上江南"美誉的宁夏平原、素有"塞外粮仓"之称的河套平原、号称"八百里秦川"的关中平原。西北旱区不仅承担粮食安全的重任，同时也是我国关键的生态屏障区，承担着水源涵养、水土保持、防风固沙和生物多样性保护等重要生态功能，关系全国或较大范围区域的生态安全。但西北旱区的资源性缺水与农业用水保证率低、土壤盐碱化严重与土地质量等级低、生态系统脆弱与生态服务功能低、面源污染严重与抵御干旱灾害能力低、农业生产碎片化与生产效能低等问题相互交织，共同制约着农业高质量、可持续发展，迫切需要构建以生态农业为引领、以现代灌区建设为突破口的创新农业高效用水及生态功能提升技术，实现农业提质增效与可持续发展，推动乡村振兴战略实施，保障水土安全、粮食安全和生态安全。

一、从传统农业到生态农业：绿洲与文明

　　农业被认为是满足人类生存、培育动植物的艺术和科学。农业自出现以来，经历了原始农业、传统农业、石油农业、过渡农业、生态农业五大发展阶段。在不同的发展阶段，农业的生产目的、生产形式、生产效率、技术水平及其对人类的贡献等都存在显著差异，体现了人和自然的互作关系以及人类认识、利用、改造和保护自然的能力和水平。

　　纵观农业发展历程，自然因素和社会因素共同推动着农业科技进步和农业生产水平不断提升，以满足世界人口增加对粮食的需求和生存环境的改善。其中社会因素是其主导因

素，特别在 1830—1930 年的 100 年间，世界人口由 10 亿人增加到 20 亿人，而到 1999 年增加到 60 亿人，2020 年达到 77.53 亿人，近 200 年世界人口增加 6.8 倍。世界粮食需求由 1830 年的 5.84 亿 t 增加到 2020 年的 49.62 亿 t，增加了 7.5 倍。我国人口增加与粮食需求具有类似变化过程，人口由 1830 年的 3.81 亿人增加到 2020 年的 14.11 亿人，粮食需求由 1830 年的 2.26 亿 t 增加到 2020 年的 8.45 亿 t。随着社会进步，人类饮食结构也发生了巨大变化，粮食需求增长速率高于人口增加速率，农民不得不生产更多粮食，以满足人类生存的需要。

为了满足人口日益增加和饮食结构变化导致的不断增加的粮食和肉奶食品等的需求，人类不断从自然界索取资源，使得对农业自然资源的利用经历了直接利用、无序开发、改造自然、保护自然等过程。由起初借助自然生长的植被进行放牧及直接利用天然降水和土地资源种植作物，逐渐演变为大规模土地开发和天然草场的过度放牧，引发了土壤质量下降、草场退化、土地荒漠化和沙漠化及盐碱化，以及沙尘暴等自然灾害频发等。特别是进入工业革命之后，为了满足人口增加导致的对粮食需求的增加，灌溉排水、农用化肥和农药、农业机械等方面技术不断创新，并大面积推广应用，引发了大气环境污染、土壤环境污染、水体环境污染、地下水位下降、植被覆盖度降低、生态功能退化等突出生态环境问题，直接威胁人类生存环境。人类在利用自然与农业生产活动中，逐步意识到只有尊重自然、顺应自然、保护自然，将农业生产与生态环境建设有机结合，保障生态系统物质、能量、信息、价值良性流动，才能实现粮食安全和水土资源安全及社会经济可持续发展。因此，人类对自然生态系统作用过程由直接利用、破坏性开发，逐渐过渡为保护性利用、重塑生态系统阶段，农业生产活动进入了生态农业发展阶段。

"生态农业"一词最初由美国土壤学家阿尔伯韦奇（W. Albreche）于 1970 年提出，从此世界开始兴起了生态农业运动。最初的生态农业主要是指有机农业，在 20 世纪 80 年代逐渐发展为包括有机、生物、生态等多种农业形式的综合性农业体系。不同组织和不同国家对生态农业内涵的理解也不同，如国际有机农业运动联合会（IFOAM）将生态农业定义为能够有利于促进环境、社会和经济的粮食纤维生产的农业系统，旨在保护利用植物、动物和景观的自然能力，使农业和环境质量在各方面都能达到最佳水平；美国农业部认为生态农业是一种完全不用或基本不用人工合成的化肥、农药、动植物生长调节剂和饲料添加剂的生产体系；欧洲则认为生态农业是通过使用有机肥料和适当的耕作与养殖措施，以达到提高土壤的长效肥力，不允许使用化肥、农药、除草剂或基因工程技术，但可以使用有限的矿物质。我国也对生态农业的内涵进行不断探索和思考，40 多年前，马世骏指出运用生态工程原理建立起来的农业才是生态农业；骆世明将生态农业定义为积极采用生态友好方法，全面提升农业生态系统服务功能，努力实现资源匹配、生态保育、环境友好与食品安全，促进农业可持续发展的农业方式；刘旭等认为生态农业是通过先进的科技生产方式大幅提升农业生产力与效率，通过人工智能、大数据、云计算实现产前生产资料的科学衔接、产中生产要素精准配置、产后产品供需完美对接，通过生产系统物质系统循环实现资源高效利用与生态功能持续提升的农业发展道路。根据多年生态农业实践和发展特征，生态农业内涵可以概况为通过现代科学技术与生态工程原理，形成产供销全链条产业绿色循环且生态功能持续提升的一种农业体系，其核心是充分发挥现代科学技术的优势，显著提高农业资源的利用效率；通过产业链延伸，极大提高农产品附加值；将生态功能提升贯穿于整个农业产业链。因此，生态农业是将自然生态系统、农业生产系统和现代科学技术有机融合的统一体。

西北旱区农业发展同样经历了原始农业、传统农业、石油农业、过渡农业等阶段，即农业经历了农业1.0到农业3.0的发展阶段。由于独特的气候条件、地理位置，西北旱区存在着气候干旱和资源性缺水等问题，在生态系统演变过程中形成了人工绿洲和荒漠绿洲景观格局。人工绿洲农业又称绿洲灌溉农业，是分布于干旱荒漠地区具有灌溉水源的农业，是在干旱荒漠地区通过兴修水利开垦宜农地，形成的新绿洲。

由于在自然状态下，西北旱区生态系统长期处于功能失调状态，土地面积大、光热资源丰富等独特优势难以有效发挥，导致自然生态系统脆弱、植被稀少、初级生产力低，物质循环、能量流动和信息传递都处于低水平状态，是一个低效且难以持续发展的生态系统。因此，荒漠化土地必须经过改良才能适应农业发展，防风固沙成为农业发展的先决条件，包括建设防护林和建造植被保护带。水资源是制约旱区农业发展的关键因素，没有灌溉就没有农业。因此，必须建设相应的引水工程和灌溉系统，营造适宜农业生产的环境和条件。这些改造过程实质就是荒漠变绿洲的过程，有了绿洲农业才能发展。特别是在近年来全球气候变化和干旱灾害频发的大背景下，西北旱区生态环境日趋恶化，对农业健康发展造成极大威胁，重塑良好的生态环境是保障农业可持续发展的基础。将生态保护及其功能提升与农业发展、屯垦文化有机结合，利用现代农业科技和生态环境建设技术，通过水利工程、土地整治工程、生物工程等措施，优化农、林、牧业生产结构，科学利用水、土、光、热资源，塑造多层级、多功能的生态链和生态景观。融合历史文化、人文景观、区位优势等多元因素，绘制具有高效率、高效益、高素质、高品质四大特征的西北旱区农业4.0宏伟蓝图，塑造文化、农业、旅游产业融合的现代灌区与生态农业发展范式，建设可持续和高效绿洲农业成为旱区生态农业高质量发展的重要任务。

二、农业发展与生态建设：协同与竞争

旱区农业已进入生态农业发展阶段，如何协调农业发展和生态环境建设间的关系成为西北旱区社会经济可持续发展的重要任务。"山水林田湖草沙盐"作为西北旱区大生态系统的重要组成部分，通过物质循环和能量流动有机结合，并通过自我调节，以维持大生态系统结构稳定性及其功能的发挥。农田生态子系统作为农业生产活动的主要场所，与"山水林湖草沙盐"间存在复杂关系，既具有协同效应，也具有竞争性。协同效应是指利用系统论的方法，对系统内各子系统功能、各种要素进行统筹调整，通过子系统间的协同效应，形成结构有序、功能互补、具有整体合力的生态大系统。从农业发展的角度来看，西北旱区生态大系统包括农田生态子系统及与其密切相关的生态环境子系统（包括"山水林湖草沙盐"等）两大子系统，农业生产与生态建设间既存在协同效应，也存在竞争关系。

农业生产和生态建设的协同效应主要体现在物质和能量供给、适宜环境营造、排泄污染物消纳等3个方面。生态环境子系统不断向农田生态子系统提供农业生产所需的物质

和能量（包括水分、养分、生物资源），而且消化和处理农业生产活动所产生的各种产物（包括农田排水所携带的养分和盐分），同时也为作物生长营造良好环境（包括抵御旱涝灾害、风蚀、病虫害等）。此外，生态环境子系统与农田生态子系统的互作关系也影响着农田生态子系统的结构和生产功能，科学调控生态大系统各组分间关系，才能实现大生态的高度组织化、子系统间和谐性、系统运行的协同性，保障生态大系统的健康和可持续发展。因此，农业生产活动强度和规模应限制在生态大系统的承载力允许的范围内，否则生态大系统的功能就会受到破坏。综上所述，农业应适度发展，农业产业结构应合理，宜农则农、宜牧则牧、宜林则林，以提升旱区生态大系统的协同效应。

农业生产和生态建设的竞争性主要体现在水资源、生物质资源、保障条件等 3 个方面的竞争。由于西北旱区水资源是制约农业生产和生态环境建设最为关键的因素，在资源性缺水和干旱灾害频发的大背景下，农业用水与生态用水之间矛盾日益突出，合理分配生产、生活和生态"三生"用水成为水资源科学利用的重要课题，因此构建干旱内陆河流域河道内与河道外引水"三七调控"，绿洲经济与生态耗水"五五分账"的临界阈值调控模式。只有采取区外调水的方式，才能从根本上解决农业生产用水紧张的局面。

由于农业生产所需要的生物质资源主要来源于生态环境子系统（如生物炭原料、有机肥原料等），而这些生物质也是生态环境子系统功能发挥的重要物质基础，因此协调农业生产所需要生物质和生态环境子系统自身健康间关系，有利于促进农业生产和生态环境建设协调发展。此外，西北旱区社会经济发展相对落后，基础条件相对薄弱，而农业生产和生态建设需要大量物质、能源、资金和人力保障，在资源有限的情况下，合理确定农业生产和生态环境建设规模，才能实现社会经济发展和生态环境间相协调。

水资源是决定旱区农业生产和生态环境建设协同效应和竞争性的关键因素，合理开发利用水资源是生态农业健康发展的前提和基础。在水资源开发利用方面，应以地表水为主，适度开采地下水，这样既可防止地下水位上升引发的土壤盐碱化，又避免了过度开采地下水引起地下水位的下降及其对周边生态环境的不良影响。同时，创新水资源二次利用方法及非常规水利用技术，提升水资源生产和生态功能，实现水资源开发利用与生态环境保护相协调。

三、现代灌区与效能提升：动力与路径

现代灌区建设和农业高效用水是协调旱区农业发展与生态建设的协同效应和竞争性的重要途径。现代灌区是指按照生态学原理规划建设的具有高标准的农田、完备的灌排系统、科学的水土资源配置、健康的生态环境、智能化的农业生产、精准的关键过程监测、高效的农业资源利用、专业化的服务体系、优美的人居环境，能规模化生产高附加值优质农产品的灌区。农业高效用水是在灌区适水发展和农业生态安全的基础上，利用现代水利和农业技术，有效减少输配水过程、灌溉过程、作物用水过程的无效渗漏和蒸发损失，使地表水、地下水、降水的利用达到高效率、高效益的状态。因此，现代灌区建设与农业高效用水是一个辩证统一体，现代灌区建设为农业高效用水提供了物理基础平台和现代管理手段，而农业高效用水为现代灌区建设规划设计提供了建设标准和运行要求，也是提升灌区农业经济及生态效益和缓解灌区水资源供需矛盾、促进农业技术革新和调动农民生产积极性的重要手段。

纵观农业发展历程和人类社会的进步，现代灌区建设与农业高效用水的动力主要来自粮食需求、科技推动、市场驱动等。随着人口增加所伴随粮食需求的增加，在旱区水资源短缺和土地"四低一大"问题突出的背景下，迫切需要提高水资源生产生态功能、水分利用效率和生产效率，实现农民增产增收和美丽乡村建设。通过现代灌区建设，提高农业用水保障率和土地生产力，营造作物生长适宜的土壤环境，提升水分生产效率，从而实现相同耗水量下产量和品质的提升，或相同产量下农业节水的目标，进而实现水资源高效利用。

康绍忠院士团队测算并提出了我国现状（2023 年）水分生产效率为 $1.58kg/m^3$，到 2035 年应达到 $1.85kg/m^3$，远期规划应达到 $2.0kg/m^3$。按照《"十四五"节水型社会建设规划》要求，到 2025 年底，西北旱区渠系水利用系数需由 0.65 提高到 0.70，测算西北旱区水分生产效率应由 $1.42kg/m^3$ 提高到 $1.62kg/m^3$，才能保障粮食有效供给。同时，随着农业科技的发展，农业机械化、自动化、智能化、生物化、绿色化技术的不断应用，促使灌区的基础设施和管理方式进行相应改变，以适应现代农业发展的需要。此外，人们对食品需求的多样化和高品质化促使农业产业链不断延伸，传统灌区农业发展模式与种植结构难以适应市场需求。加之社会资源不断融入和大型企业积极参与，改变了农业生产方式和经营模式，推动着现代灌区建设形式及其功能发生显著变化。

现代灌区建设涉及水利工程、土壤科学、生物技术、机械和信息技术等理论与方法，需要统筹规划和科学建设，才能实现农业水资源高效利用。现代灌区是传统灌区的继承和发展，通过利用先进的科技成果，合理配置水土资源与生态景观格局，提升灌区的综合效能，保障灌区服务功能可持续发挥，实现工程、经济、社会与自然间关系相协调，为现代农业发展提供健康的生态系统、优配的生产资料、先进的生产技术、协调的社会经济环境等。因此，西北旱区现代灌区建设应以水资源承载力和适水发展为前提，以规模化生产和集约化经营方式为基础，建设适宜机械化作业和智能化管控的先进灌排系统、高标准农田及配套设施，实现现代灌区生产过程绿色化、生产效益最大化、效能发挥持续化。

农业高效用水包括蓄、输、配、用、排等多个过程，科学管理水循环多个过程，提高渠系水利用系数和灌溉水利用效率，才能实现农业水资源高效利用。在蓄水过程中通过增加地表水和地下水水库库容、山区水库代替平原水库等方式，提高对天然水资源的控制与调蓄能力，减少无效蒸发损失。在输配水过程中，构建实时适量供给农田灌溉的水网系统，包括河流、湿地和输配水渠系和管网系统，有效降低输配水过程的蒸发损失和无效渗漏损失，提高渠系水利用系数。

科学合理利用灌溉水是实现农业水资源高效利用的重要环节，涉及区域种植结构调整等多个方面。对于农田尺度，农业高效用水包括灌溉、排水、根系吸收、茎秆传导、植物利用等多个过程，需要创建多措施调境、多过程控盐、多界面供养、多要素提效的技术体系才能实现作物提质增效和水分高效利用。多措施调境包括耐盐抗旱品种的选育、先进耕作和栽培技术、优化灌排和施肥技术、种植过程管理和农艺技术等多种措施。多过程控盐包括休闲期排水控盐、生育期灌溉淋盐、施加降盐害微生物、地面覆盖抑制盐分累积等控制盐分累积和重构盐分分布格局的多种过程，控制根区盐分在作物耐盐度以下和实现区域盐分平衡。多界面供养是采取土根界面供养（包括施加基肥、秸秆还田等）、土气界面施肥（如滴管施肥）和叶气界面施肥（如喷施叶面肥）等技术，根据作物生长对养分的需求实时供养，提高养分利用效率。多要素提效是通过调节水、肥、气、热、盐、生、药、光、电等作物生长必需要素，促进作物生长、提高作物产量和改善产品品质，最终实现农业水资源高效利用和提质增效的目标。

当然，现代灌区建设和农业高效用水必须具有前瞻性、先进性和科学性的顶层设计和规划。同时，应具有充分的科技、资金、条件和人员保障，如建立多方位融资渠道和材料供给机制，以及高素质的科技队伍和高效的组织形式等。

四、未来农业发展之路：探索与实践

虽然经过多年发展，西北旱区农业发展和生态环境建设取得了显著成效，但仍存在诸多问题制约着生态农业健康发展和农民增产增收。为了实现西北旱区生态农业高质量发展和美丽富饶乡村建设，需要破解生态农业提质增效十大相关理论、技术和模式问题。

（1）水资源节约集约利用技术体系和管理与保障机制。水资源集约利用是指以水资源总量为刚性约束，在"以水定城、以水定地、以水定人、以水定产"指导下，经济社会与生态环境各部门通过使用先进的技术和管理方式，提高水资源使用效率，使投入单位水资源能获取更高综合效益，促进生态环境保护和经济社会可持续发展。水资源集约利用不同于节约利用，节约用水是相对于"浪费"而言的，是指用水在数量上的节省、限制，尽可能用最少的水资源来满足生产、生活和生态的需要。在内涵上，节约用水是指在各个用水部门，通过采取法律、行政、经济、技术等综合性措施，提高水资源利用效率，以最少的水资源获得最大的综合收益，保障经济社会可持续发展。这里的节约是对水资源利用在数量上的要求，强调数量上的节省和用水效果，它是一个微观概念，可通过一些具体的技术指标来保证实现。集约用水是相对于"粗放用水"而言的，代表的是一种经济性思维，即在生产技术水平相对不变的条件下，通过各要素使用效率的提高（如资金、科学技术和管理措施等）或要素的重组降低所需投入成本，来实现收益增长的水资源利用方式，强调用水方式是一个宏观概念。节约用水与集约用水相互联系，二者目标都是要有效利用水资源。要做到节约用水必然要提高水资源利用的集约度，使其综合收益得到提高，也就是水资源满足人们需求的能力得到提高。同时，节约用水是水资源集约利用的有力保障，节水型社会的建设必然会促进水资源集约利用模式的形成。

西北旱区水资源节约集约利用涉及农、林、牧、渔等多个产业，以及社会、经济、文化等多个领域，是一个复杂的生产—生活—生态问题。实现水资源节约集约利用应以经济生态学理论为基础，遵循旱区水循环基本规律，系统分析气候变化和人类活动作用下水资源开发利用潜力和承载能力。阐明水循环过程及其生产和生态功能，明确生态系统健康及其服务价值与水资源利用间互作关系，以及农业节水方向、路径及其适宜度，创新节约用水方法、集约化经营和运行管理方式。明晰水资源节约集约化利用的生态边际效益、生产边际效益、社会经济边际效益，在严格生产—生活—生态"三生"用水总量和定额控制基础上，构建水资源节约集约化利用技术体系和管理与保障机制，形成总量刚性化、节水多元化、用水集约化、开发生态化、效能最大化的多层次、全方位水资源节约集约化利用的氛围和保障机制。

（2）基于生物技术和栽培模式的高水效农业技术体系。高水效农业是旱区水资源节约化利用与农业提质增效所追求的目标，康绍忠院士指出加快发展高水效农业，大规模提高农业用水效率，是破解农业用水短缺与食物安全和其他农产品持续稳产高产矛盾的关键。高水效农业是指以现代生物技术、耕作和栽培技术、信息采集和处理及智能管控技术为手段，对农田和灌区或区域多尺度蓄、输、配、用、排过程进行实时精准感知、预测、调控，使灌区水资源与土地利用和生态建设相适应，优化种植结构、种植模式和田间管理方式，提升水的生产和生态功能，实现灌区或区域水资源精准管控和综合效益最大化的农业用水体系。换句话说，高水效农业是为现代农业服务的。

因此，在一定气候条件下，只有种植适宜作物品种和采取适宜耕作栽培措施，通过科学营造土壤环境，才能实现水资源的高效利用。这就需要在充分认识作物生理生态特性基础上，明晰作物需水需肥需氧等基本规律和生育期关键要素控制阈值，发展水肥高效利用的调控方法。因此，可通过采用现代生物和微生物技术，选育高水效作物品种，结合先进的耕作和栽培技术，实时监控根际土壤水分、盐分、氧气、养分状况和作物生长特征，创新实时适量调控作物根区养分状况和作物生长进程的理论与方法，采用工程、农艺、生理、管理等多方面措施提高农业水资源生产效率，构建基于先进生物技术和栽培模式下的高科技农业、高产量品质、高生产效益、高素质农民的高水效农业技术体系和实践模式。

（3）以"产—生—人"为多维视角的生态农业发展模式。生态农业是利用生态原理规划和设计，兼顾资源、环境、效率、效益的农业生产体系，包括产—供—销为一体的过程维度、以山水林田湖草沙盐为生态单元的生态维度，以及集政治—经济—人文—地理的社经维度。因此，应从"产—生—人"广域视角理解生态农业内涵，按照水土资源承载能力和生态服务价值，合理规划生产、生活和生态空间，优化调整农林牧产业结构，打造粮饲结合、农林牧一体的循环经济发展模式，大力推进资源节约化、产出高效化、产品安全化、环境友好化的生态农业发展方式，构建适应旱区自然特点和社会经济发展状况的生态农业高质量发展技术体系，打造"三农"和"三产"统筹、产供销一体、具有优质农产品—特色农牧带—优势产业链的生态农业发展模式，大力推进生态农业发展和美丽富饶乡村建设。

（4）现代灌区建设内涵与生态农业高质量发展模式。现代灌区是西北旱区农业生产的主要基地，发展生态农业是现代旱区农业发展的必然选择。为了适应生态农业发展需要，现代灌区应具有协同的生产—生态—生活功能、健康的生态系统和持续的服务价值。以西北旱区的农业生产系统、物能输配系统、生态环境系统为建设对象，构建以灌排系统高效运行、灌溉用水信息化管理、农业生产机械化作业、灌区管理智能化决策、运行过程精量化控制为主要标志的现代灌区建设模式。依据农村生物与非生物环境及其相关生物种群间协同关系，通过合理优化灌区生态景观结构和生态服务价值，将现代灌区建设与生态农业发展有机结合，创建集约化经营、机械化作业、高效化运行、信息化管控的生态农业发展模式，推动农业转型升级和绿色发展，促进人与自然和谐共处。

（5）以"水—土—盐—生"为要素的综合调控理论与灌排制度。其中水是农田物质传输和农产品形成的主导因素，科学管理土壤水分是农业提质增效的关键；土壤是作物根系生长和养分供给的主要场所，其物理、化学、生物学特征直接影响作物生长发育和产品形成；盐分虽然含有作物生长必需的营养元素，但其高含量又威胁着土壤供养能力，制约着根系吸收和作物生产能力。作物抗旱耐盐能力和生产能力直接决定着水土资源生产效益，同时土壤微生物不仅具有调节土壤养分转化的功能，也提升了作物抗逆能力。西北旱区不仅水资源短缺，而且土壤盐碱化严重且土地质量低，严重制约着农业高质量发展。因此，迫切需要揭示旱区农田"水—土—盐—生"互作机制，阐明微生物提升作物抗盐能力、促进养分转化机制及农田水土盐生协同调控机理。以水分效能为核心、以改土培肥为突破、以控盐降害为重心、以作物生产能力提升为目标，建立生态友好型、节水控盐和盐分格局重构的灌排制度，构建节水—控盐—培土—促生—增效为一体的综合调控技术体系。

（6）以水为载体的多要素作物生境智能调控技术体系。水是生命之源，是作物生境其他要素（包括肥、气、热、盐、生、药、光、电）传输与功能发挥的介质和载体，作物生境要素精准调控不仅要借助以农田灌溉排水为主体的水利科学技术，也涉及养分转化利用以及作物生理生态等相关理论，只有将水利与农业科学相关理论、方法和技术有机结合，才能建立农田多要素协同营造作物适宜生境的技术体系，实现农业提质增效的目标。因此，迫切需要借助水利、土壤、气象、生物、生态相关基础理论和方法，深化对作物自身生理特性认识，创新塑造作物适宜生长环境的理论、方法和技术，研发高效能、低成本、绿色化农资产品和智能化作业机械，实现作物生境的精细化管控。

（7）数字化与信息化的现代灌区农业水资源精准管控体系。西北旱区农业高效用水需要在明晰灌区水源分布和种植结构基础上，利用现代"天—地—空—人"一体化监测技术和信息处理技术，对灌区来水过程和需水过程、输配水能力、灌排效率进行实时监测与预测分析，而灌区数字化与信息化技术为实时监控和预测分析作物需水过程提供了有效手段。通过利用现代信息技术（包括遥感、物联网、云计算、大数据、传感器等），搭建现代监测系统和数字灌区平台，构建集水文气象数据、土壤墒情数据、作物生长数据、用水量过程等为一体的实时监测、分析和预测系统，制定合理的配水计划和调度方案，才能实现按需供水、精准管控，为水资源高效利用奠定基础。目前，我国一些地区已开展了灌区数字化和信息化试点工作，但西北旱区相对滞后，需要进一步加快灌区数字化平台建设和基础数据收集与处理能力建设，构建节约化、集约化、精准化、协同化、生态化、智能化的农业水资源管理系统，提升旱区水资源精准管控的能力和水平。

（8）绿洲灌溉农业发展与生态文明建设的协调理论。旱区绿洲没有灌溉就没有农业，灌溉农业是西北旱区绿洲农业发展的主体，体现了人类社会为了生存发展开发利用和保护自然的发展历程，也是生产—生活—生态空间扩展和优化的过程，同时伴随着水利、农业、环境、生态、机械、管理等方面科学技术创新、居民生活方式变革、社会文明进步。如古代坎儿井、郑国渠等大型灌溉工程的建设与管理运行凝结了人类智慧，促进了科技进步、农业健康发展和社会经济的繁荣，提升了灌溉农业的生态价值、休闲价值、文化价值和教育价值。在现代灌区建设和生态农业发展的大背景下，应依托现代灌区特色农产品、田园风光、乡土文化、科技展示等资源，因地制宜大力发展休闲农业和乡村旅游，促进灌溉农业与科技、旅游、文化、教育、健康等产业深度融合，打造新兴的农业全产业链。

（9）绿洲生态农业高质量发展的现代管理理念与制度。生态农业是由人类、资源和各种环境因子构成的社会、经济和自然复合体，随着农业科学技术发展和农业智能化、机械化步伐加快及产业结构的调整，各国的农业从业人口和农业产值在 GDP 占比逐渐降低（目前美国农业产值的 GDP 占比为 0.9%，农业从业人口占比为 1.3%；法国农业产值的 GDP 占比为 1.5%，农业从业人口占比小于 2%；以色列农业产值的 GDP 占比为 2.5%，农业从业人口占比为 5%；我国农业产值的 GDP 占比为 7%，农业从业人口占比为 25.4%），但对于国家经济发展和解决就业仍具有重要作用。世界先进生态农业发展经验启示我们，只有建立健全适应现代灌区建设和生态农业发展的体制机制，包括耕地保护与土地流转、水资源总量控制与梯级水价、生态有偿使用与经济补偿、投资与收益保障、生态文明与效能评价、责任追究与奖罚等方面机制才能保障农业的高效而可持续发展。同时，只有通过技术培训、科技示范等形式，培养一支与生态农业发展相适应的现代农民队伍，才能保障农业的高质量发展。

（10）农业健康发展的山水林田湖草沙盐系统治理体系。西北旱区独特自然环境形成了集"山水林田湖草沙盐"为一体的大生态系统，"山水林田湖草沙盐"通过生物作用和物质能量流动形成了相互依从、相互制约的生命共同体，需要深刻把握人与自然和谐共生的自然生态观，科学处理农业发展与生态保护间关系，充分发挥生态单元生产和生态功能，才能保障大生态系统的结构稳定性和服务功能有效发挥。这就要求按照生态系统整体性及其内在演变规律，深入分析各单元涵养水源、防治和消纳污染、水土保持、生物多样性保护、粮食生产等方面功能及其相互作用机理，推进大生态系统整体规划、综合治理、系统修复，因地制宜设计自然生态恢复和人工重点修复相结合的技术模式，有效控制坡地水土养分流失、农田面污染产生与排放，提升山、水、林、田、湖、草生态单元的生产和生态功能。以现代生物技术和先进制造技术为引擎，催生新兴沙生产业和盐生产业，创新沙漠化和盐碱化土地绿色发展模式，提升生态产品供给能力，保障绿洲农业健康发展。

纵观西北旱区农业高质量发展和生态建设面临的诸多问题，制约区域社会经济健康发展的基础性关键要素在水（包括水量、水质、水能）、土（包括耕作、休养、保育）、盐（来源、分布、调控）、物（动物、植物、微生物）四者协同，发展性关键要素为工程、科技、机械、资金和政策等配套与保障。因此，实现西北旱区粮食、水土、生态安全和乡村振兴的有效途径在于农业高效用水与生态功能提升，核心任务是建设现代灌区、发展生态农业、实现提质增效。因此，需要全面树立"二元"（结构、功能）协同、"三物"（植物、动物和微生物）共生、"四流"（物质流、能量流、信息流、价值流）同驱、"五维"（斑块、区段、廊道、基质、绿洲）协调的旱区生态农业高质量发展指导思想，科学划分西北旱区四大农业功能区（灌溉农业区、草原牧业区、农牧交错区、雨养农业区），构筑以生态农业为引领，以现代灌区为平台，以"三物"共生为指导思想，以水土资源高效利用为主要途径，以工程、科技和政策为支柱的生态农业"大系统结构"，创立三生协同（生产、生活、生态）、生态健康（水土平衡、水盐平衡、生态平衡、空间平衡）、系统增效（优质农产品、特色农牧带、优势产业链）发展格局，创建多维度、多业态、多模式、规模化生态农业可持续发展范式，为乡村振兴与农业高质量发展提供科学路径与示范（图3）。

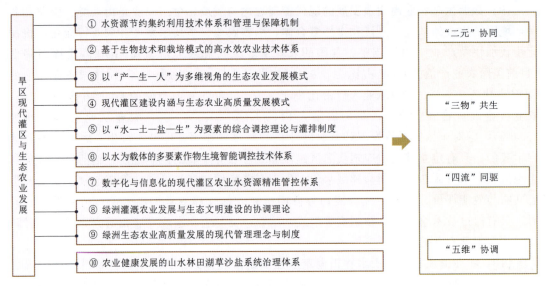

图3　旱区未来灌溉农业发展方向架构图

目　　录

第4篇　发展模式与对策建议

第1篇

旱区农业发展历程

第1章 世界农业起源与发展历程

随着世界人口的增加和生活水平的提高，人们对食品结构和人居环境提出了更高的要求，保障水安全、土地安全、粮食安全和生态安全是国家战略性问题。而水土资源作为人类生存与发展必不可少的基础性、战略性资源，是实现粮食安全和生态安全的前提，是保障社会经济可持续发展的基础。为了满足世界人口增加导致的不断增加的对粮食的需求，主要采取了扩大耕地面积及发展灌溉农业和提高现有土地生产能力两方面措施。在土地资源有限的情况下，发展灌溉农业成为解决人类对粮食需求问题的主要途径。因此，灌溉农业在世界粮食生产中所占比例越来越大，现有灌溉农田只占世界农田的 20%，却生产了世界 40% 的粮食和 60% 的谷物。

1.1 世界农业起源及发展阶段

农业被认为是满足人类生存、培育动植物的艺术和科学，阿查里雅·巴克里希纳（Acharya Balkrishna）等在《农业可持续发展与食物安全》中系统总结了农业发展在人类社会进步中的作用[1]。

1.1.1 农业起源

自旧石器时代（约公元前 100 万年）发现火之后，农业开始发展，并被认为是新石器时代（公元前 1 万年）的一个重要人类进化过程。在全球不同的地理区域，早期的人类群体经过长期实践积累了生活经验，从游牧行为转变为定居社会，各自独立地开展了农业活动，这种从采集狩猎向耕作的转变也被称为"第一次新石器时代革命"。在早期，人类把农业生产作为一种手段来满足生活的基本需要，而大多数农业产品从农田到被人类食用仍受到多种限制。随着地理边界的相互联系，农业贸易开始逐渐显现，引起了农业生产的经济转型，有效提升了农业贸易的地位。随后工业革命的发生，引发了农业技术的巨大发展。

世界主要的早期农耕中心包括西亚、东亚（包括南亚）、中南美洲。水稻起源于中国南方长江中下游，小麦起源于西亚和南亚地区（包括叙利亚、伊拉克、土耳其等国家），玉米起源于墨西哥南部的巴尔萨斯（Balsas）河流域。中国被认为是东亚地区涉及农业起源的古老地区之一，是最古老的种植中心。中国农业起源可分为以下两条源流：一是以长江中下游地区为核心、以种植水稻为代表的稻作农业起源；二是以沿黄河流域分布、以种植粟和黍两种作物为代表的北方旱作农业起源。中国古代农业发展过程经历了数千年之久，起始于 1 万年前出现的人类耕作行为，完成于距今 5000 年前的农业社会建立[2]。

农业在漫长的历史演进中，从刀耕火种开始，逐渐进入以铜制和铁制工具为主的精耕细作传统农业阶段，再到工业革命以后通过机械、生物和管理技术的改造，进入机械化、现代化阶段，农业生产效率持续提高。随着现代社会经济的发展，农业生产在社会进步和经济繁荣中的作用显得越来越重要。

1.1.2　农业发展阶段

农业自出现以来，经历了原始农业、传统农业、石油农业、过渡农业、生态农业五大发展阶段（图 1-1）。在不同的发展阶段，农业生产目的、农业生产形式、生产效率、技术水平及其对人类社会进步的贡献等方面都存在显著差异，体现了人和自然的结合，以及人类利用、改造自然的能力和水平。

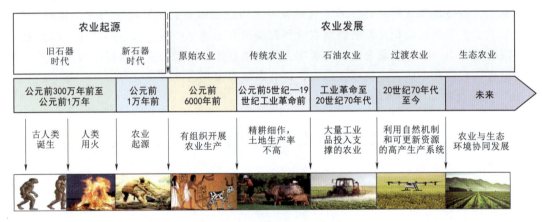

图 1-1　人类起源与农业发展图

1. 原始农业发展阶段

原始农业是指以利用自然力量为主进行农业生产，农产品主要自给自足的初级农业形式。旧石器时代的采集、狩猎等活动也可称为原始农业。由于当时人们对自然资源消耗少，因而人类对自然界生态系统的破坏很小，主要以"游牧"和"刀耕火种"为最基本的农业生产形式。

"游牧"是依据气候、地势、水源及牧草生长情况，随季节变换家畜放牧地，并随水草而牧的牧业方式。维持一个 6～7 人的牧民家庭生活所需的食物，需饲养 35～40 头牛。在降水量为 250mm 的地区，约需 400hm² 的放牧地。在雨量稍多的地区，游牧与种植相结合，形成了半游牧形式。有的夏秋游牧，冬春定居。男人、男孩在外游牧牲畜，妇女、老人和儿童搭帐篷定居。这种游牧活动顺应自然生态规律，但这种靠天养畜的形式，生产方式落后，生产能力低。随着人口的增长和食品需求的增加，由游牧向定居放牧演变成为必然选择。

"刀耕火种"又称为转移农业、轮歇栽培、撂荒制等，是原始农业的主要形式。该种农业生产形式是利用火烧的方法清理地面上的植被，利用烧垦后的灰烬和土壤自然肥力提供养分，使用简单工具种植农作物。在土地上种植作物 1～3 年后，撂荒闲置多年，用于恢复地力和植被。刀耕火种是热带原始农业的主要形式，这种古老的农业方式至今还在世界各地保留。目前，全世界大约有 2.5 亿人仍然采用刀耕火种的生产方式，主要分布在热带、亚热带地区，在我国海南、云南、广西等偏僻区域还有少量刀耕火种方式的残留。由于刀耕火种农业周期性地掠夺了自然生态系统的养分，造成氮素大量损失。特别是在撂荒期不断缩短的情况下，地力极度下降，以致不能再生长木本植物，导致严重的水土流失，引发土地荒漠化。

我国原始农业经历了刀耕火种、棒耕和犁耕 3 个阶段，反映了我国古代农业生产工具和耕作技术发展的不同水平。在生产工具上利用铁木农具代替石器农具，并广泛运用铁犁、风车、水车、石磨等工具；农业动力以畜力逐渐代替人力；农业技术上已形成以直接经验积累为特征的农业技术体系；耕作方式从撂荒制逐步过渡到轮作制；农业经济属于自给自足的自然经济；农业社会化、专业化程度低，生产力发展缓慢。

2. 传统农业发展阶段

传统农业又称为传统固定农业，是在经历刀耕火种之后的主要农业形式，以自给为主的传统固定农业，是世界各地普遍采用的主要农业形式。随着人类对自然需求的增加，农业生产技术得以快速发展，由手工农具转向机械化农具，由畜力动力转化为机械动力，由直接经验转向近代科学技术，由自给自足的生产转向商品化生产。传统农业的发展是农业发展史上的一次重大革命，它把原始农业的生产力提高到了一个新的水平。

世界各地的传统农业是在当地自然环境下经过长期实践，逐步摸索形成的农业生产方式。欧洲传统农业是从古希腊、古罗马的奴隶制社会（约公元前 5 世纪—6 世纪）开始，中国传统农业延续的时间十分长久，大约在战国、秦汉之际已逐渐形成一套以精耕细作为特点的传统农业技术。传统农业主要依赖人的生产实践经验，利用自然提供的光、温、水、土条件，依赖于人力、畜力、风力、水力等动力，在没有批量的工业产品投入条件下种植已经被驯化的各种植物和养殖已经被驯化的动物，产品主要用于满足当地居民的生活需求。由于传统农业具有经营分散、规模小、劳动生产率低、土地生产率不高等劣势，特别是在工业化和商业化社会，难以与工业化农业实现的高劳动生产率和土地生产率竞争，因而传统农业被现代工业化农业排挤的态势明显。

此后，随着人口增长、科技进步及社会生产力的发展，传统农业也发生了深刻的变化。主要体现为发达国家农业已发展为机械化集约农业，增加工业辅助功能，提高了土地和劳动生产率。同时，发展中国家也关注非机械化农业发展前景，力求向高生产力和生态稳定方向发展。

3. 石油农业发展阶段

工业化农业是指通过大量工业品投入支撑的农业，也被称为"石油农业"，投入的工业产品通常包括化肥、农药、农膜、机械、电力、汽油、饲料添加剂、兽药、作物生长调节剂等。

工业化农业是在 19 世纪欧洲工业化发展之后，利用工业制造能力，向农业大量输入机械、化肥、农药、燃料、电力等各种形式工业产品的农业方式。工业化农业利用工业品投入来改造环境、开垦土地、开辟道路、修建水库、建筑水渠、建造温室，也用于选种、育种的生物改良。由于施肥、灌溉、除虫等方式使农业有可能暂时摆脱部分自然条件制约，各种动植物新品种迅速替代经过几千年驯化逐步形成的农家品种。同时，机械化减轻了个体劳动强度，提高了劳动效率，扩大了农场规模，因此，土地生产力、农业劳动生产率和农产品商品生产率都得到了很大提高。正因为这些优势，工业化农业一度得到迅速推广应用，如美国和加拿大农业使用大型机械，日本农业以小型机械为主，欧洲农业使用的中型机械较多，不同发达国家的工业化农业模式各有特点。在第二次世界大战以后，发达国家的农业普遍采用了工业化农业生产模式。

美国是工业化农业的典型国家之一，特别在第二次世界大战以后，20 世纪 70 年代的美国农业每年购买 400 多亿美元的机械设备和其他生产资料。农业年消耗石油为 6800 万 t，钢材为 700 万 t，橡胶为 16 万 t。在 1940—1970 年的 30 年间，投入能量增加了 1.3 倍，玉米产量由 1945 年的 1950kg/hm^2 增加到 1978 年的 6000kg/hm^2，奶牛产量几乎增加了 1 倍，粮食出口量占世界粮食出口量的 3/5。农机、农药、农肥等相关的农用工业部门也相应增多。这种高能量投入加之农业机械化的实现，刺激了农业的迅猛发展，取得了一定的积极效果，提高了农业劳动生产率。若以每个劳动力所能养活的人数计，美国为 56 人，西德为 49 人，加拿大为 44 人，澳大利亚为 39 人，法国为 26 人，日本为 17 人。高度机械化阶段同机械化初期相比，种植 1hm^2 玉米、小麦、棉花所需劳动分别由 47.4 工时、13.5 工时、205.05 工时减少为 9.45 工时、7.2 工时、29.7 工时。在 1954—1977 年间，农业生产者人数由 1000 万人减少至 415 万人，占总人口的比重由 7.2% 下降到 1.9%；1976 年农产品产量比 1950 年增长 1.6 倍。化肥、农药的合理使用一定限度提高了粮食产量，减少了农业病虫害的损失。在第二次世界大战后，由于使用化肥能够补充农作物对土壤营养物质的消耗，因此起到了平衡土壤营养结构的作用。加之化肥价格平稳，1 美元化肥可获得 1.5～3 美元的农业收益，农作物增产 30%～40%，致使 20 世纪 50 年代后期化肥用量剧增，1977 年化肥销售量比第二次世界大战前增加 15 倍。据 1965 年美国农业部估计，杂草和病虫害使农作物年损失 99 亿美元，美国农场每年农药费用高达 30 亿美元。如不使用农药，农作物损失达 120 亿美元之巨。第二次世界大战后，除草剂也得到了迅速应用，棉田使用除草剂可节省 60% 的人工，小麦增产 20% 左右[3]。

工业化农业直接和间接能源的密集投放，使农业经营由粗放向集约化经营转变。工业化技术逐步替代了自然界生物群落及其环境的自我调节过程和对系统稳态性维持，转而主要靠人工调控管理。人工调控管理需要耗费大量的能量和物质资源，而且人工调控管理常常顾此失彼。大面积机械耕作容易产生水土流失和风蚀，大量使用化肥常导致土壤性状变差，大面积单一基因背景作物种植容易造成有害生物爆发。由于氮磷钾肥料及农药使用量不断提高，不仅增加了生产成本，而且造成了越来越严重的环境污染，农业工业品生产过程、农业生产过程和加工销售过程的能源消耗和温室气体排放已经成为主要的温室气体排放源。经过近百年石油农业的发展引发的资源、环境和生态问题，使国际社会逐步达成共识，必须寻求替代的农业生产方式。

4. 过渡农业发展阶段

自 20 世纪 70 年代以来，由于石油农业高投入与高能耗，导致生产成本不断上升、能源超量消耗以及生态环境恶化的趋势越来越明显，可持续发展受到全球性关注，迫切需要解决经济发展与生态环境失调问题。以欧美等发达国家为主的诸多国家相继开始寻求新的农业生产体系，以取代高能耗、高投入的"石油农业"。于是，在西方掀起了一场"过渡农业"的热潮，并逐步向东方国家和地区拓展。过渡农业具有多种模式，代表性的有有机农业、自然农业、生物农业等[4]，这些典型模式的共同特点是挖掘农业生产系统自身潜力，减少辅助能投入，有利于农业可持续发展。

(1) 有机农业。有机农业是一种完全不采用或基本不采用人工合成的化肥、农药、生长调节剂和家畜饲料添加剂的农业生产体系，而是尽量利用作物轮作、作物秸秆、家禽粪肥、绿肥、有机废物、含有矿物质养分的岩石和机械耕作等措施，以保持土壤肥力和耕性，尽可能利用生物防治病虫和杂草的危害。在发展模式方面，强调农牧结合，通过轮作、堆肥等措施保持土壤养分平衡，用生物防治方法控制病虫害。有机农业在降低生产成本与能源消耗、保护环境和提高农产品质量方面具有显著优势，在欧美、日本等国家得到广泛采用。根据国际有机农业运动联盟（IFOAM）和瑞士有机农业研究所（FiBL）的统计，截至 2019 年，美国有机农业用地约为 223 万 hm^2，是 1992 年的 5 倍，其中有机耕地面积约 143 万 hm^2，有机牧场和草地面积约为 80 万 hm^2。

(2) 自然农业。自然农业是由日本人福冈正信提出的，强调农业生产应该顺应自然，尽可能减少人类活动对自然的干预。自然农业思想受到中国道教无为思想影响，即顺应自然而不是征服自然，最大限度地利用自然作用和过程使农业生产持续发展。自然农业的生产方式主要包括不翻耕土地，而依靠植物根系、土壤动物和微生物活动对土壤进行自然疏松；不施用化肥，而依赖作物秸秆、种植绿肥及有机粪肥还田提高土壤肥力；不进行除草，而通过秸秆覆盖和作物生长抑制杂草，或间隔淹水控制杂草生长；不用化学农药，而依赖自然平衡机制，如旺盛的作物或天敌即可有效地控制病虫害。

(3) 生物农业。生物农业是根据生物学原理建立的农业生产体系，依靠各种生物学过程维持土壤肥力，满足作物的营养需求，并建立有效的生物防治病虫草害体系。其主要目的是在传统农业方法的基础上，结合生物学及生态学的新理论与技术，不需要投入较多的化学药品而达到一定的生产水平，从而有利于资源与环境保护及农业生产的正常发展。其应用的主要技术模式包括利用腐烂的有机物作为土壤改良剂；通过豆科作物自身固氮及粪肥的合理使用调控农田养分平衡；加强农业废弃物的再循环利用；充分发挥各种生物作用，包括土壤中生物（如蚯蚓）的改土作用。

多年来，我国生物农业也取得了巨大成效，并研发了农用微生物菌剂、生物有机肥、生物复合肥，以及生物土壤改良剂等五大系列产品，在小麦、玉米、花生、水稻和薯类作物上进行了大量生物肥料应用效果的试验示范，农产品普遍增产 7% 以上，在作物抗病和产品提质方面取得了显著效果。

5. 生态农业发展阶段

1971 年美国土壤学教授威廉姆·奥伯特（William A. Albrecht）在《Acres》杂志上首先提出了生态农业思想，他认为土壤—植物—动物是一个相互联系的有机整体，只要通过增加土壤腐殖质营造良好的土壤环境，而不使用农药等化学产品，就会种植健康的植物和饲养健康的动物。1979 年柯克思著《农业生态学》一书，他认为农业生产对自然资源不应作无谓的掠夺，应尽量利用自然机制和可更新资源的高产农业生产系统。同年，在英国召开的第一届国际生态农业会议指出，生态农业有代替有机农业的发展趋势。

自生态农业思想提出后，很快便得到了世界各国的普遍重视。目前，国外对生态农业的认识主要有以下两种思想：

（1）认为事物的诸方面从根本上是相互关联的，自然秩序具有内在的和谐。这种自然秩序受一些明确的规律和原理所制约，人在这一自然秩序中起着一个精心管理者的作用，作为一个农民则是自然的伙伴，农业必须是一个创造性的过程，而绝不是一个机械过程。农业是一个生物体系，而不是一个技术或工业系统。农业活动的影响和后果始于土壤，经过生物金字塔而最终作用于人。生态农业应是人们精心对待的农业，使其与自然秩序相和谐。

（2）以英国生态农业专家基利·沃辛敦（Kiley Worthington）的论点为代表的思想。他在多年实践的基础上，于 1981 年发表了《生态农业及有关农业技术》一文，指出生态农业就是建立和管理一个生态上自我维持和低输入、在经济上可行的小型农业系统，使其在长时期不对其环境造成明显改变的情况下具有最大的生产力。生态农业系统应满足的要求包括：①必须是自我维持系统（包括能量），即一切副产物都要再循环利用，尽量减少损失，提倡采用植物固氮、作物轮作以及使用农家肥料等技术来保护土壤肥力；②必须是多样性的，即实行多种经营，种植业用地与畜牧用地比例要恰当，使农业生态系统自我维持，并增加稳定性和产出最大的生物量；③单位面积的净生产量必须像常规农业那样高；④控制投资和雇用人员，通常应是小规模经营；⑤经济上必须是可行的，在没有政府补贴的情况下可获得真正的经济效益；⑥绝大部分产品在农场内进行加工，直接卖给消费者，具有相应的市场；⑦在伦理学和美学上是可以接受的。

2000 年以后，国内外关注生态农业的学者、机构、团体和政府越来越多。自 2014 年起，我国农业农村部农业生态与资源保护总站进一步组织开展了 13 个生态农业区域示范基地建设，并对全国上百个典型生态农场开展了调查，总结出版了《中国生态农场案例调查报告》。2016 年，在巴西召开了拉丁美洲与加勒比地区生态农业研讨会；2017 年，在中国昆明召开国际生态农业与可持续发展研讨会。特别是 2018 年，FAO 在罗马召开了第二届国际生态农业研讨会，72 个国家政府、350 个非政府组织、6 个联合国机构的代表以及一大批农业教育、推广和科研人员参加了此次会议，发展生态农业之路在国际上已成为大多数国家政府和学者的共识。

1.1.3 农业发展成效

农业发展保障了人类的粮食安全和营养健康，推动了经济增长和社会进步，促进了科技创新和环境保护。人类通过不断革新农业生产技术，以应对日益增长的人口、粮食、能源、环境等方面挑战，实现人类福祉和共同发展。

根据联合国粮食及农业组织报道，2020 年世界主要谷物（小麦、玉米、水稻）产量为 26.8 亿 t，土豆产量为 3.6 亿 t，糖料作物产量为 18.7 亿 t，油料作物产量为 4.2 亿 t，其他农作物产量为 39.9 亿 t。2020 年世界农产品贸易额为 1.7 万亿美元，其中谷物贸易额为 2200 亿美元，油料作物贸易额为 3300 亿美元，糖料作物贸易额为 500 亿美元，蔬菜和水果贸易额分别为 2600 亿美元和 1800 亿美元，动物产品贸易额约为 4000 亿美元，其他农产品（如热带产品、园艺产品、树坚果和加工食品等）贸易额总计均为 2600 亿美元。全球粮食贸易的增长速度甚至高于粮食产量增长，其货币价值在 2000—2018 年间几乎翻了两番，达到 1.4 万亿美元。农业科技发展促进了粮食产量增加，同时，耕地面积增加也是提高粮食产量的主要方面。在 2000—2017 年间，全球耕地面积增加 7500 万 hm²，相当于日本国土面积的两倍。在同一时期，森林面积减少 8900 万 hm²，相当于尼日利亚的面积。因此，协调农业生产和保护生态环境间关系成为世界各国关注的重要问题。

FAO 发布的《2020 年世界粮食及农业统计年鉴》显示[5]，2018 年世界主要农作物产量为 92 亿 t，比 2000 年增加约 50%，油料作物产量增速最快（8.8%）；甘蔗、玉米、小麦和水稻 4 种作物产量占全球主要作物产量的一半。2000—2018 年，农业对全球生产总值的贡献增长了 68%，达到 3.4 万亿美元，其中亚洲占 63%。随着农业科技的发展，农业生产方式发生了显著变化。2000—2018 年，从事农业的人数下降到 8.84 亿人，占全球劳动力的 27%。全球农药使用量增加 1/3，达到每年 410 万 t。许多主要粮食作物的最大生产国在全球产量中占有相当大份额，如巴西的甘蔗、中国的大米和马铃薯、美国的玉米和大豆。1990—2020 年世界农业种植面积、农产品产量呈现逐年增加趋势，而农业产值呈现波动上升的变化趋势（图 1-2）。

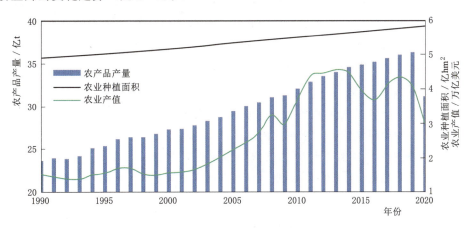

图 1-2　1990—2020 年世界农业种植面积与农产品产量和农业产值图

1.2　世界及我国雨养农业发展

雨养农业是指单纯依靠天然降水为水源的农业生产方式，主要分布在亚洲、中东、非洲和拉丁美洲。雨养农业在世界农业生产中占据重要地位，世界雨养农业的耕地面积约占世界总耕地面积的 80%，生产的粮食约占 60%，多数国家的粮食供给主要依靠雨养农业。在灌溉水资源短缺、农田土壤退化等问题日益突出的大背景下，发展生态型雨养农业成为世界农业发展的重要任务之一。

1.2.1　世界雨养农业特征与分布

雨养农业利用降水和地下水资源及采取保水措施，保障作物生长发育所需的水分。雨养农业注重采取与当地气候、土壤和作物品种相适应的种植方式，如早种早收、中耕保水等。雨养农业不仅生产了大量的农产品，而且提高了土地利用效率，减少了土地沙化和土地退化的风险。因此，雨养农业不仅能够满足当地居民的食物需求，还能够改善环境、增加收入和涵养水资源。

1. 雨养农业内涵与特征

(1) 内涵。狭义上的雨养农业是指在作物生长期间，不进行人工灌溉，只依靠天然降水作为水源的农业生产模式。随着科技进步和对雨水资源利用能力的提升，现代雨养农业的内涵有所发展，还包括人工集雨，实行补充灌溉的农业生产类型。雨养农业不局限于干旱半干旱地区，也出现在雨量充沛的湿润地区，旨在充分利用雨水资源，提高降水的利用率。雨养农业根据降水量的大小，可分为旱区雨养农业和湿润区雨养农业。

(2) 特征。旱区雨养农业一般指在作物生长季节降水量偏少，降水时空分布难以满足作物需水要求，且集中在年内的一个较短时期，在农业生产上主要强调水分保蓄问题，加强蓄水保墒，尽量减少水分蒸发和水土流失，提高土壤水分利用率。湿润区雨养农业一般指在作物生长季节降水充足，且雨量分布适中。在热带和亚热带地区，当蒸发量超过降水量时，湿润区和旱区都存在水分亏缺期，其中湿润区农田水分亏缺期较短。在旱区，通常降水量不到潜在蒸发量的一半。根据地形地貌、气候条件、耕作强度和土地利用等方式，又可将雨养农业分为高纬度雨养型（冬季寒冷）、中纬度雨养型（冬季温和）、亚热带和热带高原雨养型、半干旱的热带和亚热带雨养型四大类。

2. 雨养农业分布范围

雨养农业在世界各国农业种植业中占有比较大的比例，主要分布在亚洲、中东、非洲和拉丁美洲。如雨养耕地约占东亚耕地的 65％ 和南亚的 58％、拉丁美洲的 87％、中东和北非的 67％。在撒哈拉以南非洲 96％ 的农业以雨养农业为主。在欧洲，许多干旱、半干旱、半湿润和热带地区也采用雨养农业。

3. 雨养农业地位

据 FAO 2020 年统计，全世界耕地面积为 15.5 亿 hm^2，其中灌溉面积为 3.4 亿 hm^2，占世界总耕地面积的 21.9％；雨养农业耕地面积为 5.1 亿 hm^2，占世界总耕地面积的 78.1％。其中 60％ 的农产品由发展中国家的雨养农业生产，雨养混合农场养育了 70％～90％ 的反刍动物牲畜。换言之，雨养农业用占世界近 80％ 的耕地生产了世界 60％ 的食物。随着雨养农业技术的发展，预计到 2025 年，发展中国家的雨养农业区产量将从 1.5t/hm^2 增加到 2.1t/hm^2[6]。一些国家的雨养农业在农业生产中占有特殊的地位，例如：巴基斯坦的雨养农业区主要分布在高原山区及干旱少雨地区，种植的作物主要为小麦、玉米、高粱、豆类、花生，全国 70％ 的牲畜分布在雨养农业区；泰国 82％ 的耕地是雨养农业，几乎所有大田作物（如玉米、木薯、红麻、甘蔗和豆科作物等）都种植在雨养农业区；印度的雨养农业所占的耕地面积占全国总耕地面积的 70％；降水量在 1000～2000mm 的印尼、马来西亚，每年有 4～5 个月的旱期，除了主要种植水稻外，还种植木薯、玉米、花生、绿豆和一些蔬菜。

我国的雨养农业主要集中在西北、华北、东北的干旱、半干旱及半湿润地区，以及西南的季节性干旱地区。我国旱地占耕地面积约41%，其中雨养耕地占耕地面积的一半，而生产的粮食占全国总产量的25%。随着经济发展、人口增加及对粮食的需求越来越大，农产品供给与资源环境的关系愈加紧张，推广雨养农业技术可最大限度地利用有限的自然降水和充足的土地、光、热资源，增产潜力巨大，对提高我国粮食保障能力具有战略意义[7]。

1.2.2 我国西北旱区雨养农业与生态服务

在影响西北旱区农业生产的环境因子中，水是制约该区农业发展的关键性因子，需要深度挖掘该区水分生产潜力，促进增产增收与资源生态相协调，实现西北旱区雨养农业的可持续发展。

1. 雨养农业粮食生产与发展潜力

西北旱区中雨养农业耕地约占总耕地面积的一半，是农业发展的主体和方向。通过发展雨养农业，提高农田生产力和稳定性，增强生态系统的抗逆性和调节能力，增加农民收入和粮食安全。

(1) 雨养农业粮食生产。20世纪90年代以来，随着国民经济快速发展和区域产业结构的优化演变，我国南方、北方粮食生产空间格局均发生了重大变化。水资源丰沛的南方地区粮食产量逐年减少，而水资源短缺的北方地区成为我国粮食安全保障的主力军。西北旱区土地资源丰富，物种多样，光热充足，是我国重要的农副产品生产基地，为保障国家粮食安全做出了突出贡献。该地区耕地面积为0.23亿hm^2（占全国的19%），其中雨养农业占耕地面积约占一半（约0.11亿hm^2）。该区域生产了全国11.5%的粮食、90%的棉花、9.6%的油料和5.5%的大豆[8]。西北旱区雨养农业以充分利用自然降水为前提，有效缓解水资源紧缺造成的农业用水压力。根据西北旱区的生态特征和资源禀赋，只有大力发展雨养农业，加强旱区农业基础设施建设，充分利用降水、地表水和地下水等各种水资源，才能确保粮食生产能力的稳定和提高。

(2) 雨养农业发展潜力。西北旱区自然条件独特，具有发展旱区雨养农业的巨大潜力。从地理特征方面来看，西北旱区地形复杂，以丘陵、山地为主，耕地分布十分零散，这种特征不利于建设规模化的水利灌溉工程，却有利于发展微型、小型的集雨节灌工程。从土地资源方面来看，西北旱域广袤，人均占有土地量大，从而部分不适宜耕种的坡耕地可为雨水集流提供充足的空间。从降水条件来看，西北旱区多受季风气候的影响，降水稀少且在时空上分布不均，雨季降水多且以强降水的形式出现，为人工集蓄雨水提供了有利条件。从光热条件来看，西北旱区海拔较高，年日照时数可达3000h以上，日照充足，光热资源丰富，可以满足作物生长所需的光热条件。综合而言，西北旱区地理生态条件适宜旱区雨养农业的发展，具有较大的发展潜力。发展西北旱区雨养农业既是切实解决该地区水资源短缺的重要途径，也是保障国家粮食安全的现实需要。

2. 雨养农业关键技术

西北旱区因降水不足且降水季节性分配不均，雨养农业长期处于产量低且不稳、水资源利用率低的境地。实践证明，实现西北旱区雨养农业的可持续发展，应该从保水蓄水技术和高效用水技术两方面出发，建立改善土壤内外环境、减轻水分供需矛盾的技术体系。

（1）保水蓄水技术。在小流域治理与植被恢复方面，通过增强植物根系对土壤的固结能力，有效防止雨水对土壤的冲刷，控制水土流失，增强土壤的蓄水能力，改善生态环境。在坡耕地改造、减少降水径流损失方面，主要采取水平梯田、反坡梯田、垄沟种植、水平阶、鱼鳞坑等形式，有效拦截地表径流，减少水土流失，增强土壤的蓄水能力，控制土壤养分流失。在修建大坝、水库、集水窖等拦蓄径流方面，通过改变微地形，拦蓄地表径流，实现雨水的多地叠加蓄集，在植物缺水时期进行补灌，进行自然雨水人为在时空上的再调配，缓解水资源时空供需矛盾。在施用保水试剂方面，通过施用土壤结构改良剂、防漏制剂、保水剂等，改善土壤结构，抑制土壤水分渗漏或蒸发，提高土壤的蓄水保墒能力及水分利用率。采用秸秆覆盖、免耕栽培技术，实现抗旱保墒、改良土壤结构、增加土壤有机质含量，减轻雨水对表层土壤的冲刷破坏[9]。

（2）高效用水技术。在优化种植结构、协调水分供需方面，根据不同作物生长发育特点及不同时期的需水规律，合理安排作物品种及种植结构，提高水分的有效利用率。在培育抗旱作物、优化种植结构方面，推广抗旱耐旱作物种植，调整农业种植结构，在保证粮食安全的同时，兼顾农业节水和农民增收。在施用有机肥、提高土壤质量方面，实现水肥利用效率的同步提升。在合理密植、间套轮作制度方面，通过缓解作物之间的水、肥竞争压力，增加植被多样性、土壤微生物的种类，提高土壤肥力状况，提高农产品的产量与品质。

3. 雨养农业生态功能

生态系统服务是生态系统直接或间接为人类生存和发展提供必需的各种环境条件和产品，与人类福祉改善和可持续发展目标的实现密切相关。然而，要满足全球 70 多亿人口对粮食和住所等的需求往往是以自然生态系统的退化为代价的，会降低生态系统服务的供给能力。当前，占全球陆地表层面积 41% 的旱区正在遭受生态系统退化的影响，而全球超过 25 亿人口的生计高度依赖于旱区环境和生态系统所提供的服务，旱区生态系统的退化对人类福祉增进和社会经济可持续发展造成了极大挑战。我国是全球旱区面积最大的发展中国家，而西北旱区面积占国土陆地总面积的 41%，其中有一半的耕地为雨养农业。在西北旱区人口持续增长和人民生活需求不断增加的背景下，明晰西北旱区雨养农业发展对生态系统服务的影响，对于实现旱区粮食安全和生态安全具有重要的现实意义，也是推动我国生态文明建设与可持续发展的重大国家需求。

（1）农业生态系统服务功能的内涵。农业生态系统是依靠土地、光、热、水等自然要素以及种子、化肥、农药、机械等人为投入要素进行食物、纤维和其他农产品生产的自然—经济—社会复合型生态系统，具有多样性、开放性、脆弱性等特点。农业生态系统服务是人类能够从农业生态系统中获取的直接和间接利益，是该系统为人类生存提供的物质流、能量流和信息流，即农业生态系统各个组分在自身功能性运作过程中形成的维持生命系统的环境条件和效用。数千年来，在人类控制下，农业生态系统逐渐演变成了提供农产品的集约化生产系统。但随着社会经济的高速发展和生态系统服务稀缺性的日益突出，农业生态系统的多功能性受到了空前的重视，农业生态系统服务分类的研究也得到了广泛关注。目前，国内学者广泛认可的农业生态系统服务包括供给服务、调节服务、支持服务和文化服务四大类。其中，供给服务包括食物生产、原材料供应和水资源供给；调节服务包括气体调节、气候调节、净化环境和水文调节；支持服务包括土壤保持、维持养分循环和生物多样性；文化服务包括美学景观等。

（2）雨养农业发展对生态系统服务的影响。 雨养农业生态系统作为世界上最重要的生态系统之一，其供给的生态系统服务对人类的生存和生活是不可或缺的。西北旱区雨养农业可持续发展面临着严重的水资源短缺问题，高效节水的雨养农业保水蓄水技术和高效用水技术仍有相当大的发展空间。与此同时，西北旱区雨养农业发展无疑会改变当地生态系统的结构和过程，进而影响生态系统服务。因此，厘清西北旱区雨养农业发展对生态系统服务的各项影响是雨养农业可持续发展面临的重要问题。发展西北旱区雨养农业会提升多种生态系统服务的供给能力，例如：增强土壤的蓄水保土能力，提升土壤保持服务；增加生物固氮量和改善土壤质量，提高食物生产、原材料供给能力；调节气候，保护生物多样性，并减少侵蚀和河流淤塞问题；提高天然降水利用率，缓解水资源短缺局面；提升保水和固碳速度，改善调节服务效益；改善农业景观生境，增加精神文明和旅游价值等。但同时，在人类干扰下的西北旱区雨养农业发展也会对生态系统服务产生一些负效应，如为提高作物产量而大量施加化肥和农药，从而引起的地下水和地表水污染、非目标物种的杀虫剂中毒等问题，损害了雨养农业生态系统健康。总之，西北旱区雨养农业发展既提供了人类生存所需的食物及多项生态系统服务，同时在农业生产过程中也对人类社会和生态环境产生了一些消极影响。

1.2.3　我国黄土高原雨养农业和生态建设

黄土高原是我国干旱和半干旱地区的重要组成部分，区域年降水量一般为 300～600mm，分布不均，多集中在夏季，农业生产多依靠降水。农业受气候变化的影响较大，尤其是降水的时空分布和变异性显著。黄土高原的降水量和分布具有明显的年际和年内变化特征，导致农业生产的不稳定性和风险性。土壤属于黄绵土、黑垆土等，具有较高的渗透性和蒸发性，使土壤水分流失较大。地形多为丘陵和沟壑，易发生水蚀和风蚀，导致土壤质量下降和生态环境恶化。黄土高原的雨养农业特点决定了这个区域的农业生产面临着诸多挑战和机遇，需要采取适应性的技术和管理措施，提高农业生产的效率和可持续性。

1. 梁峁水土保持生态系统建设

梁是由黄土覆盖在墚状古地貌上，经流水侵蚀形成的条带状黄土丘陵；峁是指黄土地貌发育到中后期形成的穹状或馒头状黄土丘。梁峁作为黄土高原常见的地貌类型（图 1-3），由于其面积不大，顶部地区地势比较平缓，是径流的发源地，而且高寒干旱和风蚀现象比较严重，因此在该地区因地制宜地营造了刺槐、油松、侧柏等防护林，发挥了防止风蚀现象加剧、调节雨雪和径流、有效保护农田的作用。种植乔木林带的同时，对该地区进行了灌草群落的合理搭配种植，积极营造抗旱且耐贫瘠的沙棘、柠条等灌木林。由于紫花苜蓿属于多年生豆科牧草，其蛋白质含量高，抗旱能力强，同时发达的根系能有效拦截泥沙、疏松土壤，因此种植了以苜蓿为主的草被群落。此外，为了减少水土流失的危害，在梁峁的顶部或上部开挖蓄渗槽，用以拦截地表径流和泥沙。总之，随着黄土高原梁峁区的植被覆盖度及生态系统的物种多样性不断提升，该地区的生态效益与经济效益也日渐凸显。

（a）梁　　　　　　　　　　　（b）峁

图 1-3　黄土高原梁峁地形特征图

2. 坡面经济林生态系统建设

黄土高原是我国重要的生态屏障和农业生产区，其中坡耕地约占黄土高原耕地总面积的 65%，是该地区水土流失最为严重的地区。在黄土高原坡耕地生态环境的治理过程中，生态效益与经济效益的综合提升是建立可持续发展雨养农业的最终目标，大力建设坡面经济林，如种植苹果、红枣、葡萄、山杏、梨、桃、核桃等是行之有效的途径。而在黄土高原雨养农业区发展坡面经济林的前提条件是雨水资源充分挖掘与利用，因此雨养农业区坡面经济林生态系统建设应遵循以下主要基本原则：

(1) 统筹规划原则。 坡面经济林生态系统以促成生态经济双赢为出发点，按照系统、协调、循环、绿色、可持续的原则进行运作。首先，要降低农业（化肥、农药）投入，提高经济效益，如通过发展复合、立体农业（绿肥还田技术等）提高养分循环和资源多层次综合利用（果粮间作等），实现绿色优质农产品的增值，增加农副产品；其次，要有效地将自然调控与人工控制紧密结合起来。

(2) 入渗拦蓄原则。 降水作为雨养农业的唯一水分来源，需将工程措施与生物措施有机结合，最大限度将降水就地入渗拦蓄。坡度小于 15°坡地修建水平梯田、隔坡梯田和反坡梯田等；坡度为 15°~25°坡地修建"品"字形鱼鳞坑、水平沟和水平阶等；此外，结合果园生草覆盖技术，增加果园拦蓄保墒功能。

(3) 因地制宜原则。 优先选择乡土优势果业树种，大力发展当地特色产业，充分合理地利用当地光、热、水和地理资源，使之更好地促成雨养农业区坡面经济林生态系统高效和可持续发展。

3. 缓坡小杂粮和中药材生态系统建设

黄土高原光热资源充足，缓坡区"坡改梯"工程为小杂粮（小米、绿豆、红小豆、荞麦等）和中药材（柴胡、黄芩、甘草、麻黄、金银花等）种植创造了有利条件。

小杂粮中享有"汁如凝脂"的米脂小米、"绿色珍珠"的横山大明绿豆以及"美如宝石"的榆林红小豆等作为黄土高原丘陵沟壑区的传统产业和特色产业，种植历史悠久，在风味小吃、制酒工业和保健药用方面有着举足轻重的地位。同时，在黄土高原雨养农业区开展绿色发展、循环发展、可持续发展和高质量发展的现代特色农业中发挥着重要作用，也是乡村振兴以及优化现代农业种植结构的主要核心产业。

中药材在黄土高原缓坡区具有较好的发展前景，一方面中药材产业增加了农村居民收入，另一方面将传统中药材产业与现代化种植模式深入结合，实现了中药材产业现代化种植、科学加工，如甘肃陇西县采取农户自种、合作社流转土地经营、企业订单种植3种种植模式和统一物资补助、统一技术指导、统一田间管理、统一病虫害防治、统一组织回收的"五统一"管理模式，使黄土高原雨养农业区缓坡中药材生态系统建设向着标准化、体系化发展。

4. 坝沟主粮与畜牧养殖复合生态系统建设

在水土流失严重，生态环境脆弱的黄土高原地区，淤地坝是沟道治理中应用较为广泛且行之有效的水土保持措施。淤地坝的建设历经了由小型到大型、从蓄水拦泥到淤地生产、从单坝建设到坝系建设等过程，大体分为以下4个阶段：①20世纪50年代的试验示范阶段；②20世纪60年代的推广普及阶段；③20世纪70年代的发展建设阶段；④20世纪80年代以来以治沟骨干工程为骨架、完善提高坝系建设的规范化建设阶段。经过近70年的建设，黄土高原现存淤地坝数量超过了5.6万座，已成为黄土丘陵区农业生态系统的重要组成部分。淤地坝一方面调控水文过程，降低流速、减弱地表径流强度、促进降水拦蓄；另一方面拦截迁移物质，拦截泥沙、减缓坡度、固定沟道。淤地坝淤满以后土地较为平整，相比自然坡面拥有较好的土壤养分和水分条件，是重要的商品粮种植基地。截至2002年，黄土高原已开垦坝地达3200km^2，占黄土高原农田总面积的9%，淤地坝提供的粮食占黄土高原粮食总产量的20.5%。同时，利用该地区饲料来源丰富的优势，建成牛、羊等养殖基地，对乳、蛋、皮、毛等畜产品进行深加工、销售，形成产、销基地；无害化处理牲畜粪便，实现以有机肥取代化肥农药，促进坝沟地主粮与畜牧养殖复合生态系统绿色可持续发展（图1-4、图1-5）。

图1-4　淤地坝建设及利用图

5. 农业生态服务系统构建与工程

黄土高原是我国典型的生态环境脆弱区域之一，区域地形破碎，丘陵沟壑纵横，土质疏松。水土流失和气候干旱导致水资源短缺，且丘陵沟壑区土壤侵蚀十分剧烈。据分析，

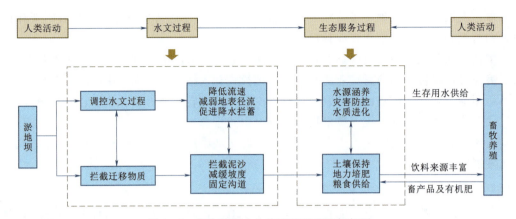

图 1-5　坝沟地复合生态系统的理论框架图

每吨土壤流失中，包含 0.8～1.5kg 铵态氮、1.5kg 全磷和 20kg 全钾。由于水土流失，黄土高原的土地变得十分贫瘠，粮食产量低，成为制约黄土高原区域经济健康发展的重要限制因素。为控制水土流失，提高社会经济效益，改善区域生态环境，自 20 世纪 50 年代起，我国在黄土高原地区陆续开展了大规模的水土保持和生态工程建设。

　　黄土高原地区大规模建设的水土保持工程措施主要包括沟道和坡面水土保持工程。沟道水土保持工程措施主要是淤地坝，以及最近开展的治沟造地、固沟保塬等；坡面水土保持工程措施包括梯田、鱼鳞坑、水平沟、水平阶、反坡梯田等。淤地坝主要通过在河道拦截径流，达到拦截泥沙、淤地造田的功能，相比自然坡面拥有较好的土壤养分和水分条件，具有较好的生态效益和粮食供给能力。坡面水土保持工程措施则主要通过改变下垫面微地形的形态与结构特征减少坡长，使地表水文过程和物质迁移过程发生改变，进而产生不同于自然坡面的生态环境效应。鱼鳞坑、水平沟、水平阶等坡面整地措施主要用于减少坡面产流、产沙，增加降水入渗，是黄土高原植被恢复的重要辅助措施，在提高植被成活率、提升植被生态系统服务功能等方面发挥着重要作用。此外，黄土高原水土流失还可通过生物措施防治土壤侵蚀，包括植树造林、植被自然恢复，主要体现在 1999 年以来国家大规模实施的退耕还林还草工程上。

　　水土保持工程措施通过改变水文过程和物质迁移过程等，影响水土资源的再分配，发挥土壤保持、土壤肥力提升、粮食供给、水文调节和水源涵养等关键生态系统服务，是典型的社会—经济—自然相互作用的人地耦合系统。例如：淤地坝可有效拦截来自上游坡面和沟道的侵蚀土壤，使大量土壤在淤地坝内沉积，直接减少汇流区进入河流的泥沙量，同时拦截径流，减轻对沟谷的冲刷，对水土保持起到重要作用；由于淤地坝内土壤有机碳的矿化分解速率降低，提升了淤地坝的生态系统碳汇潜力；淤地坝淤满以后可将沟道、河滩、荒坡等难以利用的土地转变为地势更平坦、养分含量较高且水分条件较好的优质农田；淤地坝可以拦截迁移物质，减弱沉积物随急流迁移导致的泥石流等自然灾害，特别是消减大暴雨事件中的径流和洪峰；淤地坝还可拦蓄地表径流，增加地下水补给，提高降水资源的利用效率。相比而言，坡面整地等工程措施不仅可以有效地控制坡面的土壤侵蚀，还由于其沉积物中碳富集以及作为植被恢复的重要辅助手段，在很大程度上也促进了生态系统固碳。梯田等工程措施不仅可减少因土壤侵蚀而导致的土壤颗粒和养分的流失，同时也降低了滑坡、洪水、干旱等自然灾害的风险。然而，坡面水土保持工程措施最为直接的作用则是增加地表粗糙度，形成形状大小不一的蓄水单元，增加降水的入渗，有助于人工植被的稳定生长和生态系统服务的维持。因此，黄土高原地区实施的各种水土保持措施增强了农业生态系统的稳定性，是雨养农业区粮食安全的重要保证。

1.3 世界旱区灌溉农业发展历程

灌溉技术的不断革新和生产方式的转变，推动着世界旱区灌溉农业逐步向可持续、智能化和高效化的方向发展。为了借鉴世界先进旱区灌溉农业发展经验和吸取旱区灌溉农业因规模化扩展引发的生态环境问题的教训，以美国西部、以色列、咸海流域灌溉农业发展为例进行分析，其旱区灌溉农业基本特征如图 1-6 所示。

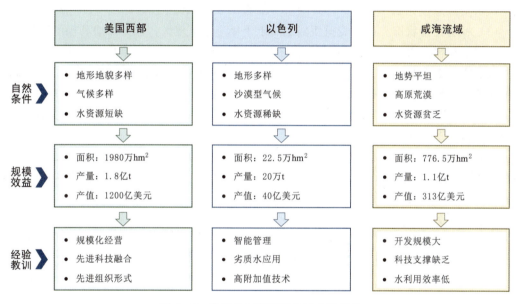

图 1-6 典型旱区灌溉农业基本特征图

1.3.1 美国西部灌溉农业发展历程

美国西部灌溉农业起源可以追溯到 19 世纪末和 20 世纪初。由于西部地区大多为干旱荒漠区，当时的农业生产无法满足人们的需求，因此发展灌溉农业成为人们关注的重点。最早的灌溉农业是利用当地的河流进行灌溉，但这种方式面临着供水量不足的严重问题，并受到季节性洪水和干旱的影响。因此，19 世纪末开始建设大规模的灌溉系统，通过建造水库和输配水系统等方式，有效解决了灌溉水源不足的问题。随着灌溉技术的不断应用，使美国西部灌溉农业得以快速发展，为地区经济和人民生活带来了重大变化。

1. 自然经济状况

（1）地形地貌。 美国地处北美洲中部，总面积 937 万 km²，分布有平原、山脉、丘陵、沙漠、湖泊、沼泽等各种地貌类型。美国境内地势特点为东西两侧高、中间低，东西方向以南北走向的落基山脉为界，是太平洋水系和大西洋水系的分水岭，并形成了具有明显差异的自然和气候条件。美国国内河流大部分为南北走向，并形成五大水系，其中：墨西哥湾水系由密西西比河和格兰德河等河流构成，流域面积占美国本土面积的2/3；太平洋水系包括科罗拉多河、哥伦比亚河、萨克拉门托河等；大西洋水系包括波托马克河以及哈德逊河等；白令海水系由阿拉斯加州的育空河及其他诸河组成；北冰洋水系包括阿拉斯加州注入北冰洋的河流。

（2）水资源现状。从自然降水分布来看，呈现东部多、西部少状况。美国全国平均降水量为760mm，并以西经95°为界，东部区域年降水量为800～1000mm，属于湿润和半湿润地区；西部17个州年降水量在500mm以下，为干旱和半干旱地区，特别是西部内陆区年降水量仅有250mm，科罗拉多河下游地区降水量不足90mm，为美国最干旱、水资源最紧缺地区。从自然降水和河流分布总体情况来看，美国是全球水资源较为丰富的国家之一，水资源总量为2.97亿m^3，人均水资源为1.2万m^3。

（3）社会经济状况。虽然美国西部也属于干旱半干旱地区，但美国加利福尼亚州是50个州中产业规模最大的州，其GDP占比超过了15%，也是产值规模最大的州。调水工程和先进的灌溉农业是美国西部农业生产和社会经济发展的重要支柱。2016年，美国总人口约3.25亿人，其中农村人口占比不到2%，约为600万人，农业从业人口占比只有1%。但是，仅占全国人口1%的农民不仅为美国3亿多人口提供食品，而且还使美国成为全球最大的农产品出口国。

（4）农业产业情况。根据美国农业部数据，截至2019年，美国西部地区的农业种植面积达到259.9万km^2，约占全国总面积的40%，其中加利福尼亚州的农业种植面积最大。在农产品产值方面，西部地区的农产品产值约为3470亿美元，其中加利福尼亚州的产值最高，达到501亿美元。此外，西部地区还是美国主要的农产品出口地区，出口额达到890亿美元。美国西部地区的主要农产品包括水果、蔬菜、小麦、玉米、棉花等。其中，加利福尼亚州是美国水果和蔬菜的主要产地，其产量分别占全国总产量的63%和40%。此外，西部地区的小麦、玉米和棉花也占据着重要的地位，产量分别占全国总产量的20%、16%和21%。尽管美国西部农业经济发展取得了显著成就，但同时也面临着水资源紧张和环境污染问题比较突出的问题。西部地区多为干旱地区，水资源短缺对农业生产造成了一定的影响。此外，过度使用农药、化肥等化学品也带来了环境污染问题。因此，强化可持续发展的理念，开发新型农业技术和提高农业资源利用效率，将是未来农业发展的主要方向。

2. 灌溉农业发展阶段

美国西部地区的年平均降水量在500mm以下，是美国农业灌溉最集中的地区，也是粮食的主产区。美国约80%的灌溉面积位于西部17个州，据美国农业部2020年的数据，美国西部地区灌溉面积达到1195.90万hm^2。其灌溉农业发展可分为1865—1890年的自由放任时期、19世纪90年代至20世纪初的国家干预时期、20世纪40年代以来的快速增长时期3个时期[10]。

（1）自由放任时期。这一时期主要通过推行土地立法，间接刺激西部建设灌溉水利工程以及其他一些人工供水设施。特别是《植树法》《沙漠土地法》的颁布，推动了美国西部土地开垦和农业的发展。1836—1985 年，美国中西部新开垦的耕地面积为 14.87 亿亩，是原有耕地面积（9.71 亿亩）的 1.53 倍。国会制定的《植树法》主要受当时一些科学家的理论影响，认为植树可使干旱、半干旱地区降水量增加，希望通过种植树木改善西部大平原区域的气候。《植树法》规定任何人都可申请无树土地，只要在 8 年中种植 60.7 亩树木，就可获得产权。联邦森林局 1905 年的调查显示，内布拉斯加州种植森林 121730km²，堪萨斯州种植森林 88060km²，科罗拉多州种植森林 72520km²。再加上随后通过的《沙漠土地法》，收到越来越多以发展灌溉为条件申请土地的请求。可以说《植树法》《沙漠土地法》等土地立法的颁布是发展西部灌溉业政策自由放任特征的集中体现。自由放任政策对西部灌溉业发展起到了促进作用，为西部农场主筹建和建设灌溉工程所需资本提供了良好环境，使社会资本直接投资灌溉农业，促进了西部私营灌溉农业的繁荣。

除利用土地政策刺激灌溉农业发展外，联邦政府也直接介入了一些农业发展事务，如联邦承担西部灌溉工程建设的勘测任务，以及国会拨款进行人工增雨和钻井实验。国会在授权法中要求勘测有可能修建水库的地点、测量西部河流流量、准备工程规划方案及其他一些与发展灌溉相关的事务，并且国会严格控制联邦政府在这方面的财政支出，不允许干预超越自由放任政策的范畴。

（2）国家干预时期。在 19 世纪 90 年代，联邦自由放任政策遇到了巨大的挑战，陷入了"破产"境地，在严重干旱、经济危机和农场主运动的影响下，开始向国家干预转变。政策转变的主要原因如下：

1）19 世纪 90 年代西部暴发了大面积旱灾，而且持续时间长，有的地方持续时间竟长达 3～4 年，使东科罗拉多州的大部分拓荒农场主陷入了赤贫，堪萨斯地区的小麦、谷物产量降低，有些县甚至颗粒无收，西部边疆开发线大幅度后退。1887—1891 年，共计有 18 万人离开了堪萨斯州。由于西部边疆艰苦的条件，人们开始批评联邦的自由放任政策，要求政府资助修建灌溉工程。

2）19 世纪 90 年代的经济危机使西部私营灌溉农业的繁荣遭到了打击并最终破灭，东部资本纷纷逃离西部，外国投资企业在西部灌溉公司的投入也大大减少。据塞缪尔·福捷估计，1885—1895 年投在灌溉企业上的资本，没有产生红利，原有的资本也大部分损失。投资 125 万美元的犹他贝尔湖和贝尔河灌溉公司，在 1894 年宣布破产，售价仅 5.5 万美元。没有了私人资本的投资，联邦鼓励推行的自由放任政策也难以发挥应有的效力。

3）19 世纪 80—90 年代是美国农业危机最严重的阶段，由于农产品价格急剧下跌造成农民经济情况恶化，农场主与灌溉公司的冲突数不胜数，以农场主为参与主体的平民主义运动爆发，反对当时的经济垄断，指责灌溉企业企图垄断水资源的行为，要求政府对垄断企业进行限制。最终，联邦政府实行了一些限制外国资本对灌溉农业投资的法令，使得自由放任政策彻底破产。

在上述三重打击下，西部灌溉农业政策开始发生变化。1894 年，国会制定了《凯里法》，授权各州和领地发展西部灌溉农业，法案中削弱灌溉公司、垄断企业的服务色彩，然而《凯里法》并没有考虑到修建灌溉工程、开垦荒地的资金来源，在西部并没有得到积极的响应，这也表明了各州和领地无力承担发展西部灌溉业的重任和资金负担，促使要求联邦主持发展西部灌溉业的呼声高涨。《凯里法》的失败成为自由放任政策转向国家干预的转折点。直到 1902 年，在西部议员和西奥多·罗斯福总统的努力下，西部提出的《国有土地灌溉开垦法》在国会中获得通过，标志着美国发展西部灌溉农业国家干预政策的正式确立，即美国灌溉农业发展进入了国家主导、多层次管理的发展模式。

(3) 快速增长时期。1860 年以前，美国基本上没有大型灌溉工程，许多小型灌区沿着河流分布，1870 年累计灌溉面积不超过 182.1 万亩。然后政府通过发行股票和债券，鼓励私人投资兴建水利工程，截至 1890 年，西部灌溉面积已发展到 2185.2 万亩。20 世纪30 年代末，美国农业经历了一场生产力革命。从 1900 年到 1935 年，作物单产停滞不前；但此后的 60 多年里，作物单产平均每年增长 2.1%，主要由于农业灌溉技术、农业生物和化学技术、农业机械化和农业信息化的发展、农业政策调整，促进了农业发展。Edwards与 Smith 等[11] 系统分析了灌溉技术革新在农业发展中的重要作用，灌溉与非灌溉农田作物亩产值对比如图 1-7 所示。1940 年以后，农业灌溉显著增加了作物产量。到 2012 年，28% 的灌溉农田生产了近全国一半的作物产值。

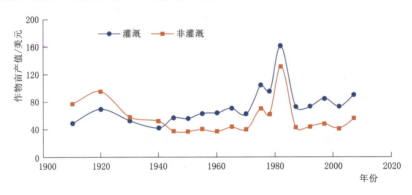

图 1-7　灌溉与非灌溉农田作物亩产值对比图

特别是在 1940 年，蓄水、调水工程（如 1936 年建成 Hoover 大坝）的投入运行，极大推动了美国西部 17 个州的灌溉农业发展，灌溉面积显著扩大，近 100 年美国西部灌溉面积演变过程如图 1-8 所示。灌溉面积扩大主要是由于水利工程修建提供了地表水源，以及电力保障了地下水开采，同时农业政策调整减轻了农场主的负担，并逐步发展了不同形式的灌溉农业组织形式，灌溉农业进入了发展节水灌溉技术、应用生物技术、调整产业结构、增加农业生产效益阶段。根据 2020 年美国农业部数据，美国西部 17 个州中，灌溉

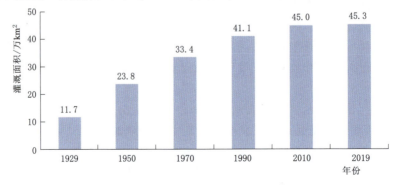

图 1-8　近 100 年美国西部灌溉面积演变过程图

面积最大的州是加利福尼亚州（478 万 hm²），其次是犹他州（383 万 hm²）、爱达荷州（335.8 万 hm²）、德克萨斯州（291 万 hm²）等。

3. 节水灌溉技术发展

为了提高灌溉水利用效率，美国早在 20 世纪 20 年代就已应用管道输水技术，低压管道灌溉面积已占总灌溉面积的 50%。第二次世界大战以后，西方国家喷灌技术和机具设备的研发得到了迅速发展。在美国西部 17 个州喷灌技术得到了广泛使用，1996 年美国喷灌面积达到 1082 万 hm²，占美国灌溉面积的 44%，其中圆形和平移式大型自走喷灌机的喷灌面积占美国喷灌面积的 64%。美国西部 17 个州的灌溉面积占全国总灌溉面积的83.1%。灌溉农田主要集中在加利福尼亚州、德克萨斯州、科罗拉多州、内布拉斯加州、爱达荷州。总灌溉面积 1795.5 万 hm²，其中喷灌面积为 334.9 万 hm²，占总灌溉面积的19%。灌溉区主要栽培柑橘、葡萄（83%灌溉）、蔬菜（81%灌溉）、土豆（82%灌溉）、糖用甜菜和其他经济价值高的作物。特别美国加利福尼亚州节水灌溉技术迅速发展，形成了多种形式节水灌溉技术模式，主要包括以下方式：

（1）地面灌溉技术。地面灌水技术在美国农业灌溉中占主导地位，50%以上的农业灌溉采用地面灌水技术，主要包括沟灌、畦灌。美国对沟灌与畦灌进行了改进，沟灌或畦灌大都采用管道输水，灌溉水通过管道直接输送到沟、畦田，大大降低了输水过程的水分损失。同时，通过激光平地、波涌灌溉、尾水回用等技术，灌溉均匀度达 80%以上，田间灌水效率达 70%～80%，具有较显著节水增产效果。因此，美国西部地面灌溉通过管道输水、土地平整、先进地面节水灌溉技术的应用，形成了美国先进的地面节水灌溉技术体系。沟灌是美国地面灌溉的主体，约占地面灌溉的 70%以上，主要应用于果树和棉花、花生、蔬菜等行株型种植作物。在美国，畦灌主要应用于大田密植作物如小麦等灌溉，并采取大流量快速推进方式，畦田规格根据农田、作物、水源情况确定，同时畦田都采用了激光平地技术进行平整。特别是波涌灌溉技术的应用，提高了美国地面灌溉均匀度，使田间水分利用效率得以显著提高。

（2）喷灌技术。根据水源、田块和作物类型，美国采用了多种形式的喷灌技术，包括时针式、滚移式、平移式、卷盘式、支架式等，形成了微喷、小型喷灌到喷灌一系列喷灌技术模式。其中草皮、养殖场以平移式为主，大田作物则多用时针式、平移式或卷盘式。支架式喷灌包括固定式或半固定式喷灌，小型喷灌主要用于低矮密植作物，如蔬菜、草莓等。同时，美国喷灌面积约占灌溉面积的 45%。为了减少水分蒸发和提高灌溉均匀度，可降低喷头流量，利用小流量喷头代替大流量喷头。

（3）滴灌技术。滴灌也是美国应用较多的一种节水灌溉技术，主要应用于林果灌溉。如葡萄园大都采用滴灌技术，滴灌可提高葡萄产量、改善葡萄品质，从而进一步提高葡萄酒的品质。为了防止滴灌堵塞，美国对水质过滤处理极其严格，一般采取 3～4 级过滤。特别是压力补偿式滴头的研制与应用是滴灌技术在美国得以快速应用的一个主要原因。

（4）微灌技术。美国研发和推广应用了多种形式的微灌技术，如小管出流技术，用于林果灌溉等。此外，还特别重视喷微灌系统配套性、可靠性和先进性，注重新设备和产品研制与开发，特别重视设备和产品的标准化、系列化、通用化，不断推出新产品或品种。自 2000 年以来，进一步发展了地下滴灌或渗灌技术，可减少土面蒸发，提高水分利用效率，增加作物产量，改善果实品质，在美国一些干旱地区开始了大面积应用，微灌技术的发展进一步提升了灌溉水利用效率。

4. 现代农业发展

作物生长不仅取决于土壤水分状况，而且与肥料、品种、耕作和栽培等管理技术密切相关。美国中西部实施少免耕残茬覆盖技术，使中西部旱区 17 个州生产的高粱占全国总产量的 90%，小麦占全国总产量的 80%，棉花占全国总产量的 45.2%，并且该技术已被世界许多国家同类地区所采用。为了提升灌溉农业生产效率，美国将节水灌溉技术与先进农业科学和技术有机结合，形成了美国现代农业生产体系，不仅降低了人力投入，更是追求农业生产的规模优势。特别是从 20 世纪 80 年代开始，伴随着美国大都市化迅猛发展及产业结构升级，乡村传统的资源型经济（特别是伐木和采矿等掠夺型经济）日益萎缩，新兴产业步履维艰，乡村社会失业率与日俱增。20 世纪 80—90 年代，美国政府把振兴乡村经济纳入了农村可持续发展的总体战略，并就农业地区的发展问题进行专题研究，出台各项优惠政策措施。县、州、联邦等各级政府，制定了一系列乡村发展规划和扶持政策，为乡村发展和乡村经济结构转型提供了契机，使现代农业科技与节水灌溉有机结合，有效推进了灌溉农业可持续发展，实现了灌溉农业规模化、集约化、机械化、智能化生产与经营。

(1) 规模化生产和经营。美国西部地区是全球最大的农业生产区之一，以灌溉农业为主，规模化经营已成为当地农业的主要特征。规模化经营是指农业生产中的大规模生产，通常涉及大面积的土地、机械化生产以及科技的应用。美国西部灌溉农业规模化经营有如下主要特征：

1）农业企业化程度高。美国西部农业经营大多由农业企业来主导，农业企业通常拥有大量土地和资金，通过现代化的生产方式来提高农业生产效率，实现规模化经营。大型农业企业往往采用集约化管理和先进技术，进行农业生产、销售和服务等方面的整合，以降低生产成本，提高效益。

2）科技创新加速农业现代化。近年来，随着信息技术的迅速发展，美国西部地区农业科技也不断创新。现代农业机械化、精准化和自动化生产方式逐渐代替了传统农业生产方式，提高了农业生产效率。如在美国西部灌溉农业中，引入了智能灌溉系统和自动气象站技术，能够更加准确地控制灌溉量和时间，降低用水量，从而提高作物产量和质量。

3）农业专业化程度高。由于规模化经营的特点，美国西部灌溉农业中不同的农业企业通常会专门生产某一类农作物，从而形成了农业生产专业化。如加利福尼亚州主要生产坚果、葡萄、蔬菜等高附加值农作物，而内华达州则以草莓、洋葱、马铃薯等作物为主。农业专业化程度的提高有利于企业化生产和供应链管理，促进农业现代化。

(2) 现代科技与节水灌溉融合。为了提升灌溉农业生产效能和经济效益，美国在农业高科技方面开展了大量研究，并应用于农业生产。先进农业科技应用主要体现在农业机械化、农业生物技术和农业信息化技术 3 个方面。

1）农业机械化。美国农场农业生产过程实现了机械化，包括农业耕作、栽培、收割、运输和储存等各个环节。农业机械包括平地机械、深松机械、播种机械、植保机械、联合收割机以及各种联合作业机械，以及各种先进的沟灌、喷灌、滴灌设备等，实现了从耕地、播种、灌水、施肥、喷药到收割、脱粒、加工、运输、精选、烘干、贮存等农业生产领域的机械化。大规模机械化生产极大地提高了农业生产效率。目前，美国农场平均每一个农业劳动力可以耕地 2731.5 亩，可以养殖 6 万～7 万只鸡、5000 头牛，可以生产谷物 10 万 kg 以上，以及生产肉类 1 万 kg，供给 98 个美国人和 34 个外国人的食品需求。

2）农业生物技术。为了大幅度地提高动植物的品质、产量和抗病性，以及提升农业生产效率，美国高度重视生物技术研发及其在农业生产领域里的应用。特别转基因植物是现代农业生物技术研究和应用的一个重点领域。截至 2004 年，通过基因重组这种生物技术育种方法，美国已成功地培育了抗虫棉、抗虫玉米、抗除草剂玉米、抗虫马铃薯、抗除草剂大豆等诸多转基因作物，极大地提高了美国农作物的品质和产量。同时，利用培育的抗虫作物有效减少了杀虫剂的使用，控制了环境污染，实现了高产和环保的双赢，使农业发展由传统农业向生物工程农业时代过渡。

3）农业信息化技术。美国广泛应用信息化技术推动了精确农业发展，有效降低了农业生产成本，提高了生产效率和国际竞争力，其信息化体系涵盖农业网络信息系统、农业生产与经济数据库及专用信息网。核心技术如 3S（遥感 RS、地理信息系统 GIS、全球定位系统 GPS）和无人机系统（UAS）得到深度整合。利用 3S 技术和智能控制系统（如 Rainbird 无线系统），结合高清晰地图、实时田间与气象数据，农场主可精确调整各项管理措施，实现水肥、农药、种子的变量投入与精准灌溉，GPS 引导农机作业并依据数字化地图评估土壤与作物状况。精准农业技术显著节省了肥料（10%）、农药（23%）和种子（25kg/hm²），同时提升了小麦、玉米产量 15% 以上。此外，RFID 技术用于目标追踪，网络信息系统则帮助农场主获取市场信息，优化产销决策，降低经营风险[12]。

（3）农业的先进组织形式。在竞争激烈的市场经济中，农业需依靠培育新型组织和经营主体来提升市场竞争力，经过高度工业化、产业化进程，美国农业形成了专业化分工、农业产业化经营的重要组织形式。

1）合作社组织形式。美国的社会组织化程度高，其合作社涉及产前、产中、产后和居民消费整个过程。为了方便全国农户的生产经营，美国政府一直将农业合作社和粮食行业协会作为农业服务体系中的重要组成部分。美国农业合作社主要有销售和加工合作社、物资供应合作社、信贷合作社、农村电力和电话合作社、服务合作社（专门从事灌溉、运输等特别服务的合作社）。美国农业灌溉技术推广体系完备，由联邦农业部推广局、州推广站、县推广办和县推广理事会 3 个层次组成，其中州推广站是农业推广体系的核心，站长由州立大学农学院院长兼任，从而把农业教育、科研和推广三者紧密联系在一起。此外，农业部还在各地拥有十多个从事农田灌溉试验研究的中心示范区，提供各种信息和技术服务，并无偿培训农民，引导农民自觉采用先进灌溉技术。

2）集约化组织模式。为提升灌溉农业效率与降低成本，美国探索了多种规模化集约生产组织模式，其中新奇士种植者协会（Sunkist Growers Inc.）成效显著。该协会成立于 1893 年，是全球历史最悠久、规模最大的非营利柑橘营销机构，由加州和亚利桑那州 6000 多名柑橘种植者（多为小型个体果农）共同拥有。新奇士采用全球辐射与本土策略相结合的品牌营销模式，为社员提供统一种植计划、定价与宣传。协会为每棵果树建立电子档案，记录种植信息和生长情况，结合 RFID 技术实现全程追溯。成熟果实经协会统一采摘、自动化挑选、分级包装，未被选中的果实则送往饮料厂加工，避免浪费。1977 年起，新奇士拓展产业链，建立饮料生产线和副产品加工厂。美国农业发展还得益于流水线生产技术和农业创业公司的科研支持，如微生物农业公司 AgBiome 专注研究微生物菌群对农作物生长的影响，已对 26000 种微生物进行测序，通过 Genesis 平台系统地提取和筛选土壤中具有特定功能的微生物，不仅提高了产量和品质，同时促进了环境保护与可持续发展。

1.3.2　以色列灌溉农业发展历程

以色列耕地面积少，60％以上的国土处于干旱与半干旱地区，降水量少、季节性强且区域分布不均，水资源严重匮乏。尽管以色列农业发展先天资源严重不足，但由于长期致力于农业节水技术的研发，因地制宜地建成了现代化的高效节水型农业，最大限度地利用水资源，成为世界旱区农业发展的典范。特别是以高附加值经济作物为主的出口主导型种植业，大力提升了灌溉农业的经济效益。自建国以来，以色列农业生产增长了 12 倍，而农业用水量只增长了 3.3 倍，以色列先进的灌溉技术对农业高速发展发挥了重要作用。

1. 自然资源状况

(1) 气候条件。以色列地处中东地区东部、亚洲大陆地中海东南角，西临地中海，国土面积约为 2.78 万 km^2，其中沙漠面积约占总面积的 2/3 且集中在南部地区，土壤条件多为灰钙砂砾土、砂土，土层较薄，耕地主要分布在北部滨海平原、加利利山区以及约旦河谷。以色列沿海地区为亚热带地中海气候，夏季炎热干燥，温度在 32～38℃，河谷地区温度有时可达 40℃以上。全国降水量少且分布不均匀，年均降水量只有 500mm。50％的国土面积年降水量少于 150mm，绝大部分地区属于干旱、半干旱区，只有北部约 20％的地区为半温润地区。除每年 11 月至次年 3 月为雨季外，其余 7 个月连续处于干旱季节，而年际降水变化幅度也高达 25％～160％。大多数土地的年干旱指数（降水与潜在蒸散比 P/ET_0）为 0.05～0.65[13]。

(2) 水资源状况。以色列是一个位于中东地区的国家，地处地中海东岸，周边为黎凡特山脉和约旦河谷。由于水资源严重短缺，以色列建立了世界上最先进的水资源管理系统，利用节约用水技术手段，缓解了水资源短缺问题，成为全球水资源管理的典范。

1）水资源总量。以色列的水资源非常有限，全国水资源总量约为 17.8 亿 m^3。其中，地表水资源约为 4.8 亿 m^3，地下水资源约为 11 亿 m^3，其他水源约为 2 亿 m^3。以色列境内只有以约旦河和加利利湖为中心的一条水系，地表水资源分布极不均匀，80％集中在北部地区。以色列 85％的居民饮用水、50％的农用水均来自加利利湖。多年平均径流量为 20.45 亿 m^3，人均年径流量为 403m^3，约是我国人均年径流量的 18％。全国人均年拥有水资源量为 300m^3，只占世界人均年拥有水资源量的 1/30，淡水资源严重短缺[14]。

2）农业用水情况。根据以色列中央统计局的数据，以色列农业用水量约占全国用水总量的 60％。但由于采用先进的灌溉技术，其农业用水效率高。以色列农业用水量在 1983—2017 年间大幅减少，从 13.6 亿 m^3 下降到约 7.5 亿 m^3，降幅达 45％。尽管用水量显著减少，以色列农业产值在同期却增长了约 6 倍，这主要归功于滴灌技术的推广和精准农业的发展。目前以色列已有 92％的农田采用节水灌溉技术，农业用水效率位居世界前列[15]。

2. 灌溉农业发展成效

(1) 灌溉农业规模。自 20 世纪 70 年代以来，以色列兴修水利，将不毛之地改造成肥田沃土，使灌溉土地从 3 万 hm² 增加到 25.5 万 hm²，占可耕地面积的 59.7%。经过几十年的努力，以色列节水灌溉技术已处于世界前列，农业得到迅速发展，农业种植区由 400 个增加到 750 个，种植业主要包括小麦、玉米、棉花、柑橘、葡萄、蔬菜和花卉。以色列食物自给率从 1955 年的 63% 上升到 1994 年的 97%，不仅实现了粮食基本自给自足，而且水果、蔬菜和花卉等农产品还销往欧美市场。由于以色列的城市化进展迅速，农村人口已由 12% 下降到 6%。

(2) 灌溉农业的贡献。自以色列建国以来的 70 多年间，以色列的灌溉农业总产值发生巨大的变化。以色列政府大力推行灌溉农业，通过开挖水渠、修建水库、建设灌溉系统等措施，逐渐将沙漠化的土地变成了肥沃的农田。在此过程中，以色列的灌溉农业总产值也发生了很大的变化。建国初期，以色列的灌溉农业总产值较低，但到了 1970 年，这一数字已达 2.7 亿美元。随着以色列经济的发展和技术的不断进步，以色列的灌溉农业总产值在此后几十年里继续保持了稳步增长的趋势。1970—2019 年，以色列农业总产值从 7.8 亿美元上升至 58.4 亿美元，其中灌溉农业产值从 2.7 亿美元上升至 39.7 亿美元，灌溉农业产值的占比从 34.6% 上升至 68.0%（图 1-9）。除总产值增加外，以色列农业生产效率也在不断提高。在过去的几十年里，以色列通过创新农业技术和科学的管理方法，成功实现了农业的现代化[16]。

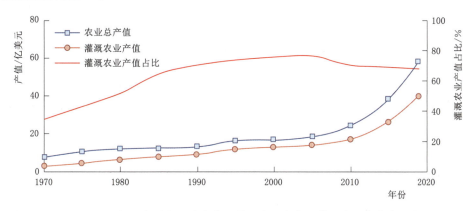

图 1-9　1970—2019 年以色列农业总产值、灌溉农业产值及灌溉农业产值占比变化趋势图

3. 节水灌溉与智能管理

在过去的几十年里，以色列灌溉技术不断进步，现已成为灌溉领域的领先者之一。在这种高效节水灌溉技术的支持下，以色列的农业已经成为世界灌溉农业的典范，特别是灌溉智能化管理技术发挥了重要作用。灌溉智能化管理技术是一种智能化的灌溉系统，通过对田间温度、湿度、降水量等环境数据的监测，结合农作物的特点和需水量进行智能化的灌溉，实现了水的精确控制，大大提高了农作物的产量和质量。灌溉智能化管理技术主要是通过建立一个具有自动化控制和智能化分析功能的灌溉系统，实现农田的水资源精确调控，从而提高农作物的产量和品质。

（1）智能监测。以色列运用先进技术对土壤和水分进行监测，精确地掌握作物生长所需的水分和营养，包括土壤水分传感器、气象站、无人机和卫星图像等。通过这些技术手段，农民可以及时调整灌水量，减少水分的浪费，保证作物的生长质量。同时，以色列农民使用智能化系统监测植物生长的状况，帮助其预测病虫害和其他植物疾病的发生。这些技术的应用有效减少了化学农药的使用，保护了环境和人类的健康。以色列在农田环境监测方面，还借助了大数据、人工智能等技术分析土地的历史数据和监测数据，以便更好地预测未来的情况，并进行更好的规划和调整。这种技术有效帮助农民优化土地的使用，提高农业生产的效益和达到环境保护目的。

（2）智能决策。灌溉智能决策技术的核心是将现代技术与农业生产相结合，以精确地调控水分的利用，通过使用多种传感器，如土壤水分传感器、气象传感器、作物生长传感器等，收集有关农作物、土壤和气候条件的数据。这些数据被发送到一个中央控制系统，该系统使用算法和模型分析数据，制定最佳的灌溉方案。通过使用传感器和数据分析，可以实时监测土壤和气候条件的变化，并及时调整灌水量，从而提高水的利用效率。此外，该技术还可以根据植物的需求，为每个农作物定制灌溉计划，从而最大限度地提高农作物的产量和质量。

（3）智能管控。以色列灌溉智能控制技术是一种先进的灌溉系统技术，其利用现代化的传感器、控制器和计算机技术，实现了对灌溉过程的精准控制。以色列灌溉智能控制技术采用了现代化的传感器和控制器，通过安装多种传感器，实时监测灌溉现场的气象和土壤情况。控制器则根据传感器提供的数据，自动进行灌溉计划的制定和实施。灌溉计划不仅需要考虑土壤湿度和气象条件等外部因素，还要综合考虑不同作物的需水量和灌溉周期等内部因素。计算机可以通过数据分析和建模，为每个农田提供最佳的灌溉方案。同时，计算机还可以将多个农田的灌溉计划综合起来，协调农田之间的水资源分配，提高整体效益。以色列灌溉智能控制技术还采用了移动互联网技术，通过手机或平板电脑等移动终端，农民可以随时了解农田的水分情况和灌溉进度，实现远程控制和监管。这样，农民可以更好地掌握农田的水分状况，做出合理的灌溉决策，提高农业生产的水平和效益。

4. 节水灌溉与污水回用

以色列水资源归全体人民所有，由政府统一管理，具体执行部门为以色列国家供水公司。由于以色列水资源短缺，随着社会经济发展，水资源供需矛盾日益突出。在淡水资源难以满足生产需求的情况下，1972年以色列政府制定了"国家污水再利用工程"计划，开展利用污水进行灌溉的试验研究，规定城市的污水至少应回收利用一次。目前，以色列100%的生活污水和72%的城市污水进行了回用，为世界上污水回用比较先进的国家。以色列将污水通过不同的过滤装置，降低其污染物质和细菌含量，经过污水处理后的水46%可直接用于灌溉，其余34%和20%分别回灌于地下或排入河道。利用处理后的污水进行灌溉，不仅能有效增加灌溉水源，而且能起到防止污染、保护水源的作用，使因灌溉农田而干涸的河流恢复生机[17]。主要国家污水回用于农业灌溉情况如图1-10所示。

利用污水灌溉作物，需要评估如何保持作物和农田地下含水层（淡水的来源）不受毒素污染，并且农民起初确实感到不适应，推广应用难度大。直到20世纪70年代，特拉维夫市展开相关实验，将废水投入城市以南12.88km的数座沙丘之中。沙子作为一种天然

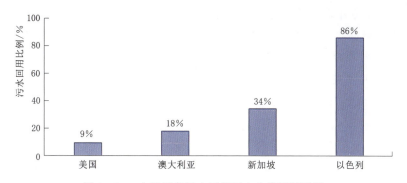

图 1-10 主要国家污水回用于农业灌溉情况图

的过滤器，可将水引入附近的含水层，并持续向南引流过滤，供农业使用。这一自然过程需持续 6～12 个月左右，经过处理后的水虽然不能饮用，但其他性质与淡水已无明显差异。同时，在利用处理后的水灌溉时，根据水质和土壤状态，确定适应灌溉的作物种类，制定合理的灌溉策略与方式，便于水中物质的分解和避免地下水体污染。用于灌溉的作物主要有棉花、柑橘、鳄梨等。目前，全国 $28500hm^2$ 棉花几乎全部采用处理后的污水进行灌溉[18]。

以色列建立了一系列的废水处理设施和水库基础设施，从污水处理、储存到运送再生水，几乎覆盖国内每个城市。如海法市将污水就地进行二级处理后，输送到 30km 以外的 Jeezrael 地区的水库储存，用于该区的作物灌溉。再生水改变了以色列的水面轮廓，与滴灌和特殊培育的抗旱种子的作用一样，系统处理的污水灌溉改变了农业景观。目前，无论雨水丰沛还是稀少，以色列都能够满足国内对农产品的需求，并成为一个重要的农业出口国。为便于科学利用污水，以色列还将全国按自然流域划分为 7 个大的区域，每个区域内按污水产生数量制定了利用计划。目前，以色列农业使用的水源中，约一半是来自高度处理的废水。

在污水回用技术应用模式方面，以色列还将污水处理与地下水更新有机结合，形成水资源二次利用模式。如位于特拉维夫市附近的沙夫丹污水处理净化厂，主要用于处理特拉维夫市排放出的工业和生活污水，并逐步发展成为全国最大的污水处理净化中心，日处理污水量达 34 万 m^3。处理后清水再注入地下，供农业灌溉时抽取使用。为鼓励农业经营者多使用二次净化水，净化水价格低廉。目前，以色列每年有 2.3 亿 m^3 的二次净化水用于农业生产，占农业用水总量的 19%。在 2010 年，农业生产用水的 1/3 使用二次净化水。这不仅节约了水资源，同时也最大限度地避免了各种废水大量排放对有限的土地资源与环境造成污染，有利于土地和生态环境的保护。

由于用水需求的增加，当陆地淡水资源短缺时，人们将海水利用作为缓减淡水资源短缺的重要水源。历经 50 年的研发，以色列海水淡化技术在安全性、经济性、稳定性等方面取得重大进展，采用反渗透膜处理技术，将海水淡化后用于生活用水。以色列主要淡化工程位于濒临红海的埃拉特附近，该城市的饮用水是通过两家工厂联合淡化处理的水，每天产水量为 $36000m^3$。自 1999 年起，在政府的大力鼓励下，以色列相关企业开始通过海水淡化改变国家缺水状况，建设若干微型海水脱盐工厂。目前，以色列大约 70% 的饮用水来自海水淡化。2020 年，以色列的海水淡化水源完全替代了水库水源，海水淡化水源能满足全国用水要求。同时，以色列还发现棉花、西红柿、西瓜等一些农作物可以用浓度高达 4.5g/L 的咸水进行灌溉，采用滴灌方式防止盐类在植物根部聚积。

5. 种植结构与产业发展

以色列建国后一直追求实现粮食等农副产品的自给，到 20 世纪 60 年代末期，以色列粮食作物种植面积为 6.74 万 hm²，占种植业用地面积的 70.6%，而园艺用地面积仅为 11.16 万 hm²，导致粮食和其他农副产品长期大量进口，给国家财政造成了沉重负担。为了提高灌溉农业生产效益，在 20 世纪 70 年代以后，以色列政府积极调整种植结构，注重农业单位灌溉水的边际效益，强调作物高效灌溉，减少大田作物尤其是小麦的灌溉，并培育高产优质且耐旱、耐盐碱的作物；逐步减少了对水土资源要求高、产出较低的大田作物种植面积，扶植蔬菜、水果、花卉等种植，尤其是大力发展创汇农业。以色列实施集流节水耕作技术，充分利用农田自然降水，保护和改善土壤性能，抑制土壤表面无效蒸发，以增加降水—土壤水—作物水的转化效率，促进农田综合生产能力的持续提高。

以色列根据国际市场和本国自然条件，采用出口高附加值产品和购置国际粮、油、糖等产品的方式，逐步优化农业种植结构和农业产业布局。从 20 世纪 80 年代开始，农业生产实现产业化，从以粮食生产为主，转向发展高品质花卉、畜牧业、蔬菜水果等出口的农产品和技术，利用高科技、现代化管理不断提高农业效益，形成高投入、高科技、高效益、高产出的特色农业发展模式，建成了一整套因地制宜的节水灌溉、农业科技和工厂化现代农业管理体系。

(1) 结构调整与专业种植。以色列通过专业种植缩减粮棉的播种面积，其中：谷物播种面积由 1981 年的 5.9 万 hm² 下降到 1994 年的 4.5 万 hm²，减少 23.7%；棉花播种面积由 1984 年的 6.3 万 hm² 下降到 1993 年的 1.57 万 hm²，减少 75.1%。在农业结构调整中，大力发展园艺作物，培育水果、蔬菜、花卉等经济作物的专业化生产区，如北部滨海平原的柑橘类生产中心、加利利山区的橄榄和烟叶生产中心、太巴列湖的农作物综合生产区。1995 年，以色列的水果、蔬菜总产量增加到 304 万 t，花卉产量为 14 亿支，园艺作物产值高达 16.3 亿美元，占种植业总值的 79.94%。到 2021 年，以色列种植业总产值达到 70.10 亿美元，园艺作物（水果、蔬菜、花卉）产值增至 46.40 亿美元，尽管园艺作物占种植业比例下降至 66.19%，但总体规模较 1995 年仍实现了近 3 倍的增长[19]（表 1-1）。

表 1-1　　　　　　　　　　2021 年以色列种植业产值和出口产值构成

项　　目	种植业	园 艺 作 物				
		水果	蔬菜	花卉	小计	园艺作物占种植业比例
产值/亿美元	70.10	18.90	21.60	5.90	46.40	66.19%
出口产值/亿美元	52.80	14.20	15.40	6.60	36.20	68.56%

(2) 国际需求与市场竞争。以色列生产的水果、蔬菜、花卉等高收入产品质量好，在国际市场上有很强的竞争力，因此在调整农业结构时重视发展出口产品，充分参与国际竞争。从农产品进出口贸易平衡来看，在 20 世纪 80 年代末至 90 年代初，其出口与进口的比值都在 90% 以上，有的年份甚至出现出口大于进口。如 1990 年，进口为 1.1968 亿美

元，出口则达到 1.2885 亿美元。到 1995 年，种植业农产品出口总值占农产品出口总值的 77.4%，是 20 世纪 80 年代的 1.9 倍。以色列通过大力发展高科技、高收入的外向型出口农产品，弥补了其自身自然资源的不足。在 2003 年，以色列的农产品出口额为 19.63 亿美元，2010 年为 36.93 亿美元，2021 年达到 65.75 亿美元。在 2003 年，以色列的农业科技投入为 0.48 亿美元，2010 年为 0.837 亿美元，2020 年达到 1.566 亿美元。以色列通过国际市场的交换，在很大程度上满足了国民对农产品的需求，这也是以色列农业成功的重要经验，农产品出口已成为推动以色列农业发展的一个重要动力。2003—2022 年，以色列的农产品出口额及农业科技投入均呈现持续增加的发展态势（图 1-11）。

图 1-11　2003—2022 年以色列农产品出口额及农业科技投入变化图

（3）农业科技与农村发展。以色列的农业生产技术是现代科技与生产实际相结合的成功例证。据统计，20 世纪 60—80 年代，农业科技进步对以色列农业产业增长的贡献率约为 50%。如培育出的矮藤无核葡萄、不辣的红椒等新品种，以及用基因工程培育出的奶产量居世界第一的霍斯坦奶牛，还培育出了各类可以抗病、产高品优的品种，以及在炎热气候下只需要消耗较少水的种子。这些先进的农业技术促进了以色列农业结构的调整。随着农业生产机械化水平不断提高，为了安置农村剩余劳动力，通过基布兹、莫沙夫等经营组织发展第二及第三产业，实现农村产业结构调整，为农民的生产和生活提供服务。通过发展农产品加工，提高农产品的质量和市场竞争力，并提高附加值，增加农民收入。1992 年，从事农业的人员在农村就业人员中占比仅为 21.8%，其他 78.2% 的劳动力已转移到第二及第三产业中。目前，以色列的多数农业经营组织都已发展成为种养加、贸工农一体化的综合经营组织。不同产业的有效结合，不仅推动了农业的发展，而且使整个农村经济充满了活力[20]。

6. 科技服务与组织模式

根据以色列农业和农村发展部数据，以色列将 17% 的农业预算用于支持科技研发。2021 年，政府投入了约合 500 万美元的资金用于农业数字化学术研究，投入约 3500 万美元用于农业科技实用性转化，以推动数字农业的普及。在节水理念和科技创新的双重驱动下，以色列农业科技体系非常完善。

（1）农业科研机构体系。以色列农业科研机构由农业科研管理机构、农业科研执行机构组成。农业科研管理机构是全国农业科技管理委员会，负责农业科技的管理。农业科研执行机构包括政府级别科研机构、农业科教机构和公司类社会研究机构，负责具体农业科研和农业人才的培养工作。同时，以色列重视国际培训合作和技术传授，在本国及海外举办课程、建立示范农场，每年组织人员就专业领域管理参与培训计划，以加强后期服务体系建设。

（2）农业科技推广体系。以色列通过农业部下设的农业技术服务推广局及 9 个区域性的地方农业科技推广机构两个层次的农业技术推广体系实现对农业科技的推广。以色列农业和农村发展部的农业推广服务中心建立于 1949 年，设有养牛、养羊、养禽、养蜂、土壤和灌溉、植物保护、农业经济、行政管理、培训与传播、大田作物、蔬菜、花卉、果树、柑橘等 14 个专门委员会，主要承担着政府农技推广的职能，负责收集、检查和分析各方面的研究成果，并通过培训等各种方法将技术传授给农民。农业和农村发展部的农业推广服务中心分为总部和区域推广中心，其中：总部负责收集、分析各种农业研究试验成果的适用性和预期应用效果，根据市场和需求来制定种植计划；对于具有社会经济价值的试验研究成果，由区域推广中心（人员占总人数的 2/3）负责通过培训、示范等各种形式向适用范围内的农民推广和传播，并及时向总部反馈推广效果和需要解决的问题。两个层面的农业科技推广机构功能互相协调，相互衔接，形成农业科技推广的合理体系。由于具有完善的农业科技体系的支撑，节水农业技术推广到了农业生产第一线，取得了较好效果。

综上所述，以色列通过发展节水灌溉技术、污水回用技术、适时调整农业种植结构、积极开展农业生产组织和科技成果推广等活动，大力提升了灌溉农业生产效能和经济效益，推动了灌溉农业高质量发展。

1.3.3　咸海灌溉农业发展历程

中亚咸海曾是世界第四大湖泊，位于乌兹别克斯坦与哈萨克斯坦两国交界处，地处图兰低地，是阿姆河和锡尔河的尾闾湖。咸海属典型的大陆性气候，年降水量不足 300mm；每年 1—2 月间，北部平均气温为 -12℃，南部为 -6℃；每年 7 月北部气温为 23.3℃，南部为 26.1℃。咸海流域面积约 141 万 km^2，包括哈萨克斯坦、吉尔吉斯斯坦、塔吉克斯坦、土库曼斯坦、乌兹别克斯坦、阿富汗、伊朗等 7 个国家。流域地形整体东高西低，地貌形态变化多样，东部和东南部为天山和帕米尔高原的高山、峡谷和丘陵区；西部和西北部为图兰低地，以沙漠、草原和绿洲为主，其中卡拉库姆沙漠和克孜勒库姆沙漠占据了图兰低地大部分面积。咸海流域土地资源分布不均匀，耕地主要分布于河谷、三角洲和沿河地带。

1. 咸海水域变化过程

1918 年，苏联设想实施"棉花计划"，拟将中亚建设成棉花与水稻种植基地，以奠定苏联经济发展的农业基础。而将中亚建设成棉花与水稻种植基地，必须以发展灌溉农业及其相应大规模灌溉系统为前提。因此，苏联通过将阿姆河与锡尔河改道来支持中亚地区的灌溉系统。

20 世纪 40 年代，"棉花计划"进入规模化的实施阶段，苏联开始在中亚修建大量的水利设施，其中最具代表性的就是卡拉库姆运河与费尔干纳运河。20 世纪 60 年代，运河将阿姆河与锡尔河大部分河水改道，流向咸海附近的沙漠、荒地。乌兹别克斯坦、哈萨克斯坦、土库曼斯坦和吉尔吉斯斯坦四国开始了水土资源大面积开发，流入咸海的水量锐减。仅卡拉库姆运河就截取了阿姆河 1/3 的流量，而整个灌溉网络的截取量超过阿姆河流量的 80%，并逐步引发了咸海不断萎缩。1960—2009 年，咸海水域面积由 67499km² 减少到 8409km²，水量由 1089km³ 减少到 84km³，水位由 53.40m 减少到 26.50m，而水体矿化度则由 10g/L 上升到 100g/L 以上。1987 年以来，阿姆河中下游灌溉面积的增加使得阿姆河间歇性断流，大部分年份无地表径流直接输入南咸海；1992—2005 年，科卡拉尔大坝的修建将南、北咸海完全分离，切断了南、北咸海间的直接水量交换；1987 年，咸海分裂为南咸海和北咸海；2006 年，南咸海再次分裂为西咸海和东咸海，水面面积的急剧萎缩使咸海湖泊生态系统平衡失调，生态危机愈演愈烈。1960—2009 年，咸海水面面积、蒸发量和水量分别减少了约 80%、90% 和 88%，地下水对咸海水量的贡献增加，来自阿姆河下游灌区的地下水已成为南咸海最主要的补给来源。随着咸海危机的加剧，咸海周边的生态环境逐渐恶化，导致咸海流域动植物数量减少，生物多样性消失，沙尘暴频繁，土地盐碱化加重[21]。1985—2020 年咸海水域遥感影像如图 1-12 所示。

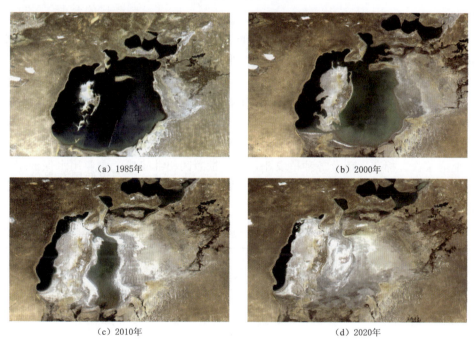

（a）1985 年 　　　　　　　　　　　　（b）2000 年

（c）2010 年 　　　　　　　　　　　　（d）2020 年

图 1-12　1985—2020 年咸海水域遥感影像图

2. 咸海流域种植结构

咸海流域种植的主要作物为棉花、小麦、水稻、玉米，总面积约占整个灌溉农田面积的 49%，其中棉花面积约占 23%。小麦的年均单产最高，为 4.16t/hm²，其次是水稻，为 2.27t/hm²，棉花最低，为 2.22t/hm²。从空间分布上看，锡尔河沿岸的灌区大于阿姆河沿岸灌区，上游灌区大于下游灌区，其中费尔干纳谷地灌区和塔什干灌区的土地资源利用效率最高。咸海流域作物的水资源生产力研究显示，棉花的水资源生产力最高，年均消耗每立方水创造 0.727 美元价值；其次是水稻，年均消耗每立方水创造 0.268 美元价值；小麦的水资源生产力最低，为年均消耗每立方水创造 0.191 美元价值。水资源生产力较高的 3 种主要作物同样集中在西北部的费尔干纳灌区和塔什干灌区。

1960—2016 年，咸海流域农作物种植面积由 571.2 万 hm² 增长至 776.5 万 hm²，增幅为 35%。苏联解体后，哈萨克斯坦农作物种植面积急剧下降，2000 年的农作物种植面积仅为 1990 年的 51%，2000 年以后农作物种植面积略有回升。1960—1990 年，乌兹别克斯坦的农作物种植面积呈增长趋势，增幅为 29%；1990—2016 年呈减少趋势，减少了15%。1960—2016 年，土库曼斯坦的农作物种植面积整体呈上升趋势，是咸海流域农作物种植面积增幅最大的国家，增幅为 298.3%。吉尔吉斯斯坦的农作物种植面积在 1960—1990 年间增加了 26%，1990—2016 年间减少 21.6%。塔吉克斯坦农作物种植面积在1960—1990 年间增加了 14.8%，1990—2016 年间减少 9.7%。除农作物种植面积变化外，在 1960—2016 年间咸海流域的种植结构也发生了显著变化：1960—1990 年，整个流域内棉花种植面积增加（增幅 46.4%），谷物种植面积仅增加 7.7%；1990—2016 年，棉花种植面积呈减少趋势（减少 27%），谷物种植面积增幅达到 70.6%[22]。

3. 咸海流域灌溉农业发展

咸海流域灌溉农业的历史十分悠久，当地有利的气候条件和丰富的土地资源，使阿姆河、锡尔河中下游地区非常适合发展灌溉农业。20 世纪 50—60 年代，苏联按照劳动分工大力调整区域经济，把全苏联划分为 18 个基本经济区，其中乌兹别克斯坦、哈萨克斯坦、土库曼斯坦和吉尔吉斯斯坦四国为中亚经济区，主要发展农业种植业经济（主要种植棉花）。哈萨克斯坦作为一个单独经济区，主要发展农业种植业（水稻和小麦）和畜牧业经济。从 20 世纪 50 年代开始，苏联便在咸海流域进行大规模垦荒，将原来传统的游牧业转变为粮食、棉花、蔬菜等种植农业，一大批灌区相继建成，农业用水保证率大大提高，中亚咸海流域也就成为苏联重要的农产品基地。1960—2020 年咸海流域各国灌溉面积见表 1－2。

表 1－2　　　　　　　　　　　1960—2020 年咸海流域各国灌溉面积

国家	种植面积/万 hm²				灌溉面积/万 hm²			
	1960 年	2000 年	2010 年	2020 年	1960 年	2000 年	2010 年	2020 年
哈萨克斯坦	2856.1	1619.5	2143.8	2270.0	114.5	355.6	355.6	223.4
吉尔吉斯斯坦	119.6	121.2	114.6	—	87.5	97.8	97.8	100.4
塔吉克斯坦	72.4	86.4	83.9		41.8	71.9	72.2	56.9
土库曼斯坦	44.6	148.4	156.1	—	45.0	180.0	180.0	199.5
乌兹别克斯坦	314.9	377.8	370.8	402.3	256.8	422.3	422.3	373.2

由表 1－2 可知，1960—2000 年，哈萨克斯坦的种植面积减少了 586.1 万 hm²，吉尔吉斯斯坦、塔吉克斯坦、土库曼斯坦、乌兹别克斯坦的种植面积分别增加了 1.6 万 hm²、14 万 hm²、103.8 万 hm² 和 62.69 万 hm²；哈萨克斯坦、吉尔吉斯斯坦、塔吉克斯坦、土库曼斯坦、乌兹别克斯坦的灌溉面积分别增加了 241.1 万 hm²、10.3 万 hm²、30.1 万 hm²、135 万 hm² 和 165.5 万 hm²。2000—2010 年，吉尔吉斯斯坦、塔吉克斯坦、乌兹别克斯坦

的种植面积分别减少了 6.6 万 hm² 、2.5 万 hm² 和 7 万 hm² ；哈萨克斯坦、土库曼斯坦的种植面积分别增加了 524.3 万 hm² 和 7.7 万 hm² ；中亚五国的灌溉面积基本没有变化。2010—2020 年，吉尔吉斯斯坦和土库曼斯坦的灌溉面积呈现增加趋势，10 年间分别增加了 2.63 万 hm² 和 19.5 万 hm² ；哈萨克斯坦、塔吉克斯坦和乌兹别克斯坦的灌溉面积呈现减少趋势，分别减少了 132.2 万 hm² 、15.3 万 hm² 和 49.1 万 hm² 。

由于咸海流域灌溉农业历史十分悠久，加上 20 世纪 50 年代以来持续的大规模农业水土资源开发，使咸海流域农业引用水量占流域用水总量的 90%左右。长期以来尤其是苏联解体后，大量的灌溉引水工程老化失修，灌溉设施陈旧落后，利用效率低下，主要采取大水漫灌技术，亩均灌溉用水达 800m³ 以上，其中 50%损失于输送到农田的过程中。

就咸海流域而言，1960—2000 年灌溉定额呈增加趋势，2000—2016 年灌溉定额开始减少。咸海流域各国灌溉定额变化存在差异，1960—2016 年土库曼斯坦 （12961m³/hm²）和乌兹别克斯坦 （12332m³/hm²） 的灌溉定额明显高于塔吉克斯坦 （8411m³/hm²）、吉尔吉斯斯坦 （7634m³/hm²） 和哈萨克斯坦 （8657m³/hm²）。虽然各国灌溉定额变化的时间节点略有差异，但基本都在苏联解体前增加，解体后减少。灌溉定额变化的时间节点较早的是土库曼斯坦 （1989 年），较晚的是乌兹别克斯坦和塔吉克斯坦 （分别为 1996 年和1994 年）。哈萨克斯坦的灌溉定额在 2005 年以前保持稳定，之后呈减少趋势。1960—1973年，吉尔吉斯斯坦灌溉定额呈增加趋势，之后则无明显变化趋势[23]。

4. 乌兹别克斯坦灌溉农业

乌兹别克斯坦是咸海流域重要的农业种植区，位于 41°16′N 和 69°13′E，为大陆性气候，西北部与哈萨克斯坦接壤，东部与吉尔吉斯斯坦和塔吉克斯坦接壤，南部与土库曼斯坦接壤，西北部紧邻咸海。全境地势东高西低，平原低地占总面积的 80%，大部分位于西北部的克孜勒库姆沙漠。平原低地年均降水量为 80～200mm，山区可达 1000mm，且多发于每年 10 月至次年 4 月。夏季平原地区气温为 42～47℃，山区为 25～30℃，冬季北部气温约为−11℃，南部气温为 2～3℃。国内主要河流有阿姆河、锡尔河和泽拉夫尚河。乌兹别克斯坦是中亚地区人口最多的国家，2020 年总人口为 3400 万人，GDP 为 599 亿元，占中亚地区 GDP 的 21%。国土总面积为 4.49×10⁷ hm²，占中亚地区总面积的 11.2%；农田种植面积为 4.42×10⁶ hm²，占中亚地区农田总面积的 11.5%。

(1) 灌溉农业发展历程。公元前 4 世纪至公元 2 世纪，中亚阿姆河、泽拉夫尚河和卡什卡达里亚河流域约有 3.5×10⁶ hm² 灌溉农田。在随后的 200 年内，中亚地区灌溉面积急剧减少。直到公元 7 世纪，灌溉农业才逐渐复兴，公元 9 世纪开始迅速发展。公元 12—14世纪，阿姆河和锡尔河下游的总面积为 2.4×10⁶ hm²。19 世纪前，中亚地区重新设计灌溉系统，进入农业水利基础建设阶段，这段时期内兴建了大量窄而深的河道、高压水坝、泄洪道及其他供水设施[24]。

20 世纪初，乌兹别克斯坦大约有 1.2×10⁶ hm² 灌溉农田，1913 年增加至 1.4×10⁶ hm²。虽然十月革命期间灌区面积出现短暂减少，但在 1928 年又逐渐恢复到 1913 年的灌区面积。第二次世界大战前，乌兹别克斯坦建造了许多大型运河和水工建筑物，灌溉面积达到 1.9×10⁶ hm²，第二次世界大战后增至 2.2×10⁶ hm²。乌兹别克斯坦灌溉农业的大规模发展始于 20 世纪 50 年代末，总灌溉面积约为 2.2×10⁶ hm²。由于苏联政府特命乌兹别克斯坦专业从事棉花生产，故国内灌溉面积逐渐增加，主要分布于无人居住、气候条件恶劣的干旱和半干旱地区，乌兹别克斯坦灌溉农业进入快速发展阶段。1970—1985 年，随着灌溉技术的发展，乌兹别克斯坦开始建设排水管网和排水井，初步形成了完整的灌排系统。东北部的塔什干山谷、东部的费尔干纳山谷、中东部地区的泽拉弗尚山谷、东南部的卡什卡达里亚谷、东南部的苏尔汉河流域、中西部地区的花剌子模及西北部的卡拉卡尔帕克斯坦是其灌溉农业发源地，现代灌溉技术发展于乌兹别克斯坦中部锡尔德里亚盆地的饥饿草原和东南部阿姆德里亚盆地的卡尔什大草原。在此期间，乌兹别克斯坦灌溉面积平均以 9 万 hm^2/年的速度增长，实行了严格的水资源管理和农业灌溉制度，并随着哥洛内亚、治扎克和卡尔西大草原的开垦，灌溉农业进入高效发展阶段。到 20 世纪 80 年代末，乌兹别克斯坦新开发灌区 10 万 hm^2，总灌溉面积达到 $4 \times 10^6 hm^2$。20 世纪 90 年代后，全国灌溉面积基本稳定在 $4.2 \times 10^6 hm^2$，占总耕地面积的 86%，2005 年占比增加至 89%。2009 年灌溉面积为 424.4 万 hm^2，2015 年上升到 431.2 万 hm^2，2015 年之后略有下降，到 2020 年灌溉面积已达 432.9 万 hm^2。但由于配备灌溉设施的面积减少，部分农田已被废弃，实际灌溉面积约为 $3.7 \times 10^6 hm^2$，其中分别约有 44%、56% 处于锡尔河和阿姆河流域，灌溉作物产量占总产量的 90% 以上，属于灌溉技术发展停滞阶段（图 1 - 13）。

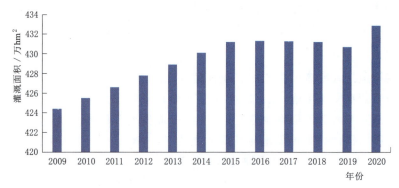

图 1 - 13　2009—2020 年乌兹别克斯坦灌溉面积变化图

随着人口总量逐年攀升，2017 年乌兹别克斯坦人均灌溉面积较 1992 年降低约 35%。乌兹别克斯坦所有灌溉农田均为完全控制灌溉，水源主要来自地表水，其中通过河流改道引水占灌溉用水量的 43%，利用水泵从河流、水库和地下水中抽水分别占 27%、24% 和 6%，但后者抽水方式较为粗放，整体需依靠约 1500 台水泵与 1.96×10^5 km 的输水网络。这套输配水系统有 79% 属于无防渗的土渠，仅有少部分采用了混凝土防渗处理，整体输送效率较低。田间灌溉技术同样落后，全国 99.9% 的土地采用地面灌溉，其中 67.9% 为沟灌，其次是畦灌（26%）、漫灌（4%）和其他类型地面灌溉（2%）。较为先进的局部灌溉技术，如喷灌、滴灌等仅占 0.1%，此后由于成本的提升与装置的不足，基本失去实用价值。自 2016 年以来，乌兹别克斯坦逐渐将农田种植类型由粮食转为蔬果，以改变经济结构对粮食生产的过分依赖，利用有限的土地创造更多的经济效益。2020 年，将 $1.7 \times 10^5 hm^2$ 的棉花耕地转型为种植蔬果，并不再对外出口棉花，导致小麦与棉花种植面积不断缩减，产量大幅降低。

（2）灌溉农业发展成效。乌兹别克斯坦具有悠久的农业灌溉历史，其农业生产贡献了近 30% 的 GDP，其中灌溉农业提供了 90% 以上的作物产量。锡尔河和阿姆河作为乌兹别克斯坦最重要的灌溉水源，分别为 44% 和 56% 的灌溉农田提供水源，但受降水变化与雪水储存能力的影响较大，两条河流的径流量在 21 世纪初的 10 年内均减少了约 5%。在近 30 年的农业发展中，乌兹别克斯坦的主要农作物逐渐从棉花转型至棉花与小麦均衡发展的局面，国内现有棉花耗水量约占农业用水总量的 30%，且几乎全部依赖灌溉。而冬小麦的用水量可从降水中获取部分补给，相同面积的小麦仅消耗棉花 60%~70% 的灌水量，种植结构的调整一定程度上缓解了农业用水紧张。苏联解体后，乌兹别克斯坦农业灌溉依旧依靠水库及长达 1.7×10^5 km 的输水渠，低效的土渠输送及粗放的大水漫灌难以得到改善，加之陈旧的灌溉装置与落后的技术等多因素共同作用，造成如今的用水困境。漫灌还引发土壤大面积盐渍化的问题，乌兹别克斯坦以其 2.1×10^6 hm^2 的盐渍土面积，已经成为土壤盐渍化面积第六大国家，引起阿姆河河水含盐量升高，其汇入点咸海海水的矿化度于 20 世纪末从 10g/L 升高至超过 100g/L，储水量萎缩了近 80%。土壤盐渍化及漫灌导致腐殖质流失，棉花产量降低约 30%，每公顷棉花仅创造约 700 美元的经济价值，造成乌兹别克斯坦农业每年约 109 亿美元的经济损失。

(3) 灌溉农业与生态环境。 灌溉农业使乌兹别克斯坦成为中亚地区重要的农业大国，但对其生态环境同样造成了巨大影响，其中水土安全问题最为突出。由于采用大水漫灌为主的灌溉方式，加之强烈的蒸发、日益降低的灌溉水质以及较高的地下水位，引发了严重的土壤盐渍化。咸海上游地区地下水位在每年春季达到 1.50m 的临界水平，限制了当地早春农田淋洗盐分的效率，农户难以在种植作物前降低土壤剖面中的盐分含量。每年 7 月份（作物生长高峰期），地下水位达到一年中最小值，意味着土壤根区盐分含量持续上升，但在此期间的灌溉可在一定程度上抵消浅层土壤盐分累积的现象。

自 1996 年以来，乌兹别克斯坦种植结构发生改变，大量引入种植的冬小麦在生长后期需要追加灌溉，导致每年 10 月地下水位出现同比上升的迹象，地下水位在非生育期抬升约 0.7m。1994 年，乌兹别克斯坦约有 3.3×10^6 hm^2 灌溉土地因地下水位过高或土壤含盐量过高需要排水，但其中仅有 85% 的农田具备排水条件，且多数依靠未经硬化的明沟排水技术。这种不健全的供排水系统源源不断地将大量高矿化度灌溉水渗漏至地下，并在浅中层土壤中富集，最终导致土壤理化性质逐年恶化。乌兹别克斯坦约 50% 的灌溉土地被中亚国家列为盐碱地，其中阿姆河与锡尔河流域上游，近 10% 的土地含盐量超标。卡拉卡尔帕克斯坦等下游地区，约 95% 的土地出现不同程度的盐渍化。此外，不同类型的土壤对盐渍化形成的响应速度略有不同，黏质土壤因含有较多黏性土颗粒，毛管孔隙上升高度较大，更易出现土壤盐渍化问题。例如中亚地区最大的无自然排水系统的吉扎克灌区为保障作物产量，在 1995—2016 年施用大量化肥，导致土壤盐渍化程度逐年加重。目前，仅有约 17.7% 的耕地未发生盐渍化，51.3%、29.0%、2.0% 的耕地分别出现轻微、中度、重度盐渍化。灌区内约 13.1% 的地下水平均矿化度小于 1.0g/L，10.5% 的地下水平均矿化度在 5.1~10.0g/L 范围内波动，其余地区地下水平均矿化度基本维持在 1.1~5.0g/L 之间。近年来，由于蒸发量增加、中亚冰川长期径流减少和频繁的极端干旱迫使灌溉水量逐渐增加，远离灌区的地区通过抽取地下水以应对频繁的水资源短缺，进而使大量盐分被转移并滞留在土壤根区，土壤盐渍化程度进一步恶化。即使是具有健康土壤养分背景值的农田，长期灌溉后土壤中聚集大量来自高地下水位的盐分，因此仍需要足量水及健全的排水网络用于土壤盐分淋洗，预防土壤盐碱化、农田生产力降低。如位于阿姆河中下游地区的灌区，地表水资源与土地资源质量均不容乐观，仅有具备完善灌排系统的纳沃伊地区在2000—2015 年间地下水位和土壤盐度略有改善。

1.3.4　国外旱区农业发展经验

世界灌溉农业具有悠久的发展历史，在土地整治、灌排系统建设、农田灌溉技术、农业生物技术、灌区智能管理和农业生产组织经营等方面取得了显著成效，并发展了高效应用模式。特别是发达国家将提高水分利用效率和综合效益作为现代农业发展的重要任务，重点通过植物需水诊断与用水过程控制的技术创新，凸显灌溉过程精量化控制、灌区用水信息化诊断、灌区管理智能化决策的高技术特征，进而支撑现代农业的发展，对我国旱区灌溉农业发展具有重要借鉴作用。

（1）土地整治与水肥利用。干旱地区水资源短缺和土地管理粗放等是引起农田水肥利用效率低的原因之一。发达国家灌溉农业发展经验表明，平整土地是提高田间水肥利用效率的重要途径之一。如利用激光技术控制平整土地，提高灌水均匀度，实现灌溉水利用效率的提升。同时，随着农业机械化作业逐步推广，机械作业对土地平整度和作物生长一致性也有一定要求。因此，土地平整不仅有利于消除灌水和施肥及作物生长空间差异性，还有利于提升水肥利用效率和果实收获率。同时，为了实现土地生产力提升及土地可持续利用，可采用适宜耕作措施和模式，增加土壤有机质，改善土壤结构，提升土壤供养能力，如采用秸秆还田、土地轮作、保护性耕作、立体栽培等技术，在保护土地资源的基础上，充分利用水肥光热资源，提升土地生产能力和水肥利用效率。

（2）节水灌溉与盐碱化防治。世界各国旱区灌溉农业实践表明，提高灌溉水利用效率，既要重视输水过程，也要强化田间灌溉技术的应用。在输水过程中尽量通过管道输水，采用有效的渠道防渗技术，控制输水过程中渗漏和蒸发损失。同时，控制渠道渗漏可有效降低因渠道渗漏而抬升地下水位引发的周边区域土壤盐碱化风险。

发展节水灌溉技术是发达国家提高灌溉水利用效率的重要方面，要研发和推广应用适合本地区气候、土壤和社会经济发展的节水灌溉技术，包括地面节水灌溉技术、滴灌技术和喷灌技术等。咸海流域农业灌溉实践提示我们，大水漫灌是引起土壤次生盐碱化的重要原因之一，有效控制灌水量既节约了有限水资源，也防治了由于地下水位提升引发的土壤次生盐碱化问题。因此，在干旱地区，发展节水灌溉技术既有利于为作物创造适宜土壤环境，提高作物产量，又减少灌溉水输入土壤的盐分数量。

在干旱地区，降水量偏少，特别在地下水位较高地区，降水难以有效淋洗和稀释根区土壤中盐分。因此，在构建完善排水系统的同时，应合理配置灌溉淋洗盐分水量，使根区土壤盐分实现平衡，保障土地资源可持续利用。对于一些生育期难以及时灌溉的农田，应该采取控制性排水技术。对于一些地下水位高，且水质满足灌溉要求的地区，采取地表水和地下水联合灌溉的方法，控制地下水位持续上升。对于地下水位高，且水质差的地区，采取竖井排水与地表水混灌方式，降低地下水位，减少地下水蒸发及盐分在地表积聚，并提高水资源利用效率。

　　为了实现农业水盐精准调控，应在明确土壤水盐运移特征和影响因素的基础上，根据作物耐盐特性和生长特征，确定合理水盐控制阈值，并利用大气—植物—土壤—地下水系统水分运移与作物生长模型，结合实时土壤水盐肥监测技术，动态分析土壤水盐状况，实时调控灌溉和排水模式，为作物生长营造适宜土壤水盐环境。

　　（3）废水处理与循环利用。发达国家高度重视废水处理和回用技术发展与应用，将生活和工业废水及农田排水进行适宜处理，并用于农田灌溉。污水经处理达到一定水质标准后，可以回灌到土壤、浅层地下水、江湖和湿地中，利用土壤和生物自净能力再次净化，并用于农田灌溉，实现水资源净化处理和循环利用。同时，一些地区可采用雨水集流与灌溉技术，解决作物需水高峰期的灌溉用水紧张问题。这样既可以减少大规模兴建水利工程，又可以缓解水源不足问题，还可有效保护资源和环境。我国干旱地区已经开展了非常规水利用技术研发与应用，但非常规水利用程度远低于发达国家。因此，急需大力发展非常规水再利用技术，提升水资源循环利用效率，缓解旱区水资源供需矛盾。

　　（4）科技发展与生物技术。旱区灌溉农业高质量发展需要借助先进农业科学技术和现代生物技术，特别在农田灌溉水平已经达到一定程度的情况下，实现农业生产的提质增效，需要加强科技支撑和生物技术的应用。美国先进农业生产实践表明，在农田精准灌排管理的基础上，需要利用先进生物技术，开展培育高品质的种子（包括抗逆性），实现产品的提质增效。同时，利用先进生物技术（包括生物肥料等），改善土壤供水供肥能力，提高作物生产能力。

　　（5）机械作业与智能管理。农业机械化可降低劳动强度、提高效率、促进标准化生产。发达国家已在灌排、整地、耕作、种植和收割等全过程实现机械化，降低成本、提高收入。美国等农业发达国家构建了完善的智能管理系统，包括农业数字图等，使生产各环节实现可视化和可控化，精准调控作物生长，并利用无人机技术开展大面积施肥、喷药和智能监测，实现精细化管理。我国农业现代化仍处于起步阶段，需研发经济适用的机械化技术，并建立适合旱区特征的智能管理系统，特别是包含土壤、水文和土地质量信息的农田数字地图，借鉴国外经验实现精准管理和提质增效。

　　（6）规模生产与集约经营。为了提升农业水土资源生产效能，发达国家都采用规模化生产和集约化经营模式，通过扭转土地经营模式，推动大面积机械化耕作，也有利于先进农业科技大面积应用，有效降低生产成本，提高生产效益。许多国家根据土壤和气象特征，划分了典型作物和林果集中种植区，培育特色农产品和品牌企业，提升农产品的市场竞争能力。目前，我国一些地区也开展了土地经营模式的改革，急需构建适宜我国旱区灌溉农业健康发展的生产与经营模式，提高农民收入，推动现代农业科技大面积应用。

　　（7）科技推广与人员素质。旱区灌溉农业高质量发展需要一支精干的农业科技推广和应用队伍，进行先进技术培训、咨询、指导并有针对性地解决问题，为农民提供生产技术服务，促进农业新技术成果的应用。农业发达国家都建立了一支高素质农业科技推广与基层科技人员队伍，将农业科技成果及时和高效应用于生产一线，强化农业科学技术研发和推广，提升农业节水灌溉技术的应用水平。我国虽然建立了农业科技推广与基层科技服务队伍，但缺乏一系列配套措施，使一些先进农业生产技术难以落地或者未有效利用，导致农业科技难以快速促进农业生产实践。因此，急需完善相关农业节水配套服务，建立科学的农民素质培训体系，提高农业生产效率。

（8）法律法规与效益提升。 发达国家在农业生产保障和水资源高效利用方面，建立了一系列法律法规，保障农业水资源高效利用和农业生产效益提升。我国也制定了科学严格的农业节水法律法规，以提高农业节水管理水平，利用法制的手段实现农业节约用水的管理。这些法律和制度对于我国农业节水发挥了一定作用，但由于我国旱区面积大、气候条件和社会经济发展水平差异显著，以及水资源拥有量不同，因此需要根据各地方自身农业生产特点，制定适合地方农业用水特点的相关条例，强化地方农业用水的管理和农业高质量发展的力度，提升地方农业节约用水水平和农民收入。

（9）基础设施与投入机制。 加快农业基础设施建设，是推动农村经济发展、促进农业和农村现代化的重要措施之一，既是改善农村民生的迫切需要，也会带来更大的投资和消费需求。要开展以农田水利为重点的农业基础设施建设，推进大中型灌区续建配套以及节水改造，加快末级渠系建设，按期完成规划内病险水库除险加固任务，提高防灾减灾能力；推进小型农田水利建设，科学编制县级农田水利建设规划。综合运用工程、农艺、管理等措施，发展节水灌溉农业，鼓励推广滴灌、喷灌等节水技术，扩大高效节水灌溉、旱涝保收农田面积，推动高标准农田全覆盖，建设高水平农田水利基础设施。扩大测土配方施肥、土壤有机质提升补贴规模和范围，推广保护性耕作技术，实施旱作农业示范工程，改善和提高耕地质量。

（10）灌区建设与生态农业。 现代化灌区建设应具有绿色、安全、精准、智慧的特点，应顺应自然规律，根据水资源禀赋，科学确定灌区规模，做到适水发展和量水生产，实现水土资源空间适配，促进水资源可持续利用。大力推广高效节水灌溉技术、发展集雨增效现代旱作农业，提高灌溉用水效率。同时，加快推进灌区信息化建设，应用信息化手段，推进建设灌区用水监测预警机制，加强骨干渠系的水量科学调度和合理配水，努力提升灌区工作的预报性、预警性、预演性、预案性，逐步实现灌区管理和用水调度的数字化、智能化和智慧化。加快推进灌区管理体制改革，提高管理效率，建立农业综合改革试验区；积极推动农业生产管理者和劳动者的现代化，努力提高其掌握和应用现代科学技术的能力与经营管理水平；强化创新驱动的农业发展能力的建设，促进农业现代化建设与高质量发展。

参 考 文 献

［1］ Acharya Balkrishna. Sustainable Agriculture for Food Security ［M］. Apple Academic Press，2021.

［2］ Lu Houyuan. New methods and progress in research on the origins and evolution of prehistoric agriculture in China ［J］. Science China Earth Sciences，2017（60）：2141-2159.

［3］ 贾永莹. 亚太地区的雨养农业 ［J］. 干旱地区农业研究，1990（2）：72-81.

［4］ 王恒炜，刘润萍，梁志宏，等. 关于旱作农业与粮食安全战略的思考 ［J］. 甘肃农业科技，2015（3）：45-49.

［5］ FAO 发布《2020 年世界粮食及农业统计年鉴》［J］. 世界农业，2020（12）：118-119.

［6］ J. Meghan Salmon，Mark A. Friedl，Steve Frolking，et al. Global rain-fed，irrigated，and paddy croplands：A new high resolution map derived from remote sensing，crop inventories and climate data ［J］. International Journal of Applied Earth Observation and Geoinformation，2015（38）：

321 - 334.

［7］ 姚玉璧，杨金虎，肖国举，等. 气候变暖对西北雨养农业及农业生态影响研究进展 ［J］. 生态学杂志，2018（7）：2170 - 2179.

［8］ 宋臻，史兴民. 雨养农业区农户的气候变化适应行为及影响因素路径分析 ［J］. 地理科学进展，2020，39（3）：461 - 473.

［9］ 刘国彬，上官周平，姚文艺，等. 黄土高原生态工程的生态成效 ［J］. 中国科学院院刊，2017，32（1）：11 - 19.

［10］ M. S. Kukal，S. Irmak. Impact of irrigation on interannual variability in United States agricultural productivity ［J］. Agricultural Water Management，2020（234）：106141.

［11］ Edwards Eric - C，Smith Steven - M. The Role of Irrigation in the Development of American Agriculture ［J］. 2016.

［12］ Ron Crites，Robert Beggs，Harold Leverenz. Perspective on Land Treatment and Wastewater Reuse for Agriculture in the Western United States ［J］. Water，2021（13）：1822.

［13］ Isaac Kramer，Yaara Tsairi，Michael Buchdahl Roth，et al. Effects of population growth on Israel's demand for desalinated water ［J］. Npj Clean Water，2022，5.

［14］ Jonathan Chenoweth，Raya A. Al - Masri. The impact of adopting a water - energy nexus approach in Jordan on transboundary management ［J］. Environmental Science & Policy，2021（118）：49 - 55.

［15］ Hillary A. Craddock，Younes Rjoub，Kristal Jones，et al. Perceptions on the use of recycled water for produce irrigation and household tasks：A comparison between Israeli and Palestinian consumers ［J］. Journal of Environmental Management，2021（297）：113234.

［16］ Alon Ben - Gal，Yonatan Ron，Uri Yermiyahu，et al. Evaluation of regulated deficit irrigation strategies for oil olives：A case study for two modern Israeli cultivars ［J］. Agricultural Water Management，2021（245）：106577.

［17］ 陈竹君，周建斌. 污水灌溉在以色列农业中的应用 ［J］. 农业环境保护，2001（6）：462 - 464.

［18］ 宋喜斌. 以色列节水农业对中国发展生态农业的启示 ［J］. 世界农业，2014（5）：56 - 58.

［19］ 杨丽君. 以色列现代农业发展经验对我国农业供给侧改革的启示 ［J］. 经济纵横，2016（6）：111 - 114.

［20］ 郭久荣. 以色列农业科技创新体系及对中国农业科技发展的启迪作用 ［J］. 世界农业，2006（7）：39 - 42.

［21］ H. Shen，J. Abuduwaili，L. Ma，et al. Remote sensing - based land surface change identification and prediction in the Aral Sea bed，Central Asia ［J］. International Journal of Environmental Science and Technology，2019（16）：2031 - 2046.

［22］ Olimjon Saidmamatov，Inna Rudenko，Urs Baier，et al. Challenges and Solutions for Biogas Production from Agriculture Waste in the Aral Sea Basin ［J］. Processes，2021（9）：199.

［23］ Yanan Su，Xin Li，Min Feng，et al. High agricultural water consumption led to the continued shrinkage of the Aral Sea during 1992—2015 ［J］. Science of the Total Environment，2021（777）：145993.

［24］ 李琦，李发东，王国勤，等. 乌兹别克斯坦灌溉农业发展及其对生态环境和经济发展的影响 ［J］. 干旱区地理，2021，44（6）：1810 - 1820.

第2章 西北旱区灌溉农业发展历程

我国西北旱区地域辽阔，涉及新疆维吾尔自治区、内蒙古自治区、宁夏回族自治区、甘肃省、青海省和陕西省等省区。东至大兴安岭，西接中亚地区的哈萨克斯坦，北与蒙古国相邻，南沿长城—祁连山—阿尔金山—昆仑山一线。该区域地处中国三大阶梯中的第二阶梯，地形复杂，地貌和气候类型多样，山脉和河流纵横，区域内分布着中国最大的内陆河——塔里木河，同时也是中国最大两条河流之一黄河的流经地。该区域还是重要的畜牧业生产基地和灌溉农业区，包括天山北坡牧场、被誉为"西北粮仓"的河西走廊、有着"塞上江南"美誉的宁夏平原、"塞外粮仓"之称的河套平原、陕西八百里秦川的关中平原。由于该区域国土面积大，光热资源丰富，是我国重要棉花、粮食、特色水果等的重要生产基地和畜牧业发展基地。但该区域气候干旱、降水少且分布极不均匀，直接威胁农业生产和人类生存，发展灌溉农业是实现该区域社会经济健康发展的必然选择。虽然由于特殊自然条件和人类生活习惯，不同区域灌溉农业经历了不同发展阶段，但在人类进步和社会经济发展中发挥了巨大作用。西北旱区一带—三基地—三核心区示意如图2-1所示。

2.1 新疆灌溉农业发展历程

自秦汉至隋唐以至宋元明清，除少数朝代内部有事，无力西顾外，几乎代代相因，特别是汉、唐、清三代，都把屯垦戍边政策作为一项政治、军事和经济的重大措施而大办屯田，兴修水利[1]。

2.1.1 农业发展典型阶段

1. 历代屯垦与绿洲演变

新疆地区的农田水利起源虽然很早，张骞通西域时就看到有一部分地区已有城廓田地，人民过着农业定居生活。然而，绝大部分地区的人民还过着"不建城廓，居无定处，惟顺天时，逐趁水草，牧牛马以度岁月"的游牧生活。这时农业生产面积很小且极原始，只在近水流处利用泉水自流和春夏融雪水进行小规模的灌溉。由于水利工程技术落后，生产工具原始，无法进行较大规模的水资源的开发和利用，极大地限制了农业和经济的发展和繁荣。

（1）汉朝。新疆屯田开创时期是在公元前60年，汉宣帝在车师（今吐鲁番）建立西域都护府，天山南北从此进入我们祖国的版图。西汉统一新疆后（当时称西域），为巩固边疆，捍卫各族人民，加强对匈奴的政治和军事斗争，建立了完整的屯垦制度。公元前

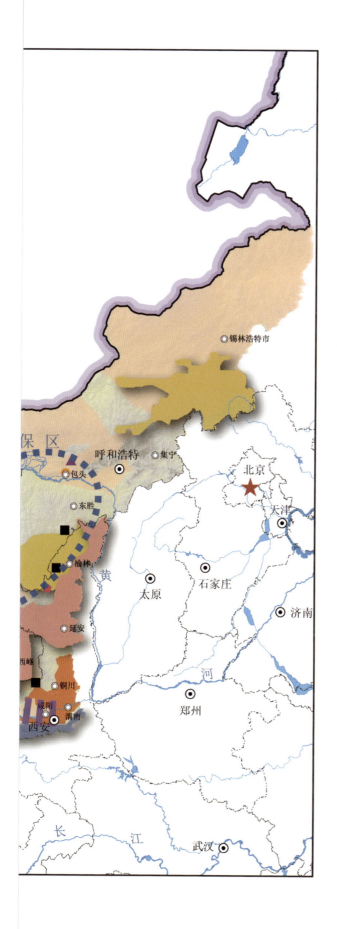

105 年至公元 8 年在天山南北屯垦，西域屯戍士兵有 2 万人，最多时达 2.5 万人。以每人平均垦地 20 亩推算，西汉时在新疆共屯田 40 多万亩，屯垦主要设在天山以南。当时共有 10 个垦区，其中天山南麓有 7 个垦区，阿尔金山北麓有 3 个垦区。

(2) 魏晋南北朝和隋朝。虽然该时期西域时局多变，但是魏晋时期的屯垦制度得以延续，土著农业和水利在吸收汉代从内地传入先进技术的基础上逐步走上了自我良性发展的道路，仍有可圈可点的进步之处。同时，该时期西域农业发展的地区差异性和不平衡性开始出现，特色经济的地域化也初露端倪。

(3) 唐朝。该时期屯垦事业有了更大的发展，对水利建设也有更高的要求，同时由于水利技术的进步，有力促进了水利事业的发展。唐朝旺盛时期，西域统一和屯垦事业遍布南疆各地，同时迅速地扩展到北疆各地。据《唐方典》记载河西道中，西域的屯田数约 1.9 万 hm^2，约占当时全疆耕地总面积的 20%～30%。

(4) 宋元明。虽然该时期沿用汉唐的屯垦制度，但屯垦重点区域已移往北疆。元政府命驻疆的军队一律屯田以就地解决军粮问题，如在亦里（今伊犁）、阿力麻里（今霍城县境）、别失八里（今吉木萨尔）等地屯垦。这些地区的屯垦不仅保障了军粮的供应，还促进了北疆水利事业的发展。然而，随着我国东南沿海海上交通的开辟，丝绸之路逐渐败落，经济中心转移，垦荒与水利事业也受到影响。

(5) 清朝。清政府在统一西域后将屯垦确定为边疆治理的重要政策之一，新疆展开了空前的屯垦高潮，主要分布在三大垦区 24 个地方，东疆地区主要是巴里坤、哈密、吐鲁番 3 地；北疆地区是木垒、奇台、吉木萨尔、阜康、乌鲁木齐、昌吉、呼图壁、玛纳斯、乌苏、精河、伊犁、塔尔巴哈台（今塔城）、阿尔泰（今阿勒泰）等 13 地；南疆地区是库车、阿克苏、叶尔羌（今莎车）、和田等 8 地，并在伊犁地区先后建有伊犁等 9 城。清初到清末的 300 多年间，新疆改变了自古以来以天山为农牧界的格局，农垦使北疆的绿洲很快得到拓宽，同时南疆的绿洲也有较大的发展，总开垦耕地面积 20 多万 hm^2，奠定了老绿洲的格局。至清朝消亡时（1911 年），新疆耕地面积达到 70.3 万 hm^2，大大推动了天山南北绿洲农业的发展。

(6) 民国时期。该时期新疆受战乱影响，屯垦事业两起两落。由于地处战略要地，石河子地区成为各方争夺焦点，农业生产破坏严重。新疆和平解放以后，中国人民解放军驻疆部队遵照毛主席的命令，执行"三个队"的任务，实行屯垦戍边。当然，这与历史上的屯垦有本质上的区别，其屯垦规模和水利建设成绩更非历代所可比拟。

2. 人口增长与耕地面积

人口是社会的主体，人既是生产者又是消费者，随着社会发展和人口增加，一方面人类利用和改造自然的程度不断扩大加深；另一方面要维持生活的消费品也在增加。当人类社会进入以农为主时期，人类主要依靠开垦土地和种植农作物维持生活。当人口数量少时，需要的农产品不多，因而不必开垦大量土地。随着人口不断增长，需要的农产品增多，客观上也要求增加耕地扩大绿洲面积。

据《汉书·西域》记载，2000 多年前的新疆，人口约为 84.6 万人，其中地处伊犁河流域的乌孙以牧为主，人口为 63 万人，占当时人口的大部分，而以农为主的广大南疆地区，人口仅为 21 万人。由于人口少，开发的土地有限，绿洲多分布在当时水土条件优越的河流下游地区。到了 20 世纪初，根据《新疆图志·民政志》资料，新疆人口达 207 万人，其中南疆为 178 万人，南疆人口比西汉时增加 7.5 倍。人口的大幅度增加，需要开垦较多土地，而在河流中下游，水土条件不能满足需求，于是土地开垦移向山前地带，到清末便基本形成围绕塔里木盆地的老绿洲分布格局。到 1949 年，新疆人口增长到 433 万人，比清末增加 1 倍多。此后，新疆人口又迅速增长，1967 年为 872 万人，1990 年达 1520 万人，2000 年达 1850 万人（较 1949 年增加 3.27 倍），2009 年达到 2150 万人，2019 年为 2298 万人。人口的增加迫使耕地面积迅速扩大，于是在原有老绿洲的外围，建起了诸多以国营农场为主体的新绿洲。

1954 年 12 月新疆生产建设兵团成立以后，拥有职工 97 万人，总人口为 214 万人，包括 10 个农业师、1 个工程建设师、1 个工交局、3 个农场管理局。经过艰苦创业，屯垦戍边，开垦农田 1392 万亩，开辟了大片绿洲，大部分从风沙地、盐碱地中开发出来，为新疆绿洲的发展做出巨大的贡献。不同时期新疆人口与耕地面积变化如图 2-2 所示。

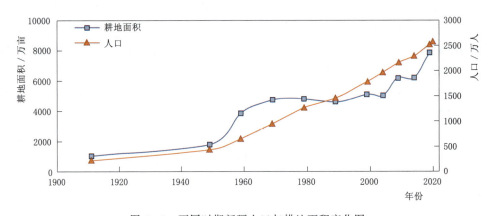

图 2-2　不同时期新疆人口与耕地面积变化图

3. 灌溉农业与典型阶段

纵观历史，西北边疆的军事、政治、经济、文化等各种事业发展与水利及灌溉农业的发展密不可分。事实证明，水利对中亚边疆历史的塑造及其对政治边界、文化边界、自然边界的影响巨大。对于以干旱为特征的自然边界，谁能为土地带来水，谁就获得土地的开发和使用权。灌溉绿洲、丝绸之路，西北疆域形成点、线、面相互制约的地缘景观格局，水在三者的互动关系中扮演重要角色，并与丝绸之路的兴衰交相呼应，有力地驱动着往复控制型、置线定居型、开发建设型、生态经济型边疆建设的发展沿革（图 2-3）。

（1）往复控制型边疆。 历代中原王朝对西北边疆的开拓，具有地标意义的两个地区分别是阴山下的河套平原和河西走廊。河西走廊在国家安全中发挥着连通西域、稳定西北和巩固中原的独特功能。西域屯垦始于西汉，兴于唐，在清代乾隆、嘉庆年间达到鼎盛。西汉时期主要有 11 个屯田点，屯垦面积 3.3 万 hm^2，屯垦人数 2 万多人，沿丝绸之路呈线状分布。唐朝承袭了西汉开创的以屯田控制西域的传统方式，屯田分布在 9 个地区，共 5 万多人，范围扩展到北疆和丝绸之路南道。汉唐屯田的本质是构筑往复控制型边疆，保障对西域的稳定控制。

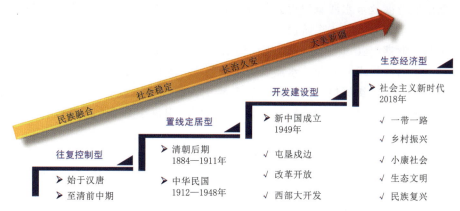

图 2-3　我国西北边疆地区社会经济发展历史沿革图

（2）置线定居型边疆。清朝后期，林则徐推动西北边疆屯田开发，左宗棠收复新疆并于 1884 年建省，主要开发了 26 个大型屯垦区，耕地面积达到 73.3 万 hm^2，参加屯垦的兵丁达 5.6 万人，屯垦范围由点到面，屯垦形式由军垦发展到多种屯垦并举，屯垦制度日趋完善，屯垦效果日渐显著。民国时期，屯田水利在西部边疆的军事、政治、文化、经济、殖民中扮演着重要角色，耕地增加到 112 万 hm^2。屯田水利、灌溉农业的发展，对促成"往复控制型边疆"向"置线定居型边疆"转变发挥了至关重要的作用。

（3）开发建设型边疆。新中国成立后，全面转入"开发建设型边疆"的新时期。特别是改革开放和西北大开发，国家积极支持边境贸易和边境地区对外经济合作和发展。在沿边开发开放战略的推动下，边疆地区发展加快，从"内陆腹地"日益崛起为"开发开放前沿高地"，"绿洲经济，灌溉农业"的发展有力地支撑了国家优质棉基地、特色林果业、现代畜牧业的迅速壮大。石油天然气等矿产资源开发、大型煤电煤化工基地建设、对外经贸合作规模扩大，极大地促进了工业化、城镇化以及农业现代化的发展。

（4）生态经济型边疆。两千年的西北边疆史就是一部开发史，经过边疆各族人民一代代薪火相传地开拓与建设，西北已成为祖国稳定繁荣的边疆和各族群众安居乐业的美好家园。但过犹不及，长期的大规模开发，造成环境负荷超载、资源开发过度、生态恶化问题日益突显。2012 年，党的十八大提出"五位一体"的新发展理念，并把生态文明建设写进了党章。进入新时代，必须走可持续发展之路，因地制宜、科学系统地探索生态经济发展模式，打破干旱区弱水资源承载力、高生态胁迫压力、低经济发展能力的桎梏，坚持以生态经济学理论为指导，秉持"绿水青山就是金山银山"的理念，促进社会—经济—自然复合生态系统协调发展，在丝绸之路经济带核心区建设中实现绿色、低碳、高质量发展。

2.1.2　节水灌溉与用水效率

新疆是绿洲农业，农业发展主要依靠水利灌溉，兴建水利是新疆农业发展的重要基础。水利兴则农业兴，新疆水利史实际上也是节水灌溉技术不断改进和发展的历史。经过60 多年的建设，节水灌溉技术广泛推广应用，高效节水灌溉技术日趋成熟，灌溉水利用效率逐渐提高，新疆已成为全国最大的节水灌溉技术示范区。回顾新疆农业节水灌溉技术发展历程，新疆农业高效节水灌溉建设大体可以分为渠道防渗时期、喷微灌探索时期、膜下滴灌时期、提质增效时期等 4 个阶段。

（1）渠道防渗时期。20 世纪 50—80 年代初期是节水灌溉技术发展起步阶段，主要研究和实践各种渠道防渗技术，农业节水灌溉主要采取将"大田漫灌"改造为"畦沟灌"等措施，干、支、斗、农四级渠道采用浆砌石、混凝土、复合土工膜等材料进行衬砌防渗。这一时期低压管道输水灌溉技术发展较快，并开始从国外引进小型节水灌溉设备和技术进行示范性应用。

（2）喷微灌探索时期。20 世纪 70 年代末期，新疆开始引进农业高效节水灌溉技术进行试验示范，包括低压管道灌和喷微灌技术。在这阶段前期以喷灌技术为主，20 世纪 70 年代以半固定管道式喷灌技术为主，后期微灌技术才得到较大发展。在"十五"期间，新疆微灌过滤、施肥设备和末级配水器等关键设备由国外引进转变为国内提供后，因设备成本的大幅度降低，微灌技术尤其是膜下滴灌技术发展进入迅速发展期，新疆生产建设兵团基本实现棉花膜下滴灌技术全覆盖，新疆地方农业高效节水灌溉面积以每年 6.6 万～13.3 万 hm^2 的速度增加。截至 2005 年底，喷灌、微灌技术等农业高效节水灌溉面积为 47 万 hm^2，已占全自治区总灌溉面积的 12%以上。

（3）膜下滴灌时期。20 世纪 90 年代中期开始（1996—2016 年），随着大田作物膜下滴灌技术应用效果的显现，自治区政府和国家科技部对农业高效节水灌溉技术的科研投入逐步加大，联合农业高等院校、农业科研院所，组织新疆相关农业科技推广人员进行"教、研、推"一体化科技攻关，依托国家支撑计划、"863"项目、自治区科技攻关和重大科技专项等科技项目，在农业高效节水灌溉技术推广模式、农业高效节水配套高产栽培技术和节水设施设备研发等方面取得了重大突破。农业高效节水灌溉技术呈快速发展趋势，得到大规模推广应用。截至 2010 年初，新疆包括生产建设兵团在内，农业高效节水灌溉面积达 133 万 hm^2，其中：喷灌为 8 万 hm^2，占农业高效节水灌溉总面积的 6%；滴灌为 121 万 hm^2，占农业高效节水灌溉总面积的 91%；低压管道灌为 4.3 万 hm^2，占农业高效节水灌溉总面积的 3%。新疆微灌面积占全国微灌面积的比重高达 70%以上，推广面积规模位居全国各省区第一。

（4）提质增效时期。2010 年以后，根据中央新疆工作座谈会精神的指示，新疆农业高效节水建设进入适度规模推广、提质增效转型的新阶段。2011—2014 年，农业高效节水灌溉面积逐年新增 24 万 hm^2、25 万 hm^2、21 万 hm^2 和 20 万 hm^2，农业高效节水灌溉建设步伐进一步加快，每年建成面积达到 20 万 hm^2 以上。到 2015 年，新疆地方节水灌溉技术推广面积突破到 200 万 hm^2。截至 2019 年，新疆节水灌溉面积达 291 万 hm^2，取得了巨大的综合效益和效果，不同年份新疆节水灌溉面积分布如图 2-4 所示。

水利部于 2013 年底拟定了《农田灌溉水有效利用系数测算分析工作评价办法》，首次从国家管理层面控制农业用水量，提高农业用水利用效率，提高农田灌溉水利用系数，把合理利用水资源纳入了管理日程和监管评价体系。根据 2007—2021 年新疆灌溉水利用系数（表 2-1）可以看出，随着高效节水灌溉技术的不断推广与应用，灌溉水利用系数呈逐年上升趋势。《新疆维吾尔自治区农牧业现代化建设规划纲要（2011—2020 年）》和《新疆维吾尔自治区水利发展"十三五"规划》提出，2020 年新疆的农田灌溉水利用系数要

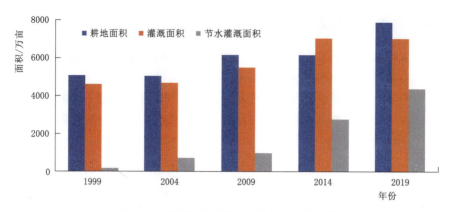

图 2-4　不同年份新疆节水灌溉面积分布图

提高到 0.57，截至 2021 年，新疆灌溉水利用系数为 0.5712，虽已达到自治区文件要求，但在灌区农业科学种植、灌水方式、灌溉制度、灌水定额等方面仍缺乏规范化管理，农田建设标准普遍偏低，农业灌溉中浪费水的问题仍较为突出，灌溉水利用系数仍存在较大的提升空间。

表 2-1　　　　　　　　　　　2007—2021 年新疆灌溉水利用系数

年份	大型灌区	中型灌区	小型灌区	纯井灌区	全区平均
2007	0.430	0.480	0.550	0.700	0.460
2008	0.436	0.484	0.570	0.702	0.466
2009	0.440	0.493	0.579	0.721	0.473
2010	0.448	0.504	0.590	0.793	0.480
2011	0.458	0.514	0.592	0.797	0.490
2012	0.471	0.520	0.592	0.799	0.499
2013	0.475	0.525	0.593	0.818	0.506
2014	0.481	0.525	0.598	0.825	0.513
2015	0.486	0.530	0.606	0.826	0.520
2016	0.495	0.532	0.630	0.824	0.527
2017	0.502	0.539	0.636	0.829	0.535
2018	0.514	0.550	0.644	0.833	0.546
2019	0.5265	0.5623	0.6533	0.826	0.5554
2020	0.5544	0.5916	0.663	—	0.5667
2021	0.5611	0.5923	0.6331	—	0.5712

新疆农业高效节水由规模扩张向规范化、标准化建设转变。新疆以大田作物膜下滴灌技术为主的农业高效节水灌溉技术快速推广应用的同时，逐步形成了农艺节水、工程节水和管理节水三位一体的技术集成体系，促进农业高效节水向提质增效方向转变。同时，积极探索滴灌、微喷灌与自动化、智能化、信息化等技术相结合的试验与示范，推动灌区农业高效节水建设向规范化、标准化、智能化转变。

2.1.3　水源利用与灌溉农业

新疆地处亚欧大陆腹地，远离海洋，属于典型的温带大陆性气候，尽管河流水系分布广，但区域内的水资源量却不足全国的 1/4，可利用水资源量极度匮乏，同时还存在严重的水资源时空分布不均问题。特殊的自然地理特征和气候特点塑造了新疆独特的水资源分布格局，水资源合理开发与集约利用成为保障灌溉农业可持续发展的重要举措。

1．工程建设与阶段目标

(1) 水利工程建设成效。新中国成立后，新疆全面进入开发建设阶段，灌溉农业保持了较快的发展趋势。2000 年国家启动西部大开发后，新疆的灌溉农业再次进入高速增长阶段，其中水利建设发挥了至关重要作用。

1）1949—2021 年，人口和灌溉面积均有很大增长。其中：新疆人口由 433 万人增加到 2585 万人；灌溉面积由 1680 万亩增加到 1.18 亿亩（图 2-5）。

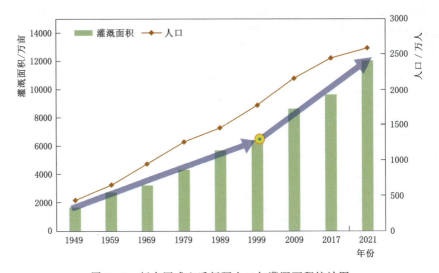

图 2-5　新中国成立后新疆人口与灌溉面积统计图

2）2021 年供水总量为 571.4 亿 m^3。其中：农业供水为 526.7 亿 m^3，占 92.2%；工业供水为 11.3 亿 m^3，占 2.0%；生活供水为 18.3 亿 m^3，占 3.2%；城镇生态供水为 15.1 亿 m^3，占 2.6%。

3）已建和在建各类水库共 703 座。水库总库容为 286 亿 m^3，调蓄能力为 20.6%，其中库容大于 1 亿 m^3 的大型水库有 42 座；平原水库有 405 座，占水库总数的 58%。

4）农田水利基本建设快速发展。新疆建成灌区 506 处，其中大型灌区 76 处、中型灌区 399 处；水闸 4579 座，泵站 3258 座，干支斗灌溉渠道 16 万 km。

5）农业高效节水建设规模空前。2021 年，新疆节水灌溉面积达 6600 万亩，占总灌溉面积的 55%。干、支、斗三级渠道防渗率达到 64.4%，综合灌溉水利用系数 0.571。开创了大田作物大面积推广应用膜下滴灌节水技术的世界先例。

6）大型跨流域调水工程有序推进。已建和在建的引额供水一期、二期工程和艾比湖生态环境保护工程（伊河向北疆调水）可向天山北坡调水 40 亿 m^3，规划建设的伊河北水南调工程可向南疆调水 20 亿 m^3。

（2）水利发展与目标定位。 考虑不同时期水利工作总体目标和主要治水思路，本研究把新中国成立以来新疆水利发展分为以下 4 个阶段：

1）1.0 屯垦水利阶段（1955—1978 年）。1955 年新疆解放，百废待兴。为了屯垦戍边尽快恢复生产，大规模开展农田水利基本建设，包括修建无坝引水渠首、修筑平原调蓄水库、开挖各级引水渠道、配套农田灌排系统等。水利发展目标总体表现为"灌区建设与生产保障"。

2）2.0 工程水利阶段（1978—2000 年）。改革开放后，开始大规模经济建设，主要河流和城镇防洪抗旱能力不足的弊端逐渐凸显。因此，河道堤防、抗旱机电井、农村人饮工程、山区调蓄水库等成为水利工程建设的主要任务。水利发展目标总体表现为工程建设与安全保障。

3）3.0 资源水利阶段（2000—2020 年）。由于人口和经济快速发展，水资源过度开发，生态环境不断恶化，迫使人们开始思考发展方式的转变。恰逢此时，可持续发展思想传入我国，于是"人水和谐"治水思想开始引入干旱区治水实践，真正把水资源看成是一种资源加以科学利用和有效保护。所谓资源水利，就是涵盖水资源开发、利用、治理、配置、节约、保护 6 方面的综合水利。水利发展目标总体表现为综合治理与人水和谐。

4）4.0 生态水利阶段（2020 年至今）。2012 年，党的十八大报告提出"大力推进生态文明建设"。2013 年，水利部印发了《关于加快推进水生态文明建设工作的意见》，把生态文明理念融入资源水利的各方面。所谓生态水利就是以现代信息技术为支撑，从生态系统全视角、"水资源—生态环境—社会经济"多维度、水利工程"规划设计—建设管理—调度运行"全过程，科学把控水利在生态环境保护和经济社会高质量发展中的功能定位。生态水利发展目标总体表现为协调发展与智慧决策。

（3）农田排水发展沿革。 新疆排水控盐技术长期滞后于节水灌溉技术的发展，这种不同步、不协调的现象，导致了重灌轻排引发的土壤次生盐渍化普遍发生，造成水资源与土地资源双重性低效利用。随着灌溉技术的发展，农田排水技术相继经历了以下 4 个发展阶段：

1）大灌无排时期。20 世纪 60 年代以前，灌溉方式为大水漫灌，没有科学系统的排水洗盐意识，主要利用自然冲沟排盐和灌区洼地干排盐。

2）大灌大排时期。20 世纪 60—90 年代，排水洗盐意识逐渐加强，规划布置灌区排水系统，建设干、支、斗三级排水渠，主要采用明渠排水和竖井灌排结合方式，并开始引进暗管排水技术。

3）滴灌无排时期。进入 21 世纪（2000—2016 年），由于喷滴灌技术大规模推广应用，造成农田"无水可排"的积盐状态，灌区大量的排水沟渠被废弃，长期滴灌造成的地下水位升高和土壤盐碱化问题十分突出。

4）综合调控时期。21 世纪初进入新时代（2017 年以后），建设高效节水条件下水盐调控理论和灌排一体化管网设施，合理调控灌区、田块、剖面水盐空间运移与分布，综合利用生物、物理、化学盐碱地改良等技术，支撑现代灌区、高标准农田、现代农业可持续发展。

2. 政策保障与水资源利用

我国水资源总量有限,利用效率低,水资源集约利用理念一直伴随我国经济社会发展各个阶段。2001 年,《中共中央关于制定国民经济和社会发展第十个五年计划的建议》提出,将水资源的可持续利用提到关系经济社会发展的战略地位,并把节水作为主要措施加以强调。2006 年,"十一五"发展规划纲要提出构建集蓄水、引水、供水、节水、污水回用于一体的水资源集约利用体系。2012 年,党的十八大报告指出"要节约集约利用资源,推动资源利用方式根本转变,加强全过程节约管理,大幅度降低能源、水、土地消耗强度,提高利用效率和效益",这是国家层面对集约利用提出的新要求。2016 年,"十三五"发展规划纲要提出坚持"节水优先、空间均衡、系统治理、两手发力",以全面提升水安全保障能力为主线,突出目标和问题导向,以落实最严格水资源管理制度、实施水资源消耗总量和强度双控行动为抓手,全面推进节水型社会建设。2021 年,"十四五"发展规划纲要提出要实施国家节水行动,建立水资源刚性约束制度。新疆根据国家水资源相关规定与要求,相继在 2017 年自治区十二届人民代表大会常委会修订了《关于修改〈自治区地下水资源管理条例〉的决定》、2019 年出台关于印发《关于推进南疆水资源高效利用的指导意见》的通知(新水厅〔2019〕176 号)、2021 年发布了《关于进一步强化水资源保护管理的实施意见》(新政办发〔2021〕80 号)等规定与指导性文件,为新疆水资源可持续开发与利用提供了坚实的政策保障。

3. 水资源配置与用水效率

2011 年,中央一号文件与中央水利工作会议明确提出要实行最严格水资源管理制度,确定水资源管理"三条红线",其中用水总量是一条重要控制红线。根据《国务院关于实行最严格水资源管理制度的意见》(国发〔2012〕3 号)、《国务院办公厅关于印发实行最严格水资源管理制度考核办法的通知》(国发办〔2013〕2 号)等文件精神的要求,新疆制定了 2015 年用水总量为 515.60 亿 m^3、2020 年为 515.97 亿 m^3 和 2030 年为 526.74 亿 m^3 的控制红线。新疆 2015 年和 2020 年实际用水总量为 577.2 亿 m^3 和 570.4 亿 m^3,均超出红线控制指标。2015—2020 年,虽然农业用水总量占比呈逐年下降趋势,但水资源利用效率依然较低(图 2 - 6)。

2020 年,水利部印发了《水利部关于进一步加强水资源论证工作的意见》,文件明确提出加强规划水资源论证,严格建设项目水资源论证,推进水资源论证区域评估,进一步发挥水资源在区域发展、相关规划和项目建设布局中的刚性约束作用。2021 年,水利部制定了《水资源调度管理办法》,为强化水资源刚性约束与优化水资源配置提供支撑。2021 年,新疆颁布了《关于进一步强化水资源保护管理的实施意见》(新政办发〔2021〕80 号),对进一步加强水资源保护和管理、推动用水方式由粗放低效向节约集约转变、促进水资源可持续利用提出了具体要求,同时指出到 2035 年,基本实现水资源优化配置,水资源利用效率和效益达到国内同类地区先进水平,用水总量控制在指标范围内。

综上所述,新疆干旱缺水,农业是典型的灌溉农业,农业主要依靠水利灌溉,水是新疆干旱区最稀缺的资源,新疆农业用水量占总用水量的 90% 以上。2021 年,"十四五"发

图 2-6 新疆水资源量与农业用水占比情况图

展规划纲要提出要实施国家节水行动，建立水资源刚性约束制度；《全国高标准农田建设规划（2021—2030 年）》对实现土地和水资源集约节约利用和促进农业可持续发展提出了具体的要求指标，随着高效节水技术的推广应用与高标准农田面积的逐步推广以及水资源的集约利用，为新疆灌溉农业可持续发展提供政策保障与基础支撑。

2.2　河西走廊灌溉农业发展历程

河西走廊位于甘肃省西北部，石羊河、黑河、疏勒河三大内陆河水系构成的绿洲平原是西北旱区重要的粮食生产基地和经济作物集中产区。河西走廊的耕地集中分布在平原绿洲区，播种的主要农作物有玉米、小麦、油料作物和棉花等。该地气候干旱，年均降水量少，蒸发强烈，降水基本形不成有效的径流，也难以满足作物生长的用水需求。此外，由于气候等自然因素的变化、区域经济的快速发展、人口增长和粮食需求的增加，河西走廊可利用水资源越来越少，供水压力越来越大，水资源的供需矛盾十分突出。与此同时，不合理的水资源开发利用导致的地下水位下降和土壤荒漠化等情况亟待改善，水资源严重短缺已经成为该区粮食安全和可持续发展的主要制约因素[2]（图 2-7）。

河西走廊地处我国西北旱区，属于大陆性季风气候，降水稀少、蒸发量大、降水难以满足作物对水的需求，农业与灌溉紧密相连，属于典型的没有灌溉就没有农业的地区，其独特的绿洲农业使得农业发展和耕地分布较为集中。在过去半个世纪，特别是 20 世纪 80 年代以来，河西走廊的灌溉农业有了较大的发展。该地区有效灌溉面积已从 1979 年的 44.9 万 hm² 增加到 2015 年的 59.7 万 hm²。近年来，该地区节水灌溉无论是在技术上还是在政策上都得到了大力发展。自 2000 年节水灌溉技术推广以来，节水技术得到了广泛的应用，节水灌溉面积迅速扩大（包含配备喷灌、微灌、低压管灌、渠道防渗等节水灌溉工程的灌溉农田面积）。2000 年后节水灌溉面积占有效灌溉面积的比例迅速增加，由 1999 年的 55％增长到 2015 年的 86％。

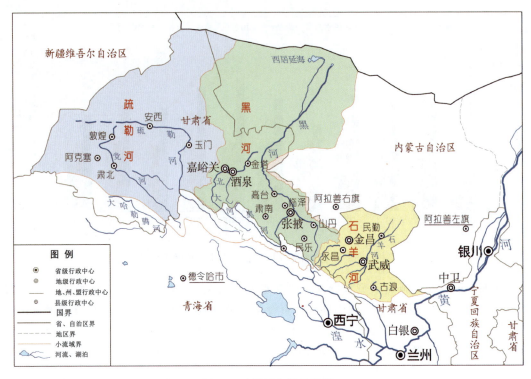

图 2-7　河西走廊示意图

2.2.1　石羊河流域灌溉农业

石羊河流域是河西走廊三大内陆河流域之一，位于河西走廊东部，乌鞘岭以西，祁连山北麓，即祁连山东段与巴丹吉林沙漠、腾格里沙漠南缘之间，总面积为 4.16 万 km²，占甘肃省内陆河流域总面积的 15.4%。流域属大陆性温带干旱气候，太阳辐射强、日照充足、夏季短而炎热、冬季长而寒冷、温差大、降水少、蒸发强烈、空气干燥。流域主要分属武威、金昌两市，武威市以发展农业为主，金昌市是我国著名的有色金属生产基地。2020 年全流域总人口为 184 万人，农田灌溉面积为 30 万 hm²，人均 GDP 为 2.02 万元[3]。

1. 水资源状况

流域多年平均自产地表水资源量为 15.75 亿 m³，地下水资源量为 1.1 亿 m³，水资源总量为 16.85 亿 m³。亩均水资源为 272m³，人均水资源 743m³，远低于全国亩均水资源 1476m³ 和人均水资源 2135m³ 的水平。全流域实际供水量为 28.77 亿 m³，其中蓄水工程、引水工程及地下水工程分别占总供水量的 37.8%、11.3% 及 50.3%，其他工程占总供水量的 0.6%。实际用水量为 28.77 亿 m³，其中农业灌溉、林牧渔、工业、城市生活以及农村生活用水量分别占总用水量的 86.4%、4.5%、5.4%、1.6% 和 2.1%。水资源开发利用率高达 170%（含重复利用），远高于国际公认的不影响生态环境的河道水资源开发利用率不超过 40% 的标准。即使在外调水 1.01 亿 m³ 和地下水超采 4.32 亿 m³ 的情况下，现状依然缺水 1.98 亿 m³[4]。

该流域是甘肃省河西内陆河流域中人口最多、水资源开发利用程度高、用水矛盾突出、生态环境问题严重、水资源对经济社会发展制约性强的地区。随着人口增长和经济社会的发展，水资源已严重超载，经济社会发展用水严重挤占生态用水，致使流域的生态环境日趋恶化，导致地下水位下降、沙生植物萎缩死亡，沙尘暴活动频繁，危害程度和范围日益扩大，已严重影响到当地经济和社会的可持续发展，也对当地群众生存构成严重威胁。

石羊河流域有限的水资源承载了过多人口与经济活动，使水循环过程发生了深刻的变化，进而影响受水控制的生态系统的演变。在有限的水资源条件下，如何通过水资源的合理配置和高效用水，实现生态系统良性循环及经济社会可持续发展，已成为该流域目前最紧迫的任务。明确流域水资源转化规律以及节水高效利用技术与模式，对于深刻认识该区域水循环演变过程和机制、确定合理的绿洲灌溉农业规模、促进水资源持续高效利用、改善脆弱生态环境更具有重要的现实意义，同时对西北干旱内陆区其他流域也具有借鉴与参考价值。

2. 灌溉农业发展

石羊河流域灌溉农业发展历史悠久，早在汉代已开始引水灌溉，在唐代已形成较完整的引水系统，到清末已完全成为人工水系。流域现有万亩以上灌区22个，主要分布在中下游地区，大多建于20世纪60年代或70年代。其中主要灌区20个，包括：①武威市凉州区的8个灌区，即黄羊灌区、杂木灌区、金塔灌区、西营灌区、张义灌区5个以地表水灌溉为主的渠灌区及清源灌区、永昌灌区、金羊灌区3个以地下水灌溉为主的井灌区；②古浪县3个渠灌区，即古浪灌区、古丰灌区、大靖灌区；③民勤县3个灌区，即环河渠灌区、昌宁井灌区及红崖山渠井混灌区；④天祝县安远渠灌区；⑤金昌市永昌县4个灌区，即东大河灌区、西大河灌区2个渠灌区，清河灌区与四坝灌区2个井灌区；⑥金川区的金川峡灌区。

新中国成立以来，石羊河流域水资源短缺问题引起各方高度重视，不同部门从多角度开展了系列研究工作。20世纪60年代初，武威地区制定了石羊河流域上下游分水协议，开启了流域水资源管理的序幕。20世纪80年代，甘肃省水电勘测设计院制定了流域初步水利规划和水中长期供求计划，经甘肃省水利厅批准并执行，为流域水资源调配奠定基础。1984年，中国科学院兰州沙漠研究所在"河西走廊水土资源利用与生态环境现状调查"中，摸清了流域水土资源和生态环境基本状况，提出了开发利用潜力。20世纪90年代，地质部门深入计算了环境劣化经济损失，进行水资源与环境经济综合规划；同期制定并实施了河西走廊农业节水灌溉总体规划。"九五"科技攻关项目研究了流域水资源承载能力，对生态环境进行了调查评价，提出了以水资源为主线的资源、环境、经济协调的可持续发展模式，重点提出了民勤生态环境保护方案及治理对策。20世纪90年代中期，兰州大学开展沙丘水平衡及治理研究，合肥工业大学研究地下水转化模型及时空关系。近年来，中国农业大学和西北农林科技大学通过原位试验研究了流域水循环模型参数，分析了土壤水分运动参数的空间分布规律，研究了参考作物蒸发蒸腾量的时空变化，建立了基于遥感与GIS的作物耗水分布式模型，评估了人类活动对水土环境的影响，为解决流域水资源问题提供了科学依据和实践方案（表2-2）。

表 2-2　　　　　　　　　　　　石羊河流域主要灌区概况统计　　　　　　　　单位：$\times 10^3 \text{hm}^2$

所在区县	灌区名称	灌区性质	建设年份	设计面积	有效面积	保灌面积	配套面积	实灌面积	
								农田	林草
凉州区	黄羊灌区	黄羊河	1950	16.23	15.92	9.51	5.37	17.01	0.51
	杂木灌区	杂木河	1954	21.73	20.57	16.24	15.73	20.16	2.41
	金塔灌区	金塔河	1951	9.37	9.09	7.82	8.82	9.07	0.50
	西营灌区	西营河	1956	27.45	25.22	20.72	23.54	24.24	0.36
	张义灌区	哈溪河	1984	1.88	1.88	1.13	0.44	1.58	0.27
	清源灌区	井水灌溉	1959	6.65	6.65	6.39	6.21	6.55	0.23
	永昌灌区	井水灌溉	1956	8.94	9.01	8.50	7.98	8.94	0.35
	金羊灌区	井水灌溉	1956	6.29	6.27	6.61	5.43	6.27	0.44
古浪县	古浪灌区	古浪河	1956	16.67	15.51	10.19	15.64	5.07	0.35
	古丰灌区	古浪河	1956	1.40	1.96	2	2	1.31	0.01
	大靖灌区	大靖河	1955	10	6.96	5.29	4.60	2.67	—
民勤县	环河灌区	石羊河	1952	2.53	2.53	2.53	0.07	2.53	—
	昌宁灌区	井水灌溉	1954	3.33	2.10	2.10	—	2.10	—
	红崖山灌区	水库蓄水	1963	67	55.37	41.98	49.50	54.71	
天祝县	安远灌区	哈溪河	1959	1.07					
永昌县	东大河灌区	东大河	1964	28.30	20.14	5.77	16.44	13	1.20
	西大河灌区	西大河	1957	30	23.60	15.65	11.30	11.33	0.13
	清河灌区	井水灌溉	1956	8.33	7.06	7.06	7.05	7.06	2.55
	四坝灌区	井水灌溉	1959	6.67	4.79	4.11	3.94	4.95	0.02
金川区	金川峡灌区	金川河	1969	10	9.35	9.07	8.50	9.32	1.10

3. 农业高效用水

在石羊河流域农业与生态高效水技术方面，已经开展了大量研究工作。20 世纪 80 年代以来，武威市灌溉试验站、金塔河灌溉试验站、民勤小坝口灌溉试验站和湖区盐改试验站等开展了小麦、玉米、棉花、果树和瓜类作物的需水量与灌溉制度试验。20 世纪 90 年代初，甘肃省治沙研究所用称重式蒸渗仪观测了民勤沙区 10 种沙生植物的蒸腾耗水，并分析其耗水特征。20 世纪 90 年代，西北农林科技大学与甘肃省武威市水利科学研究所联合在民勤县进行了小麦—玉米田节水高效灌溉制度、玉米—棉花—小麦水分生产函数与非充分灌溉制度、调亏灌溉、棉花膜下滴灌、玉米控制性隔沟交替灌溉和苦咸水太阳能分馏利用等的研究，一些成果已在生产中得到了推广应用。

石羊河流域灌溉农作物主要包括粮食作物（春小麦、春玉米、马铃薯等）、油料作物（胡麻、油菜、向日葵）、经济作物（蔬菜、瓜类、棉花、甜菜）和果树（苹果、梨、葡萄），流域内播前储水灌溉（泡地）对农作物产量影响巨大，主要分为秋冬泡（10 月中下旬至 11 月）和春泡两种。部分地区因秋季干旱、河水封冻或农作物收获较迟而采用春泡，通常用于油料作物、谷子和马铃薯等。各县区泡地用水量有所差异：凉州区、天祝县、永昌县约为 $1500m^3/hm^2$，古浪县约为 $1875m^3/hm^2$，民勤县约为 $2250m^3/hm^2$。由于地域和干旱程度不同，灌水时间和次数也存在差异。水源匮乏地区如凉州区黄羊灌区及古浪县的多个灌区采用非充分灌溉模式，作物灌水次数仅为 2～3 次。充分灌溉条件下石羊河流域主要作物灌溉制度见表 2-3。

表 2-3 　　　　　　　　充分灌溉条件下石羊河流域主要作物灌溉制度　　　　　　单位：$\times10^3hm^2$

作物	生育阶段	灌水定额	灌溉定额	作物	生育阶段	灌水定额	灌溉定额
春小麦	分蘖期	1050～1350	3820～4720	马铃薯	—	—	4000
	拔节期	970～1200		甜菜	—	—	4800
	抽穗期	900～1120		果树	—	—	4500～6800
	灌浆期	900～1050		春玉米	拔节期	1000	4500
胡麻	枞形期	900	3750		抽雄期	900	
	现蕾期	900			灌浆期	900	
	开花期	900			乳熟期	900	
	成熟期	1050			腊熟期	800	
棉花	出苗期	650	3250	油菜	抽苔期	800	3500
	现蕾期	600			开花期	900	
	花铃期	1600			角果期	1000	
	吐絮期	400			黄熟期	800	

石羊河流域灌区常规灌水方式包括漫灌、块灌、畦灌和沟灌。漫灌对田间土壤结构破坏较大，同时也增加了灌溉用水量，目前只在播前储水泡地中应用；块灌能较为均匀地浸润地块，适合大多数农作物，自流灌区 60% 左右的灌溉面积采用这种灌水方法；畦灌为在引提水灌区普遍采用的灌溉方式，一般畦长十几米到几十米不等，宽 1～8m，畦灌较为节省水量，适合小流量灌溉，有较好的节水效果；沟灌通过田间灌水沟向两侧渗透，减轻了田面灌溉水的重力作用所形成的土壤板结，并由于田面引水沟的作用达到了田面受水均匀的目的，采用沟灌的作物主要有马铃薯、瓜类等。

2017—2019 年，石羊河流域的灌溉水利用系数呈现出逐年提高的趋势。2017 年石羊河流域的灌溉水利用系数为 0.48，而到了 2019 年已经提高到了 0.52 左右。同时，灌溉水生产效率逐年提高，2017 年该地区的灌溉水生产效率为 0.63 元/m^3 左右，而到了 2019 年已经提高到了 0.66 元/m^3 左右。未来，石羊河流域还需要进一步加强水资源管理和灌溉技术创新等方面的工作，以进一步提高该地区的灌溉水利用系数和生产效率，从而更好地满足该地区农业生产的用水需求，促进农业可持续发展[5]。

2.2.2 黑河流域灌溉农业

黑河是我国第二大内陆河，干流长约 821km，流域总面积为 14.29 万 km^2。作为我国西北干旱地区较大的内陆河流之一，黑河流域位于祁连山和河西走廊的中段，东、西分别以山丹县境内的大黄山和嘉峪关境内的黑山为界，与疏勒河流域、石羊河流域接壤，南起祁连山分水岭，北至终端居延海。地理坐标为 $96°05'～102°12'E$，$37°45'～42°40'N$。该流域行政区分属甘肃省张掖市、酒泉市和嘉峪关市、青海省海北藏族自治州（简称海北州），以及内蒙古自治区额济纳旗，包括3省区的5地（州、市、盟）、11县（区、市、旗）和东风场区（酒泉卫星发射中心）。黑河发源于祁连山脉中段，流经青海、甘肃、内蒙古3省区，干流莺落峡以上为上游区，河道长为303km；莺落峡至正义峡河段为中游区，河道长为185km；正义峡以下为下游区，至东、西居延海的河道长度分别为333km、339km。黑河干流从源头到东、西居延海河道总长度分别为821km和827km[6]。

1. 水资源状况

黑河发源于青海省祁连县，其上游分东、西两支，在黄藏寺汇合后折回北流，并在莺落峡流出山口向北东径流而进入河西走廊。进入张掖盆地后，大部分水量被引用于农田灌溉。莺落峡出山口多年平均径流量为15.5亿m³，最大年径流量为23.1亿m³（1989年），最小年径流量为10.22亿m³（1973年）。黑河出山口（莺落峡）多年平均流量为49.3m³/s。受上游山区气候降水和冰雪融水量的控制，径流量年内分布不均匀，其中6—8月为洪水期，径流量占全年的70%～80%，12月至次年3月为枯水期，其余月份为平水期。黑河流至张掖城西北10km处与山丹河汇合折向北西方向径流，在临泽县境内纳入梨园河。梨园河是张掖盆地的第二大河流，流域面积为2240km²，梨园堡出山口多年平均年径流量为2.502亿m³，大约占黑河流域总径流量的6.7%，占张掖盆地径流量的10.25%。

目前，黑河流域由西、中、东3个子水系组成：西部子水系包括洪水坝河、讨赖河等，注入金塔盆地；中部子水系包括马营河、丰乐河等，注入高台盐池—明花盆地；东部子水系即黑河干流水系，包括黑河干流、梨园河及20多条沿山小支流，注入下游额济纳盆地。黑河流域已形成了山丹—民乐、甘州—临泽—高台、酒泉、金塔—鼎新、额济纳旗等主要绿洲区。

2. 水源开发与灌溉农业

黑河流域水资源的开发利用拓展了人类生存空间、创造了大量物质财富、保障了丝绸之路畅通和中外文化交流，同时确保了边境地区社会稳定和国防安全，促进了人类文明进步。从历史角度看，其贡献不可磨灭。然而，长期开发也引发了一系列生态水文效应，最显著的是下游终端湖泊的变化。研究表明，距今3000年前的古居延泽面积曾达约800km²，但随着中游用水强度加大和气候变化，河流下泄水量逐渐减少，导致古居延泽完全干涸，东、西居延海也分别于1963年和1992年干涸。水资源过度利用还引发了多重生态问题：①水利纠纷日益严重，清代开始出现高台与抚彝厅（临泽）之间的水利争端；②民国时期鸳鸯池水库建成后，讨赖河失去与干流的地表水力联系，进一步减少了下游来水量；③长期灌溉导致土地"经水则碱土泛上""板荒盐碱碛之地不堪耕种"；④灌溉与政治军事、气候等因素交织导致的沙漠化，尤其在下游额济纳地区，历史上频繁的军事冲突和政权更替使水资源开发时兴时废，极端干旱条件下土壤风蚀粗化，使原有垦殖区沙漠化；⑤河道变迁显著，完整水系逐渐演化为相对独立的水系。

黑河流域从汉代的"千金渠"起，就迈开了工程水利的步伐，以后的各朝各代，都进行了水利工程的修建。20世纪以来，人口增长、经济发展和城市化高速发展等因素为水资源带来了巨大的变化和压力：一是生产、生活用水量急剧增加，人们对水质要求也不断提高；二是城市集中供水量骤增；三是生活废水、工业污水迅速增长，导致可有效利用的水资源量在不断减少。为了满足生产生活的用水，截至 2020 年，张掖市建成万亩以上灌区 24 处，建成中小型水库 48 座，塘坝 34 座，总库容 2.14 亿 m^3；建成干、支渠 814 条，长度为 4323km；建成农村饮水工程 297 处，年供水能力约 3800 万 m^3，建成中小水电站 73 座，装机容量 79 万 kW；兴建提灌站 141 处，总装机容量 398kW，配套机电井 6228 眼；建成条田 13.6 万 hm^2，灌溉面积保持 25.3 万 hm^2。张掖市形成了以中小型水利设施为骨干、推进高效节水为重点、地表水地下水综合开发利用并举、渠井林田相配套的水利体系运行格局。然而，区域的生态环境仍然持续恶化。每一区域的水资源量总是有限的，黑河也不例外，仅靠修建水利工程不能解决问题，打井开渠也难以引到水。因此，必须重视和研究流域水资源问题，认识到必须从资源的开发、调配等方面来满足社会发展对水资源的需求，资源水利取代工程水利，并逐渐在水利事业中占据主导地位[7]。

根据《2020 年甘肃省统计公报》和《2020 年甘肃省水资源公报》等数据，2020 年河西走廊地区的地表水资源量为 75.4 亿 m^3，地下水资源量为 5.8 亿 m^3，共计为 81.2 亿 m^3，占全省的 32.1%。河西走廊地区的用水量为 83.9 亿 m^3，其中农业用水占比为 87.5%，工业用水占比为 6.5%，生活用水占比为 6.0%。河西走廊地区的水资源利用率为 95.1%，高于全省的 85.7%。河西走廊地区的单位水资源 GDP 为 1.3 万元/万 m^3，单位灌溉面积 GDP 为 3.64 万元/hm^2。

2.2.3 疏勒河流域灌溉农业

疏勒河流域位于甘肃省河西走廊西端，为甘肃省三大内陆河之一。疏勒河发源于祁连山脉西段，流域干旱少雨，灌区面积近 9 万 hm^2，是甘肃省最大的自流灌区。流域地表水资源主要由山区降水补给。疏勒河流域农业开发和水利建设历史悠久，西汉时期即开始引水灌溉，发展灌溉农业。新中国成立以来，水利事业取得了巨大发展。灌区分布在流域中下游地区，地理位置、气象因素等差异明显，流域内不同的地理、气象条件造就了灌区内地貌、水源、土壤、水质等条件各异。人们长期在灌区内耕作，形成的种植结构和种植习惯各异，自然、人文状况的差异性明显。目前，我国已经把"节水优先"上升为国家战略，疏勒河流域水资源利用效率不高和水资源短缺问题并存，需促进节水灌溉技术的发展。大力发展节水农业，是解决问题的重要途径。疏勒河流域自南向北、自东向西高程逐渐降低，灌区分布在洪积扇平原、盆地、河流尾闾。疏勒河流域包括地表水灌区、地下水灌区和地表水地下水混合灌区 3 种类型。疏勒河流域各灌区自上游向下游经冲洪积形成，灌区内荒地土壤有棕漠土、盐土、草甸土、沼泽土和风沙土 5 个土类，耕地土壤中有灌漠土和潮土 2 个土类。

1. 自然条件

(1) 气候条件。疏勒河流域深居内陆，远离海洋，是典型的大陆性气候，属于荒漠干旱气候。流域南部山区为祁连山高寒半干旱气候区，中部走廊平原属于温带干旱区，其中双塔堡以西为河西暖温带干旱区，包括安西绿洲和敦煌绿洲，双塔堡以东的走廊绿洲（昌马灌区、花海灌区、赤金灌区）及马鬃山一带均为河西冷温带干旱区。总体气候特点表现为降水量少且变率大、蒸发量大、日照时间长、昼夜温差显著、无霜期短、冬季寒冷、夏季炎热、干旱多风沙。祁连山—阿尔金山区的年降水量为 150～500mm，蒸发量高达 1300～1700mm，年均气温 0～4℃；中部的走廊平原年降水量为 50～250mm，蒸发量达 2200～2800mm，年均气温 6～8℃。降水年内分布不均，6—9 月的降水总量占全年的 60%以上。

（2）地形地貌。从宏观地形上看，疏勒河流域包括山区和平原两种地形，南北分别为阿尔金—祁连山和北山山地，中部是河西走廊西段，地势南北高、中间低，南部山区是疏勒河的发源地。最北部的鹰咀山—照壁山呈近似东西走向，是山区和河西走廊的分界线，其从西到东有党河南山、野马南山、野马山—疏勒南山、托勒南山等 4 条北西西走向的近乎平行的山岭，其间分布着党河盆地、野马河盆地、昌马—石包城盆地。南北山区之间为平坦宽广的河西走廊西部平原，由疏勒河及其支流所携带的泥沙长期堆积而成，以卡拉塔什塔格—三危山—北截山等走廊山脉为界，可将其分为南北两部分，也可以称为中游平原和下游平原。从地貌类型来看，可分为侵蚀构造地貌、构造剥蚀地貌、堆积地貌及风成地貌等地貌单元。

1）侵蚀构造地貌。该地貌分布于南部的阿尔金—祁连山区，由中新生代断裂隆起的一系列沿北西—南东向展布的高大山体与盆地（纵裂谷地）组成。

2）构造剥蚀地貌。该地貌分布于北山及河西走廊内部山脉，如马鬃山、截山子、宽滩山等，属于长期剥蚀的中山、低山和丘陵，呈近东西向连续分布，山体浑圆，切割不强烈，沟谷多为浅宽的"U"字形，相对高差一般为 20～100m。

3）堆积地貌。该地貌分布于疏勒河中下游平原，东起干海子，西至甘新交界，南抵祁连，北到北戈壁，东西长近 480km，海拔 900.00～2600.00m，南北最宽处达 75km，最窄处不足 10km。

4）风成地貌。该地貌包括风积地貌和风蚀地貌。风积地貌分布在库姆塔格沙漠和鸣沙山沙漠，其地貌形态主要为新月形、金字塔形、链状复合型沙丘。风蚀地貌分布于敦煌市西部魔鬼城一带。

（3）水资源。疏勒河流域内有党河、榆林河、疏勒河干流、石油河、白杨河等主要河流，均发源于南部的祁连山区。疏勒河多年平均径流量为 10.31 亿 m^3（昌马堡），发源于疏勒南山和托勒南山之间的沙果林那穆吉岭，源头海拔 4787.00m。党河是流域内第二大河流，多年平均径流量为 2.876 亿 m^3。此外，榆林河、石油河、白杨河多年平均径流量分别为 0.51 亿 m^3（蘑菇台）、0.35 亿 m^3（老君庙）、0.46 亿 m^3（天生桥）。因农业灌溉需要，主要河流上基本都修建了水库，包括党河水库、榆林河水库、双塔水库、昌马水库、赤金峡水库及白杨河水库。

2. 农业发展历程

据史料记载，夏、商、周及春秋战国时期，疏勒河流域为羌戎所占据，至秦汉又先后被乌孙、月氏、匈奴等民族所控制。此时疏勒河流域属于纯游牧区，垦殖活动很少，绿洲基本属于待开发状态。根据绿洲农业开发建设情况，疏勒河流域的农业开发史大致可以分为如下阶段：

（1）西汉至清朝封建统治时期（公元前 121 年至 1911 年）。公元前 121 年，霍去病击溃匈奴，将河西地区并入汉朝版图，由此疏勒河流域才有了灌溉农业。在随后的两千余年中，随着中原王朝的兴衰，河西地区农业开发也兴废无常。隋唐是疏勒河农业开发的高峰期之一，统治者继续推行屯田制，设置屯田官吏，大兴农田水利。据推算，唐代敦煌地区有耕地近 2 万 hm^2，锁阳城一带沃野千里，发展了 0.67 万 hm^2 灌溉良田。到清乾隆年间，敦煌境内大小渠道总长度达到 190km。至清咸丰年间，疏勒河流域内人口达到极盛，农业开发也进入了高潮期。

（2）中华民国时期（1911—1948 年）。 民国时期，河西地区农业基本处于停滞状态。土地主要集中在少数地主手中，广大农民无地可种。粮食、棉花等传统作物种植面积大幅度减少，罂粟种植面积极速扩张。加之战乱不断、大地震和灾荒等自然灾害频发，农业生产受到很大破坏，河西地区垦殖业基本上处于停滞状态。1949 年，疏勒河流域的灌溉面积为 2.53 万 hm^2，其中玉门市为 1.08 万 hm^2、敦煌市为 0.89 万 hm^2、瓜州县为 0.56 万 hm^2。此时供水难以保障，农业产量低且不稳定。

（3）新中国成立后至改革开放前（1949—1979 年）。 新中国成立后，当地政府十分重视农技推广工作，20 世纪 50 年代开始陆续在各县设立农技推广站，先后进行了新型农具推广使用、病虫害防治、农作物新品种引进、土壤肥力培育、盐碱地改良等方面工作，使农业生产能力得到较大提高，并建成了一批大型国营农场和企事业单位农场。灌区的农业水利设施建设得到快速发展。水库及塘坝建设方面，先后建成双塔水库、赤金峡水库、榆林河水库、党河水库、东水沟水库、条湖水库、中沟水库、青山水库等各类型水库 12 座，新增有效灌溉面积 2 万 hm^2，建成大大小小各类塘坝数百座，通过开沟挖渠、固堤清淤、渠道衬砌等建设，形成东、西、北 3 大干渠 20 条支渠的渠系格局。玉门市建成疏勒河渠首、石油河渠首、白杨河渠首等引水渠首工程 5 处，修建疏勒河总干渠、石油河总干渠、疏花干渠、花海干渠等干渠 14 条，衬砌长度达 190km，建成支渠 100 条，斗渠 471 条；瓜州县建成各类渠道 3016 条，衬砌干渠 6 条，新建支渠 52 条，斗渠 241 条，新建和改建各类水工建筑 2879 座，全县渠系有效利用率超过 40%。至 20 世纪 70 年代末，疏勒河流域耕地总面积由新中国成立初的 2.53 万 hm^2 发展到近 4.67 万 hm^2（包括国营农场和企事业单位职工农场），粮食总产量由不足 3 万 t 增加到近 15 万 t。

（4）改革开放以来（1980 年至今）。 1980 年以来，疏勒河流域农业发展进入全面大规模建设时期，其范围之广、力度之深前所未有。疏勒河流域土地资源丰富、光热充足、土壤肥沃、人口稀少，在甘肃省内属于水、土、热匹配比较好的地区，适宜农业发展。甘肃省政府自 20 世纪 80 年代开始陆续向河西地区迁入大批生态和环境移民，随之而来的便是大规模农业开发。

1983 年，甘肃省政府开始实施"两西"农业建设工程，重点将陇中黄土高原贫困地区农民迁往河西地区。疏勒河境内的玉门、瓜州、敦煌均是"两西"移民的迁入地。其中：敦煌市安置移民 0.26 万人，开垦耕地 0.036 万 hm^2；瓜州县接收移民 2.29 万人，开垦耕地 0.13 万 hm^2，新增灌溉面积 0.32 万 hm^2；玉门市接收移民 1.54 万人。

1996—2006 年，甘肃省政府利用世界银行贷款开展了疏勒河农业灌溉暨移民安置综合开发项目，该项目是以水利工程建设为骨干、治水改土为中心、扶贫移民为主体、发展农业灌溉的国家重点综合开发工程。原计划向瓜州和玉门境内移民 20 万人，新增灌溉面积 5.5 万 hm^2；2002 年进行了中期调整，移民规模减为 7.5 万人，新增灌溉面积调整为

2.73 万 hm²。截至 2006 年项目实施结束，建成昌马水库，总库容 1.93 亿 m³，新增灌溉面积 2.7 万 hm²，建设干支渠、排水沟共 778km，平整土地及田间配套 1.83 万 hm²。营造防护林、速生用材林及农户经济林共 0.079 万 hm²，风沙治理 0.1 万 hm²；实际接收计划内移民 6.2 万人，计划外的自发移民 1.34 万人。

2022 年以来，疏勒河昌马大型灌区"十四五"续建配套与现代化改造项目是全国 124 处大型灌区"十四五"重大农业节水供水工程之一，也是甘肃省"四抓一打通"重点水利工程和农村水利惠民工程。疏勒河昌马大型灌区"十四五"续建配套与现代化改造项目重点是围绕解决灌区"卡脖子旱"问题，总投资约 4.31 亿元，总工期 5 年，规划改造面积 4.62 万 hm²，主要涉及玉门市、瓜州县水利基础设施相对薄弱的三道沟、沙河、河东、双塔等 12 个乡镇及黄花、饮马等国营农场进行改造提升。项目的实施将进一步补齐项目区内水利基础设施短板，提高水资源利用率，可有效解决项目区内 0.98 万 hm² 耕地"卡脖子旱"问题，直接受益人口 13.59 万人，为乡村振兴和粮食安全提供坚强水资源保障，同时可更好地为下游河道和自然保护区生态输水，树牢河西走廊的绿色生态屏障。

2.3　河套灌区灌溉农业发展历程

河套灌区位于内蒙古自治区西部的巴彦淖尔市，在春秋战国或更早时期，河套先民就在这里逐黄河而居，从事原始简单的农业生产。历史记载，有规模的水利开发始于秦汉，中经北魏隋唐，兴于清末，成形于民国，发展于新中国成立之后。河套因河而生，因河而兴，因河而美，因河而名。这个处于黄河"几字弯"上的独特地标，自古以来就是兵家必争之地。汉民族与北方少数民族在这里交错居住，农业与牧业在这里交替发展。水利开发兴衰互替，薪火相传，大致经历了古代、近代和新中国成立以后现代灌区开发 3 个历史时期。

2.3.1　河套灌区建设历程

河套灌区是我国著名的古老灌区，历史悠久。河套灌区总土地面积 118.9 万 hm²，现引黄灌溉面积近 66.7 万 hm²，是全国 3 个特大型灌区之一，也是亚洲最大首部自流引水灌区。

1. 区位优势

河套灌区位于内蒙古西部，黄河"几字弯"左上方，是典型的黄河冲积与山前冲积洪积平原。地势平坦开阔、水网纵横交错、土壤肥沃、气候适宜，自古便是北方重要的农业生产基地。区域东西长约 260km，南北宽约 60km，总体呈不规则长方形。其地理边界十分明确：西部与浩瀚的乌兰布和沙漠相接，东部延伸至包头市郊区，南端是黄河蜿蜒流过，形成天然屏障，北部则有巍峨的阴山山脉自西向东绵延屏立。根据地貌特征和历史演变，河套灌区自西向东可分为西部的保尔套勒盖灌域（现称乌兰布和灌域）、中部的后套灌域和东部的三湖河灌域 3 个主要灌域。这三大灌域各具特色，构成了完整的河套灌区体系。黄河流经灌区南缘，不仅提供了丰富的水资源，也带来了肥沃的泥沙，为灌区农业发展奠定了坚实基础。经过多年的水利建设，区内渠系发达，灌溉便利，成为我国北方重要的粮食生产基地和生态屏障[8]（图 2-8）。

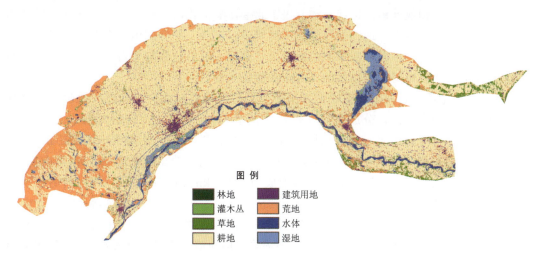

图 2-8　河套灌区土地利用现状分布示意图

　　乌兰布和灌域位于河套灌区的西部，原为古黄河冲积平原，灌域内星罗棋布地分布着高低不等的沙丘，地势由东南向西北逐渐降低，地面坡降为 1/5000～1/3000，地面高程为 1036.00～1048.00m。后套灌域是河套灌区的核心，地势由西南向东北倾斜，东西向地面坡降为 1/5000～1/8000，南北向坡降为 1/4000～1/8000，地面高程为 1050.00～1109.00m。三湖河灌域位于乌拉特前旗东部，是介于乌拉山南麓与黄河之间的东西走向狭长灌域，南北宽 5km 左右，地势由西北向东南倾斜，地面坡降为 1/7000 左右，地面高程为 1010.00～1018.00m。河套灌区的特殊地理位置及地形特征，灌区开发有其独特的方式。

　　如果说河套灌区是阴山山脉用臂弯拥在怀中的一方热土，黄河就是其用双手捧起的金色哈达。阴山和黄河是河套地区地理分界线上的核心组成部分。地处北方与中原结合部的河套灌区，联通南北，纵贯东西。阴山横亘古黄河之北，其沟谷多为古代内蒙古草原通往中原的重要通道。清中叶以前，河套的后套地区处于南北河之间，其西、北、东、南四面环以黄河。黄河入套后坡度较小，水流平缓，南、北河溢流岔河众多，通河便利，土地富足，可耕可牧。由于河套便利的引黄灌溉条件，发展农牧业成为必然趋势。这里依山靠河，地势险要，粮草丰茂。对于北方游牧民族来说，风吹草低见牛羊，河套是养兵牧马的天然牧场，南望关中，逐鹿中原。对于以农立国的中原王朝来说，不教胡马度阴山，河套是屯兵固边、休养生息的天下粮仓。河套灌区的地形使它成为不可多得的既适合游牧又适合农耕的风水宝地。

2. 黄河历史变迁

　　河套灌区的发展与黄河息息相关，黄河流经河套灌区后受到阴山山脉利导，在河套灌区顿足绕行，为其提供了富足的水源，融合光热和土壤条件，形成了一个大的生态系统，为人类活动和发展传统农业提供了空间。依水而生、逐水草而居的先民，随着黄河的变迁不断地改造自然、利用自然、趋利避害，使河套灌区在不断的变革中孕育而生。经过逐步改造，河套灌区规模也不断扩大。

　　自然环境是人类赖以生存和发展的基础，黄河流域的农业活动方式由所处的自然环境

决定。据《史记·匈奴列传》记载：匈奴居于北蛮，随畜牧而转移，逐水草迁徙，毋城郭
常处耕田之业，然亦各有分地。据《汉书·匈奴传》记载：外有阴山，东西千余里，草木
茂盛，多禽兽，呈现出一派广阔草原的游牧自然景观。历史记载与考古发现，秦汉时期的
垦殖活动主要聚集在黄河北河以西的乌兰布和沙区一带。

《水经注》记载，黄河出青铜峡由银川平原沿贺兰山取东北向，经巴彦淖尔市磴口县
二十里柳子进入河套灌区，分成南河、北河。南河，即今黄河主河行河向东分流。北河，
即古时黄河主河（今乌加河，后为总排干沟），继续北流，前行 20 余千米后受阴山阻挡，
沿山前台地折而东流；经 200 余千米后，又受阴山山脉的乌拉山地形阻挡，90°向南拐头，
与南河相汇，复向东流。台地与北河之间形成了宽约 5km 的狭长灌域，系山前洪积扇平
原，是土壤肥沃的可耕田，属北假（今内蒙古河套以北、阴山以南夹山带河地区）范畴。

清同光年以前，黄河仍处于冲刷时期，南、北河受自然冲刷淘岸，相向溢流众多，两河
之间处于湿地状态。清中叶以后，因北河上游淤塞，南河成为主河，河汊流向与河套平原西
南高、东北低的地势相吻合。北河断流后，原有故道逐渐成为山洪水与南河岔河的退水渠道，
为灌区提供了排水出路。由于黄河南、北河的变迁，在阴山以南，黄河"几字弯"以北的南、
北河之间，自然形成了引河溉田，得自然之力能灌能排的引黄灌区，河套灌区天赐而生。

3. 社会历史变迁

2000 多年以来，河套地区随着朝代的更迭，先后经历了以秦王发谪徙边的北假营田、
西汉抵御匈奴的屯垦戍边、北魏富国强军的五原屯田、唐朝筑城固边的丰州开渠、清初春
种秋回的雁行开发、清末资本积累的地商垦殖等重要历史事件为主线的引黄灌溉开发。这
些重要的历史事件贯穿了河套灌区农业水利开发的全过程，河套灌区先后进行了北部开
发、西部开发、东西部结合开发和以中部开发为核心的全范围开发，灌区完成了从孕育到
蜕变的过程，实现了从量变到质变的历史跨越（图 2-9）。

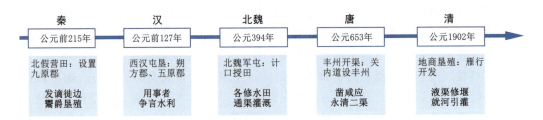

图 2-9   河套灌区的社会历史变迁图

（1）北假营田。河套平原土壤环境适宜开展农业生产，史称土皆膏腴，灌区的萌芽开
发始于北假。据《水经注》记载，自高阙以东，夹山带河，阳山以往，皆北假也。在秦汉
时期，黄河流域的河套大部仍处于冲积时期，河漫滩、湿地众多，水无定所，盐碱化较
重，不宜耕种。据《史记·平津侯主父列传》记载：河南地（包括今鄂尔多斯地区），地
固泽卤，不生五谷。《史记·平津侯主父列传（集解）》有注释：其地多水泽，又有卤。
卤，就是盐碱，不利于植物生长。《汉书·匈奴传》写道：泽卤非可居也。因此，这一时
期，河套地区开发主要集中在黄河泛滥区外围北假及今乌兰布和沙区一带。据《史记·始
皇本纪》记载：秦始皇三十三年（公元前 214 年），西北斥逐匈奴，自榆中并河以东，属

之阴山，以为四十四县，城河上为塞，又使蒙恬渡河取高阙、陶山、北假中，筑亭障以逐戎人。又载：秦始皇三十六年（公元前211年），迁北河榆中三万家，拜爵一级。这一沿线也是当时秦王朝的西北边陲防线。实行"发谪徙边""鬻爵垦殖"的边地政策，将徙民沿线分散充实新置郡县，开始营田垦殖，设置田官，以河引水，促使土地开发和水利开发。徙边北河榆中也是河套地区第一次较大规模的移民垦殖。

（2）西汉屯垦。汉朝为巩固河套地区采取了一系列措施，带动了农田水利建设，发展了农业生产。《史记·平准书》：初置张掖、酒泉郡，而上郡、朔方、西河、河西开田官，斥塞卒六十万人戍田之。河套至甘肃西北部一带以军团形式开展屯田的士卒达60万之众，数十万军民的大迁徙正式揭开了我国西部屯田史的序幕，这也是官办水利在河套地区第一次较大规模发展。汉代徙民屯田，政府给予各种政策优惠，徙民屯田，皆与犁牛，没有收获之前，还予冬夏衣，廪食。朔方亦穿渠，作者数万人；各历二三期，功未就，费亦各巨万十数。《文献通考·田赋二》有载：故先王之政，设田官以授天下之田，贫富强弱无以相过，使各有其田得以自耕。《汉书·河渠书》记载：用事者争言水利。朔方、西河、河西、酒泉皆引河及川谷以溉田。这些都是史书对河套灌区兴修水利、灌溉农田的现实描写。从考古发现，西汉时期，朔方郡先后设立10个县，其中三封、窳浑、临戎、临河4个县在今河套灌区范围内。今乌兰布和沙区东缘（今乌兰布和灌域）也就是朔方郡西部，是西汉屯田的主要灌溉农垦区域之一。经过几次大规模的移民实边，河套灌区人民炽盛，牛马布野，成为汉王朝进击匈奴最重要的粮草、军马供应基地。西汉屯垦推动了河套地区农耕文明与游牧文明的集聚，生产力水平得到提升，农耕文明与游牧文明在碰撞交融中相互转化、渗透传承，既开拓经营了这片土地，又巩固壮大了西汉王朝，既促进了西北经济、文化的发展，又维护了中华民族的共同利益。

（3）北魏军屯。北魏时期，统治者以屯田的方式使河套灌区重新焕发了活力。屯田是历史上各封建王朝按照一定的组织系统，强制军队或平民从事农业生产的一种方式。屯田在具备了充足的人力资源条件下，还要具备两个客观自然条件：一是大片荒地，二是水源便利，而河套地区两者兼具。北魏政权在复兴西汉屯田的基础上，强化了官办水利措施，实行计口授田、分给耕牛、奖励垦种政策，设置八部帅监督管理农耕，掀起兴修水利高潮。史料记载的五原屯田通渠灌溉和枝渠东出工程规模宏大，灌溉面积近百万亩，主要分布在灌区东部与西部。北魏拓跋珪于登国九年（394年）在河北五原至稠阳一带开展屯田。太和十二年（488年），魏孝文帝诏令六镇、云中、河西及关内六郡"各修水田，通渠灌溉"。当时河套灌区东部属沃野镇管辖，而西部的乌兰布和灌域延续了汉代的农业活动。446年，薄骨律镇将刁雍首创黄河水运，改变了一年一返的牛车陆运方式，造大船运输粮食和物资，实现半年三返，大大提高了运输效率。北魏利用河套水土资源开渠引灌、发展航运，不仅促进了经济发展，为北魏改革奠定基础，也体现了从游牧向农业的经济转型，促进民族融合，推动了河套灌区水利的规模化发展。

（4）丰州开渠。随着社会环境变迁，河套灌区或为战场，或为牧场，到隋末，还延续了水利屯田，但规模不大。到了唐代，河套灌区属关内道设丰州，治所九原（今内蒙古五原县东南部），筑受降城，为了解决驻军给养，河套灌区又一次成为重点屯田地之一，又一次进入农业水利开发的新阶段。史料记载，唐代为了加强对水利统一管理，在全国颁布

《水部式》，以统一法令。朝廷设专管机构都水监，由都水使者掌管修渠和灌溉事宜，以加强流域统一管理、同步治理。宁夏和内蒙古河套灌区是黄河流域农田水利最发达的地区。唐高宗永徽四年（653 年）开有陵阳渠（丰州九原）。据《新唐书·地理志》载：建中三年（782 年）浚之以溉田，置屯，寻弃之。又载：有咸应、永清二渠（位于今乌拉特前旗西小召一带），贞元中（约 796—803 年）刺史李景略开，溉田数百顷。李景略是唐朝丰州刺史、天德军西受降城防御使。据《旧唐书·卷一百五十二》记载：（丰州）迫塞苦寒，土地卤瘠，俗贫难处，景略节用约己，与士同甘苦，将卒安之，凿咸应、永清二渠，溉田数百顷……二岁后，军声雄冠北边。据清陈履中《河套志》记载：丰州屯田娄师德、唐怀景、李景略、卢坦最有名。丰州开渠不仅有效扩大了水利灌溉事业的规模，而且促使唐王朝军力强盛，促进了经济发展。

（5）雁行开发。在清康熙、雍正时期，内地人民开始越过长城，深入大漠，进入河套，来到黄河支流河汊间开荒种地，春种秋回，这种流动耕种方式称为雁行。由于当时河套尚未修渠引水，垦种也随河汊而变动，收成多无把握，此时的开发还不成规模。清朝时期，河套农业种植以明末清初的雁行流动方式持续了近百年时间，为河套大规模开发奠定了基础。雍正后期，雁行定居开发开始形成，道光、咸丰年间，发展至高潮，光绪以后逐渐扩大。清光绪二十八年（1902 年）正式实行放垦，标志着清政府对河套的农业政策发生了较大改变。此时，河套地区开通渠道，开始大面积灌溉农业，撒籽成田，旱涝保收。外地来河套的商人也于此时雇佣大批晋、陕北部的贫苦农民租垦土地，投入资金，浚渠修堰，就河引灌，大受其益。由此，在河套灌区开发史上悄然出现了一个特有的群体，即农业开发与水利建设的投资者与组织者——地商，揭开了河套水利开发新纪元。

（6）地商垦殖。地商是封建商业高利贷资本与土地相结合，以修渠灌地、收粮顶租、贩卖粮食谋取高额利润的商人，是清晚期官办水利以前河套社会的实际主宰者。清道光五年（1825 年），陕西商人甄玉、魏羊联合出资在缠金一带开挖了缠金渠（永济渠前身），成为有记载的最早河套地商。道光八年（1828 年），清廷特旨"开放缠金，招商耕种"，打破长期禁垦政策，使移民垦殖合法化，为河套灌区发展提供了动力。1850 年前后，黄河北河淤塞断流，南河成主流，加上河套西南高、东北低的地形，使就河引灌变得更为有利。地商数量迅速增加，于光绪年间达到鼎盛，直至 1902 年贻谷督办垦务的官办水利时期才逐渐减弱。地商杰出代表有甄玉、魏羊（永济渠）、郭大义（通济渠）、王同春（五大干渠）、侯双珠与郑和（长济渠）、樊三喜等（塔布渠）。他们集资兴修水利，将天然河沟渠化，形成晚清河套灌区八大干渠，到民国时期发展为十大干渠基本框架。这一时期人们开始探索科学开渠技术，对黄河水文规律有了初步认识，并进行整体规划与系统思考，奠定了灌区发展基础，使河套成为"中国之农业宝库"和"西北之最理想灌溉区"。

4. 灌区建设历程

发展是灌区建设的永恒主题，是灌区人民追求美好生活永远的动力。站在新的历史起点，河套灌区在继承传统历史文化的基础上，坚持可持续发展理念，寻求科学发展规律，经过不断的改造与建设，已经发展成为全国 3 个千万亩以上的特大型灌区之一。

（1）古代河套灌区。河套灌区开发主要发生在黄河走北河时期。秦朝统一后（公元前 215 年），设九原郡，移民 3 万家屯垦戍边，引水灌田，形成北假农区。汉武帝时期（公元前 127 年），收复河南地，建立朔方郡、五原郡，实施大规模水利开发。《史记·河渠书》记载，公元前 109 年"朔方、西河、河西、酒泉皆引河及川谷以溉田"。东汉班固记载当时"人民炽盛，牛马布野"。可惜这一繁荣区域在西汉末年后，因边疆不宁，汉族移民内迁而衰落，导致大面积土地荒漠化。北魏时期，实行计口授田政策，设八部帅管理农业，灌溉再度发达。五原屯田通渠灌溉规模近百万亩，同时河套境内黄河航运业快速发展，全长 320km，有 18 处大型码头，500 多艘船只，年运输量达 12 万 t。唐代河套属关内道丰州，《河套志》记载有咸应、永清、陵阳三渠，灌田高达 4800 顷。西夏长期割据河套，虽有垦种但史料罕见。明代后期，出现"雁行人"春来秋回耕种模式。清代，"雁行人"逐渐演化为三股水利开发力量，其中清公主引河灌溉莱园地，揭开了河套近代水利开发序幕。

（2）近代河套灌区。1850 年，黄河改道南河成主流后，为河套地区创造了引黄自流灌溉的地形条件。1828 年，道光皇帝下特旨修改康熙禁令，开放河套垦荒；1876 年，废除禁止妇女出关法令，进一步促进开发。与古代由国家主导不同，近代河套水利完全由民间承担，晋、冀、陕、甘等地饥民成为开渠主力。河套水利经历了地商水利、官办水利、官督民修、屯垦水利、军事水利等阶段。地商王同春一生自修干渠 3 条（义和、沙河、丰济渠），参与指导开挖干渠 5 条，修支渠 270 余条，总长 2000km，可灌地 7.3 万 hm²，创造水利奇迹。杨氏家族历经十年开凿杨家河，为公益水利付出惨重代价。冯玉祥收回洋教会强占渠地；阎锡山推行"造产救国"，引进技术人员；冯曦任绥远省建设厅长期间推行官督民修，促成 20 世纪 30 年代河套水利中兴；傅作义实施军民合作，1941—1945 年带领部队开挖干支渠数千里，使河套成为"塞上江南"。至清末形成八大干渠，民国时期发展为十大干渠，初步构建河套灌区雏形，新中国成立前灌溉面积达 20 万 hm²，年产粮 15 万 t。

（3）现代河套灌区。新中国成立后，在中国共产党坚强领导下组织发动广大人民群众开展了现代灌区建设，河套灌区掀起 4 次大规模水利建设，先后兴建三盛公枢纽工程、开挖总干渠、疏通总排干沟、完成农田水利配套及排水改造等一批重大水利工程项目。目前，河套灌区拥有总干、干、分干、支、斗、农、毛等 7 级灌排渠（沟）道 10.36 万条、长 6.5 万 km，各类建筑物 18.35 万座。历届党委政府班子把人民群众的根本利益放在第一位，充分发挥我国社会主义制度集中力量干大事的优越性，修筑黄河防洪堤，建成黄杨闸，水利建设得到蓬勃发展。然而，由于河套灌区长期处于从黄河上自流引水，因此天旱引水难，且灌溉面积较为有限。国家 3 年困难时期，建成了黄河三盛公水利枢纽，改多首引水为一首引水，高接引黄水源，彻底解决了引水保证难的问题，奠定了现代化大型灌区坚实的物质基础。开挖了贯穿后套灌区东西长 180km 的总干渠及 7 级配套灌溉渠道和相应的渠系建筑物。之后又相继建成 200km 的总排干沟及 7 级配套排水系统和相应的排水泵站等。改革开放以来，针对灌区发展停滞甚至倒退的实际问题，引进世行贷款加快灌排配套，全面实施灌区续建配套与节水改造。短短半个多世纪以来，河套灌区实现了从无坝引水到有坝引水、从有灌无排到灌排配套、从粗放式灌溉到节水型灌区建设的历史性跨越，灌溉面积超千万亩，成为国家重要的粮油生产基地，谱写了举世瞩目的壮丽诗篇[9]。

（4）续建配套与节水改造。1998 年，河套灌区被水利部列为大型灌区续建配套与节水改造试点项目区。1998—2018 年的 20 年间，河套大型灌区续建配套与节水改造工程共完成投资 39.5 亿元，节水效益明显。据统计，2000 年以来通过工程、管理及综合节水措施，全灌区累计节水达 48 亿 m³。灌区引黄水量由 1997 年的 52 亿 m³ 减少到 2018 年的 45 亿～47 亿 m³，全灌区渠系水利用系数由 0.42 提高到 0.48，年节水量约 5 亿 m³；渠道输水能力提高 15%～20%，为保障国家粮食安全，促进农业增产、农民增收提供了坚实保障。

2.3.2　河套灌区工程建设

(1) 工程现状。灌区以三盛公枢纽从黄河控制引水，由总干渠输配供水，通过 13 条干渠控制整个灌区的灌溉，形成一个带状的一首制灌区。灌水渠系共设 7 级，即总干、干、分干、支、斗、农、毛渠。近些年来，通过世行贷款项目、大型灌区节水改造以及近年来的水权转换工程等不同的投资建设渠道，河套灌区节水灌溉工程取得了显著成效。河套灌区主要水利工程包括黄河大堤、引黄渠道、节制闸门、泵站、输配水管网、节水灌溉设施等。截至 2022 年底，河套灌区引黄渠道长度约 5000km，节制闸门近 2000 个，泵站约 3000 个，输配水管网长度约 1.5 万 km，节水灌溉面积约 1.8 万 km²。

(2) 灌溉制度。河套灌区具有悠久历史，在多年的灌溉实践中，积累了丰富的实践经验，形成了符合该地区自然条件的灌溉模式，即生育期灌溉与秋浇储水灌溉相结合的灌溉模式。灌区农作物从每年 3 月中下旬开始播种，到 10 月全部收获。灌水时间从每年 4 月中旬开始，到 9 月中旬结束。灌水量占全年总用水量的 60% 左右。灌溉农作物分为夏田和秋田两种：夏田主要是小麦，生长期为每年的 4—7 月，年平均灌水 4 次，净灌水定额为 55m³/亩；秋田以玉米和葵花为主，生长期为每年的 5—10 月，年平均灌水 2～3 次，净灌水定额为 60m³/亩。

秋浇是河套灌区秋后淋盐、春季保墒的一种特殊的灌水制度。河套灌区几十年的灌溉经验证明，秋浇是河套灌区春播作物非生长期储水灌溉的最好方式，是河套灌区储水淋盐发展农业非常必要的一项措施。根据河套灌区秋浇制度研究成果以及已有的实践经验，按 2015—2020 年统计可知秋浇比例为 60% 左右，非盐碱化耕地秋浇定额为 80m³/亩，轻度、中度盐碱化耕地秋浇定额为 90m³/亩，重度盐碱化耕地秋浇定额为 100m³/亩。

(3) 排水工程。20 世纪 60 年代初，根据"五七规划"确定了灌区排水沟系的总体布局。20 世纪 70 年代中期至 80 年代初，主要建设内容是疏通、扩建总排干沟，扩建排水系统，开挖了总排干出口段，1985 年打通了乌梁素海出口，灌区排水可通过乌梁素海直接排入黄河，从而结束了灌区有灌无排的历史，极大地改善了灌区农牧业生产条件。20 世纪 80 年代后期开始，引进世界银行贷款，加上国内各级投资、农民集资投劳，进行以排水为中心的灌区配套工程建设，完成总排干沟总干段扩建，即灌区内部两大片 8 个排域骨干工程配套和 21 万 hm² 农田工程配套。灌区内的各级排水沟开始由淤塞向浅通转化。1998 年以来，国家为支持河套灌区的节水改造，每年安排部分建设资金，专项用于河套灌区续建配套与节水改造，1998—2012 年在排水工程方面投资建设内容主要是以疏通整治干、支沟为主。目前，基本形成了河套灌区排水工程骨干格局，现有总排干沟 1 条，全长 260.28km；干沟 13 条，全长 495.114km；分干沟 62 条，全长 997.51km；支沟 328 条，全长 1815.75km；总干渠截渗沟 80.70km；斗、农、毛沟共 17322 条，全长 10534km。灌区现有各类灌排建筑物 13.25 万座，其中支渠（沟）级别以上骨干灌排建筑物 18038 座[10]。

（4）工程管理。河套灌区管理单位为河套灌区管理总局，为准公益性的事业单位。河套灌区管理总局内设 12 个处室，下设总干渠管理局、总排干管理局和 5 个灌域管理局。7 个管理局辖全系统 58 个管理所站、115 个管理段。灌排工程管理分为国管和群管两部分：国管工程有总干渠、总排干沟、干渠、干沟、分干渠及跨旗县的分干沟；群管机构由各旗县市水务局组建，本旗县内的分干沟由管理所段负责管理，支渠支沟由乡水管站管理，田间工程由乡水管站组织督促受益农户管理。灌区管理逐步推行了"国管工程管养分离改革""群管工程以用水者协会为主改革""灌区综合配套改革"等措施，使水费计收管理，全面实行直口渠计量按方收费，实现由水管部门按渠收费，逐步过渡到先交钱后用水，执行水票制供水。管养分离提高了水利工程管理养护水平，促进了分配制度改革，体现了工效挂钩，实现了专门队伍、专项经费、专业养护和工程标准化、养护专业化、渠堤绿化、效益最大化。

（5）灌溉面积。灌区总面积 1.16 万 km^2，灌溉面积 57.4 万 hm^2，其中农田 52.5 万 hm^2、林草 4.9 万 hm^2。灌区设计灌溉面积 73.7 万 hm^2，东西长 250km，南北宽 50km，以三盛公拦河枢纽控制引水，由 180km 的总干渠供水、220km 的总排干沟排水，以乌梁素海作为灌区的排水承泄区，通过 13 条干渠、10 条干沟控制整个灌区的灌溉排水，形成一个带状有灌有排的一首制灌区。按照行政区划分为乌兰布和、解放闸、永济、义长、乌拉特 5 个灌域。

2.3.3 灌溉农业发展成效

根据国家统计局的数据，2019 年河套灌区农业总产值达到了 1.2 万亿元，占全国农业总产值的 6.7%，位居全国第三位。河套灌区农业产业结构以粮食作物为主，占比达到了 67.8%，其中小麦和玉米为主要品种[11]。河套灌区还是全国重要的棉花、油料、蔬菜、水果、畜牧等特色农产品生产基地，这些产品占比分别为 9.4%、5.6%、4.8%、3.7% 和 8.7%，河套灌区的农产品质量和品牌优势明显。河套灌区是全国 3 个特大型灌区之一，随着灌区水利事业快速发展，灌溉农业先后经历引水、排水、灌排配套和节水 4 个主要建设阶段。

（1）引水建设阶段。20 世纪 50—60 年代，河套灌区重点开展灌溉引水工程建设，1950 年修建了黄河防洪堤和黄杨闸（后改名解放闸）工程。1961 年建成了黄河三盛公水利枢纽工程和黄河左岸总干渠，基本上疏通了干渠、分干渠引水系统，形成了灌水渠系网的基本框架，使河套灌区成为一首制有坝引水的特大型灌区。

（2）排水建设阶段。20 世纪 60 年代中期至 70 年代末，河套灌区重点开展排水骨干工程建设。三盛公水利枢纽工程的建成促使河套灌区引水问题得以彻底解决。河套灌区虽然解决了引水问题，但是仍长期受排水问题的困扰，这种有灌无排且灌排系统不配套的情况致使其地下水位持续上升，导致土壤次生盐碱化日益严重。当时最需要解决的就是河套灌区的排水问题，这成为河套灌区水利建设的下一个重点工作任务。

（3）灌排配套建设阶段。20 世纪 80 年代末至 1995 年，河套灌区开展了灌区灌排配套和田间工程建设。工程项目区总面积为 34.6 万 hm^2，配套面积 21 万 hm^2，总投资 8.2 亿元。工程项目建设期为 1989—1995 年，开挖灌溉渠道 7645km、排水沟道 2535km，钢筋混凝土建筑物 85608 座，动用土方 16835 m^3。

（4）节水建设阶段。 1998 年开始，国家启动了大型灌区节水改造工程，在改善灌区灌溉条件、提高灌区农业综合生产能力与灌溉水利用效率的同时，河套灌区内水文循环也有所改变，使灌区进入了有灌有排的发展阶段。节水改造前，河套灌区年引水量为 52 亿 m^3，根据黄河水利委员会分配指标，引水量将减少到 40 亿 m^3，减少了 20% 以上。

近年来，随着节水改造工程的实施，灌区已建成各级渠沟道灌排、灌排建筑等配套的 7 级工程体系，引水量大幅度减少，灌区土壤和地下水以及生态环境发生新的变化。2017 年，国家发展改革委、水利部印发了《全国大中型灌区续建配套节水改造实施方案（2016—2020 年）》。河套灌区管理总局贯彻国家方案，合理利用河套灌区的投资，落实续建配套与节水改造工程的项目。2018 年以来，河套灌区取得了显著的节水成效，缓解了水资源紧张的矛盾，改善了工程运行状况，粮食生产能力由新中国成立之初 3 亿多斤逐步增长稳定在 65 亿斤以上，促进了河套灌区水利事业的可持续发展。

2.4　陕西关中灌溉农业发展历程

陕西省位于我国内陆腹地、黄河中游，地处东经 $105°29' \sim 111°15'$，北纬 $31°42' \sim 39°35'$ 之间，总面积 20.56 万 km^2。2021 年常住人口 3954 万人，城镇化率 63.6%，GDP 为 2.98 万亿元，耕地面积 4401.51 万亩。陕西是水资源分布与经济社会发展严重不协调的省区，多年平均降水量 676mm，南多北少，水资源总量 419.67 亿 m^3，居全国第 19 位。人均水资源量 1280m^3，仅为全国平均水平的一半，属水资源短缺地区。水资源时空分布极不均衡：时间上，60% ~ 70% 的降水集中在 10 月，造成汛期洪涝、春夏干旱；空间上，秦岭以南占全省 37% 的面积却拥有 72.1% 的水资源，秦岭以北占 63% 的面积仅拥有 27.9% 的水资源。陕西是华夏农耕文化重要发祥地，5000 年前先民在此凿石务农，4000 多年前后稷在此"教民稼穑"，2100 多年前张骞从这里出使西域开辟丝绸之路，成为东西方交往的重要通道。

2.4.1　陕西主要大型灌区分布

目前，陕西省大型灌区共 13 处，中型灌区 172 处，各大型灌区基本情况见表 2-4。13 处大型灌区共涉及西安市、铜川市、宝鸡市、咸阳市、渭南市、杨凌市、汉中市、延安市 8 个市的 62 个区县。

表 2-4　　　　　　　　　　　　陕西省大型灌区基本情况

灌　区	设计灌溉面积/万亩	水 源 工 程		骨 干 工 程				
		工程名称	取水方式	渠首工程处数	渠道		排水沟	
					条数	总长度/km	条数	总长度/km
宝鸡峡灌区	280	渭河林家村水库、魏家堡渠首	蓄、引	2	108	1161.48	0	0
泾惠渠灌区	135.5	张家山水库、西郊水库	蓄、提	2	41	435.62	93	490.02
交口抽渭灌区	119	渭河西楼枢纽	提	1	52	418.01	59	411.68

灌　区	设计灌溉面积/万亩	水　源　工　程			骨　干　工　程				
		工程名称	取水方式	渠首工程处数	渠道		排水沟		
					条数	总长度/km	条数	总长度/km	
桃曲坡水库灌区	31.8	沮河桃曲坡水库	蓄	3	43	253.92	0	0	
石头河水库灌区	37	石头河水库	蓄	1	18	200	0	0	
东雷一期抽黄灌区	102	黄河引水枢纽	提	1	99	632.13	17	91.37	
洛惠渠灌区	74.3	洛河状头大坝	引	1	20	248.52	76	268.5	
石堡川水库灌区	31	洛河石堡川水库	蓄	1	23	258.05	0	0	
东雷二期抽黄灌区	126.5	黄河东雷二期抽黄	提	1	14	220.9	4	90	
冯家山水库灌区	126	千河冯家山水库	蓄	1	72	492.7	7	1.89	
羊毛湾水库灌区	32.54	漆水河羊毛湾水库	蓄	1	23	147.95	1	1.42	
石门水库灌区	47	褒河石门水库	蓄	2	23	251.2	22	157.55	
黑河水库灌区	37.3	黑河水库引水枢纽、西驼峪水库、甘峪水库	蓄	3	7	102.5	16	62	
合计	1179.4			20	543	4822.98	295	1574.43	

2.4.2　泾惠渠灌区灌溉农业发展

泾惠渠灌区位于陕西关中平原中部，灌区由泾河引水，施行井渠双灌，是关中九大灌区之一，对关中农业高产稳产有着不可估量的作用。泾惠渠灌区不仅承担农业灌溉，还承担城镇和生态供水任务。随着灌区灌水技术的改进与种植面积的扩大，水资源需求量急剧增加、水资源供需矛盾突出。自灌区节水改造工程实施后，其有效灌溉面积和设施灌溉面积均大幅提升，使关中地区农业发展迎来了新的发展机遇[12]。

（1）灌区状况。 泾惠渠灌区以郑国渠为根基，与都江堰、灵渠并称为我国古代著名的三大水利工程，引泾灌溉历史长达 2258 年，开创了我国现代水利建设的先河。2016 年，郑国渠申遗成功，成为陕西省首个"世界灌溉工程遗产"。

泾惠渠灌区位于陕西省关中平原中部，是一个从泾河自流引水的大（Ⅱ）型灌区。引泾灌溉历史悠久，泾惠渠是在秦郑国渠的基础上，由我国近代水利大师李仪祉先生主持，于 1932 年建成的大型水利灌溉工程。新中国成立后，在党和国家的关怀与支持下，经过一代代泾惠人的艰苦奋斗，灌区几经改建、扩建、挖潜配套，逐步发展成为一个灌排结合、渠井双灌、旱涝保收的新型灌区。目前，灌区设施灌溉面积为 9.77 万 hm^2，有效灌溉面积为 9.04 万 hm^2，辖西安、咸阳、渭南 3 市的泾阳、三原、高陵、临潼、阎良、富平 6 个县（区）、48 个乡镇、626 个行政村，总人口 120 万人（其中农业人口 101 万人）。

泾河发源于宁夏六盘山麓的泾源县，流经宁夏、甘肃、陕西 3 省区，至陕西省高陵县船张村汇入渭河，全长为 455.1km，流域面积为 45421km²，张家山引水枢纽以上流域面积占总流域面积的 95%；多年平均径流量 17 亿 m³，历史最大洪峰流量 9200m³/s（1933 年 8 月 8 日），最小枯水流量 0.7m³/s（1954 年 6 月 29 日），常流量为 15.0～20.0m³/s；年输沙量为 2.65 亿 t，最大含沙量为 1040kg/m³，每年 7—9 月大流量、高含沙同步出现。灌区近 10 年年均自泾河取水总量为 6.155 亿 m³，其中农业灌溉取水量为 2.285 亿 m³，纯发电取水量为 3.870 亿 m³。水利部黄河水利委员会（简称黄委会）批准，年取水总量为 8.9207 亿 m³，其中农业灌溉取水量为 4.4038 亿 m³，发电取水量为 4.5169 亿 m³。在黄委会批准的农业灌溉取水指标内，灌区年节余水量为 2 亿 m³ 左右。灌区地下水多为潜水，80％以上为重碳酸盐水，矿化度为 1～3g/L，地下水源主要靠灌溉回归水和降水入渗补给。地下水平均埋深为 15.8m，最大埋深为 40.2m，最小埋深为 5.0m。灌区现有灌溉机电井 2 万余眼，渠井双灌面积为 110 万亩，地下水可开采量为 1.7 亿～2.3 亿 m³，年均开采地下水量约为 1.8 亿 m³。

灌区北依仲山和黄土台塬，西、南、东三面有泾河、渭河、石川河环绕，清河自西向东穿过。灌区东西长为 70km，南北宽为 20km，总面积为 1180km²，是典型的北方平原灌区，属大陆性半干旱季风气候区。多年平均降水量为 539mm，年蒸发量为 1212mm。粮食作物以小麦、玉米为主，经济作物以蔬菜、果树为主，粮经比为 0.77：0.23。灌区以占全省 2.4％的耕地，生产出占全省 5.8％的粮食，是陕西省重要的农产品生产区之一。

灌区渠首为混凝土拱坝自流引水枢纽，渠首设计流量为 46.0m³/s，加大流量为 50.0m³/s；有干渠 6 条，长为 92km；有支渠 25 条，长为 325km；有斗渠 593 条，长为 1477km；有农渠 4787 条，长为 2042km；张家山、西郊、贺兰 3 座中、小型水库，总库容为 4800 万 m³；西郊、徐木、贺兰、楼底 4 座抽水泵站，总装机容量为 1.34 万 kW；水电站 2 座，总装机容量为 9100kW。

泾惠渠灌区灌溉系统分为北干系统、南干系统、十支系统三大自流灌溉体系，北水南调输水系统。排水体系分泾永区、雪河区、大寨区、陵雨区、滩张区、清北区、仁村区七大体系。主要灌排设施包括张家山渠首枢纽 1 处、渠库结合水库 2 座、抽水站 4 座、电站 2 座、骨干灌溉渠系 73 条、骨干排水沟 92 条（图 2-10）。

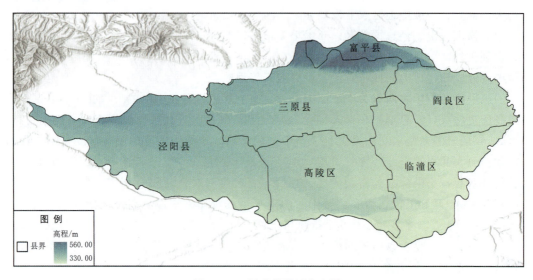

图 2-10　泾惠渠灌区分布图

（2）土地利用。根据第二次全国土地调查数据，灌区总土地面积 201.8 万亩，2020 年灌区灌溉面积为 131.9 万亩，复种指数为 1.65。其中小麦灌溉面积为 80.46 万亩，占比 61%；玉米灌溉面积为 65.95 万亩，占比 50%；夏杂灌溉面积为 15.83 万亩，占比 12%；秋杂灌溉面积为 6.60 万亩，占比 5%；油菜灌溉面积为 13.19 万亩，占比 10%；果树灌溉面积为 22.42 万亩，占比 17%；其他灌溉面积为 13.19 万亩，占比 10%。

（3）灌溉管理。1953 年，泾惠渠灌区开始实行计划用水，根据作物的需水量、河源来水、地下水动态，制定不同的灌溉制度。应用水位遥测、自动雨量计系统，推进信息化管理；落实"水价公示、终端水价、开票到户" 3 项管理基本制度；不断推进基层管理体制改革。2002 年，泾惠渠灌区开展农民用水户参与式灌溉管理试点与推广工作，组建农民用水者协会。目前，灌区主要有渠灌（地表水灌溉）、井灌（地下水灌溉）和井渠双灌 3 种灌溉形式。农业灌溉方式主要有传统灌溉和高效节水灌溉。大水漫灌是泾惠渠灌区主要的传统灌溉方式之一，地表水灌溉主要采取这种方式，其操作简单但耗水量大，水资源利用率低，存在对土壤结构的破坏问题。泾惠渠灌区发展的高效节水灌溉方式主要为微喷灌。节水灌溉方式可以减少灌溉用水量，增加水资源利用率，但是需要依靠输水管道等节水灌溉系统设备，成本较高。

（4）节水改造。自 1999 年灌区被列入国家大型灌区续建配套节水改造项目以来，实施了西郊水库扩大利用、徐木抽水泵站更新改造、省级财政专项资金和农业综合开发等一系列项目，完成干支渠道衬砌改造 205km，疏浚退水渠道 7.3km，改造建筑物 1111 座，改造基层站点管护房屋 8521km^2，改造衬砌斗农渠 34.3km。通过实施续建节水改造项目，灌区干支渠道衬砌率由改造前的 26% 提高到 79.8%，完好率由改造前的 13% 提高到 67.5%。干支渠利用系数由改造前的 0.634 提高到现在的 0.72，灌溉水利用系数由 0.55 提高到 0.58，极大地提高了灌区农业供水保证率。

（5）信息化建设。泾惠渠灌区信息化建成了以 62km 光纤传输链路为主，租用运营商链路为辅的通信传输体系；以 1 处灌区监控中心、3 处管理站及 11 处测控站等为主的网络交换体系；以 10 处闸门控制为主的测控管理体系；以 68 处视频监控点、2 处视频会议和 1 套移动机器人巡检为主的灌区视频监控体系；以 21 处水情采集、12 处雨情采集及共享水文系统采集数据为主的灌区水情采集体系；以灌溉用水管理系统、渠系配水调度、灌区业务应用支持综合平台、灌区公众信息平台的开发、灌区数据库集成平台、防汛抗旱业务系统、工程管理系统、移动应用系统为主的业务应用体系。制定了《灌区信息系统管理办法》《测控系统设施管理办法》《视频监控系统运行管理办法和操作流程》等 11 项灌区信息化系统运行管理规章制度，灌区工程管理处承担灌区信息系统日常运行维护管理，年运行维护经费预算约 5 万元。

（6）灌区管理。多年来，灌区形成了专管与群管相结合的管理方式，按照"统一领导、分级管理"的原则，专业管理单位负责干支渠等骨干工程运行管护，群管组织负责末级渠系工程管护及用水管理。在专业管理上，各单位按照管理局下达灌溉任务及安排开展供水生产工作，并具体负责渠道、建筑物、机电设备等维修养护工作。

在综合经营方面，灌区企业起步于 20 世纪 50 年代末，经过半个多世纪的发展，现有陕西省泾河工程局、陕西省泾惠渠设计院、陕西咸阳郑国工程建设监理有限公司、陕西省泾惠渠水利机械工程有限公司、渠首电站、新庄电站、陕西恒力工程质量检测有限公司 7 家，涉及水力发电、工程施工、机械制造、勘测设计、工程监理、工程质量检测、渔业养殖、饮品生产等行业，经济效益显著。2009 年灌区企业综合经营生产值首次突破亿元大关，2015 年达到 1.66 亿元，成为泾惠渠管理局发展的重要支柱产业。

(7) 农业发展。灌区作物以小麦、玉米为主，油菜、蔬菜、瓜果等经济作物为辅。开灌以来，灌溉效益显著，灌区粮食产量大幅提高，小麦亩产由开灌前 150kg 提高到 2020 年的 580kg；玉米亩产由开灌前 185kg 提高到现在的 520kg；产业结构不断调整，2020 年粮经比例达到 7∶3，复种指数达到 1.65 左右。当然，灌区农业生产也面临诸多挑战，如灌区工程性缺水问题比较严重，制约着农业的发展；田间渠道老化、破损严重，输水损失大，制约着农业高产稳产。

2.4.3　宝鸡峡灌区灌溉农业发展

宝鸡峡灌区位于陕西关中西部，横贯宝鸡、咸阳、杨凌、西安 14 个县（区），作为全国十大灌区之一，在促进陕西省农业发展、保障国家粮食安全方面发挥了重要作用。宝鸡峡灌区运行以来，有效地改善了渭北旱塬农业生产条件，以占陕西省耕地 1/18 的灌溉面积，生产了占陕西省总产 1/7 的粮食，被誉为"三秦第一大粮仓"[13]。

(1) 灌溉面积。宝鸡峡灌区位于陕西省关中西部，西起渭河宝鸡峡口，东到泾河右岸，南临渭水，北抵渭北高原腹地。东西长为 181km，南北平均宽为 14km，最宽处达 40 多千米。从布局上分为塬上、塬下两大灌溉系统。塬下渠首地处渭河干流魏家堡，其南干渠为原渭惠渠，建成于 1937 年，1958 年扩建了北干渠。塬上渠首位于渭河干流宝鸡市林家村，为 1971 年建成的新灌区，是一个多枢纽、引抽并举、渠库结合、长距离输水、水工门类齐全的大型灌溉工程。

宝鸡峡灌区属大陆性气候的半干旱地区，多年平均降水量为 570mm，最大降水量为 1146mm，最小降水量为 243.3mm。降水年内分配不均，春夏多旱，秋季多涝，7—9 月降水量占全年的 50% 左右，且多以暴雨形式出现。年平均蒸发量为 1100mm，年平均气温为 14℃，最高气温为 43℃，最低气温为 −21.5℃，最低月平均气温为 −1.8℃，日照时长为 2140h，无霜期为 220d。结冰期一般在每年 12 月上旬至次年 3 月上旬，冻土深度一般为 10～30cm。

宝鸡峡灌区总土地面积 26.58 万 hm²，其中：耕地面积 19.84 万 hm²，占比 74.57%；城镇及农村占地面积 5.4 万 hm²，占比 20.31%；河、湖、塘等水体面积 0.08 万 hm²，占比 0.3%；道路及其他建设用地等面积 1.28 万 hm²，占比 4.82%。灌区设计灌溉面积 19.3 万 hm²（含沣河扩灌 0.64 万 hm²），有效灌溉面积 17.54 万 hm²，承担着宝鸡、咸阳、杨凌、西安 4 市（区）14 个县（区）农田灌溉任务，是陕西省最大的灌区，位居全国十大灌区之一。自建成投运以来，宝鸡峡灌区粮食产量大幅提高，是全省重要的粮油果菜基地（表 2-5）。

表 2-5　　　　　　　　　　　　　2018 年宝鸡峡灌区面积　　　　　　　　　　　　单位：hm²

序号	地　类	面　积	序号	地　类	面　积
1	水田	213.44	18	湖泊水面	0
2	水浇地	122828.1	19	水库水面	26.68
3	旱地	4082.04	20	坑塘水面	300.15
4	果园	58802.72	21	内陆滩涂	306.82
5	其他园地	20.01	22	沟渠	5102.55
6	有林地	1233.95	23	水工建筑用地	140.07
7	灌木林地	233.45	24	设施农用地	1800.9
8	其他林地	1500.75	25	沼泽地	20.01
9	天然牧草地	273.47	26	裸地	0
10	人工牧草地	6.67	27	城市	13886.94
11	其他草地	2134.4	28	建制镇	7917.29
12	铁路用地	980.49	29	村庄	27260.29
13	公路用地	7450.39	30	采矿用地	2668
14	农村道路	3368.35	31	风景名胜及特殊用地	2074.37
15	机场用地	1060.53		总土地面积	265879.5
16	管道运输用地	0		耕地面积	198372.5
17	河流水面	180.09		有效灌溉面积	175494.4

灌区现有林家村、魏家堡引水枢纽 2 座，设计引水流量 95m³/s；林家村、王家崖、信邑沟、大北沟、泔河、泔河二库中型水库 6 座，总库容为 3.31 亿 m³。抽水泵站 21 座，总装机 80 台套 2.71 万 kW。水电站 4 座，装机容量 3.23 万 kW。总干、干渠 6 条，长 45.622km；支（分支）渠 78 条，长 693.28km；退水渠 25 条，长 52.77km；干、支、退水渠共有各类骨干建筑物 5483 座。斗渠 1859 条，长 2621.37km；农渠 10078 条，长 4353.34km，各类建筑物 43339 座。骨干输配水渠道总长为 1158.676km，衬砌 950.29km，衬砌率 82.02%。各类建筑物 5483 座，排水干支沟 25 条，长 221.40km，各类建筑物 549 座。田间工程现有斗农渠 11937 条，长 6974.71km，已衬砌长度 5665.90km，衬砌率 81.23%。各类建筑物 43339 座，完好 37781 座，仍有 5558 座建筑物带病运行。生态用水量从 2010 年的 4.6 亿 m³ 提高到 2019 年的 5.34 亿 m³，确保了灌区渭河等主要河流生态基流，改善了区域生态环境。

（2）节水改造。 灌区水源以渭河径流为主，辅以地下水。渭河林家村站以上流域面积为 30661km²，依据 1971—2017 年 47 年实测径流资料，其多年平均实测径流量为 15.6 亿 m³，最大年径流量 36.0 亿 m³，最小年径流量 4.02 亿 m³。1971—2017 年，魏家堡断面多年平均径流量为 21.87 亿 m³，渭河流量变差大，年内分配不均，汛期（7—9 月）占全年径流的 45%～50%，而冬季（12 月至次年 2 月）仅占 9% 左右。水大沙大，渭河汛期输沙率占年输沙率的 95%。

就灌区地下水埋深而言，渭河阶地区一般为 5～20m，黄土塬区为 5～80m，最深达百米。灌区地下水 pH 为 7.9，矿化度为 0.4～0.9g/L，适合于饮用和灌溉。灌区地下水多为孔隙水，分布比较均匀，含水层中水力联系密切，互相连通性好。同一含水层的形成条件大体一致，其透水性、补给性的变化较小。但在不同地貌单元之中，地下水埋藏条件及富水性均不同。灌区地下水补给水源主要为大气降水、灌溉入渗水等。地下水径流排泄条件具有盆地与河谷型的基本特征。区内地下水流方向与地形倾斜方向基本一致，即由西北到东南，渗入渭河。渭河自西向东，深切达百米以上，切割区内各时代的含水层为地下水排泄的通道。此外，地下水亦通过渗入渭河各支流而汇流入渭河，同为地下水排泄之通道，区内地下水排泄条件较好。

灌区土壤大部分为中壤、轻壤及少量沙壤土。质地肥厚，黏性较强；含盐量低，一般为 0.045%～0.07%，有机质含量为 0.9%～1.0%，适于耕作。目前，灌区的灌溉方式已逐步由传统的粗放式大田漫灌改良为畦灌。在畦灌的基础上，以渠道防渗、管道输水、膜上灌等节水输水方式为主，辅以大畦改小畦、长畦改短畦、宽畦改窄畦等田间灌溉方式，实现节水灌溉。在渠道输水量不变的前提下，通过小、短、窄畦进行田间灌溉，各条畦带田块上水头增加、水流加快，短期内田间入渗速度和入渗水量加大，缩短了灌溉时间，减少了渠道输水损失，节水效果得以体现。

1997—2019 年，国家累计下达续建配套项目投资计划 11.96 亿元（含信息化项目 0.53 亿元）。批复建设内容包括重点建筑物改造、干支（退）渠道改造、渠道险工险段加固、抽水泵站改造和信息化建设项目等 5 大类 173 项。截至 2019 年底，累计完成投资 10.81 亿元，完成建设内容包括：改造干支退水渠道 51 条 538.707km，其中总干渠 2 条 62.731km，干渠 3 条 117.472km，退水渠 5 条 8.548km；支渠 41 条 349.956km；改造渠系建筑物 2219 座，其中包括漆水河渡槽加固，韦水倒虹和漆水河倒虹改建 3 座重点建筑物；改造南上座和白鹤 2 座泵站；改造管护设施 27 处 10588.4m²；新建渠道安全防护 126.65km 以及信息化建设项目。2016—2019 年，宝鸡峡灌区续建配套节水改造项目（包括信息化）省级配套计划投资 9588 万元。1997—2019 年，宝鸡峡灌区续建配套节水改造项目（包括信息化）投资计划共计 11.9582 亿元，累计完成投资 10.8098 亿元。

(3) 信息化建设。2008—2019 年，宝鸡峡灌区信息化建设项目完成投资 4744.9 万元（含在续建配套节水改造项目总投资中），按照"总体规划、分步实施"的原则，已建成以下八大系统：

1）通信网络系统。建成了管理局与各总站、宝鸡市工信局之间的骨干通信网络，为信息传输提供了最基础的保障。

2）视频会议及视频监控系统。建成了局机关、总站、工程局的视频会商系统，可连通省防总视频会议室。共建成 100 多处视频监控，初步实现了对渠首、水库、泵站、水闸及管理局、总站、宝工局实时视频监视。

3）信息发布系统。建设了各总站、工程局、局机关 8 处共 11 套多媒体信息发布设施。

4）工程移动巡护系统。基于 GPS 导航的工程移动巡护系统，将巡护水库、水闸、主要险工段等信息纳入统一的巡护监督平台中。

5）作物土壤墒情系统。建成了杏林、双照 2 个土壤墒情监测、采集站点。

6）水雨情自动测报系统。建成水雨情自动监测 33 处，涵盖了全局部分总站、管理站。

7）无线通信系统。采用一点多址的数字通信设备，已分别在 6 座水库、6 总站及重要断面建成新的无线数字通信系统，初步建成了全局防汛抗旱应急通信保障体系。

8）软件系统。包括 OA 办公系统、灌区基础数据库系统、门户网站系统、灌区业务门户系统、灌区水资源管理平台系统、灌区实时数据监测系统、灌区三维仿真集成系统、申配水规范化管理系统、宝鸡峡微信平台、灌溉年报管理系统。

（4）泵站改造。大型泵站改造项目于 2010 年 1 月开工建设，2016 年 6 月全面建成，完成泵站改造 9 座，其中拆除重建王家崖、板桥、帝王、北昌、沋河二库泵站 5 座，局部改造白鹤、段家湾、南上座、沋河泵站 4 座。完成建设内容主要为：更新水泵机组 23 台，变压器 18 台，高、低压盘柜 183 面，阀门及闸门 78 台；拆除重建主副厂房 $3725m^2$，压力管道 38 条 6008m，进出水建筑物 51 座；改建 35kV 变电站 6 座，改造 35kV 输电线路 3 条 27.87km；9 座泵站均增设了计算机监控系统；新建办公设施 $1641m^2$。

（5）水价管理。宝鸡峡灌区农业水价实行由政府部门宏观监控下的补偿供水合理成本且按成本变化适时调整的价格机制，成本水价及执行水价由政府物价部门批准。

国有骨干工程和末级渠系成本差额部分由省级财政予以补贴，国有骨干工程基本达到运行维护成本，末级渠系完全达到了运行维护成本。同时，宝鸡峡灌区农业水价实行超定额累进加价和分类计价制度，超定额累进加价阶梯和幅度分为两档，定额内用水执行一档水价，超定额的用水执行二档水价；分类水价区分粮油作物、经济作物、养殖业等用水类型，其中国有供水工程价格不变，粮油作物末级渠系水价按标准价格执行，经济作物按高于粮油作物 30% 执行。

灌区对用水户实行斗口计量，管理站—段—斗—管水员—用户五级缴费。在水价管理上，全面落实"三公开四不准一禁止"制度。

（6）灌溉管理。在灌溉供水上，按照"以地定水、水随地走、分水到户"的原则，积极推行水权制度改革，宝鸡峡管理局已将农业灌溉水量分解到了站、段、斗、村组、用水户，用水户取得了初始水权，塬上灌区为部分用水户发放了水权证书。同时，以段为单位组建农民用水者协会，推行"灌区管理单位＋农民用水者协会＋用水户"的管理模式，推广田间节水灌溉技术，促进节水型社会建设。在水资源调配上，实行水权集中、统一调配及"流量包段，水量包干，断面结算，按量计费，超引扣补，违章加罚"的水量结算办法，管理局下设水资源调度中心，管理总站设配水站（组），站设配水员，局水资源调度中心代表管理局行使水量调配结算职责。同时，采取提早用水，蓄引结合，渠井结合等手段，对各种水源"统一管理、互相调剂、灵活引用"，科学高效调配，最大限度地挖掘水源潜力。在计划用水上，实行"两次计划、三级编制、上下结合、灵活应变"方式，即每年分冬春和夏秋两次，管理局编制渠系用水计划，总站和站编拟渠系用水计划，段、斗编制各轮次配水计划。在基层组织管理上，整顿精减段、斗管理人员，加强农民用水者协会建设，积极推行职工兼任段、斗长试点，建立健全专业浇地队，灌区基层管水服务体系基本健全。

（7）经营管理。宝鸡峡管理局先后制定出台了《宝鸡峡管理局供水生产经营管理办法》《宝鸡峡管理局发电生产经营管理办法》《宝鸡峡管理局内部企业经营管理办法》《宝鸡峡管理局维修养护单位经营管理办法》及《宝鸡峡管理局绩效工资分配办法》，印发了《宝鸡峡管理局制度汇编》，涵盖了工程、灌溉、财务、经营、安全、人事、廉政、政务等方面共 60 多项制度办法，极大地推进了灌区标准化规范化建设。"十三五"期间，宝鸡峡灌区以建设现代化灌区为总目标，遵循"节水优先、空间均衡、系统治理、两手发力"治水思路和水利部"水利工程补短板，水利行业强监管"的工作指导精神，践行陕西省水利厅"五新发展思路"和"三头水愿"的目标愿景，坚持"以水定产，量水而用"理念，确立了"三主一辅，四缸驱动"战略布局，即稳步推进农业灌溉第一主业、适度调控水力发电第二主业、加速拓展城工供水第三主业，巩固壮大局属企业实力，逐步进入主业企业相辅相成、互促互进、携手共赢的良性发展轨道，以主业企业同频、同向凝聚的巨大合力，加速推进灌区经济高质量发展。2018 年，宝鸡峡管理局水利经济总量达到 1.5 亿元，比 1997 年翻了三番多。

（8）标准化建设。2017 年以来，陕西省宝鸡峡管理局积极推进水利工程标准化管理创建工作，林家村水电站率先通过省级验收，泔河二库抽水站等多个工程通过局内验收。管理局通过建立组织机构、开展业务培训、制定实施方案、编制管理制度、完成管理手册编制、规范标示标牌、美化工程环境、争取维修养护经费等 8 个方面的工作，实现了管理责任明细化、工作制度化、人员专业化等"十化"目标。同时采取 4 项关键措施：强化组织领导高位推进、坚持分类指导高效开展、明确创建标准高度一致、严格对标对表高频督促，确保标准化管理工作科学有序开展。这些举措极大地促进了灌区水利工程标准化管理全面展开，使工程面貌焕然一新，管理水平显著提升。

（9）农业效益。2018 年灌区粮食总产量为 5.13 亿 kg，果树产量为 15.94 亿 kg，农业总产值 94.48 亿元，国民生产总值为 408.85 亿元，人均纯收入为 12337 元。灌区自开灌以来，极大地改善了灌区农业生产基本条件，复种指数由 1.15 提高到 1.55，亩均粮食产量由 150kg/亩提高到 750kg/亩，累计粮食总产达 600 亿 kg，累计产生的社会效益达 700 亿元以上，对陕西省农业乃至整个国民经济与社会发展起着举足轻重的作用。灌区农作物主要为小麦、玉米和各种杂粮，经济作物为棉花、油菜、瓜果蔬菜等，粮经作物种植比例为 8：2。小麦、玉米年灌水 2～3 次，灌溉定额为 40～60m³/亩；杂粮年灌水 1～2 次，灌水定额为 35～40m³/亩；油菜年灌水 2 次，灌水定额为 40～50m³/亩；果树年灌水 1～2 次，灌水定额为 50～60m³/亩。灌区以占全省 1/18 的耕地面积，生产了占全省总产量 1/7 的粮食和 1/4 的商品粮，是陕西省重要的粮油果菜基地，被誉为"三秦第一大粮仓"。

2.4.4　洛惠渠灌区灌溉农业发展

陕西洛惠渠灌区是我国西北旱区最大的灌溉工程之一，位于陕西省关中平原东南部，由洛河和惠河两条河流提供水源，灌溉面积达到了 8 万 hm²。该灌区的建设和管理对于保障当地农业生产和农民生活水平有着重要的意义[14]。

（1）灌区概况。洛惠渠灌区自黄河二级支流——北洛河筑低坝自流引水。主体工程于 1934 年动工兴建，1950 年开灌受益，1953 年转入灌溉管理。20 世纪 60—70 年代扩建配套后，形成洛东、洛西两大灌排网络，灌溉大荔、蒲城、澄城 3 县 19 个乡镇及 3 个国营农场的 77.69 万亩农田，有效灌溉面积 74.3 万亩，属大（Ⅱ）型水利工程。灌区灌排渠系众多，各类控水、量水设施及测试工具设备等配套齐全，灌区现有低坝引水枢纽 1 处；灌溉总干渠 1 条，长 21.4km；干渠 4 条，长 83.30km；支渠 13 条，长 131.96km；排水干沟 11 条，长 133.90km；支沟 55 条，长 198.8km；各类干、支渠建筑物 1854 座；田间工程有斗渠 256 条，长 956.73km，衬砌 563.61km；分引渠 4683 条，长 1480km。在中央、省级和市级政府的支持下，1991 年以来通过更新改造、大型灌区节水改造、世行贷款等项目，扩大总干引水能力 25m³/s，增加曲里和夺村渡槽、扩建洛西倒虹和五号隧洞"人"字洞，完成干支渠衬砌 204.40km，改建建筑物 1014 座，为现代化灌区升级改造提供了坚实基础。

（2）灌溉规模。灌区总土地面积 7.5 万 hm²，其中：可耕地面积 5.73 万 hm²、盐荒地面积 0.55 万 hm²。可耕地中有旱地 0.56 万 hm²，盐荒地中可改造的有 0.29 万 hm²。灌溉工程设施面积 5.17 万 hm²，有效灌溉面积 4.95 万 hm²，其中自流灌溉 3.55 万 hm²、扬水灌溉 1.4 万 hm²。目前，灌区实灌面积 3.05 万 hm²，失灌面积 1.9 万 hm²，其中因田间工程老化损毁失灌 0.81 万 hm²、缺水失灌 0.72 万 hm²，水利工程及城乡建设占地 0.37 万 hm²。

（3）水资源利用。洛惠渠是北洛河干流上唯一的大型灌溉工程，渠首拦河坝上流域面积 25111km²，多年平均天然径流量 8.73 亿 m³，灌溉引水 2.30 亿 m³。1991—2014 年，洛河状头断面平均径流量 6.6 亿 m³，洛惠渠渠首年均引水 1.6 亿 m³。近年来，灌区作物种植结构发生了很大变化，粮经比由 20 世纪 70 年代的 8∶2 调整为 2020 年的 2∶8。依据作物灌溉制度，年需灌溉引水 2.8 亿 m³，年渠首缺水 1.2 亿 m³。

（4）土地利用。近年来，随着三县城镇化、工业化的提速，灌区土地利用结构类型也有了较大的变化，城镇及工矿用地、交通运输用地等呈现增长趋势，如大荔县城的北扩西进、蒲城煤化工业园、罗韦高速、卤阳湖园区建设等，为区域经济的快速发展提供了有力支撑，但同时也导致耕地面积的减少。从灌区层面来看，唯有通过改善渠系工程、扩大灌溉面积等措施，方可实现灌区土地利用的占补平衡。

20 世纪 80 年代，灌区作物种植结构以小麦、玉米、棉花为主，粮经比为 8∶2。随着农村土地承包责任制的推行，以果林为主的经济作物种植比重逐年提升。目前，灌区种植结构以冬枣、苹果、桃、梨等果树为主，粮经比 2∶8。2021 年，灌区作物主要布局是小麦 8.3 万亩、留种地 7.4 万亩、果林 40.08 万亩、其他 23.12 万亩，总计 78.9 万亩。

（5）供水结构。洛惠渠一直以农业灌溉为主，近年来随着城镇化、工业化的提速，积极应对形势发展变化，及时调整供水思路，在优先保证农业灌溉供水的前提下，逐步拓展了蒲城县清洁能源化工工业供水及卤阳湖、大荔县朝邑湖湿地生态补水。灌区灌溉用水量从 20 世纪 90 年代的 1.68 亿 m³ 降至目前的 1 亿 m³ 左右。灌季用水量的时空分布主要受种植结构影响，比如：20 世纪 80 年代灌区主要以小麦种植为主，冬灌占全年引水量的一半以上，进入 20 世纪 90 年代后棉花种植面积增加，春灌占全年引水量的一半以上；近年来，洛东以果林为主，洛西以粮食作物为主，洛东冬灌的引水量明显低于洛西。

（6）灌溉成效。灌区用水从 2016 年的 5600 万 m³ 提高到 2021 年的 8402 万 m³（其中农业供水 7051 万 m³、工业供水 1187 万 m³、生态供水 164 万 m³），灌区灌溉水利用系数由 0.501 提高到 0.53，灌溉效率由 880 亩提高到 1080 亩，水量保证率提高到 99%，年节水 2000 万 m^3。灌区抵御旱灾能力进一步提高，恢复失灌面积 10 万亩。渠井双灌区发展到 20 万亩，高效节水设施农业发展到 15 万亩。

2.4.5　东雷抽黄灌区灌溉农业发展

东雷抽黄灌区拥有 4 个塬上灌溉系统和 2 个塬下排灌系统，建有 28 座抽水泵站，安装机组 121 台（套），总装机容量 11.54 万 kW，最多 9 级提水，累计最高扬程 311m，设计灌溉面积 102 万亩，惠泽合阳、大荔、澄城、蒲城 4 县 12 镇。东雷抽黄灌区投运以来，累计渠首引水 26.08 亿 m^3，灌溉农田 1623.5 万亩次，累计创造社会经济效益 56.2 亿元，为促进辖区农业生产、农民增收和农村经济发展做出了巨大的贡献[15]。

(1) 灌区概况。东雷抽黄灌区位于陕西省关中东部渭北塬区，为国家大（Ⅱ）型灌区，是陕西省扬程最高、流量最大的电力提灌工程，以黄河水为水源，因取水点位于黄河小北干流西岸的合阳县东雷村塬下，故称"东雷抽黄"。该工程于 1975 年 8 月动土兴建，1979 年 11 月各系统陆续灌溉受益，1988 年 9 月通过竣工验收。其设计灌溉面积 6.8 万 hm^2，有效灌溉面积 5.58 万 hm^2，惠泽渭北旱塬的合阳、大荔、澄城、蒲城 4 县 12 镇 41.7 万人。渠首最大引水 $60m^3/s$，最多 9 级提水，累计最高扬程 311m，全灌区加权平均扬程 214m。其中，东雷二级站安装 2 台卧式双吸离心水泵，单机设计流量 $2.24m^3/s$，扬程 225m，总装机容量 16000kW，被誉为"亚洲第一泵站"。

工程采取无坝引水、分区提水、分级灌溉的方式，由一级站把黄河水提入总干渠，沿总干渠依地形地貌，自北向南构成东雷、新民、乌牛、加西 4 个塬上灌溉系统和新民、朝邑两处滩地排灌系统。共建设各级抽水站 28 座，安装机组 121 台，总装机容量 11.54 万 kW。有各类变电站 30 座，总容量 38.09 万 kVA，架设输电线路 20 条，总长 285km。配套干、支渠 97 条 629km，支渠以上建筑物 2554 座。配套斗渠 398 条 662m，分渠及以下 1382.55km，斗渠及以下建筑物 18833 座。

灌区分别于 1999 年和 2009 年开始实施续建配套节水改造项目和泵站更新改造项目。截至 2021 年 12 月，21 座泵站均已改造完成，累计改造水泵机组 104 台（套），改造装机容量 11.47 万 kW；累计改造渠道 372.1km，改造渠系建筑物 1582 座、管护设施 $21334.7m^2$。通过两大改造项目的实施，灌区国有骨干工程得到全面提升。

(2) 农业发展。灌区经济以农业生产为主，主要种植小麦、玉米、油菜和果树等作物，是陕西省重要的粮、果、蔬生产基地。目前，粮经作物种植比例为 4∶6，复种指数 1.30，其中小麦占种植面积的 25%、玉米占 35%、果树占 18%、其他占 22%。小麦平均亩产 450kg，玉米平均亩产 750kg，果树平均亩产 1600kg。

东雷抽黄工程运行前，属旱作农业区，灌区产业结构比较单一，粮食作物以小麦、红薯为主，加有少量糜谷、豆类等秋杂作物。经济作物以棉花、烤烟为主。工程运行后，各系统主导产业调整变化较大。20 世纪 80 年代后期，高明灌溉系统在东雷抽黄农业委员会的引导支持下，大量栽植苹果，随着苹果价格的年年走高，亩收入达 3000 元以上。在高明灌溉系统的带动和影响下，高北、高西、新民 3 个灌溉系统苹果栽植面积迅速扩大，1998—2000 年，苹果栽植面积占灌区塬上有效灌溉面积的 46%。自 2000 年起，全国苹果生产过剩，灌区作为苹果适生区，价格低迷，严重滞销，群众大面积挖树，高明灌溉系统开始大面积种植西瓜，并试验西瓜、玉米套种，取得良好收益，高西、高北2个灌溉系统也相应发展西瓜、玉米套种。2003年，随着棉花市场价格上涨，棉花种植面积占高明、高西、高北、新民4个灌溉系统面积的50％以上。自2010年以来，高明灌溉系统以果业生产为主，主要有桃、冬枣、红提葡萄、核桃、中早熟苹果等，果树面积占70％以上。高西、高北2个灌溉系统经济作物占有效灌溉面积的60％以上，主要有核桃、苹果、酥梨、西瓜、油菜及中药材等。粮食作物主要以小麦、玉米双料种植为主。新民系统经过1990—2005年大面积栽植苹果，到因滞销大量砍树后，先是以棉花生产为主，从2010年后，西瓜和玉米套种取代了棉花，近年来黄花菜栽植和红薯种植发展较快，占灌区经济作物面积的1/3以上，其他经济作物主要有油菜、中早熟苹果、黄桃、葡萄、冬枣等。粮食面积占灌区面积40％左右，以小麦、玉米或小麦、谷子双料种植为主。东雷灌溉系统经济作物面积占60％以上，以花椒、苹果为主，另有核桃、葡萄、油菜等。粮食作物以小麦、玉米种植为主，基本上是两年三熟。

(3) 农业成效。东雷抽黄工程投运后，1980—1989年，年均浇地26万亩次；发展到1990—1994年，年均浇地75万亩次；2014—2021年，年均浇地131万亩次以上。灌区在服务"三农"上始终保持着持续发展的良好态势。工程投运42年来，累计斗口引水23.56亿 m³，灌溉农田3200万亩次，创造社会效益210亿元。

高明灌溉系统是灌区最早受益的地区，田间工程建设通过世界粮食计划署以工代赈受援项目援助后，灌溉条件较好，每过几年产业结构就会出现一次大调整，农业效益比较突出。1984年，当地群众率先大面积栽植苹果，1988年后相继进入丰产期，恰逢全国苹果价格一路走高，当时万元户在城里都是稀罕少见时，依靠苹果"金蛋蛋"，高明灌溉系统40％的果农成了万元户。1993年，当地大规模发展西瓜、棉花及西瓜、玉米套种，效益显著。现在中早熟苹果、油桃、核桃、樱桃、红提葡萄等多样化发展，尤其是冬枣栽植已形成规模，凭借大荔冬枣地理认证驰名商标，高明灌溉系统大棚冬枣亩均产值为4万～5万元。新民灌溉系统继大面积种植西瓜、棉花后，黄花菜栽植已形成规模，2016—2017年间亩均产值3000元左右。近年来，随着人们对饮食养生的重视，东雷灌溉系统的小米质优价好销路广，种植面积逐年扩大。新民灌溉系统的红薯扬名全国，成为农民的新财路。灌区环保绿色、优质多样的农产品，受到市场的追捧，电商让农产品销售更加便捷。目前，各镇、社区都开设了农产品销售网店，比如大荔冬枣，许多农民在田间地头就完成了农产品网上销售。

2.5　灌区建设与农业发展面临挑战

我国旱区具有广袤的土地资源和丰富的光热资源，具有农业发展独特的区域优势，并在灌区建设和农业生产中取得了显著成效，已成为我国重要的粮食、棉花和特色林果生产基地。然而，资源性缺水、土地质量低、土壤盐碱化严重、生态环境脆弱、环境污染严重，以及灌区各级输配水不协调和运行管理水平低等问题，严重制约了旱区灌溉农业的高质量发展。

2.5.1　资源环境问题

(1) 水资源过度开发利用，农业用水需求有增无减。西北旱区水资源量约为 1303 亿 m^3（仅占全国 5.7%），每平方千米水资源约为 7.4 万 m^3（仅为全国平均水平的 1/5）。农业用水占该区域水资源消耗量 90% 以上，水分生产率仅为 1.30kg/m^3，与美国和以色列等灌溉发达国家（2.0kg/m^3 以上）相比仍存在较大差距。此外，乡村振兴战略、美丽乡村建设、扶贫搬迁等社会工程仍需要大量的水土资源增量作为支撑。因此，西北灌区需要进一步优化水土资源配置，大力提升水土资源生产效率[16]。

(2) 土壤次生盐碱化严重，水盐调控技术有待突破。我国盐碱地主要集中在西北旱区（占全国盐碱地面积的 2/3），新疆盐碱化程度最高，盐碱化耕地面积为 1889.06 万亩，约占耕地面积的 1/3。新疆地区高效节水灌溉面积达到 5000 余万亩，大规模的节水灌溉彻底改变了农田水盐运移特征，以明排为主的盐碱地改良模式已不可持续。因此，急需发展规模化节水下的灌区水盐协同调控理论与技术，同时创新以"作物生长与盐分和谐共处"为理念的盐碱地改良技术，为灌区作物生长创造适宜的环境。

(3) "三生"用水矛盾突出，农业面源污染问题加剧。由于盲目扩大生产规模，灌区农业和生态需水超出水资源承载能力，引发诸多生态环境问题，导致粮食减产和农业生产效率降低。如新疆 2017 年用水总量为 552 亿 m^3（超红线 26 亿 m^3），同时地下水开采量超红线 35 亿 m^3，用水矛盾突出。此外，为了提高生产能力，农药和化肥过量使用、不合理的地膜覆盖利用及农村废水缺乏有效处理，造成灌区水土环境污染严重。因此，需要明晰灌区水土资源利用理论与方法，协调农业生产与生态环境保护间关系[17]。

2.5.2　工程建设问题

(1) 偏重田间节水灌溉技术，忽视输配水系统改造。由于渠道防渗率低，配套设施简陋，水质含沙量大，导致高效节水灌溉系统供水保证率低，使灌溉系统的整体效果和效益欠佳。西北旱区绝大部分高效节水灌溉采用加压灌溉，按 5000 万亩滴灌面积推算，年耗电约 50 亿 kW·h，排放 CO_2 约 510 万 t。西北旱区灌溉水源多来自山区河流或水库，这些高位水源理论上不需加压即可自流或自压灌溉，放弃地势落差而重新加压灌溉，浪费了巨大能源。因此，西北灌区的建设需进一步发展高效节能降耗的输配水系统。

(2) 灌区节水能力需要提升，基础能力建设需加强。西北旱区一些灌区农田水利基础设施由于建设滞后、欠账较多、标准低、功能不健全，造成抗旱保灌能力不强。如目前河套灌区灌溉水有效利用系数为 0.449，渠系水利用系数为 0.510，接近我国灌区平均灌溉水有效利用系数 0.45，但与《灌溉与排水工程设计标准》（GB 50288—2018）提出的大型灌区标准利用系数 0.500 仍有一定差距。目前，总干渠、干渠、分干渠和支渠输水渗漏损失严重，渠道行水时间延长、水资源浪费，供水不及时，严重影响农业灌溉，急需改造。此外，各级渠系以土渠偏多，行水过程中渗漏损失偏大。因此，目前灌区的渠系输配水能力已不能迎合灌区种植结构转型升级的趋势，不能满足玉米、小麦等大田作物向瓜果蔬菜种植转变所需的灌水时效性，亟待通过基础设施的改造，提升灌区的灌溉水有效利用系数。

（3）工程体系老化亟需改造，工程维护急需加强。一些建设历史较长的灌区现有工程设施经过多年运行，损坏日益严重，很多工程带病运行，一些灌区的总干渠局部地段由于破损严重，每年都需要进行维修，部分渠段出现冲淘现象，对周边的道路或防洪通道也会带来一定的影响，更为严重的是造成两岸发生边坡坍塌和滑坡。干渠上的一些桥梁，因年久失修，对总干渠输配水形成阻水，加剧渠道淤堵现象。灌区内建筑物多已超过使用年限，如总干渠 4 个分水枢纽运行时间均超过 50 年，工程老化严重，存在安全隐患，排水泵站设备老化，耗能高、效率低，严重影响排水沟的正常运行。特别近年来河套灌区增加了冬季黄河分凌减灾任务，2003 年以来又增加了给乌梁素海等海子的生态补水任务，原渠、沟道及配套建筑物设计标准不足以抵御凌汛水冲击，工程损毁情况加剧。受凌汛水低温影响，渠系流凌后，沿途渠道和中小型水工建筑物因冻胀和撞击产生不同程度损坏，影响使用寿命，增加了渗漏水量和后期运行维护费用。

（4）信息化建设需加大力度，增强智能化管控能力。由于灌区点多、面广、线长，多年来部分灌区已开展一些基础工作，积累了不少工程基本资料，由于投资有限，信息采集规范化水平不高、数字化覆盖面仍然较小。同时，采集监测大多还是采用传统方式，主要通过人工观测、巡查等方式获取，采集面窄、点少、覆盖程度低，难以满足现代灌溉管理的工作需要。在数据共享上，由于技术水平、任务来源和资金渠道不同，各部门开发建设的信息系统及其应用大多分散在不同业务部门，各自为战，存在信息资源整合与共享难度大、周期长等问题。因资金有限，部分灌区通过虚拟化和负载均衡技术搭建的云计算中心，其存储能力和计算能力都不能满足灌区现代化未来发展的需要，已建成的信息化应用系统信息安全管理体系投入不足，没有全部达到等保三级要求。此外，灌区整体的应用系统智能化水平不高，动态分析、模型应用等智能化功能仍处在规划阶段，缺乏项目支撑。

2.5.3　运行管理问题

虽然灌区建设与灌溉农业发展取得了巨大成效，但目前灌区工程运行管理仍面临诸多问题，具体表现如下：

（1）节水灌溉面积迅速扩大，良性运行却难以为继。新疆是全国节水灌区面积最大的省区，全国微灌面积 75％以上在新疆。由于社会环境和经济能力的差异，南北疆节水灌溉发展水平差异较大，其中南疆地区已建成的高效节水工程良好运行的仅有 50％左右，造成大量浪费。目前，高效节水每亩投资约 700 元（财政补助 400 元，农民自筹 300 元），而贫困地区财政和农民自筹能力有限，导致高效节水工程建设和运维先天不足。此外，部分工程技术模式、设备选型及设计方案不够合理，影响了工程质量和效益。因此，西北灌区的建设需进一步完善灌区管理体制，保障灌区的良性运行和农业健康发展[18]。

（2）体制水价改革尚待加强，水价杠杆效能未能发挥。农业水价综合改革仍不到位，未有效利用市场机制调节，在输水、配水、用水过程未有效发挥。因此，需要构建节水用水和高效用水的水价调控体系，形成以水资源综合利用为核心，将农业生产与生态环境有机结合，充分利用梯级水价杠杆作用，促进节水技术的大面积应用，有力提升水资源生产效能，实现灌区高质量发展。

(3) 高素质从业者的培养机制缺乏，难适应农业高质量发展需要。在涉农知识结构方面，农业类学科交叉融合不足，培养人才的知识结构较为单一，不能适应农业农村现代化发展的需求。涉农专业集中在畜牧兽医、现代农艺技术、园林技术、农业机械使用与维护等与农业生产密切相关的专业，布局较为传统，与新时期的智慧农业、数字技术相关的教学内容在培养教学中也少有体现。因此，当前的专业设置、人才结构不足以支撑乡村现代产业发展的需求。在农业培训体系方面，农业劳动力培训目标不明确、内容不合理，资源浪费严重，考核评价体系亟待完善。近年来，管理部门制定和出台了相应的政策法规，经费投入力度逐年加大，农业理论研究得到加强。然而，市场经济体制改革的深入、农业现代化进程的加快，已对农民职业教育和培训提出了新的更高要求，原有农民职业教育和培训体制的种种弊端逐渐显现。因此，急需改进高素质农业从业者的培养机制，培养符合现代农业发展要求的新型农业技术人才。

参 考 文 献

［1］ 张安福. 西域屯田预期嬗变的历史动因分析［J］. 中国地方志，2012，（2）：49-54，4.

［2］ 马超，陈英，张金龙，等. 河西走廊生态安全格局构建与优化研究［J］. 生态科学，2023，42（1）：206-214.

［3］ 戴文渊，郭武，郑志祥，等. 石羊河流域水生态安全影响因子及驱动机制研究［J］. 干旱区研究，2022（5）：1555-1563.

［4］ 王化齐，黎志恒，张茂省，等. 石羊河流域水资源开发的生态环境效应与国土空间优化［J］. 西北地质，2019，52（2）：207-217.

［5］ 陈小杰，彭飞，薛娴，等. 石羊河流域典型农作物高水分利用效率和单位水收益的灌水定额［J］. 应用与环境生物学报，2022（6）：1460-1468.

［6］ 杜可心，张福平，冯起，等. 黑河流域生态系统服务的地形梯度效应及生态分区［J］. 中国沙漠，2023，43（2）：139-149.

［7］ 唐霞，冯起. 黑河流域历史时期土地利用变化及其驱动机制研究进展［J］. 水土保持研究，2015，22（3）：336-340，348.

［8］ 韩双宝，李甫成，王赛，等. 黄河流域地下水资源状况及其生态环境问题［J］. 中国地质，2021，48（4）：1001-1019.

［9］ 李琴. 建国以来河套灌区水利事业发展视域下的社会变迁研究［D］. 呼和浩特：内蒙古师范大学，2019.

［10］ 张义强，白巧燕，刘琦. 河套灌区农业深度节水的思考和建议［J］. 灌溉排水学报，2023，42（S1）：180-183.

［11］ 杨劲松，姚荣江，王相平，等. 河套平原盐碱地生态治理和生态产业发展模式［J］. 生态学报，2016，36（22）：7059-7063.

［12］ 奥勇. 基于RS/GIS的泾惠渠灌区人类活动强度定量模型建立的研究［D］. 西安：长安大学，2011.

［13］ 苗正伟. 宝鸡峡灌区气象干旱特性分析及预测［D］. 杨凌：西北农林科技大学，2008.

［14］ 费良军，王锦辉，王光社，等. 基于灰色关联理论—密切值法的大型灌区运行状况综合评价［J］. 干旱地区农业研究，2016，34（1）：242-246.

［15］ 王新宏，吴巍，雷赐涛，等. 东雷抽黄引水灌区退水对干渠减淤的影响［J］. 西北农林科技大学学报（自然科学版），2018（8）：131-138.

［16］ 李同昇，陈谢扬，芮旸，等. 西北地区生态保护与高质量发展协同推进的策略和路径［J］. 经济

地理，2021，41（10）：154-164.

［17］ 支彦玲，王慧敏，张帆，等．西北地区水资源、能源和粮食系统协同关系评估——基于复杂系统协同进化视角［J］．干旱区资源与环境，2022，36（10）：76-85.

［18］ 田雨丰，何武全，刘丽艳，等．大型灌区节水改造项目实施效果综合评价［J］．排灌机械工程学报，2023，41（5）：519-526.

第3章　西北旱区农业产业发展与面临挑战

西北旱区植被以荒漠、荒漠草原为主，植被分布依次为典型干草原、荒漠草原、荒漠。土壤中含有大量盐碱甚至形成盐壳和石膏壳，有机质含量低，以棕漠土、棕钙土、栗钙土为主，呈碱性到强碱性反应。该区水系极不发育，大都属内流区，湖泊多为咸水湖或盐湖。除银川和河套平原外，主要靠高山冰雪融水进行灌溉，山前绿洲农业相对发达。区内地貌条件复杂，既有广阔的高地平原和横亘其上的高峻山脉，又有巨大的内陆盆地。高山上部有永久积雪和现代冰川，成为荒漠中的"固体水库"。区内自然条件适宜发展畜牧业，可耕土地面积广阔、光热资源丰富，有利于栽培温带或喜温作物（如棉花）以及葡萄、哈密瓜、苹果等瓜果。除干旱缺水外，土壤盐碱化、沙化和风沙危害、水资源过度利用和农业生态环境脆弱等问题，严重制约着该区农业可持续发展。

3.1　资源禀赋与社会经济

西北旱区光热等自然资源丰富，作为一个特定的气候类型与农业区域，具有农牧业发展的独特优势，也是我国农业后备耕地重要保障区。

3.1.1　资源禀赋

西北旱区是我国重要的生态安全屏障和粮食生产基地，也是资源环境压力最大的地区之一。该地区植物资源种类较多，但分布不均。受气候、水分、土壤等因素的限制，植被覆盖度较低，生物多样性较差。矿产资源种类较多、储量较大、开发潜力较大，是我国重要的矿产资源基地。

1. 气候特征

西北旱区深居欧亚大陆腹地，气候主要受蒙古高压和大陆气团控制，为典型大陆性气候。地中海东来之水汽受阻于帕米尔高原后大减；沿横断山脉峡谷北上的印度洋暖湿气流被东西走向的一系列平行高山阻挡，难以到达本区域；从太平洋来的东南季风和暖流越过大兴安岭和阴山的机会较少，因此内陆河大部分地区干燥少雨、多风沙。

（1）**降水**。西北旱区的降水主要由西风环流和南亚季风提供。受海拔高度、地形及水汽输送条件等因素的影响，西北旱区年降水分布极不均匀。从整体看，降水量从东南向西北减少，而天山和阿尔泰山降水增加。此外受地形的影响，山区降水明显增加，盆地平原降水骤减。塔里木盆地、柴达木盆地和居延海地区降水都在50mm以下。塔里木盆地东南的且末、若羌，以及吐鲁番盆地、柴达木冷湖等地都存在降水小于20mm的地区。吐鲁番盆地的托克逊站 1961—1980 年平均降水量仅为 6.9mm，是我国记录的降水量最少的地区。祁连山北麓的河西走廊，年降水量呈东南多西北少的特点，介于 50～500mm。西北旱区多年平均降水为 4.62～590.36mm，新疆北疆的降水相对较多，尤其是阿尔泰山地区和天山地区降水较多，伊宁、乌鲁木齐等地区的降水量达 273.32mm 和 262.33mm，吐鲁番和哈密等地区降水较少，仅为 15.31mm 和 38.54mm。新疆南疆的降水相对较少，尤其是民丰和且末等地区降水极少，仅有 37.76mm 和 21.38mm，大部分降水集中在昆仑山等山脉。西北旱区其他地区的降水相对适中，降水集中在南部的山区，额济纳地区的降水极少，仅为 35.14mm（图 3-1）。

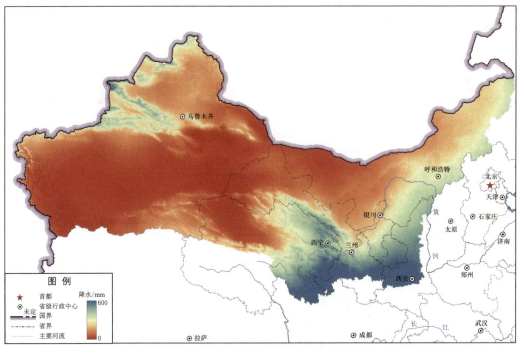

图 3-1　西北旱区降水分布图

（2）气温。西北旱区近 50 年年平均气温为 9.2℃，年平均气温总体呈逐渐升高的趋势，并以 0.25℃/10 年的速率在增长。近 50 年，年平均气温增长速率并非直线上升，呈现波动增长，主要表现在前 20 年增长相对缓慢，后 30 年增长显著。西北旱区地势起伏大，高山盆地相间，影响区域气温变化因素较多。西北旱区气温分布如图 3-2 所示。从西北旱区年平均气温总体来看，纬度越高年平均气温相对较低，年平均气温的高值区主要分布在新疆南疆塔里木盆地边缘、东天山部分地区及内蒙古西部站点，约为 8～14.6℃。盆地和山区年平均气温差别明显，如阿尔泰山、天山及祁连山脉附近年平均气温相对较小，年均值小于 0℃。西北旱区年均温差最大值为 28.9℃，年均温差最大值出现在吐鲁番。

（3）蒸散发。西北旱区近 50 年平均潜在蒸散量为 660.8～2080mm/年，年均值约为 1157.8mm/年。从空间看，西北旱区潜在蒸散量具有明显的空间分布差异，其高值区域位于新疆东部与内蒙古西部，年均潜在蒸散量大于 1350mm/年，并呈现由该区域向周边区域递减的趋势。风速是影响潜在蒸散发的重要因素，由于西风带气候区影响，该区潜在蒸

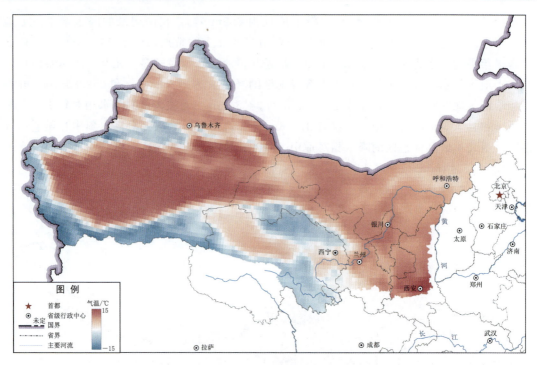

图 3-2 西北旱区气温分布图

散量明显较高。低值区域位于青海南部，年均潜在蒸散量小于 900mm/年。整体而言，大部分区域的潜在蒸散量为 900~1500mm/年（图 3-3）。

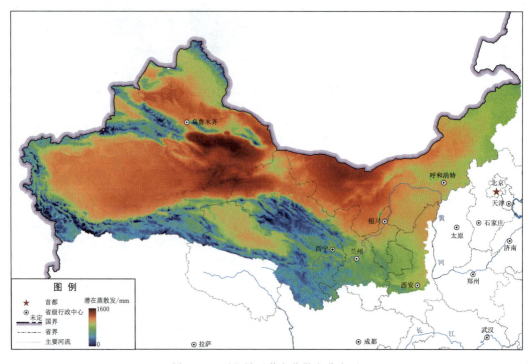

图 3-3 西北旱区潜在蒸散发分布图

2. 土地资源

西北旱区地形以高原、盆地、山脉为主。区域内分布有中国最大的沙漠，也是世界第二大流动沙漠——塔克拉玛干沙漠，以及古尔班通古特沙漠、腾格里沙漠、乌兰布和沙漠、库布齐沙漠、巴丹吉林沙漠、毛乌素沙漠等。多样的地貌和景观类型造就了西北旱区多样化的区域经济发展特点（图3-4）。

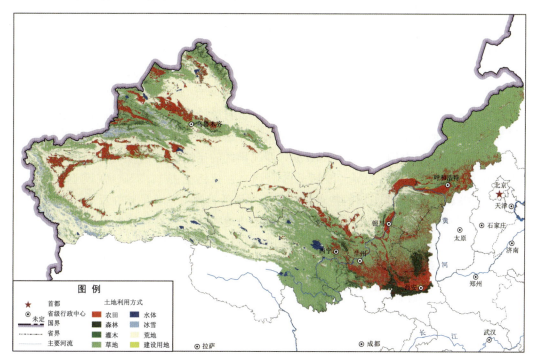

图3-4 西北旱区土地利用空间分布图

（1）土地利用。西北旱区是中国面积最大的自然区域之一，占全国陆地面积的41%。西北旱区的气候干旱，降水稀少，蒸发量大，土壤盐碱化、沙化严重，植被以荒漠和荒漠草原为主。根据不同的气候、地貌、水资源和土壤特征，西北旱区的土地利用情况可以分为以下土地利用区：

1）耕地。西北旱区的耕地面积为3.67亿亩，占全国的18.1%，但水资源量仅为1303亿m³，占全国的4.6%，农业灌溉主要依赖于高山冰雪融水，形成了山前绿洲农业。耕地主要分布在河西走廊、塔里木盆地、准噶尔盆地、吐鲁番盆地等绿洲地带。耕地中约有1/3种植棉花、果树等经济作物，具有较高的产值和效益。但是，耕地规模过大也导致了水资源的过度开发和生态环境的退化。

2）林地。西北旱区的林地面积约为1.4亿亩，占全国林地面积的7.8%。林地主要分布在祁连山、天山、阿尔泰山等山区，以天然林为主。林地中约有1/4是人工林，主要是防风固沙林、水土保持林和经济林。林地对于维持水源涵养、气候调节和生物多样性具有重要作用。

3）草地。西北旱区的草地面积约为10.7亿亩，占全国草地面积的32.6%。草地主要分布在青藏高原、阿尔金山、昆仑山等高寒山区，以高寒草甸和高寒草原为主。草地中约有 1/5 是退化草地，主要是由于过度放牧和气候变化造成。草地是西北旱区畜牧业的基础，也是维护生态平衡和碳汇的重要资源。

4）湿地。西北旱区的湿地面积约为 1.2 亿亩，占全国湿地面积的 8.9%。湿地主要分布在青海湖、巴音布鲁克湖、罗布泊等内陆湖泊和河流两岸，以咸水湖和盐湖为主。湿地中约有 1/3 是退化湿地，主要是由于水资源减少和人类活动干扰造成。湿地是西北旱区生物多样性的重要保护区，也是调节气候和净化水质的重要功能区。

（2）土壤类型。西北旱区土壤类型分布呈现南北（或东北至西南）走向，中温带区域由东向西为暗棕土—黑钙土—栗钙土—棕钙土，温暖带区域由东向西为棕壤土—褐土—黑垆土—灰钙土。受灌溉、耕作及水盐条件等因素的影响，非地带性分布由草甸土、沼泽土、盐土、风沙土及灌耕土等类型组成，其中盐土与风沙土多分布于流域下游地区。这些土壤都是在干旱或半干旱的气候条件下，受风沙、盐碱化和碳酸钙淀积等作用的影响而形成。根据我国第二次全国土壤普查的数据，西北旱区的土地总面积为 3.8 亿 hm^2，其中灰黑土占 0.8%、黑钙土占 5.9%、栗钙土占 17.1%、棕钙土占 13.3%、灰漠土占 28.7%、灰棕漠土占 34.2%。这些土壤的特点是有机质含量低，肥力差，呈碱性反应，盐碱化程度高，易受风沙侵蚀。一般来说，灰黑土和黑钙土质地较重，含黏粒较多；栗钙土和棕钙土质地中等，含黏粒较少；灰漠土和灰棕漠土质地较轻，含黏粒很少。总体上，西北旱区的土壤质地以砂壤土或轻壤土为主（图 3-5），平均有机质含量为 1.04%，其中表层为 1.32%、中层为 0.94%、下层为 0.86%。

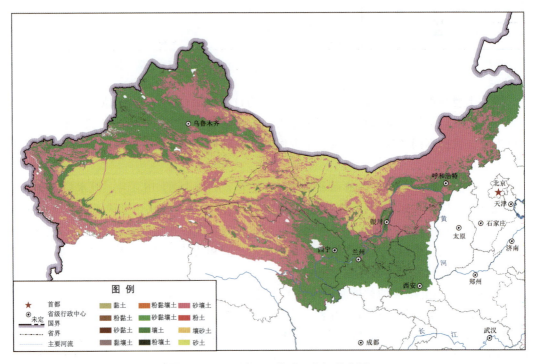

图 3-5　西北旱区土壤质地空间分布图

（3）土壤盐碱化。西北旱区是我国盐碱化土壤分布最广、危害程度最重的地区，占全国盐碱化土壤总面积的 80％以上。我国盐碱化土壤总面积为 1.01 亿 hm²，其中西北旱区的盐碱化土壤面积为 0.81 亿 hm²。西北旱区盐碱化土壤的平均含盐量为 0.76％，其中表层（0～20cm）为 0.64％、中层（20～40cm）为 0.81％、下层（40～60cm）为 0.83％。西北旱区盐碱化土壤可以分为碱化土、碳酸盐土、硫酸盐土、氯化物土等类型，主要分布在塔里木盆地、准噶尔盆地、河西走廊、黄河中下游平原和内蒙古高原等地。盐碱土的空间分布受到气候、地形、水文、植被和人类活动等多种因素的影响，具有明显的区域差异和复杂性（图 3-6）。

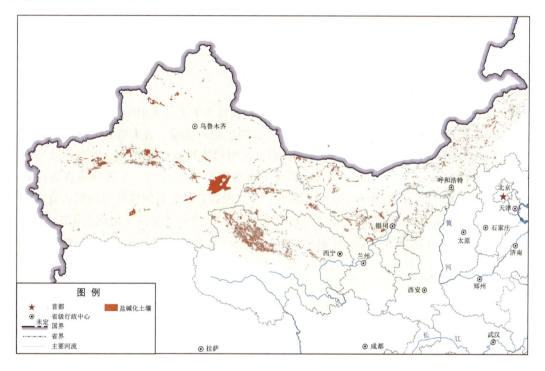

图 3-6　西北旱区盐碱化土地空间分布图

3. 水资源

2021 年西北旱区水资源总量为 1351.6 亿 m³（占全国总量的 7.9％），每平方千米水资源量只有 3.9 万 m³（约占全国平均水平的 5.7％），其中地表水资源量为 1247.5 亿 m³、地下水资源量为 744.4 亿 m³。总供水量达到 669.3 亿 m³，其中地表水 484.0 亿 m³（占 72.3％）、地下水 178.7 亿 m³（占 26.7％）。西北旱区各省水资源总量如图 3-7 所示。西北旱区可划分为以下三大水资源带：一是以塔里木盆地为代表的内陆河流域带，其特点是降水稀少，蒸发强烈，河流径流主要依赖山区冰雪融水和地下水补给，河流终端多形成内陆湖泊或消失于沙漠中；二是以准噶尔盆地为代表的外流河流域带，其特点是降水较多，蒸发较弱，河流径流主要依赖山区降水和冰雪融水，河流终端多注入大型湖泊或外流海洋；三是以黄河上游为代表的跨境河流域带，其特点是降水中等，蒸发中等，河流径流主要依赖高原降水和冰雪融水，河流终端多注入其他省区或国家。我国西北旱区水资源空间分布情况反映了该地区自然条件的差异和复杂性，也决定了该地区水资源开发利用和保护的难度和重要性。

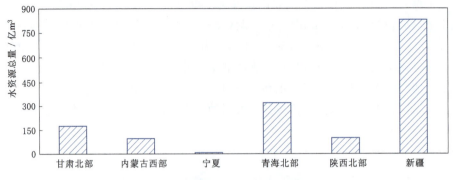

图 3 - 7　西北旱区各省水资源总量图

4．生态环境

西北旱区生态环境质量总体偏低，其中生态环境质量为Ⅰ类的土地面积仅有 3 万 hm²，约占西北旱区土地总面积的 0.01%，主要分布在新疆伊犁河流域、青海省的东部与甘肃省的交界处、陕西省的关中地区，以及甘肃省甘南自治州和陕西省的交界处。生态环境质量为Ⅱ类的土地面积有 1195 万 hm²，占西北旱区土地总面积的 3.02%，主要分布在青海省内黄河流域和青海湖附近、甘肃省东南部、陕北、宁夏回族自治区黄河流域和内蒙古自治区的东部边界处。环境质量为Ⅲ类的土地面积有 2588 万 hm²，占西北旱区土地总面积的 6.53%；环境质量为Ⅳ类和Ⅴ类的土地面积分别为 22801 万 hm² 和 13014 万 hm²，分别占西北旱区土地总面积的 57.578% 和 31.862%，说明西北旱区土壤环境质量总体较差（图 3 - 8）。

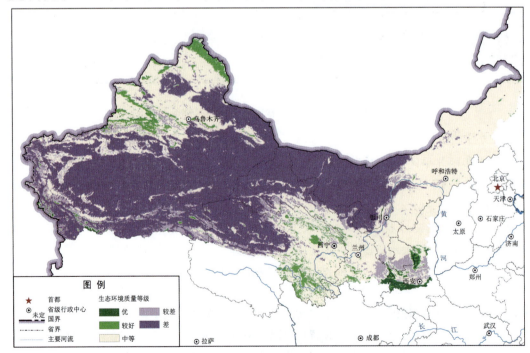

图 3 - 8　西北旱区生态环境质量空间分布图

5. 土地生产潜力

近年来西北旱区降水增加、气温升高，气候变化有利于促进植被生长发育。此外，随着国家对生态环境恢复的重视，退耕还林、退牧还草及植树造林使西北旱区的植被覆盖度不断增加。根据目前西北旱区农牧业发展情况，将西北旱区分为草原牧业区、农牧交错区、雨养农业区和灌溉农业区。4 类典型农业区的净初级生产力（NPP）表现为：雨养农业区＞农牧交错区＞草原牧业区＞灌溉农业区。雨养农业区主要分布在降水量为 $400\sim$550mm 的黄土高原，该区域光热资源丰富，有利于植被生长发育。灌溉农业区主要分布在降水为 $50\sim550$mm 的平原或盆地，包括河套平原、宁夏平原、河西走廊及新疆，该区域气候较为干旱，降水少且蒸发强烈，恶劣的自然环境限制了植被的生长发育，导致其 NPP 相对于其他 3 个功能区较低。新疆西南、新疆东北及新疆东南三区耕地生产潜力相比于全国水平（7614kg/hm²）较低，均小于 3000kg/hm²；河西内陆河流域和半干旱草原区潜力值为 $3000\sim9000$kg/hm²；新疆西北和黄河流域潜力值较高且呈明显下降趋势，黄河流域潜力值为 15000kg/hm² 左右；柴达木盆地潜力值为 22000kg/hm² 左右（图 3-9）。

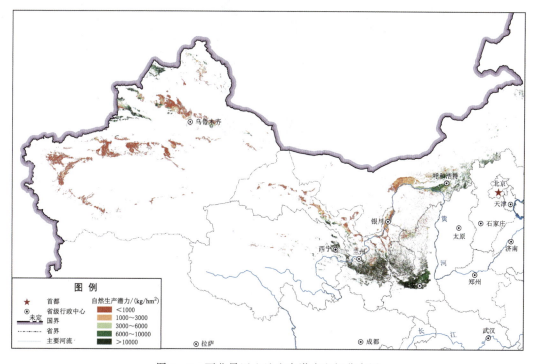

图 3-9　西北旱区土地生产潜力空间分布图

3.1.2　社会经济

经过改革开放 40 多年的发展，旱区社会经济发展水平明显提升，旱区社会发展总体呈现积极向好态势。但受水资源短缺等因素的制约，与我国其他地区相比，西北旱区的社会经济发展水平相对较为缓慢，仍具有很大的提升空间。

1. 社会经济发展现状

受国际关系、国内经济环境和新冠疫情的影响，我国旱区经济社会发展表现出经济增速放缓、区域间差距扩大和经济波动增强等特点：①整体经济增速放缓，2020年中国统计年鉴显示，西北旱区6省区GDP累计73282.4亿元，平均增速仅为2.22%（图3-10）；②区域间差距扩大，2020年西北旱区各省区的GDP增速差距有所扩大，增速极差为3.7%，其中宁夏经济增速最高为4.6%、内蒙古经济增速最低仅为0.9%；③经济波动增强（表3-1），2015年西北旱区平均经济增长速度仅为1.86%，远低于全国平均增速7.04%；2017年西北旱区经济增速高达9.36%，远高于全国平均水平6.95%，表现出经济波动增强的特点。

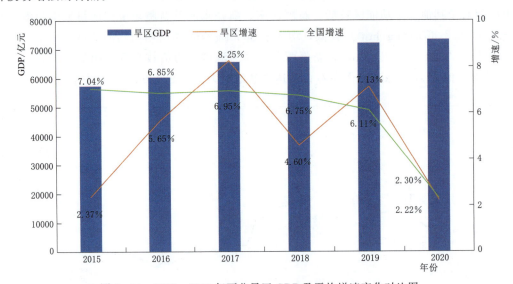

图3-10　2015—2020年西北旱区GDP及平均增速变化对比图

表3-1　　　　　　　　　　2015—2020年西北旱区各省区GDP总量和增速

地区	指标	2015年	2016年	2017年	2018年	2019年	2020年
新疆	GDP总量/亿元	9324.8	9617.2	10920.0	12809.4	13597.0	13797.6
	增速/%	0.6	3.1	13.6	—	6.2	1.5
甘肃	GDP总量/亿元	6790.3	7152.0	7677.0	8104.1	8718.0	9016.7
	增速/%	0.7	5.3	7.3	—	7.6	3.4
陕西	GDP总量/亿元	18021.9	19165.4	21898.8	23941.8	25793.0	26181.9
	增速/%	1.9	6.4	14.3	—	7.7	1.5
宁夏	GDP总量/亿元	2911	3150.1	3453.9	3510.2	3748.0	3920.5
	增速/%	5.8	8.2	9.6	—	6.8	4.6
青海	GDP总量/亿元	2417.1	2572.5	2642.8	2748.0	2965.0	3005.9
	增速/%	4.9	6.4	2.7	—	7.9	1.4
内蒙古	GDP总量/亿元	17831.5	18632.6	19000.0	16140.7	1725.0	17359.8
	增速/%	0.3	4.5	2.0	—	6.6	0.9

2. 居民收入与城镇化

经过改革开放 40 多年的发展，社会生产力水平明显提升，居民收入水平提高、城乡差距缩小，城镇化水平进一步提高，并且居民的医疗、卫生和自然环境条件有了明显改善，就业持续稳定，社会发展总体呈现积极向好态势。然而旱区内部发展并不均衡，自东部地区向西部地区，居民收入、城镇化水平逐渐降低，部分省区城乡差异突出。

(1) 居民收入与消费状况。

1) 整体而言。一是西北旱区城乡居民收入保持稳定增长态势，城乡差距缩小。2020年，西北旱区居民人均可支配收入约为 25527.6 元，同比增幅 4.7%。从人均可支配收入看，6 个省区都位于 20000～35000 元之间，增速普遍高于当年 GDP 增速。其中城镇居民人均可支配收入为 36720.22 元，相比 2019 年提高了约 3%，乡村居民人均可支配收入为13634.64 元，相比 2019 年增加了 7.8%。乡村居民收入的增长快于城镇居民，但仍低于全国平均水平。从增速上看，排在第一位的省区是陕西，并且除陕西之外，其他各省增速均小于 10%（图 3-11）。从人均可支配收入看，居民人均可支配收入稳定增长，经济新常态下的收入变动幅度较小。二是消费支出有一定程度的下降。特别是在 2020 年新冠肺炎疫情的冲击下，居民消费支出水平受到了更大的影响，人均消费支出为 17480.98 元，同比降幅约 2.6%。

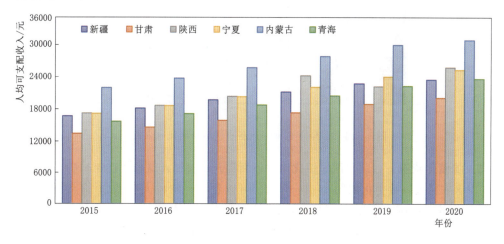

图 3-11　2015—2020 年西北旱区各省区人均可支配收入图

2) 分省区而言。一是西北旱区各省区间的收入水平和消费水平差异较小。二是各省区居民收入和消费水平均低于全国平均水平（图 3-12）。各省区经济发展较平衡，不同省区之间的居民人均可支配收入与居民人均消费支出相差不大，但均低于全国平均水平。三是西北旱区的城乡二元化特征突出（图 3-13）。从旱区各省区内部的城乡收入差距来看，西北旱区呈现出城乡二元分化的现象，具体表现为农村居民人均可支配收入相对较低。从图 3-13 来看，西部地区的一些省区（如甘肃、陕西），其城乡居民收入差距较大，不但高于旱区各省区的平均城乡收入差距水平，也高于全国平均城乡收入差距水平。其他地区如新疆、宁夏、内蒙古的城乡收入差距水平普遍低于旱区各省区的平均城乡收入差距水平，也低于全国平均城乡收入差距水平。

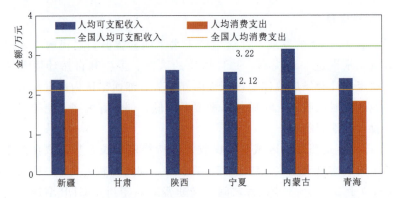

图 3-12　2020 年西北旱区各省区居民人均可支配收入和消费支出情况图

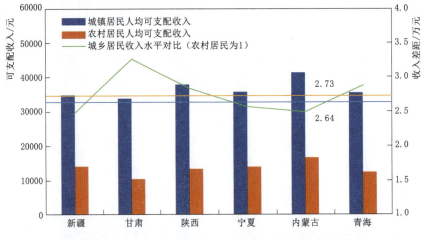

图 3-13　2020 年西北旱区各省区城乡居民收入差距

(2) 城镇化状况。西北旱区城镇化水平不断提升，农村人口总数逐年减少。2015—2020年西北旱区农村人口数变化如图 3-14 所示。可以看出，农村人口从 2015 年的 5766 万人减少至 2020 年的 5065 万人。农村人口占总人口比重也不断下降，2020 年西北旱区农村人口占比为 39.3%，高于全国 36.1% 的平均水平。旱区农村人口数量持续减少，相应地城镇化水平不断提高。

2020 年西北旱区各省区农村人口数量和占比如图 3-15 所示。可以看出，新疆和甘肃城镇化水平较低，陕西、宁夏和内蒙古城镇化水平相对较高。总体表现为：①新疆、甘肃的城镇化水平较低，农村人口占比较大，高于全国平均水平，而陕西、宁夏、内蒙古地区的城镇化水平与全国相当，农村人口占比略高于或低于全国平均水平；②西北旱区城镇化水平表现出从东向西依次递减的趋势，新疆、甘肃的城镇化水平依次低于内蒙古、宁夏和陕西等地区。

3. 农业生产与产业发展

(1) 西北旱区农业生产与产业发展特点。

1）特色农牧产业发展迅速，主要农产品生产稳定快速增长。西北旱区依托自身资源

图 3-14 2015—2020 年西北旱区农村人口数变化图

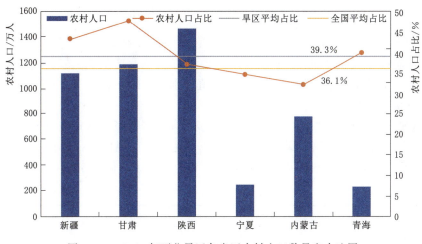

图 3-15 2020 年西北旱区各省区农村人口数量和占比图

禀赋，形成了一批优势特色主导产业。如新疆苹果、红枣和棉花、甘肃马铃薯、蔬菜和制种玉米、宁夏枸杞和滩羊、内蒙古牛羊肉和油料作物等特色农产品享誉国内外。小麦、玉米、蔬菜、水果、奶类、杂粮类、薯类、畜禽、中药材等主要农产品生产实现稳定增长，特色优势农产品增长超过全国平均。

2）旱作节水农业发展成效显著。地膜覆盖保墒、塘窖集雨补灌、扬水压砂补灌、座水点种等旱作节水技术模式逐渐成熟，膜下滴灌、微灌、喷灌、管灌等高效节水技术有效推广，保护性耕作、深松整地、双垄沟播等农机农艺结合方式应用，果—畜—沼、粮—畜—沼—肥、粮—畜—肥、草—畜—肥等循环农业模式逐步建立，种养一体化体系初步形成。

3）农作物育—繁—推一体化水平逐步提升。西北旱区玉米、小麦、油菜、马铃薯、蔬菜育种在我国种植业发展中占有极其重要的地位，农作物育种、繁育与推广呈现出品种选育水平逐步提升、供种能力不断增强、政策法规逐步健全、检测监管逐步改善的特征。

4）现代生态农业经营模式创新与区域示范成效显著。随着西北旱区农业现代生产要素的不断引入，专业化分工、标准化生产、社会化服务、产业化经营模式逐步推广，种养大户、合作社、家庭农场、龙头企业等新型经营主体加快发展，农业产业化经营水平不断提高。

（2）产业结构现状。农业是西北旱区的传统产业，2020 年西北旱区农业生产总值约为 13962.2 亿元，占当地产业总产值的 11.34%，远高于全国 7.7% 的平均水平，进一步凸显出农业在西北旱区经济发展中的基础性作用（图 3-16）。

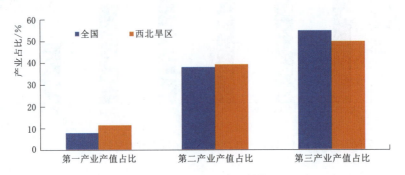

图 3-16　西北旱区产业结构图

种植业仍是西北旱区最大的农业产业，产值为 9452.7 亿元，比重为 65.36%，传统农耕依然是当地最主要的产业经营形态；其次为畜牧业，产值为 4571.9 亿元，占比为 31.61%；林业和渔业产业规模相对较小，产值分别为 327.2 亿元和 109.9 亿元，占比分别为 2.26% 和 0.76%。

分省区来看，陕西省种植业比重最大，达 72.96%，而畜牧业产业规模小，比重约为 23.22%。相比而言，青海和内蒙古地区畜牧业发达，产业规模大，比重分别为 59.08%、46.88%，但林业和渔业规模较小，在西北旱区农业产值中均低于 5%（表 3-2）。

表 3-2　　　　　　　　　　　　　　　西北旱区农业产业结构

地区	指标	种植业	林业	畜牧业	渔业	合计
新疆	产值/亿元	2936.3	66	1038.1	27.2	4067.6
	占比/%	72.19	1.62	25.52	0.67	100.00
甘肃	产值/亿元	1423.8	31.7	495.3	2	1952.8
	占比/%	72.91	1.62	25.36	0.10	100.00
陕西	产值/亿元	2807.1	116.9	893.4	30	3847.4
	占比/%	72.96	3.04	23.22	0.78	100.00
宁夏	产值/亿元	397.9	10.9	246.6	19	674.4
	占比/%	59.00	1.62	36.57	2.82	100.00
内蒙古	产值/亿元	1699	89.8	1603.4	27.8	3420
	占比/%	49.68	2.63	46.88	0.81	100.00
青海	产值/亿元	188.6	11.9	295.1	3.9	499.5
	占比/%	37.76	2.38	59.08	0.78	100.00
西北旱区	产值/亿元	9452.7	327.2	4571.9	109.9	14461.7
	占比/%	65.36	2.26	31.62	0.76	100.00

分产业而言，西北旱区第一产业产值占比均低于 20.0%（图 3-17）。各省区中，新疆的第一产业产值占比最高，为 14.4%；其次为甘肃和内蒙古，占比分别为 13.3% 和 11.7%。由于新冠疫情冲击，相比于 2019 年，第一产业产值占比有一定程度的上升。因农业生产效率较低，GDP 占比也较低，在早期的经济发展中并没有引起足够的重视，旱区第一产业相比第二、第三产业存在显著不足。在经济新常态下，面对疫情冲击，经济结构转型需要根据当地自然环境，适当调整产业结构，为经济增长提供新动能。

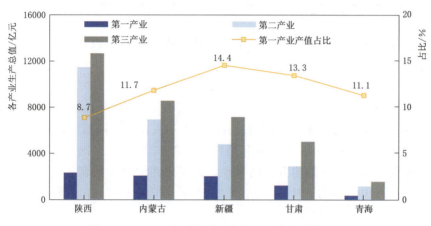

图 3-17　2020 年西北旱区各省区三类产业占比图

3.2　农林牧业发展现状

近年来，西北旱区大农业产业发展取得了显著成效，粮食、肉类、奶类、薯类等主要农产品产量稳步增长，农牧民收入持续提高，生态环境逐步改善。分析其农林牧产业格局特征对于了解西北旱区农林牧业生产的发展状况、推动农业现代化和产业升级、促进农村经济发展和乡村振兴、加强资源环境保护和可持续发展具有重要意义。

3.2.1　产业发展特征

2000—2020 年西北旱区农林牧产业产值占地区总产值结构概况见表 3-3。农林牧产业产值从 2000 年到 2020 年增长了 12414.92 亿元，是 2000 年的 6 倍多。然而，农林牧产值占地区总产值比重在不断下降，从 2000 年占比 30.65% 下降到了 2020 年的 19.65%，主要因为第二产业和第三产业近 21 年来发展迅速。

表 3-3　　　　2000—2020 年西北旱区农林牧产业产值占地区总产值结构概况

年　份	地区总产值/亿元	农 林 牧 产 业	
		产值/亿元	占比/%
2000	6318.3	1936.82	30.65
2005	12805.3	3178.12	24.82

续表

年　份	地区总产值/亿元	农 林 牧 产 业	
		产值/亿元	占比/%
2010	30064.9	6469.80	21.52
2015	51301.7	10109.35	19.71
2020	73018.6	14351.74	19.65

注　根据相关年份西北旱区各省《统计年鉴》。

2000—2020 年西北旱区农林畜牧产业结构概况见表 3-4。农业、林业和畜牧业比重以农业为主，农业产值比重占 65%左右。从产值增长分析来看，2000—2020 年，农业产值呈大幅度上升趋势，2005 年比 2000 年增长了 54.6%，2010 年比 2005 年增长了113.6%，2015 年比 2010 年增长了 57.4%，2020 年比 2015 年增长了 39.14%。林业产业在三产业中占比最少，比重仅为 3%左右，且近 21 年占比呈下降趋势，到 2020 年比重占2.28%，但林业产值从 2000 年到 2020 年增长了 252.23 亿元，是 2000 年的 3 倍多。畜牧业发展一直是西北旱区产业结构升级的重点，近年来西北旱区的畜牧业也有了较大的发展，畜牧业比重占 30%左右，从 2000 年到 2020 年增长了 4017.47 亿元，是 2000 年产值的 7 倍多。

表 3-4　　　　　　　　　2000—2020 年西北旱区农林畜牧产业结构概况

年份	农 业		林 业		畜 牧 业	
	产值/亿元	占比/%	产值/亿元	占比/%	产值/亿元	占比/%
2000	1307.55	67.51	74.95	3.87	554.32	28.62
2005	2020.91	63.59	103.3	3.25	1053.91	33.16
2010	4316.49	66.72	181.53	2.81	1971.78	30.48
2015	6793.78	67.20	281.3	2.78	3034.27	30.01
2020	9452.77	65.86	327.18	2.28	4571.79	31.86

注　根据相关年份西北旱区各省《统计年鉴》。

西北旱区农林牧产业发展呈现多产业协同发展态势（表 3-5）。与全国农林牧产业产值比较，2020 年西北旱区农林牧总产值占全国的 12.2%，其中农业产值占全国的 13.2%、林业产值占全国的 5.5%、畜牧业产值占全国的 11.4%，总体水平较低。西北旱区各省区农林牧产业结构也存在差异，2020 年全国和西北旱区 6 省区农林牧产业结构概况见表 3-5，西北旱区 6 省区农业、林业、畜牧业产值比重分别为 65.9%、2.3%、31.9%，与全国农林牧产值占比相比，农业产业占比高于全国。其中，宁夏和青海农林牧产业发展较缓慢，所占比重有限。就农业产业而言，陕西占比最大（73.54%），而新疆产值最多（2936.33 亿元）。林业产业中，占比及产值最大（分别为 3.06%、116.89 亿元）的为陕西。就畜牧业产业而言，青海畜牧业较本省其他产业发达，占比 59.55%，而内蒙古畜牧业产值最多，为 1603.36 亿元。

表 3-5 **2020 年全国和西北旱区 6 省区农林牧产业结构概况**

地区	农林牧业总产值/亿元	农 业		林 业		畜 牧 业	
		产值/亿元	占比/%	产值/亿元	占比/%	产值/亿元	占比/%
陕西	3817.31	2807.07	73.54	116.89	3.06	893.35	23.40
宁夏	655.42	397.91	60.71	10.92	1.67	246.59	37.62
甘肃	1950.87	1423.85	72.99	31.73	1.63	495.29	25.39
新疆	4040.41	2936.33	72.67	66.00	1.63	1038.08	25.69
青海	495.58	188.60	38.06	11.86	2.39	295.12	59.55
内蒙古	3392.15	1699.01	50.09	89.78	2.65	1603.36	47.27
西北旱区	14351.74	9452.77	65.86	327.18	2.28	4571.79	31.86
全国	117976.48	71748.23	60.82	5961.58	5.05	40266.67	34.13

（1）陕西省。2000—2020 年陕西省农林牧产业产值占地区总产值结构见表 3-6。其中 2020 年农林牧产业产值较 2000 年增长了 3355.92 亿元，是 2000 年的 7 倍多，而农林牧产值占地区总产值比重在不断下降，从 2000 年占比 25.58% 下降到了 2020 年的 14.67%，且 2000—2020 年陕西省农林牧总产值占地区总产值比重均低于西北旱区所占比重。

2000—2020 年陕西省农林牧产业结构见表 3-7。其中农业产值在农林牧总产值中占比最大，畜牧业次之，林业最少。2000—2020 年，陕西平均农业产值占比约为 71%，畜牧业产值占比约为 26%，林业产值占比约为 3%。从产值增长分析来看，2000—2020 年陕西农林牧产业产值均呈增长趋势，农业增长趋势较大，2005 年比 2000 年增长了 44.3%，2010 年比 2005 年增长了 132.8%，2015 年比 2010 年增长了 71.3%，2020 年比 2015 年增长了 48.9%。2020 年畜牧业产值较 2000 年增长了 786.96 亿元，是 2000 年的 7 倍多。2020 年林业产值从较 2020 年增长了 89.67 亿元，是 2000 年的 3 倍多。总体来看，陕西省农林牧产业显然是以农业为主，并与畜牧业和林业协同发展的结构。

表 3-6 **2000—2020 年陕西省农林牧产业产值占地区总产值结构**

年 份	地区总产值/亿元	农 林 牧	
		产值/亿元	占比/%
2000	1804	461.39	25.58
2005	3817.2	696.91	18.26
2010	9845.2	1580.43	16.05
2015	17898.8	2660.06	14.86
2020	26014.1	3817.31	14.67

注 根据相关年份陕西省《统计年鉴》。

表 3 - 7　　　　　　　　　2000—2020 年陕西省农林牧产业结构

年份	农 业		林 业		畜 牧 业	
	产值/亿元	占比/%	产值/亿元	占比/%	产值/亿元	占比/%
2000	327.78	71.04	27.22	5.90	106.39	23.06
2005	472.9	67.86	25.01	3.59	199	28.55
2010	1100.71	69.65	35.18	2.23	444.54	28.13
2015	1885.46	70.88	75.79	2.85	698.81	26.27
2020	2807.07	73.54	116.89	3.06	893.35	23.40

注　根据相关年份陕西省《统计年鉴》。

（2）宁夏回族自治区。2000—2020 年宁夏回族自治区农林牧产业产值占地区总产值结构见表 3 - 8。其中 2020 年农林牧产业产值较 2000 年增长了 579.57 亿元，是 2000 年的近 8 倍。而农林牧产值占地区总产值比重在不断下降，从 2000 年占比 25.71% 下降到了 2020 年的 16.57%，且 2000—2020 年宁夏回族自治区农林牧总产值占地区总产值比重均低于西北旱区所占比重。

表 3 - 8　　　　2000—2020 年宁夏回族自治区农林牧产业产值占地区总产值结构

年 份	地区总产值/亿元	农 林 牧	
		产值/亿元	占比/%
2000	295	75.85	25.71
2005	579.9	130.5	22.50
2010	1571.7	286.46	18.23
2015	2579.4	446.95	17.33
2020	3956.3	655.42	16.57

注　根据相关年份陕西省《统计年鉴》。

2000—2020 年宁夏回族自治区农林牧产业结构见表 3 - 9。其中农业产值在农林牧总产值中占比最大，畜牧业次之，林业最少。2000—2020 年，宁夏平均农业产值占比约为 63.5%，林业产值占比约为 3.1%，畜牧业产值占比约为 33.4%。从产值增长分析，2000—2020 年，宁夏农林牧产业产值均呈增长趋势，农业增长趋势较大，2005 年比 2000 年增长了 68.0%，2010 年比 2005 年增长了 143.3%，2015 年比 2010 年增长了 56.2%，2020 年比 2015 年增长了 32.6%。近年来，宁夏畜牧业稳步发展，无论是畜禽的饲养量还是畜牧业产品产量都呈现明显的上升趋势。截至 2020 年，宁夏畜牧业产值占比达到 37.62%，2020 年畜牧业产值较 2000 年增长了 220.84 亿元，是 2000 年的 8 倍多。林业近 21 年占比呈下降趋势，到 2020 年比重仅占 1.67%，但 2020 年林业产值较 2000 年增长了 7.81 亿元，是 2000 年的 2 倍多。总体来看，宁夏回族自治区农林牧产业显然是以农业为主，并与畜牧业和林业协同发展的结构。

表 3 - 9   2000—2020 年宁夏回族自治区农林牧产业结构

年份	农 业		林 业		畜 牧 业	
	产值/亿元	占比/%	产值/亿元	占比/%	产值/亿元	占比/%
2000	46.99	61.95	3.11	4.10	25.75	33.95
2005	78.94	60.49	5.56	4.26	46	35.25
2010	192.06	67.05	8.68	3.03	85.72	29.92
2015	300.04	67.13	11.63	2.60	135.28	30.27
2020	397.91	60.71	10.92	1.67	246.59	37.62

注 根据相关年份陕西省《统计年鉴》。

(3) 甘肃省。2000—2020 年甘肃省农林牧产业产值占地区总产值结构见表 3 - 10。其中 2020 年农林牧产业产值较 2000 年增长了 1629.03 亿元，是 2000 年的 5 倍多。而农林牧产值占地区总产值比重在不断下降，从 2000 年占比 30.57% 下降到了 2020 年的 21.73%，且 2000 年、2010 年和 2015 年甘肃省农林牧总产值占地区总产值比重略低于西北旱区所占比重，2005 年和 2020 年高于西北旱区所占比重。

表 3 - 10   2000—2020 年甘肃省农林牧产业产值占地区总产值结构

年 份	地区总产值/亿元	农 林 牧	
		产值/亿元	占比/%
2000	1052.90	321.84	30.57
2005	1864.60	507.90	27.24
2010	3943.70	792.46	20.09
2015	6556.60	1202.54	18.34
2020	8979.70	1950.87	21.73

注 根据相关年份陕西省《统计年鉴》。

2000—2020 年甘肃省农林牧产业结构见表 3 - 11。其中农业产值在农林牧总产值中占比最大，畜牧业次之，林业最少。2000—2020 年平均甘肃农业产值占比约 75.5%，畜牧业产值占比约 22%，林业产值占比约 2.5%。从产值增长分析，2000—2020 年甘肃农林牧产业产值均呈增长趋势，农业增长趋势较大，2005 年比 2000 年增长了 51.9%，2010 年比 2005 年增长了 73.3%，2015 年比 2010 年增长了 51.25%，2020 年比 2015 年增长了 49.7%。甘肃省是中国六大牧区之一，截至 2020 年，甘肃畜牧业产值占比达到 25.39%，2020 年牧业产值较 2000 年增长了 423.57 亿元，是 2000 年的近 6 倍。2000—2020 年林业占比呈下降趋势，到 2020 年比重仅占 1.63%，但 2020 年林业产值较 2000 年增长了 20.58 亿元，是 2000 年的近 2 倍。总之，甘肃省农林牧产业是以农业为主，并与畜牧业和林业协同发展的结构。

表 3 - 11   2000—2020 年甘肃省农林牧产业结构

年份	农 业		林 业		畜 牧 业	
	产值/亿元	占比/%	产值/亿元	占比/%	产值/亿元	占比/%
2000	238.97	74.25	11.15	3.46	71.72	22.28
2005	362.89	71.45	15.9	3.13	129.11	25.42
2010	628.88	79.36	22.06	2.78	141.52	17.86
2015	951.15	79.10	33.88	2.82	217.51	18.09
2020	1423.85	72.99	31.73	1.63	495.29	25.39

注　根据相关年份陕西省《统计年鉴》。

(4) 新疆维吾尔自治区。 2000—2020 年新疆维吾尔自治区农林牧产业产值占地区总产值结构见表 3 - 12。其中 2020 年农林牧产业产值较 2000 年增长了 3557.01 亿元，是 2000 年的 7 倍多。而农林牧产值占地区总产值比重在不断下降，从 2000 年占比 35.45% 下降到了 2020 年的 29.28%，且 2000—2020 年新疆农林牧总产值占地区总产值比重均高于西北旱区所占比重。

表 3 - 12   2000—2020 年新疆维吾尔自治区农林牧产业产值占地区总产值结构

年 份	地区总产值/亿元	农 林 牧	
		产值/亿元	占比/%
2000	1363.60	483.40	35.45
2005	2520.50	794.66	31.53
2010	5360.20	1812.82	33.82
2015	9306.90	2800.41	30.09
2020	13800.70	4040.41	29.28

注　根据相关年份陕西省《统计年鉴》。

2000—2020 年新疆维吾尔自治区农林牧产业结构见表 3 - 13。其中农业产值在农林牧总产值中占比最大，畜牧业次之，林业最少。2000—2020 年平均新疆农业产值占比约 74.2%，畜牧业产值占比约 24%，林业产值占比约 1.8%。从产值增长分析，2000—2020 年新疆农林牧产业产值均呈增长趋势，农业增长趋势较大，2005 年比 2000 年增长了 65.3%，2010 年比 2005 年增长了 132.7%，2015 年比 2010 年增长了 47%，2020 年比 2015 年增长了 44.1%。2020 年畜牧业产值从 2000 年到 2020 年增长了 923.57 亿元，是 2000 年的 8 倍多。林业产值增长幅度最小，从较 2000 年增长 57.65 亿元，是 2000 年的近 7 倍。总体来看，新疆农林牧产业明显是以农业为主，并与畜牧业和林业协同发展的结构。

表 3 - 13   2000—2020 年新疆维吾尔自治区农林牧产业结构

年份	农 业		林 业		畜 牧 业	
	产值/亿元	占比/%	产值/亿元	占比/%	产值/亿元	占比/%
2000	360.54	74.58	8.35	1.73	114.51	23.69
2005	595.85	74.98	15.29	1.92	183.52	23.09
2010	1386.67	76.49	35.27	1.95	390.88	21.56
2015	2037.59	72.76	53.15	1.90	709.67	25.34
2020	2936.33	72.67	66	1.63	1038.08	25.69

注　根据相关年份陕西省《统计年鉴》。

（5）青海省。2000—2020 年青海省农林牧产业产值占地区总产值结构见表 3 - 14。其中 2020 年农林牧产业产值较 2000 年增长了 438.67 亿元，是 2000 年的近 8 倍。而农林牧产值占地区总产值比重在不断下降，从 2000 年占比 21.58% 下降到了 2020 年的 16.47%，且 2000—2020 年青海省农林牧总产值占地区总产值比重均低于西北旱区所占比重。

表 3 - 14   2000—2020 年青海省农林牧产业产值占地区总产值结构

年 份	地区总产值/亿元	农 林 牧	
		产值/亿元	占比/%
2000	263.70	56.91	21.58
2005	499.40	89.89	18.00
2010	1144.20	197.29	17.24
2015	2011.00	310.80	15.45
2020	3009.80	495.58	16.47

注　根据相关年份陕西省《统计年鉴》。

2000—2020 年青海省农林牧产业结构见表 3 - 15。其中牧业产值在农林牧总产值中占比最大，农业次之，林业最少。2000—2020 年平均青海畜牧业产值占比约 55%，农业产值占比约 43.2%，林业产值占比约 2.3%。青海发展畜牧业具有一定的资源优势，青海草原面积广阔，拥有青藏高原数量最多的稀有牲畜品种及特色资源，无污染、无公害的客观环境为其畜牧业的发展奠定了坚实的基础。从产值增长分析来看，2000—2020 年青海农林牧产业产值均呈增长趋势，畜牧业增长趋势较大，2005 年比 2000 年增长了 69.6%，2010 年比 2005 年增长了 96.2%，2015 年比 2010 年增长了 56.1%，2020 年比 2015 年增长了 86.4%。2020 年农业产值较 2000 年增长了 163.69 亿元，是 2000 年的 6 倍多。2000—2020 年林业产值增长了 10.35 亿元，是 2000 年的近 7 倍。总体来看，青海省农林牧产业是以畜牧业为主，并与农业和林业协同发展的结构。

表 3－15　　　　　　　　　　2000—2020 年青海省农林牧产业结构

年份	农　业		林　业		畜　牧　业	
	产值/亿元	占比/%	产值/亿元	占比/%	产值/亿元	占比/%
2000	24.91	43.77	1.51	2.65	30.49	53.58
2005	36.44	40.54	1.75	1.95	51.7	57.51
2010	92.07	46.67	3.77	1.91	101.45	51.42
2015	145	46.65	7.43	2.39	158.37	50.96
2020	188.6	38.06	11.86	2.39	295.12	59.55

注　根据相关年份陕西省《统计年鉴》。

(6) 内蒙古自治区。2000—2020 年内蒙古自治区农林牧产业产值占地区总产值结构见表 3－16。其中 2020 年农林牧产业产值较 2000 年增长了 2854.72 亿元,是 2000 年的 5 倍多。而农林牧产值占地区总产值比重在不断下降,从 2000 年占比 34.92% 下降到了 2020 年的 19.66%,且 2000—2020 年内蒙古农林牧总产值占地区总产值比重均高于西北旱区所占比重。

表 3－16　　　　2000—2020 年内蒙古自治区农林牧产业产值占地区总产值结构

年　份	地区总产值/亿元	农　林　牧	
		产值/亿元	占比/%
2000	1539.10	537.43	34.92
2005	3523.70	958.26	27.19
2010	8199.90	1800.34	21.96
2015	12949.00	2688.59	20.76
2020	17258.00	3392.15	19.66

注　根据相关年份陕西省《统计年鉴》。

2000—2020 年内蒙古自治区农林牧产业结构见表 3－17。其中农业产值在农林牧总产值中占比最大,畜牧业次之,林业最少。2000—2020 年内蒙古平均农业产值占比约52.5%,畜牧业产值占比约 43.5%,林业产值占比约 4%。从产值增长分析来看,2000—2020 年内蒙古农林牧产业产值均呈增长趋势,农业增长趋势较大,2005 年比 2000 年增长了 53.7%,2010 年比 2005 年增长了 93.3%,2015 年比 2010 年增长了 61%,2020 年比2015 年增长了 15.2%。内蒙古牧区是我国最大的牧区,截至 2020 年,其畜牧业产值占比达到 47.27%,仅比农业产值占比少 2.82%,产值达到 1603.36 亿元,仅比农业产值少95.65 亿元。2020 年畜牧业产值较 2000 年增长了 1397.9 亿元,是 2000 年的近 7 倍。2000—2020 年林业占比呈下降趋势,到 2020 年比重仅占 2.65%,但 2020 年林业产值较2000 年增长了 66.17 亿元,是 2000 年的近 3 倍。总体来看,内蒙古农林牧产业是以农业和畜牧业为主,并与林业协同发展的结构。

表 3-17   2000—2020 年内蒙古自治区农林牧产业结构

年份	农 业		林 业		畜 牧 业	
	产值/亿元	占比/%	产值/亿元	占比/%	产值/亿元	占比/%
2000	308.36	57.38	23.61	4.39	205.46	38.23
2005	473.89	49.45	39.79	4.15	444.58	46.39
2010	916.1	50.88	76.57	4.25	807.67	44.86
2015	1474.54	54.84	99.42	3.70	1114.63	41.46
2020	1699.01	50.09	89.78	2.65	1603.36	47.27

注 根据相关年份陕西省《统计年鉴》。

3.2.2 农业发展现状

(1) 农业种植结构。 西北旱区特定的自然条件赋予了农产品独特的品质,经过多年发展,西北旱区已形成以谷物、小麦、玉米、豆类、薯类、甜菜为主要作物的粮食作物优产区,以及以棉花、油料、瓜果等为代表的特色优势经济作物产区。

分地区而言,新疆是西北旱区主要的小麦、棉花、麻类、甜菜和水果产地,播种面积分别占各类粮食与经济作物面积的 31.36%、99.31%、65.48%、32.48% 和 34.94%;甘肃是西北旱区主要的薯类作物产区,薯类作物播种面积占西北旱区薯类作物播种面积的 41.39%,此外甘肃也是重要的小麦和蔬菜产区,其播种面积占各类粮食与经济作物播种面积的比重均超过 20%;陕西是主要的蔬菜、茶叶和水果产地,其播种面积分别占各类粮食与经济作物面积的 32.17%、92.55% 和 44.41%,此外陕西也是谷类、稻谷、小麦和薯类作物的重要产区,播种面积分别占各类农业播种面积的 20.09%、27.82%、28.29% 和 24.81%;宁夏地区也是主要的稻谷产区之一,其稻谷播种面积占西北旱区稻谷总播种面积的 16.09%;内蒙古是谷类、稻谷、玉米、豆类、油料和甜菜产区,其播种面积分别占各类经济与粮食作物的 41.41%、42.59%、51.68%、77.00%、50.36% 和 65.59%,此外内蒙古也是重要的薯类作物产地,播种面积占西北旱区薯类作物播种面积的 20.20%[1] (表 3-18)。

表 3-18   2020 年西北旱区主要农作物播种面积

作物品种	指标	新疆	甘肃	陕西	宁夏	内蒙古	青海	西北旱区
农作物总播种面积	产量/×10³hm²	6380	3931.8	4160.8	1174.2	8882.8	571.4	25101
	比重/%	25.42	15.66	16.58	4.68	35.39	2.28	100.00
粮食作物播种面积	产量/×10³hm²	2230.2	2638.3	3001	679.2	6833.2	290	15671.9
	比重/%	14.23	16.83	19.15	4.33	43.60	1.85	100.00
谷类	产量/×10³hm²	2177.2	1899.8	2468.3	571.4	5172	201.6	12490.3
	比重/%	17.43	15.21	19.76	4.57	41.41	1.61	100.00
稻谷	产量/×10³hm²	47.6	3.4	105.1	60.8	160.9	—	377.8
	比重/%	12.60	0.90	27.82	16.09	42.59	—	100.00

续表

作物品种	指标	新疆	甘肃	陕西	宁夏	内蒙古	青海	西北旱区
小麦	产量/×10³hm²	1069	708.7	964.2	92.9	479	94.8	3408.6
	比重/%	31.36	20.79	28.29	2.73	14.05	2.78	100.00
玉米	产量/×10³hm²	1051.1	1000.8	1179.4	322.7	3823.9	21.4	7399.3
	比重/%	14.21	13.53	15.94	4.36	51.68	0.29	100.00
豆类	产量/×10³hm²	32.7	163.8	188.3	12.7	1380.7	14.9	1793.1
	比重/%	1.82	9.14	10.50	0.71	77.00	0.83	100.00
薯类	产量/×10³hm²	20.3	574.7	344.5	95.1	280.5	73.5	1388.6
	比重/%	1.46	41.39	24.81	6.85	20.20	5.29	100.00
棉花	产量/×10³hm²	2501.9	16.6	0.7	—	0.1	—	2519.3
	比重/%	99.31	0.66	0.03	—	0.00	—	100.00
油料	产量/×10³hm²	177.2	276.1	266.7	33	909.5	143.6	1806.1
	比重/%	9.81	15.29	14.77	1.83	50.36	7.95	100.00
麻类	产量/×10³hm²	5.5	1.6	0.4	—	0.9	—	8.4
	比重/%	65.48	19.05	4.76	—	10.71	—	100.00
甜菜	产量/×10³hm²	62.3	3.5	0.2	—	125.8	—	191.8
	比重/%	32.48	1.82	0.10	—	65.59	—	100.00
蔬菜	产量/×10³hm²	323.2	401.8	522.5	135.2	197.7	43.6	1624
	比重/%	19.90	24.74	32.17	8.33	12.17	2.68	100.00
茶叶	产量/×10³hm²	—	12.3	152.7	—	—	—	165
	比重/%	—	7.45	92.55	—	—	—	100.00
水果	产量/×10³hm²	908.2	326.7	1154.5	104.7	98.3	7.2	2599.6
	比重/%	34.94	12.57	44.41	4.03	3.78	0.28	100.00

　注　资料来源于《中国统计年鉴》。

（2）主要农产品产量。 西北旱区是我国重要的农业生产基地，主要农产品包括粮食、谷物、稻谷、小麦、玉米、豆类、薯类、棉花、油料、甜菜、水果、苹果、柑橘、梨、葡萄等。西北旱区以约占全国 10％的水资源量和 15％的粮食种植面积生产全国 12％的粮食，西北旱区的粮食生产对国家粮食安全具有重要意义。新疆是我国最重要的棉花生产区之一，棉花播种面积连续 26 年全国排名第一，2020 年新疆棉花产量为 516.1 万 t，约占全国棉花总产量的 90％[2]（表 3-19）。

表 3-19　　　　　　　　　**2020 年西北旱区主要农产品产量**

作物品种	指标	新疆	甘肃	陕西	宁夏	内蒙古	青海	西北旱区
粮食	产量/万 t	1583.4	1202.2	1274.8	380.5	3664.1	107.4	8212.4
	比重/%	19.28	14.64	15.52	4.63	44.62	1.31	100.00
谷物	产量/万 t	1557.4	942.2	1150	337.3	3281.6	72.1	7340.6
	比重/%	21.22	12.84	15.67	4.59	44.70	0.98	100.00

续表

作物品种	指标	新疆	甘肃	陕西	宁夏	内蒙古	青海	西北旱区
稻谷	产量/万 t	41.9	1.7	80.8	49.9	123.1	—	297.4
	比重/%	14.09	0.57	27.17	16.78	41.39	—	100.00
小麦	产量/万 t	582.1	168.9	413.2	27.8	170.8	37.6	1400.4
	比重/%	41.57	12.06	29.51	1.99	12.20	2.68	100.00
玉米	产量/万 t	928.4	616.8	620.2	249.1	2742.7	14.8	5172
	比重/%	17.95	11.93	11.99	4.82	53.03	0.29	100.00
豆类	产量/万 t	10.2	37.2	28.3	1.7	256.4	3.5	337.3
	比重/%	3.02	11.03	8.39	0.50	76.02	1.04	100.00
薯类	产量/万 t	15.8	222.8	96.5	41.5	126.1	31.8	534.5
	比重/%	2.96	41.68	18.05	7.76	23.59	5.95	100.00
棉花	产量/万 t	516.1	3	0.1	—	—	—	519.2
	比重/%	99.40	0.58	0.02	—	—	—	100.00
油料	产量/万 t	54.9	61.4	59.1	6.7	217.3	30.2	429.6
	比重/%	12.78	14.29	13.76	1.56	50.58	7.03	100.00
甜菜	产量/万 t	462.2	22.4	—	—	620.2		1104.8
	比重/%	41.84	2.03	—	—	56.14		100.00
水果	产量/万 t	1660.4	779	2070.6	204.5	238.7	2.9	4956.1
	比重/%	33.50	15.72	41.78	4.13	4.82	0.06	100.00
苹果	产量/万 t	184	386	1185.2	21.1	25.8	0.4	1802.5
	比重/%	10.21	21.41	65.75	1.17	1.43	0.02	100.00
柑橘	产量/万 t	—	0.1	51.9	—	—	—	52
	比重/%	—	0.19	99.81	—	—	—	100.00
梨	产量/万 t	154.5	23.9	104.3	0.5	5.1	0.5	288.8
	比重/%	53.50	8.28	36.11	0.17	1.77	0.17	100.00
葡萄	产量/万 t	305.6	27.1	80.7	10.8	5		429.2
	比重/%	71.20	6.31	18.80	2.52	1.16	—	100.00

注　资料来源于《中国统计年鉴》。

3.2.3　畜牧业发展现状

经过多年的发展，我国牧区总土地面积为 442.36 万 km²，占国土面积的 46.1%。依托独特的区位资源禀赋，西北旱区各省区形成了优势特色畜牧产业。

(1) 我国牧区范围与分区。按照国家有关部门划定的牧区范围，包括河北、山西、内蒙古、辽宁、吉林、黑龙江、陕西、甘肃、宁夏、青海、新疆、四川、云南、西藏等 14 个省区及新疆生产建设兵团的 167 个畜牧业和 255 个半农半牧业县（市、旗、团、场）的纯牧区，地理位置在东经 73°40′～133°30′、北纬 25°35′～53°20′之间。自东部黑龙江三江平原的同江县至西部新疆克孜勒苏柯尔克孜自治州的阿克陶县，东西长 5000 余 km；从北部内蒙古呼伦贝尔市的鄂温克旗到南部云南的禄劝县，南北宽约 3200km。规划区草原面积约 40.57 亿亩，占全国草原面积的 67.6%。牧区国界线长达 11000 余 km，分别与俄罗斯、蒙古、哈萨克斯坦、吉尔吉斯斯坦、塔吉克斯坦、阿富汗、巴基斯坦、印度、尼泊尔、不丹、锡金等 11 个国家接壤[3]。

根据各地自然地理特征、草原类型和水土资源条件，将全国牧区划分为东北牧区、内蒙古高原牧区、蒙甘宁牧区、川滇牧区、新疆牧区和青藏高原牧区 6 个大区（图 3-18）。

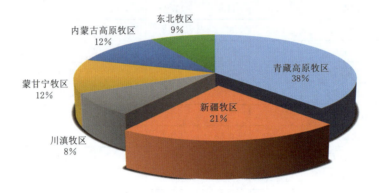

图 3-18　我国牧区分区情况

1）东北牧区。该区包括黑、吉、辽 3 省牧区及内蒙古东部牧区，分属松花江、额尔古纳河和辽河流域。草原类型属草甸和典型草原类。区内分布有呼伦贝尔沙地和科尔沁沙地，总土地面积 37.40 万 km^2。

2）内蒙古高原牧区。该区包括河北、山西和内蒙古中部牧区，分属海河、黄河流域和内蒙古内陆区。草原类型以典型草原为主，少部分属荒漠草原。区内分布有浑善达克、毛乌素、乌珠穆沁沙地和库布齐沙漠，总土地面积 50.67 万 km^2。

3）蒙甘宁牧区。该区包括内蒙古西部的阿拉善盟、甘肃的河西和陇东以及宁夏、陕西牧区，分属黄河流域和河西内陆区。草原类型以荒漠草原和荒漠为主。区内分布有巴丹吉林、腾格里、巴音温都尔、乌兰布和四大沙漠，总土地面积 53.97 万 km^2。

4）川滇牧区。该区包括四川、云南两省牧区，主要属长江及西南诸河流域。草原类型以草甸草原、典型草原、山地灌草丛为主。总土地面积 37.07 万 km^2。

5）新疆牧区。该区包括新疆维吾尔自治区及新疆生产建设兵团牧区，分属内陆河和额尔齐斯河、伊犁河流域。草原类型以草甸草原、典型草原和荒漠为主。区内分布塔克拉玛干和古尔班通古特沙漠，总土地面积 94.77 万 km^2。

6）青藏高原牧区。该区包括青海、西藏及甘肃南部牧区，分属长江、黄河、西南诸河和内陆河流域。草原类型以草甸草原、典型草原、荒漠为主。总土地面积 168.48 万 km^2。

（2）牧区草地资源与承载力。根据各类草原产草量统计，牧区可利用草原的可食牧草总产量（折合干草，下同）为 1020 亿 kg。据统计，牧区每个羊单位平均日食干草 2kg，牧区天然草原适宜载畜量为 13961.43 万羊单位。其中西北旱区的内蒙古适宜载蓄量为 2443.81 万羊单位，新疆地方为 1662.88 万羊单位，新疆生产建设兵团为 171.81 万羊单位，青海为2370.67万羊单位，甘肃为751.53万羊单位，陕西为187.39万羊单位，宁夏为97.09万羊单位（表3-20）。

表3-20   **牧区草地资源现状表**

地区	草甸草原		典型草原		荒漠草原		草原化荒漠		荒漠		适宜载畜量/万羊单位
	总面积/亿亩	可利用面积/亿亩	总面积/亿亩	可利用面积/亿亩	总面积/亿亩	可利用面积/亿亩	总面积/亿亩	可利用面积/亿亩	总面积/亿亩	可利用面积/亿亩	
全国	6.0679	4.9345	9.1142	8.0202	11.7908	10.0848	1.6094	1.3634	6.2604	4.2163	13961.43
内蒙古	1.2301	1.1135	3.7776	3.3707	1.251	1.1289	0.7909	0.7069	2.5322	1.4077	2443.81
新疆地方	0.2138	0.1968	1.1309	1.0354	0.7631	0.6981	0.5112	0.4435	3.2481	2.4248	1662.88
新疆生产建设兵团	0.0062	0.0057	0.0359	0.032	0.1259	0.1118	0.034	0.0266	0.1069	0.0949	171.81
青海	0.0494	0.0467	0.0043	0.0031	7.5011	6.4629	0.001	0	0.0561	0.0305	2370.67
甘肃	0.6771	0.6227	0.0741	0.0667	0.3993	0.2482	0.1199	0.0887	0.2314	0.2045	751.53
陕西	0.0003	0.0003	0.0866	0.0858	0.2461	0.2438	0	0	0	0	187.39
宁夏	0.0005	0.0002	0.0257	0.0218	0.1122	0.0966	0.0357	0.0307	0.0449	0.036	97.09

（3）西北旱区畜牧业产量。 西北旱区地处农牧交错带，其中新疆地区、内蒙古地区、宁夏地区和陕北是我国重要的牧区，各类肉、蛋、奶、毛、禽等都得到了较为均衡的发展。2020年西北旱区畜牧业规模见表3-21。一是陕西是西北最主要的猪肉产区，2020年陕西猪肉产量规模占全区猪肉产量的33.23%，是西北旱区最主要的猪肉产区，其次甘肃的猪肉产量也占据重要地位，年猪肉产量占西北旱区猪肉产量的21.04%；二是内蒙古是最主要的牛、羊、奶和绵羊毛产区，其牛、羊、奶和绵羊毛产量规模分别占全区牛、羊、奶产量的42.69%、51.74%、49.04%和49.49%，同时内蒙古也是重要的猪肉和禽蛋产区，产量占比分别为26.26%和30.43%；三是新疆是西北旱区重要的牛肉、羊肉和绵羊毛和禽蛋产区，产量规模分别占各类畜牧产业规模的28.33%、26.10%、31.40%和20.25%。

表3-21   **2020年西北旱区畜牧业规模**

地区	猪肉		牛肉		羊肉		奶类		绵羊毛		禽蛋	
	产量/万t	比重/%	产量/万t	比重/%	产量/万t	比重/%	产量/万t	比重/%	产量/万t	比重/%	产量/万t	比重/%
新疆	37.5	16.04	44	28.33	57	26.10	206.9	16.42	74305.8	31.40	40.2	20.25
甘肃	49.2	21.04	24.9	16.03	27.6	12.64	58.4	4.63	33756.8	14.26	19.8	9.97
陕西	77.7	33.23	8.7	5.60	9.7	4.44	161.5	12.82	3050.7	1.29	64.2	32.34
宁夏	8	3.42	11.4	7.34	11.1	5.08	215.3	17.09	8429.8	3.56	13.9	7.00
内蒙古	61.4	26.26	66.3	42.69	113	51.74	617.9	49.04	117124.8	49.49	60.4	30.43
西北旱区	233.8	100	155.3	100	218.4	100	1260	100	236667.9	100	198.5	100

3.2.4 林果业发展现状

西北旱区林果业是我国重要的生态建设和经济发展产业，其依托自身资源禀赋，形成了一批优势特色主导产业。西北旱区的林果业以苹果、枸杞、核桃、葡萄、杏、梨、桃、石榴、柿子、枣等为主要品种，以生态优势、品质优势、区位优势、文化优势、资源优势等为特色，形成了较强的市场竞争力和价值。

(1) 陕西林果业。 根据 2021 年的统计数据，陕西省的园林水果面积为 1754.55 万亩，产量为 1896.46 万 t。陕西省的林果业主要包括苹果、梨、桃、猕猴桃、葡萄、柑橘、枣等。其中苹果是全省果业的龙头，产量占全省水果总产量的 65.5%，猕猴桃占 6.82%，枣占 6.28%，梨占 5.51%，葡萄占 4.49%，桃占 4.16%，柑橘占 2.86%，柿子占 1.55%，樱桃占 0.77%，杏占 0.73%，石榴占 0.35%。陕西省果品主产区主要分布在陕北、陕南和关中地区。陕西省 2021 年的果业增加值为 660.0 亿元，比上年增加 70 亿元，可比价增长 5.5%。鲜苹果出口数量为 3.72 万 t，出口金额为 3983.96 万美元；浓缩苹果汁出口数量为 7.40 万 t，出口金额为 7458.09 万美元[4]（图 3-19、图 3-20）。

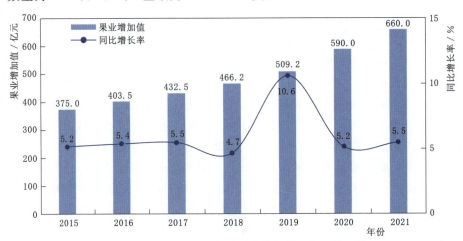

图 3-19　2015—2021 年陕西省果业增加值及增速图

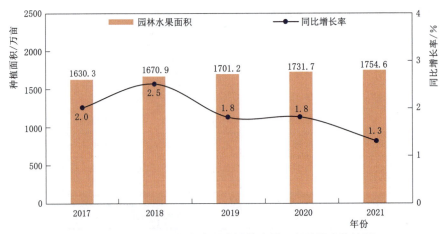

图 3-20　2015—2021 年陕西省园林水果面积及增速统计图

（2）甘肃林果业。 2020 年，甘肃园林水果总产量为 481.07 万 t，其中苹果种植面积为 372.84 万亩，产量为 385.98 万 t，占甘肃园林水果总产量的 80.23%。近 20 年来，甘肃苹果产值年均增长 10.27 亿元，增速 39.84%，苹果已成为主产区农民收入的最主要来源，已形成了一批苹果专业化生产乡、村，绝大多数果园亩收入都在 1 万元以上，如静宁、庄浪等县更是创下了苹果亩产收入超过 3.5 万元，甚至高达 5 万元的高效典型记录，苹果产业对当地经济的贡献重大。甘肃省采取示范项目带动、培育新型经营主体、创建特色品牌、优化产业布局、促进一二三产业融合发展等举措，推进林果业发展。截至 2020 年底，甘肃经济林果和木本油料栽植面积达 157.33hm²，实现产值 490 亿元[5]。

（3）宁夏林果业。 2020 年，宁夏回族自治区园林水果种植面积为 157.04 万亩，产值达到了 128.5 亿元。宁夏全区枸杞标准化基地面积 35 万亩，鲜果年产量 26 万 t，综合产值 191 亿元，良种使用率 95% 以上，统防统治率达 70% 以上，加工转化率 25%，平均年出口枸杞 5000t 左右，创汇 6000 万美元以上，产品远销欧美等 40 多个国家和地区，干果、酒类、功能性食品和中药饮片等枸杞及其衍生制品达 10 大类 60 余种。2018 年"宁夏枸杞""中宁枸杞"双双被评为全国消费者最喜爱的 100 种优质农产品，"中宁枸杞"品牌价值达 172.88 亿元；2019 年"宁夏枸杞"连续 2 年稳居全国优质农产品区域公用品牌中药材排行榜第 2 位。仅 2020 年安排原州区、海原县、红寺堡区、同心县、盐池县 5 个贫困县（区）枸杞产业发展资金 2650 万元，比 2019 年多拨付枸杞产业发展资金 600 万元，安排发展资金增长 29.3%；争取中国绿化基金会"幸福家国—西部绿化行动"扶贫项目资金 770 万元助力全区枸杞产业扶贫，用于在中宁县大战场乡等种植枸杞 6511 亩；在贫困乡镇建立枸杞生产种植预测预报点 30 个，配备预测预报员 26 个，枸杞产业已经成为促进宁夏贫困地区脱贫致富的重要产业之一[6]。

（4）新疆林果业。 新疆林果业以杏、核桃、苹果、香梨、葡萄、红枣、石榴、巴旦木等为代表，是新疆农业经济发展四大支柱产业之一。新疆林果业种植面积超 2000 万亩，年产量达 845.8 万 t，产值达 522.92 亿元。果农人均林果纯收入突破 6100 元，占总收入的 44.7%。新疆林果业的主要市场是中亚和西亚国家，如哈萨克斯坦、也门、波兰、克罗地亚等。新疆内地市场上，林果业的销售额占据了全国的 1/3。新疆林果业对农民增收起到重要的作用，是新疆优势突出、特色鲜明、市场前景广阔的产业，已成为优化农村产业结构的重点、加速农村经济发展的热点、促进农民持续增收的亮点、推进新农村建设的着力点。近年来，新疆林果业坚持绿色化、优质化、特色化、品牌化发展方向，以农业供给侧结构性改革为主线，建设环塔里木盆地核桃、红枣、巴旦木、杏、香梨、苹果主产区产业板块，吐哈盆地葡萄产业板块，伊犁河谷和天山北坡葡萄、枸杞、小浆果、时令水果、设施林果产业板块，推进林果业产、加、销一体化发展，构建现代果业产业体系、生产体系和经营体系[7]（图 3 - 21）。

（5）青海林果业。 2020 年，青海省林地总面积 1096 万 hm²，占全省国土面积的 15.3%。森林面积 452 万 hm²，森林覆盖率达到 6.3%，较 2010 年增加 1.07%，东部地区达到 35.29%。天然林资源管护面积 367.8 万 hm²，国家级公益林管护面积 496 万 hm²。现有森林公园 23 处、总面积 54 万 hm²，其中国家级森林公园 7 处、面积 29 万 hm²，省级森林公园 16 处、面积 25 万 hm²。国家级良种基地 4 个、面积 0.11 万 hm²。全省枸杞

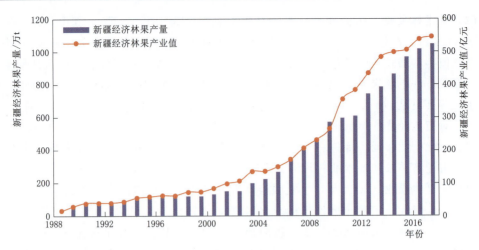

图 3-21　1988—2017 年新疆经济林果产量与产值图

种植面积 3.62 万 hm²，干果产量 5.83 万 t；沙棘 16 万 hm²，可采果利用面积 6.6 万 hm²；核桃 1.55 万 hm²，年产量 1388t；大果樱桃 0.17 万 hm²、树莓 0.38 万 hm²，林业年产值 42 亿元以上[8]。

3.2.5　大农业产业格局

经过多年的发展，西北旱区农林牧产业取得了很大的发展，农林牧产品极大丰富。近年来，陕西、宁夏、甘肃、新疆、青海和内蒙古都加大了对农林牧等产业的扶持，如《西北旱区农牧业可持续发展规划（2016—2020 年)》《陕西省"十四五"新型农业经营主体和服务主体高质量发展规划》《甘肃省"十四五"推进农业农村现代化规划》《"十四五"内蒙古自治区种植业发展规划》等扶持政策。

从全国层面来看，西北旱区农林牧渔业 2020 年总产值为 14651.3 亿元，占全国的 10.63%。分产业来看，一是种植业占比略高，占西北旱区农业总产值的 63.23%，占全国种植业总产值的 12.91%；二是林业、畜牧业、渔业占比均较低，分别为全国的 5.29%、10.62% 和 0.83%（表 3-22）。

表 3-22　　　　　　　　　　2020 年西北旱区农业各产业在全国的地位

地区	农业		种植业		林业		畜牧业		渔业	
	产值/亿元	比重/%	产值/亿元	比重/%	产值/亿元	比重/%	产值/亿元	比重/%	产值/亿元	比重/%
新疆	4315.6	3.13	2936.3	4.09	66	1.11	1038.1	2.58	27.2	0.21
甘肃	2103.6	1.53	1423.8	1.98	31.7	0.53	495.3	1.23	2	0.02
陕西	4056.6	2.94	2807.1	3.91	116.9	1.96	893.4	2.22	30	0.23
宁夏	703.1	0.51	397.9	0.55	10.9	0.18	246.6	0.61	19	0.15
内蒙古	3472.4	2.52	1699	2.37	89.8	1.51	1603.4	3.98	27.8	0.22
西北旱区	14651.3	10.63	9264.1	12.91	315.3	5.29	4276.8	10.62	106	0.83
全国	137782.2	100	71748.2	100	5961.6	100	40266.7	100	12775.9	100

从西北旱区及陕西层面来看，一是陕西地区种植业、林业和畜牧业均存在相对优势。陕西的种植业、林业和畜牧业产值分别为2807.1亿元、116.9亿元、893.4亿元，分别占西北旱区种植业、林业和畜牧业总产值的30.30%、37.08%和20.89%。二是新疆地区在种植业和畜牧业有相对优势。新疆地区的种植业和畜牧业产值分别为2936.3亿元、1038.1亿元，分别占西北旱区种植业和畜牧业总产值的31.70%和24.27%。三是内蒙古地区在畜牧业有相对优势。内蒙古地区的畜牧业产值为1603.4亿元，占西北旱区畜牧业总产值的37.49%。四是甘肃和宁夏的农业产业规模较小，仅占西北旱区的14.36%和4.80%（表3-23）。

表3-23　　　　　　　　　　2020年西北旱区农业产业的地区格局　　　　　　　　　　　%

地区	农业	种植业	林业	畜牧业	渔业
新疆	29.46	31.70	20.93	24.27	25.66
甘肃	14.36	15.37	10.05	11.58	1.89
陕西	27.69	30.30	37.08	20.89	28.30
宁夏	4.80	4.30	3.46	5.77	17.92
内蒙古	23.70	18.34	28.48	37.49	26.23

3.3　存在的问题与面临的挑战

虽然西北旱区农林牧等产业得到了有效发展，但也面临诸多问题。因此，需要厘清西北旱区现代生态农业发展存在问题，为进一步提升西北旱区农业发展的经济、社会和生态效应提供参考。

3.3.1　农业发展存在的问题

本研究从西北旱区典型地区农业发展的自然条件、社会经济条件等角度切入分析，并对代表性区域的农业发展特点和共性问题及面临的挑战进行系统梳理与分析。

1. 河西走廊地区农业发展存在的问题

（1）气象灾害频繁。河西地区降水量少，植被稀疏，蒸发强烈，水土流失严重，生态环境脆弱，土地荒漠化程度有恶化的趋势。20世纪70年代祁连山地表水总量是80亿 m^3以上，90年代地表水却不到70亿 m^3。由于地表水较少，加上水资源开发利用不当，过量开采地下水，修建水库，提水灌溉，导致天然水系逐渐遭到破坏、地下水资源逐年减少、地下水位持续下降、天然植物大片枯死、荒漠化面积逐渐扩大。21世纪以来，由于天然林保护、黑河流域治理等工程的实施，下游额济纳生态逐步改善，湿地开始恢复，河西走廊地区生态也得到保护和改善，沙尘暴及荒漠化有所缓减，但问题依然严峻，这是未来发展现代化农业必须要解决的问题[9]。

（2）水资源短缺。水作为自然资源，是影响绿洲生态环境的核心因素，是河西走廊地区生态、经济、社会可持续发展的支持性资源。20世纪80年代，随着经济社会的发展，用水量日渐增长，水资源供需矛盾日益突出，相对承载能力持续降低。以灌溉农业为主的农业经济不断发展，河西走廊各个地区对于水资源的需求逐年增加，水资源逐渐成为制约地区经济发展的瓶颈。各地方出于地方利益的考虑，在缺乏宏观指导的情况下纷纷修建水库，争夺水资源。在这场水资源的争夺中，处于流域上中游的地方由于先天的优势得以依靠水库储存更多的水资源，而盲目的储存则直接导致了下游的断流。以石羊河为例，石羊河的上中游修建了大大小小数十个水库，直接导致 2004 年位于下游的民勤地区的红崖山水库断流，整个民勤地区陷入水资源匮乏的生态危机。水资源总量不足和水资源利用不合理问题始终影响着河西走廊地区生态农业发展的各个方面，特别是近年来由于全球气候变化，祁连山冰川资源迅速减少，三大内陆河流量进一步减少，将使这一问题更加尖锐。

(3) 植被退化。在河西走廊区域中张掖市是植被退化最为严重地区，张掖市共有森林面积约 44.93 万 hm²，草原面积为 254.65 万 hm²，森林覆盖率为 11.07%。南部祁连山地是天然林集中分布区域，是张掖绿洲水源涵养的主要基地。中部绿洲多为人工林，是绿洲的生态屏障。西北部荒漠地带是草地集中区域，以天然草地为主，约占 95%，还有一些人工改良草地，整体质量较差，植被覆盖率低，是生态脆弱区域[10]。

(4) 市场不稳定。由于地理环境等因素，西北旱区经济发展相对落后，农、畜产品缺乏响亮的品牌，加之运输成本相对较高，削弱了产品经济效益和市场占有率。由于经济效益低等问题，不仅打击农民的自信心，而且使生态农业发展链易断裂，难以引育出成熟、稳定的生态农业发展模式。

2. 河套平原地区农业发展存在的问题

(1) 基础条件受限。河套地区虽然具有发展农业的天然优势，但农业发展的基础较差。近年来，虽然河套地区水利设施、灌溉渠道和排灌能力等问题都有所改善，但还存在着很多问题，包括农田利用率不高、田块多分散不规则、盐碱化现象仍较为严重，且种植的作物比较单一，主要以种植葵花为主，阻碍了农田的产量以及品种的多样化。不仅如此，常年经营一种庄稼导致土地板结、病虫害严重等问题滋生，同时河套地区耕地生产效率不高，一般采取一家一户土地生产方式，因此生产的产出率低，仅有部分土地生产能满足市场的需求，还有很大一部分土地只能种一些耐盐的作物，整体产量和生产效益较低。

(2) 文化素质需提高。在现代化的农业发展环境中，河套地区的地理区位以及经济条件在内蒙古地区属于中等偏下位置，并且在全国属于较为偏远的地区，相对于现代生态农业较发达地区还存在很大的差距。由于历年发展积累导致目前河套地区农民文化素质比较低，现代生态农业发展意识薄弱，很大一部分乡村还存在土地分散经营，不利于机械的播种和收割。虽然河套地区具有发展特色农业的优势，但特色农业需要技术的支持，农民十分缺乏专业的技术。因此，农产品生产的效率、产量和产品质量不高，导致河套地区农产品在市场中的竞争力比较小。

(3) 水资源利用问题。

1) 灌溉供水水源不足。20 世纪 90 年代黄河下游连年断流引起国家的高度重视。黄河正常来水年份内蒙古地区分水量为 $4.24 \times 10^9 \sim 4.75 \times 10^9 \, \mathrm{m^3}$，而实际耗水量为 $4.65 \times 10^9 \sim 6.38 \times 10^9 \, \mathrm{m^3}$，年超水 $4.11 \times 10^8 \sim 2.28 \times 10^9 \, \mathrm{m^3}$，平均超指标 $1.53 \times 10^9 \, \mathrm{m^3}$。1999 年 10 月，内蒙古自治区分配给河套灌区正常年份的引黄指标为 $4.9 \times 10^9 \, \mathrm{m^3}$，而年平均超

水 $1.1 \times 10^9 \mathrm{m}^3$，指标缺口达 27.5%。随着河套灌区的"二改一提高"，地下水位逐年下降，耕层土壤盐碱化减轻，种植面积、套种指数逐年增加。加之特色农业、绿色农业的发展对供水时间、供水质量提出了新的要求，农业用水量、用水时间将会不断上升。随着巴彦淖尔市工业化、城镇化、产业化进程加快，城市生活用水量增加，新一批高载能、高耗水支柱产业的发展，将使河套灌区水资源的供需出现更大的缺口。乌兰布和、乌梁素海生态环境治理与保护，以及生态型灌区的建设，对水资源的可持续利用提出了新的要求，进一步加剧了河套灌区的水资源短缺[11]。

2）水利工程难以满足用水需求。河套灌区灌溉工程年久失修，带病运行，老化、破损率达 53%，调节能力差，灌溉供水保证率低。河套灌区输水渠道衬砌率低，渠系渗漏损失大，渠系水利用系数为 42% 左右，有 58% 的水在输水过程中损失。河套灌区群管水利工程经费难以落实，淤积严重，输水困难，行水期延长，效率降低。

3）田间工程标准低、灌溉水浪费严重。河套灌区人均土地面积较大，单位畦块面积大，土地平整度差，土壤盐渍化程度高。河套灌区单位面积年灌溉水费较低，为了减少劳动力投资和减轻盐渍化，采用大水漫灌进行洗盐、压盐，以提高作物产量。河套灌区大多数作物，特别是在苗期灌水量较大的作物，如小麦在分蘖到拔节期（4—5 月）灌水量高达 220～250mm。

3. 新疆绿洲地区农业发展存在的问题

(1) 生态认知淡薄。传统劳动习惯难以改变，劳作者仍拘泥于传统农业耕作模式。生产者单纯地追求利润与产量，只着眼于短期利益，在农业生产中大量使用农药、地膜。2018 年新疆化肥施用量为 254.99 万 t，耕地施用化肥 492.65kg/hm²，高于全国 483.71kg/hm² 和国际公认化肥施用 225kg/hm² 的安全标准，导致农业资源消耗巨大，污染严重。低端农产品市场竞争力不强，企业难以投入过多要素发展生态农产品，农产品加工企业更加追求利润最大化，造成生态农业产业投入积极性不强、生态农业在技术应用及推广上进展缓慢。然而不可忽视的是，在消费层面，消费者生态认知水平良莠不齐，对生态农业法规制度、食品安全意识认识淡薄，多数消费者认为绿色农产品价格过高，不愿意消费此类产品，对生态绿色农产品具有消极情绪，从而阻碍了生态农产品的销售与流通[12]。

(2) 基础条件脆弱。新疆农业发展的最大制约因素为水资源短缺，水资源是保障农业基础设施和改善生态环境的重要条件。农业发展与水资源供需不平衡是区域范围内的常态。2018 年新疆节水灌溉面积占灌溉总面积的 45.63%，农业产业用水占总用水量的 94.84%，但农业对 GDP 的贡献仅为 1.3%。绿洲地区作为新疆农业产业主要集聚区，长期过度引用水资源导致土壤荒漠化，"沙进人退"的现象随之出现。特别乌昌地区聚集的工业产业导致气候恶化，无法为生态农业的发展提供无污染、无害的清洁资源，使农业生产更倾向于小规模、低效率的生产方式。

(3) 产业结构不合理。新疆农业产业结构发展不协调，其中单项农业产值占农林牧渔业总产值的 69.85%，而其他副产业仅占 5.53%。首先，产业结构不合理会造成主农产业施用大量化肥农药提升产量，继而又因产量的提升，进一步扩大主农产业规模，增加化肥农药的施用量，形成恶性循环。其次，农业产业结构单一，以棉花为例，部分地区棉花种植面积高达 90%，此类单一性、过度规模化的作物生产需依靠化肥农药增加地力，防虫减灾。再次，新疆整体三产结构比例为 49∶15∶36，剩余劳动力 1/2 以上集中于农业产业，现有第一产业很难满足剩余劳动力的需求，并且剩余劳动力不断消耗农业资源，低质量的剩余劳动力难以向其他产业转移，劳动力产出价值低下，造成社会与环境严重失衡[13]。

(4) 科技化水平较低。农业产业中龙头企业规模与数量明显不足，2018 年自治区级以上的新疆农业产业化重点龙头企业共有 394 家，国家级重点企业仅 33 家，并且只有 14 家企业年销售额超过 10 亿元。新疆农业产业龙头企业与国内其他地区差异较大，辐射带动能力不强，缺乏市场竞争力，农业产业链较短，农产品有效附加值不高。新疆农业产值与加工产值比仅为 34∶1，例如棉花产业，其产量占全国总产量的 83.74%，但棉纱、布匹、服装等产业份额仅占 1.37%，足以说明新疆仍以原材料生产为主，生态农业产品发展严重滞后。技术落后是新疆产业化水平不高的重要原因，新疆涉农加工企业研究和试验发展经费仅占全国的 0.2%，共计 12937.9 万元。同时，农业科技人才储备不足，新疆农业专业技术人员占比仅为 6.68%；涉农加工企业研究和试验人员占全国的 0.2%。新疆整体农业科技研究与推广发展缓慢，新型技术不能有效用于农业生产，导致现代生态农业转型困难。

(5) 水资源利用不合理。单位面积水资源量偏低，用水总量居高不下。新疆地处干旱、半干旱地区，根据《全国水资源综合规划成果》，2017 年新疆不重复水资源总量居全国第 11 位，人均水资源拥有量是全国平均水平的 1.8 倍，单位面积产水量是全国平均水平的 1/6，在全国排名倒数第 3。河流径流量低于全国平均值，平均径流量 640.5m³/hm²。新疆实际能够用于经济社会发展的水资源十分有限。随着新疆耕地面积的不断扩大，全疆经济社会用水总量快速增加，2017—2019 年全疆经济社会用水量分别为 552 亿 m³、548 亿 m³、554 亿 m³，超过了国家核定新疆的 2020 年 515 亿 m³ 和 2030 年 526 亿 m³ 的用水总量控制红线。农业用水量大，用水效率和用水效益偏低。新疆用水总量居高不下的主要原因是农业用水量大，尤其是南疆地区。没有灌溉就没有农业，农业是最大的用水户，特别是南疆地区由于耕地质量不高、质地偏沙、土壤保水能力差，且土壤盐碱化严重，每年需要大量的水进行压减，再加上农业节水意识不强、田间浪费严重，农业用水量更大，南疆农业用水量占南疆经济社会发展用水总量的 96%，生态用水量仅占南疆地区用水总量的 2%，农业用水呈现居高不下的势头。用水效率和效益偏低，2019 年新疆万元 GDP 用水量达 407.76m³，单方水 GDP 产出量为 19.7 元，仅为全国的 16.4%。水资源开发过度、水资源利用效率低下挤占了新疆生态用水，对新疆的生态平衡，特别是南疆的生态平衡造成较大威胁[14]。

4. 宁夏平原地区农业发展存在的问题

(1) 规模化程度低。宁夏适合发展区域特色农业，然而近年来，宁夏农业主导产业发展枸杞、滩羊、马铃薯、硒砂瓜、酿酒葡萄、大米、瓜菜等，为了追求市场短期利益，小规模的种植不断增加，而产量不高。以枸杞为例，农民因为种植枸杞赚钱，几乎在宁夏各个市县都可以发现小户种植枸杞。而不同区域种植的枸杞品质不同，只追求产量不重视品质，不仅影响质量而且造成行业内的恶性竞争，市场不规范。其他一些产业也存在同样的问题，缺乏区域的合理布局和产业的规范化、规模化，严重影响了产业发展。

（2）产业化和技术水平低。宁夏的部分产业缺乏产业化支持，未能构成产供销一体化。中间环节增加了产品的成本，产业链短，缺乏龙头企业，竞争力低。主要有以下特点：一是种植养殖技术传统产量低，仅仅依靠天然的种植条件，技术创新与开发相对落后；二是农业品牌经营化混乱滞后；三是生产的标准化不足。因此，宁夏农业现代化发展缓慢。

（3）农业劳动者素质低。宁夏回族自治区回族人口占人口总量的 34.77%，为 219.1 万人，农民的文化水平普遍较低，而且汉族农民的文化素质水平也偏低。只能依靠传统的种植养殖方式。由于当地高校较少，技术人员较少，培养有知识、有文化、有技能的劳动力比较难。

（4）宁夏引灌区生态恶化。宁夏北部是富饶的"前套"地区，现代工业生产和农业生产过程中产生的废料和污染物造成该区生态退化，风沙增多，沙漠化问题严重，生态环境依然脆弱。中部干旱带和南部山区由于自然条件和历史因素，发展较为缓慢，生态贫困问题比较严重，其脆弱的生态环境迫使我们在发展现代生态农业的过程中要注重生态建设问题。

（5）水权分配不明确。黄河水源主要是以冰川融水为主、支流注水为辅、大气降水为补充的河流。自古以来，黄河流经省区的农业生产主要是以黄河水自流灌溉的生产模式。然而，随着经济的不断发展和人口增长速度的加快，黄河流经省区的用水量不断上升，曾一度使黄河断流，给下游人民的生产和生活带来了不便。黄河管理委员会分配给宁夏的年引黄用水量约为 40 亿 m³，然而这个数字远远不能满足宁夏地区的生产和生活用量，每年该区的实际用水量远远超过这个数字。

5. 关中平原地区农业发展存在的问题

（1）产业体系发展受限。陕西现行农业生产经营体制中，土地由农户经营，规模散小；村社治理权利和专业合作组织管理出现精英俘获，农业收益普惠性较弱；农资（化肥、农药、地膜、种子、机械、柴油等）管控分散，管理主体多元；涉农资金城镇化流向突出；农业技术和良种难以对接科研院所和田间地头；物联网基础设施不发达，"互联网＋"支撑农业缓慢；农副产品生产、消费、供需衔接不畅。农业从田间到餐桌，从生产、运输、仓储、加工到销售呈现多元供给主体，不仅供给零散且利益难以协调，强化了小农户到大农业的壁垒，构建现代生态农业产业体系困难重重。

（2）体系化发展不畅。关中地区自古农业基底条件良好，土地肥沃、沃野丰饶，但传统耕作方式使农业内卷化程度逐年累积，农户内部生产规模已接近极限，外部经营规模狭小，单一粮食保障功能使农业对资源要素的集聚功能薄弱，不利于现代生态农业产业体系发展。小规模农业发展受乡村精英俘获机制和多阶剥夺机制的影响残值偏低，已很难为现代化农业发展集聚种养加、人财物、产供销、贸工技等发展的资源要素。

（3）产业匹配度不高。供给侧结构性失衡是影响区域经济高质量发展的主要障碍。关中地区的劳动力、土地、资本、制度和创新等要素间和要素内部不协调，严重制约农业现代化发展进程。现有农业产业政策比较滞后，在推进区域农业持续稳定增长和农业产业结构优化、解决农业发展过程中市场失灵、扶持战略产业发展等方面支撑乏力。产业政策紧跟每年的中央一号文件内容并进行因地制宜的贯彻调整，但缺乏与供给侧结构性改革相匹配的原则性顶层设计与针对性较强的区域性发展策略。舒尔茨认为传统农业生产方式长期没有发生变动，是基本维持简单再生产、长期停滞的小农经济，对现有技术状况的任何变动都有某种强大的内在抵抗力，此为传统农业发展的产业惯性和结构惰性，也是阻碍传统产业变迁的刚性和黏性约束。因此，如果没有强力的产业政策破局，将很难实现供给侧结构性调整，使区域间产业匹配度达到最优并实现现代生态农业产业体系构建。

（4）生态环境恶化。 陕北黄土高原、陕南秦巴山区地质环境脆弱，水土流失严重，农业生产能力衰退。关中地区城镇化加速，水资源供需矛盾突出，严重威胁农业可持续发展。全省约有 70% 的人口和 80% 的耕地分布在水土流失区，水土流失面积占全省土地总面积的 46.6%，造成农业生产条件恶化，加上大量矿产资源开发对生态环境的破坏，严重威胁着传统农业发展，陕西农业迫切需要新技术的更新改造。

（5）节水灌溉有待加强。 虽然陕西水资源短缺的严重性对国民经济、社会经济和生态环境造成的影响引起了人们的普遍重视，但仍然存在有些地区为了追求短期经济效益，过量引用地表水或超采地下水，大水漫灌仍然存在。

目前，陕西节水灌溉面积占有效灌溉面积的 35%，渠道防渗和管道输水灌溉等方式仍占主导地位，喷灌和微灌等高效节水灌溉方式仅占有效面积的 10.5%，与发达国家相比还有很大差距。节水灌溉设备品种和产品质量还不能满足节水灌溉发展的需要，节水灌溉设备的技术监督和质量检测工作亟待加强，节水灌溉制度的研究和应用仍是薄弱环节，不利于节水灌溉的进一步推广。

陕西省大型灌区普遍老化、失修严重，尽管全国范围内对大型灌区进行以节水为中心的改造，安排了一定的节水改造资金，但地方配套资金往往不能完全到位，远不能满足灌区节水改造的需求。

3.3.2　农业发展面临的挑战

西北旱区的水资源总量较少，分布不均，时空变化大，水资源短缺是制约该地区发展的主要因素。此外，土地资源总量较多，但质量较低，适宜耕种的土地面积有限，土壤肥力、保水性和抗旱性较差。

1. 资源利用与生态环境

（1）水资源短缺与浪费并存。 西北旱区大部分地区严重缺水，年平均降水量在 200mm 以下，部分地区降水量只有几十毫米，如河西走廊不足 100mm，敦煌只有 29.5mm，吐鲁番几乎无雨。内陆河流域水面蒸发普遍偏高，塔里木、柴塔木、河西走廊等地蒸发量平均在 1800mm 以上，河流萎缩。枯竭断流，水资源供需矛盾突出，在气候干旱和人口增长的压力下，不少河流干涸断流，生态环境质量变差，土地资源优势不能充分发挥，由此导致了农作物产量低而不稳，边远山区人畜饮水相当困难。同时，西北旱区节水设施和技术落后，水资源利用效率低，对自然降水的利用率仅为 40%～50%，而一些地区灌溉水利用率为 30%～40%，部分地区过度开采地下水，又造成了地面下降。水资源的问题已经成为制约西北旱区生态农业发展的瓶颈问题[15]。

（2）森林锐减与草原退化并存。 随着人口持续的增长以及资源开发力度的加大，西北旱区不少区域日益出现了人进林退的现象，当前西北旱区森林覆盖率仅有 4.68%，且分布极不平衡，其中仅陕西森林覆盖率为 24.15%，略高于全国的平均水平，而甘肃为 9.37%，宁夏为 7.16%，新疆仅为 1.03%。近年来由于许多原因，使森林破坏严重，许多地方森林覆盖率急剧减少，新疆塔里木河下游胡杨林面积由 20 世纪 50 年代的 5.4 万 hm² 减少到 2000 年的 1.3 万 hm²，地表植被几乎枯死，2002 年三江源头的森林覆盖率只有 23%。同时，该区退化草原面积也已占草原总面积的 75%。

（3）工业污染与农业污染并发。在西北旱区的城镇化与工业化发展过程中，由于缺乏科学规划与统一管理，乱挖乱采现象十分严重，不仅浪费资源，同时农业在自身不合理的发展中也遭受着农药、化肥、农膜过量使用的自我污染，这一问题直接导致部分地区农业面源污染加剧。集约化畜禽养殖业的迅猛发展，产生的大量畜禽粪便更加剧水体污染，作物秸秆等的燃烧和养殖场等温室气体的排放造成空气污染[16]。水污染情况仍然突出，2018 年黄河水系劣 V 类水体占比达 49.7%。工业与农业的双向污染有加剧的迹象，如开垦过度、过量放牧以及工矿开采建设中造成土地与植被过量破坏。此外，发展乡镇小型企业时，粗放的开采本地生物和矿产资源，使大面积土地遭到破坏，如西北旱区有很普遍的采煤、采石灰石等，每开发一处，就破坏一处土地，而且被影响植被很难再恢复。

（4）环境污染与生态力难以保障。环境污染造成的危害严重且广泛，从大气质量下降、水源受到污染到生物多样性显著减少，直接危害人类的身体健康，造成农村萧条和城市污染。资料显示，我国西北旱区的水污染问题比较突出，生活在严重污染区和中度污染区的人口总数占西北总人口的 79.1%，一些干旱缺水的地区利用污水灌溉庄稼，造成土质恶化、农作物产量降低、品质下降，形成恶性循环[17]。因此，环境污染导致资源服务能力（生态力）大为降低，只有保护环境，才能恢复生态力，才能从生态环境中获益。

（5）生态道德与生态文明水平较低。在西北旱区多数的农村，至今没有形成一个良好的生态道德与生态文明的舆论环境。面对西北旱区自然资源退化和自然环境污染，许多人还缺乏危机感、紧迫感和责任感，他们对自然界只有索取权力，没有和谐和尊重的意识，更不承担任何保护义务，许多农村干部和群众处于一种麻木和无人监管状态。可见，缺乏科学的生态理念、生态道德和生态文明是造成西北旱区生态农业发展滞后的思想认识根源。

（6）农业健康发展与资源约束加剧。西北旱区人均水资源占有量仅为全国平均的 38%，资源性缺水和工程性缺水并存，用水粗放和管理无序导致水资源过度利用和不合理利用，放大了匮乏的水资源对产业发展的制约作用。一方面，生态与环境资源开发利用过度而有效保护不足，生态环境脆弱，水土质量下降，化肥、农药、农膜等面源污染没有得到有效控制，区域可持续发展面临挑战。另一方面，河流生态系统退化和地下水超采问题极为突出。地区水问题并存，叠加和积累影响越来越严重，实行最严格水资源管理制度迫在眉睫。西北内陆河流域在水资源管理方面存在诸多问题，如水资源管理体制不顺，分配职责不清；各级水务部门考核制度缺失；水资源管理责任体系不健全，考核责任难落实；公众参与管理责任和考核制度的制定和实施程度不高等问题。解决西北旱区水资源管理存在的问题，需要建立完善的法律体系和明确的法律规定。完善的法律体系是促进制度有效实行的根本保障，明确的法律规定可以保证相关制度得以切实执行。

（7）气候变化与复合型干旱。国内外有关干旱类型的认识主要包括气象干旱、农业干旱、水文干旱和社会经济干旱。气象干旱是指降水与蒸散收支不平衡造成的水分异常短缺现象，又分为气候干旱和大气干旱。气候干旱和大气干旱最直观的区别是持续时间的不同。将某一地区终年有水分短缺现象称为气候干旱，气候干旱出现的区域称为干旱气候区，气候干旱是区域的长期干旱现象，从而在这种长期干旱条件下形成了不同地理特征的干旱类型区；大气干旱是由于气候异常而形成的随机性水分异常短缺现象，是一种短期干旱，可发生在任何地区的某一时段内，不仅会出现在干旱地区，也会发生在半湿润及湿润气候区，其主要特征为随机性和不可预测性。两者的另一区别在于气候干旱反映的是多年平均现象，而大气干旱则为气候异常情况下的表现，由大气干旱带来的不利影响可通过水利工程设施得到预防和缓解。对于大气干旱来讲，季节性干旱是一种典型的大气干旱类型。农业干旱一般指由土壤供水与作物需水的不平衡造成的水分异常短缺现象。水文干旱是指河川径流低于其正常值或含水层水位降落的现象。社会经济干旱指的是在自然系统和人类社会经济系统中，由于水分短缺而影响到生产、消费等社会经济活动的一种现象。他们是从不同角度而形成的对干旱的认识和理解。

2. 社会经济与产业发展

(1) 经济落后和人口膨胀过度。 西北旱区是我国贫困人口相对比较集中的地区，贫穷和人口增加在一定程度上加速生态环境恶化。西北旱区的大多数贫困人民生活在环境极易被破坏的农村区。这些人口是破坏环境的责任人，又是其受害者。人口增长要求农民需要更多的收入以维持家用，寻求扩大耕种面积，不断开垦土地、破坏植被、环境恶化，生态力难以满足需求，付出的劳力却越来越多，最终导致贫穷。可以用一句话来形象地总结生态环境与农民贫穷的关系："越穷越砍（开荒垦地）、越砍越穷"，如此反复，陷入恶性循环怪圈。

(2) 管理制度和基层组织软弱。 从农业管理制度上来看，西北旱区生态农业不仅缺乏符合自然规律和经济规律的与中央配套的上下协调的生态建设科学规划，而且缺乏既能体现政府行为又能调动全社会积极参与的政策措施，缺乏生态环境建设相关部门间的协调，缺乏统一的决策和管理体系，以至于在管理和组织生态农业生产上经常出现盲目性和随意性，出现政出多门、条块分割、各行其是、多元领导现象，由此导致投资分散，责任不到位，不能形成治理整体合力。同时，农村基层组织的作用也未能发挥出来，对发展生态农业的组织力度还很弱，也缺乏有力的社会支持环境，最终影响了生态农业的推进。

(3) 生产技术和生产方式落后。 "庄稼活不用学，人家怎做咱怎做"，这是西北旱区许多农民的信条。加之受自然条件的限制，许多地方的农民对生态农业怎么搞、要采取哪些技术手段、为什么要搞退耕还林等问题都知之甚少。在政府与社会农业生态技术供给短缺的条件下，农民在农业生产中只能延续大量使用粗放型生产技术。同时，许多坡耕地都是在无水土保持条件下耕作，并片面追求数量和速度，单纯强调产值和利润，不断增加化肥和农药。

西北旱区现代生态农业发展仍处于产业建设的初级阶段，整体发展水平及农业投入、农业产出、农村社会发展、农业产业化水平等各方面与全国相比有较大差距，且近年发展速度低于全国平均，差距有扩大趋势。表征农业生产力水平的劳动生产率和土地产出率指数无明显增长。与预期定位与发展目标相比，西北旱区现代生态农业发展仍处于建设初期,尚未完全建立起与现代生态农业发展相匹配的生产力体系,难以有效集聚现代生态农业发展所需的以高科技、高人力资本为代表的现代生产要素。因此,需要在国家层面加强西北旱区发展现代生态农业的顶层设计与制度安排,以生产力提升为核心,推动区域现代生态农业产业发展能力进一步提高。

(4) 农业发展与基础设施薄弱。西北旱区财政支农的实际力度相对较低,较低的投入水平是制约西北旱区现代生态农业发展水平提升的共性瓶颈问题。长期的低水平投入导致西北旱区产业基础设施建设欠账较多,如农田水利基础设施薄弱,高效节水灌溉率低,有效灌溉率近年有下降趋势;适合山地、旱地的小型实用机械尚无显著突破,农业机械投入及机耕比例无明显提高,阻碍了高效率生产要素对低效率生产要素的有效替代;高标准农田规划建设面积占耕地比例不足,中低产田改造力度不大,较大程度地制约了该地区农业产出效率的提高。因此,需要切实加大财政支持力度、加强公共基础设施建设,改善西北旱区发展现代生态农业的产业基础。

(5) 农村一、二、三产业融合度低。西北旱区特色优势农业通过外延扩张实现了较快发展,但是与东部及全国相比差距依然明显,如传统作物比重过高、特色产业集群产业优势不突出、特色不够鲜明;地区间产业存在低水平过度竞争和单一产品供给过剩的市场风险;现代生态农业产业集群规模化、集约化程度不高,优势产业未得到深度开发,链条短、加工层次低、转化能力弱、品牌带动不强、产品附加值不高,产业扶贫效果有待提升。从生态资源均衡利用和环境可持续角度考虑,需要进一步立足区域比较优势,按照国家《西北旱区农牧业可持续发展规划》指导意见,甄别并培育支撑未来区域经济增长的优势产业,建立粮食作物、经济作物、饲料作物有机结合的"三元"结构,协调农牧区域合作,紧密促进农牧结合、种养循环、牧繁农育一体化发展。

(6) 农业发展的创新驱动能力不足。西北旱区农业农村信息化正处于起步阶段,基础薄弱、发展滞后、体系不全,农业物联网尚未实现规模量产,信息化对现代生态农业发展的支撑作用尚未充分显现;现代种植业自主创新能力不足、农技推广体系不健全、科技成果转化率和技术到位率不高等问题影响该地区旱作节水农业可持续发展能力的提升;以农业示范园区和农业科技园区为主要载体的科技示范体系,在新技术、新品种、新模式、新产业示范推广、产业提升、农民增收方面发挥了重要作用,但示范的面积、推广的区域、产生的效果显示度较低,区域适宜性现代生态农业创新发展模式及示范效应亟待加强,通过总结与探索区域发展创新,进一步发挥示范基地引领产业发展的作用。

参 考 文 献

［1］ 杨铭,张启珍. 西北干旱区生态农业建设与可持续发展研究［J］. 干旱地区农业研究,2005,23(1):186-191.

［2］ 柯华,柯元. 我国农业生态环境保护与农业可持续发展［J］. 党政干部论坛,2007(1):14-15.

［3］ 张青峰,孟凡相,吴发启. 黄土高原分省区生态足迹分析［J］. 干旱地区农业研究,2008,26(4):205-209.

［4］ 祖廷勋,王丹霞,罗光宏,等. 河西走廊低碳农业发展问题探析——以张掖市为例［J］. 经济师,2014(12):179-180,185.

［5］ 唐志红,罗广元,阮国杰. 河西走廊生态农业新业态发展模式及对策［J］. 乡村科技,2020,

　　　　11 (29)：38 - 39.

[6]　崔俊梅. 河套地区农业经济发展现状及改进策略 [J]. 南方农业，2016，10 (9)：132，138.

[7]　白岗栓，张蕊，耿桂俊，等. 河套灌区农业节水技术集成研究 [J]. 水土保持通报，2011，
　　　　31 (1)：149 - 154.

[8]　周慧. 新疆生态农业产业发展制约因素与模式选择探究 [J]. 山西农经，2022，321 (9)：
　　　　138 - 140.

[9]　李会芳，朱艳芬，蔡倒录. 新疆农业用水及主要农作物用水特征问题研究 [J]. 农业与技术，
　　　　2021，41 (21)：40 - 43.

[10]　谢芳，李万明，谭爱花. 宁夏引黄灌区现代农业发展问题研究 [J]. 生态经济，2010 (5)：111 -
　　　　113，141.

[11]　董鹏. 陕西农业节水灌溉中存在的问题及措施 [J]. 地下水，2005，27 (4)：274 - 275.

[12]　苏扬. 我国农村聚居点环境问题分析及对策 [J]. 宏观经济管理，2005 (11)：42 - 43.

[13]　徐琴. 农村土地的社会功能与失地农民的利益补偿 [J]. 江海学刊，2003 (6)：75 - 80.

[14]　戴锦，张晓燕. 论中国生态农业经营模式 [J]. 求索，2004 (5)：26 - 27.

[15]　邓铭江，陶汪海，王全九，等. 西北现代生态灌区建设理论与技术保障体系构建 [J]. 农业机械
　　　　学报，2022，53 (8)：1 - 13.

[16]　宋洪远. 中国农村改革 40 年：回顾与思考 [J]. 南京农业大学学报（社会科学版），2018，
　　　　18 (3)：1 - 11.

[17]　陆萍，陈晓慧. 农业产业集群概念辨析、演化特点与发展对策 [J]. 农业现代化研究，2015，
　　　　36 (4)：575 - 579.

第4章 西北旱区农业生产水足迹时空演变

水资源是农业生产不可缺少的生产资料,如何合理配置和高效利用西北旱区的水资源、提高农业水资源利用效率、减少农业生产对水循环和生态环境的负面影响,是西北旱区可持续发展面临的重大挑战。基于西北旱区自然地理差异及人文差异的实际情况,分析自然因素和人为因素对农业生产水足迹的影响,进一步明确农业生产水足迹和农业水分有效利用率的空间分异特征,为各区域合理调整种植结构、改善区域农业用水状况、促进农业投入合理化、提高农业用水效率提供决策支持[1],也为制定西北旱区农业生产的水资源管理政策和措施提供科学依据。

4.1 生产水足迹时空演变特征

由于作物生长不仅与光热、土壤条件有关,而且取决于水资源供给能力。因此,分析水足迹时空演变特征,有利于建立水资源高效利用的种植模式。

4.1.1 时间演变过程

2000—2020 年,西北旱区作物生产水足迹整体处于高位波动状态,由 2000 年的 838.7 亿 m^3 增加至 2015 年的 1283.4 亿 m^3,2020 年降低至 1109.1 亿 m^3,年均生产水足迹约 1044.4 亿 m^3,其中生产蓝水足迹为 826.7 亿 m^3、生产绿水足迹为 217.7 亿 m^3。从作物类型来看,各作物生产水足迹多年平均值由大到小依次为玉米、小麦、园林水果、棉花、蔬菜、薯类、油料、豆类、稻谷、瓜果。由于玉米、小麦、园林水果和棉花是西北旱区主要种植作物,仅 2020 年这 4 种作物和林果产量之和占西北旱区作物和林果总产量的 70%。玉米、小麦、园林水果和棉花多年平均生产水足迹之和占所有作物总生产水足迹的 67.69%(表 4 - 1、图 4 - 1)。

表 4 - 1　　　　　　　西北旱区作物生产水足迹时间演变统计分析表

变量	统计量	小麦	玉米	稻谷	豆类	薯类	蔬菜	棉花	油料	瓜果	园林水果	合计
生产水足迹	最小值/亿 m^3	161.9	134.6	17.0	20.5	60.9	67.5	79.5	62.8	6.93	88.5	773.6
	最大值/亿 m^3	225.7	318.2	24.4	44.1	95.4	157.2	209.2	89.5	18.3	219.4	1283.4
	极值比	1.39	2.36	1.43	2.15	1.57	2.33	2.63	1.43	2.64	2.48	1.66
	均值/亿 m^3	187.9	219.1	20.2	31.1	79.7	116.3	134.6	76.7	13.4	165.3	1044.4
	CV/%	8.1	27.4	8.9	25.4	11.8	24.2	28.7	9.0	28.5	26.6	15.7
	$M - K$ 检验值	−1.9	4.7	−0.2	−5.5	0.2	4.7	4.6	0.5	4.0	4.7	4.1

变量	统计量	小麦	玉米	稻谷	豆类	薯类	蔬菜	棉花	油料	瓜果	园林水果	合计
生产蓝水足迹	最小值/亿 m³	120.2	103.0	13.0	15.0	39.9	52.7	68.3	49.9	5.8	68.4	564.3
	最大值/亿 m³	179.1	265.3	20.9	34.7	70.6	123.0	188.3	74.9	15.1	172.9	1025.0
	极值比	1.49	2.58	1.61	2.31	1.77	2.33	2.76	1.50	2.61	2.53	1.82
	均值/亿 m³	145.5	174.9	16.4	24.0	57.2	89.8	118.4	60.9	11.0	128.7	826.7
	CV/%	9.0	28.6	11.3	26.9	15.4	24.0	29.4	10.4	28.8	27.3	16.2
	$M-K$ 检验值	−1.9	4.6	−0.2	−5.0	−0.8	4.4	4.5	0.03	3.5	4.4	4.0
生产绿水足迹	最小值/亿 m³	32.6	26.1	3.4	4.9	18.4	13.8	9.7	5.9	1.1	20.1	160.5
	最大值/亿 m³	48.9	61.3	4.3	11.6	29.3	36.9	25.9	19.3	3.4	49.0	264.1
	极值比	1.50	2.35	1.28	2.34	1.59	2.66	2.66	1.50	3.22	2.43	1.65
	均值/亿 m³	42.5	44.2	3.8	7.1	22.6	26.6	16.3	15.8	2.4	36.6	217.7
	CV/%	11.3	25.9	7.9	24.2	5.3	26.5	27.9	11.7	31.5	26.3	15.6
	$M-K$ 检验值	−0.9	4.7	0.4	−4.9	2.1	4.7	4.4	2.4	4.9	4.2	4.1

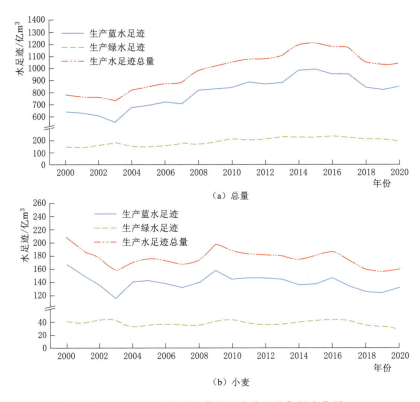

（a）总量

（b）小麦

图 4-1（一）　西北旱区作物生产水足迹年际变化图

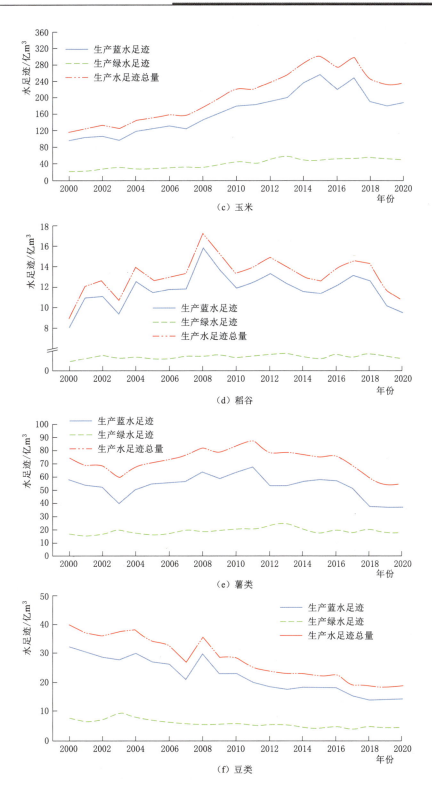

图 4-1（二） 西北旱区作物生产水足迹年际变化图

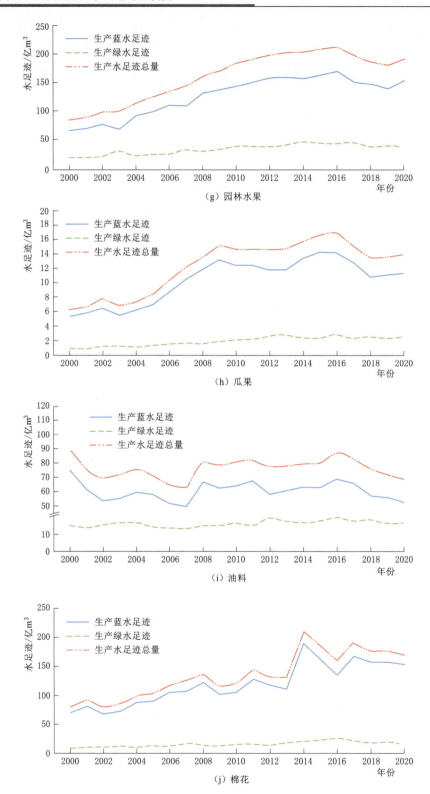

图 4-1（三）　西北旱区作物生产水足迹年际变化图

（1）小麦。小麦生产水足迹在研究期内波动减小，由 2000 年的 225.7 亿 m^3 降低至 2020 年的 167.1 亿 m^3。$M-K$ 检验结果表明，西北旱区小麦生产水足迹的下降趋势并不显著（$P > 0.05$）。2000—2020 年，西北旱区小麦产量增加了 50.3 万 t，播种面积减少了 122.84 万 hm^2，一定程度上说明小麦生产水足迹的年际变化趋势与其种植面积在时间序列上呈现出良好的一致性。

（2）玉米。2000—2015 年，玉米生产水足迹不断增加，并在 2015 年达到最大值 318.2 亿 m^3，年均增长率为 8.53%，随后开始出现增减交替现象。同时，$M-K$ 检验值达到 4.74，说明玉米生产水足迹的增长趋势达到显著水平（$P < 0.05$）。

（3）稻谷。稻谷生产水足迹在 17.0 亿～24.4 亿 m^3 之间波动，波动量相对较小，但是波动较为频繁，尤其是 2010 年以前，这与西北旱区农业种植结构调整密切相关。

（4）薯类。2000—2020 年，薯类生产水足迹呈倒 U 形变化，薯类的种植面积呈现增加趋势，2011 年达到最大值 95.4 亿 m^3，比 2000 年增加了 15.72%。随着农业技术的发展，土地生产率的提高，西北旱区的农业生产方式由粗放型逐渐向节约型转变，农业用水效率提升。2011—2020 年，西北旱区的薯类生产水足迹减小了 32.9 亿 m^3，说明农业用水效率的提升减少了作物生产对水资源的需求，缓解了区域水资源压力。

（5）豆类。2000—2020 年，西北旱区豆类播种面积减少了 49.53%（由 84.58 万 hm^2 减少到 42.69 万 hm^2），豆类产量减少了 22.73%（由 117.57 万 t 减少到 90.85 万 t），伴随水足迹下降了 51.74%，由 44.1 亿 m^3 减少为 21.3 亿 m^3。

（6）园林水果及瓜果。2000—2020 年，园林水果生产水足迹增加了 2.22 倍，由 2000 年的 88.5 亿 m^3 增至 2020 年的 196.5 亿 m^3。同时，$M-K$ 检验值达到 4.74，说明园林水果生产水足迹的增长趋势达到显著水平（$P < 0.05$）。瓜果生产水足迹为 6.9 亿～18.3 亿 m^3，最大值出现在 2016 年，最小值出现在 2000 年，整体呈显著增加趋势（$P < 0.05$）。

（7）油料。2000—2020 年，油料生产水足迹呈波动变化，最大值为 89.5 亿 m^3，最小值为 62.8 亿 m^3，极值比为 1.43，均值为 77.7 亿 m^3，CV 为 8.98%，说明西北旱区油料生产水足迹年际变化幅度不大。

（8）棉花。作为西北旱区一种主要的经济作物，棉花生产水足迹由 2000 年的 80.3 亿 m^3 增至 2020 年的 169.6 亿 m^3，增长了 111.16%。

4.1.2　时间演变特征

通过对西北旱区 10 种典型作物生产水足迹及生产蓝水、绿水足迹的演变过程分析表明，西北旱区作物生产水足迹及生产蓝水、绿水足迹具有以下时间演变特征：

（1）典型作物生产水足迹及生产蓝水、绿水足迹变化趋势。2000—2020 年，西北旱区作物产量和播种面积均呈现出显著增加趋势，从而促使作物生产水足迹及生产蓝水、绿水足迹的增加。同时，$M-K$ 趋势检验结果表明，西北旱区大多数作物生产水足迹及生产蓝水、绿水足迹的增加趋势达到显著水平。然而，小麦、稻谷和豆类生产水足迹及生产蓝水、绿水足迹存在下降趋势，这主要由于区域产业结构的调整[2]。2000—2020 年，我国大豆进口量呈现显著增加的态势，2020 年进口规模超 1 亿 t。受进口量的影响，西北旱区豆类播种面积由 2000 年的 845.81×$10^3 hm^2$ 减少到 2020 年的 426.92×$10^3 hm^2$，降幅为

49.53%；产量由 2000 年的 117.57 万 t 减少到 2020 年的 90.85 万 t，降幅为 22.73%（图 4-2）。与此同时，在国家政策下，农户更倾向于种植玉米，大大增加了玉米的种植面积。玉米播种面积从 2000 年的 1283.83 万 t 增加至 2020 年的 3149.66 万 t，稻谷播种面积由 2000 年的 346.39×10³hm² 减少到 2020 年的 237.99×10³hm²。因此，小麦、稻谷和豆类的生产水足迹及生产蓝水、绿水足迹表现出下降趋势。一般来说，生产绿水足迹变动主要是由降水总量及其时空分布特征决定，且难以人为调控[3]，而生产蓝水足迹的降低主要是由灌溉基础设施的提升、灌水技术的进步以及作物生产情况等因素影响，可人为调控。

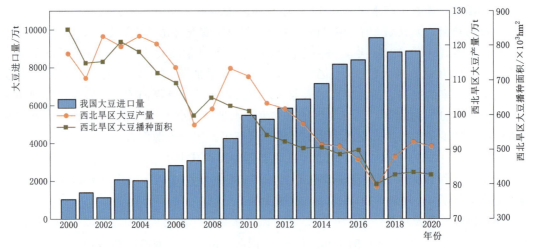

图 4-2　2000—2020 年我国大豆进口量图

（2）食物生产对水资源的需求将进一步增加。 西北旱区作物生产主要依靠蓝水资源（地表水或地下水），10 种典型作物生产蓝水足迹占比较多年平均值超过 75%。然而，对作物生产蓝水、绿水足迹的时间演变过程分析发现，除玉米、棉花和园林水果的生产绿水足迹占比略有减小外，其余作物的生产绿水足迹占比均有所增加。绿水资源为西北旱区农业发展发挥了重要作用，降低了农业用水对地表水或地下水的依赖程度。然而全球气候变化引起西北旱区降水量增加的同时，也加剧了西北旱区的干旱程度，如 2000—2020 年西北旱区潜在蒸散发量以 0.52mm/年的速度增加（图 4-3）。气象要素和 CO_2 浓度变化也对玉米生长发育和产量形成带来影响，从而增加西北旱区农业用水负担及农业干旱风险[4]。降水量增加所带来的改善相对较小，西北旱区基于粮食安全的农业用水的形势依然严峻。

（3）作物之间生产水足迹及生产蓝水、绿水足迹差异较大。 对比西北旱区 10 种典型作物的生产水足迹及生产蓝水、绿水足迹表明，玉米、小麦、园林水果和棉花的生产水足迹和生产蓝水足迹相较于其余作物的高[5]。这是由于西北旱区棉花承担着为全国纺织业提供原材料的责任，以及园林水果繁衍基地等世界驰名，并且西北旱区是我国重要的粮囤子，对保障"饭碗牢牢端在中国人自己手里"发挥着重要的作用。随着作物种植结构和重心的变化，小麦生产水足迹和生产蓝水足迹占比下降（分别由 26.91%、26.65%降低至 15.07%、15.24%），玉米、棉花和园林水果生产水足迹和生

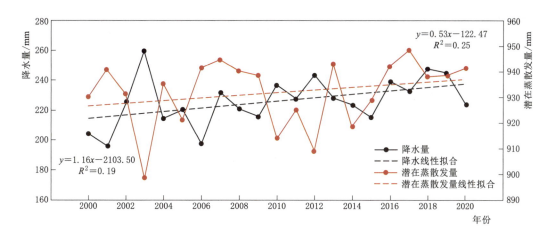

图 4-3　2000—2020 年西北旱区降水量和潜在蒸散发量变化趋势图

产蓝水足迹占比上升（生产水足迹分别由 16.05％、9.58％和 10.55％上升至 22.63％、15.29％和 17.72％，生产蓝水足迹分别由 16.01％、10.50％和 10.17％上升至 22.30％、17.29％和 17.56％）（图 4-4）。

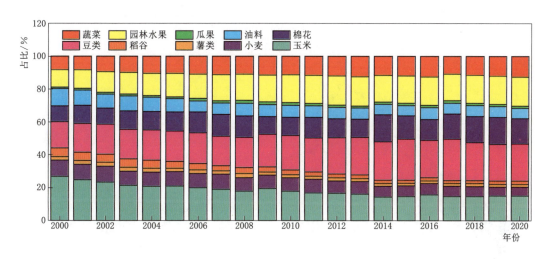

图 4-4　2000—2020 年西北旱区各作物生产水足迹占比演变趋势图

4.1.3　空间演变过程

由于西北旱区国土面积大，气、热、水、土资源禀赋不同，农业生产与种植主要作物区域特点明显，从而引起生产水足迹空间差异。

（1）小麦生产水足迹。 从空间分布来看，西北旱区小麦生产水足迹空间差异明显，两侧高、中间低，与种植面积分布规律相一致（图 4-5）。2000—2020 年西北旱区小麦生产水足迹年均总量最高的是渭南市，达到了 15.17 亿 m³，其次是喀什地区（5.38 亿 m³）和伊犁地区（5.31 亿 m³），最低的是克拉玛依市，仅为 0.01 亿 m³。小麦生产水足迹表现出

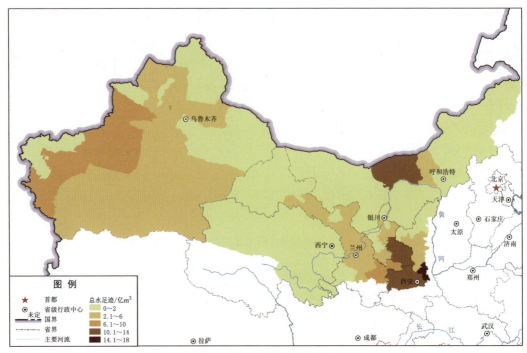

（a）2000年小麦生产水足迹

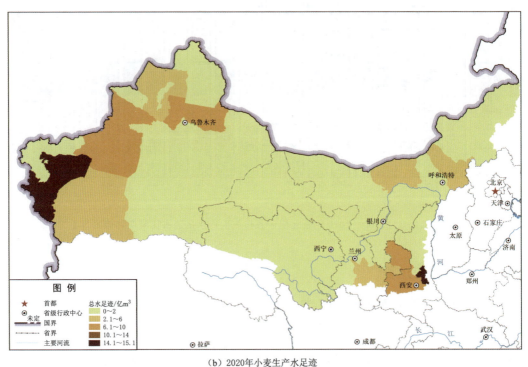

（b）2020年小麦生产水足迹

图 4-5　西北旱区小麦生产水足迹空间分布演变图

较强的空间聚集特征，83.26%的小麦生产水足迹聚集在陕西（32.64亿 m^3，23.79%）、甘肃（27.30亿 m^3，19.90%）和新疆（54.28亿 m^3，39.57%）。其余省区小麦生产水足迹均低于20亿 m^3，其中青海为小麦生产水足迹最少的省级行政区，仅占西北旱区生产水足迹总量的2.10%。

从演变趋势来看，各地级市区的小麦生产水足迹差异明显，受小麦种植面积和产量变化的影响，大部分地级市区呈现下降趋势，极少地级市区出现增加趋势。其中小麦生产水足迹下降的区域主要分布在除新疆以外的其他省区。巴彦淖尔市的小麦生产水足迹下降趋势最大，从2000年的5.59亿 m^3 下降至2020年的4.68亿 m^3，下降了7.91亿 m^3。昌吉州的小麦生产水足迹增加趋势最大，从2000年的4.54亿 m^3 增加至2020年的9.54亿 m^3，平均线性增长速率为0.45亿 m^3/年。

（2）玉米生产水足迹。玉米生产水足迹空间分布与其种植面积分布规律基本一致（图4-6）。生产水足迹高值主要集中在伊犁州、喀什地区、鄂尔多斯市、巴彦淖尔市、渭南市等玉米主产区，玉米生产水足迹均大于10亿 m^3。生产水足迹低值主要集中在果洛藏族自治州、黄南藏族自治州、海北藏族自治州、西宁市，玉米生产水足迹均超过0.5亿 m^3。从省区尺度来看，玉米生产水足迹多年平均值由大到小依次为新疆（65.74亿 m^3，32.27%）、陕西（46.75亿 m^3，22.95%）、内蒙古（41.27亿 m^3，20.26%）、甘肃（35.90亿 m^3，17.62%）、宁夏（13.56亿 m^3，6.66%）、青海（0.50亿 m^3，0.24%），玉米生产水足迹最大的省区是最小省区的131.48倍。

由各地级市区玉米生产水足迹随时间的动态变化趋势可以看出，随着玉米种植面积增加，西北旱区53个地级市区玉米生产水足迹在研究时段内呈现出增加的趋势。其中，49个地级市区存在极显著的增加趋势（$P<0.01$）。其中伊犁州（1.03亿 m^3/年）、塔城地区（0.82亿 m^3/年）、鄂尔多斯市（0.62亿 m^3/年）、榆林市（0.52亿 m^3/年）和庆阳市（0.51亿 m^3/年）增加速率较大。相反，玉米生产水足迹减少区域多分布在陕西省，其中西安市下降趋势最为明显（$P<0.001$），减少了3.26亿 m^3，主要是由于玉米种植面积下降所引起。

（3）稻谷生产水足迹。受区域水资源丰富程度、灌溉用水量、作物种植面积、农业种植结构等多方面的影响，稻谷生产水足迹空间差异性较大（图4-7）。从省区尺度来看，稻谷生产水足迹均值由高到低依次为新疆（6.10亿 m^3）、宁夏（5.51亿 m^3）、内蒙古（0.75亿 m^3）、陕西（0.47亿 m^3）、甘肃（0.32亿 m^3）。各地级市区的稻谷生产水足迹均值为0.01亿~5.15亿 m^3，较大值集中在银川和石河子市，较小值集中在阿勒泰地区、固原市、克拉玛依、嘉峪关市、铜川市、乌海市、咸阳市和渭南市。

从时间变化来看，大部分区域稻谷生产水足迹变化明显，其中大部分地级市区呈现下降趋势，极少地级市区出现增加趋势。昌吉州的稻谷生产水足迹下降趋势最大，从2000年的0.79亿 m^3 下降到2020年的0.01亿 m^3，年均线性下降速率为0.04亿 m^3/年。银川和石嘴山的稻谷生产水足迹增加趋势最大，分别从2001年的1.73亿 m^3 和0.53亿 m^3 增加至2020年的2.29亿 m^3 和1.45亿 m^3，增幅分别为32.37%和173.58%。作为高耗水作物的稻谷播种面积不断扩大，促使更多的农业用水量用于稻谷种植，使区域食品安全受到了新的威胁。

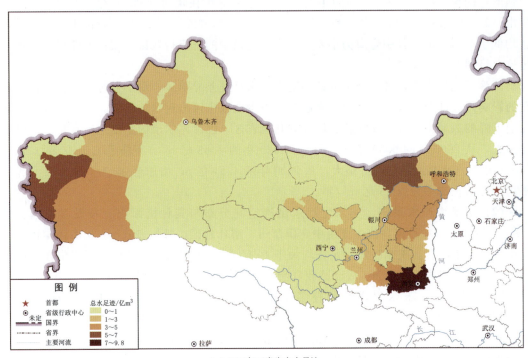

（a）2000年玉米生产水足迹

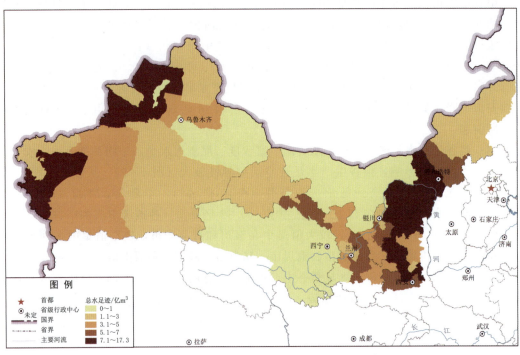

（b）2020年玉米生产水足迹

图 4-6　西北旱区玉米生产水足迹空间分布演变图

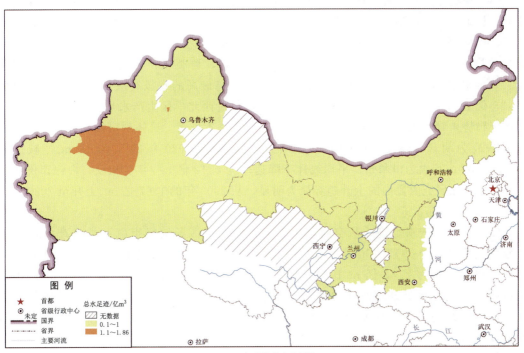

（a）2000年稻谷生产水足迹

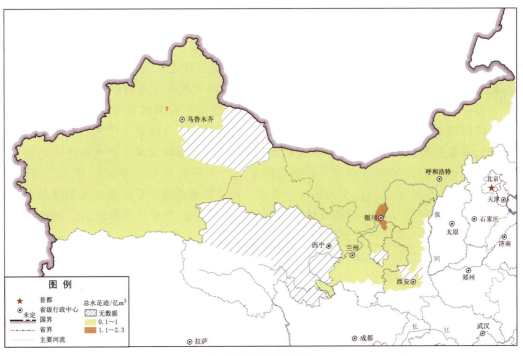

（b）2020年稻谷生产水足迹

图 4-7　西北旱区稻谷生产水足迹空间分布演变图

（4）薯类生产水足迹。西北旱区薯类生产水足迹空间差异较大，高值分布在内蒙古东北部、甘肃东南部和陕西北部（图 4-8）。乌兰察布市是西北旱区薯类生产水足迹最高的区域，多年平均值为 11.90 亿 m^3；其次是定西市（6.71 亿 m^3）、固原市（4.26 亿 m^3）；最低是阿拉善盟，为 17.48 万 m^3。从省区尺度来看，薯类生产水足迹主要聚集于内蒙古、陕西和甘肃 3 省区。甘肃省为薯类生产水足迹最高的省级行政区（多年平均值为 22.28 亿 m^3），青海省是最低的省级行政区，仅占西北旱区生产水足迹总量的 4.12%。从演变趋势来看，大部分区域薯类生产水足迹变化并不显著。具体到市级尺度，乌兰察布市下降最为明显，从 2000 年的 18.60 亿 m^3 下降至 2020 年的 5.40 亿 m^3，减少了 13.20 亿 m^3；其次为伊犁州，平均线性下降速率为 0.12 亿 m^3/年。相反，白银市的薯类生产水足迹在研究时段内的上升趋势最为明显，从 2000 年的 1.67 亿 m^3 上升至 2020 年的 3.13 亿 m^3，增加了 87.43%。

（5）豆类生产水足迹。从空间结构来看，西北旱区各地级市区豆类生产水足迹差异较为显著（图 4-9）。2000—2020 年，榆林市豆类生产水足迹最大，为 3.54 亿 m^3；其次是伊犁州，为 2.82 亿 m^3；乌海市豆类生产水足迹最小，仅为 6.17 万 m^3。各地级市区豆类生产水足迹随时间的动态变化趋势表明，随着我国大豆进口量的增加，西北旱区种植结构调整，豆类产量逐渐减小，致使大部分地级市区豆类生产水足迹随时间的推移呈显著的减小趋势（$P<0.05$）。尤其是伊犁州，2000—2020 年豆类生产水足迹年均减幅为 3.59%，由 2000 年的 3.41 亿 m^3 减少到 2020 年的 0.84 亿 m^3，减少了 24.63%。

（6）棉花生产水足迹。西北旱区棉花生产水足迹空间差异较大（图 4-10）。棉花生产水足迹较高的地区主要集中在我国棉花的主产区——新疆。其中：石河子市的棉花生产水足迹均值为西北旱区最大，为 43.82 亿 m^3；阿克苏地区次之，为 21.18 亿 m^3。从棉花生产水足迹的时间变化趋势来看，大部分地级市区棉花生产水足迹有明显变化，仅和田地区、白银市、榆林市、乌鲁木齐和吐鲁番 5 个地级市区呈现不显著变化（$P>0.05$）。其中下降的区域主要集中在陕西和甘肃地区，增加的区域集中在棉花主产区。

（7）瓜果生产水足迹。从空间结构来看，西北各地级市区瓜果生产水足迹的差异较为显著（图 4-11）。2000—2020 年，新疆的瓜果生产水足迹最大，为 5.36 亿 m^3；其次是宁夏，为 2.57 亿 m^3；之后依次为陕西、甘肃、内蒙古和青海。瓜果生产水足迹最大的省区是最小省区的 268.18 倍，间接反映了西北旱区的瓜果生产水平差异较大。从市级尺度来看，喀什地区的瓜果生产水足迹最大，为 2.24 亿 m^3；其次是中卫市，为 1.97 亿 m^3。宁夏的增幅最大，2000—2020 年增长了 376.79%（从 0.56 亿 m^3 增加至 2.67 亿 m^3）。新疆的增长率最大，为 0.21 亿 m^3/年，从 2000 年的 2.61 亿 m^3 增加至 2020 年的 5.61 亿 m^3。从各地级市区瓜果生产水足迹变化趋势来看，大部分地级市区瓜果生产水足迹呈现增加趋势，部分呈下降趋势，极少省区稳定波动。昌吉州（下降了 0.17 亿 m^3）、伊犁州（下降了 0.07 亿 m^3）、塔城地区（下降了 0.03 亿 m^3）、固原市（下降了 0.02 亿 m^3）和博尔塔拉蒙古自治州（下降了 0.01 亿 m^3）的瓜果生产水足迹呈下降趋势；果洛藏族自治州、黄南藏族自治州和嘉峪关市的瓜果生产水足迹年际变化趋势相对平稳；其他地级市区瓜果生产水足迹呈上升趋势。

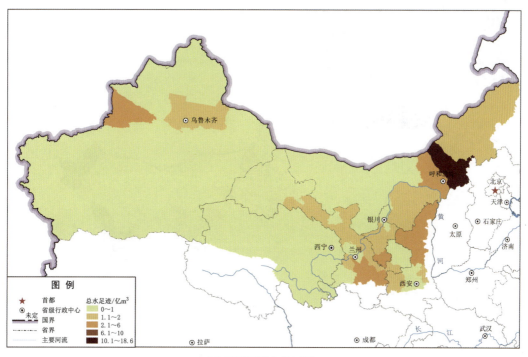

（a）2000年薯类生产水足迹

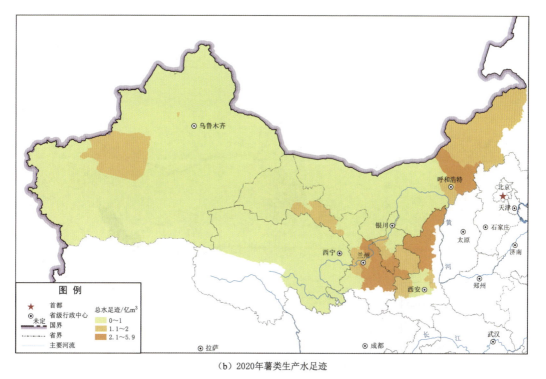

（b）2020年薯类生产水足迹

图 4-8 西北旱区薯类生产水足迹空间分布演变图

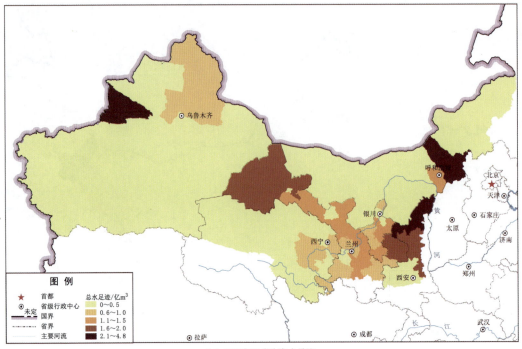

（a）2000年豆类生产水足迹

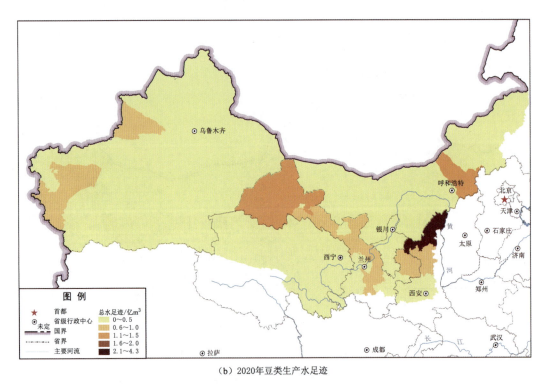

（b）2020年豆类生产水足迹

图 4-9 西北旱区豆类生产水足迹空间分布演变图

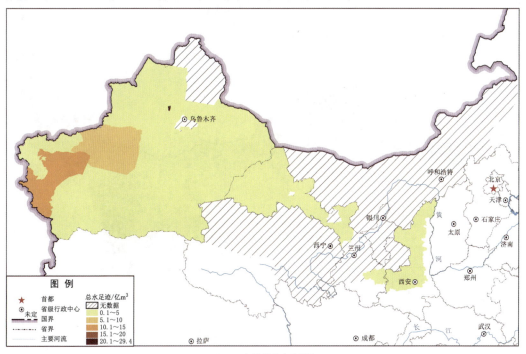

（a）2000年棉花生产水足迹

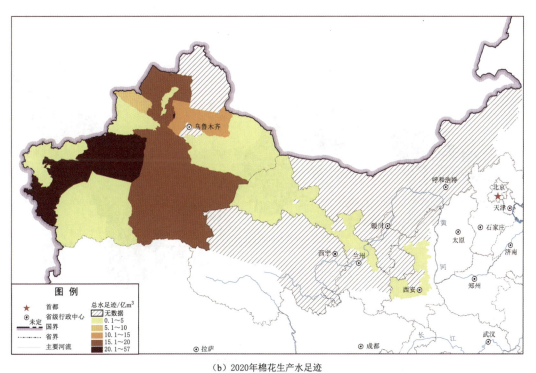

（b）2020年棉花生产水足迹

图 4-10 西北旱区棉花生产水足迹空间分布演变图

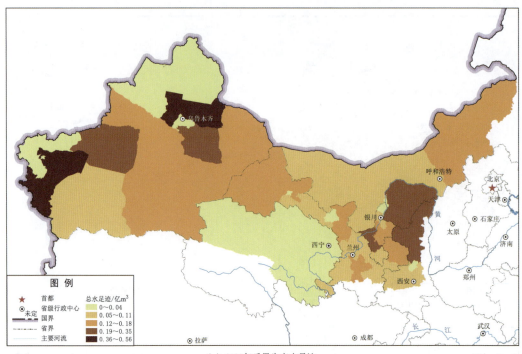

（a）2000年瓜果生产水足迹

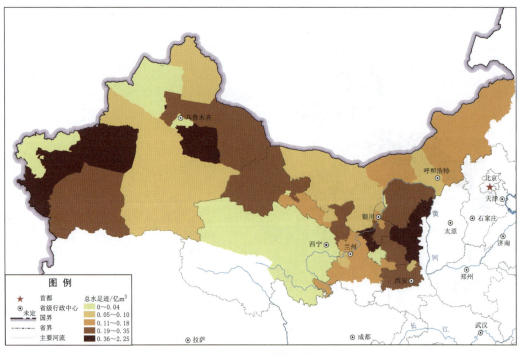

（b）2020年瓜果生产水足迹

图 4-11 西北旱区瓜果生产水足迹空间分布演变图

（8）园林水果生产水足迹。从空间分布来看，西北旱区园林水果生产水足迹空间差异显著，存在明显的空间聚集性（图4-12）。80.59%的园林水果生产水足迹聚集在陕西和新疆。延安市、咸阳市、喀什地区、榆林市、石河子市、阿克苏地区和渭南市园林水果生产水足迹较高，均超过10亿 m³。克拉玛依市和海西蒙古族藏族自治州园林水果生产水足迹较低，不足100万 m³。从演变趋势来看，仅12个地级市区园林水果生产水足迹呈现下降趋势，其余地区均呈增加趋势。园林水果生产水足迹下降的区域主要分布在甘肃省，其中张掖市的园林水果生产水足迹下降速度最大，从2000年的2.77亿 m³ 下降至2020年的0.51亿 m³，减少了81.59%。喀什地区的园林水果生产水足迹的变化量和变化速度均较大，从2000年的2.35亿 m³ 增加至2020年的22.08亿 m³，增加了9.4倍，平均线性增长速率为0.86亿 m³/年。

（9）油料生产水足迹。油料生产水足迹高值主要集中在巴彦淖尔市、伊犁州、石河子市，油料生产水足迹均大于4亿 m³（图4-13）。生产水足迹低值主要集中在果洛藏族自治州、嘉峪关市、乌海市、克拉玛依、吐鲁番、克孜勒苏州和银川市，油料生产水足迹均超过0.1亿 m³。从省区尺度来看，油料生产水足迹由大到小依次为新疆（19.77亿 m³，27.98%）、内蒙古（18.27亿 m³，25.85%）、甘肃（14.14亿 m³，20.01%）、青海（8.34亿 m³，11.81%）、陕西（5.95亿 m³，8.42%）、宁夏（4.20亿 m³，5.94%），油料生产水足迹最大的省区是最小省区的4.71倍。从变化趋势的空间分布来看，30个地级市区油料生产水足迹呈下降趋势，25个地级市区存在增加趋势，呈现出两种极端变化趋势。然而，油料生产水足迹呈显著下降趋势的地级市区高达16个。油料生产水足迹减少的地级市区多分布在宁夏、青海、甘肃东南部、陕西中北部和新疆南部；增加的地级市区主要集中在内蒙古、甘肃西北部和新疆北部，其中伊犁州下降速率和减少数量均最大（0.23亿 m³/年和7.53亿 m³），巴彦淖尔市（0.26亿 m³/年和1.83亿 m³）、乌兰察布市（0.234亿 m³/年和2.16亿 m³）和阿勒泰地区（0.23亿 m³/年和3.14亿 m³）增加速率和增加数量较大。这在一定程度上说明受种植结构的影响，西北旱区油料生产水足迹变化呈现两极分化，对区域油料主产区水资源带来新的挑战，不利于干旱地区的农业生产的可持续发展。

（10）蔬菜生产水足迹。西北旱区蔬菜生产水足迹的空间分布差异较为显著（图4-14）。从省区的尺度的量化结果来看，2000—2020年甘肃省的蔬菜生产水足迹最大，为29.19亿 m³；其次是陕西，为26.76亿 m³；此后依次是新疆、内蒙古、宁夏和青海。最大省区的蔬菜生产水足迹是最小省区的9.75倍。从市区尺度的量化结果来看，蔬菜生产水足迹较高的地级市区分布在甘肃西南部、陕西中部和新疆南部。西安市蔬菜生产总水足迹最高，为7.02亿 m³。

随着居民膳食结构的改变，西北旱区大部分区域蔬菜产量和播种面积有所增加，伴随着的蔬菜生产水足迹在随之增加。从各地级市区的变化幅度来看，乌兰察布市（60.78%）、伊犁州（60.45%）、昌吉州（27.44%）、锡林郭勒盟（40.73%）、铜川市（43.53%）、呼和浩特市（14.56%）、哈密（39.23%）、乌鲁木齐（10.99%）、博尔塔拉州（23.56%）和乌海市（4.75%）蔬菜生产水足迹呈下降趋势；相反，其余地级市区蔬菜生产水足迹呈增加趋势。从各地级市区的变化速率来看，渭南市的蔬菜生产水足迹增加速率最大，从

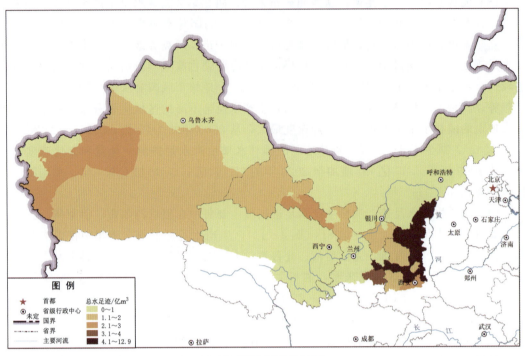

（a）2000年园林水果生产水足迹

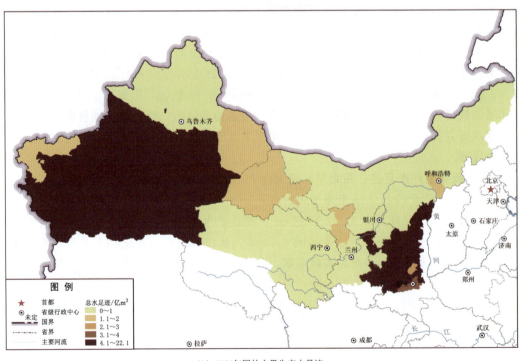

（b）2020年园林水果生产水足迹

图 4-12　西北旱区园林水果生产水足迹空间分布演变图

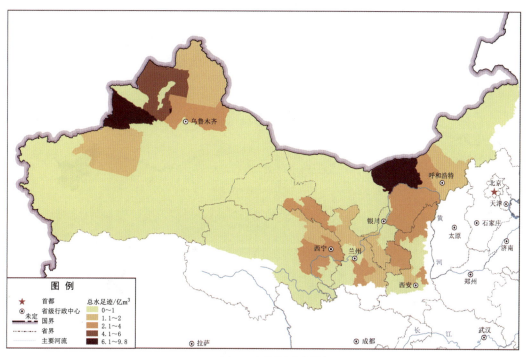

（a）2000年油料生产水足迹

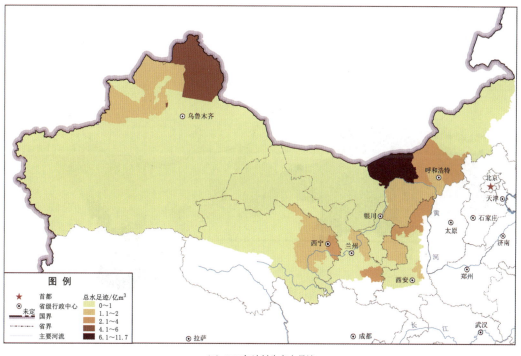

（b）2020年油料生产水足迹

图 4-13　西北旱区油料生产水足迹空间分布演变图

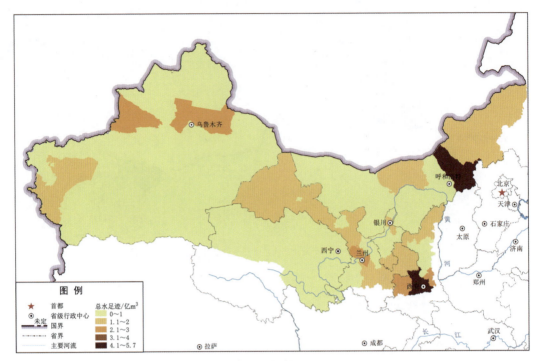

（a）2000年蔬菜生产水足迹

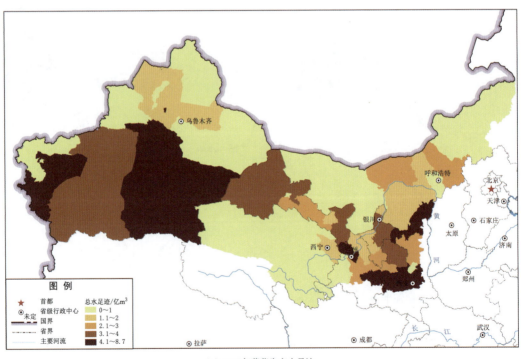

（b）2020年蔬菜生产水足迹

图 4-14　西北旱区蔬菜生产水足迹空间分布演变图

2000 年的 2.41 亿 m³ 增加至 2020 年的 8.67 亿 m³，平均增长速率为 0.35 亿 m³/年。乌兰察布的蔬菜生产水足迹下降速率最大，从 2000 年的 5.19 亿 m³ 下降至 2020 年的 2.03 亿 m³，平均下降速率为 0.17 亿 m³/年。

(11) 粮食作物生产水足迹。2000—2020 年，各地级市区的粮食作物年均生产水足迹为 0.09 亿～33.93 亿 m³（图 4-15）。较大值多分布在陕西、内蒙古中部和新疆西部，其中伊犁州、渭南市、喀什地区、咸阳市的粮食作物生产水足迹值超过 20 亿 m³，分别为 33.93 亿 m³、26.81 亿 m³、26.16 亿 m³ 和 20.23 亿 m³。较小值多集中在青海、新疆东部、内蒙古西部和甘肃北部，其中克拉玛依市、果洛藏族自治州、嘉峪关市、吐鲁番、乌海市、黄南藏族自治州、海北藏族自治州、阿拉善盟和西宁市的粮食作物生产水足迹值小于 1 亿 m³，分别为 0.09 亿 m³、0.12 亿 m³、0.13 亿 m³、0.24 亿 m³、0.25 亿 m³、0.43 亿 m³、0.92 亿 m³、0.93 亿 m³ 和 0.99 亿 m³。

随着我国从"南粮北运"向"北粮南运"格局演变，西北旱区粮食产量占比不断增加，伴随着的粮食生产水足迹也随之增加。从各地级市区粮食生产水足迹变幅来看，陕西、甘肃南部和青海的粮食生产水足迹有所减小，而新疆、内蒙古西部和甘肃北部的粮食生产水足迹有所增加。西安市的粮食生产水足迹的降幅最大，从 2000 年的 23.63 亿 m³ 降低至 2020 年的 14.99 亿 m³，主要由于西安市城市化水平的提高，致使大量农民放弃种地，导致粮食播种面积大幅度减小和粮食生产水足迹大幅度减小。巴彦淖尔市的粮食生产水足迹的减少数量最大，主要由于农业用水效率的提高，一定程度上缓解了该区域水资源压力。伊犁州、塔城地区、喀什地区粮食生产水足迹增长速率较大，年均增长率均超过 0.9 亿 m³/年。然而，西北旱区自身干旱少雨、水资源稀少，高耗水低收益的粮食产业给原本缺水的西北旱区带来巨大的水资源压力和生态压力。如不采取有效的调控措施，将进一步加剧西北旱区的水资源压力和生态压力，更不利于保障国家粮食安全。

(12) 经济作物生产水足迹。2000 年，西北旱区各地级市区的经济作物生产水足迹差距较小，50 个地级市区的经济作物生产水足迹小于 10 亿 m³（图 4-16）。随着人民生活水平日益提高、消费日益多元化，区域之间产品贸易往来频繁，西北旱区特色经济作物棉花、瓜果、园林水果等高品质农作物对于满足人民对美好生活的向往具有重要的支持作用。随着西棉外运、西果外输规模的扩大，进一步增加了经济作物生产水足迹。2000—2020 年，52 个地级市区经济作物生产水足迹呈现增加趋势，其中：石河子市增长速度最大，从 2000 年的 41.86 亿 m³ 增加至 2020 年的 84.67 亿 m³，增加了 42.81 亿 m³；其次为阿克苏地区（1.96 亿 m³/年）、喀什地区（1.93 亿 m³/年）和巴音郭楞州（1.42 亿 m³/年）。总体而言，经济作物生产水足迹变化较为明显的区域多分布在新疆，表现出较强的空间聚集特征。然而，新疆的农业发展显著与区域水资源承载力不相适应，农业的过度开发导致农业用水量大，加之用水效率低，进一步加重了区域水资源短缺。

(13) 典型作物生产水足迹。西北旱区各地级市区典型作物生产水足迹的差异较为显著（图 4-17）。2000—2020 年，石河子市的典型作物生产水足迹最大，为 82.52 亿 m³；其次为喀什地区、伊犁州、阿克苏地区，这些地级市区典型作物生产水足迹均超过 49 亿 m³。生产水足迹较小的地级市区为果洛藏族自治州、嘉峪关市、乌海市、黄南藏族自治州和克拉玛依市，其中果洛藏族自治州的典型作物生产水足迹最小，多年平均值仅为

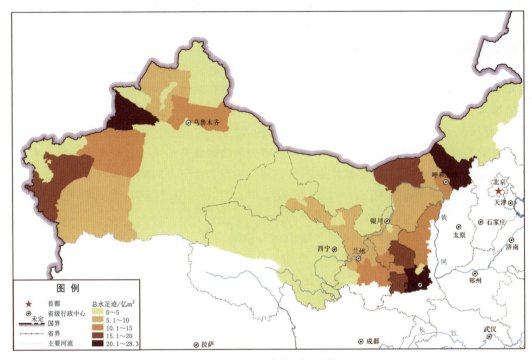

（a）2000年粮食作物生产水足迹

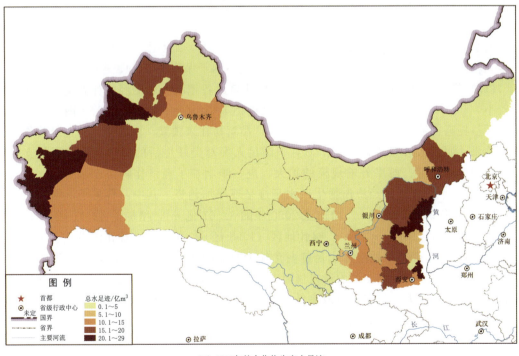

（b）2020年粮食作物生产水足迹

图 4-15　西北旱区粮食作物生产水足迹空间分布演变图

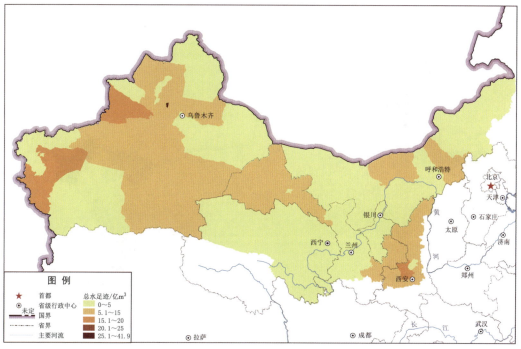

（a）2000年经济作物生产水足迹

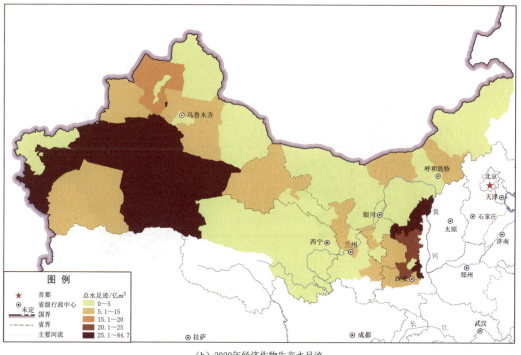

（b）2020年经济作物生产水足迹

图4-16 西北旱区经济作物生产水足迹空间分布演变图

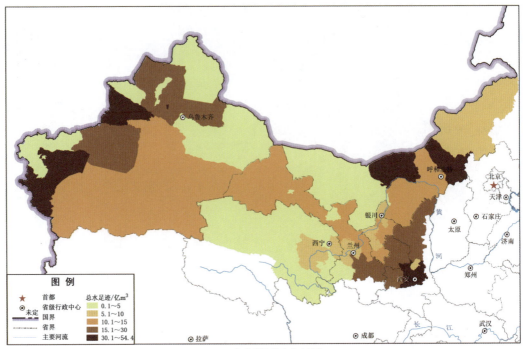

（a）2000年典型作物生产水足迹

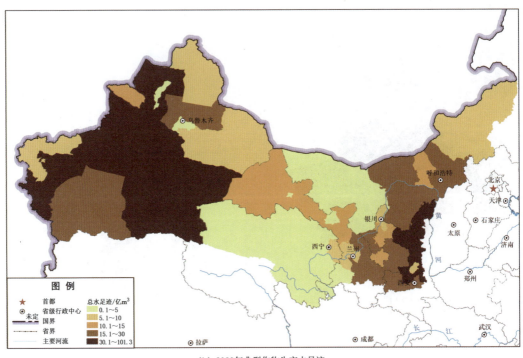

（b）2020年典型作物生产水足迹

图4-17 西北旱区典型作物生产水足迹空间分布演变图

1231.40 万 m³。

从各地级市区典型作物生产水足迹变化情况来看，40 个地级市区典型作物生产水足迹呈增加趋势。其中：喀什地区的生产水足迹增长量最大，增长了 50.91 亿 m³（从 34.12 亿 m³ 增加至 85.03 亿 m³）；其次是石河子市，增长了 46.89 亿 m³（从 54.41 亿 m³ 增加至 101.30 亿 m³）。生产水足迹的持续增长必将给区域水资源利用带来新的挑战，威胁到区域食物安全和农业可持续发展。然而，西北旱区作物主产区大多受到水资源短缺的制约，因此在大力发展适水农业的同时，为了保障国家粮食安全，迫切需要加快国家水网工程建设，实现水资源南北调配、东西互济的配置格局，促进水土资源有效匹配，为"北食南运"格局的持续提供必要的用水保障，同时也可有效缓解现有水资源短缺形势，提升耕地产能。

4.1.4 空间演变特征

通过对西北旱区 10 种典型作物的生产水足迹及生产蓝水、绿水足迹以及生产蓝水、绿水足迹构成的时间演变过程及特征分析表明，西北旱区典型作物生产水足迹及生产蓝水、绿水足迹具有以下空间演变特征：

（1）西北旱区各地级市区典型作物的生产水足迹及生产蓝水、生产绿水足迹差异大（图 4-18）。对比不同地级市区典型作物的生产水足迹及生产蓝水、生产绿水足迹结果表明，新疆和宁夏地区的地级市区要明显高于其他区域。尽管新疆地区地域辽阔，拥有大量的土地资源，但是该地区气候炎热（干旱少雨、蒸发强烈）、水资源短缺、生态环境恶化（土壤盐碱化、土地质量低），农业生产过程中除需满足作物正常生长所需水分外，还需对农田生境进行改善，一定程度上加大了对水资源的需求。然而，对西北旱区用水效率分析表明，新疆农田灌溉用水定额较高，水资源的利用效益并没有得到有效的发挥。结合新疆在我国农业生产中的重要性，未来作物产量必将增加，如不进行强有力的调控，水资源短缺、水土资源不匹配、生态环境恶化问题将逐渐成为制约经济发展与人们生活质量改善的重要因素，从而威胁到区域协调发展。

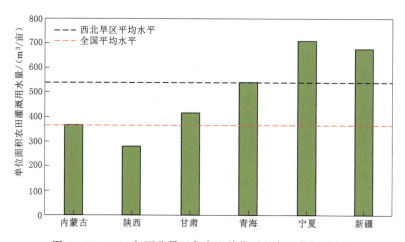

图 4-18 2020 年西北旱区各省区单位面积农田灌溉用水量

宁夏并不是西北旱区的农业主产区，2000—2020 年宁夏典型作物的生产水足迹和生产蓝水足迹仅有 59.73 亿 m³ 和 49.07 亿 m³，占西北旱区总和的 5.72% 和 5.82%。然而，宁夏的单位面积农田灌溉用水量最高，水资源浪费严重。此外，青海兼顾着"中华水塔"的作用，其最大的价值在于生态、最大的责任在生态、最大的潜力也在生态。青海地区生态的发展关乎着国家生态安全，农业不是其支撑产业，因此青海用水量相对较少，然而其单位面积农田灌溉用水量较大，仍有很大发展节水灌溉的潜力。因此，为保障区域水资源—农业—生态环境协调发展，应提高宁夏和青海对水资源的利用效率，减少农业用水量，缓解区域水资源压力[6]。

（2）由于区域农业生产和灌溉水平不同步以及作物种植重心的转变，导致各地级市区作物生产水足迹及生产蓝水、绿水足迹的变化幅度不一，造成作物生产水足迹及生产蓝水、绿水足迹的空间分布发生变化，新疆农业生产的重要性逐渐凸显。

（3）作物生产水足迹中生产绿水足迹所占比例的空间分布规律与降水量空间分布格局基本一致。降水量较大的陕西和青海，作物生产水足迹中生产绿水足迹占比较高，而降水量较少的新疆作物生产水足迹中生产绿水足迹占比较小。尽管近年来西北旱区降水量有所增加，作物生产绿水足迹有所提升，但是灌溉农业依旧是西北旱区农业生产的主力军和保障区域食物安全的基石，农业生产依旧对灌溉水有较大的需求量。

（4）从作物类型来看，不同区域主要耗水作物不同。需因地制宜，调整种植结构、研发抗旱抗高温品种或提高用水效率，从而应对水资源短缺给区域生产带来的巨大压力。

4.2　作物单产水足迹时空演变过程及特征

不同地区因自然地理条件在农业生产规模上存在较大差异，故单纯的比较地区间的作物生产水足迹不能客观反映区域种植水平。作为评价作物生产耗水较为综合的指标，作物单产水足迹从效率的角度出发能更好地规避区域空间上种植规模差异对地区农业用水效率的客观评价[7]。以西北旱区 10 种典型作物单产水足迹及作物单产蓝水、绿水足迹为研究对象，重点分析其 2000—2020 年的时空演变过程和特征。

4.2.1　时间演变过程及特征

1. 作物单产水足迹时间演变过程

2000—2020 年，西北旱区 10 种典型作物单产水足迹均呈现下降趋势。小麦单产水足迹呈波动下降趋势，由 2000 年的 1.78m³/kg 降低至 2020 年的 1.20m³/kg，年下降速率为 0.029m³/kg。2000—2020 年，玉米多年平均单产水足迹为 1.00m³/kg，玉米单产水足迹表现出显著的下降趋势（$P<0.05$），2020 年达历年最小值（0.78m³/kg），相对于 2000 年的 1.10m³/kg，减少了 29.09%。2000 年稻谷单产水足迹为 1.36m³/kg，2020 年为 0.88m³/kg，2020 年稻谷单产水足迹仅是 2000 年的 0.65 倍。作为西北旱区较为主要的粮食作物，薯类单产水足迹由 2000 年的 2.49m³/kg 下降至 2020 年的 1.57m³/kg，减少了 0.92m³/kg。2000—2020 年，豆类单产水足迹每年以 0.07m³/kg 的线性变化率下降，从 2000 年的 4.27m³/kg 下降至 2020 年的 2.78m³/kg，21 年间豆类单产水足迹均值为

$3.44m^3/kg$。2000—2020 年，园林水果单产水足迹以极显著趋势下降（$P<0.01$），从 $1.19m^3/kg$（2000 年）减少到 $0.56m^3/kg$（2020 年），减少了 52.94％。瓜果单产水足迹最小值为 $0.11m^3/kg$，最大值为 $0.18m^3/kg$，极值比为 1.59，均值为 $0.15m^3/kg$；瓜果单产水足迹的变异系数（CV）为 13.67％。根据 Nielsen 和 Bouma 提出的分类系统：强变异（$CV \geqslant 100\%$）、中等变异（$10\% < CV < 100\%$）和弱变异（$CV \leqslant 10\%$），表明研究期内瓜果单产水足迹为中等变异。2000 年西北旱区油料单产水足迹为 $4.82m^3/kg$，2020 年西北旱区油料单产水足迹为 $2.94m^3/kg$，降幅 39.00％。西北旱区棉花单产水足迹下降了 31.04％，从 2000 年的 $4.74m^3/kg$ 下降到 2020 年的 $3.27m^3/kg$，线性下降速率为每年 $0.074m^3/kg$。在整个研究时段蔬菜单产水足迹呈波动下降的走势，其中 2017 年最低，为 $0.22m^3/kg$；2000 年最高，为 $0.34m^3/kg$，极值比为 1.56，均值为 $0.26m^3/kg$，变异系数为 14.40％（表 4-2、图 4-19）。

表 4-2　　　　　　　　　西北旱区作物单产水足迹时间演变统计分析

变量	统计量	小麦	玉米	稻谷	豆类	薯类	蔬菜	棉花	油料	瓜果	园林水果
单产水足迹	最小值/(m^3/kg)	1.2	0.8	0.9	2.7	1.6	0.2	3.3	2.8	0.1	0.5
	最大值/(m^3/kg)	1.8	1.2	1.4	4.3	2.5	0.3	5.3	4.9	0.2	1.3
	极值比	2.1	0.9	1.2	11.6	3.9	0.1	17.3	13.7	0.0	0.6
	均值/(m^3/kg)	1.4	1.0	1.0	3.4	2.0	0.3	3.9	3.6	0.2	0.9
	CV/％	11.8	8.7	11.0	5.8	5.9	14.4	14.1	17.2	13.7	27.1
	$M-K$ 检验值	−4.7	−4.3	−4.4	−4.4	−3.4	−5.0	−5.1	−5.9	−5.3	−6.0
单产蓝水足迹	最小值/(m^3/kg)	1.0	0.7	0.8	2.3	1.3	0.2	2.7	2.4	0.1	0.4
	最大值/(m^3/kg)	1.5	1.1	1.3	3.8	2.2	0.3	4.6	4.4	0.1	1.1
	极值比	1.5	0.7	0.9	8.6	2.8	0.1	5.6	10.8	0.0	0.5
	均值/(m^3/kg)	1.2	0.9	0.9	3.0	1.7	0.2	3.3	3.2	0.1	0.7
	CV/％	5.9	10.1	11.8	14.1	14.0	15.2	15.2	18.1	15.1	27.8
	$M-K$ 检验值	−4.7	−4.1	−4.3	−3.4	−4.4	−6.0	−5.1	−5.6	−4.8	−5.2
单产绿水足迹	最小值/(m^3/kg)	0.2	0.1	0.1	0.4	0.3	0.0	0.4	0.4	0.0	0.1
	最大值/(m^3/kg)	0.3	0.2	0.1	0.6	0.3	0.0	0.8	0.6	0.0	0.2
	极值比	1.5	1.4	1.5	1.5	1.4	1.6	1.7	1.6	1.5	2.5
	均值/(m^3/kg)	0.2	0.1	0.1	0.5	0.3	0.0	0.6	0.4	0.0	0.1
	CV/％	10.7	8.5	9.8	9.5	9.6	5.0	13.7	13.9	11.5	24.5
	$M-K$ 检验值	−2.5	0.0	−0.3	−1.6	−2.5	−5.2	−2.4	−4.5	−2.9	−3.4

2. 作物单产蓝水足迹时间演变过程

2000—2020 年，西北旱区 10 种典型作物单产蓝水足迹的变化趋势和单产水足迹相似，均呈现下降趋势。5 种粮食作物（小麦、玉米、稻谷、薯类和豆类）单产蓝水足迹每年分别以 $0.02m^3/kg$、$0.01m^3/kg$、$0.01m^3/kg$、$0.03m^3/kg$ 和 $0.06m^3/kg$ 的变化率下降，$M-K$ 检验值分别为 −4.68、−4.14、−4.32、−4.38 和 −3.41，说明粮食作物中

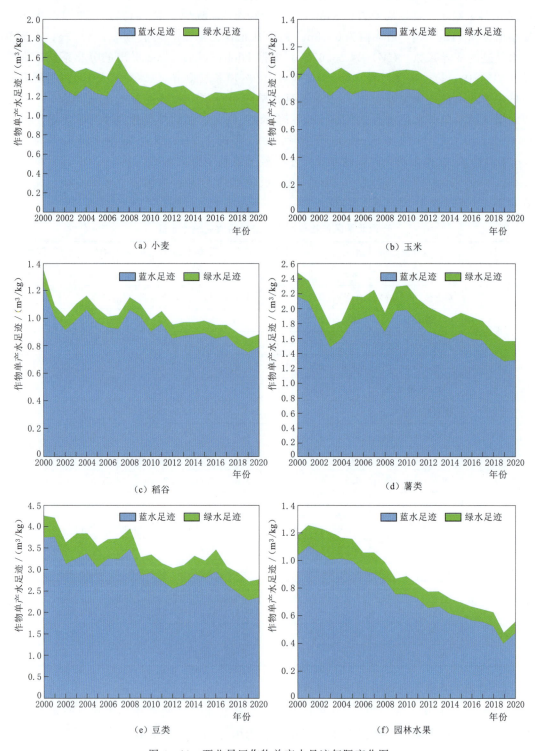

图 4 - 19　西北旱区作物单产水足迹年际变化图

小麦相对于其余作物的下降趋势最为明显。2000—2020 年，小麦、玉米、稻谷、薯类和豆类单产蓝水足迹均值分别为 1.18m³/kg、0.86m³/kg、0.94m³/kg、1.72m³/kg 和 2.98m³/kg。5 种经济作物（蔬菜、棉花、油料、瓜果和园林水果）多年平均单产蓝水足迹分别为 0.23m³/kg、3.32m³/kg、3.19m³/kg、0.12m³/kg 和 0.78m³/kg。2020 年，蔬菜、棉花、油料、瓜果和园林水果单产蓝水足迹分别为 0.19m³/kg、2.79m³/kg、2.59m³/kg、0.09m³/kg 和 0.48m³/kg，相对于 2000 年的 0.30m³/kg、4.12m³/kg、4.34m³/kg、0.16m³/kg 和 1.04m³/kg，减少了 36.67%、32.28%、40.32%、43.75% 和 53.85%。

3. 作物单产绿水足迹时间演变过程

西北旱区小麦、玉米、稻谷、豆类和薯类单产绿水足迹均值分别为 0.21m³/kg、0.14m³/kg、0.09m³/kg、0.46m³/kg 和 0.29m³/kg，豆类单产绿水足迹最大，是稻谷的 5 倍多。2000—2020 年，5 种粮食作物的单产绿水足迹均呈减少趋势，相较于 2000 年，2020 年单产绿水足迹分别减少了 0.06m³/kg、0.02m³/kg、0.02m³/kg、0.10m³/kg 和 0.07m³/kg。其中：小麦单产绿水足迹的年际间变异较大，为 0.18～0.26m³/kg；其次为稻谷、薯类、豆类；玉米单产绿水足迹年际差异最小。2000—2020 年，5 种经济作物单产绿水足迹由大到小依次为棉花、油料、园林水果、蔬菜、瓜果。5 种经济作物年际变化均呈显著下降趋势（$P < 0.05$），其中棉花单产绿水足迹的年际变化下降趋势最为显著，每年减少 0.01m³/kg。尽管西北旱区 10 种典型农作物单产绿水足迹均有所下降，但年际波动没有作物单产水足迹和单产蓝水足迹明显。绿水足迹的波动主要受作物生育期内有效降水量及其时空分布特征的影响，难以人为调控。而蓝水足迹的变化主要受作物种植结构和规模、农业现代化水平、灌溉方式以及水资源利用效率等因素的影响。由此说明，近年来社会发展对西北旱区作物单产水足迹的影响远大于气候变化的影响。

从单产水足迹组成结构变化来看，西北旱区的 10 种典型农作物均以蓝水足迹为主，这与西北旱区稀少的降水量有关，农作物主要以地表水或地下水的补给来维持耗水。蓝水足迹占比值从大到小依次是稻谷（90.75%）、油料（88.37%）、蔬菜（86.89%）、豆类（86.46%）、园林水果（85.78%）、玉米（85.61%）、薯类（85.38%）、小麦（85.10%）、棉花（85.09%）、瓜果（84.95%）；绿水足迹则相反。2000—2020 年，10 种典型农作物单产蓝水足迹占比均呈现下降趋势，说明农业节水取得成效，对灌溉用水的依赖度有所降低。西北旱区节水农业的发展以及高效节水灌溉技术在农业上的应用对控制区域农业用水量、提高农业用水效率、缓解区域水资源压力、保障农业可持续发展起着积极作用。

4. 作物单产水足迹及单产蓝水、绿水足迹时间演变特征

通过对西北旱区 10 种典型作物单产水足迹及单产蓝水、绿水足迹的演变过程进行分析可以发现，西北旱区作物单产水足迹及单产蓝水、绿水足迹在研究期内具有以下时间演变特征：

（1）作物单产水足迹及单产蓝水、绿水足迹均有所减少。2000—2020 年，西北旱区灌溉水量为 795.10 亿～935.35 亿 m³。然而，作物单产水足迹及单产蓝水、绿水足迹均有

所下降，且大多数作物生产水足迹及生产蓝水、绿水足迹在研究时段内的下降趋势都达到显著水平。主要由于区域农业用水效率的提高，在一定程度上减少了作物生产对水资源的需求量，缓解了区域水资源压力。

（2）作物单产蓝水足迹下降趋势均较单产绿水足迹显著。主要原因在于作物单产蓝水足迹与作物生产过程中的用水量和单位面积产量有关，而作物单产绿水足迹则由作物生长过程中所消耗的绿水资源量和单位面积产量所决定。2000—2020 年，西北旱区降水量呈增加趋势，年均增至 0.84mm（图 4-20）。降水量的增加一定程度上抵消了单位面积产量增加对单产绿水足迹下降的促进作用。因而，作物单产绿水足迹的下降趋势没有作物单产蓝水足迹显著。

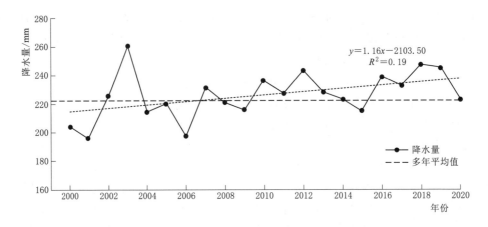

图 4-20　2000—2020 年西北旱区年降水量变化特征

（3）虽然作物单产绿水足迹所占比例较小，但近年来有所增加。从单产水足迹的蓝、绿水构成来看，西北旱区作物生产主要依靠蓝水资源（灌溉水或地下水），10 种典型作物单产蓝水足迹占比多年平均值均超过 80%。然而，通过对作物单产蓝、绿水足迹的时间演变过程分析表明，10 种典型作物单产绿水足迹占比均有所增加。除了与降水量增加有关外，还与雨水资源的利用效率有所提升有关[8]。

（4）作物之间单产水足迹差异较大，粮食作物单产水足迹高于经济作物的单产水足迹。对比不同作物的单产水足迹可以发现，单产水足迹均值从大到小依次是棉花（3.90m³/kg）、油料（3.60m³/kg）、豆类（3.44m³/kg）、薯类（2.01m³/kg）、小麦（1.39m³/kg）、稻谷（1.03m³/kg）、玉米（1.00m³/kg）、园林水果（0.90m³/kg）、蔬菜（0.26m³/kg）、瓜果（0.15m³/kg），粮食作物的单产水足迹相较园林水果、瓜果、蔬菜等经济作物（除油料和棉花外）的单产水足迹要高，这说明不同作物间的水分生产力存在较为显著的差异。

对于西北旱区，若仅从水资源利用的角度考虑，应种植水分生产力较高（即单产水足迹较低）的作物，如水果、蔬菜。然而，作为我国主要的粮食生产区域，西北旱区肩负着国家的粮食生产任务，保障着国家的粮食安全，需维持甚至增加一定粮食作物种植面积。除此之外，西北旱区棉花、哈密瓜、葡萄、苹果、西红柿等经济作物世界驰名，在满足人民对美好生活的向往的同时支撑着西北旱区的经济发展。因此，西北旱区可以通过种质资源创新、改进灌溉技术、深度挖掘非常规水源利用率等手段，加快发展高水效农业，大规模提高农业用水效率，从而大力发展节水农业。

4.2.2 空间演变过程及特征

由于气候和农业生产环境等因素都影响作物生产水足迹，因此作物单产水足迹具有显著空间分布特征。

（1）小麦单产水足迹。 2000—2020 年，西北旱区小麦单产水足迹空间分布差异较为明显（图 4 - 21）。就 21 年均值而言，嘉峪关（0.79m³/kg）、张掖（0.83m³/kg）、金昌（0.85m³/kg）、酒泉（0.87m³/kg）、武威（0.95m³/kg）、石河子市（0.95m³/kg）以及阿克苏地区（0.97m³/kg）的小麦单产水足迹较低；榆林市（4.82m³/kg）、定西市（2.36m³/kg）、固原市（2.14m³/kg）以及庆阳市（2.05m³/kg）等地级市区的小麦单产水足迹较高。内蒙古和青海主要种植春小麦，种植时期主要从每年 3 月底到 8 月底；而宁夏、甘肃、陕西和新疆主要为春、冬小麦混种，生长期处在干旱少雨的季节，对于水资源的需求较大。

随着小麦单位面积产量水平和用水效率的提高，西北旱区大部分地级市区的小麦单产水足迹均出现不同程度变化。2000—2020 年，有 24 个地级市区小麦单产水足迹不显著减少，23 个地级市区小麦单产水足迹显著减少，7 个地级市区小麦单产水足迹不明显增加。就变化速率和变化幅度而言，榆林市小麦单产水足迹下降速率和变幅均最大，其下降速率为每年 0.24m³/kg，其变幅为 71.47%；吴忠市小麦单产水足迹增加速率和变幅均最大，其下降速率为每年 0.04m³/kg，其变幅为 124.04%。正是由于各地级市区变化的差异性，造成了区域小麦单产水足迹空间格局发生变化，吴忠市取代榆林市，成为小麦单产水足迹最高的区域。

（2）玉米单产水足迹。 玉米单产水足迹空间差异明显（图 4 - 22）。高值区主要集中在内蒙古北部，低值区主要集中在青海地区。2000—2020 年，玉米单产水足迹较大的地级市区有锡林郭勒盟（3.72m³/kg）、乌兰察布市（1.57m³/kg）以及定西市（1.48m³/kg）。海东市玉米单产水足迹最小，仅 0.06m³/kg。

33 个地级市区玉米单产水足迹有所减小，其中定西市玉米单产水足迹下降速度和降幅均最大，由 2000 年的 3.34m³/kg 下降至 2020 年的 0.85m³/kg，年均变化速率为 0.11m³/kg，降幅为 74.55%。玉米单位质量水足迹的降低反映出区域玉米用水效率不断地提高。22 个地级市区玉米单产水足迹在研究期内有所增加，显著增加区域主要集中于青海地区。随着国家政策支持以及技术手段发展，玉米种植逐渐得到重视，产量和播种面积逐渐增加。

（3）稻谷单产水足迹。 稻谷单产水足迹高值主要集中在新疆和甘肃西北部，低值分布在内蒙古地区（图 4 - 23），这是由于区域差异较大的稻谷单产水平所造成的。就 2000—2020 年均值而言，稻谷单产水足迹较低的地级市区有固原市（0.11m³/kg）、克拉玛依（0.36m³/kg）、锡林郭勒（0.36m³/kg）、呼和浩特（0.36m³/kg）、乌兰察布（0.36m³/kg）、包头（0.37m³/kg）、鄂尔多斯（0.39m³/kg）、巴彦淖尔（0.40m³/kg）、乌海（0.41m³/kg）、阿拉善（0.43m³/kg）、阿勒泰（0.43m³/kg），这些地级市区的稻谷

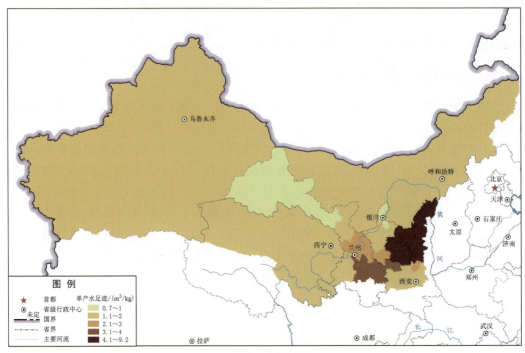

（a）2000年小麦单产水足迹

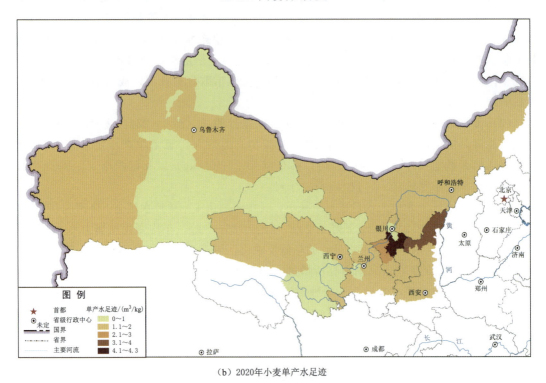

（b）2020年小麦单产水足迹

图 4 - 21　西北旱区小麦单产水足迹空间分布演变图

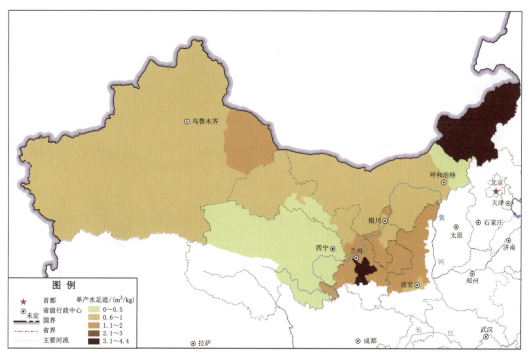

（a）2000年玉米单产水足迹

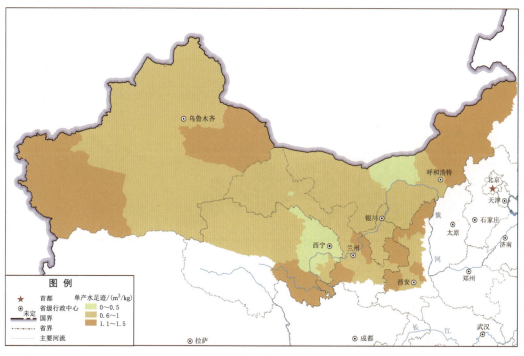

（b）2020年玉米单产水足迹

图 4-22　西北旱区玉米单产水足迹空间分布演变图

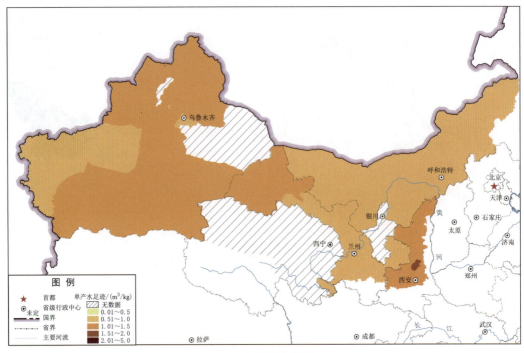

（a）2000年稻谷单产水足迹

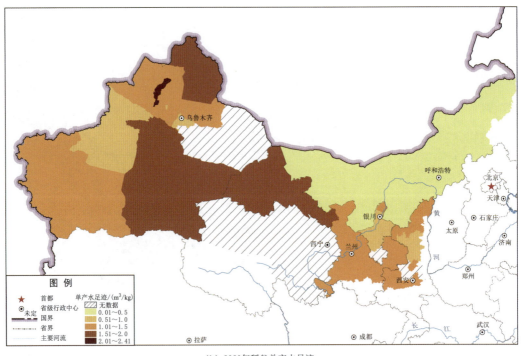

（b）2020年稻谷单产水足迹

图 4-23　西北旱区稻谷单产水足迹空间分布演变图

单产水足迹低于 0.5m³/kg。渭南市（1.74m³/kg）、巴音郭楞州（1.57m³/kg）稻谷单产水足迹大于 1.5m³/kg；其余地级市区稻谷单产水足迹均介于 0.5～1.5m³/kg 之间。

从变化趋势的空间分布来看，20 个地级市区稻谷单产水足迹有明显下降趋势。渭南市稻谷单产水足迹下降的绝对数量最大（1.42m³/kg），锡林郭勒盟降幅最大（54.82%）。25 个地级市区研究期内稻谷单产水足迹表现出增加趋势，酒泉市增加量最大，从 2000 年的 1.06m³/kg 增加至 2020 年的 1.80m³/kg。总的来看，增加区域主要集中在宁夏和甘肃地区，减少区域集中在内蒙古和陕西中部和北部。

（4）薯类单产水足迹。西北旱区薯类单产水足迹空间分布差异显著，整体表现为两边大中间小（图 4-24）。就多年平均值而言，克拉玛依市的薯类单产水足迹最低，其值为 0.31m³/kg，其次由低到高依次为阿拉善盟（0.44m³/kg）、巴彦淖尔市（0.61m³/kg）、吐鲁番（0.63m³/kg）、乌海市（0.69m³/kg）、鄂尔多斯市（0.98m³/kg）和果洛藏族自治州（0.99m³/kg），这些地级市区薯类单产水足迹均小于 1m³/kg。随着西北旱区薯类产量水平和用水效率的提高，大部分地级市区的薯类单产水足迹出现了不同程度的下降，其中：吴忠市的变化速率最大，每年为 0.22m³/kg；锡林郭勒盟变化量最大，由 2000 年的 6.58m³/kg 降低至 2020 年的 0.95m³/kg，减少了 5.63m³/kg。

（5）豆类单产水足迹。受区域技术、气候等因子的影响，不同年份豆类单产水足迹当量空间变化较大（图 4-25）。2000 年，豆类单产水足迹较大的地级市区是石嘴山市、吴忠市、银川市和榆林市，较小的地级市区是石河子市、西安市、阿克苏地区、喀什地区。2005 年，豆类单产水足迹较大的地级市区是吴忠市、榆林市、中卫市、银川市、石嘴山市，最小的地级市区是黄南藏族自治州。2010 年，豆类单产水足迹大于 10m³/kg 的地级市区包含石嘴山市（19.667m³/kg）、银川市（10.52m³/kg）和吴忠市（10.05m³/kg），西安和乌鲁木齐豆类单产水足迹小于 1.5m³/kg。2015 年，西北旱区各地级市区豆类单产水足迹为 1.43～9.72m³/kg，其中吴忠市最高，乌鲁木齐市最低。2020 年，西北旱区豆类单产水足迹为 0.15～7.62m³/kg，最大地级市区的豆类单产水足迹是最小地级市区的 50.21 倍。总体而言，豆类单产水足迹较高值集中分布在宁夏，较低值集中分布在新疆。主要原因在于宁夏大豆的产量不稳定且产量低、播种面积大导致大豆的水资源利用效率低，而新疆大豆在研究期间相较于其他省区具有较大的单产水平。

除此之外，从变化趋势上看，48 个地级市区的豆类单产水足迹呈现下降趋势，其中石嘴山市下降速率最大，从 2000 年的 26.10m³/kg 下降至 2020 年的 6.32m³/kg，降幅为 75.77%。7 个地级市区豆类单产水足迹呈现增加趋势，但增加趋势较小且差异不大，增加速率介于每年 0.01～0.06m³/kg 之间。

（6）棉花单产水足迹。西北旱区的棉花单产水足迹在空间分布上表现出极大差异化（图 4-26）。各地级市区棉花单产水足迹多年均值为 2.66～24.26m³/kg，最大值出现在榆林市，最小值出现在张掖市。空间分布的总体特征为由东向北减小特征。主要原因在于棉花单产水足迹不仅和棉花生产过程中的用水效率有关，还与单位面积的棉花产量密切相关，而西北旱区 90% 的棉花来源于新疆。从棉花单产水足迹变化率的空间分布来看，55 个地级市区表现为减小，其中榆林减少最快，变化速率为每年 2.91m³/kg，造成这一显著变化的原因是棉花种植面积不断减少的同时单产水平的稳定提高。

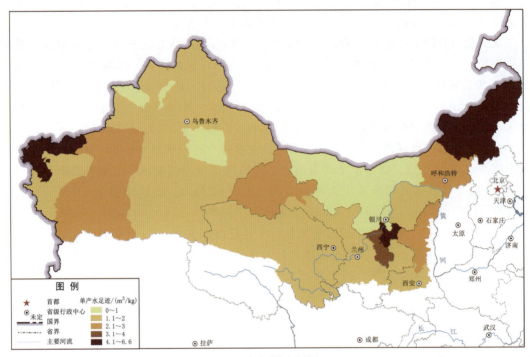

（a）2000年薯类单产水足迹

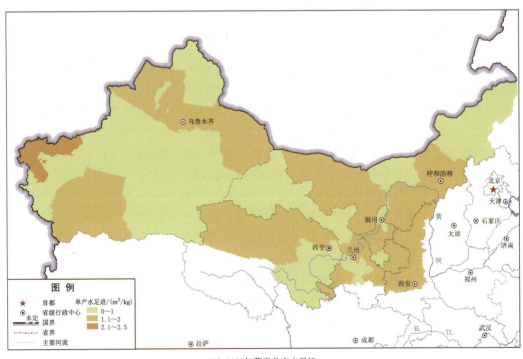

（b）2020年薯类单产水足迹

图 4-24　西北旱区薯类单产水足迹空间分布演变图

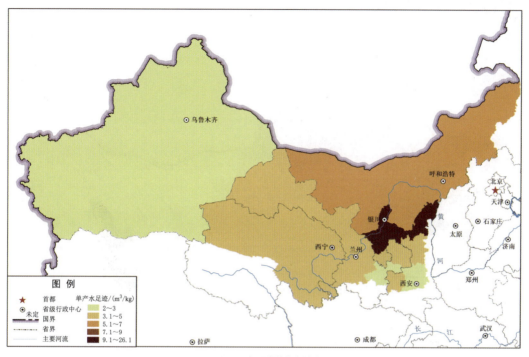

（a）2000年豆类单产水足迹

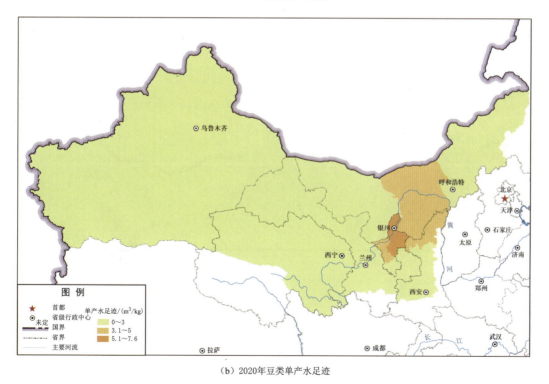

（b）2020年豆类单产水足迹

图 4-25 西北旱区豆类单产水足迹空间分布演变图

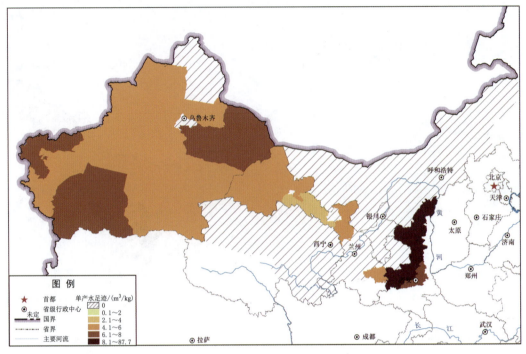

（a）2000年棉花单产水足迹

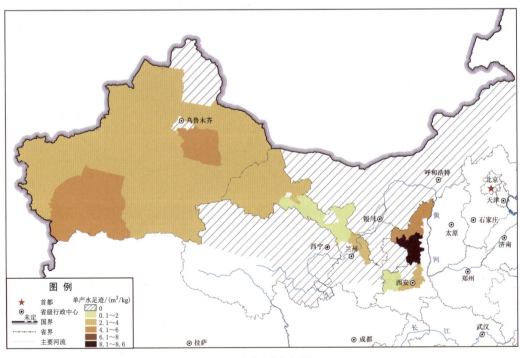

（b）2020年棉花单产水足迹

图4-26　西北旱区棉花单产水足迹空间分布演变图

（7）瓜果单产水足迹。西北旱区瓜类单产水足迹多年均值为 $0.09\sim0.28\text{m}^3/\text{kg}$，极值比为 3.03，表明西北旱区瓜果单产水足迹空间差异较大（图 4-27）。高值区集中在宁夏南部和新疆地区，而低值区分布在甘肃。随着农业科技的进步、管理方式的改变，单位面积产量有大幅度提高，单产水足迹有所下降，水资源利用效率提高。相对于 2000 年，2020 年西北旱区有 42 个地级市区瓜果单产水足迹有所下降，其中固原市减少量（$0.75\text{m}^3/\text{kg}$）最大。

（8）园林水果单产水足迹。就 2000—2020 年均值而言，西北旱区园林水果单产水足迹在 $0.40\sim4.68\text{m}^3/\text{kg}$ 之间，其空间分布表现为西高东低的分布格局，水足迹高值区主要集中分布在青海（图 4-28）。主要原因在于青海的园林水果播种面积相对较少，单产也较低，其园林水果产业呈现不断萎缩的趋势，导致该区域园林水果单产水足迹较高。2000—2020 年，除青海和新疆外，区域内其他地区都呈下降趋势。作为特色的园林水果生产地，新疆水资源相对短缺，如何更好地实现区域水资源高效利用与园林水果产业不断发展，已经成为当地园林水果产业发展急需解决的关键问题。

（9）油料单产水足迹。尽管油料是西北旱区的经济作物，但是由于其种植效益差、单产水平低，因此其单产水足迹在西北旱区较大，属于高耗水作物。从多年均值来看，油料单产水足迹在各地级市区差距较为明显，均值最大在哈密市（$7.57\text{m}^3/\text{kg}$），最小在临夏回族自治州（$1.73\text{m}^3/\text{kg}$）。其单产水足迹在各个地级市区波动变化均较为显著（图 4-29）。有 47 个地级市区在研究期内油料单产水足迹有所降低。下降数量较大的地级市区有乌兰察布市、中卫市、锡林郭勒盟、固原市、吴忠市、白银市和榆林市，下降数量均大于 $5\text{m}^3/\text{kg}$。主要原因是随着国家推出了一系列有关油料的生产支持政策和农业水平的上升，油料生产得以发展。仅嘉峪关市、张掖市、酒泉市、阿克苏地区、哈密市、克孜勒苏州、喀什地区和和田地区这 8 个地级市区油料单产水足迹表现出增加趋势。

（10）蔬菜单产水足迹。蔬菜是西北旱区重要的经济作物之一，然而蔬菜有许多的种类，生长在从春到冬的各个时期。近年来，为弥补市场供给的季节性短缺以及充分利用当地的光热资源，许多蔬菜类作物都实行反季节生产。因此，充分而详细地描述各类蔬菜作物的水分供需十分困难。在实际分析时对这一问题进行简化处理，即蔬菜类作物的水足迹不具体针对某种作物进行分析，分析时假定用于种植蔬菜的田块周年都有蔬菜生长，并始终处于生长旺盛的状态，统一作为一种作物处理。作物系数依据目前种植比例较大的几种蔬菜作物的平均值。

2000 年，西北旱区地级市区蔬菜单产水足迹为 $0.11\sim2.63\text{m}^3/\text{kg}$，其中中卫市最高，其次依次为吴忠市、银川市、石嘴山市、海北藏族自治州、固原市和定西市等区域（图 4-30）。随着蔬菜单位面积产量水平和用水效率的提高，西北旱区大部分地级市区的蔬菜单产水足迹均出现不同程度的下降。2020 年相较于 2000 年，固原市的降幅最大，其值为 90.19%；呼和浩特市的降幅最小，为 9.73%。中卫市下降数量和下降速度均最大，由 2000 年的 $2.63\text{m}^3/\text{kg}$ 下降至 2020 年的 $0.34\text{m}^3/\text{kg}$，减少了 $2.29\text{m}^3/\text{kg}$，年平均线性下降速率为 $0.11\text{m}^3/\text{kg}$。正是由于各地级市区变化的差异性，造成了区域蔬菜单产水足迹空间格局发生变化，果洛藏族自治州取代中卫市，成为蔬菜单产水足迹最高的区域。

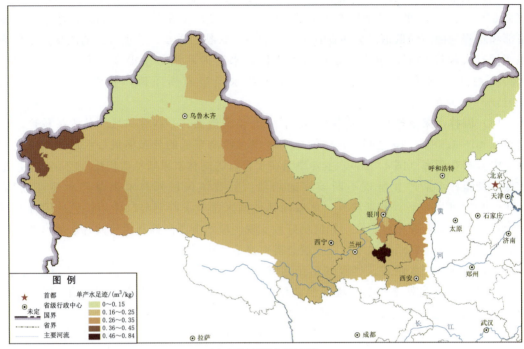

（a）2000年瓜果单产水足迹

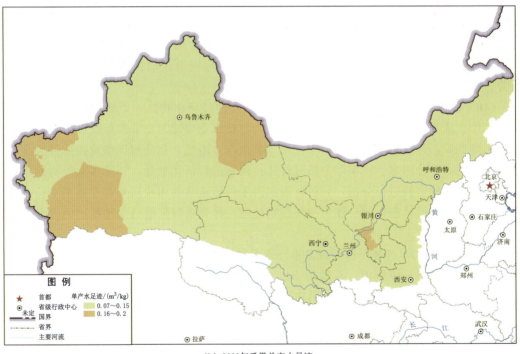

（b）2020年瓜果单产水足迹

图 4 - 27　西北旱区瓜果单产水足迹空间分布演变图

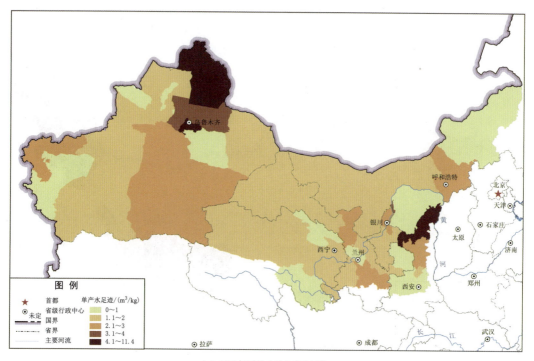

（a）2000年园林水果单产水足迹

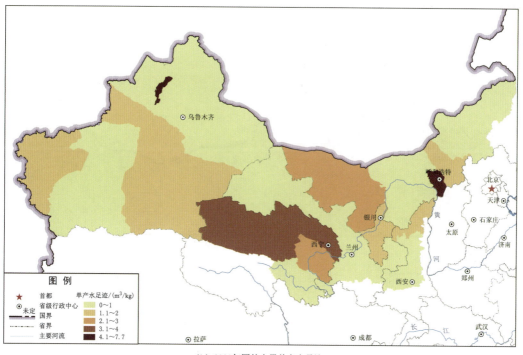

（b）2020年园林水果单产水足迹

图4-28 西北旱区园林水果单产水足迹空间分布演变图

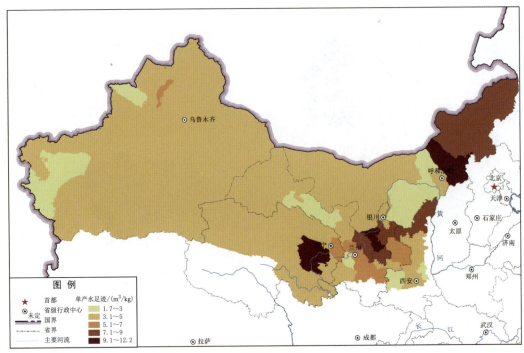

（a）2000年油料单产水足迹

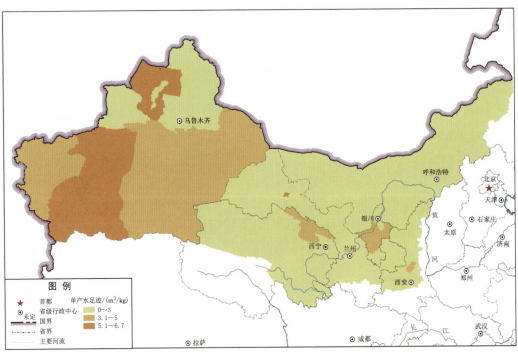

（b）2020年油料单产水足迹

图 4-29　西北旱区油料单产水足迹空间分布演变图

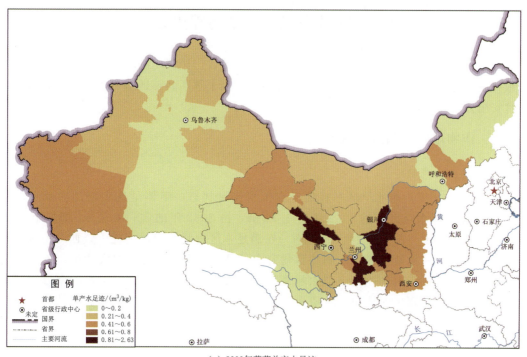

（a）2000年蔬菜单产水足迹

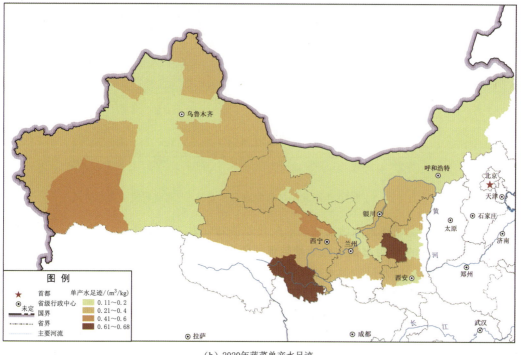

（b）2020年蔬菜单产水足迹

图 4-30 西北旱区蔬菜单产水足迹空间分布演变图

4.3　区域虚拟水流动与伴生效应

虽然西北旱区水资源缺乏，但已成为我国主要粮食、经济作物和特色林果的生产基地和粮食生产的战略后备区。分析虚拟水变化特征可以了解西北旱区水资源利用及其对国家粮食安全方面的贡献。

4.3.1　作物虚拟水时间演变过程

1. 总虚拟水流动

2003—2020 年，西北旱区一直处于虚拟水流出状态，整体呈现先增加后减少的趋势，2020 年虚拟水流出量是 2003 年的 2.79 倍，由 2003 年的 52.64 亿 m^3 增加至 2020 年的 146.63 亿 m^3（图 4-31）。一方面，在满足本区食物需求的前提下，西北旱区作物流出保障了我国其他地区或国际间的食物安全。另一方面，随着我国农业生产不断向北转移和集中，内嵌于农作物的虚拟水越来越多地从缺水的北方地区向丰水的南方地区输出。虚拟水流出加剧了西北旱区水资源压力，对极度缺水的西北旱区农业可持续发展极为不利[9]。

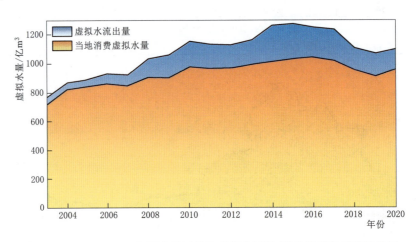

图 4-31　2003—2020 年西北旱区作物虚拟水贸易/当地消费量演变趋势图

具体可将西北旱区虚拟水流动的动态变化趋势划分为 3 个阶段：

（1）2003—2007 年为虚拟水流动量较低的阶段。西部大开发战略、"南水北调"水资源保护工程的实施，以及随着粮食市场化进程的深入，粮食价格和种粮收益持续走低，直接影响到该区域作物的产量。为保护和提高粮食生产能力，立足国内解决粮食供给，确保国家粮食安全，2003 年以来国家颁布了一系列农业保护政策。例如 2004 年初，中央发布新世纪以来关于"三农"问题的首个"一号文件"，进一步强调要求"集中力量支持发展粮食产业，促进种粮农民增加收入。"重新激励农户从事农业生产，农业生产处于恢复性增长阶段，因此虚拟水流动量较少。

（2）2008—2015 年为虚拟水流动量增加阶段。该阶段受作物产量和播种面积的高速增长，西北旱区虚拟水流动量也有所增加[10]。

（3）2016 年至今为虚拟水流动量下降阶段。伴随着西北旱区作物种植结构的调整以及农业高新技术的不断提高，高效节水、施肥技术等大面积的推广，引起西北旱区的农业生产方式逐渐由粗放型向节约型转变。单位面积农田灌溉用水量减少，用水效率提升，作物生产水足迹下降，从而间接影响了虚拟水流动量（图 4-32）。

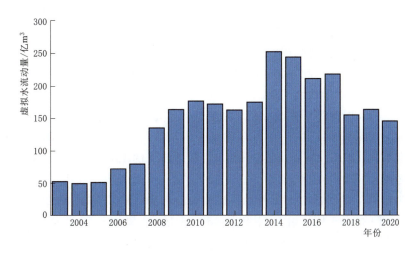

图 4-32　2003—2020 年西北旱区虚拟水流动量演变图

2. 作物虚拟水流动

从作物种植结构来看，稻谷和豆类是西北旱区主要的虚拟水流入作物，多年平均值分别占西北旱区虚拟水流入总量的 90.66% 和 9.34%。小麦、玉米、薯类、水果、棉花和油料是西北旱区主要的虚拟水流出作物，多年平均值分别占西北旱区虚拟水流出总量的 18.94%、15.03%、10.56%、17.86%、33.34% 和 4.27%。这与西北旱区整体作物种植结构以及区域需求量有关（图 4-33）。

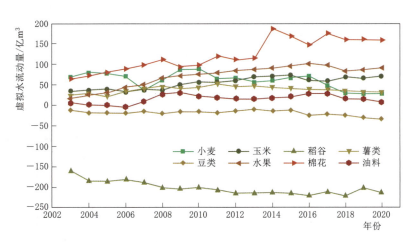

图 4-33　2003—2020 年西北旱区具体作物虚拟水流动量演变图

2003—2020 年，小麦虚拟水流出量呈波动下降趋势，流出量由 2003 年的 70.78 亿 m^3 波动下降至 2020 年的 31.26 亿 m^3，多年平均值为 61.98 亿 m^3。最高流出量发生于 2010 年（89.48 亿 m^3），最小流出量发生于 2019 年（30.27 亿 m^3），最大流出量是最小流出量的 2.96 倍。这主要由于小麦产量和单产水足迹的变化。从小麦虚拟水流出量占小麦生产水足迹的比例变化趋势来看，西北旱区小麦的虚拟水流出占比整体呈现下降趋势，从 2003 年的 42.28% 下降至 2020 年的 18.71%。这主要由于种植结构的调整、居民食物消费需求的转变以及小麦单产水足迹的显著下降。

伴随着玉米贸易量的增加（从 2003 年的 425.15 万 t 增加至 2020 年的 1009.40 万 t，增加了 178.25%），2003—2020 年玉米虚拟水流出量整体呈极显著增加趋势（$Z = 3.94 > 1.96$），输出的虚拟水量增加了 93.38%，年均虚拟水流出量增长 0.93 亿 m^3。通过对玉米虚拟水流出量的长时间序列检验分析，发现其流出量可划分为两个阶段，分别为 2003—2006 年的稳定波动阶段和 2006—2020 年的显著增加阶段。这两个阶段的玉米虚拟水流出量均值分别为 37.09 亿 m^3 和 61.34 亿 m^3，后者是前者的 1.65 倍。西北旱区玉米的虚拟水流出占比为 18.86%～28.29%。

2003—2020 年，稻谷虚拟水流入量呈显著增加趋势（$P < 0.05$），2020 年稻谷虚拟水流入量为 2003 年的 1.35 倍，由 2003 年的 159.41 亿 m^3 增加至 2020 年的 214.50 亿 m^3。西北旱区稻谷虚拟水流入量在 2007 年发生了一次突变，突变前后的虚拟水流入量多年均值分别为 180.34 亿 m^3 和 211.15 亿 m^3，后者是前者的 1.17 倍。从西北旱区稻谷虚拟水流入量占稻谷消费水足迹的比例来看，2003—2020 年稻谷虚拟水流入量占当地消费量的 90% 以上，通过贸易大量输入稻谷为西北旱区缓解了约 200 亿 m^3 的水资源压力，有利于区域农业的可持续发展。

西北旱区薯类虚拟水流出量随时间变化呈现出不显著的增加趋势（$P > 0.05$），虚拟水流出量由 2003 年的 23.84 亿 m^3 增加至 2020 年的 33.70 亿 m^3。虚拟水流出量仅增加了 41.38%。$M - K$ 突变检验显示，2003—2020 年薯类虚拟水流出量随时间的变化划分为两个阶段：2003—2011 年为增加阶段，增加了 29.38 亿 m^3；2012—2020 年为下降阶段，年均下降率为 8.09%。需要注意的是，尽管 2012—2020 年西北旱区薯类虚拟水流出量有所下降，但是从流出量占薯类生产水足迹的比例来看，2012—2020 年薯类虚拟水流出比多年平均值 52.79%。说明大量的薯类生产用于贸易，而作物用水效率的提高，一定程度上缓解了区域水资源压力。

2003—2020 年豆类虚拟水流入量呈现出不显著增加的趋势（$Z = 1.52 < 1.96$），多年平均豆类虚拟水流入量为 18.09 亿 m^3。说明通过输入豆类为西北旱区缓解了约 18 亿 m^3 的水资源压力，有利于区域农业的可持续发展。从西北旱区豆类虚拟水流入量占豆类消费水足迹的比例来看，西北旱区豆类虚拟水流入占比整体呈现增加趋势，从 2003 年的 21.04% 增加至 2020 年的 61.25%。进一步反映了西北旱区的豆类安全与国际、国内贸易的密切相关。

2003—2020 年水果虚拟水流出量增长了 426.35%，由 17.46 亿 m^3 增加至 91.90 亿 m^3。西北旱区水果虚拟水流出量占比由 2003 年的 15.84% 增加至 2020 年的 43.36%。说明西北旱区高品质的水果对于满足人民对美好生活的向往具有重要的支持作用。大量水果生产主要用于向外输出而非本地使用。逐年增加的研究区外水果需求量，同时增加了水果虚拟水流出量，将水资源运出了西北旱区，一定程度上加重了水资源短缺给区域带来的压力[11]。

西北旱区棉花虚拟水流出量随时间整体呈显著的增加趋势（$P<0.05$），棉花虚拟水流出量增长了 134.68%，由 2003 年的 67.65 亿 m³ 增加至 2020 年的 158.76 亿 m³。通过对西北旱区棉花虚拟水流出量的长时间序列检验分析，发现其虚拟水流出量随时间的变化动态可划分为两个阶段：2003—2007 年为不显著的增加阶段；2008—2020 年为显著增加阶段。这两个阶段流出的棉花虚拟水量多年均值分别为 82.83 亿 m³ 和 140.21 亿 m³，后者较前者增加了 1.69 倍。从西北旱区棉花虚拟水流入量占比来看，85.68% 的棉花虚拟水用于输出。新疆的棉花承担着为全国纺织业提供原材料的政治责任，对保障西北旱区甚至是全国的纺织业的稳定等都起着决定性作用。然而，虚拟水的持续流出进一步加剧了西北旱区的水资源压力。

2003—2020 年油料虚拟水先增加后减少，主要以流出为主，仅 2006 年为虚拟水流入。研究期间，多年平均流出量为 16.07 亿 m³，最高流出量出现在 2009 年（31.36 亿 m³），最小流出量出现在 2005 年（1.59 亿 m³），最大流出量是最小流出量的 19.72 倍。

2003—2020 年西北旱区具体作物虚拟水贸易/当地消费量演变趋势如图 4-34 所示。

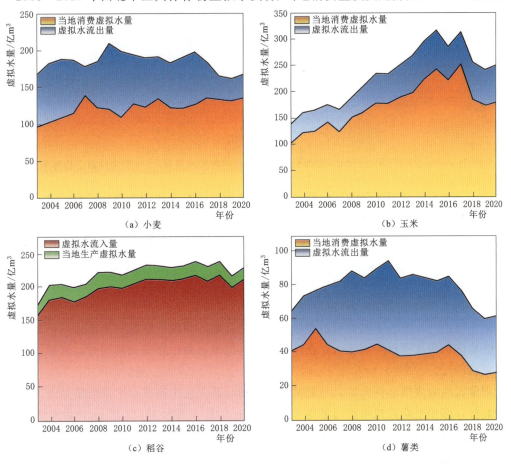

图 4-34（一）　2003—2020 年西北旱区具体作物虚拟水贸易/当地消费量演变趋势图

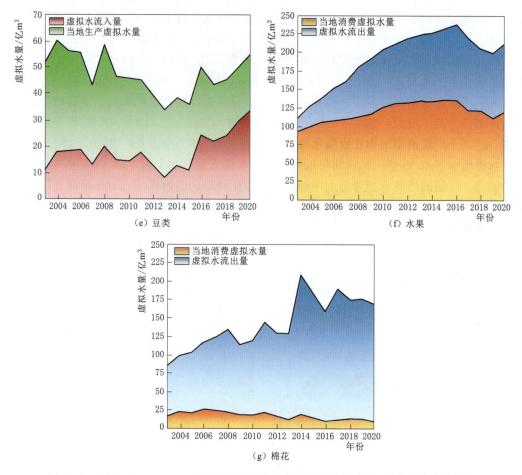

图 4-34（二） 2003—2020 年西北旱区具体作物虚拟水贸易/当地消费量演变趋势图

进一步研究西北旱区各省区间作物虚拟水流动量随时间的动态变化过程，发现新疆一直以食物输出状态的形式进行贸易，且随着食物流出量的增长，作物的虚拟水流出量呈现波动增长的趋势（$P<0.05$）。2020 年新疆的作物虚拟水流动量为 225.38 亿 m^3，是 2003年的 2.15 倍（图 4-35）。

从新疆虚拟水流出量占作物生产水足迹的比例变化趋势来看（图 4-36），新疆的虚拟水流出占比呈现增加趋势，从 2003 年的 44.24％增加至 2020 年的 51.18％。新疆大量的农产品流出进一步说明了农作物由产量较高的北方地区调向产量低的南方地区，即由水资源匮乏地区调向水资源丰沛地区，在保障我国其他地区的粮食安全的同时，加剧了新疆水资源危机问题。

内蒙古均为虚拟水流出区，且随时间序列的动态变化作物虚拟水流出量呈先下降后增加的趋势，多年平均虚拟水流出量为 13.82 亿 m^3，最大值为 29.13 亿 m^3，最小值为 5.30亿 m^3。内蒙古虚拟水流出量占比 4.62％～23.03％。该区域的食物安全在一定程度上保障了我国其他地区的粮食安全。

2003—2020 年，陕西一直是虚拟水流入区，该区域的食物安全需要借助其他地区的

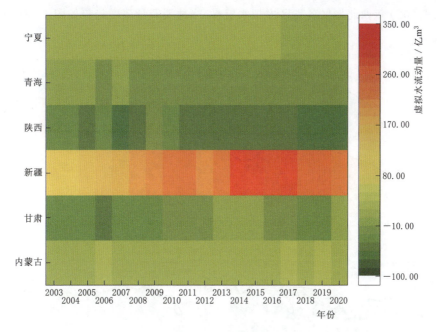

图 4-35　2003—2020 年西北旱区各省区虚拟水流动量演变图

食物贸易来满足，且其虚拟水流入量随着时间整体呈显著的增加趋势（$Z=3.18>1.96$），从 2003 年的 37.18 亿 m³ 增加至 2020 年的 61.18 亿 m³，增长了 64.55%。通过对陕西虚拟水流入量的长时间序列检验分析，可将其划分为两个阶段：2003—2015 年为缓慢增加阶段；2016—2020 年为快速增长阶段。这两个阶段虚拟水流入量多年均值分别为 44.61 亿 m³ 和 58.55 亿 m³，后者高前者 31.25%。陕西大量虚拟水流入保障了该区域食物安全和水安全。

2003—2020 年，甘肃的多年平均虚拟水流入量仅次于陕西。甘肃虚拟水流入量波动较大，可划分为 3 个阶段：2003—2006 年为不显著增加阶段；2007—2015 年为显著减少阶段；2016—2020 年为波动增加阶段。这 3 个阶段虚拟水流入量的多年平均值分别为 36.45 亿 m³、20.11 亿 m³、19.71 亿 m³，第三阶段较第一阶段减少了 45.93%。

青海同样是西北旱区的主要虚拟水流入区之一。研究期内其虚拟水流入量呈显著增加趋势（$P<0.05$），从 2003 年的 8.14 亿 m³ 增加至 2020 年的 16.15 亿 m³，增加了 98.4%。而从虚拟水流入量占当地消费生产水足迹的比例来看，同样经历了 3 个阶段：2003—2009 年占比波动变化，波动范围为 14.90%～18.94%；2010—2016 年占比显著降低，整体从 2010 年的 9.26% 降至 2016 年的 4.09%；2017—2020 年波动增加。说明青海的食物产量无法满足该地区的消费需求，需要依赖食物贸易。大量提高的虚拟水流入占比表征了食物贸易对于保障该省区食物安全的重要作用。

2003—2020 年，宁夏食物贸易状态变化频繁，依次经历了食物输出阶段（2003—2016 年）和食物输入阶段（2017—2020 年）两个阶段。食物输入阶段宁夏的食物安全需要借助其他区域的食物贸易来满足，该阶段的虚拟水流入量均值为 2.61 亿 m³；食物输出阶段虚拟水流出量均值为 9.49 亿 m³。整体而言，宁夏虚拟水流出量呈下降趋势。

2003—2020 年西北旱区各省区虚拟水贸易/当地消费量演变趋势如图 4-36 所示。

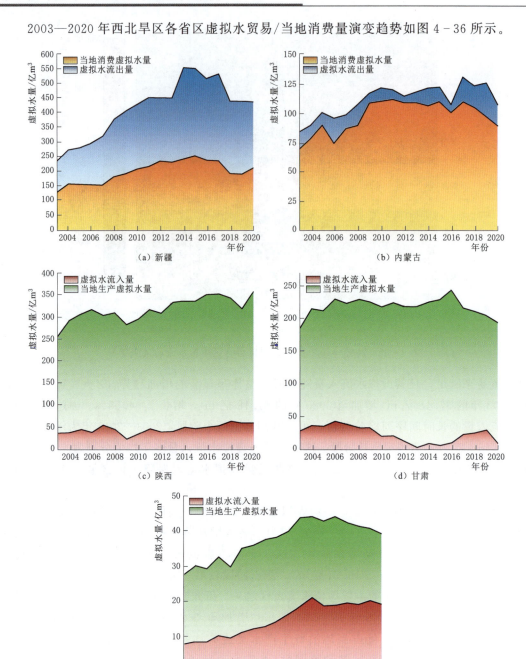

图 4-36　2003—2020 年西北旱区各省区虚拟水贸易/当地消费量演变趋势图

3. 作物虚拟水流动格局

从西北旱区各省区虚拟水流动空间格局来看，2005 年西北旱区虚拟水呈净流出状态的省区有 3 个，分别为新疆（126.81 亿 m^3）、内蒙古（10.94 亿 m^3）和宁夏（4.73 亿 m^3）。其中，新疆作为最大的虚拟水流出区，分别向四川、云南、福建、广西、贵州、甘肃、广东、浙江、西藏、江西、上海、山西、湖南、内蒙古（研究区内）、内蒙古（研究区外）、江苏、辽宁 17 个地区调运了 25.11 亿 m³、24.08 亿 m³、19.10 亿 m³、9.64 亿 m³、7.94 亿 m³、7.77 亿 m³、7.70 亿 m³、6.23 亿 m³、5.76 亿 m³、5.16 亿 m³、3.84 亿 m³、2.79 亿 m³、2.62 亿 m³、2.51 亿 m³、2.40 亿 m³、1.67 亿 m³、0.54 亿 m³ 虚拟水；与此同时，宁夏、青海、重庆和吉林分别向新疆调运了 2.59 亿 m³、2.10 亿 m³、1.97 亿 m³、1.38 亿 m³ 虚拟水。这进一步表明，尽管新疆需要从其他地区调运食物来满足本省区的部分食物需求，但输出量大于输入量，整体以食物输出状态的形式进行食物贸易，同时伴随着虚拟水流出。内蒙古的虚拟水流出量为 43.02 亿 m³，主要向福建调运了 18.95 亿 m³ 虚拟水；虚拟水流入量为 32.08 亿 m³，主要从广西调入了 22.27 亿 m³。宁夏的虚拟水流出量为 11.82 亿 m³，主要向青海调运了 4.18 亿 m³；虚拟水流入量为 7.09 亿 m³，主要从湖南调入了 4.32 亿 m³。与之对应，2005 年西北旱区虚拟水呈净流入状态的省区有 3 个，分别为陕西（46.15 亿 m³）、甘肃（35.75 亿 m³）、青海（8.76 亿 m³）。陕西作为最大的虚拟水流入区，分别从四川、湖南、内蒙古（研究区外）、河南、青海和湖北调入 51.61 亿 m³、11.88 亿 m³、9.12 亿 m³、8.31 亿 m³、5.90 亿 m³ 和 1.68 亿 m³ 虚拟水；同时又向甘肃、江苏、浙江、山西和重庆输出了本地生产的作物，伴随着流出虚拟水 0.02 亿 m³、0.25 亿 m³、0.74 亿 m³、5.39 亿 m³ 和 35.95 亿 m³。甘肃的虚拟水流出量为 32.26 亿 m³，主要向四川调运了 15.24 亿 m³；虚拟水流入量为 68.01 亿 m³，主要从广西调入了 41.27 亿 m³。青海的虚拟水流出量为 8.77 亿 m³，主要向陕西调运了 5.91 亿 m³；虚拟水流入量为 17.53 亿 m³，主要从湖南调入了 9.97 亿 m³（图 4-37）。

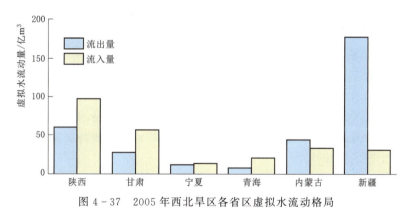

图 4-37 2005 年西北旱区各省区虚拟水流动格局

与 2005 年相比，2020 年西北旱区虚拟水呈净流出状态的省区个数减少到 2 个。宁夏由虚拟水流出区转变为虚拟水流入区，只有新疆和内蒙古依旧为虚拟水流出区。其中，新疆作为最大的虚拟水流出区，流出量占西北旱区虚拟水流出总量的 62.71%。2020 年新疆向 26 个省区输出食物，其中四川作为最大的输入区，调运了 97.83 亿 m³ 虚拟水，占新疆虚拟水流出总量的 35.08%；与此同时，新疆分别从湖南、吉林、青海、宁夏和内蒙古（研究区外）调入了虚拟水来满足该地区的需求，分别流入了 42.40 亿 m³、5.13 亿 m³、3.91 亿 m³、1.20 亿 m³ 和 0.88 亿 m³ 虚拟水。2020 年内蒙古的虚拟水净流出量为 16.97 亿 m³，分别向浙江、黑龙江、海南和安徽 4 省调运了 19.15 亿 m³、16.78 亿 m³、

11.43 亿 m^3 和 9.03 亿 m^3 虚拟水。2020 年西北旱区虚拟水净流入区的流入量由大到小依次为陕西（105.42 亿 m^3）、甘肃（56.30 亿 m^3）、青海（24.69 亿 m^3）、宁夏（18.75 亿 m^3），分别占虚拟水流入总量的 35.36%、18.89%、8.28% 和 6.29%（图 4-38）。

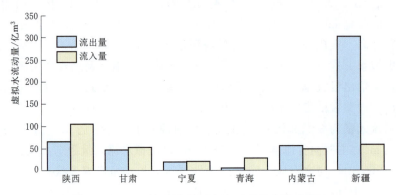

图 4-38　2020 年西北旱区各省区虚拟水流动格局

整体来看，虽然西北旱区各省区虚拟水均存在流入流出的现象，但虚拟水呈现出从西北旱区向其他地区流动的态势。虽然西北旱区虚拟水流出区数量有所减少，2005 年有 3 个虚拟水净流出区，而到 2020 年缩减至 2 个，但是西北旱区的虚拟水流出量却呈现出增加的趋势，2005 年流出的虚拟水总量为 273.06 亿 m^3，而 2020 年流出的虚拟水是 2005 年的 1.63 倍，总量高达 444.72 亿 m^3。除此之外，西北旱区的虚拟水流出量呈现出聚集趋势，2005 年西北旱区 3 个虚拟水净流出区向其他地区流出的虚拟水量为 189.68 亿 m^3，占西北旱区虚拟水流出总量的 69.47%。而 2020 年西北旱区 2 个虚拟水净流出区向其他地区流出的虚拟水为 335.29 亿 m^3，占西北旱区虚拟水流出总量的 75.39%。并且从省级尺度来看，2005 年内蒙古、新疆和宁夏 3 个虚拟水净流出区的流出量分别占西北旱区虚拟水流出总量的 15.75%、49.38% 和 4.33%，而 2020 年内蒙古和新疆 2 个虚拟水净流出区的流出量分别占西北旱区虚拟水流出总量的 5.68% 和 62.71%（表 4-3）。从水安全和食物安全的角度来看，西北旱区"北食南运"的贸易是不可持续的，这主要是因为食物盈余地区的水资源量明显少于食物亏缺地区，缺水的北方地区水资源的大量外流将加剧其水资源压力，同时不利于食物生产的持续性[12]。

表 4-3　　　　　　　　　西北旱区 2005 和 2020 年虚拟水流动情况　　　　　　　　单位：亿 m^3

省区	2005 年			2020 年		
	流出量	流入量	净流动量	流出量	流入量	净流动量
内蒙古	43.02	32.08	10.94	56.39	39.41	16.97
甘肃	32.26	68.01	−35.75	47.16	56.30	−9.15
新疆	134.85	8.03	126.81	278.90	53.52	225.38
陕西	42.35	88.50	−46.15	44.24	105.42	−61.18
青海	8.77	17.53	−8.76	5.19	24.69	−19.51
宁夏	11.82	7.09	4.73	5.85	18.75	−5.91

注　净流动量正值代表流出，负值代表流入。

4.3.2 作物虚拟水流动状况

(1) 小麦。2000 年，西北旱区 6 个省区均为小麦虚拟水流出区，共向其他省区流出小麦虚拟水 89.44 亿 m³，占当年生产水足迹的 39.63%。从各省区小麦虚拟水流向和流量来看，新疆小麦虚拟水流出量最大，为 38.28 亿 m³，主要向四川、贵州和云南 3 个省区流动，分别调运了 6.73 亿 m³、5.36 亿 m³ 和 19.19 亿 m³。其次为陕西，小麦虚拟水流出量占当年西北旱区小麦虚拟水总流出量的 29.73%，主要向贵州和重庆调运。甘肃的小麦虚拟水流出量为 14.02 亿 m³，主要向四川调运。宁夏的小麦虚拟水流出量为 6.09 亿 m³，主要向云南和内蒙古（研究区外）分别调运了 4.94 亿 m³ 和 1.15 亿 m³。内蒙古（研究区内）输出了 2.96 亿 m³ 小麦虚拟水，占西北旱区小麦虚拟水总流出量的 3.31%。青海小麦虚拟水流出量最小，仅为 1.50 亿 m³，向四川运移。

2020 年，西北旱区净流出 31.26 亿 m³ 小麦虚拟水（小麦虚拟水流入量为 13.79 亿 m³，小麦虚拟水流出量为 45.05 亿 m³），占当年小麦生产水足迹的 18.70%。与 2000 年相比，2020 年的西北旱区的内蒙古、青海和宁夏由小麦虚拟水流出区转变为虚拟水流入区。从各省区小麦虚拟水流向和流量来看，2020 年甘肃的小麦虚拟水流出量为 3.82 亿 m³，主要向重庆调运。新疆的小麦虚拟水流出量为 37.84 亿 m³，主要向四川和西藏 2 个省区调运，调运量分别占新疆的小麦虚拟水流出总量的 94.87% 和 5.13%。陕西的小麦虚拟水流出量为 3.38 亿 m³，主要向重庆调运。2020 年内蒙古、青海和宁夏的小麦虚拟水流入量分别为 7.82 亿 m³、1.68 亿 m³ 和 4.28 亿 m³，分别占当年小麦虚拟水流入总量的 56.76%、5.16% 和 31.08%。总的来说，小麦虚拟水整体上呈现出从西北旱区向其他区域流动的态势。除去西北旱区内部的消费需求，西北旱区向南方地区流动的小麦虚拟水呈现下降趋势（图 4-39）。

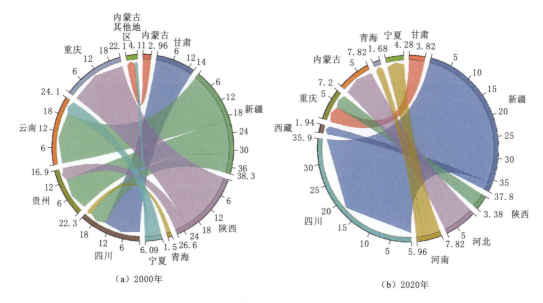

图 4-39 2000 年和 2020 年西北旱区各省区小麦虚拟水流动格局（单位：亿 m³）

（2）玉米。2000 年，西北旱区玉米虚拟水流出的省区有 4 个，按流出量从大到小依次为陕西（14.77 亿 m³）、内蒙古（11.21 亿 m³）、新疆（10.80 亿 m³）、宁夏（3.17 亿 m³）。其中，陕西主要向四川、重庆和湖北输送，分别输送了 3.23 亿 m³、5.52 亿 m³ 和 6.02 亿 m³ 虚拟水。内蒙古主要向广东和海南输送，分别输送了 6.18 亿 m³ 和 5.03 亿 m³ 虚拟水。新疆玉米虚拟水主要流向西藏、甘肃、上海和天津 4 个地区，其中，向上海的输送量最大，为 4.68 亿 m³，占流出总量的 43.39%。宁夏作为最小的玉米虚拟水流出区，主要向青海调运。与之对应，2000 年玉米虚拟水输入区包括甘肃和青海 2 个省区，玉米虚拟水输入量分别为 0.45 亿 m³ 和 3.43 亿 m³。

与 2000 年相比，受种植结构和消费水平的调整，甘肃由玉米虚拟水流入区转变为玉米虚拟水流出区，陕西从玉米虚拟水流出第一大省级行政区转变为 2020 年需要输入 7.03 亿 m³ 虚拟水的玉米虚拟水流入区。因此，2020 年西北旱区玉米虚拟水流出区有内蒙古、甘肃、新疆和宁夏 4 省。其中，新疆作为最大的玉米虚拟水流出区，流出量占虚拟水流出总量的 38.28%，主要向四川和西藏调运了 27.49 亿 m³ 和 4.64 亿 m³ 的玉米虚拟水。2020 年内蒙古的玉米虚拟水流出量为 29.66 亿 m³，主要向海南、安徽和浙江流动。甘肃和宁夏的玉米虚拟水流出量分别为 13.68 亿 m³ 和 8.45 亿 m³，均流向重庆。2020 年西北旱区玉米虚拟水流入区有陕西和青海，虚拟水流入量分别为 7.03 亿 m³ 和 5.89 亿 m³（图 4 - 40）。

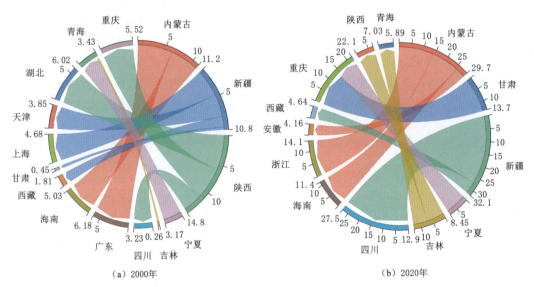

图 4 - 40　2000 年和 2020 年西北旱区各省区玉米虚拟水流动格局（单位：亿 m³）

整体而言，西北旱区玉米虚拟水流入区和流出区有所变化，但是玉米虚拟水整体上呈现出从西北旱区向其他地区输送的态势，且随着时间变化，呈增长趋势。2000 年西北旱区净流出的玉米虚拟水量为 36.07 亿 m³，占 2000 年玉米生产水足迹的 26.80%。2020 年西北旱区净流出的玉米虚拟水量为 71.00 亿 m³，是 2000 年的 1.97 倍，占当年玉米生产水足迹的 28.29%。这也说明了西北旱区玉米生产对保障我国其他地区的玉米消费需求的重要性。然而，对于西北旱区自身来说，这种以牺牲生态环境为代价的"虚拟水贸易"如何维系，是其可持续发展面临的重大抉择[13]。

（3）稻谷。2000 年，西北旱区各省区均需要通过贸易购买稻谷来满足本地区稻谷消费需求。稻谷虚拟水流入量从大到小依次为甘肃、陕西、新疆、内蒙古、宁夏、青海。甘肃作为最大的稻谷虚拟水输入区，分别从江西和广西调运了 31.09 亿 m³ 和 28.41 亿 m³ 虚拟水，流入量占甘肃稻谷消费水足迹（生产水足迹＋流入量）的 99.11％。陕西的稻谷虚拟水输入量为 58.41 亿 m³，主要由四川调运来 52.48 亿 m³ 虚拟水。新疆输入了 28.31 亿 m³ 稻谷虚拟水，占西北旱区稻谷虚拟水总流入量的 14.72％。内蒙古主要从广西调运了 24.17 亿 m³ 稻谷虚拟水，占当地稻谷消费水足迹的 94.72％。宁夏和青海的稻谷虚拟水流入量分别为 11.72 亿 m³ 和 10.75 亿 m³，分别占西北旱区稻谷虚拟水调运总量的 5.28％和 6.09％。

2020 年，西北旱区各省区仍需要通过贸易购买稻谷来满足本地区稻谷消费需求。内蒙古、新疆、陕西、宁夏、青海、甘肃的稻谷虚拟水流入量分别为 19.92 亿 m³、49.30 亿 m³、71.79 亿 m³、8.37 亿 m³、12 亿 m³ 和 53.11 亿 m³，分别占稻谷虚拟水流入总量的 9.29％、22.99％、33.47％、3.90％、5.60％和 24.76％。其中，甘肃、新疆、青海、陕西和宁夏均主要从湖南调运，内蒙古分别从江苏、广西和湖北调运了 4.73 亿 m³、8.01 亿 m³ 和 7.18 亿 m³ 虚拟水（图 4-41）。

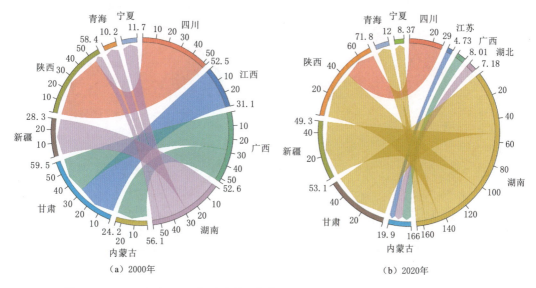

图 4-41 2000 年和 2020 年西北旱区各省区稻谷虚拟水流动格局（单位：亿 m³）

整体而言，2000 年，西北旱区净流入稻谷虚拟水量 192.26 亿 m³，占当地稻谷消费水足迹的 91.69％，2020 年西北旱区净流入稻谷虚拟水量 214.50 亿 m³，占当地稻谷消费水足迹的 92.21％。表明西北旱区的稻谷产量不能满足本地区的消费需求量，其稻谷安全水平一定程度上依赖于其他地区。而稻谷是一种高耗水作物，因此也说明通过稻谷贸易有助于减缓区域水资源压力。

（4）薯类。2000 年，西北旱区薯类虚拟水流出区有 4 个省区，按流出量从大到小依次为内蒙古（22.40 亿 m³）、甘肃（6.17 亿 m³）、宁夏（0.51 亿 m³）、青海（0.13 亿 m³）。其中，内蒙古作为最大的薯类虚拟水流动区，主要向浙江、辽宁和天津输送，输送的虚拟水量分别占内蒙古虚拟水流动总量的 41.07％、27.50％ 和 31.43％。甘肃主要向浙江、山东和西藏输送薯类虚拟水，分别输送了 4.36 亿 m³、0.28 亿 m³ 和 1.53 亿 m³ 虚拟水。青海主要向辽宁输送，而宁夏主要向新疆输送。2000 年薯类虚拟水输入区包括新疆和陕西 2 个省区，薯类虚拟水输入量分别为 5.54 亿 m³ 和 1.07 亿 m³，分别占当地薯类消费水足迹的 40.34％ 和 5.31％。

与 2000 年相比，受种植结构和消费水平的调整，2020 年陕西由薯类虚拟水流入区转变为薯类虚拟水流出区。因此，2020 年西北旱区薯类虚拟水流出区有内蒙古、甘肃、陕西、青海和宁夏 5 省区。其中，甘肃作为最大的薯类虚拟水流出区，流出量占虚拟水流出总量的 60.85％，主要向安徽、山东和西藏分别调运了 8.31 亿 m³、13.81 亿 m³ 和 1.02 亿 m³ 虚拟水。陕西 2020 年的薯类虚拟水流出量为 2.25 亿 m³，主要向安徽流动。内蒙古的薯类虚拟水流出量为 7.49 亿 m³，分别向黑龙江、浙江和安徽输送了 2.10 亿 m³、0.53 亿 m³ 和 4.87 亿 m³ 虚拟水。青海和宁夏的薯类虚拟水流动量分别为 2.12 亿 m³ 和 3.03 亿 m³，占虚拟水流出总量的 5.57％ 和 7.98％。2020 年仅新疆为薯类虚拟水流入区，流入量为 4.34 亿 m³，主要来自青海和宁夏（图 4 - 42）。

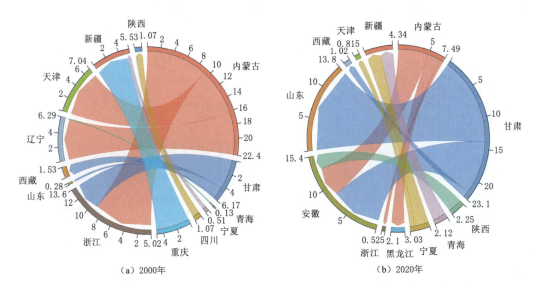

（a）2000 年　　　　　　　　　（b）2020 年

图 4 - 42　2000 年和 2020 年西北旱区各省区薯类虚拟水流动格局（单位：亿 m³）

整体而言，2000 年西北旱区净流出薯类虚拟水量 22.61 亿 m³，占当地薯类生产水足迹的 27.41％，2020 年西北旱区净流出薯类虚拟水量 33.70 亿 m³，占当地薯类生产水足迹的 53.92％。说明西北旱区薯类种植不仅为满足当地的需求外，很大一部分输出到其他地区，保障其他区域的薯类安全，且这种作用逐渐增强。然而，作为我国最干旱的地区，西北旱区长期的以及逐年增加的薯类虚拟水输出量无疑加重了该地区的水资源压力，给区域农业生产的可持续发展带来新的挑战。

（5）豆类。2000 年，西北旱区各省区均需要通过贸易购买豆类来满足本地区需求量。豆类虚拟水流入量从大到小依次为陕西、内蒙古、宁夏、甘肃、新疆、青海。陕西、内蒙古（研究区内）、青海和宁夏分别从内蒙古（研究区外）调入 8.86 亿 m³、2.17 亿 m³、0.38

亿 m³ 和 1.39 亿 m³ 豆类虚拟水。甘肃分别从山西和内蒙古（研究区外）调运了 0.62 亿 m³ 和 0.56 亿 m³ 虚拟水，总流入量占当地豆类消费水足迹（生产水足迹＋流入量）的 8.44％。新疆的豆类虚拟水输入量为 0.39 亿 m³，占西北旱区豆类虚拟水总流入量的 2.70％。

2020 年，西北旱区各省区同样需要通过贸易购买豆类来满足本地区消费需求。内蒙古、新疆、陕西、宁夏、青海和甘肃的豆类虚拟水流入量分别为 4.53 亿 m³、10.89 亿 m³、11.70 亿 m³、3.44 亿 m³、1.92 亿 m³ 和 1.16 亿 m³，分别占豆类虚拟水流入总量的 13.47％、32.38％、34.77％、10.22％、5.69％ 和 3.46％。其中，内蒙古、甘肃、陕西、青海和宁夏均从内蒙古（研究区外）调运，新疆主要从吉林调运（图 4 - 43）。

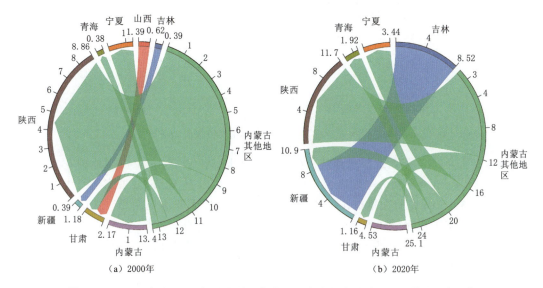

图 4 - 43　2000 年和 2020 年西北旱区各省区豆类虚拟水流动格局（单位：亿 m³）

整体而言，2000 年西北旱区净流入豆类虚拟水量 14.38 亿 m³，占当地豆类消费水足迹的 24.59％；2020 年西北旱区净流入豆类虚拟水量 33.64 亿 m³，占当地豆类消费水足迹的 61.25％。表明西北旱区的豆类产量不能满足本地区的消费需求量，一定程度上依赖于其他地区，且依赖程度有所加深。

（6）棉花。2000 年，除新疆外，其余 5 个省区均为棉花虚拟水流入区。作为主要的棉花虚拟水流出区，新疆向 13 个省区输出棉花虚拟水，其中向广东的调运量最大，为 15.29 亿 m³，占新疆棉花虚拟水流出量的 19.94％。其次为四川，调运的棉花虚拟水量为 11.88 亿 m³，占新疆棉花虚拟水流出量的 15.49％。陕西、青海和宁夏分别从河南调了 7.21 亿 m³、1.22 亿 m³ 和 1.41 亿 m³ 虚拟水。内蒙古和甘肃分别从新疆调运了 2.02 亿 m³ 和 1.89 亿 m³ 虚拟水。

2020 年，除新疆外，其余 5 个省区均为棉花虚拟水流入区。作为主要的棉花虚拟水流出区，新疆向 30 个省区输出棉花虚拟水，其中向广东的调运量最大，为 22.67 亿 m³，占新疆棉花虚拟水流出量的 5.39％。其次为四川，调运的棉花虚拟水量为 15.52 亿 m³，占新疆棉花虚拟水流出量的 8.49％。与此同时，内蒙古、陕西、甘肃、青海和宁夏分别从新疆调入了 4.74 亿 m³、5.96 亿 m³、3.84 亿 m³、1.11 亿 m³ 和 1.33 亿 m³ 虚拟水（图 4 - 44）。

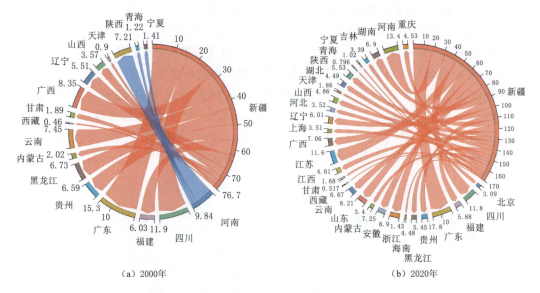

图 4 - 44　2000 年和 2020 年西北旱区各省区棉花虚拟水流动格局（单位：亿 m³）

整体而言，2000 年西北旱区净流出棉花虚拟水量 62.91 亿 m³，占当地棉花生产水足迹的 78.33%；2020 年西北旱区净流入棉花虚拟水量 158.76 亿 m³，占当地豆类消费水足迹的 93.61%。充分说明大量棉花生产主要用于向外输出而非本地使用。伴随棉花输出的虚拟水流出加剧了西北旱区本就匮乏的水资源压力。

（7）水果。2003 年，西北旱区水果虚拟水流出的省份有陕西、新疆和宁夏 3 个省区，共流出虚拟水 24.41 亿 m³。新疆作为最大的水果虚拟水输出区，主要向云南、西藏和甘肃分别调运了 8.36 亿 m³、2.00 亿 m³ 和 3.61 亿 m³ 的虚拟水。陕西的虚拟水输出量为 10.18 亿 m³，分别向云南、湖北和重庆输出了 7.45%、5.30% 和 80.24%。宁夏的水果虚拟水流出量为 0.26 亿 m³，主要流向青海。与之对应，2003 年水果虚拟水流入区为甘肃、青海

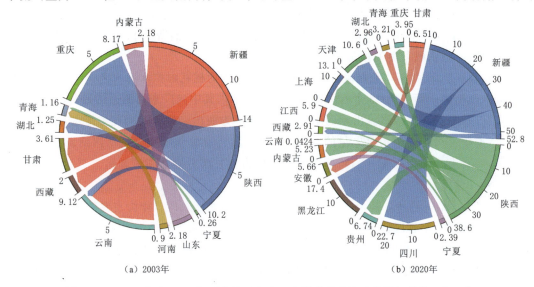

图 4 - 45　2003 年和 2020 年西北旱区各省区水果虚拟水流动格局（单位：亿 m³）

和内蒙古 3 个省区，虚拟水输入量分别为 3.61 亿 m³、1.16 亿 m³ 和 2.18 亿 m³（图 4-45）。

与 2003 年相比，2020 年甘肃由水果虚拟水流入区转变为虚拟水流出区。西北旱区只剩内蒙古和青海 2 个省区。2020 年水果虚拟水流出量较大的省区为新疆和陕西，占水果虚拟水流出总量的 52.65％ 和 38.48％。新疆主要向四川、黑龙江、西藏和天津 4 个省区调运水果虚拟水，调运量分别为 22.68 亿 m³、17.41 亿 m³、2.18 亿 m³ 和 10.57 亿 m³。陕西主要向贵州、内蒙古、云南、西藏、江西、上海、湖北和重庆 8 个省区调运虚拟水，调运总量为 38.61 亿 m³。甘肃的水果虚拟水流出量为 6.51 亿 m³，主要向安徽和青海分别调运了 3.30 亿 m³ 和 3.21 亿 m³ 虚拟水。宁夏的水果虚拟水流出量为 2.39 亿 m³，主要向安徽调运了 2.35 亿 m³ 虚拟水。2020 年内蒙古和青海的水果虚拟水流入量分别为 5.23 亿 m³ 和 3.21 亿 m³，分别占水果虚拟水流入量的 62％ 和 38％。

2003 年西北旱区净流出水果虚拟水量 17.46 亿 m³，占当地水果生产水足迹的 18.30％；2020 年西北旱区净流出水果虚拟水量 91.90 亿 m³，占当地水果生产水足迹的 43.36％。进一步说明西北旱区大量水果生产主要用于向外输出而非本地使用。伴随水果输出的虚拟水流出加剧了西北旱区本就匮乏的水资源压力。

（8）油料。2000 年，西北旱区油料虚拟水流出的省区有 3 个，按流出量从大到小依次为新疆（17.11 亿 m³）、内蒙古（11.28 亿 m³）、青海（4.34 亿 m³）。其中，新疆主要向四川、云南和甘肃输送虚拟水，分别输送了 1.85 亿 m³、5.40 亿 m³ 和 9.86 亿 m³。内蒙古分别向北京和黑龙江输送了 10.82 亿 m³ 和 0.45 亿 m³ 虚拟水。青海油料虚拟水主要流向西藏和陕西 2 个地区。2000 年油料虚拟水输入区包括甘肃、陕西和宁夏 3 个省区，油料虚拟水输入量分别为 9.86 亿 m³、8.95 亿 m³ 和 0.88 亿 m³。与 2000 年相比，受种植结构和消费水平的调整，新疆由油料虚拟水流出区转变为油料虚拟水流入区。因此，2020 年西北旱区油料虚拟水流出区仅有内蒙古和青海 2 省区，分别流出 19.23 亿 m³ 和 3.87 亿 m³。陕西作为最大的油料虚拟水流入区，流入量占虚拟水流入总量的 62.63％；其次为宁夏，流入量为 2.67 亿 m³；而后依次为新疆和甘肃，流入量分别为 2.58 亿 m³ 和 0.34 亿 m³（图 4-46、表 4-4）。

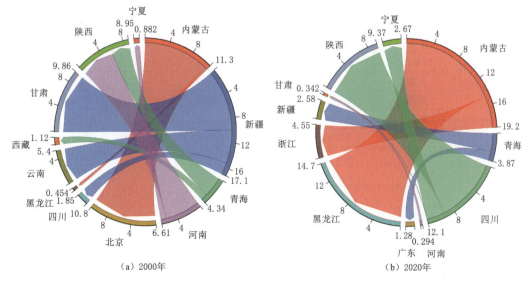

（a）2000年　　　　　　　　　　　　（b）2020年

图 4-46　2000 年和 2020 年西北旱区各省区油料虚拟水流动格局（单位：亿 m³）

表4-4　　　　西北旱区各省区具体作物2000年和2020年虚拟水流动情况　　　单位：亿 m^3

作物品种	省区	2000年			2020年		
		流出量	流入量	净流动量	流出量	流入量	净流动量
小麦	内蒙古	2.96	0.00	2.96	0.00	7.82	−7.82
	甘肃	14.02	0.00	14.02	3.82	0.00	3.82
	新疆	38.28	0.00	38.28	37.84	0.00	37.84
	陕西	26.59	0.00	26.59	3.38	0.00	3.38
	青海	1.50	0.00	1.50	0.00	1.68	−1.68
	宁夏	6.09	0.00	6.09	0.00	4.28	−4.28
玉米	内蒙古	11.21	0.00	11.21	29.66	0.00	29.66
	甘肃	0.00	0.45	−0.45	13.68	0.00	13.68
	新疆	10.80	0.00	10.80	32.13	0.00	32.13
	陕西	14.77	0.00	14.77	0.00	7.03	−7.03
	青海	0.00	3.43	−3.43	0.00	5.89	−5.89
	宁夏	3.17	0.00	3.17	8.45	0.00	8.45
稻谷	内蒙古	0.00	24.17	−24.17	0.00	19.92	−19.92
	甘肃	0.00	59.51	−59.51	0.00	53.11	−53.11
	新疆	0.00	28.31	−28.31	0.00	49.30	−49.30
	陕西	0.00	58.41	−58.41	0.00	71.79	−71.79
	青海	0.00	10.15	−10.15	0.00	5.00	−5.00
	宁夏	0.00	11.72	−11.72	0.00	8.37	−8.37
薯类	内蒙古	22.40	0.00	22.40	7.49	0.00	7.49
	甘肃	6.17	0.00	6.17	23.14	0.00	23.14
	新疆	0.00	5.54	−5.54	0.00	4.34	−4.34
	陕西	0.00	1.07	−1.07	2.25	0.00	2.25
	青海	0.13	0.00	0.13	2.12	0.00	2.12
	宁夏	0.51	0.00	0.51	3.03	0.00	3.03
豆类	内蒙古	0.00	2.17	−2.17	0.00	4.53	−4.53
	甘肃	0.00	1.18	−1.18	0.00	1.16	−1.16
	新疆	0.00	0.39	−0.39	0.00	10.89	−10.89
	陕西	0.00	8.86	−8.86	0.00	11.70	−11.70
	青海	0.00	0.38	−0.38	0.00	1.92	−1.92
	宁夏	0.00	1.39	−1.39	0.00	3.44	−3.44
棉花	内蒙古	0.00	2.02	−2.02	0.00	1.90	−1.90
	甘肃	0.00	1.89	−1.89	0.00	1.68	−1.68
	新疆	76.67	0.00	76.67	169.69	0.00	169.69
	陕西	0.00	7.21	−7.21	0.00	5.53	−5.53
	青海	0.00	1.22	−1.22	0.00	0.80	−0.80
	宁夏	0.00	1.41	−1.41	0.00	1.02	−1.02

作物品种	省区	2000 年			2020 年		
		流出量	流入量	净流动量	流出量	流入量	净流动量
水果 （为 2003 年）	内蒙古	0.00	2.18	−2.18	0.00	5.23	−5.23
	甘肃	0.00	3.61	−3.61	6.51	0.00	6.51
	新疆	13.96	0.00	13.96	52.84	0.00	52.84
	陕西	10.18	0.00	10.18	38.61	0.00	38.61
	青海	0.00	1.16	−1.16	0.00	3.21	−3.21
	宁夏	0.26	0.00	0.26	2.39	0.00	2.39
油料	内蒙古	11.28	0.00	11.28	19.23	0.00	19.23
	甘肃	0.00	9.86	−9.86	0.00	0.34	−0.34
	新疆	17.11	0.00	17.11	0.00	2.58	−2.58
	陕西	0.00	8.95	−8.95	0.00	9.37	−9.37
	青海	4.34	0.00	4.34	3.87	0.00	3.87
	宁夏	0.00	0.88	−0.88	0.00	2.67	−2.67

注　净流动量正值代表流出，负值代表流入。

整体而言，尽管西北旱区油料虚拟水流入区和流出区有所变化，但是油料虚拟水整体上呈现出从西北旱区向其他地区输送的态势。2000 年西北旱区净流出的油料虚拟水量为 13.04 亿 m³，占 2000 年油料生产水足迹的 14.56%。2020 年西北旱区净流出的油料虚拟水量为 8.13 亿 m³，是 2000 年的 0.62 倍，占当年油料生产水足迹的 11.74%。这也说明了西北旱区油料生产对保障我国其他地区的消费需求的重要性。

4.3.3 虚拟水流动伴生效应

由于西北旱区农业生产的自然环境条件及作物虚拟水流动，必然对此区域社会经济和生活产生显著影响。

1. 作物虚拟水时空演变特征

通过对西北旱区作物虚拟水流动进行量化并对其时空演变过程进行分析发现，西北旱区作物虚拟水流动情况具有以下特征：

（1）西北旱区整体以作物虚拟水流出为主，且随着西北旱区与其他地区联系更为密切，虚拟水流出量逐渐增加，对于保障其他地区的食物安全具有积极作用。然而，对于其本身通过"北食南运"把水资源运回南方，加之自身农业用水效率低下，进一步加重了区域水资源短缺，引发了突出的生态环境问题，不利于自身的可持续发展[14]。

（2）从省区虚拟水流动情况来看，内蒙古和新疆一直以食物输出状态的形式进行贸易，而青海、甘肃、陕西和宁夏则需要通过输入食物来满足本省区的粮食消费需求。结合西北旱区自然资源分布情况，发现西北旱区水土资源不匹配，农业发展与区域水资源承载力严重不适应。新疆承担着西北旱区 90.27% 的虚拟水流出任务，然而新疆地处亚欧大陆腹地，气候极端干旱，降水稀少且时空分布不均，资源性缺水问题十分突出。如不合理进行水资源配置和调控，那么开发西北旱区土地来实现全国耕地占补平衡、保障粮食安全的设想也将成为空想[15]。

（3）从具体作物虚拟水流动情况来看，西北旱区通过大量输入稻谷和豆类满足区域消费需求的同时，缓解了区域的水资源压力。然而，又通过大量输出棉花、水果、玉米、小麦、薯类和蔬菜，将水资源又运出了西北旱区，对极度缺水的西北旱区的水安全和食物安全来说极为不利。

2．作物虚拟水流动伴生效应

（1）对水资源的影响。 假设无虚拟水流动情况下，即西北旱区各省区根据本区域食物消费需求进行农业生产，达到生产与消费的平衡。作物虚拟水流出区可以减少用于生产调出作物所需要的水资源量，而作物虚拟水流入区需要增加用于生产调入粮食所需要的水资源量。根据 2003—2020 年西北旱区各省区作物调运量以及作物生产水足迹，计算得到 2003—2020 年西北旱区各省区在无虚拟水流动、自产自销情况下的节水量或需多消耗的水量，具体计算结果见表 4-5。

表 4-5　　　　　　　　　　2003—2020 年西北旱区各省区节水量　　　　　　单位：亿 m^3

年份	内蒙古	甘肃	新疆	陕西	青海	宁夏	西北旱区
2003	19.63	−13.74	15.84	−24.29	−8.78	9.43	95.09
2004	26.61	−22.03	114.31	−22.49	−11.08	8.26	93.58
2005	30.24	−17.6	135.97	−41.01	−7.08	5.26	105.78
2006	29.31	−25.66	151.44	−24.43	−9.41	1.72	122.97
2007	27.44	−27.9	175.99	−32.53	−8.18	9.89	144.71
2008	38.87	−21.95	198.5	−20.85	−8.01	5.96	199.52
2009	31.68	−17.69	220.39	−0.03	−10.27	5.67	236.75
2010	37.9	−2.24	234.8	2.9	−11.09	17.27	279.54
2011	36.32	−1.52	246.23	−5.49	−13.87	14.19	268.86
2012	34.26	6.6	235.95	−6.51	−19	14.48	265.78
2013	36.4	11.77	240.83	−10.87	−25.68	10.98	263.43
2014	34.27	9.03	328.31	−20.11	−31.82	9.78	329.46
2015	35.19	8.21	316.83	−19.96	−27.92	9.05	321.4
2016	30.42	4.32	300.23	−20.18	−27.26	5.29	292.82
2017	37.93	−9.95	316.22	−23.19	−20.85	−2.31	297.85
2018	40.09	−8.01	270.94	−27.98	−22.89	0.67	252.82
2019	42.45	−13.53	269.19	−26.26	−23.25	−1.5	247.1
2020	29.91	−11.12	249.62	−32.19	−25.21	−5.75	205.26
均值	33.27	−8.50	228.81	−20.14	−17.31	7.35	223.48

注　正值代表节水量，负值代表需要多消耗的水量。

2003—2020 年不考虑作物虚拟水流动时，西北旱区多年平均节水量为 223.48 亿 m^3。从省区级尺度来看，内蒙古、新疆和宁夏可减轻当地水资源压力，就作物种植而言，分别减少了 33.27 亿 m^3、228.81 亿 m^3 和 7.35 亿 m^3。相反，甘肃、陕西和青海需要多消耗 8.50 亿 m^3、20.14 亿 m^3 和 17.31 亿 m^3 水资源用于作物种植来满足当地居民消费需求。因此，伴随着"北食南运"导致水资源由西北旱区向其他地区调运，这必将给水资源匮乏的西北旱区的水安全带来压力。

(2) 对区域经济的影响。假设无虚拟水流动情况下，作物虚拟水流出区从供需平衡角度出发，仅生产供自己区域所需的作物数量，不再生产多余的作物用于出口，减少的作物生产用水全部用于工业生产，以创造更多的经济效益。对于作物虚拟水流入区，由于农业生产处于弱势，很难将其他产业耗水转移到农业上，因此不再调整作物虚拟水流入区的工业增加值。以 2020 年为例，当输出的作物虚拟水量全部用于该地区工业生产时，西北旱区工业增加值增长了 5.63 万亿元，其中内蒙古增加了 1.56 万亿元，新疆增加了 11.07 万亿元。表明在作物虚拟水流入区将生产多余作物的水资源转移到工业后，经济水平有了明显的提高。

(3) 对生态环境的影响。假设无虚拟水流动情况下，作物虚拟水流出区从供需平衡角度出发，仅生产供自己区域所需的作物数量，不再生产多余的作物用于出口，作物虚拟水流出区可以减少耕地面积。对于作物虚拟水流入区，在保证当年作物单产量不变的情况下，则需开发更多的耕地用于农业生产。根据 2003—2020 年西北旱区各省区作物调运量以及作物单位面积产量，计算得到 2003—2020 年西北旱区各省区在无虚拟水流动、自产自销情况下的耕地面积变化量，具体计算结果见表 4-6。2003—2020 年不考虑作物虚拟水流动时，西北旱区可节省约 $3489.59 \times 10^3 hm^2$ 耕地面积。从省区级尺度来看，内蒙古、甘肃、新疆和宁夏可减少 $674.84 \times 10^3 hm^2$、$13.04 \times 10^3 hm^2$、$3315.07 \times 10^3 hm^2$ 和 $139.88 \times 10^3 hm^2$ 耕地面积。陕西和青海需要开发 $419.64 \times 10^3 hm^2$ 和 $233.60 \times 10^3 hm^2$ 耕地面积用于作物种植来满足当地居民消费需求。

表 4-6　　　　　2003—2020 年西北旱区各省区耕地面积变化量　　　　单位：$\times 10^3 hm^2$

年份	内蒙古	甘肃	新疆	陕西	青海	宁夏	西北旱区
2003	442.34	−7.71	1762.19	−473.32	−87.73	211.5	1847.27
2004	550.72	−133.53	1708.44	−421.37	−111.05	177.38	1770.59
2005	589.22	−57.55	2029.96	−811.84	−49.78	116.85	1816.86
2006	566.63	−202.5	2198.58	−450.36	−92.45	42.58	2062.48
2007	533.45	−207.3	2472.67	−609.59	−87.52	198.52	2300.24
2008	769.23	−106.28	2723.78	−359.9	−55.56	238.14	3209.41
2009	632.57	−43.69	3187.48	−90.37	−99.84	248.1	3834.25
2010	679.53	192.55	3441.47	4.22	−138.87	316.87	4495.77
2011	687.24	−1391.67	3489.43	−295.41	−171.08	261.5	2580.02
2012	702.97	374.43	3400.26	−204.06	−265.55	266.04	4274.09
2013	756.86	438.44	3526.76	−332.31	−355.43	203.99	4238.31

续表

年份	内蒙古	甘肃	新疆	陕西	青海	宁夏	西北旱区
2014	722.3	406.56	4718.19	−402.86	−463.73	174.2	5154.67
2015	748.24	389.58	4591.83	−406.19	−401.04	152.48	5074.9
2016	675.23	323.51	4393.59	−441.66	−392.17	81	4639.5
2017	774.92	82.96	4564.71	−430.41	−301.21	−49.68	4641.3
2018	803.48	98.11	3887.37	−611.63	−360.16	16.41	3833.58
2019	861.14	−16.25	3882.89	−615.73	−375.19	−37.79	3699.07
2020	651.02	95.01	3691.71	−600.78	−396.37	−100.2	3340.38

注　正值代表耕地面积可减少量，负值代表耕地面积需增加量。

西北旱区几乎所有的内陆河流都处于过度开发利用状态，农业用水占比多年平均值高达86.32%，维持棉花、特色水果、玉米等大宗农产品流出的"虚拟水"经济，消耗了30%～40%的水资源，再加上全球气候变暖，冰川消融加速，河川径流量衰减等因素，对西北旱区水安全构成了严重威胁，并且农业用水的过度利用致使生态环境水量被大量挤占，尤其是新疆地区，人—水—生态之间矛盾日益突出。然而，我国区域间水土资源分布并不对称，呈现"地在北方，水在南方"的格局。除此之外，随着城市化发展，我国东部和南部地区大量的耕地转化为城镇用地，需要依靠耕地面积较多的西北旱区来实现全国耕地占补平衡，从而保障国家食物安全。同时，人口由经济欠发达地区向经济相对发达地区转移与集中的趋势，更加推动我国区域之间的食物调运从经济欠发达地区输出到经济相对发达地区，即从北方地区调出到南方地区。导致我国农业生产重心也由经济较发达的南方和东部地区向经济相对落后的北方和西部地区转移。西北旱区仍需维持以牺牲当地水资源、经济和生态环境的"虚拟水贸易"。因此，需采取必要的措施以缓解西北旱区水资源压力、保护生态环境，减轻因作物虚拟水流出而产生的负面影响，从而保障我国食物安全。

参 考 文 献

[1]　Hoekstra A Y，Chapagain A K，AldayA M M，et al. The water footprint assessment manual：Setting the global standard [M]. London：Earthscan，2011.

[2]　贾冬冬. 农业水足迹对气候变化的响应机理与评估研究 [D]. 郑州：华北水利水电大学，2019.

[3]　李娜. 气候变化对棉花生长和产量的影响 [D]. 杨凌：西北农林科技大学，2021.

[4]　刘显. 国际化绿色化背景下中国西北地区粮食安全研究 [D]. 杨凌：西北农林科技大学，2021.

[5]　张家欣，邓铭江，李鹏，等. 虚拟水流视角下西北地区农业水资源安全格局与调控 [J]. 中国工程科学，2022，24（1）：131-140.

[6]　陈楠楠. 温度和二氧化碳升高对稻麦产量及生物量影响的整合分析研究 [D]. 南京：南京农业大学，2012.

[7]　曹丽. 二氧化碳浓度对农作物生长发育的影响 [J]. 农业科技与装备，2017（3）：16-17.

[8]　向雁. 东北地区水—耕地—粮食关联研究 [D]. 北京：中国农业科学院，2020.

[9]　李国景. 人口结构变化对中国食物消费需求和进口的影响研究 [D]. 北京：中国农业大学，2019.

[10]　刘宁. 人口结构、食物消费差异对中国粮食需求的影响 [J]. 兰州学刊，2015（11）：164-170.

[11]　江文曲，李晓云，刘楚杰，等. 城乡居民膳食结构变化对中国水资源需求的影响——基于营养均

衡的视角 [J]. 资源科学，2021，43（8）：1662 - 1674.

[12] 刘显，徐悦悦，孙从建，等. 黄河上中游水资源与粮食安全耦合关系特征分析——以陕甘宁青为例 [J]. 地球环境学报，2022，13（4）：369 - 379.

[13] 朱静萍. 气候变化对合肥市粮食产量影响研究 [D]. 合肥：安徽农业大学，2018.

[14] 歧雅菲. 水资源约束下黄河流域粮食产量变化及安全评价 [D]. 西安：西安理工大学，2021.

[15] 王伟. 不同灌溉方式下我国小麦生产水足迹和基准 [D]. 杨凌：西北农林科技大学，2021.

第5章 西北旱区农林牧业产业发展途径

近年来，西北旱区农业产业发展取得了显著成效，农业结构不断优化，农牧民收入持续提高，生态环境逐步改善。分析农林牧产业格局有利于进一步掌握西北旱区农林牧业生产的发展状况，推动农业现代化和产业升级，促进农村经济发展和乡村振兴，以及加强资源与环境保护和实现可持续发展。

5.1 农林牧业主要产区与规划带

5.1.1 国家总体布局

2000 年，国家发展改革委提出空间协调与平衡的理念，政府在制定规划时，不仅要考虑产业分布，还要考虑空间、人、资源、环境的协调与高效利用，中央在"十一五"规划纲要建议中提出功能区的概念，并最终将其列入"十一五"规划纲要。在"十二五"规划纲要提出，加快构建以东北平原、黄淮海平原、长江流域、汾渭平原、河套灌区、华南和甘肃新疆等农产品主产区为主体，其他农业地区为重要组成的"七区二十三带"农业战略格局，涉及水稻、小麦、玉米、棉花、大豆、油菜、甘蔗、畜产和水产等农产品。之后的"十三五"规划中以"七区二十三带"农业战略格局为核心，指出重点推进包括东北平原、黄淮海平原、长江流域、汾渭平原、河套灌区、华南、甘肃新疆等"七区二十三带"的主要区域的发展。这些区域地势平坦，水土资源匹配，农业生产技术较为成熟，农业生产具有良好基础，是我国粮食生产核心区和棉油糖、畜禽、水产、蔬菜、水果、蚕茧等其他农产品主产区，承担着主要农产品供给保障的主体功能。加快推进这些区域现代农业建设，事关全国农业现代化进程和国家粮食安全大局（图 5-1）。

早在 20 世纪 80 年代初期，我国就以省级林业区划为基础，将全国划分为 50 个林区，归并为 7 个林业地区，另外单划 1 个非宜林地区，即东北用材和防护林地区、蒙新防护林地区、黄土高原防护林地区、华北防护和用材林地区、西南高山峡谷防护和用材林地区、南方用材和经济林地区、华南热带林保护地区、青藏高原寒漠非宜林地区。林业产业发展需要大量的木材，木材来自森林，而西北 6 省区林草覆盖度整体偏低，林业产值较低（图 5-2）。

我国有内蒙古牧区、新疆牧区、西藏牧区、青海牧区四大牧区（图 5-3）。根据国家统计局数据，西藏自治区草原面积最大，达 0.82 亿 hm^2，占西藏全区土地总面积的 68.1%；其次是内蒙古自治区，草原面积达 0.79 亿 hm^2，占内蒙古全区土地总面积的 68.81%；第三位是新疆维吾尔自治区，草原面积达 0.57 亿 hm^2，占新疆全区土地总面积

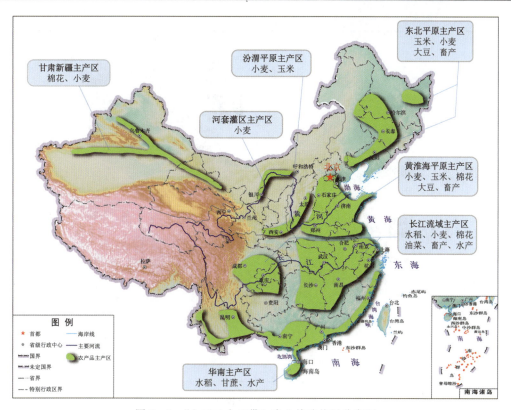

图 5-1 "七区二十三带"农业战略格局分布图

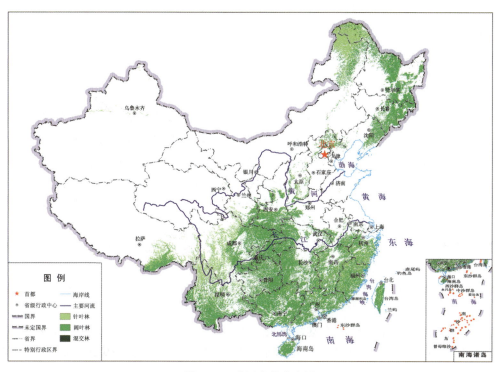

图 5-2 我国森林分布图

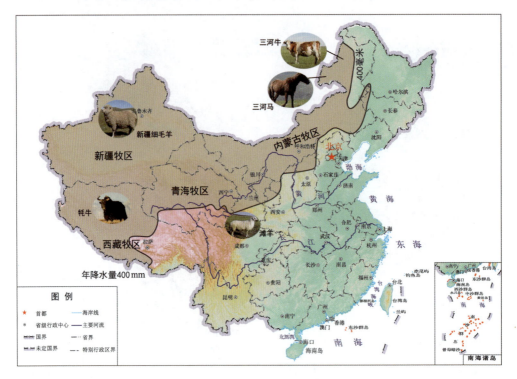

图 5-3　我国四大牧区分布图

的 34.68％，四大牧区几乎囊括了全国 3/4 的草原面积。除了西藏牧区，其余均在西北旱区，西北旱区是我国重要的畜牧业基地。

5.1.2　西北各省区布局

1. 陕西省

（1）农牧业布局。为响应国家"十一五"规划纲要，2013 年陕西省出台了《陕西省主体功能区规划》。规划中陕西省农产品主产区主要包括渭河平原小麦主产区，以及渭北东部粮果区、渭北西部农牧区、洛南特色农业区，总面积 31269km²，占全省国土面积的 15.2％，形成了关中奶畜、秦川牛、强筋小麦、猕猴桃产业带，渭北苹果、设施蔬菜产业带，陕北名优杂粮、薯类、白绒山羊、红枣产业带，陕南瘦肉型猪、中药材、蚕桑特色产业带。农产品主产区又称限制开发区域，具备较好的农业生产条件，以提供农产品为主体功能，以提供生态产品、服务产品和工业品为其他功能。限制开发区域（农产品主产区）及农业战略格局示意如图 5-4、图 5-5 所示。

渭河平原小麦主产区包括西安市的蓝田县和户县，宝鸡市的凤翔县、岐山县、扶风县和眉县，咸阳市的武功县、三原县、泾阳县、礼泉县和乾县，渭南市的富平县、蒲城县、大荔县、合阳县、澄城县等 16 个县，面积 17788km²，是国家汾渭平原农产品主产区的重要组成部分，重点建设国家级优质专用小麦生产基地和玉米生产基地，保障国家粮食安全。

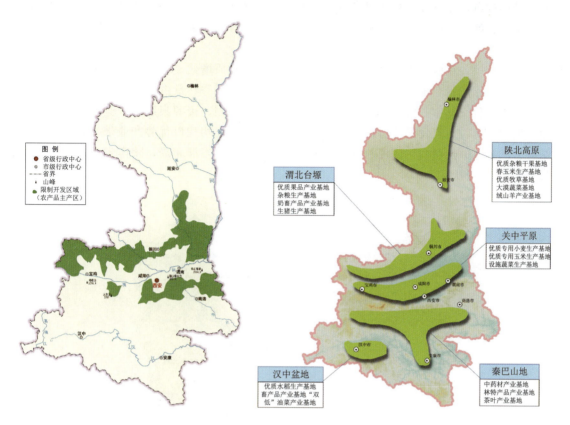

图 5-4　限制开发区域（农产品
　　　　主产区）示意图

图 5-5　农业战略格局示意图

　　渭北东部粮果区包括渭南市白水县和延安市洛川县，面积 2780km²，是全国优质苹果产区、西部农业综合发展示范区。果业保持强劲发展势头，以调整品种结构、推进标准化生产、发展绿色有机果品为重点，积极实施果业提质增效工程，果业规模、质量、效益同步提升，布局、结构更加优化。依托优良品质，陕西苹果已跻身欧盟地理标志保护十大中国农产品行列，品牌影响力和市场竞争力不断增强。苹果面积、产量、品质稳居全国首位，产量占全国的 1/3 和世界的 1/8，猕猴桃面积、产量位居世界第一。

　　渭北西部农牧区包括宝鸡市陇县、千阳县、麟游县，咸阳市永寿县、淳化县等 5 县，面积 7866km²，是优质奶畜产品生产基地、优质小麦生产基地、优质苹果和鲜杂果生产基地、中药材生产基地。

　　（2）林业布局。截至 2020 年，全省经济林总面积达到 2231.43 万亩，总产量 154.97 万 t，总产值 227.88 亿元。其中：核桃 1162.01 万亩，产量 59.31 万 t，产值达 75.45 亿元；红枣 255.85 万亩，产量 56.78 万 t，产值 51.58 亿元；花椒 259.33 万亩，产量 11.45 万 t，产值 72.11 亿元；板栗 487.09 万亩，产量 10.81 万 t，产值 10.13 亿元；柿子 67.15 万亩，产量 16.62 万 t，产值 18.61 亿元；花卉现有种植面积 56.88 万亩；中药材种植面积 403.95 万亩，产量 23.57 万 t；木本油料（除核桃）种植面积 121 万亩，产量 3 万 t。

全省已形成特色经济林、林木种苗花卉、中草药、木本油料等产业规模集群，商洛核桃、大荔冬枣、韩城花椒、佳县油枣被国家林业和草原局等九部委认定为"中国特色农产品优势区"。

陕西核桃、花椒、枣、林麝等"林产四宝"扩量提质增效显著，核桃种植面积位居全国第二，花椒产量全国第一，冬枣面积产量全国第一，麝香产量占全国 70% 以上，全国核桃、冬枣定价交易中心落户陕西。依据全省生态功能区划、资源禀赋、产业基础和林草产业发展现状等，重点发展优势产业，加快形成产业集群，构建以优势产业带为联结、条块结合、优势互补互联的"四区、五带、八基地"林草产业发展布局，陕西省林草产业发展规划如图 5-6 所示。

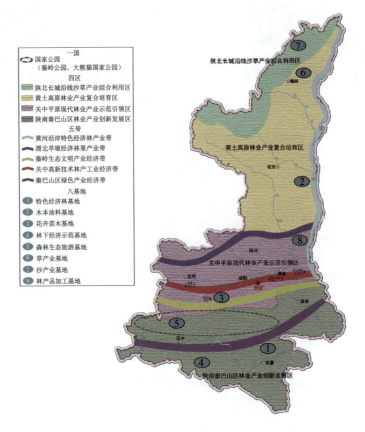

图 5-6　陕西省林草产业发展规划图

"四区"。①陕北长城沿线沙草产业综合利用区：依托陕北长城沿线沙草资源，开发利用沙地灌木资源，强化资本集聚和科技集成，发展沙区林草产业综合利用集群；②黄土高原林业产业复合培育区：充分利用黄桥林区资源优势，大力发展生态经济兼用林和水源涵养林，培育和发展特色种植养殖、林下采集、森林康养、自然休闲体验等，做好退耕还林后续产业改造提升，完善林产品加工链条，建设林业产业复合培育区；③关中平原现代林业产业示范引领区：发挥关中土地、科技、资本、劳动力资源优势，重点发展林产精深加工业和苗木花卉产业，延长产业链，增加附加值，加大同科研院校合作，打造国家现代林业产业示范引领区；④陕南秦巴山区林业产业创新发展区：根据秦巴山区得天独厚的天然林资源，积极发展核桃、板栗等特色经济林、林下种植中药材、特种养殖、油茶、生物质能源林、生态旅游等产业，形成以特色经济林产业为龙头，加工业为支撑，生态旅游为纽带的高效林业产业创新发展区。

"五带"。秦岭生态文明产业经济带、秦巴山区绿色产业经济带、关中高新技术林产工业经济带、渭北旱塬经济林果产业带、黄河沿岸特色经济林产业带充分发挥生态资源优势，依托森林动植物、食用菌、中药材、蚕桑、茶叶等优势资源，引导林业龙头企业、林业合作社和林产品经营者，依托省、市、县经济开发区和林产品集散地，大力发展林产工业、经济林果等高精深加工产业和现代林产品物流服务业，扩大规模，延伸产业链，加快科技创新，实施品牌战略，创新经营机制，提高加工能力，打造农工贸一体化，产加销一条龙的经济产业带。

"八基地"。"八基地"为特色经济林基地、木本油料基地、花卉苗木基地、林下经济示范基地、森林生态旅游基地、草产业基地、沙产业基地、林产品加工基地。结合现有发展基础，科学合理利用林地资源建设一批标准化示范园。

2. 宁夏回族自治区

(1) 农业布局。宁夏素有枸杞之乡、滩羊之乡、甘草之乡、马铃薯之乡[2]的美誉，"中宁枸杞甲天下"享誉海内外，"宁夏滩羊""中卫山羊""灵武长枣"备受消费者青睐；贺兰山东麓葡萄酒品质优良，被世界葡萄酒界誉为中国的"波尔多"。自2002年底自治区制定实施《宁夏优势特色农产品区域布局及发展规划（2003—2007年）》以来，各地、各有关部门围绕构建北部引黄灌区现代农业、中部干旱带旱作节水农业和南部山区生态农业"三大区域"产业体系，强力推进特色优势产业提质扩量增效，取得了显著成效。宁夏回族自治区农业空间格局分布如图5-7所示。

枸杞作为"宁夏五宝"之首的"红宝"，远销海内外。相关研究证明，枸杞细胞破壁超微粉碎后，增加了人体对有益成分的吸收，效果方面有质的飞跃变化。枸杞粉中富含枸杞多糖、天然维生素C、胡萝卜素、甜菜碱、抗坏血酸、烟酸、亚油酸、钙、磷、铁等多种营养成分，具有滋肾润肺、抗肿瘤，保肝、治虚安神、明目祛风、延缓衰老等作用，既是植物型滋补品，又是营养性

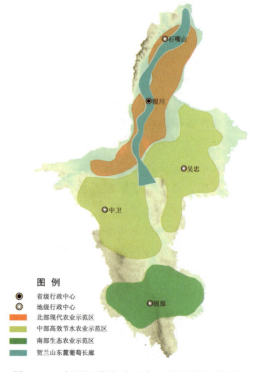

图例
- ◉ 省级行政中心
- ◎ 地级行政中心
- 北部现代农业示范区
- 中部高效节水农业示范区
- 南部生态农业示范区
- 贺兰山东麓葡萄长廊

图 5-7 宁夏回族自治区农业空间格局分布图

食品。枸杞粉可用于生产水溶性固体饮料、功能性食品、饮料、茶品等健康产品，可作为保健食品和饮料的原料、配料、添加剂和调味剂，有利于调节枸杞产业结构，延长枸杞产业链，增强枸杞产品的市场竞争力。自 2000 年以来，枸杞基本形成以中宁为主体、贺兰山东麓和清水河流域为两翼的产业带。截至 2023 年底，宁夏枸杞种植保有面积达到 32.5 万亩，鲜果产量 32 万 t、加工转化率 35%，枸杞规模以上企业达到 30 家，精深加工产品有 10 大类 120 余种，全产业链综合产值达到 290 亿元。中宁枸杞专业市场成为全国最大的枸杞专业批发市场，发挥着全国枸杞重要集散中心、价格形成中心和信息交流中心的作用。

牛羊肉产业基本形成以引黄灌区肉牛肉羊杂交改良区、中部干旱带滩羊生产区和六盘山麓肉牛生产区构成的产业带。2007 年肉牛饲养量 150 万头、肉羊饲养量 1055 万只，分别比 2003 年增长 56.3% 和 13.3%，牛羊肉总产量 17.4 万 t，占全区肉类总产量的 58%；奶产业基本形成以吴忠市和银川市为核心区、石嘴山市和中卫市为发展区的产业带。2007 年奶牛存栏 32 万头，是 2003 年的 2.5 倍，鲜奶总产量 94 万 t，成母牛年均单产突破 6000kg，人均鲜奶占有量 154kg；培育乳品加工企业 28 家，年鲜奶加工能力 100 万 t、液态奶 13 万 t、各种奶粉 5 万 t。

马铃薯产业形成以南部山区和中部干旱带为主的产业带。淀粉加工、鲜食菜用、种薯生产“三驾马车”相互支撑、互为促动，2007 年种植面积 335 万亩，是 2003 年的 2.6 倍，成为全区种植面积最大的作物，鲜薯总产 350 万 t；培育马铃薯淀粉加工企业 2900 余家，规模以上 100 多家，年可加工鲜薯 150 万 t，生产精淀粉 20 万 t、粗淀粉 5 万 t、糊化淀粉 2.5 万 t。

葡萄产业基本形成贺兰山东麓产业带，包括永宁县、青铜峡市、红寺堡开发区及农垦系统四大主产区。2007 年种植面积 22 万亩，是 2003 年的 2 倍，总产量 8 万 t，其中酿酒葡萄面积 13 万亩，产量 4 万 t；全区有葡萄酒生产企业 20 家，葡萄鲜果加工能力 6 万 t。贺兰山东麓产区已成为张裕、王朝、长城等国内外知名葡萄酒公司竞相“逐鹿”的优质原料基地。

牧草产业带由引黄灌区粮草兼用、中部干旱带旱作草地和南部山区退耕地人工种草构成。2007 年多年生牧草留床面积 624 万亩，是 2003 年的 1.7 倍，其中一年生牧草种植面积 200 万亩；优质青干草总产 450 万 t；全区建成草产品加工企业 10 余家，累计生产出售草捆、草粉、草饼、草颗粒等加工品 84 万 t。

“十三五”时期，根据《宁夏回族自治区现代农业“十三五”发展规划》在稳定粮食生产的基础上，大力发展特色优势产业，形成以引黄灌区集约育肥、中部干旱带滩羊选育、环六盘山自繁自育为重点的优质牛羊肉产业带；银川、吴忠奶业核心区，中卫、石嘴山奶业发展区的奶产业带；引黄灌区设施蔬菜、银北脱水蔬菜、中卫环香山压砂瓜、固原冷凉菜为主的瓜菜产业带；贺兰山东麓酿酒葡萄产业带；中宁为主体、贺兰山东麓和清水河流域为两翼的枸杞产业带；西吉、海原、原州为主的马铃薯产业带；全区玉米、引黄灌区水稻、小麦为主的优质粮食产业带；沿黄生态渔业产业带，特色产业区域化发展格局基本形成。

2012 年，全区粮食总产量 372.6 万 t；奶牛存栏 58.5 万头，肉牛、肉羊饲养量分别达到 250 万头、1700 万只，比 2010 年分别增长 35.3%、32.1%、30.7%；瓜菜面积 307.5 万亩，比 2010 年增长 13.3%；枸杞面积 90 万亩、葡萄面积 60 万亩，比 2010 年分别增长 28.6%、58.7%；适水产业面积 77.4 万亩，比 2010 年增长 17.3%。粮食人均占有量 576kg，居全国第 5 位；牛奶、牛肉、羊肉人均分别为 205kg、14.6kg 和 15.2kg，分居全国第 2 位、第 6 位和第 5 位；蔬菜人均 762kg，远高于全国 523.5kg 平均水平；水产品人均 24.5kg，居西北旱区首位。

(2) 林业布局。按照黄河流域生态保护和高质量发展先行区战略布局、区域生态主体功能定位、区域地貌特点和水土条件、区域优势、林草资源现状和发展潜力等基本原则和实际情况，宁夏将全区划分为北部绿色发展区、中部防沙治沙区、南部水源涵养区 3 个生态建设区。北部绿色发展区土地面积约 1800 万亩（包括贺兰山），主要发挥黄河自流灌溉和贺兰山生态屏障的自然优势，以银川平原、卫宁平原和贺兰山自然保护区为重点区域，突出生态治理和绿色发展，建设贺兰山东麓绿道绿廊绿网，治理河湖湿地生态，优化畅通水系水网，构建绿色高效、优势突出的现代产业体系，巩固提升"塞上江南"的自然美景。中部防沙治沙区包括腾格里沙漠、毛乌素沙地和腹部沙区，属于防风固沙型重点生态功能区，该区域内土地总面积约 4300 万亩，因地制宜地发展林果业和沙产业。南部水源涵养区包括六盘山区和黄土丘陵区，区域土地面积约 1700 万亩，以南部黄土丘陵区和六盘山自然保护区为重点区域。截至 2020 年，全区林地保有量达 80448.39hm²，占全区国土总面积的 35%，森林蓄积量 995 万 m³，森林覆盖率达到 15%，湿地面积达 311 万亩，建成林业国家级自然保护区 6 个、湿地公园 24 个、国有林场 90 个、市民休闲森林公园 26 个，林业及相关产业产值达到 200 亿元。

3. 甘肃省

(1) 农业布局。甘肃省被划分为六大农业区：①以临夏市刘家峡县、兰州市和白银市为代表的沿黄农业发展带，农业灌溉水源主要来自黄河，主要农作物有玉米、小麦、百合等；②河西灌溉农业区，作为甘肃最重要的农业区之一，主要发展以张掖市、酒泉市、武威市、金昌市为代表的走廊及绿洲农业，是我国西北内陆地区的著名粮仓；③以平凉市、庆阳市为代表的陇东雨养农业区，其地处黄土高原经济腹地，是典型的雨养农业区，生态环境相对脆弱，季节性干旱发生频繁，农业生产标准化和基地数量不足；④以天水市北部、白银会宁县、定西市及其辖区为代表的黄土高原特色农业发展带，重视抗旱作物品种的选育和应用，采取植树造林、涵养水源等措施减少水分蒸发，提高土壤蓄水能力；⑤以陇南市、天水市为代表的山地特色农业区，重点发展特色农业，该地区的耕地空间分布具有明显的垂直性差异，不同类型农业相互交错，面积小，旱田多，水田少；⑥以祁连山区为代表的高寒农业区，祁连山是我国西部重要生态安全屏障，也是黄河流域以及西北河流水源地，该地区在重视发展高寒农业的同时，更要注重生态保护，使生态系统能够储存水源、涵养水土、增加水量、调节气候。甘肃省农业产业布局如图 5-8 所示。

(2) 林业布局。甘肃省林业产业主要分布在陇南市、酒泉市、庆阳市、天水市和甘南市，其余市占比较小，尤其是嘉峪关市占比最少，仅占全省 2020 年林业总产值的 0.02%。改革开放以来，特别是进入 21 世纪以来，甘肃林业产业体系进一步扩大。林果、花苗、

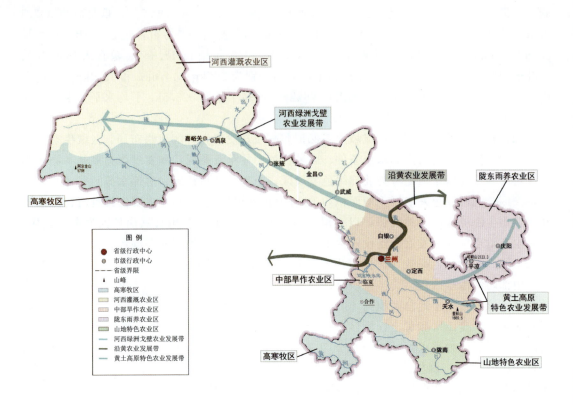

图 5-8　甘肃省农业产业布局图

旅游、特种养殖、林副加工、林下经济等六大产业取得长足发展，产业结构更加合理。2003—2017 年，甘肃林业的实际增长水平滞后于同期全国平均水平，并缺乏结构优势及竞争优势。据统计，2010 年全省林业产业总产值达到 162.2 亿元，比 2001 年增长325.4%，林业产业总产值 10 年翻了两倍，林业产业经济总量呈现持续增长同时加速增长的发展趋势。虽然林业产业发展质量和效益逐步提高，且主要林业产业发展稳定，但产业经济总量仍然偏小，结构仍然面临调整。

（3）牧业布局。 从畜牧业产业布局来看，甘肃省初步形成了以陇东、河西、甘南牧区平凉、甘南、武威、庆阳、临夏为主的肉牛基地；以河西、中南部地区甘南、临夏、白银、定西、张掖为主的肉羊产区；奶牛基地主要在兰州和酒泉，瘦肉猪生产基地主要在河西。

按地域特征可将甘肃省畜牧业分为两大基本类型：一是以甘肃中南部、陇东地带为主的农区畜牧业；二是以河西、甘南地带为主的牧区半牧区草原畜牧业。其中农区畜牧业发展模式包括家庭分散小规模经营模式、家庭规模化经营模式、集约化畜牧业经营模式、生态畜牧业经营模式。牧区半牧区草原畜牧业发展模式包括传统放牧经营模式、依托放牧养殖的产业化经营模式、草原生态畜牧业经营模式。

甘肃省是我国六大牧区之一，草原面积 1790 万 hm^2，占土地面积的 39.4%。2003年甘肃省提出"把草食畜牧业培养成为战略性主导产业"，此后"关于推进畜牧业生产方式转变的意见""关于促进畜牧业持续健康发展的意见"以及"关于启动六大行动促进农民增收的实施意见"等政策文件相继出台，推动了畜牧业发展。2015 年甘肃省启动实施了《甘肃省"365"现代农业发展行动计划》，为加快现代畜牧业发展创造了机遇。经过多年的积累与发展，区域畜牧业产业带（基地）基本形成，产业集群发展初具规模。

甘肃省地域辽阔，自然环境多样，经过长期的自然选择和人工选择，形成了位居我国五大良种黄牛之首的秦川牛及遗传性状丰富的高原牦牛、天祝白牦牛、甘肃高山细毛羊、欧拉羊等各具特色的食草家畜种质资源。在牛羊产业大县建设项目的带动下，通过扶持良种繁育体系的建设，加大早胜牛、甘南牦牛、兰州大尾羊、滩羊、陇东白绒山羊、绒山羊、藏羊等优良地方品种资源的保护力度，加快了"河西肉牛""陇东肉牛"和"中部肉羊"新品种选育的步伐。

4. 新疆维吾尔自治区

（1）农业布局。新疆农业生产主要分为天山北坡和天山南坡两大农业生产带，以及额尔齐斯河—乌伦古河流域、塔额盆地、伊犁河谷、哈密盆地、阿克苏河流域、喀什噶尔河—叶尔羌河流域、和田河—尼雅河流域、车尔臣河流域八大综合农业发展片区（图 5-9）。

图 5-9　新疆维吾尔自治区农业空间布局图

新疆素有"瓜果之乡"之称。由于新疆的气候对瓜果糖分的制造和积累十分有利，因而，所产瓜果特别甘美爽口。新疆是我国瓜种植面积较大、品种和品质均居前列的地区，年产各类鲜果数万担。新疆常见的瓜果有葡萄、甜瓜（哈密瓜）、西瓜、苹果、香梨、杏、桃、石榴、樱桃、无花果、核桃、巴旦杏等，优良品种达数百种之多。其中吐鲁番的无核白葡萄，鄯善的哈密瓜，库尔勒的香梨，库车的白杏，阿图什的无花果，喀什的樱桃、核桃、光皮桃，叶城的石榴、棋盘梨，和田的蜜桃，伊犁的苹果等，均享有美誉。新疆葡萄干、哈密瓜、香梨更是国际市场的畅销品。粮食产业重点在准噶尔盆地南北缘、塔额盆地、伊犁河谷、塔里木盆地粮食产区和产业带。围绕发展强筋、富硒、有机小麦等优良品种大力提高粮食产量。在稳定的传统稻区种植，也有优质水稻区域。

新疆地区土地光热资源丰富，日照时间长，昼夜温差大，由于滴灌技术的发展和丰富的热能资源，根据国家统计局数据，2020 年新疆棉花播种面积已经达到了 3761.38 万亩。新疆的棉花产区主要包括南北东三大主力片区，从南疆的和田、喀什、库尔勒到北疆的玛纳斯、阿克苏、乌苏、石河子、博尔塔拉都分布着大片的棉田。南疆棉区是新疆棉花的主产区，主要分布在天山南麓、天山南脉直到昆仑北麓的漫长 C 型区域内，其棉花产量约占新疆棉区产量的 80%，也是我国最适宜的植棉地区，是长绒棉的生产基地。北疆产区与新疆的棉花产区相比，位于天山北麓的北部棉花产区几乎已连成一片，从首府乌鲁木齐向西，沿着天山支脉博罗科努山北侧至塔城地区乌苏市一带，几乎集中了北部棉花产区 80% 左右的种植面积，棉花种植面积近 1200 万亩。东疆占地面积比南北疆少，以吐鲁番、哈密两大地区为主，是新疆通往内地的重要门户，哈密与吐鲁番也有部分棉花种植。

立足提升新疆棉花产业竞争力，围绕纺织服装产业发展需求，优化棉花区域布局和品种结构，引导棉花种植向优势产区集中，发展适度规模经营，提高棉花品质，打造棉花品牌，降低棉花成本，实行优质优价、优棉优用，提升植棉效益。大力实施规模化、标准化棉田综合整治，完善棉田基础设施。持续推进棉田高效节水工程建设，在规模化、标准化棉田基础上配套建设高效节水设施，开展棉田智能化高效节水滴灌试点，提高棉花生产管理水平、棉田产出水平和水资源利用效率，示范引领全区精准农业发展。推进棉花主栽品种区域化、规模化生产，解决棉花品种多乱杂等问题。同时，加快机采棉专用品种的繁育和推广。以棉花种植面积稳定在 20 万亩以上的 27 个县市为重点，扩大机采棉种植规模，坚持机采棉"农机农艺"配套，提升棉花机采水平，降低棉花生产成本。严格落实棉花采收环节和加工环节质量控制，减少"三丝"污染，生产加工纤维长度、马克隆值、比强度、一致性、整齐度、成熟度等指标符合纺织企业要求的优质原棉。

（2）林业布局。 2020 年，新疆将打造林果产业"一区三带"发展格局，主要包括建设环塔里木盆地主产区核桃、红枣、巴旦木、杏、香梨、苹果产业板块，吐哈盆地葡萄产业板块，伊犁河谷和天山北坡葡萄、枸杞、小浆果、时令水果、设施林果产业，林果种植面积约占全国林果种植面积的 13%，是全国林果主产区。围绕做强林果业，推进林果业产加销一体化发展，构建现代林果业产业体系，实现林果业提质增效。稳定林果面积，加快建设特色林果标准化基地，实施生态健康果园建设工程，改造低产低效果园，推进林果简约化栽培管理，增加优质果品产量。实施好南疆经果林建设项目，推动林果生产模式变革，逐步退出果粮、果棉间作套种模式，建设标准化果园。优化区域布局，加快推进环塔里木盆地林果主产区，吐哈盆地、伊犁河谷和天山北坡林果产业带建设，构建"一区三带"林果优势区。优化树种和品种结构，稳定核桃、红枣、杏、葡萄、苹果、香梨等林果种植面积，适度发展巴旦木、桃、开心果、杏李、樱桃等名特优新品种和设施林果，合理配置早、中、晚熟品种，协调发展制干、鲜食与精深加工品种。发挥援疆省市和龙头企业作用，强化林果加工转化、贮藏保鲜和品牌营销，延长产业链，拓展增值空间。

（3）牧业布局。新疆牧区是我国第二大牧区，草原面积 12 亿亩，其中可利用的 7.5 亿亩，占全国可利用草场面积的 26.8%。草场类型多样，牧草种类繁多，品质优良，给多种畜类发展提供了有利条件。本区最高饲养量为 3590 多万头，专门从事畜牧的劳动力占农业劳动力 11.5%，年产值达 6.9 亿元（不包括畜产品和畜产品加工），约占农业总产值的 20%。主要畜牧品种有细毛羊、羔皮羊、阿勒泰大尾羊、和田羊、伊犁马、骆驼等，北部阿勒泰、塔城、伊犁地区有细毛羊、肉用牛羊和养马基地。

作为我国最大牧区之一的新疆，全疆牧场分布从阿尔泰山、天山，到帕米尔高原，随山地海拔的变化，从低处的荒漠到高山草地，形成垂直分布的不同牧场。按气候的寒暖、地形的坡向、牧草的情况，实行转季放牧，分成四季牧场，轮流利用。春、秋两季在低山、丘陵、山前平原地带的春秋牧场，夏季在高山、亚高山和森林草甸上部的夏牧场，冬天在中低山、平原河谷和沙漠地区的冬牧场；以南的帕米尔高原、昆仑山、天山南坡则是四季两场轮牧，即夏季和秋季在高山地区放牧，冬季和春季在中高山地区放牧。而在准噶尔盆地和塔里木盆地的边缘草甸和河谷草甸地区，全年气候较高山地区稳定、温暖，四季皆可放牧。畜牧业生产基础好，生产能力较强，能够长期稳定地向区外提供大量商品性畜禽及其产品。

5. 青海省

（1）农业布局。青海省农业产业主要分布在海东市、西宁市、海西州和海南州 4 市州，总共占青海省农业总产值的 86.3%，海北州、黄南州、玉树州、果洛州等 4 市州占比相对较少。在川水地区以设施农业为重点，集中发展蔬菜产业，西宁市郊、乐都、格尔木的蔬菜种植面积占全省蔬菜总面积的 50% 以上。浅山地区以避灾农业为重点，集中发展马铃薯产业，种植面积占全省马铃薯总面积的 65% 左右。脑山地区以生态农业为重点，集中发展油菜产业，种植面积占全省油菜总面积的 70% 以上。2003—2012年，青海农业具有较大的结构优势和竞争优势，农业实际增速高于同期全国平均水平。2012 年以后，青海农业结构性矛盾凸显，表现为区域失衡加剧、产业链短、生态约束强化。当前通过科技赋能、培育高原特色产业和生态转型实现突破。以"三带三区"空间重构（河湟谷地高效农业带、环湖生态循环带、青南高寒产业带）为核心，推进制度创新（水权交易、碳汇补偿）和产业链升级（建设青藏冷链枢纽、开发枸杞多糖等高附加值产品），构建生态优先、科技驱动的现代化高原农业体系。青海省农牧业空间布局如图 5-10 所示。

1978—2018 年，青海省耕地总面积和人均耕地面积总体呈下降趋势。改革开放 40 年来，青海省耕地总面积的时间变化可分为两个阶段：1978—2000 年为第一阶段，青海省耕地总面积呈现波动增加的趋势；2000—2018 年为第二阶段，青海省耕地面积呈现波动减少趋势，且第二阶段的减少大于第一阶段的增加。因此，改革开放 40 年来，青海省耕地面积总体上减少。青海省经济快速发展，城市化进程加快，这也在一定程度上导致了人

图 5-10　青海省农牧业空间布局图

均耕地面积的持续减少，同时在空间分布上，青海省耕地重点发生了一定程度的转移，并呈现出由东北向西南再向西北移动的趋势。

青海省土地资源丰富，草原、荒地、水域面积辽阔，可开发潜力较大。水资源丰富；经纬度跨度大，日照时间长，昼夜温差大，发展特色农业具有独特的优势。但农业也存在投入不足、机械化程度低、产业化程度低、产业从业者文化素质不高等缺陷，克服这些困难是未来农业发展前进的重大挑战。

(2) 林业布局。青海省素有"三江源"和"中国水塔"的美誉，其生态地位的特殊性和重要性不言而喻。青海省林业担负着沙漠生态系统的保护和改善、森林生态系统的保护和发展、生物多样性的保护和拯救、湿地生态系统的保护和恢复等重任。对维持生态平衡、提高生态承载力具有决定性作用。青海省林业产业主要分布在海东市、海南州、海西州和西宁市 4 市州，共占青海省林业总产值的 83.3%，其余 4 市（州）占比相对较少，其中果洛州产值最少，仅为总产值的 0.62%。2003—2017 年，青海林业既不具备结构优势，也不具备竞争优势，产业的实际增长水平低于同期全国平均水平。2014 年，青海省的林业占地面积约为 309.66 万 hm^2，仅占全省总面积的 4.3%，森林覆盖率仅为 2.65% 左右，其中灌木林覆盖率约为 2.27%，乔木林覆盖率约为 0.37%，林网及周边面积覆盖率约为 0.01%。与其他省区相比，青海的林业资源明显处于弱势状态。从统计数据可以看出，青海的林业改革还有待加强，探索其林业经济的可持续发展道路迫在眉睫。青海森林多分布在水热条件好的地区。

青海省森林可按照以下 4 个方面划分：

1）按山系划分。青海省的森林资源分为巴颜喀拉山、祁连山、东昆仑山、山西青山和唐古拉山五大山脉。在全省范围内，祁连山占森林和稀疏森林面积的 39.2%，其次是西南部的天南山（25.1%）、巴颜喀拉山（15.6%）、唐古拉山（12.2%）和柴达木盆地东部（7.9%）。

2）按水系划分。出水系森林面积 1766km^2，占全省森林面积的 70.6%，主要分布在黄河、通天河、澜沧江 3 条支流的上游河岸。内河森林面积 143km^2，占全省森林面积的 5.7%，主要分布在黑河、巴音河、西里沟河和相日德河岸。

3）按行政区划分。海东地区森林面积最大，为 724km^2，乔木林覆盖率为 3.55%。海西森林面积最小，只有 4800km^2，森林覆盖率只有 0.01%。灌丛面积以戈罗州最大，约 504000km^2，占全省灌丛总面积的 31.0%。海南州面积最小，为 0.97km^2。海东地区灌木盖度最高，达 8.27%；黄南州的人均林地面积最高，为 2000m^2，海西最低，为 200m^2。

4）按森林的垂直分布。青海的森林分为森林草原草甸区、高山草甸区和高山沙漠区。

（3）牧业布局。青海省畜牧业产业主要分布在除果洛州以外的其他 7 个市州，果洛州仅占青海省畜牧业总产值的 3.31%。2003—2007 年，青海省畜牧业产业结构虽然具有一定优势，但由于缺乏竞争优势，畜牧业实际增长水平落后于同期全国平均水平。2007 年以后，青海畜牧业产业结构开始滞后于产业发展，但逐渐形成了一定的竞争优势。该行业实际增长水平高于同期全国平均水平。

2020 年，青海省牲畜存栏量为 2051.07 万头（只），其中牛 652.3 万头（牦牛 608.87万头）、羊 1326.7 万只（藏羊 1105.11 万只）、生猪 72.07 万头。草食畜出栏 962.7 万头（只），比 2010 年增长 45%，其中牛 189 万头、羊 773.7 万只，分别比 2010 年增长 91.89% 和 36.9%。全省肉产量 36.7 万 t，比 2010 年增长 33%，其中牛肉 19.2 万 t、羊肉 13.3 万 t。奶产量 36.6 万 t（牦牛奶 13.07 万 t），比 2010 年增长 39.7%。2020 年畜牧业产值达 295 亿元，较 2010 年增长近 3 倍，畜牧业产值占农业总产值的 58.19%，比 2010年提高近 8%。因此，2010—2020 年是青海省畜牧业平稳快速发展的十年，是能力与效益同步提升的十年。

优势产业带和特色优势产区中牛羊肉、牛奶、猪肉产量分别占全省产量的 70%、80%和 85%。畜群结构趋向合理，良种化水平不断提高。2020 年，草食畜出栏率、商品率、能繁母畜比例达到 53%、42%、55.29%，分别比 2010 年增加了 10%、6% 和 5%。牧区、半农半牧区、农区并举的生产格局基本形成，优质牛羊肉、奶牛、生猪三大优势产业进一步巩固。

6. 内蒙古自治区

（1）农牧业布局。内蒙古凭借其独特的自然资源和地理环境、区位条件等优势，具有区域特色的农产品很多，开发的潜力巨大。内蒙古的特色农产品以农作物和畜产品为主，品种丰富，品质优良。利用内蒙古的特色农产品资源优势，大力推广具有特色的农产品向产业化发展，可以促进内蒙古特色农产品的提档升级，加快内蒙古农业产业结构的调整，提升内蒙古特色农产品的核心竞争力，使得内蒙古特色农产品在优质产品的供给方面满足消费者的需要。

内蒙古围绕玉米加工企业和乳、肉、绒、饲料基地布局，重点建设三大玉米生产基地（主要包括53个旗县区）：一是以通辽市、赤峰市为中心的加工专用和饲用玉米生产基地，包括科尔沁区、科左中旗等27个旗县区（农场），该区域围绕梅花味精、中科天元、利牛生化、万顺达淀粉等加工企业种植加工专用玉米，以及为肉牛、肉羊、猪、鹅、鸭养殖种植饲用玉米、青贮、青饲料及粮饲兼用的玉米和高蛋白籽实玉米；二是以呼和浩特市、包头市为中心的饲用玉米生产基地，包括土左旗、土右旗等13个旗县区，该区域除围绕华蒙金河和华玉淀粉、石药集团、阜丰集团等玉米深加工企业种植加工专用高淀粉玉米外，大部分地区以伊利、蒙牛等乳品企业为依托，围绕奶牛养殖种植青贮、青饲料、粮饲兼用的玉米及高能量籽实玉米；三是以巴彦淖尔市、鄂尔多斯市为中心的饲用玉米生产基地，包括杭锦后旗、临河区、达拉特旗等13个旗县市，该区域主要围绕以巴彦淖尔市、鄂尔多斯市为中心的肉羊育肥、奶牛和绒山羊养殖种植青贮玉米和高蛋白籽实玉米（图5-11）。

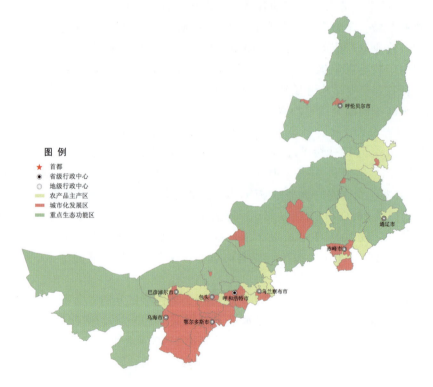

图5-11　内蒙古限制开发区域（农产品主要产区）图

内蒙古大豆加工主要规划在东部大豆产业带。即呼伦贝尔市、兴安盟、通辽市和赤峰市的大豆优势产业带。马铃薯产业以中西部阴山沿麓和东部大兴安岭沿麓共42个马铃薯优势旗县。其中：中部优势区主要布局在呼和浩特市的武川县、和林县、太仆寺旗等3个盟市的18个旗县；西部优势区主要布局在包头市的达茂旗、固阳县，以及伊金霍洛旗等两市的6个旗县；东部优势区主要布局在呼伦贝尔市的阿荣旗、扎兰屯市、喀喇沁旗等3

个盟市的 18 个旗县。

内蒙古主要形成了包括河套—土默川平原农牧业主产区、西辽河流域农牧业主产区、大兴安岭东麓农牧业发展带、呼伦贝尔—锡林郭勒草原畜牧业发展带和阴山北麓农牧业 5 个发展带。充分发挥区域优势，依托呼伦贝尔草原畜牧区、科尔沁草原畜牧区、锡林郭勒草原畜牧区、乌兰察布草原畜牧区、鄂尔多斯草原畜牧区、阿拉善草原畜牧区统筹畜牧业生产与草原保护。构建大兴安岭沿麓、西辽河流域、阴山沿麓、沿黄干流平原农牧四区和呼伦贝尔草原、科尔沁草原、锡林郭勒草原、乌兰察布草原、鄂尔多斯草原、阿拉善草原畜牧六区（图 5-12）。

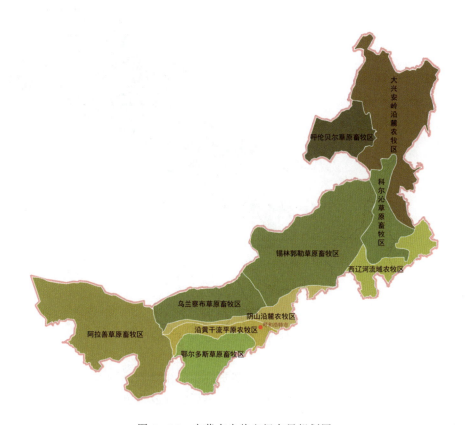

图 5-12 内蒙古农牧空间布局规划图

（2）林业布局。内蒙古生态资源丰富，根据内蒙古自治区人民政府统计数据，2020 年全区森林面积 4.08 亿亩，居全国第一位，森林覆盖率 23.0%；人工林面积 9900 万亩，居全国第三位；森林蓄积 16 亿 m^3，居全国第五位。天然林主要分布在内蒙古大兴安岭原始林区和大兴安岭南部山地等 11 片次生林区，人工林遍布全区各地。以大兴安岭、贺兰山山脉和阴山山脉的三山生态屏障，形成北部草原保护带和南部农牧交错带。内蒙古林沙产业主要以沙棘、沙柳、山杏、枸杞、苁蓉、锁阳等生产加工为主。主要布局在鄂尔多斯市、呼和浩特市、赤峰市、阿拉善盟及巴彦淖尔市等地区（图 5-13）。

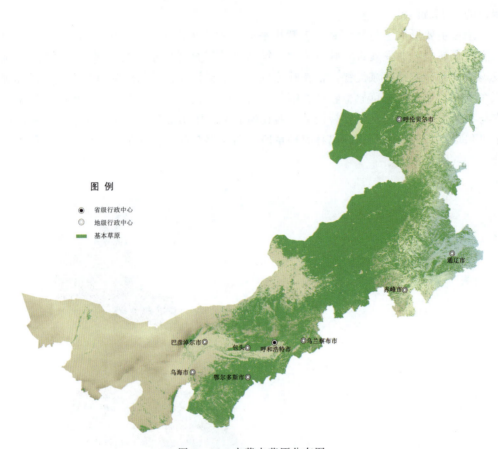

图 5-13　内蒙古草原分布图

5.2　农业发展趋势与路径

农业是人类依靠自然生态系统、利用自然资源生产生物产品的产业，是人类社会发展的物质基础。结合国外农业发展趋势，明确西北旱区农业发展方向，是西北旱区实现农业现代化的必由之路。

5.2.1　国内外农业发展趋势

随着科技的不断进步以及生物基因科学的发展，国内外农业发展形成了一个环境、机械、化学、良种多因素紧密相连的有机发展体系。

1. 国外农业发展趋势

（1）美国。近年来，美国涌现出"绿色环保农业""基因农业"及"精准农业"等农业发展模式。绿色环保农业就是在农业生产系统中，应对迫在眉睫的能源危机，节省能源和改善环境质量的农业行为，通过以循环经济为基础的技术创新，有效利用可再生生物资源，实现更清洁和持续的经济增长。作为一种可持续的生产系统，绿色环保农业生产体系必须高效（就资源和能源使用而言）、清洁（对环境的负面影响最小）、追求效益（最大经济产出）和具有弹性（应对自然灾害的能力），以应对经济、社会和环境的多重挑战[1]。

转基因技术始于1973年，随着重组DNA技术的发展，外来基因能够插入生物体中。1980年，美国最高法院的裁决允许生命有机体的知识产权，促进了该行业的快速投资和增长[2]。1990年的低芥酸菜籽、玉米、棉花、大豆和西红柿的生产是在美国进行的第一次商业转基因生物活动。已在作物的抗病、抗虫、抗除草剂上得到应用并取得了商业化成功。美国是全球转基因作物播种面积最大的国家，美国约94％的棉花、94％的大豆、92％的玉米为转基因作物。美国大量种植转基因抗虫作物，可以在一定区域范围内抑制目标害虫种群。记录最好的例子是对美国种植的Bt玉米的反应，玉米螟和玉米蚜虫大量减少[3,4]。

智慧农业是依靠人工智能和物联网技术来实现网络物理农场管理的农业模式，精准农业是智慧农业的代表，是一种信息技术支持下的高科技农业，利用高科技传感器和分析工具等提高作物产量和辅助管理决策的农业科学，根据空间变异定位、定时、定量地实施一整套现代化农事操作与管理，高效利用各种农业资源，提高产量、减少劳动时间、提高农业资源的利用率以及提高产量和作物的质量，并确保肥料和灌溉过程的有效管理，以最少的投入寻求最高的经济效益和环境效益。1995年，精准农业技术被应用于全美国5％的作物面积。近年来，更是普及到了美国60％～70％的大型农场，将美国的农业生产效率提升至世界首位。最近几十年，精准农业以无人机、智能机器人、人工智能传感器在作物监测和产量预测与优化管理上运用广泛，并且以物联网和机器学习为驱动迅速发展[5]。

（2）日本。日本的农业发展类型主要包括3种。一是减化肥、减农药型农业，通过减少化肥和农药的使用量，减轻对环境的污染及食品有毒物质含量；二是废弃物再生利用型农业，主要是构筑畜禽粪便的再生利用体系，通过对有机资源和废弃物的再生利用，减轻环境负荷，预防水体、土壤、空气污染，促进循环型农业发展，其主要措施包括将家畜粪便经堆放发酵后就地还田作为肥料使用、将污水经处理后得到的再生水用于农业灌溉等；三是有机农业型，完全不使用化学合成的肥料、农药、生长调节剂、饲料添加剂等外部物质，通过植物、动物的自然规律进行农业生产，使农业和环境协调发展，其主要措施有选用抗性作物品种，利用秸秆还田、施用绿肥和动物粪便等措施培肥土壤，保持养分循环；采取物理和生物的措施防治病虫草害；采用合理的耕种措施保护环境，防止水土流失，保持生产体系及周围环境的基因多样性[6]。

2. 国内农业发展趋势

党的十八大以来，中国式现代化农业更加注重科技化、生态化与协作化发展，致力于全方位强化农业实力。在十八届五中全会提出的创新、协调、绿色、开放、共享新发展理念引领下，我国农业科技领域创新成果突出，"三农"协调发展趋势进一步增强，党的十九大报告提出要以推进农业农村现代化为目标，在实践中构建生产、产业与经营齐头并进的现代农业体系。在生产体系上，要更加突出农业生产理念的绿色化、生产方式的科学化、经营管理的效率化以及内部要素结合的最优化。在产业体系上，要更加强调借助现代科技发挥工业化、信息化的辅助作用，城镇化的协同作用，追求产业端、价值端与利益端的协调发展。在经营体系上，更加注重经营主体的多元化、经营方式新型化、经营体制科学化，为新时代系统化、智慧化农业的发展指明了重要方向。2020年12月，习近平总书记再次针对农业农村现代化作出重要指示批示，强调农业农村现代化到 2035 年、21 世纪中叶的目标任务，要科学分析、深化研究，把概念的内涵和外延搞清楚，科学提出我国农业农村现代化的目标任务。不断从实践中探索与调整新时代的农业现代化建设方向，建构科学、合理、高效的农业道路。

5.2.2　农业发展演变特征与挑战

西北旱区经济发展大多以农业为主，但生态环境脆弱，协同农业发展、经济发展与生态保护已成为该地区可持续发展的重点。分析国内外农业发展趋势，可为西北旱区农业发展提供启示，明确西北旱区农业发展方向。

1. 农业发展演变特征

随着农业经营主体和科学技术的应用，农业发展方式也发生巨大变化，西北旱区农业发展表现出如下演变特征：

(1) 农业地理集聚趋势。从集聚的趋势来看，西北旱区农业地理聚集表现出稳步增强的变动态势。从集聚的程度来看，西北旱区农业属于中度地理集聚。从集聚的过程来看，西北旱区农业地理集聚呈现出"先小幅增强、后显著减弱、再显著增强、再小幅减弱"的阶段性特征。从集聚的行业来看，不同行业的地理集聚存在显著差异。劳动密集型和经济作物的地理集聚度较高，而土地密集型和粮食作物则相对较低。从集聚的地区来看，我国农业总体逐步向中部地区集聚，但不同行业的集聚地差异显著，其中薯类向西部转移，新疆是棉花主要聚集区，陕西是水果主要产区。从集聚的效应来看，农业产业地理集聚对其产业成长具有显著的正效应[7]。

(2) 农业种植结构的演变趋势。西北旱区历史上主栽农作物以粮、棉、蔬菜为主，随着社会需求的发展和气候变化，近年来农作物种植结构发生了极其明显的变化。西北旱区农作物总播种面积逐年增加，其主要源于近年来各地积极开展的土地整理工作，加大了对改造耕地和未利用土地的综合力度，引发农作物的总播种面积的增加。从粮食作物和经济作物播种面积的比率来看，粮食作物的面积平稳发展，而经济作物的面积在大幅度增加，进而引起粮食作物和经济作物面积的比例有所缩小。在种植业内部，粮食作物和经济作物播种面积占农作物总播种面积的比重相当。粮食作物播种面积所占比重呈上升态势，波动不明显，只有微小幅度的波动。粮食作物在种植业中一直占有非常重要的地位，其在农作物总播种面积中的份额一直保持高水准[8]。

粮食作物播种面积保持稳定的原因如下：一是近年来中央和地方政府连续出台了多项惠农政策，包括取消农业税、补贴、最低收购价等，农业扶持力度的不断加大，很大程度上保护了农民的种粮积极性；二是近年来粮食价格水平较高很好地保障了种粮收益；三是多数粮食作物耕种的机械化，确保农民外出务工不受影响。经济作物农产品价格普遍上扬，导致经济作物收益涨幅很大，因此农民种植热情高涨。而饲用作物由于多方面原因，种植比例持续呈下降态势。

(3) 农业用水结构变化趋势。20 世纪 80 年代，西北旱区农业用水结构比较均衡；20 世纪 90 年代，用水比例偏向于经济作物；2000 年以来，主要集中于经济作物，粮食作物和其他作物数量很少。同期种植结构比例也是如此，用水结构的变化特点与种植结构变化过程相似。

(4) 农业经营主体调整趋势。农户土地进行联合，规模生产在农村逐渐推行，随着工业化、城镇化快速推进，一家一户耕种土地既缺少劳力支撑，又无法进行全面机械化耕作，导致农村土地投入产出率低，阻碍现代生态农业技术的推广应用。通过农户土地联合，进行规模生产，可以充分进行农业全程机械化生产，既节省劳力又科学高效，提高农村土地的投入产出比，又可以促进农村农业的良性发展。各类专业的、综合的农业服务组织通过自发形成或政府引导陆续建立发展，这些组织一方面通过掌握的信息技术为农民提供优良的种子、农药、化肥等农资，指导农民科学施用；另一方面通过组织内的劳动力资源、农机资源为农户种地提供劳动力帮助和机械服务，及时有效地为西北旱区农业提供产前、产中、产后的帮助，使种植大户、家庭农场、农民专业合作社等新型经营主体不断涌现[9]。

2. 农业发展面临挑战

虽然农业产业发展取得了显著成效，但与高质量发展要求仍有较大差距，主要面临如下挑战：

(1) 水资源是制约农业发展的重要因素。农业可持续发展需要破解水资源的约束，短期内水资源的大量消耗对农业长期发展具有阻碍作用，必须依靠科技进步，通过农业产业结构调整和科学节水，按照适水发展原则，实现水资源节约集约利用与区域的农业发展、经济发展及生态保护相适应。

(2) 农村集体经济弱化且发展滞后。在农村经济发展过程中，农村集体经济存在经济总量小、生产发展的基本生产要素匮乏、集体经济底子薄、经营管理水平低、缺乏人才支持等诸多问题，集体经营弱化、集体经济实力严重不足，已不能适应新时代市场经济和现代农业高质量发展。

(3) 生产规模小和基层技术队伍弱。农业生产以"小农"分散经营为主，经营规模过小、专业化程度低、抗风险能力弱、科技推广成本高等"散、小、弱"弊端逐渐显现出来，很难达到规模化经营和标准化生产要求，阻碍了农业新技术的推广应用，导致农业劳动效率低下和国际竞争力弱，很大程度上制约了现代农业的高质量发展。此外，县乡两级特别是乡镇一级技术人员少、专业人员少，导致栽培管理各项技术措施无法落实，很难达到规模化经营和标准化生产要求，阻碍了农业新技术的推广应用。

(4) 科技创新力与先进经营管理欠缺。农业发展仅依靠土地和劳动力等生产要素的投入，难以显著提高农业效益。农业科技创新体系依然存在科技创新主体创新能力不足、农业科技创新投入不足、科技成果转化率低、科技创新服务平台缺乏等问题，已不能适应新时代市场经济和现代农业高质量发展。农业生产资料高投入、污染高排放现象普遍；对制约产业发展的间作套种、节水灌溉、水肥一体化、病虫害防控、机械化生产、保鲜贮运等关键技术的研发、总结、推广重视不够，始终未能取得有效突破。此外，小农户和新型农业经营主体大多学习经营管理知识的机会比较少，盲目投资经营的比较多，投资农业项目之前往往缺少投资可行性分析和比较效益分析。

(5) 产品质量安全标准体系建设滞后。多数从事农业生产的农民文化水平低，缺少市场信息又不加强学习，不能做到以市场需求为导向发展农业，出现了盲目发展、跟风而上的现象，区域农业发展缺乏统一规划。此外，农业产前、产中及产后的分类分级质量安全体系建设不完善，检验、检测、产品溯源等服务能力不足，质量安全监管缺位和不到位。

5.2.3　农业高质量发展途径

农业的高质量发展必须以世界农业发展趋势为指引，针对西北旱区农业发展所急需解决的问题，探索相应的农业高质量发展途径，具体如图 5-14 所示。

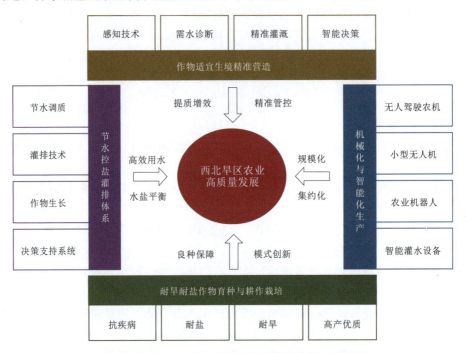

图 5-14　西北旱区农业发展趋势与途径示意图

1. 产业结构调整与经营管理

（1）水资源高效利用下农业结构优化。在西北旱区农业内部结构中，高耗水作物比重大。西北旱区水资源总量虽大，但是可利用量有限，用水不均衡性明显，主要表现在区域间水资源量的分布与区域经济发展状况不适应和三次产业间用水量和用水效益不匹配。目前，农业水资源高效利用仍然主要停留在节水层面，即主要通过先进的节水灌溉技术和工程节水措施，使农业用水过程中降低消耗进而提高利用效率。目前，农业灌溉方式以常规灌溉和节水高效灌溉两种为主，常规灌溉主要是农田自流灌溉方式；节水高效灌溉主要采用膜上灌溉、喷灌和微灌。

实现农业水资源高效利用一方面实现了多过程的节水，另一方面促进了农业效益的提高，减少了工业发展对生态用水的挤占。理性农户农业经营决策行为是以自身利益最大化为目标，依据水资源约束与作物效益情况综合合理安排农业种植作物的结构。实现农业的可持续发展要求在农业结构调整中要树立资源的整体观念，特别是水土资源的整体观念。西北旱区土地资源的利用方式在很大程度上由水资源量的多寡来决定，结构优化中应注意按照"量水种植""以水定地"的原则来进行农业规划，通过用水结构、土地利用结构、农业生产结构之间的互相优化达到可持续发展的状态。

（2）农业经营主体分化发展。

1）土地利用型产品构建适度规模经营户＋社会化服务组织。西北旱区土地利用型产品经营的发展趋势主要是通过适度规模降低平均成本，进行高效可持续经营。小麦、玉米等大田作物具有土地密集型特征，亩均产值较低，小规模农户经营的平均成本较高，缺乏竞争力。农户平均成本曲线一般为 L 型，在一定范围内，平均成本将随着规模的扩大呈现迅速下降的趋势。此外，由于当前西北旱区人地禀赋及技术的约束，适度规模相对于其他地区还是低水平的，经营农业的平均成本仍然过高，单个农户购买资本密集型的设备既不利于平均成本降低也不利于相关设备使用效率的提高。而通过社会化服务组织提供机耕、机种、机收、施肥、施药等服务，可以在某些环节实现更高水平的适度规模，如农机社会化服务和跨区域作业的农机工作量就不亚于美国农场机械的工作量。因此，针对土地利用型、机械化程度较高的大田作物经营，应该引导土地互换、流转向规模化经营户，结合社会化服务，降低大田作物经营的平均成本，应对国际竞争。

2）劳动密集型产品构建小规模经营户＋合作组织。劳动密集型产品经营的路径主要是发挥小规模农户劳动力资源优势，通过合作经营挖掘农产品附加值，避免同质化竞争。改革开放以来，我国农业内部结构调整对农业发展和农民增收做出了重要贡献，现阶段应该进一步允许并鼓励各种资源转向劳动密集型产品的生产。干旱地区的水果、蔬菜的附加价值还有很大的开发潜力。传统经营水果、蔬菜的小规模农户由于数量庞大，经营种类繁多，商品化处理水平低，缺乏与市场谈判的能力以及营销技能，附加价值未能有效开发。农民专业合作社作为新型农业经营主体的重要组成部分，目前已经成为我国推进农业现代化的核心力量之一。合作经营可以帮助小农户提高市场谈判地位，解决单家独户办不了、办不好、办起来不划算的问题，从制度经济学的视角来看，以"合作社＋农户"为代表的组织模式具有完全垂直一体化、组织利益的高度一致性、均衡的博弈关系、劳动雇佣资本的特征。

在现实中，合作社确实在一定程度上缓解或消除了小规模农户参与市场的困境，将分散的小规模农户组织起来进入农产品供应链，以应对现代市场所要求的各种产品标准和交易特征。同时，合作组织也可能承担某些环节的社会化服务职能，实现专业化生产。因此，小规模农户适合经营蔬菜等劳动密集型的高附加值产品，通过联合、合作的组织形式，延长产业链条，挖掘产前、产中和产后的可能增值空间，重点建设产品产后商品化处理设施、打造特色化营销品牌。同时，有条件的地区和产品可以设立直销网点，将流通、零售环节的利润内生化，提高以小规模农户为主体的合作社的整体盈利水平。此外，近些年大量涌现的农家乐、果蔬直采基地以及果蔬配送基地，这些形态的出现都有效拓宽了农业经营的利润空间。

随着城镇化发展、农业科技进步，无论是土地密集型产品还是劳动密集型产品，土地都逐渐向规模化经营主体集中，但由投入要素密集程度所决定的不同产品间的规模差异仍将存在。应该优先引导劳动力完全或基本转移且有意向的小规模农户、兼业农户的土地向规模户集中，从事土地利用型作物生产，降低平均成本，应对国际竞争，保障粮食安全。同时，鼓励、引导劳动力转移不充分、机械耕作受制于地形约束地区的小规模农户经营劳动密集型产品，通过合作组织进行差异化经营，延长产业链条，挖掘农产品附加价值，提高营农收入。

（3）以科技创新引领高质量发展。科技创新是西北旱区生态农业发展的重点和难点，首先是抗旱新品种新技术研发周期长的问题。新品种从研发到小规模试验田种植再到最后的市场推广，都需要研发企业投入大量的人力、物力、财力与时间成本。以蔬菜产业为例，据研究，新品种的研发过程从零开始到初步产生效益普遍需要近 20 年的时间，而农户如果选择进行农业改造引入新品种，也最少需要 5 年时间才能收回改造成本、创造实际收益。在此期间内，企业需要保证稳定持续的研发投入，技术投资远远大于回报，短期内技术投资回报率较低。与此同时，新品种、新技术还面临着知识产权维护困难的问题。保障研发者的经济利益是保证研发工作持续推进的根本，维护研发成果的知识产权是保障研发者经济利益的最重要环节。由于生物产品的自身特性，与农业品种相关的技术并不具备很强的技术壁垒，甚至在实际操作中，简单的嫁接育苗或者组织培养育苗就可以窃取他人长年辛苦的优良种质，从业人员的正常流动就可以带走企业多年的技术积累成果。上述现象使得新品种的研发具有了明显的正外部效应，即企业投入大量资本与时间去作研发，却无法专享研发成果的收益，严重影响了企业的研发积极性，限制了产业升级和优化。

（4）绿色循环与可持续发展。要实现农业生产资料高投入、污染高排放、生产低效益向生产资料低投入、污染低排放、生产高效益转变。通过实施绿色发展路径，发展节水、节资及废弃物循环利用的产业，需要政府进行引导和产业发展主体的配合，尤其需要创新驱动路径支持，而且同样需要其他路径协作才能得以实现。

通过实施绿色发展，发展节水、节资及废弃物循环利用的种植产业，实现产业生产资料高投入、污染高排放、生产低效益向生产资料低投入、污染低排放、生产高效益转变。依托现有农业发展基础，启动技术引领路径。引进、创新抗旱品种栽培技术、耕作技术、灌溉技术、循环利用技术等，节约水土资源，实现化肥、农药和地膜等生产资料投入的减量化，实现废弃物肥料化、基质化、饲料化利用。

从西北旱区农业现实情况来看，农业栽培管理粗放、水肥调控、病虫害防治、节水等技术的配套应用还较为落后，尤其是不能根据农作物生产发育需肥规律进行灌溉，导致水、肥和地膜等生产要素的浪费，对产量和品质造成的影响很大。所以通过创新驱动路径的配合，积极选择绿色发展类主导的高质量发展路径可以有效地解决上述问题，符合西北旱区农业发展的实际情况。

（5）创新农业特色发展之路。一是种植品种特色发展。按照"突出重点、规模发展"的原则，坚持优质农产品优势地位不动摇，建成西北旱区优质特色农产品基地，形成规模优势，创建名优产品，提高品质效益；二是生产产品特色发展。大力发展深加工业等，积极开发以农产品为原料的高档保健品、生物制品等市场前景广阔、科技含量高的新兴精深加工业，发展各种系列产品，延伸产业链，提高附加值。

2. 农业资源高效利用

利用生物技术和非传统水资源（雨水、污水、盐水等）、需水信息收集和精准灌溉技术、耐旱耐盐农作物育种与栽培由节水高产向节水提质增效转变、加速农业机械化与人工智能化等已成为许多国家和地区农业急需攻克的关键技术。

(1) 利用生物技术和非传统水资源。首先，通过工程措施（地窖）收集雨水、地表径流，以便在农作物生长期为作物提供灌溉。其次，就农业种植而言，使用全膜覆盖、沟播等实现雨水资源收集和利用。家庭污水和工业污水净化处理后的水质可以满足灌溉水质的要求，可在一定程度上缓解水资源短缺。美国经过处理的污水中有60％用于农业灌溉，以色列污水处理后的灌溉利用率高达70％，印度净化处理的污水中有50％用于农田灌溉。国外对咸水的脱盐和利用进行了研究。例如：西班牙通过建立微咸水实验站探索了相应的技术和理论；美国研究人员发现，使用咸水灌溉不仅可稳定产量，还可以提高农作物质量。以色列在海水淡化使用、污水循环利用以及微咸水灌溉方面尽管已经拥有了强大的技术支持与研发成果，但仍然存在相当大的提高空间。

(2) 需水信息收集和精准灌溉技术。通过识别作物缺水信息或信号，基于土壤水分监测和预测系统，将作物水分动态监测信息和作物生长信息结合，应用数据通信技术和网络技术，建立作物需水诊断和精准灌溉系统，并通过智能灌溉信息采集设备及其决策系统实现精确灌溉。

(3) 耐旱耐盐农作物育种与栽培。加大对耐旱、耐盐作物的挖掘以及新型育种技术的提升，拓宽旱区农业种植作物种类的可选择范围成为发展趋势。同时，面对旱区分布不均的气候、地形、水资源情况，在现有农业基础上，加大培育在各类可抗疾病、产量高、品质优、耐盐程度高，并且在干旱气候条件下能够节水的品种至关重要。

(4) 由节水高产向节水提质增效转变。以土壤水平衡为基础的传统充分灌溉，开始转向依据作物水分—产量—品质耦合关系与节水优质高效多目标决策方法、基于作物生命需水信息并综合考虑作物生理补偿、冗余控制、根冠传导、控水调质的节水调质高效灌溉。通过控制作物需水过程，达到节水、优质、高效的综合目标。建立考虑有限水资源优化分配、时空亏缺调控灌溉和多要素协同控水调质的作物节水调质高效灌溉技术与决策支持系统，形成不同区域与不同作物的节水调质高效灌溉技术应用模式。

(5) 加速农业机械化与人工智能化。随着科学技术的进步，无人化农业成为现代生态农业的新趋势。小型无人机、无人驾驶农机和小型农用机器人等智能设备正逐渐代替传统的人力耕作方式。其中：小型无人机在生产状况分析、农药化肥喷洒、防治鸟兽害等领域应用广泛；无人驾驶农机也是农业人工智能化的重要领域。

5.3 畜牧业发展趋势与途径

畜牧业是农业经济的支柱产业之一，畜牧业发展是衡量一个国家农业发达程度的主要标志之一。畜牧业主要包括猪、牛、羊、家禽等，其产品主要包括肉类、毛皮类和蛋奶类产品，是人们日常生活重要的必需品。

5.3.1 国内外畜牧业发展趋势

1. 国外畜牧业发展趋势

(1) 荷兰和波兰的"经济农业"风格。"经济农业"的本质是一种典型的原始农业生态农业方式。具体表现为通过高度的集约化生产，更好地利用农场的内部资源（草地、粪便、奶牛），增加更多的劳动力投入，实现更低的外部投入成本和更高的内部资源使用效率。减少肥料使用，从而获得更高的草原产量、较低的牛奶产量，虽然牛奶产量较低，但具有更好的脂肪和蛋白质含量和更高的牛奶价格，每 100kg 牛奶的成本较低，但牛奶的总收入更高。

（2）法国的农艺周期微调。农艺周期微调通过重新引入放牧或增加其重要性以及大大减少为奶牛购买的饲料和饲料的施用来改善草原的质量。与此同时，动物粪便的质量得到改善，从而产生更强大的土壤生物系统，带来更好的草原产量。具体做法为通过仔细选择和协调割草和放牧的正确时机，可以生产出均衡的牛饲料（包括高比例的饲料豆类）的良好产量，从而减少对补充剂的需求，改善牛的健康和粪便的质量。通过这种方式，除草剂和化学肥料的使用正在逐步减少。

（3）瑞士的强制性"绿色农业实践"。强制性"绿色农业实践"具体表现为，每个农场至少 7％ 的农业利用面积必须留出以保护生物多样性，化肥和杀虫剂的使用受到严格监管和限制。农民一直处于进一步发展农业生态实践和原则的最前沿，其中包括完全禁止使用合成农药和化肥，通过堆肥或现场生产的粪便保持土壤肥力，并保持与满足其饲养需求所需的土地数量成比例的牛群规模。强制性"绿色农业实践"减少了有限资源的使用，并大大减少了农业对环境的影响，为维持农村经济做出了更大的贡献，这是更高的资源利用效率和更好的市场价格的结合。

（4）爱尔兰的有效支持低投入草原管理和知识驱动农业系统。目前，大规模参与"低成本草饲生产"已成为爱尔兰经济高效的乳制品和牛肉养殖的支柱。这种做法的重要性在爱尔兰的国家农业愿景中得到了认可。该系统基于有效的草原管理，帮助农场从传统的牛奶和牛肉高外部投入生产系统转向更平衡和可持续的系统，这得到了农民讨论小组日益增长的作用和重要性的支持，这些讨论小组为创造和分享农业知识而建立。由于这些群体，在土壤养分规划、草测量和草三叶草维护等做法的支持下，改善土壤和草原管理已经从边缘问题转变为爱尔兰农民的核心关注点以及支持他们的咨询服务。随着时间的推移，农民讨论小组的成员资格对农民的草原管理以及最终的净利润率产生了实质性的积极影响[10]。

2. **国内畜牧业发展趋势**

改革开放 40 多年的畜牧业发展大致经历了改革发展阶段（1978—1984 年）、全面快速增长阶段（1985—1996 年）、提质增效发展阶段（1997—2014 年）、以环保为重点的全面转型升级阶段（2015 年至今）4 个阶段。从不同阶段的发展趋势来看，总体上由数量快速扩张向质量提升和环境友好方向发展。

当前，我国主要畜产品生产有效保障了国内需求，畜产品供给结构逐步趋于合理，规模化程度稳步提升，生产效率不断提高；优质饲草的重要性得到认可，种养结合、农牧循环等养殖模式开始推广；有效壮大了农业农村经济，提升了农牧民收入。在新发展阶段，畜牧业要实现高质量发展，关键在于实现质的跨越。同时，生态需求、绿色消费已成为新时代发展的主旋律，迫切需要从数量与质量两方面解决发展不平衡、不充分问题，推动畜牧业高质量发展。

(1) 基于再生放牧的畜牧系统。该系统在以放牧为基础的畜牧系统中向生态农业过渡，可以提供一种在不增加外部投入和风险的情况下提高生产力和收入的方法，恢复退化或过度放牧草原的生产力，同时加强生态系统服务的提供。如简单地组织畜群和放牧制度以增加牧草津贴、牧草高度和植物生物量，导致本地草原物种每只动物和饲料生产的能源消耗增加。因此，应使一年中草原的增长率与不同动物类别的饲料需求相匹配，促进互补性的多物种放牧设计，将空间异质性与不同数量和质量的牧草需求相匹配，尊重重新播种，并保持永久的土壤覆盖，所有这些都在实验和实际农场条件下证明成功，将当前生产率水平提高 1 倍，而这些转变还需要动物育种支持[11]。

以原生草原为动物营养主要来源的畜牧业生产，化学肥料、化石能源和杀虫剂的投入量较低，这种形式的私人牲畜经营通常被称为牧场。然而，原生草原不仅为动物提供营养，同时提供生态系统服务，如碳固存、缓和区域气候，保护土壤免受侵蚀和维护水质。然而，这些放牧系统的可持续性受到过度放牧的威胁，过度放牧导致经济效益不佳、天然草原退化、侵蚀率增加、碳储存减少以及单位面积和产品温室气体排放量增加，这一过程也增加了这些系统对干旱事件的脆弱性。虽然其生态集约化措施确实存在，并且在技术上被证明可行，但农民广泛采用这些措施仍然具有挑战性，同样是由于农业人口的老龄化和这种传统生活方式的逐渐消失。当牧民退休时，土地通常出租给种植出口作物的农业企业。在集约化畜牧系统和环境中，由于欧洲等外部投入的维持，动物放养率较高，动物健康和福利考虑因素至关重要，因为这些因素会影响生产和产品质量。因此，实现生态农业的关键原则在于改善动物健康的管理做法、减少生产所需的投入量、优化耕作系统的代谢功能、加强多样性以加强复原力以及保护农业生态系统中的生物多样性。

(2) 构建自然包容的农业景观。通过增加投入、提高生产力与减少生态系统服务和自然资本之间的权衡，形成了改变物种与环境关系的复杂潜在过程。不同物种群对农业集约化具有不同的敏感性，这些差异反映了物种之间与农业改变的环境因素的关系中潜在的生态位差异。在这种生境中，大规模的农业集约化可导致当地物种库的物种完全替代，在许多情况下是来自其他大陆的入侵物种。

较高的养分投入通常会导致不同植物物种的共存机会减少，因为竞争从几种地下资源转向主要用于光，通常只有一个最佳竞争者。因此，投入的减少不仅会增加当地物种库的物种，而且还会导致更好地适应新条件的物种的更替。由于特殊物种的资源多样性较少，植物多样性较少通常与无脊椎动物多样性减少有关，并可能导致土壤生物多样性和相关生态系统服务（如土壤肥力）的下降。

对于流动性很强的鸟类来说，大规模农业可以在其生命周期的某些部分发挥关键作用，例如迁徙期间的觅食地或作为繁殖地。但对于鸟类来说，农业集约化通常会导致鸟类多样性的减少，以及它们作为种子传播和害虫控制的相关益处。在大规模农业中纳入农业生态学原则可以潜在地保留这些好处。

5.3.2 畜牧业高质量发展途径

西北旱区畜牧业正处于由传统畜牧业向现代畜牧业发展的转型时期，从数量上解决了供应不足问题，在新发展阶段，要实现高质量发展，关键在于实现质的跨越，也面临一些挑战。同时，生态需求、绿色消费成为新时代市场的主旋律，迫切需要推动畜牧业高质量发展，从数量与质量两方面解决发展不平衡不充分问题（图 5 - 15）。

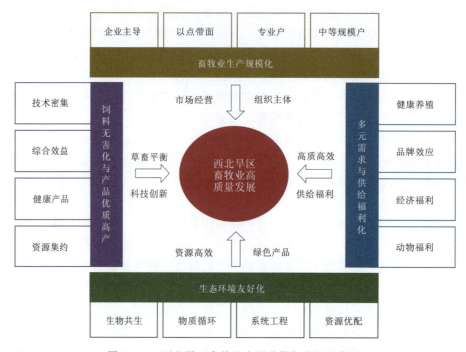

图 5 - 15　西北旱区畜牧业发展趋势与途径示意图

1. 面临的挑战

（1）基础设施薄弱与产业结构单一。西北旱区经济发展速度较慢，基础设施不完善，影响区域畜牧业的生产力水平。西北旱区畜牧业虽然发展历史悠久，但是发展速度较慢，产业结构较为单一，其中多数养殖户饲养管理方式不同，畜禽养殖的科学化管理在区域性、地域性上呈现出一定差异，没有达到较高的规模化养殖水平，养殖程度处于不平衡的状态。2017 年新疆地区整年生猪出栏量 1100 头以上的养殖场，在新疆地区整体出栏量中只占有 35％，这代表生猪等动物的养殖规模仍然较小。并且多数养殖场建设时间较早，内部基础设施使用时间过长，养殖环境较差，饲养设备也出现严重破损的问题，不利于后期养殖过程中疫病的防控。信息化体系也并未达到完善的程度，和其他地区缺少有效交流，难以及时了解新型的养殖技术、畜禽动物疫病预防技术等。

（2）科技创新较低与推广体系不健全。经济发展落后使得西北旱区在科技创新、农技推广体系方面始终存在较多问题，如缺乏高水平的科研人才、完善的科学技术推广体系等，导致在实际的畜牧业生产中始终无法达到科技化发展的目标。截至 2019 年，新疆畜牧业科技进步贡献率仅达到 62％左右，和全国各个地区的平均水平相比相差 7％，并且也缺乏相应的科技示范基地。此外，畜牧业发展中的饲料养殖占重要成分，在不久的将来饲料用粮也将成为粮食需求的主体。因此，要提升畜牧业的主导型地位，就迫切需要改变现有的人畜同粮的耗粮型畜牧业发展模式，形成一种新型的"不与地争粮、不与粮争饲"的发展模式。

（3）生态环境恶化与畜牧业健康发展。在畜牧业快速发展的同时，部分地区的环境也出现了不同程度的恶化，环境问题已成为阻碍畜牧业发展的主要问题。由于畜牧业养殖规模的不断扩张，其超载放牧在无形中增加了生态环境压力，再加上管理畜牧业的人员较少，对部分草原没能实行科学化管理，草场严重超载并出现严重的盐碱化、荒漠化现象，影响了畜牧业整体发展。部分地区的畜牧业形式以家庭养殖为主，难以与当前经济社会的发展相适应。为进一步追求经济效益，部分养殖户通过增加养殖数量扩展养殖规模，严重影响了养殖环境，还给生活环境带来较大影响。此外，畜牧业从业者环保意识不强，大部分养殖户只注重经济效益，存在畜禽粪便随意倾倒、违规使用兽药及添加剂和饲料等问题，畜禽粪便处理设施相对不完备，粪污处理模式和设施无法满足当前集约化、规模化养殖排污和生态保护的需求。

2. 畜牧业高质量发展总体特征

（1）生产规模化。从发达国家的畜牧业经济发展趋势上看，畜牧业生产的规模化是一种不可阻挡的历史潮流。养殖户数逐渐减少、养殖规模不断扩大、饲养资源逐步集中、中等规模生产场户在规模化养殖中的数量和产量比重不断上升，是近年来我国畜牧业发展现状，也是未来发展的走向。企业以基地建设为主，发展大型饲养场、大型繁育基地，以村、镇为集散地，以点带面地走规模化道路，专业化、集约化和规模化是未来畜牧业走上正轨的保证也是其必然趋势，专业户和中等规模户将是西北旱区未来畜牧业的主力。

随着畜产品消费层次呈现多元化趋势，越来越多的饲养模式在农村实行，但西北旱区养殖户仍然以农村散户居多，由于资金支持和相应的基础设施不完善，也带来了一定的饲养困难。农村的大部分散户养殖户养殖动物的专业知识不足，仍然采取传统的养殖模式，难以跟上现代化养殖的模式。养殖户难以接受培训，跟不上畜牧业发展的步伐，导致畜牧生产效率低下，养殖动物的品质和产量得不到提高。因此，合理有效的规模化饲养体系成为新时代畜牧业发展的必然趋势。《新疆维吾尔自治区国民经济和社会发展第十四个五年规划和 2035 年远景目标纲要》指出："十四五"时期，需坚持把农业产业化经营、农副产品精深加工作为主攻方向，把现代产业发展理念和组织方式引入农业，因地制宜建设一批现代农业产业园，加快培育农业产业化龙头企业，鼓励各类资本进入农副产品加工领域，延伸产业链、打造供应链、提高附加值，建设一批规模较大、设施完善、特色明显的农产品生产基地、加工销售物流基地。

（2）环境友好化。生态畜牧业是运用生态系统的生物共生和物质循环再生原理，采用系统工程方法，并吸收现代科学技术成就，以发展畜牧业为主，农林草牧渔为辅，因地制宜合理搭配，以实现生态效益、经济效益、社会效益三统一的牧业产业体系，是技术牧业的高级阶段。21 世纪以来，生态畜牧业得到广大消费者、政府和经营企业的一致认可，消费生态食品已成为一种新的消费时尚。尽管生态食品的价格比一般食品贵，但在西欧、美国等生活水平比较高的国家仍然受到人们的青睐。随着世界生态畜产品需求的逐年增多和市场全球化的发展，生态畜牧业将会成为 21 世纪世界畜牧业的主流和发展方向。随着可持续发展理念的深入人心，可持续发展战略也得到了各国政府的共同响应，生态畜牧业作为可持续农业发展的一种实践模式和一支重要力量，进入了一个崭新的发展时期，预计在未来几年其规模和速度将不断加强，并将进入产业化发展的时期，我们应适应国际生态畜牧业浪潮，生产绿色畜牧产品，减少药物残留，以增强西北旱区畜产品在国际上的竞争力。

（3）发展质量化。西北旱区畜牧业的发展经历了过分强调饲养规模、种群数量，并追求畜牧业 GDP 为优先目标，甚至为单一目标的过程。高质量发展中的"发展"概念意义更加广泛，不再将追求畜牧业 GDP 为优先目标。对"质"的理解，可以从以下 3 个维度展开：①经济维度上，畜牧业高质量发展表现为产业结构的技术密集、知识密集特征，产品的高附加值、高技术含量特点，以及产业较高的经济效益、较强的市场竞争力，从而保障了畜牧业发展主体预期收益的实现；②社会维度上，畜牧业高质量发展表现为牲畜产品的优质、安全，为消费者健康提供保障，更有助于健康中国战略的实现，推动我国社会健康发展、和谐发展；③生态维度上，畜牧业高质量发展表现为资源节约、环境友好型特征，注重生命健康理念，既关注饲草生产环境健康，又关注牲畜生长环境健康，既注重自然资源集约利用，又注重生态环境保护。《新疆维吾尔自治区国民经济和社会发展第十四个五年规划和 2035 年远景目标纲要》指出：推动农业由增产导向转向提质导向，坚持稳粮、优棉、强果、兴畜、促特色，突出绿色化、优质化、特色化、品牌化，推动农业供给侧结构性改革，健全产销链接、利益联结机制，加快构建现代农业产业体系、生产体系、经营体系，提高农业质量效益。而从全国居民人均主要食品消费量的变化看，2015—2020年居民人均肉类消费量总体减少，但牛肉消费从 1.6kg 提高到 2.3kg，羊肉消费则稳定在1.2kg；同期，奶类、蛋类、禽类消费量也分别从 5.1kg、9.5kg、8.4kg 提高到 13kg、5.8kg 和 8.4kg，消费结构趋于多样化、合理化，质量化特征突出[12]。

（4）需求进化性。从经济学意义上讲，产品质量是指产品和服务满足消费者需求的程度，产品效用则是指该产品本身预计能达到的效果和功用，是产品本身的使用价值。不过，效用是西方经济学的概念，是消费者对产品满足自己欲望能力的一种主观心理评价，具有明显的个人偏好特征。使用价值则是马克思主义经济学的概念，是指产品的有用性。不论采取哪个概念，都与人的需求紧密联系。按照马斯洛需求层次理论，人的需要有生理的需要、安全的需要、归属与爱的需要、尊重的需要、自我实现的需要 5 个等级。人的需要具有明显的动态特征，随着社会经济发展水平的不断提高，以及自身所处环境的不断改善，可逐渐形成包含生存、享受与发展等层次递进的丰富体系。因此，与高质量发展内涵具有动态性一样，畜牧业高质量发展的内涵也具有较强的动态特征，从这个意义上来讲，可以将畜牧业高质量发展理解为能够满足人民对优质、安全畜牧产品日益增长的需要的发展。其中，"日益增长"表明这种需求随着内外条件改变而不断变化或者提升，一些需要在一定阶段得到满足后，基于全面性、多元化、个性化需求特性，会提出更高层次的需要，那么畜牧业需要实现更高质量的发展。这种需要永远在路上，不会达到一个静止的完全满足的平衡状态，即意味着畜牧业高质量发展始终处于不断提升、不断完善的动态变化之中，其内涵也会持续不断地加以丰富、完善[13]。

例如，从消费者对农产品的购买行为看，消费者需求结构升级表现为对不同农产品消费比例结构的优化以及转向优质、绿色、安全和品牌化农产品的消费。从城乡居民农产品需求价格弹性和支出弹性角度看，随着收入水平的不断提高，价格和收入对大部分农产品需求影响较小，居民粮食消费明显减少，食物消费模式正逐渐由温饱型向营养型过渡，消费需求逐步多样化。调查表明，在收入水平提高、消费观念转变和食品安全事件屡屡发生背景下，消费者对优质、安全、绿色、品牌化农产品更加青睐。在高收入和信息化时代背景下，简单的基础性、生理性消费需求基本满足后，消费者的隐性消费需求开始初步释放，个性化、多元化和感性化农产品消费需求趋势凸显。消费者目光焦点从一元化的农产品本身的使用价值（产品功能），逐渐转换到二元化的产品与人的关系值。在做出农产品需求决策时，除产品功能外，消费者开始追求农产品消费的体验功能、社交功能、休闲功能、感受功能，甚至是文化功能。而消费者便利、安全、多元化的偏好更是引发了消费者对农产品的技术追踪需求、加工储运需求，购买渠道便利化需求和在外饮食的消费需求，消费者需求形态逐步服务化[14,15]。

（5）供给有效化。供给指的是生产者在一定时期内在各种可能的价格下愿意而且能够提供出售的该商品的数量。这种有效供给必须满足生产者有出售的愿望和供应的能力 2 个条件，并且受商品价格、生产技术、政府政策以及企业对未来的预期等因素的影响。供给是否有效是相对于需求而言的，因此，与马斯洛需求层次理论的 5 个需要等级相对应，供给也表现出不同的特点。收入是影响需要层次的一个重要因素，在低收入阶段，供给满足需求的主要是数量问题，进入中等收入阶段后，满足需求的供给主要是结构和质量问题。如果人的需要从低层次跨越到高层次，就势必推动供给方式的有效转变，供给的重点也会发生相应的调整，否则会造成有效供给的不足和无效产能过剩。我国经济从高速增长阶段进入高质量发展阶段，也是基于对高速增长带来的一系列问题进行系统考虑之后得到的准确判断。对畜牧业高质量发展而言，首先需要解决发展不平衡、不充分的矛盾，以满足人民不断增长的对优质、安全畜牧产品的需要，推动畜牧业发展方式的根本性转变，从追求规模、数量，建立在资源消耗基础上的发展方式，转向以新发展理念为指导，以追求质量为目标，实现经济可持续、生态可持续和社会可持续相统一的发展方式。特别是，新时代社会主要矛盾发生了变化，人的需要跨上更高层次，无疑也会推动畜牧业高质量发展再提升一个高度，实现供给的有效性、充分性、公平性、均衡性以及持续性，以满足人民日益增长的美好生活需要[16]。

（6）产品福利化。福利经济学是由英国经济学家霍布斯和庇古于 20 世纪 20 年代创立的研究社会经济福利的一种经济学理论体系。经济福利是指人们的各种欲望或需要所获得的满足和由此感受到的生理幸福或快乐，由个人福利和公共福利组成。新发展阶段，经济高质量发展可以有效地提高国民的经济福利，畜牧业高质量发展也会对经济福利有所影响。借助于上述经济福利的概念，对畜牧业高质量发展中的动物福利进行分析。所谓动物福利，是指动物如何适应其所处的环境，满足其基本的自然需求。科学证明，如果动物健康、感觉舒适、营养充足、安全、能够自由表达天性并且不受痛苦、恐惧和压力威胁，则满足动物福利的要求。动物福利概念由生理福利、环境福利、卫生福利、行为福利、心理福利等 5 个基本要素组成。在畜牧业高质量发展中，尽管还没有对动物福利给予足够的关注，但安全优质的饲草、洁净的饮水、良好的生态环境、现代化的生存空间等都为动物福利提供了保障[17]。

3. 高质量发展方向

(1) 畜牧业高质量和生态化发展。以促进供给结构改革为核心，把握全新发展理念，实现高质量发展目标，重视绿色可持续性发展。针对当前畜牧业存在的问题，将发展重点由畜牧产品产量转变为高质量高效益，切实有效地贯彻绿色发展战略，对区域布局进行进一步优化，调整产业结构，实现种植与养殖绿色循环，提升绿色畜牧产品的供给能力，促进畜牧业绿色发展。全面有效支持各项政策落实，在科学技术、专业人才、资金等方面有所保障，尽快实现资源节约型、环境友好型及生态保育型畜牧业，不断提升我国畜牧业发展能力与竞争力。在优化产业结构方面，在发展畜牧业过程中需要考虑我国自然环境的多样化，结合各地资源的具体情况，如环境容量、生态类型、地区优势等因素，以农牧结合、循环发展思路发展全新种养型的路径。将农业与畜牧业有机结合，充分发挥资源可利用价值，促进畜牧业可持续发展。对畜牧业区域布局进行进一步优化，在资源承载能力的基础上，对畜禽养殖生产规模进行合理规划，在布局上保证科学合理，促进种养业协调发展。鼓励各地落实农牧结合、农业给养牧业，牧业促进农业的发展途径，对种养典型案例进行宣传与推广，最大限度地提升产业效率，提高种养业综合收益[18]。

(2) 以新发展理念指导畜牧业高质量发展。为消费者提供充足、安全、优质、健康、营养的畜牧产品是畜牧业高质量发展的基本出发点，也是最根本的目标。实现上述目标，要全面树立绿色发展、生命健康理念，以向牲畜个体提供优质饲料、饮水、健康环境为切入点，推动畜牧业高质量发展。

1）坚持绿色发展理念，推进畜牧业高质量发展。绿色、生态、安全、健康、营养成为新时代消费的时尚名词，也是畜牧业高质量发展所追求的根本目标。践行"两山"理念，生态保护与经济发展都是畜牧业高质量发展的目标，但生态保护应处于优先目标的位置。因此，要以绿色发展理念为指导，促进畜牧业发展主体、饲草饲料生产主体生产行为、生产方式的绿色转型，实现全产业链的绿色化，推动畜牧业高质量发展，确保畜牧产品的质量安全，以满足消费者日益增长的美好生活需要。

2）树立生命健康理念，关注动物福利的改善。生命健康理念与绿色发展理念一脉相承。在生命健康理念之下，以尊重生命为基本出发点，以保障植物、动物和人类生命健康为目标，关注动物福利的改善，实现畜牧业高质量发展。为此，首先要保护土壤质量和灌溉水质安全，为饲草生长营造良好的环境，从而向牲畜个体提供优质、健康、安全的饲料和优良的生长环境，保障畜牧产品质量安全，进而为人类健康提供保障。这是一条完整有序的链条，是实现畜牧业高质量发展的核心。其次，还应统筹考虑动物福利改善、产品质量与畜牧业市场竞争力，提升推动畜牧业高质量发展。

(3) 因地制宜创新生态畜牧业发展模式。与传统畜牧业相比，生态畜牧业遵循绿色发展理念，是新发展阶段践行"两山"理念的具体实践，具备现代化、生态化和可持续性的特点。若要使生态畜牧业真正成为实现畜牧业高质量发展的有效模式，必须科学甄别不同区域的关键问题，并采取精准措施实施靶向解决，进而确定适宜区域特点的发展模式。

1）立于草畜平衡，发展草原畜牧业。近年来，国家采取了一系列草原保护政策与制度，草原超载现象得到明显缓解，但并没有从根本上实现草畜平衡。2019 年，全国重点天然草原的平均牲畜超载率为 10.1%，牧区县（旗、市）平均牲畜超载率 13.8%。自然因素与社会经济因素交织在一起，导致草原承载能力下降，再加上日益扩大的牲畜种群反向作用，进一步加剧了平衡点的破坏。因此，一是要尽快建立基本草原保护制度，划定草原生态保护红线，保持一定的草原生产能力，为畜牧业发展提供足量、优质饲草；二是要继续完善草畜平衡和禁牧休牧制度，基于不同区域草原实际，科学核定载畜量，切实做到以草定畜，解决草原超载问题；三是要采取科学措施保护草原，特别是在实施围栏的区域，应充分考虑草原牲畜活动特性及范围，为他们留出生命通道[19]。

2）注重产业融合，发展农牧区畜牧业。农牧交错带不仅是东部农区的重要生态屏障，而且是农牧产业融合、发展畜牧业的适宜地区。农牧区畜牧业发展应以保护草原为基本出发点，处理好草原保护与畜牧业发展之间的关系。为此，一是要把草牧业作为主导产业，发展高效草产业。以农载牧，以畜定草，加快调整农作物种植结构，建设现代饲草料产业体系，通过产业融合，推进畜牧业高质量发展，以建设适应新发展阶段需要的生态农牧区；二是要依据农牧区特点，做强草食畜牧业。以草畜结合、以草促牧为原则，推进草食畜牧业发展，实现其提质增效。在发展过程中，应充分考虑生命健康理念，通过保土保水，为草业健康发展夯实基础，也为畜牧业发展提供优良生态环境，实现畜牧业高质量发展，保障畜牧产品质量安全。

3）实施种养结合，发展农区畜牧业。2020年12月，习近平总书记在中央农村工作会议上强调指出，要牢牢把住粮食安全主动权，粮食生产年年要抓紧。对农区而言，应紧紧抓住粮食生产，确保国家粮食安全。对于农区畜牧业而言，应立足于实现废弃物资源化利用，解决畜牧业发展中的面源污染问题。为此，应根据循环型生态农业原理，在规模化养殖区域，构建以农作物生产为基础的循环型生态农业体系，实现农业与畜牧业之间的协调发展。根据畜牧业的类型、规模，匡算废弃物产生量，配置相应面积的耕地，以消纳畜牧业产生的废弃物，不仅能够促进废弃物的资源化利用，也有利于改善耕地土壤质量，为粮食等主要农产品数量、质量双重安全提供保障。

(4) 强化技术创新推动畜牧产业绿色转型。实现畜牧业高质量发展，不仅需要畜牧养殖技术的创新提供技术支撑，而且也需要物联网、云计算、大数据及人工智能等信息化、智能化技术提供手段及保障。

1）以技术创新，推动畜牧业新旧动能转换。新发展阶段，畜牧业高质量发展所面临的环境规制、市场需求等外部压力会不断加大，倒逼畜牧业发展必须实施新旧动能转换，提高质量与效益。畜牧业要突破发展瓶颈，解决深层次矛盾和问题，根本出路在于提高科技创新能力。为此，一是要采取生物技术，包括分子育种、生物工程疫苗、微生物发酵、微生态应用等，实现畜禽良种、饲料配制、疫病防治等领域的创新突破；二是要借助信息化、智能化技术，搭建具有公共服务属性的经营平台，如电商平台、畜产品综合交易服务平台等，通过大数据、物联网和人工智能技术与畜牧业的跨界融合，形成新动力，培育新业态。

2）以科技驱动，助力智慧畜牧业发展。对智慧农业发展而言，其关键是数据，需要解决数据获取、处理与应用三大问题，而且每一环节都有其关键理论和技术方法体系，这些理论、技术方法高度集成，形成完整的智慧农业系统。同样，现代信息技术也是实现畜牧业高质量发展的重要手段，其关键在于数据收集系统。一是利用大数据、云计算等信息技术，系统采集畜牧业产前、产中、产后各个环节的数据，深入挖掘这些数据的潜在价值，并贯穿饲草生产、饲料供应、养殖管理到畜产品消费等全产业链，实现信息数据的正向可追踪、逆向可追溯的目的，为科学决策提供参考；二是利用智能技术进行诊断和监测。当前，我国动物福利监测刚刚起步，需要充分应用智能化技术于动物福利研究之中，包括牲畜行为监测、行为特征识别，从而有利于对动物生理和健康状况的掌控，及时发布疾控信息预警。

（5）利用中医药优势推动畜牧业健康发展。实现畜牧业健康发展，探索"中医药＋"模式，用传统的中医原理和方法来诊断畜牧业，用中药的功能系统调理并解决牲畜生长环境、个体生长周期内存在的问题，推动畜牧业高质量发展[20]。

1）认识抗生素使用的严峻形势。中国畜牧养殖密度大、牲畜疫病复杂多样而且频发，抗生素在动物疫病防治、提高饲料转化效率和促进畜禽生长方面具有重要作用。"禁抗令"出台之前，滥用抗生素现象较为普遍，导致病毒耐药性逐渐提高，使用剂量随之增加，畜产品质量受到严重影响。要实现饲料端"禁抗"和养殖端"减抗""限抗"目标，仍需要一定的时期。因此，在实施"禁抗"政策的同时，还要摸清畜牧业发展的"底牌"，以采取精准措施加以解决。

2）科学分析中医药应用的可行性。中医药独特优势和作用，在于传统中医原理和方法的系统性，可用中药的功能系统调理并解决存在的问题，实现畜牧业与传统中医药之间的跨界融合。当前，国内开始了中医生态农业理论研究及实践探索，而且中医药在国家政策文件中已有所提及，尽管内容不太明朗，但表明了一种方向，预示着中医药应用于畜牧业发展的可行性。为了落实"禁抗""减抗""限抗""无抗"的国家要求，有必要依靠技术创新，研制开发新的中药产品，作为抗生素的替代产品，为畜牧业高质量发展提供健康保障。

3）中医药与畜牧业的融合发展。基于探索我国动物健康生产模式，保障优质畜产品的考虑，国家提出了"退出除中药外所有促生长类药物饲料添加剂品种"，为探索基于中医药优势的健康导向型或者质量导向型的畜牧业发展新模式提供了空间。"中医药＋畜牧业"就是将中医原理和方法应用于畜牧业，实现现代畜牧业与传统中医药的深度融合，以中医理念为指导，汲取古人智慧，结合现代科学技术和经济管理思想与方法，促进畜牧业"提质、增产、增效"转型升级和高质量发展的创新性现代生态畜牧业。中药产品替代抗生素的一个重要价值，就是在源头保障饲料和饮水的安全，在过程中实现防疫的有效性。这也与畜牧业高质量发展所追求的产品安全、营养健康、环境保护相一致。

（6）采取有效措施提高畜牧业的核心竞争力。实现畜牧业高质量发展，保障畜产品质量安全，需要有大格局、全产业链的视角，走产供销一体化之路，提升利益相关者的生产、经营和管理水平，共同提高畜牧业的核心竞争力。

1）加强畜牧业高质量发展的宏观调控和有效监督。新发展阶段，实现畜牧业高质量发展目标，需要政府的宏观调控和有效监督，这也是提高畜牧业效益和核心竞争力的重要保障。基于畜牧业发展的全产业链考虑，可以在生命健康理念之下，充分发挥产业链中各个环节的作用，以此来保障畜牧产品的优质和安全。在宏观层面，有国家相关政策的引导及政府有效监督，督促畜牧业发展主体采取有效措施，推动畜牧业发展方式的绿色转型，保障畜牧产品质量；在市场层面，实施生产消费之间的快速对接，通过多个渠道减少交易环节，促使生产者和经营者逐步形成利益共同体。

2）打造牲畜产品区域品牌，提升产品的市场竞争力。优质畜牧产品难以实现优价的一个重要原因，就是缺乏品牌，产品难以进入高端市场。另外一个原因是，一些区域虽然同时拥有多种畜牧产品品牌，但地方政府和畜牧生产经营主体缺乏长远战略眼光，尚未打造出有影响力的品牌，导致市场竞争力难以提高。新发展阶段，畜牧业高质量发展要强化竞争意识，瞄准国内外市场的高端需求，借助绿色产品认证和有机产品认证的优势，打造牲畜产品的区域拳头品牌，对品牌的提升、创造、保护、运用等方面进行"精耕细作"，增强产品的市场竞争力。同时，要建立健全牲畜产品等级标准体系，提高产品区分度，进而实现优质优价。

（7）完善保障畜牧业高质量发展的政策。推动畜牧业高质量发展，需要加强顶层设计，发挥政策的引导作用，为畜牧业高质量发展提供政策保障。

1）明晰国内畜牧产品的自给水平。畜牧产品质量安全是国家食品安全的重要组成部分。除环境保护规制、土地指标限制的影响之外，还有新冠疫情和非洲猪瘟两种疫情的叠加影响，2020年我国畜牧产品市场波动较大，生猪产能过度下降，猪肉产销供需缺口扩大，猪肉价格急剧攀升，在一定程度上对居民生活造成了影响。为了稳定畜牧产品供给能力，需要重视如下问题：一是我国畜牧产品自给率的适宜范围应该维持多少？二是我国畜牧产品最低自给率应该保持多少？对上述问题开展系统研究，科学确定"两率"，为制定相应政策提供决策参考，确保人民对畜牧产品日益增长的多元化需求。

2）加大政策的扶持力度。新发展阶段，实现畜牧业高质量发展，需要更精准的政策措施，特别是具有前瞻性、稳定性的政策支持。同时，应根据畜牧业高质量发展的实际需要，消除"过度"政策影响，科学确定政策优先支持的重点领域。一是扶持发展优质饲草产业。根据不同区域的实际，在保障粮食安全前提下，加快建设现代饲草产业体系，为畜牧业高质量发展提供优质、安全、健康、营养的饲料，保障牲畜个体生命健康，进而实现牲畜产品的质量安全。二是扶持畜牧业发展方式的绿色转型。根据畜禽养殖禁养限养的"生态红线"，逐步加大对规范化、标准化养殖的政策扶持力度。特别是，针对畜牧业中废弃物资源化利用、病死牲畜个体无害化处理，应根据环保要求，加大政策支持力度。三是扶持对牲畜产品质量的监测。建立全产业链质量追溯体系，覆盖畜牧业的饲料、生产、加工、运输、储存和销售等各个环节，全面落实质量安全责任。

3）强化政策实施效果评估。通过考察政策实施过程中各个阶段、各个环节，对政策效果和政策影响进行评价，以判断政策目标的实现程度，为调整、修正政策和制定新政策提供决策依据。一是政策实施前的风险评估。有关政策强调畜牧业发展中的种养项目化、企业化、规模化，是否适应所有的区域，应进行风险评估，对政策实施预期效果进行研判。二是政策实施中的准确性评估。对不同区域实施的政策进行实时追踪，准确把握地方政府在政策执行过程中是否存在行为偏差，为及时纠偏提供依据。三是政策实施后的效果评价。对政策实施效果进行评估，关注政策的实际实施和落地是否达到了预期设想，政策是否发挥了其应有的效力。除了受政策制定者和执行者的影响，是否还受到其他因素的影响？以上各阶段的评估分析可为政策的进一步调整、优化以及新政策的出台提供重要依据。

5.4　林果业发展趋势与途径

美国、澳大利亚、新西兰是世界主要果品生产国，林果业种植生产规模大、集约化程度高，同时林果有机栽培、果实贮藏保鲜、果品加工利用等技术领域也居世界发展前列，其发展经验值得借鉴。西北旱区地域辽阔，光、热、土地资源丰富，区域间自然地理分异明显，适宜发展林果业[21]。

5.4.1　国内外林果业发展趋势

1. 国外林果业发展趋势

(1) 美国注重产业化经营管理。美国林果产业发展处于世界领先水平，果树种植面积保持在 160 万 hm² 左右，优质果品率达到 70% 以上，果品出口量占全世界的 15%。其中，加利福尼亚州的林果业一直处于全美国领先水平，为美国提供了 51% 的各类鲜果和干果。美国林果业发展在种植规模、科学栽培、集约化经营、产业化发展、协会组织服务等方面均有突出的特色。美国林果业的集约化生产规模宏大、布局合理，体现了现代林果业生产的发展趋势。

(2) 澳大利亚重视林果品种的更新培育。一是重视林果品种的更新培育，大大增强了林果产品的国际市场竞争力。二是实施区域化与专业化的集中栽培，普遍采用机械化管理和病虫害综合防治技术，推行林果行间生草和树下种植绿肥作物等措施。三是建立完善的产供销管理体系。政府通过提供全方位的信息服务，利用无药害认证、有机食品认证，加强林果生产的质量安全控制；通过制定一系列政策法规，鼓励有实力的农场主实施兼并，扩大集约化生产规模；通过严格实施从种苗、栽培到采后流通加工等整个农产品产销链的质量控制，保证了澳大利亚林果产品在国际市场上的竞争力。四是实行全程标准化管理，依据国际标准，澳大利亚制定了一些高于国际标准的标准，并由果农自发选举组成的果蔬协会在各自领域对果品标准化管理发挥了重要作用。

(3) 新西兰注重技术服务和规范管理。一是实施林果苗木繁育工程，严格执行许可证制度，种苗开发必须经育种单位授权才能生产，未经授权不得繁育，普遍采用温室培育和容器育苗。二是高度重视林果育种、种植、贮藏、加工等方面研究和技术服务，建立了基本上能覆盖全国的林果技术咨询服务网络。三是重视果品采后处理技术开发，基本实现了智能化精选分级包装，而且拥有先进的低温气调贮藏技术和冷链储运系统。四是建立了完善的产品质量保证体系，严格执行质量保证举措，确保果品采前和采后的质量安全。五是对品种选育、种植生产、分级包装、冷链储运、配送销售等环节实行统一管理。

2. 国内林果业发展趋势

经过多年发展，我国林果产业在政策扶持、区域布局优化、规模化发展、栽培与贮藏加工技术、标准化生产等方面的特色鲜明。

（1）优化区域布局，加强品牌建设。制定了林果产业发展规划，组织实施林果产业发展指导意见。实施品种更新换代示范、基地设施提升、新型经营主体培育、品牌提升等工程，加大金融支持力度，对涉果新型经营主体在信贷、保险等方面给予倾斜。

（2）加强规模化发展，以市场为导向，调优林果种植结构，实行基地化生产，推动规模化发展，形成产业化经营格局。推动不同类型的林果逐步向适宜区集中，基本形成了苹果、桃、梨等林果的优势生产区、优势产业带和集中生产区。

（3）完善技术体系，加强科技支撑。以省级果树研究机构、农业大学和农业科学院为依托，建立较为完善的技术服务体系，加强科研创新团队建设，为林果产业快速健康发展提供科技支撑。注重保鲜转化，延链增值，加强果品产地预冷、商品化处理和冷链物流建设，提高冷链贮运与保鲜加工水平，延长果品保鲜期与加工期。实行先进的采后处理技术，推进林果精深加工。创新林果产业融合发展模式，推动休闲观光果业发展。

（4）推行标准化生产，强化品牌建设，培育龙头，强化主体。严格推行统一生产模式，从生产到包装实行定点生产、统一管理，提高了林果产业生产效率，持续加强品牌建设，提升林果产品的市场美誉度和知名度。加强林果产业化龙头企业引进，培育壮大本土林果生产企业，发挥龙头企业资金、技术和市场优势，引领广西果业转型升级。加强水果专业协会合作社、专业大户等新型经营主体示范典型，抓好水果收购、批发、微商、电商人员培训。

（5）土注重科研投入和技术创新，在林果产业领域建立完善的科研投入办法和技术创新体系，除政府给予资金支持外，大学是科研费用的主要来源，另一部分经费依靠产品推广中获得，重视林果产业新技术开发研究，在新品种选育、绿色生产、低温灭菌等产前、产中和产后等方面取得突破性成果。注重产业化经营，实行规模化、产业化经营，严格规范果品采后商品化处理，从清洗到标分级到装箱都要生产线上进行统一处理，分级淘汰后的果品进行再加工，生产成果汁、果干、饮料、果酱等产品，推动上下游产业链延伸发展，把林果业发展成现代工业。注重标准化管理、市场化运作。在标准制定和质量安全管理上，美国都有明确的管理主体和分工，严格实施"从农田到餐桌"全过程管理；拥有良好的市场体系，利用专业合作组织，借助政府建立统一品牌，开拓全球市场。

5.4.2 西北旱区林果业发展途径

西北旱区光照充足、热量条件好、昼夜温差大，适宜发展林果业。分析林果业发展趋势和途径（图5-16），可为西北旱区水土资源高效管理和产业发展规划提供重要指导意义。

1. 面临的挑战

（1）品种自主创新能力不足。 西北旱区林果业在发展过程中存在品种以及种植结构不合理的问题。对于不同林果树种来说，在品种方面都存在比例失调问题，比如早熟品种短缺，晚熟品种过剩，而对于中熟品种而言，又存在不足的问题。

（2）林果业产业结构比例不协调。 西北旱区林果产业尚未形成完整的早、中、晚熟品种搭配和鲜、干、仁等结构搭配的产业布局。此外，西北旱区林果业的鲜果和干果之间的比例也极不协调，无法对人们的消费需求进行有效满足。

（3）农技推广与转化体系不健全。 西北旱区林果业生产以分散的果农为主，在种植管理水平、标准化生产和市场化运作、抵御自然灾害和市场风险、市场竞争力等方面存在较

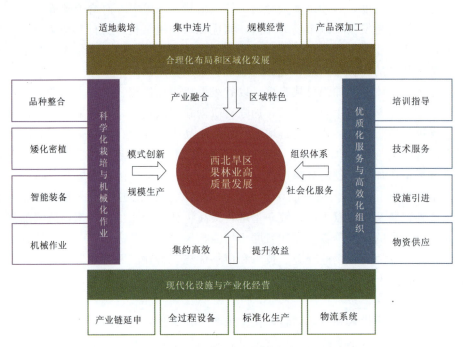

图 5-16 西北旱区林果业发展趋势与途径示意图

大不足，林果业发展存在社会化服务水平低、抵抗灾害风险能力弱等问题。此外，针对西北旱区林果业生产的产前、产中、产后农技推广体系不健全，缺乏技术指导和科技服务。

2. 发展途径

(1) 合理布局与区域化发展。果品生产重视区域化合理布局，果树的集约化生产以适地栽培为基础。树种布局要充分体现区域化与专业化的生产特点，即每一树种或者品种安排在气候与土壤的适宜栽培区集中栽培，不仅使产地的生态环境与自然资源得到了充分的利用，而且也为优质果品的发育奠定了良好基础。林果种植管理模式大都应以庄园为主，集中连片，规模经营。一家农户既种植管理成千上万亩果园，又有生产加工企业，自行种植、自行包装、自行销售。

(2) 现代化设施与产业化经营。构建林果业产业一体化体制，即农、工、贸一体化，产、贮、加、销配套成龙。产业链的各个环节，要环环紧扣，相辅相成，形成一个利益相关的整体。

(3) 科学化栽培与优质化管理。应实行无公害科学栽培，尽量减少农药和化肥的使用。强化果品成熟前不断进行品质和残留量测试制度，严格按成熟度科学适时分期采收。同时，实行严格的果品质量追溯体系，保障产品质量和相关问题及时处置。

(4) 社会化服务与有效的组织。除了技术因素之外，健全的社会化服务，也是产业化成功的重要因素。其中，具有代表性的服务形式主要有：①教学科研单位的义务性技术服务，支持的综合性大学义务为林果产区的农户提供技术服务，从果品产销实践中提出研究课题，研究的成果又及时推广应用到生产基地，被果农和果商所采用；②果树行业协会的社会化技术服务，果树行业协会为非官方协会，由果农自愿参加并提供资助。通过果品销售、品牌宣传、生产物质供应、大型设施引进等业务，为分散农户提供社会化服务；③以公司为核心吸收果农参加，组成股份制果品包装加工企业公司统一向批发市场运销果品，果农按果品数量入股分红，把公司和果农的利益联接为一体，促进果农、公司都能按照标准化生产要求生产果品。

3. 关键技术与机制

(1) 从栽培环节入手与全面提高果品质量。树立与国际市场接轨的品质观念。切实转变追求果品产量而轻视果品质量的落后观念，树立起"有质量才有效益"的市场观念；在经济日益全球化的今天，不能只把眼光盯在国内市场上，果品质量要向发达国家（如美国的果品质量）看齐，按照标准化生产，推进提质增效工程，尽快和国际市场接轨。

1）建立高质量果品生产体系。要大力推广实施各项优质技术，如改良土壤、增施有机肥、合理调控水分（保水、控水、排水）；加强利用蜜蜂或人工辅助授粉；合理整形修剪，应用中、小冠树形，改善光照；应用化学促控技术和花果管理技术；强化病虫害综合防治技术，采用低毒、低残留和专一性生物性农药，减少农药污染，生产"绿色"果品；实行分期采收，确保果品质量；采后处理，逐步采用果实分级、冲洗、烘干、打蜡、包装流水线，使果实均一性好，真正达到市场要求。

2）建立果品市场准入制度。要实行和强化政府对果品质量的监管，设立相应的果品质量检测监测管理机构，从果树栽培到果品销售的所有环节进行全程监督、检查，禁止农药残留超标的果品流入市场，并建立相应的果品市场准入制度，确保果品优质优价和食用安全。

3）突出地方果品特色。大力提倡科学化栽培，按照无公害、绿色农产品和生态健康果园的生产技术规程，实施标准化生产，提高地方特色果品的品质，创建地方特色果品品牌。同时要大力宣传，增加品牌知名度，占领国内市场，走向国际市场。

(2) 果品全程冷链贮运与林果精深加工。果品采后的全程冷链贮运销售是保证果品质量、占领高档果品市场的重要手段，也是果品标准化生产的重要一环。果品采后的全程冷链贮运销售就是从果品采收开始一直到销售，全程进行冷藏保鲜，避免果品品质降低。南疆林果主产区应大力发展果品贮藏保鲜业，逐步建立并完善公司化运营和农户自主冷藏保鲜相结合的冷链贮运销售体系，保证果品品质，提高果品的市场竞争力。同时要大力发展果品加工产业，提高果品的附加值，延伸产业链，增加果农收入。

(3) 果品标准化生产与国际果品市场接轨。应加强对标准化工作的认识，根据国际国内果品市场对果品质量的要求，组建专门的果品标准化制定与监督部门，不断完善和健全标准化生产与管理体系，确保标准化工作的质量和水平；建立标准化工作监管队伍，加大执法力度，积极做好标准化工作的贯彻落实，在果品生产、加工、销售、消费各个环节普及标准化工作；加强国际交流，提升标准化水平，努力实现与国际市场接轨。

(4) 果品流通体制与开拓国内外市场。果品批发市场是外联大市场、内联千家万户的纽带，是连接生产者和消费者的桥梁。加强以果品批发市场为中心的果品流通体系建设，根据果品的流向、流量、交通及地方生活习俗，逐步完善以果品批发市场为中心，以集贸市场、连锁店、贮运中心和零售网点为辐射的果品市场销售网络。同时，积极倡导"公司加农户"的果品销售形式，公司以合同的形式约定农民的果品供应，农民依靠公司提高抵御市场风险的能力。

（5）农民专业合作组织与市场风险。鼓励果农组建各类专业经济合作组织，采用产供销一体化的经营方式，把分散的果农与科技管理相联结，与标准化生产和市场化运作相联结，提高果农的种植管理水平，增强抵御自然灾害和市场风险的能力。同时，协调产销关系，减少流通环节，稳定市场供应，降低果品成本，增强市场竞争力，提高农民收入。各类果业合作组织要在产前、产中、产后提供服务，指导果农实行标准化生产，积极提供市场信息、金融服务和仲裁公证服务等，推动林果业健康可持续发展，不断增加农民收入。

（6）新产品研制开发与推广应用力度。注重林果业的精深加工技术的开发应用，提高林果业的科技含量，提升林果业的产业化水平，除鲜果、果脯外，还要注意开发以他们为原料的多种加工产品，这样既能提高产品的科技含量，又能使产品更具特色，也为创建名牌产品打下良好的基础。在科研投入和产品开发方面，一方面可以根据营利能力设定固定的科技投入比例；另一方面可以鼓励、引导社会资金向现有大专院校、科研部门或企业的技术部门投资，形成面向市场的新产品开发和技术创新机制。企业还可以和农业科研院所、高校科研机构建立互助合作的利益机制，发挥彼此的优势，共同实现产品开发和产业发展。

参 考 文 献

［1］ Pretty J，Smith G，Goulding K W T，et al. Multi‐year assessment of Unilever's progress towards agricultural sustainability indicators，methodology and pilot farm results［J］. International Journal of Agricultural Sustainability，2008（6）：37‐46.

［2］ Davoudi S. Monsanto strengthens its grip on GM market：group maintains lead as billionth acre goes under cultivation［N］. The London Financial Times，16 November 2006：29.

［3］ Dively G P，Venugopal P D，Bean D，et al. Regional pest suppression associated with widespread Bt maize adoption benefits vegetable growers［J］. Proceedings of the National Academy of Sciences，2018，115（13）：3320‐3325.

［4］ Hutchison W D，Burkness E C，Mitchell P D，et al. Areawide suppression of European corn borer with Bt maize reaps savings to non‐Bt maize growers［J］. Science，2010，330（6001）：222‐225.

［5］ Bacco M，Barsocchi P，Ferro E，et al. The digitisation of agriculture：a survey of research activities on smart farming［J］. Array，2019（3）：100009.

［6］ 胡鹤鸣，王应宽，李明，等. 日本以农协为主推进智慧农业发展经验及对中国的启示［J］. 农业工程学报，2024，40（8）：299‐310.

［7］ 谢富欣，崔家俊，刘焱. 浅谈我国农村种植业发展趋势与对策［J］. 农业科技通讯，2014（4）：155‐157.

［8］ 邓宗兵，封永刚，张俊亮，等. 中国粮食生产空间布局变迁的特征分析［J］. 经济地理，2013，33（5）：117‐123.

［9］ 周应恒，张晓恒，耿献辉. 我国种植业经营主体发展趋势［J］. 华南农业大学学报（社会科学版），2015，14（4）：1‐8.

［10］ Moran M. An assessment of the effectiveness of drystock discussion groups in the north west of Ireland as an extension tool［D］. University College Dublin，2014.

［11］ 郭荣明，苗彦军，许赵佳，等. 放牧对草地植物影响的研究进展［J］. 安徽农业科学，2024，52（8）：6‐9.

［12］ 徐振宇，梁佳，李冰倩．我国城乡居民食用农产品消费需求弹性比较基于 2003—2012 年省级面板数据［J］．商业经济与管理，2016（5）：27 - 36．

［13］ 姜彦华．绿色食品产业升级的消费驱动与政策引导［J］．宏观经济管理，2016（8）：68 - 70，75．

［14］ 张玉香．牢牢把握以品牌化助力现代农业的重要战略机遇期［J］．农业经济问题，2014，35（5）：4 - 7．

［15］ 黄丽君．绿色发展视域下农产品品牌营销的实现［J］．农业经济，2016（8）：128 - 130．

［16］ 刘鸣杰．高质量发展背景下中国供给体系质量研究［D］．西安：西北大学，2020．

［17］ 李红亮，贾后明．论福利经济学的分配之困［J］．经济问题，2010（10）：12 - 16．

［18］ 李静．生态畜牧业发展存在的问题及对策［J］．中国畜禽种业，2021，17（9）：32 - 33．

［19］ 赛热克·热哈提．加强草原建设促进生态畜牧业发展的策略［J］．中国畜牧业，2022（8）：78 - 79．

［20］ 于法稳，黄鑫，王广梁．畜牧业高质量发展：理论阐释与实现路径［J］．中国农村经济，2021（4）：85 - 99．

［21］ 马延亮，秦波．借鉴国内外先进经验助推新疆林果业发展［J］．决策咨询，2022（2）：67 - 70．

第2篇

旱区现代灌区建设

第6章 现代灌区建设理论与技术体系

面对日益增长的人口、资源和生态环境压力，灌区尤其是大型灌区建设对现代农业和社会经济发展的促进作用更加显著。我国西北旱区耕地面积有 3.4 亿亩（占全国的 19%），其中灌溉农业面积约为 1.7 亿亩，是我国重要的粮食生产和耕地资源后备基地，灌区农业高质量发展对于实现我国粮食安全具有重要意义。但西北旱区农业发展受到气候干旱、水资源短缺、土壤盐碱化和土地质量低等多重自然条件的影响，同时灌区供水保证率低、灌排设施不配套、水肥利用效率低，导致生态用水与农业用水矛盾加剧、农业生产与生态环境建设不协调、农民增产不增收、农产品供给侧生产效率低等问题仍较为突出。此外，现代节水灌溉技术和先进生产管理模式难以大面积推广应用，直接影响灌区生态环境和美丽乡村建设战略的实施。在农业资源环境约束增大和社会对农产品安全要求增强的形势下，须大力推进灌区现代化改造，促进传统农业向现代农业转变，落实"藏粮于地、藏粮于技"的战略方针，科学协调农业发展和生态建设间的关系，合理配置和高效利用农业资源，建设美丽富饶、人居适宜的生态灌区是当前西北灌溉农业发展的重要任务[1,2]。

6.1 现代灌区的内涵与基本特征

新中国成立以来，我国灌区建设历程可分为 3 个典型阶段：第一阶段为 1949—1979 年，属于灌溉工程大规模建设时期，建设新灌区和改建扩大旧灌区，建设渠系建筑物，灌溉农田面积大幅提升；第二阶段为 1980—1990 年，属于农村土地经营及灌区管理体制改革时期，灌区农业生产效率大幅提升；第三阶段为 1990 年至今，属于节水灌溉改造时期，升级和完善已建的灌溉工程设施，大力发展节水灌溉技术[3]。我国灌区经过 70 余年的发展，取得了显著成效，农业灌溉面积已占世界总灌溉面积的 21%，基本形成了世界上灌溉面积最大的灌溉保障体系[4]，在我国经济发展和粮食安全方面发挥了不可替代的作用。我国农田灌溉水有效利用系数从 1949 年的 0.3 左右提升到 2019 年的 0.56 左右（西北旱区为 0.52 左右）[5]，高效节水灌溉面积达到了 2.41 亿亩，在基础设施、农业用水效率、管理体制、基层服务、抗旱减灾及农业综合生产能力等方面均显著提高[6]。目前，全国拥有大型灌区 456 处，中型灌区 7316 处，小型灌区 205.82 万处。虽然人均耕地面积只有世界平均水平的 30%，但耕地灌溉率是世界平均水平的 3 倍，人均灌溉面积与世界平均水平相近。

6.1.1 建设必要性

随着国民经济发展、农业水土资源高效利用、生态环境建设，以及农业生产的集约化、机械化、精细化、智能化程度不断提高，对灌区基础设施、功能、效益及管理模式等提出了新的要求，需要进一步改进灌排技术、改善生态环境、增加效率与效益、健全灌区现代管理和服务体系，综合提升灌区生产和服务能力。我国国土辽阔，气候差异大，降水分布不均，导致农业发展水平差异显著。特别是面对日益增长的人口、资源和生态环境压力，提升灌区生产、生态功能显得尤为重要。

（1）现代灌区是粮食安全的基础保障。我国灌溉农业生产的粮食占全国粮食总产量的75％，经济作物占90％。其中，大中型灌区利用全国11％的耕地面积，生产了全国22％的粮食，创造了全国农业总产值的1/3，保障了2.1亿农民的生产发展和增收致富，提供了全国1/7的城镇工业和生活用水，是我国商品粮的重要生产基地，在农业生产和农村经济发展中占有举足轻重的地位[1]。现代灌区建设不仅提高了农业生产能力，同时也推动了当地农业现代化进程，促进农业生产方式的转变，从传统的单一耕作方式向现代化农业生产方式转型，提高了农业生产的效益和科技含量。

（2）灌区建设是现代农业发展的重要驱动力。随着农业集约化、信息化、现代化发展，灌区已成为我国农业参与国际竞争的重要基地。现代灌区建设采用了先进的灌溉技术和管理方式，可精准控制灌溉过程，提高农业生产效率和品质，降低农业生产成本和风险。通过利用先进的灌溉技术和装备，推广新型农业耕作方式和肥料、农药等生产资料，提高农业适用技术的竞争力，促进农业产业向高效、生态、品牌化和智能化方向发展。随着精准灌溉、科学灌排、土地整理和植被恢复等措施的推广应用，有效保护农业生态环境，降低农业生产对环境的负面影响，防止土地沙漠化与水土流失，促进生态系统恢复和生态环境改善。对于推进农业绿色化、可持续化和生态文明建设都具有重要意义。

（3）灌区是区域经济发展的重要条件支撑。灌区的水资源、输配水和调节系统，构成了区域水资源配置的基本格局，在担负着农田灌溉任务的同时，多数还兼有向城乡生活供水和工矿业企业供水的功能。据统计，全国大型灌区每年向工业及城市供水量占全国供水量的15％，直接供水的省会城市近10个，市县级城镇上百个，受益人口2亿多人。我国灌区耕地面积约占全国耕地总面积的15％，但产值却占到全国农业总产值的40％以上。灌区建设带动了周边农业产业发展，进而促进了整个区域经济的发展。如在灌溉条件下，农民通过引进现代农业种植技术，生产优质高效的农产品，进而带动农产品的加工、销售等相关产业的发展，形成全产业链融合延伸的发展模式。

（4）灌区是旱区生态环境保护的基本依托。灌区以其特殊的地理位置、优越的水资源条件，在生态环境的保护和改善中发挥着重要作用。干旱、荒漠地区的灌区普遍兼有维护植被、涵养水源、防风固沙等方面的功效。特别是西北荒漠地区，一个灌区就是一片绿洲。在水资源利用方面，通过科学规划和管理，灌溉水在维持生态安全的前提下，通过合理高效利用，减少对自然水源的过度开采和污染。在土地资源利用方面，通过水肥一体化、农业生产精准化管理，减少面源污染和土地退化的风险，促进土壤养分和水分的循环利用，保障农作物的生长和发育。在推动生态恢复方面，通过合理配置植被和建设湿地等方式，增强生态系统的稳定性和生态功能。

6.1.2　内涵与特征

灌区建设与发展经历了基础性灌溉工程建设、大规模扩建和现代化改造的发展历程。

随着农业科技的发展和管理理念的更新，现代灌区开始向节水化、生态化、智能化、高效化的方向发展，利用现代信息技术和先进的灌溉技术实现水资源的高效利用和科学管理。在现代灌区的建设过程中，不断推进技术进步、管理创新、制度改革等，为灌区可持续发展提供强有力的支持。

1. 科学内涵

现代灌区是指按照生态学原理规划建设，具有高标准的农田、完备的灌排系统、科学的水土资源配置、健康的生态环境、智能化的农业生产、精准的关键过程监测、高效的农业资源利用、专向化的服务体系、优美的人居环境，能规模化生产高附加值优质农产品的灌区。

现代灌区是传统灌区的继承和发展，利用先进的科技成果，合理配置水土资源与生态景观结构，提升灌区的综合效能，保障灌区服务功能可持续发挥，实现工程、经济、社会与自然间相协调，为现代农业发展提供健康的生态系统、优配的生产资料、先进的生产技术、协调的社会经济环境等保障条件。

2. 基本特征

为了充分发挥西北旱区光热和土地资源丰富的优势，有效解决农业高质量发展所面临的特殊问题，西北现代灌区的建设应通过科学合理规划农业生产结构，科学配置水土资源，提高资源生产能力，提升农业生产效率，降低农业生产成本，增加农（牧）民收入，促进农业生产与生态环境持续协同发展。西北现代灌区不仅承担生产优质农产品任务，而且担负着营造优良生态环境、传承优秀文化、建设富裕美丽乡村的重任。因此，西北现代灌区应具有以下基本特征：优质的土地资源、先进的节水灌溉、高效的灌水排盐、协调的生态环境、集约的物能利用、规模的生产经营、智能的过程监控、专业的科技服务、优秀的文化传承、持续的效能发挥（图6-1）。

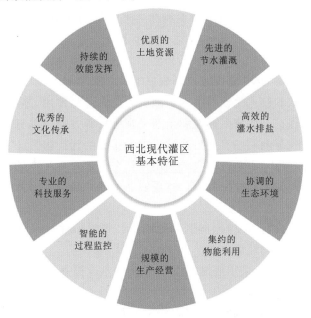

图6-1 西北现代灌区基本特征图

(1) 优质的土地资源。优质的土地资源是指具有较高的土地质量、土壤肥力和产出能力的土地。主要包括以下 3 个方面：

1）土壤肥力高。优质的土地资源通常富含多种营养元素（如全氮含量＞0.1％），适宜的酸碱度（6.5＜pH＜7.5），土壤有机质含量高（＞5％），能够提供植物所需的养分，使植物能够健康成长。

2）土壤结构良好，土壤结构是影响土地质量的关键因素之一，土壤中含有一定比例团粒结构，有机质含量在 15～20g/kg 之间，通气孔隙在 10％ 以上。具有透气透水性好、保水性强等特点，能够为作物提供良好的生长环境。

3）地理位置优越。位于地理位置优越、气候适宜的区域，能够为农业生产提供良好的自然条件，如光照充足、温度适宜等条件能够满足作物对环境的要求。

(2) 先进的节水灌溉。具有先进的节水灌溉技术（如滴灌水肥一体化技术等）和智能化的灌溉系统，可根据作物的生长过程和土壤水分状况，合理调节灌水量和灌水频次，达到最佳的灌溉效果，从而提高农作物产量和品质。同时与施肥、施药技术结合，实现水肥药一体化，提高肥料与农药利用效率，减少养分流失和土壤污染，保护生态环境，促进水资源的可持续利用。

(3) 高效的灌水排盐。具有高效化、智能化、综合管理特征的高效率的控盐排水系统，可以有效地控制土壤中的盐分、水分和养分，避免因盐渍化和水盐逆境而导致的土地退化和农作物减产。同时，充分利用传感器和计算机技术，实时监测土壤盐分和水分状况，并根据农作物的生长需要和土壤状况，自动调节灌溉水的盐分浓度和灌溉量，从而达到最佳的灌溉效果和盐分控制效果，控制土壤盐分在作物耐盐度以下，以及保障土壤有充足氧气供生物活动。高效的灌水排盐技术不仅可以提高土地的产出和农业生产效益，还可以保护水生态环境，促进水资源的可持续利用。

(4) 协调的生态环境。农业生产的发展和生态环境的保护是相辅相成、相互促进的。农业生产不再是单纯地以提高产量和效益为主要目标，而是在保障农业可持续发展的同时，重视生态环境保护，实现生产、生态和生活之间的平衡和协调。农业生产需要依托科技进步和现代化管理，逐步实现高效、环保、节能、低碳的目标。通过优化农业种植结构、改进农业生产方式和技术手段等措施，减少化肥农药的使用，降低对生态环境的污染和破坏，在水土资源保护、生物多样性和生态平衡维持等方面得以有效改善，充分利用生态环境系统自净能力，有效消纳农业生产过程中所排放的污染物。

(5) 集约的物能利用。农业资源集约利用是指在保证农业生产的前提下，合理利用和管理土地资源、水资源、光热能资源等，实现农业生产的高效、可持续发展。主要包括以下途径：

1）优化农业种植结构。根据土地资源的质量、气候条件等，合理选择农作物和养殖业生产的种类，达到最佳的利用效益。

2）推广高效节水技术。采用滴灌等节水灌溉技术，控制水资源浪费，同时提高农作物的生产效益。

3）实施农业废弃物资源化利用。将农作物秸秆、家禽粪便等农业废弃物转化为有机肥料，促进饲料等废弃物资源化和生产利用的有机结合。

实现资源的高效利用，能够提高农业生产效益和农业发展的经济效益；保护生态环境，减少资源的浪费和污染，达到可持续发展的目的；促进农业产业结构调整和升级，推动农业现代化的进程；提高农民收入和生活水平，实现农村的经济发展和社会进步。

(6) 规模的生产经营。农业规模化生产经营是指在一定的土地面积和人力物力条件下，采用科学、合理的管理模式和现代化的农业技术手段，实现生产过程的规范化、流程化、专业化和标准化，以提高农业生产效率、降低生产成本、增强市场竞争力和农业可持续发展能力的经营模式。规模的生产经营主要包括以下方面：

1）土地利用。农业规模化经营首先需要有一定的土地面积作为基础，规模化经营者需要对土地进行统一规划、统一管理、统一利用，提高土地的利用效率和综合效益。

2）科学种植。依托现代化的农业技术手段与科学的种植方法，合理选用作物品种和适宜的种植密度，实现高产、高效、优质、安全的农产品生产。

3）机械化作业。实现农业生产过程的机械化与自动化，提高生产效率和降低生产成本。

4）品牌建设。打造知名品牌和优质农产品，提高产品的附加值和市场竞争力。

5）科技创新。不断引进和应用新技术、新品种和新模式，提高农业生产效率和产品质量。

总之，农业规模化生产经营是现代化农业的重要组成部分，是提高农业生产效率、保障农产品供应、促进农业可持续发展的有效途径。因此，按照气候带和水土资源条件形成集中连片的特色农业种植带，构建规模化优势农产品生产区，实现农业生产效率提升和农民增产增收。

(7) 智能的过程监控。灌区关键过程智能监控是指通过信息技术手段，对灌区内的关键过程进行实时监控、分析和反馈，以便实现对灌区的智能管控，提高灌区管理和运营效率的一种方式。其中，主要智能监控的关键过程包括以下方面：

1）输配水过程。对灌区内水源的储备情况、水位流量等进行实时监控，以确保灌区内水资源供应充足、稳定。

2）灌溉过程。对灌溉的灌水量、灌溉时间、灌溉频率等进行实时监控，以确保农作物获得适宜的水分，提高农业生产效益。

3）水肥管理。对灌区内土壤湿度和养分状况进行实时监测，以确保农作物获得合适的土壤湿度和养分保证，提高农业生产效益。

4）气象过程。对灌区内气象条件进行实时监测，包括气温、降水量、风速、光照等，以便合理调整灌溉计划，提高农业生产效益。

5）灌水过程。对灌区内水资源使用效率进行评估，包括水的浪费情况、节水措施的实施情况等，以便对灌区管理和运营进行优化。

6）设施运行。对灌区内的设施，包括水泵、灌溉管道、阀门等进行实时监测，以确保设施运行正常，减少故障发生。实时掌握灌区内设施运行的情况，准确分析问题，迅速反应，提高管理和运营效率，从而为灌区的可持续发展提供有力的支持。

(8) 专业的科技服务。专业的农业科技服务是指农业技术推广机构、企业或机构向农民、农户、农业生产经营者、政府等提供的农业科技咨询、技术服务、技术培训、科技合作等一系列支持服务，旨在提高农业生产效率、增加农产品附加值、促进农业可持续发展。其主要包括以下内容：

1）农业技术咨询。针对农业生产中遇到的问题或需求，提供专业的技术咨询服务，包括农业技术选型、种植技术、养殖技术、病虫害防治、施肥技术、灌溉技术、设施农业技术等。

2）农业技术培训。组织专业技术人员开展农业技术培训，提供种植、养殖、加工、营销等方面的知识和技能培训，提高农业生产经营者的技术水平和管理能力。

3）农业科技示范。建设农业技术示范基地，通过示范田间管理、种植技术、设备运用等方面的展示，向广大农民推广先进的农业技术和管理经验。

4）农业科技推广。组织农业技术人员深入田间地头，向广大农户和农业生产经营者宣传、推广先进的农业技术和农业科技成果。

5）农业科技合作。建立农业科技合作机制，促进科技与产业深度融合，推动技术创新和转化，提高农业生产效率和产品质量。

6）科技服务平台。构建农业科技服务平台，整合各类科技资源和服务，提供综合性、一站式的农业科技服务。通过专业的农业科技服务，可有效地提高农业生产效率，增加农产品附加值，促进农业可持续发展。

（9）优秀的文化传承。农业文化传承是指通过传承和弘扬农业文化，加强人们对农业文化的认识和了解，推动农业文化的发展和传承。农业文化是指与农业相关的文化形态和文化遗产，如农业生产技术、农村习俗、农民文学、农民艺术、农业历史等。农业文化传承的重要性在于，它不仅能够保护和弘扬农业文化的传统价值，也能够促进现代农业的发展和创新。农业文化传承的内容丰富多样，主要包括以下方面：

1）传承和弘扬农业历史文化，包括农业古籍、农业历史文物、农业文化遗产等。

2）传承和弘扬农村的传统习俗文化，如农民节日、传统农俗等。

3）传承和弘扬农业生产技术，包括农业种植、养殖、农机使用等方面的技术。

4）传承和弘扬农业科技创新，包括新农艺、新农技、新农药等方面的创新。

通过农业文化传承，可以帮助人们更好地了解和认识农业文化，促进农业文化的传承和发展，为现代农业的发展提供有力的支撑。

（10）持续的效能发挥。随着现代灌区的建设，灌溉技术和设备改进得到了快速提升，灌溉效率也得到了显著提高。同时，灌区管理和维护也更加科学化和规范化，为农业生产提供更加稳定和可靠的保障。现代灌区建设还可以加强灌区的监测和调控，通过现代化的灌溉方式，实现精准灌溉，提高农田的水分利用效率，为农业生产提供更加可持续的保障。因此，现代灌区建设可以为农业生产提供更加优质的服务和保障，持续发挥灌区的综合效能。

6.1.3　理论框架

传统的灌区建设与管理模式已经不能满足现代社会发展的需求，需要构建现代灌区理论与技术框架，提出新的管理思路和方法，以保障农业生产的稳定和可持续发展。现代灌区理论框架需要从灌区管理模式、灌排系统优化、水土资源管理、灌区生态环境保护和灌区农业产业发展等方面进行构建。通过构建现代灌区建设理论框架，指导灌区现代化建设与管理，保障农业生产的稳定和可持续发展，促进水资源的合理利用和生态环境的保护，实现经济、社会和环境的可持续发展。

1. 基本框架

西北现代灌区建设的理论与技术体系构建是以建设功能协同、系统健康和服务持续的现代灌区为目标，以灌区的农业生产系统、物能输配系统、生态环境系统为建设对象，拓展西北现代灌区农田物能调控、服务功能配置、系统安全评估等方面的三大理论，研发作物生境营造、灌排优化设计、生态功能提升等方面三大技术，构建以"三大目标、三大系统、三大理论和三大技术"为要素的综合现代灌区建设理论与技术保障体系（图 6-2）。

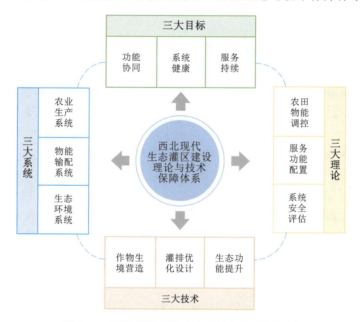

图 6-2　现代灌区建设基本理论与技术框架图

2. 灌区类型划分

由于西北旱区地域辽阔、降水和水系分布与自然地理景观地域差异显著，形成了各具特色的农业生产模式、种植结构、人居习性和文化传承，灌区功能与定位及其发展潜力也存在显著差异（图 6-3），因此现代灌区应根据区域特点分类建设。由于西北旱区降水分布差异大，作物生长所需水分主要来源于降水和灌溉水。为了便于构建适水发展灌区发展模式，依据西北灌区主要农作物和林果需水特征（300～900mm，总体平均值约为500mm）对灌区类型进行划分。西北旱区主要作物种植区的有效降水量为 10～290mm[7]。作物生育期内降水量或灌溉水量占作物需水量的比率，可视为其对农业生产的直接贡献度。当降水直接贡献度不足时，则必须依靠灌溉来保障作物的生育期需水。因此根据西北旱区主要作物的需水量特征和有效降水量，将西北旱区灌区划分为以下 4 类：

（1）灌溉依赖型灌区。 指地处多年平均生育期降水小于 50mm 的灌区，生育期降水对农业生产直接贡献度小于10%，农作物和生态用水主要依赖于人工灌溉实现，没有灌溉就没有农业的灌区（如新疆准噶尔盆地、塔里木盆地等）。

（2）灌溉主导型灌区。指地处多年平均生育期降水在50～150mm的灌区，生育期降水对农业生产直接贡献度在10%～30%之间，农作物用水主要依赖于人工灌溉，而生态林草生长仅需少量灌溉的灌区（如甘肃河西走廊等）。

（3）灌溉补充型灌区。指地处多年平均生育期降水在150～250mm的灌区，生育期降水对农业生产直接贡献度在30%～50%之间，农作物用水依赖于人工灌溉和天然降水共同供水，而生态林草生长不需灌溉可维持正常生长的灌区（如宁蒙河套灌区等）。

（4）灌溉提质型灌区。指是地处多年平均生育期降水大于250mm的灌区，生育期降水对农业生产直接贡献度大于50%，降水可以满足作物生命需水，但无法满足目标产量所需水分，而生态林草生长不需灌溉可发挥有效功能（如黄土高原西北部地区等）。

6.2 现代灌区建设核心理论与关键技术

现代灌区建设是实现农业现代化和保障粮食安全的重要内容，需要构建水资源配置、灌溉系统优化、信息化管理、景观价值提升、污染防控等关键理论和技术。同时需要推进建设与管理的统一、多元化的农业经营和政策支持相协同。通过不断创新和完善理论与技术框架，实现灌区农业生产效益和质量的提高，促进农业可持续发展。

6.2.1 核心理论

现代灌区建设需要从资源合理优化配置、生产效能的持续提高、农业生产与生态环境协同发展3个方面来开展顶层设计。因此需要明确水土资源优化配置、农田关键物能调控、生态系统安全评估三大核心理论，从而构建现代灌区建设的核心理论体系[8]。

1. 水土资源优化配置理论

水资源与土地资源是灌区最重要的农业资源，尤其对于旱区的灌溉农业直接决定了农业发展的规模与效益。

（1）水资源优化配置。在明确不同气候条件下降水与冰雪融化及其河流来水特征基础上，综合分析流域骨干工程调蓄能力、灌排系统保障能力、节水模式成本与效益、水土地资源承载能力，科学确定水资源系统、经济社会系统及环境系统用水适宜度。在灌溉依赖型灌区、灌溉主导型灌区，构建河道内与河道外引水"三七调控"、经济与生态耗水"五五分账"的临界阈值调控模式，促进生态环境与经济社会协调发展。在灌溉补充型和灌溉提质型灌区，充分发挥降水对生态生命需水的补充功能，提升农业用水的比例。在工程、技术和管理三方面加强节水技术应用，助力水资源有效保护与高效利用。在淡水资源短缺地区，发展微咸水安全利用、苦咸水和污废水处理与回用方法，建立适应不同类型灌区的农业生产—生态环境建设—水质与水量优化配置—水盐污调控综合管理方法，构建集灌区生态功能为一体的水资源优化配置模型，形成西北现代生态灌区水、土、生、环综合管理理论。

以旱区水资源满足生态环境最小需水量为前提的灌区水资源优化配置模型为

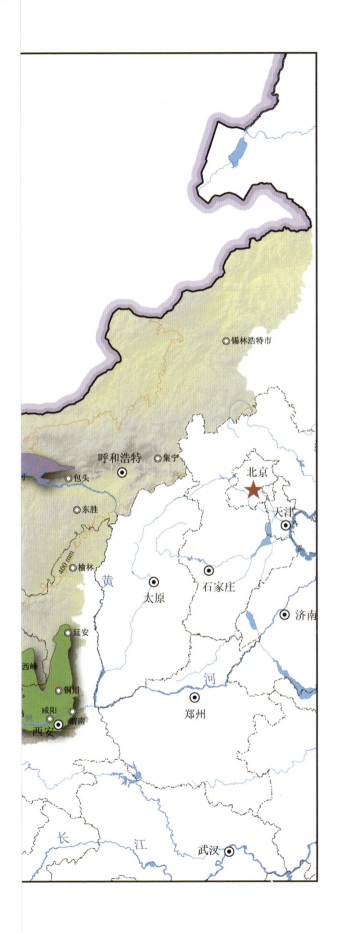

$$\begin{cases} W_{ek} = \min[U_k, \max(0, W_k - E_{ck})] \\ W_{ck} = W_k - W_{ek} \end{cases} \qquad (6-1)$$

式中：W_{ek} 为灌区经济用水供给量；E_{ck} 为最小生态环境需水量；W_{ck} 为生态环境供水量；U_k 为灌区计划用水量；W_k 为灌区实际用水量。其中，灌区内最小生态用水与经济用水的分配比例应保持在 5:5。

为了保障灌区内部渠系之间水权公平分配，需要综合考虑灌区种植结构、灌溉面积、生态环境需水情况等，根据渠系控制灌溉面积进行渠系间水资源分配，即

$$G_{k,j} = \frac{F_j}{\sum\limits_{i=1}^{m} F_j} W_{ak} \qquad (6-2)$$

式中：$G_{k,j}$ 为在 k 时刻向各干支渠水资源分配量；F_j 为第 j 条干支渠控制面积；m 为各干支渠的数量；W_{ak} 为 k 时刻的农业用水供给量。

（2）土地资源优化配置。按照灌区景观生态格局和生态服务功能定位，科学规划农、林、牧、渔、草业用地，强化各功能区之间的协调性和互补性，优化湿地空间布局与规模，充分发挥其减污、调蓄、水生物保护与生产功能。按照 2%~10% 农田防护林用地规模，科学布局和建设防护林体系，有效控制风灾和净化空气的效能；在河、湖、大型渠道岸边设置 100~500m 宽环境保护区（植被过滤带），用于控制进入水体的污染物。对于盐碱危害严重灌区，在系统分析灌区盐碱运移转化宏观特征基础上，建立不同灌区类型的农业生态系统盐分运移与转化定量分析方法，明确灌区盐碱合理处置空间，保障土地资源可持续利用。系统研究不同类型灌区土地质量下降的主导因子与改良途径，建立土壤质地、化学组成、孔隙结构、微生物群落、土壤供养能力为一体的土地质量评价方法。以规模化生产、机械化作业、集约化经营为导向，发展适宜的灌区高标准农田建设方法，建立土地资源养用结合机制，提升土地资源生产和生态效能。

1）土地资源相对适宜度。土地资源综合适宜度指数可以反映土地资源总体利用合理状况及其区域差异。相对适宜度可表示为

$$R = -\frac{|\Delta LF_{i-j} \cdot LC_j|}{LF_j \cdot |\Delta LC_{i-j}|} \qquad (6-3)$$

式中：R 为研究区某类土地资源相对适宜度，为便于比较，在此设定 R 为负值；ΔLF_{i-j} 为县（市、区）第 i 类土地利用类型调整为非 i 类（j 类，$j=1,\cdots,m$）待调整土地资源面积；LF_j 为各县（市、区）第 j 类土地资源面积；ΔLC_{i-j} 为全省第 i 类土地利用类型调整为 i 类（j 类，$j=1,\cdots,m$）待调整土地资源面积；LC_j 为全省第 j 类土地资源面积。

2）农田防护林规格优化模型。农田防护林的林带规模和造林密度确定方法为

$$\begin{cases} L = eH \\ d = -\dfrac{0.669\ln\alpha}{k} \\ S = \dfrac{V_0(1+g)}{H} \times \exp\left(\dfrac{k-0.255}{0.033}\right) \end{cases} \qquad (6-4)$$

式中：L 为林带间距；H 为林带成林高；e 为与林带结构类型相关的常数；d 为林带宽度；α 为林带透风系数；k 为林带风速削减系数（0.02~0.08）；S 为林带单株树平均营养

面积；V_0 为林带成熟林平均单株材积；g 为枝叶生物量体积与材积比。

3）灌区盐分平衡模型。可用灌区入流或引水带入的总盐量与灌区排水排出的总盐量差值来判别，即

$$\Delta S = V_i C_i - (V_d C_d + A_c S_c + A_n S_n) \tag{6-5}$$

式中：ΔS 为灌区积盐量或排盐量；V_i 为进入灌区的总水量；C_i 为引水的平均浓度；V_d 为灌区排出的总水量；C_d 为排水的平均浓度；A_c、A_n 分别为耕地和非耕地面积；S_c、S_n 分别为单位面积耕地和植物的吸盐量。

2. 农田关键物能调控理论

结合现代栽培学、作物生理学和农田水肥高效利用相关理论，从调控土壤供养能力、根系吸收能力、茎秆传导能力和作物生产能力 4 个方面创新作物生境调控理论与技术。明晰水、肥、气、热、光、盐、（微）生物、农药、电子等在保障作物健康生长中的贡献度和胁迫效应，阐明各生境要素之间的相互作用机制，构建水、肥、气、热、盐、农药迁移转化数学模型，以及考虑生境要素作用的作物生长和产量品质评估模型。明确基于生态安全的肥料、农药、地面覆盖物、化学改良剂合理使用量阈值，以及作物生境要素变化特征与作物生理生长间的定量关系。探明作物关键生境要素与外控因子耦合作用效能，确定农田地力提升和作物增产增效的主要指标体系，形成适应不同气候条件、土壤特性、地下水状况、作物类型、种植结构和生态环境建设的灌溉农田作物生境要素耦合精细调控理论。

(1) 土壤供养能力。以土壤有机质、全氮、碱解氮、有效磷和速效钾适宜度作为土壤供养能力的关键指标，获得土壤供养能力综合指数，即

$$I_{\text{INDEX}} = \sum_i^n (A_i \cdot B_i \cdot C_i \cdot D_i \cdot E_i \cdot F_i \cdot W_i) \tag{6-6}$$

式中：I_{INDEX} 为土壤供养能力综合指数；A 为有机质适宜度；B 为全氮适宜度；C 为碱解氮适宜度；D 为有效磷适宜度；E 为速效钾适宜度；F 为 pH 适宜度；W 为权重因子。

(2) 根系吸收能力。根系对养分的吸收主要受水分吸收能力的控制，根系吸水能力模型为

$$S(z) = \frac{\delta(z)}{r_{\text{soil}}(z) + r_{\text{root}}} \left[H_{\text{soil}}(z) - H_{\text{root}} \right] \tag{6-7}$$

式中：S 为根系对土壤水分的吸收速率；r_{soil} 和 r_{root} 分别为土壤和根对水分传输的阻力；H_{soil} 和 H_{root} 分别为土壤和根木质部的水势；δ 为深度 z 处有效的根吸水表面积。

(3) 茎秆传导能力。根系吸收的水分、养分需要通过茎秆传导过程分配到各个器官，茎秆传导能力模型为

$$q_v = KA \frac{\Delta h}{l} \tag{6-8}$$

式中：q_v 为导管水分体积流量；A 为植物导管截面积；$\Delta h / l$ 为植物水势梯度。

(4) 作物生产能力。作物生产能力可用作物干物质积累来表示，即

$$\Delta DAM = APAR \cdot ELUE \cdot F_T(T_a) \cdot K_s \tag{6-9}$$

式中：ΔDAM 为地上生物量的日变化量；$APAR$ 为冠层有效辐射；$ELUE$ 为有效光利用率；$F_T(T_a)$ 为温度胁迫因子；K_s 为水分胁迫因子。

3. 生态系统安全评估理论

灌区生态系统安全评估主要是对其结构合理性、完整性、服务功能实现程度等进行定量评价。根据灌区生态系统的特征及其服务功能，综合考虑社会经济、景观格局、水土资源利用、湿地环境、大气环境、生物活力、作物生长及产量品质等，建立定量评价指标体系，进行评价与管控，实现灌区内资源—环境—经济—社会协调发展。通过系统分析灌区生态系统中水、盐、碳、氮、生间的动力联系与变化特征（如水足迹、生态足迹等），确立灌区水土资源的承载力。建立灌区"压力—状态—响应—效能"评价模型，发展灌区河、湖、林、田、草为一体生态系统安全的综合指数法、模糊综合评判法和基于主层次分析的综合评价方法，以及综合考虑水文动力过程和生态动力过程的生态水文模型。提出灌区生态安全的预警指标体系和生态安全管理方法，构建适合西北不同类型灌区生态系统安全评估理论与方法。

(1) 灌区生态系统状态指数。综合了生态状态、生态格局、生态结构和生态功能等方面的信息，评价生态系统的结构完整性、功能平衡性和抵抗干扰能力，其计算公式为

$$SI = \frac{\sum_i C_i S_i}{44 \sum_i S_i} \tag{6-10}$$

式中：SI 为灌区生态系统状态指数；C_i 为第 i 类型生境的单位时间、单位面积的植物生物量；S_i 为第 i 类型生境面积。

(2) 灌区生态系统压力指数。综合了生态系统的自然状态、人类干扰和恢复能力等因素。生态系统压力指数越高，说明生态系统越脆弱，越容易发生退化或崩溃，其计算公式为

$$PI = \begin{cases} \dfrac{f_e - c_e}{c_e} & f_e > c_e \\ 0 & f_e \leqslant c_e \end{cases} \tag{6-11}$$

式中：PI 为灌区生态系统压力指数；f_e 为人均生态足迹；c_e 为人均生态承载力。

灌区生态响应指数为

$$RI = SI(1+R) \tag{6-12}$$

式中：R 为生态恢复、建设的投入力度与污染强度之间的关系。

灌区生态安全指数为

$$EI = \begin{cases} \dfrac{1+R}{1+PI} SI^2 & PI > 0 \\ (1+R) SI^2 & PI \leqslant 0 \end{cases} \tag{6-13}$$

式中：EI 为生态安全指数。

灌区生态效能指数为

$$V = \sum_{i=1}^m \sum_{j=1}^n A_j E_{ij} \tag{6-14}$$

式中：V 为灌区生态系统服务功能价值，用以表征灌区生态效能；A_j 为 j 类生态系统面积；E_{ij} 为 j 类生态系统的 i 类生态系统功能基准单价。

6.2.2　关键技术

现代灌区建设的关键技术主要包括景观价值提升与污染防控技术、灌排系统管控关键技术、作物生境要素调控关键技术，构成了现代灌区建设的关键技术体系。

1. 景观价值提升与污染防控技术

通过将现代化灌区建设与景观化设计相结合，以及开展农业面源污染的防控，使灌区内的生态环境和人文环境得以改善，提高农业生产的质量和效益，提升灌区的形象和吸引力，吸引更多的投资和人才，带动农业生产与区域经济的发展。

(1) 灌区生态景观价值提升技术。灌区生态景观主要包括农耕环境、风景林带、水体景观、路缘景观和美丽乡村5个方面的景观单元，通过提升生态景观价值，以增强灌区生态服务功能（图6-4）。西北旱区的景观设计充分考虑西北旱区特殊的气候环境、产业发展、地形地貌、历史人文等方面的特色，对西北旱区农业资源、景观资源、人文资源等进行合理配置，提升灌区的综合效益。

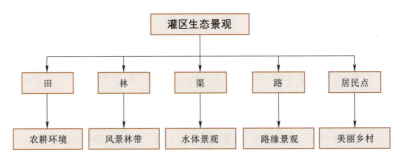

图6-4　灌区生态景观价值提升内容示意图

1）灌排渠系景观价值提升。灌排渠系是灌区农业灌溉系统的重要组成部分，在保证灌排系统完整性和输配水功能的基础上，将渠系与灌区内其他水系连接成水生态网络，共同维系灌区水体的良性循环，提升输水、配水、蓄水和净水能力。在营造渠系水体景观时，针对西北旱区易发生的季节性渠道冻胀问题，从材料耐久性、地形条件、管理养护方面考虑，研发抗冻、防渗、易维护的渠道衬砌材料。通过河流内的水生植物与渠系边缘空间的植被造景，保证灌区生态廊道的连续性，使渠道与河道水体景观相协调。渠道两岸设置缓冲带，改善水质保护河水生态安全，为生物提供适宜栖息空间，增加空间异质性。

2）灌区农田景观价值提升。根据景观生态学原理，配置适宜当地的植物组合，提高生态系统的稳定性。在农作物选择上，根据当地自然条件与农作物习性种植相应物种，采用单种、复种、间种、套种等合理的农作制度，创造生态安全的农耕环境，提供优质高产、无污染的农产品；在景观造景方面，以农业美学理论为指导，运用"点、线、面"结构中的比例、均衡、协调性特征，依据农作物的生长规律和季节性变化，合理规划农业景观元素。

3）灌区林草地景观价值提升。林草地既可涵养水源又可美化环境，需要因地制宜地规划灌区林地景观，并采取防护林模式、混合林带模式或农、草、林立体模式等，建设灌区林带系统和景观生态廊道。以道路林带、水系林带、农田林网为网格，将农田版块、林带廊道、水体系统相融合，打通灌区各个物质要素之间的交换、流通渠道，构建生态安全、景观优质的灌区农林草体系。特别根据西北旱区林果优势，选择本土易养护的林果品种和易机械化作业的林果立体栽培模式，以及集经济价值和景观效果兼具的物种，配置形成经济型风景林带。

4）灌区交通道路景观价值提升。道路作为灌区典型的人工廊道，也是区域物质、能量、信息流动交换的生态廊道。合理规划灌区内连接外部公路的路线，方便交通的同时加快区域经济发展。机耕路与田间路属于灌区必须的生产路，关乎灌区农业经济发展的命脉。在道路建设中注重农田生态的稳定性，采用本土物料铺设，保护原始的土壤结构。在路缘景观带的植物种植上，要保证农作物有良好的光照条件及充足的土壤养分。景观道路布局需增强视觉观赏与空间体验，遵循自然生态原则，将灌区农田景观、水利景观、聚落景观有机融合，实现灌区景观空间的整体连续性。

5）居民点景观价值提升。农村居民点景观结构和格局是长期的农业生产活动对自然景观不断改造和影响的结果，尤其是道路、房屋等人工构筑建设，使区域中的非自然廊道和斑块增加，不同程度影响区域生态服务功能，需要完善林草地、水体、湿地等景观，保持整体结构的稳定和平衡。此外，要合理布局人工景观和工业景观，村镇居住区与工矿业之间要留有一定的植被缓冲区，工业景观内部要进行绿地系统建设。人口聚居区要配套建设给排水系统和垃圾污水收集处置设施，提高村落生态系统的物质循环和污染调控能力。

（2）生态系统控污能力提升技术。居民生活污水、农田化肥农药、农村养殖污染等通过地表径流和排水系统作用，进入水体和土壤中，引发农业面源污染。农业面源污染防治是实现灌区健康发展的重要任务，需要从控源、治污和再利用 3 个方面入手，实现控污与资源化双重效能，总体防控技术体系如图 6-5 所示。

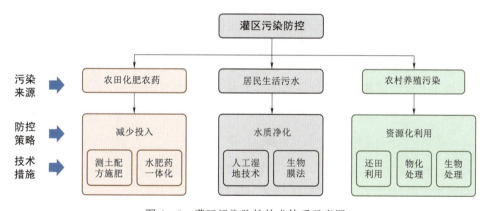

图 6-5 灌区污染防控技术体系示意图

1）农田面源污染控制技术。对水蚀、风蚀携带的农田污染物所引发的面源污染，需从控制污染物传输的动力与控制污染源两个方面采取措施进行控制。在灌溉依赖型和灌溉主导型灌区，侵蚀常以风蚀形式发生。在风蚀动力控制方面，可以通过构建科学的农田防风林带系统和优化作物种植结构来降低风蚀危害。在灌溉补充型和灌溉提质型灌区，农田面源污染常以水蚀为主。在水蚀动力控制方面，可采取平整土地、提高农田蓄水能力、增加田面糙率等方式降低径流携带能力。在控制污染源方面，一方面通过确定合理施肥数量、深度及方式，采取控制性施肥和施药，降低土壤养分和农药向地表传递的可能性；另一方面，通过采取地面覆盖、提高土壤抗蚀能力和固定养分能力等措施，发展免耕种植等保护性耕作措施，控制土壤污染物向地表传输数量和速率。

2）生活废水处理与利用技术。农村生活污水的大量排放是灌区水环境污染的重要来源，需要因地制宜地发展适合农村污水处理的技术。根据灌区自然条件，研发太阳能和风能驱动的生物膜技术，以及人工湿地技术。由于微生物对污水的水质和水量变化有较强的适应性，生物膜内可形成较长的生物链，从而构成稳定的污水处理系统，并通过太阳能和风能驱动，集污水预处理、生物处理、沉淀、消毒等为一体，实现光、风资源利用和污水处理有机结合。充分利用灌区水池、水塘、滩地等洼陷结构，构建适合当地地形条件的表面流、潜流和垂直流人工湿地，实现人工湿地污水处理、污水再利用、改善景观的功能。

3）农村养殖污水处理技术。随着社会对肉食品需求量增加，农村畜禽养殖业快速发展对水环境保护带来巨大冲击，需要研发适宜不同类型灌区的农村畜禽养殖业污水处理技术。由于农村畜禽养殖业污水具有作物生长需要的养分元素，同时也包含潜在能源。因此，可以还田利用或通过相关物理、化学及生物技术进行有效处理后再利用。畜禽养殖废水的资源化利用主要包括沼气、沼液、沼渣的综合利用、处理水种植业回用和生物协同方式的资源化利用 3 个方面。根据当地实际情况，发展种养结合、处理回用和多级循环经济模式，充分发挥农村养殖污水所具有的生产和生态功能，实现"养、治、用"相结合。

2. 灌排系统管控关键技术

(1) 现代化生态灌区渠系优化配水技术。渠系配水计划是根据农业气象条件和灌溉可利用水量变化合理确定灌区各级渠道引水量大小、持续时间和引水频次，输配水直接关系到灌溉服务质量。我国大型灌区骨干渠系水利用系数到 2015 年才达到 0.597，大量的水资源在渠系输配水过程中因渗漏损失。因此，通过渠系优化配水减少渠系渗漏损失，对现代生态灌区的水资源管理意义重大。渠系优化配水过程需要经过 3 个过程，即上级渠道的管理者发布整个灌溉区域的用水计划，下级灌溉子区用户以此为基础各自制定子区域用水计划，最后再由上级管理者统一协调，确定满足各区域需水要求等多个目标的计划。

以单水源双目标的两级骨干渠道的优化问题为例，其优化模型为

$$\min F = \sum_{j=1}^{N} \sum_{t=1}^{T} \max(W_{jt} - Q_{jt}^{d}\Delta t, 0) + \sum_{i=1}^{M} \sum_{t=1}^{T} q_{it}^{u}\Delta t \qquad (6-15)$$

式中：Q_{jt}^{d} 为下级渠道 D_j 渠首第 t 时段的输水流量；Δt 为时段长度；W_{jt} 为第 j 条下级渠道第 t 时段需水量；q_{it}^{d} 为上级渠道 U_i 第 t 时段损失水量。

渠道输水能力约束为

$$Q_{jt}^{u} + q_{it}^{u} \leqslant Q_{it}^{us} \qquad (6-16)$$

$$Q_{jt}^{d} \leqslant Q_{jt}^{ds} \qquad (6-17)$$

式中：Q_{it}^{us}、Q_{jt}^{ds} 分别为上级渠道 U_i、下级渠道 D_j 设计流量。

灌溉可用水量约束为

$$Q_{1t}^{u} + q_{1t}^{u} \leqslant Q_{t}^{\max} \qquad (6-18)$$

式中：Q_t^{max} 为上级渠道 U_i 设计流量。

$$Q_{jt}^u = \begin{cases} Q_{i+1}^u + q_{i+1}^u + \sum\limits_j Q_{jt}^d & i < M \\ \sum\limits_j Q_{jt}^d & i = M \end{cases} \qquad (6-19)$$

公平性约束为

$$R_j = \frac{\sum\limits_{t=1}^{T} \max(W_{jt} - Q_{jt}^d, 0)}{\sum\limits_{t=1}^{T} W_{jt}} \qquad (6-20)$$

$$R_{max} - R_{min} < r \qquad (6-21)$$

式中：R_j 为第 j 条下级渠道所在的灌溉子灌区缺水比例；R_{max}、R_{min} 分别为各灌溉子区中的最大缺水比例、最小缺水比例；r 为允许的缺水比例差值。

(2) 现代生态灌区智能灌溉技术。田间智能灌溉系统需综合、全面考虑作物自身情况及影响灌溉预报决策的环境因素，并进行实时监测和合理的针对性灌溉，不断提高灌溉决策精细化程度，实现最优化灌溉方式。智能灌溉系统主要包括以下 4 个部分：

1）农田环境信息感知，采集土壤含水量、空气温湿度、光照等环境信息参数。

2）信息传输，将采集的数据通过无线传输技术发送到数据库系统。

3）智能决策，根据监测的环境信息数据制得到精确灌溉计划参数，确定作物各生育期的灌溉水量。

4）灌溉设备控制，在系统作出灌溉计划后，向灌溉设备发出灌溉指令，在规定的时间内灌溉定量的水。

灌溉决策分析过程是实现作物适时适量精准灌溉的关键所在，智能灌溉决策主要分为干旱程度识别过程和灌水量决策过程。其中，干旱程度识别主要是依据干旱指数来判断，干旱指数计算公式为

$$\eta = \frac{\sum\limits_{i=1}^{n-1} ET_i d_i}{\sum\limits_{j=1}^{m} P_j d_j} \qquad (6-22)$$

式中：η 为干旱指数；ET_i 为作物第 i 天的蒸发量；d_i 为第 i 天；P_j 为第 j 天的总降水量。

若得出的干旱级别为干旱或者较干旱时则，开始进行作物生育期灌溉水量决策，灌溉水量决策公式为

$$G_i = \frac{\sum\limits_{i=1}^{n-1} ET_i d_i - \sum\limits_{j=1}^{m} P_j d_j}{n-1} \qquad (6-23)$$

式中：G_i 为作物第 i 天的灌溉量。

3. **作物生境要素调控关键技术**

提高旱区农业灌溉水利用效率和生产效率是缓解旱区水资源供需矛盾和实现生态安全

和持续改善的重要途径，而田间作物生长过程和灌区盐分迁移与累积过程是直接影响农业水资源综合效益的两个关键过程。因此，改善田间作物生境和实现灌区土壤盐分相对均衡是实现旱区农业水土资源可持续利用的重要任务。结合现代栽培学、作物生理学和农田水肥高效利用相关理论，将农田作物生境分为农田小气候环境、土壤环境和地下水环境 3 个分环境，3 个分环境间物能传输与转化涉及气—冠界面、土—气界面、土—根界面、包气带与饱和带界面。调控作物生长过程的技术发展主要围绕提高水、肥、气、热、盐、生、光、药、电的功能和控制盐分对作物生长威胁这一主题。

(1) 农田小气候环境调控技术。农田光能分布、空气温湿度、风速、二氧化碳浓度和土壤温湿度特征构成了农田小气候的环境要素。农田小气候既具有固有的自然特征，又是一种人工小气候，可通过先进的农业技术措施在一定程度上调控农田小气候。改变作物冠层温度和光照利用程度，提高作物光合效率和控制水分无效蒸发，对于西北旱区农业意义重大。主要技术有：

1) 冠层遮光技术，如棉花在正常光照的 1/5～1/2 时生长最好，弱光条件下棉花的蕾铃脱落、光合产物代谢都有所改善。

2) 作物间套作技术，可提高光能利用效率，增加作物生产力的稳定性，如豆科/禾本科间作体系中豆科作物生物固氮和禾本科作物对土壤氮素利用上的互补和促进作用，又如双子叶作物和单子叶作物的搭配中单子叶作物可为双子叶作物提供 Fe、Zn 等微量元素。

3) 生长调节剂，如红枣果实表皮直接吸收的水分是引起裂果的主要原因，可通过喷洒人工合成生长素改变果实表面的气孔开度、气孔密度等特征，提高果实品质。

(2) 土壤环境调控技术。土壤温度、湿度、微生物、养分、盐分含量都对作物的生长有着显著影响，提高土壤供养能力和作物吸养能力是土壤环境调节的目标。其关键技术有：

1) 活化水灌溉技术。即通过磁化、去电子和增氧技术，改变水分子缔合结构，降低水表面张力和接触角，提高水溶解氧数量，增强水生理生产功能，提高水肥利用效率，活化水灌溉增产效果达 5%～15%，同时磁化水和去电子水可有效降低根区土壤盐分含量和盐分对作物的威胁。

2) 生物膜覆盖技术。既可降解作为作物养分，又可改善土壤水、盐、热、养分分布，提升作物根系吸水吸肥能力。

3) 排水控盐技术。实现灌区土壤盐分相对均衡是实现旱区农业水土资源可持续利用重要任务，水是盐渍化形成的动力，要将土壤中盐分"洗出"并保持脱盐状态，灌排比例应达到 4∶1，这是干旱区农业用水的重要组成部分。

(3) 地下水环境调控技术。田间作物生长过程和灌区盐分迁移与累积过程是直接影响农业水资源综合效益的两个关键过程。以水土资源高效利用与生态环境建设相协调为出发点，综合考虑旱区灌区盐分迁移与累积特征，明确旱区灌区植被与地下水埋深耦合作用关系，确定植被健康生长的合理生态地下水埋深、盐渍临界地下水埋深、生态警戒地下水埋深及最佳地下水埋深等阈值。根据生态与经济效益最优准则，确定区域内节水模式的合理配置，明确高效节水面积与传统灌溉面积合理比值，发展生态安全的地下水开发利用技术。将节水灌溉和冬春灌技术与工程措施（明排、暗排、竖排等）及非工程措施（生物排水）相结合，将盐分排放区域与排水再利用有机融合，构建多种措施结合的灌区垂直和横向排水系统，有效控制灌区农田土壤盐分累积，实现土地可持续利用。同时，将灌区农业生产区与盐分排放区相对分离，实施控制性排水和排污权管理，实现定点排放或达标排放，维持和控制农业生产区盐分相对平衡，并利用农田排水改善旱区生态环境。地下水环境调控示意如图 6-6 所示[9]。

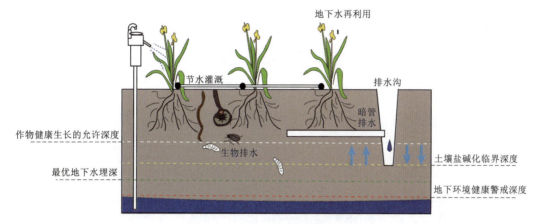

图 6-6　地下水环境调控示意图

6.3　高标准农田建设目标与关键技术

高标准农田建设是我国推进农业现代化和促进乡村振兴的重要举措，通过优化土地利用、提高农田生产效益，促进了农民增收和农村经济的发展。同时，高标准农田建设也带动了农村旅游等相关产业的发展，促进了乡村产业多元化和农村社会经济的可持续发展，为我国的农业现代化和乡村振兴注入了新的动力，为农民脱贫致富和乡村全面振兴提供了重要的支撑。

6.3.1　建设内涵与目标

随着我国农业生产的不断发展和人民生活水平的提高，高标准农田建设的重要性日益凸显。高标准农田建设是一项综合性的农业生产管理工作，不仅可以提高土地利用效率和农业生产效益，还可以改善农村生态环境和促进农村经济社会的可持续发展。高标准农田建设通过优化土地利用结构、提高种植技术和管理水平、推广农业科技成果等措施，有效提高农业生产效率，提高农产品质量和增加产量。同时，推动我国农业生产向着高产、高效、高品质的方向转型，从而提高农业现代化水平，实现农业可持续发展。此外，高标准农田建设有助于优化农业生产结构、改善土地质量、减少农药和化肥等污染物的排放，保护生态环境，防止土地沙化、水源污染等环境问题，从而为农村生态环境的改善提供基础条件保障。

1. 高标准农田建设的内涵与特征

（1）高标准农田的内涵。高标准农田是指田块平整、集中连片、设施完善、节水高效、农电配套、宜机作业、土壤肥沃、生态友好、抗灾能力强，与现代生态农业生产和经营方式相适应的旱涝保收、稳产高产的耕地。

(2) 高标准农田的基本特征。高标准农田建设需适应现代生态农业发展趋势，满足农业机械化作业、规模化和集约化经营的要求，与区域农业特色产业布局、种植结构及模式相适应，为农业提质增效提供基本保障。高标准农田建设应具有均一化农田与高等级土地、适配的水土与协同的灌排、适宜的生境与高抗灾能力、机械化作业与智能化监测、规模化生产与集约化经营五大特征（图6-7）：

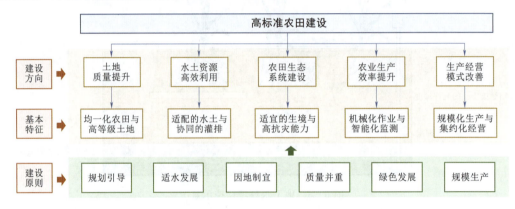

图6-7　高标准农田建设基本特征与基本原则示意图

1）在农田土地质量方面，田间地面平整、土壤质量高，田间作物生长更加均匀，有利于采取统一作物生境调控技术，提升水肥利用效率和便于机械化作业。

2）在农田水土资源高效利用方面，以"以水定地、以水定产"为前提，建设能够实时调控农田水肥盐的灌排系统，提升农田水土资源生产能力。

3）在农田生态系统方面，建设符合农业生态系统物能转化要求，有效控制农业面污染，提升抵御自然灾害和病虫害的能力。

4）在提升农业生产效率方面，有利于现代耕作和栽培模式的应用，具有农业机械化作业的配套设施，以及农业生产过程的智能监测系统，提升农业生产效率。

5）在现代农业生产经营模式方面，建设适宜规模化生产、集约化经营的农田，有利于区域特色农产品的高效生产，提升农业生产经济效益。

(3) 高标准农田建设基本原则。高标准农田的建设需要符合以下6项基本原则：

1）规划引导原则。依据各地区高标准农田建设规划、国土空间规划、国家有关农业农村发展规划等，统筹安排高标准农田建设。

2）适水发展原则。按照农业水资源和土地资源承载力，结合水土资源高效利用技术，确定高标准农田建设规模和等级。

3）因地制宜原则。根据各地区自然资源禀赋、优势农业产业、农业生产特征及主要障碍因素，确定高标准农田建设的主要内容与重点工作，采取相应的建设方式和工程措施，减轻或消除影响农田综合生产能力的主要限制性因素。

4）质量并重原则。通过工程建设和农田地力提升，稳步推进高标准农田建设规模，持续提高土地质量，集约利用农业水土资源。

5) 绿色发展原则。遵循生态农业发展规律，综合考虑山水林田湖草沙的生态功能，优化生产—生活—生态空间，控制农村污染和建设适宜人居环境，促进农业生产和生态和谐发展。

6) 规模生产原则。尊重农民意愿，组建新型农业集约化和规模化生产与经营主体、农村集体经济组织，引导各类社会资本有序参与建设。

2. 高标准农田分类建设要求

综合区域气候特点、地形地貌、水土条件、特色和优势产业等因素，按照自然资源禀赋与经济条件相对一致、生产障碍因素与破解途径相对一致、农产品生产与农业区划相对一致、地理位置相连与各区域分布相对完整的要求进行分区建设。以各分区的永久基本农田、粮食生产功能区和重要农产品生产保护区为重点，集中建设与种植结构相适应的高标准农田，着力打造粮食保障基地和特色农产品生产基地，形成优势和特色农产品分区发展模式，以及农牧业协调发展体系。

(1) 新增建设农田。建设区域的土地应集中连片，土壤适合农作物生长，具有较好的水源保障，易于农业规模化生产，有利于农牧业链条化经营，具有相对完善的交通、电力等基础条件保障。

(2) 提升改造农田。提升改造农田应按照高标准农田五大特征，重点在农田整治、地力提升、水资源利用效率提升、高效灌排系统建设、机械化作业平台和智能化监测系统等方面开展高标准农田建设。

(3) 限制建设区域。在水资源贫乏区域，以及水土流失易发区、沙化区等生态脆弱区域，应综合考虑土地生态效能，限制高标准农田建设。特别禁止在自然保护地核心保护区、退耕还林区、退牧还草区，河流、湖泊、水库水面及其保护范围等区域开展高标准农田建设，防止生态环境遭到破坏。

6.3.2 建设内容

根据灌区建设与农业发展现状，高标准农田建设的主要内容包括土地整治、灌排系统建设、防灾减灾系统建设、输配电系统建设、道路交通系统建设等方面内容（图6-8）。

1. 土地整治

土地整治是指对土地进行综合利用和开发的过程，目的是实现土地的最大利用价值。土地整治的方法有多种，主要方法如下：

(1) 分级整治。根据土地的性质、质量、用途等不同因素进行划分，对不同级别的土地采取不同的整治措施。如对于质量较好的耕地，可以进行水利设施建设、土壤改良、农业机械化等措施，提高农业生产效率。而对于质量较差的土地，则可以进行绿化、固沙、防治土地流失等措施，以保护土地资源。

(2) 土地整合。对零散、分散的土地进行整合，形成连片、规模化的土地，以提高土地利用效率和经济效益。土地整合可以通过政府引导、土地流转等方式进行。同时，土地整合也需要考虑农民利益，尽量避免土地所有权的矛盾。

(3) 土地改良。改善土壤质量、改变种植结构、提高灌溉效率等手段，提高土地利用

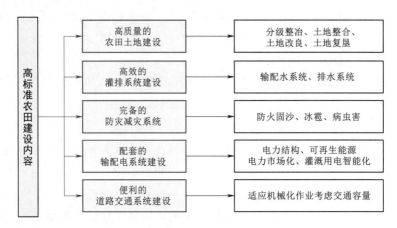

图 6-8　高标准农田建设重点内容示意图

效益和农业生产效益的过程。土地改良可以通过施肥、培肥、翻耕、排灌等措施进行。同时，土地改良还可以改善土地生态环境，提高土地的生态保护能力。

(4) 土地复垦。对废弃土地、荒地、草地等进行开发和利用，土地复垦可以通过固沙、绿化、种草等措施，使荒地、草地逐渐恢复为肥沃的耕地和林地[10]。

2. 灌排系统建设

按照旱、涝、渍和盐碱综合治理的要求，科学规划建设田间灌排工程，注重田间灌排工程与灌区骨干工程的衔接，形成从水源到田间完整的灌排体系。按照灌溉与排水并重要求，结合田、路、林、电进行统一规划和综合布置，合理配套建设和改造输配水渠（管）道、排水沟（管）道、泵站及渠系，包括农桥、渡槽、倒虹吸管、涵洞、水闸、跌水等建筑物，完善农田灌溉排水设施。应用适宜渠道防渗技术、管道输水技术，建设可用于喷滴灌等节水技术的配水系统，建设各级输配水系统关节断面水位、水量、流量、水质监测设备，提高农业灌溉保证率和用水效率。结合地形、降水、土壤、水文地质条件，兼顾生物多样性保护，因地制宜选择水平或垂直排水、自流、抽排或相结合的方式，采取明沟、暗管、竖井等工程措施，将抗旱、控盐有机结合，实现土地资源可持续利用。此外，需建设生态型灌排系统，净化水质，保护农田生态环境[11]。

3. 防灾减灾系统建设

根据因害设防、因地制宜的原则，对农田防护与生态环境保护工程进行合理布局，与田块、沟渠、道路等工程相结合，与村庄环境相协调，完善农田防护与生态环境保护体系。受大风、沙尘等影响严重的区域，加强农田防护与生态环境保护工程建设，选择适宜林木和灌溉技术，形成适宜农田防护林建设体系。西北旱区农田防护林可以起到防风固沙的作用，减轻风沙侵蚀对农田的损害。提高防护林效能的关键途径包括以下 4 个方面：

(1) 选择适合当地生长环境的树种，如沙柳、胡杨等，可以增强防护林的抗风能力。

(2) 形成完整的防护林带，防护林带宽度应根据当地的自然条件、土壤类型和气候特点等因素进行合理规划，通常建议为 10～80m。

(3) 适当种植草本植物，草本植物的根系发达，可减少土壤表面的风速，降低水蚀、风蚀的发生，建议过渡带宽度为 20～100m。

（4）加强管理和维护，应该及时修剪和疏伐防护林内的树木和草本植物，保持防护林的密度和健康状态[12,13]。

4. 输配电系统建设

灌区输配电系统建设是农业现代化和可持续发展的重要支撑，需要通过优化电力结构、推广可再生能源、采用先进的供电技术和管理模式以及促进农村电力市场化和民营化等多种途径和技术手段来实现对灌区的可靠供电、降低灌溉成本、提高农田生产效益等多重目标。其主要包括以下建设内容：

（1）优化电力结构和升级电力设施。根据灌区的用电需求，规划建设符合灌溉需要的变电站、配电网和输电线路等设施。同时，要通过新能源技术的应用，推广太阳能、风能等可再生能源的利用，以提高灌区的用电可持续性和经济性。

（2）推广可再生能源。可再生能源是灌区输配电系统建设中的重要技术手段，如利用太阳能光伏、小水电、风电等方式建设分布式能源，并采用电池、超级电容等储能技术，实现对电能的储存和利用，降低灌区对传统能源的依赖，提高供电可靠性和经济性。

（3）促进农村电力市场化和民营化。鼓励社会资本进入灌区输配电市场，引导和支持农村电力市场化和民营化，通过市场竞争、资本流动等手段，提高供电效率和经济效益。

（4）实现灌溉用电的智能化管理。通过物联网、大数据、云计算等技术手段，对灌区输配电系统进行远程监测和管理，实现对设备运行状态的实时掌控，提高设备运行效率和维护质量，进一步降低用电成本，提高农业生产效益[14]。

5. 道路交通系统建设

以机械化作业和规模化生产要求为基础，科学规划建设道路交通系统，符合农业机械化生产的道路标准，有利于农民进行规模化生产。同时，道路交通规划建设应与农业种植结构和居民点相适应，有利于农业生产者开展农事活动。灌区道路交通系统的规划建设应该从以下方面入手：

（1）需要明确规划的目标，如提高道路的通行能力、提高交通安全、节约资源等。

（2）根据灌区地形、气候条件、农业生产布局等因素，对灌区道路进行优化设计，使其在满足交通需求的同时，最大程度地保护灌区生态环境。

（3）充分考虑交通流量和道路容量的匹配，以保证道路的通行能力和交通的顺畅性。

（4）加强交通安全管理，制定严格的交通管理制度和交通安全规定，同时进行宣传教育，提高交通安全意识。

（5）尽可能地保护生态环境，采取有效的措施减少对生态环境的影响[15]。

6.3.3 建设关键技术

为了实现水土资源高效利用及农业高质量发展，在高标准农田建设方面急需研发地力提升和高标准农田管控智能监测技术，创新基于特色产业分区发展的高标准农田建设模式、基于现代林果栽培方式的高标准农田建设模式、基于农牧业协同发展的养地—用地模式，创新高标准农田建设管理与保障机制，理想高标准农田建设模式如图 6-9 所示。

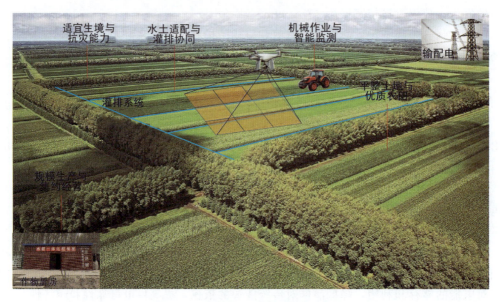

图 6-9　高标准农田建设模式示意图

1. 低产农田地力提升关键技术与模式

由于西北旱区国土面积大，自然条件和土地质量区域差异显著，土地质量退化及其形成机制各不相同，需要进行分区分类开展地力提升技术研究。

(1) 退化土壤改良技术。根据土壤退化成因，研发适宜物理、化学、生物或工程等技术，进行综合治理。对于过黏或过沙的土壤，综合研究掺黏、掺沙、客土、增施有机肥等措施改良土壤质地功效，发展因地制宜土壤质地改良技术。对于盐碱化土地，系统研究水利工程措施、化学改良措施、生物改良措施和农艺措施耦合作用效能，发展绿色盐碱化土地地力提升技术。对于易板结土壤，系统研究秸秆还田、增施腐植酸肥料和生物有机肥、种植绿肥、保护性耕作、深耕深松、施用土壤调理剂、测土配方施肥等措施作用效能，研发土壤团粒结构营造技术。对于土壤肥力低下的土壤，研究秸秆还田、施有机肥、种植绿肥、深耕深松等措施的作用效能，发展集化学、生物及农艺措施为一体的土壤地力提升技术，协调土壤养分比例，营造适宜种植作物生长的土壤环境。

(2) 高标准农田管控智能监测技术。为了实现农田土地质量、灌排系统水质水量、作物生长状况的实时监测和管控，需要发展高标准农田管控智能监测技术，研发多过程、多界面、多物质智能监测设备和产品，包括渠系含沙水流速和流量实时测量系统、土壤水肥气热盐监测传感器、作物生长生理生态实时监测设备、基于卫星和航拍图像识别与智能管理系统等。特别需要研发高标准农田质量演变和生产过程智能预警系统，以及农田智能监测系统优化布置模式。

2. 高标准农田特色建设模式

(1) 基于特色产业分区发展的高标准农田建设模式。西北旱区具有丰富的光热资源，形成了区域性优势经济作物、林果产业，如棉花、葡萄、香梨、红枣等特色农产品，应根据经济作物、特色林果对土地质量和灌排系统、土地耕作和作物栽培模式的要求（包括灌溉方式、土壤质量、养分类型和状况、耕作层条件、水热气状况等），构建不同类型的高标准农田建设模式，适应特色产业分区高质量发展的需求。

（2）基于现代林果栽培方式的高标准农田建设模式。随着科学技术的发展，林果机械化栽培、机器人采摘和智能管理技术的应用（包括林果主杆结果栽培模式、苹果机器人采摘等技术），对农田规格、土地平整度和质量、灌排系统布设方式等都提出了新的要求，需要按照不同类型林果种植模式，建设相应的高标准农田，构建适应于规范化生产、标准化操作、机械化作业的现代林果生产的高标准农田建设模式。

（3）基于农牧业协同发展的养地—用地高标准农田建设模式。随着生态农业发展及其对国家粮食安全保障策略的实施，农牧业协调发展及其相应的产业链构建，成为旱区农业高质量发展的重要任务。综合分析农业、牧业适宜发展规模，及其养殖业所生产有机肥对土地质量提升效能，以及草粮作物混作和轮作及保护性耕作模式的保土养土功能，创建适宜于养地—用地相结合、农牧业融合的生态农业高质量发展的高标准农田建设模式。

3. 提质管理的体制机制

建立高标准农田建设与利用管理体制机制，明确建设、利用、管理主体责任，保障高标准农田建设效果的长效性。建立政府引导，行业部门监管，村级组织、受益农户、新型农业经营主体和专业管理机构、社会化服务组织等共同参与的管护机制和体系，实施集中统一、全程实时动态的管理。按照"谁受益、谁使用、谁管护"的原则，落实管护主体，对各项工程设施进行经常性检查维护，确保长期有效与稳定利用。高标准农田建成后，应开展绿色（新）工艺、产品、技术、装备、模式的综合集成及示范推广应用，推广良种良法、机械化作业模式、病虫害绿色防控、保护性耕作和科学用水用肥用药等技术，搭建基于物联网、大数据、移动互联网、智能控制、卫星定位等信息技术的高标准农田高效利用智能管控平台与预警系统。

参 考 文 献

［1］ 王沛芳，钱进，侯俊，等. 生态节水型灌区建设理论技术及应用 ［M］. 北京：科学出版社，2020.

［2］ 李仰斌. 大中型灌区现代化改造技术路线与关键技术 ［J］. 中国水利，2021（17）：12 - 14.

［3］ 中国工程院"西北水资源"项目组. 西北地区水资源配置生态环境建设和可持续发展战略研究 ［J］. 中国工程科学，2003，5（4）：1 - 26.

［4］ 吕军，孙嗣旸，陈丁江. 气候变化对我国农业旱涝灾害的影响 ［J］. 农业环境科学学报，2011，30（9）：1713 - 1719.

［5］ 高占义. 我国灌区建设及管理技术发展成就与展望 ［J］. 水力学报，2019，50（1）：88 - 96.

［6］ 王修贵，张绍强，刘丽艳，等. 现代灌区的特征与建设重点 ［J］. 中国农村水利水电，2016（8）：6 - 9.

［7］ 王小静. 西北旱区作物需水量对气候变化的响应 ［D］. 杨凌：西北农林科技大学，2014.

［8］ 邓铭江，陶汪海，王全九，等. 西北现代生态灌区建设理论与技术保障体系构建 ［J］. 农业机械学报，2022，53（8）：1 - 13.

［9］ 王天宇，王振华，陈林，等. 灌排一体化工程对地下水埋深及作物生长影响的研究综述 ［J］. 水资源与水工程学报，2020，31（4）：174 - 180.

［10］ 孙春蕾，杨红，韩栋，等. 全国高标准农田建设情况与发展策略 ［J］. 中国农业科技导报，2022，24（7）：9 - 22.

［11］　刘昊璇，赵华甫，齐瑞. 多中心治理下高标准农田建设监督管理机制研究［J］. 中国农业资源与区划，2022，43（3）：164－172.

［12］　刘鹏，焦杨皓，张金鑫，等. 基于障碍度模型的高标准农田建设内容研究［J］. 节水灌溉，2023.

［13］　张睿智，刘倩媛，山长鑫，等.“藏粮于地”战略下高标准农田建设模式研究［J］. 中国农机化学报，2021，42（11）：173－179.

［14］　曾琳琳，李晓云，张安录，等. 高标准农田建设政策对化肥减量的影响［J］. 农业工程学报，2022，38（20）：2210－238.

［15］　师诺，赵华甫，任涛，等. 高标准农田建设全过程监管机制的构建研究［J］. 中国农业大学学报，2022，27（2）：173－185.

第7章 现代灌区水循环与多水源利用

由于西北旱区水资源短缺、水质差，以及地形复杂等因素，单一水源往往无法满足灌溉需求。灌区多水源联合利用是保障粮食安全、生态安全和社会稳定的重要措施。通过科学调控灌区水循环过程，并对不同来源和性质的水资源（如降水、地表水、地下水、微咸水、再生水等）进行合理配置和综合利用，可以减少对外部水资源的依赖，缓解地表水和地下水的过度开采，提高灌区的水资源综合承载能力，支撑农业、工业、城镇等多方面的可持续发展。

7.1 现代灌区水循环

西北旱区水循环过程主要包括高山区冰雪积累—消融过程、中山带降水—径流过程、绿洲区农田—水文过程和荒漠区生态—水文过程，这些过程相互联系、相互影响，构成了复杂的山地—绿洲—荒漠生态系统。在全球气候变化背景下，西北旱区水循环过程发生了显著的变化，表现为气温升高、降水增加、蒸散发增强、冰川退缩、积雪减少、径流波动性增大等，这些变化对西北旱区的水资源供需平衡、生态系统服务功能和人类社会经济发展产生了重要影响[1]。因此，深入研究西北干旱区的水循环过程及其变化机制，对于揭示旱区水循环与生态水文学的规律，提高干旱区水资源管理和生态保护的科学性和有效性，具有重要的理论意义和实践价值（图7-1）。

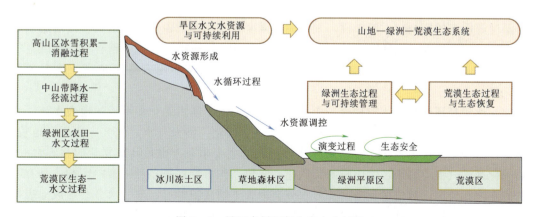

图7-1 旱区水循环与生态水文过程

7.1.1　山区流域水文关键过程

干旱山区水文过程直接决定河川径流过程及灌区供水能力，在气候变暖的大背景下，准确评估山区水文过程对于科学调节和利用河川径流具有重要意义。

1. 高山区冰雪积累—消融过程

高山区冰雪积累—消融的水文过程与机理是研究高山区水资源形成和变化的重要内容。高山区冰雪积累—消融的水文过程是指在高山区，冰雪在不同季节和不同空间尺度上发生的积累、消融、运移和转化的过程，包括冰雪的降水、积存、变质、融化、蒸发、径流等。高山区冰雪积累—消融的水文机理是指影响高山区冰雪积累—消融的水文过程的物理、化学和生物因素及其相互作用，包括气候因素（温度、降水、风速、湿度、辐射等）、地形因素（坡度、坡向、海拔、地貌等）、植被因素（类型、分布、覆盖度等）等[2]。

(1) 冰雪降水。冰雪降水是指在高山区，以固态形式（如雪花、霜、冰雹等）从大气中落到地面的水分。冰雪降水的量和类型受到气候条件（主要是温度和湿度）和地形因素（主要是海拔和坡向）的影响。一般来说，随着海拔的升高，温度的降低，湿度的增加，冰雪降水的量和比例都会增加。同时，由于地形的阻挡和造成的风向变化，不同坡向上的冰雪降水也会有差异。冰雪降水是高山区冰雪积累—消融的水文过程的起点，也是高山区水资源形成的主要来源。

(2) 冰雪积存。冰雪积存是指在高山区，降落到地面的冰雪在一定时间内保持在地面上而不发生消融或运移的过程。冰雪积存的量和分布受到冰雪降水、冰雪变质、风力风向、地形地貌、植被覆盖等因素的影响。一般来说，随着海拔的升高，温度的降低，风速的增加，冰雪积存的量和范围都会增加。同时，由于不同坡向上的太阳辐射和植被覆盖程度不同，不同坡向上的冰雪积存也会有差异。冰雪积存是高山区冰雪积累—消融的水文过程中最重要的环节，也是高山区水资源储存和调节的主要方式。

(3) 冰雪消融过程。冰雪消融是指高山区冰川、积雪和冻土等冰雪覆盖物在太阳辐射、大气长波辐射、感热通量、潜热通量等能量输入的作用下，发生相变，将固态水转化为液态水或气态水的过程。冰雪消融过程受到太阳辐射强度、太阳辐射角度、云层遮挡、大气透明度、大气温度、大气湿度、风速、风向、地表反照率、地表粗糙度、地表温度、地表湿度等因素的影响。一般来说，太阳辐射强度越大、太阳辐射角度越大、云层遮挡越少、大气透明度越高、大气温度越高、大气湿度越低、风速越大、风向越有利于暖湿空气输送、地表反照率越低、地表粗糙度越小、地表温度越高和地表湿度越高，冰雪消融越快。

(4) 冰雪径流过程。冰雪径流是指在高山地区，由于冰雪融化而形成的地表水流。高山区冰雪径流的水文过程与机理是一个复杂的科学问题，涉及气象、水文、冰川、地貌、植被等多方面因素。冰雪融化是高山区冰雪径流的主要水源，也是其最复杂的过程之一。冰雪融化受到气温、降水、太阳辐射、风速、云层、积雪特性等多种因素的影响，具有明显的时空变化特征。冰雪融化后，部分水分会渗入土壤或积雪层，部分水分会形成地表径流或地下径流。冰雪径流形成过程受到地形、土壤、植被、积雪层厚度等因素的影响，具有不同的径流系数和滞后时间。冰雪径流在高山区的河道中汇聚，形成河川的主要补给水源。冰雪径流汇流过程受到河道形态、河床材料、河道阻力等因素的影响，具有不同的汇流速度和波动特征。

2. 中山带降水—径流过程

山区降水—径流水文过程是指山区地表水和地下水系统在降水作用下的水量和水质的变化过程，包括降水的产生、分布和变化，以及降水在山区地表和地下的入渗、蓄积、补给、排泄、汇流等过程。山区降水—径流的机理是指影响山区降水—径流过程的各种因素和规律，包括气象因素、地形因素、地质因素、植被因素、土壤因素等，以及这些因素之间的相互作用和综合效应。

(1) 降水的分布。山区降水受到地形、海拔、风向、季节等因素的影响，呈现出明显的空间和时间变化特征。一般来说，山区降水随着海拔的升高而增加，随着距离山脉远近而变化，随着季节和风向而异。山区降水的分布对于产流和径流的量和质有重要影响。

(2) 产流的形成。产流的形成受到降水强度、持续时间、前期湿润度、土壤类型、植被覆盖度、坡度等因素的影响。一般来说，降水强度越大，持续时间越长，前期湿润度越高，土壤类型越黏性，植被覆盖度越低，坡度越大，产流量越多，产流速度越快。

(3) 径流的汇流。径流是指地表或土壤层中产生的水流沿着坡面或河道向下游输移的过程，是山区水文过程的主要表现形式。径流的汇流受到河网密度、河道形态、河床材料、河道阻力等因素的影响。一般来说，河网密度越大，河道形态越复杂，河床材料越粗糙，河道阻力越大，径流的汇流时间越长，径流波动越小。

3. 绿洲区农田—水文过程

干旱区绿洲农田是人类在干旱环境中生存和发展的重要基础，也是干旱区水循环和物质循环的关键组成部分。干旱区绿洲农田—水文过程与机理涉及绿洲农田的水分输入、输出、存储、分配、利用和效益等多方面（包括降水、入渗、产流、汇流、蒸散发与地下水补给过程等），是一个复杂的非线性动态系统，受到气候、土壤、植被、灌溉、排水等多种因素的影响。

(1) 干旱区绿洲农田—水文过程的主要特征和分类。根据绿洲农田的水分来源和消耗方式，可以将干旱区绿洲农田—水文过程分为地下水型、地表水型和混合型 3 类。其中：地下水型绿洲农田主要依靠地下水灌溉，地表水型绿洲农田主要依靠河流或湖泊等地表水灌溉，混合型绿洲农田则同时利用地下水和地表水灌溉。不同类型的绿洲农田—水文过程具有不同的特征，如水分消耗、水质变化、盐分运移、渗漏补给等。

(2) 干旱区绿洲农田—水文过程的主要影响因素和机理。干旱区绿洲农田—水文过程受到多种因素的影响，其中最主要的是气候因素、土壤因素、植被因素和人类活动因素。气候因素包括降水、蒸发、风速、温度、湿度等，影响绿洲农田的水分供需平衡和蒸散发过程。土壤因素包括土壤类型、结构、质地、含水量、渗透性等，影响绿洲农田的土壤水分运动和储存过程。植被因素包括植被类型、覆盖度、生长期、根系深度等，影响绿洲农田的植物蒸散发和作物需水量过程。人类活动因素包括灌溉方式、灌溉制度、排水措施、耕作方式等，影响绿洲农田的灌溉需求量和灌溉效率过程。

（3）干旱区绿洲农田—水文过程的主要模拟方法。干旱区绿洲农田是干旱区生态系统的重要组成部分，其水文过程对区域水循环和生态安全有着重要的影响。干旱区绿洲农田—水文过程主要有以下模拟方法：

1）基于物理过程的数值模型。这类模型通过求解土壤—植物—大气连续体（SPAC）中的质量、能量和动量方程，来模拟绿洲农田的水分运动和蒸散发过程。这类模型具有较高的物理意义，但需要大量的参数和输入数据，计算量也较大。

2）基于经验关系的统计模型。这类模型通过建立绿洲农田水文变量之间的经验函数或回归方程，来模拟绿洲农田的水分平衡和蒸散发过程。这类模型具有较小的数据需求和计算量，但缺乏物理基础，适用性较差。

3）基于机器学习的智能模型。这类模型通过利用人工神经网络、支持向量机、随机森林等机器学习方法，来模拟绿洲农田的水文过程。这类模型具有较强的非线性拟合能力和泛化能力，但需要大量的训练数据，且难以解释模型内部机制。

4. 荒漠区生态—水文过程

荒漠区生态—水文过程的研究对于揭示干旱荒漠区的水循环规律，评估水资源状况，保护生态环境，防治沙漠化，促进可持续发展具有重要的理论和实践意义[3]。

（1）荒漠区的气候特征和水文特征。干旱荒漠区是指降水量小于蒸发量，植被覆盖度低，土壤含水量低，地表水和地下水资源缺乏的区域。干旱荒漠区的气候特征主要表现为降水稀少、不均匀、不稳定，蒸发强烈，温度高，风速大，湿度低，日照长等。干旱荒漠区的水文特征主要表现为径流量小，地表水和地下水分布不均匀，水质差，盐碱化严重等。

（2）荒漠区的植被特征和生态功能。干旱荒漠区的植被主要由耐旱、耐盐、耐风沙的植物组成，如灌木、草本、半灌木等。干旱荒漠区的植被具有以下方面的生态功能：

1）调节气候，通过蒸腾作用降低温度，增加湿度，减少风速，改善微气候条件。

2）保持土壤，通过根系固定土壤，防止风蚀，提高土壤肥力和含水量。

3）促进水循环，通过截留降雨，增加地表径流和地下渗流，补充地表水和地下水资源。

4）提供生物多样性，通过形成不同的植被类型和群落结构，提供多种动物和微生物的栖息地和食物源。

7.1.2　西北旱区三元水循环

水是农业的命脉，按照水分运动的属性，将水循环分为西北灌区自然水循环、社会水循环和贸易水循环。

1. 西北灌区自然水循环

自然状态下的水分在地球自转与公转、太阳辐射能、重力势能等自然力作用下，通过水汽输送、降水、蒸发、植物蒸腾、地表径流、下渗、地下径流等环节，在大气圈、水圈、岩石圈、生物圈中进行周而复始的运移转化，其内在驱动力表现为"一元"的自然力。西北灌区多处于内流河流域，相比外流河，内陆河流域自然水循环有其独特性：

（1）"山区—平原绿洲—荒漠绿洲"是内陆河流域自然水循环的空间范畴，其降水、蒸发、径流等水文要素呈现出明显的垂直地带性分布规律。山区是径流形成区，冰川融雪径流是其径流重要补给源；平原区基本不产流，属径流耗散区；荒漠与沙漠地带是径流消失区，各区分界明显，水循环关系特殊。

（2）西北内陆河流域地处亚欧大陆腹地，远离海洋加上地形阻隔，得不到充足的水汽补给，年均天然降水稀少（1956—2016 年，年平均降水量为 132mm，降水总量约 2862 亿 m^3），气候干旱、蒸发强烈，产水模数约为我国平均的 11%。

（3）地表水与地下水同出一源（降水），但相互转换十分频繁，各水系都有其独立的归宿地，即消失在沙漠里或汇集于洼地形成内陆尾闾湖，在注入尾闾湖泊前被多次重复利用，因此水资源实际利用量极有可能超过其资源总量（即开发利用率可超过 100%）。

（4）生态环境十分脆弱，由于降水稀少，大部分地表生态赖以生存的水分主要依靠流域内径流性水资源，生态用水与社会经济用水之间呈现明显的"此长彼消"竞争关系。自然水循环是内陆河流域地理过程中最为活跃的关键环节，但自从有显著的人类活动以来，已几乎不存在纯粹的自然水循环过程。目前，内陆河流域自然水循环已经得到了较多研究探索，但仍有很多机理有待进一步研究和揭示，特别是水循环要素变化及其效应方面。

2. 西北灌区"自然—社会—贸易"三元水循环

（1）区域社会再生产的社会水循环。自然水循环形成的本地水资源作为社会再生产的基本投入要素，随社会再生产各环节持续运转流动，形成水在人类社会经济系统中的运动过程，即社会水循环。物理状态的水投入到社会各经济部门的产品和服务生产后，逐步转化并形成蕴含虚拟水的产品或服务产出，而这些产出中的一部分作为中间投入继续用于其他部门产品虚拟水转化，另一部分则随各经济社会部门的最终使用用于满足区域社会生活的消费需求，还有一部分在当地形成固定资产和积累存储。经历一系列复杂转化后的剩余部分，以污水形式被排放回当地自然环境中，从而在单区域范围内形成从自然系统取水开始、最终排放污水回到自然环境的社会水循环闭合过程[4]（图 7 - 2）。

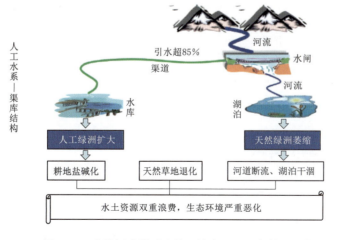

图 7 - 2　内陆河流域"自然—社会"二元水循环示意图

随着社会经济活动规模的不断扩大，水在社会经济系统的流动日益成为影响社会系统与自然水系统相互作用过程的主要形式。因此，区域社会水循环过程并不只有在管道、渠道、田间等系统中的真实流动，更多地是以产品形式在不同产业、不同消费领域之间进行"看不见"的转化和运动。社会水循环研究不仅关注其"取水—给水—用水—排水—污水处理—再生回用"六大路径以及由点到线和面的"耗散结构"等基本特征，还聚焦社会经济系统各类产品和服务是社会水循环的终极载体这一核心问题。要深刻理解社会水循环的过程、规律和机理，亟需抓住产品和服务这一终极承载，深入认知经济社会系统运转的全过程。

（2）区域间贸易水循环。贸易是促进经济增长的内生动力之一，贸易带动着各种资源在不同区域间交换流通，不断强化多区域间的经济社会联系。实体水作为社会再生产投入的主要要素，伴随着产品在不同区域间的贸易，以虚拟水形式在多区域间"流动"。从水循环的角度，产品贸易就在流域（区域）之间形成另一种"看不见"的水循环——贸易水循环。贸易水循环指区域（流域）间通过产品［包括跨区域（流域）调配水资源］和服务贸易流通形式而形成的水循环，实质是产品贸易下虚拟水流动引发的水循环过程。通过产品贸易，各流域（区域）之间得以建立起强大"水"联系，在保障部分重点区域水安全需求的同时，相互作用、相互影响。随着市场经济跨区域贸易的不断发展强化，越来越多区域消费的大部分产品并非本区直接生产而是来自区域外，因而使得"贸易水循环"在区域社会再生产中的作用越来越大，区域水循环过程实际已演变成为由"自然水循环""社会水循环""贸易水循环"共同构成的"三元"模式（图 7-3）。"三元"水循环产生的根源，在于人口增长与经济发展使对各种产品消费需求与本地供给聚焦不平衡，其驱动力是更大区域范围内人口与经济发展的产品需求增长与供给不足的综合势差。

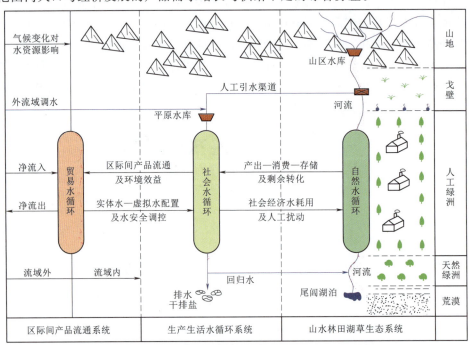

图 7-3　干旱区内陆河流域"三元"水循环系统框架图

3. 西北灌区"三元"水循环通量核算模型

水平衡是理解并耦合社会经济系统与生态系统的关键纽带。"三元"水循环模式根植于流域水循环，遵循常规的水量平衡原理但又有区别，"三元"水循环模式下的水量平衡进一步延伸到更大区域的社会再生产体系中，是从单一流域拓展到多个流域（区域）的相对平衡，因此需要在不同尺度上有效耦合水文系统与社会经济系统。此外，由于其核心是耗水平衡，因而平衡方程中增加了"看不见"的流入流出项。

(1) 贸易水循环通量计量模型。区域间贸易水循环量由区域间产品（服务）的贸易流通量、单位产品（服务）的虚拟水含量共同确定。目前可借鉴用于计量的方法包括投入产出法、就近原则法及最低成本运输法，其中水资源投入产出表及其分析模型既能分析任一流域内不同产业部门的水资源利用及其转换关系，也可用于核算各产业部门进出流域的循环通量，结合区域间投入产出表还可计量进出流域（区域）的"来龙去脉"及其数量，因而成为研究贸易水循环的重要模型工具。

1) 单一流域的贸易水循环量分析概念模型。对单一流域而言，贸易出区产品和服务的水循环量可表示为

$$W_i^e = h_i^d y_i^e \tag{7-1}$$

贸易入区产品和服务的水循环量可表示为

$$W_i^m = h_i^* y_i^m \tag{7-2}$$

流域产品和服务贸易的净循环量可表示为

$$W_i^{net} = W_i^e - W_i^m \tag{7-3}$$

式中：y_i^e、y_i^m 分别为 i 部门调出、调入产品；h_i^d 为本区域 i 部门的完全需水系数；h_i^* 为输出产品和服务（到本区域）的其他区域 i 部门的完全需水系数。

2) 多区域贸易水循环量分析概念模型。区域间投入产出模型是在单区域投入产出的基础上建立起来的多区域投入产出联结模型，其不仅可以深刻揭示区域内各产业之间的经济关联，还可以全面反映不同区域、不同产业之间的产品流动关系。用矩阵的形式表示多区域间投入产出模型，即

$$X^R = A^{RS} X^{RS} + F^{RS} \tag{7-4}$$

式中：X^R 为地区 R 总产出；A^{RS}、X^{RS} 和 F^{RS} 分别为地区 R 对地区 S 的直接投入系数矩阵、中间投入总量和最终需求矩阵。

将矩阵转化为需求主导的形式，即

$$X^R = B^{RS} F^{RS} \tag{7-5}$$

其中 $$B^{RS} = (I - A^{RS})^{-1} = [b_{ij}^{RS}]$$

式中：B^{RS} 为列昂惕夫逆矩阵，即 $(I - A^{RS})^{-1}$，其矩阵元素 b_{ij}^{RS} 表示为满足一单位 S 地区对 j 部门的最终需求时，需要 R 地区 i 部门的投入量。

通过列昂惕夫逆系数矩阵，可建立最终需求与产出的关系，类似于单区域水资源投入产出表，构建出直接耗水系数矩阵和完全耗水系数，进一步获得某一区域与区域外的贸易水循环量。多区域投入产出表编制是核算区域间贸易水循环通量的关键过程之一，国内外经济学及资源环境领域已就多区域投入产出表编制，开展了大量的探索与应用工作。

(2) 考虑贸易水循环的流域水量平衡模型。贸易水循环的通量核算基于耗水理念，因

此基于质量守恒原理的流域水量平衡以耗水为基准。

1）流域耗水平衡模型。流域耗水平衡模型计算公式为

$$E_{society} = E_{arti-ecology} + E_{local-society-consumption} + w^e - w^m + \Delta w_{store} \tag{7-6}$$

$$E_{local-society-consumption} = E_{agriculture} + E_{industry} + E_{living} \tag{7-7}$$

式中：$E_{society}$ 为流域社会经济系统耗水量；$E_{arti-ecology}$ 为社会经济系统人工景观生态耗水量；$E_{local-society-consumption}$ 为流域社会经济系统消费的本地耗水量；w^e 为通过产品和服务贸易转移到外流域的耗水量；w^m 为从外流域通过产品和服务贸易转移进入本流域的耗水量；Δw_{store} 为在本流域形成并储存为固定资产所含耗水的变化量；$E_{agriculture}$、$E_{industry}$、E_{living} 分别为本地农业、工业、生活消耗的本流域水量。

2）流域水量平衡模型。流域水量平衡模型计算公式为

$$P + R_{in} = E_{ecology} + E_{society} + R_{out} + \Delta S + \Delta G \tag{7-8}$$

式中：P 为流域净降水量；R_{in} 为冰雪消融径流量、外区入境水量（含跨区调入水量）；$E_{ecology}$ 为在一定气候和下垫面条件下的自然蒸散量（含自然生态植被）；R_{out} 为流出本流域水量（含跨区调出水量）；ΔS 为本流域地表水资源储量变化量；ΔG 为地下水资源及土壤水变化量。

（3）水文系统与社会经济系统耦合及流域间平衡概念模型。水文系统与社会经济系统耦合模型：动态平衡概念模型。在一定的气候、水文、下垫面以及人类社会经济技术条件下，水文系统与社会经济系统耦合体现为各自耗水及相互比例关系的动态平衡。定义 ϵ 为流域水分配系数，其值为流域自然蒸散量与社会经济系统耗水量之比，即

$$\epsilon = \frac{E_{ecology}}{E_{society}} \tag{7-9}$$

在不同流域内，ϵ 取值有差异。例如，按照中国工程院"西北水资源"课题组建议的"在西北内陆干旱区生态环境和社会经济系统的耗水以各占 50% 为宜"，则西北内陆干旱区 ϵ 整体上应在 1 左右浮动。

流域间水量平衡是将单一流域的水平衡扩展到多个流域的大区域水量平衡层面。流域间水量平衡模式中，各单一流域的水量平衡关系仍然成立，但该模式更多考虑多个流域之间通过商品流动途径驱动的贸易水循环及其影响，并由此跳出单一流域范畴、以更大视角看待区域水安全和生态安全问题。对 n 个区域（记为 i）而言，存在平衡关系为

$$\sum_{i=1}^{n} P_i + \sum_{i=1}^{n} R_{in,i} = \sum_{i=1}^{n} E_{ecology,i} + \sum_{i=1}^{n} E_{arit-ecology,i} + \sum_{i=1}^{n} E_{local-society-consumption,i} +$$
$$\sum_{i=1}^{n} W_i^e - \sum_{i=1}^{n} W_i^m + \sum_{i=1}^{n} \Delta W_{store,i} + \sum_{i=1}^{n} R_{out,i} + \sum_{i=1}^{n} \Delta S_i + \sum_{i=1}^{n} \Delta G_i \tag{7-10}$$

基于上式可进一步对贸易水循环及其影响进行深入分析探讨。

7.2　现代灌区水资源利用

通过对灌区进行水资源评估，可以掌握水资源状况，识别存在的问题，制定合理利用

方案和采取有针对性的措施进行保护，为水资源的科学管理提供有力支持，同时为政府决策提供科学依据，实现可持续利用。

7.2.1 灌溉水源可利用量评估

1. 灌溉多水源可利用量基本理论

(1) 灌溉水源可利用量的概念和内涵。用于灌溉的天然降水、地表储蓄水、地下储蓄水和经过现代技术处理达到灌溉标准的其他灌溉水源统称为灌溉水源。灌溉水源主要分布于河湖、水库、地下含水层等，通过自然降水和人工蓄、引、提的方式提取，分布地域广泛，分类情况复杂，灌区灌溉水源大致分为有效降水、地表水源、地下水源、外流域调水。灌区灌溉水源可利用量是指在可预见期内，灌区能够同时满足经济发展和生态环境两项功能，通过合理的经济措施、可行的技术措施，采取合理配置后，农业灌溉可以一次性利用的最大水量。灌区灌溉水不断循环更新，其可利用量具有时空性、环境性、技术性、可持续性、动态化、多元化等水资源内涵。

(2) 灌溉水源可利用量计算原则。灌区灌溉水源可利用量计算遵循高效和可持续利用的原则，定性分析灌区多种水源和不同时空下的多种功能，利用灌区系统估算方法定量计算灌溉用水。

1) 水资源可持续利用的原则。结合当地实际情况，深入调查灌区气候、地形地貌、水利设施和水资源状况，评估灌区水源的最大开发潜力。结合水源的多种功能，合理配置农业灌溉用水可利用量，保证灌区水资源可持续利用。

2) 因地制宜的原则。由于不同地区自然条件和经济发展状况迥异，水生态功能、灌溉工程和灌溉技术等存在显著差异。因此，选择灌溉水源计算方法需遵循因地制宜、因时而异的准则，保证灌溉水源可利用量计算的准确性和合理性。

2. 灌区灌溉水源可利用量计算模型

(1) 有效降水。有效降水是指在一定时间范围内，对植被、作物生长等具有实际作用的水量[5]。常用计算方法如下：

1) 经验公式法。经验公式法是推断有效降水量的主要方法，具体表示为

$$Pe = \delta P \tag{7-11}$$

式中：Pe 为有效降水量，mm；P 为次总降水量，mm；δ 为一次降水的有效利用系数。δ 一般应根据实测资料确定，在无实测资料时，可采用下列数值，当 $P < 5\text{mm}$ 时，$\delta = 0$；当 $P = 5 \sim 50\text{mm}$ 时，$\delta = 1.00$；当 $P > 50\text{mm}$ 时，$\delta = 0.80 \sim 0.70$。

2) 里查德森公式法。里查德森公式法也是一种经验公式，适用于不同土地利用类型的有效降水计算，计算公式为

$$Pe = P - 0.2P^2 \tag{7-12}$$

这里 $0.2P^2$ 是一个经验系数，考虑了雨水蒸发和径流损失等因素的影响。里查德森公式法具有计算简单，适用范围广泛等优点，但对于地形、土地利用类型较为复杂的区域，可能会产生较大误差。

3) 雨水径流分析法。雨水径流分析法是基于水文学原理的一种有效降水计算方法，

主要用于复杂地形和土地利用类型的区域。通过分析雨水径流量和有效降水量之间的关系，利用流域水文循环计算方法计算有效降水。这种方法需要建立相应的水文模型和统计数据，计算复杂，但计算结果更加符合实际。

（2）灌区地表水可利用灌溉量。地表水开发利用需要考虑地表水利用效率，包括地表水的开发利用程度、输水效率、灌溉效率等因素。此外还需考虑灌区土壤水分状况、气象条件对灌溉水需求的影响（包括温度、降水、蒸发等）。基于上述因素，设计计算地表水资源总量、地表水开发利用率、灌区土壤水分特性，根据气象数据和统计信息，计算灌区的蒸散发量、作物需水量等，确定灌溉需求，获得灌区地表水灌溉可利用量[6]。结合区域水量平衡理论原理，灌区灌溉地表水源可利用量采用扣损法计算，计算公式为

$$W_u = W_s - W_r - W_a - W_d - W_i - W_n \tag{7-13}$$

式中：W_u 为灌区灌溉地表水源可利用量，m^3；W_s 为灌区地表水资源量，m^3；W_r 为灌区河道生态需水量，m^3；W_a 为灌区汛期弃水量，m^3；W_d 为灌区工业耗水量，m^3；W_i 为灌区生活耗水量，m^3；W_n 为灌区不满足灌溉要求的水量，m^3。

由于地表水开发利用率和灌区土壤水分特性等因素可能会随着时间和环境的变化而发生变化，因此该模型的计算结果需要不断进行更新和调整。

（3）灌区地下水灌溉可利用量。灌区地下水灌溉可利用量是指在特定时间和空间范围内，可以用于灌溉作物地下水量。

含水层水文地质条件研究程度较高地区的多年平均实际开采量[7]，水位动态特征观测系列资料较为齐全，进行地下水评价一般使用可开采系数法，其计算公式为

$$W_h = \rho \eta W_g \tag{7-14}$$

式中：W_h 为灌溉地下水可开采量，m^3；W_g 为地下水资源总量，m^3；ρ 为可开采系数；η 为灌溉地下水可利用系数。

（4）流域外调水灌溉可利用量。流域外调水灌溉可利用量是指在一个流域内，利用调节水库、引水渠道等设施，将其他流域的水源引入该流域进行灌溉的水量。其可利用量取决于其他流域水源的水量和质量、调节水库的容积、引水渠道的输水能力、灌溉面积和作物需水量等多个因素。此外，流域外调水灌溉也需要考虑生态保护和水资源管理等方面的问题。因此，流域外调水灌溉可利用量的大小是具有一定复杂性的，需要综合考虑多种因素。在实际应用中，需要进行科学规划和管理，确保水资源的合理利用和生态环境的保护[8]。

选取灌区附近的水文站，根据实测径流资料计算流入灌区水量、流出灌区水量。由渠系、灌溉设施及作物种植情况计算流域外调水在灌区内损失量，包括输水损失和灌溉损失，计算公式表示为

$$W_w = W_x - W_y - W_z \tag{7-15}$$

$$W_y = W_{y1} - W_{y2} - W_{y3} - W_{y4} \tag{7-16}$$

式中：W_w 为灌溉可利用流域外调水量，m^3；W_x 为流域外引用灌溉调水总量，m^3；W_z 为流出灌区水量；W_y 为流域外调水灌区内损失量，m^3；W_{y1} 为调水的渠道渗漏，m^3；W_{y2} 为调水的灌溉渗漏，m^3；W_{y3} 为调水的蒸发量，m^3；W_{y4} 为作物需求水质不达标的水量，m^3。

（5）灌溉水可利用量。灌溉水可利用量是指在灌溉作业中，实际用于作物灌溉的水量。灌溉水可利用量的大小与土壤和作物类型、土壤水分状况、气候条件、灌溉方法等多种因素相关。灌溉水可利用量是灌溉管理的重要指标之一，合理地评估和管理灌溉水可利用量可以提高灌溉效率，节约水资源，减少环境污染，降低农业生产成本，提高作物产量和质量等。处理灌区内的各种废水，使之达到灌溉标准并用于灌溉。灌溉水时空分布特点，夏秋较多，冬春较少；区域分布特点，水源丰富，污水处理厂数量较多、处理污水能力较强的区域中水量较为可观[9]。

计算灌溉水可利用量取决于灌溉面积、作物需水量、灌溉效率、水源水量等多个因素，其计算公式为

$$W_{可用量} = \frac{A W_{作物}}{\eta} \qquad (7-17)$$

$$W_{可用量} = W_{引水} \, T H \qquad (7-18)$$

式中：$W_{可用量}$ 为灌溉水可利用量，m^3；A 为需要灌溉的土地面积，hm^2；$W_{作物}$ 为指该区域作物在生长季节内所需的总水量，m^3；η 为灌溉效率，即灌溉水与实际作物吸收利用的水量之比；$W_{引水}$ 为引水能力，表示水源供水的能力，m^3/s；T 为灌溉季节天数，d；H 为日供水时数，即每天供水的时间长度，h。

灌溉水回用量可表示为

$$W_k = \beta \mu W_1 \qquad (7-19)$$

式中：W_k 为灌溉水回用量，m^3；W_1 为灌区产污量，m^3；μ 为处理达标率；β 为灌溉水回用率。

7.2.2 开源增效与调水改土

西北旱区水资源与土地、人口以及社会经济中心的分布极不协调，水源区与用水中心区通常存在一定距离，通过跨流域调水可实现区域间水资源丰枯互济，有效改善水资源空间分布不均的格局，实现水资源合理配置。由于调水工程的系统性和复杂性，以及其对区域社会经济、环境和生态的巨大影响，使工程的实施和兴建之后的运行调度必须综合权衡各方面因素进行决策，以寻求最为合理的方案。

1. 调水改土对保障粮食安全与耕地安全的作用

当前国土空间开发利用与保护面临重大机遇与严峻挑战。对于我国西北旱区而言，水土资源约束不断加剧，国土空间开发格局亟须优化，国土开发质量也有待提升。同时，粮食安全是国家安全的重要基础，是关乎国运民生和社会稳定的头等大事，土地是粮食生产的基础，加强土地资源的保护与利用是扎实推进"藏粮于地"战略的必然要求。西北旱区作为我国粮食生产的战略后备区和畜牧业生产主产区，拥有丰富的农业后备资源，是我国传统农业的重要起源地之一，但受气候条件与水资源限制，西北旱区粮食生产能力总体偏低，粮食安全水平亟须提升。

周天勇认为，调水改土是我国未来 30 年发展战略的关键棋子和布局。所谓调水改土

是指调整水资源的区域间配置，扩大可利用土地，在新的可利用土地上扩大建设新城镇，发展新产业，形成新市场，吸纳剩余劳动力，带动新一轮消费需求[10]。在这一过程中，可以形成促进经济中长期增长的新要素模块和新动能，扩大国内投资和消费需求，延长工业化时间，动态平衡生产过剩，最终使国民经济获得中长期的中高速增长。在保障国家土地安全与粮食安全的视角下，"调水改土"的实施将为西北"水三线"提供一条"水资源配置调控→可利用土地面积扩大→土地利用率提升→自然资源高地形成→农业规模化经营→粮食增产与粮食安全"的良性循环途径[11]。

"调水改土"理论可为我国西北旱区资源要素的合理调控提供科学依据，可有效指导西北水资源跨区域空间梯度配置，在南水北调西线—西延调水工程的基础上，有效改造我国土地利用方式，打造西北旱区自然资源新高地，扩大农业发展空间，通过资源空间聚集影响区域人口聚集，提高农业劳动生产率，有效保障区域粮食安全。我国西北"水三线"地区面积广阔，占国土总面积近 36%，但水资源量仅占全国的 5.7%，属于资源性缺水严重地区，水资源成为生态环境与社会经济发展的最显著约束。从调水工程来看，我国仍属于调水弱国之列，年均实际调水量不超过 500 亿 m^3。因此，加快建设南水北调西线调水工程，实施"调水改土"方略，是一项重要且现实可期的国策。

西北旱区拥有丰富的土地资源和得天独厚的光热资源，具有成为新的国家粮食生产基地的潜力。当前，有限的国土面积与不断扩大的人民物质生活需求对国家土地合理开发利用提出了新目标、高要求，而我国西北旱区水资源与土地资源空间配置失调，严重制约了区域经济发展水平，直接导致了地广人稀的地理特征，土地资源的科学规划和合理开发利用已成为提升西部乃至国家耕地安全的核心问题。

2. 跨流域调水的水量配置与调度

通常跨流域调水工程都具有确定的区域、用户的水量分配指标方案，但总量配置成果不能作为工程运行调度的直接依据，需要以水量配置指标为目标，结合实际工程条件、来水和用户需求等分析工程调度过程，从总体上达到水量配置效果并给出合理可行的工程运行调度方案。跨流域调水工程能否长期稳定发挥效益的关键在于调水量的可靠性和工程运行的经济性，其中最关键的因素就是外调水必须和本地水源联合配置。外调水和本地水联合配置方案的决定因素包括两个方面。

第一方面是水系网络形成的水源—用户关系和总量分配指标的影响，包括工程条件、水源区和受水区的水文条件以及区域已有的水量配置指标。其主要取决于外调水与本地水形成的水网体系、来水特征、不同水源对用户的配置关系，重点解决区域总量分配目标和硬约束条件的制约。总量分配目标是指具有权威性或达成协议的区域水量分配比例，如南水北调在不同省区、地市间的水量分配指标，该类水量分配指标通常基于多年平均来水得出，不能直接作为具体年份的水量分配方案，但具有指导水量分配的意义。硬约束条件是指受工程条件、水源特性或供用水协议等限制，必须由指定水源满足特定用户的配置关系。这个层次主要分析跨流域调水与本地水源的联合配置，以系统水网将受水区和水源区的水文条件进行关联并确定供水工程条件，通过逐次配置外调水和不同的本地水源，在水量上遵循区域分配总量的控制目标，满足特定水源用户关系的刚性配置水量，同时在供需平衡中适应来水的影响。

第二方面是水量配置的经济性,即在符合上述因素的可行范围内,应当寻求供水成本最低的水量配置方案。其主要突出配置的效率原则,在总量配置方案基础上配置可分配的水量,体现市场机制对资源配置的引导性作用。主要是在总量分配目标和工程条件形成的配置方案基础上,引入供水边际成本均衡原则控制不同类型水源对用户的分配水量,实现系统运行的经济性。即在总量分配和刚性水量配置后,对于具有可替代性的供水量,采用市场化竞争手段,充分考虑不同水源的边际成本,以边际成本最低为原则逐次增加不同类别水资源配置量,对弹性水量进行配置,实现供水的边际效益最大化。

通过上述两个方面的配置,可以实现对外调水量的有效调控,计算出不同策略下的外调水和本地水的合理配置方案。两个方面的研究可以作为水量配置的两个步骤,一是在区域水量配置基础上形成跨流域调水配置方案,二是在此基础上对可分配水源按照边际成本均衡的原则进行优化调整,形成完善后的优化配置方案,整个配置过程如图 7-4 所示。第一阶段突出配置的总体性,解决配置的刚性水量和总量控制目标;第二阶段体现配置的经济性,解决可以灵活调配的弹性水量配置,降低供水成本,提高系统的经济效益[12]。

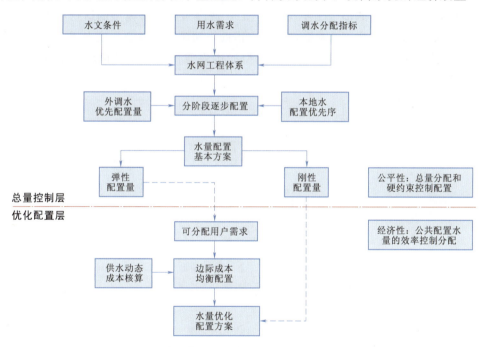

图 7-4 基于水网体系和经济性的分阶段外调水配置结构图

3. 跨流域调水的配置调度耦合算法

水量配置模型和短期调度模型的配置是调度耦合的重点,模型间衔接耦合需要解决数据结构和尺度的对应问题。水量配置属于区域整体层面宏观决策,分析社会经济发展目标下的用水需求和水量供给能力之间的总体匹配关系。而水量调度模型需要分析出配置目标下的工程运行和水量分配过程,再通过已经发生的水量分配结果滚动分析后续的水量调度过程。配置模拟的时空尺度通常较大,而调度模型时间尺度通常较小并随着空间尺度发生变化,所以必须解决时间尺度上的数据匹配关系。

在跨流域调水配置模型基础上，引入短期调度与水力学模拟模型，将二者耦合实现配置方案和水量调度过程的结合。水量配置方案是基于长期尺度进行计算，反映调水的总体分配原则、水源区和受水区在不同来水条件下的合理水源组合等主要目标和控制因素。而工程调度则以配置计算成果为基础，通过水力学模拟各种物理性约束条件检验配置方案的有效性和可行性，并给出配置方案的优化调度实施过程。配置模型中包括了受水区的区域性信息，而短期调度模型则包含了调水线路上的所有工程信息，包括各类水工建筑物。根据二者的对应关系可以建立调水工程沿线各个控制工程、分水口门与受水区的供水对应关系，从而实现两个模型的数据交换和控制通道。

以调水配置模型计算成果为基础，引入水库调度模型对配置模型的成果进行有效性检验和运行过程的优化。在水资源配置过程中，各个计算分区对外调水的需求将按照两个模型的数据对应关系分解到调度模型中的每个分水断面，并进一步将长时间尺度结果借助典型的供用水过程分布到更短的时间段上，输入到短期模型中进行模拟计算，从而可以构建从长期尺度配置到短期调度的整体模拟模型。通过时间和空间尺度上的转换，可以在分析计算层面上实现两类模型的耦合交互（图 7-5）。通过短期调度模型的运行可以检验配置模型的合理性，若能通过合理性检验，则可以借助短期模拟在时空尺度上对配置结果进行优化；若不能通过检验，则需要调整配置模型的边界条件进一步模拟反馈得到可行结果为止。

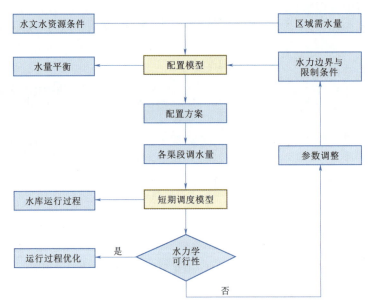

图 7-5　配置模型与短期调度模型耦合算法示意图

7.2.3　高效用水途径

灌区高效用水是指灌区在保证农业生产的同时，实现水资源的节约利用，提高灌区的经济、社会和生态效益。灌区高效利用的意义在于促进农业可持续发展，保障粮食安全，改善农民生活水平，增强国家综合实力，以及保护水资源和生态环境。灌区高效用水的途径包括：灌区规划和优化设计，提升灌溉技术和管理水平，推广节水农业技术和模式，建立合理的水价制度和激励机制，加强灌区监测、评价和信息化建设等。

1. 发展智能精准灌溉技术

精准灌溉是一种灌溉管理方法，其根据作物的生长需求和环境条件，通过现代化的监测和控制技术，实现对作物的最佳灌水量和时间的控制。精准灌溉可以提高作物的产量和品质，节约水资源和能源，保护环境。首先，要明确灌溉需水量，即根据作物的生长阶段、土壤水分状况、气象条件等因素，确定合理的灌水时间和灌水量。其次，要优化灌溉方式，即根据不同的土壤、气候、作物、水源等条件，选择最适合的灌溉方式，以提高灌溉效率，节约水资源，增加农业产量。一般来说，灌溉方式可以分为地面灌、喷灌、滴灌、微灌等。灌溉方式的优化选择需要综合考虑各种因素，如技术可行性、经济效益、社会影响、环境保护等。

2. 非常规水利用

（1）再生水利用。再生水是指对污水处理厂出水、工业排水、生活污水等非传统水源进行回收，经适当处理后达到一定水质标准，在一定范围内重复利用的水资源。再生水富含氮磷等养分，利用其灌溉农田既能实现污水资源化，又能利用土壤自身特性净化水质减少农业环境的污染。一些研究表明，利用再生水滴灌时，通过适量减少追施氮肥、缩短灌溉周期及增加滴灌带埋深等措施，能够显著增加蔬菜产量和促进作物对土壤氮素的吸收利用，并改善营养品质；长期的再生水灌溉可提高土壤酶活性 $2.2 \sim 3.1$ 倍，微生物碳含量上升 14.2%；再生水中所含的可生物降解有机质和营养物质具有一定的有益作用，长期灌溉可以改善土壤生物健康和养分状况。Chiou 对台湾地区农业灌溉再生水中氮负荷量与作物氮肥需求量进行估算，评价更有效地利用再生水的方式，认为需要适当控制再生水与常规淡水的稀释比来适应作物的生长条件[13]。

（2）微咸水利用。微咸水是矿化度在 $1 \sim 5\text{g/L}$ 的含盐水。我国是一个微咸水储量丰富的国家，2010 年微咸水总量为 277 亿 m^3，其中可开采利用资源为 130 亿 m^3，集中分布在地表以下 $10 \sim 100\text{m}$，西北、华北以及沿海地带是我国微咸水主要分布区域。宁夏是我国较早利用微咸水进行农田灌溉的地区，实践表明微咸水灌溉的作物产量比旱地产量高 $3 \sim 4$ 倍。天津市提出了矿化度 $3 \sim 5\text{g/L}$ 微咸水灌溉条件下满足耕地质量安全的技术模式。以色列是一个微咸水利用广泛的国家，利用矿化度 $1.2 \sim 5.6\text{g/L}$ 地下微咸水或咸水进行灌溉，其中滴灌是其农业灌溉的主要方式。澳大利亚西部利用矿化度大于 3.5g/L 的微咸水灌溉苹果树及短期灌溉葡萄树均获得满意效果[14]。

3. 改进输配水系统

灌区输配水系统是灌区水资源合理配置和高效利用的重要基础，也是保障灌区生态环境和农业生产的关键因素。一方面要加强灌区输配水系统的技术改造，完善灌区骨干输配水工程设施，根据灌区的水资源条件和用水需求，合理确定输配水工程的规模、标准和布局，优化渠道、管道、泵站、闸门等工程结构和参数，提高输配水工程的运行效率和可靠性。另一方面需建立灌区信息化管理系统，实现精准配水和节水调控，利用现代信息技术（遥感、物联网、云计算）建立灌区信息化管理平台，实现对灌区内外的水文气象数据、土壤墒情数据、作物生长数据、用水量数据等的实时监测、分析和预测，制定合理的配水计划和调度方案，实现按需供水、按量收费、动态调控。此外，要保证灌溉水量和水质，提高灌溉效率和农业生产力，防止水资源的浪费和污染，延长灌区设施的使用寿命，降低运行成本。

4. 强化灌区科学管理

通过科学的灌溉制度、灌溉方法、灌溉工程和灌溉设备，可以降低灌溉水在输配、施用和回收过程中的损耗，提高灌溉水的利用率。根据作物的生长特性、气候条件、土壤状况和水资源状况，合理开展灌区规划、调度和监测，确定合适的灌溉时期、频次和量度，以达到灌溉水的最优配置，从而实现水资源的高效利用。

（1）灌溉制度管理。灌区灌溉制度管理是指建立科学合理的灌溉制度，根据不同作物的生长需要和灌区的水资源状况，制定合理的灌溉方案，进行精准施灌，减少水的浪费和损失。制定统一的灌溉管理制度，规范灌溉行为，减少人为失误和浪费。例如，规定灌溉的时间、频率和灌水量等，开展灌溉巡查，发现问题及时处理，确保灌溉行为得到有效管理。根据灌区的水资源状况和不同作物的生长需要，确定合理的灌溉方案，进行精准施灌。采用现代化的灌溉技术（如滴灌、微喷、喷灌等方式），提高灌溉效率，降低用水量。例如：对不同作物的生长周期、灌水量等因素进行科学合理的分析，制定相应的灌溉方案；建立水资源的动态平衡管理机制，对灌溉用水总量进行控制，保证水资源的可持续利用；通过建立定量化的水资源监测和评价体系，及时掌握灌区的水资源状况，预测水资源的供需情况，提高对水资源的管理和利用水平，如建立水资源监测站、水位监测、灌溉用水统计等机制，全面掌握灌区的水资源状况。

（2）灌溉设施管理。通过加强灌区的灌溉设施管理，有效减少水资源的浪费和损失，提高用水效率，同时也可以保证农民的收益和经济效益。定期检查灌溉管网，及时发现并修补管网的漏水点，减少水资源的损失。采用现代化的管网检测技术（如红外线检测、射线检测等方式），提高检测的准确度和效率。灌区内的灌溉管网老化会导致管网的破损和水的漏失。采用新型防渗漏材料，更新管网，提高管网的水密性和耐久性，从而减少水损耗和浪费。同时，使用比较先进的灌溉管道材料，如聚乙烯、聚氯乙烯等，以提高其抗腐蚀性和耐用性。安装流量计和压力计，对灌溉管道进行流量和压力监测，及时掌握灌溉情况，确保灌溉的准确性和精度。根据不同作物的生长需要，确定合理的灌溉量和灌溉时间，利用流量计和压力计进行监测，避免灌溉不足或过量。

（3）灌溉水源的循环利用与再生利用。循环利用是指在灌区内部，将灌溉排水、地下水、雨水等非常规水源，通过收集、处理、输送等方式，重新作为灌溉用水供给。这种途径可以减少对外部水源的依赖，提高灌区内部的水资源利用效率，降低灌溉成本和环境污染。再生利用是指将灌区内部的废水、污水等低质量水源，经过深度处理后，达到一定的水质标准，再次作为灌溉用水或其他用途的供给。这种途径可以增加灌区内部的有效水资源量，改善灌区的生态环境，促进农业生产和社会发展。循环再生利用是指将循环利用和再生利用相结合，形成一个闭合的水资源循环系统。这种途径可以最大限度地提高灌区内部的水资源利用率，实现灌区的可持续发展。

7.3 多水源利用模式

灌溉多水源调配是一种有效的节水和提高水资源利用效率的方式，特别适用于西北旱区水资源短缺地区。通过多种水源的灵活调配，实现了水资源的最大化利用，降低了灌溉成本，保证灌溉的可持续性。多水源调配原理是利用多个水源灵活配置，最大限度地利用可用水资源，并合理控制灌溉水量，减少灌溉水的浪费和过量使用。

7.3.1 雨水资源化技术

1. 集雨农业内涵

集雨农业曾被称为径流农业、雨水集流农业、洪水收集农业、生物集雨农业等，降水径流的收集和利用是其集雨的主要形式，是把集雨技术与农业生产相结合的一种农业生产措施的总称。集雨农业的概念也有狭义和广义之分，狭义的概念是指干旱地区为满足农作物和其他植物的生长用水，采取综合措施，将大面积的降水集中到小面积上使用，将汛期降水转移到旱季使用，以保证农业稳产、高产。广义的概念是指重点解决旱区生态经济中的最脆弱"水"环节的问题，即在旱区进行农业的综合开发，从而促进旱区整个生态经济良性循环。集雨农业包括聚流（集雨）措施、集约用水（旱区节水农业）与保水措施和集雨区综合开发的内容，其最终目的为：一是控制耕地径流非目标性输出和汇聚非耕地的径流；二是对汇聚的宝贵的径流水加以充分、高效地利用。在降水是唯一水源或主要水源的旱地农业区，为了提高土壤水分含量，只有通过减少或消除地表径流，抑制土壤无效蒸发，才能达到提高土壤贮水量的目的，其中集雨技术是一种十分有效的方法。集水技术通过人工或天然集雨面把旱作农业区较大范围内有限的、季节分布不均匀的降水在局部形成径流，存在一定的储水设施中，必要时进行有限灌溉。或就地将径流引向作物种植区，使农田雨量得到富集叠加，充分利用现有的降水资源和径流资源，以弥补农田水分的不足。这样大幅度改善作物田间水分状况，提高农业生产力水平，从而获得旱地农作物的高产和稳产。该技术具有技术简单、农民易于掌握、工程量小、投资少、见效快、便于推广等特点，同时，其能抑制水土流失，并能解决某些地区的人畜饮水问题。因而，该种技术在全世界范围内得到肯定，被认为是旱地农业发展的必然途径[15]。

2. 集雨农业发展及模式

近年来，随着集雨农业思想的确立，集雨农业在干旱半干旱地区有了长足的发展，为维护该地区农业的可持续发展发挥了重要作用。目前已形成了以沟垄为典型的现代旱地农田栽培集雨技术体系。在传统集雨耕作栽培技术的基础上加以改进和创新，利用地膜、秸秆等不同覆盖材料进行覆盖，实现降水在空间上的叠加。同时对农村原有的水窖、水窖、旱井等蓄水容器进行改进或改造，与天然集雨场（荒山、荒坡、路面）和人工集雨场（庭院集雨）联筑构建，形成独具特色的中国集雨农业典范。通过不断发展逐步形成了黄土高原人工汇集雨水利用技术体系，该体系包括雨水汇集、存储与净化、雨水高效利用及配套技术等方面的内容，具体包括：农田集雨区与种植区面积比例的确定、人工雨水汇集工程设计的基本参数确定、集雨场的规则设计、集雨场地表处理技术、集雨工程系统的管理与维护技术、雨水存储设施设计与施工技术、雨水存储设施防渗防冻技术、存储雨水保鲜净化技术、存储雨水合理调配技术、提高雨水利用效率的综合技术以及适用于汇集雨水灌溉的小型农机具及配套灌溉机具。黄土高原半干旱区的降水为集雨农业发展提供了条件，但受地貌、地表组成物质、土地利用等因素的制约，因此通过分析地貌条件对集雨效应的影响，提出集雨适合度指标体系，综合分析各制约因素后划分出各集雨地域类型，为确定集雨有效区、集雨工程规模及布局提供了理论依据。同时还建立起了旱地集雨农业技术系统工程的区域性发展模式，确立了旱地集雨农业发展各级适应区，以及不同类型集雨场集雨效果评估方法。集雨技术同样应用在了养殖业和林业，利用汇集自然降水发展养殖业的"人畜饮水"工程。目前在干旱半干旱地区有了长足的发展，为维护该地区农业的可持续发展起着重要作用。同时，利用水平条田，水平沟汇集雨水发展林业，尤其是近 10 年来，采用节水灌溉技术与集雨技术相结合，大力发展经果林，已取得了显著的经济效益、生态效益和社会效益。从 20 世纪 80 年代中期以来，以种草为纽带的退耕还草模式为干旱半干旱地区农林牧综合发展从理论上起到了积极推动作用，集雨农业的发展有力推动了该模式的推广，为农林牧综合发展的生态型农业建设提供了保障[16]。

集雨技术为小流域生态环境综合治理也提供了一条有效途径，利用集雨技术，通过拦截自然降水，防治土壤水土流失，治理荒漠化土地，完善防护林体系，以此综合发展农林牧产业，为旱地小流域生态环境建设提供了有效方法。同样，在沙漠化治理中通过草方格的集雨技术应用，可减少水分蒸发和沙丘流动，也取得了显著的生态效益。由此可以看出，目前集雨农业技术正在由"解决农作物需水与降水供需错位"扩充至"农林牧综合发展、小流域综合治理、生态环境建设等综合研究领域"，这正是集雨农业广义性研究的一面。可以预见，集雨技术作为旱地农业一个新的发展点，将对半干旱区农业和农林牧协调发展起到重要推动作用。

我国雨水利用的历史非常悠久，但系统研究集雨农业的时间比较晚，开始于 20 世纪 80 年代后期，尽管起步较晚，但在降水收集、存储、调控和高效利用方面仍取得了重要进展。目前，虽然半干旱区集雨农业利用的模式多种多样，但总体可分为以下 3 种：

（1）第一种模式为雨水就地利用模式，该模式涵盖了从雨水到土壤水库再到植物利用的雨水利用整个过程，通过对地表微地形的改变，降低地表径流水力坡度，截短径流线长度，减缓径流运移速度，从而增加地表径流在特定区域的滞留时间，增加地表入渗能力，达到增加雨水土壤入渗的目的。并通过"土壤水库"增容的储蓄调节功能，达到雨水资源的高效利用。该模式主要有修筑梯田、残茬秸秆覆盖、砂田覆盖、水平等高耕作、垄沟种植、垄作区田、抗旱丰产沟、地孔田和保护性耕作法几种技术。

（2）第二种模式为雨水就地富集叠加利用模式，该模式采用微工程将雨水富集叠加到土壤水库从而被作物高效利用，人为调控因素加大。其特点是通过改变地表空间立体微地形下垫面建设集雨区和作物种植区，将集雨区的雨水径流汇集到种植区形成水分叠加或富集进行利用。实践中主要采用的模式有农田微工程覆膜富集叠加集雨高效用水模式、荒山坡微工程富集叠加集雨恢复植被高效用水模式、设施棚面集雨自供半自供高效用水模式。

（3）第三种模式为雨水聚集异地利用模式，涵盖了雨水人工汇集、设施存储、植物高效利用，是人为时空调控、异地利用的模式。全程均由人为对雨水资源进行调控，经济和技术投入高，相应产出也高，是资源、技术、经济、环境控制与高效管理优化配置与资源再分配利用相结合的高效模式。其特点是通过人工集流面汇集降水径流，储水设施（水窖、蓄水池）蓄存，利用先进的微灌、滴灌技术在作物需水关键期和严重干旱时段补充灌溉。

3. 农田集雨种植技术

（1）农田集雨种植概念。 在我国干旱半干旱农业区，地下水位深，降水量少，季节分配不均，缺水和季节性干旱严重制约着当地农业的发展。根据多年研究的经验表明，发展集雨农业是解决这一突出问题的重要途径。近年来，以积蓄雨水就地富集利用的集雨种植技术发展非常迅速。作为应用于农田就地积蓄利用有限降水的抗旱农业集雨技术，集雨种植技术以雨水就地富集利用为核心，适用于水资源缺乏的旱平地或缓坡地。主要是通过改变农田地表微地形，使农田内的蒸发面积降低，同时使降水由垄面向种植沟内汇集，实现有限降水在农田特定空间内的再分配和积蓄，种植沟内富集、保留和积蓄尽可能多的降水，从而达到雨水高效利用的目的。农田集雨种植技术是一种复合技术模式，将地膜覆盖和沟垄种植有机结合，其技术关键主要是在田间构筑沟垄，垄面覆盖地膜，沟内种植作物，形成作物水分微环境系统，即"沟垄富集系统"，"沟"和"垄"在田间相间排列，降水从覆膜垄面形成小型径流，汇集到种植沟内，形成特有的农田调控水分方式。集雨种植技术具有蓄水保墒、增产的功效，基本原理主要有以下两个方面：一方面是通过增加径流面积，优化产流比，缩短径流长度，减缓径流流速，增加水分在地表的滞留时间，促进水分垂直下渗；另一方面垄上覆盖地膜可有效减少地表水分蒸发，促进植物水分利用[17]。

（2）农田集雨种植技术模式。 农田集雨种植技术作为一种有效的集雨农业模式，不仅能够有效调控农田水分，而且可以增加作物产量，备受国内外关注。近年来，其内容和形式日渐丰富，技术体系不断趋于完善。集雨种植用以促进降水资源高效利用的理论依据主要有以下4个方面：

1）降水—径流—集蓄模式。降水—径流—集蓄模式是以改变农田地表微地形结构，降低地表径流水力坡度，缩短农田地表径流线长度，减缓径流在农田地表的运移速度，从而延长径流在农田地表的滞留时间，提高径流入渗时间和入渗量，达到改善土壤耕层水分环境的目的。

2）降水—土壤水利用模式。降水—土壤水利用模式是指在自然降水作为唯一水分来源的干旱半干旱农业区，基本不存在土壤水分深层渗漏问题，更加有效管理和利用自然降水及土壤水成为保障农业生产的主要方向，通过垄面覆盖地膜，将5mm以下的微效降水富集到种植沟的作物根域，同时可通过覆膜有效抑制土壤水分的无效蒸发，从而提高土壤贮水量的目的。

3）土壤蓄水保墒模式。土壤蓄水保墒模式指农田水分在土壤—植物—大气小循环体中不断运移的过程，由于旱作农田自然降水是唯一的水分来源，只有很少一部分在降水季节以地表径流损失掉，而是将大部分降水通过入渗储存在土壤疏松的耕层中。因此，农田水分循环主要以垂直方向上的水量交换为主，即农田蒸发和水分入渗。为了减少土壤无效蒸发，通过人工构建地表拦蓄层或在土壤与大气之间的设置隔离层，以此可达到保蓄自然降水，减少农田蒸发，积蓄降水径流，并被作物高效利用的效果，为雨水拦蓄入渗或抑制水分蒸发采取措施提供了依据。

4）农田覆盖抑蒸模式。农田覆盖抑蒸模式主要指干旱半干旱农业区土壤水分蒸发量很大，且绝大部分以土面蒸发的形式损失。因此，需要有效利用覆盖保墒措施，将其与有限水分的补给结合起来，通过在地表覆盖不同材料在土壤表层与大气间形成一个隔离层，阻断土壤中气体与大气的交换通道，减少土壤水的蒸发损失，为作物生长发育创造较好的水分环境，满足其水分需要，以此实现作物水分高效利用和稳产增产的目标。

（3）农田集雨种植类型。"集雨、蓄水、保墒和用水"是旱作集雨种植技术的核心内容，由于自然条件和生产实际不同，相应的根据各地集雨时间、覆盖方式、覆盖材料、种植模式、技术组合方式等不同而出现了多样化的农田集雨种植形式，主要有以下 4 个类型：

1）按集雨时间不同，可分为作物生育期集雨保墒种植、休闲期集雨保墒种植和全年集雨保墒种植。

2）按覆盖方式不同，可分为集雨一元覆盖种植（如垄覆盖而种植沟不覆盖或垄不覆盖而种植沟覆盖）和集雨二元覆盖种植（如垄上覆盖地膜，种植沟内覆盖不同材料：地膜、秸秆、碎石等）。

3）按种植模式不同，可分为单作集雨种植和间套作集雨种植。

4）按技术组合形式不同，可分为集雨单一种植技术和交叉复合型集雨种植技术。

4. 集雨种植的水分调控和增进降水生产潜力机理

农田集雨种植技术特有的"沟垄系统"农田水分调控方式是其增进降水生产潜力的关键所在。在田间，集雨种植通过沟垄相间排列，垄上覆膜集雨，沟中种植作物，"沟"与"垄"相互联系、相互作用，共同构成了集雨种植作物的水分环境系统，也构成了该技术的核心内涵。同时，根据沟垄间的水分关系原理，通过控制沟垄间的几何关系参数，实现农田水分的优化调控，最大限度地集聚、贮蓄、保持宝贵的降水资源，提高作物水分利用率，实现稳定高产，这也是集雨种植技术的功能所在。农田水分调控效果具体表现在集雨、蓄水和保墒 3 个方面。

（1）集雨功能。集雨功能是指集雨种植的"沟垄系统"可使降落在垄面上的雨水以径流的形式汇集到种植沟内，实现种植沟内雨量叠加功能。一般用集雨率表示，即沟中增加的雨量占总降水量的比值，沟中增加的雨量由垄面降水量和径流系数的相乘所得，径流系数根据覆盖材料、垄面形状及高度等的不同而有所差异，一般地膜垄面的径流系数为 83.2%。

（2）蓄水功能。蓄水功能是指集雨种植的"沟垄系统"所具有的将自然降水资源转化为可被植物利用或便于储存状态的土壤水分的功能。主要是通过缩短径流长度，减缓径流流速，增加降水在地表的滞留时间，促进水分垂直下渗，提高"沟水"水平侧渗量，从而在垄下积蓄，减少地表水分蒸发。

（3）保墒功能。集雨种植的"沟垄系统"的蓄水功能使自然降水在沟垄间转化为利于保持状态的土壤水分,故保墒可看作是蓄水的结果。保墒功能的高低是由以下两个因素共同作用的结果决定的:一是由于垄上覆盖地膜减少了农田土壤蒸发总面积;二是由于种植沟内降水富集,单位面积蒸发量加大,致使局部蒸发强度加大。因此,沟垄系统的不同对集雨种植的蓄水保墒功能也不同,并受沟垄间几何参数的制约。

在农业生产中,农田在自然资源(光、热、水等)存在的可能范围内应予实现的生产能力称为农田生产潜力,主要有以光、热辐射为主体的热量生产潜力和以水分资源为主体的水分生产潜力。其中热量生产潜力通常是反映一个地区可能达到的最大生产力,由于各因素的限制,现阶段的农田现实生产力还远不及热潜势所展示的生产潜力,因此开发和提高热量生产潜力才会获得较好的经济效益和社会效益,也是农业得以持续发展的基础所在。我国北方半干旱区的旱作农田生产潜力较低,主要是受季风气候的影响,降水资源季节分配不均(大部分地区6—9月降水量占全年的60%以上),易出现春旱夏涝现象,且降水总量也不足,严重制约着农田生产潜力的发展和提高;而灌溉农田也常因灌溉水量不足或供水时间与作物需水时间错位而导致农田实际水热生产力低于水热潜力。康绍忠等提出只有在灌溉恰当、准确和精量使用时,农田实际水热生产力方能等同于农田水热潜力。农田集雨种植在精良的田间操作技术条件下,当肥力不成为制约因素时,因具有特殊的水分调控方式及良好的水分调控效果,农田土壤在最适的地膜、秸秆等覆盖状态下,自然降水应能实现的生产力较一般意义上的传统旱作农田自然降水生产潜力大幅提高;又因其对自然降雨的时空调控和利用能力有限,难以做到适时适量地支配水分,故其水分生产潜力较灌溉农田热量条件下应能实现的水分生产力尚有一定差距。因而,集雨种植加适时适量补灌是发展和提升农田水热潜力的未来主要发展方向。

7.3.2 微咸水利用原理与模式

如何在有限水资源条件下改善干旱地区农业灌溉中淡水资源供需矛盾是目前亟待解决的问题。世界各国为缓解农业淡水资源利用的紧张局面,已把劣质水的开发和利用作为弥补农业淡水资源短缺的对策之一。对于干旱地区,淡水资源缺乏,而微咸水和咸水资源相对丰富,开发利用微咸水和咸水资源进行农业灌溉在一定程度上可缓解当地淡水资源供需矛盾,并提高微咸水资源的利用率。微咸水一般指矿化度为$1\sim5g/L$的含盐水(盐度为$1‰\sim5‰$)。我国微咸水分布广泛且总量丰富,在淡水资源短缺的华北、西北等区域,微咸水能在一定程度上缓解水资源短缺问题,为灌溉农业可持续发展提供了潜在水源。尽管与淡水灌溉相比,微咸水灌溉在一定程度上会降低作物产量,但微咸水灌溉有着不可忽视的补水作用。合理利用微咸水在保障农业经济效益的同时,也可大大缓解淡水资源的紧缺[18]。

1. 咸淡交替入渗对水盐运移影响

(1) 咸淡交替次序对盐分分布特征的影响。不同咸淡入渗次序条件下土壤含盐量在剖面上的分布如图7-6所示。可以看出,交替次序不同,土壤含盐量在剖面上的分布形式不同。在湿润锋处,土壤含盐量由大到小依次为先咸后淡、淡咸淡、不交替、咸淡咸、先淡后咸;湿润锋以上土壤剖面土壤平均含盐量由大到小依次为先淡后咸、不交替、咸淡咸、淡咸淡、先咸后淡。咸淡咸、淡咸淡、先咸后淡几种交替方式均有利于上层土壤的盐分淋洗，使更多的盐分集中分布在湿润锋附近，而先淡后咸这种交替次序则不利于土壤盐分向下运动，单从土壤盐分分布的角度来讲，其在灌溉中不宜采用。

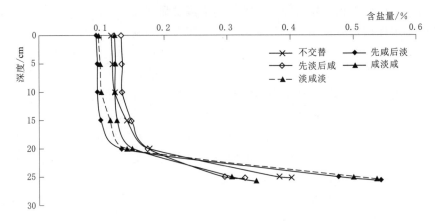

图 7-6　交替次序对土壤含盐量分布的影响

（2）微咸水滴灌水盐运移特征。从图 7-7 显示的土壤含盐量等值线可以看出，滴头下方的盐分明显的低于交汇区，这说明灌水将盐分淋洗到交汇区。水平方向上，3.2L/h 的脱盐范围明显高于 1.5L/h。而垂直方向上相同位置则是滴头流量较小的盐分低。而在实际中，对于种植间距较大的作物应选择较大的滴头流量，而对于作物根系较深的作物则应该选择较小的滴头流量。

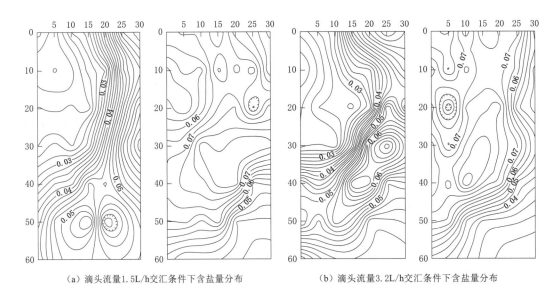

（a）滴头流量1.5L/h交汇条件下含盐量分布　　　　（b）滴头流量3.2L/h交汇条件下含盐量分布

图 7-7　不同滴头流量交汇条件下土壤含盐量的分布

图 7-8 显示了在不同灌水量交汇条件下土壤盐分分布的等值线图。可以看出，不论在滴头下方还是在交汇区，水平方向上盐分均随着距离滴头下方和交汇区中心距离的增加而增加，垂直方向也符合相同的变化规律。而在交汇区处，盐分的值明显高于初始值，这说明水将盐分携带到交汇区处，但由于水量不足而未能将盐分淋洗到更深的土层，造成盐

分在土壤上层形成积盐。灌水量 12L 的盐分明显的低于 8L，这说明灌水量越大，越有利于将盐分淋洗到更深的土层中，这样会为作物的正常生长提供良好的环境。增大灌水量也是降低盐分的一种有效的方法。

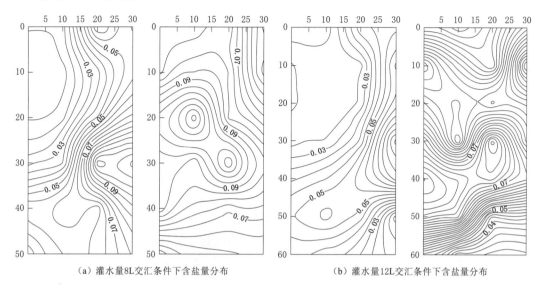

(a) 灌水量8L交汇条件下含盐量分布   (b) 灌水量12L交汇条件下含盐量分布

图 7 - 8　不同灌水量交汇条件下土壤盐分分布等值线图

滴头间距的大小直接决定着湿润锋交汇的时间及湿润锋推进的速度。这将最终影响整个湿润体内水盐的分布。图 7 - 9 显示了在不同滴头间距交汇条件下土壤盐分分布的等值线图。可以看出，间距 30cm 滴头下方和交汇区盐分含量明显低于间距为 40cm 的盐分含量。为了更好地说明两者的差异，利用脱盐系数评价，结果见表 7 - 1。可以看出，随着滴头间距的减小，水平和垂直脱盐系数都在增加。

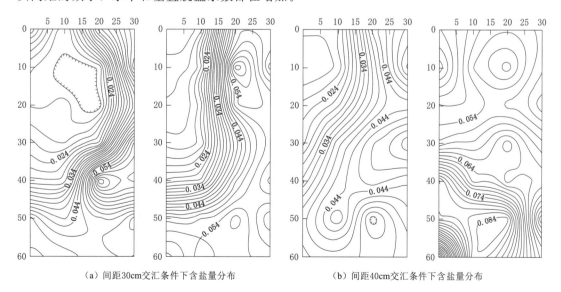

(a) 间距30cm交汇条件下含盐量分布   (b) 间距40cm交汇条件下含盐量分布

图 7 - 9　不同滴头间距交汇条件下土壤盐分分布等值线图

表 7 - 1　　　　　　　　　　　　　不同滴头间距下脱盐范围与脱盐效果

不同间距/cm	不同位置	水平脱盐系数	垂直脱盐系数
30	滴头下方	0.78	0.86
	交汇区	0.73	0.81
40	滴头下方	0.70	0.81
	交汇区	0	0

2. 微咸水灌溉土壤水盐分布与作物生长特征

由于土壤所含盐分降低土壤水分溶质势，破坏土壤结构，同时个别离子具有较强毒性，直接影响作物的正常生长。但不同作物对于盐分忍耐程度不同，即作物具有的耐盐度或耐盐阈值不同。大量研究表明，盐分胁迫会导致作物播种后出现发芽率低、出苗时间延迟、发育不良、产量下降等问题。

(1) 微咸水矿化度对典型作物和牧草的出苗与生长影响。盐分胁迫抑制种子正常萌发，这是妨碍作物在盐碱地上立苗的实践性问题。大量研究表明，在盐渍化土壤中作物播种后会出现发芽率低、出苗时间延迟、生长不整齐等问题。但目前对于微咸水灌溉后作物出苗率、出苗时间及生长状况的定量关系研究相对较少。针对上述问题，主要研究不同初始土壤含盐量情况下以及采用不同矿化度的微咸水灌溉后，对玉米、冬小麦、油葵以及苜蓿出苗率和出苗时间的影响。图 7 - 10 显示了玉米和苜蓿的出苗率及出苗时间随灌溉水矿化度的变化情况，可以看出，随着灌溉水矿化度和土壤初始含盐量的增大，玉米的出苗率

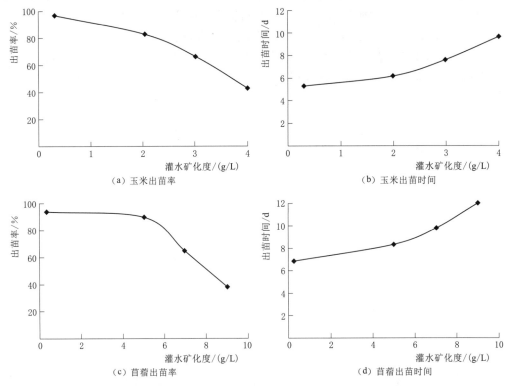

(a) 玉米出苗率　　　　　　　　　　　　(b) 玉米出苗时间

(c) 苜蓿出苗率　　　　　　　　　　　　(d) 苜蓿出苗时间

图 7 - 10　灌溉水矿化度对作物和牧草出苗的影响

逐渐降低，出苗时间逐渐延长。

（2）微咸水灌水方式与作物生长特征。研究微咸水轮灌和混灌方式下棉花生长特征，灌溉水量均为 $4950 \text{m}^3/\text{hm}^2$。淡水矿化度为 $0.83 \sim 1.03 \text{g/L}$，微咸水矿化度为 $1.87 \sim 2.01 \text{g/L}$。混灌为微咸水和淡水按照水量 $1:1$ 混合水样进行灌溉。水分利用效率是作物对水分吸收利用过程效率的一个评价指标，为作物单位面积产量与作物腾发量的比值。不同灌溉处理对应的产量及水分利用效率见表 7-2。可以看出，各处理的产量大小关系为 SF＞对照＞SSF＞FSS＞FFF＞SFS。而由于产量受到影响，因此水分利用效率同样也降低，表现为除 SF 处理的水分利用效率高于微咸水对照，其他 5 组处理的水分利用效率均低于微咸水对照，大小关系与产量关系一致，即 SF＞对照＞SSF＞FSS＞FFF＞SFS。

表 7-2　　　　　　　　微咸水灌水方式对棉花产量和水分利用效率影响

处理	灌水/mm	耗水/mm	产量/(kg/hm²)	水分利用效率/(kg/m³)	灌水利用效率/(kg/m³)
SSF	517.55	551.09	4274.25	0.78	0.83
SFS	517.55	538.19	3633.75	0.68	0.70
FSS	517.55	547.46	4090.80	0.75	0.79
SF	517.55	570.49	5806.20	1.02	1.12
FFF	517.55	561.69	3880.65	0.69	0.75
SSS	517.55	576.86	5420.85	0.94	1.05

注　S 为淡水；F 为微咸水；SSS 和 FFF 分别为单一淡水和微咸水对照；SSF、SFS、FSS 为轮灌方式；SF 为淡水、微咸水混灌方式。

3. 基于水盐平衡的区域作物生长模型

作物生长与产量受水质、水量、土壤盐分、施肥量及其他农业管理措施等多种因素综合影响。为科学把握不同条件下作物生长过程、最终产量及土壤质量变化规律，构建合理的模拟模型至关重要。基于水盐平衡的区域作物生长模型是一种综合性模拟工具，能够动态模拟并预测土壤水分与盐分变化、地下水埋深、排水量及其矿化度，以及作物全生育期的生长过程。该模型适用于不同地质条件、灌溉措施和耕作制度，模拟尺度可从单一田块扩展至区域水平。其核心是将"气候—作物—土壤"作为一个有机整体进行定量动态描述，通过系统模拟作物生长、发育和产量形成的完整过程，为农业生产决策提供科学依据，实现水土资源高效利用与作物优质高产的协同目标。

（1）模型构建。作物模型包含了气象模块、水量平衡模块、盐分平衡模块和作物模块，其包括了作物生长发育的主要过程，如光合效率、养分摄取（根系生长动态及水盐胁迫）、同化产物分配、蒸腾作用过程、生物量增长过程等。

1）气象模块。气象模块主要包含有效积温和参考作物蒸发蒸腾量两个重要参数。有效积温是高于作物生物学下限温度的温度总和，它比活动积温更能准确反映作物对热量的需求，适用于制订作物物候期预报。参考作物蒸发蒸腾量（ET_0）是计算作物需水量的关键指标，常用的计算方法包括 FAO-56 Penman-Monteith 公式和 Hargreaves 公式。前者基于能量平衡和空气动力学原理，需要多种气象参数；后者主要基于温度数据计算，适用于数据有限的情况。气象模块的数据直接影响水量平衡计算、作物蒸腾量估算以及作物生长发育过程的模拟，为整个模型提供了关键的气象驱动因素。

2）水量平衡模块。水量平衡模块将模拟区域划分为地表水层、根区、过渡层和含水层 4 个相互关联的部分。地表水量平衡计算主要考虑降水量、灌溉水量、自由水面蒸发量、进出根层的水量、地表径流量及地表储水量变化。根区水量平衡是判断作物是否缺水的主要依据，计算包括地表与根层间的水分交换、毛管上升水量、实际蒸散量、根层渗漏量及根层储水变化量，其中渗漏量和毛管上升量受地下水位、潜在蒸散量、地表水资源总量和水分亏缺因子影响。过渡区位于根层与含水层之间，其水量平衡考虑渠道渗漏量、与含水层的水分交换、排水量及储水量变化，模型采用 Hooghoudt's 排水方程将排水分为排管以上和排管以下两部分计算。含水层水量平衡则考虑水平流入流出水量及井水抽取量。此外，模型通过初始地下水位、储水量及有效孔隙度计算地下水位变化，并利用灌溉效率和灌溉充分性指标评价灌溉制度的合理性。水量平衡模块直接影响作物的水分胁迫因子计算，当根区含水量适宜时无水分胁迫，当低于阈值时根系停止吸水，水分胁迫因子通过根系吸水量与作物潜在蒸腾量的比值确定，从而影响作物生长和最终产量。

3）盐分平衡模块。盐分平衡模块是基于区域水盐平衡的作物生长模型中的关键组成部分，与水量平衡模块相对应，主要分为根区盐分、过渡区盐分和排水及井水浓度 3 个部分。根区盐分平衡受降雨、灌溉水、毛管上升水和渗漏水中携带盐分的影响，其中过渡区饱和含盐量与地下排水系统有关，渗漏水盐分浓度则与根层土壤饱和盐分浓度平均值和根层淋洗率相关。根区总含盐量计算考虑了前一时刻的根层土壤盐分浓度和土壤孔隙度。当根区含盐量低于耐盐下限时，盐分胁迫因子为 0；当高于耐盐上限时，作物根系受到最大胁迫停止生长和吸水，盐分胁迫因子为 1。过渡区盐分平衡计算则分为排管上区域和排管下区域两部分，分别计算其盐分变化量，而含水层盐分变化量则与水平方向流入地下水的盐分浓度和流出地下水的盐分浓度相关。排水及井水浓度的计算是盐分平衡的重要依据。盐分平衡模块的参数设置包括降雨含盐分浓度、灌溉水含盐分浓度、过渡层初始盐分浓度、含水层初始盐分浓度、根区层初始盐分浓度及根层淋洗率等多个关键指标，这些参数直接影响盐分胁迫因子的计算，进而通过与水分胁迫因子一起，共同决定作物的实际产量。

4）作物模块。作物模块主要包含叶面积指数模型、地上干物质模型、收获指数和作物系数 4 个关键组件。该模块主要用于模拟地上生物量变化过程和最终产量预测，通过一系列数学模型实现对作物生长发育全过程的定量描述。叶面积指数模型采用 Logistic 模型、修正的 Logistic 模型、Log Normal 模型或修正 Gaussian 模型，其中后修正的 Logistic 模型、Log Normal 模型或修正 Gaussian 模型能够模拟整个生长过程（包括衰减阶段）。叶面积指数与干物质量之间存在函数关系，模型通过有效积温作为时间尺度来模拟叶面积指数的动态变化。收获指数是产量与总生物量的比值，在大多数情况下保持相对稳定（如库尔勒地区棉花的收获指数稳定在 0.51 左右）。根系吸水模型根据土壤含水量和根系分布计算各土层吸水量，并通过水分利用分布特征描述不同深度的根系吸水能力。在计算产量时，模型基于叶面积指数、干物质量与收获指数的关系，结合水分胁迫因子和盐分胁迫因子，共同确定作物的实际产量。当根区含水量适宜时无水分胁迫，当低于阈值时根系停止吸水；类似地，当根区含盐量低于耐盐下限时无盐分胁迫，高于耐盐上限时作物受到最大胁迫。模型参数包括最大叶面积指数、叶面积指数参数、潜在收获指数、干物质参数、根系最大深度、水分利用分布参数、土壤含水特性参数和作物耐盐上限等关键指标，这些参数共同构成了作物生长模拟的参数体系。

(2) 模型预测分析。模型预测包括地下水位和地下水矿化度对棉花产量影响两个方面。

1) 地下水位影响预测。模型对不同地下水位（1.5m、2.0m、2.5m、3.0m）条件下的棉花生长进行了预测分析，固定根区初始含盐量 24.9dS/m，地下水含盐量 3dS/m，采用干播湿出灌溉制度。研究发现，地下水位对根区盐分积累和棉花产量具有显著影响。在缺少冬灌和春灌淋洗条件下，根区含盐量逐年增加，且增幅与地下水位呈反比关系：地下水位 1.5m 时 5 年内根区含盐量增加 25％，地下水位 2m 时增加 20％，地下水位 2.5m 时增加 15％，地下水位 3m 时增加 10％。表明地下水位越浅，根区盐分积累越迅速，主要是因浅层地下水通过毛管上升作用将更多盐分带入根区。地下水位的变化直接反映了灌溉制度和排水系统的合理性，模型通过计算初始地下水位、储水量及有效孔隙度，结合灌溉效率和灌溉充分性指标，可全面评价灌溉制度的适宜性，为干旱盐碱区棉花种植提供科学依据，指导合理设置地下水位控制灌溉和排水系统，以最大限度降低盐分积累风险，保障棉花稳产高产（图 7-11）。

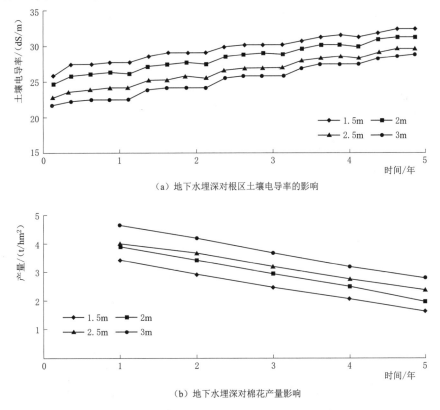

（a）地下水埋深对根区土壤电导率的影响

（b）地下水埋深对棉花产量影响

图 7-11 地下水位对根区盐分及棉花产量的影响

2）地下水矿化度影响预测。研究固定地下水位为 2m，根区初始含盐量为 24.9dS/m，灌溉水含盐量为 1.1dS/m，通过模拟不同地下水矿化度条件下的根区含盐量和棉花产量变化。模型通过设置不同地下水矿化度条件（1g/L、2g/L、3g/L），在固定地下水位 2m、根区初始含盐量 24.9dS/m、灌溉水含盐量 1.1dS/m 的条件下，预测了棉花生长状况。研究发现，地下水矿化度对盐分累积和产量影响显著。矿化度为 1g/L 时，5 年后根区含盐量增加 20%，产量减少 38%；矿化度为 2g/L 时，第 4 年根区含盐量超出棉花耐盐上限（2.45dS/m），导致绝收；矿化度为 3g/L 时，仅第 2 年就会超出耐盐上限，无法种植。对比研究表明，地下水矿化度比地下水位对棉花产量影响更大，高矿化度条件下即使地下水位适宜也会导致棉花短期内无法生长。研究结果强调了在干旱盐碱区棉花种植中增加冬灌或春灌淋洗盐分的必要性，为制定合理的灌溉制度和盐碱地改良措施提供了科学依据（图 7 - 12）。

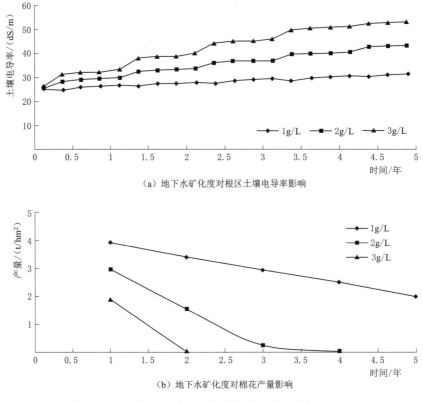

（a）地下水矿化度对根区土壤电导率影响

（b）地下水矿化度对棉花产量影响

图 7 - 12　地下水矿化度对根区盐分及棉花产量的影响

4. 微咸水滴灌安全利用模式

（1）灌溉方式。为了有效地节约淡水资源，同时为了保证作物的产量和土壤的质量，选择了混灌和轮灌两种灌溉方式。混灌处理（咸淡比 1∶1）相对微咸水灌溉能够有效地降低土壤中的盐分，同时又能提高作物的产量。轮灌处理之间的对比分析显示，淡咸淡处理条件下不仅能够降低土壤含盐量，同时又能保证作物的产量。微咸水轮灌的灌溉次序需要根据作物不同时期对盐分的耐盐程度，制定合理的轮灌制度。

（2）膜间调控。通过对压实、PAM、秸秆、覆砂 4 种膜间处理分析显示，各处理均能有效地减少土壤的耗水，但耗水量的影响差异不明显。膜间处理对膜间盐分的累积有明显抑制作用，对作物生长、水分利用效率、产量的分析发现，覆砂措施明显高于其他措施。单从试验结果出发，覆砂膜间调控措施效果最佳。但从生产实际出发，需要根据具体的情况，选择不同的膜间调控措施[20]。根据本研究的结论，推荐的膜间控制措施为施加 PAM，施量为 $15kg/hm^2$。

（3）化学改良。田间添加化学改良剂能在一定程度上改善土壤的水盐情况，为作物提供良好的水盐环境，这在一定程度上会影响土壤的水盐分布情况，从而影响作物生长。通过对石膏、硫磺、PAM、旱地龙 4 种改良剂条件下，耗水量、作物生长指标、水分利用效率、土壤盐分含量等方面的研究显示，4 种改良剂均能有效地减少作物的耗水，起到明显的保水作用，有效减小土体中 Na^+、Cl^- 和 Ca^{2+} 的累积。此外，对土壤盐分含量、作物产量和水分利用效率的分析结果显示，PAM 的效果最好。通过对本研究结果的综合分析，认为微咸水膜下滴灌棉田条件下，PAM 作为首选的化学改良剂，施量为 $15\sim30kg/hm^2$，翻耕前直接施入。

（4）多种调控措施相结合的水盐调控模式。综合上述分析可知，混灌或轮灌、膜间调控及化学改良等措施均能对土壤中的水盐分布起到有效的调控作用，然而每一种方法都有其局限性，为了能够更加合理有效地实现水盐平衡，需将上述调控方法有机的结合形成多种调控措施相结合的水盐调控模式，其效果作用必将优于任一单一调控措施。通过对上述结果的综合分析，同时针对试验地区气候及土壤特征，结合试验研究，认为以下几种模式对南疆微咸水膜下滴灌土壤水盐分布能起到有效的调控作用，如混灌＋PAM 改良模式＋压实/施加 PAM、轮灌＋PAM 改良模式＋压实/施加 PAM。

7.3.3 再生水利用潜力与效能

再生水作为一种排放稳定的非常规水资源，可极大程度缓解农业用水紧缺的现状，最新修订的《中华人民共和国水法》第五十二条也指出，要加强城市污水集中处理，鼓励使用再生水，提高污水再生利用率。"再生水"是污水（废水）经过适当的处理，达到要求的（规定的）水质标准，在一定范围内能够再次被有益利用的水。这里所说的污水（亦称废水）是指在生产与生活活动中排放的水的总称，其包括生活污水、工业废水、农业污水、被污染的雨水等。

1. 再生水利用潜力

据水利部、住房和城乡建设部统计，自 1997 年以来，我国污水排放量长期超过 580 亿 m^3；2014 年以来，我国每年生活污水排放量稳定在 500 亿 m^3 以上，城市污水处理率达到 90％以上，其中污水处理厂集中处理率 85.94％。按照城市污水处理率 80％折算，生活污水处理量超过 400 亿 m^3。目前，我国城镇污水处理明确了将一级 A 标准作为污水回用的基本条件，城镇污水处理开始从"达标排放"向"再生利用"转变，但处理后的城市污水仍含有丰富的矿物质和有机质，因其具有排放稳定、节肥、节约淡水资源和保护水环境等优势，被联合国环境规划署认定为环境友好技术之一，得到广泛推广应用。2012 年的《实行最严格水资源管理制度》《国家农业节水纲要（2012—2020 年）》和 2015 年《水污染防治行动计划》都明确提出，逐步提高城市污水处理回用比例，促进再生水利用。黄淮海地区大力提倡合理利用微咸水、再生水等，这也为再生水农业利用提供了政策保障。目前，农业灌溉、河道生态补水及城市绿地灌溉是再生水回用的主要途径[19]。

美国加利福尼亚州从 20 世纪 80 年代开始使用再生水，到 2009 年再生水年使用量已达 8.94 亿 m^3，47% 的再生水回用于农业和城市绿地灌溉；以色列全部的生活污水和 72% 的城市污水得到了循环利用，处理后的再生水 46% 用于农业灌溉；澳大利亚的 Werribee 农场从 1897 年开始利用再生水进行农业灌溉。目前，我国 10% 的耕地是利用再生水资源进行农业灌溉，并已经达到了很好的利用成效，为我国节约了大量的水资源。京津等地区再生水利用技术发展较快，再生水资源综合利用率与其他城市相比高出约 30%。预计到 2030 年，我国水资源短缺总量将高达 130 亿 m^3，而再生水资源的可利用总量将高达 767 亿 m^3。随着国内污水处理工程技术和基础设施的日益完善，使用新型再生水资源代替传统的水资源灌溉农田将被认为是节省水资源、缓解现代农业灌溉用水压力的一种必然选择。而且应用合理的再生水灌溉技术与方法对于减少土壤重金属的污染，提升再生水灌溉的安全性与高效率将会起到重要的促进作用。

2. 再生水灌溉对土壤物理性质的影响

再生水灌溉影响土壤团粒结构、孔隙度、渗透性能、斥水性、紧实度、密度、土壤含水率等土壤物理性质。已有的研究认为，再生水中悬浮物、有机物的输入等是土壤密度增加的主要原因，致使土壤孔隙率降低，尤其是 Na^+ 的输入会导致孔隙度降低。因此，再生水水质和灌溉方式等因素可能会增加土壤密度，但也有研究表明再生水灌溉增加了土壤孔隙度。截至目前，再生水灌溉对土壤密度、孔隙度、颗粒组成或微团聚体结构组成的影响尚无定论。此外，再生水灌溉会增加土壤田间持水量、斥水性，致使土壤导水率和水力传导度降低，进而导致土壤颗粒膨胀和团聚体分散。但也有研究表明，再生水中矿质营养的输入会提高土壤微生物数量和生物活性，进而促进土壤团粒结构的形成。因此，再生水灌溉对土壤物理性质影响受限于再生水水质、土壤类型等因素，还需进一步系统研究和归纳总结再生水灌溉对不同类型土壤物理性质的影响[20]。

3. 再生水灌溉对土壤化学性质的影响

再生水灌溉对土壤化学性质的影响主要包括土壤 pH、EC 及离子组成、土壤肥力和重金属累积等方面。长期再生水灌溉可能导致土壤 pH 下降，进而降低土壤养分有效性。大量研究表明，长期再生水灌溉明显提高了土壤 EC 值，土壤 EC 值的增加可能导致土壤次生盐渍化和土壤退化及作物盐分胁迫。与清水相比，再生水中全氮、有机物的浓度明显较高，长期再生水灌溉显著增加土壤全氮、矿质氮和有机质的含量，从而提高了土壤肥力、减少化肥施用。由于再生水水源组成复杂，再生水水质差异较大，已有研究证实再生水灌溉可能导致 Cd、Cr、Pb、Zn 等典型重金属在根层土壤中的累积。近年来，再生水灌区土壤 POPs、PPCPs 等有机污染物残留有明显上升趋势屡有报道。目前，再生水灌溉对土壤化学性质的影响，取决于再生水水质及污染物降解特征，亟需开展再生水水质长期监测和灌溉潜在风险评估[21]。

4. 再生水灌溉的作物增产作用

再生水灌溉广泛应用于农作物、蔬菜、果树及牧草等多种植物栽培领域，其效果因作物种类而异。研究表明,再生水灌溉对冬小麦和夏玉米具有显著的增产效应,而对棉花的产量影响则与清水灌溉相当。在蔬菜种植方面,再生水灌溉番茄、黄瓜、茄子、豆角及小白菜等作物,平均增产幅度达 7.4%～60.7%。然而,对于莴苣、胡萝卜、白菜、芹菜、菠菜及橄榄等蔬菜,其产量与常规水肥管理相比并无显著差异。此外,再生水灌溉对经济作物如葡萄、甘蔗的产量有明显提升,同时也显著增加了苜蓿、白三叶等牧草及药材作物的产量。这些增产效应主要归因于再生水中含有的丰富矿质营养元素和可溶性有机物,为作物生长提供了额外的营养来源[22]。

5. 再生水灌溉对作物品质的影响

国内外对再生水灌溉作物品质进行了广泛研究,再生水灌溉提高了番茄、黄瓜果实中硝态氮的含量,显著降低了番茄果实中蛋白质、VC 和有机酸含量,但对果实中可溶性总糖、可溶性固形物等品质指标影响并不明显。亦有研究结果表明,再生水灌溉显著降低了葡萄中硝酸盐的含量,显著提高了葡萄蛋白质、VC、可溶性固形物和可溶性糖含量;再生水灌溉使小麦籽粒粗蛋白含量、面筋含量和密度均有所提高,但也有研究表明再生水灌溉小麦、玉米、大豆籽粒中粗蛋白、还原性 VC 较清水灌溉略有降低;甘蓝再生水灌溉试验表明,灌溉前期显著降低了甘蓝 VC、粗蛋白和可溶性糖的含量,随着灌溉时间增加,在灌溉 100 天收获期时已无显著差异;再生水灌溉显著提高了小白菜可溶性糖含量,刘洪禄等研究结果则表明,再生水灌溉对根菜、叶菜、果菜可溶性总糖、VC、粗蛋白、氨基酸、粗灰分、粗纤维等品质指标并未有明显提升;再生水灌溉对苜蓿、白三叶植株体内粗脂肪、粗蛋白含量略有提高,再生水灌溉饲用小黑麦则可显著增加小黑麦籽粒淀粉含量、籽粒与秸秆中的粗蛋白含量以及籽粒中铜、锌等微量元素含量;但均未造成番茄果实、葡萄、大豆、小麦、小白菜、苜蓿、白三叶中重金属 Cr、Cd、Pb、Hg、As 的累积,却增加了玉米、饲用小黑麦 Pb、Cr 含量。

6. 再生水灌溉对土壤酶活性动态变化的影响

土壤酶活性与土壤肥力关系密切,土壤酶活性大小是评价土壤养分有效性的重要指标之一,同时,土壤酶也是由土壤微生物产生专一生物化学反应的生物催化剂,推动土壤的代谢过程。与清水相比,再生水中含有丰富的矿质元素和有机质,再生水灌溉会影响土壤酶活性。已有研究结果表明,与清水灌溉相比,连续 5 年再生水灌溉,土壤中与 C、N、P、S 循环相关的 17 酶活性提高了 2.2～3.1 倍,土壤蔗糖酶、磷酸酶的活性与再生水灌溉时间呈显著的正相关。李阳等的研究表明,连续 3 年再生水灌溉土壤蔗糖酶、中性磷酸酶和碱性磷酸酶活性显著高于清水对照,再生水灌溉土壤脲酶和过氧化氢酶与对照处理差异并不明显,而土壤蔗糖酶、中性磷酸酶和碱性磷酸酶并未表现出显著的年际差异;冲洗甜菜及奶牛场沼液再生水灌溉显著提高了土壤蔗糖酶、脲酶、中性磷酸酶、多酚氧化酶和过氧化氢酶的活性,追施氮肥再生水灌溉提高了土壤脲酶、淀粉酶的活性,降低了蔗糖酶和过氧化氢酶的活性;绿地再生水灌溉则表现为土壤脲酶、磷酸酶、蔗糖酶、脱氢酶、过氧化氢酶活性均高于清水对照,亦有研究表明,再生水灌溉对酶活性并无显著影响;此外,滴灌较沟灌具有明显的比较优势,显著提高了土壤脱氢酶、碱性磷酸酶和 β-葡萄糖苷酶的活性。土壤酶活性受再生水水质、施肥、土壤通气性、土壤 pH、EC、有机质、微生物、土壤养分、重金属含量等因素的影响。目前关于再生水灌溉对土壤酶活性的影响尚无定论，特别是长期再生水灌溉对土壤酶活性的影响仍需持续进行科学研究。

7. 再生水灌溉对土壤微生物的影响

土壤微生物是土壤生态系统的重要组成部分，几乎直接或间接参与所有土壤生化过程，是稳定态养分转变成有效养分的催化剂，土壤微生物群落结构也是评价再生水灌溉下环境健康的重要指标之一。盆栽大豆再生水灌溉试验表明，再生水灌溉提高了土壤细菌、放线菌的数量。此外，再生水灌溉促进了草坪根际微生物数量的增加，具体表现为优势类群及亚优势类群多度增加，从而增加了微生物群落多样性，短期再生水灌溉绿地土壤细菌、真菌和放线菌数量均有增加趋势；生活污水灌溉促进了土壤细菌、真菌、放线菌、固氮微生物、亚硝化细菌、硝化细菌、反硝化细菌、解磷微生物菌生长，从而增加土壤微生物丰度；田间小区玉米及设施茄子地表滴灌溉显著增加了苗期土壤细菌、放线菌和真菌数量，灌浆成熟期真菌数量，盆栽玉米轻度水分亏缺灌溉有效地改善土壤的水分和通气条件，从而促进土壤细菌、放线菌的生长。但也有研究结果表明，节灌方式一定程度上降低了土壤基础呼吸和土壤微生物量氮，水分亏缺可能抑制土壤微生物群落结构并降低土壤微生物活性；不同石油类污水灌溉年限土壤调查结果表明，污水灌溉提高了土壤微生物生物量碳、氮含量增加，微生物生物量的增加一定程度加快了土壤碳、氮周转速率和循环速率[23]。

参 考 文 献

[1] 陆桂华，何海. 全球水循环研究进展 [J]. 水科学进展，2006，17（3）：419-424.

[2] 秦甲，丁永建，杨国靖. 西北干旱区流域山区与平原区水文联系的初步研究 [J]. 科学通报，2014，59（Z1）：428.

[3] 王蔚华，邹松兵，肖洪浪，等. 内陆河流域生态-水文本体的构建方法及应用 [J]. 冰川冻土，2014，36（5）：1280-1287.

[4] 邓铭江，龙爱华，李江，等. 西北内陆河流域"自然—社会—贸易"三元水循环模式解析 [J]. 地理学报，2020，75（7）：1333-1345.

[5] Tigkas D, Vangelis H, Tsakiris G. Introducing a modified reconnaissance drought index（RDIe）incorporating effective precipitation [J]. Procedia Engineering，2016（162）：332-339.

[6] 胡雪雪，粟晓玲，朱兴宇，等. 考虑水转化过程的干旱区内陆河流域适宜灌溉规模 [J]. 农业工程学报，2024，40（6）：228-236.

[7] 李山，罗纨，贾忠华，等. 基于 DRAINMOD 模型估算灌区浅层地下水利用量及盐分累积 [J]. 农业工程学报，2015，31（22）：89-97.

[8] 任影，张嘉，胡琪坤. 灌区灌溉多水源可利用量计算探讨 [J]. 河南水利与南水北调，2015（23）：37-38.

[9] 许迪，李益农，龚时宏，等. 气候变化对农业水管理的影响及应对策略研究 [J]. 农业工程学报，2019，35（14）：79-89.

[10] 周天勇. 论调水改土对国民经济城乡要素模块间梗阻的疏通 [J]. 区域经济评论，2019（3）：8-17，2.

[11] 邓铭江. 中国西北"水三线"空间格局与水资源配置方略 [J]. 地理学报，2018，73（7）：1189-1203.

[12] 游进军，林鹏飞，王静，等. 跨流域调水工程水量配置与调度耦合方法研究 [J]. 水利水电技术，

2018，49（1）：16 – 22.

[13] Chiou R J. Risk assessment and loading capacity of reclaimed wastewater to be reused for agricultural irrigation [J]. Environmental Monitoring and Assessment，2008（142）：255 – 262.

[14] 王全九，单鱼洋. 微咸水灌溉与土壤水盐调控研究进展 [J]. 农业机械学报，2015，46（12）：117 – 126.

[15] 莫非，周宏，王建永，等. 田间微集雨技术研究及应用 [J]. 农业工程学报，2013，29（8）：1 – 17.

[16] 吴伟，廖允成. 中国旱区沟垄集雨栽培技术研究进展及展望 [J]. 西北农业学报，2014，23（2）：1 – 9.

[17] 周永瑾，普雪可，吴春花，等. 垄沟集雨种植下不同降解地膜沟覆盖对农田马铃薯产量和土壤水热的影响 [J]. 核农学报，2021，35（11）：2664 – 2673.

[18] 王全九，单鱼洋. 旱区农田土壤水盐调控 [M]. 北京：科学出版社，2017.

[19] Li X，Li X，Li Y. Research on reclaimed water from the past to the future：a review [J]. Environment，Development and Sustainability，2022，24（1）：112 – 137.

[20] Parsons L R，Sheikh B，Holden R，et al. Reclaimed water as an alternative water source for crop irrigation [J]. HortScience，2010，45（11）：1626 – 1629.

[21] 杨军，陈同斌，雷梅，等. 北京市再生水灌溉对土壤、农作物的重金属污染风险 [J]. 自然资源学报，2011，26（2）：209 – 217.

[22] 吴文勇，许翠平，刘洪禄，等. 再生水灌溉对果菜类蔬菜产量及品质的影响 [J]. 农业工程学报，2010，26（1）：36 – 40.

[23] 龚雪，王继华，关健飞，等. 再生水灌溉对土壤化学性质及可培养微生物的影响 [J]. 环境科学，2014，35（9）：3572 – 3579.

第8章 灌区农田盐分调控与分级消纳

我国有盐碱化耕地约 1.3 亿亩，其中已治理的盐碱化农田达到了 0.8 亿亩，占总盐碱化农田面积的 61.5%。治理措施主要包括水利工程、化学改良、生物技术等。这些措施有效地降低了土壤盐分含量，提高了土壤有机质含量，增强了土壤保水能力，促进了作物生长。据估计，每年因盐碱化农田治理而增加的粮食产量达到了 1.2 亿 t，为保障国家粮食安全做出了重要贡献。同时，盐碱化农田治理也带来了显著的社会效益和环境效益，提高了农民收入和生活质量，改善了农村生态环境，增加了生物多样性，减少了温室气体排放。国家积极推动盐碱地治理技术创新，不断推出新技术、新方法，提高治理效果，为解决盐碱地利用问题提供了新的途径。

8.1 旱区土壤盐碱化的发生与演变

全球约有 10 亿 hm^2 的土地受到盐碱化影响，其中旱区占 80% 以上。土壤盐碱化已成为制约农业健康发展的世界性问题。预计到 2050 年世界人口将超过 90 亿人，这就要求食品生产增加 57%。而土壤盐碱化所引发的农业生产力下降问题，对农业维持人口日益增长的粮食需求构成严重挑战。在全球范围内，盐碱化正在造成耕地面积每年减少约 $2000hm^2$，因此旱区土壤盐碱化治理是一项具有重要意义和紧迫性的任务。

8.1.1 世界盐碱地分布与治理途径

1. 世界盐碱地分布格局

联合国粮食及农业组织（Food and Agriculture Organization of the United Nations, FAO）于 2021 年 10 月发布了由 118 个国家的数百名数据处理人员联合制作完成的世界盐碱地分布数据，为全球防止土壤盐碱化和提高土地生产力提供了基础资料。根据测算，全球盐碱地（包括盐土、碱土和盐碱土）面积约占地球面积的 8.7%（约 8.33 亿 hm^2），主要分布在亚洲、非洲和拉丁美洲的干旱或半干旱地区。全球主要国家受土壤盐碱化影响的土地面积占比见表 8-1。目前，各大洲均有 20%~50% 的灌溉农田的土壤盐分含量过高，这意味着全球逾 15 亿人口因土壤盐碱化而面临粮食生产困难问题等重大挑战。此外，研究显示，全球超过 10% 的农田出现盐碱化问题，严重威胁着全球粮食安全生产体系。中亚、中东、南美、北非和太平洋区域是土壤盐碱化的较为严重的地区[1]。

表 8-1   全球主要国家盐碱化土地面积占比

国家	盐碱化土地占灌溉面积比例/%	国家	盐碱化土地占灌溉面积比例/%
印度	20	俄罗斯	21
巴基斯坦	25	美国	23
中国	15	泰国	10
伊朗	29	澳大利亚	33

2. 世界盐碱地治理主要途径

盐碱地综合治理涉及多种学科相关理论和技术，具有长期复杂性。以盐碱地改良利用为目标的退化生态系统研究已成为世界性重大科学问题，国内外众多学者和机构已开展了大量相关研究。纵观国外情况，盐碱地治理多采用水利工程措施、化学改良、生物改良、农艺改良等方法。如美国科学家就盐碱地耕层盐分组成与评价、水盐运动预测理论与盐碱地改良利用与管理等方面开展了大量研究工作；澳大利亚重点开展土壤盐碱化影响及其土地利用与管理；巴基斯坦实施防治土壤次生盐碱化为主体的大型治理计划[2]。

盐碱地治理的思路和方法随着人们对土壤盐碱化发生危害的认识而不断发展深化，在20世纪初，重点开展了盐碱土的地理分布、形成过程、类型及其发生学特性等方面的研究工作；20世纪30年代以来，重点开展水利措施改良盐碱化土地为中心的灌溉、渠道防渗和排水措施等盐碱地改良基本原理研究与应用；20世纪40年代以来，开始加强化学改良、农业措施、土壤理化性质和水盐运动规律研究；从20世纪60年代起，盐碱地治理由田块发展到灌区和流域性的整体治理，如美国加州中央河谷、匈牙利蒂萨河大灌区等；自20世纪80年代以来，盐碱地治理重点转移到大面积耕作土壤上，进行大型灌区次生盐碱化的预测预报和治理、区域水盐运移与水盐平衡[3]。提出了土壤次生盐碱化发生、预测、控制理论，将经济科学用水与物理化学措施相结合，广泛使用改良剂，提升土壤脱盐效果；选育耐盐品种提高作物抗盐力、开发利用盐生作物发展盐土农业。而我国自20世纪80年代以来，在黄淮海平原的盐碱盐碱地改良中，采取"因地制宜、综合治理"的原则，提出排、灌综合运用的治理措施。在20世纪90年代，随着电磁感应地面电导仪（EM）技术的发展，美国、加拿大、澳大利亚等发达国家，充分利用3S技术和EM盐分勘查系统，发展了精确预测盐碱土化变化特征的高新技术。

近年来，国际土壤科学联合会（International Union of Soil Sciences，IUSS）涉及的盐碱化土壤治理方面研究主要包括土壤盐碱化发生演变、水分高效利用、作物耐盐性三大方向，比如2018年第21届世界土壤学大会，有关盐碱盐碱地领域的主题包括多源数据融合与盐碱化反演、盐碱化演变过程模拟、劣质水安全利用、盐碱化的生态水文过程、盐碱障碍修复与作物响应等。2021年世界土壤日主题为"防止土壤盐碱化，提高土壤生产力"。目前，我国盐碱化土壤治理研究专题既涵盖了国际盐碱盐碱地的方向和内容，又突出了国内特色，注重科学需求和国家需求的有机结合，研究内涵更为丰富，涉及面更加宽广，学科交叉更多。

8.1.2　西北旱区盐碱地的危害与成因

盐碱地是各种盐土和碱土以及不同程度盐化和碱化土壤的总称。当土壤表层含盐量超0.6%时即属盐土，土壤胶体的交换性钠占交换性阳离子总量20%以上，pH一般为9或更高的土壤称为碱土。我国的盐碱盐碱地可分为盐化土和碱化土两大土系，其中：盐土可分为滨海盐碱盐碱地、草甸盐土、潮盐土、沼泽盐土、典型盐土、洪积盐土、残积盐土、碱化盐土等；碱土则可分为草甸碱土、草原碱土、龟裂碱土和镁质碱土。

土壤盐碱化按照其形成过程主要分为原生盐碱化土壤和次生盐碱化土壤两大类型。原生盐碱化土壤是指在盐土、碱土、盐化土、碱化土上开垦的土地，从开发利用（耕种）以来，尽管进行了洗盐、排盐等一系列土壤改良措施，但由于土壤质地黏重或具有黏化等障碍层或地下水位过高、排水排盐不畅、资金投入不足等问题，土壤始终没有完全脱盐。次生盐碱化土壤是指土地开发耕种以后，由于后期灌溉水量过大，地下水位上升使土壤积盐或因排水渠道淤塞，土壤排盐变为积盐，形成次生的土壤盐碱化。

1. 盐碱危害的生物学机制与特征

（1）盐碱危害的生物学机制。作物生物量形成过程实质上是通过光合作用将太阳能转化为化学能的过程。因此，作物生产能力主要取决于气孔行为及光合作用器官数量。一方面，盐碱胁迫会引起作物叶片的气孔关闭，造成气孔导度减小、蒸腾速率及细胞间CO_2浓度下降、PSII反应中心活性减弱，导致作物受到光抑制、造成净光合速率降低；另一方面，光合作用的主要器官是叶绿素，在酶的催化作用下叶绿素将二氧化碳与水分合成碳水化合物，因此光合作用的强度和效率取决于叶绿素数量、光合作用所需要的原料、能量和酶活性。由于Fe^{2+}等是叶绿素形成的主要元素之一，盐碱环境下土壤中铁离子主要以Fe^{3+}存在，影响叶绿素形成数量和速度。盐碱胁迫也使叶绿体类囊体膜成分与微结构发生变化，饱和脂肪酸的含量增加，破坏了膜的光合特性。同时，参与作物蒸腾过程的水分主要来源于土壤，而由于土壤溶质势和基质势改变，降低了根系吸收和传导水分和养分的速率。此外，作物光合作用所需要的能量来源于作物呼吸，而盐碱胁迫土壤气态氧和溶解氧浓度下降，土壤呼吸强度减弱，影响了光合作用所需的能量供给，导致光合效率下降。同时，盐碱胁迫抑制作物组织和器官的生长、加速了作物发育进程，使营养生长和开花期数缩短，直接影响作物产量和品质。

盐分对作物生长发育的影响也可分为直接伤害和次级伤害。直接伤害破坏了作物细胞的离子均衡。正常作物细胞中的各种离子（如Na^+、K^+、Cl^-、Ca^{2+}等）均处于平衡状态，而当作物根系生长在高盐环境中时，Na^+、Cl^-会大量进入细胞，破坏细胞原有的跨膜电化学梯度，严重影响物质跨膜运输，进而影响细胞正常生理代谢功能。此外，破坏作物细胞内的生物大分子结构和活性，最终造成作物生理代谢紊乱。次级伤害主要包括渗透胁迫伤害和氧胁迫伤害。土壤中过量的盐分离子增大了土壤溶液渗透压，抑制了作物从土壤中吸取水分和养分的能力，造成作物生理干旱；根系吸收的Na^+随着蒸腾流进入叶片并滞留在叶片的质外体内，加重渗透胁迫。当作物生长在盐碱胁迫条件下，打破了作物体内活性氧产生与清除间的平衡，诱发氧化胁迫；活性氧还会诱发细胞膜脂过氧化，致使膜中的不饱和脂肪酸含量降低，膜脂由液晶态转化为凝胶态，膜流动性下降，质膜透性增大，大量外界离子渗入，破坏细胞离子稳态，而膜内一些小分子物质外渗，最终造成细胞正常代谢紊乱。此外，Na^+ 和 Mg^{2+} 在作物体内的过量积累还会对作物产生离子毒害作用，引起作物细胞的结构性损伤，阻碍光作物的光合作用，抑制作物的生长，限制农业生产潜力（图 8-1）。

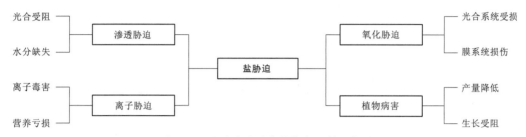

图 8-1　盐碱胁迫对作物危害机制示意图

（2）盐危害的主要特征。 盐危害是由于存在过量的可溶性盐类引起的。不同的盐类对作物产生危害的程度不同，几种常见的可溶性盐类对作物危害的次序依次为 Na_2CO_3、$MgCl_2$、$NaHCO_3$、$NaCl$、$CaCl_2$、$MgSO_4$、Na_2SO_4。在可溶性钠盐中，Na_2CO_3 对作物的危害最大，Na_2SO_4 的危害最小。若以 Na_2SO_4 作标准，他们对作物危害程度的比例是 $Na_2CO_3 : NaHCO_3 : NaCl : Na_2SO_4 = 10 : 3 : 3 : 1$。盐害主要表现如下：

1）影响作物蒸腾。土壤中过量的可溶性盐使土壤溶液的渗透压升高，降低了土壤水分有效性，作物根系吸收水分困难，造成生理干旱，影响作物的蒸腾及生长过程。

2）影响作物吸收养分。土壤溶液中某种离子的浓度过高，将影响作物对其他离子的正常吸收，导致作物的营养紊乱。例如，过量的 Na^+ 会阻碍作物对 Ca、Mg、K 的吸收；高浓度的 K^+ 会阻碍作物对 Fe 和 Mg 的吸收，结果引起作物缺铁和缺镁的"失绿症"。

3）某些离子对作物的毒害作用。某些离子的浓度过高时，可对一般作物产生直接毒害作用。例如，Cl^- 在叶中的过多积累使某些作物的叶子产生"灼伤"，使叶子边缘干枯，严重时造成叶子脱落，小枝条枯死。

4）影响土壤对作物的养分供应。抑制土壤微生物的活动，影响土壤养分的有效转化，从而影响土壤对作物的养分供应。盐分过多可改变土壤微生物的原生质的性质，当钠盐进入微生物细胞后，与蛋白质作用生成钠蛋白，使原生质的活动不正常。例如，当土壤中 $NaCl$ 或 Na_2SO_4 含量达到 0.2% 时，氮化作用大为降低；达到 1.0% 时，氮化作用几乎完全被抑制；硝化细菌比氮化细菌受盐类的危害更敏感。

5）盐害影响作物产量。盐分聚集地表，严重危害农业生产，使其农作物不能正常吸收水分和营养，重者使植株死亡，轻者植株生长受到抑制，农作物产量降低（图 8-2）。

（3）碱危害的主要特征。 碱危害是由于土壤胶体吸附有大量的代换性 Na^+，土壤存在游离的强碱性物质，对作物产生直接或间接的危害。碱危害主要表现如下：

1）降低土壤养分的有效性。土壤中碱性盐水解时，使土壤呈强碱性反应，使磷酸盐及 Fe、Zn、Mn 等作物营养元素形成溶解性很低的化合物，降低其有效性，而使幼苗产生发紫（缺 P）、叶黄（缺 Fe）等症状。

2）恶化土壤物理和生物学性状。土壤中的钠盐具有强大的分散能力，使土壤结构破

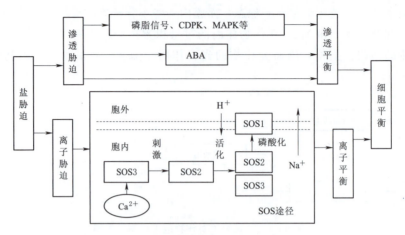

图 8-2　盐胁迫信号转导过程图

坏，土粒高度分散，湿时泥泞，干时坚硬，通透性差，耕性不良，严重妨碍作物出苗生长，也影响微生物的活动。

3）影响作物生理活动。Na_2CO_3 等强碱性物质会破坏作物根部的各种酶，影响作物新陈代谢的进行，特别是对幼嫩作物的芽和根有很强的腐蚀作用，可直接产生危害（图 8-3）。

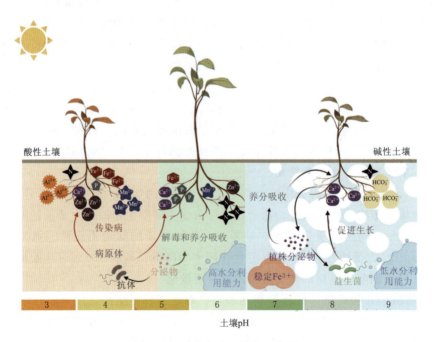

图 8-3　碱危害主要途径示意图

2. 土壤盐分主要来源

土壤盐分主要来源于含盐的土壤母质，以及潜水蒸发、农田灌溉和施肥、地表水体渗漏带入土壤的盐分。对旱区而言，已开发利用的农田土壤盐分主要来源于土壤中残余的盐分以及固有或临时的地下水。对设施农业和高附加值农产品生产区，土壤盐分主要来源于灌溉、施肥过程带入的可溶性盐分。

由于土壤盐分来源不同，土壤盐分累积特征及化学组成也存在差异。对于西北旱区，土壤盐分主要来源于固有地下水或由于灌溉引发的地下水，其累积过程主要与毛管水上升高度、潜水蒸发强度和地下水矿化度有关。同时，土壤盐分离子组成与地下水离子组成具有相似性，土壤含盐量与主要离子含量间存在着线性关系，可以利用土壤含盐量计算土壤盐分离子含量。在流域空间分布上，由于成土过程及盐分离子随河流水体运移方式不同，土壤盐分离子组成及其盐碱化程度呈现空间地带分布特征。一般在山前区，地下水埋深大且矿化度低，土壤大多无盐碱化现象；在冲积扇区，地下水埋深较浅（1～3m），但地下水矿化度较低（1～3g/L），土壤盐碱化程度低，土壤盐分主要以碳酸盐和硫酸盐为主；在沉积区，地下水埋深浅（1～2m），矿化度高（3～10g/L），土壤盐碱化程度较为严重，并以硫酸盐和氯化物为主；对于下游平原区，一般地下水埋深在1～2m，地下水矿化度在3～20g/L，以NaCl为主。土壤盐碱化的类型和程度主要受施肥措施（如化肥种类、用量及施用方式）和灌溉管理（如灌溉水质、水量及灌溉制度）的综合影响。

地下水所引发的土壤盐碱累积的强度，主要取决于大气蒸发能力、土壤导水能力、地下水埋深和矿化度。一般土壤盐分累积量与大气蒸发能力、土壤导水能力和地下水矿化度成正比，与地下水埋深成反比。由于土壤导水能力与土壤质地、容重、结构、有机质含量和层状构造有密切关系。对于地下水埋深较浅的农田，随着土壤质地由轻变重、土壤有机质含量的增加，土壤盐分累积量降低。如土壤剖面存在黏土夹层或沙土夹层有利于延缓地下水盐分向表层土壤的累积，而且随着夹层厚度增加和夹层埋深降低，其控制盐分累积的效果愈加明显。同时，由于盐分离子的电荷数、离子半径、分子量及其与土壤胶体颗粒作用不同，累积速率也存在较大差异，其中Cl^-和Na^+分别是迁移最快的阴离子与阳离子。

3. 盐碱地的成因

盐碱地成因主要包括自然原因引起（气候、地形及地貌、成土母质、水文及水文地质条件及生物因素）的盐碱化和人类活动引起的次生盐碱化。盐碱地不仅对全球消除饥饿和贫困的努力形成了阻碍，还降低了水质和土壤的生物多样性，同时加剧了土壤退化。

(1) 气候因素。对于蒸降比大于1的半干旱气候区，土壤水的毛管上升运动超过了重力下行水流运动，在蒸降比较高的情况下，土壤及地下水中的可溶性盐类随上升水流蒸发、浓缩，累积于地表。气候越干旱，蒸发越强烈，土壤积盐也越多。蒸发量大于降水量数倍至数十倍的干旱区及漠境地区，土壤毛管上升水流占绝对优势，导致盐碱土呈大面积分布。

气候变化使得土壤盐碱化风险与日俱增。到21世纪末，全世界旱地面积有可能增加23%，且主要集中在发展中国家。对于我国西北旱区而言，内蒙古河套灌区年蒸发量为2000～2400mm，是年降水量的10余倍；甘肃河西走廊大部分地区年蒸发量为2000～3000mm，是年降水量的10～40倍；宁夏年蒸发量为1000～1550mm，是年降水量的5～8倍；新疆南疆的年蒸发量为1000～2000mm，是年降水量的7～20倍[4]。由于蒸发强烈，这些地区的土壤盐分运移活跃，下层土壤或地下水中盐分随毛管水上升到地表，水分蒸发后盐分却积存在地表，致使土壤表层含量增加。从年内变化来看，灌区土壤盐分主要随着灌溉和蒸发过程在垂直方向移动。在作物生长期，农田盐分一般被灌水压制在主要根系层以下，对作物生长危害不大；在冬春季，无灌溉而蒸发量大，盐分向土壤表层移动，出现返盐；进入夏秋季，经过几次灌溉，盐分又逐渐被压制在主要根层以下，作物得以正常生长；就这样周而复始，在灌溉的洗盐、压盐作用下，灌区农业生产得以持续进行。

（2）地形及地貌。土壤盐碱化地区一般都是地形低平或低洼地带，如内流封闭盆地、半封闭出流滞缓的河谷盆地及其冲积平原、出流滞缓的泛滥平原等。这些地区的地上、地下径流条件较差，可溶性盐是以水为载体，当含盐水出流困难和滞缓时，盐分只能随水分垂直向上蒸发，水分蒸发后，盐分聚集在土体表层而无法向下淋洗（图8-4）。盐碱土分布同地形条件有密切关系。与大地形的关系符合"盐随水来"的规律，即盐碱土主要集中分布在冲积平原的下游，地势低平、自然出流不畅、排水滞缓、地下水位高、水盐汇集的地区；而小地形的情况恰好相反，在洼地的边缘和局部微高起处，由于暴露面大，蒸发强烈，是积盐最多的部位。在耕地中，田嘴子和凸起的田面往往形成盐斑。当灌区地下水位较高，超过临界水位时，土体积盐更加强烈。在干旱、半干旱地带，地下水蒸发极其强烈，很容易形成盐碱土[5]。

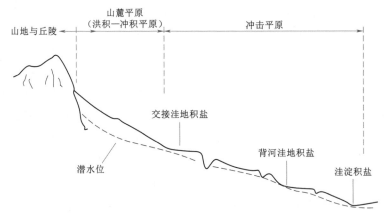

图8-4　盐碱分布的地形部位随地貌变化的规律示意图

（3）成土母质及土壤结构。含盐母质是盐碱土形成的重要物质基础，母质由岩石风化后产生，包括一些可溶性盐，这些可溶性盐在成土过程中部分淋失，还有部分残留在土体中，成为原生盐土盐分的重要来源。在干旱、半干旱地区，大部分盐碱土都是在第四纪沉积母质的基础上发育起来的。在干旱地区，因受地质构造运动的影响，古老的含盐地层被隆起为山地、高原或阶地，裸露地表，成为现代土壤盐分的来源。

一般在我国西北的第三纪红土层和古地质时期地槽区所形成的地层，含盐量较高，其风化物易形成盐碱土。如甘肃省部分灌区成土母质为黄土和红土，含盐量较高，风化释放出的可溶性盐分无法淋溶，只能随水迁移至排水不畅的低平地区；内蒙古河套平原地质构造属于河湖相沉积，土壤母质本身就含有较多钾、钠、钙、镁等盐分；新疆多数灌区周边的山区岩石和成土母质也含有可溶性盐分。

土壤剖面质地和结构对土壤水分和盐分的物理性质影响较大，直接关系到土壤的水、盐运移过程。土壤质地对于土壤盐化的影响，一方面是土壤质地影响毛管水强烈上升的高度，如壤土的毛管强烈上升高度就大于黏土，因而在相同条件下壤质土易于盐化；另一方面是良好的土壤结构，如水稳性团粒含量高时，可减少毛管孔隙，从而减轻土壤的盐化程度。

（4）水文及地质条件。地表径流影响土壤盐碱化形成主要表现为两种方式：一是通过河水泛滥或引水灌溉，淹没地面，进入土体，致使河水中的水溶性盐分残留于土壤中；二是河水通过渗漏补给地下水，抬高河道两侧的地下水位，增补地下水盐量，增加地下水的矿化度。但是地表径流影响土壤盐碱化的程度，主要取决于河水含盐量的大小。河水的矿化度除受流经地层的影响外，与径流量及出流条件的关系也十分密切。浅层地下径流是影响土壤现代盐分运动非常活跃的因素，它是土体中盐分运转的基本动力，对于土壤盐分的累积及组成，都具有十分重要的作用。在封闭地形中，地下水和土壤的化学成分，具有明显的分异性，地下水和土壤的含盐量由补给区向容泄区逐渐增长。一般是溶解度小的重碳酸钙和重碳酸镁先析出，然后是硫酸钙和碳酸镁、硫酸钠，而溶解度大的氯化钠、氯化钙、氯化镁，则富聚于容泄区的末端。

由于蒸发强烈，在干旱及半干旱地区，浅层地下径流中的盐分很容易沿土壤毛管水上升到地表，当水分蒸发后，盐分残留于地表。由此可见，浅层地下径流的化学成分和现代土壤盐碱状况，是自然地理条件及水文地质条件的综合反映。一般来说，地下水埋藏深度越浅，地下水的矿化度越高。故径流滞缓的容泄区，有大面积的高矿化度地下水和盐碱土分布。深层地下水常以泉水出露地面，并参与地表径流和浅层地下径流向低地汇集，增加地下水和土壤的盐度，从而引起大面积的土壤盐碱化。

（5）生物因素。盐生作物通过强大的根系从底层吸收盐分，因而体内含有较高的盐分。死亡后，常常残留有大量的盐分，并以残落物的形式返回地面，作物遗体被分解而形成的钙盐和钠盐，经雨水淋洗，钙盐在一定深度沉淀固定，而钠盐仍以游离状态存在于土壤溶液中，因而钠盐的浓度相对增大，土壤因钠盐积聚过多而发生盐碱化。盐生作物可以反映一个地区的含盐状况，故常常将其作为盐碱土的指示作物。常见的盐土指示作物（如海蓬子、羊角菜、骆驼刺、盐穗木、琵琶柴等）的生长环境的 pH 介于 7～8 之间，常见的碱土指示作物（如碱蓬、碱灰菜等）土壤 pH 介于 8.5～10 之间。

（6）人类生产活动。人类生产活动对土壤盐碱化的影响是多方面的。如人类不合理利用土地、耕作粗放、管理不善、过度或不当施肥、森林砍伐、过度放牧，都会破坏土壤团粒结构，增加地面蒸发，导致盐碱土壤的肥力和生产力较低，引起盐分向表层积累增多，加重土壤的盐碱化。此外，洪涝灾害和不合理灌溉，特别是采用滴灌等节水技术后导致有灌无排；水利工程（如水库、渠道等）渗漏抬高了附近的地下水位造成盐碱化现象的发生，使水文地质条件发生变化，土壤盐化往往加重。如甘肃景电、靖会等高扬程灌区及沿黄自流灌区建设初期主要考虑灌溉功能，只建了骨干排水沟，而支、斗、农沟配套率较低，排水系统不配套，导致灌区出现土壤盐碱化现象。此外，部分工矿区排出的高矿化废水所引起的土壤盐碱化现象，也日趋增多。

4. 次生盐碱化土地的形成

在干旱灌溉农业区，由于存在不利的自然因素，加上水利工程和农业生产措施不当，如大水漫灌、有灌无排、盲目插花种稻、渠道渗漏以及引用高矿化度水灌溉等原因，引起地下水位上升，使原来非盐碱化的土壤或已得到改良的各种盐碱土，重新演变为盐碱化土壤或使盐碱化加重，这些均称为次生盐碱化。土壤次生盐碱化的发生，主要与生产措施不当有关，特别是灌溉、排水、作物布局和耕作等对农田水盐运移过程的影响有关。对于设施农业区而言，受长期浅灌、土表施肥和浇水频繁，设施菜地内湿度一直保持在较高水平，使菜地土壤团粒结构受到破坏，大孔隙减少，通透性变差，盐分不能渗透到土深层，加剧了盐分向表层积累。此外，设施土壤温度较高，原生矿物的风化加速、盐基离子的释放增加，更进一步加深了设施菜地土壤次生盐碱化。

相关研究表明，新疆地形特征为山脉与盆地相间排列，即盆地被高山环抱，长距离输水困难导致明沟排水比例较小[6]。汛期过后水流间断，残余水流滞留在沟内，形成积水，抬升了局部的地下水位，易引发土壤盐碱化现象。据 2016 年新疆统计年鉴数据显示，全疆灌溉面积为 $4.52 \times 10^6 \, hm^2$，引水渠道总长为 $3.28 \times 10^5 \, km$，而排水沟系的总长不及引水渠道的 1/4，长期有灌无排最终导致土壤次生盐碱化危害。北疆明沟排水多数已被废弃，田间斗、农排配套率低，在汛期灌区内易发生洪涝灾害。此外，农田排水系统管理机构主体不明确，缺乏持续的经费投入，地面排水沟渠系淤积严重，多数早已老化坍塌。人们多关注于灌区水资源短缺、自然灾害造成的农业减产等问题上，排水工程建设得不到重视。早期修建排水渠往往利用自然地形进行开挖，灌区传统的排水出路是将盐渍水排入沙漠、湖泊。20 世纪 80—90 年代，塔里木河受周边灌区春、冬灌排水影响（如阿克苏河灌区），导致河水水质盐化较重。

河套灌区一直受到次生盐碱化问题的严重威胁，土壤盐碱化由多种因素形成，首先是地质构造，灌区为湖河相沉积，地层中富含盐分、成因复杂，原生盐碱土比重大、类型多；其次是地理气候，灌区属于中温带大陆性气候，降水少、蒸发量大，蒸发量是降水量的 10 倍以上，地下水径流不畅、矿化度高，属于垂直入渗蒸发型，易引起土地次生盐碱化[7]。根据国内外的经验表明：在防止灌区积盐和土壤盐碱化所采取的有效措施前，必须进行灌区水盐平衡分析，以妥善解决灌区盐分的排除和处理问题，同时也可避免对周边和下游地区生态环境造成不利影响。

8.1.3　盐碱地空间分布特征与演变

我国内蒙古、宁夏、甘肃、青海、新疆等西北内陆地区，降水量不足 400mm，部分地区仅有几十毫米，而水面蒸发量却在 1800~2200mm 以上。在自然因素影响下，土壤水盐以向上运动占绝对优势。在地下水埋深浅的情况下，地下水蒸发强烈，导致土壤全年处于积盐状态。随着地下水埋深减小和干燥度的增加，土壤的积盐强度随之增加。由于土壤盐分的自然淋洗作用十分微弱，不同季节的蒸发量不同，土壤积盐强度才有所差异。西北旱区盐碱地空间分布如图 3-6 所示。

西北旱区盐碱土面积及比例见表 8-2。西北盐碱地分布区域可以划分为半漠境内陆盐土区和青新极端干旱漠境盐土区。其中，半漠境内陆盐土区包括甘肃河西走廊和宁夏与内蒙古的河套灌区，青新极端干旱漠境盐土区包括青海盐碱土区、新疆伊犁河谷与南疆。其中，盐碱地面积有近亿亩，且呈连片分布，主要表现为土壤积盐量高，盐分组成复杂，大部分以氯化物—硫酸盐或硫酸盐—氯化物为主。河西走廊的盐土含有大量的石膏和碳酸镁，而宁夏碱化土壤则有大面积的龟裂碱化土。西北引黄灌区是我国土壤盐碱化发育的典型地区，独特的地理位置和多变的气候条件，造成这一地区冬季严寒少雪、夏季高温干热、昼夜温差大，加之蒸发量大、降水较少，地下水的运动属于垂直入渗蒸发型，灌溉水中含盐量约为 0.5g/L，这些因素决定了河套灌区盐碱化程度较严重。内蒙古河套灌区轻度盐化土壤（含盐量 2～4g/kg）占耕地面积 24%，中、重度盐碱化土地占耕地面积 31%。碱化土壤主要包括草甸碱土、草原碱土、漠境龟裂碱土等类型（表 8-3）。

表 8-2 西北旱区盐碱土面积及比例

地区	总面积 /×10^6 hm²	耕地面积 /×10^6 hm²	盐碱地面积 /×10^6 hm²	占总面积 比例/%	占耕地面积 比例/%
新疆	166.49	4.06	11.00	6.61	270.94
甘肃	45.37	5.41	1.04	2.29	19.22
青海	72.23	0.54	2.30	3.18	425.93
陕西	20.58	5.13	0.35	1.70	6.82
宁夏	6.64	1.32	0.39	5.87	29.55
内蒙古	118.30	7.36	7.63	6.45	103.67

通常情况下，土壤盐碱化类型是以盐分阴阳离子组分进行划分。受气候变化和人类活动影响，西北旱区存在耕地盐碱化现象，主要特点呈现为盐碱地呈连片分布，盐土含盐量高，积盐层厚，盐分组成复杂[8]。河套灌区重度盐碱地主要分布在总干、总排干两侧和乌梁素海周边、地势低洼地带，盐分组成复杂，主要以硫酸盐盐化土、氯化物盐化土、苏打盐化土、碱化土为主，多以复合形式存在。甘肃盐碱化耕地主要分布在疏勒河、黑河、石羊河及沿黄灌区的中东部地区。宁夏盐碱化耕地主要分布在北部引黄灌区和清水河川局部灌区，以银川平原北部尤为严重。新疆盐碱化耕地主要分布于天山南麓山前平原、叶尔羌河流域冲积平原、喀什噶尔河三角洲、阿尔泰山两河流域平原、天山北麓山前平原、博尔塔拉河谷等地区。从耕地盐碱化程度来看，以上地区轻度盐碱化耕地占比基本都在 50% 以上，新疆轻度盐碱化耕地占比达 75.85%（表 8-4）。

表 8-3 西北旱区主要盐碱土类型

地区	盐 碱 土 主 要 类 型
新疆	盐土：草甸盐土、沼泽盐土、典型盐土、残余盐土、矿质盐土、潮盐土、洪积盐土 碱土：漠境龟裂碱土、镁质碱土
甘肃	盐土：草甸盐土、碱化盐土、潮盐土、沼泽盐土、典型盐土 碱土：镁质碱土
青海	盐土：沼泽盐土、典型盐土、洪积盐土、残余盐土
陕西	盐土：草甸盐土、潮盐土、沼泽盐土、残余盐土
宁夏	盐土：草甸盐土、潮盐土、沼泽盐土、残余盐土 碱土：漠境龟裂碱土
内蒙古	盐土：草甸盐土、碱化盐土、潮盐土、沼泽盐土、典型盐土 碱土：草甸碱土、草原碱土、漠境龟裂碱土

表 8-4 西北旱区耕地盐碱化程度分布

地区	盐碱化耕地面积						
	重度盐碱化面积 /万 hm²	面积占比 /%	中度盐碱化面积 /万 hm²	面积占比 /%	轻度盐碱化面积 /万 hm²	面积占比 /%	合计 /万 hm²
内蒙古	5.27	16.33	9.87	30.59	17.13	53.08	32.27
甘肃	4.99	15.47	11.31	35.07	15.95	49.46	32.25
宁夏	2.50	16.48	3.78	24.92	8.89	58.60	15.17
新疆	7.37	4.55	31.75	19.60	122.89	75.85	162.01

8.2 盐碱障碍的诊断与生物修复

伴随着科学技术的进步,盐碱地治理方面也出现了新的理论与方法,包括以恢复生态学为指导,以及结合微生物技术,对盐碱地进行生态修复和微生物修复,为更好地开发利用盐碱地、改善生态环境、促进区域社会经济可持续发展提供了新的途径。基于在盐碱地区建立"淡化肥沃层""治水是基础,培肥是根本"的观点,通过提高土壤肥力,以肥对土壤盐分进行时、空、形的调控,在农作物主要根系活动层建立一个良好的肥、水、盐生态环境,达到农作物持续高产稳产。

8.2.1 盐碱障碍的诊断预测

精确获取土壤盐碱化多尺度、多要素的时空动态,对精准解析自然、人为要素驱动下的盐碱化演变机制具有重要意义。随着遥感和近地传感技术的不断发展,促进了土壤盐碱化多要素、多尺度、一体化监测预测技术的发展。

1. 盐碱障碍诊断发展历程

盐碱障碍是指土壤中的盐分和碱性物质对作物生长造成的不利影响,是一种常见的土壤退化问题。盐碱障碍诊断技术是指通过测定土壤的盐分、pH、电导率、交换性钠等指标,判断土壤的盐碱化程度和类型,为盐碱土改良和合理利用提供依据的技术[9]。盐碱障碍诊断技术的发展历程可以分为以下阶段:

(1) 早期阶段 (19 世纪末至 20 世纪中叶)。该阶段主要以土壤的感官特征和植被状况为诊断依据,缺乏科学的标准和方法,诊断结果不够准确,不能全面反映土壤盐碱化的真实情况。

(2) 发展阶段 (20 世纪中叶至 70 年代)。该阶段开始采用化学分析法和物理分析法,测定土壤的盐分、pH、电导率等指标,建立了一些简单的分类系统和评价标准,提高了诊断的客观性和准确性。

(3) 成熟阶段 (20 世纪 70—90 年代)。该阶段引入了更多的化学和物理指标,如交换性钠、钠吸附比、饱和度等,发展了更完善的分类系统和评价标准,如美国农业部 (United States Department of Agriculture, USDA) 的分类系统和联合国粮农组织 (FAO) 的评价标准,能够更细致地区分不同类型和程度的盐碱障碍。

（4）现代阶段（20世纪90年代至今）。该阶段利用了现代信息技术和遥感技术，实现了盐碱障碍诊断的快速、大范围、动态和定量化，如地理信息系统（GIS）、全球定位系统（GPS）、遥感图像处理等，能够更加全面地反映土壤的空间变异性和时序变化性（图8-5）。

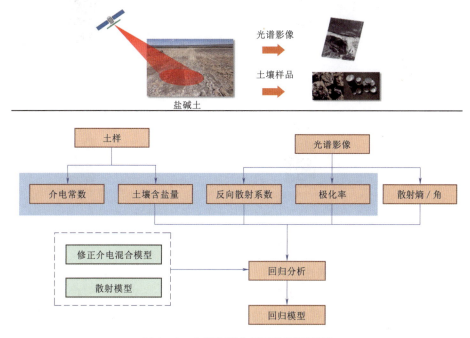

图8-5 土壤盐碱化遥感监测原理图

2. 盐碱障碍诊断的遥感监测方法

（1）直接解译。直接法是直接解译盐碱土的光谱特征；间接法是根据植被特征、土壤温度、土壤水分、表面阻抗等反映土壤盐碱化特征的参数进行推断。但是，这两种方法都有局限性，所以近年来在土壤盐碱化的遥感监测研究中，单纯应用直接或间接方法的并不多见，一般是使用综合方法，即采用直接与间接相结合的方法，例如：基于三维特征空间建立的SVWSISDI模型，利用遥感影像提取土壤盐分含量、水分含量和植被覆盖度等信息，对不同盐碱化程度土壤的敏感性高；基于卫星遥感数据同化的方法，利用遥感影像和地面观测数据构建土壤含盐量模拟预报模型，实现对土壤盐碱化的动态监测；基于遥感与GIS技术的结合，利用遥感影像提取盐碱地的相关信息，并结合GIS技术构建模型进行动态监测。

（2）机器学习。遥感和磁感式大地电导率仪因为其非接触式、快速高效、与盐分相关性强等优势，近年来被广泛用于土壤盐碱化的测评反演。将土壤盐碱化多要素、多尺度的"空天地"观测数据相结合，利用机器学习算法开展多元数据融合同化，以精准推演盐碱化的时空演变过程，揭示盐碱化驱动机制成为未来研究热点。但盐碱土的光谱吸收机理目前尚未达成统一认识，需要进一步揭示土壤光谱表征对土壤盐分组成差异和离子微观运动的响应机理。而排除植被、土壤水分、土壤有机质等干扰因素的影响，并利用数字图像处理和计算机自动分类方法，不断提高盐碱地信息自动提取的精度，以及改进遥感器的性能，增加波段数量，开发新的软硬件以提高遥感信息存储和处理速度则是需要持续关注的问题。基于机器学习的干旱区土壤盐碱化反演技术流程如图 8-6 所示。

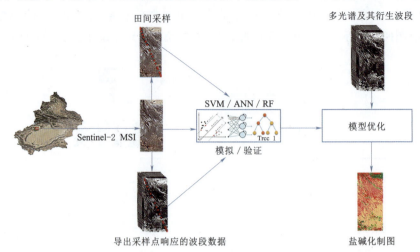

图 8-6　基于机器学习的干旱区土壤盐碱化反演技术流程图

3. 水盐运移模拟

土壤溶质运移模型是近似描述盐碱地水盐运移规律的有效方法，目前较成熟的商业化水盐运移数值模型包括 HYDRUS、SWAT、DRAINMOD、SWAP、SHAW 和 COMSOL 等（表 8-5）。HYDRUS 模型能够较好地模拟点源交汇条件下饱和—非饱和渗流区水、热及多组分溶质的迁移与转化过程，也是目前最为广泛应用的模型；由于土壤中常见盐分的形态较为稳定，使用 HYDRUS 模型模拟水盐运移过程时通常只需要确定盐分随水分进行运移的参数而不需要确定其反应参数。近年来使用 HYDRUS 模型模拟土壤剖面水盐变化过程的研究较多，例如模拟分析了滴灌或膜下滴灌、暗管排水等灌溉条件下农田土壤的水盐动态过程，比选了田间的最优灌溉方案，预测分析了农田土壤盐碱化进程，为制定农业灌溉决策和水分高效利用等提供参考[10]。HYDRUS-1D 模型可用于模拟一维非饱和条件下的地下水流、根系吸水、溶质运移和热运移等过程；HYDRUS-2D/3D 模型可模拟更加复杂的二维、三维变饱和区域的水流、溶质和热传输，除了内置算法和初始条件不同以外，HYDRUS-2D/3D 模型的模拟功能也更为强大，允许对灌溉方式设定和溶质反应参数随土壤水分含量变化等功能。

表 8-5　　　　　　　　　　　常用的土壤溶质运移模型基本信息

模型	地区	开发时间	主 要 开 发 机 构	主要开发人
HYDRUS	美国	1998 年	University of California Riverside、Salinity Laboratory	Simunek 等
SWAT	美国	1994 年	USDA-ARS	Jeff Arnold
DRAINMOD	美国	1978 年	North Carolina State University	Skaggs
SWAP	荷兰	1978 年	Wageningen University and Research Center	Feddes 等
SHAW	美国	1989 年	美国农业部西北流域研究中心	Flerchinger
COMSOL	瑞典	1998 年	COMSOL 集团	—
Modflow	美国	20 世纪 80 年代	美国地质调查局	Mcdonald 和 Harbaugh

SWAT（Soil and Water Assessment Tool）模型主要用于预测用地规划对流域中水文、沉积物、化学物质（N、P，农药等）的影响。基于过程和物理原理的 SWAT 模型适用于长期水文过程模拟，模拟对象为流域尺度，能够综合反映流域的地形地质、土壤性质及土地利用情况，天气和农业管理措施对水文过程和相关物质迁移转化过程的影响及模拟。SWAT 水盐模拟示意如图 8-7 所示。

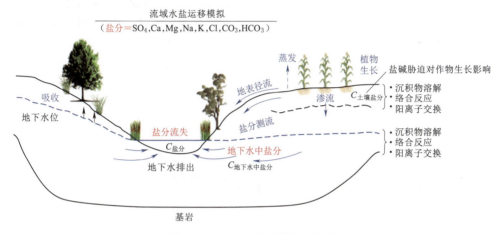

图 8-7 SWAT 水盐模拟示意图

DRAINMOD 模型可用于模拟地下水位较高情况下，农业水管理对农田水文效应以及对作物产量的影响；该模型的基本原理是基于单位地表面积与地下不透水层及 2 条平行排水管道之间土层的水量平衡（图 8-8）。通过输入农田的土壤与地表状况等参数、气温和降水等气象资料、排水设计和作物数据后，可以逐时、逐日计算水量平衡和盐分平衡，输出入渗、蒸散量、地表与地下径流以及地下排水的数据资料等水量平衡结果。以模型输出的水量平衡结果作为已知，还需要水动力弥散系数、土壤弯曲度、分子扩散系数等盐分运移参数以及不同深度土壤的初始含盐量，用来模拟农田排水中的盐分运移、土壤剖面盐分分布及盐分对作物产量的影响。DRAINMOD 模型认为非饱和区的土壤水盐为一维垂向运移，在饱和区为垂向和侧向二维运移，但以垂向运动为主，因此采用一维对流-弥散方程来模拟农田土壤水盐运移过程。近年来，学者们开发出基于 DRAINMOD 模型的多元耦合模型，如农业—生态耦合模型 DRAINMOD - DSSAT（DRAINMOD coupled Decision

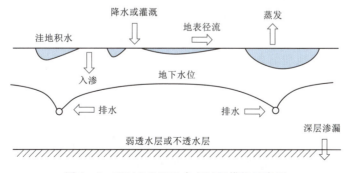

图 8-8 DRAINMOD 水文过程模拟示意图

Support System for Agrotechnology Transfer），林地—生态耦合模型 DRAINMOD - FOR-
EST。这些模型的开发与应用使我们对生态系统的控制机理、驱动因素以及关键过程有了
新的认识。

SWAP（Soil - Water - Atmosphere - Plant）模型是一种模拟田间尺度土壤—水分—
大气—作物系统中饱和—非饱和土壤的水分、热量及溶质运移过程和作物生长过程的综合
模型（图 8 - 9）。该模型可以考虑地下水动态变化的情况，能够模拟作物生长情况下多层
土壤的水盐运移，在国内外较多地区已经得到了广泛应用。但因 SWAP 模型难以模拟灌
水和地下水埋深变动对作物生长的影响，且作物生长模块所需要输入的参数较多且难以获
得，对于特定区域的农田土壤、作物、大气环境等条件，SWAP 模型中的一些参数和模块
仍需要进行率定和验证。

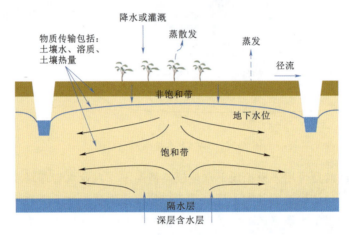

图 8 - 9　SWAP 物质传输过程模拟示意图

此外，SHAW 模型适用于季节性冻融区土壤水盐运移模拟；COMSOL 模型作为一种
基于有限元理论的高度集成的数值仿真软件，以高效的计算性能和多场耦合分析能力实现
任意多物理场的数值仿真。在地球科学领域，COMSOL 模型适用于模拟地下水流动、土
壤盐分运移等问题，在一些特定的土壤盐分运移过程模拟研究中（如盐分结晶、多组分耦
合运移），具有广泛应用前景。

土壤盐分运移过程的非线性，使得尺度转换一直是土壤水盐运移过程研究的难点。此
外，土壤水盐运动的驱动因子随空间尺度的变化而变化，在剖面和景观尺度上，水盐运动
主要受植被、微地形和土壤质地等影响，而在灌区和流域尺度，水盐运动受灌排格局、河
湖尾闾、灌溉扩张等因素控制。目前主要采用两种思路进行土壤盐碱化尺度上推研究：一
种是将盐分运移模型和地理信息系统 GIS、遥感 RS 松散结合形成区域尺度下土壤盐分运
移数值模型；另一种是采用数据同化方法，以水盐运移模型作为模型算子，以大尺度观测
数据作为驱动数据，采用同化算法将观测数据同化到模型中。

关于土壤盐分运移的尺度转化研究尚不成熟，主要原因在于盐分运移基于土壤水文过
程，其驱动要素和控制因子更为复杂且具有时间和空间依赖性，未来研究应加强不同尺度
观测数据的集成，构建普适性的尺度转换函数或模型。

8.2.2 盐碱胁迫农田的肥力提升方法

盐碱土中无机盐含量多、有机质含量低、土壤板结，如持续施用无机磷肥导致土壤中累积大量的难溶性磷酸盐，会使土壤进一步退化。N、P 等养分是作物生长发育所需要的矿物质元素之一，主要用于核酸、磷脂和 ATP 的合成，并通过光合作用、生物氧化、营养物质吸收和细胞分解代谢等途径促进作物生长。盐碱胁迫下作物相应机制示意如图 8-10 所示。

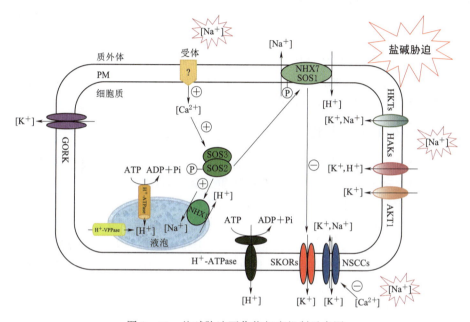

图 8-10 盐碱胁迫下作物相应机制示意图

1. 土壤养分减损增效机理

土壤盐碱化显著影响农田 N、P 等大量营养元素的迁移转化与吸收利用过程。研究表明，盐碱化农田化肥氮素利用率仅为 14%～29%，磷肥利用率为 10%～25%，低于常规农田氮磷肥利用效率。土壤盐碱化降低氮磷养分利用效率的机制包括：①影响土壤中氮磷迁移转化过程，如增大氨挥发和氮淋失、降低速效磷含量等，降低土壤氮磷养分有效性；②抑制作物生长，降低作物吸水和氮磷吸收量，降低养分利用效率。盐分通常被认为是土壤有机氮矿化的制约因子，但也有研究表明，有机氮矿化对土壤盐分有一个响应阈值，只有当盐分超过这一阈值时，才会对矿化起到抑制作用。硝化作用是氮素转化的中心环节，影响到氮素迁移及其生物有效性。盐分对硝化的影响也存在一个阈值，低于该值时，盐分对硝化过程影响并不明显，只有当盐分超过这一阈值时，才会对硝化过程起抑制作用。盐碱地对硝化过程的抑制作用不仅与盐分含量相关，还与盐分离子组成密切相关。在盐碱化农田中，氨挥发和氮淋失是化肥氮素损失的主要途径，国内主流研究认为，氨挥发量随盐分含量的升高而升高，但也有个别研究认为盐分升高抑制肥料水解，从而降低氨挥发[11]。

2. 土壤养分减损增效方法

国内学者重点从生物质材料、秸秆还田、石膏、化肥有机替代等角度开展盐碱农田障碍消减和氮素增效的调控研究。生物质炭可提升土壤质量，增大土壤孔隙，在改良盐碱地的同时增加土壤中速效养分，延长肥效，减少土壤铵态氮的淋失量，提高作物养分吸收和利用。此外，将石膏施入盐碱地后，土壤盐分、pH 随土壤年限延长逐年下降，有机质含量和速效养分逐年增加，实现肥料利用率的增加。盐碱地作物生育期内投入化学氮肥的 30% 采用有机肥替代，可提高大麦和玉米产量及养分利用效率。在盐碱地中，磷素移动性差且易与土壤胶体 Ca^{2+} 结合形成沉淀，同时盐碱地中大量 Na^+ 使土壤可溶性磷以磷酸钠盐的形式存在，危害作物生长，降低磷肥生物有效性，因此关于盐碱地磷素的研究更多从磷素活化方面开展。盐碱地中添加生物炭、有机酸改变了根际土壤微生物的群落结构，降低土壤 pH 和含盐量，提高根际速效磷含量。在重度盐碱地中施用生物质炭，可以提高土壤中可吸收态磷素含量和提高碱性磷酸酶活性。

8.2.3　盐碱障碍的微生物修复

土壤微生物是土壤养分循环的主要参与者，其数量可有效体现土壤养分和能量循环的活跃程度。土壤盐碱度影响微生物活性和有机质含量，关系着土壤养分元素的固定、释放和迁移。盐碱地中蕴藏着丰富的微生物资源，微生物对土壤物质组分、理化性质和微环境表现出高度的响应特性。近年来随着微生物技术的不断发展，利用微生物对盐碱地进行治理修复也得到广泛关注（表 8 - 6）。目前，国内学者围绕不同生物气候带盐碱地的微生物多样性分布格局、微生物与盐碱地改良过程的互馈适应、功能性微生物对盐碱地的修复效应与资源利用等方面开展大量研究工作。微生物对盐碱地治理修复具有直接和间接两个方面的效应，在直接和间接效应的共同作用下促进盐碱地理化、生物学性质的改良。

表 8 - 6　　　　　　　不同微生物促进盐碱土中作物生长的效果

微　生　物		土壤	促　生　效　果
解磷细菌	芽孢杆菌/微小杆菌	盐土	增加植株鲜重、叶/茎重、含油量、植株产量
	荧光假单胞菌、微小杆菌	盐土	提高植株 N、P、K 含量
	洋葱伯克霍尔德氏菌	碱土	增加了植株高度、干物质量、叶片面积、根/茎
	枯草芽孢杆菌	盐土	增加作物分支数，植株 N、P、K 含量
	芽孢杆菌、假单胞菌	碱土	增加植株营养元素含量
	枯草芽孢杆菌、类芽孢杆菌	碱土	增加根、茎鲜物质量，干物质量，根/茎
	荧光假单胞菌	盐土	增加株高、生物量、脯氨酸量、抗氧化酶活性
解磷真菌	塔滨曲霉菌	盐碱土	增加茎长、茎鲜物质量、根长
	草酸青霉菌	盐土	增加玉米株高、根干物质量、植株干物质量
	木霉	水培	增加根长及鲜物质量、根活力
酵母菌	粉状毕赤酵母	盐土	增加生物量和重量、植株 P 含量

1. 微生物消除盐碱障碍机理

微生物消除盐碱障碍的直接效应主要表现为微生物活动促进土壤团聚化、养分有益循环与难溶土壤养分元素的活化。一些细菌也可通过分泌胞外多糖,将砂粒黏结在一起以促进砂粒团聚成块。利用扫描电镜(SEM)研究发现,苏打盐碱地接种灰绿曲霉后,该真菌能够缠绕盐碱土颗粒生长,其代谢产物能够在土壤上形成纳米粒子,从而改善土壤团粒与微团粒结构。同时,土壤微生物分泌大量不同类型的酶,如脲酶可有效地将土壤中的酰胺态氮水解成 NH_4^+,蔗糖酶可将土壤中大分子糖分解成果糖和葡萄糖,促进土壤养分的有益转化循环。此外,微生物可以产生嗜盐菌素、抗生素、有机酸、胞外多糖和各种碱性酶类物质,使土壤中难溶性钾、磷、硅等元素转变为可溶性元素,产生磷酸酶、植酸酶等胞外酶类酶分解有机磷,且解磷微生物在生长代谢过程中产生的有机酸可降低土壤的 pH。

盐碱土中存在大量的 Na^+、Ca^{2+}、SO_4^{2-}、Cl^- 等,大量的 Na^+ 流入作物细胞使得作物体的离子平衡遭到破坏,ATP 酶活性降低,引起作物体内的 K^+ 亏缺,使得 N、P 等营养元素吸收受阻,导致盐碱土中的作物生长发育过程主要受盐碱胁迫及养分吸收障碍的影响。解磷微生物代谢过程中会产生大量低分子量有机酸,使其周围环境酸化,从而降低根际土壤的 pH、提高土壤矿物质溶解性、增加土壤养分;此外,有机酸溶解难溶性磷酸盐,同时释放与磷酸根离子易于结合的 Ca^{2+},可降低可交换性 Na^+ 浓度,从而降低土壤碱化程度,缓解盐碱胁迫对作物造成的损伤[12]。微生物增强作物酸碱胁迫耐受性机理如图 8-11 所示。

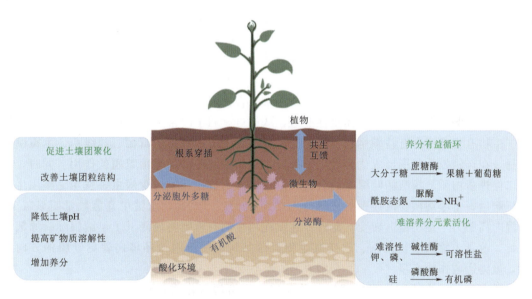

图 8-11　微生物增强作物酸碱胁迫耐受性机理示意图

土壤微生物对盐碱地治理修复的间接效应主要是通过微生物—作物共生互馈来实现,如提高作物的耐盐、抗逆与养分吸收,促进作物生长与根系穿插,并进而改良修复盐碱地。研究发现,α-变形菌(Alpha-Proteobacteria)在土壤中主要起帮助作物抵抗土壤中病原真菌的作用,硝化螺旋菌门(Nitrospirae)能够有效降低土壤中盐碱度,AM 真菌菌丝将富含碳的化合物释放到土壤中,刺激溶磷细菌增殖,增强磷矿化与释放,对作物起到促生作用。放线菌门能吸收营养物质及作为 70% 抗生素的来源,是降解盐碱地木质素与纤维素的主要功能菌群。此外，绿弯菌门能够分解纤维素，酸杆菌门能够降解作物残体多聚物及光合作用，厚壁菌门可以产生芽孢抵御外界的有害因子，浮霉菌门参与碳氮循环，这些微生物均在提升盐碱地作物抗逆能力、促进生长方面发挥重要作用。

2. 生物有机肥消除盐碱障碍机理

生物有机肥是以畜禽粪便、作物秸秆等动作物残体为材料，添加促进作物生长、抑制土传病原菌生长的功能性微生物，由特定的生物技术制备而成。生物有机肥中含有大量具有特定功能的活体微生物，富含作物生长所必需的各种营养元素，其中包括大量营养元素（N、P、K）、中量营养元素（Ca、Mg、S）和微量营养元素（Fe、Mn、Cu、Zn 等）以及其他对作物生长有益的元素（Si、Co、Se、Na）等，由于其合成过程需要连续数天的腐熟过程，有助于在高温下去除有害菌、害虫，肥料的卫生标准明显高于普通农家肥，肥料中微生物的生命活动及其代谢产物是生物有机肥区别于普通有机肥的关键因素[13]。

生物有机肥本身携带丰富有机质，施入土壤后可通过微生物分解土壤中的有机质形成腐植质，并与土壤中的黏土及 Ca^{2+} 结合形成有机—无机复合体，从而促进土壤水稳性团聚体结构的形成。生物有机肥中的有益菌起到疏松土壤的作用，可以降低土壤容重，增加土壤孔隙度，提高土壤的田间持水量，调节土壤的供水供肥和保水保肥能力以及土壤透气性能，有益菌的存在一定程度上促进了有机质对土壤性质的改良。此外，生物有机肥颗粒多，比表面积大，微生物及类激素含量多，也会导致土壤结构变好，孔隙度增大。一些研究表明，施用生物有机肥后，土壤有机质质量分数增加 75.80%，容重降低 12.50%，毛管孔隙度增加 9.80%。随着生物有机肥施用量的增加，土壤腐植质含量显著增加，固碳能力明显增强，水、肥、气、热的矛盾得到更好的协调。生物有机肥营养全面，能更好地满足农作物对各种营养元素的需求，使作物根系发育良好，根系分泌物增多，同时通过对土壤物理结构的改善使得土壤总体耕性变好，从而更有利于改善土壤的物理性质。

生物有机肥富含有益微生物菌群，能显著改变土壤中细菌、真菌、放线菌、木霉菌的数量，在作物根系周围形成优势微生物种群，起到抑制根际病原菌繁殖的作用。同时，还可以促进蛋白质、核酸和叶绿素的合成，增强作物的抗逆性，减少病虫害发生。施用生物有机肥后，土壤细菌、放线菌的数量分别增加 106%、102%，土壤中真菌数量明显减少，土壤向高肥力"细菌型"转变。此外，连续施用生物有机肥明显降低了土壤根际病原菌的数量，改善土壤微生物区系、改变微生物群落结构，使土壤微环境向着更健康的方向转变，最终影响作物产量。

研究表明，施用生物有机肥后，黄瓜连作土壤超氧化物歧化酶（SOD）和过氧化物酶（POD）活性分别增加 18%~42% 和 47%~113%，蓝莓根区磷酸酶（ACP）、蔗糖酶、脲酶和过氧化氢酶（CAT）活性也显著升高，土壤酶的活性和土壤中一系列的生理生化反应息息相关，以上酶的活性或和土壤中养分的转化过程有关，或和作物对逆境的适应能力相联系，均影响到作物最终的生长发育。此外，生物有机肥通过其携带的微生物诱导作物相关酶参与作物防御反应，有利于减少作物病虫害，改善农产品品质（图 8-12）。

8.2.4　盐碱障碍的生态修复

在高强度的人为调控作用下，土壤盐碱障碍快速消减，生产功能迅速提升，但生态系

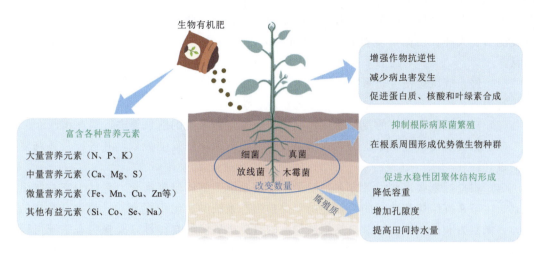

图 8-12 生物有机肥提高作物耐盐性机制示意图

统的形成与稳定具有滞后性和长期性。盐碱地生态修复是一项长期而艰巨的任务，需要加强科技创新和示范推广，探索多种途径和方法，从而实现盐碱地资源的可持续利用和生态环境的改善。

1. 生态修复

生态修复是指将被损害的生态系统恢复到或接近于其受干扰前的自然状况的管理与操作过程，即重建该系统被干扰前的结构与功能及相关的物理、化学和生物学特征。生态修复主要目的是改善环境质量及增加生态系统的生物多样性。有学者认为生态修复的概念应包括生态恢复、重建和改建，其内涵大体上可以理解为通过外界力量使受损（开挖、占压、污染、全球气候变化、自然灾害等）的生态系统得到恢复、重建或改建。按照这一概念，生态修复涵盖了环境生态修复，即非污染的退化生态系统，比如毁林开荒导致水土流失和荒漠化，可以通过退耕还林和封禁治理使生态系统得到恢复，也可称为生态修复。按照其内涵，生态修复可以理解为"生态的修复"，即应用生态系统自组织和自调节能力对环境或生态系统本身进行修复。因此，我国生态修复在外延上可以从以下不同层面理解：

（1）第一个层面是污染环境的修复，即传统的环境修复工程概念。

（2）第二个层面是大规模人为扰动和破坏生态系统（非污染生态系统）修复，即开发建设项目的生态修复。

（3）第三个层面是大规模农林牧业生产活动破坏的森林和草地生态系统的修复，即人口密集农牧业区的生态修复，相当于生态建设工程或生态工程。

（4）第四个层面是小规模人类活动或完全由于自然原因（森林火灾、雪线上升、干旱及洪涝等）造成的退化生态系统的修复，即人口分布稀少地区的生态自我修复。

2. 生态修复的基本原理

生态修复是基于生态控制系统工程学原理，通过系统性的方法对受损生态系统进行干预和恢复。而生态控制系统是指人类控制人类以外的生物及其生态环境整体，即人类在生态系统中，控制其向有利于人类的方向发展。一个复合生态系统或景观生态系统，在遭到强度干扰，严重受损的情况下，若不及时采取措施，受损状态就会进一步加剧，直至自然恢复能力丧失和长期保持受损状态。要对受损生态系统进行人为修复，其调控步骤主要包括：

（1）停止或减缓使生态系统受损的干扰，如滥砍滥伐、过度放牧、陡坡垦荒、围湖造田等行为。

（2）对受损生态系统的受损程度、受损等级、可能修复的前景等进行调查和评价。

（3）根据对受损生态系统的调查结果，提出生态系统修复的规划，并进行具体修复措施的设计。

（4）根据规划要求和设计方案，对受损生态系统实施的修复措施，包括生态系统组成要素、生态系统结构和功能的修复。由于受损生态系统的自组织能力，景观生态系统的抵抗力、恢复力和持久性，以及自然植被群落的自然进展演替规律性，受损生态系统可以从自然干扰和人为干扰所产生的位移中得到自然恢复或人为修复，生态系统的结构和功能将得以逐步协调。

不同程度受损生态系统的恢复或修复效果主要有如下表现：

（1）恢复到原来的状态，这类生态系统的受损程度低，或生态系统已经建立起了与干扰相适应的机制，从而能保持生态系统的稳定性，受损后能恢复到与原来生态系统完全一样的状态，如作物萎蔫之前的短期生理干旱。

（2）重新获得一个既包括原有特性，又包括对人类有益的新特性的状态，如疏幼林改造。

（3）由于管理技术等使用，形成一种改进的和原来不同的状态，如荒地全面人工造林。

（4）因干扰不能及时移去，或适宜条件不断损失的结果，生态系统保持受损状态，如剧烈侵蚀造成母岩裸露。

3. 盐碱障碍的生态修复

盐碱地的生态修复是指兼顾农田生产和生态功能、短期性与长效性、资源节约与环境友好的治理方式，其最主要的特征有生物适应型、资源节约型和环境友好型。

（1）生物适应型盐碱障碍消减。生物适应型盐碱障碍消减是指在减少人为干扰下，充分利用作物耐盐抗逆能力和适应性种植，通过作物生长改善盐碱地土壤理化性质，同时通过增加作物生物量并移除作物根区盐分来降低土壤盐碱化程度。生物技术有助于解决全球不可逆的土壤盐碱化问题，盐生作物可在盐碱化程度较高的土地上生长，可以充分利用海水资源和边际水资源，避免使用紧缺的淡水资源改良盐碱地。作物修复被认为在盐碱地治理中很有潜力，如培育耐盐物种，以去除土壤中的盐分离子达到恢复盐化土壤。作物修复与石膏改良相比可以去除多余的土壤深层的盐分，同时其从地上部和地下部均起到了固碳的作用。国内学者研究发现，重度盐碱地种植盐生作物海蓬子和盐地碱蓬可从土壤中带走大量盐分，盐生作物通过蒸腾作用促进土壤水分运动，从而有效提高盐荒地聚集盐分的效率。

（2）资源节约型盐碱障碍消减。资源节约型盐碱障碍消减是指采用节约水资源和充分利用边际水资源，结合节水灌溉方式维持局部淡化层的有效治理方式，精细化节水控盐已成为当前及未来盐碱地治理的重要研究方向。滴灌能显著降低土壤盐分含量，改善土壤结构，使原生植被从盐生植被演替为低耐盐作物。滴灌结合暗管排盐可实现当季降低土壤盐分，大幅减少了洗盐用水量。研究表明，5～7年连续膜下滴灌棉田膜内根区0～60cm土壤盐分低于5g/kg，适合棉花种植。在冬季抽取浅层地下咸水进行结冰灌溉，融水入渗后，咸淡水分离梯次入渗显著降低土壤盐度和SAR，咸水结冰灌溉较直接灌溉咸水或淡水有更好的脱盐效果。

（3）环境友好型盐碱障碍消减。环境友好型盐碱障碍消减是指将符合安全标准的农牧业废弃物、生物质、工业副产品等材料，直接应用或者将其发酵、改性、复配后施入，以快速或长效地提升盐碱地的理化、生物学性质。生物质炭加入盐碱地促进了有机质和腐植质的形成，提高了土壤碳氮比（C：N），增加了土壤对N、P等养分的吸附量和吸持强度，进而提高了肥料利用率，减少了面源污染。本研究表明，施用生物炭后，盐碱地改良时间缩短并可供作物正常生长。将木质素纤维作为隔层埋于盐碱地中，发现木质素纤维能够抑制土壤返盐，且效果优于生物质炭。利用黄腐酸改良盐碱地，发现其能够吸附土壤中有害阳离子、减少盐分积累、平衡酸碱度、改善土壤结构。工业副产品脱硫石膏也是苏打碱土最常用的改良剂，但其应用还需考虑其环境风险。施用脱硫石膏一年后，盐碱地的pH和碱化度显著降低，且土壤和作物中的重金属含量低于可检测限值。

8.3　灌区水盐多层级调控

本研究以"提升土地生产能力，促进作物健康生长，协同生态环境效应"作为盐分控害增效调控理念[14]。通过调控剖面水盐传输动力特征，重构农田水盐分布空间格局，提升灌区改土促生措施功效等方式，创建盐碱胁迫农业生态系统水盐调控技术体系（图8-13）。以灌区"绿色、高效、可持续"发展为出发点，创新与优化调控措施的功能，构建灌区水盐多层级盐分调控技术、改善土地质量和促生作物生长。

8.3.1　剖面尺度调控

1. 盐碱调控机理

当盐分进入土壤后，与土壤固体颗粒和溶液中化学物质发生物理和化学作用，改变土壤理化性质和供养能力。如土壤中的可溶性盐和可交换性Na^+含量过高时，Na^+置换土壤中的Ca^{2+}和Mg^{2+}，使土壤团粒结构分散膨胀，引起细小颗粒在大孔隙中发生运动和沉淀，导水孔隙变小和阻塞，降低了大孔隙比例，增加了小孔隙数量，致使土壤导水导气能力下降。土壤孔隙分布状况的改变和土壤溶液浓度的升高，使土壤基质势和溶质势降低。同时，团粒结构的破坏改变了土壤水气传输通道，增加了孔隙弯曲性和物质传输路径，土壤气体与近地面大气之间气体交换数量和速率下降，直接影响土壤气体更新能力。加上土壤溶液盐分浓度增加，土壤氧气含量和溶解氧数量都会降低，甚至使土壤形成厌氧环境。由于土壤pH增加和好氧微生物活动受限，土壤大量和微量元素形态和矿质化数量与速度受到抑制，无法满足作物生长必需营养元素的需求。同时，土壤结构的破坏使土壤对有机物质的吸附和保存能力下降，加速有机碳的矿化，造成土壤肥力降低。此外，进入土壤中

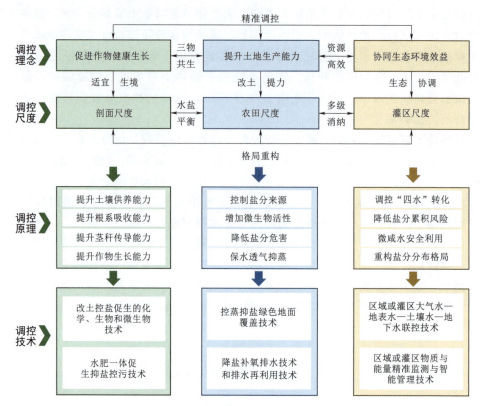

图 8 - 13　灌区水盐多层级调控体系示意图

的 Na^+、Cl^-、SO_4^{2-} 产生累积效应，引起土壤中 K^+、NO_3^- 等养分离子的缺乏，以及土壤的 pH 升高所引发大量磷元素被土壤固定转化形成无效磷，导致作物营养元素的不平衡。因此，随着土壤盐分增加，改变了土壤孔隙分布、土壤物质传输通道、土壤水能量状况、土壤氧气更新速率、土壤养分转化与形态、土壤供养速率与数量等，导致土壤向作物提供必需营养元素的动力、路径、速率和状态发生变化，直接降低了土壤向作物提供必需营养元素的能力。过多 Na^+ 导致根系表面的细胞膜透性增加，N、P 和 K 等营养元素大量外渗和降低养分有效性。此外，盐分对土壤供养能力的影响可从土壤水分能量状况、土壤传输养分能力和氧气更新速率 3 方面定量分析。土壤水分能量主要考虑影响基质势和溶质势，土壤传输养分能力及氧气更新速率可依据土壤水、溶质和气体传输动力模型进行定量评价。

2. 土壤剖面盐碱调控措施

土壤剖面盐碱调控是以改善作物生长的土壤环境为主要任务，发展提高土壤供肥能力和根系吸收养分能力，促进作物生长的改良技术。

(1) 改土控盐促生的化学、生物和微生物技术。研究和开发促进土壤盐分淋洗和有害离子形成络合物和螯合物、养分存储和供给能力的化学和微生物技术，降低盐分对土壤和作物的危害，提升有益微生物和酶的活性，提高养分转化与利用效率，改善土壤结构和供水供肥供能能力。同时，强化耐盐性作物的培育，通过种植耐盐性高的作物，合理配施微生物有机肥和绿色有机肥，提高土壤有机质含量和改善土壤结构，降低土壤盐分对作物的危害。

（2）水肥一体促生抑盐控污技术。 采取灌溉水活化技术、滴灌和地表微喷灌溉技术与施肥有机结合方式，调控根区盐分的同时为作物生长提供适宜的土壤水分、养分环境，通过水肥耦合效应缓解盐碱胁迫对作物生长的不利影响。采取科学的水肥盐调控措施，将土壤盐分控制在主根区以外，将养分施加在主根区中部，以减少养分挥发和深层渗漏损失，控制土壤温室气体排放和肥料对地下水污染。同时，强化氨基酸等绿色肥料研发与应用，将有机肥与无机肥、大量营养元素（N、P、K）与微量营养元素（Fe、Mg、Mn、Zn 等）合理配施，促进土壤供水、供肥和供能能力提升，提高作物光合效率和水肥生产效率。

8.3.2 农田尺度调控

1. 农田盐碱调控发展历程

农田盐碱调控发展历程及其特征，依据土壤水盐调控理念，大体可分为以下 4 个阶段[15]：

（1）大水压盐阶段。 1940 年以前，以淡化土壤盐分浓度为理念，采取大水灌溉驱赶根区盐分方式，在满足作物对水分需求的同时，淋洗和稀释土壤盐分。但由于灌水量大，导致地下水位上升，加剧了土壤盐碱化发生速度和程度，提示人们需要采取灌排结合方法，才能实现农作物稳产高产。在此阶段，一些盐碱土壤种植水稻，出现了生物改良技术。

（2）灌排除盐阶段。 在 1940—2000 年，随着以胡可定律为代表的排水理论的诞生与发展，以排除根区盐分和控制盐分来源为盐碱调控的理念，开启了排水技术大面积应用时代。以灌排措施为主，并逐步与生物、化学、农艺措施有机结合，在排除土壤盐分的同时，兼顾土壤质量改善，取得了显著成效，大面积盐碱化土壤得到有效改良。

（3）节水抑盐阶段。 从 2000 年至今，随着淡水资源短缺和农业水资源供需矛盾日益突出，迫切需要发展节水型农业生产方式，这就需要革新治盐理念，因此发展了新型土壤水盐调控模式。以土壤盐分与作物生长和谐共处为理念，将抑制土壤盐碱胁迫与作物水分高效利用有机融合，发展了以膜下滴灌开发利用盐碱地和土壤次生盐碱化防治技术为代表的节水抑盐型水盐调控方法，并与生物、农艺、化学改良等措施结合，取得了显著经济效益，推动了节水型农业现代化进程。

（4）控害增效阶段。 近年来，随着人口和粮食需求压力增加，以及生态环境保护及可持续问题日益重视，农田水盐调控进入控害增效阶段。农业生产不仅要满足人类对农产品数量需求，而且要提高农业生产资料循环利用率和改善生态环境，构建绿色、高效、可持续的农业发展模式，实现农业生产提质增效和盐碱胁迫土地可持续利用。

2. 农田盐碱调控措施

国内外学者通过大量研究与实践，发展了不同类型和功能的盐碱胁迫农田水盐调控方法。包括水利措施、化学措施、生物措施和农艺措施，各种措施调控途径和作用机理不同（图 8-14）。

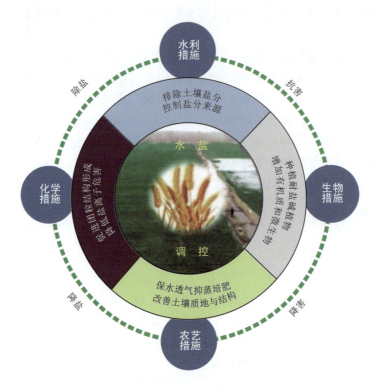

图 8-14　水盐调控措施作用机理示意图

（1）水利措施。水利措施包括灌溉淋洗盐分、农田排水控制地下水和排出土壤盐分、渠道防渗控制渗漏补盐、修筑岸堤防治地表水入侵、高含沙水淤灌等；主要通过不同类型的灌溉手段结合明沟、暗管（图 8-15）、竖井等排水方式，控制或降低地下水位、维持耕层或作物根系分布区的水盐平衡、促进土体盐分排出的水盐调控方式。此外，微咸水安全利用、咸水结冰冻融、膜下滴灌、暗管排水等都是目前较为常用的水利措施。

图 8-15　暗管排盐示意图

水利措施的核心就是排除土壤已有的盐分和控制土壤盐分来源。大量研究表明，膜下滴灌有利于在作物根系形成局部的淡化环境，亦有学者针对灌溉过程中土壤缺氧问题，利用曝气滴灌水肥一体化将大量微气泡与水肥同步输送到根区；然而，节水灌溉下非充分淋洗引起土壤盐分在亚表层聚集以及如何维持年际间土体水盐平衡备受关注。对地下水位较浅的地区，田间较合理的明沟间距通常为 100～200m，沟深为 2.5～3m，控制地下水位在 2m 以下，盐分不会对土壤及作物产生明显影响。此外，使用机井开发利用地下水资源，在灌溉的同时，利用机井抽取地下水，达到调控地下水位的功效，从而取得抗旱、缓涝、防治土壤盐碱化的综合效益。对易发生盐碱化地区，水利措施在盐碱化土壤改良方面发挥了巨大作用。采用自流排水，以减少修建扬水工程及管理运转的投资。部分地区受地势限制，难以自流排水，则必须建立扬水站，进行扬水排水。随着淡水资源短缺和生态环境建设等问题出现，需要改良水利措施，将农田排水与弃水处理技术有机结合，发展绿色水利改良措施。

（2）化学措施。 化学改良措施以离子代换、酸碱中和、离子均衡为主要原理，本质是降低 Na^+ 危害、控制和降低土壤 pH、促进土壤团粒结构的形成。施加一定含 Mg^{2+}、Ca^{2+} 的化学物质，置换土壤胶体上 Na^+，使其进入土壤溶液并淋洗出土体以降低或消除其水解碱度；一方面降低 Na^+ 与土壤胶体颗粒作用和破坏团粒结构的能力，另一方面有利于灌溉水淋洗，降低离子的负面作用；利用无机酸释放、有机酸解离和 Fe^{2+}、Al^{3+} 水解形成的 H^+ 与土壤溶液中的 CO_3^{2-}、HCO_3^- 中和以清除土壤溶液中的 OH^-，通过降低土壤碱化度（ESP）和 pH 消除碱化危害（图 8-16），该措施主要适用于碱土、盐化碱土和碱化盐土。

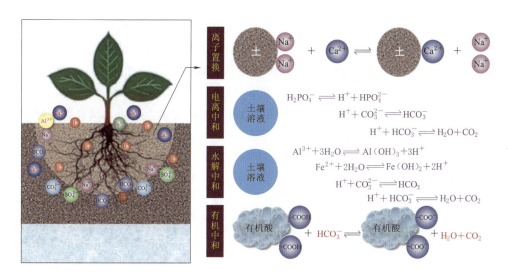

图 8-16　盐碱地化学改良原理示意图

目前常用的化学调理材料分为钙基（脱硫石膏、磷石膏等）、酸性盐（磷酸二氢钾、磷酸二氢钠等）、强酸弱碱盐（硫酸亚铁、硫酸铝等）和有机酸（腐植酸、糠醛渣等）4类（表 8-7）。石膏施用后溶解的 Ca^{2+} 与土壤胶体 Na^+ 交换并淋洗，降低土壤胶体吸附的交换态钠。石膏类物质施用具有调节土壤 pH、降碱排盐、提高微生物活性、促进植株生长发育等作用；施加一定数量具有巨大表面积复杂分子结构的化学物质，如有机炭、PAM 等化合物，既具有吸附和固定 Na^+ 功效，又有利于促进团粒结构的形成，降低土壤容重。近年来，腐植酸类肥料被广泛接受，其具有改良土壤结构、增进土壤养分功效、调节作物生长发育过程、提高作物抗逆性以及改善作物品质、无环境污染等优点。但施加可溶性化学物质具有降低土壤溶质势的风险。同时，一些矿物含有有害物质，会引发土壤污染。因此，研发和推广环境友好型化学改良剂是盐碱地绿色改良的重要任务。

表 8 - 7　　　　　　　　　　　　常见化学改良剂的施用模式

化学改良剂	施用时间	施用方式	适宜施量/(kg/hm²)
石膏	播前	干施	4200～4500
硫磺	播前	干施	500～800
硫酸亚铁	播前	干施	750～1125
腐植酸	播前	混施	30～150

（3）生物措施。 生物措施是指通过提升作物的耐盐抗逆能力并在盐碱地上进行适应性种植，利用作物根系生长改善盐碱地理化性质，或最大化作物生物量并结合收获物移除根区部分盐分，主要机制表现在作物耐盐性、作物生长对土壤质量提升、作物收获物除盐 3 个方面。生物改良措施实质是"作物聚盐"，即通过作物本身携带一部分盐分离开土体，降低土壤盐分含量。

大多数盐生作物和耐盐作物（如碱蓬、海蓬子、田菁、芦苇、羊草和柽柳等），都具备特殊的渗透调节机制或盐分泌机制，使得他们能够在高盐分的土壤中生长。伊朗、以色列和美国等国家通过种植盐生作物海马齿、海蓬子和盐地碱蓬以保持盐碱地农业生态系统稳定。研究表明，在新疆盐碱胁迫膜下滴灌棉田间作盐生作物（如碱蓬、盐角草等），显著提高了土壤脱盐率：对照处理、碱蓬和盐角草处理的脱盐率分别为 17.2%、43.1% 和 30.6%，有效增加了 K^+/Na^+ 并降低了有毒害作用的 Cl^- 含量，棉田土壤容重下降及孔隙度增加，促进了棉花增产。同时，在作物生长过程中增加了土壤有机质和有益微生物，改善了土壤结构，提升了土壤供水供肥能力。水稻是改良盐碱地最早种植的作物，由于其根系耐盐碱性和呼吸所需要氧气主要来自叶面，因此具有抵御盐碱和涝渍威胁的能力。此外，一些地区采用耐盐性牧草和作物轮作方式，培育土壤肥力和改善土壤结构，实现盐碱化土壤改良的目的。也有一些学者将生物技术与微生物技术结合，改善土壤结构与提升微生物活性有机融合，为作物生长创造了良好土壤环境。"作物聚盐"为盐碱地的生物适应性改良提供了重要思路，尽管盐生作物生物吸盐效果较好，但盐碱地区土壤和地下水往往存在频繁的盐分交换，"作物聚盐"对盐碱地生物适应改良的长效性仍有待长期观测[16]。

（4）农艺措施。 农艺措施是盐碱胁迫农田土壤改良最为复杂、类型最多、目标各异，且可因地制宜的改良方法，主要通过改变耕层土壤物理结构、降低蒸散量、增加深层渗漏量来调节土壤水盐运动过程，从而提高土壤入渗淋盐性能，抑制土壤盐分上行并减少其耕层聚集量。

农艺措施具体包括地面覆盖（表 8 - 8）、农田中耕、重构土壤层次构型、秸秆还田、土壤掺沙、作物轮作与混作、土地休闲、配施有机肥和无机肥等措施。其中：地面覆盖、农田中耕和重构土壤层次构型措施本质在于降低土面蒸发和潜水蒸发，控制盐分向根区累积；秸秆还田（50% 生物量左右）和土壤掺沙本质在于改善土壤质地与结构，提高土壤透水透气能力；作物轮作和混作与土地休闲措施的目的在于增加土壤有机质含量，提高土壤肥力，促进作物生长；配施有机肥和无机肥的目的在于，一方面提高土壤有机质含量，改善土壤结构；另一方面满足作物对养分需求，既有长期效应，又满足当季作物生长需求。近年来，材料科学研究发展出现了可降解液态地膜、生物质材料、多孔吸附材料等盐碱化物理调控的新方法。物理调控措施的机理相对明确，操作性较强，物理调控的效果根据土壤质地、剖面构型、气象和地下水条件、灌溉水质水量等状况不同存在差异。

表 8-8　　　　　　　　　　　　地面覆盖措施效果分析

覆膜措施	春播作物	夏播作物	节水抑盐效果	生态环境效应	使用方式或用量
地膜覆盖	首选	次选	首选	次选	条带式
秸秆覆盖	次选	首选	次选	首选	$2\sim7t/hm^2$

(5) 农田水盐调控模式与效果。西北旱区的土壤盐分形成过程比较复杂、盐分组成多样，因此盐碱耕地治理必须坚持因地制宜的基本原则，兼顾治标与治本，采用水利措施、化学措施、生物措施和农艺措施相结合的改良方法[17]。

新疆生产建设兵团的盐碱化农田面积为 53.10 万 hm^2，其中：耕地约占 74%，园地约占 21%，牧草地不足 5%。据统计调查表明：新疆生产建设兵团采用水利措施改良盐碱化农田面积为 20.25 万 hm^2，占到全部盐碱化农田的 38%，水利改良措施中修建田间排水渠是普遍方法，改良面积约为 15.15 万 hm^2，占水利改良措施的 75%；此外，竖井排灌和其他水利措施分别为 20% 和 5%。水利改良中约 31% 取得良好效果，63% 取得较好效果，只有 6% 的改良效果不理想。农艺措施改良盐碱化农田面积为 20.83 万 hm^2，占到全部盐碱化农田面积的 39%。农艺改良措施中改变耕作方式和平整土地是普遍做法，改良面积分别为 13.91 万 hm^2 和 5.40 万 hm^2，分别占到农业改良的 67% 和 26%，其他农艺措施为 7%。农艺改良措施中约 42% 取得良好效果，49% 取得较好效果，但是有超过 9% 的改良不佳。生物措施改良盐碱化农田面积为 8.36 万 hm^2，占到全部盐碱化农田的 16%。生物改良中种植防护林是最普遍做法，改良面积约为 6.91 万 hm^2，占到生物改良的 83%，其他生物措施的面积均不足 1.50 万 hm^2。生物改良中约 27% 取得良好效果，60% 取得较好效果，超过 13% 的改良不佳。化学措施改良盐碱化农田面积为 3.65 万 hm^2，占到全部盐碱化农田面积的 7%。化学改良中最普遍做法是采用化学改良剂，但化学改良中只约 35% 取得良好效果，27% 取得较好效果，38% 以上的改良效果不佳。综合分析表明，水利改良措施和农艺改良措施的盐碱土改良效果较好（表 8-9）。

表 8-9　　　新疆生产建设兵团盐碱化不同措施改良应用面积及改良效果　　　单位：万 hm^2

改良效果	水利改良	农艺改良	生物改良	化学改良
好	6.28	8.84	2.29	1.29
较好	12.69	10.13	4.96	0.97
较差	1.28	1.86	1.11	1.39

8.3.3　灌区尺度调控

1. 灌区尺度盐碱调控发展历程

新中国成立前，西北旱区部分灌区（如河套灌区）进行了干渠、干沟的开挖、修建，对灌区盐碱土的改良及经济的发展、振兴有促进作用，但是没有从根本上解决抗旱、防洪及改良土壤的问题，社会经济发展缓慢。

新中国成立后，党和政府十分重视水利事业建设。在国家财政并不富裕的情况下，尽可能地增加水利投入，组织和发动群众，开展农田基本建设，取得了很大成效，促进了农牧业生产的发展和国民经济的增长。根据近年来的水利建设发展形势和特点，可以将灌区尺度的盐分调控分为以下4个阶段：

（1）保灌工程及开荒阶段。20世纪50年代至60年代初，为了从根本上解决抗旱、防洪问题，西北旱区主要灌区实施基本农田建设。自农业合作化开展以后，针对经营模式的改变，以平地打埂、缩小地块，斗农毛渠配套为重点的农田建设，逐步扭转土地不平、大水漫灌的农业生产环境。先后成立了农业技术推广站、农业实验站、试验示范农场、农业科学研究所等农业技术改进、推广单位，在这些单位的努力下，灌区不断改进耕作制度，调整种植结构，推广新栽培技术，大力提倡积、施农家肥，间套复种翻压绿肥，有组织有计划地开展盐碱地改良工作，引进、推广良种，加强作物保护，积极防治病虫害，推进农业机械化，加强农田建设，农业单产不断提高。此外，为解决人民解放军进疆后的吃粮问题以及使当地贫苦农民尽快摆脱贫困，新疆地区的开荒重点主要在天山南北麓，天山北路以乌鲁木齐河、玛纳斯河及奎屯河流域为主，天山南路以开都河、孔雀河和阿克苏河流域以及塔里木河流域（上游阿拉尔灌区，下游卡拉和铁干里克灌区）为主。但这一阶段开荒有一定的盲目性，执行的是"边开荒、边勘测、边设计、边生产、边积累"方针，只注意开荒数量，不注意开荒质量，虽耕地面积增加很多，却没有形成有效的生产能力。

（2）排水工程建设阶段。20世纪60年代中期至70年代末，由于在土地开发政策方面贯彻执行了"调整、巩固、充实、提高"八字方针，各个灌区开始重视土壤改良和培肥，农田防护林建设也取得一定成绩，降低了盐碱和风沙灾害。部分灌区虽然解决了引水问题，但是长期受排水问题的困扰，这种有灌无排且灌排系统不配套的情况致使其地下水位严重上升，导致土壤次生盐碱化日益严重。河套灌区在1965年疏通了总排干，开挖并疏通了干沟和排水分干沟；1975年第一次扩建了总排干沟同时，还修建了红圪卜扬水站及开展田间工程配套建设。这一时期，西北旱区耕地面积扩大的同时，作物单位面积产量也有所提高。

（3）排灌配套和田间配套工程建设阶段。20世纪70年代末至20世纪末，党的十一届三中全会以后，中国进入了改革开放和以经济建设为主的新时期。这段时间的主要工作任务为充实提高，狠抓配套，加强经营管理，进行体制改革，把主要精力转向发展生产、提高人民物质文化生活方面，扭转了以往主要依靠扩大耕地面积发展农业的方向，而转向以提高单位面积产量为主，即由过去外延式发展向内涵挖潜转变，由土地广度开发向深度开发转变，灌区水利事业也进入"调整、改革、整顿、提高"的阶段。在政策方面，实行了农民以家庭为单位的联产承包制，大大提高了农民生产的积极性。加强对水利工程配套和对旧灌区进行改造；进行以盐碱地为主的低产田改良，并大力营造农田防护林，大部分地区实现了农田林网化。同时，化肥施用量增加以及农业机械化程度增加，大大提高了农业生产水平。

（4）续建配套与节水改造工程建设阶段。20世纪末至今，在前一时期以提高单位面积产量为主的基础上，进一步向土地的深度开发和广度开发相结合方向发展，又取得了巨大成绩。党中央连续出台多个关于推进农村改革和农业发展的中央文件，重点强调必须巩固和加强农业的基础地位，并制定了一系列稳定和完善农村基本经营制度和政策。制定免征农业税、提高粮食收购价格直补、农作物良种补贴、农业生产资料和农业机械补贴、与农业有关的土地整治与生态补偿基金等政策,进一步调动了农民生产积极性,同时,还推广了农业先进技术,引进和培育农作物优良品种。此外,在水利建设方面,修建了大量的水利枢纽工程及水库,对部分水库进行了扩库增容和防渗;通过渠道防渗,减少了渠道输水损失,使渠系利用率提高了15％～20％,有效控制了灌区盐碱化的程度。这一时期,各类节水灌溉也得到较快的发展,20世纪50—60年代灌溉方式主要是漫灌、70—80年代推行畦灌和沟灌、90年代末开始大力发展滴灌,由低压软管灌到膜下滴灌,膜下滴灌比常规灌溉可节水15％～20％,这些工程有效缓解了水资源紧张的矛盾,促进了西北旱区灌区经济社会的可持续发展。

2. 区域盐碱调控措施

通过综合调控区域或灌区水盐调控传输与转化过程,控制区域四水转化动力与阈值,降低盐分累积风险和实现农业水资源二次利用,发展区域水、土、盐、作物精准管理与农业资源高效利用方法,促进农业生产与生态环境协调发展。

(1) 农业生态系统大气水—地表水—土壤水—地下水联控技术。在农田和区域尺度上,根据土壤盐分淋洗与累积动力机制和主控因子以及水资源状况,建立"四水"互作的作物生育期和非生育期根系土壤盐分调控方式。在生育期,对于降水量较小地区,利用物理化学方法创造根区下部水分零通量面,控制地下水向土壤输送盐分,并利用适量灌溉将根区盐分淋洗至根系层以下,避免过量灌溉引发地下水位的上升问题;对于降水量较多地区,将降水淋洗与灌溉淋洗有机结合,降低人为作用所引发地下水提升风险。在非生育期,将降水与地表水和地下水灌溉淋洗有机结合,在确保地下水控制在安全深度的基础上,将盐分输送到潜水中,避免大水压盐与水位提升恶性循环。为了有效控制区域排水对水环境污染,建设区域降盐性湿地或农业生态保护区,以及绿色能源驱动的农田排水降盐处理技术和回用技术,实现农田排水资源二次高效和安全利用。

(2) 农业生态系统物质与能量精准监测与智能管理技术。为实现区域水盐绿色、高效、精准调控,构建区域大气—土壤—地下水—作物系统特征指标智能监测系统,研发农业生态系统水肥气热盐精确而快速测定设备,以及适应不同情形下大气—土壤—地下水—作物系统物质和能量传输与转化预测分析系统。明确典型气候、土壤、地下水、盐分类型、种植模式和灌排方式下,作物根区盐分、水分、养分、氧气和温度的适宜范围和临界阈值,创建高效、精准区域作物生境的智能化管理模式,实现经济效益和生态环境效益最大化。

(3) 灌区引—灌—排相结合的多水源调控优化技术。在不确定性条件下考虑农田水循环过程,将有限的不同来源的水量高效地分配到作物不同生育阶段,对促进灌区精准灌溉以及盐碱化防治具有重要意义。在强烈返盐季节,利用机井抽提地下水灌溉的同时,控制地下水位在临界深度以下,并在径流与降水联合不确定性条件下,建立基于水循环过程的灌区多水源高效配置多目标模型,灌区多水源高效配置中主要通过经济效益最大、产量最大、配水量最小、渠道渗漏损失最小等目标来权衡灌区经济效益与用水量之间的矛盾,进而提高配水效率。这些目标函数通常采用线性规划来反映作物在整个生育期内所获得的最终效益与总配水,忽略了各个生育阶段对整体效益及用水的累积作用及动态用水胁迫的影响,如何在灌区水循环动态变化情况下实现效益与用水效率的同步提升鲜有报道。此外,灌区多水源配置涉及复杂的水循环过程，不可避免地存在不确定性，且不同要素不确定性间相互影响，如垂直方向上的降水补给和水平方向上的径流补给的流量变化将影响渠道供水及农田水循环过程，共同影响水资源配置结果，考虑水文要素间的联合不确定性对灌区多水源高效配置的影响值得深入研究。在有限的可利用水量条件下动态地协调灌区效益与用水量之间的冲突，动态反映灌区供水、灌水、降水、耗水与需水之间的关系，以实现灌区用水效益和用水效率同步提升，提升灌区水资源利用应对变化环境的能力，有效防治灌区土壤盐碱化和旱涝灾害。

参 考 文 献

[1] Hopmans J W, Qureshi A S, Kisekka I, et al. Critical knowledge gaps and research priorities in global soil salinity [J]. Advances in Agronomy, 2021 (169): 1 - 191.

[2] 云雪雪, 陈雨生. 国际盐碱地开发动态及其对我国的启示 [J]. 国土与自然资源研究, 2020 (1): 84 - 87.

[3] 敦惠霞, 陈晓玲. 基于科学知识图谱的国外数据库盐碱地领域文献研究分析 [J]. 北方农业学报, 2021, 49 (1): 119 - 126.

[4] 邓铭江. 旱区水资源集约利用内涵探析 [J]. 中国水利, 2021 (14): 8 - 11, 14.

[5] 胡明芳, 田长彦, 赵振勇, 等. 新疆盐碱地成因及改良措施研究进展 [J]. 西北农林科技大学学报 (自然科学版), 2012, 40 (10): 111 - 117.

[6] 衡通, 王振华, 张金珠, 等. 新疆农田排水技术治理盐碱地的发展概况 [J]. 中国农业科技导报, 2019, 21 (3): 161 - 169.

[7] 杨劲松, 姚荣江, 王相平, 等. 河套平原盐碱地生态治理和生态产业发展模式 [J]. 生态学报, 2016, 36 (22): 7059 - 7063.

[8] 刘子金, 徐存东, 朱兴林, 等. 干旱荒漠区人工绿洲土壤盐碱化风险综合评估与演变分析 [J]. 中国环境科学, 2022, 42 (1): 367 - 379.

[9] 赵耕毛, 杨梦圆, 陈硕, 等. 我国盐碱地治理：现状、问题与展望 [J]. 南京农业大学学报, 2025, 48 (1): 14 - 26.

[10] 刘柏君, 权锦, 雷晓辉, 等. 干旱区灌区水盐综合调控研究 [J]. 中国农村水利水电, 2017 (10): 206 - 212.

[11] 王佺珍, 刘倩, 高娅妮, 等. 植物对盐碱胁迫的响应机制研究进展 [J]. 生态学报, 2017, 37 (16): 5565 - 5577.

[12] 姜焕焕, 李嘉钦, 陈刚, 等. 解磷微生物及其在盐碱土中的应用研究进展 [J]. 土壤, 2021, 53 (6): 1125 - 1131.

[13] 陶磊, 褚贵新, 刘涛, 等. 有机肥替代部分化肥对长期连作棉田产量、土壤微生物数量及酶活性的影响 [J]. 生态学报, 2014, 34 (21): 6137 - 6146.

[14] 王全九, 邓铭江, 宁松瑞, 等. 农田水盐调控现实与面临问题 [J]. 水科学进展, 2021, 32 (1): 139 - 147.

[15] 田长彦, 买文选, 赵振勇. 新疆干旱区盐碱地生态治理关键技术研究 [J]. 生态学报, 2016, 36 (22): 7064 - 7068.

[16] 张科, 田长彦, 李春俭. 一年生盐生植物耐盐机制研究进展 [J]. 植物生态学报, 2009, 33 (6): 1220 - 1231.

[17] 杨劲松, 姚荣江, 王相平, 等. 中国盐碱地研究：历程、现状与展望 [J]. 土壤学报, 2022, 59 (1): 10 - 27.

第9章 西北旱区健康土壤培育

西北旱区的特殊气候条件、成土因质、地形地貌和过度的人类活动，使土壤存在严重的盐碱化、沙化和荒漠化、土壤污染问题。由于降水少、蒸发大、地下水位高等因素，导致土壤中的盐分不断累积，影响了农作物的生长和土壤的肥力。由于过度放牧、开垦、砍伐等人为活动，以及风蚀、水蚀等自然因素，导致植被退化、土壤流失，形成了大片的沙漠和荒漠。由于地形复杂、坡度大、降水强度高等因素，导致山区和丘陵地带的表层土壤被水流冲刷或滑坡而流失，造成了水土流失和泥石流等灾害。由于工业废水、农业化肥和农药等有害物质的排放或滥用，导致土壤中的重金属、有机物和微生物等污染物超标，危害了人畜健康和生态安全。因此，需采取物理、化学或生物等措施，改善土壤结构和性质，提高土壤肥力和水分保持能力，增加土壤对植物营养元素的供应，提高西北旱区农作物的产量和质量。

9.1 土壤质量分布特征

土壤质量直接影响着作物的生长发育、产量和品质，以及农业的可持续发展。旱区土壤质量受到多种因素的影响，如气候、地形、植被、水资源、人类活动等。为了改善旱区土壤质量，提高农业生产效率和效益，需要采取一系列措施，如合理选种、轮作、间作、覆盖作物等，增加土壤有机质和肥力；采用节水灌溉技术和完善排水系统，以减少土壤水分蒸发和盐分积累；开展退耕还林还草等生态修复工程，以恢复土壤自然功能和保护生物多样性；加强科技创新和政策支持，以促进旱区农业转型升级和绿色发展。

9.1.1 世界旱区土壤质量分布特征

旱区土地质量等级是指土壤的物理、化学和生物特性对生态系统功能和人类福祉的影响程度。根据世界土壤数据库（Harmonized World Soil Database，HWSD），全球旱区可以划分为沙漠土、干旱草原土、半干旱草原土、干燥型亚湿润区土、半湿润区土和湿润区土6种土壤类型。不同的土壤类型具有不同的生境质量，表现为水分条件、有机碳含量、酸碱度、阳离子交换能力等因素的差异。根据联合国环境规划署（United Nations Environment Programme，UNEP）和世界资源研究所（The World Resources Institute，WRI）发布的《全球干旱监测与评估报告》（2016），全球旱区土地质量等级分布特征如下：

(1) 优等土地占旱区总面积的 7.5%，主要分布在澳大利亚东南部、南美洲南部、北美洲西北部和东北部以及欧洲西部和北部等湿润或半湿润气候区。这些土地具有较高的生物多样性、水资源和植被覆盖度，适宜农业和畜牧业发展。

(2) 良等土地占旱区总面积的 19.8%，主要分布在亚洲中部和西南部、非洲北部和东部、南美洲中部以及欧洲中部和南部等干燥或半干燥气候区。这些土地具有一定的生物多样性、水资源和植被覆盖度，适宜灌溉农业和牧草畜牧业发展。

(3) 中等土地占旱区总面积的 36.3%，主要分布在亚洲东部和南部、非洲中部和西南部以及大洋洲中西部等干旱或半干旱气候区。这些土地具有较低的生物多样性、水资源和植被覆盖度，适宜保护性农业和林牧结合发展。

(4) 差等土地占旱区总面积的 36.4%，主要分布在非洲撒哈拉沙漠以及亚洲阿拉伯半岛等极端干旱气候区。这些土地具有极低的生物多样性、水资源和植被覆盖度，不适宜任何形式的人类活动。

全球旱区土壤质量普遍较低，约有一半以上处于重度或极度退化状态，对于维持生态系统功能、保障粮食安全、促进社会经济发展等方面都带来了严重挑战。因此，加强对全球旱区土壤质量状况及其变化趋势的监测评估，并采取有效措施阻止或逆转其退化过程是当务之急。

9.1.2 西北旱区土地质量分布特征

西北旱区土壤中的有机质含量普遍较低，平均值仅为 1.65%，远低于全国平均水平。土壤 pH 普遍偏高，平均值为 8.43。此外，土壤中可交换 K、Ca、Mg 等营养元素含量较低，无机氮和速效磷含量也普遍偏低，这些因素都导致了土壤肥力不足，影响了农业生产效益。

1. 西北旱区土地质量区域分布特征

为了深入了解土壤质量状况，西北旱区各省区土地质量说明如下：

(1) 新疆土地质量。新疆位于亚欧大陆腹地，面积 166.49 万 km^2，地域辽阔，约占全国陆地总面积的 1/6，自然条件复杂多样，地质地貌复杂多变，可以概括为"三山夹两盆"：北面是阿尔泰山，南面是昆仑山，天山横亘中部，把新疆分为南北两部分，习惯称天山以南为南疆，天山以北为北疆。新疆地质成土母质类型繁多，山区主要以残积物、坡积物为主，部分迎风坡有黄土状沉积物分布；平原地区的成土母质主要以洪积物、冲积物、砂质风积物和各种黄土状沉积物为主；在古老灌溉绿洲内，成土母质主要以灌溉淤积物为主；此外，在地势较低或较高的地区还有湖积物和冰碛物等成土母质。2021 年新疆耕地质量平均等级为 5.08 等，其中，评价为一至三等地的耕地面积为 1818.89 万亩（占比 23.58%）。这部分耕地基础地力较高，基本不存在障碍因素，应按用养结合的方式开展农业生产，确保耕地质量稳中有升。评价为四至六等地的耕地面积为 3939.67 万亩（占比 51.62%），这部分耕地基础地力一般，具备一定农田基础设施建设，障碍因素不明显，是今后粮食增产的重点区域和重要突破口。评价为七至十等地的耕地面积有 2099.64 万亩（占比 27.19%），这部分耕地基础地力相对较差，生产障碍突出，短时间内较难得到根本改善，应该持续开展农田基础设施和耕地内在质量建设[2]，2021 年新疆耕地质量等级面积占比如图 9-1 所示。

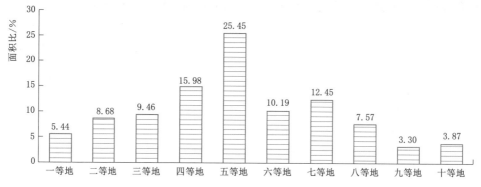

图 9-1 2021年新疆耕地质量等级面积占比图

（2）宁夏土地质量。宁夏的土地面积约为 6.64 万 km^2，水平地带性土壤有黑垆土、灰钙土及灰漠土，自南向北分布，山地土壤主要是灰褐土，在贺兰山与六盘山呈现垂直变化。人为土—灌淤土主要是在人为因素作用下形成的熟化程度较高的土壤，分布于宁夏平原引黄灌区。宁夏耕地质量处于中下等水平，表现为不同生态区域土壤养分含量差异明显，北部灌区养分含量相对较高，中部干旱带养分含量很低；同一生态区域土壤养分含量也不均衡，如南部山区，土壤有机质、全氮含量较高，速效磷和速效钾含量却很低。同时，土壤盐碱化程度加重，自流灌区的银川以南地区、以红寺堡为代表的扬黄灌区土壤盐碱化程度有加重趋势。全区蔬菜种植区肥料投入量大，土壤次生盐碱化程度加重。此外，菜地磷钾富集，蔬菜种植区土壤的速效钾和有效磷是全区平均水平的 1.7 倍和 2.6 倍，养分富集明显。全区监测的 84 个土壤基础点位的土壤环境质量中无机及有机污染物均未超标[3]。

（3）内蒙古土地质量。内蒙古的土地总面积为 118.3 万 km^2，其中内蒙古西部地区（包括阿拉善盟、鄂尔多斯市、乌海市、巴彦淖尔市）土地面积为 72.7 万 km^2，以农业和畜牧业为基础产业。该地区地貌多变，有鄂尔多斯高原、河套平原以及干旱草原。内蒙古西部地区生态环境恶劣，近年来湖泊干涸，湿地消失，绿洲萎缩严重，植被、土壤荒漠化特征明显，植被盖度小，生物量低，土地贫瘠，沙漠化加剧，沙尘暴频繁发生，不仅制约着当地经济社会的可持续发展，而且对中国北方地区的生态安全构成了严重威胁。阿拉善大部分地区极端干旱，年均降水量只有 $40\sim200mm$，而蒸散量高达 $656\sim1459mm$。水资源不足及对水资源的过度开采与不合理利用导致绿洲面积萎缩、地下水位下降，整个绿洲生态系统受到严重威胁。阿拉善盟每年沙化土地扩张 $357km^2$。巴丹吉林、腾格里、乌兰布和三大沙漠每年以 $10\sim20m$ 的速度扩展前移，每年有近 1 亿 m^3 的流沙倾入黄河，生态建设面临严重考验。河套灌区农业土壤属于潮灌淤土，起源于黄河多次改道导致的沉积层及其人工熟化，具有年际周期性的次生盐碱化特点，其重盐碱化面积呈降低趋势，pH 呈增加趋势，土壤有机质含量和 N、P 含量较低，养分分布不均衡，生态性能较弱，土壤质量具有异质性。

（4）甘肃土地质量。甘肃位于中国地理中心，地处黄河中上游，黄土高原、青藏高原和内蒙古高原三大高原的交汇地带，横跨多个气候带，山地、高原、平川、河谷、沙漠、戈壁等多种地貌类型并存，是全国各省区中地质地貌和气候类型最为复杂的省区之一。甘肃省土地资源丰富，但水土资源不相匹配，自然灾害频繁，生态环境脆弱，土地利用率低。根据 2020 年的土地利用数据，甘肃省总土地面积约为 42.58 万 km^2，其中，耕地、园地、林地、草地、城镇村及工矿用地、交通运输用地、水域及水利设施用地分别占 12.62%、0.60%、14.31%、33.28%、1.88%、0.64% 和 1.75%，其他尚未利用的土地占 34.92%，主要为沙漠、戈壁、高寒石山、裸岩、低洼盐碱、沼泽等。甘肃省土地质量受到自然条件和人为活动的影响，存在着耕地质量下降、土壤侵蚀严重、荒漠化和盐碱化加剧等问题，土壤有机质积累少、含氮量低、土壤肥力不高，中低产土壤所占比例较大，仅山地低产田就高达 530 万亩，超过总耕地的一半以上。总耕地中，80% 以上的土壤处于不同程度的缺磷状态。为了保护和改善土地质量，促进土地资源的合理利用和可持续发展，甘肃省制定了《甘肃省土地利用总体规划（2000—2030 年）》，明确了土地利用的战略目标和方针，优先保证农业用地，严格控制建设用地规模，积极开发未利用土地、复垦废弃地，开展土地整理，加强土地整治和环境保护，努力改善土地生态环境。同时，甘肃省也加强了对土地利用的监测和评价，建立了土地利用规划管理体系，实行土地用途管制，改革土地使用制度，建立土地使用的经济约束机制，加强土地法制建设和执法力度，深化土地国策教育，增强全民国土观念意识，提高科学管理水平。

（5）陕西土地质量。 陕西省土壤的地带性分布规律明显，其中陕北高原为栗钙土——黑垆土地带；关中盆地为棕壤——褐土地带；陕南山地为黄棕壤——黄褐土地带。关中盆地以北属于西北旱区范围。土壤为风沙土、黄绵土、垆土、潮土、新积土、沼泽土、盐碱土等。长城沿线沙丘滩地主要为风沙土、黄绵土，新积土、潮土、盐碱土等。以风沙土面积最大，约 1646 万亩，占本区土壤面积的 54.2%；黄绵土约 806 万亩，占本区土壤面积的 26.5%，主要分布在东部，土质疏松，土壤贫瘠，风蚀沙化严重。陕北黄土高原丘陵沟壑区主要为黄绵土，土层深厚，但米脂以北由于风蚀影响，土质沙化，质地较粗，为绵沙土，其南部为黄绵土，以坡黄绵为主。子午岭黄龙山地区主要在延安以南，北部黄土丘陵以灰黄绵土，灰黄塔土为主，南部土石山地，以褐土为主。土壤养分含量较高，一般林区土壤有机质含量可达 2% 以上。渭北黄土高原区位于黄土丘陵沟壑区以南，关中平原以北，主要为高塬沟壑，塬面开阔平坦，但塬边沟壑发育，并伸入塬区中部坡坏塬内，使部分塬面比较破碎；另外还有黄土覆盖的低山丘陵，除林区外，土壤侵蚀严重。低山丘陵区褐土含砾石较多，质地较粗，土层较薄。塬上土层深厚，土壤质地适中，保水保肥性能较好，适于多种作物生长。关中平原以垆土为主，保水保肥，土层深厚，适宜多种作物生长，为陕西省主要的稳产高产土壤。但在东部黄河、渭河、洛河三角地带的沙苑地区分布有风沙土，在渭南、华阴，华县一带分布有沼泽土和盐碱化土壤。

（6）青海土地质量。 青海省位于青藏高原东北部，是我国重要的草畜产区和矿产资源丰富的省区之一。青海省总面积为 72.3 万 km^2，土地利用状况比较复杂，主要分为耕地、草地、林地和水域 4 类。青海省地势高峻，呈现"一分台地、三分平原、六分山地"的总体特征，山地、高原、平川、河谷、沙漠、戈壁等交错分布，地貌类型齐全。自北而南的阿尔金山脉—祁连山脉、昆仑山脉、秦岭山脉和唐古拉山脉构成了青海省地貌骨架，平均海拔 4058.00m，高差达到 5210m，呈西高东低、南北高中部低的整体态势，形成北部高海拔的阿尔金山—祁连山山地、西部柴达木盆地、东部泛共和盆地、河湟谷地和南部高海拔的青南高原五大地理板块。根据 2020 年土壤调查结果,青海省耕地 56.50 万 hm^2、园地 6.21 万 hm^2、林地 460.26 万 hm^2、牧草地 3675.04 万 hm^2、水域 244.52 万 hm^2、建设用地 45.18 万 hm^2。青海省大部分地区属于高寒荒漠气候区,气候寒冷、干燥,土地贫瘠,水资源匮乏,土层浅薄,土壤呈碱性。其中草地土壤比较肥沃,但水分短缺,限制了作物生长。

2. 西北旱区土壤质量存在的主要问题

旱区土壤质量普遍较差,缺乏养分和有机质,同时存在土壤盐碱化、水土流失等问题。我国西北旱区土壤主要存在"贫""旱""沙""盐"四大问题:

(1)"贫"。 西北干旱区和半干旱区土壤多为栗钙土、棕钙土、灰漠土和灰棕漠土,有机质含量较小,土层薄,土壤颗粒较粗,沙化严重,疏松通透,保持水肥能力差,导致土壤肥力较贫瘠,养分含量低。黄土高原地区约 70% 的土地为水土流失后形成的低产土壤。此外,长期不施或少施有机肥,土壤有机质得不到补充。超量施用化学氮肥,以及超出土壤负荷的高产、频繁的表土耕翻,加剧了土壤碳的耗竭,致使土壤有机质含量减少。土壤有机质减少会引发土壤结构破坏和土壤板结,土壤肥力下降,土壤理化和生物性质恶化。

(2)"旱"。 西北旱区的干旱问题是一个长期困扰该地区的重大生态环境问题,严重影响了当地的社会经济发展和人民生活。西北旱区的干旱问题主要原因如下:

1)气候因素。西北旱区位于亚欧大陆的中部,远离海洋,受季风影响较小,降水稀少,蒸发强烈,气温变化大,日照时间长,是典型的干旱气候。同时,青藏高原的阻挡作用使得湿润的气流难以进入西北内陆,导致西北旱区缺乏有效的水汽补给。

2)地形因素。西北旱区地势高而崎岖,山地、盆地、沙漠等地貌类型多样,形成了复杂的水文地质条件。山地阻碍了水流的通畅,盆地降低了水流的能量,沙漠增加了水流的消耗。这些因素导致了西北旱区水资源的分布不均、利用不足、损失较大。

3)人为因素。西北旱区人口增长、经济发展、农业灌溉等人类活动对水资源的需求不断增加,而水资源的供给却难以满足。过度开发利用水资源导致了地下水位下降、河流断流、湖泊干涸、湿地退化等现象,加剧了西北旱区的干旱问题。

综上所述,西北旱区的干旱问题是一个多因素、多层次、多方面的综合问题,需要从气候变化、水资源管理、生态保护等多个角度进行综合治理和适应。

(3)"沙"。 西北旱区是我国土壤沙漠化的重点区域,也是全球沙漠化的敏感区域。西北旱区的土壤沙漠化面积达到了 1.3 亿 hm^2,占全国土壤沙漠化面积的 75%,占西北旱区总面积的 46%[4]。土壤沙漠化主要分布在塔里木盆地、准噶尔盆地、吐鲁番盆地、内蒙古高原、六盘山地区等。土壤沙漠化是自然因素和人为因素共同作用的结果。自然因素主要包括干旱气候、强风、高温、低降水等,这些因素造成了土壤水分不足、植被稀疏、风蚀和水蚀严重。人为因素主要包括过度放牧、滥垦滥砍、不合理灌溉、工业污染等,这些因素造成了土壤结构破坏,土壤肥力下降,植被退化,土地荒漠化。土壤沙漠化不仅导致了生态环境恶化,农牧业生产受损,人民生活质量下降,而且还威胁了国家安全和社会稳定。土壤沙漠化引发了频繁的沙尘暴、干旱灾害、水资源短缺等问题,影响了西北旱区乃至全国的经济发展和社会进步。

（4）"盐"。西北旱区是我国土壤盐碱化最严重的地区之一，盐碱土地总面积约 0.1 亿 hm^2，占全国盐碱土地面积的 82.31%。其中，新疆盐碱化耕地面积约 233 万 hm^2，占总耕地面积的 37.7%。西北旱区土壤盐碱化的主要成因是气候干旱、降水稀少、蒸发强烈、地下水位高、灌溉水质差、灌溉管理不善导致的次生盐碱化等。土壤盐碱化导致土壤肥力下降、结构破坏、通透性降低、持水能力减弱等，影响作物的生长和产量。为了改善西北旱区的土壤盐碱化现状，需要采取综合治理措施，包括水利措施、化学措施、生物措施、耕作措施等。同时，还需要加强科技支撑、政策引导、示范推广和监测评估等工作，实现西北旱区农牧业可持续发展。

3. 西北旱区盐碱化区域状况分析

西北旱区特殊的自然条件和不合理的人类活动，导致土壤盐碱化。土壤盐碱化具有分布广、类型多、危害大的特点。

（1）新疆盐碱土。新疆是我国最大的盐碱土分布区，盐碱化土地面积达到 2181.4 万 hm^2，占全国盐碱化土地面积的 22%。新疆的盐碱土主要分布在天山南麓山前平原、叶尔羌河流域冲积平原、喀什河三角洲、阿尔泰山两河流域平原、天山北麓山前平原、博尔塔拉河谷等区域，其中以塔里木盆地和吐鲁番盆地最为严重[5]。天山以北伊犁盆地的盐土以氯化物硫酸盐为主；天山以南和东部地区的盐土分别以硫酸盐和氯化物为主；各盆地洪积扇边缘的盐土以硫酸盐为主；南疆的盐土主要含有碳酸盐。新疆的盐碱土形成经历了漫长的历程，受地质地貌、干旱强蒸发的气候、地表与地下径流以及人类不适度的农牧业利用和生产活动等因素的影响。新疆的盐碱土类型多样，主要有稳定脱盐型、脱盐聚盐混合型、脱盐聚盐反复型、持续聚盐型和灌溉聚盐型，其中脱盐聚盐混合型和脱盐聚盐反复型分布最为广泛。新疆的土壤盐碱化对农业生产和生态环境造成了严重的危害，制约了新疆农业高效开发、可持续发展和建设现代农业的目标。因此，加强新疆土壤盐碱化的监测与评价，探索适合新疆特殊条件下的防治对策，提高土壤改良和利用效率，是当前亟待解决的重要问题。

（2）青海盐碱土。青海盐碱土主要是盐化草甸土，主要分布在柴达木盆地和青海盆地的冲积平原和低洼地区以及盐滩和盐湖地区。冲积平原的盐碱土主要是氯化物和硫酸盐，盐湖附近以氯化物为主。青海省海北州祁连县的盐碱化土地面积已经超过了 800 万亩，占该县土地面积的 50% 以上。而该地区土壤中的盐碱物质含量已经达到了 4% 以上，这些土地上的常规作物都极难生长。同时，由于大规模的人工排盐消耗大量的水资源，因此治理盐碱化土地的成本也相当高。青海省采取了多项措施，其中最重要的是通过改良土壤、引进耐盐碱作物等措施，提高土地肥力和农作物的产量。青海省还引进了大量的耐盐碱作物，如盐碱地生姜、盐碱地水稻等，这些新型作物在盐碱地上生长良好，为当地的农民提供了新的收益来源[6]。

（3）宁夏盐碱土。宁夏的盐碱土地总面积为 348.7 万 hm^2，占全区土地面积的 23.4%，其中耕地盐碱化面积为 144.1 万 hm^2，占耕地面积的 44.1%。盐碱化土壤主要分布在引黄灌区、银川平原、河套灌区等地，以中度盐土为主。宁夏的银川以南地区分布的是斑状轻度盐化浅色草甸土，以北地区分布的是斑状中、重度盐化草甸土和浅色草甸盐土，在地势低洼地区盐土呈大面积分布。由于地形和地下径流流速的差异，盐分产生分异作用，形成的盐土类型较多，诸如蓬松盐土、潮湿盐土、草甸盐土、沼泽盐土、苏打盐土等，在封闭洼地还有白僵土。盐碱土盐分主要为氯化物硫酸盐和硫酸盐氯化物，其次是重碳酸盐的苏打盐土和白僵土。

（4）内蒙古盐碱土。内蒙古土壤盐碱化主要分布在河套灌区、乌梁素海流域和呼伦贝尔平原等地。其中，河套灌区主要为浅色草甸土、蓬松盐土、潮湿盐土和封闭洼地分布的苏打盐土，在地势低洼的河流或湖泊沉积物上分布有白僵土[7]。潮湿盐土盐类成分中钠、镁的氯化物含量较高，蓬松盐土盐分以硫酸盐为最多。河套平原南部和中部地势较高地区分布大面积轻度和中度斑状盐化草甸土；中部低洼地区多分布不同类型的盐土。平原东北部为盐化浅色草甸土及其他类型盐土，地势低洼和地下水汇集地区盐土均呈大面积分布。中滩及其南部平原的中部洼地盐土均呈零星分布，但在地势较平坦地区主要分布的是轻度和中度斑状盐化草甸土。呼伦贝尔平原的西、北、东三面多分布中度斑状草甸土；西部、东北部的低平地区盐土亦呈大面积分布。在黄河沿岸分布的主要是草甸土。

9.2　土壤质量提升途径

土壤改良是指运用土壤学、生物学、生态学等多学科的理论与技术，排除或防治影响农作物生育和引起土壤退化等不利因素，改善土壤性状，提高土壤肥力，为农作物创造良好土壤环境条件的一系列技术措施的统称[8]，包括以下基本措施（图 9-2）：

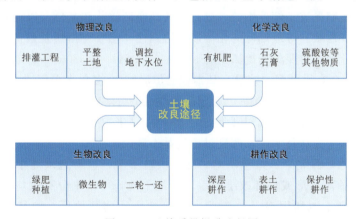

图 9-2　土壤质量提升途径图

（1）土壤物理改良包括土壤水利改良和土壤工程改良，如建立农田排灌工程，调节地下水位，改善土壤水分状况，排除和防止沼泽化和盐碱化，或者运用平整土地、兴修梯田、引洪漫淤等工程措施，改良土壤条件。

（2）土壤化学改良，如施用化肥和各种土壤改良剂等提高土壤肥力，改善土壤结构，消除土壤污染等。

（3）土壤生物改良，运用各种生物途径（如种植绿肥），增加土壤有机质以提高土壤肥力，或营造防护林防治水土流失等。

（4）土壤耕作改良，通过改进耕作方法改良土壤条件。

9.2.1　土壤物理改良

土壤物理改良是指采取相应的农业、水利等措施，改善土壤性状，提高土壤肥力的过程。

(1) 土壤水利改良。土壤盐碱化是指土壤中的可溶性盐分含量超过一定水平，影响土壤肥力和作物生长的现象。土壤盐碱化不仅降低了农业生产的效率，还威胁了生态环境的安全。为了防治土壤盐碱化，水利工程技术发挥了重要的作用。灌溉排水工程技术是指通过建设灌溉渠道、排水沟、泵站、闸门等设施，控制灌溉水量和排水量，保持土壤的适宜湿度和盐分平衡。灌溉排水工程技术可以有效地提高灌溉水利用率，减少灌溉引起的土壤盐碱化，同时也可以促进盐分的淋洗和排出，改善盐碱地的土壤条件。如王海江等研究表明，暗管排水区在 0～80cm 土层脱盐率为 59.37%，能够有效降低重度盐碱化农田的土壤盐分，并且暗管排水与明沟排水排盐相比能够节约大量水资源[5,9]。地表盐斑面积由 55% 降低至 17%，浅层地下水位降幅介于 0.47～0.64m 之间，作物产量提高 375kg/hm² 以上。排水情况下土壤脱盐深度为 0～60cm，不排水条件下土壤仅在表层 0～10cm 脱盐。

(2) 客土、漫沙、漫淤。当废弃地土层较薄时或是缺少种植土壤时，可直接采用异地熟土覆盖，直接固定地表土层，并对土壤理化特性进行改良，特别是引进氮素、微生物和植物种子，为土地植被重建创造有利条件。对于土壤盐分含量过大的区域还可以通过剥离含盐碱表土，利用外运客土重新回填改变其原有盐碱地现状。文志强等研究表明[10]，秸秆还田和客土方式都促进了烟草生长，提高了烤烟经济效益和品质，以秸秆还田＋掺紫色土处理烟叶的经济性状、等级烟叶的化学成分协调性和感官评价质量最优，烤烟产量、产值和上等烟比例分别比对照处理提高了 35.04%、20.64% 和 38.59%。通常认为客土厚度达到 15～30cm 就会有很可观的效果，日本神通川流域 20 多年来采用排土、覆土等客土法治理土壤，使土壤镉污染基本消除，治理后土壤生产的糙米中镉含量均在 0.4mg/kg 以下，达到相应标准。对过于砂或过于黏的土壤，可以采取中和的方法，将砂土和黏土中和，保证土壤的透气性和持水性，改良过砂过黏土壤。

(3) 平整土地。西北旱区地势崎岖，地形坑洼不平，极易造成灌水分布不均，局部洼地积盐。通过抬高地形或局部改土等手段精细平地，可使水分有效均匀渗透，避免地表积盐，从而提高土地利用率[11]。对凸凹不平的土地削高填低，使其成为具有适宜坡度的田面或水平田面，以改善田间灌排条件和耕作条件。形成良好的土壤耕层构造和表面状态，协调土壤中水、肥、气、热等因素，为播种和作物生长、田间管理提供合适的基础条件。

(4) 防风固沙。植树造林对治理沙化耕地，控制水土流失，防风固沙，增加土壤蓄水能力，可以大大改善生态环境，减轻洪涝灾害的损失。抵御风沙的袭击，必须造防护林，以减弱风的力量。风一旦遇上防护林，速度会减弱 70%～80%。如果相隔一定的距离，并行排列许多林带，再种上草，这样风能刮起的沙砾也就大大减少。在河西走廊，群众运用"插风墙"（插设高立式柴草沙障）、"护柴湾"（封护风沙沿线的红柳、白刺等沙生植物的天然灌木丛）和"土埋沙丘"等治沙方法，营造了防风固沙林带 198 万亩，建起了长 1204km、面积 171 万亩的防风固沙大型林带，占风沙线总长的 70%。控制流沙面积

276 万亩，种植天然灌木林 149 万亩，封育恢复天然沙生植被 247 万亩。治理风沙口 454 个，占风沙口总数的 53.7%，已恢复沙化耕地 38.5 万亩，使 1400 多个村庄基本免除沙患。

9.2.2 土壤化学改良

土壤化学改良是指用化学改良剂保育土壤。在西北旱区碱性土壤中，石膏、磷石膏、氯化钙、硫酸亚铁、腐植酸钙等是常用的土壤改良剂，视土壤的性质而选用。盐碱地的化学改良主要是指向土壤中加入化学物质，以达到降低土壤 pH、碱化度以及改善土壤结构的目的。主要的化学改良剂包括石膏、磷石膏、脱硫石膏、硫磺、腐植酸、糠醛渣等物质[12]。化学改良的效果主要表现在两个方面：一是改善土壤结构，提高盐碱土排盐降渍的能力；二是增加盐基代换，调节土壤酸碱度。常用化学改良方法如下：

(1) 石灰和石膏。 石灰和石膏是常用的盐碱地改良剂。这两种物质可以中和土壤中的盐分，降低土壤的盐度和提高土壤的 pH，从而改善土壤的物理性质和化学性质。其中，石灰主要用于中和酸性土壤，石膏则用于中和碱性土壤。石灰和石膏的应用方式有两种：一种是直接将其撒置于盐碱地表面，另一种是通过灌溉水将其淋溶到土壤中。这两种方法都可以达到改善土壤的效果，但是灌溉水淋溶法需要的时间更长，需要持续几年才能看到明显的效果，而直接撒置法则更加快速。此外，这两种方法的适用情况也有所不同，需要根据不同的土壤和作物类型来选择合适的方法。

(2) 有机肥料的应用。 有机肥料是一种天然的肥料，可以提高盐碱地的肥力和改善土壤的结构。有机肥料中含有大量的有机质和微生物，可以促进土壤微生物的活动，增加土壤的养分含量和保水性。此外，有机肥料还可以提高土壤的通透性和透气性，从而改善土壤的物理性质，有利于植物的生长。有机肥料的应用方式有两种：一种是将其直接撒置于盐碱地表面，另一种是将其混入土壤中。这两种方法都可以达到改善土壤的效果，但是将有机肥料混入土壤中的方法更为有效，这种方法可以使有机肥料和土壤充分混合，从而提高土壤的肥力。

(3) 其他化学改良方法。 除了上述两种方法外，还有其他一些化学改良方法，如添加磷肥、钾肥和硫酸铵等[13]。这些方法可以提高土壤的养分含量和改善土壤的物理性质，但是这些方法也可能会对环境造成负面影响，因此应该谨慎使用。磷肥是一种常用的肥料，可以促进植物的生长和发育，提高作物的产量。但是，在盐碱地中使用磷肥时，磷肥可能会与土壤中的钙离子结合，从而降低土壤的 pH，影响植物的生长。钾肥是一种可以提高土壤肥力和改善土壤结构的肥料，在盐碱地中使用钾肥可以促进作物的根系生长和发育，增加作物对盐分的抵抗能力。但是，使用钾肥也有一定的风险，因为过量的钾肥会对土壤造成污染，从而影响土壤的肥力和环境质量。硫酸铵是一种含有硫酸根离子和铵离子的化合物，可以提高土壤的肥力和改善土壤结构。在盐碱地中使用硫酸铵可以中和土壤中的碱性物质，从而降低土壤的 pH，改善土壤的酸碱度和改善土壤的物理性质。但是，硫酸铵也可能会对土壤中的微生物和植物造成一定的伤害，在使用时需要掌握适当的用量和方法。

盐碱地的化学改良方法有许多种，不同的方法有着不同的优缺点和适用范围。在选择化学改良方法时，需要根据具体的土壤和作物类型来选择合适的方法，并注意使用方法和用量，以确保改良效果的最大化。同时，为了保护环境和土壤质量，还需要遵守环保法规和农业生产标准，避免过量使用化学改良剂和对土壤造成不可逆的伤害。

9.2.3　土壤改良的耕作与生物技术

土壤绿色改良是基于土壤学、生物学、生态学等多学科的理论与技术，通过生物改良技术在土壤中施入绿肥、有机肥、生物菌肥以及土壤改良剂，并配合耕作措施（如深耕、轮作、保护性耕作等），改善土壤结构，提高土壤肥力，修复土壤贫瘠、盐碱化、沙化等问题。土壤绿色改良本着资源节约型、环境友好型的宗旨，促进土壤可持续利用，为推动农业可持续发展提供不竭动力。

1. 土壤耕作改良

合理的田间耕作可以增加土壤的通透性，促进水分和空气的渗透，提高土壤的温度，有利于作物的生长。耕作还可以控制杂草，减少病虫害，提高土壤中有机质的含量，增加土壤中的微生物活性，从而改善土壤的肥力。耕作的方法有多种，如翻耕、中耕、浅耕、深松等，不同的方法适用于不同的土壤类型和作物需求。耕作应该根据土壤的特性和作物的生长周期进行合理的安排，避免过度耕作或不足耕作，以充分发挥耕作对土壤的改良作用。

(1) 深耕。土壤深耕是指利用机械的作用，加深耕层、疏松土壤、增加土壤的孔隙度，形成土壤水库，增强雨水渗入速度和数量，避免产生地面径流；打破犁底层，熟化土壤，使耕层厚而疏松，结构良好，通气性强，土壤中水、肥、气、热相互协调，有利于种子发芽和作物根系生长；可以掩埋有机肥料、清除残茬杂草、消灭寄生在土壤中或残茬上的病虫[14,15]。深耕作业的耕作深度一般可达 25cm 以上，能够较好地调整土壤的化学结构和微生物结构，将农作物的秸秆残渣和化肥农药残留等物质翻至土壤深层，并将有害的细菌、害虫等一并深埋，有效地清除土壤中的有害威胁，减少化肥农药的残留，达到净化耕作土壤环境的目的。

1）深度选择。土壤深耕的时机应选择在土壤湿度适宜，不影响作物生长的季节，一般在秋收后或春耕前进行[16]。土壤深耕的深度应根据土壤类型、作物类型和地力状况确定，一般为 20～40cm，不宜过浅或过深。

2）深耕方法。土壤深耕的方法有机械深耕和人工深耕两种，机械深耕可以使用深松机、旋耕机、犁等农机具，人工深耕可以使用锄头、铲子等工具。无论采用哪种方法，都应注意均匀翻松土壤，避免留下硬块和空洞（图 9-3）。

3）深耕施肥。土壤深耕的效果与施肥有密切关系，在进行土壤深耕时，应适当施入有机肥或化肥，以增加土壤有机质和养分含量。施肥的种类、数量和方法应根据土壤测试结果和作物需求确定，一般在每亩地施入 10～20kg 的氮肥、10～15kg 的磷肥和 9～20kg 的钾肥[17]。

4）平整覆盖。土壤深耕后，应及时进行平整和覆盖，以保持土壤湿润和松软，防止风蚀和水蚀。平整可以使用碾子或铲子等工具；覆盖可以使用秸秆、草皮或塑料薄膜等材料，覆盖厚度应根据气候条件和作物特性确定，一般为 6～10cm。

图 9-3　土壤深耕示意图

（2）表土耕作。垄作、畦作适应于不同特性的土壤类型及人多地少精耕细作的地区，而采取的利用改良土壤和培育土壤肥力的耕作方法（图 9-4）。垄作又称聚土耕作法；垄高沟深，垄面窄。在山坡地按等高垄作，具有防止水土流失的功能。土层浅薄时，可以有效地增加耕作土层。同时起垄后地表面积增加，接受日光照射的表面积增大，土壤白天增温快，夜间散热快，增大昼夜温差，有利于光合产物的积累；土壤内温差也大，促进了土壤水分养分的运动。畦作主要适应于平原地区，利用沟畦排灌，能快灌快排；对排水不良的农田，能缓解土壤中水气不协调的矛盾，提高养分利用率。等高耕作适应于干旱地区坡地土壤改良的耕作法，中国已有四千年历史，目前在西北旱区仍广为应用。其方法为按等高筑土埂围区，区内种植作物。能使较多降水保留在区内，避免土壤冲刷，降水渗入土壤可增强抗旱力，也有利于培肥土壤。

图 9-4　垄作与畦作示意图

（3）保护性耕作。保护性耕作是一种现代化的耕作技术体系，其以免耕或少耕，以及秸秆覆盖还田为主要特征，旨在保护土壤的生态功能和肥力。保护性耕作的发展历程可以追溯到 20 世纪 30 年代的美国，当时由于过度翻耕和风沙暴造成了严重的土壤侵蚀和退化，政府出台了土壤保护法，并开始研究免耕播种技术[18]。此后，这种技术逐渐发展成为保护性耕作，并在美国、澳大利亚、巴西等国得到了广泛的推广应用。我国从 20 世

70年代末开始关注和研究保护性耕作相关技术，并于1992年起在山西、东北等地进行了试验示范。经过多年的探索和实践，我国保护性耕作技术模式总体定型，并有相应的关键机具，已经具备在适宜区域加快推广应用的基础（图9-5）。

图9-5　保护性耕作示意图

保护性耕作技术通过秸秆覆盖和少耕深松，减少土壤水分蒸发，增加降水下渗，提高土壤含水量，降低灌溉需求量，节约灌溉用水20%～40%，提高水分利用效率30%～50%。保护性耕作技术可通过改善土壤结构、增加有机质、促进微生物活动、调节养分平衡、缓解盐碱化等措施，改善作物的生长条件，增强作物的抗逆能力，可提高粮食单位面积产量10%～30%。保护性耕作技术通过减少耕作次数、节约化肥用量、降低劳动强度等措施，可降低农业生产成本10%～30%，提高农业经济效益20%～50%。

2. 土壤改良的生物技术

经过多年探索，我国旱区形成了各种有效的土壤改良的生物技术及应用案例。

（1）二轮一还高效措施。"二轮"指的是水田和旱田轮作、粮食作物与牧草轮作，"一还"指的是秸秆还田，通过这3项措施来改土培肥，培育旱区健康土壤。我国一些旱区推行了轮作和秸秆还田，例如黄土高原半干旱偏旱区苜蓿—粮食和草粮轮作、黄土高原半干旱区轮作休耕、陕北旱区轮作、甘肃中东部旱区秸秆还田、豫西丘陵旱区玉米秸秆还田、新疆干旱区棉花秸秆还田等。通过轮作和秸秆还田改善了土壤的理化性状，降低土壤自毒作用，削弱土传病害发生的概率，有利增加氮素自然供给力；提高土壤的通透性，增强保湿能力，提高土壤抗旱能力，恢复土壤有机质含量，增强土壤蓄水能力和田间水的利用效率，减少化肥的使用，杜绝了秸秆焚烧，改善了生态环境[19]。

1）水旱轮作。水旱轮作指在同一块田地上，一年内按照不同季节种植水稻和其他旱作作物，并能够显著提高稻田生产力的复合种植方式，是我国重要的作物生产方式。水旱轮作系统是一个极其复杂的生态系统，它既包括旱作作物和水作作物生长必需的生态环境系统，又包括水旱转换过程中极具特色的干湿交替、好氧厌氧转换的复杂群落变化。水旱轮作根据选择的轮作作物不同而模式众多，主要包括豆—稻、油—稻、薯—稻、麦—稻等模式。其中，麦—稻模式是世界上农业生产中应用面积最大也是最重要的水旱轮作模式。西北旱区的水稻主产区是汾渭平原、河套平原、银川平原、河西走廊、新疆的一些绿洲地区。稻作面积约占全国稻作面积的 1%，主要种植早熟粳稻。研究表明水旱轮作具有较高的社会效益、经济效益及生态效益。水旱轮作能够减少由于单作、连作土壤中大量积累的有毒有害物质，减轻轮作作物病虫草害的发生。同时可以改善土壤环境，修复受损土壤屏障，维持生态平衡。此外，水旱轮作能够在减少农药等生产投入的基础上提高作物产量和品质，有利于绿色有机农业的可持续发展。通过水旱轮作模式的不断推广扩大，作物种类不断丰富，有利于农产品市场种类的丰富和相关产业的发展，在极大程度上提高了农民收入，带来了较高的社会效益和经济效益[20]。

2）草田轮作。传统的草田轮作是指栽培饲草与粮油等所谓田禾农作物之间的轮作，其是倒茬和肥田养地、产草养畜相统一的一种耕作制度。近年来，随着农村产业结构的调整，草田轮作、种草养畜正在蓬勃发展。草田轮作改变了农区以往单一农作物的生态环境，初步建立了粮、经、饲三元结构，提高了对光能和土地的利用率，增加了生物量。目前临夏县各地草田轮作以豆科饲草为主。豆科饲草根系发达，茎繁叶茂，能吸收利用深层土壤的养分，根瘤菌又能大量固定氮素；茎叶收获后，残茎落叶、衰亡的根系分泌物增加了土壤有机质和氮素营养成分，促进了土壤微生物活性，改善了土壤的理化性状。草田轮作是农区饲草的主要来源，也是发展畜牧业的主要途径，种植豆科饲草不仅为养畜提供大量的优质饲草，而且还能改善土壤的理化和生物性状，对粮食作物具有显著的增产作用。草田轮作能使草丰畜旺、畜多肥多、肥多粮多，能加速能量和物质在生物系统内的循环，逐步走向包括粮草畜在内的生态农业，而草田轮作就是农牧结合的纽带，是生态链不可或缺的链条之一[21]。通过草田轮作、种草养畜、增草兴牧、立草为业，不仅促进粮食的稳产、增产，而且调整农村经济结构，是发展生态农业、推动农业产业化发展的必由之路。

（2）秸秆还田。秸秆还田是一种农业生产方式，是指将收割后的农作物秸秆切碎后，均匀地撒在田间，然后进行深翻或浅翻，使秸秆与土壤充分混合，促进其分解和转化，从而提高土壤肥力和改善土壤结构的过程[22]。我国秸秆还田技术发展主要分为初始阶段、发展阶段和现阶段的高效利用阶段[23,24] 3 个阶段。秸秆还田技术初始阶段主要以堆肥、沤肥等间接还田为主，直接还田技术相对薄弱；在发展阶段，秸秆直接还田技术成为主要还田模式，秸秆还田技术各项参数初步明确。随着机械化程度提高，现阶段秸秆直接还田技术得到迅速发展，在原有秸秆还田技术基础上，出现沟埋还田、炭化还田等新兴秸秆还田技术（图 9-6）。在现阶段，秸秆还田作为改良土壤结构、改善土壤养分状况、减少化肥使用的培肥措施得到进一步推广，秸秆还田也促进了炭化还田技术的发展，有效固定和封存土壤中的碳素。现阶段秸秆还田技术主要如下：

1）过腹还田。秸秆过腹还田是一种利用秸秆作为饲料喂养牲畜，然后将牲畜的粪便和尿液作为有机肥料施用于农田的技术。秸秆过腹还田可以增加土壤有机质含量，改善土壤理化性质和生物活性。与化肥单施相比，秸秆过腹还田可以显著提高土壤有机碳、全氮、全磷、全钾等养分含量，增加土壤容重和孔隙度，降低土壤密度和紧实度，改善土壤通透性和保水性。同时，秸秆过腹还田可以促进土壤微生物的繁殖和多样性，增加土壤酶

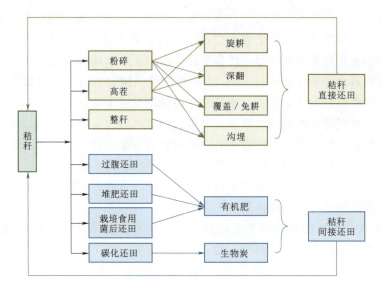

图 9-6　现阶段典型秸秆还田技术示意图

活性和呼吸强度，提高土壤的生物肥力。此外，秸秆过腹还田能减少农业废弃物的排放和污染，与焚烧或堆放相比有效减少了二氧化碳、氮氧化物、硫氧化物等温室气体和有害气体的排放，降低大气污染和温室效应。与化肥单施相比，每亩农田施用 200kg 牛粪＋100kg 尿液＋100kg 稻草（相当于 1.5t 稻草）的秸秆过腹还田处理，可以使水稻单位面积产量提高 10.8%，小麦单位面积产量提高 12.6%，玉米单位面积产量提高 14.2%；同时可以使土壤有机碳含量提高 0.15%。

2）堆肥还田。秸秆堆肥还田效果是指将农作物秸秆经过堆沤腐熟后，作为有机肥料施入土壤，对土壤肥力和作物产量的影响。秸秆堆肥还田能够提高土壤有机质含量，改善土壤结构和通透性，增加土壤保水保肥能力。例如，一些研究表明，连续 3 年使用玉米秸秆堆肥还田，可使土壤有机质含量提高 0.3%～0.6%，土壤容重降低 0.1～0.2g/cm³，土壤孔隙度提高 2%～4%。秸秆堆肥还田能够促进土壤中有益微生物的活动，增强土壤活力和自净能力。例如，连续 3 年使用玉米秸秆堆肥还田，可使土壤中细菌、放线菌、真菌的数量分别增加 1.5～2.6 倍、1.3～2.1 倍和 1.4～2.3 倍。也有研究表明，连续 4 年水稻秸秆堆肥还田，可使土壤中固氮菌、溶磷菌、产氨菌的数量分别增加 1.8～3.5 倍、1.6～3.2 倍和 1.7～3.4 倍。秸秆堆肥还田能够补充土壤中多种营养元素，提高土壤肥力和作物吸收效率。

3）碳化还田。秸秆碳化还田技术是一种将农作物秸秆经过高温热解转化为生物碳，然后将生物碳还施于农田的技术。生物炭是一种稳定的有机碳源，可以在土壤中长期存在，增加土壤有机质含量，改善土壤结构和通透性，提高土壤的持水、保肥和缓冲能力。生物炭可吸附和携带有机和无机养分，为作物提供营养。据研究，生物炭还田可以提高土壤有机质含量 10%～30%，提高土壤有效氮、有效磷、有效钾等养分含量 5%～50%。生物炭还田后，由于生物炭的稳定性和吸附性，可以减少土壤中有机质的分解和氮素的流失，可以减少温室气体排放量 20%～80%，增加土壤碳储存量 30%～70%。不同类型和用量的生物炭对不同作物的效果也不同，但总体而言，生物炭还田可以提高作物产量10%～40%，提高作物品质5%～20%。

4）栽培食用菌后还田。栽培食用菌后还田是指将食用菌生产过程中产生的菌渣、菌袋等废弃物作为有机肥料或饲料，回收利用到农业生产中，从而实现农业废弃物的资源化、减少环境污染、提高土壤肥力和农产品质量等目的。

①直接还田。该方法将菌渣均匀撒于土表或深埋于土层，经过一定时间的腐熟，可作为有机肥料供作物吸收利用。据研究，双孢蘑菇菌渣经堆肥处理后用作水稻基肥，与当地常规施肥方式相比增产20.55%，与不施肥处理相比增产44.18%。

②制作饲料。该方法将菌渣晒干或发酵后，与其他饲料原料混合，制成粗饲料或浓缩饲料，供畜禽食用。据研究，食用菌废弃物中含有丰富的菌体蛋白、多种代谢产物及未被充分利用的营养物质，是较好的堆肥原料。如双孢蘑菇菌渣经堆肥处理后用作水稻基肥，与当地常规施肥方式相比增产20.55%，与不施肥处理相比增产44.18%。

③二次栽培。该方法将菌渣与其他原料混合，再次接种食用菌菌种，进行二次栽培。这样可以提高食用菌的生物效率，降低成本，增加收益。据研究，利用香菇、木耳、金针菇等食用菌的废弃物进行二次栽培，可获得较高的生物效率和经济效益。

④发酵沼气。该方法将菌渣与畜禽粪便等有机物一起投入沼气池发酵，产生沼气和沼渣。沼气可作为清洁能源供农户使用，沼渣可作为优质有机肥料还田或再次栽培食用菌。据研究，利用食用菌废弃物发酵沼气，既可节约能源，又可提高土壤肥力和农产品品质。

3. 生物保育技术

土壤的保育技术主要包括绿肥种植、微生物菌肥和植物修复技术，具有促进土壤有机质的形成和积累，增加土壤微生物的多样性和活性，改善土壤的结构和通透性，促进植物根系的发育和扩展，提高植物的抗病虫害能力等诸多优点，对于保护土壤资源、改善生态环境、提高农业效益、保障粮食安全、促进社会经济发展等方面都具有重要意义。

(1) 种植绿肥作物。绿肥是用绿色植物体制成的肥料，是一种养分完全的生物肥源。种绿肥不仅是增辟肥源的有效方法，对改良土壤也有很大作用。绿肥牧草生命力强、适种性广，具有迅速增加土壤有机质的效能。按绿肥来源可分为：①栽培绿肥，指人工栽培的绿作物；②野生绿肥，指非人工栽培的野生植物，如杂草、树叶、鲜嫩灌木等。绿肥牧草种类多，功能特性不一样。豆科绿肥牧草借助根瘤菌的共生作用，能固定大气氮，有增加土壤氮的作用；禾本科绿肥牧草由于其繁茂的须根系，在形成土壤结构中作用最大；有的绿肥牧草由于抗旱或抗寒性强，具有较好的防风固沙和保持水土的作用。因此，在种植绿肥牧草时要因地、因土采用适宜的种类。

1）绿肥对土壤的改良作用。绿肥作物的根系发达，若地上部分产鲜草1000kg，则地下根系就有150kg，能大量地增加土壤有机质，改善土壤结构，提高土壤肥力[25]。豆科绿肥作物还能增加土壤中的氮素。据估计，豆科绿肥中的氮有2/3来自空气中。绿肥作物能使土壤中难溶性养分转化，以利于作物的吸收利用。绿肥作物在生长过程中的分泌物和翻压后分解产生的有机酸能使土壤中难溶性的磷、钾转化为作物能利用的有效性磷、钾。绿肥翻入土壤后，在微生物的作用下，不断地分解，除释放出大量有效养分外，还形成腐植质，腐植质与钙结合能使土壤胶结成团粒结构，有团粒结构的土壤疏松、透气，保水保肥力强，调节水、肥、气、热的性能好，有利于作物生长。此外，绿肥作物增加了新鲜有机能源物质，使微生物迅速繁殖，活动增强，促进腐植质的形成，养分的有效化，加速土壤熟化。例如，孙亚斌等为充分利用光热资源，采用麦后复种绿肥的栽培模式，结果表明，绿肥种植模式对小麦农田土壤氮素影响显著，在 0～30cm 土层采用春小麦收获后混播箭筈豌豆与油菜混播种植模式，油菜籽粒产量增加 10.80%[26]。

2）绿肥的种植方式。绿肥的种植方式主要如下：

①单作绿肥。即在同一耕地上仅种植一种绿肥作物，而不同时种植其他作物，如在开荒地上先种一季或一年绿肥作物，以便增加肥料和土壤有机质，以利于后作。

②间种绿肥。在同一块地上，同一季节内将绿肥作物与其他作物相间种植，如在玉米行间种竹豆、黄豆，甘蔗行间种绿豆、豇豆，小麦行间种紫云英等。间种绿肥可以充分利用地力，做到用地养地，如果是间种豆科绿肥，可以增加主作物的氮素营养，减少杂草和病害。

③套种绿肥。即在主作物播种前或在收获前在其行间播种绿肥。套种除间种的作用外，还能使绿肥充分利用生长季节，延长生长时间，提高绿肥产量。

④混种绿肥。即在同一块地里，同时混合播种两种以上的绿肥作物，例如紫云英与肥田萝卜混播，紫外线云英或苕子与油菜混播等。豆科绿肥与非豆科绿肥，蔓生与直立绿肥混种，互相间能调节养分，蔓生茎可攀缘直立绿肥，使田间通风透光。

⑤插种或复种绿肥。即在作物收获后，利用短暂的空余生长季节种植一次短期绿肥作物，以供下季作物作基肥。一般是选用生长期短、生长迅速的绿肥品种，如绿豆、乌豇豆、柽麻、绿萍等。这种方式的优势在于能充分利用土地及生长季节，方便管理，多收一季绿肥，解决下季作物的肥料来源。

（2）微生物改良剂。土壤微生物改良剂是指通过添加一定数量的有益微生物来改善土壤质量和生产力的一种生物肥料。这些微生物可以帮助植物吸收养分、增加土壤肥力、抑制病虫害的发生等。土壤生物改良剂的主要成分包括一些有益的微生物，如固氮菌、磷酸菌、溶磷菌、植物生长促进菌等。这些微生物可以通过不同的方式添加到土壤中，如施用微生物肥料、添加有机物质等[27,28]。

1）微生物肥料。微生物菌肥是一种新型的生物"肥料"，也称生物肥料、菌肥、接种剂等，其含有特定的活体（可繁殖）微生物，是经过诱变、复壮后发酵，再通过草炭、褐煤、粉煤灰等加工运载得到的一种具有肥料效应的制品。微生物肥料指一类含有活微生物的特定制品，通过微生物的生命活动，增加植物养分的供应量或促进植物生长，从而改善农产品品质及农业生态环境。微生物肥料的常见作用机理如下：

①改善土壤营养结构。微生物肥料能提高土壤肥力，如各种自生、共生、联合的固氮菌类和根瘤菌类微生物肥料可以固定空气中的氮，增加土壤氮素来源和植物的氮营养。

②调节植物生长。许多微生物在生长过程中不仅能为植物提供一些营养元素，也能产生对植物有益的代谢产物，如吲哚乙酸、赤霉素、细胞分裂素、脱落酸等，不同程度地刺激和调节植物营养状况，从而增加产量。研究表明，在植物的生长发育中共生微生物产生的植物激素能够起到一定的促生作用。研究发现微生物产生的细胞分裂素与植物根系良性生长有关。

③增强植物抗逆性。微生物肥料中所含的菌种能诱导作物产生超氧化物歧化酶，在植物受到病害、虫害、衰老等逆境时，通过消除自由基来提高作物的抗逆性，从而减轻病虫害。微生物肥料中的一些特殊微生物能够提高宿主的抗盐碱性、抗极端温湿度、抗旱性、抗金属毒害等能力，增强植物逆境生存能力。例如，用复合菌肥能提高生产性能和营养苜蓿施用 PGPR 菌肥的玉米产量可提高 30.1%、粗蛋白提高 20.1%，而粗纤维含量显著降低，株高、生物量、土壤养分含量均增加，同时土壤病原菌数量在减少，箭筈豌豆接种微生物接种剂后与不接种相比其根系活力增加 38.3%，且幼苗高度、生物量均有增加[28]。因此，微生物接种剂既能提高植物产量和品质，又能改善土壤结构增加土壤微生物数量。

2）丛枝菌根。菌根中应用较多的有丛枝菌根（AM）。AM 在土壤改良的作用主要表现在以下方面[29-32]：

①改善土壤物理性质。丛枝菌根可以提高土壤的团聚性和稳定性，从而改善土壤的物理性质，如渗透性、保水性、通气性等。由于丛枝菌根真菌通过分泌胞外多糖、腐植质和蛋白质等胞外多聚物，以及形成菌丝网和胞外囊泡等结构，可以将土壤颗粒黏结在一起，形成稳定的团聚体。接种丛枝菌根真菌后，土壤的团聚度可以提高 10%～50%，土壤的容重可以降低 5%～15%，土壤的孔隙度可以提高 5%～20%。

②丛枝菌根可以降低土壤中有害物质的含量和毒性，从而改善土壤的生物性质，如微生物多样性、酶活性、抗病能力等。由于丛枝菌根真菌可以通过吸附、沉淀、络合、还原等方式，减少土壤中重金属、有机污染物、放射性元素等有害物质的活性和可溶性。同时，丛枝菌根真菌也可以通过与其他微生物协同作用，促进土壤中有害物质的降解和转化。接种丛枝菌根真菌后，土壤中重金属的有效态含量可以降低 20%～80%，土壤中有机污染物的残留量可以降低 30%～90%。

③增强宿主植物的抗病性、抗逆性（抗旱、耐盐、抗酸等）。AM 能诱导植物对土传病原物产生抗病性，减轻一些土传病原真菌和胞囊线虫、根结线虫等对植物造成的危害，其机理是 AM 提高了植物的营养水平，使植株健壮，从而增强植物对病原菌的抗性。同时，AM 的根外菌丝的延伸和扩展，增大了植物根系的吸收范围和吸收能力，降低永久凋萎点，提高植物抗旱性和水分利用效率。此外，AM 能够通过增加植物对 P、Cu、Mg 的吸收而减少植物对 Na 和 Cl 吸收，从而提高植物耐盐能力。

④AM 还可用于重金属、有机污染土壤的修复。

3）蚯蚓。蚯蚓是一种重要的土壤生物，他们在土壤中活动，可以改善土壤的物理、化学和生物性质，提高土壤的肥力和生产力。蚯蚓可以通过吞食、消化和排泄，将有机质转化为富含营养的粪便，增加土壤中的有机质含量和有效养分。据研究，蚯蚓粪便中的有机质含量是原土壤的 2.5 倍，氮、磷、钾等养分含量是原土壤的 3～5 倍，微量元素含量是原土壤的 1.6～2 倍。蚯蚓可以通过钻洞、移动和呼吸，改善土壤的结构和通透性，增加土壤的孔隙度和水分保持能力。蚯蚓活动后的土壤，孔隙度比原土壤提高了 10%～30%，水分保持能力比原土壤提高了 20%～40%。蚯蚓可以通过分泌黏液、酶和激素，促进土壤中的微生物活动和植物生长，增加土壤的生物活性和抗病能力。蚯蚓活动后的土壤，微生物数量比原土壤增加了 2～10 倍，微生物群落结构也更加多样化。同时，蚯蚓分泌的黏液、酶和激素可以刺激植物根系的伸长、分枝和吸收能力，提高植物的抗逆性和产量。

(3) 植物改良。通过种植耐盐碱植物的方式来改良盐碱化土壤，土壤中存在大量的生物和微生物。微生物生长过程中排放在土壤中的分泌物与盐碱成分发生复杂的化学反应，可以降低盐碱含量和改良土壤结构特性，促进盐碱地持续利用。蔡树美等进行了盐碱地蚯蚓和菜花共作试验，结果表明，该处理降低了盐碱地土壤容重、EC 值、盐分和碱化度，但使有机质和速效氮显著提高[33]。史文娟等认为在盐碱地上种植耐盐碱植物，不仅可以在很大程度上改良盐碱土壤，而且对区域生态系统也起到了有效的保护和涵养作用[34]。

9.3 典型土壤绿色培育技术

土壤绿色培育技术是指在不使用化学肥料和农药的情况下，通过绿色植物等生物手段，改善土壤质量，提高农作物产量和质量的技术。绿色培育的目的是使土壤生态系统保持良好的健康状态，减轻化学农药对环境的影响，实现可持续农业发展。

9.3.1 贫瘠土培肥技术

田间堆肥技术可有效增加土壤有机质，研发绿色循环高效的堆肥技术与田间施用方法，是提升贫瘠土肥力的重要措施。低聚糖可作为微生物菌群的调节物质，对堆肥中微生物的群落结构及对堆肥进程有一定影响。低聚糖又称为寡糖，一般是由 2～10 个单糖以糖苷键聚合而成的直链或者支链的聚合物的总称，本节主要探讨低聚糖对好氧堆肥过程的影响，以及施加有机肥后对土壤质量的提升效能。

1. 低聚糖对好氧堆肥影响

本研究以牛粪和秸秆为原材料，以甘露低聚糖作为调节剂。低聚糖添加量为堆料干重的 0%（CK）、0.1%（O1）、0.5%（O2）、1.0%（O3），调节堆料含水率为 65%。在堆肥过程中不定时补充水分以保证堆料含水率。在第 0、2、6、9、13、18、25 天进行翻堆以保证堆肥装置氧气充足。

(1) 有机质降解。不同处理下堆肥半纤维素、纤维素、木质素含量和纤维素酶活性随时间的变化如图 9-7 所示。图 9-7（a）显示了低聚糖处理下细胞半纤维素含量呈下降趋势，并逐渐趋近于稳定。半纤维素是木质纤维素中较为活跃的组分，可作为碳源被微生物直接利用，微生物在升温期及高温期繁殖生长需要大量能量，因此该阶段半纤维素快速下降。随着堆肥进程持续，微生物可直接利用的有机质含量减少，半纤维素含量逐渐趋近于零并保持稳定。图 9-7（b）显示了纤维素含量的变化趋势，与半纤维素相似，但存在明显的滞后性，这可能是木质素—半纤维素抑制了纤维素的酶促降解。图 9-7（c）显示了低聚糖处理下木质素的降解情况，木质素含量在堆肥初期下降较为缓慢，这与微生物优先利用简单有机质有关（多糖、蛋白质和半纤维素等）。随着堆肥天数增加，与木质素降解相关的微生物逐渐成为优势种群，因此堆肥中后期木质素含量下降较为迅速。纤维素酶可促进有机物质的生物转化过程，对堆肥木质纤维素降解有重要作用。图 9-7（d）显示了堆肥过程中纤维素酶活性的变化，可以看出纤维素酶活性随堆肥时间呈现先增后减趋势。纤维素酶活性在降温阶段达到峰值，这是因为微生物在降温阶段可储存足够的能量来释放纤维素酶从而降解纤维素。

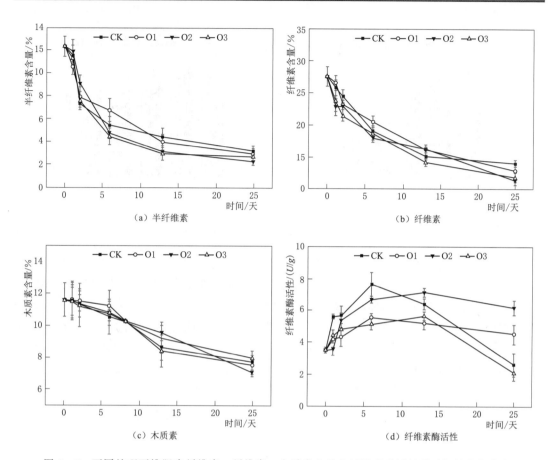

图 9-7 不同处理下堆肥半纤维素、纤维素、木质素含量和纤维素酶活性随时间的变化曲线

[注：半纤维素，纤维素和木质素含量通过某个阶段中半纤维素，纤维素和

木质素含量占初始堆肥基质的百分比来表示（$n=3$）]

添加低聚糖对堆肥 TOC 和 WSC 含量影响如图 9-8 所示。图 9-8（a）显示了总有机碳（TOC）含量随堆肥时间变化过程，可以看出 TOC 含量随着堆肥过程逐渐下降并逐渐平稳，这是由于部分有机物被微生物降解并以 CO_2、CH_4 等温室气体排放，而随着堆肥时间延长，腐植化作用增强，矿化作用降低，因此 TOC 含量逐渐平稳。腐熟期 CK、O1、O2、O3 处理的 TOC 降解率分别为 36.0%、37.9%、38.8%、34.3%。堆肥结束时，各处理 TOC 含量为 O3（255.4mg/g）、CK（248.9mg/g）、O1（241.5mg/g）、O2（238mg/g）。整个堆肥期间，O2 处理 TOC 含量降低最明显。由此可知，适量低聚糖可促进微生物活性，促进了有机质的降解，但低聚糖浓度过高则有可能引发抑制作用。

水溶性碳（WSC）是一种堆肥进程中较活跃的指标，也是微生物可直接利用并用于自身生长繁殖的重要碳源，其含量可反映堆肥的腐熟及稳定程度。根据图 9-8（b）可知，堆肥过程中 WSC 含量基本上呈下降趋势。堆肥初始阶段，原物料存在的大量易降解物质，水溶性较高，随着堆肥腐植化程度逐渐增强，形成大量腐植质等稳定物质，物料水溶解度变低，导致 WSC 含量较低。堆肥结束时，各处理的 WSC 含量分别为 CK（11.77mg/g）、O1（9.07mg/g）、O3（6.37mg/g）、O2（5.53mg/g），符合堆肥腐熟指标（WSC<

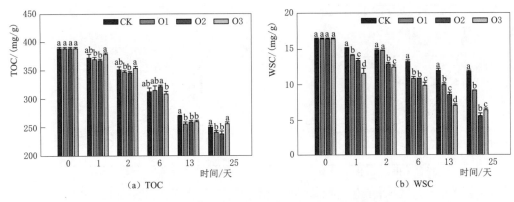

图 9-8 添加低聚糖对堆肥 TOC 和 WSC 含量影响

17mg/g）。升温期 O2 处理的 WSC 下降幅度最大，这与半纤维素含量的结果一致，说明 0.5% 的低聚糖可有效促进微生物利用简单有机质，提高堆肥稳定程度，促进腐熟效果。

（2）土壤氮素转化。添加低聚糖对好氧堆肥过程中 TN、$NH_4^+ - N$ 和 $NO_3^- - N$ 含量影响如图 9-9 所示。可以看出，不同堆肥处理下 TN 含量从起始阶段的 15.7g/kg 均降低至 12.3g/kg 以下。这是由于堆肥过程中微生物持续代谢活动，氮素以 NH_3 和 N_2O 等气体形式损失，腐熟时氮损失率超过 22.1%。其中 O3 处理的氮损失率最高（24.7%），可能是由于 O3 处理下堆肥高温期的温度最高。高温期易产生大量的 $NH_4^+ - N$，这些 $NH_4^+ - N$

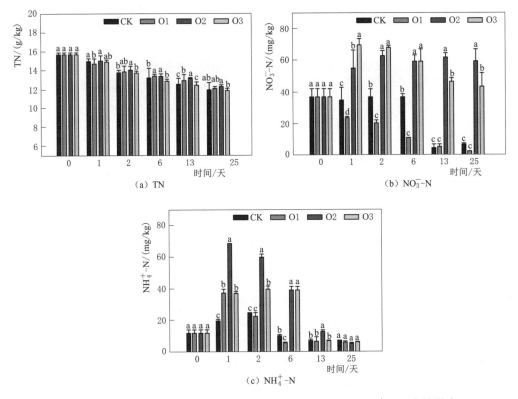

图 9-9 添加低聚糖对好氧堆肥过程中 TN、$NO_3^- - N$ 和 $NH_4^+ - N$ 含量影响

会进一步在高温的作用下转化为 NH_3，以气体的形式释放从而降低堆肥中的氮素。高温期中 4 组处理下的 TN 损失率表现为 O3（12.7%）、CK（12.6%）、O1（12.0%）、O2（11.0%），O3 处理的快速升温可能是导致该处理氮损失率最高的原因，同时堆肥后期反硝化作用较低，从而氮素的矿化作用更低，更有利于保存堆肥过程中的氮素。

$NH_4^+ - N$ 和 $NO_3^- - N$ 是堆肥过程中无机氮主要存在形式，也是表征堆肥产品速效养分的重要指标。4 组处理下 $NH_4^+ - N$、$NO_3^- - N$ 的变化情况在图 9-9 中表示。其中 $NH_4^+ - N$ 是堆肥过程中微生物可直接利用的无机氮源。如图 9-9（b）所示，在所有处理组的高温及升温阶段，$NH_4^+ - N$ 浓度均明显增加，这与大部分研究好氧堆肥中 $NH_4^+ - N$ 含量变化规律相一致，可能是由于温度和 pH 逐渐升高所产生的氨化引起。在低聚糖作用下，抑制了与 $NH_4^+ - N$ 转化相关微生物活性，提高了堆肥过程中 $NH_4^+ - N$ 的浓度，O2 中的 $NH_4^+ - N$ 浓度（68.21mg/kg）显著增高（$P < 0.01$），约为 CK 的 3.5 倍。随着堆肥时间增加，由于硝化作用，无机酸和有机酸逐渐产生，降低了 $NH_4^+ - N$ 浓度，因此堆肥后期 $NH_4^+ - N$ 含量逐渐降低。

堆肥初始阶段 $NO_3^- - N$ 浓度相对较高，随着堆肥时间增加，CK 与 O1 处理下的 $NO_3^- - N$ 含量逐渐下降并在腐熟期（第 14 天和第 26 天）保持稳定；而 O2 与 O3 处理下的 $NO_3^- - N$ 含量分别在高温期及升温期升至最高，含量分别为 62.58mg/kg 和 69.82mg/kg，随后 O2 处理下的 $NO_3^- - N$ 含量保持稳定，而 O3 处理下的 $NO_3^- - N$ 含量逐渐下降；至堆肥结束，CK、O1、O2、O3 处理的 $NO_3^- - N$ 含量分别为 6.98mg/kg、2.35mg/kg、59.54mg/kg、42.77mg/kg。CK 与 O1 处理中的 $NO_3^- - N$ 含量逐渐下降的原因可能是硝化细菌的生长和活性下降所致，这些细菌可以通过硝化作用产生 $NO_3^- - N$，但升温及高温阶段，氨气和高温限制了硝化细菌的活性，抑制 $NH_4^+ - N$ 向 $NO_3^- - N$ 的转化途径，因此导致 $NO_3^- - N$ 含量有所降低。随着堆肥进程，硝化细菌可利用的有机物含量降低，硝化作用进一步减弱，所以 CK、O1 与 O3 处理下的 $NO_3^- - N$ 含量逐渐下降并稳定，与其他处理相比，堆肥结束时 O2 处理下的 $NO_3^- - N$ 含量最高，分别高于其他处理752.6%（CK）、2428.2%（O1）与 39.2%（O3），这可能与该处理下的硝化作用较强有关，表明添加一定量的低聚糖可能会增加硝化细菌的活性，并在堆肥过程中改变细菌的演替和结构，从而改变氮的生物利用度。

2. 堆肥产物改良土壤质量效能

（1）理化性质。堆肥产物对土壤理化性质影响如图 9-10 所示。经过 30 天的盆栽试验，对盆栽土壤进行理化性质分析，包括酸碱度 pH 与电导率 EC，不难发现，施加有机肥可在一定程度上提高土壤的酸碱度 pH，但施用量存在阈值，超过 2% 会引起反效果。曾有研究发现施肥措施与土壤 pH 密切相关，有机肥可降低氮素转化过程中的 H^+ 从而减缓土壤酸化，且高温堆肥所产生的有机肥相对于普通有机肥碱度更高，防治土壤酸化效果更为明显。进一步对比不同处理下的 pH，可以看出 OF 处理下的 pH 普遍高于 F 处理，且加 O 处理的 pH 明显高于不加 O 处理。综上可知，低聚糖有机肥可有效调控土壤酸度，而低聚糖有机肥联合低聚糖的调控效果更佳。值得注意的是 OF5+O 处理下的 pH 低于 F5+O，这可能与低聚糖的过量施用有关，低聚糖具有降低 pH 的作用。

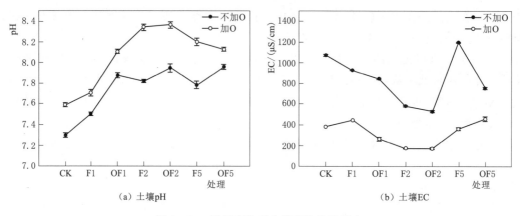

图 9-10 堆肥产物对土壤理化性质影响

EC 和溶液中的含盐量相关，因此通常用 EC 来表示土壤溶液中的盐分高低，并判断土壤的盐碱化程度。图 9-10 （b）中可观察到 EC 的变化规律与 pH 不同，14 组处理的 EC 分别为 CK（1073μS/cm）、CK＋O（380μS/cm）、F1（927μS/cm）、F1＋O（448μS/cm）、OF1（846μS/cm）、OF1＋O（265μS/cm）、F2（580μS/cm）、F2＋O（174μS/cm）、OF2（531μS/cm）、OF2＋O（166μS/cm）、F5（1195μS/cm）、F5＋O（360μS/cm）、OF5（755μS/cm）、OF5＋O（459μS/cm）。施肥制度未对土壤带来盐分超标的风险，相反在一定程度上降低了土壤的 EC。其中施用 2% 的有机肥可显著降低土壤 EC，OF 对土壤 EC 的降低效果好于 F。低聚糖可有效降低土壤的 EC，14 组处理中 CK＋O、F1＋O、OF1＋O、F2＋O、OF2＋O、F5＋O、OF5＋O 处理分别比 CK、F1、OF1、F2、OF2、F5、OF5 处理降低 64.5%、51.6%、68.6%、70.0%、68.7%、69.8%、39.2% 的 EC。所有处理中 OF2＋O 处理下的 EC 最低。综上可知，低聚糖可有效降低土壤的 EC，且 2% 的低聚糖有机肥配施 0.5% 的低聚糖的降低作用最好。

（2）养分含量。土壤肥力是植物生长的物质基础，也是衡量土壤为作物生长提供养分的能力的重要指标，研究表明，有机肥的施用不仅可以可改善土壤理化性质，更对土壤的养分含量起重要作用，本节内容主要通过分析不同施肥方式下土壤总碳氮磷钾及速效养分的变化规律来探究有机肥种类及低聚糖对土壤养分的影响，以期获得最佳施肥方式。

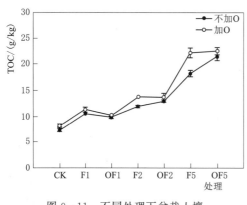

图 9-11 不同处理下盆栽土壤 TOC 含量的变化

土壤中的总有机碳（TOC）是生态系统主要的有机碳库，其含量与大气中 CO_2 含量密切相关，相关研究表明，土壤中 TOC 的固存量可直接影响地球气候变化，因此提高土壤 TOC 的固存量对降低土壤碳排放、改善大气气候十分有必要。不同处理下盆栽土壤 TOC 含量的变化如图 9-11 所示。可以看出，随着施肥量的提高，土壤 TOC 含量明显增加，这是因为有机肥为土壤提供了大量的碳输入。进一步分析不同处理间的 TOC 含量，可以发现，单施有机肥的情况下，对比 CK 处理，F1、OF1、F2、OF2、F5、OF5 可分别提高 TOC 41.1%、31.5%、61.2%、75.3%、146.0%、190.3%。OF2 处理对 TOC 的固存效果好于 F2 处理，OF5 处理对 TOC 的固存效果好于 F5 处理，显然低聚糖有机肥可有利于提高土壤 TOC 的固存量，可能与低聚糖有机肥会降低土壤碳库中的碳素损失即 CO_2 的排放有关。进一步发现，配施低聚糖（即＋O）对土壤 TOC 的固存效果好于单施有机肥，在有机肥配施低聚糖的情况下，OF5＋O 的施用效果最佳，相对于其他 6 组＋O 的处理，OF5＋O 可分别提高 178.7%（CK＋O）、100.3%（F1＋O）、120.9%（OF1＋O）、63.8%（F2＋O）、64.7%（OF2＋O）、1.3%（F5＋O）的 TOC 固存量。综上可知，就施肥量而言，施肥量越大，土壤总 TOC 固存量越高；就施肥种类而言，低聚糖有机肥的施肥效果好于普通有机肥；就单施肥与配施低聚糖而言，配施低聚糖对 TOC 的固存作用更好，说明低聚糖可有效固存土壤 TOC，进而降低 CO_2 污染风险。

氮素是蛋白质、遗传物质和其他有机分子的基本组成元素，也是所有生命及生物组织最基本的化学元素。土壤全氮（TN）含量一般处于动态变化之中，其增减不仅取决于土壤有机质的生物积累和水解作用，还与施肥制度密切相关。图 9－12（a）表明了 14 组处理下 TN 的变化规律，首先同 TOC 含量一致，TN 含量随施肥量的增加而增加，盆栽结束后，CK、CK＋O、F1、F1＋O、OF1、OF1＋O、F2、F2＋O、OF2、OF2＋O、F5、F5＋O、OF5、OF5＋O 处理的 TN 含量分别为 0.98g/kg、0.96g/kg、1.24g/kg、1.28g/kg、1.20g/kg、1.08g/kg、1.37g/kg、1.42g/kg、1.36g/kg、1.32g/kg、2.20g/kg、

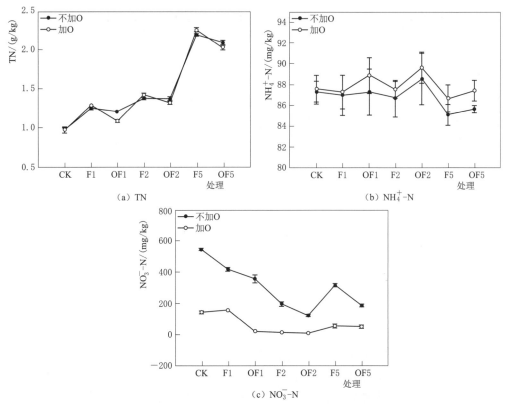

图 9－12　堆肥产物对土壤 TN、$NH_4^+ - N$ 和 $NO_3^- - N$ 含量的变化

2.24g/kg、2.09g/kg、2.03g/kg。对比不同施肥类型，可以看出普通有机肥的施肥效果好于低聚糖有机肥（F1＞OF1，F2＞OF2，F5＞OF5）；对比是否配施低聚糖，发现低聚糖对 TN 的含量有降低作用。这可能与氮素的矿化分解及植物的吸收利用有关，低聚糖可能会引起氮素矿化或提高小白菜对氮素的吸收从而降低土壤 TN 含量。

　　土壤 TN 主要为有机态，难以被植物吸收利用，通常需要转化为无机态，即铵态氮（$NH_4^+ - N$）和硝态氮（$NO_3^- - N$），才可被植物直接吸收利用。研究发现土壤氮素的矿化及硝化作用是决定 $NH_4^+ - N$ 和 $NO_3^- - N$ 含量的主要因素。图 9-12（b）和图 9-12（c）展示了不同施肥方式下 $NH_4^+ - N$ 和 $NO_3^- - N$ 含量的变化规律，在不加 O 的情况下，对比 CK（87.30mg/kg）处理，F1、OF1、F2、OF2、F5、OF5 处理下的 $NH_4^+ - N$ 含量分别为 86.97mg/kg、87.27mg/kg、86.66mg/kg、88.52mg/kg、85.07mg/kg、85.64mg/kg，OF1、OF2、OF5 处理分别比 F1、F2、F5 处理提高 0.3％、2.1％、0.6％ 的 $NH_4^+ - N$，且含量 OF2 处理的 $NH_4^+ - N$ 含量最高。所有加 O 处理下 $NH_4^+ - N$ 含量的变化规律与不加 O 相似，但整体含量相对偏高，OF1＋O、OF2＋O、OF5＋O 处理分别比 F1＋O、F2＋O、F5＋O 处理提高 1.8％、2.4％、0.8％ 的 $NH_4^+ - N$ 含量，其中 OF2＋O 处理下的 $NH_4^+ - N$ 含量最高，为 89.61mg/kg。

　　与 $NH_4^+ - N$ 含量的差异性较小不同（85.07～89.61mg/kg），14 组处理间 $NO_3^- - N$ 含量的差异性较大（6.16～547.27mg/kg）。不加 O 的情况下，CK、F1、OF1、F2、OF2、F5、OF5 处理下的 $NO_3^- - N$ 含量分别为 547.27mg/kg、420.52mg/kg、359.68mg/kg、198.26mg/kg、123.72mg/kg、317.31mg/kg、188.09mg/kg；加 O 的情况下，CK、F1、OF1、F2、OF2、F5、OF5 处理下的 $NO_3^- - N$ 含量分别为 143.38mg/kg、157.21mg/kg、19.78mg/kg、13.01mg/kg、6.16mg/kg、54.39mg/kg、48.21mg/kg。随着施肥量的增加，土壤 $NO_3^- - N$ 含量先减后增，其中 OF2 处理下的 $NO_3^- - N$ 含量最低，且加 O 进一步降低了 $NO_3^- - N$ 含量（6.16mg/kg）。这可能是植物利用土壤中 $NO_3^- - N$ 的结果。综合分析 14 组处理下 $NH_4^+ - N$ 和 $NO_3^- - N$ 含量的变化规律，发现土壤 $NO_3^- - N$ 含量变化更为明显，而 $NH_4^+ - N$ 含量整体未发生较大变化，这说明植物主要通过利用土壤中的 $NO_3^- - N$ 进行生长，也进一步证明 2％ 的低聚糖有机肥最适合小白菜生长，且＋O 可进一步促进小白菜吸收土壤中的 $NO_3^- - N$。

9.3.2　盐碱地培肥技术

　　有机肥和无机肥配合使用，就可以充分发挥无机肥的速效性和有机肥的持久性。长期施用化学氮肥能够提高土壤的供氮能力，但是配施有机肥能增加土壤有机氮库的容量，土壤供氮能力可以得到显著提高，同时可以提高土壤中氮元素的含量，对作物的生长起到促进作用。此外，有机肥配施无机肥可以有效缓解作物种植初期土壤养分流失和作物种植后期养分不足的现象，在植株生长过程中发挥关键性养分适配作用。牧草具有改良盐碱土理化性状、培肥地力、修复生态的作用，同时可以作为牲畜口粮，是盐碱地改良生物方案的优先选择。其中，高丹草作为高粱和苏丹草的杂交品种，充分结合了高粱的抗旱、抗倒伏能力及苏丹草分蘖和再生性强、营养价值高的特点，在生产种植中颇具优势。综上所述，本研究以高丹草为研究对象，采取有机肥配施无机肥的方式，研究有机肥配施无机肥对土壤及作物生长的影响，从而确定配施比例，为新疆地区盐碱土改良和牧草种植提供指导和理论依据。

1. 枣树枝条肥料化技术

本研究原材料选取羊粪和红枣枝条，新鲜羊粪和红枣枝条采集于新疆和田农业红枣枝条废弃物。试验区所用盐碱土为新疆和田示范区农田 5～20cm 的盐碱土。腐熟菌剂为西安理工大学按照堆体质量百分比施入，枯草芽孢杆菌选用山东施美特农业科技有限公司，巨大芽孢杆菌选用北海业盛旺生物科技有限公司，地衣芽孢杆菌选用社旗谢氏农化有限公司，酵母菌选用安琪酵母股份有限公司，纤维素酶选用河南万邦化工科技有限公司，蛋白酶选用河南万邦化工科技有限公司，低聚糖选用河南万邦实业有限公司。磁电一体化水由常规水（取自塔里木河）磁化后再流入去电子装置，该装置通过外部链接的接地电阻将磁化水中的电子导出。纳米堆肥发酵膜选自河北翼博环保公司，新鲜羊粪与红枣枝条进行风干粉碎处理，具体理化性质见表 9-1。

表 9-1 　　　　　　　　　　羊粪与红枣枝条原材料性质

原料名称	总有机碳/(g/kg)	总氮/(g/kg)	pH	含水率/%
羊粪	292	16.7	8.41	7.52
红枣枝条	414	6.9	7.61	5.88

获得本次研究原材料堆肥样品的堆肥试验在新疆和田地区进行，堆肥反应堆为 2 个长 3m，宽 2m，高 1.5m 的梯形堆。试验共设 4 个处理，即为磁电一体化水处理（C）、腐熟菌剂（CB），纳米堆肥发酵膜（CBM），在堆肥过程中随时补充水分以保证堆料含水率。具体试验处理见表 9-2。

表 9-2 　　　　　　　　　　枣树枝条堆肥方案

处理	堆 肥 方 案
CK	畜禽粪便＋红枣枝条
C	畜禽粪便＋红枣枝条＋磁电一体化水
CB	畜禽粪便＋红枣枝条＋磁电一体化水＋菌剂
CBM	畜禽粪便＋红枣枝条＋磁电一体化水＋菌剂＋纳米堆肥发酵膜

根据温度变化分别在堆肥初始期（第 1 天）、升温期（第 6 天）、高温期（第 12 天）、降温期（第 20 天）、腐熟期（30 天）进行采样，测定堆肥进程中温度、pH、EC 值、种子发芽指数 GI、E4/E6、$NH_4^+ - N$ 和 $NO_3^- - N$、全氮、有机碳和 C/N 等理化指标。

2. "去电子水＋牛粪＋秸秆"好氧堆肥技术

该技术使用的原材料包括牛粪和小麦秸秆，新鲜牛粪与小麦秸秆均采自中国杨凌秦宝牛业有限公司。去电子水（表面张力系数 60mN/m，溶氧量 6.55mg/L，pH7.2，电导率 0.2mg/L）由去电子处理器［韩国亚美华（北京）环境科技发展有限公司生产］型号为 W600DELF 进行制备。

（1）堆肥过程中温度变化。 在整个堆肥过程中温度经历了升温、高温和降温和稳定 4

个阶段，这与其他学者研究的物料堆肥过程中温度的变化规律一致。与 CK 组相比，加入去电子水使堆肥快 0.4 天到达高温期，并且最高温度提高 10℃。在堆肥第 3 天，Q 组与 CK 组都达到最高温度，并且两者之间差异显著（$P < 0.05$）。同时，温度越高使水分子更容易被微生物利用，有利于有机物快速分解。Q 组处理的堆肥高温期温度和时间都达到 50℃ 以上持续 7 天，符合杀灭堆料所含致病微生物和害虫卵的要求，并在二次发酵后温度降至室温，达到腐熟的温度标准（图 9-13）。

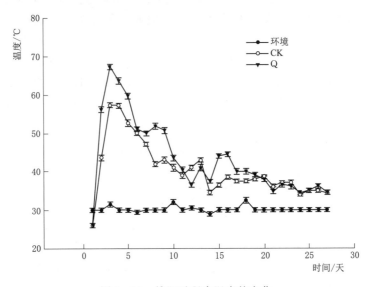

图 9-13　堆肥过程中温度的变化

（2）细菌群落组成变化特征。 堆肥样品中微生物群落在门分类水平上的分布如图 9-14 所示，样品中微生物主要隶属于 10 个门，在为期 25 天的堆肥过程中，Q 组和 CK 组实验中优势菌门相似，主要包括 Actinobacteria（放线菌门，22.5% ~ 49.3%）、Firmicutes（厚壁菌门，6.7% ~ 49.1%）、Proteobacteria（变形菌门，7.8% ~ 42.9%）、Bacteroidetes（拟杆菌门，0.8% ~ 18.1%），堆肥过程中主要也是上述几种优势门。由图 9-14 可知，与 CK 组相比，在堆肥 2 天后，Q 组的 Firmicutes（厚壁菌门）相对丰度增加了 18.99%；在堆肥 6 天后，Actinobacteria（放线菌门）和 Bacteroidetes（拟杆菌门）的相对丰度分别增加了 1.68% 和 8.28%；在堆肥 13 天后，Actinobacteria（放线菌门）和（拟杆菌门）的相对丰度分别增加了 7.13% 和 6.82%；在堆肥 25 天后，Firmicutes（厚壁菌门）和 Bacteroidetes（拟杆菌门）相对丰度分别增加了 6.86% 和 4.10%。

从物种和样本两个层面对细菌 OTU 进行聚类分析，绘制成细菌相对丰度前 30 属的热图，如图 9-15 所示。可以看出，在堆肥过程中，细菌群落发生显著变化。将堆肥天数变化较大的菌属分为 5 类。堆肥初期，以 *Glycomyces*、*Planococcus*、*Pseudoxanthomonas* 为代表的菌群（A），他们能够分解堆料，释放热量提高堆肥温度。由于这些菌群的温度耐受性较差，在升温后大部分死亡。在堆肥第 2 天的升温期，Q 组以 *Ammoniibacillus*、*Planifilum*、*Caldalkalibacillus*、*Bacillus* 为代表的菌群（B）成为优势属菌群。*Ammo-*

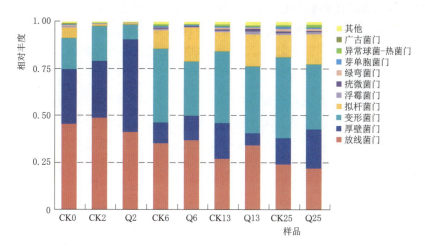

图 9-14 堆肥过程中前 10 门水平上的细菌相对丰度

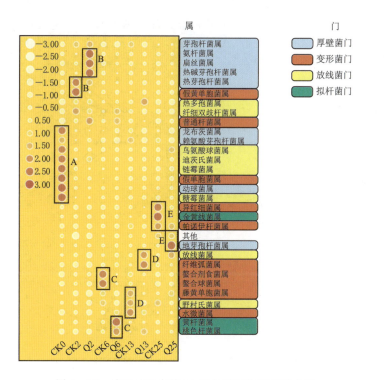

图 9-15 堆肥过程中前 30 属水平细菌的相对丰度
（注：同一行中颜色的深浅和圆圈大小表示该菌属的相对丰度大小；
4 种颜色表示 4 种门水平上的细菌）

niibacillus 是一类好氧或兼型厌氧的杆状细菌，能够分泌许多种胞外产物，如淀粉酶、蛋白酶、纤维素酶及脂肪酶等，可以分解堆肥过程中难以分解的淀粉、蛋白质、纤维素等。*Planifilum*、*Caldalkalibacillus* 和 *Bacillus* 属的细菌可加速堆肥过程中木质纤维素的降解和腐植质的形成。并且 *Planifilum* 作为固氮细菌，能够固定堆肥过程中所需的氮元素。

这些优势属能够促进堆体腐熟和稳定化。CK 组中的优势属是 *Thermobacillus* 和 *Pseudoxanthomonas*。*Thermobacillus* 也具有分解木质纤维素和多糖的能力，*Pseudoxanthomonas* 在 50℃条件下可将肥料中 S^{2-} 转化为 SO_4^{2-}，增加有机肥料中有效硫的含量。

3. 有机肥—无机肥配施对盐碱土肥力影响

(1) 土壤含盐量。有机无机肥配施对 0～50cm 土层中盐碱土盐分分布产生一定影响（图 9-16）。整体上随着盐碱土深度增加，各处理的盐碱土含盐量呈先减少再增加的趋势。苗期盐分减少不明显，主要原因是苗期植物根系不发达，吸收盐分含量较少，其他 3 个时期均有较显著的变化（$P<0.05$），分别减少了 29.00％～62.64％、21.32％～59.56％和 5.85％～50.87％。含盐量减少分布在 10～40cm 的盐碱土剖面，每个时期曲线减少深度不同，主要是由于灌水对表层盐分的淋洗作用和水分蒸发，使得盐分上下移动所造成的。同样，在苗期、分蘖期、拔节期中，施入 100％无机肥处理的 T5 的含盐量波动比 T1 处理均有较明显变化（$P<0.05$），说明有机肥处理可能改变盐碱土孔隙结构，影响金属盐离子等溶质的迁移，同时有机肥可能与盐碱土颗粒结合形成大的团聚体，有利于吸附盐离子。从整个生育期来看，各个处理的盐分都有所减少，但是 T1、T2、T3、T4 相

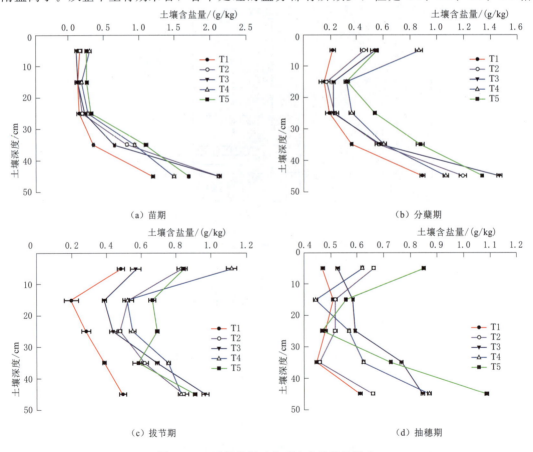

图 9-16　不同处理对盐碱土含盐量的影响

（注：T1 为有机肥 100％，T2 为无机肥 30％、有机肥 70％，T3 为无机肥 50％、有机肥 50％，T4 为无机肥 70％、有机肥 30％，T5 为无机肥 100％）

对 T5 减少，分别减少了 4.98％、61.97％、56.59％ 和 10.66％。其中 T2 和 T3 减少明显（$P<0.05$），降低盐碱土含盐量效果最好。

(2) 土壤 pH。不同处理在高丹草 4 个生育期的土层中 pH 分布情况如图 9-17 所示。整体上 pH 都有降低，T4、T5 处理 pH 变化较小，降低 2.64％～2.71％，T1、T2 和 T3 处理 pH 变化明显，降低 6.69％～10.97％。施加有机肥 T1、T2、T3 较未施加有机肥的 T5 处理下降显著（$P<0.05$），分别下降了 76.24％、71.16％ 和 59.95％，而 T4 处理较 T5 变化不明显。在种植初期，施加有机肥的处理在苗期和分蘖期 pH 减少不明显，可能是因为植物对氮素需求较高，盐碱土中铵态氮含量减少明显，无法与盐碱土溶液中的 OH^- 大量结合。种植后期，施加有机肥的处理中大团聚体增多，与盐碱土颗粒结合形成胶体，吸附更多的 NH_4^+，导致盐碱土 pH 下降明显，还可能跟植物吸收 NH_4^+ 释放 H^+ 有关。施加有机肥较少的 T4 处理和不施加有机肥的 T5，在整个生育期中 pH 变化不明显，说明施加较多有机肥利于缓解盐碱土碱胁迫，有助于植物生长。

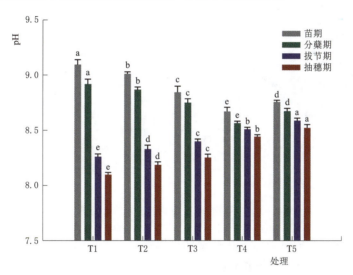

图 9-17 不同处理对盐碱土 pH 的影响

(3) 土壤养分。盐碱土中速效磷、速效钾等指标是衡量盐碱土肥力的主要物质基础，也是植物养分的重要来源，是衡量盐碱土肥力的重要指标。图 9-18 为有机无机肥配施作用下盐碱土速效磷含量在 0～50cm 土层中的分布情况。整体来说，随着盐碱土深度增加，不同生育期各处理在 10～40cm 土层的含量降到最低。在分蘖期和拔节期，T5 有效磷的变化量较 T1、T2、T3、T4 有明显减少（$P<0.05$），分别减少了 14.64％～98.60％ 和 21.01％～90.91％，说明施入有机肥的处理对于盐碱土中有效磷具有缓冲作用，避免有效磷过于增大或减小对植物根系造成伤害。

施加有机肥后，各养分指标的含量能否得到增加，主要与有机肥所带来的养分输入量和盐碱土中有机质的矿化分解有关。本研究表明，在施入有机肥后，盐碱土中速效磷、速效钾的含量在不同时期均得到了增加，这与李娟等的研究一致。除了追肥之外，这种增幅也来自施加的有机肥本身含有多种营养元素，通过矿化分解缓慢长效地释放到盐碱土中，在这个过程中会有各种有机酸的生成，可溶解盐碱土中原有的钾盐、磷酸盐等矿物盐，从

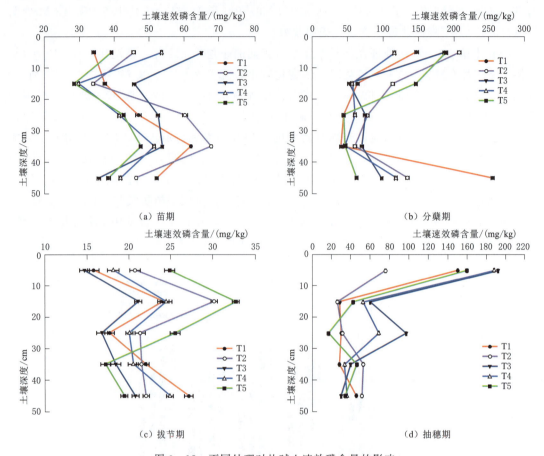

（a）苗期　　　　　　　　　　　（b）分蘖期

（c）拔节期　　　　　　　　　　（d）抽穗期

图 9-18　不同处理对盐碱土速效磷含量的影响

而增加了磷、钾等元素的有效性。在抽穗期可以看到，T3、T4 处理较其他处理，有效磷明显增加了 85.36%～169.22% 和 66.56%～258.14%（$P<0.05$），说明随着有机肥施入时间的增加，这两种配比的处理中有机肥分解的比较彻底，其养分释放缓慢，肥力持续时间长。

不同处理对盐碱土有机质含量的影响如图 9-19 所示，施入 100% 有机肥的 T1 处理比不施加有机肥的 T5 处理，在 4 个全生育期中有机质均有显著的增加（$P<0.05$），在盐碱土深度 40～50cm 分别增加了 20.33%、26.15%、33.49% 和 18.51%。说明有机肥的含量对于增加盐碱土中的有机质有正向影响。植物拔节期，除 T1 处理外，T3 处理较 T2、T4 和 T5 的有机质都有显著的增加（$P<0.05$），增加了 10%～31.25%。说明 T3 处理中有机肥配比可以使盐碱土中有机质增加。可能原因是，长期施用有机肥能够增加盐碱土中有机质和腐植质含量，增强盐碱土团聚体稳定性，改善盐碱土通透性，改善盐碱土结构和固碳能力。

（4）土壤微生物。图 9-20 显示了盐碱土样品中（细菌和真菌）门类水平最高的 10 种细菌的相对丰度。盐碱土微生物前 10 门水平细菌部分结果显示，其中放线菌门（Actinobacteriota）、变形杆菌门（Proteobacteria）、厚壁菌门（Firmicutes）是主要门类，在各处理中分别占到 20.95%～32.87%，22.46%～28.95% 和 18.42%～26.90%。放线菌是

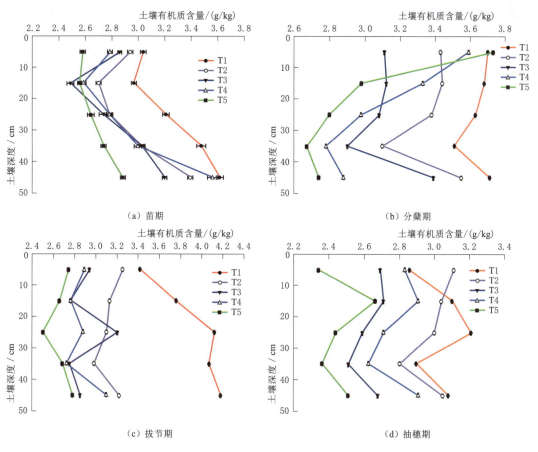

图 9-19 不同处理对盐碱土有机质含量的影响

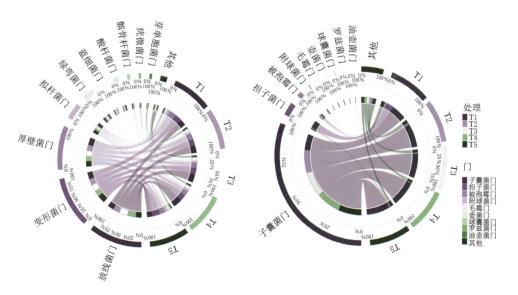

图 9-20 不同处理前 10 门水平细菌和真菌的相对丰度

革兰氏阳性、自由生活的腐生菌，能够产生多种生物活性次生代谢物，包括抗生素、免疫调节剂等。变形杆菌门具有降解木质素能力，同时，由于他们能够使用各种交替电子供体（例如 H_2、甲酸盐、硫、硫化物、硫代硫酸盐）和受体（如亚硫酸盐、硫、硝酸盐），所以在碳、氮和硫循环中起重要作用。厚壁菌门在自然界中广泛存在，其许多成员是形成孢子的革兰氏阳性细菌，并且是与木质纤维素生物质降解和碳水化合物聚合物分解相关的微生物群落的重要组成部分。因此，当需要木质素溶解细菌和酶时，厚壁菌很重要。Gemmatimonadota 是 T3 处理中相对丰度最高的，添加氮素促进了 Gemmatimonadota 的相对丰度，说明 T3 处理相比于其他处理，有利于盐碱土中氮的转化，也促进了植物对生长，与 T3 处理中高丹草长势最好的情况相符合。

　　盐碱土微生物前 10 门水平真菌部分结果显示，子囊菌门（Ascomycota）、担子菌门（Basidiomycota）、被孢霉门（Mortierellomycota）是主要门类，在各处理中分别占到 55.36%～89.24%，0.31%～25.51% 和 0.59%～5.85%。子囊菌门分布在禾本科植物中，主要分布在温带地区，对生物和非生物胁迫的抵抗力起着重要作用；担子菌门在马铃薯中可能导致茎溃疡病和黑蛴螬的特征性疾病症状，在各个处理中，只有全部施加有机肥的 T1 含量最高，是其他处理的 6.28～82.52 倍；被孢霉门在被生物污染的盐碱土中具有较强的耐药性。T3 处理中，Mucoromycota 较其他处理相对丰度最高，其具有多功能的新陈代谢，可以利用各种底物生产工业上重要的产品，如醇、有机酸和酶。

　　不同处理中 N 基因的相对丰度如图 9-21 所示，施入 100% 有机肥和 70% 有机肥的处理中，微生物对于氮的功能基因相对丰度较低，说明大量施入有机肥能够抑制盐碱土微生

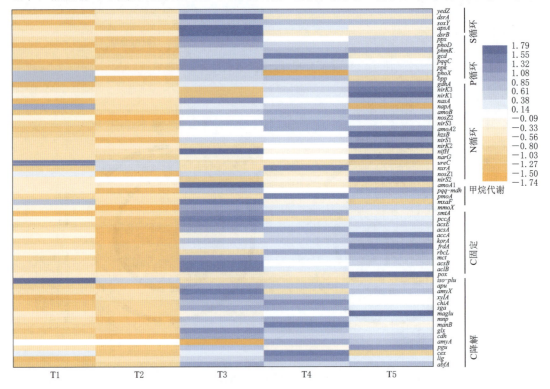

图 9-21　不同处理中 N 基因的相对丰度

物对于氮的转化。T1 中 *ureC* 的相对丰度较其他处理含量最高。*ureC* 是存在于细菌、真菌和古菌中的功能基因，并且 *ureA*、*ureB* 和 *ureC* 这一类能够进行编码和转录表达过程后形成脲酶。脲酶能够催化尿素降解反应成 NH_3 和 CO，使得微生物体内氨与碳骨架难以有效同化形成微生物蛋白，会导致氮营养浪费，对动物和环境氮污染。同时脲酶被人体吸收会增加指定器官的 pH，并为尿解菌提供有利条件，而尿解菌会导致癌症和各种致病的产生。

氨氧化作用主要是由氨氧化细菌（AOB）和氨氧化古菌（AOA）驱动的，在氨氧化作用中，氨在氨单加氧酶的催化下被氧化成为羟胺，之后才氧化还原成为亚硝酸，最后亚硝酸盐被氨单加氧酶氧化为硝酸盐，这也是硝化反应中的关键步骤，其功能基因是 *amoA1*、*amoA2*、*amoB*。T3 中 *amoA1* 和 *amoB* 的相对丰度最高，分别能够转录表达出氨单加氧酶 α 亚基，氨单加氧酶 β 亚基。T3 中反硝化功能基因 *nirS3* 和 *nasA* 相对丰度较其他处理最高。*nasA* 是周质硝酸盐还原酶的功能基因，其能将硝酸盐还原成为亚硝酸盐，能够产生两种硝酸盐还原酶；*nirS3* 是亚硝酸盐还原酶的功能基因，在盐碱土中亚硝酸盐会因反硝化作用转化成为一氧化氮，而亚硝酸盐还原酶在这一过程中起到了关键作用。T3 处理中固氮基因（*nifH*）的相对丰度最高。*nifH* 是固氮酶铁蛋白基因，存在于一些参与氮素固定作用微生物中，因此通常通过测定 *nifH* 的基因拷贝数来判断堆肥过程中的氮素固定情况。可以看出，T3 处理中对于固定盐碱土中的 N 有很好的效果，为植物生长发育提供了营养元素。

T5 处理中可以看出，*nirS2*、*nirK1*、*nirK2* 和 *narG* 的相对丰度较其他处理都最高，而这些基因全部和反硝化有关。而反硝化作用是将硝酸盐（NO_3^-）中的氮通过一系列中间产物（NO_2^-、NO、N_2O）还原为氮气（N_2）的生物化学过程，对于氮素的损失较大。说明 T5 处理中，虽然施入 100% 的无机肥 T5 处理中无机氮素含量较高，但是在盐碱土中却大量进行反硝化过程，氮素损失比较严重，这可能也是 T5 处理长势没有 T3 处理好的原因之一。

9.3.3 西北旱区沙化土绿色改良措施

风蚀是一种普遍存在于全球各大陆的地表侵蚀过程，特别是在干旱和半干旱地区，风蚀现象尤为明显。风蚀对生态环境造成了严重影响，对农业、畜牧业和水资源利用等经济活动均产生重要影响。我国西北旱区地处亚洲大陆内陆，具有年降水量少、蒸发大、植被稀少等特点，是典型的风蚀易发区域。强风和干旱的气候条件使得该地区长期以来易受风蚀侵蚀，造成土地退化和生态环境恶化。

1. 西北旱区风蚀特征

（1）风蚀评估方法。风蚀方程（WEQ）是最具代表性的风蚀经验模型之一 WEQ 的出现标志着土壤风侵蚀理论体系的初步建立，该模型后来被进一步改进为修改后的风侵蚀方程（RWEQ）。

$$Q_{\max}=109.8\times(WF\times EF\times SCF\times K'\times C) \tag{9-1}$$

$$S=150.71\times(WF\times EF\times SCF\times K'\times C)^{-0.371} \tag{9-2}$$

$$S_L=\frac{2x}{S^2}Q_{\max}\mathrm{e}^{-\left(\frac{x}{S}\right)^2} \tag{9-3}$$

式中：Q_{max} 为风力最大运转量，kg/m；S 为关键地块长度，m；S_L 为土壤损失量，t/(hm² · a)；x 为下风向最大风蚀出现距离，m，取值为 50；WF 为气候因子，kg/m；EF 为土壤可侵蚀性因子（无量纲）；SCF 为土壤结皮因子（无量纲）；K' 为地表粗糙度因子（无量纲）；C 为植被覆盖因子（无量纲）。

气候因子。气候因子主要与风速、降水、蒸发和灌溉等因素有关，其计算公式为

$$WF = \frac{\sum_{i=1}^{N} U_2 (U_2 - U_t)^2 \times N_d \rho}{N \times g} \times SW \times SD \tag{9-4}$$

其中

$$\rho = 348 \left(\frac{1.013 - 0.1183EL + 0.0048EL^2}{T} \right) \tag{9-5}$$

$$SW = \frac{ET_P - (R+I)\dfrac{R_d}{N_d}}{ET_P} \tag{9-6}$$

$$ET_P = 0.0162 \times \left(\frac{SR}{58.5} \right) \times (DT + 17.8) \tag{9-7}$$

$$SD = 1 - P \quad (\text{雪深} > 25.4\text{mm}) \tag{9-8}$$

式中：U_2 为 2m 高处风速，m/s；U_t 为 2m 处的起沙临界风速，m/s，取值为 5；N_d 为一次实验的观测天数，d；N 为一次实验中观察总次数；ρ 为空气密度，kg/m³；g 为重力加速度，m/s²，取值为 9.8；W 为土壤湿度因子（无量纲）；SD 为雪盖因子（无量纲）；EL 为海拔，km；T 为绝对温度，K；ET_P 为潜在相对蒸发量，mm；R 为降水量，mm；I 为灌溉量，mm，取值为 0；R_d 为降水或灌溉的次数或天数，d；N_d 为观测天数，d；P 为此次计算时段内雪盖深度大于 25.4mm 的概率。

土壤可蚀性因子与土壤结皮因子。土壤可蚀性因子（EF）与土壤结皮因子（SCF）主要与土壤的物理性质有关，计算公式为

$$EF = \frac{29.09 + 0.31Sa + 0.17Si}{100} + \frac{0.33(Sa/C_L) - 2.59OM - 0.95CaCO_3}{100} \tag{9-9}$$

$$SCF = \frac{1}{1 + 0.0066(C_L)^2 + 0.021(OM)^2} \tag{9-10}$$

式中：Sa 为土壤砂粒含量，%；Si 为土壤粉砂含量，%；C_L 为黏土含量，%；Sa/C_L 为土壤砂粒和黏土含量比，%；OM 为有机质含量，%；$CaCO_3$ 为碳酸钙含量，%。

地表粗糙度因子。地表粗糙因子主要与地势起伏有关，计算公式为

$$K' = \cos\alpha \tag{9-11}$$

式中：α 为地形坡度。

植被覆盖因子。植被覆盖因子直接影响了近地表风速，是影响风蚀的关键因子，计算公式为

$$C = e^{-0.0438FVC} \tag{9-12}$$

式中：FVC 为植被覆盖因子，%。

（2）风蚀模型各因子时空分布特征。图 9-22 为 RWEQ 模型各因子空间分布规律图。其中气候因子（WF）和植被覆盖因子（C'）为动态变化因子，采用 2001—2020 年多年平

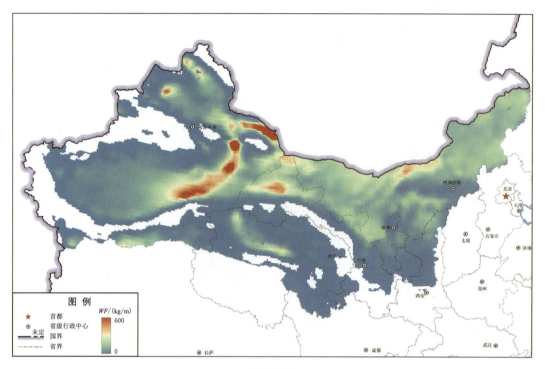

（a）WF因子

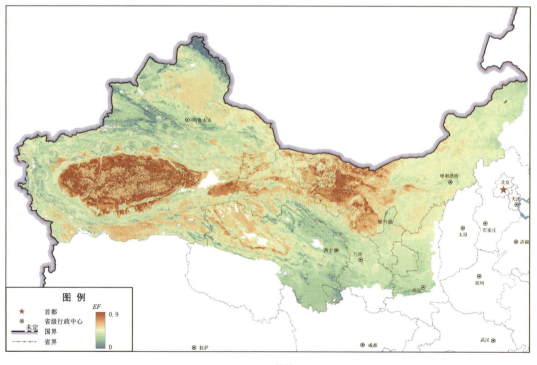

（b）EF因子

图 9-22（一） 西北旱区风蚀因子空间分布特征

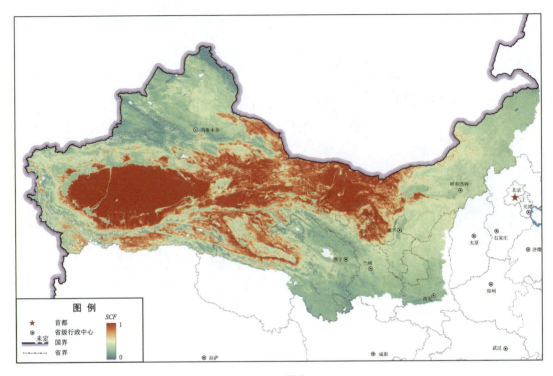

（c）SCF因子

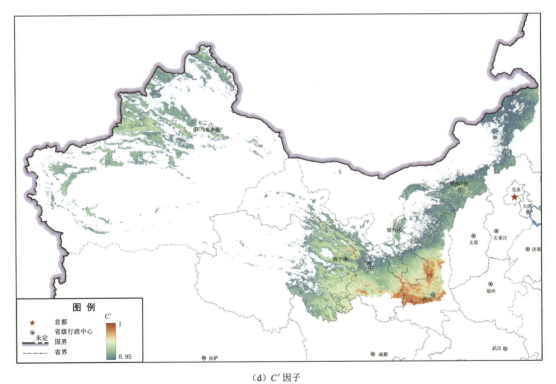

（d）C'因子

图 9 - 22（二）　西北旱区风蚀因子空间分布特征

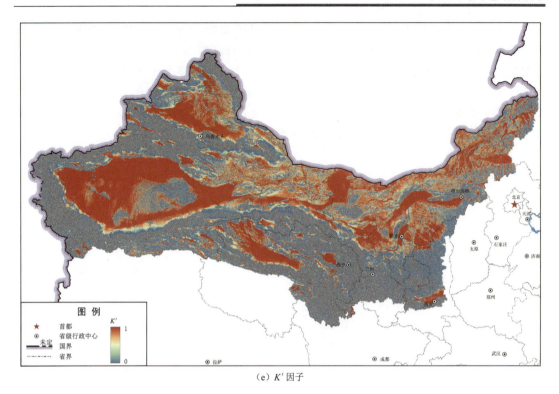

（e）K' 因子

图 9-22（三）　西北旱区风蚀因子空间分布特征

均值绘制空间分布图。气候因子反映了风速、降水量、温度和积雪系数等多种天气因素共同影响土壤风蚀的效应，WF 值越高，表示风蚀风险越大。整个研究区域，WF 的多年平均值为 161.54kg/m，表现出明显的空间差异性，高值区主要分布在研究区域北部、北部偏西和北部偏东的地区。

地表粗糙度因子（K'）反映了地表粗糙度对土壤风蚀的影响。整个区域平均值为 0.94，在空间分布上，西部和西南部的地表粗糙度因子较小，其他地区较大。土壤可蚀性因子（EF）和土壤结皮因子（SCF）共同评估土壤遭受风蚀的脆弱性。其中，EF 是根据土壤的物理和化学特性量化的土壤的易蚀性，SCF 反映了硬化结皮对土表层的保护作用。EF 和 SCF 在空间上的平均值分别为 0.45 和 0.53。在地理空间分布上，EF 的高值区域主要分布在柴达木盆地、祁连山脉、内蒙古高原和黄土高原西北部；SCF 的高值区域与 EF 的高值区域有相似的空间分布特征。植被覆盖因子（C'）量化植被覆盖抑制土壤风蚀的程度，其值越低表示抑制效果越强。在整个研究区域，C' 因子的区域多年平均值为 0.319。在地理空间分布上，C' 因子由东向西北呈现先增大后减小的趋势，这意味着东部地区的植被抵抗风蚀的水平更高。

风蚀模型各因子空间分布的综合作用决定着风蚀的空间差异性特征。气候因子（WF）和植被覆盖因子（C'）为动态变化因子，他们随时间的变化性对风蚀的时间变化特征有很大影响。WF 和 C' 随时间的变化趋势图如图 9-23 所示。从整个研究时段来看，WF 随时间变化总体呈现增大的趋势，但因其经历了先增大后减小的阶段，总体增大趋势并不显著（$P > 0.1$）。分时段来看，2001—2010 年和 2011—2020 年两个时期的平均 WF 值分别为 148.69kg/m 和 174.39kg/m，这体现 WF 有一定程度的增加，表明发生风蚀的风险随着时间的变化呈现增大的趋势。从整个研究时段来看，研究区域的 C' 因子随着时间的推移总体上呈显著的下降趋势（$P < 0.01$）。分时段来看，2001—2010 年和 2011—2020 年两个时期的平均 WF 值分别为 0.32 和 0.31，这体现 C' 有一定程度的增加，表明发生植被覆盖对风蚀的抵抗作用随着时间的变化呈现增大的趋势。

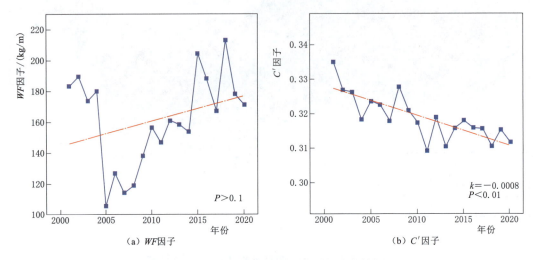

图 9-23　气候与植被覆盖因子时间变化特征

（3）风蚀强度时空分布特征。不同研究时段各风蚀强度等级面积占比见表 9-3，分级标准依据《土壤侵蚀分类分级标准》（SL 190—2007），不同时期西北旱区风力侵蚀空间分布特征如图 9-24 所示。总体而言，各年份风蚀速率的大小和分布有较大差异。2001 年、2005 年和 2010 年风力侵蚀强度等级为剧烈的主要发生在两个区域，分别是中部偏北和中部偏西南，且这两个区域有一定的不连续性。2015 年和 2020 年风力侵蚀强度等级为剧烈的区域相较于以上三个时期有所变化。从分布上来看，中部偏北区域风蚀分布区域发生较少变化，而原中部偏西南的区域则有一种"北移"的趋势，由此风蚀强度为剧烈的区域"连接"为一个整体。总体而言，风力侵蚀速率较大的区域主要分布在西北旱区中部偏北、偏东和偏西的狭长区域内。

表 9-3　　　　　　　不同研究时段各风蚀强度等级面积占比　　　　　　　　　%

研究时段	2001—2010 年	2011—2020 年	2001—2020 年	最小风蚀速率年（2005 年）	最大风蚀速率年（2018 年）
微度面积占比	41.30	45.81	39.96	53.65	47.08
轻度面积占比	42.53	35.51	42.06	38.42	31.56
中度面积占比	11.09	9.67	10.89	6.46	8.88
强烈面积占比	2.58	3.21	3.08	0.91	3.13
极强烈面积占比	2.11	4.17	3.21	0.51	5.36
剧烈面积占比	0.39	1.63	0.80	0.05	3.99

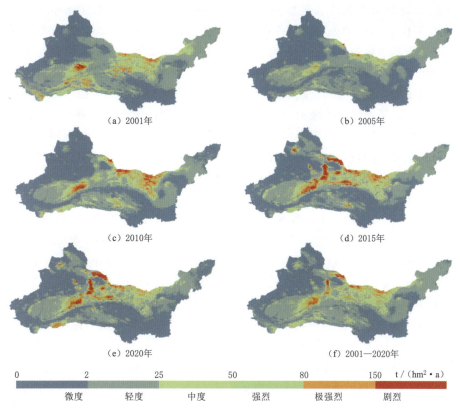

（a）2001年 （b）2005年

（c）2010年 （d）2015年

（e）2020年 （f）2001—2020年

| 0 | 2 | 25 | 50 | 80 | 150 | t / (hm² · a) |

微度　　轻度　　中度　　强烈　　极强烈　　剧烈

图 9-24　西北旱区风力侵蚀时空分布

西北旱区年平均风力侵蚀速率时间变化特征如图 9-25 所示。2001—2020 年风力侵蚀速率平均值为 15.74t/(hm²·a)，2005 年的平均风力侵蚀速率最低，为 7.28t/(hm²·a)；2018 年的平均风力侵蚀速率最高，为 25.67t/(hm²·a)。风力侵蚀速率随着时间的变化斜率为 0.43t/(hm²·a)，呈现显著的增大趋势（$P<0.05$）。2001—2010 年风力侵蚀速率的平均值为 13.45t/(hm²·a)，变化趋势并不显著（$P>0.1$）；2011—2020 年风力侵蚀速率的平均值为 18.02t/(hm²·a)，随时间呈现显著的增大趋势（$P<0.01$），变化斜率为 1.21t/(hm²·a)。由此可知，风力侵蚀速率随时间增大的趋势主要发生在 2011—2020 年。

根据 2001—2020 年风力侵蚀强度分级结果可知（表 9-3），各风力侵蚀等级的面积占比分别为 39.96%（微度）、42.06%（轻度）、10.89%（中度）、3.08%（强烈）、3.21%（极强烈）和 0.80%（剧烈）。总体来说，西北旱区风

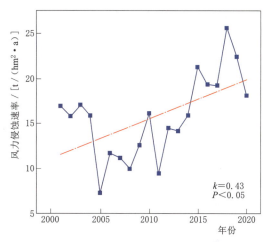

图 9-25　西北旱区年平均风力侵蚀
速率时间变化特征

力侵蚀强度主要分布在微度、轻度这两个等级内（两者占比和大于 80%）。通过对比 2001—2010 年和 2011—2020 年这两个时期的风蚀强度特征发现，2011—2020 年风蚀强度等级为微度、强烈、极强烈和剧烈的面积均比 2001—2010 年大，而风蚀强度为轻度和中度的面积则比 2001—2010 年小。以上结果表明风力侵蚀强度等级为微度的面积呈现扩张的趋势，而轻度和中度的面积呈现减小的趋势，说明一部分区域的风蚀等级从轻度和中度降为微度。此外，风蚀强度等级为强烈、极强烈和剧烈的区域面积呈增大趋势，这说明还有相当一部分区域风蚀等级从轻度和中度升为强烈、极强烈和剧烈。在不同区域风蚀强度变化特征有所差异，2011—2020 年整个区域内平均风蚀速率要大于 2001—2010 年。

在风力侵蚀速率最低的 2005 年，各风力侵蚀等级的面积占比分别为 53.65%（微度）、38.42%（轻度）、6.46%（中度）、0.91%（强烈）、0.51%（极强烈）和 0.05%（剧烈）；在风力侵蚀速率最高的 2018 年，各风力侵蚀等级的面积占比分别为 46.49%（微度）、30.97%（轻度）、8.29%（中度）、3.13%（强烈）、5.36%（极强烈）和 3.99%（剧烈）；可以观察到 2018 年风蚀强度等级为微度和轻度的区域面积分别比 2005 年低 6.57% 和 6.86%，而中度、强烈、极强烈和剧烈的区域面积则比 2005 年分别高 2.42%、2.22%、4.85% 和 3.94%。总体来看，2018 年风蚀速率能达到研究时段内最大值，主要表现在其风蚀强度等级为强烈、极强烈和剧烈的区域面积较大，这很大程度上说明 2018 年侵蚀性风事件发生的强度较多且强度较大（图 9-25）。

(4) 典型区域风蚀特征分析。为进一步明确典型区域风蚀特征，本研究以半月为基本时间统计单元统计各区域风蚀随时间变化特征（图 9-26）。可以看出，除巴音郭楞蒙古自治州的风蚀速率随时间呈现不显著（$P>0.1$）的增大趋势外，其他行政区域的风蚀速率均随时间呈现极显著的增大趋势（$P<0.01$）。以每半个月为时间间隔，其中哈密市的增长斜率最大，为 0.14t/hm^2；而巴彦淖尔市的风蚀速率随时间增长斜率最小，为 0.02t/hm^2。哈密市的最大 3 次风蚀事件分别发生在 2018 年 4 月上半月、2018 年 5 月下半月和 2018 年 5 月上半月，风蚀速率大小分别为 17.51t/hm^2、16.53t/hm^2 和 15.17t/hm^2。巴音郭楞蒙古自治州的最大 3 次风蚀事件分别发生在 2019 年 5 月下半月、2016 年 5 月上半月和 2018 年 5 月上半月，风蚀速率大小分别为 10.50t/hm^2、10.40t/hm^2 和 8.80t/hm^2。吐鲁番市的最大 3 次风蚀事件均发生在 2018 年，具体时间分别为 5 月下半月、5 月上半月和 4 月上半月，风蚀速率大小分别为 13.54t/hm^2、12.08t/hm^2 和 9.10t/hm^2。酒泉市的最大 3 次风蚀事件分别发生在 2019 年 5 月上半月、2017 年 5 月上半月和 2001 年 6 月上半月，风蚀速率大小分别为 10.26t/hm^2、10.20t/hm^2 和 9.12t/hm^2。阿拉善盟的最大 3 次风蚀事件分别发生在 2010 年 3 月下半月、2019 年 5 月上半月和 2017 年 5 月上半月，风蚀速率大小分别为 20.68t/hm^2、16.23t/hm^2 和 15.96t/hm^2。巴彦淖尔市的最大 3 次风蚀事件分别发生在 2004 年 3 月上半月、2017 年 5 月上半月和 2018 年 4 月上半月，风蚀速率大小分别为 9.77t/hm^2、8.32t/hm^2 和 8.29t/hm^2。

总体而言，各区域风蚀速率均有不同程度的增大趋势，其中，哈密市风蚀速率增大斜率最大，巴彦淖尔市的风蚀速率随时间增长斜率最小。在年内分布上，各行政区域较大风蚀事件主要发生在春季（3 月、4 月和 5 月）。在年际分布上，各行政区域较大风蚀事件发生时间段主要在 2016—2019 年。

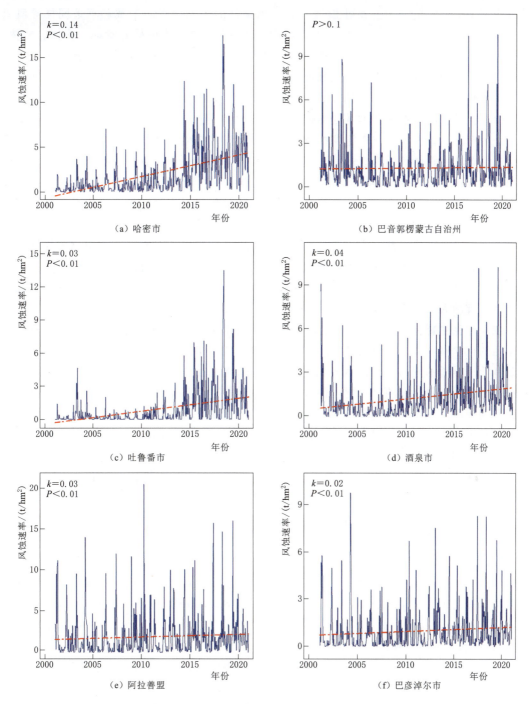

图 9-26 西北旱区各季节风蚀速率时间变化特征

2. 沙化土绿色改良措施

沙化土壤改良的主要措施包括：防护带，林草结合，防风固沙；深翻改良；压土（培土）改良；增施有机肥或秸秆覆盖，改土和培肥地力。风沙严重的地区，林草结合的防护林带应尽量有一定宽度，并禁止放牧。有灌溉条件的果园，对防护林和草地同样灌溉管理，促进林草的生长，充分发挥林草保水固沙的作用，主要防护林有紫穗、杨树、榆树、桐树、荆条、酸枣、花椒等。对沙荒地砂层以下存在黄土层或黏土层的底沙土，可通过深翻改良土壤，把底部的黄土、黏土翻上来与表层沙土结合。深翻改良包括"大翻"和"小翻"两个步骤，大翻在前，小翻在后。

（1）土壤生物结皮固沙技术（BSC）。这项技术广泛应用于世界和中国干旱、半干旱区，是由蓝藻、地衣、藓类等隐花植物及土壤中的异养微生物和相关的其他生物体与土壤表层颗粒等非生物体胶结形成的十分复杂的复合体，占地表活体覆盖面积的40%以上。藓类结皮处于BSC演替的后期，较演替初期的蓝藻结皮生产力更高、抗风蚀性更强。作为藓类结皮的核心组成部分，藓类植物具有较强的生理耐寒、修复能力和无性繁殖能力，是培养人工藓类结皮的理想材料。人工培养的蓝藻和藓类结皮显著增强了沙面稳定性，促进沙化土地的土壤理化属性、土壤酶活性及微生物多样性恢复，提高了草本植物多样性，为中国干旱和半干旱地区沙化土地修复提供了有力的支撑。值得注意的是，在使用人工结皮固沙技术进行防沙治沙时，应当根据土壤质地和化学性质，以及当地的气候条件，因地制宜选择适宜的人工结皮类型。

（2）环保生物化学固沙材料。化学材料固沙技术是应用人工合成和植物提取的具有固沙作用的化学材料，在沙丘或沙质地表喷洒快速形成能够防止风力吹扬、又具有保持水分和改良沙地性质的固结层，以达到固定流沙和防治沙害的目的。生物类高分子固沙材料，具有较高的熟度和良好的吸水性、保水性及热稳定性，而且来源广、易分解、无污染。李玉领和刘军研究发现，沙蒿胶（白沙蒿种子表皮提取的一种亲水性胶体）固沙效果良好，有效改善了土壤微环境，提高了地表抗风蚀能力，并建议野外固沙的最适沙蒿胶喷洒浓度20%左右。刘阳等探索了大豆脲酶诱导碳酸钙沉积技术的固沙效果，结果显示，使用该技术后土壤保水性提高了60%，风蚀率和渗透率显著降低。杨明坤以玉米苞皮、秸秆为原料，采用溶酶法二次加碱工艺合成了羧甲基纤维素钠固沙剂，研究发现该固沙剂固化效果明显，风速13m/s以下风蚀率小于0.1%，且该材料可降解，对土壤、动植物无危害，具有较好的环境相容性。

（3）生态垫。生态垫是利用棕榈树残渣制造的一种可降解网状覆盖物，具有疏松多孔和易分解的优点，属纯天然制品。研究发现，生态垫覆盖增加了土壤含水量，0～20cm土壤含水量提高17.4%，20～40cm土壤含水量提高8.9%；降低了风蚀强度，减少了水土流失，增加了沙面稳定性；在植物生长季，生态垫覆盖较裸地的土壤温度降低1.10～4.5℃；增加了土壤氮和钾的含量，以及酶活性。"生态垫覆盖＋固沙植物"是目前一致认可的沙化土地治理模式，生态垫通过改善土壤微生物环境提高乔木和灌木成活率和盖度，实现沙土化土地治理。

（4）微生物固沙技术。微生物固沙技术是将固沙作用的土壤微生物施加到沙面表层，短期内形成稳定土壤环境的一种技术，具有快速、高效、持久的固沙成土和增肥效果，适宜于干旱、半干旱地区流动和半流动沙丘的固定和退化生态系统恢复。邓振山等从陕北毛乌素沙地土壤中筛选出一株葡萄孢属真菌，该菌剂喷洒于流沙表面可起到黏结沙粒、保持水分的作用；微生物菌剂和固沙植物联合使用也取得了良好的效果[35]。

参 考 文 献

［1］ 杜凯闯. 新疆典型土系划分与质量特征研究［D］. 北京：中国地质大学，2019.

［2］ 新疆维吾尔自治区农业农村厅. 2021 年新疆耕地质量等级情况公报［R］. 2021.

［3］ 宁夏回族自治区生态环境厅. 2020 宁夏生态环境状况公报［R］. 2020.

［4］ 郭泽呈，魏伟，石培基，等. 中国西北干旱区土地沙漠化敏感性时空格局［J］. 地理学报，2020，75（9）：19410-1965.

［5］ 王海江，石建初，张花玲，等. 不同改良措施下新疆重度盐渍土壤盐分变化与脱盐效果［J］. 农业工程学报，2014，30（22）：102-111.

［6］ 刘春晓，吴静，李纯斌，等. 基于 MODIS 的甘肃省土壤遥感分类［J］. 草原与草坪，2018，38（6）：83-88.

［7］ 赖黎明，美丽，杨旸. 内蒙古河套灌区农业土壤特征与发展分析［J］. 江苏农业科学，2022，50（2）：213-218.

［8］ 朱祖祥. 土壤学［M］. 北京：农业出版社，1983.

［9］ 刘玉国，杨海昌，王开勇，等. 新疆浅层暗管排水降低土壤盐分提高棉花产量［J］. 农业工程学报，2014，30（16）：84-90.

［10］ 文志强，林阿典，廖卿. 秸秆还田与客土改良酸性植烟土壤及提升烟叶产质量的效果［J］. 福建农业学报，2020，35（6）：6410-656.

［11］ 王红丽，张绪成，魏胜文. 气候变化对西北半干旱区旱作农业的影响及解决途径［J］. 农业资源与环境学报，2015，32（6）：518-524.

［12］ 朱本国，王丽娟，胡艳燕，等. 不同土壤改良材料对碱性土壤 pH 值的影响试验［J］. 南方农业，2021，15（25）：68-71.

［13］ 祁彧，张艳荣，张弛，等. 腐殖土与解磷微生物协同改良碱性土壤有效磷的研究［J］. 太原理工大学学报，2020，51（5）：712-716.

［14］ 钟永弟. 甘蔗种植深耕深松技术要点研究［J］. 智慧农业导刊，2022（11）：61-63.

［15］ 金若成. 巴州重度盐碱棉花地粉垄深耕深松技术的试验对比［J］. 农机科技推广，2021（12）：40-43.

［16］ 栗梅芳，王伟，周霄，等. 深耕作业对冬麦田病虫草害的防控作用［J］. 中国植保导刊，2021（12）：38-40.

［17］ 董莉，张月，崔宏，等. 谈农田深耕对作物的增产作用［J］. 现代农业科技，2009（19）：72.

［18］ 尚小龙，曹建斌，王艳，等. 保护性耕作技术研究现状及展望［J］. 中国农机化学报，2021，42（6）：191-201.

［19］ 张国平，张绪成，侯慧芝，等. 甘肃东部半干旱区小麦—油菜—玉米轮作培肥技术规程［J］. 甘肃农业科学院旱地农业研究所，2020，（5）：80-82.

［20］ 王立光，叶春雷，陈军，等. 胡麻—小麦轮作更替土壤的细菌群落多样性分析［J］. 甘肃农业科学院生物技术研究所，2021，39（5）：84-89.

［21］ 鲁鸿佩，孙爱华. 草田轮作对粮食作物的增产效应［J］. 甘肃省临夏州草原监理站，2003，20（4）：10-13.

［22］ 夏颖，冯婷婷，吴茂前，等. 秸秆还田技术的演变及其发展趋势［J］. 湖北农业科学，2021，60（21）：17-20.

［23］ 习云霄，迟德龙. 北方干旱区秸秆还田技术试验［J］. 黑龙江省农机推广站，2018（11）：40-41.

［24］ 程子珍，范先鹏，余延丰，等. 秸秆还田环境效应研究进展［J］. 湖北农业科学，2021，60（23）：6-7，14.

［25］ 冯晓玲，王俊，高媛，等. 绿肥和施氮对旱作冬小麦农田土壤酶活性的影响［J］. 干旱地区农业

研究，2022，40（3）：129-135.

[26] 孙亚斌，胡发龙，韩梅，等. 麦后复种绿肥模式与施氮制度对土壤氮素及小麦产量的互作效应 [J]. 甘肃农业大学学报，2022，57（4）：57-64，74.

[27] 代保清，薛晟岩. 有机土壤改良剂对树木生长及土壤理化性质的影响 [J]. 防护林科技，2022，217（4）：52-60.

[28] 焦永刚，郭敬华，董灵迪，等. 生物菌肥对土壤生态环境改良效果 [J]. 北方园艺，2017，5（13）：136-139.

[29] 李涛，赵之伟. 丛枝菌根真菌产球囊霉素研究进展 [J]. 生态学杂志，2005，24（9）：1080-1084.

[30] JAKOBSEN I，SMITH S E，SMITH F A. Mycorrhizal Ecolony [M]. Heidelberg：Springer-Verlag，2002：76-92.

[31] LARKIN R P. Relative effects of biological amendments and crop rotations on soil microbial communities and soilborne diseases of potato [J]. Soil Biology and Biochemistry，2008（40）：1341-1351.

[32] 王发园，林先贵，周健民. 丛枝菌根与土壤修复 [J]. 土壤，2004，36（3）：251-257.

[33] 蔡树美，徐四新，张德闪，等. 菜蚓共作对滩涂盐碱地土壤生态质量的影响研究 [J]. 土壤通报，2018，49（5）：1191-1197.

[34] 史文娟，杨军强，马媛. 旱区盐碱地盐生植物改良研究动态与分析 [J]. 水资源与水工程学报，2015，26（5）：2210-234.

[35] 邓振山，赵佳福，雷超，等. 一株葡萄孢属（Botrytis）真菌结皮效果的研究 [J]. 干旱地区农业研究，2012，30（5）：200-204.

第 10 章 西北旱区作物生境要素精准调控

作物生长与气候、土壤等环境要素密切相关。研发农田作物生境绿色精准调控技术，通过调节农田中光、温度、水分、盐分等关键因素，创造适合作物生长发育的微气候条件，使作物能够充分利用光能和热能，增加光合作用和呼吸作用的效率，提高作物的干物质积累和分配。建立适宜作物吸收利用营养的土壤条件，改良土壤结构和提升肥力，增加土壤中有机质、微量元素、微生物等含量和活性，提高作物对营养素的吸收利用效率。通过优化作物的生长环境，提高作物的抗逆性和品质，实现高效节水、节肥、节药、节能的目标。

10.1 生 境 要 素 调 控 理 论

作物生境要素调控是指通过人为干预，改变作物生长环境中的温度、湿度、光照、气体、营养等因素，以提高作物的产量和品质的技术。需要综合作物生理生态学、作物栽培学、灌溉排水、土壤学等多学科基础理论，研究作物与环境之间相互作用的规律，以及环境因素对作物生长发育和产量形成的影响，同时运用不同的栽培技术调节作物的群体结构、生长节律、抗逆能力，以达到优化作物生长条件的目的。灌区农田生境调控基本理论框架如图 $10-1$ 所示。

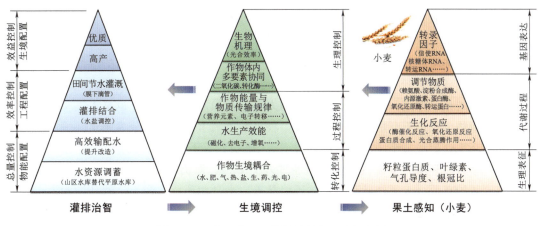

图 $10-1$ 灌区农田生境调控基本理论框架图

10.1.1　作物生境基本要素

1. 环境的内涵与特征

(1) 环境的内涵。环境是作物生长的基础，作物生长离不开环境。环境是针对某一特定主体而言的，与某一特定主体有关的周围一切事物的总和就是这个主体的环境。在生物科学中，环境是指某一特定生物体或生物群体以外的空间及直接或间接影响该生物或生物群体生存的一切事物的总和。在现代农业水利工程中，环境既包括自然环境（未经破坏的天然环境），如气候、光照等，又包括人类作用于农田后所发生变化了的环境（半自然环境），如机械耕作、灌溉、施肥等，以及社会环境，如经济环境、生产环境、交通环境及文化环境等。对植物而言，其生存地点周围空间的一切因素（如气候、土壤、生物等）就是植物的环境[1]。

构成环境的各个因素称为环境因子。环境因子不一定对植物都有作用，对植物的生长、发育和分布产生直接或间接作用的环境因子通常称为生态因子。对植物起直接作用的生态因子有光、温度、水、土壤、大气、生物等六大因子。在自然界中，生态因子不是孤立地对植物起作用，而是综合在一起影响着植物的生长发育。

(2) 环境的特征。环境的基本特征有如下表现：

1) 整体性。虽然环境可按范围有区域环境、生境甚至小环境等区分，但环境本身是一个整体，局部地区环境的破坏或污染必然会对全球环境造成巨大的影响。

2) 有限性。环境的有限性，一方面指环境资源的有限性，另一方面是指环境承受外界冲击力的有限性。

3) 隐显性。环境变化是一个渐进、缓慢的过程，环境对于作用其上的因子的效果并非都能即时显现。

4) 持续性。外界因素对环境的影响具有持续性，如长白山的森林资源多年来对于该地区的环境维护以及抵抗环境污染起到了积极的作用。

2. 作物的生长环境

环境是一个非常复杂的体系，依据不同的角度有不同的分类方法。根据环境主体可分为自然环境、半自然环境和人工环境。

(1) 自然环境。自然环境是指地球或一些区域上一切生命和非生命的事物以自然的状态呈现。自然环境包括了各种自然要素（如大气、水、土壤、岩石、植物、动物等），以及他们之间的相互作用和影响。自然环境是人类生存和发展的基础，也是人类文化和社会的源泉。植物生长离不开所处的自然环境，根据其范围由大到小可分为宇宙环境、地球环境、区域环境、生境、小环境和体内环境（表 10-1）。

(2) 半自然环境。半自然环境是指经过人类干预，但仍保持了一定自然特征的环境，如天然放牧的草原、人类经营和管理的天然林等。半自然环境是介于自然环境和人工环境之间的一种环境，它以自然生态系统为中心，以人类活动为手段，通过人类活动作用于自然生态系统，从而服务于双方。半自然环境反映了人与自然的和谐关系，也对人的素质提高起着培育熏陶的作用。例如塔里木河流域的半自然生态系统，为了改善塔里木河生态环

表 10 - 1 自然环境类型

类型	含义
宇宙环境	包括地球在内的整个宇宙空间。到目前为止，宇宙空间内仅发现地球存在生命
地球环境	是以生物圈为中心，包括与之相互作用、紧密联系的大气圈、水圈、岩石圈、土壤圈共5个圈层
区域环境	是指在地区不同区域，由于生物圈、大气圈、水圈、岩石圈、土壤圈等5大圈层不同的交叉组合所形成的不同环境。如海洋（沿岸带、半深海带、深海带和深渊带）和陆地（高山、高原、平原、丘陵、江河、湖泊等）
生境	又称栖息地。是生物生活空间和其中全部生态因素的综合体
小环境	是指对生物有着直接影响的邻接环境，如接近植物个体表面的大气环境、植物根系接触的土壤环境等
体内环境	是指植物体各个组成部分，如叶片、茎干、根系等的内部结构

境，国家实施了塔里木河流域综合治理项目，通过建设水利生态工程来保护和恢复沿河的胡杨林、湿地、野生动植物等，这些水利生态工程是以生态学理念设计的，即依据自然规律的、与自然相协调的、对自然影响最小的，并能承载一切生命迹象的可持续的设计模式。塔里木河流域形成了一个以流域生态环境为中心，人类活动积极参与的半自然生态系统，对地区的社会经济发展和生态文明建设有着重要意义。

（3）人工环境。人工环境是指通过人为的措施改善或控制作物生活空间的外界自然条件，以促进作物的正常生长发育和提高产量和品质的环境。广义的人工环境是指为生长发育所创造的环境，包括耕作、施肥、灌溉、中耕除草、整枝、喷洒生长调节剂等栽培措施，以及温室、覆膜等设施，这些措施可以改善或调节作物所需的光能、温度、水分、养分、空气等生活因子，使之适应作物的不同生长阶段和需求。狭义的人工环境是指在人工控制下的作物环境（例如作物的薄膜覆盖、向阳温室等保护设施），以及利用人工智能技术监测和管理作物的环境条件（如光照强度、日照长度、光谱成分、温度、湿度、土壤水分、养分、空气质量、杂草和害虫等）。这些技术可以实现对作物环境的精准控制，提高作物的抗逆性和适应性，增加作物的产量和品质。

3. 作物生境要素

作物生境要素是指作物生长发育所需要的自然环境和人为条件的总和，包括气候、土壤、水分、光照、空气等因素。作物生境关键要素是指在作物生境中对作物生长发育起决定性作用的那些因素，即如果缺少或超出一定范围，就会影响作物的正常生长发育和产量的那些因素。一般可将作物生境要素分为气候、土壤、地形、水文（表 10 - 2），作物生境

表 10 - 2 作物生境要素类型

类型	内容	功能
气候	温度、降水、风速、湿度、光照等	影响作物的光合作用、呼吸作用、蒸腾作用、营养吸收等生理过程，以及病虫害的发生和发展
土壤	土壤类型、结构、肥力、酸碱度、盐分、有机质等	影响作物的根系发育、水分和养分的供应和利用等
地形	地势、坡度、方位、海拔等	影响气候要素和土壤要素的分布和变化
水文	地下水、河流、湖泊、海洋等	影响土壤要素和气候要素的水分供给和盐分含量

各要素之间相互联系、相互影响，构成了一个复杂的动态系统。了解和掌握作物生境关键要素的特点和规律，对于合理选择种植地点、调节种植条件、提高种植效益具有重要意义[2]。农田作物生境关键要素如图 10-2 所示。

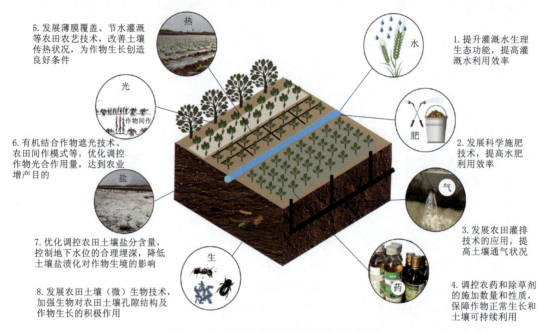

5. 发展薄膜覆盖、节水灌溉等农田农艺技术，改善土壤传热状况，为作物生长创造良好条件

6. 有机结合作物遮光技术、农田间作模式等，优化调控作物光合作用量，达到农业增产目的

7. 优化调控农田土壤盐分含量，控制地下水位的合理埋深，降低土壤盐渍化对作物生境的影响

8. 发展农田土壤（微）生物技术，加强生物对农田土壤孔隙结构及作物生长的积极作用

1. 提升灌溉水生理生态功能，提高灌溉水利用效率

2. 发展科学施肥技术，提高水肥利用效率

3. 发展农田灌排技术的应用，提高土壤通气状况

4. 调控农药和除草剂的施加数量和性质，保障作物正常生长和土壤可持续利用

图 10-2　农田作物生境关键要素示意图

10.1.2　生境要素调控原理

农田作物生境调控原理是指利用农业生态学的知识，通过合理的农业措施，改善和优化农田生态环境，提高作物的抗逆性、产量及品质，减少病虫害，保护农业资源和环境。农田作物生境调控的原理主要包括土壤结构性调控、光照调控、水分调控、温度调控、气体调控、养分调控等方面。

1. 土壤结构性调控

土壤是由矿物质、有机质、水分、空气和生物等所组成的能够生长植物的陆地疏松表层。土壤是农业生产的基本资料，为作物生长提供了水、肥、气、热条件，也是一个生态系统。土壤生态系统是指由植物、土壤动物和微生物、土壤固液气相组成，土壤生物和非生物的成分之间通过不断的物质循环和能量流动而形成的相互作用相互依存的统一体。土壤质地、土壤厚度、通气性、水分和营养状况皆对植物的生育有极大的影响。土壤质地越细，水分移动速度越慢，水分含量也越高，但透气性则越差。黏质土不利于植物根系向土壤深层发展。沙质土的肥力虽差，容易干旱，但通气良好，有利于植物根系向纵深发展。土壤深厚可提高土肥水利用率，增加根系生长的生态稳定条件，使植物根系层加厚，促进主根生长，从而加强植株的生长势，使根深叶茂，得以充分利用空间而高产。植物在通气良好的土壤中，根系生长快，数量多，发育好，颜色浅，根毛多；在缺氧条件下，根系短而粗,吸收面小,使植物的开花结实率明显降低。土壤含水量越少,植物需水量越大。因土壤含水量减少时,光合作用比蒸腾作用衰退得早。土壤含水量大于最适水分时,由于氧气不足对根系伸长有抑制作用。同时,光合作用显著衰退,耗水量增多,使需水量增加。土壤水分不足,吸收根加快老化而死亡,而新生物很少,其吸收功能减退,同时影响土壤有机质的分解、矿质营养的溶解和移动,减少对植物养分水分的供应,导致生长减弱,落花落叶,影响产量和品质。土壤含水量超过田间持水量时,会导致土壤缺氧和提高二氧化碳含量,从而使土壤氧化还原势下降;土壤反硝化作用增强,硝酸盐转化成氨气而大量损失硝酸盐;产生硫化物和氯化物,抑制根系生长和吸收功能,使根系死亡。由于涝渍对根系生长产生影响并改变根部细胞分裂素和赤霉素的合成,从而影响植物地上部激素的平衡和生长发育。

土壤营养状况显著影响植物的生长发育,丰富的氮可促使植物生长,表现为分蘖增多,叶色深绿,枝条生长加快,但须有适量磷、钾及其他元素的配合。磷有利于根的发生和生长,提高植物抗寒、抗旱能力;适量的磷可促进花芽分化,提高植物种子产量。适量的钾可促进细胞分裂、细胞和果实增大,促进枝条加粗生长,组织充实,提高抗寒、抗旱、耐高温和抗病虫的能力。

2. 光照调控

光是光合作用的能源,在光的作用下植物表现出光合效应、光形态建成和光周期现象,使之能自身制造有机物,得以生存和正常生长发育,这些效应是光量、光质和光照时数所作用的结果。光照对植物生育的影响表现为两个方面:一是通过光合成和物质生产从量的方面影响生育;二是以日照长度为媒介从质的方面影响生育。大多数植物喜光,当光照充足时,芽枝向上生长受阻,侧枝生长点生长增强,植物易形成密集短枝,株体表现张开;而当光照不足时,枝条明显加长和加粗生长,表现出体积增加而重量并不增加的徒长现象。

光量是等于光通量乘以时间所得之积的光能。光是光合作用的能源,又是叶绿素合成的必需条件,是影响植物光合作用的重要因素,对植物生长、发育和形态建成有重要作用。一是光能促进细胞的增大和分化,影响细胞的分裂和伸长,植物体积的增长和质量的增加。二是光能促进组织和器官的分化,制约着器官的生长和发育速度。三是植物体各器官和组织保持发育上的正常比例也与一定的光量直接有关。四是光量影响植物发育与果实的品质。如遮光处理会造成落果,影响植物营养体和籽实下降,且对地下部分的影响比地上部分大,禾本科植物受光照的影响比豆科植物大。光照越强,幼小植株的干物质生产量越高。

光质是指太阳辐射光谱成分及其各波段所含能量。可见光中的蓝、紫、青光是支配细胞分化的最重要光谱成分,能抑制茎的伸长,使形态矮小,有利于控制营养生长,促进植物的花芽分化与形成。因此,在蓝紫光多的高山栽种的植物,常表现为植体矮小、侧枝增多、枝芽健壮。相反,远红光等长波光能促进伸长和营养生长。

光照时数是指光照时间长短,以小时为单位,植物对光照长短的反应,最突出的是光周期,同时也与生长发育有关。在短日照条件下,一般植物新梢的伸长生长受抑制,顶端生长停止早,节数和节间长度减少,并可诱发芽早进入休眠。长日照较短日照有利于果实大小、形状色泽的发育和内含物等品质的提高。

3. 水分调控

植物的生长发育只有在一定的细胞水分状况下才能进行，细胞的分裂和增大都受水分亏缺的抑制。因为细胞主要靠吸收水分来增加体积生长，特别是细胞增大阶段的生长对水分亏缺最为敏感。水对植物的生态作用是通过形态、数量和持续时间 3 个方面的变化进行的。形态是指固、液、气三态；数量是指降水特征量（降水量、强度和变率等）和大气温度高低；持续时间是指降水、干旱、淹水等的持续日数。以上 3 个方面的变化都能对植物的生长发育产生重要的生态作用，进而影响植物的产量和品质。雨是降水中最重要的一种形式，通常也是植物所需水分最主要的来源。因此，降水量或降水特征既影响植物生长发育、产量品质而起直接作用，又引起光、热、土壤等生态因子的变化而产生间接作用。植物休眠后，植物体要求有一定的水分才能萌芽，供水不足的植物，常使萌芽期延迟或萌芽迟早不齐，并影响枝叶生长。久旱无雨，植物体积增长提早停止，结构分化较快发生，花期缩短，结实率降低，叶小易落，影响光合作用，进而影响营养物质的积累和转化，降低越冬性。缺水对光合作用的抑制主要原理是通过水对气孔运动的效应，而不是水作为光合反应物的作用。降水多，植物徒长，组织不充实；持续降水，水分过剩，会引起涝害，出现下层根系死亡，叶失绿，早落叶，并影响授粉受精，造成落花落果。

空气湿度，特别是空气相对湿度对植物的生长发育具有重要作用。如空气相对湿度降低时，使蒸腾和蒸发作用增强，甚至可引起气孔关闭，降低光合效率。如植物根不能从土壤中吸收足够水分来补偿蒸腾损失，则会引起植物凋萎。如在植物花期，则会使柱头干燥，不利于花粉发芽，影响授粉受精；相反，如湿度过大，则不利于传粉，使花粉很快失去活力。空气相对湿度还影响植物的呼吸作用，湿度愈大，呼吸作用愈强，对植物正常生长发育愈不利。此外，如空气湿度大，有利于真菌、细菌的繁殖，常引起病害的发生而间接影响植物生长发育。

4. 温度调控

温度是植物生命活动最基本的生态因子。植物只有在一定的温度条件下才能生长发育，达到一定的产量和品质。对植物生长发育关系最密切的温度包括土温、气温和体温。土壤温度对播种、根系发育以及越冬都有很大影响，从而也影响地上部的生长发育。气温与植物地上部生长发育有直接关系，也间接影响土壤温度和植物根系生长发育；也是影响植物生理活动、生化反应的基本因子。土壤热量状况和邻近气层的热状况存在着直接的依赖关系，但由于土壤、土壤覆盖层以及植物茎叶层的影响，土温和气温仍有不同，而且随土层的加深两者差别加大。植物属于变温类型，植物地上部体温通常接近气温；根温接近土温，并随环境温度的变化而变化。

维持植物生命的温度有一个范围，保证植物生长的温度在维持植物生命的温度范围内，以及植物发育的温度在生长温度范围之内。对大多数植物来说，维持生命的温度范围一般在 30~50℃，保证生长的温度范围在 5~40℃，而保证发育的温度在 10~35℃。一般寒带、温带植物比此范围内偏低一些，而热带植物则偏高。

温度对植物生长发育的全过程均有影响，各生育过程产生的结果无一不与温度有关。

每一时期的最佳温度及温度效应模式各不相同，品种内及品种间也不相同。同一植物种（品种）在不同生育期对温度的要求也会有差异，例如幼苗生长的最适宜温度常不同于成株；不同器官的也有差异，生长在土壤中的根系其生长最适温度常比地上部的低；又如作为生殖器官的果实，其需热量不但比营养器官高，而且反应敏感，温度的高低、热量的满足程度直接影响果实生长发育进程的快慢。

5. 气体调控

大气、土壤、空气和水中的氧气是植物地上部和根系进行呼吸不可少的成分。在空气中，氧气是植物通过光合作用过程释放出来的，是植物呼吸和代谢必不可少的。植物呼吸时吸收氧气，释放出二氧化碳，把复杂的有机物分解，同时释放贮藏能量，以满足植物生命活动的需要。氧在植物环境中还参与土壤母质、土壤、水所发生的各种氧化反应，从而影响植物的生长。大气含氧量相当稳定，植物的地上部通常无缺氧之虞，但土壤在过分板结或含水分太多时常因不能供应足够的氧气，成为种子、根系和土壤微生物代谢作用的限制因子。如土壤缺氧将影响微生物活动，妨碍植物根系对水分和养分的吸收，使根系无法深入土中生长，直至坏死。豆科植物根系入土深而具根瘤，对下层土壤通气不良缺氧更为敏感。土壤长期缺氧还会形成一些有毒物质，从而影响植物的生长发育。

二氧化碳是植物光合作用最主要的原料，其对光合作用速率有较大影响。大气中二氧化碳含量对植物光合作用是不充分的，特别是高产田更感不足，已成为增产的主要矛盾。研究发现，当太阳辐射强度是全太阳辐射强度的 30% 时，大气中二氧化碳的平均浓度已成为植物光合作用强度的提高的限制因子。因此，人为提高空气中二氧化碳浓度，常能显著促进植物生长。在通气不良的土壤中，因根部呼吸引起的二氧化碳大量积聚，不利于根系生长。

6. 养分调控

作物养分调控是指通过合理的施肥、灌溉、栽培等措施，调节作物体内各种养分的吸收、运输、分配和利用，以达到提高作物产量和品质的目的。作物对养分的需求量和比例随生育期和环境条件的变化而变化，需要根据作物的生长发育规律和土壤养分状况，合理确定施肥的时间、量和方法，以满足作物对不同养分的需求。作物对养分的吸收受根系活力、土壤水分、温度、pH、氧化还原等因素的影响，需要改善土壤结构、保持适宜的水分和通气条件、调节土壤酸碱度等措施，创造有利于作物吸收养分的土壤环境。作物体内各种养分之间存在着协同或拮抗的关系，影响着作物的生长和品质，需要平衡施用氮、磷、钾等主要元素和微量元素，避免单一或过量施用某一元素，造成其他元素的缺乏或过剩。作物对养分的运输和分配受植株器官之间的源库关系和激素调节等因素的影响，需要控制植株密度、修剪枝叶、摘除花果等措施，调节植株内部各器官之间的竞争关系，促进养分向目标器官的转移。

10.1.3　作物适宜生境特征

作物与生境间关系是相辅相成、相互依赖。根据某个环境因子对特定作物反应程度的差异，可将其分为不利、有利、中性、致死 4 种。在自然界，毒性和极端不利的致死环境中，只有很少的作物能维持生长，而在较有利的环境中，大多数作物（包括许多能适应于极端环境的物种）能达到生理的最适点。某些因子表面上看似乎是中性的，但却具有重要的生态效应，如硅并不是作物生长所必需的元素，但具有在草本作物中提供支持和防止被动物啃食的作用。

作物源于植物，又不同于植物，人类通过对作物长期定向选择或通过近代遗传育种技术，培育出适应不同环境条件的作物品种。这些品种已不再适应野生的生境，只有在人为的栽培环境条件下才能生长良好。目前的作物往往只能适应特定的栽培环境，离开了此环境就不能良好生长，或难以完成特定的生活史。适宜在高肥力、高生产力地块种植的作物品种表现高产，但在瘠薄地块种植就不能体现其高产性状；在平原地区表现好的品种，在山区种植则表现不佳的例子屡见不鲜。

适宜的生境环境应该是复杂多样的、人为可控的、可持续的。适宜的作物生境条件下的植被及生物群落应复杂多样，才能得以确保其稳定性。复杂性本质上体现了多样性，农业生态系统以其复杂的组成、结构、分布格局和动态变化，构成了一个庞大的多样性系统，这正是生态系统服务功能多样性的基础。在宏观尺度上，要求合理规划和配置资源，做到总量适宜、比例协调、布局合理、功能完备。在中观尺度上，应用土壤学、植物学、生态学、生态经济学和经济生态学原理，对各子系统进行科学管理，协调自然、社会子系统的关系，以协调好资源管理和社会经济活动的关系。在微观尺度上，维持并保护微观土壤孔隙、结构及植物、微生物分子水平的多样性，为维持系统进化和系统可持续性发展奠定基础。从长远来看，其景观结构得以优化与多功能化，生态平衡得以维持，农业生态系统良好循环发展，农业生态系统自身调节能力的恢复和害虫自然持续控制水平得到提升，作物得以产量增产。

人类从原始的刀耕火种开始就试图调节作物生境，使作物更适应于特定的栽培环境，作物环境调控的程度也逐步增加。随着科技的不断进步，人类对农作和作物生境的相互作用已有了许多认识和实践，并采取一些措施充分利用环境或改善环境，为人类获得需要的农产品。例如，通过间作、套作提高作物对光能的利用率；通过蹲苗提高作物的抗旱性；通过果树的促控生长、疏花、疏果等技术调节营养生长与生殖生长系；通过外源激素、光照等进行花卉花期的调节。到 20 世纪，随着农业化学、农业机械和作物良种选育技术的逐渐应用和不断改进，作物产量已得到大幅度的提高。特别是近二三十年，我国设施栽培已得到长足发展，通过地膜覆盖增加土温和气温并减少土壤水分损失和抗旱保墒；通过作物的工厂化栽培，对栽培环境进行智能化的控制等在环境可控的条件下进行反季节栽培、特早熟栽培、秋延后栽培，均取得良好效果。连栋大棚、工厂化育苗设备、无土栽培技术以及环境条件完全控的智能化设施已在生产上进入应用阶段。人们通过研究和应用物理、化学和生物技术方法来改善作物的栽培环境，使其朝着有利于作物生长发育和提高作物产量的方向发展。

随着化肥、农药的使用，使作物的产量增加了数十倍，但不合理的化肥、农药使用，以及工业污染和城镇居民的生活污染等造成农业环境的污染问题，使土壤板结、水体富营养化、土壤重金属污染和大气污染等，已对作物的生长环境造成胁迫，对自身生态系统也造成了不同程度的破坏。人类要从环境中获取一定的资源，同时又不能以破坏环境为代价，因此，适宜的作物生境一定是可持续的。如作物通过光合作用吸收二氧化碳释放出氧气、作物秸秆还田既利用了农业固废，达到固碳作用又提升了地力；推广应用以生物防治为主的病虫草害综合防治技术和水肥利用效率的研究可有效控制化肥、农药的使用量，降低污染程度；研究应用可降解地膜和废旧农膜的回收处理技术，解决地膜保墒保温的遗留问题。

10.2 生境要素调控技术与模式

10.2.1 生境要素调控技术

1. 水分调控

（1）灌水量调控。适宜的滴灌灌水量能够提高作物水分利用率、增加产量等，低水处理（50%充分滴灌量）分别比高水处理（充分滴灌）、中水处理（70%充分滴灌量）和不灌溉的水分利用效率高16.4%、9.0%和14.1%；高水处理增大了玉米的株高和茎粗，但低水处理和中水处理下叶面积指数更大，有利于叶绿素的保持；高水处理不利于干物质向籽粒的运移；低水处理可获得更好的穗部特征，其经济产量较高水、中水和对照分别高7.7%、5.2%和24.8%（表10-3）。

表10-3 灌水量对玉米产量的影响

处理	百粒质量/g	穗粒质量/g	地上部分生物产量/(kg/hm²)	经济产量/(kg/hm²)	灌溉水利用效率/(kg/m³)
高水	28.44	199.85	24207.84	11182.38	2.50
中水	29.96	207.34	24393.86	11444.50	2.67
低水	31.25	215.69	24882.19	12044.63	2.91
对照	27.11	185.16	21270.27	9652.47	2.55

（2）灌水频率调控。不同的作物和不同的生育阶段对水分的需求不同，因此灌水周期也应该根据具体情况进行调整，以达到最佳的灌溉效果。灌水周期过长会导致土壤水分不足，影响作物的吸收和利用养分，降低作物的抗旱能力和抗病能力，增加作物的落花落果和减产风险。灌水周期过短会导致土壤水分过多，影响土壤的通气和温度，降低土壤的肥力和活性，增加作物的缺氧和烂根现象，造成作物的生长迟缓和品质下降。不同灌水频率对紫花苜蓿产量变化如图10-3所示。

2. 养分调控

（1）施肥方式调控。施肥方式是农业生产中的重要环节，不同的施肥方式会对作物的生长发育、品质和产量产生不同的影响。有机肥是一种利用农业废弃物、畜禽粪便、城市垃圾等经过堆肥或发酵处理后制成的肥料，具有改善土壤结构、增加土壤有机质、提高土壤肥力和促进作物抗病虫害等优点。有机肥与化学肥料相比，更能满足作物的营养需求，提高作物的产量和品质。有机肥施用对棉花产量的影响见表10-4。

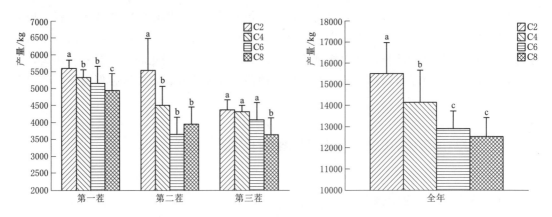

图 10-3　不同灌水频率对紫花苜蓿产量的影响图

（C2：灌溉周期为 2 天，每次灌溉 15mm；C4：灌溉周期为 4 天，每次灌溉 30mm；

C6：灌溉周期为 4 天，每次灌溉 45mm；C8：灌溉周期为 8 天，每次灌溉 60mm）

表 10-4　　　　　　　　　　有机肥施用对棉花产量的影响

处理	单铃重/g	绒长/mm	衣分/%	籽棉产量/(kg/亩)	皮棉产量/(kg/亩)
T1	6.33	27.8	38.7	259.5	99.0
T2	6.15	28.6	40.2	319.4	128.5
T3	6.00	26.9	39.1	322.9	126.3
T4	6.13	27.8	37.3	328.1	118.1
T5	6.15	28.6	38.3	322.9	123.7
T6	6.33	29.6	38.8	352.4	136.7

注　T1~T6 为有机肥施加量分别为 0、500kg/hm²、1000kg/hm²、1500kg/hm²、2000kg/hm²、2500kg/hm²。

（2）微量元素调控。硼作为植物必需的微量元素，能增强硝酸还原酶的活性，提高可溶性糖和可溶性蛋白的含量，从而促进碳水化合物的合成以及碳水化合物转化成蛋白质。硼通常集中在植物的茎尖、根尖、叶片和花器官中，能促进花粉萌发和花粉管的伸长，因而对作物受精有着重要的影响。喷施硼锌微肥下（硼肥 4.5kg/hm²，锌肥 3kg/hm²）的红枣产量提高 16.95%，可溶性糖含量提高 13.56%。硼锌微肥对红枣产量和品质的影响如图 10-4 所示[3]。

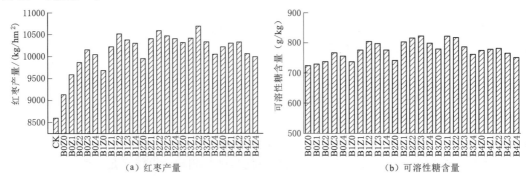

（a）红枣产量　　　　　　　　　　　　（b）可溶性糖含量

图 10-4　硼锌微肥对红枣产量和品质的影响图（B：硼肥；Z：锌肥）

3. 气体调控

增氧灌溉是通过物理方法向被灌溉土壤增加氧气或者溶解氧的方式，如直接向灌溉土壤通气，增加土壤氧气含量，或者通过向灌溉水中通气，进而增加土壤水中溶解氧含量的方法[4]。

(1) 增氧灌溉。可采用微纳米气泡技术提高水中含氧量，增氧灌溉措施可提高小白菜、小麦等作物种子发芽势和发芽率。增氧灌溉对小麦种子发芽影响如图 10-5 所示。

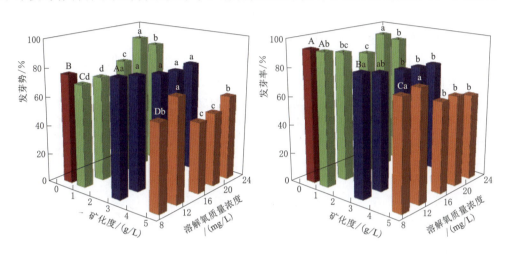

图 10-5　增氧灌溉对小麦种子发芽的影响图

(2) 中耕深耕。中耕深耕可以增加土壤的通透性和渗透性，促进土壤空气的交换和水分的保持，有利于作物根系的呼吸和吸收。中耕深耕措施对冬小麦、夏玉米产量的影响见表 10-5。

表 10-5　　　　　　　　　　中耕深耕措施对冬小麦、夏玉米产量影响

方　案	冬　小　麦			夏　玉　米		
	穗粒数	千粒重/g	产量/(t/hm²)	穗粒数	百粒重/g	产量/(t/hm²)
秋季旋耕+夏季免耕	44.3ª	45.7ᵇ	8.0ᵇ	587.0ᶜ	35.5ᶜ	9.2ᵇ
秋季深松+夏季免耕	45.0ª	46.3ᵃᵇ	9.2ª	594.8ᵇᶜ	37.7ᵇ	10.0ª
秋季深耕+夏季免耕	45.1ª	46.4ᵃᵇ	9.4ª	618.8ᵃᵇ	36.2ᵇᶜ	9.9ª
秋季深耕+夏季下位深松	44.9ª	47.7ᵃᵇ	9.6ᵇ	590.1ᶜ	38.1ᵇ	10.2ª
秋季深耕+夏季侧位深松	46.2ª	48.1ª	10.1ª	637.2ª	38.6ª	10.4ª

4. 温度调控

(1) 地面覆盖。地面覆盖处理能显著抑制土壤蒸发，使得蒸散发中有较多的水分被利用于棉花的蒸腾作用中，具有较高的土壤温度，且盐分在根层中累积量较低，能在一定程度上提高根区微生物和土壤酶活性及作物的光合能力。2013年和2014年地面覆盖调控措施对棉花产量及其生长指标的影响见表 10-6。

表 10－6　　　　2013 年和 2014 年地面覆盖调控措施对棉花产量及其生长指标的影响

处理	产量/(t/hm²)	地上生物量/(t/hm²)	收获指数	生育期耗水量/mm	水分利用效率/(kg/m³)
秸秆	5.19	10.30	0.504	572.8	0.91
表土压实	5.25	9.63	0.545	548.1	0.96
覆砂	5.85	10.03	0.583	570.7	1.02
CK	5.42	9.20	0.589	573.7	0.94

(2) 调温剂。

1) 增温剂。增温剂主要是一些工业副产品中的高分子化合物，如造纸副产品或石油剂等，这种物质稀释后喷洒于地面，与土壤颗粒结合形成一层黑色的薄膜。一般可使 5～10cm 地温增加 1～4℃；提高土壤含水量，特别是蒸发量大于 30% 的土壤，含水量可提高 10%～20%。施用于棉花可显著提高幼苗质量，增加皮棉产量 10.7%。叶面喷施能降低叶片的蒸腾速率和气孔导率，提高叶片水分利用效率 22.9%～34.3%。覆膜类型对地温变化影响如图 10－6 所示。

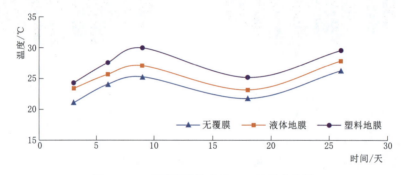

图 10－6　不同覆膜处理下 5cm 地温变化图

2) 降温剂。在高温季节为了避免植物灼伤，需施用降温剂。降温剂具有反射强、吸收弱、导热差，以及化学物质结合的水分释放出来时吸收热量而降温的特性。一般可使晴天 14 时的地面温度降低 10～14℃，有效期可维持 20～30 天，可有效防止热害、旱害和高温逼熟的现象发生（图 10－7）。

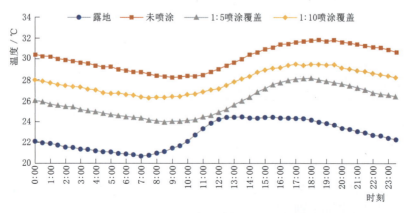

图 10－7　不同稀释比例降温剂对 5cm 地温的影响图

5. 盐分调控

活化水淋洗盐分。磁电活化水可使缔合水分子簇和接触角变小，促进水分与土壤盐分有效结合，增加土壤盐分迁移的对流和弥散作用，进而提高土壤的盐分淋洗效率。在 40cm 内的土体内，活化水灌后 3 天的脱盐率提高了 8.1%，灌后 40 天的返盐率减少了 9.1%；在 40cm 内的土体内，与微咸水相比，磁化微咸水灌后 3 天的积盐率降低了 8.2%。活化水灌后 3 天每公顷土体的土壤盐分含量见表 10-7。

表 10-7　　　　　　　　　活化水灌后 3 天每公顷土体的土壤盐分

深　度	处　理	灌前含盐量 /(kg/hm²)	灌后 3 天含盐量 /(kg/hm²)	积盐量 /(kg/hm²)
0~40cm	淡水	68111.9±2283.5	42983.3±4231.2	−25128.6
	磁化淡水	76018.5±3771.2	41750.5±1894.5	−34267.9
	微咸水	56238.9±3231.5	42882.8±3552.2	−13356.1
	磁化微咸水	71249.7±2789	48216.9±2975.6	−23032.7
40~120cm	淡水	64825.2±1782.2	87041.8±1585	22216.5
	磁化淡水	55642.9±1375.3	86007.2±1896	30364.3
	微咸水	40025.1±2214.2	86009.9±2231.9	45984.8
	磁化微咸水	80428.2±2153	127688.3±2013.2	47260.3
0~120cm	淡水	132937.2±2650.8	130025.1±3157.7	−2912.1
	磁化淡水	131661.4±3137.1	127757.7±2723.6	−3903.7
	微咸水	96264±5538.2	128892.7±7121.2	32628.7
	磁化微咸水	151677.7±4787.2	175905.3±6234	24227.6

6. 生物调控

(1) 枯草芽孢杆菌。 芽孢杆菌可以促进植物对矿质营养元素的吸收和利用能力，诱导植物生理代谢发生变化与植物根际其他微生物协同作用，提高盐胁迫下作物的抗逆性。同时，枯草芽孢杆菌可以增加土壤中细菌放线菌数量、降低真菌数量，改善土壤肥力条件，达到增产的效果（表 10-8）。

表 10-8　　　　　　　　　各处理冬小麦产量与水分利用效率

处理	I/mm	W/mm	Y/(kg/hm²)	WUE/[kg/(hm²·mm)]
B0	254.78	221.32	5470	24.72
B1	254.78	210.32	5880	27.96
B3	254.78	203.15	6310	31.06
B5	254.78	205.33	5930	28.88
B7	254.78	212.31	5720	26.94

注 B0、B1、B3、B5、B7 表示枯草芽孢杆菌的施用量。

(2) 活化水调控微生物种群。 去电子活化水在 30% 和 60% 田间持水量下，去电子淡水处理明显降低了放线菌门（Actinobacteria）和绿弯菌门（Chloroflexi）相对丰度，而提高了拟杆菌门（Bacteroidetes）、奇古菌门（Thaumarchaeota）和厚壁菌门（Firmicutes）相对丰度；在 100％和 175％田间持水量下，去电子淡水处理降低了变形菌门（Proteobacteria）相对丰度，提高了酸杆菌门（Acidobacteria）和奇古菌门（Thaumarchaeota）相对丰度。活化水对土壤微生物种群的影响如图 10-8 所示。

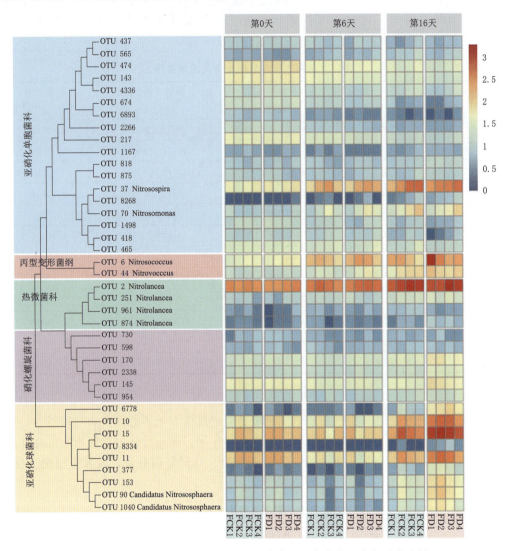

图 10-8　不同类型水处理条件下土壤典型氨氧化微生物相对丰度图

7. 农药调控

玉米大斑病是由大斑刚毛球腔菌（Setosphaeria turcica）侵染而发生的叶片局部枯萎性病害，在我国玉米种植区较为常见，玉米大斑病的发生会导致玉米减产 20％～30％。采用特肥（虾肽壮根素、虾红素）与农药（氟菌唑、双胍三辛烷基苯磺酸盐、丙环·嘧菌酯）配施的方法，可有效防治玉米大斑病，同时提高玉米的产量。农药对玉米产量的影响见表 10-9。

表 10-9 农药对玉米产量的影响

处理	小区产量/(kg/hm²)					折算产量/(kg/hm²)
	Ⅰ	Ⅱ	Ⅲ	Ⅳ	平均	
TT1	53.36	56.55	45.98	42.87	49.69	8285.81
TT2	46.34	50.32	44.74	53.08	48.62	8107.39
TT3	45.87	45.38	48.06	51.17	47.62	7940.64
TT4	44.65	48.05	46.36	56.31	48.84	8144.49
TT5	50.08	43.61	46.82	45.05	46.39	7735.53
CK			44.75			7462.06

注 TT1~TT5 表示农药施用量；Ⅰ~Ⅳ表示小区编号。

8. 光照调控

(1) 光照强度调控。光作为重要的生态因子，首先影响植株地上部的生长发育，进而调节地下部根系的生长发育。通过花粒期增光处理，夏玉米增产 7%~15%。千粒重和穗粒数相较于对照分别增加 1%、11%。光照强度对夏玉米产量及其构成因素的影响见表 10-10。

表 10-10 光照强度对夏玉米产量及其构成因素的影响

处理	产量/(kg/hm²)	千粒重/g	穗粒数	空秆率/%
CK	10886	320	520	4.7
S	4361	290	282	12.7
L	12285	343	578	1.5

(2) 遮光调控。遮光是指在作物生长期间，通过人工或自然的方式，减少或改变光照的强度、质量或时间。一般来说，遮光越强，光合作用越弱，作物的生长速度和产量越低。但是，遮光也可以减少作物的蒸腾作用，从而节约水分和营养物质，提高作物的水分利用效率和养分利用效率。同时，遮光可以改变作物的形态结构，从而影响作物的品质和抗逆性。遮光处理对马铃薯叶片叶绿素含量的影响见表 10-11。

表 10-11 遮光处理对马铃薯叶片叶绿素含量的影响

遮光时期	叶绿素含量 SPAD				
	不遮光	遮光 40%	变化率/%	遮光 80%	变化率/%
苗期	41.02	38.00	−7.4	37.51	−8.6
苗期—现蕾期	36.46	37.93	4.0	39.67	8.8
现蕾期—开花初期	38.61	36.50	−5.5	38.27	−0.9
开花初期—开花后期	34.08	37.08	8.8	39.30	15.3

9. 电子调控

去电子处理能够提高土壤含水量、降低根区的盐分累积、提高土壤酶活性，改善根区土壤环境，有利于提高棉花植株的净同化率、叶绿素含量和净光合速率，进而提升棉花产量和品质。通过去电子水灌溉，可提高棉花产量 12.02%，灌溉水利用效率提高 10.67%，肥料偏生产力提高 12.00%，纤维质量指数提高 12.89%。去电子水对棉花产量、灌溉水利用效率、肥料偏生产力及纤维质量指数的影响见表 10-12。

表 10-12　去电子水对棉花产量、水分利用效率、肥料偏生产力及纤维质量指数的影响

处理	产量 /(kg/hm^2)	水分利用效率 /[kg/(hm^2·mm)]	肥料偏生产力 /(kg/kg)	纤维质量指数
未去电子	4124.1	7.5	27.5	9858.7
去电子	4619.8	8.3	30.8	11129.8

10.2.2　典型作物—牧草—林果生境调控模式

1. 棉花生境调控模式

（1）调控方式。 种植模式为"一膜两管六行"，种植密度为 18 万株/hm^2；底肥：配施 N 为 100kg/hm^2，P 为 170kg/hm^2，K 为 150kg/hm^2；灌溉方式采用磁电活化水膜下滴灌，滴头流量为 2L/h；生育期内灌溉定额为 502mm，灌溉次数为 9~10 次；生物调控：生育期随水施加 1.5kg/亩生物刺激素或 3kg/亩微生物促生菌（枯草芽孢杆菌）。

（2）调控效果。 磁电活化水＋1.5kg/亩生物刺激素，水分利用效率提高 4% 以上，土壤含盐量降低 30%，籽棉产量增加 10%；磁电活化水＋3kg/亩微生物促生菌，水分利用效率提高 10% 以上，土壤含盐量降低 40%，籽棉产量增加 20%；棉花籽棉产量从常规管理模式的 440kg/亩增加到 530kg/亩。棉花生境多措施耦合调控效果如图 10-9 所示。

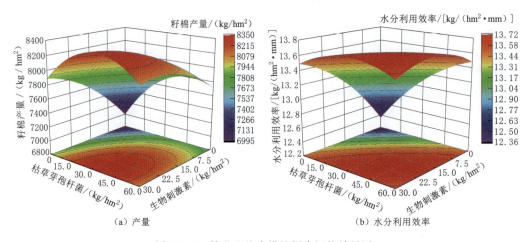

图 10-9　棉花生境多措施耦合调控效果图

2. 青贮玉米生境调控模式

（1）调控方式。 种植方式采用"一膜两管三行植"模式，种植密度 120000 株/hm^2；灌溉方式采用磁电活化水膜下滴灌，干播湿出模式生育期内灌溉定额为 243m^3/亩；播种期灌水 33m^3/亩，六叶期灌水 60m^3/亩，十二叶期灌水 60m^3/亩，吐丝期灌水 60m^3/亩，灌浆期灌水 30m^3/亩；施加氮肥 330kg/hm^2，主要在六叶期、吐丝期和灌浆期配施生物刺激素 22.5kg/hm^2 和根际促生菌 22.5kg/hm^2。

（2）调控效果。磁电活化水灌溉＋生物刺激素模式：地上生物量提高 11.8％，叶面积指数提高 7.2％，产量提高 13.7％；磁电活化水灌溉＋微生物菌剂模式：地上生物量提高 15.2％，叶面积指数提高 11.4％，产量提高 17.2％；磁电活化水灌溉＋生物刺激素＋微生物菌剂模式：地上生物量提高 17.1％，叶面积指数提高 22.9％，产量提高 25.2％。多措施耦合调控青贮玉米的效果如图 10－10 所示。

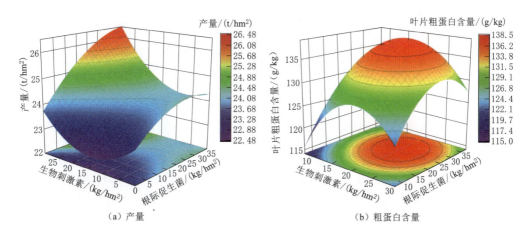

图 10－10　青贮玉米多措施耦合调控效果图

3. 高丹草生境调控

（1）调控方法。种植方式采用一膜两管三行植模式，种植密度 120000 株/hm²；灌溉方式采用磁电活化水膜下滴灌，生育期内灌溉定额为 243m³/亩，播种期灌水 33m³/亩，出苗期灌水 60m³/亩，分蘖期灌水 60m³/亩，拔节期灌水 60m³/亩，抽穗期灌水 30m³/亩；施肥制度：施加氮肥 330kg/hm²，主要在出苗期、拔节期和抽穗期配施生物刺激素 22.5kg/hm² 和根际促生菌 22.5kg/hm²。

（2）调控效果。磁电活化水灌溉＋生物刺激素模式：地上生物量提高 10.3％，叶面积指数提高 10.3％，粗纤维提高了 6.3％；磁电活化水灌溉＋微生物菌剂模式：地上生物量提高了 22.4％，叶面积指数提高了 25.1％，粗纤维提高了 11.5％；磁电活化水灌溉＋微生物菌剂＋生物刺激素模式：地上生物量提高 29.0％，叶面积指数提高 33.6％，粗纤维提高 14.7％。高丹草多措施耦合调控效果如图 10－11 所示。

4. 红枣生境调控模式

（1）调控方法。种植密度为 1×4m²，2500 株/hm²，滴灌带距离枣树 1m；灌溉方式：采用磁电活化水滴灌，灌溉定额为 350mm，每隔 15 天灌溉一次，全生育期共灌溉 10 次，每次 35mm；施肥方式：采用随滴灌施肥，在前 6 次施肥 N、H_3PO_4、K_2O 分别为 2kg/亩、3kg/亩、0.5kg/亩，后 4 次施肥 N、H_3PO_4、K_2O 分别为 2kg/亩、1.5kg/亩、4kg/亩；生物调控为施加生物炭＋微生物菌肥（施肥方式都为沟施，施肥时间在枣树开始萌芽前）；微量元素调控为在开花坐果期初期、开花坐果期中后期、果实膨大期前中期喷施硼肥、锌肥。

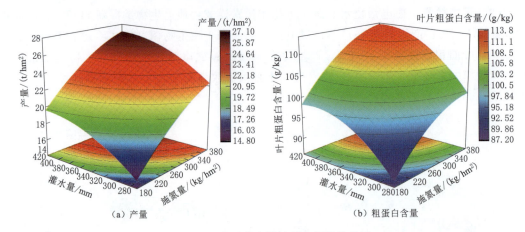

图 10-11　高丹草多措施耦合调控效果图

(2) 调控效果。磁电活化水灌溉＋生物炭模式：红枣产量从 579.98kg/亩增大至 692.24kg/亩，提高了 19.35%；磁电活化水灌溉＋微生物菌肥＋生物炭模式：红枣产量从 579.98kg/亩增大至 698.41kg/亩，提高了 20.42%。红枣多措施耦合调控效果如图 10-12 所示。

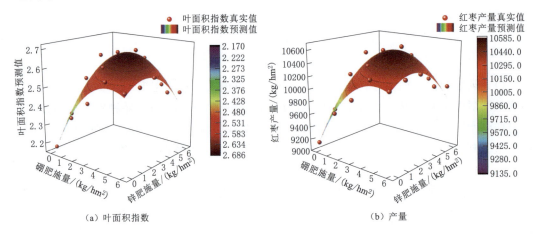

图 10-12　红枣多措施耦合调控效果图

5. 苹果生境调控模式

(1) 调控方法。种植密度：2450 株/hm^2，种植株、行距为 1m×3.5m；灌溉制度：采用磁电活化水＋双管滴灌，滴灌带距离地面 50cm，滴灌带间距 60cm，滴头流量为 4L/h，灌溉定额为 640mm，每隔 4 天灌溉一次，每次 21.3mm，灌溉次数为 30 次；施肥制度：采用滴灌施肥，共施肥 15 次，前 10 次施肥 N、H_3PO_4、K_2O 分别为 90kg/hm^2、90kg/hm^2、45kg/hm^2。后 5 次施肥 N、H_3PO_4、K_2O 分别为 30kg/hm^2、30kg/hm^2、195kg/hm^2；微量元素调控：分别于开花坐果期、幼果发育期、果实膨大期分 3 次施加硅肥＋氨基酸，在开花坐果初期，通过滴施的方式，施加锌肥 9.75kg/hm^2。生物调控：生育期分 3 次施加生物刺激素。

（2）调控效果。磁电活化水灌溉＋施加硅肥＋氨基酸模式：苹果产量从 2183.7kg/亩提高至 2640.5kg/亩，提升 20.9％；磁电活化水灌溉＋施加生物刺激素模式：苹果产量从 2183.7kg/亩提高至 2664kg/亩，提升 21.9％。苹果多措施耦合调控效果如图 10-13 所示。

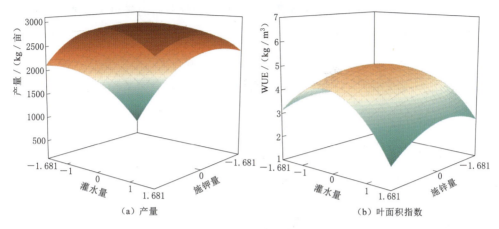

（a）产量　　　　　　　　　　　　　（b）叶面积指数

图 10-13　苹果多措施耦合调控效果图

10.3　生境要素多元信息感知

随着淡水资源短缺和生态环境问题的日益突出，农业生产方式的选择不仅取决于当地自然条件和社会经济状况，还需考虑区域水土资源现状，同时也要充分利用现代科学技术手段。这就需要根据作物与生长环境要素间的关系，精准感知生境要素，并对其进行有效管控。

10.3.1　气象环境感知

农田气象是指农田近地气层、土层与作物群体之间的物理过程和生物过程相互作用所形成的小范围气象环境，常以农田近地气层中的辐射、空气温度和湿度、风、二氧化碳等农业气象要素的量值表示。农田气象是影响农作物生长发育和产量的重要环境条件，准确感知农田气象对作物的气象鉴定，农业气候资源的调查、分析和开发，农田技术措施效应的评定，病虫害发生滋长的预测和防治，农业气象灾害的防御以及农田环境的监测和改良等，均有重要意义。

农田自动气象观测站可以实时测量农田小气候内的土壤温度和湿度、田间空气温度和湿度、近地层与作物层中的辐射和光照、风速和二氧化碳浓度等要素，是基于 GPRS \ CDMA 无线数据交换网络、PSTN 有线传输网络、局域网等网络系统组成的一个观测系统，通过中心站软件可以将位于不同地点的农田自动气象站通过网络进行统一调度和气象数据的汇总，便于资料的分析、处理、发布，为农业生产提供指导[5]。

1. 农田自动气象观测系统

（1）农田自动气象观测系统构成。农田自动气象观测系统由数据中心站和农田自动气象站两部分组成（图 10-14）。数据中心站由计算机、中心站软件、通信设备（如网卡、调制解调器等）组成。该部分主要功能是进行数据收集、数据显示、数据存储、数据传输等。农田自动气象站安装于观测现场，实时采集当前的各气象要素，并将数据实时发送到数据中心站。数据中心站和农田自动气象站通过 GPRS 等无线通信网络组成观测网络系统，该系统的功能是完成对分布在不同位置的农田自动气象站的气象观测要素数据进行收集、分析、处理、信息发布及相关研究。

图 10-14　农田自动气象观测站系统组成示意图

（2）农田自动气象站特点。农田自动气象站是专为农田小气候气象观测而设计开发的自动气象观测站，该观测站测量系统一般采用总线式模块化设计，系统大小可以根据需要组态，既能够对农田小气候环境中的各种基本气象要素进行测量，又可根据用户需要，适当地增减观测要素；采用灵活多样的通信方式，用户可以选择有线、无线等多种通信方式，实现数据传输及组网观测要求；数据采集器内部存储功能强大，可以存储至少半年的观测数据，供电方式灵活，可以选用交流电或太阳能供电方式。同时总线式智能化大大方便了安装、维修、标定、维修配件供应，适合气象、生态、农业、灌溉等多个领域对于农田小气候的业务观测与科学研究。

（3）农田自动气象站组成。农田自动气象站由数据采集器、用于梯度观测的多层温湿风测量单元、总辐射传感器、直接辐射传感器、光合有效传感器、净辐射传感器、冠层温度（红外）传感器、二氧化碳传感器、电源（太阳能）部件、无线传输模块、机箱、观测杆体（或观测塔）等组成。主要用于完成所在站点多层温、湿、风的梯度观测、辐射（总、净、反、光合有效）测量、降水观测、叶面温度、二氧化碳的测量及其计算、存储、数据上传。

（4）农田自动气象站主要技术指标。在逻辑结构中，数据采集器是便携式自动气象站的核心，由中央处理器、时钟电路、数据存储器、接口、控制电路等部分构成，实现了对传感器数据的采集、处理、数据质量控制、存储，并提供 RS232 接口完成数据传输。采集器提供传感器接口，用于接入符合《地面气象观测规范》要求的气温、湿度、风、雨量、气压等气象要素传感器，整机观测性能符合气象业务观测要求（表 10-13）。

表 10 - 13 农田气象要素观测要求

观测要素	仪器名称型号	测量范围	测量精度	分辨率
温度	温度传感器	$-50\sim50℃$	$\pm0.2℃$	$0.1℃$
湿度	湿度传感器	$0\sim100\%$ RH	$\pm3\%(\leqslant80\%)$RH $\pm5\%(>80\%)$RH	1% RH
风向	风向传感器	$0°\sim360°$	$\pm5°$	$3°$
风速	风速传感器	$0\sim60m/s$	$\pm(0.3+0.03V)m/s$	$0.1m/s$
降雨量	雨量传感器	$0\sim1000mm$	$\pm0.4mm(\leqslant10mm)$	$0.1mm$
冠层温度	红外温度传感器	$-80\sim80℃$	$\pm4\%(>10mm)$	$0.1℃$
总辐射	总辐射表	$0\sim2000W/m^2$	$\pm5\%$	$1W/m^2$
直接辐射	直接辐射表	$0\sim2000W/m^2$	$\pm10\%$	$1W/m^2$
光合有效辐射	光合有效辐射表	$2\sim2000\mu mol/m^2$	$\pm15\%\sim20\%$	$1W/m^2$
二氧化碳	净辐射表	$-200\sim2000W/m^2$	$\pm3\%$	0.1%

2. 数据中心处理及软件

气象观测系统是基于 GPRS 无线数据交换网络，其将位于不同地点的农田小气候自动气象观测通过无线通信网络进行统一调度和数据汇总。数据中心站软件安装在农田小气候气象观测系统的中心站计算机上，作为气象观测系统的控制枢纽，主要完成观测系统的数据接收、存储、自动站状态监控等功能。

农田气象站数据处理中心一般包括以下功能：

（1）参数设置。可以随时设置各外站的通信时间间隔、数据存储目录、台站位置，设置站号、台站名称、地址、经度、纬度等信息；可随时设置各外站的传感器接入种类和数量，以及各传感器的系数或参数。

（2）远程监控。自动检查各外站的通信、电源等运行状态，并可以对各外站进行时间校正、修改外站参数、复位、清空存储区等操作。

（3）数据接收。根据用户设置的时间间隔，自动接收外站数据，并进行显示，存储瞬时数据，每小时自动存储整点数据；软件每小时定时检查所有台站数据是否缺少，如有缺少自动补收；每天自动检查最近 3 天数据是否缺少，如有缺少自动补收。在系统没有出现大的故障的情况下，一般不需人工检查和干预系统运行，减少工作量。

（4）数据存储。可以以文本方式和数据库方式存储数据，文件格式及数据库结构按照用户的要求设计。

（5）数据补收。若中心站数据丢失，可手动补收一定时间段的数据，并存盘；可以单站补要，也可以多站补要。

（6）数据查询。可按时段查询各台站的数据。

10.3.2 土壤环境感知

实时对土壤的信息进行采集，能够及时地补充农作物所需的物质，如加水、施肥以及松土等农业措施，实现资源的合理利用。

（1）采集系统总体结构。农田土壤信息智能化采集系统是面向现代农业应用领域的智能化农田土壤信息研究系统，主要由农田土壤信息采集终端与上位机信息管理平台组成。农田土壤信息采集终端即可作为便携式设备，也可作为车载式设备，用于实现农田土壤的现场信息采集，并能通过网络连接到实现与上位机信息管理平台之间的数据收发；上位机信息管理平台可以接收远程终端发送的农田土壤现场信息，实现对土壤数据的分析、存储以及管理，并通过实现信息发布，提供的查询与管理[6]。

　　农田土壤信息智能化采集系统总体结构如图 10 - 15 所示。我国农业具有地域宽阔、分散、环境复杂、远离地区区域中心、通信基础设施薄弱等特点，这要求农田土壤信息智能化采集系统应当具有较强的环境适应性、实时性与准确性，同时还应该具有灵活的剪裁与扩展能力，以满足在不同条件下对农田土壤信息采集的实际要求。系统底层网络需支持接收多个土壤采集终端发送的数据，便于农田土壤信息采集规模与采集范围的灵活调整。系统的上位机信息管理平台采用浏览器服务器结构，通过网络实现农田土壤信息数据的共享。

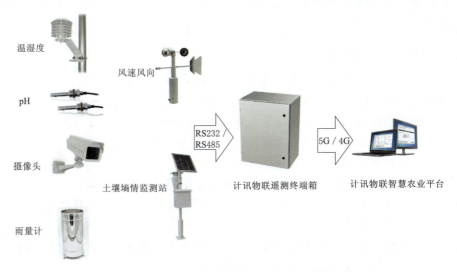

图 10 - 15　农田土壤信息智能化采集系统总体结构图

　　（2）土壤信息采集模块。土壤信息采集模块包括土壤水分、温度、电导率、盐度、pH、氮磷钾信息采集传感器，传感器置于土壤中，能够采集土壤的对应参数，并进行测试记录。所有传感器都与主控芯片相连，实现采集系统的信息的采集。土壤参数的传感器包含了温湿度、电导率、盐度、氮磷钾各个信息，要求能够直接插入到土壤中进行检测，检测的时间短，精度和量程能够满足野外的土壤信息的采集。能够满足固定信息检测，埋入土壤中，也能够随身携带[7]。土壤水分温度电导率（A）、pH（B）和氮磷钾（C）传感器实物图如图 10 - 16 所示，传感器可测量土壤体积含水量、温度、电导率、pH 值和氮磷钾值。该土壤水热盐传感器技术参数见表 10 - 14。

表 10 - 14　　　　　　　　　　　土壤水热盐传感器技术参数表

参　　数	量　　程	分　辨　率	精　　度
水分	0～100％	0.05％	1％
温度	−40～80℃	0.1℃	±0.1℃

续表

参　　数	量　　程	分　辨　率	精　　度
电导率	0～20000μS/cm	10μS/cm	±3%
pH	3～9	0.1	±0.3
氮磷钾含量	0.5～2000mg/kg（mg/L）	1mg/kg（mg/L）	±2%

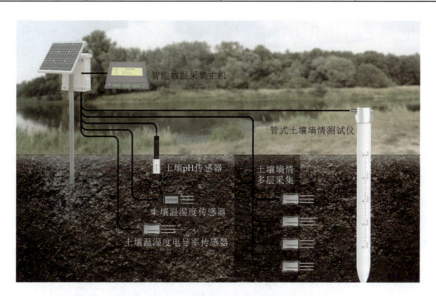

图 10 - 16　土壤水热盐传感器实物图

（3）GPRS 通信模块。GPRS 的全名是通用分组无线服务，GPRS 分组交换允许多个用户一起使用同一传输通道，并且该通道在用户使用时将被占用。该通信模块可让带宽使用率尽可能高，并且所有可用带宽可以分配给当前正在发送数据的用户；可以有效地利用带宽的间歇传输数据服务，将有限的带宽发挥出巨大的价值；具有高速和费用低的优点，也能时刻保持在线。GPRS 通信原理如图 10 - 17 所示。首先用户连接 GPRS 终端，向其

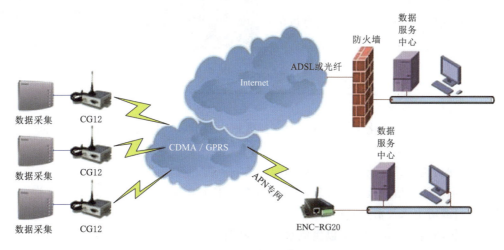

图 10 - 17　GPRS 通信原理图

传输数据，然后 GPRS 与 GSM 建立连接进行数据通信，数据送达到服务器支持节点 SG-SN，然后再与网络关节支持点 GGSN 进行数据通信，待数据经过对应的处理后，发送到它最终的目的地。

（4）数据存储与处理模块。目前常用的数据库很多，包括层次式数据库、网络式数据库和关系型数据库。对于作物环境信息的存储，要求数据库具有零配置、无需安装和支持平台等特性，对于数据的类型可以是数据的属性而不是限定的列的类型，可以满足多种类型的数据存储。允许用户将任何数据类型的任何值存储到任何列中，而与该列的声明类型无关。存储信息的空间要求小，长度记录是可变的，能够使得数文件变小，查询和调取数据的速度变快。

10.3.3　地下水环境感知

地下水监测系统由地下水自动监测站监测设备和监测中心平台软件组成。监测设备自动采集、存储地下水位、水温、水量、水质等数据，通过无线通信网络定时传输至监测中心平台，平台自动接收和存储数据，并对地下水变化规律进行动态分析。地下水监测系统是掌握地下水变化规律、了解地下水开采状况、指导地下水资源保护的重要手段[8]。

（1）系统组成。地下水监测系统主要由现场数据采集和中心数据接收两部分组成（图 10-18），其中各部分包括设备如下：

1）现场部分。该部分包括一体化水位监测装置、井口保护装置。

2）中心数据接收部分。该部分包括固定 IP/短信接收机、数据接收计算机、数据接收软件、数据查询分析软件（数据传输部分利用移动网络进行数据传输）。

3）现场参数设置部分。该部分包括无线手持参数设置仪。

（2）系统功能。该系统应该具有以下功能：

1）采集功能。采集地下水井水位数据，且监测站点的数据采集周期可根据需要进行远程设置或现场人工配置。

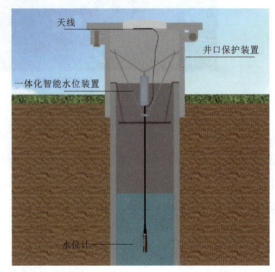

图 10-18　地下水观测系统安装结构图

2）发送功能。一体化水位测量装置支持数据一发五收，即可同时向 5 个数据中心/分中心发送数据。

3）管理功能。具有数据分级管理功能，监测点管理等功能。

4）查询功能。信息接收系统软件可对所有地下水井位置进行显示，并可查询各地下水井的实时或历史水位信息。

5）分析功能。水位数据可以生成水位标高等值图、过程曲线及报表，供趋势分析。

6）扩展功能。系统软件具备良好的系统扩展功能，地下水位监测站可根据实际需要随时添加。

（3）数据采集模块。一体化智能水位采集装置是基于 GPRS/CDMA 无线数据传输的新一代远程水位数据采集与传输为一体的自动化智能采集设备，能轻松实现与 Internet 的无线连接通信；实现水位信号采集、数字化处理和数据的存储、传输；方便实现远程、无线、网络化的通信与控制；具有覆盖范围广（移动网络覆盖范围，能使用移动电话的地方就可以使用）、组网方便快捷（安装即可使用）、运行成本低（按流量计费）、安全性能高（采用高防水防爆设计）、安装简便等诸多优点。

采集设备应该包含以下特点：

1）所有器件以及电池均采用工业级标准，工作温度范围可达到 $-30\sim70℃$。

2）系统内部集成大气压传感器，具有气压波动自动补偿功能，确保水位等数据精准测量。

3）具有远程参数设置、数据读取、实时召测等功能；内部集成有 16M 大容量 FLASH 存储，能可靠保存 8 组水位、气压、探头剩余电量、数据传输装置剩余电量、无线通信的信号强度等数据。

4）支持 GPRS/SMS/CDMA 等通信方式，能够进行远距离传输；支持多中心工作模式，最多支持一发五收（遥测站可同时向 5 个接收站发送数据）。

5）一体化结构，体积小、防水性能好、安装方便；IP68 防水等级，可以在野外环境的水中浸泡 10 天以上不影响正常工作。

6）具有多参数采集功能，包括水位、水温、现场气压、传感器采集压力、数据传输装置剩余电量、现场无线通信信号质量等。

7）可中心站远程监控进行参数设置、手持式参数设置仪设置、电脑现场设置等多种设置方式。

8）支持掉电、休眠、永久在线三种电源管理模式，采用电池供电，可连续可靠使用两年以上。

（4）数据采集及传输模块。一体化地下水自动监测采用无人值守的管理模式，实现水井水位信息的自动采集与传输。一体化自动监测站采用自报式、查询—应答式相结合的遥测方式和定时自报、事件加报和召测兼容的工作体制。地下水监测系统由若干个地下水位监测站和五个中心站/分中心站组成；数据通过移动网络直接发送到中心站。水位信息采用一站多发的形式发送至相关中心站（图 10-19）。地下水位采集装置数据传输格式统一采用水利部《水资源监测数据传输规约》（SZY 207—2012）或《水文监测数据通信规约》（SL 651—2014）进行数据编码传输。

10.3.4　作物生长感知

1. 基于物联网技术的作物生长信息感知系统

我国农业发展面临着新的机遇和挑战，要实现传统农业向现代农业的转变，必须大力发展现代农业信息技术，尤其是以物联网技术为代表的高新技术。物联网作为现代信息技术的新生力量，是推动信息化与农业现代化融合的重要切入点。传统的栽培信息获取手段比较单一，制约了对农作物进行快速、大面积、科学的栽培管理决策。在作物生长发育过程中，易受环境复杂多变的影响，如何准确预测环境胁迫和作物长势等重大农情，实现远

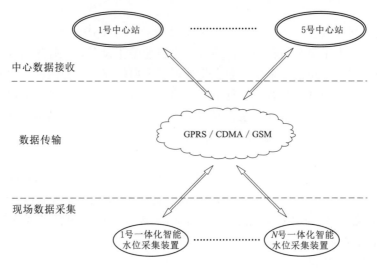

图 10-19　地下水采集系统数据传输流程图

程监控管理，是现代农业亟待解决的重大技术难题。因此，迫切发展农业物联网技术对于构建我国现代农业技术体系、提高我国农业现代化水平具有重大意义。

目前，物联网技术的发展比较快速，实现"全面感知—稳定传输—智能应用"在诸多领域中具有广泛的发展空间。我国农业物联网的应用研究还处于初步探索与示范阶段，尤其在大田作物生产中技术与应用方面研究相对较少。因此，构建基于物联网技术的作物远程智能感知系统，可以对作物生长过程进行综合监管，进而满足对试验田进行远程监测、远程控制、在线管理和服务要求的综合性系统，为作物进行科学管理提供辅助决策支持[9]。

（1）系统结构设计。从技术框架上，物联网系统主要分为 3 个层次（图 10-20），包括感知层，用于信息的获取感知；传输层，用于信息的无线传输；应用层，用于对所获取信息的智能处理和综合应用。

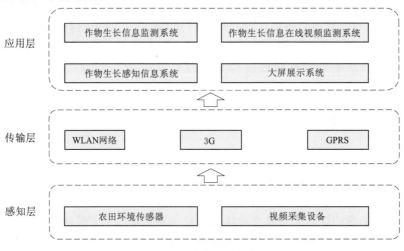

图 10-20　感知系统框架图

1）感知层。感知层主要包括农田环境传感器和视频采集设备两部分。农田环境传感器主要采集传感数据，包括风速传感器、风向传感器、辐射传感器、空气温湿度传感器、土壤温湿度传感器和降水量传感器等；可同时监测大气温度、大气湿度、土壤温度、土壤湿度、雨量、风速、风向、辐射等诸多气象要素，具有气象数据采集、气象数据定时存储、参数设定等功能。视频采集设备主要负责视频画面采集，通过摄像头对作物现场实时画面抓拍，采集方式为连续采集。

2）传输层。传输层主要应用 GPRS、3G 和 WLAN 等网络传输技术，实现从田间实时传输环境参数和视频到监控中心，为开展大田粮食作物试验、研究机构与县级单位合作提供监控预警和诊断管理的科学依据和支撑平台。

3）应用层。应用层主要包括作物生长环境监测系统、作物生长信息在线视频监控系统、作物生长感知信息管理系统和大屏展示系统四部分。作物生长环境监测系统主要是利用传感网络、物联网技术，远程实时感知作物生长过程中的空气温湿度、光照以及土壤温湿度等关键环境因子，该系统实现了远程、多目标、多参数的环境信息实时采集、显示、存储和查询等功能，并通过终端操作，实现智能化识别和管理。作物生长信息在线视频监测系统利用大田的视频监控系统，建设作物生产过程专家远程指导系统，集中农业专家，采用信息技术手段辅助实现即时病虫害诊断、播前栽培方案设计与指导、产中适宜生育指标预测以及基于实时苗情信息的作物生长精确诊断与动态调控，提高大田生产管理水平、降低生产成本，从而提高经济效益。作物生长感知信息管理系统主要包括传感信息采集、视频监控和远程控制，按照农业物联网建设的标准和规范，通过统一的数据资源接口、资源描述元数据及共享协议，Web Service 服务访问数据资源，将分散的作物生长感知数据和设备控制有效集成，建立作物生长智能感知信息综合管理系统。大屏展示系统主要实现对示范区域粮食作物生长情况以及墒情数据的集中展现[10]。

(2) 功能模块。该系统包括系统首页、监控站点、数据分析、实时影像、配置管理和关于我们 6 个主要功能模块，系统整体框架如图 10-21 所示。

1）系统首页。该模块主要包括地图窗口的放大、缩小、底图切换、区域数据浏览、区域点数据切换、视频影像浏览等，在平台界面响应区域中可对应操作。

2）监控站点模块。该模块主要展示所有站点列表及其对应采集的实时数据。该数据包括风速、风向、降水量、土壤温度、土壤湿度、空气温湿度和辐射量等信息，以便让用户及时地了解当前作物生长的环境信息，并根据这些信息确定自己的种植和管理方案。

3）数据分析模块。该模块包括数据浏览、统计分析、对比分析、墒情分析、墒情数据、图像浏览、图像对比和视频播放。

4）实时影像模块。该模块包括长势360°监测、长势定向监测和病虫害监测。

5）配置管理模块。该模块包括区域配置、节点配置、类型配置和用户配置。

2. 基于遥感的作物生长信息感知系统

利用遥感技术快速、无损、实时地监测作物生长、产量和品质是精确农作管理的重要内容之一。自20世纪70年代以来，欧美一些国家及机构分别建立了自己的农作物长势遥感监测系统以及时提供作物生长信息。中国已经形成了一系列农作物遥感监测的技术方法，构建了许多有关作物长势监测、产量及品质预测的业务运行系统，如中国农业科学院

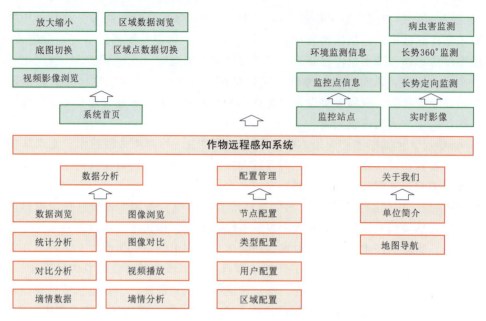

图 10-21　作物生长感知系统功能模块示意图

开发了"全国冬小麦遥感估产业务运行系统";中国科学院地理研究所和浙江大学分别建立了"江汉平原水稻遥感估产集成系统"和"浙江省水稻卫星遥感估产运行系统"实现了对水稻种植面积、单产和总产的预测预报;杨邦杰等[11] 建成了"中国农情遥感速报系统"完成了对全国主要农作物的估产。吴炳方等[12] 通过年际间遥感图像的差值以时序 NDVI 图像构建作物生长过程,实现了农作物生长过程监测,建立了农作物长势遥感监测系统。朱洪芬等[13] 构建了基于遥感的作物生长监测与调控系统,实现了对主要作物的生理和生化参数的定量化反演,同时通过定量描述作物生长发育动态与品质类型、生态环境和生产技术水平间的动态关系,建立了广适性作物适宜生长指标的管理知识模型,为不同条件下作物栽培过程中的苗情诊断与生长调控提供了定量化的动态指标体系。基于遥感的作物生物信息感知系统,包括系统的结构与组成、系统的主要功能与技术原理。

(1) 系统的结构与组成。该系统由知识模型库、监测模型库、数据库和人机接口等组成 (图 10-22),人机接口读入的数据、经监测模型与知识模型计算与融合结果存入数据库或从人机接口输出。

1)数据库。包括遥感和知识模型数据。遥感数据分遥感影像和地物光谱反射率。遥感图像主要采用 IMG 格式在其被系统处理之前可在系统内部进行图像格式转换(如将 TIFF、TXT 转换为 IMG 格式);地面遥感可获取多光谱和高光谱数据,由于高光谱波段范围为 350～2500nm,简单的数据库不能满足其存储要求,故本系统采用文本数据库以便于数据的读取与存储。知识模型数据主要利用矢量数据库存储,

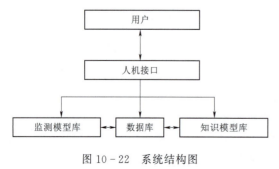

图 10-22　系统结构图

包括地理空间数据及相应属性数据（气象、土壤、品种及其他参数）。

2）监测模型库。遥感监测模型主要包括生长与生理指标监测模型、产量及品质指标预测模型，其提供了包括基于多光谱、高光谱图像的多种模型算法，用户可根据不同遥感信息源灵活选择波段和模型。

3）知识模型库。本系统借鉴和集成了作物管理知识模型中的适宜生长与营养指标动态模型（如叶面积指数、干物质积累动态、氮磷钾养分积累量与养分含量动态）以及产中动态调控模型（包括氮素与水分调控等），以进行作物生长的实时诊断与管理调控。

（2）系统的主要功能与技术原理。系统吸收、借鉴已有作物生长及生理指标监测方法，进一步拓展主要内容和功能。实现多光谱及高光谱遥感图像的处理、反射率反演和光谱信息提取；作物生长状况及主要生化组分动态的定量反演。在快速准确提取光谱特征参数（如各类植被指数、红边特征参数等）的同时，能实时、快速、无损、准确地反演作物生长信息（如叶面积指数、生物量等）、生理生化指标（如全氮含量、碳/氮比、含水量等）、籽粒产量及品质指标（如籽粒产量、蛋白质含量和淀粉含量等）。同时，在耦合遥感监测模型和管理知识模型的基础上，实现作物养分和水分的实时调控与管理等功能。

1）影像预处理及光谱参数提取。影像预处理功能包括图像几何纠正、拼接与裁剪、辐射定标、大气校正、图像分类、图像增强等功能。若研究区超过单幅遥感图像覆盖的范围时，则需要将两幅或多幅图像拼接形成一幅完整覆盖研究区的图像；反之，若研究区小于单幅遥感图像覆盖的范围时可裁剪影像以提高影像处理效率。系统采用多项式法实现遥感图像的几何纠正以与标准图像或地图坐标匹配，再根据遥感图像的地理坐标，进行图像的拼接与裁剪。此外，辐射定标和大气校正是定量遥感的前提。目前有很多大气校正方法，如 FLAASH 等辐射传输模型法、地面线性回归法、基于图像的相对校正等。本系统能将多（高）光谱传感器的辐射订正公式及参数耦合，实现不同源遥感图像的辐射订正；大气校正主要采用较成熟的地面线性回归法完成。光谱参数提取包括植被指数计算和高光谱信息提取等功能。可利用反射率遥感图像计算归一化植被指数（NDVI）、比值植被指数（RVI）、土壤调整植被指数（SAVI）以及结构不敏感色素指数（SIPI）等。同时还可计算红边位置、吸收峰特征面积以及反射峰高度等高光谱参数[14]。

2）农学参数的反演和预测。遥感监测中常用具有特定物理学意义的植被指数及基于波形特征的高光谱特征参数估测各种农学参数。系统中作物农学参数反演的遥感监测模型来自地空遥感结合试验构建的适用于地面或航天遥感反演作物农学参数的监测模型：包括生长指标、生理指标、品质与产量指标的估测等[15]。其中，生长指标主要包括绿色叶面积指数和叶片生物量估算。生理指标主要包括氮素营养、碳素营养、水分状况、C/N 状况和光合色素等的估算。籽粒产量主要包括水稻和小麦产量、籽粒蛋白质含量与积累量、淀粉含量与积累量的预测。基于农学参数反演的遥感监测模型算法，采用系统化和组件化设计思想建立遥感监测模型组件库。用户输入遥感数据并运行监测模型组件，可实现上述农学参数的反演与预测[16]。

3）作物生长状况的诊断与调控。系统建立了矢量化知识模型数据库，使遥感监测模型与知识模型有机融合，构建了作物生长状况诊断与调控模块，实现了从点到区域不同尺度的作物生长诊断与调控。该模块主要功能是利用遥感实时获取的作物生理指标，结合作物管理知识模型的适宜生长指标动态和动态调控模块对作物生长状况诊断与调控，包括小尺度单点调控和大尺度区域农区作物生长调控两方面[17]。以作物氮素诊断和氮肥调控为例，说明该项功能的原理与实现过程。首先，通过对作物生长过程中遥感资料的获取、解译和信息提取，经氮素遥感监测模型计算可快速获得田间作物的氮素状况与知识模型设计的适宜氮素指标动态，比较实现作物氮素状况的丰缺诊断，进一步基于知识模型中的动态调控模块，推荐追氮管理方案，实现实时、精确的氮肥管理[18]。

参 考 文 献

［1］ 王移，卫伟，杨兴中，等. 我国土壤动物与土壤环境要素相互关系研究进展 ［J］. 应用生态学报，2010，21（9）：2441-2448.

［2］ 邓铭江，陶汪海，王全九，等. 西北现代生态灌区建设理论与技术保障体系构建 ［J］. 农业机械学报，2022，53（8）：1-13.

［3］ Wanghai Tao，Senlin Zeng，Kuihao Yan，Mona S. Alwahibi and Fanfan Shao. Effects of Boron and Zinc Micro-Fertilizer on Growth and Quality of Jujube Trees（Ziziphus jujuba）in the Desert Area ［J］. Agronomy，2024，14（4）：741.

［4］ 孙燕，王怡琛，王全九. 增氧微咸水对小白菜光响应特征及产量的影响 ［J］. 农业工程学报，2020，36（9）：116-123.

［5］ 岳学军，蔡雨霖，王林惠，等. 农情信息智能感知及解析的研究进展 ［J］. 华南农业大学学报，2020，41（6）：14-28.

［6］ 刘文清，杨靖文，桂华侨，等. "互联网＋"智慧环保生态环境多元感知体系发展研究 ［J］. 中国工程科学，2018，20（2）：111-119.

［7］ 郁晓庆，张增林，柴锐. 土壤信息采集传感器节点的透地通信特性试验 ［J］. 排灌机械工程学报，2019，37（11）：1005-1012.

［8］ Condon L E，Kollet S，Bierkens M F P，et al. Global groundwater modeling and monitoring：Opportunities and challenges ［J］. Water Resources Research，2021，57（12）：e2020WR029500.

［9］ Ni J，Zhang J，Wu R，et al. Development of an apparatus for crop-growth monitoring and diagnosis ［J］. Sensors，2018，18（9）：3129.

［10］ 臧贺藏，陈光磊，张杰，等. 基于物联网技术的作物远程感知系统的设计与实现 ［J］. 中国农业科技导报，2015，17（6）：50-56.

［11］ 杨邦杰，裴志远. 国家级农情遥感监测系统的开发，运行与关键技术研究 ［J］. 农业工程学报，2003（z1）：11-14.

［12］ 吴炳方，张淼，曾红伟，等. 大数据时代的农情监测与预警 ［J］. 遥感学报，2016，20（5）：1027-1037.

［13］ 朱洪芬，田永超，姚霞，等. 基于遥感的作物生长监测与调控系统研究 ［J］. 麦类作物学报，2008，28（4）：674-679.

［14］ 贾坤，李强子，田亦陈，等. 遥感影像分类方法研究进展 ［J］. 光谱学与光谱分析，2011，31（10）：2618-2623.

［15］ 张卓藏. 棉花高光谱特征及其农学参数遥感反演研究 ［D］. 杨凌：西北农林科技大学，2018.

［16］ 付元元. 基于遥感数据的作物长势参数反演及作物管理分区研究 ［D］. 杭州：浙江大学，2015.

［17］ Lemaire G，Jeuffroy M H，Gastal F. Diagnosis tool for plant and crop N status in vegetative stage：Theory and practices for crop N management ［J］. European Journal of Agronomy，2008，28（4）：614-624.

［18］ Li D，Zhang P，Chen T，et al. Recent development and challenges in spectroscopy and machine vision technologies for crop nitrogen diagnosis：A review ［J］. Remote Sensing，2020，12（16）：2578.

第3篇

旱区生态农业发展

第11章 西北旱区生态农业发展理论与技术

生态农业是旱区实现农业可持续发展与农业现代化的必然选择，通过合理配置农业资源要素，构建科学的旱区农业生态结构，促进旱区农业由粗放经营型向集约经营型转变，实现在生态系统内部物质和能量多级利用，从而提高土地利用率、劳动生产率和农业资源利用效率，生产丰富多样的优质农副产品，满足社会对农产品质与量不断增长的需求。同时，推动旱区农业资源开发利用与保护的有机结合，有效地控制水土流失、土地荒漠化及农用化学物质造成的环境污染，为旱区农业的持续高产、稳产奠定基础。在充分发挥当地资源与自然环境优势的基础上，建立绿色农业和特色农业产业化基地，增强农牧业市场竞争能力，提高农民的经济收入和改善生态环境。

11.1 生态农业发展阶段与特征

面对现代农业发展中出现的生态环境问题，许多国家开始探索新的农业发展方向和道路。经过长期的农业实践和反思，农业可持续发展思想受到世界的广泛关注。生态农业概念是 20 世纪 60 年代末期相对于"石油农业"提出的，生态农业不同于一般农业，它不仅避免了石油农业的弊端，并发挥了其自身的优势。通过适量施用化肥和低毒高效农药等，突破传统农业的局限性，但又保持其精耕细作、施用有机肥、间作套种等优良传统。生态农业既是有机农业与无机农业相结合的综合体，又是一个以生态经济系统原理为指导建立的资源、环境、效率、效益兼顾的农业生产体系。

11.1.1 生态农业发展阶段

自工业革命以来，现代农业生产模式引发了自然资源的过度消耗和环境的恶化。为应对这一问题，20 世纪 70 年代开始兴起了生态农业运动。最初的生态农业主要是指有机农业，在 20 世纪 80 年代逐渐发展为包括有机、生物、生态等多种农业形式的综合性农业体系。随着全球环境问题的日益严重，生态农业逐渐成为解决农业可持续性问题的重要途径之一。生态农业的发展历程可以分为以下 4 个阶段（图 11 - 1）：

（1）初始兴起阶段。 20 世纪 70 年代至 80 年代初期，生态农业运动由欧美等发达国家兴起。生态农业主要是指有机农业，旨在通过不使用化学农药、化学肥料、转基因等技术，保护农业生态环境，提高产品的品质和安全性。在此阶段，生态农业还只是一种小众运动，未得到广泛的认可和支持。

（2）快速发展阶段。 20 世纪 80 年代中期至 90 年代，生态农业开始进入快速发展期。

在此期间，生态农业不仅是有机农业，还包括生物农业、绿色农业、循环农业等多种形式[1]。生态农业的发展得到了政府、学术界和社会各界的广泛关注和支持，各国纷纷出台了相应的法律法规和政策，加强生态农业的发展和推广。

（3）精准管控阶段。21 世纪初至今，生态农业进入精准管控阶段。随着信息技术和生物技术的发展，生态农业的发展也呈现出一些新的趋势和特点，如智能农业、精准农业、数字农业等[2]。同时，生态农业也成了全球关注的焦点之一，各国纷纷加强国际合作，推动生态农业在全球范围内的发展和应用。

（4）高质量发展阶段。尽管生态农业取得了很大的进展，但生态农业发展仍面临更多的挑战和机遇，需要在技术创新、政策支持、市场推广等方面加强合作和协同。同时，生态农业发展也需要更多的高素质人才加入，为生态农业的健康与高效发展注入新的活力和动力。

生态农业在解决农业可持续性问题、保护生态环境、提高产品质量和安全性方面具有重要作用。随着生态农业的不断发展和创新，在未来必将取得更加丰硕的成果。生态农业在我国也得到了广泛的关注，生态农业的发展不仅能促进农业可持续性发展，还推动了乡村振兴和生态文明建设。目前，我国的生态农业形式也越来越丰富，如有机农业、特色农业、休闲农业、生态旅游等。同时，政府也出台了一系列的政策和措施，支持生态农业发展和推广[3]，生态农业已逐渐成为我国农业发展的重要方向之一。

图 11-1　生态农业发展历程与其特征示意图

11.1.2　国外生态农业发展模式

根据各国自然条件、农业发展现状和农业科技发展水平，形成了符合各国自身发展特点的生态农业发展模式[4]。

1. 美国低投入持续农业模式

美国通过"低投入持续农业模式"达到不断保护生态环境、降低农业购买性产品投入成本的目的。其特点主要表现为，拥有健全的法律体系、有力的财政扶持，不仅使生态农业的发展有了法律保障，而且对农民实行直接的财政扶持，提高了农民参与生态农业发展的积极性。不断创新研发农业科技，运用高新科技改造农业，提高了绿色发展、资源节约的生态农业的整体科技水平。

美国生态农业发展有完善的法律法规体系作为支撑，健全的法律法规体系为投入品管理和农产品质量提供保障。早在1990年，美国颁布的《污染预防法》中就对生态农业做出明确规定，通过立法形式选择研究和教育途径来建立一种可持续、效益保障和资源保护的农业生产体系。美国已有2万多个生态农场，从20世纪90年代起美国便开始对农业进行"绿色补贴"，要求受补贴农民必须检查自身环保行为，除此之外还暂行减免农业所得税。同时，美国于1988年和1990年根据生态农业发展出台了"低投入持续农业计划""高效持续农业计划"，通过建立完善的农业信息体系和制度，将其先进的科学信息技术与农业生产相结合，通过先进科学技术来指导农业生产实践，减少化肥、农药的使用量，提高了化肥、农药的利用率，从而降低化学物质对农业生态环境的影响。

2. 欧洲联盟多功能农业模式

"共同农业"政策是在战后欧洲面临严重的粮食问题背景下形成的，解决粮食供应问题成为当时"共同农业"政策的迫切任务。为此，共同农业政策采取了对农民实行按产量、面积/牲畜头数进行补贴的政策，鼓励集约型农业发展。虽然迅速解决了粮食供应不足的问题，但政策的实施造成了严重的环境问题。共同农业政策鼓励农业生产和集约型农业，使得农民千方百计地增加农产品产量。为此，大量使用化肥、除草剂、杀虫剂，牲畜过分集中饲养、放牧，在生态脆弱地区进行农业生产，造成了严重的环境问题（如水污染、水土流失、生物多样性受到破坏等），令人赏心悦目的乡村风景也受到严重影响[5]。

1999年9月，联合国粮食与农业组织和荷兰政府在马斯特里赫特专门召开了100多个国家参加的国际农业和土地多功能性会议，正式确立农业多功能性这一概念。欧盟所倡导的"多功能农业"是指农业除了提供食品、纤维等商品产出的经济功能外，还具有以下功能：①社会功能，如农村就业、独立家庭农场生存、繁荣地方经济、乡村文化的健康持续发展等；②环境功能，如保护生物多样性、清洁的水与空气、生物能源、改良土壤等；③其他多功能产品，如地区或国家粮食安全、风景价值、食品质量与食品安全、动物福利等。因此，多功能农业的核心是经济、社会与生态价值之间的平衡。

3. 以色列绿色可持续灌溉农业模式

从自然条件来看，以色列是一个不适合发展农业的国家。以色列可耕地极少，仅为0.4万km^2，相当于1/4个北京市的面积。同时，水资源极度缺乏，人均水资源量为270m^3，不足世界人均水平的3%，年均降水量约为200mm，年蒸发量却高达2500mm。沃土和水这两个千百年来农业发展必备的自然条件，以色列都比较缺乏。但以色列依靠先进的科学技术和现代化管理体系，成功解决土地沙漠化问题，创造了沙漠上的绿色奇迹[6]。

以色列在1948年后陆续制定了关于森林、土地、水、水井、水计量、河溪、规划与建筑等方面的制度，不仅把水和土地作为最重要的国家战略资源严格计划使用，更是把"科学用水"作为基本国策，专门成立了国家水资源管理机构，统一管理水资源的开发、分配、收费及污水处理。同时，通过海水淡化技术，每年可以提供 1.61 亿 m^3 的灌溉用水。此外，农民们惊喜地发现，与一般的水相比，用淡化后盐水浇灌出的作物"味道更甜"。

以色列还通过立法的形式，管控和减少农药、化肥等化工制剂的使用量和使用范围。以色列限制每公顷灌溉地的农药施用量在 40kg 左右，同时禁止在水源地附近施用农药和以任何方式在水源中洗刷盛放农药的器械，且农药使用的同时受到以色列农业和农村发展部、以色列卫生部和以色列环境保护部的共同监督，并且相关部门会进行严格的残毒检测。

4. 日本环境保全型农业模式

日本环境保全型农业最早可以追溯到 20 世纪 40 年代的自然农法（Natural Farming），是一种与有机农业既有共同点又有区别的替代型农业模式[7]。起初由冈田茂吉提出，后经农民专家福冈正信的实践，逐步形成了比较系统的理论和技术。福冈正信将自己的实践经验集于《一根稻草的革命》一书中，他强调应尽量利用自然环境，并与自然环境相协调，以谋求一种与自然相和谐的农业生产方式。自然农法生产模式最初仅在个别农户中进行实践，而至 1958 年，已有多达 1.5 万户从事自然农法生产。

日本重视农业科研与教育的投入，把科技作为发展环境保全型农业的突破口，强调政府、民间、科研单位的配合，发展农业生物技术、新型农药、新栽培方式、病虫害的生物防治和物理防治方法等，同时采取措施积极推广使用上述技术。目前，日本环境保全型农业主要包括以下 3 种类型：

（1）减化肥、减农药型农业。通过减少化肥和农药的使用量，减轻对环境的污染及食品有毒物质含量。

（2）废弃物再生利用型农业。主要是构筑家禽粪便的再生利用体系，通过对有机资源和废弃物的再生利用，减轻环境负荷，预防水下、土壤、空气污染，促进循环型农业发展。其主要措施是将家畜粪便经堆放发酵就地还田作为肥料使用、将污水经处理后得到的再生水用于农业灌溉等。

（3）有机农业，完全不使用化学合成的肥料、农药、生长调节剂、饲料添加剂等外部物质，通过植物、动物的自然规律进行农业生产，使农业和环境协调发展。其主要措施有选用抗性作物品种、利用秸秆还田、施用绿肥和动物粪便等措施培肥土壤。

5. 韩国环境友好农业模式

韩国环境友好农业的具体形式为环境亲和型农业。"人的身体是由土中生长的万物构建而成的，与自身万物的土壤一脉相通，倘若人的行为背离了土（即周围环境），人的身心就不可能健康"是高句丽民族"身土不二"的传统哲学观点，正是基于这一观点，韩国人类学家全京秀提出了环境亲和型农业。环境亲和型农业（亲环境农业）的生产方式重视传统农业的技能，要求尽量不要使用化肥、农药、除草剂等化学物质从事农业生产，以免对环境和食物造成污染，从而危及人类健康[8]。

韩国政府对发展环境友好农业极为重视，采取各种措施加以支持。首先，通过立法来确立环境亲和型农业在韩国的地位、职能和作用，1997 年，韩国制定《环境农业育成法》，并于 2001 年对其进行修订，改为《环境亲和型农业育成法》，为促进环境亲和型农业的发展奠定制度基础。其次，建立相关的组织机构和认证制度，以确保环境亲和型农业的健康发展，例如组建环境亲和型政策协议会、环境亲和型组织，制定亲环境农产品认证标志制度、亲环境农业直接支付制度等。此外，还出台了一系列促进计划来扶持环境亲和型农业的发展，1997 年 3 月，韩国提出《环境农业地区造成事业》促进计划，1998 年 3月，提出《亲环境农业示范村造成事业》促进计划等，2000 年，制定《亲环境农业培育五年计划（2001—2005）》。

通俗地说，韩国亲环境农业就是环境保护型和生态型农业，以此谋求人与大自然的亲和，实现可持续的农业生产、农民增收、环境保护和农产品安全。亲环境农业是一个多元化系统，纵观韩国亲环境农业发展历程，其最显著的特色是以营造氛围为先，形成政府、农民、民间组织及全社会合力推进的良好局面。

11.1.3　国内生态农业的内涵与特征

国内生态农业不同于西方生态农业，不是西方生态农业的简单引入，只是借用西方生态农业的名词，吸收我国传统农业思想精华，结合现代农业科学技术而形成的具有我国特色的农业发展模式，具有独特的概念和发展过程。农业发展是事关我国 14 亿人口粮食安全的大问题，目前正处于必须转型的时期，需把生态农业建设看作一个农业、工业、服务业、信息业等行业的大交叉，先进技术、先进管理的大融合，在生产关系上的大调整，唯有如此，生态农业才能获得大发展。总体而言，我国正处于由传统农业向生态农业转变的过程中，发展生态农业和实现农业现代化是我国一项重要的战略发展目标。但是，资源与生态环境对我国生态农业发展的约束越来越明显。发达国家生态农业发展方法和途径在我国未必行得通，需要探索具有中国特色的生态农业模式。此外，我国不同地区的农业资源、生态环境和农业发展情况也存在较大的差异，不可能通过相同的途径和模式来解决我国农业发展面临的问题。因此，创新区域生态农业发展模式是破解干旱区农业发展困境的应对之策[9]。

1. 生态农业认知

"生态农业"一词最初由美国土壤学家阿尔伯韦奇（W. Albreche）于 1970 年提出，不同组织和国家对生态农业的内涵理解也不同。国际有机农业运动联合会将生态农业定义为：所有能够有利于促进环境、社会和经济健康发展的粮食纤维生产的农业系统，旨在保护利用植物、动物和景观的自然能力，使农业和环境质量在各方面都能达到最佳水平。美国农业部认为生态农业是一种完全不用或基本不用人工合成的化肥、农药、动植物生长调节剂和饲料添加剂的生产体系。欧洲则认为生态农业是通过使用有机肥料和适当的耕作与养殖措施，以达到提高土壤的长效肥力，不允许使用化肥、农药、除草剂或基因工程技术，但可以使用有限的矿物质。我国也对生态农业的内涵不断探索和思考，马世骏[10] 于 1978 年指出，运用了生态工程原理建立起来的农业才是生态农业。骆世明[11] 将生态农业定义为：积极采用生态友好方法，全面提升农业生态系统服务功能，努力实现资源匹配、生态保育、环境友好与食品安全，促进农业可持续发展的农业方式。刘旭等[12] 认为生态农业是通过先进的科技生产方式大幅提升农业生产力与效率，通过人工智能、大数据、云计算实现产前生产资料的科学衔接、产中生产要素精准配置、产后产品供需完美对接，通过生产系统、物质系统循环实现资源高效利用与生态功能持续提升的农业发展道路。

因此，生态农业是一种避免环境退化、技术上适宜、经济上可行的现代农业发展途径，是人类长期追求的一种最为理想的农业模式，代表了未来农业发展的方向。同时，现代生态农业还追求农业的高产、高质和无污染，通过使用洁净的土地和生产方式生产出洁净的食品，使人民健康水平得以提高，使农业经济发展与生态维系、环境保护、资源利用之间的关系得以协调，促进农业健康可持续发展。

2．生态农业的内涵

综合国内外研究成果，生态农业就是通过现代科学技术与生态工程原理，形成产供销全链条产业绿色循环且生态功能持续提升的一种农业体系。其核心包括以下 3 大系统：①现代科技系统，充分发挥现代科学技术的优势，显著提高农业资源的利用效率；②农业生产系统，实现产业链延伸，极大提高农产品附加值；③自然生态系统，将生态功能提升为理念贯穿于整个农业产业链过程[13]。因此，现代生态农业需要将自然生态系统、农业生产系统和现代科技系统有机融合（图 11-2）。

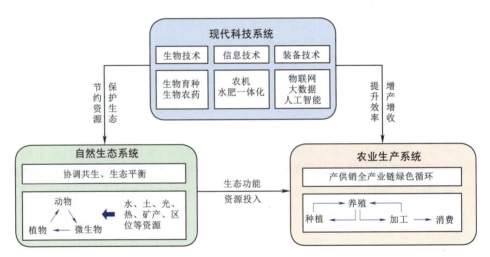

图 11-2　生态农业理论框架图

(1) 农业生产系统和自然生态系统。农业生产系统对自然生态系统的影响主要表现在资源利用、环境改变和生物多样性保护等方面。如农业生产需要大量的土地、水资源和能源，同时也需要大量的农业化学品和肥料等，这些资源和物质利用必然对自然生态系统造成一定的影响。自然生态系统对农业生产系统的作用主要表现在提供农业发展适宜条件和相关生态服务，如自然生态系统提供了土壤、水源和气候等基本条件。实现农业生产系统与自然生态系统协调发展，需要在生产、政策和科技等多个方面采取有力的措施。

(2) 农业生产系统与现代科技系统。现代科技系统在农业生产系统中的应用是当今农业发展的重要组成部分。人工智能、大数据、机器视觉等新型技术的应用，为农业生产带来了前所未有的变革，实现了从传统农业到智慧农业的跨越。如人工智能技术可以对农作物的生长状况进行实时监测和预测，从而提高农业生产的效率和质量；大数据技术可以对农业生产的全过程进行数据分析和管理，为决策提供科学依据；机器视觉技术可以帮助农民快速、准确地检测作物病虫害和成熟度，从而及时采取相应的措施，提高农业生产的收益。现代科学技术为农业生产带来了巨大的机遇和挑战，应充分利用新技术和新方法，推进农业生产的现代化和智能化。

（3）自然生态系统与现代科技系统。现代科技系统对自然生态系统的作用是一个复杂而长期的过程。科学技术的不断进步能够更好地认识自然和利用自然资源，同时也带来新的环境问题和生态挑战。在环境保护方面，现代科学技术的发展提供了新的解决途径，如清洁能源、高效能源利用、环保技术等都有助于减少人类活动对自然环境的影响。同时，现代科技系统还为生态系统的保护和恢复提供了新的手段和技术，如生态修复、环境监测和评估等。为了实现人类与自然和谐发展，需要在推动科技进步的同时，加强环境保护和生态平衡的意识。同时，还需要采取措施，减少科技应用对生态环境的负面影响，保护生态系统和生物多样性，实现人与自然的和谐共生。

3. 生态农业的特征

基于生态农业的内涵理解，生态农业的发展应具备农业资源集约化、生产过程生态化、农业经营产业化、农业管理智能化、农业功能多元化的五大特征。

（1）农业资源集约化。农业资源集约化利用旨在提高农业生产效率和资源利用效率的综合性工程。农业资源集约化利用包括土地、水、肥料、物质能源和人力资源的集约化利用。土地资源集约化利用包括土地利用方式的调整和优化、耕地保护和改良、轮作休耕制度的实施等。水资源集约化利用是指在保证农业生产需求的同时，通过节约用水、科学灌溉、水资源的再利用等方式，实现水资源的高效利用。肥料资源集约化利用主要是指通过科学配方施肥、有机肥料的利用、循环农业等方式，实现肥料的高效利用。物质能源集约化利用主要是指通过科学有效地利用化肥、农药、能源等物质资源，同时减少浪费和污染，实现物质能源的高效利用。人力资源集约化利用主要是指通过合理配置人力资源，提高劳动生产率，实现人力资源的高效利用，包括生产组织调整、农业机械化推广、农业科技应用等。农业资源集约化利用是一项长期而复杂的系统工程，需要不断探索和实践，通过多种手段来实现资源的高效利用。

（2）生产过程生态化。生产过程生态化是指在农业生产全过程中，以生态平衡为核心理念，采用合理的农业生产技术和管理措施，达到保护和改善农业生态环境、保障农产品安全和提高农业生产效益的目的。生态化农业生产强调生态保护和可持续发展的重要性，通过减少化肥、农药等化学物质的使用，降低农业对环境的影响，保持土地肥力和生物多样性，提高农产品品质和市场价值。生态化农业生产需要采用一系列的技术和管理措施来实现。首先，要采用科学合理的耕作方式，如深翻、浅耕、轮作、间作等，保持土壤肥力和结构，增加土壤有机质含量。其次，要选择适宜品种和栽培模式，如选择具有抗性品种、使用生物防治、减少化学农药的使用等。同时，还要加强农业废弃物处理和利用，如利用畜禽粪便制作有机肥料等，实现资源循环利用，减少环境污染。此外，还要加强农业生态系统建设和保护，如植树造林、修建水土保持设施等，保护生态环境，促进生态平衡。

（3）农业经营产业化。农业经营产业化是农业现代化的重要方向之一，是适应市场经济发展和推动农业可持续发展的必然趋势，是实现农业生产效率和经济效益最大化的有效途径。传统的小农户经营模式面临着规模小、技术落后、市场不畅等问题，难以满足现代市场对农产品的需求。因此，农业经营产业化是一种必然的发展趋势，可以提高农业生产效率、降低成本，改善农民生产生活条件，促进农村经济的发展。首先，要优化生产组织，实现规模化经营和专业化分工，通过农业产业园区建设和农业企业化经营等方式，将农业生产纳入现代市场经济体系。其次，要改进生产方式，采用更加先进的农业技术和管理模式，提高农业生产效率和质量，降低生产成本。最后，要实现农产品的市场化，通过品牌建设、营销渠道的拓展、市场调研和营销策略的制定等手段，提高农产品的附加值和市场竞争力，实现农业生产经济效益的最大化。随着人民生活水平的提高和消费升级的需求，消费者对农产品的品质和安全性要求越来越高，农业经营产业化可以带动农业生产向高质量、安全、绿色、有机、可追溯的方向发展，满足市场需求。同时，农业经营产业化还可以促进农村产业结构的调整和优化，推动农村一、二、三产业融合发展，实现农村经济的多元化和综合效益的提高。

（4）农业管理智能化。随着信息技术的快速发展，人工智能、云计算、大数据等新兴技术在农业生产中的应用不断扩大，为智能化农业生产管理提供了广阔的空间和条件。智能化农业生产管理是指利用先进的信息技术，对农业生产全过程进行信息化、数据化管理，实现生产活动的智能化决策、调度、监控和反馈。智能化农业生产管理包括农业生产全过程的信息化和数据化建设、农业生产决策支持系统的开发和应用、智能化农业机械设备的研发和推广、农业生产环境监测系统的建设和应用等。通过智能化管理，可以实现农业生产的精细化、高效化和绿色化。例如，在农业生产全过程中，通过数据采集、分析和处理，可以实现种植、灌溉、施肥、防治病虫害、收获等环节的智能化决策和调度，提高生产效率和质量；在农业机械和设备方面，通过智能化技术的应用，可以实现农业机械的自动化、智能化、集成化，提高农业生产效率和质量，降低生产成本和资源浪费；在农业生产环境监测方面，通过智能化系统的建设和应用，可以实现对土壤、气象、水文等环境因素的实时监测和预测，提高农业生产的精准度和可靠性，保护生态环境，推动农业可持续发展。通过智能化农业生产管理，可以提高农产品的品质和市场竞争力，促进农民收入的提高和农村经济的发展。通过智能化技术的应用，还可以实现农产品的品种选择、生产计划、质量检验、包装运输等环节的智能化管理，提高农产品的品质和安全性，增加农产品的附加值和市场竞争力，促进农民收入的提高和农村经济的发展。

（5）农业功能多元化。农业生产和经营过程中不仅是为了生产农产品，同时承担了许多其他的功能，如生态功能、社会功能和文化功能等。这种多元化的农业功能不仅能够满足社会和市场的需求，也能够促进农业的可持续发展和生态文明建设，更好地服务于人民群众的生产和生活。

1）生态功能。生态功能指农业生产过程中维护和改善生态环境的作用。传统的农业生产模式往往会对土地、水资源、空气等环境造成污染和破坏，导致生态系统失衡。而现代农业生产则注重生态环境的保护和改善，通过科学技术手段和管理方法，实现农业生产与生态环境的协调发展，如推广有机农业、生态农业等，可以保护生物多样性、减少土壤侵蚀、保障水源安全等。

2）社会功能。社会功能指农业对社会的贡献。农业是国民经济的基础产业，其在提供食品安全之外，还能够为社会创造就业机会、保障农民收入、维护社会稳定等。特别是在农村地区，农业生产是农民的主要收入来源，发展农业不仅能够提高农民生活水平，还能够促进农村经济的发展和城乡一体化。

3）文化功能。文化功能指农业对文化的传承和发展作用。农业是人类文明的重要组成部分，传统农业文化是中华民族的宝贵财富。通过发展现代农业，不仅能够保护和传承传统农业文化，还能够促进文化交流，推动农村文化建设和农民素质提升。

农业功能的多元化是农业可持续发展的重要方向之一，在推进农业现代化和农业产业结构调整的过程中，需要政府和社会各界的共同努力，加强政策支持和投入，推动农业生产方式和经营模式的转变，实现农业的经济效益、生态效益和社会效益的统一。只有这样，才能够促进农业可持续发展和人与自然和谐共生。

4. 旱区生态农业发展要求

发展旱区生态农业的意义在于解决旱区地区的农业生产难题，提高农产品的质量和产量，同时也保护了生态环境，因此需要符合以下要求：

（1）高效利用水资源。旱区农业水资源非常有限，因此要注重高效利用水资源，采用水资源节约型、高效利用型的灌溉方式，确保水资源的可持续利用。例如，采用滴灌、喷灌等节水灌溉技术，减少水的蒸发和流失，提高灌溉效率，以达到更高效利用水资源的目的。

（2）保持土壤的肥力。由于旱区土地干旱、土壤贫瘠，土壤水分和肥力的保持是旱区生态农业发展的关键问题，因此要采取适宜的措施保持土壤水分和肥力，例如采用覆盖作物秸秆、加强有机肥料的施用等保水保肥的耕作措施，以提高土壤质量，增强土壤保水保肥的能力。

（3）增加作物适应性。在旱区生态农业中，选择适应性强的作物品种是十分重要的。例如，玉米、高粱、花生、薯类、沙棘等作物，都具有耐旱、耐盐碱的特性，适合在旱区生态农业中种植。此外，还可以根据当地的气候条件、土地资源等因素，选择适宜的农作物品种，以提高作物的产量和品质。

（4）保护生态环境。旱区农业地区的生态环境相对脆弱，为了保护环境，需要采取生态友好型的农业生产方式。例如，使用植物、微生物农药来控制害虫和病害，减少化学农药的使用；加强土地管理，合理利用化肥和农膜等农业生产资料，减少土地的污染。同时，推广无农药种植、有机农业等新型农业生产方式，以保护生态环境，维护生态平衡。

（5）发展生态产业。在旱区生态农业中，要积极发展生态产业，例如，生态旅游、生态养殖、生态农业加工等，通过发展农业合作社、农业企业和农民专业合作社等形式，以整合农业资源和提高农业产业的规模化和标准化程度，提高农民的收入和生活水平，促进旱区生态农业的可持续发展。

11.2　生态农业结构与功能

生态农业是一个具有空间结构、输入输出结构和反馈结构的复杂系统，合理的生态农业系统结构是农林牧副渔工综合发展的前提，是自然经济、技术条件和农业政策等的有机组合与统一的反映。系统的结构与功能间相互促进、相互制约，直接关系着生态系统能量和物质转化的特点、水平和效率，以及生态系统抵抗外部干扰和内部变化而保持系统稳定性的能力。旱区生态农业的结构可分为多种形式，如整体结构、空间结构、反馈结构、输入输出结构、营养结构等，各种形式的结构虽具有共性，但也各有特点。优化生态农业结构能最大限度地适应和利用农业资源，使系统获得较高的生产效率和转化效率，使系统朝良性循环方向发展。

11.2.1　旱区生态农业的结构

生态农业是一个复杂的系统，是人类社会技术因素与自然因素相协调，在人类干预下形成的人工生态系统，由生态子系统、经济子系统、社会子系统构成组成（图 11-3）。3个子系统共同作用，相互影响，相互制约，共同影响着生态农业的建设与发展[14]。

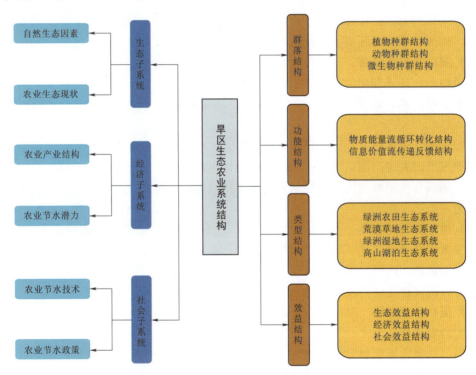

图 11-3　旱区生态农业系统结构示意图

（1）生态子系统是生态农业的基础条件和生存环境，其决定了生态农业地域系统的基本特征，主要包括自然生态因素和农业生态现状。自然生态因素包括太阳辐射、气温、降水、土壤、动植物等；农业生态现状主要指现有农业生态系统的物质转化效率、能量利用状况等。

（2）经济子系统是生态农业系统的生产系统，是生态农业建设的主要目标，生态农业发展一方面是要建立一个良性循环的生态环境，更重要的是建立一个较高物质能量转化效率的产出系统，主要包括农业产业结构和农业节水潜力。农业产业结构包括农林牧副渔五业的比例，种植业内部的经济、粮食、蔬菜、饲料作物等之间的比例，以及林牧业中不同类别动物之间的比例等。农业节水潜力主要指各类农业生产类型的产量、物质能量利用率可以提高的幅度。

（3）社会子系统是生态农业系统的动力系统，主要包括农业节水技术和农业节水政策。农业生产技术包括良种培育、灌溉技术、田间管理、农产品加工等；农业生产政策是指各类鼓励和引导生态农业发展的政策，如资金政策、技术推广政策、农产品政策、市场政策等。

生态农业系统结构是指生态农业系统构成的要素以及这些要素在时间、空间上的配置和能量、物质在各要素间的转移循环途径。生态农业系统结构包括以下 4 个方面：①群落结构，农业生物种群，包括植物、动物和微生物等种群结构；②功能结构，无机环境和生物群落之间、生产者和消费者之间、生态单元之间，通过物质或能量形成的传递结构；③类型结构，包括绿洲农田、荒漠草地、绿洲湿地、高山湖泊等类型结构；④效益结构，为了满足生态农业的功能需求，必须优化生态效益、经济效益、社会效益形成的农业价值链结构。

11.2.2 旱区生态农业的功能

由于系统结构决定系统的总体功能，因此生态农业系统结构与功能是不可分割的有机整体。生态农业所遵循的功能，包括生态农业系统的物质流、能量流、信息流和价值流等 4 个方面阐述。

1. 生态农业中物质流

物质流是指生态系统的一切物质包括有机物、无机物、化学元素和水（作为介质），在生物与环境不同组分之间的频繁转移和循环流动。生态系统中物质流又称为生物地化循环。有机体为了生存与发展，除了不断输入物质外，还须不断输入能量。因此，物质既是生命活动的物质基础，又是能量和信息的载体，起着双重作用。根据物质循环的范围、路线和周期不同，物质循环可分为气相型循环、沉积型循环和液相型循环 3 种基本类型，旱区农业主要的物质循环有水循环、碳循环和养分循环[15]。"绿色循环农业"物质流动如图 11-4 所示。

（1）水循环。旱区农业的水循环主要包括山区降水—融雪—径流等过程。水资源主要形成在山区（如祁连山、昆仑山、天山等），而消耗主要在平原、绿洲和荒漠区（如河西走廊、塔里木盆地、准格尔盆地等），农业水循环过程如图 11-5 所示。降落到区域内上的雨水，首先满足截留、填洼和下渗要求，剩余部分成为地面径流，汇入河网，再流到流域出口断面。截留最终耗于蒸发和散发，填洼的一部分将继续下渗，而另一部分也耗于蒸发。下渗到土壤中的水分，在满足土壤持水量需要后将形成壤中水径流或地下水径流，从地面以下汇集到流域出口断面。被土壤保持的那部分水分最终消耗于蒸发和散发。

农田水循环是流域或区域水文循环的一部分，是水分在土壤、植物和大气中连续运动的过程。降水进入这个系统后将在太阳能、地球引力和土壤、植物根系产生的力场等作用下发生截留、填洼、下渗、蒸发、散发和径流等现象，并且维持植物生命过程。水量平衡反映了水分收支与作物根系层水量变化之间的关系。农业生态系统的水分收入项主要包括

图 11-4　"绿色循环农业"物质流动图

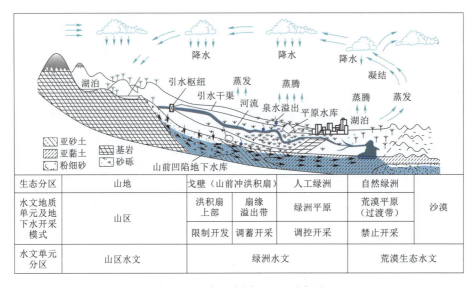

图 11-5　农业水循环过程示意图

灌溉水量 I、降水量 P 等，水分的消耗项主要包括地面径流 R、蒸散发 ET。根区底部的水分交换量在深层水分向上补给时则属于收入项，而向下的水分渗漏属于消耗项。根据作物根区内水的质量守恒法，水量平衡方程可表示为[16]

$$S_2 - S_1 = \Delta S = I + P - ET - R \tag{11-1}$$

式中：S_2 和 S_1 分别为研究时段末、时段初的根区储水量，根据土壤剖面的含水量计算；ΔS 为研究时段内的根区储水量变化量。

（2）碳循环。在农业生态系统中，农作物首先通过光合作物固定 CO_2 进行初级生产，其后固定于籽实部分的碳通过食物传递至人类；固定于秸秆或籽实中的碳通过饲料传递至饲养动物；人、畜和农作物通过呼吸作用，消耗一部分碳源并以 CO_2 形式排入大气。储存于人、畜和农作物残体及排泄物中的碳，一方面通过微生物的分解作用以 CO_2 形式排入大气，另一方面通过沉积作用离开土壤圈而形成化石能源。储存于化石能源的碳经过开采，用于农用设备（如农机、烘干设备和农户炊事等），燃烧利用之后，最终以 CO_2 形式排入大气（图 11-6）。

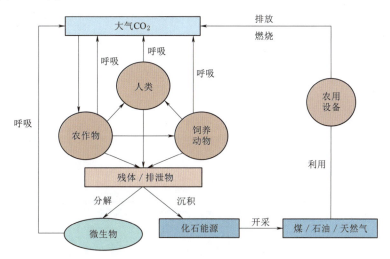

图 11-6　生态农业系统碳循环模型示意图

农田生态系统碳平衡包括碳固定和碳排放两个过程。农田生态系统的碳固定量主要为农作物进行光合生产所固定的总碳量。碳排放量包括土壤呼吸（微生物与根系）、植株呼吸和间接碳排放量，间接碳排放量是指农作物从播种到成熟整个生育期种子、化肥、农药、机械和灌溉等农业生产资料投入造成的碳排放量[17]。不同土地利用方式对农业土壤碳库储量和排放通量具有重要影响。全球农业土壤碳库储存量为 1420 亿 t 碳，占全球陆地土壤碳库总储量的 8%~10%。中国土壤数据库显示，我国旱区农业土壤有机碳含量为 2.34~10.46g/kg，灌区农业土壤有机碳含量为 0.53~3.56g/kg，水田土壤有机碳含量为 10.36~24.95g/kg。研究表明，不同农地利用方式下土壤碳库储量和土壤呼吸碳排放通量变异较大。例如，在旱区农田系统中，土壤有机碳含量表现为果园（10.00g/kg）、菜地（9.67g/kg）、高投入玉米田（9.31g/kg）、大豆地（7.73g/kg）、低投入玉米田（7.67g/kg）。在黄土高原草地农业系统，每平方米土壤呼吸碳排放量表现为林牧复合系统（2.51g 碳）、栽培草地系统（2.34g 碳）、农林复合系统（1.84g 碳）、天然草地系统（1.69g 碳）、作物系统（1.31g 碳）。

土壤碳固定是碳循环的关键环节之一，不同农田生产方式对土壤固碳潜力具有重要影响。保护性耕作、覆盖作物种植、有机肥施用、农牧结合、多样化种植和农林间作等农业管理措施具有良好的土壤固碳潜力，平均固碳速率每年为 4 亿~8 亿 t。而大多数农田生产过程中所需要肥料或者机械等需要消耗一定碳源而促进碳排放。例如，生产 1kg N、P_2O_5 和 K_2O 分别需要消耗碳 0.86kg、0.17kg 和 0.12kg，生产 1kg 除草剂、杀菌剂和杀虫剂分别需要消耗碳 4.7kg、5.2kg 和 4.9kg；翻耕碳排放量为 15kg/hm²，深松碳排放量为 11kg/hm²，而旋转锄锄草作业碳排放量为 2kg/hm²。

不同农业经营方式对化石燃料的消耗水平具有较大差异，从而对碳循环具有重要影响。由于规模化经营的土地面积较大，目前从播种、施肥、植保、收获至籽粒运输与储存，基本实现全程机械化。农业生产机械化水平提高引发化石燃料的消耗程度增加，从而使得 CO_2 大量排放。然而，小农户经营模式由于经营土地面积较小，依然采用传统的劳动密集型农业生产方式，农业机械化程度较低，因此，对化石燃料的消耗较少而导致 CO_2 排放较少。

（3）养分循环。农业生态系统中养分循环是指养分在农业生态系统各个组分之间传输的过程。这个过程主要在土壤、植物和畜禽这 3 个养分库之间进行。同时，每个库都与系统外保持多条输入与输出的养分流联系[18]（图 11 - 7）。

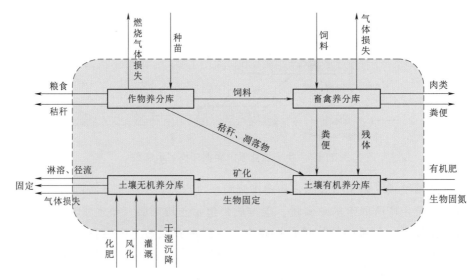

图 11 - 7　旱区农业生态系统中的养分循环示意图

旱区农业生态系统中养分循环具有以下 4 个特点：

1）养分输出率和输入率较高。与自然生态系统相比，旱区农业生态系统具有较高的养分输出率与输入率。在该系统中，随着作物的收获及农、畜产品的出售，大部分养分被带到系统以外；同时，为维持系统内养分平衡，又将大量养分以肥料、饲料、种苗等形态被带回系统。

2）养分库存量较低、保持能力弱。旱区农业生态系统中有机库主要包括土壤有机物质、作物秸秆和畜禽粪便等。在耕种条件下，土壤有机物质加速分解和消耗，秸秆与畜禽粪便还田率不高，均导致系统有机库容减小，养分保持能力减弱。

3）养分流量大，损失浪费严重。旱区农业生态系统中，随着农、畜产品的多次输出，养分投入频率较高，经常出现有效态养分过量投入的现象，导致大量有效养分不能在系统内部及时转化，作物养分利用率较低、有效养分损失浪费严重。

4）养分供求同步机制较弱。旱区农业生态系统的养分供求关系多受人为作用影响，如耕作、种植、施肥、灌溉等，供求同步性较差，系统自我维持能力较弱。

2. 生态农业中能量流

农业生态系统的能量来自太阳能、工业能和生物能 3 个方面。其中，太阳能是维持农业生态系统正常运转的基本能力，绿色植物所固定的太阳能维持了农业生态系统的平衡，同时也为农业经济系统的平稳发展提供了依据；工业能和生物能又称为人工辅助能。但作为复合系统的农业生态系统，能量更多地需要人工辅助能投入，辅助能对促进植物有效利用太阳能具有重要的意义。通过人工辅助能的合理投入，可以有效地提高整个系统的物质生产能力，促进整个农业生态系统结构完整，功能正常发挥。旱区农业生态系统中的能量循环途径示意如图 11 - 8 所示。

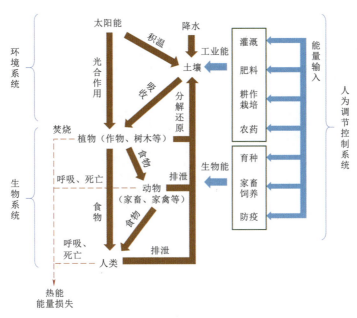

图 11 - 8　旱区农业生态系统中的能量循环途径示意图

（1）能量流动主要途径。能量流动主要途径主要包括以下 5 个方面：

1）太阳能以太阳辐射形式进入生态系统。照射在绿色植物上的太阳能，大约只有一半通过光合机制被吸收。这部分能量的 $1\% \sim 5\%$ 可转变为食物能（生化能），其余能量以热的形式离开生态系统。在植物制造食物能过程中，一部分用于自身的呼吸消耗、释放热能从系统中丢失。

2）以植物物质形式贮存的能量沿着食物链和食物网流动，通过生态系统。

3）以动物、植物物质中的化学潜能形式贮存在系统中或作为产品输出，离开生态系统。

4）消费者和分解者生物有机体呼吸释放的热能从系统中丢失。

5）生态系统是开放系统，某些有机物质还可通过系统的边界输入系统。如动物的迁移，水和气流的携带，人为的补充（如某些害虫天敌的人工助迁）等。

（2）能量流动调控方法。能量流动调控方法主要包括以下 3 个方面：

1）加强人工调控，提高生态农业系统的能量转化效率。采取人工调控的方法改善环境条件，培育和选用优良的作物及畜禽品种，改进作物栽培和畜禽饲养技术，合理布局作物，优化群体结构，以及人为控制其他消费者的繁殖，如作物病虫害的防治，防止其他动物的危害和对家畜、家禽进行疫病防治等，以提高生态农业系统的能量转化效率。

2）协调第一、第二性生产间关系。在经营一个农业生态系统的综合生产时，应在合理利用资源，努力扩大第一性生产的同时，根据生态学规律确定系统中的种植业、养殖业之间及各业内种群结构的配合比例，并注意疏通其能量的流通渠道，使第一性生产与第二性生产能够协调发展。

3）建立能量流动的合理体系。系统中的能量转化效率的高低，不仅决定于每次转化对物质的利用方式和程度，而且还决定于生物的能量物质被利用次数的多少。如将人类不能直接利用的秸秆作燃料，只能利用10％的热能；而把秸秆作饲料喂牲畜，牲畜粪便进入沼气池，在甲烷菌作用下生产沼气，热能利用率可达60％，这是第二次转化，沼气池中的有机质入池养鱼，这是又一次转化；塘泥又可以用来作肥料，这是第四次转化利用。利用次数越多，将会有更多的"废弃物"能量转化为有用能，整个系统构成为无废物系统。

3. 生态农业中信息流

农业生态系统中除了能量流动和物质循环以外，还存在着众多的信息联系。信息传递是农业生态系统的基本功能之一，也是进行农业生态系统调控的基础。各种信息在农业生态系统的组分之间和组分内部的交换和流动称为农业生态系统的信息流。旱区生态农业中的信息流包括作物生境信息流、灌区管控信息流、农业产业信息流。这些信息把生态农业的生产、管理、供销系统联系起来协调成一个统一的整体，如图 11-9 所示。

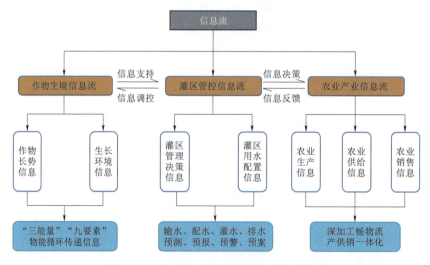

图 11-9　生态农业产业链信息环境示意图

（1）作物生境信息流是指生境要素（水、肥、气、热、盐、生、药、光、电）和能量（太阳能、工业能、生物能）在作物生长环境中循环传递产生的信息交换和流动，主要包含作物长势信息和生长环境信息。为了全面、立体地了解作物长势、健康情况，作物长势信息需要获取作物表型性能、植被覆盖率、叶面积指数、冠层色素含量、叶片色素密度以及作物病虫害等信息。为了满足旱区生态农业发展要求，在生长环境信息方面需要获取根区土壤环境中水分、养分、盐分、温度、微生物、农药等，以及作物冠层环境中温湿度、光强、农药、病虫害等物质和能量的含量、分布信息。

（2）灌区管控信息流是指为了实现灌区水资源高效利用、保持作物良好生长环境，在作物生境反馈信息基础上，进行输—配—灌—排等管控过程而产生的信息交换和流动，主要包括灌区管理决策信息和灌区用水配置信息。为了满足现代灌区建设的需求，灌区管理决策信息需要获取土壤墒情、地下水、地表水、气象、渠道流量、水质及泥沙含量、金属闸门运行工况等基本信息，灌区用水配置信息是指基于灌区管理决策信息制定的预测、预报、预警、预案信息（输配水方案、灌排制度、检修维护等）。

（3）农业产业信息流是为了提高现代生态农业产业集群规模化、集约化程度，在以数字化农业生产为核心，利用现代信息技术实现产供销一体化过程中产生的信息交换和流动，主要包括农业生产信息、农业供给信息和农业销售信息。农业生产信息需要获取农产品生产、技术推广、深加工过程中产生的信息，农业供给信息需要获取产业链一体化、仓储物流等管理过程中产生的信息，农业销售信息包括渠道销售、市场走向、法律法规等信息。

4. 生态农业中价值流

人类通过定向调控农业生态系统，物化投入成本，在实现物质循环和能量转化最大有效化过程中，投入的价值量转移并形成价值增量凝结在初级产品或次级产品内，这些产品以不同形式、不同流向、不同流量强度在农业经济系统内进行流转。农业价值链的长短直接反映着农产品的使用价值和人类对农产品的开发利用程度，同时也可以体现农业产业与其他产业的密切程度。农业价值链示意如图 11-10 所示。农产品具有自然属性、社会属性和经济属性，因此可以根据农产品的属性对价值流进行分类。

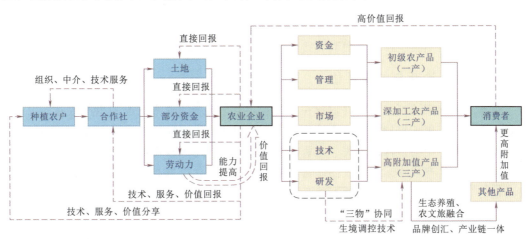

图 11-10　农业价值链示意图

（1）价值流的类型。农产品自然属性对价值流的基本特征具有直接决定作用，根据农产品自然属性可将价值流分为植物性农产品的价值流和动物性农产品的价值流。植物性农产品的价值流是指农业生态系统初级产品的价值流，例如粮食产品、果蔬产品、饲料产品、工业原料产品等产品的价值流；动物性农产品价值流是指农业生态系统次级产品的价值流，诸如肉、蛋、奶产品的价值流。

根据农产品社会属性可将价值流分为生理需求产品的价值流和社会需求产品的价值流。如果该农产品主要用于满足人类的衣食住行等需要，那么这类农产品属于生理需求产品，无论在经济条件较好的地区，还是在经济相对薄弱的地区，其价值流向和价值流量都是相对稳定的。但如果该农产品主要用于满足人类的社会活动需要，则这类农产品属于社会需求产品，其价值流向和价值流量的波动性很强。一般而言，在经营风险较大的情况下，生理需求产品的生产则成为经济薄弱地区生产者的首要选择。

根据农产品的经济属性可将价值流分为交易性农产品的价值流、中性农产品的价值流和非交易性农产品的价值流。所谓交易性农产品是指生产者所生产的用来满足市场交易需求的农产品，这类农产品的价值流向和价值流量左右于市场需求规律。而中性农产品是指既可用来满足市场交易需求又可以用来满足生产者自身需求的农产品。非交易性农产品则是那些生产者通过生产该产品以满足自身需求的产品，这类产品不进入市场体系进行交易，其价值流量的核算虽以市场价值规律为依据，但其价值流量和价值流向是很稳定的。

（2）价值流的影响因素。价值流的影响因素主要包括自然因素、社会文化因素和经济因素。

1）自然因素。在农业生态系统中，自然因素主要影响农业生态系统的自然再生产过程能流和物流特征。优势地区有助于获得最大化的能量和物质存量，进而稳定农业经济系统的价值流特征。

2）社会文化因素。社会文化因素中文化教育程度、技术发展水平、风俗习惯等对农业生态系统的价值流具有重要作用。通常一个地区农业生产者的文化程度越高，接受和应用新技术能力越强，这对农业生态系统能流和物流的形成具有积极作用。

3）经济因素。经济政策、市场体系、涉农企业分布等经济因素对价值流具有导向作用，从而间接地影响农业生态系统的生态流特征。特别是市场体系及涉农企业分布，对农业生态系统的自然再生产过程更具直接作用。

11.2.3　健康诊断与效益评估

生态农业健康诊断与效益评估旨在评估农业生态系统的健康状况和生产效益，以帮助农业生产者制定更加可持续的农业管理计划，发现并解决农业生态系统中存在的问题，如土地质量下降、生物多样性丧失、水资源污染等问题，还可以帮助农业生产者提高农业生产效益，减少生产成本，提高产品质量和安全性，从而获得更高的经济效益。随着全球环境问题的日益严重，生态农业逐渐成为解决农业可持续性问题的重要途径之一。生态农业健康诊断与效益评估作为生态农业管理的重要组成部分，将在未来得到更为广泛的应用和推广。通过不断的创新和发展，生态农业健康诊断与效益评估将会为农业生产者提供更加科学、可靠、高效的农业管理服务，推动生态农业的可持续发展。

1. 生态农业系统健康诊断

（1）生态农业系统健康评价指标体系。依据综合体系构建法则，从活力、组织能力、恢复力 3 个主要测量指标构建生态农业系统健康综合指数，并运用层次分析法建立 4 个层次的生态农业系统健康评价指标体系。第 1 层次是目标层，即评价目标—生态农业系统健康综合指数；第2层次是准则层，即活力、组织结构、恢复力；第3层次是评价因素层，即每一个评价准则具体由哪些因素决定；第4层次是指标层，即每一个评价因素有哪些具体指标来表达。总体评价指标体系见表11-1[19]。

表 11-1 　　　　　　　　　　生态农业系统健康评价指标体系

目标层	准则层	因素层	指标层
生态农业系统健康综合指数	活力	生态生产力	NPP 利用率（现实生产力/NPP）
			土地人口承载度
		经济生产力	单位面积农业净产值
			农民人均纯收入
	组织结构	经济结构	系统生产优势度
		社会结构	人口密度
			农村劳动者受教育度
		自然结构	植被覆盖度
			水土流失率
			土地沙化
			水资源供需比
	恢复力	稳定性	系统稳定性指数
			绿色覆盖度
			抗灾度
		投入能力	有效灌溉面积率
			单位面积耕地化肥农药农膜负荷
			农业支出比例

（2）指标权重确定。 由于生态农业系统健康评价中各个方面和各个指标的重要性和贡献率是不一样的，用层次分析法（AHP）并参考专家的意见确定了指标体系的权重。经构造判断矩阵、层次总排序和一致性检验后，获得指标体系中的总排序权重值。再利用各指标的总排序权重值除以该指标所属层次下的各指标总排序权重之和，得到各层次下各指标的最终权重值，具体见表11-2。

表 11-2 　　　　　　　　　　评价指标体系权重值

准则层	权重值	因素层	权重值	指标层	权重值	标志值
活力	0.322	生态生产力	0.524	NPP 利用率（现实生产力/NPP）/%	0.414	50
				土地人口承载度	0.586	1.2
		经济生产力	0.476	单位面积农业净产值/(元/km²)	0.524	5×10^4
				农民人均纯收入/(元/人)	0.476	6000
组织结构	0.334	经济结构	0.322	系统生产优势度	1	0.2
		社会结构	0.184	人口密度/(人/km²)	0.424	100
				农村劳动者受教育度	0.576	40

续表

准则层	权重值	因素层	权重值	指　标　层	权重值	标志值
组织结构	0.334	自然结构	0.494	植被覆盖度/%	0.276	85
				水土流失率/%	0.214	5
				土地沙化/%	0.208	3
				水资源供需比	0.302	1.2
恢复力	0.344	稳定性	0.438	系统稳定性指数	0.462	1.5
				绿色覆盖度/%	0.322	85
				抗灾度/%	0.216	100
		投入能力	0.562	有效灌溉面积率/%	0.411	80
				单位面积耕地化肥农药农膜负荷/(t/km²)	0.308	0.01
				农业支出比例/%	0.281	10

(3) 综合评价模型。主要通过构造指标特征值矩阵、规格化矩阵及综合评价指标来实现综合评价。

1) 构造指标特征值矩阵。西部地区生态农业系统健康评价指标体系中的每一个单项指标，都是从不同侧面来反映生态系统健康状况的，要想反映全貌还需进行综合评价，运用综合评价方法构建模型。设系统由 m 个待优选的对象组成备选对象集，有 n 个评价因素组成系统的评价指标集，每个指标对每一备选对象的评判用特征值表示，则系统有 $n \times m$ 阶指标特征值矩阵，即

$$X = (x_{ij})_{n \times m} \tag{11-2}$$

式中：$x_{ij}(i=1,2,\cdots,n; j=1,2,\cdots,m)$ 为第 j 个备选对象在第 i 个评价因素下的指标特征值。

2) 规格化矩阵。一般情况下，生态系统健康的所有指标可划分为正向指标和逆向指标等，其规范化处理分别为

$$\text{正向指标} \qquad r_{ij} = \begin{cases} \dfrac{x_{ij}}{z_i} & x_{ij} < z_i \\ 1 & x_{ij} = z_i \\ 1 & x_{ij} > z_i \end{cases} \qquad j=1,2,\cdots,m \tag{11-3}$$

$$\text{逆向指标} \qquad r_{ij} = \begin{cases} 1 & x_{ij} < z_i \\ 1 & x_{ij} = z_i \\ \dfrac{x_{ij}}{z_i} & x_{ij} > z_i \end{cases} \qquad j=1,2,\cdots,m \tag{11-4}$$

式中：x_{ij} 为第 i 个指标在第 j 个评价因素下的实际值；z_i 为第 i 个指标的标志值。

于是得到评价因素层在指标层上的规范化矩阵，即

$$R = \begin{bmatrix} r_{11} & r_{12} & \cdots & r_{1p} \\ r_{21} & r_{22} & \cdots & r_{2p} \\ \vdots & \vdots & \vdots & \vdots \\ r_{n1} & r_{n2} & \cdots & r_{np} \end{bmatrix} \tag{11-5}$$

3）综合评价。由上述可知，评价因素层在指标层上的规范化矩阵为 R_{ij}，则一级综合评价 R_i 为

$$R_i = R_{ij}a_{ij} \qquad (11-6)$$

式中：a_{ij} 为第 i 个指标在第 j 个评价因素下的权重。

二级综合评价 R 为

$$R = R_i A_i \qquad (11-7)$$

式中：A_i 为因素层权重。

二级综合评价 γ 为

$$\gamma = \sum_{i=1}^{m} RW_i \qquad (11-8)$$

式中：γ 为综合评价指数；W_i 为项目层的权重。

根据调查资料，按上述模型即可计算出各层次的评价结果，同时参考相关研究成果和咨询专家的基础上，设计了一个 5 级评价标准，并给出了相应的评判标准（表 11-3）。

表 11-3　　　　　　　　　旱区农业生态系统健康评价标准

综合评价值	<0.4	0.4~0.55	0.55~0.7	0.7~0.9	>0.9
评判标准	恶化	不健康	亚健康	较健康	理想健康

(4) 西北旱区生态系统健康评价。所涉及指标值的获取途径主要基于以下 3 个方面：①对于单位面积农业净产值、人口密度、农民人均纯收入、单位面积耕地化肥农药农膜负荷等指标直接来源于统计年鉴；②植被覆盖度、水资源供需比、土地沙化率、水土流失面积率、抗灾度来自 2000—2020 年间的科研报告和统计年报；③对于 NPP 利用率、土地人口承载度、系统生产优势度、系统稳定性指数等指标，根据相关公式计算后获取。蒙新地区代表了西北旱区极端干旱环境下的荒漠—绿洲系统，而黄土高原区代表了半干旱区水土流失与生态恢复的典型模式。两者共同体现了西北旱区生态系统的多样性、脆弱性及人为干预的显著影响，是中国西北旱区生态研究的关键区域。因此，根据上述构建的旱区农业生态系统健康评价的指标体系和评价方法，针对蒙新地区和黄土高原区的农业生态系统开展健康评价，评价结果见表 11-4。

表 11-4　　　　　蒙新地区和黄土高原区农业生态系统健康评价结果

层　　次		蒙新地区	黄土高原区
因素层	生态生产力	0.684	0.848
	经济生产力	0.183	0.206
	经济结构	0.392	0.356
	社会结构	0.567	0.556
	自然结构	0.340	0.476
	稳定性	0.360	0.469
	投入能力	0.273	0.213

续表

层　次		蒙新地区	黄土高原区
项目层	活力	0.445	0.543
	组织结构	0.398	0.452
	恢复力	0.311	0.325
目标值	综合评价值	0.384	0.437

从评价结果可知,在生态农业系统的活力方面,蒙新地区和黄土高原区农业生态系统处于"不健康"状态,因此这些农业生态区需要进行集约化生产,通过提高现实生产力、单位面积农业净产值和农民人均纯收入等指标值,增加生态农业系统的生态生产力和经济生产力,从而增强农业生态系统的活力。

在生态农业系统的组织结构方面,蒙新地区农业生态系统组织结构处在"恶化"的状态,黄土高原区生态农业系统组织结构处在"不健康"的状态。主要由于其生态环境恶劣,土地沙化面积较大,植被覆盖度很低,水资源不足等,使生态农业系统组织结构中的自然结构低;由于系统生产优势度等指标值很高,农业经济结构单一,农村劳动者受教育程度很低,使得生态农业系统组织结构中的经济结构和社会结构也较差。因此,需要加强土地沙化、水土流失的治理,提高植被的覆盖度,从而提高生态农业系统的自然结构。同时注意提高农民的农业科技水平,提高生态农业系统的社会结构,注重农牧业协调发展,从而提升系统的组织结构水平。

在生态农业系统的恢复力方面,蒙新地区和黄土高原区生态农业系统处于"恶化"状态,系统恢复力不强。主要由于其有效灌溉面积率、抗灾度和农业支出比例等指标很低。同时单位面积耕地化肥农药农膜负荷较高,系统受损严重,使得系统的稳定性和投入能力较低,从而生态农业系统的恢复力水平较差。

综合生态农业系统的活力、组织结构和恢复力 3 方面来看,黄土高原地区生态农业系统处于"不健康"状态,蒙新地区生态农业系统处于"恶化"状态。蒙新地区之所以处在"恶化"的标准,是由于单位面积农业净产值、土地人口承载度、系统稳定性指数、抗灾度等指标值较低,同时土地沙化面积率、水土流失面积率等指标值较高,使系统的活力、组织结构和恢复力三方面都较差,最终生态农业系统健康状况较差。

综上所述,生态农业系统健康要想达到"理想健康"这一标准,还需要进一步开展生态农业规划,针对现状生态农业系统健康评价中暴露的活力、组织结构和恢复力问题,加大投入,进行生态恢复和重建,功能组团设计等,试图以最具操作性的方案来提升旱区生态农业系统的健康水平。

2. 生态农业系统综合效益评价

生态农业系统综合效益涉及生态效益、经济效益和社会效益。生态农业综合效益的评价分析,就是如何将这三大效益有机地结合起来,将其统一于综合效益之中,并以此来评价和比较不同地区和地理环境下的生态农业系统的综合效益。生态效益是指人们在投入一定劳动的过程中,利用生态环境中的部分物质要素功能,进而对整个生态系统的动态平衡造成某种作用,从而对人们的生活和生产环境产生某种影响的效应,其反映的是人们的劳动耗费及其所产生的生态环境影响之间的比较关系。经济效益是指生产和再生产过程中劳动占用和劳动消费量同符合社会需要的劳动成果的比较，其反映的是劳动的"投入"和符合社会需要的劳动产品及财富的"产出"的对比关系。社会效益只是满足人们日益增长的社会需要的程度。

(1) 评估指标体系。 生态农业系统效益评价体系的构成可以分为以下 3 个层次：第一层次为系统总效益指标（总效益指数）；第二层次为经济效益、生态效益和社会效益三个分指标（分指数）；第三层次为各分指标的具体指标（指数）。各个评价指标在指标体系中的地位不同，即对综合效益的影响程度不一致，因而需要先确定各个评价指标的权重。采用层次分析法（AHP）得到了各指标在整个评价指标体系中的权重[20]，详见表 11-5。

表 11-5　　　　　　　　　　　　　　指　标　体　系

目标层	准则层	指　标　层	权重
总效益指数 A	经济效益（B1）	农民人均纯收入（C1）	0.0347
		农民人均粮食占有量（C2）	0.0180
		经济产投比（C3）	0.0347
		土地生产率（C4）	0.0346
		劳动生产率（C5）	0.0638
	生态效益（B2）	森林覆盖率（C6）	0.0180
		水土流失面积比率（C7）	0.0347
		系统抗灾能力（C8）	0.2217
		土壤有机质含量（C9）	0.0438
		系统能量产投比（C10）	0.1264
		农田节约灌溉面积占比（C11）	0.1166
		可更新无污染能源利用率（C12）	0.1165
	社会效益（B3）	农副产品商品率（C13）	0.0112
		恩格尔系数（C14）	0.0368
		农村人均受教育年限（C15）	0.0202
		农村人口健康率（C16）	0.0111
		农村剩余劳动力占比（C17）	0.0368
		农业科技进步贡献率（C18）	0.0203

(2) 绿洲农业生态系统效益分析。 以武威绿洲农业生态系统为例[21]，分析其系统的生态效益、经济效益和社会效益。武威位于甘肃省河西走廊东端，包括武威地区和金昌市的全部，主要是依赖石羊河流域有限水资源（其中有少部分黄河流域水资源）而发展起来的自然—人工复合绿洲。具有悠久的发展历史，素有"银武威"之称，经过两千多年的发展，形成了以农业生产为主的多元现代绿洲经济结构模式，成为甘肃省的重要商品粮基地。

1）生态效益方面。通过光能利用率、土地利用率、森林覆盖率 3 个方面评价。

①光能利用率。春小麦的光能利用率为 0.36%～0.62%、玉米的光能利用率为 0.36%～0.45%、马铃薯的光能利用率为 0.35%～0.38%，乌鞘岭山区牧草产量为 90～350kg/亩时，实际光能利用率为 0.14%～0.52%。目前全国作物光能利用率平均为 0.8%～1.0%。虽然武威绿洲目前光能利用率略大于河西其他绿洲，但低于全国平均水平，这说明通过提高光能利用率增加单位面积产量尚有潜力。

②土地利用率。目前土地开垦指数为 13.17%，垦殖率达到 90.7%，武威地区还有可开发利用的荒地 147466.67hm²，占总土地面积的 4.6%。但由于受水源、资金、技术装备、交通等条件限制，目前利用难度大。可见，武威绿洲土地垦殖率高，但土地利用率低，且可利用土地后备资源缺乏。

③森林覆盖率。武威绿洲地域广阔复杂，植被多样，覆盖度为 8.6%；森林覆盖率为 7.6%，比全省高 0.7%。近年来，在绿洲区，随着地下水超采，大片防风固沙林枯死，沙漠化日益威胁绿洲；在山区水源区林木砍伐严重，涵养林锐减，加剧了水土流失和水源短缺。

绿洲沙漠化与耕地次生盐渍化逐年加重，由于不合理的开垦及灌溉，使系统正反馈机制增强，总熵增大，导致沙漠化及次生盐渍化发展。如民勤绿洲由于地表水量减少，地下水超采越来越严重，其占农用水的比例由 20 世纪 50 年代的 4%～5% 发展到现在的 60% 以上，造成地下水位持续下降。因此引发了严重的生态问题，首先是草本，特别是湿生系列的草甸植被严重衰退，半固定沙丘上的梭梭逐步死亡和大片防风林枯死，引起大面积的沙化，如民勤绿洲周围面积为 7.24 万 hm²（20 世纪 70 年代）的天然柴湾现退化和沙化面积已占 67.7%；其次是利用盐度不同的地下水灌溉，加剧了土地的盐渍化程度，使大面积耕地弃耕。

总之，由于区域资源利用不当（尤其是水资源），造成了"四个推进"和"五个减少"的"多米诺骨牌效应"，即沙漠向绿洲推进、农区向牧区推进、牧区向林区推进、冰川雪线向山顶推进。从而引起森林草原减少、降水量减少、河川径流量减少、地下水位下降和减少、生物资源量减少。促使生态系统面临着崩溃的威胁，导致石羊河流域"人造沙漠"日益扩展的趋势。

2）经济效益分析。主要对农业总产值、农业机械化水平、人均生产总值等进行评价。

①农业总产值。2021 年武威绿洲农林牧渔业总产值为 321.1 亿元，其中，农业占总产值的 59.2%，牧业占总产值的 36.3%，而林渔副业产值比重低，仅占 4.5%，农、牧、林、副的产值比例为 59.2∶36.3∶0.8∶3.6，可见，农业产值占绝对优势。2010—2021 年间农林牧渔业产值变化如图 11-11 所示。

②农业机械化水平。2021 年武威市平均每亩耕地拥有农业机械总动力为 884.5W/亩，甘肃省平均农业机械总动力为 426.69W/亩，说明机械化水平低。2016—2021 年间甘肃省和武威市每亩耕地拥有农业机械总动力如图 11-12 所示。

③人均生产总值。2021 年武威市人均生产总值为 41361 元/人，远低于酒泉地区的 72356 元/人，而略高于甘肃省的 41046 元/人，并且有下降趋势。2016—2021 年间甘肃省、武威市和酒泉市人均生产总值如图 11-13 所示。

3）社会效益分析。主要对农产品商品率、农民人均纯收入进行评价。农产品商品率

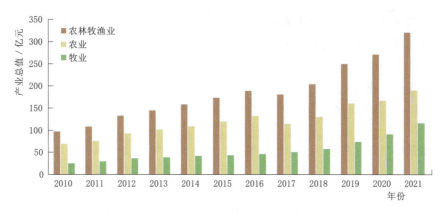

图 11-11 2010—2021年农林牧渔业产值变化图

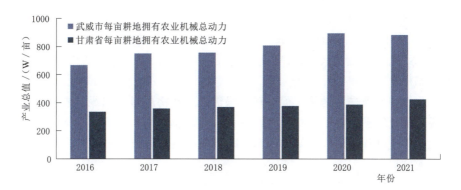

图 11-12 2016—2021年肃省和武威市每亩耕地拥有农业机械总动力图

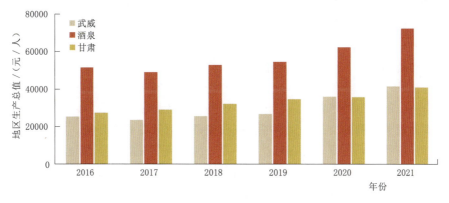

图 11-13 2016—2021年甘肃省、武威市和酒泉市人均生产总值图

和农产品商品率较高，2021年武威地区粮食商品率为44.7%，高于全省22%的平均水平。农业平均商品率和各业商品率均低于酒泉绿洲和张掖绿洲。2021年武威地区人均占有粮食846.2kg，低于金昌地区（1091.0kg）和张掖地区（1328.7kg），高于甘肃省人均生产粮食494.6kg。农民人均纯收入，武威地区为14859元，低于金昌地区的18500元和张掖地区的17670元，略高于甘肃省农民人均收入11433元。

3. 促进绿洲生态农业持续发展的重点任务

通过对武威绿洲农业生态系统结构、功能和效益的分析，发现以商品粮生产为主的偏农综合绿洲结构特征不合理，绿洲农业的传统性（封闭性）很强；此外，农业现代化程度低，属低效益的基地型规模经营商品农业，经济效益、社会效益、生态效益失调。为此，从绿洲可持续发展的科学内涵出发，提出促进绿洲农业可持续发展的重点任务，具体如下：

(1) 加强绿洲农业生态优化建设，确保农业生态环境的良性循环。绿洲生态环境具有脆弱性，一旦发生退化，往往不可逆转，绿洲农业经济发展战略应将经济建设与环境建设置于同等重要的位置，将山地、荒漠和绿洲作为相互联系、相互影响、相互作用的复合系统，全面进行生态建设：

1）加强绿洲山区水源涵养林和草场、荒漠绿洲交错带防护林、绿洲内部农田防护林的建设，确保绿洲的稳定。

2）加强绿洲土地利用优化、管理的建设，防治沙漠化及次生盐渍化发生和发展。

3）加强绿洲水土、水肥、水盐平衡的建设，合理调配水、土、肥、光资源，节约用水，确保生态用水。

(2) 优化绿洲农业产业结构，促进现代绿洲农业结构的形成和绿洲农业产业化。从绿洲本身来说，优化绿洲产业结构，尤其是绿洲农业产业结构，这不仅可以打破绿洲传统农业的封闭性，促进现代绿洲农业结构的形成，而且会逐步推进绿洲农业产业化经营，走贸易创汇型农业的道路：

1）优化农、林、牧三者之间的比例关系，改传统的粮—经二元结构为粮、经、肥、饲、菜多元复合农业生产结构，为产业化经营提供多样化的农产品。

2）建立符合市场经济发展需要的农产品流通和市场结构体系，为解决农业生产者进入市场提供有效途径，这十分有利于提高农业生产率、有利于降低生产经营者的风险、有利于农产品的生产适应市场经济的发展。

3）加速绿洲农业产业化经营，将产前、产中、产后各环节组合成"风险共担，利益共享"的经济共同体，凭借共同体一体化经营产生新的经济增量，形成农业自我积累、自我调节、自强发展和运行机制，连接国内外市场，走贸易创汇型农业之道。

(3) 大力改善绿洲的交通、通信等基础设施条件，改善投资环境。分散封闭性是绿洲的一大自然经济特征，主要表现在对外联系上，即交通等发展程度方面。武威绿洲现境内虽已初步形成了以武威、金昌为中心，铁路、公路干支专线相结合，内外地相连的交通网络，同时新欧亚大陆桥的开通和兰新复线的建成为其进入国际经济舞台提供了良好条件，但是与发展现代型的绿洲经济和贸易创汇型的农业的需求相差甚远，这就需要大力改善绿洲交通条件，从而使投资环境得以改善。

11.3　生态农业核心思想与关键技术

针对旱区自然环境条件，对农业生产优势以及生态农业发展所面临的挑战，本研究从生态农业高质量发展方面提出旱区生态农业发展的核心思想与关键技术。全面树立"二元"（结构、功能）协同、"三物"（植物、动物和微生物）共生、"四流"（物质流、能量流、信息流、价值流）同驱、"五维"（基质、斑块、廊道、区段、系统）协调的旱区生态农业高质量发展指导思想，实现生态农业健康发展，形成集"作物种植优质高产、生态系统功能优化、水土资源高效利用、生态农业提质增效"为一体的多维度生态农业可持续发展范式，为乡村振兴与农业高质量发展提供科学路径与示范。

11.3.1　"三物"共生思想

生态农业的"三物"共生思想是以生态学理论为基础，利用生态系统服务和生物多样性，通过植物、动物和微生物的协同作用来提高农业系统的生产力和稳定性，同时减少对环境的负面影响，旨在构建一个健康、高效、可持续的农业生态系统。

1. "三物"协同作用

在生态农业中，植物、动物和微生物之间的协同作用是至关重要的，他们共同构成了一个稳定的生态系统，为农业生产提供了保障，"三物"协同作用过程如图 11-14 所示。

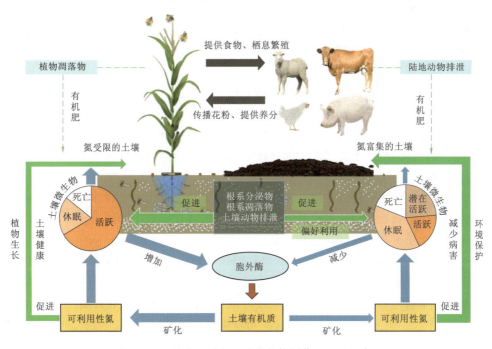

图 11-14　植物、动物和微生物协同作用过程示意图

（1）植物和微生物的协同作用。植物和微生物之间存在一些复杂的相互作用，植物通过分泌特定的化合物来吸引或排斥不同种类的微生物，从而实现对微生物群落的调节。此外，微生物之间也会相互作用，形成复杂的微生物群落，从而影响农作物的生长和发展。因此，在生态农业中，理解植物与微生物之间的相互作用，有助于优化农业生产，提高农作物的产量和质量。

1) 植物与氮固定菌的共生关系。氮固定菌可以将大气中的氮转化为植物可利用的形式，同时植物通过根系分泌的物质吸引氮固定菌的栖息和繁殖。这种共生关系可以帮助植物获取足够的氮源，促进植物的生长和发育。

2）植物与磷酸菌的共生关系。磷酸菌可以通过分泌酸性物质，使土壤中的磷溶解并转化为植物可利用的形式。同时植物通过根系分泌的物质吸引磷酸菌的栖息和繁殖，形成一种共生关系。这种共生关系可以帮助植物获取足够的磷源，促进植物的生长和发育。

3）植物与放线菌的共生关系。放线菌可以分泌抗生素等物质，抑制土壤中的病原微生物的生长，保护植物健康。同时植物通过根系分泌的物质吸引放线菌的栖息和繁殖，形成一种共生关系。这种共生关系可以帮助植物减少病害的发生，提高植物的免疫力。

（2）动物和植物的协同作用。动物对生态农业的生产和生态系统的平衡都发挥着重要的影响。在生态农业中，动物可以帮助植物传播花粉和种子，促进植物的繁殖；也可以帮助控制害虫和杂草，维持生态系统的平衡。在农业生产中，动物也可以作为有机肥料的来源，有助于提高农作物的产量和品质。

1）植物为动物提供食物和栖息地。植物通过光合作用产生的有机物质是动物的主要食物来源之一。植物中含有大量的碳水化合物、蛋白质、脂肪、维生素和矿物质等营养物质，为草食动物和肉食动物提供了必要的营养物质。此外，许多动物也将植物作为栖息地和繁殖地，如树木、草地、湖泊等生态环境，提供了许多动物栖息、休息、繁殖的场所。

2）动物为植物传播花粉和种子。许多植物依赖动物传播花粉和种子来繁殖。如蝴蝶、蜜蜂等昆虫可以帮助花朵传播花粉，而小鸟、啄木鸟等鸟类可以帮助传播种子。动物的传播作用有助于增加植物的繁殖率，维持植物的种群稳定。

3）动物为植物提供养分。动物的粪便中含有大量的氮、磷等营养物质，可以为植物提供养分，促进其生长和繁殖。如鸟类在树枝上栖息和排泄，可以为树木提供养分，促进其生长。此外，许多植物也依靠动物的尸体来获取养分，如肉食性植物就需要吃掉动物来获取养分。

（3）微生物和动物的协同作用。微生物可以帮助动物消化和吸收养分，如动物肠道中的益生菌可以促进食物的消化和吸收，同时还可以抵御有害微生物的入侵。同时，动物也可以为微生物提供生存所需的环境和养分。

1）土壤健康。土壤中的微生物和动物共同作用可以促进土壤健康。如土壤中的一些细菌和真菌可以分解有机物质，将其转化为植物可吸收的养分。同时，一些蚯蚓等土壤动物可以加速土壤通气和提高土壤质量，从而为微生物提供更好的生长环境。

2）植物生长。微生物和动物也可以共同作用来促进植物生长。如植物根系周围的一些微生物可以分泌物质来吸引有益的细菌和真菌，形成共生关系。这些共生关系有助于促进植物生长和提高植物对病害和胁迫的抵抗力。

3）害虫控制。生态农业中可以利用微生物和动物来控制害虫，减少使用化学农药的需求。如某些昆虫会捕食害虫，从而控制害虫的数量。同时，土壤中的一些微生物也可以对害虫起到控制作用，如一些细菌可以分泌杀虫物质来杀死害虫。

4）环境保护。生态农业中利用微生物和动物可以帮助保护环境。如生态农业中使用的有机肥料可以降低对环境的影响，而有机农作物和畜牧业可以减少化学农药和抗生素的使用，从而减少污染物的排放。此外，一些动物（如鸟类和昆虫）也可以帮助维持生态平衡，保护生态系统的多样性。

(4) 植物、动物与微生物的综合协同作用。生态农业强调植物、动物和微生物的综合协同作用，以实现生态系统的健康和可持续性。如一些农场实行生态系统集成的理念，通过构建复杂的农业生态系统，将不同的农业生产要素（如作物、家禽、家畜、水稻和鱼类）有机地结合起来，实现能量和物质的循环利用，提高农业生产效率和可持续性。

在生态系统中，植物、动物和微生物之间的相互作用更加复杂和多样化。如植物和动物之间的相互关系可以通过建立牧草—家畜系统和鱼—水稻系统来实现。在牧草—家畜系统中，家畜通过食用牧草来获得营养，排泄物可以用作肥料，而牧草则可以吸收家畜排泄物中的养分，从而实现能量和物质的循环利用。在鱼—水稻系统中，水稻田中可以养鱼，鱼类可以清除水中的杂草和害虫，同时鱼粪可以提供养分，促进水稻生长。

2. "三物"协同方法

生态农业的"三物"协同思想是通过植物、动物和微生物之间的协同作用，促进农业生态系统的稳定性、生产力和可持续性，同时保护生态环境和生态系统的多样性的一种理论和实践。生态农业的"三物"协同思想是一种重要的农业发展思想，是未来农业可持续发展的重要方向。在实践中，生态农业可以采用多种方法来促进植物、动物和微生物之间的协同作用，常见的措施有推行有机农业、推广农业复合系统、推行微生态农业。

(1) 推行有机农业。有机农业是一种不使用化学合成农药和化肥，依赖于自然循环和生态协同作用的农业方式。有机农业可以促进农业生态系统中植物、动物和微生物之间的相互关系和相互作用，从而增强农业生态系统的稳定性和生产力。

(2) 推广农业复合系统。农业复合系统是指在农业生产中同时利用多种农业资源（如土地、水、植物、动物等），并在其中加入多种生物措施（如种植多种作物、饲养多种动物、使用有机肥料等）。农业复合系统可以促进植物、动物和微生物之间的协同作用，从而提高农业生态系统的稳定性和生产力。

(3) 推行微生态农业。微生态农业是指在农业生产中注重微生物的作用和应用，例如利用微生物肥料、微生物菌剂等来促进土壤微生物的活动和养分的循环。微生态农业可以增强农业生态系统中微生物的作用和地位，从而促进植物、动物和微生物之间的协同作用，提高农业生态系统的稳定性和生产力。

11.3.2 "四流"同驱理论

"四流"（物质流、能量流、信息流、价值流）的同驱理论是实现生态农业系统稳健运行的重要基础。但由于自然环境因素、社会经济因素、人文背景因素对系统内部的物质流、能量流、信息流、价值流具有不同的作用和影响，因而在不同生态条件下，形成了"四流"的不同协同技术，确保农业生态系统的稳定运行。如水资源约束下的旱区农业生态系统与灌溉条件有保障的农业生态系统，由于农业生态系统的生态流存在着明显差异，但在不同的技术保障体系、政策保障机制和市场导向条件下，物质流、能量流、信息流与价值流形成了不同生态背景下的耦合。生态系统"四流"协同驱动示意如图 11-15 所示。因此，建立"四流"协同技术对实现农业生态系统持续高效发展具有重要意义。

1. "四流"协同效应

(1) 物质流的特质。物质流在农业生态系统中是时刻进行的，并与能量流动紧密结合

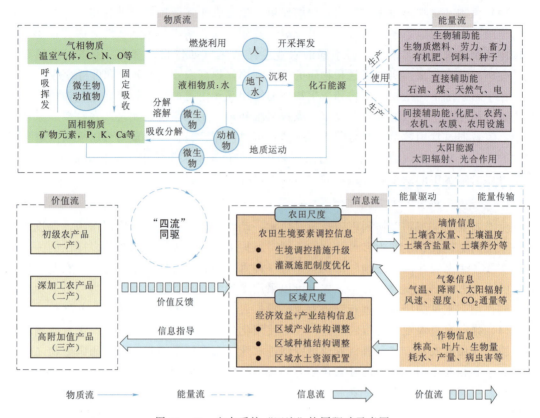

图 11-15　生态系统"四流"协同驱动示意图

在一起，他们把各个组分有机地结合在一起，共同构成极其复杂的能量流动与物质循环网络系统，从而维持了生态系统的存在。其中，物质循环是双向流动，而能量流动则是单向的，是不可逆的。生态系统中的物质流在自然状态下，一般处于稳定的平衡状态。也就是说，对于某一种物质，在各主要库中的输入和输出量基本相等。

（2）能量流的特质。 旱区农业生态系统的能量流同其他生态系统一样，遵守着热力学第一和第二定律，符合食物链和金字塔基本规律。但由于旱区农业生态系统的生物种群的简化和人类的干预目的差异，使旱区农业生态系统的能量流具有以下的特点：

1）旱区农业生态系统以草牧食物链为主。自然生态系统的初级产品大部分未被草食动物利用，而直接由腐食食物链分解。而旱区农业生态系统中，只有 20%～30% 的初级产品通过腐食食物链，而 70%～80% 的初级产品通过草牧食物链进行转化和利用。

2）旱区农业生态系统食物链比较短。旱区农业生态系统食物链的基本形式就是"作物产品—人"和"作物产品—畜禽—人"，人们为了提高能量的利用效率，有意识地切断某些食物链，减少生态系统中能量的无谓消耗，致使旱区农业生态系统食物链相对较短。

3）旱区农业生态系统的能量流具有双通道特征。自然生态系统只能单纯依靠自然能的投入和自然生物的消费构成能量输入和输出体系，而旱区农业生态系统不仅依靠自然能的输入，而且越来越多地依靠人工能量的投入，以弥补高输出条件下自然能的不足，提高系统能量转化效率，表现出明显的双通道能流特征。

（3）信息流的特质。信息流是自然生态系统的功能之一，也是旱区农业生态系统的功能。人类一方面利用生物与环境之间不断交流的信息来维持与强化旱区农业生态系统，使之结构稳定功能提高；另一方面遵循生态系统内信息传递规律，应用现代科学技术调控旱区农业生态系统，使之按人类社会需要的方向发展。

（4）价值流的特质。价值流是生态系统的另一重要功能，和其他流一起影响和制约生态系统总体功能的正常发挥。旱区农业生态系统的价值流有其独特特征：

1）价值流量小、流通渠道不畅。旱区农业生态系统的价值和农业产品一样，不但流量小，且流通渠道不畅，局部地区交通不便，农产品基本上是自产自用，无法转变为价值流，成为一种半封闭式的原始农业形态。

2）价值流效益低。由于农产品加工业为空白，售出农产品大都以出售原粮、生猪、活羊、羊毛、羊奶、鲜蛋等形式，虽也形成了价值流，但是一种低效益、低水平的价值流。

3）旱区农业生态系统价值流易中断，得不到扩大。由于农民对农产品的商品观念比较差，就没有赋予其商品性，因而没有价值属性。许多农区生产的粮食概不出售，在家贮藏几年之久，变不成商品。这样难免就使价值流中断，更得不到扩大，最后又因经济困难无力为农业增加物质投入而导致进入恶性循环之中。

2.“四流”协同障碍分析

旱区农业生态系统“四流”之间的耦合则是指在旱区农业生态系统中，物质流、能量流、信息流与价值流各组分之间的相互作用对作物生长的影响及其利用效益。价值流依附于能量流、物质流、信息流的流动而转移，不能直接对旱区生态系统起作用。旱区生态系统与外界的能量流、物质流、信息流受价值流的影响和调控，要保持良好的结构及较高的功能，离不开信息流、价值流对能量流、物质流的控制。旱区农业生态系统“四流”之间的关系是十分微妙的，“四流”之间既存在矛盾，又可以耦合发展。由于自然和历史的原因，农村经济发展相对滞后，干旱地区常年缺水，农业生态结构相当脆弱，在生态系统内部，物质流、能量流、信息流与价值流之间存在着诸多的障碍因素，协调“四流”之间矛盾的任务相当艰巨。农业生产中出现的高产低效、掠夺经营，都是价值流与能量流、物质流、信息流失调的结果。

3.“四流”协同途径

在良好的旱区生态系统中，投入的价值是不断增值的，农业生态系统的持续发展能不断提高价值的增长速率。因此，在维持旱区生态系统稳定与发展的全过程中，不但要在生产中提高投入的利用率，而且还要对农产品进行初加工、深加工，以及储藏、保鲜、包装、经销等，通过这些环节，使农产品的价值就地增值，实现经济效益和生态效益最大化。要使旱区生态系统“四流”协同，必须保证生态系统健康持续发展，因此必须保证生态用水量。随着国民经济的发展，各行各业的用水量不断扩大，生态用水被严重挤占。在水资源总量有限的前提下，一方面用水多了就会挤占其他方面的用水，在严重缺水的干旱地区，这种挤占对生态系统是一种毁灭性的破坏。资源的开发和利用要以水为中心展开：在用水问题上，不能只顾经济利益，而忽略生态用水的要求；在用水分配次序上，应当把生命支持系统的生态用水放在重要位置；在水资源规划与管理中，需要对生态用水特别关注，以实现区域水资源合理配置；在适度开发水资源的基础上，建立水资源节约技术体系，控制生态环境恶化，提高生产水平，拓宽系统的生态阈值，使系统作为一个整体在变化的自然环境中具有更高的活性与缓冲能力。

11.3.3　生态协同关键技术

为解决旱区生态农业面临的水资源缺乏、土地质量差、生产技术不足、产业链不完善、经济效益不高等问题，需加强科技研发和推广应用，发展相应的关键技术，如节水灌溉技术、耐旱抗逆品种培育技术、土壤改良技术、精细化管理技术、循环农业技术、农业结构优化技术、土地整治技术、多元化农业经营技术等，使不同的生物和环境之间通过相互协同作用，实现物质流、能量流、信息流与价值流的循环利用和生态平衡。生态协同关键技术如图 11-16 所示。

图 11-16　生态协同关键技术示意图

1. 节水灌溉技术

节水灌溉是应对西部旱区农业水资源短缺的关键。依据农业生态学基本原理，按照作物生产基本规律，探讨和构建以节水为中心的农作制度，建立系统化、标准化的农业节水灌溉技术体系，具有十分重要的理论意义和实践指导价值。

（1）对灌溉农田而言，存在灌溉制度不合理和灌溉方式落后的问题。据调查，目前粮食作物灌溉定额一般在 $4500 \sim 6000 \mathrm{m}^3 / \mathrm{hm}^2$，折合水量为 $450 \sim 600 \mathrm{mm}$，加上天然降水量，则实际耗用水量达 $800 \sim 1000 \mathrm{mm}$，远远超过作物需水量，造成水资源的极大浪费，渠系水的实际利用率仅为 $35\% \sim 40\%$。因此，必须大力推行现代节水灌溉技术，诸如低压管道输水、滴灌、渗灌、膜下灌等，以达到减少灌溉定额、降低生产成本、提高水资源利用效率的目的。同时，节省的水量又可用于扩大灌溉面积，增加高产稳产基本农田。

（2）对雨养农田而言，要注重径流农业技术的应用，提高天然降水资源化程度，减少田间径流损失，并对农田外的径流水实施人工集蓄和高效利用，达到主动抗旱、提高降水转化效率的目的。近年来的生产实践证明，利用起伏复杂的地形地势，借助窖、窖等集水设施将汛期非耕地径流资源收集起来，于作物需水临界期进行补充灌溉，生产效益十分显著，增产率达 50%～100%。

2. 耐旱抗逆品种培育技术

耐旱抗逆品种培育技术主要是培育适应旱区干旱、高温、低氧等逆境的农作物品种，提高其生长适应能力、降低旱灾风险、提高作物产量和品质。培育耐旱抗逆品种常见的技术有传统育种法、分子育种法、基因编辑技术、细胞工程技术、转基因技术等[22]。

（1）传统育种法。传统育种法是指通过传统育种方法（如杂交、选择、突变等），选育出适应旱区的耐旱抗逆品种。这种方法需要经过较长时间的育种过程，成本较高，但效果稳定。

（2）生理调控技术。生理调控技术是指通过植物生理学的方法（如激素调控、光周期控制等），调节作物的生长发育和代谢过程，增强作物的耐旱抗逆能力。

（3）遗传改良技术。遗传改良技术是指利用遗传工程技术，向作物中引入外源基因或者改良内源基因，提高作物的耐旱抗逆能力，实现作物的高效生产。

（4）分子育种法。分子育种法是指通过分子标记等技术手段，筛选出具有耐旱抗逆基因的作物品种，实现高效育种。这种方法速度快、成本低，但对育种人员技术要求较高。

（5）基因编辑技术。基因编辑技术是指通过 CRISPR/Cas9 等基因编辑技术，精准编辑作物基因序列，改善作物的抗逆性能。这种方法效率高、速度快，但对技术要求高，存在一定的安全性风险。

（6）细胞工程技术。细胞工程技术是指通过细胞培养、基因转化等技术手段，培育出高产、耐旱、抗逆的作物品种。这种方法对实验环境要求高，技术难度大，但效果较好。

总的来说，耐旱抗逆品种培育技术需要根据作物的生态环境和抗逆性需求，选择适合的技术手段，通过科学的育种方法和技术手段，培育出高产、高效、低耗、低污染的耐旱抗逆品种，提高农业生产效益，促进旱区生态农业的可持续发展。

3. 土壤改良技术

风蚀、水蚀和土壤盐碱化、沙化是西部地区土壤退化的重要形式，也是西部地区土壤改良的重要目标。因此，有必要建立土壤培肥技术体系，把农业生态学、植物营养学、土壤学等先进农业技术进行集成研究，并形成独立的技术体系。进一步加大农业生态环境治理力度，合理布局并建立科学合理的退耕还林技术体系和草原治理技术方案，有效地遏制土壤退化现象的发生。旱区土壤贫瘠，通过施用有机肥料、矿物质肥料和微生物菌肥料等，可以改良土壤结构、提高土壤肥力，从而促进作物生长[23-27]。

（1）有机肥料施用。有机肥料可以提供植物所需的养分，改善土壤的物理性质和化学性质，增加土壤肥力。有机肥料包括堆肥、腐熟的畜禽粪便、鱼粉、蚯蚓粪便等。

（2）矿物质肥料施用。矿物质肥料包括氮、磷、钾等元素，可以补充土壤中缺乏的养分，提高土壤肥力。

（3）微生物菌肥施用。通过向土壤中添加含有微生物的菌肥，来改善土壤生态系统，促进作物生长。微生物菌肥的施用可以改善土壤环境、提高土壤肥力和作物产量，还可以减少使用化学肥料的量，从而降低对环境的污染。

（4）绿肥种植。绿肥是一些快速生长的植物，可以通过固氮、增加土壤有机质、改善土壤结构等方式，改善土壤质量。

（5）耕作措施。通过对土壤进行耕作和管理，来改善土壤结构和质量，提高土壤肥力和作物产量。旱区生态农业中常见的耕作措施包括翻耕、深松、轮作、间作、地面覆盖等。

4. 精细化管理技术

精细化管理技术是一种利用先进的信息技术手段和精密的农业设备，对农田进行细致化、精准化管理的体系技术[28,29]。通过对农田的土壤、植被、气象、灌溉等多个方面进行实时监测和数据分析，能够精准识别出农田中存在的问题，及时采取措施进行修正，从而提高农业生产效率和作物产量品质。精细化管理技术主要包含：精准灌溉、精准施肥、精准植保、精准农业机械化、农业数据分析、智能化农业管理等。

（1）精准灌溉技术。通过监测土壤水分、植被生长状况等指标，调整灌溉水量、灌溉时间等参数，实现精准灌溉，提高用水效率。

（2）精准施肥技术。通过分析土壤养分状况、植被营养需要等指标，调整施肥时间、施肥量等参数，实现精准施肥，减少化肥使用量，提高施肥效果。

（3）精准植保技术。通过监测病虫害发生情况、气象因素等指标，及时采取防治措施，减少农药使用量，保护生态环境。

（4）精准农业机械化技术。采用精密农机和先进控制技术，实现机器作业的精细化管理，提高农机作业效率，减少作业成本。

（5）农业数据分析技术。通过互联网、云计算等技术，实现对农田数据的实时监测、收集、分析和应用，为农田管理提供决策支持。

（6）智能化农业管理技术。通过人工智能、物联网等技术，实现对农田生态环境的自动监测和控制，提高农田管理的自动化水平，减少人工干预。

5. 循环农业技术

循环农业技术是一种生态化、可持续发展的农业生产方式，其核心思想是将废弃物资源化，使其成为农业生产中的有机养分，从而实现资源循环利用，减少农业生产中的环境污染和资源浪费。循环农业技术的应用能够减少环境污染、提高农业生产效益，同时也能够保护生态环境，为农业的可持续发展奠定基础。循环农业技术包括以下方面：

（1）农业废弃物利用技术。农业废弃物利用技术是指合理利用农业生产过程中产生的废弃物和资源，达到减少污染和环境负荷的目的。农业废弃物包括农作物秸秆、畜禽粪便等，经过其发酵、腐熟等，通过废弃物的堆肥和发酵等处理方式，将其转化为有机肥料，用于作物生长和土壤修复，实现资源利用效率的提高、环境污染的降低、经济效益的增加[30]。

（2）循环灌溉技术。循环灌溉技术是指在农业灌溉中，将灌溉水循环利用的一种技术。通过将排放的灌溉水进行回收、过滤、消毒等处理，使其达到适合再次灌溉作物的水质标准，再次利用于农业灌溉中，从而达到节水、减排、提高灌溉水利用率等目的。

（3）生态农业生产技术。生态农业生产技术是以生态学为基础，以保护生态环境、提高农产品质量和效益为目的，采用生态平衡的管理方法，以生物多样性为导向，实现生态保护和农业生产的可持续发展。如有机农业技术采用有机肥料、生物农药和生物肥料等，通过维护土壤生态系统的稳定性和生物多样性来提高生产效率；微生物技术是通过利用微生物的作用促进植物生长，增加土壤肥力和改善土壤环境，从而提高农作物的产量和品质。

6. 农业结构优化技术

（1）调整土地利用结构，促进农林牧综合发展。土地利用的基本原则是"宜农则农、宜林则林、宜牧则牧"，对不宜耕种的陡坡农田实行退耕还林还草，加强荒山荒坡的治理与改造，扩大林地和草地面积。土地利用结构应根据不同地区的土地、气候、水资源等环境条件进行科学规划。在林业生产方面，要加强山区、丘陵区和风沙荒漠区的林业工程建设，有计划地开展封山、封沙育林。在林种配置方面，山区以用材林和水源涵养林为主；黄土丘陵区以水保林为主，搭配耐旱经济林木；风沙荒漠区重点营造防护林，有灌溉条件的农田可种植果树。在草地生产方面，要加强对草原的合理利用与管理，加快草原建设步伐，大力发展人工草地和舍饲圈养。对已退化的草场进行围封禁牧和人工改良，提高草场生产能力，改善牧草品质，实现草场系统良性循环。

（2）优化种植制度，提高农业系统生产力。针对种植业结构中，粮食作物占有比重过大，经济作物比重偏小，饲料饲草欠缺的状况，考虑到增加农民收入对经济作物的需求以及发展畜牧业对饲料饲草的需求，必须进行种植业结构优化设计，确立合理的粮、经、饲种植比例，以充分发挥耕地资源的整体生产效益。种植制度调整的基本方向是适当压缩粮食作物面积，扩大饲料饲草和经济作物面积，使种植业结构由"粮—经"二元型转变为"粮—经—饲"三元型。

7. 土地整治技术

（1）强化基本农田建设，改善农业生产条件。针对干旱少雨，自然灾害频繁，以及坡耕地占有比重大，天然降水和农田土壤养分非目标性输出严重的状况，必须大力开展基本农田建设，改善生态条件，为种植业高产稳产奠定基础。在降水量大于 400mm 的旱作农区以修建水平梯田和隔坡梯田为主，在降水量小于 400mm 的旱作农区，以修建大比例隔坡梯田、坝地、洪漫地和压砂地为主。

（2）加强水土综合治理，改善农业生态环境。水土综合治理要实行山、水、林、田、湖、草、沙统一规划，坚持工程措施、生物措施与农艺措施相结合，使旱区生态环境得到有效改善。例如，宁南旱区经过半个世纪的实践，坚持"预防为主，全面规划，综合防治，因地制宜，加强管理，注重效益"的水土保持工作方针，通过开展小流域为单元的综合治理以及基本农田和骨干工程建设，取得了明显的社会、经济和生态效益。到 1995 年，治理总面积达 8034km²，占宁南水土流失面积的 31.5%，1979—1989 年 10 年间水土保持总投资 6.38 亿元，增产效益 15.25 亿元，效益比 1∶2.39。可见，搞好水土综合治理，不仅是改善生态环境的需要，也是实现农、林、牧综合发展的重大举措。

8. 多元化农业经营技术

在旱区，不仅可以种植作物，还可以发展特色农业产业、草原产业、人文旅游产业等多元化农业经营方式，实现农业的多元化可持续发展。

(1) 特色农业产业。西部地区发展特色农业具有得天独厚的优势，在突出地域特色的前提下，重点发展体现农业资源优势的特色种植业、特色农产品加工业和特色农产品集中营销体系，尽快把西部地区的优质粮棉瓜果和名贵药材资源开发利用起来，并初步建立龙头企业，带动西部地区农业生态经济的快速发展。

(2) 草原产业。草原产业开发不到位严重制约了西部地区草原经济的发展，也是导致草原生态经济系统脆弱的重要因素，因此，尽快依托西部地区天然草原基础优越，兴办草原产业市场空间大的机遇，建立以牛羊肉及乳品专业化生产为主体的草原产业体系，带动草原经济快速发展。

(3) 人文旅游产业。西部地区旅游资源十分丰富，挖掘西部民族文化资源、历史文化资源和景观资源的深刻内容，体现西部民族特色和地方风情，树立起有别于其他地域的旅游形象特色，着力开发"精品"和"绝品"，走出一条依托优势资源开发优势产品，依靠优势产品发展优势产业，进而带动西部经济整体发展的道路。

参 考 文 献

［1］ 严力蛟. 世界替代农业及其发展趋势 ［J］. 农村生态环境，1996 (1)：47-50.

［2］ 刘旭，李文华，赵春江，等. 面向 2050 年我国现代智慧生态农业发展战略研究 ［J］. 中国工程科学，2022，24 (1)：38-45.

［3］ 于法稳，林珊. 中国式现代化视角下的新型生态农业：内涵特征、体系阐释及实践向度 ［J］. 生态经济，2023，39 (1)：36-42.

［4］ 陈霞，于丽卫，康永兴，等. 国外发展生态农业的经验与启示 ［J］. 天津农业科学，2015，21 (4)：90-93.

［5］ 乐波. 欧盟"多功能农业"探析 ［J］. 华中农业大学学报 (社会科学版)，2006 (2)：31-34，50.

［6］ 杨彪. 以色列农业的可持续发展：问题、应对与走向 ［J］. 农业考古，2021，178 (6)：243-251.

［7］ 苏畅，杨子生. 日本环境保全型耕地农业系统对中国耕地保护的启示 ［J］. 中国农学通报，2020，36 (31)：86-91.

［8］ 赵华，郑江淮. 从规模效率到环境友好——韩国农业政策调整的轨迹及启示 ［J］. 经济理论与经济管理，2007，199 (7)：71-75.

［9］ 叶谦吉. 生态农业：农业的未来 ［M］. 重庆：重庆出版社，1988.

［10］ 马世骏. 环境保护与生态系统 ［J］. 环境保护，1978 (2)：9-11.

［11］ 骆世明. 农业生态转型态势与中国生态农业建设路径 ［J］. 中国生态农业学报，2017，25 (1)：1-7.

［12］ 刘旭，李文华，赵春江，等. 面向 2050 年我国现代智慧生态农业发展战略研究 ［J］. 中国工程科学，2022，24 (1)：38-45.

［13］ 陶汪海，邓铭江，王全九，等. 西北旱区农业高质量发展体系的生态农业内涵与路径 ［J］. 农业工程学报，2023，39 (20)：221-232.

［14］ 云正明. 农业生态系统结构研究 (一) ［J］. 农村生态环境，1986 (1)：44-47，25.

[15] 吴建军，胡秉民，王兆骞. 生态农业结构模式不同聚类方法及其效果研究 [J]. 浙江农业大学学报，1992 (1)：92 - 98.

[16] 郭元裕. 农田水利学 [M]. 北京：中国水利水电出版社，1997.

[17] 朱燕茹，王梁. 农田生态系统碳源/碳汇综述 [J]. 天津农业科学，2019，25 (3)：27 - 32.

[18] 曹凑贵，张光远，王运华. 农业生态系统养分循环研究概况 [J]. 生态学杂志，1998 (4)：27 - 33.

[19] 谢花林，李波，王传胜，等. 西部地区农业生态系统健康评价 [J]. 生态学报，2005 (11)：236 - 244.

[20] 李洪泽，朱孔来. 生态农业综合效益评价指标体系及评价方法 [J]. 中国林业经济，2007，86 (5)：19 - 22，38.

[21] 张正栋. 绿洲农业生态系统的结构功能及效益分析——以甘肃武威绿洲为例 [J]. 干旱区资源与环境，1998 (3)：8 - 13.

[22] 付畅，黄宇. 转录组学平台技术及其在植物抗逆分子生物学中的应用 [J]. 生物技术通报，2011，227 (6)：40 - 46.

[23] 段曼莉，李志健，刘国欢，等. 改性生物炭对土壤中 Cu^{2+} 吸附和分布的影响 [J]. 环境污染与防治，2021，43 (2)：150 - 155，160.

[24] 杨璐，周蓓蓓，侯亚玲，等. 枯草芽孢杆菌菌剂对盐胁迫下冬小麦生长与土壤水氮分布的影响 [J]. 排灌机械工程学报，2021，39 (5)：517 - 524.

[25] 曲植，李铭江，王全九，等. 培养条件下微纳米增氧水添加对新疆砂壤土硝化作用的影响 [J]. 农业工程学报，2020，36 (22)：189 - 196.

[26] 陈晓鹏，周蓓蓓，彭遥，等. 模拟降雨下纳米碳对风沙土硝态氮迁移特征的影响 [J]. 水土保持学报，2017，31 (6)：52 - 57，109.

[27] 李虎军，王全九，陶汪海，等. 不同改良剂对黄土坡耕豆地水土及氮磷流失的影响 [J]. 中国水土保持科学，2017，15 (6)：117 - 125.

[28] 苏李君，刘云鹤，王全九. 基于有效积温的中国水稻生长模型的构建 [J]. 农业工程学报，2020，36 (1)：162 - 174.

[29] 王全九，王康，苏李君，等. 灌溉施氮和种植密度对棉花叶面积指数与产量的影响 [J]. 农业机械学报，2021，52 (12)：300 - 312.

[30] 段曼莉，鄢入泮，周蓓蓓，等. 去电子水对牛粪秸秆好氧堆肥进程及细菌群落的影响 [J]. 环境科学学报，2022，42 (2)：249 - 257.

第12章 西北旱区农业生态屏障建设与农业污染防控

西北旱区自然条件多样,地形地貌复杂,拥有山地、高原、盆地、平原等不同地形,包括草原、农田、荒漠、森林等多种类型的生态系统,呈现出农田、草原、沙漠、戈壁区等交错分布的空间格局。同时也是我国大江大河的主要发源地,是国家重要的生态安全屏障。但西北旱区植被覆盖率低,生态环境承载力有限,生态系统脆弱,风蚀、水蚀严重,水土流失面积达 204.7 万 km^2,占全国水土流失面积的 69.41%;盐碱土地面积为 1.5 亿亩,占全国盐碱土地面积的 82.31%。因此,推进西北旱区农业可持续发展,加强农业生态屏障建设,治理农业污染问题,对于西北旱区乃至全国应对气候变化、涵养水源、保护生态环境意义重大。

12.1 生态屏障与生态安全

《全国主体功能区规划》(国发〔2010〕46 号)明确了我国以"两屏三带"为主体,以其他重点生态功能区为支撑,以点状分布的国家禁止开发区域为重要组成部分的生态安全战略格局。党的第十八届五中全会提出,筑牢生态安全屏障,坚持保护优先、自然恢复为主,实施山水林田湖草沙生态保护和修复工程,开展大规模国土绿化行动,完善天然林保护制度,开展蓝色海湾整治行动。构建生态安全屏障体系对我国生态安全、社会稳定和可持续发展具有重要的战略意义,关乎中华民族永续发展。

12.1.1 生态屏障与功能定位

1. 生态屏障格局

全国生态屏障格局包括"四横、两环、一纵",面积约为 317.60 万 km^2,占国土面积的 33%,约占我国现计入森林覆盖率面积的 43%(表 12-1)。生态屏障共涉及 725 个单位,其中,生态区位"重要"级的有 480 个单位,"较重要"级的有 245 个(主要分布在沿海地区)。生态屏障涉及 434 个国家级、省级和县级自然保护区,240 个国家森林公园,5 个国际重要湿地,6 个国家湿地公园[1]。

阿尔泰山生态屏障带、北部生态屏障带和部分中部生态屏障带是我国主要的旱区生态屏障,保障了旱区生态安全,对防止区域水土流失、治理土地沙漠化、实现旱区农业可持续发展、确保人民安居乐业,具有不可替代的作用。

表 12 - 1   全 国 生 态 屏 障 格 局

格局	生态屏障	面积/km²	占生态屏障面积比例/%	占国土面积比例/%
四横	阿尔泰山生态屏障带	110500	3.5	1.2
	北部生态屏障带	452889	14.3	4.7
	中部生态屏障带	1329231	41.9	13.8
	南部生态屏障带	266009	8.4	2.8
两环	东部平原生态屏障带	635103	20.0	6.6
	沿海生态屏障带	247731	7.8	2.6
一纵	长江中上游生态屏障带	134613	4.2	1.4

(1) 阿尔泰山生态屏障带。阿尔泰山生态屏障带位于西北角的阿尔泰山，涉及新疆阿勒泰地区 6 县（市、区）。该区域作为中国生态屏障的重要意义在于：新疆地处祖国西北边陲、亚欧大陆腹地，是我国沙化土地面积最大、分布最广、风沙危害最严重的省区。新疆属于典型的绿洲经济，分布在沙漠边缘。阿尔泰山构成了新疆北部的生态屏障，保护好这一地区的生态，对保护北疆的绿洲经济有着重要的作用。

(2) 北部生态屏障带。北部生态屏障带西起新疆的乌孜别里山口往东沿天山山脉、阴山山脉、贺兰山脉、大青山脉与东部平原生态屏障带相接。范围涉及新疆、甘肃、青海、内蒙古 4 个省区的 47 个县（市、区、旗），总面积 452889km²，占国土面积的 4.7%。该区域作为中国生态屏障的重要意义在于：防止我国北方的风沙危害和水土流失等问题，进行北部的湿地保护，保障我国北方的水资源安全；防护平原农田，保障我国北部农牧业基地的发展；有效遏制北部地区生态恶化的趋势，稳固了中华民族的生存和发展空间，优化和改善了人居环境和生产条件。

(3) 中部生态屏障带。中部生态屏障带西起西藏的日土县往东沿昆仑山脉、秦岭、伏牛山、桐柏山、大别山至江苏南京的浦口区。涉及西藏、青海、新疆、甘肃、陕西、河南、四川、安徽、湖北、江苏 10 个省区 96 县（市、区），面积 1329231km²，占国土面积的 14%。该区域的中部、北部和东部 3 条生态屏障保护了塔里木盆地、柴达木盆地、黄土高原、鄂尔多斯高原、河西走廊、黄淮海平原等区域的生态，有利于当地的生活、生产和区域经济的发展。不仅保障了南方粮食主产区的粮食生产，而且对三峡库区、长江中下游及主要支流沿岸的水土保持和湿地保护都起着重要的作用。

2. 旱区生态系统功能定位

生态功能区是指承担着水源涵养、水土保持、防风固沙和生物多样性维护等重要生态功能，关系全国或较大范围区域的生态安全，需要在国土空间开发中限制进行大规模高强度工业化城镇化开发，以保持并提高生态产品供给能力的区域。西北旱区生态功能区主要包含阴山北麓草原生态功能区、浑善达克沙漠化防治生态功能区、甘南黄河重要水源补给生态功能区、祁连山冰川与水源涵养生态功能区、阿尔金草原荒漠化防治生态功能区、塔里木河荒漠化防治生态功能区以及阿尔泰山森林草原生态功能区[2]，如图 12 - 1 所示。防风固沙型重点生态功能区防风固沙服务受益区面积见表 12 - 2。

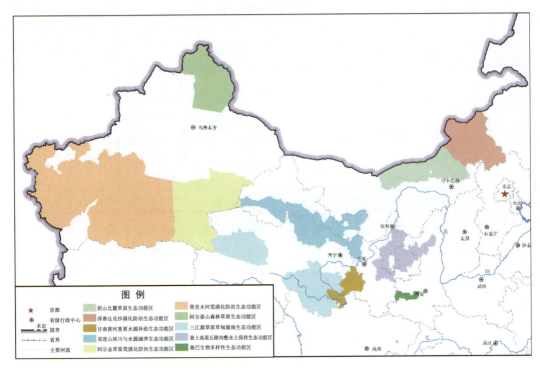

图 12-1　我国西北旱区生态功能区示意图

表 12-2　防风固沙型重点生态功能区防风固沙服务受益区路径分布频率统计　　单位：$\times 10^6\,km^2$

防风固沙服务流动路径分布频率	各防风固沙型重点生态功能区防风固沙服务受益区面积						防风固沙型重点生态功能区受益区面积
	TLM	AEJ	YS	HSDK	KEQ	HLBR	
<2%	5.80	3.16	7.71	10.41	7.23	10.97	27.74
2%～5%	1.92	1.23	2.20	3.49	3.94	3.13	3.29
5%～10%	0.50	1.09	0.95	1.26	1.75	1.07	0.99
10%～20%	0.31	0.48	0.44	0.42	0.28	0.42	0.12
20%～30%	0.06	0.11	0.04	0.05	0.03	0.07	0.03
>30%	0.06	0.11	0.07	0.03	0.04	0.05	0.00
总面积	8.64	6.18	11.50	15.66	13.25	15.71	32.16

注　TLM—塔里木河荒漠化防治生态功能区；AEJ—阿尔金草原荒漠化防治生态功能区；YS—阴山北麓草原生态功能区；HSDK—浑善达克沙漠化防治生态功能区；KEQ—科尔沁草原生态功能区；HLBE—呼伦贝尔草原草甸生态功能区。

（1）阴山北麓草原生态功能区。阴山北麓位于我国北方农牧交错带，是严重的风蚀沙化区，被认为是京津地区风沙源之一。该生态功能区主要具备防风固沙的防护型服务，将减少与沙尘天气相关的危害，为沿风沙运动轨迹生活的居民提供效益。这些效益包括减少农业、畜牧业、林业以及基础设施损害，避免健康受损以及防止能见度降低，这些效益实现的区域即为防风固沙的受益区，包括森林、草地、农田、聚落和湿地。阴山北麓草原生态功能区的防风固沙受益土地面积为 1150 万 km^2，境内受益区总面积占全国面积的

39.7%，受益土地主要位于阴山东北部地区，包括内蒙古中部、京津冀地区西南部、山西北部[2,3]。

(2) 浑善达克沙漠化防治生态功能区。该区是我国"两屏三带"生态安全战略格局北方防沙带的重要组成部分，对维护京津及华北地区生态安全意义重大。该功能区位于内蒙古自治区与河北省境内、内蒙古高原东部、阴山北麓，属于北方农牧交错带，气候条件恶劣，生态系统十分脆弱，抗干扰能力较弱，总面积约为 16.81 万 km^2。浑善达克沙漠化防治生态功能区防风固沙受益土地面积为 1566 万 km^2，境内受益区总面积占全国面积的33.8%，受益土地主要位于浑善达克东北部地区、辽宁与吉林西部地区[2]。

(3) 祁连山冰川与水源涵养生态功能区（甘肃片区）。该区是黑河、石羊河、疏勒河、大通河、党河、哈勒腾河等诸多河流的源头区，总面积 11.07 万 km^2。该生态功能区分布有丰富的冰川、雪山、森林、草地和湿地资源，具有重要水源涵养功能，是维护青藏高原生态平衡、维持河西走廊绿洲稳定、保障西部地区生态安全的天然屏障，是我国生物多样性保护的优先区域，也是西北旱区重要的生物种质资源库和野生动物迁徙的重要廊道。祁连山西段高大的山体阻挡了西部风沙对东部地区的侵袭，生物多样性丰富，是世界上高寒种质资源库之一；在海拔 4400.00m 以上地区终年积雪，发育有现代冰川 2859 条（含甘肃境内的冰川），冰储量 811.2 亿 m^3，多年平均冰川融水量为 9.9 亿 m^3，占出山总径流量的 13.53%，冬季积雪储量约占该区年径流量的 38.2%，被称作"天然水塔"[4]。

(4) 阿尔金草原荒漠化防治生态功能区。该区总面积 33.6 万 km^2，北界以 4000.00m高原面与蒙甘新荒漠灌草恢复区分开；南界以昆仑山、可可西里山与羌塘阿里山地高寒草原荒漠保护区、江河源区特用林重点保护区相接；西界至国境线；东界至青海省省界。该生态功能区是新疆乃至整个西北旱区的重要生态屏障，对保护该地区森林及动植物资源、维护新疆及西北旱区生态安全意义重大。阿尔金草原荒漠化防治生态功能区防风固沙受益土地面积为 618 万 km^2，境内受益区总面积占全国面积的 49.0%，受益土地主要位于新疆东南部、青海西北部地区[2]。

(5) 塔里木河荒漠化防治生态功能区。该区总面积 4088.95 万 hm^2，位于塔里木盆地西南缘。该区位于我国地势第二阶梯向第三阶梯的过渡地带，是我国"两屏三带"生态安全战略格局之北方防沙带的重要组成部分，是"丝绸之路经济带"核心区和国家西北旱区的重要生态屏障，对保护该地区森林及动植物资源、维护国家西北旱区生态安全意义重大。塔里木河荒漠化防治生态功能区防风固沙受益土地面积为 864 万 km^2，境内受益区总面积占全国面积的 51.4%，受益土地主要位于新疆西南部地区[2]。

(6) 阿尔泰山森林草原生态功能区。该区具有重要的水源涵养、土壤保持、生物多样性保护、固碳释氧等生态服务功能。水源涵养服务极重要区域的面积为 17433.37km^2，约占总面积的 14.73%，水源涵养总量 2.17×10^{12} m^3，单位面积水源涵养量为 1.24 亿 m^3/km^2，这些区域主要分布在阿勒泰北部海拔 2500.00～3000.00m 的高山和 1000.00～1500.00m 山前丘陵平原；土壤保持服务极重要区域的面积为 3222.25km^2，约占总面积的2.72%，土壤保持总量为 2.29 亿 t，单位面积土壤保持量为 7.09 万 t/km^2，这些区域主要分布在海拔 2000.00～3000.00m、坡度大于 40° 的高山地带。生物多样性保护服务极重要区域的面积为 16770km^2，约占总面积 14.17%，这些区域主要分布在海拔 2000.00～

3000.00m 的山地带及额尔齐斯河两岸。固碳释氧服务极重要区域的面积 6066.25km^2，约占总面积的 5.13%，固定二氧化碳量为 4.46×10^7t，释放氧气量为 3.28×10^7t，单位面积固碳释氧量为 1.28×10^4t/km^2，这些区域主要分布在山地带，植被类型以寒温带和温带山地针叶林、温带禾草草甸为主[5]。

（7）甘南黄河重要水源补给生态功能区。该区地处青藏高原东北缘，甘肃、青海、四川 3 省交界处，是黄河首曲，位于甘肃省甘南藏族自治州的西北部，面积为 9835km^2。该区植被类型以草甸、灌丛为主，还有较大面积的湿地生态系统。这些生态系统类型具有重要的水源涵养功能和生物多样性保护功能；此外，还有重要的土壤保持、沙化控制功能[6]。

（8）三江源草原草甸湿地生态功能区。该区位于青藏高原腹地的青海省南部，涉及玉树、果洛、海南、黄南 4 个藏族自治州的 16 个县，面积为 250782km^2。该区是长江、黄河、澜沧江的源区，具有重要的水源涵养功能作用，被誉为"中华水塔"。此外，该区还是我国最重要的生物多样性资源宝库和最重要的遗传基因库之一，有"高寒生物自然种质资源库"之称[7]。

（9）黄土高原丘陵沟壑水土保持生态功能区。该区曾经是我国水土流失最严重的区域，经过 70 多年的治理，生态环境整体实现改善，黄土高原植被覆盖度呈增长趋势，特别是 1999 年退耕还林（草）后，植被覆盖度显著增加，已经实现"由黄变绿"的飞跃，年入黄泥沙从 16 亿 t 减少到不足 3 亿 t。但黄土高原局部土壤侵蚀问题依然严峻，水沙不协调的问题依旧突出，植被生态系统的水土保持功能低下的问题依然存在[8]。

12.1.2　生态单元功能及互作关系

1. 生态单元功能

将山水林田湖草沙盐各个生态单元视为生态系统体、生物圈整体以及命运共同体，统筹产业结构调整、污染治理、生态保护、应对气候变化，协同推进降碳、减污、扩绿、增长，推进生态优先、资源的节约集约利用、绿色低碳发展，提升生态系统多样性、稳定性、持续性，是实现人与自然和谐共生的具体举措。由于控制因素和形成过程各不相同，"山水林田湖草沙盐"具有不同的结构，在生命共同体中处于不同的地位，发挥着生产、生活、生态复合功能。此外，他们作为生物圈的重要组分，在功能上又相互联系、相互补充，彼此间不可替代，维持了地球表层系统的正常运行[9]。

（1）山的功能。由于山地对水汽的阻挡效应，容易形成降雨，具有较高的降水量；同时，山地的地貌、植被特征使得其具有较强的储水保水能力，在高海拔地区还能以冰雪形式储水。因此山地为周边的低地提供丰沛的水量，是重要的"水塔"，我国的大江大河和众多中小河流均起源于山地。此外，山地拥有高度浓缩的环境梯度，且受第四纪冰期—间冰期变化以及人类活动的影响较小，保有良好的自然生境和植被，成为许多物种分布的避难所，具有重要的生物多样性功能。我国许多珍稀濒危生物都以山地作为其赖以生存、繁衍的栖息地。

（2）水的功能。"水"包括了河流、湖泊、湿地、海洋等诸多以水为主要环境的生态系统类型。河流和湖泊作为陆地的两种主要水体，为人类的农业生产、工业生产以及日常生活提供了必不可缺的淡水资源。此外，河流是生态系统间进行物质输送、能量交换的重要渠道。研究表明，长江每年向我国海洋输送的碳通量（以 C 计量）就达到 $20\sim30Tg$（$1Tg=10^9kg$），相当于我国农田生态系统的年均固碳量。河流还具有调节区域气候、调节河川径流、净化水质等功能。

（3）林的功能。 森林和灌丛是我国陆地生态系统的主体，还蕴含有极其丰富的物种资源，是人类社会重要的资源库和重要的能源来源。森林和灌丛还是陆地碳循环的主要碳库，具有重要的碳汇功能，在维持全球碳平衡、降低大气中 CO_2 浓度、减缓全球气候变暖等方面发挥着重要作用。研究表明，1978—2018 年的 40 年期间，我国森林生态系统全口径碳汇总量为 117.70 亿 t 碳当量，合 431.57 亿 t 二氧化碳，工业二氧化碳排放总量约为 2002.36 亿 t，我国森林生态系统的碳汇总量约中和了 21.55% 的工业二氧化碳排放量。森林和灌丛还具有保育水土、涵养水源、调节径流、防风固沙、净化空气和水源、调节小气候等作用。由于森林和灌丛具有较为复杂的结构，能够形成多样化的生境，他们还在保育生物多样性、维持野生物种存续方面具有重要作用。我国主要森林和草地类型形成的气候条件见表 12-3。

（4）田的功能。 与自然生态系统不同，农田作为满足人类社会需求而出现的人工生态系统，其核心功能就是生产功能。农田提供丰富的农产品，包括粮食、水果、蔬菜、药物、饲料、棉花等，为我国人民的衣食住行奠定了基本的物质资源。同时，农田也发挥了一定的生态功能。研究发现，我国农田生态系统碳储量（以 C 计量）约为 16.32Pg（$1Pg=10^{12}kg$），贡献了 2001—2010 年间我国陆地生态系统固碳量的 12%。农田还具有保持水土、维护生物多样性、净化水质等作用。

（5）湖的功能。 "湖"是指涵盖湖泊和湿地等具有独特水文特征的生态系统。湖泊和湿地具有调节小气候、涵养水源、降解污染物等功能，是湖泊周围环境进行物质交换和能量交换的重要渠道，总体来看，湖泊和湿地具有水文、生态、社会和经济 4 方面的功能效应。在水文功能上，主要起到蓄水和补水、调节径流的作用；在生态功能上，湖泊和湿地的独特土壤和气候等环境条件为众多的珍稀和濒危动植物提供了栖息和生长繁衍的特殊生境，是生物多样性保护的重点之一；在社会功能上，由于湖泊和湿地所具有独特的自然风貌，因而具有观光旅游价值，也为科研和教育提供了自然标本；在经济功能上，湖泊和湿地能为周边居住的居民提供丰富的水资源、矿物资源和动植物产品等。同时，湖泊和湿地还能够吸收大量的 CO_2，是重要的水体碳汇。

（6）草的功能。 草地植被在防风固沙、涵养水源、水土保持等方面具有其他植被类型无法替代的作用，是我国北方地区重要的生态屏障。同时，草地在维持全球碳平衡的过程中也扮演重要角色。据估计，我国草地生态系统碳储量（以 C 计量）约为 25.40Pg，占全国陆地生态系统的近 1/3。此外，草地还为许多珍稀濒危物种提供了必要的栖息地。荒漠的生态功能同样也很重要。

（7）沙的功能。 荒漠降水稀少，潜在蒸散强，又具有独特的水文特征，例如干沙层保水、地表结皮阻碍下渗等，因此在维持区域水分平衡方面扮演重要角色。荒漠同样也是许多动植物的栖息地，在维持生物多样性方面具有重要作用。此外，荒漠地区形成的扬尘对于其他生态系统具有"施肥"作用，在地球系统的物质循环中扮演重要角色[9,10]。

(8) 盐的功能。盐分是自然界普遍存在的化学物质，以多种形态（化学物、离子态）存在于矿物岩石、土壤和水体中。盐分既是各种生物必须的营养元素，但当其含量过高时将影响土壤和水体的生产和生态功能。盐分随着依附的物体在风、水、生物等运动过程中，不断发生位置和形态的变化，因此调控盐分时空分布特征也是协调生态系统功能的重要任务。

表 12-3　　　　　　　　　　我国主要森林和草地类型形成的气候条件

植被类型		年均温/℃	最冷月温度/℃	最热月温度/℃	年降水量/mm
森林	热带雨林	>24	>18		>2000（月降水>60）
	热带季雨林	>24	>18		>1000（月降水<60）
	亚热带常绿阔叶林	16～24	>0		1000～2000
	暖温带落叶常绿阔叶混交林	14～16	>0		800～1200
	暖温带落叶阔叶林	7～14	-12～0	>20	500～1100
	温带针阔混交林	-2～7	<0	>20	450～700
	寒温带针叶林	-5～-2	<0	10～20	400～600（90%集中于4～9月）
草地	温带草地（温带草甸草原、典型草原、荒漠草原）	-3～6			150～500
	高寒草原	-5～3			250～350
	高寒草甸	-4～3			500～700

2. 生态单元互作关系

"山水林田湖草沙盐"在生态系统中发挥的作用不同，"水"和"土"是决定生态价值高低的本底条件，"林""草""沙"是决定生态价值高低的核心要素，"山""田""湖"是决定生态价值高低的支撑要素。盐具有显著的两面性特征，合理调控盐分时空分布及其存在形态是发挥生态系统功能的重要任务。"留水、固沙（土）、控盐"以及"营林"或"丰草"（依地域条件而定）是高价值生态系统建设的主要矛盾和矛盾的主要方面，因此要建设高质量生态农业，就必须理清"山水林田湖草沙"在生态系统中的互作关系（图 12-2）。

(1) 山与水的相互作用关系。山体表面的地势特征及其空间变化，除了地质时间尺度中地球内营力作用下形成的岩性控制外，还受到地貌时间尺度内地表径流（包括地下径流）的长期作用，从而引起山体地表形貌的被侵蚀改造。地表径流侵蚀山体表层的岩土物质，在流域中造成水土流失，这类水力侵蚀作用导致山坡地表土层变薄、土壤肥力降低；引起沟道因溯源侵蚀而向上游延伸、因侧向侵蚀而向两侧展宽，山体地表地形因之而变得破碎。显然，这类作用是水对于山的制约作用。

同时，山体对于水流也有明显的控制作用，例如，山体地形、岩体类型及其胶结固结强度等，对于地表径流的形成、河流沟系网络的空间分布和主河道的走向都具有决定作用；山体表层物质的类型及其致密性对于径流的侵蚀能力也有明显的影响。

(2) 水与林、田、草、沙的相互作用关系。水与林、田、草、沙彼此之间的正、负影响都是显而易见的，也存在着明显的相互制约机制和相互促进机制。适时和适量的降水、充足的土壤水，或者有河川径流对地下水源源不断的补充，这些都有利于林、草的生长发

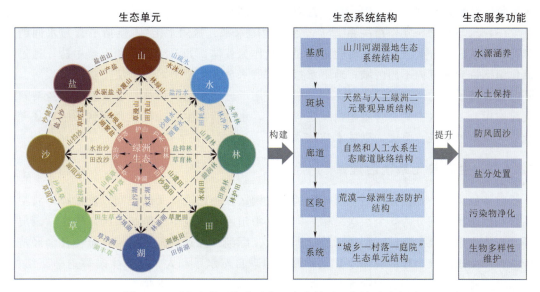

图 12-2 "山水林田湖草沙盐"生态单元互作关系示意图

育，有利于田地耕作和庄稼的生长，这些都是水对于流域中的林、草、田的正向影响。流域中当流水输送坡地的泥沙和养分至流域中下游发生沉积时，则会使沉积区的地形发生填洼、淤平和河口陆地外延，由此形成的平坦土地肥力高、保水性好，有利于良田建造和便于耕作，也有利于农作物、林木、草被的生长，都展现着水对林、草、田的正向影响。这类正向作用展现出的是水对林、草、田的促进作用机制。

相反，流域内缺水导致的干旱使得林、草和农作物生长减缓甚至枯萎，荒漠和沙地的面积增加，而破坏性大暴雨和极端天气下的冰雹往往毁伤林木、冲毁草地农田、毁损农作物等。此外，山体长期遭受水流的坡面侵蚀及沟道侵蚀使得当地的森林、草地、农田分布区熟土层变薄、土壤肥力下降、土壤结构退化和沙化，大块林地、草地、田地因沟道分割而逐渐破碎化。这些情景都是不利于林地、草地和田地正向演进的负面影响，这类作用实际上反映的是水对于林、田、草的负面影响，即水对林、田、草的制约机制。

流域中林、草、田的分布配置和各种植被的发育程度也对水的分配和径流的形成有正向和反向的影响。茂盛的林草和农作物有利于截留部分降水使之入渗于土壤，部分入渗土壤的降水通过地下水再慢慢回补河川径流，其直接影响就是延缓了地表径流洪峰的形成时间、相对拉平了地表径流过程曲线（削峰填谷），减小了流域内众多支流及主流的径流量变幅，使河流径流量变化趋于相对平稳，这一过程有利于提高地表水资源的利用效率、有助于河岸稳定性的自我维持，从而增进了河流健康。从这一意义看，林草的发育和田地农作物的种植对于水在流域中的时空分配和河流健康的影响是正面的，这种作用展示的就是林、田、草对水的促进机制。

当然，流域中林、草、田在特定条件下也会对水产生严重的负面影响。如干旱、森林火灾、病虫害等原因会引起森林退化、草地退化甚至沙化、农田裸露等，会导致流域内相关生态系统严重受损，在流域出现暴雨时难以有效延缓径流形成时间及相对拉平径流过程曲线，结果是山洪暴发、水质恶化，进一步造成水生态受损。这类现象是林田草沙恶化对水的负面影响，展现了林、田、草、沙对于水的制约机制。

（3）水与盐的相互作用关系。 常言道"盐随水来、盐随水走"，概括了盐与水间的宏观互作关系。通常盐分运移和转化过程是以水作为载体，如上游岩石和土壤中盐，通过径流作用携带到流域内不同区域；地下水盐分在潜水蒸发作用下，向上层土壤中聚集等。此外，盐有其独特的运移规律，如在分子扩散作用下进行小范围运移，以及发生自身溶解和沉淀作用。一旦水中盐分含量超出一定含量后，水生产和生态功能就会受到影响，如随着盐分含量增加，淡水将变为微咸水或咸水等。

12.1.3　生态单元系统治理

以新疆为例，依据系统—基质—廊道—关键区段—斑块单元的空间尺度推绎，将生态系统和生态治理划分为 5 个层次结构，即复苏山川河湖湿地生态系统结构，构建"三屏两环"主体生态安全大格局；调控天然绿洲与人工绿洲二元景观异质结构，维持社会经济系统与自然生态系统合理的耗用水比例；修复治理自然水系和人工水系生态廊道脉络结构，打造"多廊—水网"组合的绿洲廊道生态景观；巩固荒漠—绿洲生态防护结构，遏阻风沙侵袭，改善绿洲宜居环境；建设"城乡—村落—庭院"独具特色的生态单元结构，提升绿洲生态文明，营造先进文化交流融合平台。旱区"山水林田湖草沙"系统治理思维导向框架如图 12-3 所示。

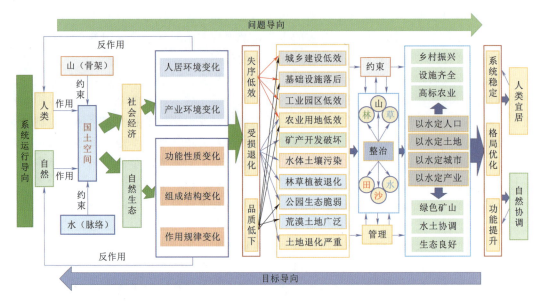

图 12-3　旱区"山水林田湖草沙"系统治理思维导向框架示意图

1. 构建"三屏两环"主体生态安全大格局

为促进新疆生态保护与高质量发展，2021 年新疆政府工作报告中提出，构建全疆"三屏两环"生态安全格局。"三屏"指保护天山、阿尔泰山、昆仑山—阿尔金山的 3 条山脉生态屏障；"两环"指治理围绕塔里木盆地和准噶尔盆地的绿洲荒漠交错带的防沙固沙环，保护和修复以塔里木河、伊犁河、额尔齐斯河三大流域以及天山北坡中小河流为主的河湖湿地系统。

(1) 保护河湖湿地系统。塔里木河流域的绿洲—荒漠过渡带、河岸带及尾闾广布着河湖湿地生态系统。目前，不仅有塔里木河干流和车尔臣河共同向尾闾台特玛湖实施生态输水，还有"四源流"（阿克苏河、叶尔羌河、和田河、开—孔河）依据新疆下达的年度胡杨林拯救行动计划向重点胡杨林保护区实施生态补水，包括和田河流域阿瓦提县阿克亚克胡杨林区、叶尔羌河流域的泽普金胡杨湿地公园、塔里木河干流的尉犁县罗布淖尔国家湿地公园、塔里木胡杨林国家森林公园等胡杨林保护区。在其他源流区，采用汉渗轮灌、胡杨断根萌蘗、漫溢漂种等生态水调控与生态修复技术模式，重点改善喀什噶尔河下游至柯坪、迪那河与库车—渭干河下游至干流、克里雅河下游达里雅布依绿洲等荒漠生态系统，并维持塔里木盆地东南缘车尔臣河、若羌河、瓦什峡河、塔什萨依河等诸小河流域的河湖湿地子系统，稳固塔里木河流域河湖湿地系统的格局。

(2) 保障博斯腾湖水质达标与适宜水位。博斯腾湖位于南疆焉耆盆地，是我国最大的内陆淡水吞吐湖，既是开都河的尾闾，也是孔雀河的源头，面积约 $1000km^2$。博斯腾湖是巴州地区的重要水资源储存库，具有调节河川径流、净化水质等重要生态功能，也是巴州发展渔业、旅游业等特色产业的重要基地。依据新疆"三条红线"水质指标要求，博斯腾湖整体水质需达Ⅲ类（2020 年），而根据 2019 年底湖区水质动态监测数据，仍有 COD 单因子超标（Ⅳ类，平均 21.18mg/L）。《巴音郭楞蒙古自治州博斯腾湖水生态环境保护条例》要求，大湖区水体最低预警水位为 1045.50m；新疆塔里木河流域管理局提供的博斯腾湖水位数据显示，2017—2021 年博斯腾湖逐月平均水位持续大于 1047.00m，年末平均水位为 1047.50m，且最高水位超过 1048.50m。博斯腾湖湖区长期处于高水位、人工育苇耗水高且污染严重，而开都河与孔雀河流域资源性缺水严重、生态用水保障度低，湖区无效和低效耗水与区域水资源短缺并存。为此，应系统论证博斯腾湖的适宜生态水位，保障水质达标，评估人工育苇的适度发展规模，统筹开都河—博斯腾湖—孔雀河生态水配置，实现水资源空间均衡。

(3) 合理控制台特玛湖湖面与湿地的复苏规模。台特玛湖位于塔里木盆地东南缘，是塔里木河干流与车尔臣河的共同尾闾，与塔里木河下游共同构成了完整的"绿色走廊"，保障了作为出疆第二个战略通道 218 国道和格库铁路的畅通安全。在实施塔里木河下游生态输水及车尔臣河改道完成（2002 年）后，连续干涸 17 年（1982—1999 年）的台特玛湖得到逐步复苏，显著地降低了湖区及周边盐尘和沙尘的危害，成为野生动物的栖息地与候鸟迁徙的中转站，并被认定为自治区级湖泊。2010—2021 年间，维持年均水面面积 $200km^2$，远超研究确定的 $30\sim110km^2$ 的适宜面积，导致水资源被大量蒸发耗散，水资源利用效益低。为此，在论证对台特玛湖生态系统功能需求的基础上，需厘定湖面、植被面积变化与入湖水量关系，统筹塔里木河下游与车尔臣河入湖水量保障台特玛湖适宜规模。

(4) 重点整治艾比湖河湖湿地系统。艾比湖位于阿拉山口东侧、古尔班通古特沙漠西部，作为新疆最大的咸水湖，发挥着抵御风沙、保护亚欧大陆桥铁路正常运行、保障该地区乃至天山北坡经济带生态安全等重要作用。艾比湖历史鼎盛时期湖面面积 $3000\sim3500km^2$，20 世纪 50—90 年代末湖面面积从 $1200km^2$ 萎缩到 $473km^2$，至 21 世纪初恢复成 $938km^2$，目前回落为 $400\sim600km^2$。入湖水量减少导致湖底裸露面积由 20 世纪 50 年

代 $350km^2$ 增加至 $600km^2$ 以上,湖底"盐土"经阿拉山口强风作用形成"沙暴"和"盐暴",环湖带地下水位持续下降致使 20.1% 的荒漠植被处于极度退化状态,梭梭大量死亡。艾比湖已成为北疆盐尘、沙尘的主要策源地,近 $45km$ 北疆铁路遭受风沙掩埋以及含盐沉积物腐蚀危害。艾比湖的生态修复,恢复其水面是核心,统筹水资源利用规划是主要途径,系统整治湖滨带沙化是关键。艾比湖生态整治目标是:湖面面积达到 $800km^2$,全部淹没裸露风蚀干涸的湖底盐区面积约 $107km^2$;改善甘家湖梭梭林自然保护区面积 $546km^2$ 和艾比湖湿地保护区面积 $1870km^2$。

(5) 稳定玛纳斯河湖湿地生态系统。玛纳斯湖在 20 世纪 50 年代湖面面积为 $550km^2$,平均水深 6m,湖面高程 257.00m,但自 20 世纪 60 年代初期已干涸。由于玛纳斯湖所处位置不在风口地区,并距绿洲较远,虽然荒漠化扩大,湖泊间歇干涸,但风沙和盐尘并未对绿洲生态环境构成威胁,因此玛纳斯湖可不予恢复原有面积。玛纳斯河下游在小拐至大拐间,胡杨、柽柳和芦苇生长良好,沙湖有少量积水,中拐附近已开辟为玛依格勒森林公园,需确保从夹河子水库下泄水量 1 亿~1.3 亿 m^3,稳定 1999 年以来小拐至大拐已形成的湿地系统。玛纳斯河在偏丰年份可考虑一定水量入湖,保障在湖水干涸期间,湖底地下水埋深维持在 1m 左右,卤水仍能上升湖底积盐,利于盐业开发;并保持一定的土壤湿度,防止受风沙侵蚀形成盐尘。加强水污染防治工作,对入河污染口严格监督管理,保障湿地系统的水质安全。

(6) 保护额尔齐斯河流域的河湖湿地生态系统。额尔齐斯河流域包括额尔齐斯河、乌伦古河和吉木乃诸小河。额尔齐斯河的河湖湿地系统,重点指干流 635 断面以下、支流布尔津河至与干流汇合口的河谷生态林和科克苏湿地等。额尔齐斯河流域自然禀赋优越,但受气候变化与人类活动干扰,河湖生态系统遭受破坏;如 2000—2010 年科克苏湿地面积减少了 27.6%,湿地破碎化程度增加。为提高生态灌溉效率、保护流域特有的生态环境,邓铭江提出了滴漫灌溉的生态灌溉理论方法,创建了河湖联通—水势通达—靶区灌溉的滴漫灌溉系统,建立了"三次脉冲、凑峰调度、滴漫灌溉"的生态调度模式,取得了显著的生态效益。2016—2021 年生态调度期间,滴漫灌溉效率提升,植被覆盖度与牧草产量显著增加,并发现了鱼类新纪录种。为此,应进一步推进水库群精细化生态调度,实现"后坝工"时代工程水利和资源水利向生态水利的转变。乌伦古河已出现断流,乌伦古湖面临其下泄水量减少的威胁,需保持吉力湖(上湖,淡水)和乌伦古湖(下湖,咸水)的一定水面和自上游到下游的连通性,改善湖泊近岸水质。在额尔齐斯河合理的出境水量与外调水量条件下,统筹安排流域的水资源,为保护本流域生态系统提供保障。

(7) 维持伊犁河良好的河湖湿地生态系统。伊犁河由喀什河、巩乃斯河、特克斯河等汇集而成,水量在新疆最为丰沛。由于近年来加大了对河湖湿地的保护力度,建立了湿地公园及湿地保护区,促使湿地面积由 2000 年的 $124.2km^2$ 增加到 2020 年的 $194.1km^2$,但景观结构呈现自然湿地向人工湿地转变、景观斑块破碎化加剧。相对于自然湿地,人工湿地物种较单一,群落结构稳定性差,生态功能弱,因此要注重自然湿地的生态保护,严控人工湿地规模。从伊犁河支流喀什河向天山北坡调水以及支流特克斯河向南疆调水,相对于伊犁河总水量的比例较小,但相对于喀什河和特克斯河(调出点)的水量占比较大,应特别注意调水对两支流下游以及伊犁河河谷生态林的影响,协调上、下游水资源分配的均衡性，加强调水后的伊犁河流域生态水科学调度研究与应用。

（8）保护赛里木湖、艾里克湖，适度修复巴里坤湖。赛里木湖位于天山西段高山盆地，面积 $455\sim460km^2$，现水质优良，生态环境总体良好，生态系统保持相对完整，是著名的风景区。但保护区草地局部退化严重，湖区污染物排放增多，湖面水位上升导致湖水不断侵蚀湖岸，因此应防止水源区及湖区周围放牧造成的污染，开展生态固岸工程。艾里克湖是白杨河的尾闾湖，为克拉玛依市内唯一的湖泊。艾里克湖在 1989 年干涸，导致乌尔禾地下水位由原来的 2m 下降至 14m，生态系统受损严重，直接威胁到克拉玛依绿洲及周边的生态环境安全。自 2001 年通过"引额济克"向艾里克湖补水，改善了生态环境，但近几年来补水过多已威胁到环湖公路的路基安全，因此应合理控制水域、湿地面积。巴里坤湖位于哈密的巴伊盆地，经历了由淡水湖到咸水湖再到盐湖的演化历程，是典型的高山内陆湖泊，面积约 $112km^2$。因人类活动和干旱的影响，湖泊与其 130 余万亩湿地呈萎缩趋势，需尽快治理。

2. 维持社会经济系统与自然生态系统合理的耗用水比例

（1）保障人工绿洲和天然绿洲生态系统大结构。人工绿洲和天然绿洲是干旱区人类赖以生存的两种景观基质结构，绿洲现状和未来发展是干旱区水资源配置的基础。新疆人工绿洲不断侵占天然绿洲，二者配比由 1990 年的 1∶1.6 演变为 2020 年的 1.3∶1，人工绿洲与天然绿洲的面积比例在南疆为 0.9∶1，北疆达到 2.7∶1。2003 年中国工程院咨询认为："新疆人工绿洲与天然绿洲面积的合理比例在 1∶1 左右，总体上人工绿洲占天然绿洲面积的比例不宜超过 1.5∶1。北疆可以高于此比例，南疆和东疆应少于此比值"。人工绿洲与天然绿洲面积构成比例失调，绿洲生态系统稳定性面临威胁，因此人工绿洲应由面积扩展转向高质量发展。将全社会全方位全过程的节水作为水资源开发利用的关键措施，根据绿洲适宜配比确定，维持新疆经济社会系统与自然生态系统耗水比例总体上各占 50%。然而，气候变化引发的水循环过程改变深刻影响着这一耗水结构。近 50 多年来，气温升高，天山冰川面积平均减小了 12%。同时植被耗水定额增加，冰川冻土消融带来的水资源安全风险堪忧，维持人工绿洲和天然绿洲生态系统大结构的水利适应性对策措施亟待加强。

（2）保护人工绿洲内自然生态系统稳定。人工绿洲是在荒漠或天然绿洲的基础上，经过长期的人类活动发展起来的，是人类生存和发展的核心区，包含人工水域、农田、人工园林、村镇和绿洲城市；以其占干旱区 4%～5% 的面积，支撑了该区域 90% 以上的人口，并汇聚了 95% 以上的社会财富。1990—2020 年，新疆人工绿洲面积扩大了 66%。多数人工绿洲内仍留有沼泽湿地、天然林地、灌木林和草地构成的自然生态系统，是绿洲的重要组成。保护绿洲内自然生态系统，对于稳定绿洲、改善人居环境至关重要。然而，由于人工绿洲对其内部自然生态系统的不断侵占，以及自然生态系统供水不足、地下水埋深大幅下降，导致了天然草地、野生动植物栖息地、自然水域等景观类型的面积减少，生物多样性降低。因此，需科学界定人工绿洲的适宜发展规模，加强人工绿洲内自然生态系统的保护与修复，合理配置"三生"用水，重点保障生态水量；做好生态环境、基本农田保护规划，减少工业化城镇化对生态环境的影响，建立和谐、稳定、高效、宜居的人工绿洲系统。

3. 打造"多廊—水网"组合的绿洲廊道生态景观

（1）推进实施塔里木河流域综合治理二期工程，打造以"九源一干"为骨架的"项链

式"廊道景观。2000 年以来，塔河流域开展了大规模的生态治理、水资源高效利用及水利工程建设工作，水利基础设施得到明显改善，源流及干流断面规划下泄水量目标基本实现，形成了"五源一干"（和田河、叶尔羌河、阿克苏河、开一孔河、车尔臣河与塔里木河干流）串联的"多廊—水网"结构，取得了显著的生态效益。但塔里木河流域问题复杂且自然条件恶劣，流域生态廊道仍存在退化萎缩等问题，诸多中小河流下游断流河道成为生态破坏最为严重的区域；绿洲—荒漠过渡带因受人工绿洲扩张与荒漠化进程加剧的双重影响导致其仍持续萎缩；"四源一干"生态廊道植被退化面积为 923 万亩，占植被总面积（4890 万亩）的 18.9%，亟须进行综合治理与修复。在新形势下，生态保护和高质量发展对流域治理提出了新要求，兵团向南发展对水资源保障提出了新挑战，北水南调为绿洲社会经济发展与生态保护带来了新契机。应围绕后坝工时代和跨流域调水后的生态环境问题，推进二期治理工程，修复并强健以"九源一干"为骨架的流域"项链式"生态屏障，维护良好的河湖水系、生态廊道等"多廊—水网"结构。

（2）依托"两源一干多支"北疆水网工程，建设天山北坡生态经济带三元镶嵌的"网式"廊道景观。天山北坡经济带水资源过度开发利用，地表水的引用率超过 90%，河道内生态用水急剧减少，造成诸多中小河流河道断流、湿地消失、湖泊干涸，形成人工绿洲不断扩大，天然绿洲日益萎缩的局面。为解决天山北麓城市群、北疆能源基地等重点地区生活、生产、生态用水以及天然绿洲生态安全等问题，依托北疆供水工程和艾比湖流域生态环境保护工程，以乔巴特、吉林台等水库为调蓄节点，在天山北坡生态经济带形成伊河、额河"两源"接榫会师，"一干"输水大通道东西连通，"多支"自然河流南北交汇，形成"两源一干多支"联调联控、互通互济的"大水网"格局。以北疆水网工程建设为契机，推进中小河流生态廊道治理修复，筑牢天山北坡山地水源涵养区，优化绿洲生态经济发展格局，建设艾比湖流域防治沙尘与湿地保护功能区、克拉玛依—玛纳斯湖—艾里克湖沙漠西部防护区、玛纳斯—木垒沙漠东南部防护区以及北疆供水沿线"三区一线"生态防护体系，打造天山北坡生态经济带"山区—绿洲—荒漠"三元镶嵌的"水系—廊道"网式交错景观结构。

（3）构建现代生态灌区保障体系，塑造灌排渠系—自然水系交错连通的水生态网络。以建设功能协同、系统健康和服务持续的现代生态灌区为目标，以灌区的农业生产系统、物能输配系统、生态环境系统为建设对象，拓展现代生态灌区农田物能调控、服务功能配置、系统安全评估等方面的三大理论，研发作物生境营造、灌排优化设计、生态功能提升等方面三大技术，构建以"三大目标、三大系统、三大理论和三大技术"为要素的综合现代生态灌区建设理论与技术保障体系。重点打造山区水库—管道输水—自压滴灌模式与分区灌排模式，在保证灌排系统完整性和输配水功能的基础上，将灌排渠系与自然水系连接成水生态网络，共同维系灌区水体的良性循环，提升输水、配水、蓄水和净水能力；通过河流内的水生植物与渠系边缘空间的植被造景来保证灌区生态廊道的连续性，使渠道与河道水体景观相协调；渠道两岸设置缓冲带，改善水质、保护水生态安全，为生物提供适宜栖息空间，增加空间异质性；同时有一定量灌溉水下渗回补灌区外围地下水，保障荒漠—绿洲过渡带的植被用水需求。

4. 改善绿洲宜居环境

（1）南疆应以保护荒漠—绿洲自然防护林带为重点。荒漠—绿洲自然防护林带具有阻挡塔克拉玛干沙漠风沙侵袭、改善绿洲内居住环境等生态功能，是保障绿洲生态安全最重要的天然屏障。而荒漠—绿洲自然防护林带面临着生态供水不足和人为破坏的双重压迫，使其成为最为典型的生态脆弱带。为此，应着重南疆自然防护林带的增"量"与提"质"。增"量"即巩固和适当扩大自然防护林带的规模，重点保护在绿洲外围自然形成的、以胡杨为主的防沙林带；遵循"师法自然"，积极修复林带景观破碎区。提"质"即逐步修复实现自然防沙林带空间结构的完整性，丰富其生态系统服务功能的多样性，增强其应对环境变化的生态稳定性；采取修建生态供水工程、生态修复技术、维系适宜地下水埋深等工程与非工程措施，提高天然植被覆盖率，强化荒漠—绿洲生态防护结构，营造良好的居住生活环境，不断增进人民福祉。

（2）北疆应以封育、建设自然—人工复合阻沙林带为重点。北疆博州—奇台约1300km的天山北坡绿洲经济带，是新疆荒漠化防治的重点区域。西部有阿拉山口和艾比湖，主要面临古尔班通古特沙漠沙丘活化南侵、阿拉山口大风造成艾比湖大面积湖底风蚀和强沙尘天气的威胁。中、东部沙漠边缘地区，因受人类活动过度干扰和鼠害影响，主要面临沙漠化扩大和沙丘活化南侵的威胁。为抵御沙漠侵袭、丰富生态系统惠益，北疆重点开展封育、自然—人工复合阻沙林带建设。古尔班通古特沙漠年降水量不小于100mm，雨养天然植被的覆盖度为10%～30%，具有生态自然修复能力，可采取禁牧休牧等封育措施，防止沙丘活化。绿洲边缘以梭梭林为优势群系的荒漠植被，受地下水下降影响而退化严重，应在严禁打井开荒保护原生植被的同时，加强乔、灌、草搭配的自然—人工复合阻沙林带建设与保护。

（3）加快人工生态建设，促进人与自然和谐共生。人工生态建设是为满足人民对高质量生态环境的强烈需求，对受损生态系统和特定区域进行改造和重建，包括人工防护林的营造、人工湿地水域景观的建设等，形成防风固沙、改善人工绿洲气候、居住环境优化等生态功能。相比自然保护，人工生态建设具有营造速度快、生态经济效益凸显等优点，但存在结构单一、成本高等缺点。新疆绿洲生态安全的维护应坚持以自然保护优先并辅以人工生态建设的原则。以营造人工林增强绿洲整体防护能力，建设城市绿地和湿地景观改善绿洲局地小气候，发展生态经济实现环境宜居与增产增收。并采用人工绿洲用水结构优化和集约节约用水等措施，为人工生态建设提供水源保障。应从指导思想、发展规模、建设方案等方面，协调水利、国土、林业、农牧业等行业，明确水资源的配置和保障手段，强化自然生态保护手段和力度，促进生态环境与经济社会系统协同可持续发展。

5．营造先进文化交流融合平台

（1）统筹推进城乡生态建设，实现城乡生态振兴。新疆城乡发展极不均衡，曾是国家脱贫攻坚的重点区域。"十三五"期间，南疆四地州区域性整体贫困彻底消除，"两不愁三保障"突出问题基本解决。但由于经济社会发展水平和服务能力不一致，城乡之间生态文明建设差距较大。生态振兴是乡村振兴的重要支撑，良好的生态环境是农村最大优势和宝贵财富。要坚持人与自然和谐共生，走乡村绿色发展之路，让良好生态成为乡村振兴支撑点。在全面推进生态文明建设和乡村振兴的战略背景下，必须将城镇与乡村视为一个有机整体，建立健全城市向农村生态补偿、生态投资体制；统筹推进城乡绿化建设，增加城市空闲的复绿和城区公园水系等，借鉴"千村示范、万村整治"的成功经验，积极推进乡村生态建设；构建以生态振兴为关键的城乡聚落空间重构方案，全面促进城乡生态文明的平衡发展。

（2）加强乡村环境综合治理，加快美丽乡村建设进程。在新疆农业的现代化进程中，由于化肥、农药和地膜的需求量持续增加，导致河流湖泊等水体出现富营养化、土壤肥力退化等环境问题；随着乡镇企业迅速发展，工业污染开始向农村延伸；畜禽养殖业规模显著扩大，但废物排放处理体系不够健全；农村生活垃圾、污水收运和处置系统建设不完善，生活生产水源污染加剧，制约了美丽乡村建设的成效。因此，应坚持以绿色发展为根本要求，提升环境综合治理能力，大力改善农村地区的环境质量。以科技创新提高水土资源支撑能力，加快绿色农业发展步伐，实现农业生产过程的无害化；严格规范乡镇工业、畜禽养殖生产行为，引进吸纳污染物处理技术，强化监管水平；完善生活污水收集、处理的管理与技术体系，借助农户分散收集处理、村镇集中处理和统一收集归入市政管网等方式，提升污水的回收利用率；制定生活垃圾处理制度，推广生活垃圾无害化处理方法，加强农村生活垃圾处理能力。

（3）改善城乡生态宜居环境，推进城乡生态文明建设。生态宜居是指自然生态环境与社会人文和谐发展、人居环境良好。生态宜居不仅是乡村振兴的关键，也是城乡"生产—生活—生态"相融合的现实需要和均衡发展的内在要求。建设生态宜居的城乡环境，坚持科学布局规划先行，集约节约利用土地资源和水资源，充分发扬与自然相适应的生态文化，打造生态环境与经济社会高质量发展的绿洲自然—人文体系。根据城乡气候、地形、水资源等条件，协同考虑其景观空间形态及生态功能，营造"绿廊"与"水廊"，改善局地小气候；优化城乡路网、街巷与村落格局，建设可抵御风沙寒流等灾害的城乡生态单元结构；发展乡村生态—经济传统庭院，促进特色林果业及民宿旅游等生态产业繁荣。将与自然相适应的民族传统生态文化（如坎儿井文化、胡杨保护文化、草原修养文化等），纳入生态宜居的"城乡—村落—庭院"建设中，实现生态环境与传统文明的有机融合。

12.2　黄土高原水蚀特征与农业面源污染防控

12.2.1　黄土高原水蚀特征

西北旱区水蚀区域主要分布在黄土高原地区，因此本节内容针对黄土高原地区的水蚀特征展开深入分析。

1. 水蚀评估模型

RUSLE 模型是土壤侵蚀量与影响因素（降水、土壤、地形、植被和土地利用）之间的统计关系模型，是基于 USLE 的改进模型。年平均土壤侵蚀量计算公式为

$$A = R \cdot K \cdot LS \cdot C \cdot P \tag{12-1}$$

式中：A 为平均年土壤流失率，$t/(hm^2 \cdot a)$；R 为降雨侵蚀力因子，$MJ \cdot mm/(hm^2 \cdot h \cdot a)$；$K$ 为土壤可蚀性因子，$t \cdot hm^2 \cdot h/(hm^2 \cdot MJ \cdot mm)$；$LS$ 为结合坡长（L）和坡陡（S）因子（无单位）的地形因子；C 为覆盖管理因子（无量纲）；P 为水土保持因子（无量纲）。

（1）降雨侵蚀力因子。降雨侵蚀力显示了降雨引起土壤侵蚀的潜在能力。在本研究

中，使用根据月降雨量数据建立的经验公式计算降雨侵蚀力因子。用于计算年降雨侵蚀力的方程为

$$R = \alpha \sum_{j=1}^{k} (P_j)^{\beta} \qquad (12-2)$$

其中

$$\alpha = 21.586\beta^{-7.1891} \qquad (12-3)$$

$$\beta = 0.8363 + \frac{18.144}{P_{d12}} + \frac{24.455}{P_{y12}} \qquad (12-4)$$

式中：R 为半月降雨侵蚀力因子；P_j 为半月内第 j 日的侵蚀性日雨量（要求日雨量 $\geqslant$ 12mm，否则以 0 计算）；α 和 β 为模型待定参数；P_{d12} 为日雨量 $\geqslant$ 12mm 的日平均雨量，mm；P_{y12} 为日雨量 $\geqslant$ 12mm 的年平均雨量，mm。年降雨侵蚀力和月降雨侵蚀力由半月降雨侵蚀力累加得到。

(2) 土壤可蚀性因子。 K 因子反映了土壤对土壤侵蚀的敏感性。当影响侵蚀的其他因素相同时，不同类型土壤的侵蚀是不同的。EPIC 模型广泛用于计算土壤可蚀性系数。在本研究中，土壤可蚀性系数将通过 EPIC 模型计算（Williams，1990），其计算公式为

$$\left\{ 0.2 + 0.3\exp\left[-0.0256SAN\left(1 - \frac{SIL}{100}\right) \right] \right\} \left(\frac{SIL}{SIL + CLA} \right)^{0.3} \times \left[1 - \frac{0.25C}{C + \exp(3.72 - 2.95C)} \right]$$

$$\left[1 - \frac{0.7SNI}{SNI + \exp(-5.51 + 22.9SNI)} \right] \times 0.1317 \qquad (12-5)$$

其中

$$SNI = 1 - SAN/100$$

式中：SAN 为砂粒含量，%；SIL 为粉粒含量，%；CLA 为黏粒含量，%；C 为土壤有机碳含量，%；0.1317 为美国常用单位到国际单位的转换系数。

(3) 地形因子。 LS 因子表示直接影响土壤侵蚀的地形属性，合并了坡长和坡度效应。在本研究中，使用 Desmet and Govers 方法从校正后的 DEM 中计算 SAGA-GIS（自动地学分析系统）中的 LS 因子，即

$$LS = (m+1)\left(\frac{U}{L_0} \right)^m \left(\frac{\sin\theta}{S_0} \right)^n \qquad (12-6)$$

式中：U 为单位等高线宽度上坡贡献面积，m^2/m；θ 为坡度；L_0 为单位地块长度，取 22.1m；S_0 为单位地块坡度，取 0.09；m 和 n 取决于主要侵蚀类型（$m=0.4\sim0.6$）和 n（$1.0\sim1.3$）。

(4) 覆盖管理因素。 C 因子反映植被抑制土壤侵蚀的能力，可通过植被覆盖度来计算，即

$$C = \begin{cases} 1 & 0 \\ 0.6508 - 0.3436 \times \lg(FVC) & 0 < FVC < 78.3\% \\ 0 & FVC \geqslant 78.3\% \end{cases} \qquad (12-7)$$

$$FVC = \frac{NDVI - NDVI_{soil}}{NDVI_{veg} - NDVI_{soil}} \qquad (12-8)$$

式中：$NDVI$ 为归一化植被指数；FVC 为植被覆盖度，%；$NDVI_{soil}$ 为未覆盖区域的 $NDVI$；$NDVI_{veg}$ 为所有植被覆盖面积的 $NDVI$。

（5）水土保持因子。水土保持因子提供了水土保持措施对土壤侵蚀影响的综合评价。在这种情况下，主要利用地形和土地利用类型估算 P 的区域分布。根据前人的研究，黄土高原区耕地的 P 因子按以下坡度分类：$0°\sim5°$，$P=0.1$；$5°\sim10°$，$P=0.221$；$10°\sim15°$，$P=0.305$；$15°\sim20°$，$P=0.575$；$20°\sim25°$，$P=0.735$；$>25°$，$P=0.80$。不同土地利用类型的 P 因子为：草地，$P=1$；林地，$P=1$；水域，$P=1$；城市建设用地，$P=1$；裸地，$P=1$。

2．水蚀特征分析

（1）RUSLE 模型因子分析。

1）降雨侵蚀力因子。R 因子是降雨侵蚀能力的重要指标，代表了降雨诱发的土壤侵蚀程度。研究区域平均 R 因子为 2449.63MJ·mm/(hm²·h·a)。如图 12-4（a）所示，R 因子呈现显著的空间变化，西部和北部地区通常较低，而东部和南部地区较高。不同地区的 R 因子从大到小排名为谷地平原、土石山、沟壑、丘陵—沟壑、沙漠和灌溉区域。总体上，在 2000—2010 年 [2304MJ·mm/(hm²·h·a)] 和 2011—2021 年 [2594.32MJ·mm/(hm²·h·a)] 期间对比平均 R 因子显示出随时间增加的趋势，并且这一趋势在所有地区都有观察到。

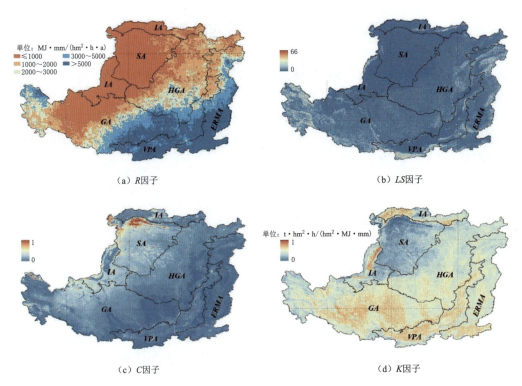

（a）R 因子　　（b）LS 因子

（c）C 因子　　（d）K 因子

图 12-4　黄土高原水蚀因子空间分布特征

（注：GA 为黄土高塬沟壑区，HGA 为黄土丘陵沟壑区，VPA 为河谷平原区，$ERMA$ 为土石山区，SA 为沙区，IA 为农业灌溉区）

2）地形因子。LS 因子在理解坡长和陡度对土壤侵蚀的影响方面起着关键作用。通过

计算 LS 因子，可以确定适当的土地管理方法来减少土壤侵蚀风险。如图 12-4（b）所示，LS 因子的平均值为 3.44，这表明了导致土壤侵蚀的整体地形条件。值得注意的是，约 31.34% 的总面积具有大于或等于平均值的 LS 数值，这表明研究区域中相当大一部分地区相对更容易受到水力侵蚀影响。在不同地区中，LS 因子在沟谷地区排名最高，其次是山谷平原、岩石山、丘陵沟壑、灌溉和沙漠地区。

3）覆盖管理因子。C 因子代表了基于不同土地类型和覆盖条件的土壤侵蚀敏感性。土地管理者必须了解 C 因子的重要性和具体数值，以制定有效的土地保护和管理策略。如图 12-4（c）所示，C 因子在黄土高原上呈现出显著的空间和时间变化。就空间而言，西部和北部地区通常具有较高的数值，而东部和南部地区则具有较低的数值。在时间变化方面，对 2000—2010 年（0.09）和 2011—2021 年（0.07）期间平均 C 因子进行统计分析显示出递减趋势。在所有地区，C 因子随时间减小。各个地区中 C 因子数值按照从大到小排名的依次为沙漠、灌溉、沟壑、丘陵沟壑、山谷平原和岩石山区。

4）土壤可蚀性因子。K 因子代表土壤的抗侵蚀能力，表明了土壤的易侵蚀程度。较高的 K 因子数值表示更容易发生侵蚀。如图 12-4（d）所示，在黄土高原地区，K 值范围从 $0.028\sim0.037 \mathrm{t} \cdot \mathrm{hm}^2 \cdot \mathrm{h}/(\mathrm{hm}^2 \cdot \mathrm{MJ} \cdot \mathrm{mm})$ 不等。区域平均值为 $0.033 \mathrm{t} \cdot \mathrm{hm}^2 \cdot \mathrm{h}/(\mathrm{hm}^2 \cdot \mathrm{MJ} \cdot \mathrm{mm})$，在整个地区由北向南逐渐增加。$K$ 因子数值按以下顺序递减：沟壑、谷地平原、土石山地、灌溉、丘陵沟壑和沙质地区。

5）水土保持因子。P 因子是土壤侵蚀控制效果的指标，2000—2021 年，黄土高原上的 P 因子一般保持稳定。较低的 P 因子数值表明土壤保护效果良好。不同地区的 P 因子从大到小排名为沙地、丘陵沟壑、沟谷、土石山地、灌溉和平原谷地。

（2）水蚀强度空间分布特征。黄土高原地区的平均多年水蚀速率为 $14.56 \mathrm{t}/(\mathrm{hm}^2 \cdot \mathrm{a})$，随着时间的推移总体呈下降趋势。2000—2010 年的平均侵蚀强度为 $16.48 \mathrm{t}/(\mathrm{hm}^2 \cdot \mathrm{a})$，而 2011—2021 年为 $12.64 \mathrm{t}/(\mathrm{hm}^2 \cdot \mathrm{a})$（图 12-5）。2020 年，侵蚀强度达到最低点，为 $7.46 \mathrm{t}/(\mathrm{hm}^2 \cdot \mathrm{a})$。在空间上，东北、西南和中部地区观察到较高的水蚀速率，而在西北和东南地区发现较低速率。所有子区域都显示出水蚀速率逐渐减小的趋势。在多年的观测中，冲沟地区的侵蚀率最高，为 $28.95 \mathrm{t}/(\mathrm{hm}^2 \cdot \mathrm{a})$，而沙质地区的侵蚀率最低，为 $2.23 \mathrm{t}/(\mathrm{hm}^2 \cdot \mathrm{a})$。其他子区域按水土流失率递减顺序排名分别是河谷平原地区、丘陵—冲沟地区、土石山地区和灌溉地区，其多年平均水土流失率分别为 $11.83 \mathrm{t}/(\mathrm{hm}^2 \cdot \mathrm{a})$、$10.53 \mathrm{t}/(\mathrm{hm}^2 \cdot \mathrm{a})$、$8.15 \mathrm{t}/(\mathrm{hm}^2 \cdot \mathrm{a})$ 和 $6.56 \mathrm{t}/(\mathrm{hm}^2 \cdot \mathrm{a})$。

（3）水蚀强度等级空间特征。在这项研究中，土壤侵蚀被分为以下 6 个级别：非常轻微 $[<5 \mathrm{t}/(\mathrm{hm}^2 \cdot \mathrm{a})]$、轻微 $[5\sim10 \mathrm{t}/(\mathrm{hm}^2 \cdot \mathrm{a})]$、较轻 $[10\sim25 \mathrm{t}/(\mathrm{hm}^2 \cdot \mathrm{a})]$、中等 $[25\sim50 \mathrm{t}/(\mathrm{hm}^2 \cdot \mathrm{a})]$、较重 $[50\sim80 \mathrm{t}/(\mathrm{hm}^2 \cdot \mathrm{a})]$、严重 $[80\sim150 \mathrm{t}/(\mathrm{hm}^2 \cdot \mathrm{a})]$ 和非常严重 $[>150 \mathrm{t}/(\mathrm{hm}^2 \cdot \mathrm{a})]$。2000—2021 年水蚀强度各等级占比情况见表 12-4。2000—2005 年，非常轻微的水蚀等级的平均百分比为 47.32%，而 2016—2021 年增加到 60.05%。随着时间的推移，具有轻微水蚀等级的区域倾向于增加，而具有轻度水蚀等级的比例则倾向于减少。同时仍有一部分部分侵蚀区域，也被分类为极其严重、非常严重、严重和中度。平均而言，在研究期间这些类别占比不足 10%，他们的比例随时间减少，反映了黄土高原整体侵蚀趋势下降。

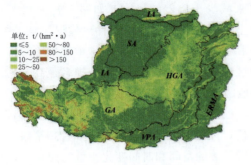

（a）2000—2010年平均侵蚀强度

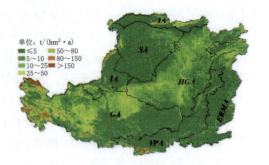

（b）2010—2021年平均侵蚀强度

图 12－5　黄土高原水蚀强度时空分布特征

（注：GA 为黄土高塬沟壑区，HGA 为黄土丘陵沟壑区，VPA 为河谷平原区，ERMA 为土石山区，
SA 为沙区，IA 为农业灌溉区）

表 12－4　　　　　　　　　　　　　黄土高原水蚀强度等级占比特征　　　　　　　　　　　　　　　%

水蚀等级	2000—2005 年	2006—2010 年	2011—2015 年	2016—2021 年
非常轻微	47.32	53.83	53.26	60.05
轻微	14.59	15.99	16.11	15.16
较轻	20.40	18.61	18.76	15.57
中等	10.39	7.30	7.47	5.80
较重	3.73	2.21	2.27	1.76
严重	2.24	1.25	1.30	1.01
非常严重	1.33	0.81	0.83	0.65

在 6 个子区域中，沙漠地区的轻微水蚀比例高于其他子区域。2000—2021 年，超过 80% 的沙漠地区显示出了非常轻微的侵蚀，表明侵蚀强度较低。与此同时，冲沟地区具有非常轻微水蚀面积比例最低，平均为 32.82%，这反映了该地区的高侵蚀率。随着时间的推移，在非常轻微和轻微水蚀面积比例上观察到增加趋势，而其他侵蚀等级则呈下降趋势。这一观察结果表明整个地区的水蚀速率总体上已经减少。

（4）黄土高原植被管理策略。在植被覆盖率超过 78.3% 时，可认为不会发生水力侵蚀。本研究针对植被覆盖率低于 78.3% 并使用轻微水蚀风险阈值 $[5t/(hm^2 \cdot a)]$ 来改善植被覆盖情况。具体而言，计算了从高于阈值到低于阈值减少水蚀强度所需增加的植被覆盖量。图 12－6（a）显示了 2000—2020 年黄土高原总体植被覆盖度时间变化特征，图 12－6（b）和图 12－6（c）为增强植被覆盖度前后的空间分布情况，图 12－6（d）显示了植被覆盖度变化前后的差异。增强植被后，整个地区的平均植被覆盖率应为 43.61%，各分区植被覆盖情况如下：山谷平原地区（51.95%），土石山地区（48.67%），沟壑地区（37.88%），丘陵沟壑地区（34.77%），灌溉地区（20.21%）和沙漠地区（16.50%）。沟壑地区是所有分布中对增加植被覆盖需求最高的，达到 4.29%。与此同时，沙漠地区是所有分布中对增加植被覆盖需求最低的，仅为 1.00%。丘陵沟壑地区、山谷平原地区、土石山地区和灌溉地区需要分别增加 3.27%、2.18%、2.86% 和 1.21% 的植被覆盖率。

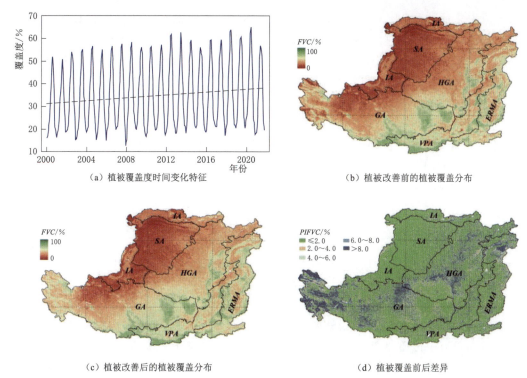

图 12 - 6　植被的时空特征和空间布局的管理策略

（注：GA 为黄土高塬沟壑区，HGA 为黄土丘陵沟壑区，VPA 为河谷平原区，$ERMA$ 为土石山区，

SA 为沙区，IA 为农业灌溉区）

12.2.2　面源污染防控技术

1. 施加土壤改良剂

（1）施加 PAM。 不同坡度施加 PAM 条件下径流速效磷、硝态氮及铵态氮流失总量的变化特征如图 12 - 7 所示。结果表明，施加 PAM 的 3 组坡地速效磷流失总量最大的为 15°坡地，达到 1.7mg；对照组 25°坡地流失总量最大达到 5.6mg。施加 PAM 的 3 组坡地产沙量小于对照组，径流中与泥沙解吸而进入液体的溶解态磷含量亦随着径流挟沙量的减少而减少，施加 PAM 后速效磷流失总量均极显著小于对照组（$P < 0.01$），减小幅度分别为5°坡地减少了 77.6%，15°坡地减少了 64.5%，25°坡地减少了 85.1%。对于 5°坡地和 15°坡地，施加 PAM 后，随径流流失的硝态氮总量大于对照组，增加量为 37.8mg 和42.2mg，分别占对照坡地流失总量的 5.5% 和 6.1%。施加 PAM 的 15°坡地和 25°坡地，随着坡度的增加，硝态氮流失总量明显下降。PAM 处理后的硝态氮流失量与径流量，在0.05 水平上显著相关。此外，在 15°坡地和 25°坡地，不同处理下的硝态氮流失量曲线发生交叉，交叉点大致出现在 20°之前，说明施加 PAM 后径流硝态氮流失总量随着坡度的增大呈先增加后减少趋势，并在 15°～20°存在改变 PAM 对硝态氮影响作用的转折坡度值。施加 PAM 后的 25°坡地硝态氮流失总量显著少于对照组（$P < 0.05$），减少幅度为17.9%，说明 PAM 有助于减少陡坡硝态氮的流失。产流开始时施加 PAM 的 5°坡地径流

铵态氮流失总量远远高于对照组（$P<0.01$），达到对照组的 2.8 倍。对于 15°坡地和 25°坡地，PAM 组铵态氮随径流流失量小于对照组，其中，25°坡地的减少作用最大，减少幅度达到 60.8%，与对照组存在极显著差异（$P<0.01$）。因此，在 15°坡地和 25°坡地，PAM 能够明显减少铵态氮随径流的流失量，且减少幅度随着坡度的增加而增大。

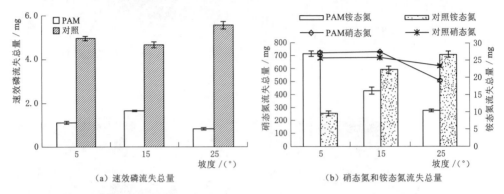

（a）速效磷流失总量　　　　　　　　　（b）硝态氮和铵态氮流失总量

图 12 - 7　不同坡度施加 PAM 条件下径流速效磷、硝态氮及铵态氮流失总量的变化特征图

（2）施加 CMC - Na。在地表施加 CMC - Na 后，改变了土壤表层的物理特性，进而对土壤养分向径流中传递会产生一定的影响。速效磷浓度随降雨时间推移出现先增大而后逐渐减小的变化趋势。这可能是由于土壤对速效磷的吸附能力较强，在产流初期土壤中仍然有较多的速效磷向径流中释放，而后随着径流率的增大浓度便开始逐渐减小。CMC - Na 施量对坡地径流养分流失率的影响如图 12 - 8 所示。结果表明，在降雨前期各养分的流失率均有快速增大的趋势，在达到峰值之后又开始逐渐下降最终趋于稳定，径流中铵态氮流失率显著减小，径流中速效磷流失率也有一定程度的减小。

（3）施加纳米碳。不同纳米碳含量对水土流失调控效果评价见表 12 - 5。结果表明，在各植物种植下，随着纳米碳含量的升高，水分及泥沙保持评价值均总体呈增加趋势。各植物种植下的水分保持评价值变化范围为 21.538~91.450，泥沙保持评价值变化范围为 6.720~90.755；在纳米碳含量为 0.5%、0.7% 及 1% 时，水分及泥沙保持评价值变化不大。当纳米碳含量增加到 0.5% 时，水土流失调控效果已经比较明显，之后随着纳米碳含量的增加，水土流失调控效果增加不明显。因此，水土流失调控效果较合适的纳米碳含量为 0.5%。水分保持评价值变化规律由小到大依次为空地、玉米地、柠条地、大豆地、紫花苜蓿地；而各纳米碳含量中泥沙保持评价值变化规律由小到大依次为空地、柠条地、玉米地、大豆地、紫花苜蓿地。

表 12 - 5　　　　　　　　　　不同纳米碳含量对水土流失调控效果评价

植　物	纳米碳含量/%	水分保持评价值 C_{ws}	泥沙保持评价值 C_{ws}
空地	0	0	0
	0.1	21.538	6.720
	0.5	32.660	8.909
	0.7	18.084	10.876
	1	31.142	31.746

续表

植　物	纳米碳含量/%	水分保持评价值 C_{ws}	泥沙保持评价值 C_{ws}
玉米	0	23.727	27.251
	0.1	31.402	38.200
	0.5	43.435	52.322
	0.7	39.109	45.344
	1	47.819	57.633
柠条	0	34.122	7.433
	0.1	42.912	29.880
	0.5	43.845	30.245
	0.7	52.835	30.764
	1	54.693	42.538
大豆	0	49.071	35.660
	0.1	56.369	44.639
	0.5	66.179	61.811
	0.7	64.752	55.947
	1	61.678	49.606
紫花苜蓿	0	74.505	74.129
	0.1	77.310	81.733
	0.5	80.094	78.366
	0.7	84.317	83.785
	1	91.450	90.755

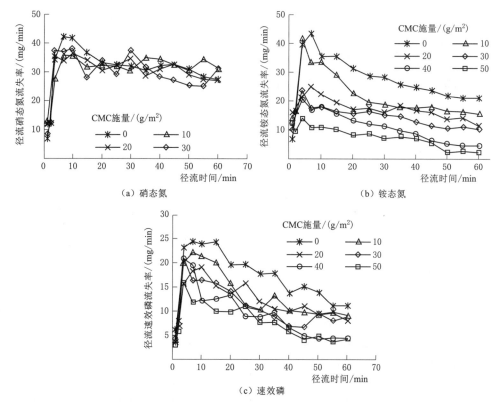

（a）硝态氮

（b）铵态氮

（c）速效磷

图 12-8　CMC-Na 施量对坡地径流养分流失率的影响

2. 地表覆盖调控

（1）秸秆覆盖。秸秆覆盖对累积产沙量的影响如图 12-9（a）所示。结果表明，有秸秆覆盖的小区累计产沙量明显小于无秸秆覆盖的小区，并且随着秸秆覆盖度（CK：0，S1：500g/m²，S2：1000g/m²，S3：1500g/m²）的增加产沙量明显减少，其中 S3 处理相对于 CK 的泥沙总量减少 90.95%。秸秆覆盖对径流溶质 Br⁻ 累积流失量影响如图 12-9（b）所示。结果表明，秸秆覆盖减少了养分流失，其中 S3 处理相对于 CK 的 Br⁻ 累积流失量减少 4.93%。由于坡面的养分流失主要是通过径流和泥沙携带，因此植被是通过减少侵蚀而对养分流失产生影响。

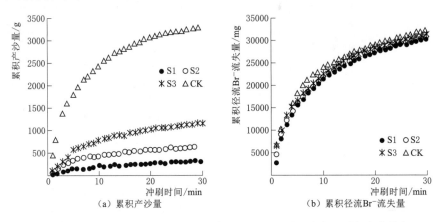

图 12-9　不同秸秆覆盖下径流累积产沙量和 Br⁻ 累积流失量时间变化特征

（2）植被种植。为分析作物生长过程中，作物生长及土壤条件变化对降雨侵蚀过程的影响，本研究在作物生长的 5 个典型生育阶段进行了模拟降雨试验，并测定了降雨试验过程中的产沙率。生长季内的径流产沙率动态过程分别如图 12-10 所示，可以看出，在降雨过程中，泥沙流失率先逐渐增大，然后逐渐趋于稳定。作物生长过程中，随着作物的生长发育，径流产沙率表现为逐渐减小的变化趋势。对于农作物，生长季前期的径流产沙率明显大于后期的产沙速率；在生长季前期，降雨开始后产沙率增长过程较快，而到了生长季后期，产沙率曲线较为平缓，增长速率较慢。3 种绿肥作物的产沙率差异十分明显，小冠花和毛苕子在其生长过程中产沙率呈逐渐减小的趋势，而毛苕子只有前两个生育阶段有较明显的产沙过程，其他生育阶段没有泥沙产生。当作物冠层覆盖较少时，降雨初始阶段的大部分雨滴可以直接作用到地表土壤，溅蚀过程较为剧烈，随着径流强度的增大，泥沙开始大量随着径流运移，从而产沙率快速增大；在径流稳定阶段，溅蚀作用与径流冲刷作用都已趋于稳定，因此产沙率也趋于稳定。当作物冠层覆盖较多时，只有少数雨滴可以直接作用到地表土壤，大部分雨水在降雨强度超过截留强度后从冠层再次滴落到地表，因此雨滴的动能被极大地削弱，溅蚀作用很小；当净雨强度超过入渗能力，径流开始产生，由于作物生长过程中径流强度减小，又导致冲刷侵蚀的减弱。

（3）碎石覆盖。不同碎石覆盖度下地表径流水溶性磷、硝态氮、钾离子累积量随时间变化过程如图 12-11 所示。可以看出，不同碎石覆盖条件下地表径流水溶性磷、硝态氮、钾离子含量均低于无覆盖的裸地。对于地表径流水溶性磷的含量而言，当碎石覆盖度为

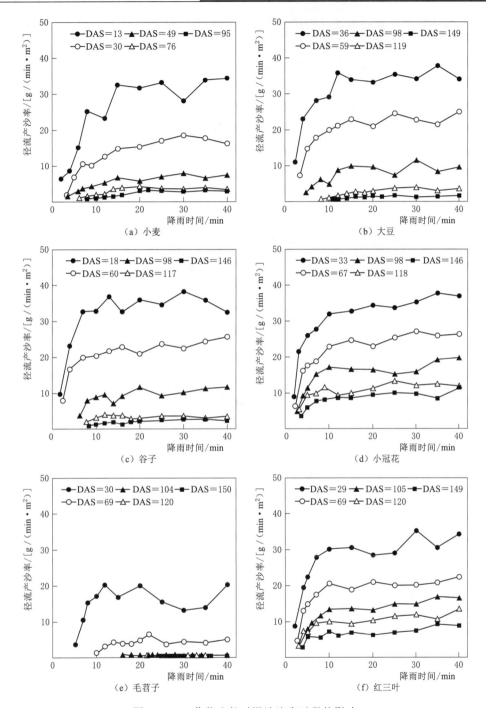

图 12-10 作物生长对泥沙流失过程的影响

2.5%时水溶性磷流失量最低,效果最好。覆盖度上升至 10%时,水溶性磷流失量显著增加,覆盖度继续上升至 20%时,水溶性磷流失量明显降低,总体呈先增加后减小的趋势。对于地表径流硝态氮的含量而言,不同碎石覆盖度下硝态氮的流失量差异不是很明显,碎石覆盖度为 10%和 20%时,硝态氮流失量几乎重合。与之相比,碎石覆盖度为 2.5%时,初始时间段内硝态氮流失量较低，后期硝态氮流失量高于 10％和 20％覆盖度。对于钾离子而言，碎石覆盖度为 2.5％时，流失量最低，随着碎石覆盖度的增加，钾离子流失量呈增加的趋势，当碎石覆盖度增加到 20％时，钾离子流失量与裸地无明显差异。综上所述，相对于裸地而言，地表覆盖碎石后，土壤中水溶性磷、硝态氮、钾离子流失量均有所降低，但随着覆盖度增加，不同养分流失量反而呈增加趋势，其中碎石覆盖度为 2.5％时，流失量最低。因此，少量碎石覆盖对坡地土壤养分流失具有较好的控制效果。

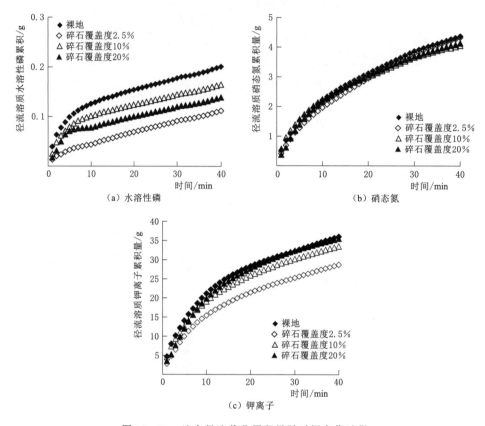

（a）水溶性磷 （b）硝态氮

（c）钾离子

图 12-11 地表径流养分累积量随时间变化过程

（4）植被过滤带。 不同过滤带长度条件下产沙量随时间的变化关系如图 12-12 所示。

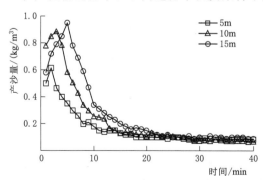

图 12-12 不同过滤带长度下产沙量时间变化过程

可以看出，3 种长度条件下的产沙量均都是先随着时间的延长而逐渐增大，达到最大值之后，产沙量开始逐步下降，最后趋于稳定。当过滤带长度分别为 5m、10m、15m 时，其累计产沙量分别为 6.55kg、9.06kg、10.89kg，后两者的产沙量分别是 5m 宽度条件下的 1.38 倍和 1.67 倍。可以看出，产沙量随着过滤带长度的增加而逐渐增大，但是并未按照长度的增长倍数相应增长，说明产沙量和过滤带长度大小并不是线性增长关系。不同植被过滤带长度下吸附态氮、磷的流失量见表12-6。可以看出，两者均是随着植被过滤带长度的增大而增大，且吸附态磷的流失量要远远大于吸附态氮的流失量。这是因为随着过滤带长度增加，表层松散土壤的量必定增多，这样在特定条件下，产沙量就会增加，并且由于养分富集的存在，所以吸附态氮、磷的流失量均会随着长度增加而增大。由于磷的吸附性较强，在泥沙上吸附的吸附态磷多于吸附态氮，因而其流失量也会远远大于吸附态氮的流失量。

表 12-6 　　　　　　　　不同植被过滤带长度下吸附态氮、磷的流失量

过滤带长度/m	吸附态氮流失总量/mg	吸附态磷流失总量/mg
5m	138.71	869.43
10m	171.18	1679.23
15m	249.29	5076.00

3. 坡地养分流失模拟模型

在降雨条件下，当降雨强度大于土壤入渗能力时，会产生地表径流。在雨滴击溅和径流冲刷作用下，土壤及其养分传递到地表径流，并随地表径流流失。土壤和养分流失导致土地肥力下降，同时引起下游水体发生面污染。因此，发展模拟分析坡地水土养分流失过程的数学模型，有利于坡地水土养分流失数量预测分析和发展有效控制水土养分流失措施。

(1) 降雨条件下坡面汇流模型。降雨条件下的坡地水流过程可通过运动波方程来描述，坡地径流质量守恒方程为

$$\frac{\partial h}{\partial t} + \frac{\partial q}{\partial x} = r - i \tag{12-9}$$

式中：h 为坡面水深，m；q 为单宽径流量，m^2/s；t 为时间，s；x 为距离，m；r 为雨强，m/s；i 为入渗率，m/s。

由于坡面水深与入渗率之间存在关联性，入渗率是超渗降雨的一部分[6]，假设坡面水深变化率与入渗率呈线性关系，这样有

$$\frac{\partial h}{\partial t} = c(r - i) \tag{12-10}$$

式中：c 为常数。

方程式（12-9）变为

$$\frac{\partial q}{\partial x} = (1 - c)(r - i) \tag{11-11}$$

对方程式（12-11）积分得

$$q(x, t) = (1 - c)(r - i)x \tag{12-12}$$

基于 Philip 入渗公式，当土壤入渗能力等于降雨强度时，则

$$r = i = \frac{1}{2} S t_p^{-0.5} \tag{12-13}$$

式中：t_p 为积水时间，min。

进一步推导，任意时间和位置的坡面水深可表示为

$$h(x,t) = \left(\frac{1}{n}J^{\frac{1}{2}}\right)^{-3/5}\left[(1-c)x\left(r-\frac{1}{2}S(t-t_0)^{-0.5}\right)\right]^{\frac{3}{5}} \quad (12-14)$$

式中：n 为曼宁糙率，$s/m^{1/3}$；J 为水力梯度。

出口处流量可表示为

$$q(l,t) = (1-c)\left[r-\frac{1}{2}S(t-t_0)^{-0.5}\right]l \quad (12-15)$$

式中：$q(l,t)$ 为出口处的单宽径流量，m^2/s。

由于数学模型中包括入渗参数和地面糙率等相应参数。根据水量平衡原理，土壤总入渗量、总降雨量、总径流量可以表示为

$$I_c = w_i - w_0 \quad (12-16)$$

其中

$$w_i = \int_0^{t_i} rl\,dt = rlt_i \quad (12-17)$$

$$w_0 = \int_{t_0}^{t_m} q_l\,dt = (1-c)l\left[r(t_m-t_0)-S(t_m-t_0)^{0.5}\right] \quad (12-18)$$

$$I_c = t_p rl + \int_{t_p}^{t_m}\frac{1}{2}Sl(t-t_0)^{-0.5}\,dt = t_p rl + Sl\left[(t_m-t_0)^{0.5}-(t_p-t_0)^{0.5}\right] \quad (12-19)$$

式中：w_i 和 w_0 分别为总降雨量和总径流量，m^3/m；t_m 为水流停止时间；t_i 为降雨持续时间，s；I_c 为总入渗量，m^3。

产流后水量平衡可以表示为

$$r(t-t_p)l = W_m + I_m + H_m \quad (12-20)$$

其中

$$W_m = \int_{t_p}^{t} q(l,t)\,dx = (1-c)l\{r(t-t_p)-S[(t-t_o)^{0.5}-(t_p-t_0)^{0.5}]\} \quad (12-21)$$

$$I_m = \int_{t_p}^{t}\frac{1}{2}Sl(t-t_0)^{-0.5}\,dt = Sl\left[(t-t_0)^{0.5}-(t_p-t_0)^{0.5}\right] \quad (12-22)$$

$$H_m = \int_0^l h(x,t)\,dx = \int_0^l\left(\frac{1}{n}J^{\frac{1}{2}}\right)^{-3/5}\left\{(1-c)x\left[r-\frac{1}{2}S(t-t_0)^{-0.5}\right]\right\}^{3/5}\,dx$$

$$= \frac{5}{8}\left(\frac{1}{n}J^{\frac{1}{2}}\right)^{-3/5}\left\{(1-c)\left[r-\frac{1}{2}S(t-t_0)^{-0.5}\right]\right\}^{3/5}l^{8/5} \quad (12-23)$$

式中：W_m 为累积出流量，m^3/m；I_m 为产流后累积入渗量，m^2；H_m 为地表积水量，m^2。

（2）土壤侵蚀模型。土壤侵蚀过程中，对坡面径流是土壤侵蚀模型的基础，坡面水流通常使用波动方程进行描述，即

$$\frac{\partial h}{\partial t}+\frac{\partial q}{\partial x} = -i \quad (12-24)$$

其中

$$q = \frac{1}{n}j^{1/2}h^{5/3} \quad (12-25)$$

式中：h 为坡面水流深度，m；i 为土壤入渗率，m/s；t 为时间，s；x 为距离，m；q 为坡面单宽径流量，$m^3/(m\cdot s)$；n 为曼宁系数，$1/(m^{-1/3}\cdot s)$；j 为水力坡降。

土壤入渗率采用考斯加可夫公式描述。为了简化，将土壤入渗率在坡面上的平均值视为该坡面的土壤入渗率，将坡面平均起始入渗时间设为 $t_0/2$，则土壤入渗率表达式为

$$i = a\left(t - \frac{t_0}{2}\right)^{-b} \tag{12-26}$$

式中：t_0 为初始产流从坡顶到坡底所用时间；a 和 b 为经验参数。

根据前文坡面水流特征近似分析，流量可以表示为

$$q(x,t) = \frac{1}{n}j^{1/2}h(x,t)^{5/3} = q_i - a\,\mathrm{d}x\left(t - \frac{t_0}{2}\right)^{-b} \tag{12-27}$$

坡面任意位置的径流深 $h(x,t)$ 可表示为

$$h(x,t) = \left(\frac{1}{n}j^{1/2}\right)^{-3/5}\left[q_i - a\,\mathrm{d}x\left(t - \frac{t_0}{2}\right)^{-b}\right]^{3/5} \tag{12-28}$$

水力学半径 R 与径流深 h 有关，即

$$R = h \tag{12-29}$$

水流剪切力是一个与水力半径有关的函数，在薄层水流条件下可以近似将水力学半径 R 用径流深 h 代替，即

$$\tau = rRj = rhj \tag{12-30}$$

Foster 等[11] 对坡面水流分离率提出了一个较简单的公式为

$$Dc = k_0\tau^{3/2} \tag{12-31}$$

式中：Dc 为径流分离率，$\mathrm{kg/(m^2 \cdot s)}$；$k_0$ 为土壤可蚀性参数，$\mathrm{s/m}$。

在坡面侵蚀过程中，初始产流时产沙量大，并随着产流历时，产沙量越来越小直至稳定，因此径流分离率随着产流历时逐渐减小。而同时坡面径流量在初始产流时刻较低，并随着产流历时逐渐增大而稳定，径流深随着径流量的变化也反映出相同的规律。由于径流深增加使水流剪切力增大，土壤可蚀性 k 是一个正值参数，径流分离率随着径流深的增加而增大，这与上述径流分离率减小的事实相矛盾，因此式（12-31）不能正确描述坡面径流侵蚀过程。

土壤侵蚀主要取决于土壤抗蚀能力与径流侵蚀能力两方面作用。通常，径流侵蚀能力随着水深和流量增加而增加。但大量实验结果显示，在坡面上方来水流量一定的情况下，随着时间延续，坡面任意位置径流量和水深是逐步增加，即水流冲刷能力逐步提升。在土壤抗蚀能力一定情况下，随着径流量增加，土壤流失量会增加。因此，可间接认为随着土壤深度的增加，土壤抗蚀能力逐步增加。根据这些分析，土壤可蚀性 k 值随径流侵蚀过程发生变化，在产流初始时刻 k 值较大，并随着产流历时逐渐降低。因此假设 k 的减小过程符合指数函数形式，即

$$K(t) = k\,\mathrm{e}^{-\alpha\left(\frac{2}{H_0\rho_s}\right)} \tag{12-32}$$

式中：$H_0\rho_s$ 为单位面积内土壤最大可能流失量（H_0 为单次产流土壤最大可能剥离深度；ρ_s 为土壤容重）；α 为经验参数。

将 $K(t)$ 替代 k 代入式（12-23），则新的剥离率公式为

$$Dc = K\,\mathrm{e}^{-\alpha\left(\frac{2}{H_0\rho_s}\right)}\tau^{3/2} \tag{12-33}$$

设 $Y = \int_{t0}^{t} Dc\,\mathrm{d}t$ ，求解该微分方程得

$$Y = \frac{H_0\rho_s}{\alpha} In\left[\frac{\alpha k}{H_0\rho_s}\left((rj)^{3/2}\int_{\frac{t_0}{2}}^{t} h^{3/2}\,\mathrm{d}t\right) + 1\right] \tag{12-34}$$

累积产沙量 Q_s 可表示为

$$Q_s = (1-a')\int_0^x\int_{\frac{t_0}{2}}^{t} Dc\,\mathrm{d}t\,\mathrm{d}x = (1-a')\int_0^x Y\,\mathrm{d}x \tag{12-35}$$

将式（12-34）代入式（12-35）并积分得到累积产沙量 Q_s 随时间和位置变化的土壤侵蚀动态模型公式为

$$Q_s = -\frac{(1-a')M}{\alpha^2 D\left(t-\frac{t_0}{2}\right)^{1-b}}\left\{\left[\alpha E\left(t-\frac{t_0}{2}\right) + 1 - \alpha D\left(t-\frac{t_0}{2}\right)^{1-b}x\right]In\left[\alpha E\left(t-\frac{t_0}{2}\right) + 1 - \alpha D\left(t-\frac{t_0}{2}\right)^{1-b}x\right]\right.$$

$$\left. - \left[\alpha E\left(t-\frac{t_0}{2}\right) + 1\right]In\left[\alpha E\left(t-\frac{t_0}{2}\right) + 1\right]\right\} - \frac{(1-a')M}{\alpha}x \tag{12-36}$$

其中

$$M = H_0\rho_s \tag{12-37}$$

$$D = \frac{K(rj)^{3/2}A9ad}{M10q_i(1-b)} \tag{12-38}$$

$$E = \frac{K}{M}(rj)^{3/2}A \tag{12-39}$$

式（12-36）中包含的参数有 ad、b、A、M、α 和 α'，其中 ad、b、A 为坡面水流参数，可以根据水流特征确定。参数 M、α 和 α' 根据泥沙传输实验资料，并通过遗传算法进行参数优选得出。

(3) 土壤养分向地表径流传递数学模型。降雨条件下，土壤养分在雨滴击溅的作用下与混合层混合，进入地表径流。土壤中的养分一部分进入地表径流，一部分伴随入渗水向深层土壤运移，一部分持留在混合层内部。土壤养分与雨水的混合程度取决于雨滴的击溅作用。假设在降雨条件下，土壤养分与雨水在混合层内完全均一混合，混合层中的溶质浓度与径流、入渗中的溶质浓度一致，称之为完全混合，其质量平衡方程可以表示为

$$\frac{\mathrm{d}[D_mc(\theta_s + \rho_sk_d)]}{\mathrm{d}t} = -rc \tag{12-40}$$

式中：D_m 为混合层深度，m；c 为混合层内溶质浓度，g/m^3；θ_s 为土壤饱和含水量，cm^3/cm^3；ρ_s 为土壤容重，g/m^3；k_d 为溶质吸附系数，m^3/g；r 为降雨强度，m/s。

如果仅仅只有一部分土壤水与土壤溶质混合，那么混合层中的溶质浓度与入渗、径流中的溶质浓度不同，称之为不完全混合，其质量平衡方程为

$$\frac{\mathrm{d}[D_mc(\theta_s + \rho_sk_d)]}{\mathrm{d}t} = -a(r-i)c - bic \tag{12-41}$$

式中：i 为入渗率，m/s；a 为径流与混合层中的溶质浓度比；b 为入渗水与混合层中的溶质浓度比。

径流养分浓度表示为

$$c(t) = c_m\exp\left\{-\left[\frac{r(t^{1-m} - t_p^{1-m})}{(1-m)[k_mr(\theta_s + \rho_sk)]} + m\ln\frac{t}{t_0}\right]\right\} \tag{12-42}$$

其中

$$c_m = \int_{\frac{t_0}{2}}^{t} k_c k_d (\rho g J)^{3/2} \left(\frac{al}{1-b}\right)^{3/2} \left(t - \frac{t_0}{2}\right)^{[3(1-b)/2]} \mathrm{d}t \qquad (12-43)$$

式中：c_m 为产流前混合层中的溶质浓度；c_i 为土壤初始溶质浓度，$\mathrm{g/m^3}$。

对于不完全混合模型有

$$c = c_m \exp\left[-\frac{a\int_{t_p}^{l} \frac{r-i}{t^m}\mathrm{d}t + b\int_{t_p}^{l} \frac{i}{t^m}\mathrm{d}t + \int_{t_p}^{l} \frac{k_m rm(\theta_s + \rho_s k_d)}{t}\mathrm{d}t}{k_m r(\theta_s + \rho_s k)}\right] \qquad (12-44)$$

式中：t_p 为产流时间，$\min$。

径流溶质浓度可以表示为

$$c = c_m \exp\left\{-\frac{\frac{2ar-(a-b)S}{2(1-m)}(t^{1-m}-t_p^{1-m}) + \frac{t_p S(a-2b)}{4m}(t^{-m}-t_p^{-m})}{k_m r(\theta_s + \rho_s k_d)} + m\ln\frac{t}{t_p}\right\}$$

$$(12-45)$$

上述提出的数学模型为考虑降雨分散能力的土壤养分向地表径流迁移养分传递模型。

12.3　西北灌区碳中和技术与策略

过量的碳排放会导致全球气候变暖、温室效应，以及出现极端恶劣天气，温室效应是其中最为直接且严重的问题。排放的温室气体有多种，其中二氧化碳占所有温室气体的73％。2020 年，大气中的二氧化碳浓度超过了 400ppm，全球地表平均温度比 19 世纪的基线升高了约 1.25℃，比 1981—2010 年的参考期升高了 0.6℃，逼近 2016 年的最热记录。近年来，中国积极实施应对气候变化国家战略，采取调整产业结构、优化能源结构等方式节能，提高能效。通过推进碳市场建设、增加森林碳汇等一系列措施，使得温室气体排放得到有效控制。中国采取行动积极应对气候变化，尽早达峰迈向近零碳排放，这不仅是国际责任担当，也是美丽中国建设的需要和保障（图 12-13）。

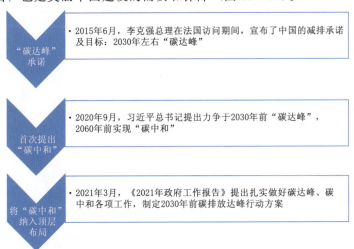

图 12-13　中国碳中和产业发展过程图

12.3.1 农业碳排放途径

2009—2019 年，我国碳排放量由 77.1 亿 t 提升至 98.3 亿 t，位居世界第一。2020 年由于我国疫情防控得当，各行业较快复苏，碳排放量达到 99.7 亿 t，同比增长 1.4%。2021 年，受复工复产叠加极端天气频发导致的电力需求上涨，2021 年我国碳排放总量再次增加，达到 105.9 亿 t（图 12-14）。农业、林业和土地利用产生的温室气体排放约占全球总量的 18.4%（图 12-15），农业在实现碳中和目标过程中扮演着重要角色。灌区农业碳排放来源主要包含施用化肥和农药，以及畜禽养殖。

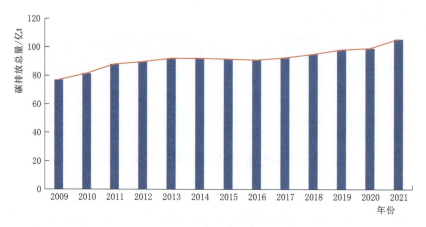

图 12-14　2009—2021 年中国碳排放总量变化趋势图

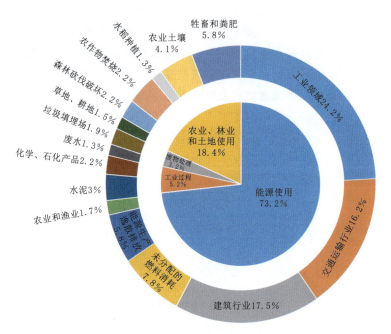

图 12-15　全球温室气体排放按行业分布情况图

1. 化肥碳排放

化肥的碳排放系数为 0.90kgC/kg，化肥施用已经成为农业碳排放的主要方面之一，是种植业生产过程中的第一大碳排放源，占投入环节碳排放总量的 60% 左右。2016—2019 年我国西北旱区各农用化肥碳排放量均存在持续增长的变化趋势（图 12-16），截至 2019 年，化肥碳排放量已经达到 131.18t。由此看来，我国化肥销售量较大，施用后碳排放量较大，环境污染严重。根据西北旱区农户化肥施用行为选择调研数据，结合化肥折纯量参考指标，统计碳排放量数据。根据统计分析，按照 100kg 标准，对氮肥、磷肥、钾肥、复合肥 4 种肥料中含有的钾肥、磷肥、氮肥进行拆分，计算碳排放量。其中，氮肥主要参考硫酸铵、碳酸氢铵、尿素等常用化肥，折纯量 31kg；磷肥主要参考过磷酸钙、钙镁磷肥等常用化肥，折纯量 17kg；钾肥主要参考氯化钾、硫酸钾等常用肥料，折纯量 52kg；复合肥折纯量 60kg。与其他肥料相比，复合肥含有丰富的农作物生长所需营养，其含量满足农作物生长需求，不仅成本较低，而且满足环境保护要求。但从西北旱区农业发展状况来看，应用复合肥料较少，氮肥偏多。研究表明，氮肥在化肥中的比重对农业碳排放强度具有正向影响，降低氮肥比重和农用能源强度能起到降低农业碳排放强度的效果，其中控制氮肥施用的效果最大[12]。

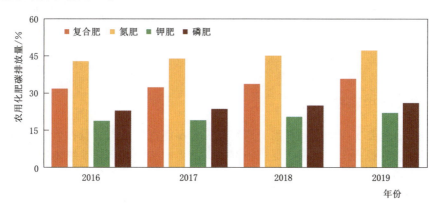

图 12-16　2016—2019 年我国西北旱区各农用化肥碳排放量

2. 农药碳排放

农药是继化肥之后种植业的第二大碳排放源，农药的碳排放系数为 0.90kgC/kg，美国橡树岭国家实验室测算出每 1kg 化学农药会产生 4.9341kg 的标准碳。测量农药产生的温室气体排放时，以兆焦耳（MJ）农药能量为单位，每兆焦耳（MJ）农药能量为 0.069kg CO_2 当量。按照每公顷耕地使用 1364MJ 农药能量的标准量算，相当于每公顷耕地农药的加权平均的温室气体排放为 0.094t CO_2 当量。按照我国耕地面积为 18 亿亩计算，我国农药使用排放的温室气体应该是 1129.4 万 t 二氧化碳排放量[13]。

3. 畜禽养殖碳排放

全世界畜禽养殖每年的粪便排泄量达 100 亿 t，畜牧业的温室气体排放占世界温室气体排放的 18%，超过了全球交通工具的总排放量。在畜禽养殖直接饲养过程中，畜禽粪污释放的恶臭和产生的温室气体排放是造成空气环境污染的主要原因。当畜禽粪污排出体外后，经微生物分解作用会产生粪臭素、硫化氢、氨等多达上百种有毒物质，给空气造成严重的污染，危害畜禽和人类健康。畜牧业的温室气体排放直接表现为来自畜禽呼吸、排气、粪便发酵、土地使用等方面。在畜禽养殖整个生命周期中，不仅包括直接的饲养、粪便管理环节，还包括养殖业上下游产业环节，如饲料粮种植、饲料粮运输加工和销售等间接环节，都会造成 CO_2、CH_4 和 N_2O 等温室气体排放；其中温室气体排放最主要来源于畜禽饲养和粪便管理环节。2001—2020 年我国畜牧业碳排放总量趋势如图 12 - 17 所示，畜禽养殖业已经成为我国农业环境领域最大的碳排放来源[14]。

图 12 - 17　2001—2020 年我国畜牧业碳排放量

12.3.2　农业碳中和技术路径

我国灌区农业要实现碳中和，需要清楚认识到不能盲目走向"低投入"的误区，而是要走依靠科技创新提高生产效率、促进土壤固碳能力的路径，要从系统角度考虑具体的技术路径，从农用物质投入、农田生产过程管理、种植末端的废弃物处理等全过程统筹，从作物品种及种植模式、土壤水肥管理、农机耕作等全环节兼顾，通过系统全面研究，形成综合解决方案。因此，灌区农业实现碳中和重点可以从能源低碳转型、养分高效利用、物质循环利用和作物生产技术创新"四大"路径开展深入系统的研究，形成适应不同区域、不同作物的综合减排技术方案。

1. 农业能源低碳转型减排技术

推进农业机械节能，更新淘汰部分老旧农业机械，提高农业机械生产性能，推广节能型柴油机、燃油添加剂和主机余热利用、燃用重油等节能技术产品。

（1）降低农业生产过程对化石能源的依赖。积极探索化肥、农药、农膜的减量与替代配套技术，如用粪肥、堆肥以及秸秆还田替代化肥，用生物农药、生物治虫替代化学农药，用可降解农膜替代不可降解农膜，用秸秆发展生物质能源。目前农林废物资源的可利用率达 50％以上，是发展生物质能源的重要资源。农作物秸秆和农业加工剩余物可作为生活用燃料、牲畜饲料、造纸等工业原料、直接还田、露天焚烧等 5 种用途。据初步统计，他们的综合利用率平均不到 40％，绝大部分被随意堆放、丢弃或用作肥料还田、生活燃料，这相当于 7 亿亩土地的投入产出和 6000 亿元的收入被白白损失掉。生物质成型燃料是以农林废弃物为原材料，经过粉碎、烘干、成型等工艺，制成粒状、块状、柱状，大小相同、密度相同，可在生物质能锅炉直接燃烧的新型清洁燃料，其燃烧充分、无污染、便于运输和贮存。如果能将秸秆转化为燃料、燃气来替代传统能源，不仅能减少碳排放，还能缓解我国的能源短缺问题。

(2) 推进耕作制度节能。大力推进免耕少耕、轮作等保护性耕作制度，旱作地区推广耐旱品种及旱作栽培技术。传统的翻耕制度能够增加土壤孔隙度，提高土壤透气性，同时也会增强土壤中的微生物活动，增大土壤有机物与空气的接触面积，加速土壤有机碳降解过程，从而产生温室气体的排放。保护性耕作能显著增加表层土壤有机碳含量，实现碳汇功能，改善农田生态环境。基于最小翻耕、作物残留形成土壤覆盖物和轮作的保护性农业已逐渐推广应用。最小化土壤扰动和作物残留物覆盖还田可以控制土壤水分蒸发、增加作物可利用水分，减少径流流失、降低水蚀和风蚀，有效增加土壤碳含量，能够向碳储量耗尽的土壤中有效输入碳。如可通过免耕来稳定土壤团聚体来改善土壤结构，保护土壤有机质免受微生物降解，从而降低土壤有机碳分解速率。经过连年翻耕的土壤有机碳、氮等含量比保持免耕的土壤有显著的降低。轮作是指将不同类型的作物按一定顺序在一定年限内在同一块农田内循环种植。轮作可以调节进入土壤的作物残茎、根系的种类和数量，有效增加土壤中有机碳含量。轮作种植玉米和大豆的农田生态系统表现为碳汇效应，每平方米每年可以固碳 90g。一项针对华北平原不同轮作模式的长期研究证明，不同轮作模式对土壤碳储量的影响各异：小麦—夏玉米的轮作模式碳汇速率最高，而春玉米连作模式短期内有机碳储量能有所增加，但长期则表现出负增长的趋势。此外，建造充分利用太阳能的温室大棚，推广集约、高效、生态畜禽养殖技术，减少能源消耗。

2. 农田养分高效利用减排技术

农田是 N_2O 重要的排放源之一，N_2O 的排放量与氮肥施用量呈线性关系，随着无机氮施用的增加，N_2O 的产生越多。目前，我国三大作物的氮肥利用率平均为 32%，低于同期世界平均水平 20%～30%。农业生产碳排放不仅要看单位土地面积的碳排放，更要看单位产品产出和经济产出的碳排放，也就是说要降低种植业的温室气体排放强度，通过提高生产效率，降低单位产量和经济产出的排放强度。研究指出，在江汉平原稻田采用实时氮肥管理、精确定量施肥和一次性施肥技术，可以使农田温室气体排放强度较农民习惯施肥降低 22.2%、24.4% 和 26.7%[15]。因此，科学减少氮肥施用、优化施肥方式、改进肥料种类、提高水肥耦合等养分高效利用技术，在增加作物产量的同时，可以有效减少 N_2O 排放，提升氮肥利用率，降低肥料投入成本，实现增产与减排协同。

3. 农业物质循环利用减排技术

灌区农作物秸秆每年的产量呈现逐年上升的趋势，焚烧秸秆是很多农户用来快速处理秸秆"占地"问题的解决方法，但是秸秆焚烧直接导致空气中总悬浮颗粒数量的增加，并释放 CO、CO_2、SO_2 等气体。秸秆资源化利用能够有效节能减排（图 12-18），但秸秆资源化利用存在秸秆生产分散、季节性强、易腐烂、收集和存储成本大等问题。

农作物秸秆综合利用主要有 5 种途径，即秸秆"五化"利用（图 12-19），包括秸秆饲料化、秸秆燃料化、秸秆原料化、秸秆肥料化、秸秆基料化[16]。

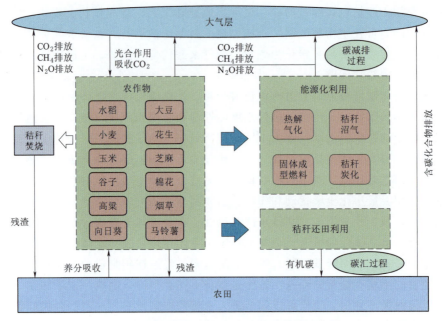

图 12 - 18　秸秆不同处置方式的碳排放示意图

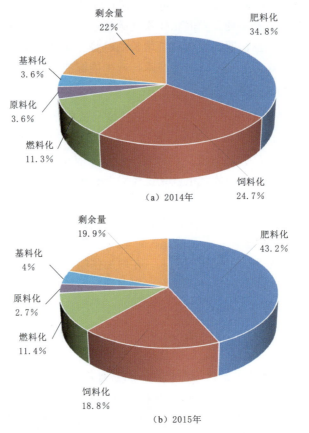

图 12 - 19　2014—2015 年秸秆"五化"利用量占比图

(1) 秸秆饲料化。农作物秸秆粗纤维、矿物质含量高，蛋白、油脂等含量低，反刍动物直接利用率低，如果只饲喂秸秆难以满足反刍动物的营养需求。因此，这类农业废弃物首先需要通过物理、化学或青贮等方法进行加工处理，提高粗蛋白的消化能力和牲畜喂养效果，进而提升牲畜的经济效益。

(2) 秸秆燃料化。秸秆是一种很好的清洁可再生能源，平均含硫量只有 0.38%，而煤的平均含硫量约达 1%。秸秆能源化节能率为 4.6 亿 J/t，温室气体减排率为 319.66kg CO_2/t。研究表明，我国西北旱区的秸秆能源替代年碳减排量接近于 0，主要是因为西北旱区可能源化利用的农作物秸秆资源密度较低，即这一地区秸秆收集运输成本相对较高，不适宜建立大型秸秆能源企业，尤其在以畜牧业生产为主的青藏高原区和黄土高原区，秸秆大部分用于动物饲料生产[17]。

(3) 秸秆原料化。秸秆纤维作为一种天然纤维素纤维，生物降解性好，既可以部分代替砖、木等材料，还可有效保护耕地和森林资源。此外，可以作为工业原料，如纸浆原料、保温材料、包装材料、各类轻质板材的原料，可降解包装缓冲材料、编织用品等，或从中提取淀粉、木糖醇、糖醛等。此外，经过技术方法处理加工秸秆还可以制造人造丝和人造棉，生产糠醛、饴糖、酒和木糖醇，加工纤维板等，最主要是作为纸浆原料。

(4) 秸秆肥料化。秸秆肥料化利用是把农作物秸秆经机械加工或生物利用后作为有机肥施入农田的秸秆资源化利用技术。秸秆还田是秸秆肥料化利用的主要形式，按照不同的流程和工艺，秸秆还田可分为直接还田、堆肥还田和过腹还田等类型。秸秆炭化还田能有效改善土壤理化特性，提升土壤肥力，也是秸秆肥料化一个新的发展方向。

(5) 秸秆基料化。秸秆基料化利用主要有生产食用菌基质、植物育苗与栽培容器（基质）和动物饲养垫料三个途径。棉秸、玉米秸、玉米芯、麦秸、稻草等几乎所有的农作物秸秆都可以用于基质的生产。2020 年，全国秸秆基料化利用量 499 万 t，大部分以水稻、玉米和小麦秸秆为主，分别占基料化利用总量的 39.7%、24.8% 和 20.9%。

4. 作物种植创新减排技术

(1) 育种技术创新。农作物品种的更新换代对中国种植业的减排具有重要的作用。高产品种的现代水稻育种策略可以显著减少中国和其他水稻种植区域的水稻 CH_4 排放。针对黄淮海不同年代小麦品种的研究表明，随着品种的更新，每十年麦田增温潜势的下降率达 1.2%～2.0%[18]。未来农作物新品种培育应在促进产量增长的同时，更加聚焦于综合绿色性状的提升，通过品种更新促进种植业效率提升与节能减排。

(2) 生态种植技术创新。国内外诸多研究表明，通过合理的间作、套作和轮作等多样化生态种植模式，可以有效减少农田温室气体排放。West 和 Post[19] 总结了全球 67 个长期定位试验，表明轮作使土壤平均每年增加碳当量 200kg ce/hm^2。Raheem 等[20] 研究表明，南方稻田紫云英—水稻—水稻种植模式能通过调节产甲烷菌群落来降低甲烷排放，同时提高水稻产量。

12.3.3　农业低碳发展策略

碳达峰、碳中和的提出为我国西北灌区农业污染治理注入了新动力，也为加强农业生态文明建设、推进农业绿色低碳转型提出了更深层次的需求，在环境治理常态化的背景下，探寻多元化的长效机制是一种必然选择。灌区农业污染问题的最终解决不仅依赖基础设施的不断完备，有效的监督、激励等手段，更依赖于生态文明理念和治理灌区农业污染的生态思维的普及。

(1) 强化政策体系支撑。目前，推进碳中和、碳达峰的政策体系还处于逐步完善当中，灌区农业领域的政策体系基本空白。要抓住时间窗口，抓紧研究灌区农业污染防控领域中推动碳中和、碳达峰的总体思路、目标任务、重点领域和工作举措，组织开展政策研讨、技术研究、试点示范等工作。

(2) 加强科技支撑。现代科学技术的不断进步，为破解灌区农业污染防控及减排难题提供了广阔前景，尤其是新能源的技术突破可以实现灌区用能结构及生产生活方式的革命性变革。在碳达峰、碳中和以及灌区生态文明建设的双重背景下，灌区农业减排尚存在巨大的缺口和空间，为发展灌区环保科技产业提供了契机。就目前而言，秸秆还田技术、新型农业循环模式、新型燃料技术等不断成熟，特别是秸秆直接还田技术不断创新并得到推广，围绕秸秆饲料、燃料、基料综合利用，构建"秸秆—基料—食用菌""秸秆—成型—燃料—农户"和"秸秆—青贮饲料—养殖业"等产业模式，可以很好地解决秸秆利用问题。可再生能源无疑会成为灌区未来能源发展的重点方向，利用现代化灌区广袤空间优势，大力推进"现代灌区电气化工程"，普及太阳能、生物质能、光伏发电等技术的应用，分布式清洁能源的推广增加了灌区低碳发展的动能。长远来看，灌区农业信息化和数字化所孕育的智慧农业是大势所趋，通过科技创新技术助推"富碳农业""零碳乡村"和"碳中和生态灌区"等项目是未来方向。需要意识到的是，我国的低碳技术创新、环境治理能力与世界先进水平差距仍然较大，在农业领域更加明显，我们在借鉴国际经验的同时也要考虑我国灌区农业自身的规律和特点。"双碳"目标为灌区自主发展环境友好型的技术创新提供了前所未有的机遇，在提升农业生产效率的同时，又可以作为灌区生态文明建设新的发力点。

(3) 健全农田碳中和监测评价机制。要立足工作实际，完善灌区农田碳中和的监测评价机制，建立健全灌区农田碳中和技术标准、管理标准和认定标准，实行分类计量、区间段计量等差别化管理措施。在工作推进初期阶段，可选取灌区不同区域的典型项目、典型地块，开展研究型测算评估和监测评价，定量计算农田建设碳中和的关键举措、技术路线、减碳固碳潜力、运行机制和见效时间等，为大规模推进这项工作提供技术支撑和示范案例。在总结试点项目碳减排监测评价数据的基础上，组织专业技术力量，研究出台数据监测、技术指南和标准体系，制定标准化的核查工具，公布核查模板。

(4) 加大财政金融扶持力度。继续利用财政资金和预算内投资以高标准农田为载体，开展灌区农业领域减碳固碳试点示范。积极利用绿色信贷和绿色直接融资等现有政策，加大对高标准农田的支持力度。认真研究绿色债券在灌区农业领域的运用场景，并作为拓展灌区农业领域投资来源的重点领域，具备条件的高标准农田项目，探索发行以碳减排为主题的绿色债券，积累相关基础数据和技术文件，为今后更大范围的推进提前布局。支持具备条件的灌区农田建设和灌区农业综合开发项目，通过国际金融机构开展绿色融资，作为新形势下继续争取利用外资的优势领域。

(5) 培育农业碳减排交易市场机制。灌区农业污染防控中仅依靠行政命令往往势单力薄，治标而不治本，在健全和完善现有灌区农业污染治理相关法律法规的前提下，运用市场化导向的经济手段可以提升农民参与度，激发灌区农业减污降碳的活力。开展灌区农业领域减碳固碳标准体系顶层设计和系统规划，形成全面系统的绿色标准体系。加快标准化支撑机构建设，提高测算计量和评价评估机构能力。加快认证制度建设，培育一批具备灌区农业领域行业经验的减碳固碳认证机构。应延拓更丰富的绿色金融手段支持灌区农业污染治理及低碳现代生态灌区建设。例如，碳交易作为低碳转型导向的新兴市场化机制在灌区农业方面大有可为。进一步参与健全碳排放权等交易机制，突出灌区农业领域面广、量大、点多的优势，设计有针对性的交易标的和交易规则，降低交易成本，提高运转效率。加快建立有偿使用、市场交易、配套服务等制度，做好绿色权属交易与相关目标指标的对接协调。在全国碳交易拉开帷幕的契机下，应加快推进碳排放权交易在灌区农业中的渗透，在灌区亟须树立"环境有价"的意识，完善市场化减排政策和法律法规，充分发挥市场的决定性作用，让经济手段融入灌区农业防控体系，提升现代化生态灌区环境治理能力与活力。

参 考 文 献

[1] 周洁敏，寇文正. 中国生态屏障格局分析与评价 [J]. 南京林业大学学报（自然科学版），2009，33（5）：1-6.

[2] 徐洁，肖玉，谢高地，等. 防风固沙型重点生态功能区防风固沙服务的评估与受益区识别 [J]. 生态学报，2019，39（16）：5857-5873.

[3] 肖玉，谢高地，甄霖，等. 阴山北麓草原生态功能区防风固沙服务受益范围识别 [J]. 自然资源学报，2018，33（10）：1742-1754.

[4] 张强，陆荫，杨青，等. 祁连山冰川与水源涵养生态功能区生态功能状况评估 [J]. 甘肃科技，2019，35（13）：39-41.

[5] 叶尔纳尔·胡马尔汗，徐向华，迪丽努尔·托列吾别克，等. 阿尔泰山地森林草原生态功能区植被覆盖对气候变化的响应 [J]. 生态与农村环境学报，2019，35（3）：307-315.

[6] 赵雪雁，母方方，何小凤，等. 多重压力下重点生态功能区农户生计脆弱性——以甘南黄河水源补给区为例 [J]. 生态学报，2020，40（20）：7479-7492.

[7] 乔飞，富国，徐香勤，等. 三江源区水源涵养功能评估 [J]. 环境科学研究，2018，31（6）：1010-1018.

[8] 刘宥延，刘兴元，张博，等. 黄土高原丘陵区人工灌草生态系统水土保持功能评估 [J]. 水土保持学报，2020，34（3）：84-90，97.

[9] 石岳，赵霞，朱江玲，等. "山水林田湖草沙"的形成、功能及保护 [J]. 自然杂志，2022，44（1）：1-18.

[10] 孙世洲. 关于中国国家自然地图集中的中国植被区划图 [J]. 植物生态学报，1998（22）：523-537.

[11] Forster D L，Bardos C P，Southgate D D. Soil erosion and water treatment costs [J]. Journal of Soil and Water Conservation，1987，42（5）：349-352.

[12] 张枝盛，汪本福，李阳，等. 氮肥模式对稻田温室气体排放和产量的影响 [J]. 农业环境科学学报，2020，39（6）：1400-1408.

[13] 高旺盛，陈源泉，王小龙，等. 中国种植业碳中和技术路径探讨与对策建议 [J]. 农业现代化研究，2022，43（6）：941-947.

[14] 吴强，张园园，张明月. 中国畜牧业碳排放的量化评估、时空特征与动态演化：2001—2020 [J].

干旱区资源与环境，2022，36（6）：65 – 71.

[15]　陈欢. 黄淮不同年代小麦品种氮素利用和麦田温室气体排放的差异 ［D］. 北京：中国农业大学，2018.

[16]　West T，Post W. Soil organic carbon sequestration rates by tillage and crop rotation：A global data analysis ［J］. Soil Science Society of America Journal，2002，66（6）：1930 – 1946.

[17]　张崇尚，刘乐，陆岐楠，等. 中国秸秆能源化利用潜力与秸秆能源企业区域布局研究 ［J］. 资源科学，2017，39（3）：473 – 481.

[18]　Wall E，Simm G，Moran D. Developing breeding schemes to assist mitigation of greenhouse gas emissions ［J］. Animal，2010，4（3）：366 – 376.

[19]　West T O，Post W M. Soil organic carbon sequestration rates by tillage and crop rotation：a global data analysis ［J］. Soil Science Society of America Journal，2002，66（6）：1930 – 1946.

[20]　Raheem A，Zhang J，Huang J，et al. Greenhouse gas emissions from a rice – rice – green manure cropping system in South China ［J］. Geoderma，2019（353）：331 – 339.

第13章 西北旱区节水适宜度与节水技术评价

水资源是经济持续发展不可替代的支撑条件，是现代农业建设不可或缺的基础条件，是生态健康保护不可亏缺的保障条件，关系到国家的供水安全、经济安全、粮食安全和生态安全，在国民社会经济发展中具有十分重要的基础性、公益性、安全性和战略性作用。随着社会经济快速发展和受全球气候变化的影响，人类生产生活对水资源的需求日益增长，与生态用水之间为争夺有限水资源而产生矛盾在逐步加剧，我国也面临着愈来愈紧迫的水资源问题。水资源利用效率低、用水结构不合理、浪费严重、水污染和生态环境恶化导致西北旱区的水资源供需矛盾日益突出，经济发展和生态环境建设受水资源短缺的制约逐步加剧[1]。

13.1 节水适宜度内涵与确定基本原则

西北旱区土地资源丰富、能源富集、光热充足，是国家粮食安全的战略后备区，但水资源供需矛盾突出，适度节水是平衡生态保护和经济社会发展的核心。

13.1.1 节水适宜度内涵

1. 灌区节水适宜度确定的必要性

近年来，西北旱区的社会经济后发优势带来持续增长空间，需要充分利用资源优势，在生态安全的前提下推动经济社会健康发展。这就要求坚持以水定城、以水定地、以水定人、以水定产，提升水资源利用效率，增强水资源承载能力，从根本上解决该区域严重缺水问题，支撑国家乡村振兴战略的实施。但由于西北旱区长期的引水灌溉形成了独特的自然景观格局，这种格局的形成受两方面因素的深刻影响：一方面是干旱少雨的荒漠自然环境；另一方面则是灌溉农业，二者相互作用形成了依赖于水资源而存在的灌区生态系统，而且此生态系统极其脆弱，任何不合理的干扰都将打破这种平衡，对灌区生态环境造成破坏。

西北旱区生态系统演替呈现十分明显的双向性，存在着"荒漠化、盐碱化"与"绿洲化"极易转化的特征。灌区生态建设有利于确保绿洲内部耕地及人类居住区的生态环境向着绿洲化的趋势演变，同时灌区内部的经济活动才能得以稳定和可持续发展。

此外，灌区内的社会经济发展规模与生态规模也是相互依存，并存在相互制约的关系，当社会经济发展规模超过了灌区生态系统所能支持的规模，受水资源的刚性约束，灌区生态环境建设不可持续；当社会经济发展规模不足，此时水资源未能满足人口压力和生活水平的提高对物质的需求。但由于近年来节水灌溉技术的大面积应用和灌区农业生产规模扩张，引发了土壤盐碱化、土地沙化、湖沼湿地面积萎缩、耕地减少且质量下降、地面沉降和水体污染及生态规模的缩减等诸多生态环境问题[2]。

2. 基于适水发展的节水适宜度内涵

西北旱区水资源是农业发展和生态环境建设的关键制约因素，而水资源是土地资源发挥最大效能的基础保障，水资源的合理利用直接影响土地资源的生产效率。因此，适水发展是灌区水土资源科学利用与发展规划的基本原则，也是灌区节水适宜度确定的依据。

(1) 适水发展的内涵。适水发展是按照以水定城、以水定地、以水定人、以水定产的基本原则，遵循可持续发展理念，利用先进生产技术、水资源高效利用技术和生态环境保护及修复技术等，充分挖掘水的生活、生产和生态功能，通过科学配置和严格管理，不断满足生活、生产和生态用水需求，提升水土资源的承载能力，实现社会、经济、生态环境的协同与可持续发展。此外，适水发展是平衡区域或灌区农业水土资源的关键，根据自然和社会经济特点，依据区域耗水结构与水资源状况，构建与水土资源状况相应的适水农业发展模式和水土资源平衡利用模式。根据国家发展战略，西北旱区水土资源开发利用与优化配置需考虑以下 4 个方面的平衡：

1）水土平衡。遵循以水定地、量水而行的原则，综合分析灌区地表水、地下水、非常规水等各种水源及供水能力。依据灌区产业和社会经济发展规划，明确适宜的生产、生活、生态规模比例。根据气候和土壤特征及"宜农则农、宜草则草、宜林则林"的原则，系统评价灌区生产、生活、生态用水需求和用水结构。依据水土资源平衡，优化水资源和土地利用方式，建立与水土资源相适应的农业发展规模、种植结构和灌溉方式，实现水土资源利用效率最大化。

2）水盐平衡。以盐分与作物和谐共处为理念，系统分析灌区盐分来源、传输与累积特征，以及作物耐盐度和灌区盐分消纳能力。建设多功能的农田控制排水系统，优化节水控盐的灌排制度，发展"大气水—地表水—土壤水—地下水"互作的作物生育期和非生育期农田水盐平衡调控方式，合理管控地下水位和盐分来源。构建灌区土壤、地下水、排水系统、盐分排泄区多级盐分存储、消减管控模式，重构灌区水盐分布格局，保障农田根区土壤盐分平衡和作物的正常生长。

3）生态平衡。按照生态系统生产者、消费者、分解者间物质和能量平衡原理，以灌区农业生产与生态环境建设相协调为原则，明确灌区生态系统的服务功能和价值，系统分析生态系统防风固沙、水源涵养、水土保持、生物多样性保护、适宜人居环境营造的能力与适宜规模。发展秸秆还田、施加绿肥和微生物菌剂等保土养土技术，建立种养结合、粮饲协调、牲畜废弃物资源化的循环农牧业发展方式，构建集农业生产（包括草田轮作、间作）、灾害防治（包括农田防护林带）、环境营造（包括渠道和湿地保护林草带、乡镇绿化带）、农业资源循环利用（包括地下水补给、增加土壤有机质和微生物）为一体灌区生态平衡发展模式。

4）空间平衡。根据适水发展与空间适配的原则，依据灌区水资源条件、土地利用适宜性、生态环境承载力等因素，科学规划灌区生产、生活和生态功能的空间布局。规划建设蓄—输—配—用一体的灌区水网系统，实现灌区供水用水时空匹配。综合评价灌区生态系统盐分消纳能力的空间分布特征，构建土壤剖面—农田—灌区多尺度盐分消纳模式。依据灌区生态系统生产和生态功能的空间分布特征，建立农林牧结合、种养与粮经饲一体的农林牧业空间发展格局，实现灌区生产、生活和生态功能协调与可持续健康发展。

（2）节水适宜度的内涵。灌区节水适宜度是以适水发展思想为指导，以实现生态环境建设和社会经济协调发展为目标，以利用先进生产—生活—生态用水技术为手段，因地制宜优化区域发展规模、产业布局和种植结构、生态建设形式及水资源高效利用模式，确定适宜的生产—生活—生态节水程度和规模，提高灌区用水效率，缓解水资源供需矛盾，使有限的水资源发挥其最大的社会、经济、生态效益。

13.1.2 节水适宜度评价指标

灌区是一个复杂的生态系统，承担着生产、生活和生态服务功能，而三者间相互依存、相互影响。灌区生产活动包括粮食生产、蔬菜生产、水果生产、养殖生产和产品深加工等活动，为人类提供生活必需品。灌区生态系统包括农业生产系统、沟渠和河湖等湿地生态系统、林草生态系统，承担着农业生产、气候调节、土壤保护、调洪蓄水、水质净化、养分循环与贮存、维持生物多样性、病虫草害控制以及景观价值服务、提高产品品质和改善人民生活质量等多重生态服务功能，为灌区生产活动和人居提供适宜环境和必要物质。

1. 节水适宜度确定原则

灌区节水主要是通过有效减少输配水过程、灌水过程和作物用水过程中的渗漏损失和无效蒸发，实现灌溉水利用效率和效益的提高。适宜的灌区节水程度和规模需要系统考虑节水对生态环境的影响、生态和经济的边际效益问题等。因此，节水适宜度的确定需遵循系统性原则、功能协调原则、特色发展原则、资源高效原则、高质量发展原则等 5 个方面原则。

（1）系统性原则。灌区是一个复杂的人工—自然复合系统，包括水源、输配水系统、农田灌溉系统、农业生产系统等子系统，各子系统之间相互联系、相互影响。因此，灌区节水不能只从单个子系统或单个环节考虑，而要从整个灌区的角度出发，综合分析各个子系统的适宜节水程度和节水效益，制定合理的节水目标和方案，协调好各个子系统的节水技术与工程措施配套。

（2）功能协调原则。灌区节水需要考虑水的生产功能与生态功能之间的协调关系，避免过度节水导致次生盐碱化、地下水位下降和土地荒漠化等问题的发生。因此，灌区节水要明确生产用水与生态用水的合理阈值，满足生产与生态功能的正常发挥，促进灌区的绿色可持续发展。

（3）特色发展原则。依据灌区地形地貌、资源禀赋及特色农产品生产的特征，结合灌区供水能力，科学规划农业种植结构，减少高耗水与经济效益低的作物种植规模，特别要保障特色农产品生产用水需求，提升灌区的经济效益。

（4）资源高效原则。采用先进农业栽培技术和种植模式、节水灌溉与精准施肥、盐碱地治理与土地质量提升、水源涵养与水土资源开发利用、植被建造与生态环境保护技术、立体栽培与秸秆回田、非常规水处理与再利用、农业废弃物再利用等技术，科学利用各类农业资源，实现水土光热等农业资源高效利用与保护相协调。

（5）高质量发展原则。要转变农业节水发展观念，实现农业节水为农业生产服务向为生产、生活、生态服务转变，从规模扩张向提质增效转变。应围绕高效灌溉、节水增效、排水控盐、节能减排等方面开展技术与设备研发，显著提高灌区的综合效益，促进灌区的高质量发展。

2. 灌区水功能提升的途径

适水发展并非在灌区生产能力现状基础上的简单管理，而是利用先进科学技术，充分挖掘灌区水资源利用潜力，采取节水优先、高效用水、科学管水，以及提升生态环境服务功能，最大限度提高水资源的生产、生活和生态效能，提升灌区生产能力和综合效益，实现灌区可持续发展。因此，提升水功能的主要途径如下：

（1）提升水资源农业生产效能。农业水资源生产效能提升途径包括建设现代化生态灌区，最大程度减少输水、配水、灌水及作物耗水过程中水的无效损失，提高灌溉水利用率和作物水分利用效率；优化农业布局和种植结构、耕地轮作休耕，将节水灌溉技术与农艺措施有机融合，提高农业水资源生产效率；发展非常规水科学利用技术，提高水资源二次利用比例；实施灌溉信息化和智能决策管理，充分发挥节水灌溉工程与农艺、农机、生物、管理等措施的综合效能；强化农业用水管控，实施灌溉用水总量和定额控制。

（2）提升水资源生态环境功能。提升水资源生态环境功能途径包括合理开发利用地下水资源，实现地下水更新与可持续利用；科学利用河渠等湿地生态系统，净化和调蓄水资源，提高水资源重复利用率；科学规划生态景观格局，有效保护土地和控制土壤侵蚀，减少水污染发生和温室气体排放；发展生态产业，提升生态景观社会经济效益；充分利用降水资源和非常规水资源，高效利用多种水源，发展林草系统节水灌溉技术。

（3）提升水资源生活功能。提升水资源生活功能主要体现在以下两个方面：一方面保障生活用水的水质和水量，应用生活节水系统和器具；另一方面采用生活用水再利用技术，发展生活用水处理技术和非常规水林草灌溉技术，实现有限水资源高效利用。

3. 评估指标

灌区节水适宜度反映了规模化节水条件下灌区农业生产、生态、生活与社会经济协调发展的程度，选取 16 个相互独立且反映灌区水资源供需水平、水土资源匹配度、三生用水保证度、生态功能协调度和产能效益提升度的典型敏感指标组成灌区节水适宜度综合评价指标体系，西北旱区节水适宜度评价指标体系见表 13-1。

表 13-1　　　　　　　西北旱区节水适宜度评价指标体系

目标层	准则层	指标层	指标含义
西北旱区节水适宜度	B1 灌区水资源供需水平	C11 水资源供需比	反映灌区供水量与需水量之间的关系
	B2 灌区水土资源匹配度	C21 农业水土资源当量系数	表征灌区农业水土资源的丰缺程度
	B3 灌区三生用水保证度	C31 灌区生产用水保证率	表征灌区对农业生产用水的保障程度
		C32 灌区生活用水保证率	表征灌区对居民生活用水的保障程度
		C33 灌区生态用水保证率	表征灌区对生态安全用水的保障程度

目标层	准则层	指标层	指标含义
西北灌区节水适宜度	B4 灌区生态功能协调度	C41 灌区水域面积占比	反映灌区环境的灌溉潜力
		C42 灌区草地面积占比	反映灌区环境的生态脆弱程度
		C43 灌区林地面积占比	反映灌区环境的生态脆弱程度
		C44 土壤有机质量分数	反映灌区土壤自然肥力状况
		C45 地下水水质	反映灌区用水质量
		C46 干旱指数	反映灌区干旱程度
	B5 灌区产能效益提升度	C51 灌区亩均用水量	表征灌区用水特征及水平
		C52 灌区亩均农产品产量	表征农业水土资源综合产出能力
		C53 灌区农业总产值	表征灌区农业总产出能力
		C54 农民人均纯收入	反映灌区经济发展水平
		C55 化肥施用强度	反映农业生产对环境的潜在压力

(1) 灌区水资源供需水平。灌区水资源供需水平（$B1$）采用灌区水资源供需比表示，反映灌区供水量与需水量之间的关系，具体计算公式为

$$B1 = \frac{W_{sr}}{W_{GQ}} \tag{13-1}$$

式中：W_{sr} 为灌区供水量；W_{GQ} 为灌区需水量。

灌区节水适宜度确定首先要满足适水发展的要求，即灌区供水能力大于灌区需水量。灌区供水量表示为

$$W_{sr} = W_{ss} + W_{sg} + W_{sp} + W_{re} \tag{13-2}$$

式中：W_{ss} 为灌区地表供水量；W_{sg} 为灌区地下水供水量；W_{sp} 为农田和生态直接利用的降水量；W_{re} 为灌区可重复利用水量。

灌区需水量表示为

$$W_{GQ} = W_{生产} + W_{生活} + W_{生态} \tag{13-3}$$

式中：$W_{生产}$ 为灌区生产需水量；$W_{生活}$ 为灌区生活需水量；$W_{生态}$ 为灌区生态需水量。

灌区要实现适水发展，需要采取措施保证灌区供水能力大于或等于灌区需水量，即 $B1>1$。若 $B1<1$，即灌区需水量（W_{GQ}）大于灌区供水能力（W_{sr}）时，需要根据灌区实际情况及时降低灌区各行业的用水定额并提高用水效率，即提高用水价格、压减高耗水行业的规模等，调整农业种植结构以及不再扩大灌溉面积、新增灌溉用水量等，大力推广节水型种植、养殖及生产和生活方式并加大灌区节水改造等多种措施，积极通过降低灌区需水量来达到适水发展的目标。

(2) 灌区水土资源匹配度。灌区水土资源匹配度（$B2$）采用农业水土资源当量系数表示，是以农业水土资源匹配度与水土资源自然匹配度的比值来评价研究地区的水土资源短缺状况，具体计算公式为

$$B2 = \frac{R_i}{R_t} \tag{13-4}$$

其中
$$R_t = \frac{W_{灌溉}}{L_i} \qquad (13-5)$$

$$R_i = \frac{W}{L_t} \qquad (13-6)$$

式中：R_i 为农业水土资源匹配指数；R_t 为水土资源自然匹配指数；$W_{灌溉}$ 为灌区农业灌溉用水量；L_i 为耕地面积；W 为灌区水资源总量；L_t 为土地总面积。

农业水土资源匹配指数是反映某一区域可供农田灌溉利用的水资源与耕地资源时空匹配程度的指标，区域水资源与耕地资源分配的一致性水平越高，其匹配程度就越高，农业生产的基础条件就越优越。

当 B2>1 时，表明每公顷耕地面积上的农田灌溉用水量超过了每公顷土地面积上的水资源量，农田灌溉用水受限，应提高农田灌溉用水的使用效率，该地区水资源短缺，即为缺水地区。当 B2<1 时，表明每公顷耕地上的农田灌溉用水量小于每公顷土地上的水资源量，水资源相对充足，可以分配更多的水资源给耕地，当农田灌溉用水利用效率不变时，可相应的增加耕地面积，说明该地区耕地资源短缺，即为缺土地区。

为进一步评价农业水土资源的丰缺程度，可分别以 90%、75% 及 50% 水平梯度的农业水土资源当量系数进行衡量，分级标准见表 13-2。

表 13-2　　　　　　　　　　农业水土资源匹配程度分级标准

匹配水平	缺 土 区			相对平衡区	缺 水 区		
	严重	中度	轻度		轻度	中度	严重
	<50%	50%~75%	75%~90%	>90%	75%~90%	50%~75%	<50%
当量系数	<0.5	0.5~0.75	0.75~0.9	0.9~1.1	1.1~1.25	1.25~1.5	>1.5

(3) 干旱指数。干旱指数采用标准化降水蒸散指数 $SPEI$ 表示，标准化降水蒸散指数是假设某时间段降水量与潜在蒸散量之差服从 Log-logistic 概率分布，对其经过正态标准化处理得到的指数，用于表征某时段水分亏缺出现的概率，计算如下：

如利用 Thornthwaite 方法或 FAO Penman-Monteith 方法计算潜在蒸散量 PET，由此可得逐月降水量与潜在蒸散量的差值 D 为

$$D = P - PET \qquad (13-7)$$

式中：P 为降水量；PET 为潜在蒸散量。

基于 Log-logistic 分布对 D 进行拟合，其概率密度函数表达式为

$$f(x) = \frac{\beta}{\alpha}\left(\frac{x-\gamma}{\alpha}\right)^{\beta-1}\left[1+\left(\frac{x-\gamma}{\alpha}\right)^{\beta}\right]^{-2} \qquad (13-8)$$

式中：α 为尺度；β 为形状；γ 为初始状态参数；α，β，γ 可由线性矩法估计获得。

基于式（13-7）和式（13-8）得到 D 的概率分布函数为

$$F(x) = \left[1+\left(\frac{\alpha}{x-\gamma}\right)^{\beta}\right]^{-1} \qquad (13-9)$$

标准化降水蒸散指数 $SPEI$ 计算公式为

$$SPEI = W - \frac{C_0 + C_1 W + C_2 W^2}{1 + d_1 W + d_2 W^2 + d_3 W^3} \qquad (13-10)$$

其中
$$W = -2\sqrt{\ln p}$$

式中：W 为与概率分布函数相关的变量；C_0、C_1、C_2 和 d_1、d_2、d_3 通过数学推导和统计分析确定；p 为 Log - logistic 拟合分布超过某个 D_i 值累积概率，当 $p < 0.5$ 时，由 $1 - p$ 代替，同时 $SPEI$ 变换符号；当 $p \leqslant 0.05$ 时，$p = 1 - F(x)$；$C_0 = 2.515517$，$C_1 = 0.802853$，$C_2 = 0.010328$，$d_1 = 1.432788$，$d_2 = 0.189269$，$d_3 = 0.001308$。

标准化降水蒸散指数 $SPEI$ 干旱等级标准见表 13 - 3。

表 13 - 3　　　　　　　标准化降水蒸散指数 $SPEI$ 干旱等级标准

干旱等级	$SPEI$ 值	干旱等级	$SPEI$ 值
无旱	$-0.5 < SPEI$	重旱	$-2.0 < SPEI \leqslant -1.5$
轻旱	$-1.0 < SPEI \leqslant -0.5$	特旱	$SPEI \leqslant -2.0$
中旱	$-1.5 < SPEI \leqslant -1.0$		

(4) 评估方法。确定指标权重是综合评价的前提，决定着评价结果的合理性与可靠性。层次分析法是一种被广泛运用于评价指标体系权重计算的多维目标决策统计方法，能够将定性与定量分析有机结合，并使复杂问题层次化与系统化。

1) 构造比较判断矩阵。通过征询 10 位从事农业灌溉、生态等相关领域的专家，构造两两比较判断矩阵。对目标层而言，准则层的两两判断矩阵为

$$B = (b_{ij})_{n \times n} = \begin{bmatrix} b_{11} & b_{12} & \cdots & b_{1n} \\ b_{21} & b_{22} & \cdots & b_{2n} \\ \vdots & \vdots & \vdots & \vdots \\ b_{n1} & b_{n2} & \cdots & b_{nn} \end{bmatrix}, \ b_{ij} > 0, \ b_{ji} = \frac{1}{b_{ij}}, \ b_{ii} = 1 \quad (13 - 11)$$

式中：b_{ij} 为对目标层而言，准则层 B_i 和 B_j 哪个更为重要，其值采用"1—9"标度方法确定（表 13 - 4）；n 为判断矩阵阶数，即准则层指标个数。

由于评价指标体系层次结构的复杂性与判断矩阵构造中不可避免的主观性，为保证结果可靠，须先进行判断矩阵的一致性检验。

表 13 - 4　　　　　　　　　　　　"1—9"标度方法

标度值	2 个元素重要程度比较	标度值	2 个元素重要程度比较
1	同等重要	7	强烈重要
3	稍微重要	9	绝对重要
5	明显重要	2、4、6、8	上述相邻判断的中值，需折中时采用

2) 评价指标权重。设准则层指标 B_i 的权重为 w_{bi}，其计算公式为

$$w_{bi} = \frac{M_i^{\frac{1}{n}}}{\sum\limits_{i=1}^{n} M_i^{\frac{1}{n}}} \quad (13 - 12)$$

其中
$$M_i = \prod\limits_{j=1}^{n} b_{ij}$$

式中：M_i 为 $A - B_i$ 判断矩阵各行元素的乘积。设隶属于准则层指标 B_i 的下级指标 C_{ik} 的

准则层内部权重为 w_{cij}，同理可通过上式进行计算。设 w_{ij} 为 C_{ij} 对目标层的总权重，其计算公式为

$$w_{ij} = w_{bi} \times w_{cij} \tag{13-13}$$

13.1.3 需水量与优化配置

为了最大限度提高水资源的生产、生活和生态效能，提升西北旱区生产能力和综合效益，实现灌区适水发展，明确灌区适宜的生产、生活、生态需水量及其来源是十分必要的。

1. 灌区需水量

近几十年来，由于人类活动强度的不断加强，西北旱区对水的需求量也随之增加，使得水资源供需矛盾更加突出：农业用水量持续增加，土壤次生盐碱化加剧；生态用水得不到保障，土壤沙化，植被枯萎；灌溉面积持续增加，供需水平衡关系矛盾更加突出，水资源季节分布尤为不均衡；大量开采地下水，加重了生态环境的恶化。为减少土壤盐碱化、地下水位快速下降等生态退化现象的发生，根据灌区不同植被需水特点，计算灌区适宜的生产—生活—生态需水量，对维护灌区及区域的生态环境、科学配置水资源具有一定的理论意义。

（1）灌区农业生产需水。灌区农业生产需水是指保障农田作物优质高产和根区盐分淋洗的水资源总量，包括生育期作物生长用水量和非生育期盐分淋洗用水量，其计算公式为

$$W_{生产} = W_{生育期} + W_{非生育期} \tag{13-14}$$

其中

$$W_{生育期} = W_{作物} + W_{过渡} + W_{积盐区} \tag{13-15}$$

$$W_{非生育期} = W_{作物} / n \tag{13-16}$$

式中：$W_{生产}$ 为灌区农业生产需水量；$W_{生育期}$ 为作物生育期内灌排需水量，包括生育期内作物生理需水量 $W_{作物}$、过渡区排盐需水量 $W_{过渡}$ 和积盐区排盐需水量 $W_{积盐区}$；$W_{非生育期}$ 为非生育期单次盐分淋洗用水量；n 为淋洗周期。

（2）灌区生态需水。灌区生态需水是根据灌区生态环境相应的修复或保护目标，在一定时段内，为维持生态环境不至于进一步恶化并逐渐改善所需要供应的水资源总量，包括为保护和恢复内陆河流下游天然植被及生态环境的需水、林草植被建设需水、维持河流水沙平衡及湿地和水域等生态环境的基流，回补区域地下水的水量等方面，对一个特定的灌区，其生态需水存在一个阈值，超过阈值会导致生态的退化和破坏[3,4]。灌区农业生态需水量计算公式为

$$W_{生态} = W_{生态植被} + W_{河道蒸发} + W_{河道生态} + W_{河道输沙} + W_{河道渗漏} + W_{地下水回补} \tag{13-17}$$

式中：$W_{生态}$ 为灌区农业生态需水量；$W_{生态植被}$ 为灌区人工植被和天然林地的需水量；$W_{河道蒸发}$ 为河流水面蒸发需水量；$W_{河道生态}$ 为河道内河流生态需水量；$W_{河道输沙}$ 为河道内河流输沙需水量；$W_{河道渗漏}$ 为河道渗漏水量；$W_{地下水回补}$ 为保障灌区生态安全所需的地下水人工补给水量。

1）植被生态需水量。人工植被和天然林地的生态需水量采用彭曼公式法（Penman-Monteith 法）计算，其计算公式为

$$ET_0 = \frac{0.408\Delta(R_n - G) + r\dfrac{900}{T+273}U_2(e_a - e_d)}{\Delta + r(1+0.34U_2)} \qquad (13-18)$$

式中：ET_0 为参考作物蒸发蒸腾量，mm/d；Δ 为饱和水汽压随温度的变化率，kPa/℃；R_n 为净辐射，MJ/(m² · d)；G 为土壤热通量，MJ/(m² · d)；r 为湿度表常数，kPa/℃；U_2 为 2m 高处的平均风速，m/s。

2）河流水面蒸发需水量。河流水面蒸发需水量用面积定额法进行计算，即需水定额（年蒸发量）乘以面积，其计算公式为

$$W = AE \qquad (13-19)$$

式中：A 为河流水面的面积，万 hm²；E 为流域年蒸发量，mm。

3）河道基本生态需水量。用蒙大拿法（Tennant 法）计算。其中将生态最小需水量定义为该流域年平均径流量的 10%~15%；生态最佳需水量定义为该流域年平均径流量的 60%~100%；最大生态需水量定义为该流域年径流量的 200%。

4）河道输沙需水量。河流输沙需水量采用比值法，其计算公式为

$$W_t = \frac{S_t}{C_{\max}} \qquad (13-20)$$

式中：W_t 为河流输沙需水量，亿 m³；S_t 为年平均输沙量，万 t；$C_{\max}$ 为年最大月含沙量的平均值，kg/m³。

5）河道渗漏需水量。由于岩石的空隙、断层等原因向地下渗漏的水量为渗漏水量，河流渗漏需水量计算公式为

$$W = 2KILHT \qquad (13-21)$$

式中：W 为河道渗漏需水量，亿 m³；K 为渗透系数，m/d；I 为水力坡度，%；L 为河道长度，m；H 为含水层厚度，m；T 为时间，d。

6）地下水人工补给需水量。地下水人工补给水量计算公式为

$$W_{地下水回补} = (L_{生态} - L_{当前})S_{灌区} \qquad (13-22)$$

式中：$W_{地下水回补}$ 为灌区地下水人工补给需水量；$L_{生态}$ 为保障灌区生态安全的适宜地下水埋深；$L_{当前}$ 为保障灌区生态安全的适宜地下水埋深；$S_{灌区}$ 为灌区的面积。

(3) 灌区生活需水。 灌区生活需水包括居民的饮用、洗涤、畜禽养殖、家庭小作坊生产用水量等日常生活用水，其计算公式为

$$W_{生活} = PW_{日} \times 365 \qquad (13-23)$$

式中：P 为灌区人口数量；$W_{日}$ 为灌区日常生活用水量，参考水利行业标准《村镇供水工程设计规范》（SL 687—2014）的相关规定，西北旱区的日常生活用水量为 100L/(人 · 天)。

(4) 灌区水盐平衡。 西北旱区土壤盐碱化问题是自然与人为两方面因素综合作用的结果。两方面因素的相互交叉、制约和叠加的综合作用结果，必然持续不断地改变着灌区水盐循环的过程和态势。适宜的状态是既要减少农业灌水量又要使灌区保持持续的脱盐进程，同时使灌溉水发挥尽可能大的经济效益和生态效益。为此，查明灌区水盐平衡与转化规律，合理分析确定灌区保持土壤脱盐的合理水量排引比值，对于解决灌区土壤盐碱化调控问题具有举足轻重的意义。

水盐平衡过程涉及地表水、土壤水、地下水之间的相互影响，涉及降雨等气候因素、水文地质因素、自然条件和灌溉、排水等因素等。对于给定区域的水盐平衡计算区，水均衡决定盐均衡。在水盐均衡计算中，输入水、盐量即是补给的水、盐量；输出水、盐量即是排出的水、盐量。

区域水平衡方程可表示为

$$W_{总补给量} = W_{雨} + W_{引} + W_{山径} + W_{山侧} + W_{补} \tag{13-24}$$

$$W_{总消耗量} = W_{沟排} + W_{荒蒸} + W_{农业} + W_{工业} + W_{河排} \tag{13-25}$$

根据区域水平衡方程，区域盐分平衡公式可表示为

$$S_{总引盐量} = S_{雨} + S_{引} + S_{山径} + S_{山侧} + S_{补} \tag{13-26}$$

$$S_{总排盐量} = S_{沟排} + S_{荒蒸} + S_{农业} + S_{工业} + S_{河排} \tag{13-27}$$

式中：$S_{雨}$ 为降雨带入的盐量，万 t；$S_{引}$ 为引水带入的盐量，万 t；$S_{山径}$ 为山区径流带入的盐量，万 t；$S_{山侧}$ 为山区地下水侧向补给带入的盐量，万 t；$S_{补}$ 为地下水垂向补给带入的盐量，万 t；$S_{沟排}$ 为排水沟排出的盐分，万 t；$S_{荒蒸}$ 为荒地蒸发的盐分，万 t；$S_{农业}$ 为农业生产带走的盐分，万 t；$S_{工业}$ 为工业及城镇耗水带走的盐分，万 t；$S_{河排}$ 为河流排出的盐分，万 t。

灌区盐分平衡分析以灌区灌溉用水所带入灌区的总盐量 S_i 与排出总盐量 S_0 的差值 ΔS 来判断。ΔS 为正值，说明灌区处于积盐状态；ΔS 为负值，说明灌区处于脱盐状态。其计算公式为

$$\Delta S = S_i - S_0 = V_i C_i - V_d C_d \tag{13-28}$$

式中：V_i 为引入灌区的灌溉水量，m^3；C_i 为每立方米灌溉水中所含盐分的质量，kg/m^3；V_d 为灌区排水量，m^3；C_d 为每立方米排出灌区内的水中所含盐分的质量，kg/m^3。

为保证灌区内不积盐（$\Delta S = 0$），则排出的水量与引入灌溉水量的比值应满足

$$\frac{V_d}{V_i} = \frac{C_i}{C_d} = K_水 \tag{13-29}$$

式中：$K_水$ 为灌区水量排引比，是指灌区排水量与灌区引水量之比。

灌区排引盐量的大小主要取决于灌区排引的水量和排引水的盐分浓度，用灌区水量排引比代替水盐均衡计算的水盐补排量差值作为评价灌区土壤积、脱盐的指标，可以更加清晰地反映土壤积脱盐状况。

2. 灌区水资源配置

区域水资源的优化配置，不仅关心区域生态耗水，而且更关心生态需水，为此在考察生态耗水的基础上有必要对灌区的生态需水进行分析，根据每项生态耗水要素详细区分灌区的生态用水类型，为适宜生态需水计算打下基础。

生态需水量按其所处位置分为河道内生态用水量、河道外生态用水量[2]，河道外生态用水又分为人工生态用水和天然生态用水。但是对于西北旱区而言，更为关注的是人类通过直接或间接补水即可起到调控作用的生态环境所需要的水量，这些生态耗

水要素包括湖泊湿地生态用水、荒地植被生态用水、维持景观及城市生态用水、人工防护林生态用水、维持河段自净能力的生态需水以及保持灌区脱盐进程的盐分淋洗需水等。对西北旱区而言，生态需水类型有灌区非农地（荒地）的生态需水、灌区周边农业灌溉抬高地下水位支撑的湖泊湿地生态需水、灌区周边防护林带的生态需水、灌区中城市的生态环境需水、地质生态环境需水等[5]。以宁夏引黄灌区生态用水为例[6]，其主要补给来源见表 13-5。

表 13-5　　　　　　　　　　　　　　宁夏引黄灌区生态需水分类

生态需水分类			直接利用降水	不同形式利用径流		
				直接利用径流	工程系统供水	利用工程退水
河道内生态用水	河道生态用水	生态基流用水				
		冲沙用水				
		稀释净化用水				
	湖泊生态用水	最小水位用水				
		水生生物用水				
		稀释净化用水				
	湿地生态用水	生物栖息地用水				
		湿地土壤用水				
		蒸发、渗漏用水				
		稀释净化用水				
河道外生态用水	天然生态用水	地下水回灌用水				
		荒地植被生态用水　地带性植被				
		非地带性植被				
	湖泊生态用水	最小水位用水				
		水生生物用水				
		稀释净化用水				
河道外生态用水	天然生态用水	湿地生态用水　生物栖息地用水				
		湿地土壤用水				
		蒸发、渗漏用水				
		稀释净化用水				
	人工生态用水	防护林用水　农田防护林用水				
		防风固沙林用水				
		城镇生态用水　绿地用水				
		河湖景观用水				
		环境卫生用水				
		生态防护林				
		灌区淋洗盐分用水				

注　黄色、蓝色和灰色分别表示用水量较多、表示用水量较少、表示不用水。

13.2　节 水 适 宜 度 评 价

位于干旱、半干旱地区的西北旱区，由于长期的灌溉形成了独特自然景观格局。这种格局的形成受两方面因素的深刻影响：一方面是干旱少雨的自然环境背景，另一方面则是长期的不合理农业用水。由此在灌区内形成了诸如土壤盐渍化与土地沙化并存，土壤盐渍化与地面沉降并存，同时还有湖泊湿地萎缩、环境污染等问题。针对灌区的适水发展问题，需要明确灌区适宜需水量以及规模化节水对灌区生态环境的影响程度，从而评价灌区的节水适宜度。

13.2.1　灌区需水分析

灌区需水存在一个临界值，当用水量大于这一临界值时，灌区农业生态系统则向更稳定的方向演替，处于良性循环状态；低于这一临界值，灌区农业生态系统处于退化状态。灌区需水量的不同在一定程度上反映了灌区生态安全的程度，灌区主要的生产需水量类型有灌区周边农业灌溉抬高水位支撑的湖泊沼泽需水量、灌区非农地（荒地）的需水量、灌区防护林带的需水量、灌区中城市环境需水量、湖泊湿地景观需水量、地质生态环境需水量、土壤淋盐需水量以及农田植被需水量等。

阿瓦提灌区是新疆维吾尔自治区重要的粮棉产区之一，也是全国重要的优良棉生产基地。农业用水主要由老大河流经阿瓦提县第一分水闸向阿瓦提灌区输水，具有"中国长绒棉之乡"的美誉。该灌区内大部分区域由于地下水位高、排水不畅而积盐等因素导致灌区土壤盐渍化严重。再加之近年阿克苏河上游来水量锐减，以及为保证塔里木河输水目标可引水量减少等多重压力，阿瓦提灌区的水土资源利用状况相当严峻。2016 年，阿瓦提县总灌溉面积为 11.23 万 hm^2，较 14 年前灌溉面积增加了 3.29 万 hm^2。面对有限的水资源，灌溉面积的不断扩大导致农业用水挤占生态用水，使得生态越发脆弱。本节以阿瓦提灌区为例，为保障生态安全和可持续发展，开展阿瓦提灌区需水研究具有现实意义[7]。

1. 河道内需水量

河道内生态需水量主要是保证河流基本的生态流量，河流输沙、河流水面蒸发、河流渗漏等过程所需要的水量。

（1）河道基本生态需水量。河道基本需水量是指维持河道最基本的生态水量平衡，且保证下游不受到威胁所要求的水量。阿瓦提灌区的地表水资源主要由老大河提供，经过实测资料分析得出，老大河多年平均径流量为 26.24 亿 m^3，其中每年给阿瓦提灌区限额配水量为 8.62 亿 m^3。采用蒙大拿法计算得出，阿瓦提灌区 2016 年的河道基本生态需水量为 0.86 亿 m^3。

（2）河流输沙需水量。对于西北旱区来说，大多数河流具有干旱少雨的特点，致使河流泥沙问题表现得更加突出。过量泥沙问题导致水平面上升，甚至会出现地上河的危险。根据老大河水文站 1958—1965 年、1981—1984 年共 12 年完整的泥沙测验资料统计，阿瓦提灌区多年平均输沙量为 169.34 万 t，多年最大月含沙量的平均值为 4.06kg/m^3，采用比值法，得出阿瓦提灌区 2016 年河流输沙需水量为 4.17 亿 m^3（表 13 - 6）。阿克苏河是多泥沙性河流，泥沙主要来源有上游山区冰雪融水夹带的冰碛物；山地降水冲刷，河道两岸地表裸露，山岩石随冰雪融水和雨水冲刷下来的风化物，导致河流输沙需水量增大。

表 13-6　　　　　　　　　　河流输沙需水量计算表

多年平均输沙量/万 t	多年最大月含沙量/(kg/m³)	河流输沙需水量/亿 m³
169.34	4.06	4.17

（3）河流水面蒸发需水量。 阿瓦提灌区年蒸发量为 1162.2mm，河流水面面积 0.45 亿 m²，由定额法得出阿瓦提灌区的水面蒸发需水量为 0.52 亿 m³。根据雒天峰等[8] 的资料，动水比静水水面状态下多蒸 12%～38%，取 25%。计算得出阿瓦提灌区 2016 年水面蒸发需水量为 0.65 亿 m³。河流水面蒸发需水量见表 13-7。

表 13-7　　　　　　　　　　河流水面蒸发需水量计算表

多年平均蒸发量/mm	河流水面面积/亿 m²	水面蒸发量/亿 m³
1162.2	0.45	0.65

（4）河流渗漏需水量。 由于岩石的空隙、断层等原因向地下渗漏的水量为渗漏水量。阿瓦提灌区渗漏需水占阿瓦提灌区河道内生态需水的重要一部分，采用达西公式计算河流渗漏需水量。其中，渗漏系数 K 取 3，I 取 0.57%，河道长度 L 取 0.75×10^5 m，含水层厚度 H 取 98m，时间 T 取 365 天，得出河流渗漏需水量 0.89 亿 m³。综合以上结果，得出阿瓦提灌区 2016 年河道内生态需水量为 6.57 亿 m³（表 13-8）。阿瓦提灌区河道内各生态需水量比例如图 13-1 所示。可以看出，河流输沙需水量占的比重最大，为 63.47%，这是由于老大河是多沙性河流，含沙量大；阿瓦提灌区实行限额配水，没有多余水量进行排砂，导致渠系淤积严重。

表 13-8　　　　　　　阿瓦提灌区河道内生态需水量　　　　　　　单位：亿 m³

河道基本生态需水量	河流输沙需水量	河流水面蒸发需水量	河流渗漏需水量	河道内生态需水量
0.86	4.17	0.65	0.89	6.57

2. 河道外需水量

（1）灌区作物需水量。 作物需水量是指作物经过正常生长发育，获得高产量植株体的所需要的水量之和。作物需水量采用彭曼公式法计算。

目前阿瓦提灌区作物主要包括粮食作物和经济作物，粮食作物为冬小麦、玉米和复播玉米，经济作物为棉花（常规灌）、棉花（膜下滴灌）和其他经济作物。阿瓦提灌区作物需水量计算表见表 13-9，作物

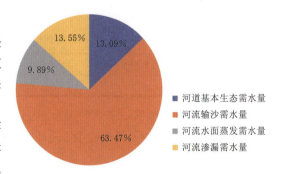

图 13-1　阿瓦提灌区河道内各生态需水量比例图

需水量为 4.39 亿 m³，其中，棉花的需水量最大，为 3.41 亿 m³，这是因为阿瓦提灌区种植作物主要以棉花为主，其他经作物的需水量最小，为 0.12 亿 m³。

表 13 - 9　　　　　　　　　　阿瓦提灌区各种作物需水量计算表

作物种类	耕作面积/万 hm²	净需水定额/mm	需水量/亿 m³
小麦	0.91	505.5	0.46
玉米	0.33	484.8	0.16
复播玉米	0.75	320.0	0.24
棉花（常规灌）	2.47	542.5	1.34
棉花（膜下滴灌）	4.18	495.2	2.07
其他经作物	0.26	461.5	0.12

注　作物需水定额和种植面积数据来源于阿克苏地区阿瓦提县农田水利规划现状调查报告。

（2）农田防护林适宜需水量。农田防护林是为改善小气候保证作物稳产而营造的防护林。农田防护林需水量采用彭曼公式法计算。参考作物蒸散量为 2238.6mm，防护林的生态需水系数为 0.93，土壤水分修正系数取 0.37，有效降水量为 26.3mm，农田防护林的需水定额 1522.6mm，净需水定额 1496.3mm，农田防护林面积为 5000hm²。计算得出阿瓦提灌区农田防护林的年均需水量为 0.03 亿 m³。农田防护林需水量计算见表 13 - 10。

表 13 - 10　　　　　　　　　　农田防护林需水量计算表

生态需水量/mm	有效降水量/mm	净生态需水量/mm	面积/万 hm²	年均需水量/亿 m³
1522.6	26.3	1496.3	0.5	0.03

（3）天然林地的适宜需水量。天然林地在陆地生态系统和生态系统演变与发展过程中发挥着重要的作用，天然林地的需水量采用彭曼公式法计算。灌区天然灌木林地的需水系数为 0.29，2016 年灌木林地的面积 16 万 hm²，有效降水量为 26.29mm，灌木林地的生态需水定额为 2081.9mm，净生态需水定额为 2055.60mm，根据土壤水修正系数 0.38，得出阿瓦提灌区 2016 年天然林地需水量 1.25 亿 m³[7]。天然林地的需水量计算见表 13 - 11。

表 13 - 11　　　　　　　　　　天然林地的需水量计算表

生态需水量/mm	有效降水量/mm	净生态需水量/mm	面积/万 hm²	年均需水量/亿 m
474.78	26.29	2055.60	16.00	1.25

（4）草地需水量估算。草地的需水量采用定额法计算参考作物蒸散量为 2238.60mm，草地生态需水系数 0.22，草地的生态需水定额 492.5mm，草地的净需水定额 466.20mm。草地的面积 6.37 万 hm² 及土壤修正系数（0.38），由式（13 - 28）得出阿瓦提灌区草地的需水量为 1.13 亿 m³。草地的需水量计算见表 13 - 12。

表 13 - 12　　　　　　　　　　草地的需水量计算表

生态需水定额/mm	有效降水量/mm	净生态需水定额/mm	面积/万 hm²	年均需水量/亿 m³
492.5	26.3	466.20	6.37	1.13

综合以上计算结果得出阿瓦提灌区河道外需水量为 6.80 亿 m³（表 13-13）。可以看出，灌区作物需水量最大，农田防护林需水量最小。

表 13-13 　　　　　　　　　　　阿瓦提灌区河道外需水量 　　　　　　　　　单位：亿 m³

需水类型	天然林地	草地	农田防护林	灌区作物	河道外需水量
需水量	1.25	1.13	0.03	4.39	6.80

在分析整理大量资料的前提下，针对不同植被需水特点，采用与之相适宜的需水研究方法对阿瓦提灌区需水进行计算。结果表明，2016 年阿瓦提灌区需水总量为 13.37 亿 m³，其中河道外需水量 6.80 亿 m³，占需水总量的 50.86%；河道内需水量 6.57 亿 m³，占需水总量的 49.14%。

3. 灌区需耗水及盐分平衡

根据统计数据，阿瓦提灌区现有灌溉面积约 7.93 万 hm²，年均灌溉引水量超过 9 亿 m³。根据《阿克苏河流域灌区节水改造工程五年实施方案》确定的阿克苏河向塔里木河输水目标，自 2005 年后对阿瓦提灌区限额配水 8.0347 亿 m³/年，以及根据《阿瓦提县土地利用总体规划》等，阿瓦提灌区灌溉总面积将增加到近 10 万 hm²，地下水最大开采量达到 1.20 亿 m³/年。自 2005 年起为了满足塔里木河生态输水目标，阿克苏河仅向该灌区限额配水约 8.0347 亿 m³，灌区内可用地表水量大幅减少。因此，需考虑开发利用地下水才能满足既有耕地灌溉的需水量。据 2004 年新疆地下水资源评价结果，阿瓦提灌区地下水可开采量约 2.12 亿 m³。考虑灌区引水、地下水利用，以及所辖乡场所需资料的情况等，以灌溉渠系和水文地质条件为基础，兼顾行政区域管理实际状况，将研究区域划分为 4 个灌溉单元（图 13-2），分别为拜什艾日克灌区（灌区 1）、英艾日克灌区（灌区 2）、丰收灌区（灌区 3）和乌鲁却勒灌区（灌区 4）。

综合以上各项规划要求，对阿瓦提灌区未来水土利用情景拟定以下 4 个方案进行分析：

（1）方案 A0：维持灌区 2004 年水土利用情况，不采取任何工程措施，保持现有种植结构及灌溉制度等。此方案下，总灌溉面积约 7.93 万 hm²，渠系水综合利用系数平均约为 0.469，平均灌溉定额约为 5800m³/hm²。

（2）方案 A1：在方案 A0 的基础上，进行灌区节水改造，提高渠系及田间水利用系数，改变灌溉制度，应用高新节水灌溉技术，降低灌水定额。渠系水综合利用系数提高约 25%，平均灌溉定额降低 10%～15%。

（3）方案 A2：在方案 A1 的基础上，在适宜开采地下水的区域优先开采地下水用于灌溉，并考虑到由于开采地下水而地下水位下降影响排水排盐，在盐渍化较严重的农区布设暗管或竖井排水增加排盐效果。

（4）方案 A3：在方案 A2 的基础上，开发利用区内约 1.73 万 hm² 弃耕或已开垦未耕地，并适当调整种植结构，加大节水灌溉面积。

根据上述方案，应用水盐平衡模型以需水模式模拟预测阿瓦提灌区未来 15 年的水盐平衡状况，进而分析各子灌区的 4 个水平衡和盐平衡等。灌区的供需水分析与盐平衡结果如下：

图 13-2　阿瓦提灌区地理位置分布图

根据限额配水和优先利用地下水灌源以及优先满足地下水开采潜力小的灌区 3 和灌区 4 的地表引水量的原则，对各方案各子区进行供需水分析，并探讨灌区的积脱盐状况（表 13-14）。假设限额配水的条件下，阿瓦提灌区从区外引水量能有力保证到 8.0347 亿 m³/年。由方案 A0 的供需平衡结果可知，在维持现状的条件下，不采取任何工程措施，限额配水量无法满足灌区内现有耕地的灌溉需水量，总计每年缺水量达 3.69 亿 m³。由方案 A1 的供需平衡结果可知，采取灌区节水改造和高新节水灌溉等措施，尽管每年耗水量减少了 2.04 亿 m³，但仍难以缓解限额配水的压力。优先满足地下水开采潜力小的灌区地表水的情况下，灌区 3 和灌区 4 可满足需水要求，但灌区 1 和灌区 2 每年总计缺水达 0.57 亿 m³。由此看来，利用地下水灌溉才能满足现有耕地的灌溉需水量。预计地下水开采量达到规划的最大开采能力（方案 A2），此时灌区内水量供大于需，可每年余水 0.96 亿 m³。在方案 A2 的基础上，探讨增加灌溉面积后的供需水平衡（方案 A3），在增加灌溉面积约 1.73 万 hm² 的情况下，改变种植结构、加大节水灌溉面积、优化配水，基本可以保证用水的供需平衡，但用水形势相当严峻。

表 13 - 14　　　　　　　　各方案各子灌区供需水平衡和盐平衡结果

方案	灌区	需水量/万 m³	耗水量/万 m³	供水量/万 m³		余缺水量/万 m³	盐平衡/万 t		
				区外引水	井水		引入盐量	排出盐量	积盐（＋）脱盐（－）
A0	1	32303	25940	21779	0	−10524	11.04	64.07	−53.03
	2	42385	35427	29201	0	−13184	14.82	82.76	−67.94
	3	20829	16859	14368	0	−6461	7.34	49.24	−41.9
	4	21756	18402	14999	0	−6757	7.50	35.19	−27.69
	小计	117273	96628	80347	0	−36926	40.7	231.27	−190.57
A1	1	23850	20374	20910	0	−2940	10.61	30.11	−19.5
	2	30996	28052	28238	0	−2758	14.34	35.05	−20.71
	3	15293	13083	15293	0	0	7.80	28.64	−20.84
	4	15906	14766	15906	0	0	7.95	9.4	−1.45
	小计	86045	76275	80347	0	−5698	40.70	103.2	−62.50
A2	1	22226	15853	19624	4405	1803	9.96	13.69	−3.73
	2	28818	21890	26402	5780	3364	13.42	17.17	−3.75
	3	15293	10858	17548	0	2255	8.93	56.07	−47.14
	4	15544	12864	16773	918	2147	8.39	16.74	−8.35
	小计	81881	61465	80347	11103	9569	40.70	103.68	−62.98
A3	1	23469	16997	19071	4405	7	9.69	14.92	−5.23
	2	33480	25812	27752	5780	52	14.10	25.92	−11.82
	3	16598	11825	16649	0	51	8.48	59.95	−51.47
	4	17735	14600	16875	918	58	8.44	22.28	−13.84
	小计	91282	69234	80347	11103	168	40.70	123.06	−82.36

根据 2000—2004 年阿瓦提灌区水盐监测数据，老大河输水干渠来水矿化度多年平均约为 0.50g/L，各子灌区排水矿化度多年平均约为 11.88g/L，地下水矿化度多年平均约为 1.57g/L。假设灌区引水水质、排水水质保持不变，由各子灌区的供需水平衡分析其盐平衡。分析表明，所有方案中各子灌区均处于脱盐状态，但方案 A1 和方案 A2 中部分灌区由于灌排不协调，脱盐效果差。方案 A1、A2、A3 情景下，引水减少、地下水位下降等因素导致灌区排水量减少，因此灌区排盐量也相应减少，据此形势，灌区内脱盐状况不容乐观。方案 A2 和方案 A3 开发利用地下水，可以降低灌区的潜水位，减少潜水无效蒸散量。与暗管（或竖井）排水结合发挥"井灌井排"的作用，防止土壤盐碱化。如果合理调节利用年内各月份地表水和地下水，控制灌排比将有利于灌区内土壤的改良。

13.2.2　灌区节水与生态系统健康关系

地下水位是诊断干旱区地下水依赖型生态系统健康的关键指标，也是揭示植被生态需水机理的重要依据。地下水生态水位一般是指既能满足乔木、灌木和草本等各类陆生植物生长发育吸收利用地下水的需求，同时又能避免土壤盐渍化或土地荒漠化的地下水位动态区间。保障植被生长所需水分和防止土壤盐渍化是干旱区绿洲生态系统健康持续的基本需求，也决定了地下水生态水位下限值与上限值。

1. 地下水位与灌区生态环境

为了分析灌区节水与生态系统健康间关系，以宁夏引黄灌区为例进行分析。宁夏引黄灌区地处干旱半干旱地区，降水少、蒸发大，长期的发展演变形成了以农作物、人工生态和自然生态并存的农业—生态系统。该灌区引水条件便利、引黄灌溉渠系发达，受地形条件、灌溉方式和排水能力、土壤特性等因素影响，灌区内地下水埋深浅、土壤盐渍化严重。为缓解土壤盐碱对农业生产的影响，需保证一定的农业安全地下水位。同时特殊的自然地理条件决定了该区域天然植被的生存依赖于灌溉入渗补给的地下水，因而需保证一定的生态地下水位才能维系生态系统的良性循环。本节以宁夏引黄灌区作为案例，分析地下水位对灌区土壤盐碱化、荒漠化的影响。

(1) 地下水位与灌区盐渍化的关系。根据方树星等[6] 的研究及宁夏农林科学院的土壤普查资料，灌前土壤含盐量与地下水位埋深、地下水矿化度具有以下关系：

1) 春灌前地下水位埋深大于 2.0m，表土（0～20cm）含盐量小于 0.1%，一般为0.06%～0.09%，地下水矿化度小于 1.9g/L，平均 1.2g/L。

2) 春灌前地下水位埋深 1.7～2.0m，表土（0～20cm）含盐量小于 0.15%，一般为0.06%～0.15%，地下水矿化度小于 2.5g/L，平均 1.4g/L。

3) 春灌前地下水位埋深 1.5～1.8m，非盐斑处表土（0～20cm）含盐量小于 0.2%，一般为 0.11%～0.20%，盐斑处表土（0～20cm）含盐量 0.5% 左右，地下水矿化度小于3.0g/L，平均 1.8g/L。

4) 春灌前地下水位埋深 1.2～1.5m，非盐斑处表土含盐量小于 0.35%，一般为0.14%～0.32%，平均 0.25%，盐斑处表土平均含盐量 0.6%～0.7%，地下水矿化度小于 4.0g/L，平均 2.3g/L。

5) 春灌前地下水位埋深 1.0m 左右，表土（0～20cm）含盐量在 0.5% 左右，盐斑处表土平均含盐量 1% 左右，地下水矿化度 3～5g/L。

土壤盐化与地下水位埋深、地下水矿化度的关系如图 13-3～图 13-6 所示。

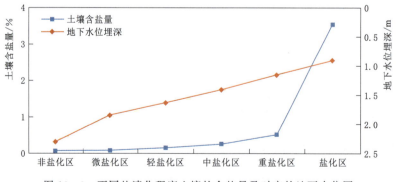

图 13-3 不同盐渍化程度土壤的含盐量及对应的地下水位图

综合有关研究，土壤盐化与地下水位埋深、地下水矿化度的关系为

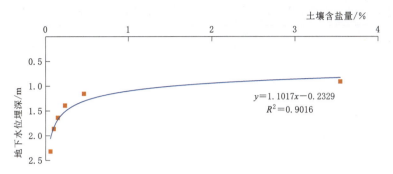

图 13-4 表土（0~20cm）土壤含盐量与地下水位的关系图

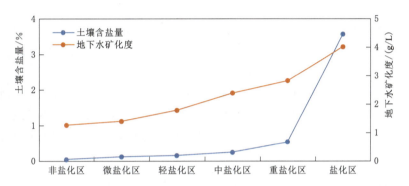

图 13-5 不同盐渍化程度土壤的含盐量及对应的地下水矿化度图

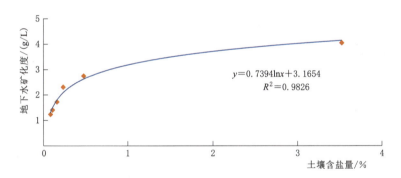

图 13-6 表土（0~20cm）土壤含盐量与地下水矿化度的关系图

$$\Delta W = K W_0^a (1+\Delta)^b \tag{13-30}$$

式中：ΔW 为土壤表土含盐量，%；W 为地下水矿化度，g/L；Δ 为地下水位埋深，m；K 为与土壤、气象、植被等有关的综合性系数；a、b 为指数。

尚德福[9] 通过对宁夏银北灌区的计算，求得式（13-30）中的各指数、系数和复相关系数为 $a=0.546$；$b=3.846$；$K=3.88$；$R=0.92$。银北耕地表土含盐量的公式为

$$\Delta W = 0.388 W_0^{0.546} (1+\Delta)^{3.846} \tag{13-31}$$

（2）地下水与灌区荒漠化的关系。地下水与灌区荒漠化的关系可以通过地下水位埋深对植被群落盖度的影响来说明。根据王忠静等[10] 对相关资料的整理，西北干旱内陆河区地下水位与天然植被生长关系见表 13-15。

表 13 - 15　　　　　　　　　西北干旱内陆河区地下水位与天然植被生长关系

地下水位埋深/m	主要生长植物及状况	覆盖度/%	土地沙化程度
<2	水生生物及芦苇生长良好	40～70	不沙化
2～3	芦苇、冰草、杨树生长良好	40～50	基本不沙化
3～4	芨芨草、甘草、罗布麻、沙枣、梭梭、胡杨生长良好	30～40	轻度沙化
4～5	骆驼刺、花花柴、白刺、沙拐枣、梭梭，沙枣、胡杨生长不良、枯梢少数死亡	20～40	轻、中度沙化
5～7	红柳生长基本正常，沙枣、胡杨大部分枯死	<30	中、重度沙化
>7	除少数不受地下水影响的植物外，多数植物死亡	<10	强度沙化

表 13 - 15 可以看出，地下水位埋深 3m 是土地沙化的临界点。如果地下水位埋深超过 3m，则土地开始轻度沙化，随着地下水位埋深的加大，土地沙化的程度越来越严重，植被覆盖度越来越小，植被群落逐步向着旱生植被演替；如果地下水位埋深超过 7m，则多数植物死亡，土地表现为强度沙化，植被覆盖度小于 10%。

综上所述，灌区的地下水位与灌区的地表植被存在着密切的关系，地下水位埋深的变化势必影响到地表植被的退化，如果地下水位埋深过大，则很有可能导致灌区地表植被的退化，加快土地荒漠化进程。因此，对灌区地下水位的控制是防止土壤荒漠化的重要手段。

2. 基于地下水位的灌区节水规模

节水适宜度研究便是寻求合理的地下水位，使得既不会造成土壤积盐也不会造成土地荒漠化，具有合理的地下水位方案所对应的灌区引水量、灌区节水规模便是所追求的生态脆弱地区合理节水规模。本节以宁夏引黄灌区作为案例，分析宁夏引黄灌区基于地下水位的灌区节水适宜度[11]。

(1) 灌区地下水位控制标准。由于地下水位埋深与土地的荒漠化及其土壤的盐渍化都存在着密切的关系，所以灌区地下水位控制标准的制定应遵循盐碱化和荒漠化的平衡原则，即通过控制地下水位使得表层和耕作层的土壤盐分控制在作物耐盐极限之内，又不至于由于地下水位过低而导致土地的荒漠化。根据灌区水盐动态观测资料及有关研究，青铜峡灌区的地下水位埋深的适宜控制标准如下：

1) 解冻至夏灌前（3—4 月），地下水位的适宜控制埋深为 2.0～2.4m，在不同的地下水矿化度地区，要保证农作物高产（如小麦、玉米、胡麻以及蔬菜、瓜果等），必须使春季返盐时，表土含盐量降至 0.1%～0.2%，0～20cm 表土含水率控制在 16%～18%。

2) 作物生长期（5 月至 9 月中旬），地下水位的适宜控制埋深为 1.2～1.5m，既可满足作物正常需水的要求，又可使根系土层有良好的生态环境。

3) 停灌后至冬灌前（9 月下旬至 10 月中旬），地下水位的适宜控制埋深为 2.0～2.4m，此时土壤进入秋季返盐阶段，但多数秋季作物已处于生长的中后期，不存在盐分危害，控制埋深是为了降低返盐率。

4) 冬灌至次年解冻前（10 月下旬至次年 2 月），地下水位的适宜控制埋深为 1.3～1.7m，通过控制冻结开始时的地下水位埋深，减少盐分向耕作层返盐。

(2) 灌区不同节水规模方案。采用节水措施势必造成地下水补给量的减少，进而造成地下水位的降低，而地下水位如果过低则造成地表荒地植被吸收水分困难，植被的枯萎便是荒漠化的开始。确定灌区节水规模的控制数据包括灌区的引水量、地下水的开采量、灌溉定额与灌溉制度、渠系利用率等，通过人为改变控制数据，即改变引用水方案进行模拟，通过观察变动后的水位变动效果，确定较合理的拟定规划方案。以青铜峡灌区节水规划为例，拟定相关的节水方案。根据《宁夏回族自治区大型灌区续建配套与节水改造规划报告》，宁夏青铜峡灌区至 2015 年节水改造总体规划目标如下：

1）现状灌溉面积全部达到节水灌溉标准。

2）自流灌区渠系水利用系数由现状的 0.43 提高到 0.55 以上。

3）畦田规格全部控制在 0.5 亩以下，推广低压管灌、喷灌、滴灌等田间节水灌溉技术，田间水利用系数由现状的 0.7～0.8 提高到 0.9。

4）改造中低产田 250 万亩。

5）青铜峡灌区灌溉引黄水量由现状的 60.29 亿 m^3 逐步减少到 38 亿 m^3，减少 37%。

（3）以现状年为基础的灌区节水方案拟定。所谓方案拟定，就是对灌区总体引水规模、渠系水利用系数、渠系水入渗补给系数、田间水利用系数和田间水入渗补给系数等进行逐项调整或者对各项调整进行组合，而这些系数的调整实际上反映的是区域节水工程和节水措施综合作用的结果。根据研究需要，共拟定 9 个引黄灌溉方案，其中方案 1 是零方案，即现状灌溉方案，其他灌溉方案则是在此基础上考虑到节水措施的逐步到位及节水程度的逐步深化而形成的，各灌溉方案见表 13-16。

表 13-16 宁夏青铜峡灌区不同节水水平的引黄灌溉方案

方案编号	渠首引水量 /亿 m^3	渠系水利用系数	渠系渗漏补给系数	田间渠灌入渗补给系数	田间灌溉净定额 /(m^3/亩)	灌溉面积 /万亩
1	60.29	0.43	0.21	0.21	570～800	437.0
2	57.63	0.45	0.18	0.18	540～770	437.0
3	52.88	0.48	0.17	0.17	510～730	450.0
4	49.22	0.51	0.16	0.16	490～680	450.0
5	47.25	0.53	0.15	0.15	470～650	479.0
6	44.71	0.56	0.14	0.14	460～640	479.0
7	44.26	0.57	0.13	0.13	450～630	512.0
8	38.00	0.60	0.10	0.10	400～450	512.0
9	35.50	0.75	0.085	0.085	450～630	512.0

（4）灌区适宜节水规模与评价。在节水规划方案拟定后，通过地下水模拟模型对各节水方案的效果进行评价，在节水方案的选择中重点考虑各方案的地下水位情况，通过方案各项指标的比较选出具有适宜节水强度的节水方案。

选择 7 月的地下水位埋深作为评价指标，不同引黄灌溉方案的地下水位埋深所占面积情况见表 13-17。由于 7 月是每年的灌溉季节，所以在地下水位埋深统计过程中考虑了前述的地下水位埋深控制标准，同时考虑到地下水位埋深 3m 是潜水蒸发的极限这一情况，所以将地下水位埋深分为小于 1.2m、1.2～1.5m、1.5～3m、大于 3m 4 种情况分别进行面积变化统计。

表 13-17　　　　　　　**各规划方案 7 月不同地下水位埋深所占面积**　　　　单位：km^2

方案	埋深小于 1.2m	埋深 1.2～1.5m	埋深 1.5～3m	埋深大于 3m
7 月地下水位埋深	3576	972	2244	812
方案 1	3004	1024	2688	888
方案 2	2676	1088	2924	916
方案 3	2516	1004	3160	924
方案 4	2388	1024	3248	944
方案 5	2224	1016	3380	984
方案 6	2172	984	3448	1000
方案 7	1896	792	3776	1140
方案 8	1792	780	3856	1176
方案 9	1244	676	4284	1400

从模拟计算结果来看（表 13-17），可以得到如下结论：

1）随着节水规模的加大、节水水平的提高，青铜峡灌区 7 月地下水位埋深逐渐降低，土壤积盐的可能性也逐渐降低。在现状引黄灌溉条件下，灌区地下水位埋深小于 1.2m 的区域面积有 3004km^2，随着节水程度的深化，灌溉引水量的减少，这一数字逐渐降低到方案 9 的 1244km^2，方案 9 和方案 1 相比，下降了 59.6%。从各方案地下水位埋深小于 1.2m 的区域面积下降的比例来看，方案 9 下降得最多，该方案比方案 8 下降了 30.6%，其次是方案 7，该方案比方案 6 下降了 12.7%。

2）在地下水位埋深控制标准（1.2～1.5m）范围内的面积稳中有降。方案 1 到方案 6，该区间所占面积基本稳定在 1000km^2 左右，而方案 7 该数值则有明显的下降，下降幅度达 19.5%，方案 9 次之，下降幅度达到了 13.3%。根据地下水位控制标准，地下水的适宜埋深应既可满足作物正常需水的要求，又可使根系土层有良好的生态环境。但从模拟结果来看，随着节水力度的加大，并不意味着符合地下水位埋深控制标准的面积不会相应增加，而是表现出一定的稳定性，在节水达到一定程度后该面积还有可能下降，因此节水的程度并不是越大越好。

3）随着节水力度的加大，灌区土地沙漠化的趋势会有所增加，主要表现在潜水蒸发极限地下水位埋深（3m）以上的面积会持续增加。从各方案的模拟结果来看，在现状引黄灌溉条件下，灌区地下水位埋深大于 3m 的区域面积有 888km^2，随着节水程度的深化，灌溉引水量的减少，这一数字逐渐增至方案 9 的 1400km^2，方案 9 和方案 1 相比，增加了 57.7%。从各方案地下水位埋深大于 3m 的区域面积增加的比例来看，方案 9 增加得最多，该方案比方案 8 增加了 19.0%，其次是方案 7，该方案比方案 6 增加了 14.0%。

综合上述分析，方案 8 作为宁夏引黄灌区的适宜节水规模较为合理，即灌区的节水规划具有一定的科学性。如果从全局考虑，则推荐将方案 6 作为宁夏引黄灌区的节水规模更为适宜，在这一节水规模下，灌区的土壤盐碱化威胁与现状相比将降低 27.7%，而其土地沙化威胁程度仅仅增加了 12.6%。

13.2.3 节水适宜度评价

通过收集 2019 年新疆阿瓦提灌区相关资料可知，阿瓦提灌区土地面积为 18.72 万 hm²，其中耕地面积约为 8.90 万 hm²，灌区总需水量为 11.73 亿 m³，限额配水量为 8.03 亿 m³/年，其中农业灌溉用水量为 4.39 亿 m³。阿瓦提灌区的地表水资源主要由老大河提供，可用水资源总量约为 9.12 亿 m³。由此可知，灌区水资源供需比为 0.78，即阿瓦提灌区的供水量要小于需水量，灌区需要调整农业种植结构、大力推广节水型种植、养殖及生产和生活方式并加大灌区节水改造等多种措施，积极通过降低灌区需水量来达到适水发展的目标；农业水土资源当量系数为 1.01，说明阿瓦提灌区水土资源相对平衡。

在专家评判基础上，计算得到准则层和指标层的权重见表 13-18。准则层的权重从大到小排序为灌区水资源供需水平、灌区水土资源匹配度、灌区三生用水保证度、灌区产能效益提升度、灌区生态功能协调度。可见，水资源供需水平是反映西北旱区适水发展和节水适宜程度的主要因素；其次，水土资源匹配度很大程度上反映了灌区农业用水需求与区域水资源的平衡状况，是评价节水适宜度的必要因素；随后是灌区三生用水保证度、灌区生态功能协调度、灌区产能效益提升度，一定程度上反映了灌区发展规模、产业结构与生产、生态、生活节水的相互关系。

表 13-18　　　　　　　　西北旱区节水适宜度评价指标权重

目标层	准 则 层	权重	指 标 层	指标值	权重
	B1 灌区水资源供需水平	0.31	C11 水资源供需比	0.78	0.31
	B2 灌区水土资源匹配度	0.23	C21 农业水土资源当量系数	1.01	0.23
	B3 灌区三生用水保证度	0.19	C31 灌区生产用水保证率	0.80	0.086
			C32 灌区生活用水保证率	0.70	0.067
			C33 灌区生态用水保证率	0.6	0.04
西北旱区节水适宜度	B4 灌区生态功能协调度	0.13	C41 灌区水域面积占比	4.01%	0.01
			C42 灌区草地面积占比	1.47%	0.04
			C43 灌区林地面积占比	16.67%	0.02
			C44 土壤有机质质量分数	12.78g/kg	0.03
			C45 地下水矿化度	2g/L	0.02
			C46 干旱指数	-1.5	0.01
	B5 灌区产能效益提升度	0.14	C51 灌区亩均用水量	365m³/亩	0.03
			C52 灌区亩均农产品产量	98.53kg/亩	0.03
			C53 灌区农业总产值	20.43 亿元	0.03
			C54 农民人均纯收入	1.62 万元	0.03
			C55 化肥施用强度	5.16 万 t	0.02

采用极值法对各评价指标数据进行标准化处理，对于正向指标，其计算公式为

$$r_i = \frac{c_i - \min(c_i)}{\max(c_i) - \min(c_i)} \tag{13-32}$$

对于负向指标，其计算公式为

$$r_i = \frac{\max(c_i) - c_i}{\max(c_i) - \min(c_i)} \tag{13-33}$$

西北旱区节水适宜度综合评价模型为

$$D = \sum_{i=1}^{n} \omega_i r_i \tag{13-34}$$

式中：D 为灌区节水适宜度；r_i 为标准化后的评价指标数据；ω_i 为评价指标权重。灌区节水适宜度 D 取值范围介于 $0 \sim 1$。D 越接近 1，表明该灌区节水适宜度越优；D 越接近 0，表明该灌区节水适宜度越差，评价标准见表 13-19。

表 13-19　　　　　　　　　　　西北灌区节水适宜度评价标准

标准	优异	优良	中等	较差	极差
灌区节水适宜度	>0.8	0.6~0.8	0.4~0.6	0.2~0.4	<0.2

根据收集 2019 年新疆阿瓦提灌区相关资料，结合式（13-34）和表 13-18 中的数据，可以计算得到 2019 年阿瓦提灌区的节水适宜度为 0.596，说明该灌区节水适宜度属于中等。若要进一步提升阿瓦提灌区节水适宜度，可通过提高该灌区水资源供需比实现。

13.3　节水技术评价

在过去 100 年中，全球用水量增长了 6 倍，并且由于人口增加、经济发展和消费方式转变等因素，全球用水量仍以每年 1% 的速度稳定增长。西北旱区气候干旱、水资源短缺，传统灌溉方式引发的土壤次生盐碱化、下游绿洲消失和尾闾湖泊干涸等问题日益突出，生态十分脆弱，发展生态节水技术已成为区域可持续发展的选择。本节选取西北旱区常见的 3 种节水技术（滴灌、喷灌和小畦灌）作为评价对象，从生态性、经济性、适应性、精量性和智能性等方面科学评价典型生态节水技术规模化应用的适宜性和可持续性意义重大[12]。

13.3.1　节水技术评价现状

早期节水技术研究大多偏重于其技术性和经济性，后来社会效益和生态效益逐渐被纳入研究内容，但多局限于对具体节水灌溉工程的研究评价，具体针对节水技术综合性能的评价较少，对西北旱区节水灌溉规模化应用的生态效应定量研究评价关注不够[13]，具体表现为：

（1）节水技术适应性评价对大规模节水灌溉实施后可能引发的土壤耕作层干化、盐碱化和灌区防护林退化死亡等风险考虑少，对这些风险在西北旱区可能引发的沙漠化、盐碱化等生态问题考虑不足。部分地区由于对生态节水技术发展缺乏科学规划，不能因地制宜，存在技术选择不当、投入高、产出低、用工增加、农民积极性不高等问题，甚至引发生态退化问题。

（2）灌溉用水效率低、高效节水灌溉发展缓慢和管理手段落后，节水技术与农艺技术不配套、灌溉用水缺乏科学调配与精量控制等问题，导致灌区灌溉用水效率低、节水技术发展缓慢。

（3）农业节水技术的有机集成度低，整体效益难以发挥。在各单项技术之间缺乏有机的连接和集成，缺乏适宜于不同区域水土条件的节水农业技术集成体系和应用模式，节水农业技术体系的整体效益难以发挥。

13.3.2 节水技术综合性能评价方法

1. 节水技术综合性能评价指标体系

生态节水技术的综合性能应全面考虑其生态性、经济性、适应性、精量性和智能性，这是生态节水技术可持续推广和可持续利用的基础。在调研的基础上，依据科学合理、突出重点、因地制宜和持续可行的原则，分析西北旱区生态节水技术综合性能的主要影响因素，通过咨询本领域专家，构建节水技术综合性能评价指标体系，包括目标层、准则层和指标层（表 13-20）。目标层即西北旱区生态节水技术综合性能；准则层是考量综合性能的基本原则，包括生态性、经济性、适应性、精量性和智能性[14,15]。

表 13-20　　　　　　西北旱区生态节水技术综合性能评价指标体系

目　标　层	准　则　层	指　标　层
西北旱区生态节水技术综合性能	B1 生态性	C11 积温增加促进程度
		C12 无效蒸发抑制程度
		C13 地表水引灌减少促进程度
		C14 地表水质改善促进程度
		C15 地下水超采抑制程度
		C16 地下水质改善促进程度
		C17 土壤结构改善促进程度
		C18 土壤干旱风险降低促进程度
		C19 土壤盐碱度降低促进程度
		C110 防护林自然存活保障程度
	B2 经济性	C21 亩均工程投资
		C22 节水率
		C23 增产率
		C24 节地率
	B3 适应性	C31 水量适应性
		C32 水质适应性
		C33 气候适应性
		C34 作物适应性
		C35 地形适应性
		C36 土壤适应性
	B4 精量性	C41 灌溉水利用系数
		C42 灌水均匀系数
	B5 智能性	C51 省工率

生态节水技术的生态性主要反映其生态友好程度，包括气候效应、水环境效应、土壤效应和生物效应 4 个方面，用 10 个定性指标描述。其中，气候效应指标包括积温增加促进程度、无效蒸发抑制程度，水环境效应指标包括地表水引灌减少促进程度、地表水质改善促进程度、地下水超采抑制程度和地下水质改善促进程度，土壤效应指标包括土壤结构改善促进程度、土壤干旱风险降低促进程度和土壤盐碱度降低促进程度，生物效应指标采用防护林自然存活保障程度。

生态节水技术的经济性采用亩均工程投资、节水率、增产率和节地率 4 个指标进行评价，其中，节水率、增产率和节地率均为各节水灌溉方式比传统灌溉方式的平均值。节水灌溉技术的适应性是指其能否适应当地条件，包括水量适应性、水质适应性、气候适应性、作物适应性、地形适应性和土壤适应性。水量适应性用该灌溉技术的平均灌水定额表征；水质适应性指该灌溉技术是否对水质有特殊要求及严格程度；气候适应性指该灌溉技术是否受到气候条件的制约，如喷灌在风速超过 3 级时就不宜使用；作物适应性用该灌溉技术可适用的作物种类表征；地形适应性用该灌溉技术可适用的最大坡度表征；土壤适应性用其可适用的土壤质地范围表征。

生态节水技术的精量性通过灌溉水利用系数和灌水均匀系数两个指标表征。灌溉水利用系数是指灌入田间被作物利用的水量与水源处总取水量的比值；灌水均匀系数是指灌溉系统中同时工作的灌水器出水量的均匀程度，对地面灌溉而言，则指田间水平方向灌水量分布的均匀程度。

生态节水技术的智能性采用省工率表征。喷灌因能节省施肥、平土、开沟、打埂等劳力，省工 50%。在此基础上，滴灌可抑制杂草生长与土壤板结而减少中耕和除草次数，省工可达 75%。

2. 基于层次分析法确定评价指标权重

在专家评判基础上，计算得到准则层和指标层的权重分别见表 13 - 21 和表 13 - 22。准则层的权重排序为经济性、适应性、生态性、智能性、精量性。可见，经济性是西北旱区当前经济水平下生态节水技术选择的首要考量因素；其次，适应性是西北旱区特殊气候地理条件下必须考虑的限制因素；随后是生态性、智能性和精量性，反映了对生态安全的重视程度、劳动力成本上升的现状，以及灌溉精量化发展的趋势[16,17]。

在经济性指标中，最大权重指标为亩均工程投资（0.169），显示出经济发展水平制约占主导；在适应性指标中，权重最大的指标为水量适应性（0.073），主要原因为水量是西北旱区灌溉的主要制约因素；在生态性指标中，权重最大的指标为地下水超采抑制程度（0.44），反映出水资源是西北生态环境得以存续的基本保障，且地下水的重要性大于地表水；在精量性指标中，灌溉水利用系数的权重（0.046）大于灌水均匀系数（0.015）。

表 13 - 21　　　　　　　　　生态节水技术综合性能评价准则层权重

准　则	权　重	准　则	权　重
B1 生态性指标	0.16	B4 精量性指标	0.06
B2 经济性指标	0.42	B5 智能性指标	0.10
B3 适应性指标	0.26		

表 13 - 22 节水灌溉技术综合性能评价指标层权重

指　　标	总权重	指　　标	总权重
C11 积温增加促进程度	0.003	C23 增产率	0.091
C12 无效蒸发抑制程度	0.005	C24 节地率	0.049
C13 地表水引灌减少程度	0.026	C31 水量适应性	0.073
C14 地表水质改善程度	0.014	C32 水质适应性	0.052
C15 地下水超采抑制程度	0.044	C33 气候适应性	0.033
C16 地下水质改善程度	0.028	C34 作物适应性	0.023
C17 土壤结构改善程度	0.005	C35 地形适应性	0.046
C18 土壤干化风险降低促进程度	0.008	C36 土壤适应性	0.037
C19 土壤盐碱度降低程度	0.017	C41 灌溉水利用系数	0.046
C110 防护林自然存活保障度	0.009	C42 灌水均匀系数	0.015
C21 亩均工程投资	0.169	C51 省工率	0.098
C22 节水率	0.108		

13.3.3　节水技术综合性能评价

模糊综合评价是一种基于模糊数学的评价方法，根据隶属度理论可实现评价的定性—定量—定性转化而被广泛运用，本研究用于定性和定量指标的综合。设评价对象的评价指标集为 $X = \{x_1, x_2, \cdots, x_m\}$，评价等级集为 $E = \{e_1, e_2, \cdots, e_p\}$，则隶属度矩阵 R 为

$$R = (r_{gh})_{m \times p} = \begin{bmatrix} r_{11} & r_{12} & \cdots & r_{1n} \\ r_{21} & r_{22} & \cdots & r_{2n} \\ \vdots & \vdots & \vdots & \vdots \\ r_{n1} & r_{n2} & \cdots & r_{nn} \end{bmatrix} \tag{13 - 35}$$

式中：r_{gh} 为第 g 个评价指标隶属于第 h 个评价等级的隶属度；m 为评价指标个数，本研究中取值为 23；p 为评价等级个数，本研究中取值为 5。

1. 设定评价指标评价等级及其阈值

设节水灌溉技术综合性能等级为优异、优良、一般、较差、极差。参考相关规范与文给出各评价指标的等级阈值（表 13 - 23）。

表 13 - 23 节水灌溉技术综合性能评价指标的模糊综合评价阈值

指标	优异	优良	一般	较差	极差
C11	高	较高	一般	较低	低
C12	高	较高	一般	较低	低
C13	高	较高	一般	较低	低
C14	高	较高	一般	较低	低
C15	高	较高	一般	较低	低

指标	优异	优良	一般	较差	极差
$C16$	高	较高	一般	较低	低
$C17$	高	较高	一般	较低	低
$C18$	高	较高	一般	较低	低
$C19$	高	较高	一般	较低	低
$C110$	高	较高	一般	较低	低
$C21$	200 元	500 元	1000 元	1500 元	2500 元
$C22$	50%	40%	30%	20%	10%
$C23$	25%	20%	15%	10%	5%
$C24$	10%	8%	6%	4%	2%
$C31$	$20m^3/$亩	$30m^3/$亩	$40m^3/$亩	$50m^3/$亩	$60m^3/$亩
$C32$	完全无要求	基本无要求	有一定要求	有较高要求	有极高要求
$C33$	要求极低	要求较低	有一定要求	要求较严格	要求极严格
$C34$	90%	80%	70%	60%	50%
$C35$	0.5	0.1	0.02	0.005	0.001
$C36$	5 种	4 种	3 种	2 种	1 种
$C41$	0.9	0.85	0.8	0.75	0.7
$C42$	0.9	0.85	0.8	0.75	0.7
$C51$	80%	65%	50%	35%	20%

2. 计算评价指标的隶属度

(1) 定量指标。各种节水灌溉技术在定量指标上的表现对各评价等级的隶属度采用梯形与三角形分布的线性隶属函数计算。对于越大越优型指标：

"优异"隶属函数为

$$r_{b1}(x)=\begin{cases}0,x\leqslant a_2 \\ \dfrac{x-a_2}{a_1-a_2},a_2<x<a_1 \\ 1,x\geqslant a_1\end{cases} \qquad (13-36)$$

"优良""一般""较差"隶属函数为

$$r_{bl}(x)=\begin{cases}1,x=a_l \\ \dfrac{a_{l-1}-x}{a_{l-1}-a_l},a_l<x<a_{l-1} \\ \dfrac{x-a_{l+1}}{a_l-a_{l+1}},a_{l+1}<x<a_l \\ 0,x\leqslant a_{l+1},x\geqslant a_{l-1}\end{cases} \qquad (13-37)$$

"极差"隶属函数为

$$r_{b4}(x) = \begin{cases} 0, x \geqslant a_4 \\ \dfrac{a_4 - x}{a_4 - a_5}, a_5 < x \leqslant a_4 \\ 1, x \leqslant a_5 \end{cases} \qquad (13-38)$$

对于越小越优型指标：

"优异"隶属函数为

$$r_{s1}(x) = \begin{cases} 1, x \leqslant a_1 \\ \dfrac{a_2 - x}{a_2 - a_1}, a_1 < x < a_2 \\ 0, x \geqslant a_2 \end{cases} \qquad (13-39)$$

"优良""一般""较差"隶属函数为

$$r_{sl}(x) = \begin{cases} 1, x = a_l \\ \dfrac{x - a_{l-1}}{a_l - a_{l-1}}, a_{l-1} < x < a_l \\ \dfrac{a_{l+1} - x}{a_{l+1} - a_l}, a_l < x < a_{l+1} \\ 0, x \leqslant a_{l-1}, x \geqslant a_{l+1} \end{cases} \qquad (13-40)$$

"极差"隶属函数为

$$r_{s5}(x) = \begin{cases} 1, x \geqslant a_5 \\ \dfrac{x - a_4}{a_5 - a_4}, a_4 < x < a_5 \\ 0, x \leqslant a_4 \end{cases} \qquad (13-41)$$

式中：$r_{bl}(x)$ 和 $r_{sl}(x)$ 分别为越大越优型和越小越优型指标的隶属度；$l = 1,2,3,4,$
5；x 为定量指标的数值；a_1、a_2、a_3、a_4、a_5 分别为表 13-23 中对应"优异""优良"
"一般""较差"和"极差"的定量指标阈值。

(2) 定性指标。各种生态节水技术在定性指标上的表现对各评价等级的隶属度则通过
专家评分法进行评价确定。例如：关于滴灌在"防护林自然存活保障程度"指标上的表
现，若 60% 的专家认为"优异"，30% 的专家认为"优良"，10% 的专家认为"一般"，则
滴灌技术在"农防林自然存活保障程度"指标上的表现对各评价等级的隶属度为（0.6，
0.3，0.1，0，0）。

3. 模糊综合评价模型及结果分析

节水灌溉技术综合性能的模糊综合评价模型为

$$D = W_{ik} \cdot R \qquad (13-42)$$

式中：D 为某种节水技术综合性能的综合隶属度；W_{ik} 为评价指标的权重向量；·为模糊
算子。

最后，根据最大隶属度原则作出评价。参考相关文献及行业标准，滴灌、喷灌和小畦

灌三者综合性能评价定量指标的数值见表 13 - 24。

表 13 - 24　　　　　　　　　3 种节水灌溉技术综合性能的定量指标数值

定量评价指标	滴灌	喷灌	小畦灌
亩均工程投资/元	1500	800	200
节水率/%	55	40	25
增产率/%	30	15	13
节地率/%	10	8	0
水量适应性/(m^3/亩)	20	25	40
作物适应性/%	78	54	62
地形适应性	0.50	0.30	0.003
土壤适应性/种	5	5	4
灌溉水利用系数	0.90	0.80	0.75
灌水均匀系数	0.90	0.85	0.80
省工率/%	75	50	0

3 种节水灌溉技术综合性能的模糊综合评价结果见表 13 - 25，滴灌、喷灌和小畦灌的最大隶属度评级分别为优异（0.617）、一般（0.407）和一般（0.293）。三者综合性能评价指标的隶属度矩阵见表 13 - 26～表 13 - 28。

表 13 - 25　　　　　　　　　3 种生态节水技术的综合评价结果

节水技术	综合隶属度					评级
	优异	优良	一般	较差	极差	
滴灌	0.617	0.085	0.045	0.203	0.05	优异
喷灌	0.117	0.366	0.407	0.091	0.019	一般
小畦灌	0.215	0.112	0.293	0.21	0.17	一般

表 13 - 26　　　　　　　　　滴灌综合性能评价指标的隶属度矩阵

指标	隶属度				
	优异	优良	一般	较差	极差
$C11$	0.6	0.2	0.1	0.0	0.1
$C12$	0.6	0.4	0.0	0.0	0.0
$C13$	0.8	0.2	0.0	0.0	0.0
$C14$	0.5	0.2	0.3	0.0	0.0
$C15$	0.7	0.0	0.1	0.2	0.0
$C16$	0.6	0.0	0.3	0.1	0.0
$C17$	0.1	0.4	0.3	0.2	0.0
$C18$	0.1	0.2	0.2	0.2	0.3
$C19$	0.1	0.0	0.1	0.3	0.5

续表

指标	隶 属 度				
	优异	优良	一般	较差	极差
$C110$	0.0	0.1	0.1	0.6	0.2
$C21$	0.0	0.0	0.0	1.0	0.0
$C22$	1.0	0.0	0.0	0.0	0.0
$C23$	1.0	0.0	0.0	0.0	0.0
$C24$	1.0	0.0	0.0	0.0	0.0
$C31$	1.0	0.0	0.0	0.0	0.0
$C32$	0.0	0.0	0.2	0.1	0.7
$C33$	0.1	0.6	0.2	0.1	0.0
$C34$	0.0	0.8	0.2	0.0	0.0
$C35$	1.0	0.0	0.0	0.0	0.0
$C36$	1.0	0.0	0.0	0.0	0.0
$C41$	1.0	0.0	0.0	0.0	0.0
$C42$	1.0	0.0	0.0	0.0	0.0
$C51$	0.67	0.33	0.0	0.0	0.0

表 13 - 27 喷灌综合性能评价指标的隶属度矩阵

指标	隶 属 度				
	优异	优良	一般	较差	极差
$C11$	0.0	0.3	0.5	0.2	0
$C12$	0.0	0.1	0.4	0.5	0
$C13$	0.1	0.6	0.3	0.0	0
$C14$	0.0	0.5	0.4	0.1	0
$C15$	0.2	0.5	0.1	0.2	0
$C16$	0.3	0.3	0.4	0.0	0
$C17$	0.1	0.1	0.6	0.2	0
$C18$	0.1	0.2	0.4	0.3	0
$C19$	0.0	0.2	0.4	0.3	0.1
$C110$	0.0	0.1	0.6	0.3	0.0
$C21$	0.0	0.4	0.6	0.0	0.0
$C22$	0.0	1.0	0.0	0.0	0.0
$C23$	0.0	0.0	1.0	0.0	0.0
$C24$	0.0	1.0	0.0	0.0	0.0
$C31$	0.5	0.5	0.0	0.0	0.0
$C32$	0.0	0.1	0.3	0.6	0.0
$C33$	0.0	0.0	0.1	0.8	0.1

续表

指标	隶属度				
	优异	优良	一般	较差	极差
C34	0.0	0.0	0.0	0.4	0.6
C35	0.5	0.5	0.0	0.0	0.0
C36	1.0	0.0	0.0	0.0	0.0
C41	0.0	0.0	1.0	0.0	0.0
C42	0.0	1.0	0.0	0.0	0.0
C51	0.0	0.0	1.0	0.0	0.0

表 13 - 28　　　　　　　　　　小畦灌综合性能评价指标的隶属度矩阵

指标	隶属度				
	优异	优良	一般	较差	极差
C11	0.0	0.2	0.3	0.5	0.0
C12	0.0	0.1	0.5	0.2	0.2
C13	0.0	0.1	0.6	0.3	0.0
C14	0.0	0.2	0.7	0.1	0.0
C15	0.0	0.2	0.6	0.2	0.0
C16	0.0	0.3	0.4	0.3	0.0
C17	0.0	0.3	0.3	0.4	0.0
C18	0.1	0.6	0.2	0.1	0.0
C19	0.2	0.6	0.2	0.0	0.0
C110	0.3	0.6	0.1	0.0	0.0
C21	1.0	0.0	0.0	0.0	0.0
C22	0.0	0.0	0.5	0.5	0.0
C23	0.0	0.0	0.6	0.4	0.0
C24	0.0	0.0	0.0	0.0	1.0
C31	0.0	0.0	1.0	0.0	0.0
C32	0.5	0.3	0.2	0.0	0.0
C33	0.4	0.4	0.2	0.0	0.0
C34	0.0	0.0	0.2	0.8	0.0
C35	0.0	0.0	0.0	0.5	0.5
C36	0.0	1.0	0.0	0.0	0.0
C41	0.0	0.0	0.0	1.0	0.0
C42	0.0	0.0	1.0	0.0	0.0
C51	0.0	0.0	0.0	0.0	1.0

滴灌、喷灌和小畦灌的各个评价指标所属等级情况见表13-29～表13-31。滴灌的综合性能评价指标大多表现优异，但在土壤干化风险降低促进程度、土壤盐碱度降低促进程度、水质适应性、防护林自然存活保障程度和亩均工程投资方面表现为"极差""较差"，而小畦灌在这几个方面均表现为"优异""优良"。喷灌的大多评价指标表现一般，小畦灌各指标在各等级的表现相对较为平均。

表 13-29　　　　　　　　　　　滴灌各评价指标所属等级情况

评价等级	评 价 指 标
优异	积温增加促进程度、无效蒸发抑制程度、地表水引灌减少促进程度、地表水质改善促进程度、地下水超采抑制程度、地下水水质改善促进程度、节水率、增产率、节地率、水量适应性、地形适应性、土壤适应性、灌溉水利用系数、灌水均匀系数、省工率
优良	土壤结构改善促进程度、气候适应性、作物适应性
一般	无
较差	防护林自然存活保障程度、亩均工程投资
极差	土壤干化风险降低促进程度、土壤盐碱度降低促进程度、水质适应性

表 13-30　　　　　　　　　　　喷灌各评价指标所属等级情况

评价等级	评 价 指 标
优异	土壤适应性
优良	地表水引灌减少促进程度、地表水质改善促进程度、地下水超采抑制程度、节水率、节地率、灌水均匀系数
一般	积温增加促进程度、地下水水质改善促进程度、土壤结构改善促进程度、土壤干化风险降低促进程度、土壤盐碱度降低促进程度、农防林自然存活保障程度、亩均工程投资、增产率、灌溉水利用系数、省工率
较差	无效蒸发抑制程度、水质适应性、气候适应性
极差	作物适应性

表 13-31　　　　　　　　　　　小畦灌各评价指标所属等级情况

评价等级	评 价 指 标
优异	亩均工程投资、水质适应性
优良	土壤干化风险降低促进程度、土壤盐碱度降低促进程度、农防林自然存活保障程度、土壤适应性
一般	无效蒸发抑制程度、地表水引灌减少促进程度、地表水质改善促进程度、地下水超采抑制程度、地下水水质改善促进程度、增产率、水量适应性、灌水均匀系数
较差	积温增加促进程度、土壤结构改善促进程度、作物适应性、灌溉水利用系数
极差	节地率、省工率

基于模糊综合评价法对滴灌、喷灌和小畦灌3种西北旱区典型生态节水技术的综合性能评级分别为优异、一般、一般。总体而言，滴灌在土壤干化风险降低促进程度、土壤盐碱度降低促进程度、水质适应性、防护林自然存活保障程度和亩均工程投资方面表现不佳，而小畦灌则在这几个方面综合表现突出，可作为西北旱区适宜的生态节水技术。

参 考 文 献

[1]　王浩，秦大庸，陈晓军，等. 水资源评价准则及其计算口径 [J]. 水利水电技术，2004，35（2）：1-4.

[2]　杨爱民，唐克旺，王浩，等. 生态用水的基本理论与计算方法 [J]. 水利学报，2004（12）：39-46.

[3]　阮本清，韩宇平，蒋任飞. 灌区生态用水研究 [M]. 北京：中国水利水电出版社，2007.

[4]　韩宇平，阮本清，王富强. 宁夏引黄灌区适宜生态需水估算 [J]. 水利学报，2009，39（6）：716-723.

[5]　王苏民，窦鸿身. 中国湖泊志 [M]. 北京：科学出版社，1998.

[6]　方树星，魏礼宁，张学文，等. 青铜峡灌区盐碱化与水盐平衡分析研究 [R]. 宁夏水文水资源勘测局，2001（10）.

[7]　郭玉丹，何英，彭亮. 基于生态安全的阿瓦提灌区生态需水量研究 [J]. 水资源与水工程学报，2019，30（1）：241-246，253.

[8]　雒天峰，李元红，王治军，等. 民勤红崖山灌区渠系水面蒸发量计算方法研究 [J]. 人民黄河，2013，35（8）：81-83，98.

[9]　尚德福. 宁夏银川平原灌区土壤盐渍化的发生演变与水利土壤改良途径 [M] //宁夏水利新志. 银川：宁夏人民出版社，2005.

[10]　王忠静，王海峰，雷志栋. 干旱内陆河区绿洲稳定性分析 [J]. 水利学报，2002（5）：26-30.

[11]　汪林，甘泓，王珊，等. 宁夏引黄灌区水盐循环演化与调控 [M]. 北京：中国水利水电出版社，2003.

[12]　张霞，程献国，张会敏，等. 宁蒙引黄灌区田间节水潜力计算方法分析 [J]. 节水灌溉，2006（2）：25-28.

[13]　蒋光昱，王忠静，索滢. 西北典型节水灌溉技术综合性能的层次分析与模糊综合评价 [J]. 清华大学学报（自然科学版），2019，59（12）：981-989.

[14]　崔远来，董斌，李远华. 农业灌溉节水评价指标与尺度问题 [J]. 农业工程学报，2007，23（7）：1-7.

[15]　王超，王沛芳，侯俊，等. 生态节水型灌区建设的主要内容与关键技术 [J]. 水资源保护，2015，31（6）：1-7.

[16]　杨晓慧，黄修桥，陈震，等. 节水灌溉工程技术评价研究进展 [J]. 灌溉排水学报，2015，34（S1）：266-269.

[17]　黄修桥，李英能，顾宇平，等. 节水灌溉技术体系与发展对策的研究 [J]. 农业工程学报，1999，15（1）：118-123.

第14章 西北旱区生态服务价值及其补偿机制研究

我国西北旱区独特的地貌特征赋予其许多宝贵的生态系统服务，如高山草甸提供的水源涵养服务、荒漠生态系统中极度耐盐耐旱的植物基因宝库等。但由于长期生产生活活动对生态系统的干预，导致西北旱区生态系统服务密度低，是全国生态系统服务脆弱区。分析评价西北旱区的土地利用及由此引起的生态服务价值变化状况，并进一步探讨如何运用经济、政策手段调节利益相关者之间的矛盾，促进生态环境的保护与恢复、制定生态保育政策和决策具有一定的现实意义。

14.1 生态服务价值

近年来，随着经济发展、科技进步和人口增长，自然生态系统正承受着人类给予的巨大压力，许多生态系统服务价值正在锐减。据 2005 年联合国发布的《千年生态系统评估报告》，全球生态系统提供的 2/3 以上的各类服务已经呈现下降趋势，且这种趋势可能在未来 50 年内仍然不能有效扭转。评估报告首次在全球尺度上系统、全面地揭示了各类生态系统的现状和变化趋势、未来变化的情景和应采取的对策，为制定生态系统服务价值评估理论和方法提供了充分的科学依据。

14.1.1 生态系统服务功能的内涵

生态系统服务是指人类为满足自身生活和社会经济发展从自然环境中直接或间接获取的收益，主要包括生存、健康、福祉等多项服务功能，具体分为供给服务、调节服务、支持服务和文化服务 4 种类型[1]。

(1) 供给服务。供给服务包括食物生产、原料生产、水资源供给等，主要指生态系统为人类提供生存所必需的食物（如粮食作物、蔬菜、果品等）、原材料（如木材、动物饲料等）以及水资源。

(2) 调节服务。调节服务主要表现为各生态系统具备的气体调节、气候调节、净化环境、水文调节等服务功能。气体调节指生态系统对大气成分平衡的维持功能，气候调节指生态系统可以调节区域的气候因子（如气温、降水、蒸散发等），净化环境指生态环境对废物的分解与转化，进而实现物质的循环利用，水文调节主要指生态系统对水源的净化和调节。

(3) 支持服务。支持服务主要包括土壤保持、维持养分循环和生物多样性等，表现为生态系统对环境的支持能力。其中，土壤保持指土壤减少水土流失及保持土壤肥力的能力，维持养分循环指生态系统可以维持自然界物质与能量的循环，生物多样性维持指生态系统具有的保持生物生存适宜环境的能力。

（4）文化服务。文化服务主要人类可以从生态系统获取的休闲娱乐等功能，即人类可以通过自然景观中使精神放松、心情愉悦或迸发灵感。

14.1.2　生态系统服务价值概念

生态系统是连接生物与环境的有机整体，人类与自然界物质和能量的直接交换会引起人类与大自然之间资源的利用与竞争关系，因此生态系统与人类的生存和发展是相互影响、相互制约的。人类生活赖以生存的土地利用类型的时空转换会导致生态系统发生变化，进而引起其生态服务价值的改变。生态系统服务是基于生态系统概念引申和拓展来的，而生态服务价值的评估包括定性和定量两个方面。Costanza 等[2] 于 1997 年提出生态服务价值的原理和方法，通过估算生态系统服务价值来探讨生态环境效应，得到全球范围内每年各种生态系统所产生的服务价值。谢高地等[3] 国内外学者提出的生态系统服务价值估算方法，核算出符合我国经济社会发展特征的生态服务价值当量系数，并经过一系列修正，提出了适用于我国国情的生态服务价值当量因子表。

西北旱区生态服务价值的评估流程主要为当量因子的确定，根据研究区情况进行价值系数修正、服务价值评估等。本研究主要参考借鉴谢高地等[3] 学者的已有研究成果确定当量因子，对西北旱区生态系统服务评估模型进行如下修正：首先，依据研究区主要粮食作物产量、粮食播种面积及粮食价格，核算区域单位面积粮食产量的经济价值，乘以当量因子表即得到不同生态系统服务价值表；其次，同样的土地利用类型在不同地区因光热等条件的差异，其服务价值也不完全一样，因此选用植被净初级生产力（NPP）与植被覆盖度（FVC）对生态服务价值进行修正；最后，各地经济发展水平不一，当地居民对生态环境的保护意识和保护能力不同，需根据社会发展水平进行再次修正。

14.1.3　生态系统服务价值指标确定

1. 当量因子确定

基于 Costanza 等[2] 对生态系统服务价值的评估体系，谢高地等[3] 分别于 2002 年、2006 年和 2015 年组织多位具有生态学背景的专业人员进行问卷调查，通过问卷分析得出了符合我国国情的单位面积生态系统服务当量因子，本研究采用 2015 年调查问卷结果（表 14-1）。

表 14-1　　　　2015 年我国陆地生态系统单位面积生态服务当量因子表

一级分类	二级分类	供给服务			调节服务				支持服务			文化服务
		食物生产	原料生产	水资源供给	气体调节	气候调节	净化环境	水文调节	土壤保持	维持养分循环	生物多样性	美学景观
农田	旱地	0.85	0.40	0.02	0.67	0.36	0.10	0.27	1.03	0.12	0.13	0.06
	水田	1.36	0.09	−2.63	1.11	0.57	0.17	2.72	0.01	0.19	0.21	0.09
森林	针叶	0.22	0.52	0.27	1.70	5.07	1.49	3.34	2.06	0.16	1.88	0.82
	针阔混交	0.31	0.71	0.37	2.35	7.03	1.99	3.51	2.86	0.22	2.60	1.14

一级分类	二级分类	供给服务			调节服务				支持服务			文化服务
		食物生产	原料生产	水资源供给	气体调节	气候调节	净化环境	水文调节	土壤保持	维持养分循环	生物多样性	美学景观
森林	阔叶	0.29	0.66	0.34	2.17	6.50	1.93	4.74	2.65	0.13	2.41	1.06
	灌木	0.19	0.43	0.22	1.41	4.23	1.28	3.35	1.72	0.05	1.57	0.69
草原	草原	0.10	0.14	0.08	0.51	1.34	0.44	0.98	0.62	0.18	0.56	0.25
	灌草丛	0.38	0.56	0.31	1.97	5.21	1.72	3.82	2.4	0.11	2.18	0.96
	草甸	0.22	0.33	0.18	1.14	3.02	1.00	2.21	1.39	0.11	1.27	0.56
	湿地	0.51	0.50	2.59	1.90	3.60	3.60	24.23	2.31	0.18	7.87	4.73
荒漠	荒漠	0.01	0.03	0.02	0.11	0.31	0.31	0.21	0.13	0.01	0.12	0.05
	裸地	0.00	0.00	0.00	0.02	0.10	0.10	0.03	0.02	0.00	0.02	0.01
水域	水系	0.80	0.23	8.29	0.77	2.29	5.55	102.24	0.93	0.07	2.55	1.89
	冰川积雪	0.00	0.00	2.16	0.18	0.54	0.16	7.13	0.00	0.00	0.01	0.09

谢高地等[4] 将 1 个标准生态系统生态服务价值当量因子定义为 $1hm^2$ 全国平均产量的农田每年自然粮食产量的经济价值，在全国尺度上，人工干扰因素难以完全消除，仅凭借自然过程提供的粮食价值衡量农田生态系统生态服务价值难度较大。因此一般将生态系统生产产生的净利润看作该生态系统所能提供的生产价值，将单位面积农田生态系统粮食生产的净利润当作 1 个标准当量因子的生态系统服务价值量。2010 年标准生态系统生态服务价值当量因子经济价值量的值为 3406.50 元$/hm^2$。2010 年我国陆地生态系统单位面积生态服务价值当量见表 14-2。

表 14-2　　　　2010 年我国陆地生态系统单位面积生态服务价值当量表　　　　单位：元$/hm^2$

一级分类	二级分类	供给服务			调节服务				支持服务			文化服务
		食物生产	原料生产	水资源供给	气体调节	气候调节	净化环境	水文调节	土壤保持	维持养分循环	生物多样性	美学景观
农田	旱地	2895.5	1362.6	68.1	2282.4	1226.3	340.7	919.8	3508.7	408.8	442.9	204.4
	水田	4632.8	306.6	-8959.1	3781.2	1941.7	579.1	9265.7	34.1	647.2	715.4	306.6
森林	针叶	749.4	1771.4	919.8	5791.1	17271	5075.7	11377.7	7017.4	545.0	6404.2	2793.3
	针阔混交	1056.0	2418.6	1260.4	8005.3	23947.7	6778.9	11956.8	9742.6	749.4	8856.9	3883.4
	阔叶	987.9	2248.3	1158.2	7392.1	22142.3	6574.6	16146.8	9027.2	442.9	8209.7	3610.9
	灌木	647.2	1464.8	749.4	4803.2	14409.5	4360.3	11411.8	5859.2	170.3	5348.2	2350.5
草地	草原	340.7	476.9	272.5	1737.3	4564.7	1498.9	3338.4	2112	613.2	1907.6	851.6
	灌草丛	1294.5	1907.6	1056.0	6710.8	17747.9	5859.2	13012.8	8175.6	374.7	7426.2	3270.2
	草甸	749.4	1124.2	613.2	3883.4	10287.6	3406.5	7528.4	4735	374.7	4326.3	1907.6
湿地	湿地	1737.3	1703.3	8822.8	6472.4	12263.4	12263.4	82539.5	7869	613.2	26809.2	16112.8

续表

一级分类	二级分类	供给服务			调节服务				支持服务			文化服务
		食物生产	原料生产	水资源供给	气体调节	气候调节	净化环境	水文调节	土壤保持	维持养分循环	生物多样性	美学景观
荒漠	荒漠	34.1	102.2	68.1	374.7	1056	1056	715.4	442.9	34.1	408.8	170.3
	裸地	0.0	0.0	0.0	68.1	340.7	340.7	102.2	68.1	0.0	68.1	34.1
水域	水系	2725.2	783.5	28239.9	2623	7800.9	18906.1	348280.6	3168.1	238.5	8686.6	6438.3
	冰川积雪	0.0	0.0	7358	613.2	1839.5	545	24288.4	0.0	0.0	34.1	306.6

由于该当量表是谢高地等[4] 基于全国尺度制定的,因此需要对西北旱区生态系统类型及粮食生产进行空间修正,各用地类型的当量因子采用与其最为相似的生态系统类型。西北旱区耕地主要以旱地为主,耕地当量因子采用旱地数据,林地在土地利用类型中划分为有林地、灌木林地、疏林地、其他林地,难以和生态服务价值表中的灌木林、针叶林、阔叶林及针阔混交林一一对应,因此取 4 种类型生态系统服务价值当量因子的平均值作为林地的生态当量因子,草地取草原、灌草丛、草甸 3 种生态系统的当量因子平均值,水体利用类型中,西北旱区滩地、永久性冰川、湖泊面积接近,占水体面积的 3/4 以上,因此水体的当量因子取湿地、水系、冰川积雪的平均值,未利用地采用荒漠和裸地二者的平均值,按照 Costanza 等[2] 对生态系统服务价值的评估方法,城镇建设用地均不参与评估。因此本研究采用的当量因子表见表 14 - 3。

表 14 - 3　　　　　　　　　西北旱区生态系统当量因子表

一级分类	二级分类	耕地	林地	草地	水体	未利用地
供给服务	食物生产	0.85	0.25	0.23	0.44	0.01
	原料生产	0.40	0.58	0.34	0.24	0.02
	水资源供给	0.02	0.3	0.19	4.35	0.02
调节服务	气体调节	0.67	1.91	1.21	0.95	0.07
	气候调节	0.36	5.71	3.19	2.14	0.21
	净化环境	0.10	1.67	1.05	3.10	0.21
	水文调节	0.27	3.74	2.34	44.53	0.12
支持服务	土壤保持	1.03	2.32	1.47	1.08	0.08
	维持养分循环	0.12	0.14	0.13	0.08	0.01
	生物多样性	0.13	2.12	1.34	3.48	0.07
文化服务	美学景观	0.06	0.93	0.59	2.24	0.03

生态系统服务价值为单位面积粮食年产值的 1/7,是生态系统之间服务价值的相对贡献率。全国生态服务价值表尺度较大,具体到各研究区域时应进行尺度修正[5],其计算公式为

$$E_a = \frac{1}{7} \sum_{i=1}^{n} \frac{m_i p_i q_i}{M} \tag{14-1}$$

式中:E_a 为单位农田生态系统提供食物生产服务功能的经济价值,元/hm²;i 为选用的

研究区粮食种类数量；p_i 为第 i 种粮食作物全国平均价格，元/kg；q_i 为第 i 种粮食作物单位面积产量，kg/hm^2；m_i 为第 i 种粮食作物当年的播种面积，hm^2；M 为统计的粮食作物播种总面积，hm^2。

从目前已有的文献来看，选用哪些作物进行生态服务价值核算并没有定论，有学者认为可以把一年一熟的水稻作为标尺来核算所有土地利用类型的生态服务价值，也有学者使用研究区的多种农作物来确定单位面积农田生态系统所产生的经济价值，例如小麦、玉米、薯类、豆类、油料作物及蔬菜等。由于西北旱区范围广大，种植的作物类型众多，因此本研究主要选用西北旱区主要的作物产量较高的小麦、玉米、稻谷、薯类、豆类等。而苹果、葡萄等属于播种面积和产量较高的水果，但因为水果类价格年际不稳定，因此主要选择粮食作物。通过西北旱区各省市统计年鉴得到研究区各类粮食作物的播种面积和产量，数据来源于各省市统计年鉴。为便于不同年份之间生态服务价值具有可比性，选用2020年统计数据，粮食作物均价参照《中国农产品价格统计年鉴2011》，为了核算生态补偿优先级及生态补偿额度中 GDP 变化的影响，生态服务价值核算时每年采用当年统计年鉴的数据计算，以 2020 年不变价，小麦价格为 3.17 元/kg，玉米价格为 2.24 元/kg，稻谷价格为 3.17 元/kg，豆类价格为 6.50 元/kg，薯类价格为 1.90 元/kg，5 种粮食作物产量数据见表 14-4。

表 14-4　　　　　　　　　　　2020 年西北旱区粮食作物生产数据

作物	小麦	稻谷	玉米	薯类	豆类
产量/万 t	213.18	1384.94	3172.9	391.71	90.85
播种面积/$\times 10^3$hm^2	377.47	3374.91	7381.05	1037.00	1761.02
价格/(元/kg)	3.17	3.17	2.24	1.90	6.50

根据表 14-4 及式（14-1）核算西北旱区一个生态服务价值当量因子的经济价值为1385.16 元/hm^2。2020 年西北旱区不同生态系统服务价值见表 14-5。

表 14-5　　　　　　　　　　　2020 年西北旱区不同生态系统服务价值　　　　　　　单位：元/hm^2

服务价值		耕地	林地	草地	水体	未利用地
供给服务	食物生产	1177.39	346.29	318.59	609.47	13.85
	原料生产	554.06	803.39	470.96	332.44	27.70
	水资源供给	27.70	415.55	263.18	6025.45	27.70
调节服务	气体调节	928.06	2645.66	1676.05	1315.90	96.96
	气候调节	498.66	7909.27	4418.67	2964.25	290.88
	净化环境	138.52	2313.22	1454.42	4294.00	290.88
	水文调节	373.99	5180.51	3241.28	61681.25	166.22
支持服务	土壤保持	1426.72	3213.58	2036.19	1495.98	110.81
	维持养分循环	166.22	193.92	180.07	110.81	13.85
	生物多样性	180.07	2936.54	1856.12	4820.36	96.96
文化服务	美学景观	83.11	1288.20	817.25	3102.76	41.55

2. 空间异质性修正

土地生态系统服务功能大小与土地植被覆盖度及生物量有密切关系，不同土地利用类型下的生态系统服务功能价值也会随植被覆盖度和生物量的变化而变化。各地类产生的生态系统服务功能各不相同，不同地类对同一功能产生的价值也不同，通常来说，生态系统服务价值与不同用地类型的生物量及植被覆盖度大小关系密切，谢高地等[4] 是以全国尺度进行的研究，为提高计算精度，各地区需要根据当地的具体情况进行空间异质性修正，以建立更加符合研究区域的生态服务当量因子表，本研究利用植被覆盖度和反应生物量因子的植被净第一性生产力（Net Primary Productivity，NPP）进行空间异质性修正。

(1) 植被覆盖度 (Fractional Vegetation Cover，FVC)。植被覆盖度是指在单位面积上植被垂直投影到地面的面积占总面积的比例。植被覆盖度在地表覆被变化、生态环境可持续性分析、全球气候变化等研究中都可以作为基础数据和不可或缺的指标参数，在区域水资源评价、水量平衡分析、生态环境评价中都发挥重要作用。植被覆盖度采用二分像元模型的公式计算，即

$$FVC = \frac{NDVI - NDVI_{soil}}{NDVI_{veg} - NDVI_{soil}} \tag{14-2}$$

式中：FVC 为植被覆盖度；$NDVI_{soil}$ 为网格中像元内 $NDVI$ 的最小值；$NDVI_{veg}$ 为格网像元内 $NDVI$ 的最大值；$NDVI$ 为各栅格单元值。

$NDVI_{soil}$ 和 $NDVI_{veg}$ 是决定像元二分模型应用准确度的关键因素，大气云量、地表湿度和光照等条件等因素的影响使不同图像中 $NDVI_{soil}$、$NDVI_{veg}$ 不是固定数值，目前最常用的方法为取整幅影像上 $NDVI$ 灰度分布累计频率为 0.5% 的值为裸地，累计频率为 99.5% 的值为植被，最后得到统计年份植被覆盖度图。

本研究 $NDVI$ 遥感影像数据来源于美国航空航天局提供的 EOS/TERRA 卫星搭载的 MODIS（Moderate - Resolution Imaging Spectrordiometer）传感器。本研究为了和 NPP 数据空间分辨率保持一致，$NDVI$ 产品采用其 3 级植被指数产品 MOD13A1，时间分辨率最短为 16 天，空间分辨率为 500m，时间间隔为 16 天。该平台提供产品经过了几何纠正、辐射校正、大气校正等预处理工作。h23v04、h23v05、h24v04、h24v05、h25v04、h25v05、h26v04、h26v05、h27v05 的 9 景影像分带覆盖西北旱区，对 2000 年、2005 年、2010 年、2015 年和 2020 年研究区的遥感影像进行研究分析。通过 MODIS Reprojection Tool（MRT）工具完成图像拼接、投影转换等处理，将地理坐标转换为 WGS84，投影坐标转换为 Albers Equal Area，影像格式由 HDF 格式转换为 TIFF，完成影像重采样。然后在 ArcGIS 中进行批量裁剪、去除异常值等操作，得到西北旱区研究年份的 $NDVI$ 数据（图 14-1）。

采用式（14-2）利用 ArcGIS 的栅格计算器功能计算 FVC，根据水利部 2008 年颁布的《土壤侵蚀分类分级标准》中植被覆盖度分级标准和相关研究，将植被覆盖度划分为 5 级，分别为低覆盖度（<30%）、中低覆盖度（30%~45%）、中等覆盖度（45%~60%）、中高覆盖度（60%~75%）、高覆盖度（>75%）。

西北旱区不同年份植被覆盖度分布如图 14-2 所示，图示结构表明西北旱区植被覆盖度呈逐渐增加趋势，2000 年、2005 年、2010 年、2015 年和 2020 年的覆盖度均值分别为

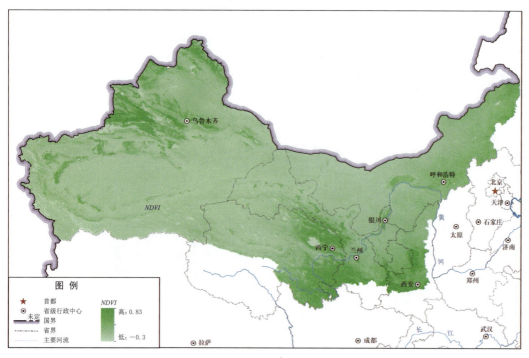

（a）2000年

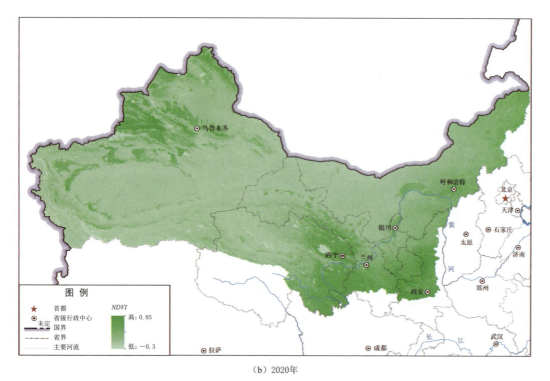

（b）2020年

图 14-1 西北旱区不同年份 NDVI 空间分布图

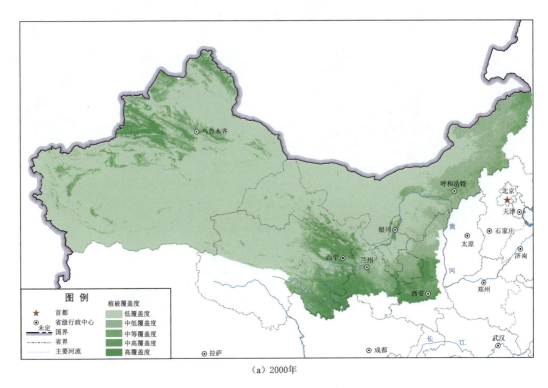

（a）2000年

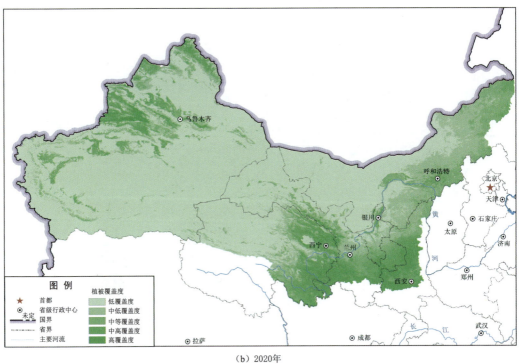

（b）2020年

图 14-2　西北旱区不同年份植被覆盖度分布图

0.277、0.279、0.293、0.296 和 0.307，覆盖度整体较低，新疆大部分区域、甘肃西部、青海西部、内蒙古西部和中部、宁夏中部等区域都为低覆盖度，高覆盖度区域分布范围较小，主要为陕西南部、青海西南部，中低覆盖度、中等覆盖度和中高覆盖度区域分要分布在青海省中南部和中东部、陕西省中部和北部、宁夏南部甘肃中部和内蒙古东南部等。

（2）植被净初级生产力（NPP）。 植被净初级生产力是指绿色植被在单位面积及单位时间内所累积的有机物的总量。NPP 代表植物对有机物的固定状况及吸收光、水、热能转化为化合物的效率，为自然界中其他各类地物提供生存和繁衍所需的物质和能量。本研究采用由美国国家航空航天局提供的 MOD17A3HGF，该数据是 8 天净光合作用产品 MOD17A2H 的总和，时间分辨率为 1 年，空间分辨率为 500m 处理年份为 2000 年、2005 年、2010 年、2015 年和 2020 年。经 MRT 重投影、ArcGIS 范围裁剪后，剔除无效值，再对栅格属性乘以 0.1 即可。

西北旱区不同年份 NPP 分布如图 14-3 所示，2000 年、2005 年、2010 年、2015 年、2020 年西北旱区植被净初级生产力均值分别为 74.19gC/m²、86.90gC/m²、93.84gC/m²、96.31gC/m²、104.40gC/m²，呈逐年上升趋势。主要原因是植被覆盖度逐年增高，空间分布特征与植被覆盖度基本一致。在低植被覆盖度区域，植被净初级生产力为 0，且分布范围广、面积大、空间变化不大。净初级生产力在 0～150gC/m² 的范围在研究时段内面积不断缩小，黄土高原地区由于退耕还林还草工程使植被覆盖度大幅提高，2015 年提高到 150～260gC/m² 范围内，2020 年延安、榆林东部区域提高到 260～430gC/m²。大于 430gC/m² 由陕西南部和甘肃东南部局部区域逐步扩大到陕西南部和整个甘肃东南部。西北旱区内蒙古东北部植被初级生产力也由 150～260gC/m² 提高至 260～430gC/m²。新疆中部北部部分区域也都有不同程度提高。

（3）基于格网数据的空间异质性修正。 空间异质修正系数的计算公式为

$$W = \left(\frac{NPP_i}{NPP_{mean}} + \frac{FVC_i}{FVC_{mean}} \right) / 2 \tag{14-3}$$

式中：W 为研究区域内各像元的空间异质性修正系数；NPP_i、NPP_{mean} 分别为研究区像元 i 的 NPP 值和研究区 NPP 均值；FVC_i 为研究区内像元 t 的 FVC 和总像元 FVC 均值。

本研究采用格网法对空间异质性进行修正，格网法的优点是以格网单元作为相关指标数据载体和基本分析单元，能大幅度提升研究区域生态系统服务价值的分析精度，且每个格网面积相等，使生态系统服务价值更具可比性。本研究为揭示生态系统服务价值时空格局细节特征，在综合考虑研究区面积及最小可塑性单元对测算结果的尺度效应，选用 10km×10km 作为格网大小，运用 ArcGIS 的 Create fishnet 工具对研究区进行格网划分，首先生产格网单元矢量数据，再运用 Zonal Statistics as Table 功能导出每个栅格单元的属性值，和矢量渔网图形按 FID 值进行关联和连接，得到每个格网单元的修正值，结果如图 14-4 所示。

由图 14-4 可知，西北旱区空间异质性修正系数空间分布和 NPP 及 NDVI 空间分布基本一致，即 NPP 和 NDVI 高值区修正系数较高，其中修正值大于 1 范围在研究时段内逐步加大，到 2020 年主要分布在陕西全省、西北旱区的内蒙古东部沿线、甘肃中南部和南部、青海东南部和南部、新疆西部和西北部的局部区域。

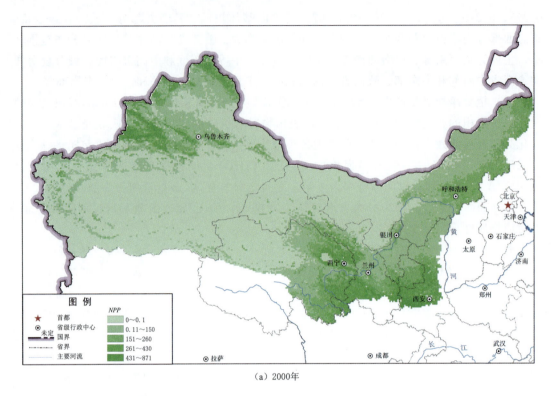

（a）2000年

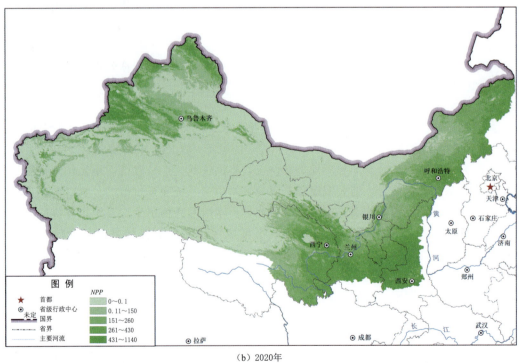

（b）2020年

图 14-3　西北旱区不同年份 NPP 分布图

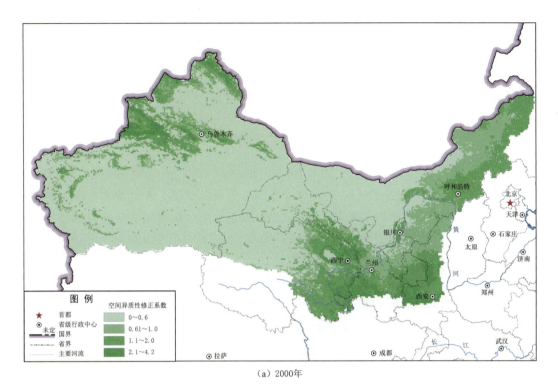

（a）2000年

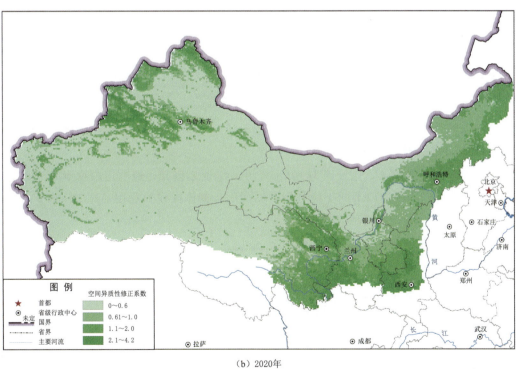

（b）2020年

图 14-4 西北旱区空间异质性修正系数分布图

3. 社会发展修正系数

社会发展修正系数计算公式为

$$K = W \times A \tag{14-4}$$

其中

$$A = \frac{GDP_{st}}{GDP_{cn}} \tag{14-5}$$

$$W = \frac{2}{1 + e^{-\left(\frac{1}{En} - 2.5\right)}} \tag{14-6}$$

$$En = En_t U + En_r R \tag{14-7}$$

式中：K 为社会发展修正系数；W 为支付生态服务价值的意愿；A 为支付生态服务价值的能力；En 为第 n 年的恩格尔系数；En_t，En_r 分别为第 t 年的城镇与农村的恩格尔系数；U 为城镇人口比例；R 为农村人口比例；GDP_{st}、GDP_{cn} 分别为在第 t 年研究区域人均 GDP 和全国人均 GDP。

西北旱区社会发展修正系数修正结果见表 14-6，可以看出，虽然 2020 年西北旱区社会发展修正系数有所降低，但整体处于提高状态。

表 14-6　　　　　　　　　　西北旱区社会发展修正系数

系　　数	2000 年	2005 年	2010 年	2015 年	2020 年
城镇恩格尔系数	0.37	0.32	0.32	0.28	0.28
农村恩格尔系数	0.40	0.45	0.39	0.29	0.29
城镇人口比例	0.33	0.39	0.46	0.53	0.60
农村人口比例	0.67	0.61	0.54	0.47	0.40
支付意愿	1.99	1.99	1.97	1.97	1.95
支付能力	0.70	0.76	0.79	0.79	0.77
修正系数	1.40	1.52	1.56	1.56	1.48

4. 生态服务价值计算

建立渔网矢量数据后，因渔网为 10km×10km，而本研究土地利用数据空间分布率为 30m，需要统计每个渔网内不同土地利用类型面积，具体操作为利用 ArcGIS 的 Tabulate Area 功能，采用 FID 进行关联和连接。

当量修正后的生态系统服务价值评估模型为

$$ESV = \sum_{a=1}^{t} \sum_{j=1}^{n} \sum_{j=1}^{n} S_{ai} M_{aij} W_a K \tag{14-8}$$

式中：ESV 为研究区某一年份生态系统服务的总价值，万元；S_{ai} 为第 a 个格网单元内第 i 类土地利用类型的面积，hm^2；M_{aij} 为研究区第 a 个格网单元内第 i 类土地利用类型第 j 类生态系统服务价值；W_a 为研究区第 a 个格网单元的生态服务价值空间异质性修正系数；K 为研究年份生态系统服务的社会发展修正系数；a 为研究区域生成的渔网单元个数（$a=1,2,\cdots,34066$）；i 为土地利用类型数（$i=1,2,\cdots,6$）；j 为生态服务类型（$j=1,2,\cdots,9$）。

14.2 生态服务价值的时空分布特征

长期以来，经济社会发展对农业生态资源的过度开发利用导致旱区农业生态系统和生态系统服务与功能发生严重退化，生态系统呈现由结构性破坏向功能性紊乱方向发展的趋势，对我国西北旱区的生态安全造成严重威胁。生态系统服务价值是衡量区域可持续发展的重要指标，分析西北旱区生态系统服务价值的时空分布特征，有助于明确西北旱区的生态格局，为西北旱区灌溉农业的可持续发展提供科学依据。

14.2.1 时间分布特征

1. 生态服务价值总量的时间变化特征

依据式（14-8），核算西北旱区2000年、2005年、2010年、2015年、2020年不同土地利用类型的生态服务价值，结果见表14-7。可以看出，西北旱区各种土地利用类型生态服务价值总和在5个统计时段内均大于40000亿元，耕地、林地生态服务价值在2000年最小，总服务价值也最小，2020年比2000年生态服务价值总和高2125.18亿元。总生态服务价值2010年达到最高值，2015年略有降低，整体呈先增加再减少的趋势。水体、未利用地生态服务价值呈降低趋势，2020年比2000年分别减少2908.9亿元和166.01亿元，耕地、林地、草地等生态服务价值呈波动上升趋势，草地生态服务价值增加最多，为4010.67亿元，其次为耕地，增加值为705.17亿元，林地增加值最小。

表14-7		西北旱区不同年份生态服务价值变化				单位：亿元
土地利用类型		2000年	2005年	2010年	2015年	2020年	2020年较2000年变化量
耕地	价值	2066.87	2536.56	2757.57	2750.91	2772.04	705.17
	比例	5.10	5.77	6.17	6.26	6.49	
林地	价值	7266.68	8718.21	8378.6	8053.48	7750.93	484.25
	比例	17.92	19.82	18.75	18.34	18.16	
草地	价值	23522.28	27030.63	28839.52	28321.75	27532.95	4010.67
	比例	58.00	61.45	64.54	64.5	64.51	
水体	价值	6615.99	4732.38	3687.76	3782.24	3707.09	−2908.9
	比例	16.31	10.76	8.25	8.61	8.69	
未利用地	价值	1083.91	968.66	1024.02	1001.27	917.90	−166.01
	比例	2.67	2.20	2.29	2.28	2.15	
合计		40555.73	43986.44	44687.47	43909.65	42680.91	2125.18

在5种土地利用类型中，统计时段内比例由大到小依次为草地、林地、水体、耕地、未利用地。因为未利用地单位面积生态服务价值很低。因此，虽然西北旱区未利用地面积占比大于45%，但生态服务价值在2%左右。草地生态服务价值在2005年后占比大于60%，林地和草地生态服务价值占总服务价值的80%左右。因此，对生态服务价值来讲，

林地和草地单位面积的价值远大于除水体外的其他土地利用类型，但因为水体面积占比较小，因此水体总体服务价值在区域服务价值中占比较小。从生态服务价值的角度考虑，需要保护林地、草地和水域面积不受影响。

2. 基于格网尺度的生态服务价值空间分布

依据式（14-8），在 ArcGIS 中使用字段计算器功能计算每个格网各种类型的生态服务价值。2000 年每个格网单元的生态服务价值采用自然间断点法分为 5 类做成专题地图，为便于不同年份之间的比较，其他年份按照 2000 年的分类界限进行处理，并用 2020 年的生态服务价值减 2000 年的生态服务价值，分析不同时段内生态服务价值空间变化情况，具体见表 14-8 和图 14-5。

表 14-8　　　　　　　西北旱区各省区不同年份生态服务价值　　　　　　单位：亿元

地区	2000 年	2005 年	2010 年	2015 年	2020 年	均值	2020 年较 2000 年变化量
甘肃	6102.68	6824.26	7308.72	7115.91	6730.41	6816.40	627.73
内蒙古	8031.36	8151.75	8305.16	8498.12	8697.01	8336.68	665.65
宁夏	975.50	1109.67	1275.71	1244.92	1230.95	1167.32	255.45
青海	8013.92	8662.05	8908.10	8743.26	8589.23	8583.31	575.31
陕西	3581.79	4154.03	4518.54	4269.37	4171.69	4139.08	589.90
新疆	11850.48	13079.84	12361.24	12023.07	11241.62	12111.25	−608.86

根据表 14-8 可知，西北旱区 6 个省区中，新疆生态服务价值最大，5 个统计时段均值为 12111.25 亿元，其次为青海省，为 8583.31 亿元，宁夏因总面积最小，生态服务价值远小于其他省区。2020 年的生态服务价值相较于 2000 年，新疆减少了 608.86 亿元，其他省区的生态服务价值均增加，内蒙古增加值最大为 665.56 亿元，其次为甘肃省，增加值为 627.73 亿元。陕西省虽然面积较小，但增加值为 589.90 亿元，最主要的原因是陕西省尤其是陕北黄土高原地区和青海省退耕还林还草工程使林地和草地面积大幅增加，从而使生态服务价值大幅提高。2020 年，陕西、甘肃、宁夏、青海、内蒙古、新疆等单位面积生态服务价值分别为 49778.05 元/hm²、23777 元/hm²、22642.73 元/hm²、17232.41 元/hm²、12010.44 元/hm² 和 6592.06 元/hm²。青海和新疆因总面积大因而总的生态服务价值在西北旱区高居第一和第二，但单位面积生态服务价值较低。主要因为这两个区域内部均有大量的沙漠和荒漠用地，尤其是新疆，南疆几乎全为塔克拉玛干沙漠所覆盖，北疆分布有古尔班通古特沙漠，因此新疆单位面积生态服务价值仅约占陕西省的 1/8。

将 2000 年的数据按照自然间断点分为 6 级，为了不同年份之间便于比较，其他年份都按照同样的界限进行分类。2000 年，生态服务价值最高的主要为内蒙古锡林郭勒盟、青海果洛藏族自治州、新疆巴音郭楞蒙古自治州和伊犁，因为这些市内草原面积比较大，所以总生态服务价值较高，大于 1600 亿元。青海省海北藏族自治州、海西蒙古族藏族自治州、陕西省宝鸡市、青海省海南藏族自治州、新疆阿勒泰地区、甘肃省甘南藏族自治州，生态服务价值介于 1086 亿~1660 亿元之间。小于 150 亿元的主要有新疆克拉玛依、

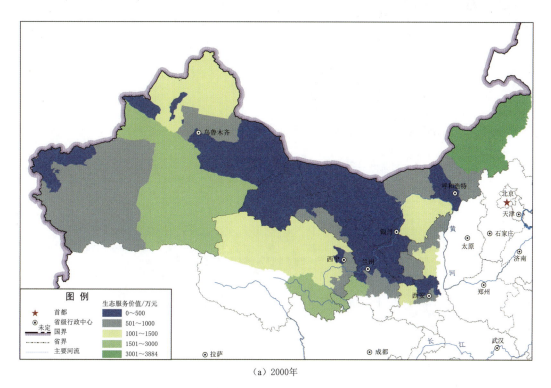

（a）2000年

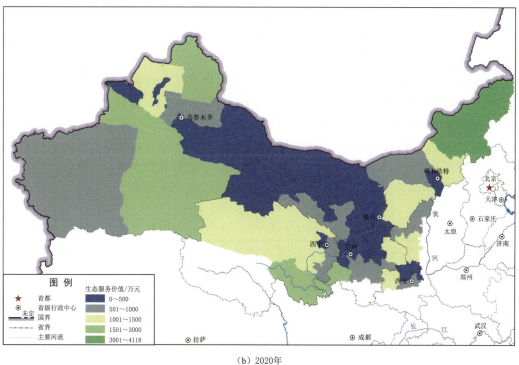

（b）2020年

图 14-5（一） 西北旱区生态服务价值及其变化空间分布图

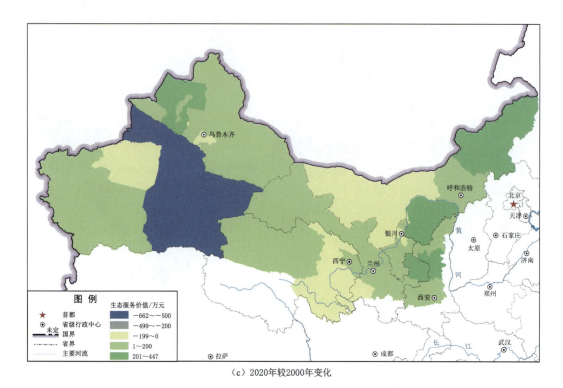

（c）2020年较2000年变化

图 14－5（二）　西北旱区生态服务价值及其变化空间分布图

石河子市，宁夏石嘴山、银川市，内蒙古乌海，甘肃金昌市，这 6 个市生态服务总价值小于 150 亿元，主要因为其面积比较小。

2020 年减去 2000 年生态服务价值图表明，虽然按照自然间断点划分为 6 类，但减少的前两类空间分布范围非常小。55 个市中，有 14 个市总生态服务降低，其他 41 个市均为增加，说明整个西北旱区生态服务价值在明显提高。总生态服务价值减少从大到小排列依次为新疆伊犁、巴音郭楞蒙古自治州，青海省海北，新疆阿克苏，甘肃省甘南，内蒙古阿拉善盟，青海省果洛、黄南、海南，内蒙古巴彦淖尔，新疆乌鲁木齐，宁夏银川，新疆石河子，内蒙古乌海，其中新疆伊犁和巴音郭楞蒙两个市减少值大于 550 亿元，降低幅度远远超过其他市。

总生态服务价值增加的市中，增加值大于 127 亿元的市增加值从大到小依次为陕西省延安，内蒙古鄂尔多斯，甘肃庆阳，内蒙古锡林郭勒盟，新疆塔城，陕西榆林，甘肃平凉，甘肃定西、甘肃张掖，宁夏固原。这些区域主要分布在黄土高原地区，可以看出，1999 年实施的退耕还林还草工程对该区域生态恢复有显著效果。

3．不同类型生态服务价值时间变化

采用格网单元来计算每一种土地利用类型的某一种生态服务价值，得到不同年份不同类型的生态服务价值（表 14－9，图 14－6）。可以看出，从 4 种生态服务功能考虑，调节服务的服务价值最大，占总服务价值的 65% 以上；其次为支持服务和供给服务价值，占比分别约 22% 和 8%；文化服务的价值最低，约占 5%。供给服务、支持服务、文化服务价值均呈波动上升趋势，且均在 2010 年达到最大值，然后缓慢下降，4 种服务价值 2020 年均比 2000 年有所提高。从生态服务价值表可知，11 种生态服务功能中，水资源供给、水文调节服务价值 2020 年比 2000 年下降，水域对这两项服务价值的贡献远远大于其他类型的生态系统类型。由于西北旱区水域面积减少，因此水资源供给和水文调节功能均下降，其他类型生态服务价值均增加。水文调节在 2000 年、2005 年、2015 年生态服务价值最大，气候调节服务价值在 2010 年和 2020 年最大，维持养分循环服务价值在所有年份均最小，气候调节功能最大值约为维持养分循环最小值的 25 倍。平均来讲，生态服务价值由大到小依次为水文调节、气候调节、土壤保持、生物多样性、气体调节、净化环境、美学景观、原料生产、食物生产、水资源供给、维持养分循环。气候调节和气体调节主要由林地和草地生态类型提供，西北旱区虽然不同年份林地略有减少，但草地表现为增加，因此气体和气候调节功能均表现为不同程度增加。不同生态服务价值功能有所起伏，但研究时段内，均表现为水资源供给和水文调节服务价值逐年减低。

表 14 - 9　　　　　　　　　　西北旱区不同年份生态服务价值　　　　　　　　单位：亿元

生态服务价值		2000 年	2005 年	2010 年	2015 年	2020 年	2020 年较 2000 年变化量
供给服务	食物生产	1037.56	1207.78	1278.06	1216.38	1247.16	209.6
	原料生产	1133.34	1311.81	1372.05	1330.55	1315.79	182.45
	水资源供给	976.13	922.25	875.38	828.31	844.17	−131.96
	总和	3147.03	3441.84	3525.49	3375.24	3407.12	260.09
调节服务	气体调节	3596.69	4129.47	4303.32	4301.22	4105.47	508.78
	气候调节	9000.45	10297.61	10674.53	10345.88	10123.03	1122.58
	净化环境	3308.32	3626.51	3722.39	3701.22	3530.63	222.31
	水文调节	10934.3	10565.98	10131.78	10030.56	9759.08	−1175.22
	总和	26839.76	28619.57	28832.02	28378.88	23412.74	−3427.02
支持服务	土壤保持	4466.47	5141.91	5365.94	5296.51	5126.98	660.51
	维持养分循环	387.92	446.3	469.28	469.18	449.96	62.04
	生物多样性	3916.33	4363.01	4480.75	4378.06	4260.97	344.64
	总和	8770.72	9951.22	10315.97	10143.75	9837.91	1067.19
文化服务	美学景观	1798.22	1973.79	2013.98	2011.78	1917.65	119.43
总服务价值		40555.73	43986.44	44687.47	43909.65	42680.91	2125.18

以 2020 年为例，统计各省区不同类型生态服务价值，结果见表 14 - 10、表 14 - 11。可以看出，在四种大类的生态服务价值中，各省均为调节服务最大，其次为支持服务，文化服务功能最小。供给服务主要包括食物生产和原料生产，因西北旱区耕地面积在陕西省分布范围最广，因此该区域供给服务值最大，其次为新疆，调节服务、支持服务和文化服务均为青海省最大，宁夏最小。

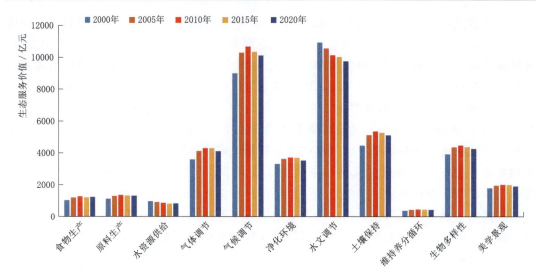

图 14 - 6　西北旱区不同年份生态服务价值图

表 14 - 10　　　　　2020 年西北旱区不同省区生态服务价值　　　　单位：亿元

省　区	供给服务	调节服务	支持服务	文化服务
甘肃	565.4	4257.84	1606.82	300.35
内蒙古	661.29	5652.14	1987.11	396.47
宁夏	130.34	764.50	285.28	50.83
青海	570.99	5734.54	1884.94	398.76
陕西	360.39	2624.21	1002.57	184.52
新疆	901.27	7304.91	2535.12	500.32

从具体的生态服务价值可知（表 14 - 11），在 11 种生态服务价值中，气候调节和水文调节两项值最大，是所有生态服务类型中的最大值。陕西省耕地面积广，土地肥沃，食物生产和原来生产服务价值最大。

表 14 - 11　　　　　2020 年西北旱区不同省区生态服务价值　　　　单位：亿元

省　区	甘肃	内蒙古	宁夏	青海	陕西	新疆
食物生产	223.51	228.74	59.18	155.11	146.02	324.78
原料生产	228.04	253.33	45.27	220.48	146.89	335.21
水资源供给	113.85	179.22	25.89	195.41	67.49	241.28
气体调节	681.59	821.00	122.35	763.16	428.13	1052.61
气候调节	1671.72	2043.49	256.88	2026.01	1050.07	2571.22
净化环境	543.16	725.37	89.53	716.65	327.93	956.53
水文调节	1361.37	2062.29	295.74	2228.71	818.08	2724.55
土壤保持	859.23	1017.33	159.22	928.92	542.54	1312.65
维持养分循环	72.44	91.19	15.99	78.74	44.28	118.77
生物多样性	675.15	878.60	111.07	877.28	415.75	1103.69
美学景观	300.35	396.47	50.83	398.76	184.52	500.32

14.2.2 空间分布特征

1. 不同生态服务价值空间变化

西北旱区供给服务价值、调节服务价值、支持服务价值和文化服务价值的空间变化中，每个格网单元不同类型生态服务价值空间分布格局基本一致，最大值集中分布在内蒙古乌兰察布、鄂尔多斯，新疆阿勒泰，甘肃庆阳，陕西，新疆塔城，陕西延安，新疆巴音郭楞蒙古自治州、伊犁，青海果洛和内蒙古锡林郭勒盟，较小值分布在甘肃嘉峪关，内蒙古乌海，新疆石河子，宁夏石嘴山，甘肃金昌，新疆克拉玛依、吐鲁番、乌鲁木齐，宁夏银川，新疆哈密等。西北旱区供给服务如图 14-7 所示。可以看出，供给服务价值减少的市有 13 个，减少值从大到小依次为新疆巴音郭楞蒙古自治州和伊犁，青海海北，内蒙古阿拉善盟，甘肃甘南，青海海南，内蒙古锡林郭勒盟，青海果洛、西宁、黄南，新疆乌鲁木齐，内蒙古巴彦淖尔，新疆阿勒泰等，其中新疆巴音郭楞蒙古自治州和伊犁供给服务价值减少超过 36 亿元，巴彦淖尔和阿勒泰减少小于 1 亿元。调节服务 2020 年比 2000 年增加超过 10 亿元的市主要包括陕西延安，甘肃庆阳，新疆维塔城、喀什，内蒙古鄂尔多斯，陕西榆林，新疆昌吉，甘肃平凉，宁夏固原，甘肃定西、天水、新疆博尔塔拉蒙古自治州，甘肃白银，内蒙古乌兰察布，甘肃省张掖。

西北旱区调节服务如图 14-8 所示。可以看出，调节服务价值减少的市也为 13 个，

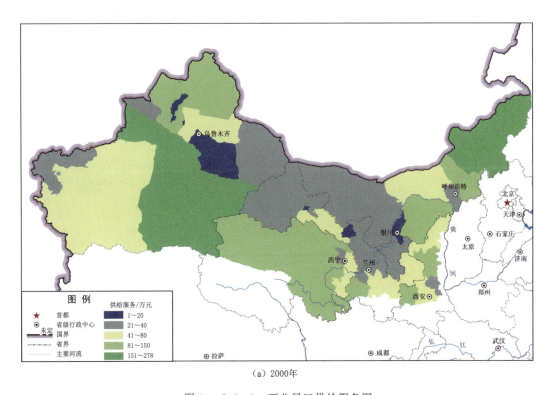

（a）2000年

图 14-7（一） 西北旱区供给服务图

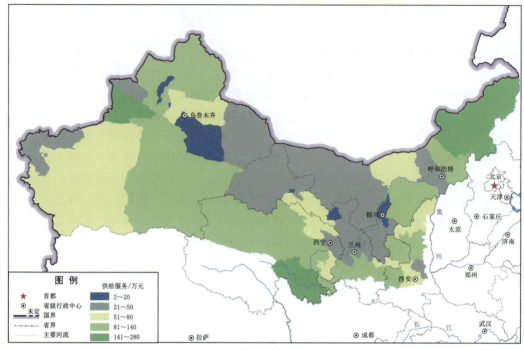

（b）2020年

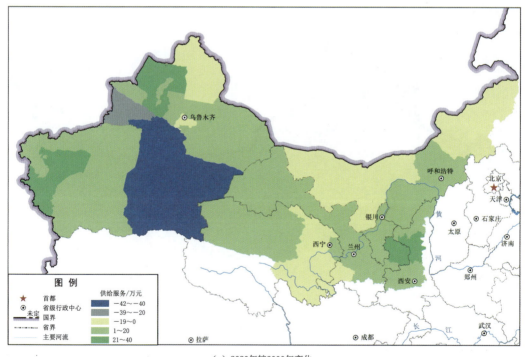

（c）2020年较2000年变化

图 14-7（二）　西北旱区供给服务图

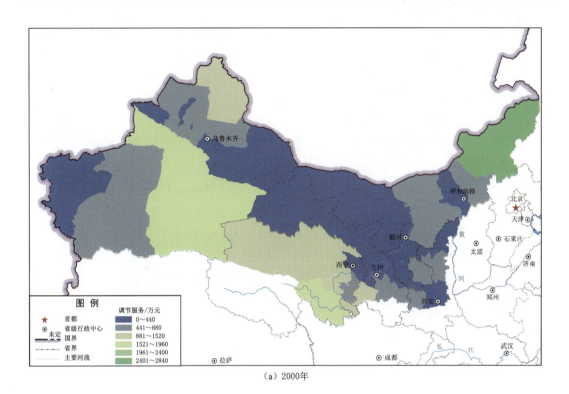

（a）2000年

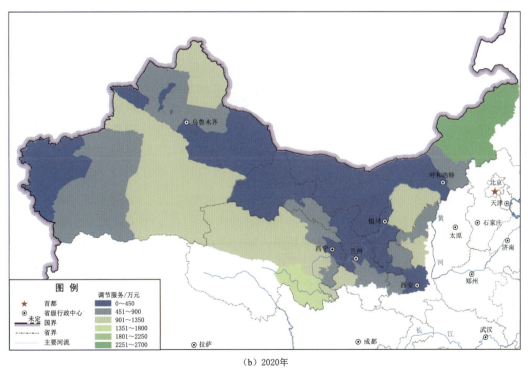

（b）2020年

图 14-8（一）　西北旱区调节服务图

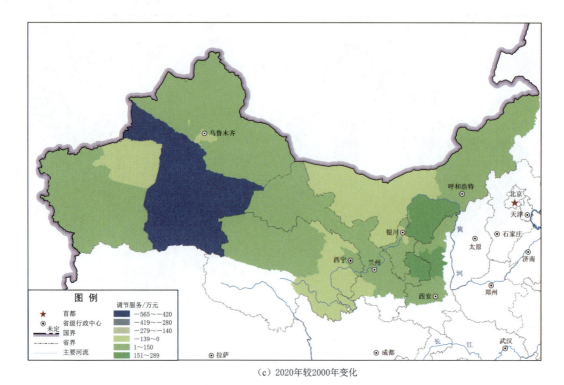

（c）2020年较2000年变化

图 14-8（二）　西北旱区调节服务图

减少值从大到小依次为新疆维伊犁、巴音郭楞蒙古自治州，青海海北，新疆阿克苏，甘肃甘南，内蒙古阿拉善，青海海南、果洛，内蒙古巴彦淖尔，青海黄南，新疆乌鲁木齐，宁夏银川，新疆石河子，内蒙古乌海。调节服务增加大于 100 亿元的区域主要包括陕西延安，内蒙古鄂尔多斯，甘肃庆阳、定西、平凉、张掖。西北旱区支持服务与文化服务如图 14-9、图 14-10 所示，支持服务价值所有市均增加，而文化功能西北旱区全部下降。

2.生态服务价值变化量空间分布

各市不同分项生态服务价值 2020 年与 2000 年差值如图 14-11~图 14-13 所示，采用自然间断点分为 6 级。食物生产服务价值增加的市有 25 个，但总体增加值较小，其他区域均减少，最大区域为内蒙古锡林郭勒盟，减少值为 89.48 亿元；原料生产价值增加明显，减少区域为 13 个市，减少值在 0~5 亿元之间。增加区域较多，最大值内蒙古锡林郭勒盟，增加 37.12 亿元；水资源供给西北旱区显著减少，增加区域仅包括内蒙古乌海、鄂尔多斯，甘肃嘉峪关、酒泉市，新疆克拉玛依、博尔塔拉蒙古自治州、克孜勒苏柯尔克孜自治州、巴音郭楞蒙古自治州、喀什、和田，宁夏石嘴山，青海海西；气体调节、气候调节、净化环境、水文调节、土壤保持、维持养分循环、生物多样性、美学景观价值变化空间分布基本一致，均为下降区域少于增加区域。

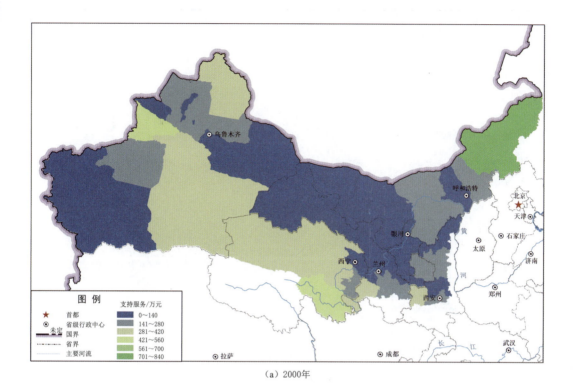

（a）2000年

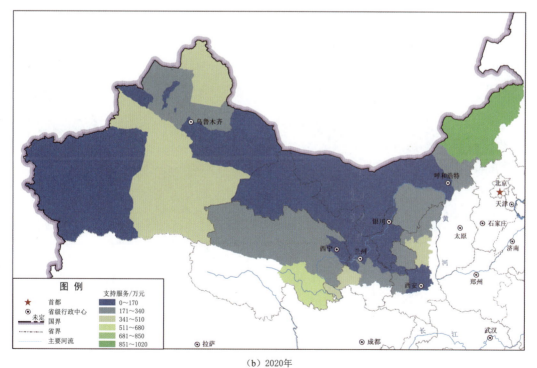

（b）2020年

图 14-9（一）　西北旱区支持服务图

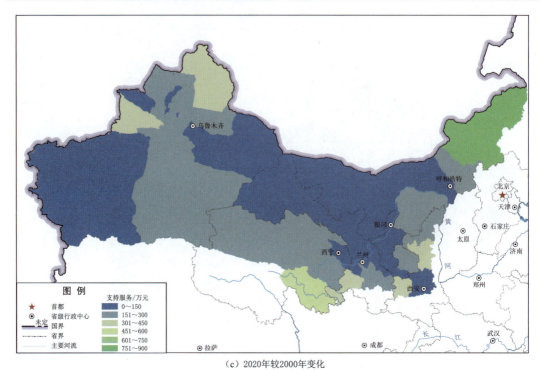

（c）2020年较2000年变化

图 14-9（二）　西北旱区支持服务图

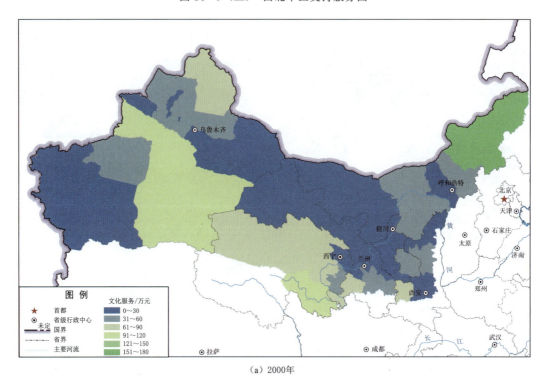

（a）2000年

图 14-10（一）　西北旱区文化服务图

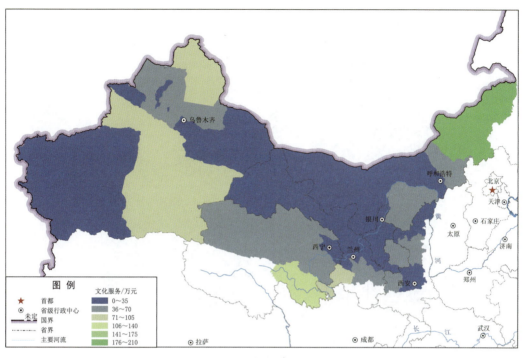

（b）2020年

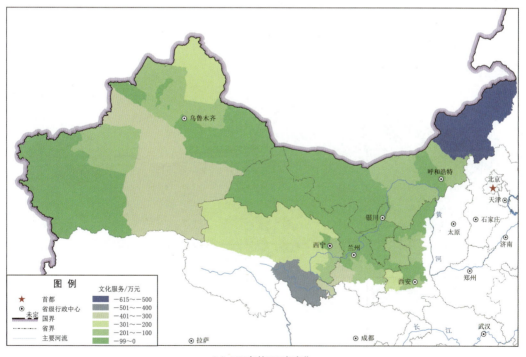

（c）2020年较2000年变化

图 14-10（二） 西北旱区文化服务图

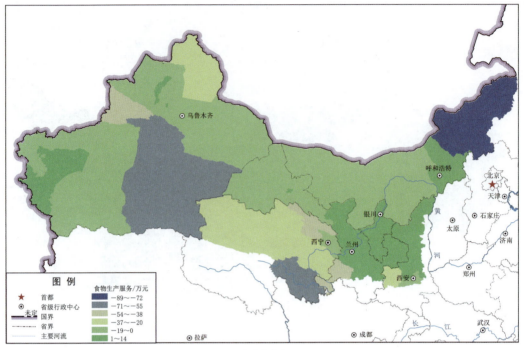

（a）食物生产

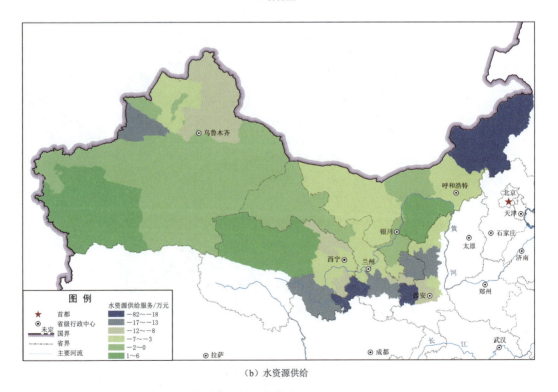

（b）水资源供给

图 14-11（一）　西北旱区供给服务空间变化分布图（2020 年较 2000 年变化）

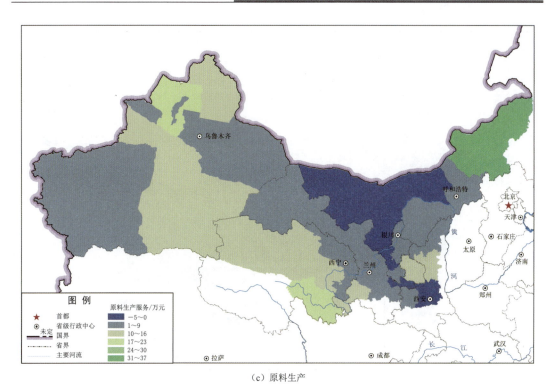

（c）原料生产

图 14-11（二）　西北旱区供给服务空间变化分布图（2020 年较 2000 年变化）

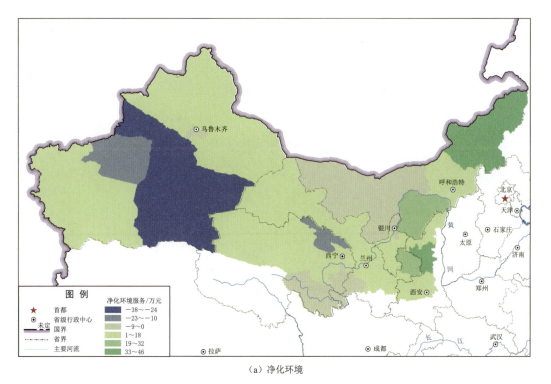

（a）净化环境

图 14-12（一）　西北旱区调节服务变化空间分布图（2020 年较 2000 年变化）

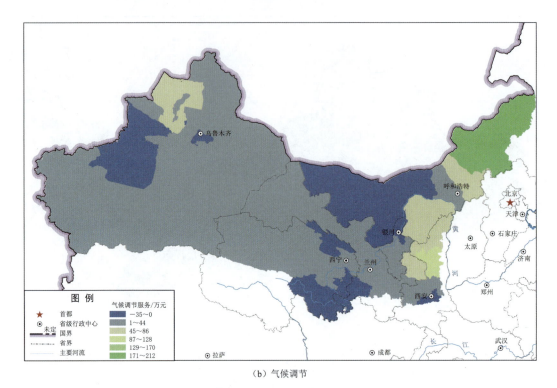

（b）气候调节

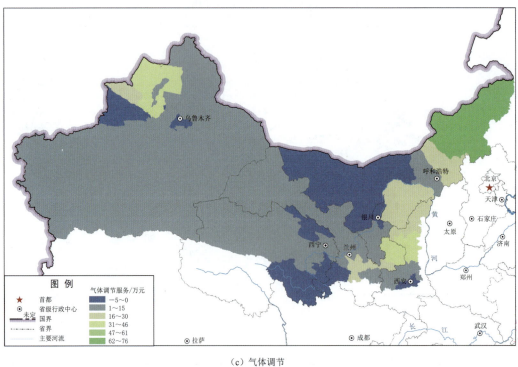

（c）气体调节

图 14-12（二） 西北旱区调节服务变化空间分布图（2020 年较 2000 年变化）

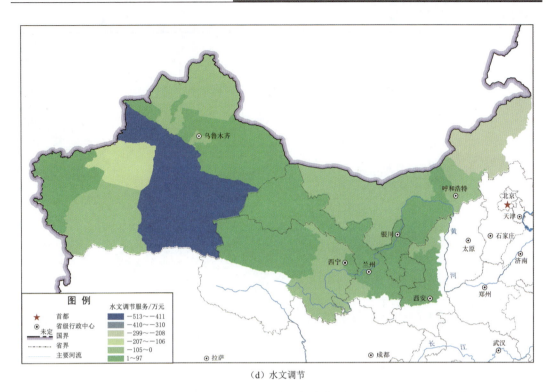

（d）水文调节

图 14-12（三） 西北旱区调节服务变化空间分布图（2020 年较 2000 年变化）

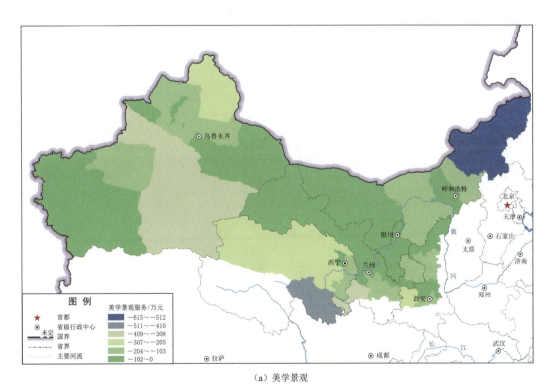

（a）美学景观

图 14-13（一） 西北旱区支持服务和文化服务变化空间分布图（2020 年较 2000 年变化）

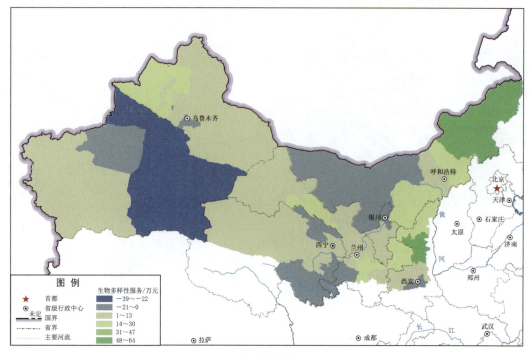

（b）生物多样性

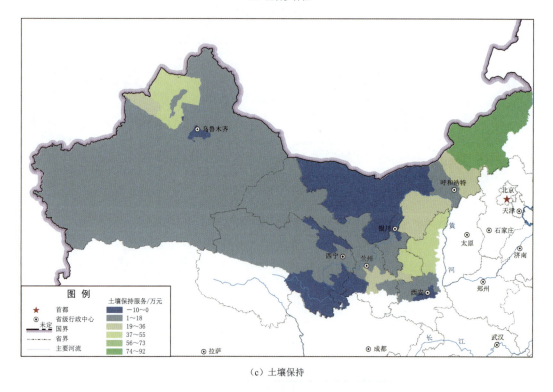

（c）土壤保持

图 14-13（二）　西北旱区支持服务和文化服务变化空间分布图（2020 年较 2000 年变化）

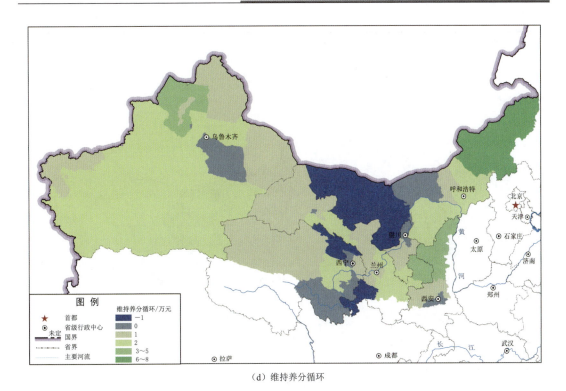

（d）维持养分循环

图 14-13（三）　西北旱区支持服务和文化服务变化空间分布图（2020 年较 2000 年变化）

3. 不同市域单位面积生态服务价值空间分布

采用各市总的生态服务价值除以各市面积，得到各市单位面积生态服务价值。以 2000 年数据为基准，采用自然间断点方法分为 5 级。西北旱区不同年份不同市域生态服务价值及其变化空间分布如图 14-14 所示。可以看出，研究时段内，新疆和田、吐鲁番、哈密等，甘肃酒泉和内蒙古阿拉善盟生态服务价值一直最小，每公顷的服务价值在 0~4000 元之间，其次为新疆的阿克苏、喀什、巴音郭楞、克孜勒苏，青海海西等每公顷的服务价值在 4000~10000 元之间；新疆除伊犁和乌鲁木齐单位面积（每公顷）生态服务价值在 20000 元以上，其他市均在 10001~20000 元之间。生态服务价值分布范围虽然不同年份处在变化之中，但每公顷生态服务价值大于 50000 元的区域主要分布在陕西中部和南部的宝鸡、西安等市和甘肃的天水、甘南自治州和西宁市等。

采用 2020 年各市单位面积生态服务价值减去 2000 年各市单位面积生态服务价值，并采用自然间断法分为 6 级。从图 14-14（c）可以看出，西北旱区的 55 个市级范围内，石河子市、伊犁哈萨克自治州、甘南藏族自治州、海北藏族自治州、黄南藏族自治州、乌海市、乌鲁木齐市、巴音郭楞蒙古自治州、银川市、阿克苏地区、果洛藏族自治州、海南藏族自治州、巴彦淖尔市、阿拉善盟等 14 个市单位面积生态服务价值减少，减少的单位面积（每公顷）服务价值依次降低，其中，石河子市、伊犁哈萨克自治州、甘南藏族自治州、海北藏族自治州每公顷减少的生态服务价值大于 5500 元。其他 41 个市增加，其中，增加大的区域如克拉玛依市、天水市、嘉峪关市、临夏回族自治州、金昌市、咸阳市、定

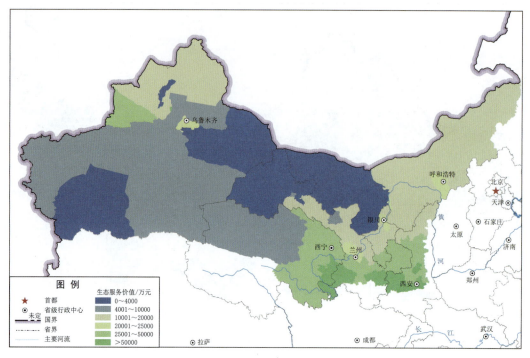

（a）2000年

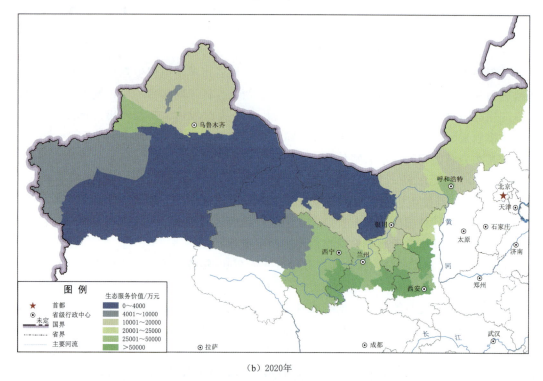

（b）2020年

图 14-14（一）　西北旱区不同年份不同市域生态服务价值及其变化空间分布图

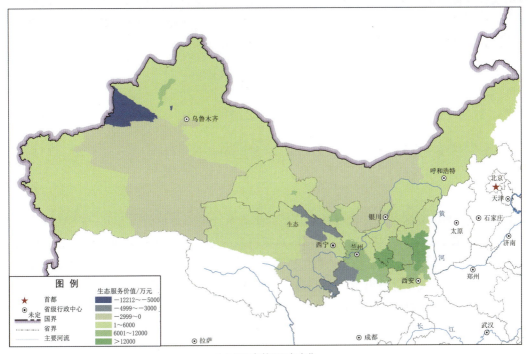

（c）2020年较2000年变化

图 14-14（二） 西北旱区不同年份不同市域生态服务价值及其变化空间分布图

西市、渭南市、庆阳市、固原市、平凉市、铜川市、延安市、兰州市等 14 个市单位面积增加的生态服务价值大于 6000 元，固原市、平凉市、铜川市、延安市单位面积（每公顷）增加的生态服务价值超过 12000 元。增加值大于 6000 元的市中，除克拉玛依市、金昌市、咸阳市外，其他全部位于黄土高原，主要因为黄土高原地区在退耕还林还草工程使该区域林地和草地面积大幅增加，林地和草地的总生态服务价值大于其他类型的生态系统。

14.3 生态补偿核算

14.3.1 基于农作物流动的生态补偿核算

在生态补偿方面，国外早期主要关注生态环境问题及对自然恢复的警告，研究角度主要包括"为什么补偿"和"如何补偿"，侧重对使用、破坏及浪费稀缺性自然资源的补偿。国内生态补偿由最早关注森林慢慢延伸到矿产资源、自然资源开发利用等破坏应该给予的补偿，逐步扩展到对整个区域生态环境的补偿。2012 年以后，生态补偿与生态文明建设相结合，2013 年党的十八届三中全会提出正式实行生态补偿制度，生态补偿达到了一个新的高度，但尚缺乏关于生态补偿的较为公认的定义。目前在我国较为公认的定义是一种以经济手段来调节利益相关者之间的矛盾，进而促进生态环境健康可持续发展。生态补偿标准的定量化核算对生态补偿的可行性和实施效果有重要意义。

西北旱区用有限的水资源不仅满足了本地人们农产品消费需求，还输出到其他地区，种植农作物使当地的生态环境遭到了一定的破坏。若把满足本区域外的农作物占用耕地转化为草地，则本地的生态服务价值会得到明显提升。两种土地利用类型模式下生态服务的差值即为本地需要的生态补偿金额，具体计算公式为

$$C = ESV_i - ESV_{耕地} \tag{14-9}$$

其中

$$ESV_i = S \sum_{i=1}^{n} M_i \tag{14-10}$$

$$ESV_{耕地} = S \sum_{j=1}^{n} M_j \tag{14-11}$$

$$S = \sum_{k=1}^{n} \frac{F_k}{Y_k} \tag{14-12}$$

式中：ESV_i 为研究区某一年份林地或草地的生态系统服务总价值，万元；$ESV_{耕地}$ 为研究区某一年份输出（输入）虚拟水所占用的虚拟耕地的生态系统服务总价值，万元；S 为虚拟耕地面积，hm^2；M_i 为草地第 i 类生态系统服务价值；M_j 为耕地第 j 类生态系统服务价值；F_k 为 k 种农作物输出量，万 t；Y_k 为 k 种农作物单位面积产量，t/hm^2。

基于消费核算虚拟水流动过程[6]，2020 年西北旱区各省区主要农作物流动量见表 14-12，西北旱区稻谷、豆类均为从区域外输入，其中，稻谷，陕西省从外部输入 471.01 万 t，新疆输入 347.14 万 t；豆类，新疆输入 31.84 万 t，陕西省为 29.86 万 t；棉花，除新疆输出 505.20 万 t 外，其他省区均为输入；蔬菜、薯类、水果、小麦、玉米等作物，新疆的输出量均为西北旱区前列。

表 14-12　　　　　　　　　**2020 年西北旱区各省区主要农作物流动量**　　　　　　　单位：万 t

省区	稻谷	豆类	棉花	蔬菜	薯类	水果	小麦	油料	玉米
宁夏	-58.88	-10.04	-3.03	184.32	20.14	57.98	-40.79	-11.69	115.78
新疆	-347.14	-31.84	505.20	342.36	2.03	1132.49	335.71	-10.6	449.58
内蒙古	-153.28	-13.24	-5.67	-220.27	43.87	-184.85	-56.67	89.57	485.73
陕西	-471.01	-29.86	-13.22	-239.61	-29.37	1314.44	69.19	-56.23	-46.98
甘肃	-338.16	-4.11	-4.00	165.53	133.88	221.33	21.82	-2.30	157.95
青海	-82.79	-5.98	-2.32	-141.09	10.28	-109.72	-20.97	16.13	-87.62

根据西北旱区各省区统计数据，统计出主要农作物单位面积产量见表 14-13。

表 14-13　　　　　　　　**2020 年西北旱区各省区主要农作物单位面积产量**　　　　　单位：kg/hm^2

省区	稻谷	豆类	棉花	蔬菜	薯类	水果	小麦	油料	玉米
宁夏	8122.86	1311.22	—	41893.87	4368.76	19579.63	2990.62	2016.21	7717.69
新疆	8796.22	3119.27	2062.81	55407.14	7778.33	18292.94	5445.28	3126.61	8832.94
内蒙古	22863.35	1856.92	—	58801.28	3816.88	26694.09	3565.34	2156.41	9295.38
陕西	7607.53	2003.38	855.93	40805.98	2801.37	18008.89	4452.67	2230.64	5665.91
甘肃	4985.25	2271.67	3318.68	37900.94	3944.04	23588.23	3804.65	2260.6	6230.75
青海	—	2374.25		34894.85	4330.43	3699.73	3963.5	2105.15	7982.24

依据式（14-12）及表14-12和表14-13中数据，计算各省主要农作物虚拟水流动占用的虚拟耕地面积（表14-14）。结果可知，西北旱区6省区中，新疆、内蒙古和甘肃虚拟耕地面积为正，其中新疆虚拟水耕地面积最大，为$3727450 \times 10^3 \mathrm{hm}^2$。

表14-14　　　　　2020年西北旱区各省区农作物流动占用虚拟耕地面积　　　单位：$\times 10^3 \mathrm{hm}^2$

省区	稻谷	豆类	棉花	蔬菜	薯类	水果	小麦	油料	玉米	合计
宁夏	-72.49	-76.57		44	46.1	29.61	-136.39	-57.98	150.02	-73700
新疆	-394.65	-102.08	2449.09	61.79	2.61	619.09	616.52	-33.9	508.98	3727450
内蒙古	-67.04	-71.3		-37.46	114.94	-69.25	-158.95	415.37	522.55	648860
陕西	-619.14	-149.05	-154.45	-58.72	-104.84	729.88	155.39	-252.08	-82.92	-535930
甘肃	-678.32	-18.09	-12.05	43.67	339.45	93.83	57.35	-10.17	253.5	69170
青海		-25.19		-40.43	23.74	-296.56	-52.91	76.62	-109.77	-424500

根据表14-14及式（14-9），核算出西北旱区各省生态补偿金额（表14-15），新疆、内蒙古、甘肃需要接受生态补偿，补偿金额分别为416.66亿元、72.52亿元和7.75亿元。

表14-15　　　　2020年西北旱区各省区基于农作物流动的西北旱区生态补偿　　　单位：亿元

宁夏			新疆			内蒙古		
耕地	草地	补偿金额	耕地	草地	补偿金额	耕地	草地	补偿金额
-4.09	-12.33	-8.24	207.04	623.7	416.66	36.06	108.58	72.52
陕西省			甘肃省			青海省		
耕地	草地	补偿金额	耕地	草地	补偿金额	耕地	草地	补偿金额
-29.77	-89.67	-59.9	3.83	11.58	7.75	-23.59	-71.02	-47.43

注　补偿金额为正，表示本地区需要接受生态补偿，为负表示需要补偿给其他地区。

14.3.2　生态补偿策略

1. 西北旱区生态补偿机制现状分析

（1）国家层面。2000年，国务院批准了《全国生态环境建设和保护纲要》，"重要生态功能区"的概念被正式提出和认定，西北旱区在我国属于典型的生态脆弱区，是重要的生态功能区之一。2005年，在中共十六届五中全会上，《关于制定国民经济和社会发展第十一个五年规划的建议》首次提出"按照谁保护，谁受益，谁补偿的原则"，并提出加快这个生态补偿机制建设。2007年，原国家环境保护总局下发《关于开展生态补偿试点工作的指导意见》，将西北重点生态功能区列为开展生态补偿试点的四大领域之一，搭建生态补偿条件及标准。《关于建立健全生态产品价值实现机制的意见》在2021年中央全面深化改革委员会第十八次会议审议通过，旨在建立生态产品价值实现机制及推进生态产业化和产业生态化。

（2）区域层面。为进一步健全生态保护补偿机制，加快推进生态文明建设，新疆维吾尔自治区人民政府办公厅出台《关于健全生态保护补偿机制的实施意见》，明确了新疆健全生态保护补偿机制的指导思想、基本原则、重点任务和各项配套政策措施。2022 年，内蒙古自治区人民政府办公厅印发《内蒙古自治区生态环境损害赔偿工作规定（试行）》的通知，对生态环境补偿损害等系列工作进行规定。2023 年，宁夏印发《关于深化生态保护补偿制度改革的实施意见》，明确提出完善不同生态环境要素分类补偿制度，在争取中央财政加大对宁夏生态功能区转移支付规模、加大对区内环境敏感和生态脆弱地区支持力度的同时，实施纵横结合的综合补偿制度，促进生态受益地区与保护地区利益共享。2023 年，甘肃省生态环境厅出台《关于加快建立和完善省内流域横向生态补偿的意见》，统筹推进市州之间、县区之间在"十四五"国控和省控断面建立横向生态补偿机制。2023 年，青海省加快建立重点流域生态保护补偿机制，落实县（市、区）生态保护主体责任，推动流域"共同抓好大保护，协同推进大治理"，青海省财政厅、省生态环境厅、省水利厅和省林草局联合印发了《青海省重点流域生态保护补偿办法（试行）》。2022 年，为推动陕西省生态保护补偿制度持续优化，提高基层生态文明建设资金保障能力，陕西省财政厅、省生态环境厅联合印发《陕西省生态保护纵向综合补偿实施方案》，标志着陕西省生态保护纵横结合的生态补偿制度体系进一步完善。

2. 区域生态服务价值核算标准

目前生态服务价值核算方法比较多，国内比较通用的为基于谢高地提出的当量因子表，采用核算区域主要粮食价格进行基础修正，很多研究除基础修正外，又基于空间异质性和社会发展系数进行进一步修正。但由于土地利用类型来源不同，植被覆盖度及 NPP 数据精度问题，使不同项目核算的同一地区生态服务价值存在差异，因此本研究生态服务价值和其他研究核算的会存在差异。

3. 区域生态补偿方式

（1）拓宽生态补偿资金来源。持续充裕的补偿资金是生态补偿机制有效运转的重要前提[7]。当前西北旱区生态补偿资金主要来源于政府财政资金，该模式存在地区财政压力过大、补偿金难以保证、实施效果不佳等明显不足。西北旱区整体经济发展水平在全国处于相对落后的现状下，应积极转换思路，多渠道筹措补偿资金，坚持国家主导的谁受益、谁补偿的原则，鼓励社会力量多方参与，充分发挥政府与市场的双重作用，多种生态补偿模式。

（2）强化生态补偿支撑保障。为确保西北旱区生态补偿工作平稳有序进行，应落实主体责任、完善监管体系、健全考评机制，为推动西北旱区生态补偿制度的持续优化和效果提升提供支持和保障。坚决落实国家和地方政府颁布的生态保护和生态补偿等方面的法律法规，结合最新政策要求，继续开展与生态补偿相关的法律、法规或规范性文件的制定与修订工作，厘清补偿主体和受偿主体，推动与监督相关主体的生态补偿义务，强化生态保护主体的责任意识。持续完善生态补偿监督体系，构建严格的生态补偿资金管理制度，明确生态补偿资金申请流程及资金使用方式、方法，明确生态补偿中违反法律的责任，进一步完善生态补偿监督管理工作[8]。

参 考 文 献

[1] 卢荣旺，殷浩然，朱连奇，等. 基于当量因子法的秦巴山地生态系统服务价值评估［J］. 河南大学

学报（自然科学版），2022，52（4）：379－391.

［2］ Costanza R. ，D'Arge R. ，Groot，R. D. ，et al. The value of the world's ecosystem services and natural capital ［J］. Nature，1997，1（1）：253－260.

［3］ 谢高地，张彩霞，张昌顺，等. 中国生态系统服务的价值 ［J］. 资源科学，2015，37（9）：1740－1746.

［4］ 谢高地，张彩霞，张雷明，等. 基于单位面积价值当量因子的生态系统服务价值化方法改进 ［J］. 自然资源学报，2015，30（8）：1243－1254.

［5］ 刘倩，李葛，张超，等. 基于系数修正的青龙县生态系统服务价值动态变化研究 ［J］. 中国生态农业学报（中英文），2019，27（6）：971－980.

［6］ 刘健. 湖北省主要农产品虚拟水流动格局 ［J］. 水资源开发与管理，2020（11）：46－50.

［7］ 王女杰，刘建，吴大千，等. 基于生态系统服务价值的区域生态补偿——以山东省为例 ［J］. 生态学报，2010，30（23）：6646－6653.

［8］ 张悦. 生态补偿框架的构建及其基于多主体的仿真研究 ［D］. 北京：北京科技大学，2018.

第15章 农业机械化生产与组织管理

随着科学技术的发展和农业生产方式的转化，实现农业生产机械化是现代农业发展的基础。2021年，全国农业机械总动力达到10.78亿kW，拖拉机保有量2173.06万台，配套农具4022.93万部。粮食作物生产机具继续较快增长，稻麦联合收割机、玉米联合收割机、水稻插秧机、谷物烘干机保有量分别达162.72万台、61.06万台、96.32万台、14.42万台。农产品初加工作业机械、畜牧机械、水产机械保有量分别达1589.65万台、869.85万台、492.19万台。以北斗、5G等信息技术为支撑的智能农机装备进军生产一线，加装北斗卫星导航的拖拉机、联合收割机超过60万台，植保无人机保有量97931架。全国农机服务组织19.34万个，其中农机专业合作社7.6万个。农机户3947.57万个、4678.58万人，其中农机作业服务专业户415.90万个、578万人。农机维修厂及维修点15.04万个，农机维修人员90.02万人，全国乡村农机从业人员4957.36万人。2021年完成机耕、机播、机收、机电提灌、机械植保五项作业面积达到71.29亿亩次。农机服务收入4816.21亿元，其中农机作业服务收入3675.92亿元，农业机械化生产已成为我国农业发展的重要动力。

15.1 农业机械化对农业发展的贡献

改革开放以来，我国第二产业和第三产业迅速发展，非农实际工资不断增加，农村人口向城市转移，农业劳动力老龄化、减量化问题严重，农业生产耕种收各阶段都需要大量的劳动力，人力的缺乏导致产量低下，限制农民的生产规模。农业机械的使用提高了劳动生产率和资源利用率，大大减少了农业生产过程中劳动力的需求量。农业机械替代人力劳动力，大幅降低了劳动力成本，释放的资金可以用于购买优质种子、化肥、农业机械以及学习其他农业生产技术，从多方面促进农业产出的增长[1-3]。

15.1.1 农业机械化贡献的定量评价方法

1. C-D生产函数法

C-D生产函数法是一种间接测算贡献率的方法，假设生产函数为柯布道格拉斯生产函数，通过取自然对数、回归求得各生产要素弹性，用弹性求解贡献率。C-D生产函数法形式简单、便于计算，所以被广泛运用，并常用于测量科技进步率[4,5]。

2. 模型构建

影响种植业产出（Y）的生产要素主要有劳动力投入（L）、资本投入（K）、土地投

入（D）等，其中资本投入用化肥施用量（F）与农业机械总动力（M）表示，则产出函数可以表示为

$$Y = AL^{\alpha}F^{\beta}M^{\theta}D^{\gamma}e^{\mu_i}e^{\lambda_i}e^{\varepsilon_{it}} \tag{15-1}$$

式中：A 为未体现在其他投入要素的综合技术水平；α、β、θ、γ 分别为劳动力投入、化肥施用量（折纯量）、农业机械总动力、土地投入的产出弹性系数；μ_i 和 λ_i 分别为个体效应与时点效应；ε_{it} 为随机误差项。

对生产函数两边取对数得

$$\ln Y = \ln A + \alpha \ln L + \beta \ln F + \theta \ln M + \gamma \ln D + \mu_i + \lambda_t + \varepsilon_{it} \tag{15-2}$$

通过线性回归可以求出各投入要素的产出弹性系数，其中第 i 省区的农业机械化产出弹性系数为 θ_i。若使用全国汇总数据进行回归，可以去掉时间效应和个体效应直接回归。

第 i 省区的农业机械化对种植业的平均贡献率（δ_i）为

$$\delta_i = \frac{\theta_i \times m_i}{y_i} \times 100\% \tag{15-3}$$

式中：m_i 为农业机械总动力年均相对增长；y_i 为种植业总产出年均相对增长，年均相对增长用几何平均法得到。

区域农业机械化对种植业的总贡献率为

$$\delta_t = \sum_i \frac{\theta_{it} \times \dfrac{\Delta M_{it}}{M_{i(t-1)}} \times Y_{i(t-1)}}{\sum_i \Delta Y_{it}} \tag{15-4}$$

式中：$Y_{i(t-1)}$ 为 $t-1$ 年第 i 省区的种植业总产出；$M_{i(t-1)}$ 为 $t-1$ 年第 i 省区的农业机械总动力；ΔY_{it} 为 t 年第 i 省区的种植业总产出与 $t-1$ 年数值之差；ΔM_{it} 为 t 年第 i 省区的农业机械总动力与 $t-1$ 年数值之差。

3. 变量选择与计算方法

（1）种植业总产出（Y）计算。设置种植业总产出为被解释变量，种植业产出用农业总产值（不含林业、牧业、渔业）来衡量。

（2）资本投入计算。资本投入通常用物质消耗来表示，但是各省种植业物质消耗的统计数据较少，根据已有的研究以及数据的可得性，用化肥施用量（F）、农业机械总动力（M）作为资本投入的量化指标。其中农业机械总动力为关键解释变量。农业机械总动力在 2016 年统计口径发生调整，农用运输车不再作为农业机械纳入统计范围，为保证数据内涵统一，对 2016 年、2017 年和 2018 年农业机械总动力做了修正，MTR 表示农用运输车动力，MF 表示未统计农用运输车动力的农业机械总动力。

$$MTR_{2016} = 2 \times MTR_{2015} - MTR_{2014} \tag{15-5}$$

$$M_{2016} = MF_{2016} + MTR_{2016} \tag{15-6}$$

（3）劳动力投入（L）计算。各省种植业劳动力投入用各省第一产业从业人员表示。

（4）土地投入（D）。土地投入指标用农作物播种面积（DA）表示。土地投入还要考虑受气候条件以及其他资源的影响导致的质量差异，考虑用有效灌溉面积（IA）、成灾面积（CA）对农作物播种面积加权。成灾面积的 20% 左右为绝产，因此播种面积要扣掉成

灾面积的 20％；同时考虑有效灌溉的土地产量要高于不具备灌溉条件的土地，因此给予
1∶1 的权重将有效灌溉重复计算一次，则土地投入（D）计算方法为

$$D = DA\left(1 - 20\% \times \frac{CA}{DA}\right)\left(1 + \frac{IA}{DA}\right) \tag{15-7}$$

4. 模型求解

面板数据的处理方法一般有混合模型、固定效应模型和随机效应模型。根据似然比检
验，固定效应模型比混合模型效果更好，且常数为索洛余值，显然不是随机数，故选用固
定效应模型对数据进行回归，测算各生产要素的生产弹性。固定效应模型根据其系数的变
化又可分为变截距固定效应模型与变系数固定效应模型，即截距与系数可随个体或时点变
化。本研究时间跨度较长，技术进步率在这段时间内可能发生较大变化，各省之间个体差
异较大，采用变截距、变系数固定效应模型是可行的。根据索洛余值是否随时点变化、土
地投入是否随个体变系数、农机总动力是否随个体、时点变系数，建立求解方法。

15.1.2　农业机械化贡献率分析

1. 全国农业机械发展状况分析

1979—2018 年农作物耕种收综合机械化水平与种植业总产值总体均为上升趋势（图
15-1）。1978 年以安徽小岗村"大包干"为序幕的农村改革开始后，农村迅速实行了家庭
联产承包制，从集体公社大面积共同作业转化为家庭联产承包的小规模作业。至 1984 年
年底，包产到户的生产责任制基本普及。农户家庭联产承包责任制规模细小、土地零碎，
原有的大型农机还没有适应经营规模的变化，1979—1985 年耕种收综合机械化率稍有下
降，而家庭联产承包责任制解放和发展了生产力，破除高度集中的计划管理体制的束缚，
在这期间种植业总产值保持上涨。1985 年随着农业机械逐渐适应小规模作业状况，农机
社会化服务、跨区服务体系兴起，耕种收综合机械化率逐步增加。而同时由于农村非农产
业发展，农民有更多的就业选择，农业生产产量不稳定，收益率较低，农业机械投资较
大，退出农业经营的农户逐渐增多，在这一阶段农业机械化的发展主要依靠小型农机，耕

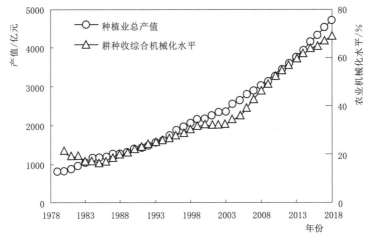

图 15-1　1979—2018 年全国农业机械化水平与种植业总产值关系图

种收综合机械化水平增长缓慢。随着国家对农业的重视以及对农业机械补贴力度的增大，2004 年以后耕种收综合机械化水平加速上升。

1980—2018 年全国种植业总产值增长率与农业机械总动力增长率关系如图 15-2 所示。在 1980—1985 年期间，种植业总产值增长率较大，最高达到 11.5%，显然土地分包到户极大释放了农户的生产热情，劳动生产率和土地产出率都出现了大幅度提升促进种植业总产值快速增长，但在 1985 年开始出现了增速放缓并趋于 4% 上下波动的情况。农业机械总动力增长率在 1990 年之前整体处于下降趋势，农机发展呈现低迷状态，增长率仅为 2.28%。但之后开始恢复，到 1997 年最高达 9%，此后开始下降但也维持在 5% 左右波动。整体来看，农业机械总动力增长率和种植业总产值增长率之间呈现出一定相关性，比如 1991—1995 年期间，农业机械总动力增长率呈上升趋势，与种植业总产值增长率趋势相同；1996—2003 年期间，农业机械总动力增长率整体呈下降趋势，同期种植业总产值增长率也呈下降趋势。

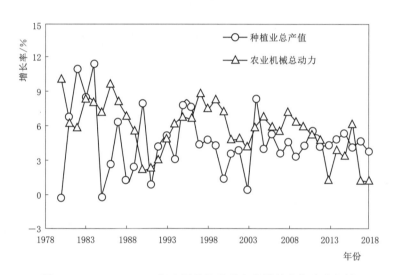

图 15-2 1980—2018 年全国种植业总产值增长率与农业机械
总动力增长率关系图

2. 西北旱区农业机械贡献率分析

运用 Stata15 软件对模型进行估计，面板数据存在异方差和自相关，所以使用聚类稳健标准误修正后的 t 值。拟合优度为 0.99，拟合效果较好。再根据式（15-3），计算 1979—2018 年农业机械化对各地区种植业的贡献率，结果见表 15-1。从关键解释变量农机贡献率看，1979—2018 年农业机械化在西北大部分地区的农业生产中发挥着较大的作用，继续增加农业机械的投入仍旧可以推动种植业的发展。其中，贡献率超过 30% 的有甘肃和新疆，特别是新疆，农业机械总动力对种植业总产值的弹性系数为 0.63，贡献率为 57.26%。青海农机总动力对种植业总产值的影响均在 10% 水平下显著为负，可能原因是青海耕地中丘陵山区占比较高的省份由于地貌限制，无法使用大中型农机作业而只能使用微耕机等小型农业机械，而这些机械的效率远远低于大中型农业机械，因此存在投入增速高但对应产出增速水平却偏低，使得弹性为负。

表 15 - 1　　　　　　　　　　**1979—2018 年西北旱区农业机械化贡献率分析**

省份	土地产出弹性	农机产出弹性	农业机械总动力年均相对增长/%	种植业总产出年均增长/%	农业机械化对种植业贡献率/%
内蒙古	0.104	0.099	6.141	5.391	11.245
陕西	0.205	0.295***	5.109	5.257	28.683
甘肃	0.084	0.317***	5.603	5.899	30.186
青海	0.735***	−0.156***	5.334	3.543	−23.466
宁夏	0.163*	0.160**	6.306	5.824	17.271
新疆	−0.735***	0.627***	6.742	7.387	57.26

注　*、**、*** 分别表示在 10%、5%、1% 统计水平下显著。

15.2　农业机械化生产的发展趋势

随着我国农机数量的不断增长，以及农机智能化的不断发展，加强农机的智能化、信息化管理对提高农机管理水平，实现农业现代化有着重大意义。数字化、信息化、区块链、物联网、云计算、大数据等先进技术为农业生产机械化组织与管理提供了新方法和新手段。针对传统农机管理系统存在的功能单一、系统受众有限、无法实现数据共享、数据信息得不到充分挖掘利用，导致数据资源浪费等问题。结合现有先进的技术手段，提出搭建一个基于"互联网＋"的智慧农机管理信息系统数据共享平台。系统化集成人机管理、作业管理、作业调度、远程监控（作业过程远程监控和机组技术状态远程监控）、决策支持、在线培训等功能，将农户、农机管理部门、农机企业、售后维修、配件供应、机手、机主等独立的个体或组织有机地联系起来实现联动，在共享系统平台大数据的同时还为系统平台提供基础数据，使农机管理进入大数据时代（图 15 - 3）。

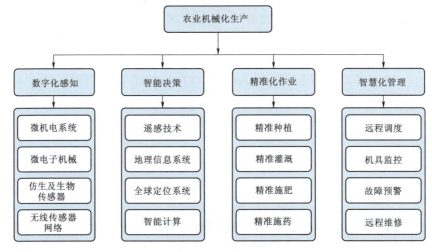

图 15 - 3　农业机械化生产总体框架图

15.2.1　农机机械应用与发展

随着我国经济社会的发展和人民生活水平的提高，我国农业正从传统的粮食为主向多元化、高品质、绿色生态化转变，这为农业机械化提供了广阔的市场空间和需求动力。同时，随着科技进步和数字化转型的加速，我国农业正从单纯的物理作业向智能化、信息化、精准化转变，这为农业机械化提供了强大的技术支撑和创新动能。此外，随着国家政策和社会资本对农业的持续支持和投入，我国农业正从小规模经营向规模化、专业化、组织化转变，这为农业机械化提供了良好的制度环境和服务体系。本节主要从农业机械的"耕、种、管、收"四个方面总体介绍我国农业机械的应用现状[6]。

1. 耕整方面

当前，铧式犁、旋耕机、深松机和激光平地机等耕整机械逐渐代替了人力和畜力耕整（图 15-4）。激光平地技术已得到较广泛应用，可有效节水 30%～50%，土地利用率提高约 9%，在大幅提高土地精细平地作业效率的同时，使产量增加 20%～30%，取得了良好的经济效益。水田耕整的一般要求是"寸水不过田"，即水田田面高差不超过 3.3cm，这对于人力和畜力作业来说很难实现，而我国相关科研单位研制的激光平地机已成功实现这一要求。此外，水准仪、全站仪、地面激光扫描仪和无人机载激光扫描仪的使用可以快速采集农田平整度信息，如基于全球导航卫星系统（GNSS）的农田三维地形实时采集系统可以在平整作业过程中，快速精准获取田面的平整度信息。目前，我国耕整机械创新能力不强，80% 以上的关键核心技术来源于国外，重大装备关键核心技术对国外技术的依存度高达 90% 以上，产品配套比例偏低。此外，大中型耕整地机械少，小型耕整地机械多；复合耕整地机械少，单一功能耕整地机械多；高品质耕整地机械少，中低品质耕整地机械多。为此，需加强耕整机械自主创新，优化调整耕整机械配套比例，研发具备整体结构大型化、联合整地以及通过液压系统调整机具参数、可改变作业状态的装备与技术[7-9]。

（a）铧式犁　　　　　（b）旋耕机　　　　　（c）深松机　　　　　（d）激光平地机

图 15-4　耕整机械示意图

2. 种植方面

以小麦为例分析农业机械在作物种植方面的应用情况。我国小麦种植机械化率从 2010 年的 67.5% 提高到 2019 年的 90.6%，其中，播种机械化率从 75.8% 提高到 94.4%，收获机械化率从 59.2% 提高到 86.8%。我国小麦种植机械化已经达到了较高的水平，基本实现了播种至收获的全程机械化。随着科技的发展和市场的需求，我国小麦种植机械化设备也在不断创新和完善，形成了以大中型联合收割机、中小型播种机、中耕整地机等为主体的小麦种植机具体系（图 15-5）。这些设备不仅能够适应不同地区、不同品种、不同生态条件下的小麦种植，而且能够实现精准施肥、精准喷药、精准收获等功能，提高了小麦种植的效率和质量[10]。

（a）收割机

（b）施肥播种机

图 15-5　小麦种植相关机械示意图

为了促进小麦种植机械化的普及和应用，我国建立了以政府为主导、以农民为主体、以企业为支撑、以合作社为纽带的小麦种植机械化服务体系。通过政策扶持、资金补贴、技术培训、信息服务等措施，加强了对小麦种植机械化服务组织和人员的培养和管理，提高了他们的服务能力和水平。同时，通过建立农民合作社、农业社会化服务组织等形式，实现了小麦种植机具的共享和利用，降低了农民的投入成本和风险。

3. 田间管理方面

田间管理主要是对水、肥、药的管理。目前，滴灌和微喷灌系统、变量施肥机、地面和航空喷雾系统等田间管理机械和技术已在农业生产中普遍推广和应用，显著提高了水、肥、药的利用率，节约了资源，减少了环境污染（图 15-6）。在精准灌溉方面，在土壤中埋置传感器以精确获取土壤中的含水量，根据作物不同生长期的需水规律，实现了精准灌溉和水、肥、药一体化灌溉。在精准施肥方面，采用自动配肥施肥机，可实现多种肥料的

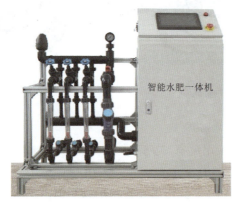

（a）水肥一体机

（b）无人机喷药

图 15-6　田间管理相关机械示意图

实时在线配比；变量施肥系统可满足实际生产需要，将浅层和深层排肥量的最大误差降低，相比传统施肥方式，可减少施肥量约12%。在精准施药方面，喷雾压力和喷雾流量可调等先进技术已广泛应用于地面施药机械和航空植保机械[10,11]。

由于我国农作物种类繁多，种植方式各有不同，现有的灌溉系统、施肥与施药机械难以适应不同地区、不同作物施肥和施药的需求，需研究可以实现全面（作物和区域）智能灌溉、施肥和施药作业的机械与技术。

4. 收获方面

作物收获机代替了人工收获方式，部分收获机已开始安装产量、含水率、流量、损失率和含杂率传感器，提高了智能化水平。目前，我国已研制开发出实用化的大型智能化粮食收割机，并通过自动化、智能化控制等先进技术，打破了国外的技术垄断和市场垄断，可用于收获水稻、小麦、大豆等粮食作物，如智能谷物联合收获机[12]。基于 GNSS 开发的远程精准服务系统，可以实现收获机故障远程实时诊断和维修指导。目前，我国水稻收获机械的智能化程度还不高，作业效果不理想，针对马铃薯、茶叶、花生、蔬菜等作物的机械化收获水平还较低甚至是空白。需针对我国农作物种植模式，自主研发适用于不同作物和不同地区的收获机械，实现规模化和标准化生产，提高收获机械的智能化水平（图 15-7）。

15.2.2 农业机械智能化关键技术

智能农业装备是集复杂农业机械、智能感知/智能决策/智能控制、大数据/云平台/物联网等技术为一体的现代农业装备，可自主、高效、安全、可靠地完成农业作业任务。以智能农业装备为核心的智能农机系统包括田间信息感知技术、智能控制技术、智能决策技术、自主作业技术、智能农机系统[13]。

1. 农机智能感知技术

智能农业装备感知分为机外感知和机内感知。机外感知是指对农机作业环境和对象信息参数的感知，包括作物生长及其病虫草害信息感知、作业环境与障碍信息感知等。机内感知是指对农业装备自身的工作参数及作业状态参数的感知，包括农业装备共性状态参数感知、耕整机械作业参数感知、施肥播种机作业参数感知、植保机械作业参数感知、收获机械作业参数感知等。

(1) 作物生长信息感知技术。叶绿素、氮素含量是作物生长的重要营养指标，直接决定了农产品产量和质量，鉴于作物光谱反射特征直接反映了作物叶绿素和氮素含量。因此，基于光谱特征分析法实时获取作物叶绿素和氮素含量是变量施肥和精准植保作业亟待解决的难题。在叶绿素含量检测研究方面，可使用多光谱成像传感器检测叶绿素含量和浓度，使用超声波传感器估算植被高度来提高叶绿素含量检测精度，可将光谱技术和数字图像处理技术结合用于叶绿素含量检测。检测传感器及仪器产品开发方面，国内外已有较为成熟的叶绿素含量及氮含量检测仪器，便携式手持产品可实现参数的离线检测。而 Yara 公司的 N-sensor 传感器（图 15-8）可直接安装在车载机具上进行作物叶绿素含量以及氮素含量的在线检测，精度还有待进一步提高[14-16]。

图 15-7　人工智能谷物联合收获机示意图

图 15-8　N-sensor 传感器示意图

（2）农田病虫草害感知技术。作物病虫草害信息准确感知是精准变量靶向喷施和季节性病虫害预测预防的依据。目前病虫害的检测方法主要有荧光光谱法、可见/近红外光谱法、高光谱成像和数字图像处理法等。如德国波恩大学的 RMER 等基于荧光光谱特征，使用支持向量机来检测小麦叶锈病[17]，比利时鲁汶大学的 MOSHOU 等基于高光谱反射信息，使用荧光成像技术来检测冬小麦黄锈病[18]；我国的何勇团队利用可见光和近红外光等光谱信息对茄子叶片灰霉病、大豆豆荚炭疽病进行检测。鉴于病虫害信息具有实时可变性，需要进一步解决在线检测实时靶向喷药处理[19]。自然环境下基于机器学习的车载高精度、快速作物病虫害识别技术是要攻克的难题。杂草去除是提高作物产量的重要环节，机器代人靶向定点去除是发展方向，其中杂草、作物、背景环境快速实时精确识别定位是难点（图 15-9）。目前农田杂草的感知技术主要基于视觉特征，对于不同的杂草需要不同的算法，用于学习训练的数据库比较单一和独立，未来可以将杂草的特征进行整合建立一个统一的数据库，使用机器学习的方式将各种杂草最主要的特征进行提取，减少终端的运算量，提高杂草感知的准确性和实时性[20-22]。

图 15-9　Solix Sprayer 智能除草机器人示意图

（3）农田土壤信息感知技术。车载农田土壤信息感知是提高精准变量肥水施用生产率的有效手段。车载土壤信息获取包括土壤养分、水分、酸碱度、压实度等信息。车载土壤养分精确测量目前还没有成熟的手段，但国内外学者都对此进行了大量深入的研究。如利用土壤的光谱特征来检测土壤的有机质含量、含水率、氮磷含量、pH 等信息；通过卤钨灯光源和多路光纤法设计的土壤全氮含量检测仪，基于近红外光谱信息对土壤参数进行实时分析，使用神经网络和支持向量机对土壤参数进行预测；利用近红外光谱法分析耕作土壤的养分信息，开发了基于激光诱导击穿光谱的土壤钾素检测方法，并应用傅里叶变换近红外光谱技术监测土样的全氮、全钾、有机质养分含量和 pH。目前与农田土壤信息感知相关的企业和产品，如奥地利 POTTINGER 公司的车载综合土壤传感器 TSM，可以实时地扫描土壤表层和深层土质结构，得到不同区块的压实度、含水率、电导率和土壤类型等信息［图 15－10（a）］。美国精密种植（Precision Planting）公司的 Smart Firmer 传感器和 Delta Force 压力传感器能够感知土壤的有机质含量，收集温度和湿度信息，采集土壤的硬度信息［图 15－10（b）］。美国 Veristechnologies 公司的 iScan 车载传感器可以实时检测土壤的质地、含水率、温度、土壤阳离子交换量、有机质含量等信息[23-25]。

（a）TSM车载传感器　　　　　　　　　　（b）Smart Firmer传感器

图 15－10　土壤传感器产品示意图

（4）作业障碍信息感知技术。障碍物信息感知是智能农业装备在复杂的非结构化农田环境中安全可靠作业的保障。农业装备作业环境中的障碍物复杂多变，静态有树木、电线杆、水井、房屋等，动态有人、动物、作业农机等。目前障碍物检测手段主要有超声雷达、激光雷达、红外感传、视觉传感器以及多传感融合等。如美国肯塔基大学使用超声波传感器检测农业环境中的障碍物；美国斯坦福大学使用单目视觉传感器检测障碍物，配合强化学习算法提高检测稳定性；我国刘成良团队研究了基于支持向量机的视觉水田田埂边界检测方法。农业装备作业环境中的障碍物感知技术中（图 15－11），红外技术是检测人和动物的有效方法，超声与激光雷达测量范围大，对距离、速度检测精度高；三维雷达测量精度高，但成本也高。基于视觉、二维雷达组合的障碍物检测是较理想的方案，多传感融合是农田障碍感知的研究重点[26-29]。

（5）机内感知技术。农业机械装备的机内参数感知技术是指利用传感器、信号处理、数据分析等方法，实时监测和评估农业机械装备的运行状态、工作效率、故障诊断等重要指标的技术。该技术可以提

图 15－11　障碍物检测传感器示意图

高农业机械装备的智能化水平，优化农业生产过程，降低能耗和成本，保障农业机械装备的安全性和可靠性。农业机械装备的机内参数感知技术主要包括以下内容：

1）运行状态感知。通过采集农业机械装备的速度、转速、温度、压力、振动、噪声等参数，分析其与正常运行状态的偏差，判断农业机械装备是否处于良好的运行状态，及时发现异常情况，提供预警和报警信息。

2）工作效率感知。通过采集农业机械装备的作业面积、作业时间、作业质量、耗油量、耗电量等参数，计算其工作效率，评价其工作性能，为农业生产管理提供参考依据。

3）故障诊断感知。通过采集农业机械装备的故障信号，利用信号处理、模式识别、人工智能等方法，识别故障类型和故障位置，为农业机械装备的维修和保养提供指导建议[30,31]。

2. 智能控制技术

(1) 总线控制。多传感以及多智能控制单元是智能农机的一个显著特点，对此国际标准化组织制定 ISO 11783 标准，详细规定了智能农机的控制系统网络整体架构、物理层、网络层、数据通信、各种电子控制单元（ECU）及任务控制器结构。基于 ISO 11783 的智能农机控制系统结构组成和示例说明如图 15-12 所示。为了推行 ISO 11783 标准，美国制造商协会（National Association of Manufacturers，NAM）、德国机械设备制造业联合会（Verband Deutscher Maschinen-und Anlagenbau，VDMA）和格立莫、格兰、爱科、奥地博田、克拉斯、约翰迪尔、凯斯纽荷兰于 2008 年共同成立了农业电子协会（Agricultural industry Electronics Foundation，AEF），拥有 230 个世界主要农机企业及科研机构成员。世界著名农机公司目前大都采用 ISOBUS 控制结构。国内自 2008 年开始关注 ISOBUS 在农机中的应用，开始借鉴其通信结构并在导航系统中应用，自 2017 年开始采用

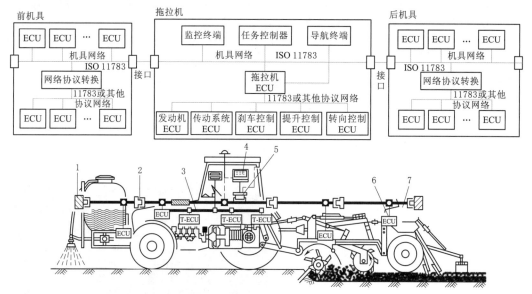

图 15-12　基于 ISOBUS 智能农机控制系统组成示意图

1—总线末端；2—总线插座；3—自带控制器的拖拉机内部总线；4—用户终端；

5—运营计算机的数据终端；6—机具 ECU；7—拖拉机-机具总线

ISO 11783 系列标准，颁布了 GB/T 35381 农林拖拉机及悬挂、半悬挂、牵引或自走式机具的串行控制和通信数据网络的系列标准。国内福田雷沃、一拖、五征、中联重机等主要农机公司开始采用 ISOBUS 系统。总线控制系统的研究热点集中在监控终端、主机和机具控制器方面[32]。

(2) 监控终端。监控终端是一个状态监控系统，实时显示农机的运行状态，ISO 11783 对监控终端的功能、界面布局等做了详细规定。由于监控终端是农业装备产品化的部件，所以对其研究较多的是农业装备企业。欧美等高端农机都配备有符合标准的监控终端，约翰迪尔公司 Green Star 系列总线化车载智能终端提供了高低不同的一整套显示屏交互方案，获得了 AEF 的授权，使用 ISO Task Control 功能控制第三方机具。凯斯公司推出的 AFS DISPLAY 终端可以监控和控制凯斯的车辆和工具，记录重要的数据和路线，用于将来的管理和决策，终端符合 ISOBUS 标准。科乐收公司为其自动转向系统 GPS PI-LOT 配备了一个集成了 10.4 英寸触摸屏和双频接收器的 S10 终端，具有操作自动转向系统、控制接入 ISOBUS 的机具等功能。格兰公司发布的 iM FARMING 精准农业解决方案包括 Iso Match 特勒斯专业版（Tellus Pro）通用终端。爱科旗下麦赛弗格森（Massey Ferguson）的 FUSE Technologies 解决方案中包括了 AgCommand 监控终端。除了农业装备主机企业自研的监控终端外，还有一些配套企业提供的监控终端，例如美国 MC Elettronica 公司、DICKEY‑john 公司、AIS 公司、STW 公司、Agleader 公司等都推出了相关产品，JCA 公司还将监控终端功能移植到 Android 或者 IOS 系统的平板电脑上。国外农业装备不论是主机企业还是配套企业的终端设备，基本都符合 ISOBUS 标准[33]。

国内农业装备企业目前在跟进监控终端的研究发展，与国外不同的是，国内农业装备主机企业一般使用配套公司的监控终端产品。例如司南公司农机智能终端用于卫星导航自动驾驶，是集用户界面显示、作业数据显示、作业模式调整等功能于一体的综合性农机智能终端。中海达公司农机智能终端采用一体化设计，内置北斗卫星导航定位系统，采用其独有的 Smart Heading 等多项专利技术，实现对农机驾驶数据的显示和农机驾驶的操控。除此之外其他监控终端供货商有长沙硕博电子、贵州永青电子、北京博创联动、上海宏英科技等公司，基本上都是从工程机械领域向农业装备领域拓展的。国内企业开发的监控终端大部分没有通过 AEF 的认证，对 ISO 11783 标准的兼容性未知，甚至有的企业和单位使用 LabView 等第三方组态软件编写上位机界面实现监控终端的功能。

(3) 主机和机具控制器。控制器是实现农业装备智能控制的核心部件。ISO 11783 规定的 ISOBUS 按照设计功能和安装位置的不同将农业装备中的 ECU 分为主机 ECU 和机具 ECU 两类。主机 ECU 可以完成的功能包括电源管理、拖拉机设备响应、附加悬挂参数、机具与拖拉机照明控制、估计和测量辅助阀流量、悬挂命令、动力输出装置（Power Take‑Off，PTO）命令、辅助阀命令等，可以读取处理的信息包括辅助阀信息、PTO 信息、速度和距离信息、时间/日期信息、悬挂信息、语言信息等；机具 ECU 主要完成机具作业时的控制，如耕整机具的犁深控制、喷施机具的变量喷药施肥、播种机具的精量播种等[34]。

国外智能农机控制器主要有两类：一类是企业自主研发的控制器，比如约翰迪尔公司的 M50、M700、2000 控制器，凯斯的 AFS 控制解决方案中包括了 EZ 系列控制器，有

EZ‐PILOT、EZ‐STEER 等型号；另一类是配套企业研发的符合 ISOBUS 标准的产品，如博世力士乐开发了可用于农业装备行走机械控制的 BODAS 控制器，用于电液提升控制和犁深控制的 EHC‐8 控制器；STW 公司开发了符合 ISOBUS 标准的 ESX 系列控制器。国内博创联动开发了 SF9507 车载控制器、TTC60 通用控制器，派芬开发了 HE20 系列控制器。

如何为用户提供开放的编程环境是目前农机控制器使用中的一个问题。目前的农业装备控制部分没有操作系统的概念，使用基于 Windows、Linux 的上位机程序，或者是基于 LabView 编写的界面来完成应该由操作系统完成的功能。部分企业开始进行农业装备操作系统的研究，博世力士乐公司为其开发的 BODAS 控制器配备了 BODAS 系列的配套软件，利用配套软件可以实现对控制器的图形和文本编程，已经具有了操作系统的基本功能；约翰迪尔的 MECA 控制器搭载了约翰迪尔操作系统（John Deere Operating System, JDOS），可以实现强大的软件后期开发；STW 公司的 ESX 系列控制器使用 CoDeSys 搭建了开发环境，可以使用 C 语言或 Matlab/Simulink 支持包进行自由编程，实现功能扩展和后期升级。目前大部分农业装备企业还没有建立起农机操作系统的概念，未来应将操作系统纳入标准化的范畴，研究基于农机操作系统的云传输、云控制技术。

3. 智能决策技术

硬件是智能控制的躯体，决策是智能控制的大脑。决策和协同是保证智能农机高效、高精度及高品质作业的关键，主要包括变量作业决策技术、路径规划决策技术、多机协同作业技术。

(1) 变量作业决策技术。变量作业智能决策是指根据作业过程中的传感器数据，结合专家系统、知识库和数据库里的信息，得出控制策略。美国蒙大拿州立大学使用机器学习算法，通过分析冬小麦的施肥配方对产量进行预测，进而实现了对小麦施肥配方的辅助决策；芬兰于韦斯屈莱大学使用遥感信息估计土壤的氮含量，将此数据用来对变量施肥的配方进行决策，实现精准施肥。我国也相继开发了基于处方图的变量作业控制和辅助导航软件，设计了脉宽调制间歇喷雾变量喷施系统，研发了变量配肥施肥机和小麦精量播种变量施肥机等。凯斯公司研发了 ST820 型气力输送式变量施肥播种机，施肥作业前在计算机上制作处方图，生成处方文件，施肥机自动实施变量作业。科乐收公司研发了一种振动式切线脱粒系统，该系统能根据农学策略自动优化决策调整脱粒滚筒转速和脱粒间隙宽度等参数。农机变量作业决策是专家经验、农机动力学模型和人工智能的综合应用，国内在此方面研究较为深入，研究成果也较多。今后变量作业决策的发展一方面是新模型算法的深入研究，另一方面是大数据、人工智能及云计算在变量决策方面的深入应用[35-37]。

(2) 路径规划决策技术。农业装备的作业路径规划是指必须满足相关农艺规范的要求，实现在作业区域内不重、不漏的前提下，对作业距离、时间、转弯次数、能耗等参数优化，寻找合理的行走路线，是农机无人驾驶与自主作业的不可或缺的环节。农田环境下农业装备的行驶路径包括跟踪作物行的直线段路径和连接直线段之间的曲线段路径。直线段的路径规划主要依靠 A‐B 线导航技术。对于全区域覆盖路径规划而言，考虑的不仅仅是转弯路径而是包括转弯路径在内的农田区域内的所有行驶轨迹，目前的规划方案有 S 形、口字形、回字形、对角形 4 种（图 15‐13）。对全区域路径规划的研究多集中在转弯路径，转弯路径的规划方案有弓形、半圆形、梨形、鱼尾形 4 种[38,39]。

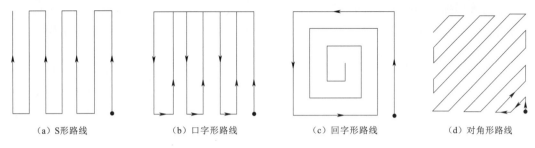

| (a) S形路线 | (b) 口字形路线 | (c) 回字形路线 | (d) 对角形路线 |

图 15-13　全区域覆盖路径规划策略示意图

国内外学者对于路径规划研究成果总结见表 15-2。日本岩手大学的 TORISU 结合拖拉机的机械参数和农田的几何约束，以转弯路径的时间最短为目标优化拖拉机的地头转弯路径规划。日本北海道大学的 KISE 以最小转弯半径和最大转弯速度为目标，利用 3 阶样条函数创建了两种转弯路径，即前向转弯路径和后退转弯路径。美国康奈尔大学的 RY-ERSON 等将农田区域划分为多个单元块后，基于遗传算法寻找全区域路径来实现最大的覆盖面积和最小的行驶距离。美国阿肯色大学的 KAREN 将决策支持系统用于拖拉机导航，决策系统会选取最节省时间、最节省燃料、盈利最高的行驶路径。日本国家农业研究中心的 NAGASAKA 等设计了采用梭形法进行转弯作业的自动驾驶插秧机。德国斯图加特大学的 STOLL 提出了一种根据目标地块最长边将其分割成子田块，再分别对子田块进行全覆盖作业的规划路径方法。丹麦奥尔堡大学的 HAMEED 以成本最小化为路径规划的准则，提出了一种多目标优化覆盖规划方法。国内刘刚等提出了一种基于 GNSS 的农田平整自动导航路径规划方法，该方法以空载或满载时间最短为最优评价基准；孟志军等提出了一种面向农田作业机械的地块全区域覆盖路径优化方法，该方法将田间作业划分为不同区域，根据先验信息选择不同的路径优化目标：转弯数最少、作业消耗最小、总作业路径最短或有效作业路径比最大[40-42]。

表 15-2　　　　　　　　　　　路 径 规 划 研 究 成 果

优化目标	方　　法	代表性研究人员	技术指标
直线轨迹跟踪	PID 控制	日本国家农业研究中心 YOSHISADA	最大偏差 12cm，均方根误差 5.50cm（0.60m/s），转弯半径约为 2m
转弯时间最短	利用庞特里亚金的极大值原理	日本岩手大学 TORISU	时间节省 28%
轨迹跟踪最小偏差	3 阶样条函数拟合	日本北海道大学 KISE	低头最大横向偏差 17.00cm（0.55m/s）
最大覆盖面积、最小行驶距离	遗传算法	美国康奈尔大学 RYER-SON	覆盖率超过 90%
时间最短、能耗最小、盈利最高	支持向量机	美国阿肯色大学 KAREN	成本减少前提下产量增加 1%
空载或过载时间最短	K-均值与密度均值，聚类农田栅格	中国农业大学刘刚	满载和空载率总和在 20% 左右

目前规则地块的全覆盖路径规划算法已经比较成熟，未来的研究方向是不规则地块及多障碍、多约束的全覆盖路径规划算法，解决主机和机具不同转弯半径时的自适应路径规划算法，以及绕过不同障碍物继续进行作业的路径规划算法。

(3) 多机协同作业技术。现代农机有两种不同发展方向：一是朝超大型化、复杂化方向发展；二是通过多台小型农机协同作业，提高生产效率，多机协同作业对具有严格的作业窗口期要求抢种抢收的意义重大。农业装备的多机协同控制分为主从协同控制和共同作业控制。日本北海道大学 NOGUCHI 团队研究了一种手动驾驶拖拉机跟随自动驾驶拖拉机的 Leader - follower 系统，研究了多机器人系统在日本水稻、小麦和大豆农业中的应用，该机器人农业系统包括水稻种植机器人、播种机器人、机器人拖拉机、联合收获机以及附加在机器人拖拉机上的各种机具。我国李民赞团队研究了基于蚁群算法的多机协同作业任务规划，建立了多机协同作业任务分配模型。胡静涛团队提出一种基于领航—跟随结构的收获机械机群协同导航控制方法，该方法在建立收获机群运动学模型的基础上，结合反馈线性化理论和滑模控制理论设计了渐近稳定的路径跟踪控制律和队形保持控制律。张漫团队设计了基于 Web - GIS 的多机协同作业远程监控平台，其中数据分析模块可以实时分析处理多机位置和航姿信息，对各农机进行决策分析和任务调度，从而实现多机协同作业。陈军设计了拖拉机机组的主从跟踪控制模型，实现了一个驾驶员控制两台拖拉机的目的。芬特公司研发的 MARS 系统是群体智能控制技术在农业工程领域的第一个商业化应用，一个主机负责给多个自走小型农机添料，监控和带领小型农机协同作业[43,44]。

多机协同是农机智能控制领域的新技术，目前主要侧重于领航—跟随协同算法的研究，而未来协同技术走向实用化除了领航—跟随算法，还需解决协同作业中单机异常诊断及队形恢复、跨区域空—地协同、云—端协同调度，农业装备机群协同作业管控平台技术，多农业装备集群协作云调度技术，分布式多机协同远程运维技术，人机伴行控制技术等。

4. 自主作业技术

辅助驾驶、无人驾驶与自主作业是农业装备智能化研究的热点之一。根据驾驶员对驾驶活动主体的参与度的不同，国际自动机工程师学会（Society of Automotive Engineers，SAE）将自动驾驶分为 L0～L5 共 6 级（表 15 - 3）；美国高速公路安全管理局（National Highway Traffic Safety Administration，NHTSA）则将其分为 5 级；凯斯纽荷兰（CNH Industrial）也对农业装备的自动驾驶进行了分类（表 15 - 4）。

表 15 - 3　　　　　　　　　　　SAE 关于汽车自动驾驶的分级

级别	名称	描　　　述
L0	无自动化	需要对方向盘和加减速其中一项操作提供驾驶支援，其他由驾驶者操作
L1	驾驶支援	针对方向盘和加减速中多项操作提供驾驶支援，其他由驾驶者操作
L2	部分自动化	针对方向盘和加减速中多项操作提供驾驶支援，其他由驾驶者操作
L3	有条件自动化	由无人驾驶系统完成所有驾驶操作，根据系统请求，人类驾驶者提供适当操作
L4	高度自动化	在限定的道路和环境中可由无人驾驶系统完成所有驾驶操作
L5	完全自动化	无需人类驾驶者任何操作，全靠无人驾驶系统操作，在有需要时可切换至人工操作模式

表 15 - 4　　　　　　　　　　　　　　　农业装备自动驾驶分类

级别	名称	描　　述
1	导航	仍由操作员操作车辆，导航可以提高对行准确性，提高工作效率
2	协调和优化	使用农机和环境的数据形成信息枢纽，使得操作员控制的装备之间实现通信
3	操作员协调下的自动驾驶	自动驾驶系统可以接管基础的行进对行任务，操作员可以专注于装备的作业
4	有监督的自动驾驶	操作员需要现场监督监控无人驾驶的设备作业，同时可以进行其他工作
5	完全的自动驾驶	完全的自动驾驶装备，可以在远程监督下作业，或通过人工智能进行操作

(1) 定位导航技术。农业装备的自动定位与导航技术是实现农机自动驾驶的基础，研究重点包括位置定位、行线检测两方面。

位置定位技术主要有 GNSS 定位和视觉定位。随着 GNSS 导航定位技术向民用领域的开放，利用载波相位差分技术的实时动态定位（Real - time kinematic，RTK）精度已不超过 2.5cm，RTK - GPS 和 RTK - BDS 在精准农业领域得到了广泛推广应用并促进了农业装备自动导航技术的发展。日本东京大学使用增强现实技术构建环境的三维图像，来确定拖拉机在环境中的位置；美国斯坦福大学将高精度 RTK - GPS 应用于农机导航中；美国林肯大学使用全向视觉传感器来确定农业移动机器人在环境中的位置。我国罗锡文团队在东方红 X - 804 型拖拉机上开发了基于 RTK - DGPS 的自动导航控制系统，设计了基于 PID 算法的导航控制器，在雷沃 M904 - D 型拖拉机上开发了基于预瞄追踪模型的农机导航路径跟踪控制方法[45]。

行线检测技术有激光法和视觉法两种，主要用来识别作物行，确定导航的基准线。美国德州农工大学最早将 Hough 变换引入到农机导航特征提取中来，提出了一种基于 Hough 变换的作物行线参数提取方法。美国华盛顿州立大学将光纤陀螺仪、RTK - GPS 和机器视觉 3 种传感器融合实现行线检测和定位导航。法国昂热大学研究了使用激光雷达从 2D 点云中提取行线的技术，使用了 PEARL 算法。澳大利亚昆士兰科技大学的 ENG-LISH 研究了一种基于纹理特征的视觉行线检测方法，在夜间也可以准确检测行线。韩国高等科学技术学院研究了一种基于形态学特征的视觉行线检测方法，形态学特征包括农作物的叶片、茎的方向和密度等。我国的姬长英团队基于光照无关图提出一种农业机器人视觉导航算法[46]。

国内外相关企业也推出了各自的相关定位导航产品。凯斯公司的 AFS 解决方案中包含了 AFSACCUSTAR 系列 GPS 定位接收机，可以和 AFS 系列的监控终端 AFS Pro 700 连接，配合 AFS AccuGuide 程序完成农机的定位导航。科乐收公司推出了 GPSPILOT 解决方案，高精度 GPS 接收机配合激光传感器，后者作用是检测已收割作物和未收割作物之间边缘的精确位置。约翰迪尔公司推出了 Radio RTK 系列接收机，使用 RTK - GPS 技术的解决方案。芬特（Fent）公司推出了 Vario、Katana、Rogator 等多个系列的农机定位解决方案，适用于不同的场合。除了几大主机企业外，国外的一些配套企业也开发了用于农业装备的定位导航产品，如拓普康（Topcon）公司开发了 Hiper、NET 系列，Auto-Farm 公司开发了 GR 系列，AgLeader 公司开发了 GPS 6000 系列，天宝公司开发了 NAV 和 GFX 系列。国内农业装备导航产品有合众思壮的 G9 系列、联适导航的 R 系列、博创联动的 HOMER 系列、华测的 X 和 T 系列等。

综上所述，目前农机卫星导航定位技术相对成熟，并得到了广泛应用，在高端农机中成为标配。而基于视觉和激光的行线检测目前是一种辅助手段，尤其是视觉行线检测的环境鲁棒性是影响其实际应用的重要因素。未来卫星定位与视觉导航结合将满足更多作业场景的需求。

（2）辅助驾驶技术。目前农业装备的自动驾驶技术大多处于辅助驾驶阶段，辅助驾驶是传统驾驶到无人驾驶之间的过渡阶段，其特点是直线跟踪和地头转弯等行驶项目采用自动驾驶，机具控制等作业项目采用人工辅助，使操作员更专注于农机作业，有利于提高作业质量。凯斯的 AFS 解决方案中包含了 AFS AccuGuide、AccuTurn 辅助驾驶技术，可以在现有普通拖拉机基础上安装这种电动方向盘。约翰迪尔公司的 AutoTrac 解决方案可以实现大半径的自动转弯，减少作业面积的重叠。科乐收公司的 CEMOS 解决方案可以实现自动对行，自适应半径转弯等功能。格兰发布的 iM FARMING 精准农业解决方案里包含了 IsoMatch 自动驾驶系统，可以实现自动转向功能。德国 Holmer 公司与 Reichhardt 公司联合研发的智能转弯系统 SmartTurn，可以实现甜菜挖掘机的全自动转向。我国农业装备自动驾驶系统大多由配套企业研制，主要功能是通过北斗卫星定位导航系统实现拖拉机直线跟踪行驶。以北京合众思壮的"慧农"产品为例，该产品包括了固定式基站、GNSS 定位装置、姿态传感器、智能驾驶控制器、转向轮角度传感器、压力传感器、液压转向电磁阀组和显示终端等。除合众思壮外，还有上海司南、上海联适、上海华测、广州中海达、无锡卡尔曼等公司也推出了农机辅助驾驶产品。

目前的农业装备辅助驾驶产品大部分属于后装系统，增加了精确跟踪及作业控制参数调整匹配的复杂性。

（3）无人驾驶技术。无人驾驶是自动驾驶发展的最高阶段。发展无人驾驶的一个瓶颈是拖拉机的无级变速和动力换挡。约翰迪尔、爱科（AGCO）、凯斯和道依茨法尔（DEU-TZ-FAHR）等世界一流农机企业都推出了具有无级变速功能的大功率拖拉机。国外比较成熟的农机用动力换挡传动系的零部件供货商有德国采埃孚（ZF）公司、意大利卡拉罗（Carraro）公司等，其中道依茨法尔公司使用的是德国采埃孚公司提供的动力换挡传动系。目前国内也有主机企业和配套企业研究动力换挡技术。一拖在收购了法国 ARGO 集团旗下研究动力换挡技术的企业之后，推出了自己的动力换挡拖拉机 LF2204，使用的是一拖（法国）公司生产的 TX4A 传动系；五征公司使用德国采埃孚公司提供的动力换挡传动系，推出了 WZ2104 型拖拉机；雷沃重工推出了搭载其欧洲技术中心研发的动力换挡传动系的拖拉机 P5000；中联重机公司推出了动力换挡拖拉机 RN1004，其动力换挡技术由中联重机北美的团队提供。目前国内主机企业使用的动力换挡技术几乎全部来自国外，国内也有第三方配套企业开始攻关动力换挡技术，浙江海天公司联合广西玉柴公司推出了两款动力换挡传动系 HT2404 和 HT1604；杭州前进齿轮集团推出了应用于农业机械的动力换挡传动系 DB200。具有动力换挡和无级变速功能的大功率拖拉机在我国的需求不断变大，未来我国配套企业研发动力换挡产品会不断完善，逐渐打破国外的技术垄断，会有更多搭载我国自主研发的动力换挡传动系的大功率拖拉机投入使用。

无人驾驶的农业装备目前停留在概念机阶段，主要开发单位是农业装备制造企业，较为典型的没有驾驶室的无人驾驶拖拉机有凯斯公司的 Magnum 和一拖公司的"超级拖拉机1号"。凯斯公司推出了无人驾驶概念拖拉机 Magnum［图 15-14（a）］，该拖拉机结合了目前在定位、遥控、数据共享和农艺管理上的最新突破，拖拉机的作业过程从现场边界输入开始，控制器会根据边界和机具宽度自动规划好行驶路径，并在使用多台互联的机器时规划好最高效的协同路线，操作人员可以使用台式计算机、平板电脑等多种终端来监控拖拉机运行，拖拉机机身上安装的摄像机将拖拉机的运行状态、工作环境实时展示给操作人员参考，操作人员可以浏览发动机转速、燃油油位、机具设置等拖拉机参数并进行手动修改。为了保障无人驾驶的安全性，拖拉机上安装了雷达、激光测距传感器、摄像机等传感器来实现障碍物检测。Magnum 无人驾驶拖拉机能够使用实时气象信息等大数据信息进行自主决策，天气条件变得恶劣以至于不能继续作业时拖拉机会自动停止作业，在条件改善时自动恢复作业。中国一拖集团有限公司在 2016 年中国国际农业机械展览会上展出了中国首台真正意义上的无人驾驶拖拉机"超级拖拉机1号"［图 15-14（b）］，"超级拖拉机1号"由中科晶上公司提供整机系统方案和卫星通信等核心技术，中科院微电子所提供无人驾驶技术，中科院合肥物质院提供传感器，中国一拖提供拖拉机车架、传动系统等技术和应用场景数据。"超级拖拉机1号"由无人驾驶系统、动力电池系统、智能控制系统、中置电机及驱动系统、智能网联系统等五大核心系统构成，具有整车状态监控、故障诊断及处理、机具控制、能量管理等功能，并实现恒耕深、恒牵引力等智能识别与控制功能。"超级拖拉机1号"通过路径规划技术和无人驾驶技术，可实现障碍物检测与避障、路径跟踪以及农具操作等功能。

（a）凯斯Magnum无人驾驶拖拉机

（b）一拖超级拖拉机1号

图 15-14　无人驾驶拖拉机示意图

在未来的一段时间内，搭载辅助驾驶系统的农业装备仍旧是农民实际使用的主要产品，随着农业智能化的发展，越来越多的企业将推出更为成熟的、更加具有实用价值的无人驾驶拖拉机产品及其配套附件。

（4）无人作业技术。 农业装备的无人驾驶技术与智能机具技术相结合可实现农业装备的智能无人作业。罗锡文团队在久保田和井关水稻插秧机的基础上开发了基于 CAN（Controller area network）总线的水稻插秧机 GPS 导航控制系统和无人作业系统。胡静涛团队设计了与 GPS 导航系统相配合的插秧机无人作业控制系统。刘成良团队研究了水田环境下水稻直播机的无人驾驶和作业控制系统。目前农业装备的无人作业主要有以下三大瓶颈：①电液提升控制技术，传统的机具与主机的连接部分使用的是机械液压提升，以机械反馈提升器为主，不利于实现自动化和智能化控制，国外的农机企业如凯斯、约翰迪尔、道依茨法尔等公司在大功率拖拉机上都标配了电液提升控制系统，德国力士乐（Bosch Rexroth）推出了完整的电液提升控制解决方案，可以实现犁深控制等功能，五征公司使用力士乐的电液提升控制技术推出了 PH1404 型拖拉机；②智能机具技术，无人作业的实现不仅需要拖拉机主机实现无人驾驶，还需要机具实现无人操作，需要研究机具的智能决策控制等技术；③控制的鲁棒性，实现无人作业必须解决控制系统的鲁棒性问题，农业装备的作业环境是典型的非结构化环境，对农业装备控制系统的干扰因素多样且复杂，需要解决农业装备的侧滑补偿、滑移控制等技术来提高控制系统的鲁棒性[47,48]。

5. 智能农机系统

未来智能农机系统是集智能农业装备、云端智慧、服务平台为一体的跨区域作业管控系统（图 15-15）。其核心思想是"智能在端、智慧在云、管控在屏"，即现场控制智能化、云端决策智慧化、监控调度移动终端化。

图 15-15　智能农机系统示意图

"智能在端"是指装备本身的智能化，作业运行的数字化，包括现场智能感知与边缘计算、智能控制与无人驾驶、装备物联与协同作业，现场数据到云端大数据发送以及云端决策指令的接收执行等。

"智慧在云"是指决策管理的云端智慧化，包括农机大数据云服务架构的构建、知识库/算法库/模型库的生成、基于数据挖掘/机器学习的运维调度和预测控制策略的自生长、以及云对端的闭环控制等。

"管控在屏"是指农机调度监控的网络终端化，通过 App 和电脑客户端实现对分布各地的农业装备进行远程调度管控。

目前苑严伟团队开发的农业全程机械化云管理服务平台、黑龙江建三江七星农场研发的农业物联网综合服务信息平台初步具备了智能农机系统功能。约翰迪尔、凯斯、芬特、科乐收、格兰等主机公司分别开发了网络化农业装备管控平台（表 15-5）。

表 15 - 5 农业装备管控平台

公司	解决方案	功　　能
约翰迪尔	JDLink	查看设备位置、故障信息，设置围栏和宵禁，管理维护计划和警报，诊断故障代码，共享地图和 AB 线，生成报告
凯斯	AFS Connect	远程监控农机的状态和位置，管理维修计划，故障信息分享，警报处理，远程诊断维护
芬特	FendtONE	远程查看、分析和优化机器的状况，查看故障代码
科乐收	AGROCOM	通过 CLAAS API 与 TELEMATICS 进行数据交换，管理数据，多平台共享
格兰	iM Calculator	使用 GPS 数据计算施肥、喷药、播种的成本，给出合理化建议

15.2.3　农业机械化生产未来发展趋势与路线

1. 发展趋势

本研究从农业装备智能感知、智能控制、智能决策、自主作业、智能管控五方面，系统分析了国外和国内智能农机发展的现状，以及我国智能农机与国外的差距，为实现我国从农机制造大国向农机制造强国的转变，提出了"智能在端、智慧在云、管控在屏"的发展新思路。

(1) 数字化感知。农业传感技术和物联网技术是数字化感知的核心技术。发展重点是研发可靠性和稳定性高、成本低，适用于各种农业生产环境的高精度传感器；开发集多种参数感知于一体的多用途小型化传感器，如微机电系统（MEMS）、微电子机械、仿生及生物传感器等新型传感器。

广泛采用自主研制的农业无线传感器网络，提高农情数据信息的实时性和可靠性是数字化感知的发展方向之一。加快实现农机装备传感器的智能化和信息检测及数据分析，实现土壤—作物—机器—环境传感器协调下的智能决策与精准作业；利用 MEMS 技术，研制新一代农机装备传感器，在实现农机传感器小型化的同时提高检测精度和稳定性；加快发展新型仿生和生物传感器，以适用于不同的农机应用场景；加快推进基于机器视觉、实时全球定位系统（RTK - GNSS）、惯性技术融合的传感器在农业中的应用，提高大田无人化作业和畜牧水产智慧养殖的自动化水平，推动形成新型的种植模式和养殖模式。

(2) 智能化决策。智慧农业基于农业生产的时空特性，可为农业生产过程提供智能化决策，在适宜的时间、适宜的地点以适宜的方式投入适宜的生产资料，通过合理利用农业生产资料，降低农业生产成本，获得最佳的经济、社会和环境效益。例如，根据作物的生长情况和土壤中的水分及养分情况，以及作物不同生长阶段的水分和养分需求，为水稻生长提供智能化决策。随着遥感技术、地理信息系统、全球定位系统等技术的不断发展，农情信息快速采集技术不断成熟。今后智能化决策系统的发展方向应以相关技术的开发和应用为技术支撑，以数据为驱动，采用知识和数据相结合的决策模型，将精准农业决策与智能计算方法有效关联，基于数据库、因果关系和时间序列，对农业生产进行评判和预测，为农业生产提供智能化决策。

(3) 精准化作业。以粮食作物、园艺作物和经济作物耕、种、管、收的高效智慧生产为重点，根据北方旱作、南方水田和丘陵山区等不同区域的高效生产需求，研制精准耕整、精准种植、精准施肥、精准施药、精准灌溉和精准收获等智能作业装备，形成面向智慧化农业生产的精准化作业方案。围绕新一代人工智能技术发展趋势以及智慧农业生产的需求，开展远程增强现实（AR）操控作业系统、中大型农业机器人自主作业系统以及微小型农业机器人集群与协同作业系统的研发；开展通信及安全控制、高精度靶向识别及路径规划、人机物交互系统（HCPS）、高速高精度驱动及末端作业机构研究。开展畜禽养殖环境构建及调控、动物个体及群体识别与感知、智能饲喂系统研发；开发动物生长及养殖环境自动巡检机器人和粪污高效处理系统。

（4）智慧化管理。通过信息技术提高农业机械的智能管理水平，包括远程调度、机具监控、故障预警和远程维修指导等。①在远程调度方面，利用 GNSS 技术等，远程实时获取农业机械的作业位置和作业轨迹，并根据生产需求，按最短转移路径原则进行农机调度，提高农机效率。②在机具监控方面，利用各种传感器技术，在农机作业时实时采集关键部件作业参数，并发送至农机生产企业和农机管理部门。③在故障预警和远程维修指导方面，根据实时获取的机具状态和作业质量信息，为农机生产企业和农机管理部门判断机具作业状态提供支撑。例如，在机具发生故障时，可以远程指导驾驶员进行维修；对于一些驾驶员无法排除的故障，则通知距离故障农机最近的农机维修人员前去维修。

2. 发展路线

罗锡文院士提出了我国农业机械化生产发展路线（图 15-16）。总体目标为：到 2025 年，我国主要农作物生产基本实现全程机械化，显著提高农机装备质量水平和原始创新能力；到 2035 年，我国农业生产实现全面机械化，并向智能化方向发展，重点突破信息传感与识别技术和农业生产精准调控方法，构建农业信息化与生物质资源化技术体系，形成

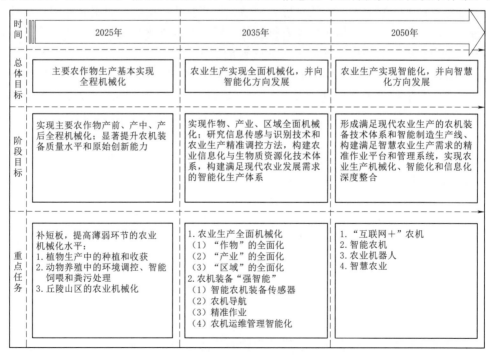

图 15-16　我国农业机械化生产发展路线示意图

满足现代农业发展需求的智能化生产体系；到 2050 年，农业生产实现智能化，并向智慧化方向发展，建设满足现代农业生产的农机装备技术体系和智能制造生产线、构建满足智慧农业生产需求的精准作业平台和管理系统，实现农业生产机械化、智能化和信息化深度融合。

15.3　现代灌区农机装备的组织管理

农业机械化组织与管理是指在农业机械化发展过程中，对农业机械和设备的配置、使用、维修、更新等方面进行有计划、有组织、有协调的活动，以保证农业机械化的顺利实施和持续发展。通过合理配置农业机械和设备，可提高农业机械的利用率和效益，减少故障和损耗，提供及时有效的维修服务，提高农业机械的科技含量和适应性，推动农业生产由传统的小规模、分散、低效的方式向现代的大规模、集中、高效的方式转变，实现从单一的耕作机械化向全程的种植、收获、加工等多环节的机械化转变。

15.3.1　农业机械化生产的组织主体

随着我国农业机械保有量和品种的增加，出现了各种形式的农机经营规模化和各专业服务协同化等合作组织形式，有效增加农机户的经营效益和推进机械化的效果，如小麦、黄豆、玉米、棉花等作物的跨区域种、管、收服务中，农机经营者与农户的合作的意愿也越来越强烈。据调查，农业机械化生产组织中会员的作业收入比散机户高约 1/3。可见在市场竞争条件下的合作是一种必然的趋势，并已形成了有效多种组织管理形式。我国农业机械的产业组织形式主要包括农机专业合作社、农机服务站和农机服务公司。

1. 农机专业合作社

农机专业合作社是一种以农机服务为主的农民专业合作社，是实现小农户与现代农业有机衔接的重要途径和机制。农机专业合作社可以为农户提供种植、收获、加工等全程机械化服务。我国农机专业合作社的发展经历了从无到有、从小到大、从单一到多元的过程，目前已经形成了以专业服务公司、农民合作社、供销合作社、农村集体经济组织、服务专业户等为主体的多元化服务体系。农机专业合作社在推进农业机械化、稳定粮食生产、促进乡村振兴等方面发挥了重要作用。

为了加快发展农机专业合作社，我国政府出台了一系列政策措施，包括加强组织领导、加大财政扶持、完善服务标准、开展试点示范、强化培训指导等，旨在提高农机专业合作社的规模化、专业化、标准化水平，拓展服务领域和范围，满足不同地区和不同类型农户的服务需求。农机专业合作社是我国现代农业发展的必然选择和重要支撑，也是乡村振兴战略的有力抓手。只有充分发挥农机专业合作社的优势和作用，才能实现我国农业现代化和乡村振兴的目标。我国农机专业合作社的规模不断扩大，发展速度较快。截至 2022 年底，全国共有各类农机专业合作组织约 10 万个，涉及耕地面积约 8 亿亩，服务人口约 3 亿人。

2. 农机服务站

农机服务站是为农业生产提供农机维修、保养、租赁、培训等服务的场所。农机服务站是一个为农业生产提供全方位服务的平台，是推动现代农业发展的重要力量。农机服务站主要有如下主要功能：

（1）提高农机使用效率和安全性，定期对农机进行检查、维修、保养，保证农机的正常运行，避免故障和事故的发生，延长农机的使用寿命。

（2）降低农机使用成本和风险，根据农业生产的需要，提供农机的租赁、共享、置换等服务，帮助农民节省购买、保管、折旧等费用，减少农机的闲置和浪费，降低农民的经济负担和风险。

（3）增强农机使用技能和知识，组织开展农机的操作、维修、管理等方面的培训，提高农民的农机使用技能和知识，增强农民的自主创新能力和适应能力。

（4）促进农机市场的发展和规范，收集和分析农业生产的需求、情况、趋势等信息，为农机的研发、生产、销售、推广等提供参考和建议，促进农机市场的发展和规范。

3. 农机服务公司

农机服务公司是一种为农业生产提供专业化、规范化、集约化的农机作业服务的企业。农机服务公司拥有各种类型和规格的农机设备，可以根据农民的需求，提供耕整地、播种、施肥、植保、收获、加工等全程或部分的农机作业服务，提高农业生产效率和质量，降低成本和风险。包括以下主要功能：

（1）提供农机技术培训，农机服务公司具有专业的技术人员和培训设施，可以对农民进行农机操作、维修、安全等方面的培训，提高农民的农机使用技能和水平，促进农机普及和推广。

（2）提供农机信息咨询，农机服务公司利用现代信息技术，建立农机信息平台，收集和发布农机市场、政策、技术、服务等方面的信息，为农民提供及时、准确、全面的农机信息咨询，帮助农民做出合理的农机投入和使用决策。

（3）提供农机维修保养，农机服务公司设有专业的维修人员和维修点，可以对农民的自有或租赁的农机设备进行定期或不定期的维修保养，保证农机设备的正常运行和使用寿命，减少故障和损失。

（4）提供农机配件供应，农机服务公司与各大农机生产厂家建立合作关系，可以为农民提供各种品牌和型号的农机配件，满足农民的不同需求，保障农机设备的完好性和适用性。

15.3.2　农业机械化生产的管理模式

农业机械的组织管理模式是指农业机械化生产过程中，农业机械的配置、使用、维护和更新等方面的管理体制和方法。农业机械的组织管理模式主要有自有模式、租赁模式、合作模式、社会化模式 4 种。

1. 自有模式

自有模式是指农民或农业合作社自己购买、使用和维护农业机械的一种经营方式。这种模式的优点是可以根据自身的生产需求和条件，灵活地选择和配置农业机械，提高农业生产效率和质量，降低生产成本和风险，增加农民收入和福利。同时，这种模式也有利于培养农民的机械操作技能和维修能力，提高农业机械的利用率和寿命，促进农业机械的更新换代和技术进步。

自有模式也存在一些问题和挑战，主要有以下方面：

（1）农业机械的购买成本较高，需要较大的资金投入，对于一些贫困或小规模的农户来说，可能难以承担。

（2）农业机械的使用频率和强度不均衡，导致部分时段闲置过多，部分时段供不应求，造成资源浪费或生产损失。

（3）农业机械的维护管理不足，缺乏专业的技术人员和服务设施，导致农业机械的故障率增加，维修费用增加，影响农业机械的正常运行和性能。

（4）农业机械的使用方式不科学，缺乏对土壤、作物、环境等因素的综合考虑，导致农业机械的使用效果不理想，甚至造成土壤结构破坏、作物品质下降、环境污染等负面影响。

针对以上问题和挑战，建议采取以下措施来优化和完善农业机械的自有模式：

（1）加大政策支持力度，通过财政补贴、信贷担保、税收优惠等方式，降低农民购买农业机械的门槛和负担，扩大农业机械的自有规模。

（2）加强社会化服务体系建设，通过建立农业机械租赁、共享、联合作业等平台，实现农业机械的有效流动和合理配置，提高农业机械的使用效率和效益。

（3）加强技术培训和指导服务，通过组织专家讲座、现场示范、远程咨询等方式，提高农民的机械操作技能和维修能力，提升农业机械的管理水平和运行质量。

（4）加强科学化使用和监测评估，通过制定合理的作业方案、采用先进的作业技术、开展定期的监测评估等方式，保证农业机械的使用效果和安全性，减少对土壤、作物、环境等因素的不良影响。

2. 租赁模式

农业机械的租赁模式是一种在农业生产中使用现代化机械设备的方式，它可以降低农民的投入成本，提高农业的效率和质量，促进农业的可持续发展。农业机械的租赁模式有以下形式：

（1）农民与农机服务商直接签订租赁合同，按照约定的时间、地点、价格和服务标准，由农机服务商提供相应的农业机械设备和操作人员，完成农业生产的各个环节，如耕、种、收、运等。

（2）农民与农机合作社或农机联合体签订租赁合同，由合作社或联合体统一调配和管理农业机械设备和操作人员，根据农民的需求，提供相应的农机服务。

（3）农民与政府或社会组织签订租赁合同，由政府或社会组织提供政策支持和资金补贴，帮助农民购买或租赁农业机械设备，提高农民的机械化水平。

（4）农民自行购买或租赁农业机械设备，根据自己的生产计划和条件，自主安排和使用农业机械设备，也可以将闲置的设备出租给其他需要的农民，实现资源共享。

以上4种形式各有优缺点，适用于不同的地区和条件。一般来说，农业机械的租赁模式可以有效解决农民的资金、技术、管理等方面的问题，增加农民的收入和福利，推动农业现代化的进程。

3. 合作模式

农户之间或者农户与专业的农业机械服务机构之间建立合作关系，共同拥有和使用农业机械，按照合作协议分摊费用和收益。这种模式适合于农业生产规模和机械化程度中等的农户，可以充分利用农业机械的闲置资源，扩大服务范围和对象，降低风险，增强竞争力。农业机械的合作主要有以下模式：

(1) 共享模式。农业机械生产企业与农民或农业合作社共同投资购买农业机械，按照一定的比例分配所有权和使用权，同时共担维修保养等费用。这种模式可以实现农业机械的共享利用，减少闲置浪费，增强合作共赢。

(2) 服务模式。农业机械生产企业以农业机械为载体，为农民或农业合作社提供整体化的农业生产服务，包括耕种、收割、加工等环节，按照一定的标准和质量收取服务费。这种模式可以提高农业生产的专业化水平，提升农业产品的品质和价值，增加农民的收入。

(3) 创新模式。农业机械生产企业与农民或农业合作社建立长期的战略合作关系，共同开发和推广适应当地特色和需求的新型农业机械，分享创新成果和利益。这种模式可以促进农业机械的技术创新和市场拓展，增强竞争优势和发展潜力。

4. 社会化模式

根据《"十四五"全国农业机械化发展规划》，我国将加快发展覆盖农业产前产中产后的农机社会化服务体系，做大做强农业机械化产业群产业链，支持高端智能、丘陵山区农机装备研发制造，加大购置补贴力度，推进农机、农艺、农田、农业经营方式协同协调，推动各产业、各地区机械化高质量发展。政府或者社会组织提供公共的农业机械服务平台，为农户提供信息、技术、培训、质量监督等方面的支持，促进农户与专业的农业机械服务机构之间的对接和合作。这种模式适合于农业生产规模和机械化程度不均衡的地区，可以促进农业机械市场的发展和规范，提高服务质量和效益，推动农业机械化水平的提升。具体而言，农业机械的社会化模式主要包括以下方面：

(1) 建立健全多元化的农机服务组织。根据不同地区、产业、规模的特点，培育和发展各类适宜的农机服务组织，如专业合作社、家庭农场、龙头企业、专业大户等，形成多层次、多形式的服务网络，满足不同类型的农户需求。

(2) 完善规范的农机服务市场。建立健全农机服务市场监管制度和标准体系，规范和引导农机服务价格形成机制，保障服务质量和安全，维护服务主体和受益主体的合法权益，促进市场公平竞争和良性发展。

(3) 推广应用先进的农机装备技术。加强对高端智能、节能环保、适宜地方的农机装备技术的研发和推广，提高农机装备的性能和适应性，满足不同作物、地域、环境的生产需求，提升农机作业的精准度和效率。

(4) 强化有效的政策支持和管理服务。完善和落实购置补贴、运营补贴、保险补贴等政策措施，增加对丘陵山区、设施农业、畜牧水产等领域的扶持力度，鼓励和引导社会资本投入到农机服务领域，提高服务主体的积极性和能力。加强对农机服务主体的培训指导和技术支持，提高其专业水平和管理水平。加强对农机安全生产和数据安全的监督管理，预防和减少事故风险。

参 考 文 献

[1] 张宗毅，刘小伟，张萌. 劳动力转移背景下农业机械化对粮食生产贡献研究 [J]. 农林经济管理学报，2014，13（6）：595 – 603.

[2] 罗锡文，廖娟，胡炼，等. 提高农业机械化水平促进农业可持续发展 [J]. 农业工程学报，2016，32（1）：1 – 11.

[3] 吕雍琪，张宗毅，张萌. 农业机械化对中国种植业贡献率研究 [J]. 农业现代化研究，2021，42（4）：675 – 683.

[4] 章上峰，许冰. 时变弹性生产函数与全要素生产率 [J]. 经济学（季刊），2009，8（2）：551 – 568.

[5] 张煜，孙慧. 新疆农业科技进步贡献率的测算与分析 [J]. 新疆农业科学，2015，52（3）：580 – 588.

[6] 罗锡文，廖娟，臧英，等. 我国农业生产的发展方向：从机械化到智慧化 [J]. 中国工程科学，2022，24（11）：46 – 54.

[7] 刘刚，司永胜，林建涵，等. 激光平地控制器的开发与农田试验分析 [C] //中国农业工程学会. 农业工程科技创新与建设现代农业——2005 年中国农业工程学会学术年会论文集第一分册. 2005：161 – 165.

[8] 胡炼，杜攀，罗锡文，等. 悬挂式多轮支撑旱地激光平地机设计与试验 [J]. 农业机械学报，2019，50（8）：15 – 21.

[9] 孟志军，付卫强，武广伟，等. 激光接收器自动升降式平地机的研制与试验分析 [J]. 江苏大学学报（自然科学版），2015，36（4）：418 – 424.

[10] 罗锡文. 水稻机械化精量穴直播技术要点 [J]. 温州农业科技，2019（1）：26.

[11] 安晓飞，付卫强，王培，等. 小麦种行肥行精准拟合变量施肥控制系统研究 [J]. 农业机械学报，2019，50（S1）：96 – 101.

[12] 苏天生，韩增德，崔俊伟，等. 谷物联合收割机清选装置研究现状及发展趋势 [J]. 农机化研究，2016（2）：6 – 11.

[13] 刘成良，林洪振，李彦明，等. 农业装备智能控制技术研究现状与发展趋势分析 [J]. 农业机械学报，2020，51（1）：1 – 18.

[14] JONES C L，MANESS N O，STONE M L，et al. Chlorophyll estimation using multispectral reflectance and height sensing [J]. Transactions of the ASABE，2007，50（5）：1867 – 1872.

[15] BARESEL J P，RISCHBECK P，HU Y，et al. Use of a digital camera as alternative method for non – destructive detection of the leaf chlorophyll content and the nitrogen nutrition status in wheat [J]. Computers and Electronics in Agriculture，2017（140）：25 – 33.

[16] 孙红，邢子正，张智勇，等. 基于 RED – NIR 的主动光源叶绿素含量检测装置设计与试验 [J/OL]. 农业机械学报，2019，50（增刊）：175 – 181，296.

[17] GRIFFEL L M，DELPARTE D，EDWARDS J. Using Support Vector Machines classification to differentiate spectral signatures of potato plants infected with Potato Virus Y [J]. Computers and Electronics in Agriculture，2018（153）：318 – 324.

[18] MOSHOU D，BRAVO C，OBERTI R，et al. Plant disease detection based on data fusion of hyper – spectral and multi – spectral fluorescence imaging using Kohonen maps [J]. Real – Time Imaging，2005，11（2）：75 – 83.

[19] 冯雷，陈双双，冯斌，等. 基于光谱技术的大豆豆荚炭疽病早期鉴别方法 [J]. 农业工程学报，2012，28（1）：139 – 144.

[20] GRIFFEL L M，DELPARTE D，EDWARDS J. Using Support Vector Machines classification to dif-

ferentiate spectral signatures of potato plants infected with Potato Virus Y [J]. Computers and E-lectronics in Agriculture，2018（153）：318 - 324.

[21]　RMERC，B RLING K，HUNSCHE M，et al. Robust fitting of fluorescence spectra for pre - symptomatic wheat leaf rust detection with support vector machines [J]. Computers and Electronics in Agriculture，2011，79（2）：180 - 188.

[22]　万欢，欧媛珍，管宪鲁，等 . 无人农机作业环境感知技术综述 [J]. 农业工程学报，2024，40（8）：1 - 18.

[23]　宋海燕，何勇 . 基于 OSC 和 PLS 的土壤有机质近红外光谱测定 [J]. 农业机械学报，2007，38（12）：113 - 115，189.

[24]　袁石林，马天云，宋韬，等. 土壤中总氮与总磷含量的近红外光谱实时检测方法 [J]. 农业机械学报，2009，40（增刊）：150 - 153.

[25]　李民赞，姚向前，杨玮，等. 基于卤钨灯光源和多路光纤的土壤全氮含量检测仪研究 [J]. 农业机械学报，2019，50（11）：169 - 174.

[26]　DVORAK J S. Object detection for agricultural and construction environments using an ultrasonic sensor [J]. Journal of Agricultural Safety & Health，2016，22（2）：107 - 119.

[27]　MICHELS J，SAXENA A，NG A Y. High speed obstacle avoidance using monocular vision and reinforcement learning [C] //Proceedings of the 22nd International Conference on Machine Learning. ACM，2005：593 - 600.

[28]　蔡道清，李彦明，覃程锦，等. 水田田埂边界支持向量机检测方法 [J]. 农业机械学报，2019，50（6）：22 - 27，109.

[29]　DING X. Obstacles detection algorithm in forest based on multi - sensor data fusion [J]. Journal of Multimedia，2013，8（6）：108 - 117.

[30]　RAJABI - VANDECHALI M，ABBASPOUR - FARD M H，ROHANI A. Development of a prediction model for estimating tractor engine torque based on soft computing and low cost sensors [J]. Measurement，2018（121）：83 - 95.

[31]　武仲斌，谢斌，迟瑞娟，等. 基于滑转率的双电机双轴驱动车辆转矩协调分配 [J]. 农业工程学报，2018，34（15）：66 - 76.

[32]　ISO 11783 Tractors and machinery for agriculture and forestry - serial control and communications data network [S]. 2004.

[33]　ISO 11783 - 6 Tractors and machinery for agriculture and forestry - serial control and communications data network - part 6：Virtual terminal [S]. 2004.

[34]　ISO 11783 - 9 Tractors and machinery for agriculture and forestry - serial control and communications data network - part 9：tractor ECU [S]. 2004.

[35]　PEERLINCK A，SHEPPARD J，MAXWELL B. Using deep learning in yield and protein prediction of winter wheat based on fertilization prescriptions in precision agriculture [C] //International Conference on Precision Agriculture（ICPA），2018.

[36]　KAIVOSOJA J，PESONEN L，KLEEMOLA J，et al. A case study of a precision fertilizer application task generation for wheat based on classified hyperspectral data from UAV combined with farm history data [C] //Remote Sensing for Agriculture，Ecosystems，and Hydrology XV. International Society for Optics and Photonics，2013.

[37]　赵春江，陈天恩，陈立平，等. 迁飞性害虫精准施药决策分析方法研究 [C] //国际农产品质量安全管理、检测与溯源技术研讨会. 2008.

[38]　TORISUR. Optimal path of head - 1and for tractors by optimal control theory（Part 1）[J]. J. Jpn. Soc. Agric. Mach. ，1997，59（4）：3 - 10.

［39］ RYERSON AEF，ZHANG Q. Vehicle path planning for complete field coverage using genetic algo-rithms ［C］//Proceedings of the Automation Technology for Off－road Equipment（ATOE）2006 Conference，2007.

［40］ KAREN L. A decision－support system for analyzing tractor guidance technology ［J］. Computers and Electronics in Agriculture，2018，153：115－125.

［41］ NAGASAKA Y，KANETANI Y，UMEDA N，et al. High－precision autonomous operation using an unmanned rice transplanter ［M］. TORIYAMA K. Rice is life scientific perspectives for the 21st century. Makati：International Rice Research Institute，2005：235－237.

［42］ STOLL A. Automatic operation planning for GPS－guided machinery ［C］//Proceedings of 4th Eu-ropean Conference on Precision Agriculture. Berlin：Germany，2003：657－664.

［43］ ZHANG C，NOGUCHI N. Development of a multi－robot tractor system for agriculture field work ［J］. Computers and Electronics in Agriculture，2017，142：79－90.

［44］ NOGUCHI N. Robot farming system using multiple robot tractors in Japan agriculture ［C］//The 18th World Congress of the International Federation of Automatic Control，2011.

［45］ 王辉，王桂民，罗锡文，等. 基于预瞄追踪模型的农机导航路径跟踪控制方法 ［J］. 农业工程学报，2019，35（4）：11－19.

［46］ SEARCYSW. Detecting crop rows using the Hough transform ［C］//ASAE Annual Meeting. St. Joseph，MI，1986.

［47］ 何杰，朱金光，张智刚，等. 水稻插秧机自动作业系统设计与试验 ［J］. 农业机械学报，2019，50（3）：17－24.

［48］ 张雁，李彦明，刘翔鹏，等. 水田环境下水稻直播机自动驾驶控制方法 ［J］. 农业机械学报，2018，49（11）：15－22.

第4篇

发展模式与对策建议

第16章 旱区水土资源空间平衡战略

近年来在绿色发展和可持续发展的目标下，农业生产既需要提高资源利用效率，又需要减少对环境的负面影响，西北旱区正面临着来自粮食安全和生态安全的双重挑战。因此，分析西北旱区水土资源空间分布格局，明确西北旱区的水土资源匹配状况，对于确保水资源可持续利用、保障区域内粮食安全与生态安全都具有重要意义[1]。

本研究立足于绿色发展背景下资源利用效率提升和环境保护两方面的发展要求，根据西北旱区的水土资源现状和空间分布状况，通过构建不同视角下的水土资源匹配指数，明确西北旱区各区域的水土资源匹配状况，为西北旱区水土资源高效利用，改善区域水土资源匹配状况提供科学依据。

16.1　水土资源空间分布特征

西北旱区作为我国粮食生产的重要后备基地，其粮食生产对于保障我国粮食安全具有重要意义。然而，由于水土资源空间分布不均、匹配度不高等问题，使该地区水土资源生产效能低下，影响了区域发展甚至国家粮食安全和生态安全。因此，通过研究西北旱区水土资源的空间分布格局，明晰不同地区的资源丰富程度和利用潜力，可以为水土资源的合理开发和利用提供指导。同时根据各地区之间的资源禀赋，制定针对性的政策，促进区域协调发展[2]。

16.1.1　水资源分布特征

水资源是西北旱区生态环境和经济社会可持续发展的基础。西北旱区是中国干旱最严重的地区之一，水资源的稀缺性和不均衡分布是该地区生态环境和经济社会可持续发展的主要制约因素之一。明晰西北旱区水资源空间分布特征，可以为该地区科学管理和合理利用水资源提供科学依据，保障经济社会可持续发展[3]。

1. 水资源总量

西北旱区是我国最为干旱的地区，水资源短缺是制约该地区健康发展的重要因素。内蒙古、陕西、甘肃、青海、宁夏和新疆西北6省区2000—2020年的水资源总体状况见表16-1。西北旱区水资源总量约占全国水资源总量的8%～10%，水资源量为2463.93亿～3155.40亿 m³，且省域间水资源量的差异显著。同时，在研究时段内西北旱区水资源总量也表现出较大的年际波动性。从空间分布上看，新疆的水资源量最大、青海的水资源量次之，两者合占西北旱区水资源总量的60.35%。内蒙古和陕西的水资源量较为接近，分别占西北旱区水资源总量的 15％ 左右。甘肃的水资源量占西北旱区水资源总量的 8.61％。宁夏由于其特殊的地理位置和环境因素，水资源量最少，仅占西北旱区水资源总量的 0.32％。

表 16−1　　　　　　　　　　西北旱区水资源量总体情况

项目	年份	内蒙古	陕西	甘肃	青海	宁夏	新疆	西北
水资源总量 /亿 m³	2000	369.79	354.60	188.19	612.68	7.00	931.67	2463.93
	2005	456.18	490.59	269.60	876.10	8.53	962.81	3063.81
	2010	388.50	507.50	215.20	741.10	9.30	1113.10	2974.70
	2015	537.00	333.40	164.80	589.30	9.20	930.30	2564.00
	2020	503.90	419.60	408.00	1011.90	11.00	801.00	3155.40
	均值	451.07	421.14	249.16	766.22	9.01	947.78	2844.37
各省占西北旱区水资源比重/％	2000	15.01	14.39	7.64	24.87	0.28	37.81	100.00
	2005	14.89	16.01	8.80	28.60	0.28	31.43	100.00
	2010	13.06	17.06	7.23	24.91	0.31	37.42	100.00
	2015	20.94	13.00	6.43	22.98	0.36	36.28	100.00
	2020	15.97	13.30	12.93	32.07	0.35	25.39	100.00
	均值	15.97	14.75	8.61	26.69	0.32	33.66	100.00
占全国水资源总量比重/％	2000	1.33	1.28	0.68	2.21	0.03	3.36	8.89
	2005	1.63	1.75	0.96	3.12	0.03	3.43	10.92
	2010	1.26	1.64	0.70	2.40	0.03	3.60	9.62
	2015	1.92	1.19	0.59	2.11	0.03	3.33	9.17
	2020	1.59	1.33	1.29	3.20	0.03	2.53	9.98
	均值	1.55	1.44	0.84	2.61	0.03	3.25	9.72

2. 地表水资源

内蒙古、陕西、甘肃、青海、宁夏和新疆西北 6 省区 2000—2020 年的地表水资源总体状况见表 16−2。西北旱区地表水资源量占全国地表水资源总量的占比与水资源总量占比相近，约 8％～10％，地表水资源量为 2239.80 亿～2893.90 亿 m³，且省区间地表水资源量的差异显著。从空间分布上看，与水资源量类似，新疆的地表水资源量最大、青海的地表水资源量次之，两者合占西北旱区地表水资源总量的 63.26％。陕西、内蒙古和甘肃的地表水资源量分别占西北旱区地表水资源总量的 15.08％、12.36％ 和 9.02％。宁夏的地表水资源量最少，仅占西北旱区地表水资源总量的 0.28％。

表 16−2　　　　　　　　　　西北旱区地表水资源量总体情况

项目	年份	内蒙古	陕西	甘肃	青海	宁夏	新疆	西北
地表水资源总量 /亿 m³	2000	247.42	326.06	176.53	607.50	5.88	876.41	2239.80
	2005	338.69	468.24	260.34	857.56	6.88	910.65	2842.36
	2010	253.40	482.50	206.70	715.80	7.00	1051.20	2716.60

续表

项目	年份	内蒙古	陕西	甘肃	青海	宁夏	新疆	西北
地表水资源总量/亿 m³	2015	402.10	309.20	157.30	570.10	7.10	880.10	2325.90
	2020	354.20	385.60	396.00	989.50	9.00	759.60	2893.90
	均值	319.16	394.32	239.37	748.09	7.17	895.59	2603.71
各省占西北旱区地表水资源比重/%	2000	11.05	14.56	7.88	27.12	0.26	39.13	100.00
	2005	11.92	16.47	9.16	30.17	0.24	32.04	100.00
	2010	9.33	17.76	7.61	26.35	0.26	38.70	100.00
	2015	17.29	13.29	6.76	24.51	0.31	37.84	100.00
	2020	12.24	13.32	13.68	34.19	0.31	26.25	100.00
	均值	12.36	15.08	9.02	28.47	0.28	34.79	100.00
占全国地表水水资源总量比重/%	2000	0.93	1.23	0.66	2.29	0.02	3.30	8.43
	2005	1.26	1.74	0.96	3.18	0.03	3.37	10.53
	2010	0.85	1.62	0.69	2.40	0.02	3.53	9.12
	2015	1.49	1.15	0.58	2.12	0.03	3.27	8.65
	2020	1.16	1.27	1.30	3.25	0.03	2.50	9.52
	均值	1.14	1.40	0.84	2.65	0.03	3.19	9.25

3. 地下水资源

内蒙古、陕西、甘肃、青海、宁夏和新疆西北 6 省区 2000—2020 年的地下水资源总体状况见表 16-3。相对于地表水资源，西北旱区地下水资源量占全国地下水资源总量的占比略高，约 16%～18%，约是地表水资源占比的两倍。西北旱区的地下水资源量为 221.45 亿～261.5 亿 m³，且省区间地表水资源量的差异显著。在研究时段内西北旱区地下水资源总量表现出一定的年际波动性。从空间分布上看，与水资源总量和地表水资源量类似，新疆的地下水资源量最大、青海的地下水资源量次之，两者合占西北旱区地下水资源总量的 63.64%。内蒙古的地下水资源量约占西北旱区地下水资源总量的 16%。陕西和甘肃的地下水资源量较为接近，约占西北旱区地下水资源总量的 9%。宁夏的地下水资源量最少，但占西北旱区地下水总量的占比远高于地表水和水资源总量的占比，平均约占 1.5%。

表 16-3　　　　　　　　　西北旱区地下水资源量总体情况

项目	年份	内蒙古	陕西	甘肃	青海	宁夏	新疆	西北
地下水资源总量/亿 m³	2000	122.37	28.54	11.66	5.18	1.12	55.26	224.13
	2005	117.49	22.35	9.26	18.54	1.65	52.16	221.45
	2010	135.1	25	8.5	25.3	2.3	61.9	258.10
	2015	134.9	24.2	7.5	19.2	2.1	50.2	238.10
	2020	149.7	34	12	22.4	2	41.4	261.50
	均值	131.91	26.82	9.79	18.13	1.84	52.19	240.66

续表

项目	年份	内蒙古	陕西	甘肃	青海	宁夏	新疆	西北
各省占西北旱区地下水资源比重/%	2000	16.59	8.74	9.95	18.35	1.79	44.59	100.00
	2005	14.69	9.26	10.28	25.61	1.65	38.50	100.00
	2010	15.36	9.64	8.38	22.95	1.54	42.13	100.00
	2015	17.47	9.38	7.85	21.28	1.63	42.39	100.00
	2020	16.18	9.73	10.49	29.01	1.18	33.40	100.00
	均值	16.06	9.35	9.39	23.44	1.56	40.20	100.00
占全国地下水水资源总量比重/%	2000	2.74	1.44	1.64	3.03	0.30	7.36	16.51
	2005	2.65	1.67	1.86	4.62	0.30	6.95	18.06
	2010	2.70	1.70	1.48	4.04	0.27	7.42	17.61
	2015	2.88	1.55	1.29	3.51	0.27	6.99	16.49
	2020	2.85	1.72	1.85	5.11	0.21	5.89	17.62
	均值	2.77	1.61	1.62	4.06	0.27	6.92	17.26

2000—2020 年西北旱区地表水与地下水占比变化不大，地表水占比约为 60% （图 16-1）。不同区域间的水资源类型差异也较为明显，西北旱区除宁夏外总体表现为地表水

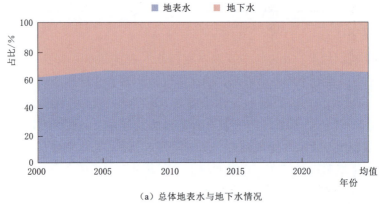

（a）总体地表水与地下水情况

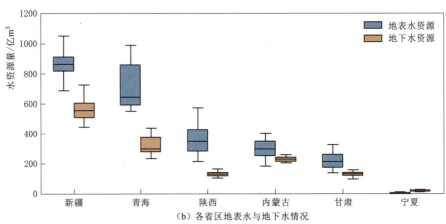

（b）各省区地表水与地下水情况

图 16-1　2000—2020 年西北旱区地表水与地下水分布

占比高于地下水，在空间上表现为各省区间差异明显。虽然宁夏的地下水占比高于地表水，但是宁夏的地表水和地下水重复量几乎相当于宁夏的地下水量。各省区的地表水与地下水占比如图 16-2 所示。

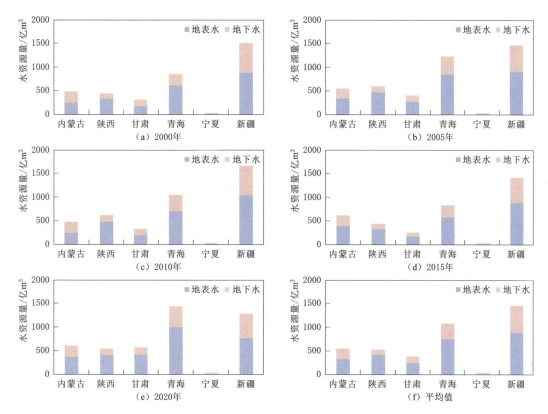

图 16-2　各省区的地表水与地下水占比

16.1.2　土地资源分布特征

土地资源是国土资源的重要组成部分，作为农业生产的物质基础和重要生产要素，其合理利用和管理对于推动农业现代化和实现粮食安全具有重要意义。土地利用类型和耕地质量是土地资源的两个重要特征指标，明晰西北旱区土地利用类型和耕地质量的空间分布特征，有助于制定合理的土地利用政策、指导农业生产、保护生态环境。

1. 土地利用的现状

西北旱区耕地面积约有 37.00 万 km² （未进行非耕地系数扣除，下同），占整个西北旱区总面积 8.67%；林地面积约 32.00 万 km²，占 7.49%；草地面积约 169.00 万 km²，占比 39.59%；水域与城乡工矿建设用地合计占比不足 4.00%。相比较而言，西北旱区的未利用土地面积最大为 175.84 万 km²，占全区面积 41.20%（表 16-4）。西北旱区土地利用/覆被的总体特征首先是以草地和未利用地为主，其次是耕地和林地，其余地类面积较少。

表 16 - 4　　　　　　　　　　　2020 年西北旱区土地利用/覆被类型概况

省区	耕地		林地		草地		水域		城乡、工矿、居民用地		未利用土地	
	面积/km²	占区域比例/%	面积/km²	占区域比例/%	面积/km²	占区域比例/%	面积/km²	占区域比例/%	面积/km²	占区域比例/%	面积/km²	占区域比例/%
陕西	68613	32.51	50002	23.69	80815	38.29	1699	0.81	5397	2.56	4536	2.15
宁夏	17927	33.60	2868	5.37	24125	45.21	1087	2.04	2408	4.51	4942	9.26
甘肃	65745	15.05	39546	9.06	147213	33.71	3862	0.88	5698	1.30	174650	39.99
青海	8815	1.23	29236	4.09	401405	56.20	33505	4.69	1656	0.23	239677	33.55
内蒙古	116627	9.91	169672	14.41	540999	45.96	14818	1.26	15625	1.33	319360	27.13
新疆	92236	5.51	28211	1.68	494973	29.54	35565	2.12	9269	0.55	1015214	60.59
西北旱区	369963	8.67	319536	7.49	1689531	39.59	90535	2.12	40053	0.94	1758381	41.20

西北旱区各省区的土地利用/覆被类型分布极不均衡，其中未利用地主要分布在新疆、内蒙古、青海与甘肃，而在陕西分布极少；草地类型则主要分布在内蒙古、新疆和青海等省区，其中青海和内蒙古的草地面积占其行政面积比重均超过 45%；耕地则主要分布在内蒙古、新疆、陕西和甘肃，其面积均超 6.50 万 km²，青海耕地分布最少，不足 1.00 万 km²；林地在内蒙古和陕西两省的分布最多，分别有 16.97 万 km² 和 5.00 万 km²。水域与城乡工矿建设用地在各省区均有少量分布。总体来看，陕西以相对均衡的农、林、牧土地利用方式为主要特点；宁夏则农、牧兼顾，以牧业更为突出；尽管甘肃耕地面积也较大（占 15.05%），但其草地与未利用地的面积占比均超 30%；青海与内蒙古两省区则以畜牧业为主，其草地面积占比最高；新疆主要土地利用方式是未利用地，占比 60.59%，其次为草地。虽然耕地也相对较多，面积 9.22 万 km²，但主要以绿洲农业为主，占新疆国土面积不足 6%。

2. 土地利用的生态背景结构特征

西北地域辽阔，在不同生态背景条件下，土地利用方式、结构以及利用程度都有明显的区域特点。其中，高程、降水、气温是制约区域土地利用/覆被的主要自然因子。

根据不低于 10℃ 积温与温度带的对应关系，将西北旱区不低于 10℃ 积温划分为 4 个等级，不同等级对应不同温度带，以及不同土地利用特点。不低于 10℃ 积温小于 1600℃ 时对应寒温带，适宜一年一熟早熟作物，在 1600～3400℃ 之间则对应于温带，适宜一年一熟作物（春小麦为主）；3400～4500℃ 间对应暖温带，适宜两年三熟或一年两熟作物（冬小麦为主）；高于 4500℃ 时对应亚热带，适宜一年两熟作物。将多年平均积温分级图，与 2020 年土地利用/覆被类型图叠加，统计获取不同温度分带下土地利用类型的面积（表 16 - 5）。可以看出，西北旱区的耕地主要分布在温带与暖温带，面积分别占耕地总面积 64.72% 和 27.58%，随积温降低而面积减少。由于地处西北，高于 4500℃ 的区域较少，所以处于该积温带的耕地仅有 1593km²；林地、草地则主要分布在寒温带与温带，两者面积均占林、草地总面积的 90% 以上；而城乡、工矿、居民用地类似于耕地，多分布在温带和暖温带，与人类活动和农业生产的空间匹配度较高；未利用土地除在亚热带分布较少外，在寒温带、温带及暖温带均有大量分布。

表 16 - 5　　　　　　　　　　不低于 10℃ 积温分区下土地利用/覆被结构

≥10℃积温 /℃	耕地		林地		草地		水域		城乡、工矿、居民用地		未利用土地	
	面积 /km²	占该积温区/%	面积 /km²	占该积温区/%	面积 /km²	占该积温区/%	面积 /km²	占该积温区/%	面积 /km²	占该积温区/%	面积 /km²	占该积温区/%
<1600	26915	7.28	180438	56.47	834455	49.39	62694	69.25	2673	6.67	474806	27.00
1600~3400	239437	64.72	109913	34.40	722684	42.77	21850	24.13	27058	67.56	629296	35.79
3400~4500	102018	27.58	29109	9.11	130313	7.71	5950	6.57	9988	24.94	624163	35.50
>4500	1593	0.43	75	0.02	2080	0.12	41	0.05	334	0.83	30116	1.71

根据降水量将西北旱区划分为 5 种干湿类型，年均降水量小于 200mm 对应干旱地区，发展旱作农业或牧业；降水量在 200~400mm，对应半干旱地区，农牧业呈交错发展；降水量在 400~800mm，对应半湿润地区，属干旱向湿润过渡区域，是满足农业生产的主要区域；降水量在 800~1000mm 对应湿润区，全年水分基本有余；降水量大于 1000mm 则意味降水丰沛，降雨已不成为限制农业生产主要因素。本研究将多年平均降水等级图，与土地利用/覆被类型图叠加，获取不同降水分带土地利用类型面积（表 16 - 6）。可以看出，西北旱区的耕地主要分布在半干旱半湿润地区，年降水量主要集中在 200~800mm，此外还有较多耕地分布在降水量小于 200mm 的干旱区域；林地则主要集中在降水量 400~800 之间的半湿润区域；草地分布较广，除半干旱半湿润地区外，在降水量小于 200mm 的干旱区仍有 35.87% 草地分布；城乡工矿建设用地类似于耕地，多分布在半干旱与半湿润地区；未利用地主要分布在干旱地区，其面积占未利用地面积的 86.60%。

表 16 - 6　　　　　　　　　　不同降水量分区下土地利用/覆被结构

降水量 /mm	耕地		林地		草地		水域		城乡、工矿、居民用地		未利用土地	
	面积 /km²	占该雨量区/%	面积 /km²	占该雨量区/%	面积 /km²	占该雨量区/%	面积 /km²	占该雨量区/%	面积 /km²	占该雨量区/%	面积 /km²	占该雨量区/%
<200	90189	24.38	26468	8.28	606087	35.87	47534	52.50	11555	28.85	1522831	86.60
200~400	118162	31.94	47566	14.89	659290	39.02	32086	35.44	16320	40.75	194675	11.17
400~800	145700	39.38	224519	70.26	399417	23.64	10609	11.72	11691	29.19	39051	2.22
800~1000	11598	3.13	15938	4.99	17819	1.05	269	0.30	422	1.05	21	0.00
>1000	4315	1.17	5045	1.58	6918	0.41	38	0.04	65	0.16	3	0.00

根据高程将西北旱区划分为 5 个等级，高程小于 200.00m、200.00~500.00m、500.00~1000.00m、1000.00~3500.00m 与大于 3500.00m，近似对应于平原、丘陵、低山、中山与高山。根据 30m 分辨率 DEM 与土地利用/覆被类型图叠加，获取不同海拔土地利用类型信息（表 16 - 7）。由于西北旱区地处我国地势的第二、第三级阶梯，耕地主要分布在 1000.00~3500.00m 的海拔较高地区，面积占所有耕地 57.29%；林地也有类似特点，在海拔低于 200.00m 的区域分布极少；草地除了在海拔 1000.00~3500.00m 区间占比较高外，在海拔大于 3500.00m 的高山区也同样有较多分布；与耕地相似，城乡工矿建设用地也主要分布在海拔 1000.00~3500.00m。

表 16 - 7 　　　　　　　　　　　　　　不同高程分区下的土地利用/覆被结构

高程/m	耕地		林地		草地		水域		城乡、工矿、居民用地		未利用土地	
	面积/km²	占该高程区/%	面积/km²	占该高程区/%	面积/km²	占该高程区/%	面积/km²	占该高程区/%	面积/km²	占该高程区/%	面积/km²	占该高程区/%
<200.00	11654	3.15	1020	0.32	10519	0.62	1321	1.46	956	2.39	10406	0.59
200.00~500.00	64865	17.54	23865	7.47	59207	3.50	4408	4.88	6274	15.66	65873	3.75
500.00~1000.00	81049	21.92	118824	37.19	263696	15.61	7758	8.58	9159	22.87	331943	18.87
1000.00~3500.00	211857	57.29	151874	47.53	887734	52.55	28454	31.47	23474	58.60	1017190	57.83
>3500.00	387	0.10	23932	7.49	468262	27.72	48462	53.61	192	0.48	333387	18.96

3. 耕地质量分布现状

西北旱区耕地地力评价的总耕地面积为 1954.86 万 hm²（已扣除非耕地系数，下同），其中，一等地、二等地和三等地的面积及所占比例最低，合计仅占耕地总面积的 19.34%；四等地、五等地和六等地所占比例 39.18%；七等地、八等地、九等地和十等地合计占耕地面积的 41.48%。由此可见，西北旱区耕地质量等级总体特征是：高质量等级（一等至三等）的耕地面积所占比例明显较低，不足西北旱区耕地面积的 20%，而中（四等至六等）、低（七等至十等）质量等级的耕地面积所占比例明显较高，超过西北旱区耕地面积的 80%（表 16 - 8）。

表 16 - 8 　　　　　　　西北旱区耕地质量等级各级面积与比例（综合指数法）

耕地等级	耕地面积/万 hm²	比例/%	耕地等级	耕地面积/万 hm²	比例/%
一等地	81.24	4.16	七等地	281.39	14.39
二等地	116.58	5.96	八等地	225.51	11.54
三等地	180.20	9.22	九等地	142.02	7.26
四等地	218.95	11.20	十等地	162.04	8.29
五等地	255.63	13.08	总计	1954.86	100.00
六等地	291.31	14.90			

西北旱区广大区域（不包括内蒙古东四盟市），深处内陆，远离海洋，降水少，自然特征干旱，水源是制约其农业发展的主要因素，故西北旱区的耕地主要分布在水源及灌溉条件较好的河谷、绿洲等区域。从耕地质量评价结果可以看出，耕地地力等级分布没有明显随气候带变化的特征，也没有明显的地带性规律，高、低等级耕地呈条带状相间分布，部分地区则呈交叉分布特点。西北旱区地形起伏大，地貌类型多样，从地貌特征来看，西北旱区一、二等地主要分布在冲积平原、洪积平原、黄土塬和低阶地等几种类型上；三、四等地主要分布在冲积平原、洪积平原和黄土塬等类型上；五、六等地主要分布在黄土梁峁、洪积平原和黄土塬等类型上，此外，冲积平原和高平原也有较大面积分布，但分布较为分散；七、八等地在黄土梁峁分布最多，低阶地、高平原分布次之，黄土塬、冲积平原

和洪积平原也有较大面积分布；九、十等地主要分布在高平原、高丘陵、中山、高山、高台地及固定和半固定沙地。

耕地面积及其等级在各省区的分布差异显著。从各省区耕地面积来看（表16-9），甘肃和新疆分别以 532.95 万 hm² 和 513.56 万 hm² 的耕地面积，占西北旱区所有耕地的27.26% 和 24.93%，位居第一和第二位，陕西和内蒙古分别以 20.40% 和 16.46% 的比例位居第三和第四位，宁夏和青海耕地面积最少，仅占西北旱区耕地总面积 6.60% 和3.01%。但从耕地质量等级的分布比例来看，陕西和新疆的高等级耕地占比最多，内蒙古和青海的低等级耕地占比最多。

表 16-9　　　　　　　　西北旱区不同省区各等级耕地面积及比例

耕地质量等级		甘肃	内蒙古西部	宁夏	青海	陕西	新疆
一等地	面积/万 hm²	7.62	1.99	2.78	0	44.34	24.51
	所占比例/%	1.43	0.62	2.15	0	11.12	4.77
二等地	面积/万 hm²	17.95	6.94	9.25	0.66	39.73	42.05
	所占比例/%	3.37	2.16	7.17	1.12	9.96	8.19
三等地	面积/万 hm²	29.03	22.10	10.42	0.89	40.18	77.58
	所占比例/%	5.45	6.87	8.08	1.51	10.07	15.11
四等地	面积/万 hm²	43.98	28.66	7.74	3.32	41.01	94.24
	所占比例/%	8.25	8.91	6.00	5.65	10.28	18.35
五等地	面积/万 hm²	69.90	31.08	8.99	3.95	45.91	95.80
	所占比例/%	13.12	9.66	6.97	6.72	11.51	18.65
六等地	面积/万 hm²	99.70	36.17	12.85	5.56	62.57	74.46
	所占比例/%	18.71	11.24	9.96	9.46	15.69	14.50
七等地	面积/万 hm²	114.18	33.54	20.65	6.94	55.89	50.19
	所占比例/%	21.42	10.43	16.01	11.80	14.01	9.77
八等地	面积/万 hm²	93.84	29.76	28.26	9.35	34.14	30.16
	所占比例/%	17.61	9.25	21.90	15.90	8.56	5.87
九等地	面积/万 hm²	41.67	37.95	16.75	9.94	19.05	16.66
	所占比例/%	7.82	11.80	12.98	16.90	4.78	3.24
十等地	面积/万 hm²	15.08	93.49	11.33	18.19	16.04	7.91
	所占比例/%	2.83	29.06	8.78	30.94	4.02	1.54
合计	面积/万 hm²	532.95	321.68	129.02	58.80	398.86	513.56
	所占比例/%	27.26	16.46	6.60	3.01	20.40	24.93

在陕西、新疆两省区，一至三等耕地分别有124.25 万 hm² 和144.14 万 hm²，占各省区耕地面积的31.15% 和 28.07%，主要分布在陕西中部渭河平原，以及新疆昌吉、阿克苏、塔城等地区的绿洲地区。四至六等耕地在两省区分别占耕地面积的 37.48% 和51.50%。七至十等耕地在两省区的面积分别有125.12 万 hm² 和 104.92 万 hm²，占比为31.37% 和20.42%。可见，在陕西和新疆两省区，中、高等的耕地占比相对较高，均超过

60％，低等级耕地相对较少，占两到三成。

在内蒙古西部、青海两地，一至三等耕地分别有 31.03 万 hm² 和 1.55 万 hm²，占其域内耕地面积的 9.65％和 2.63％，主要分布在河套地区的巴彦淖尔、鄂尔多斯等地，以及青海西宁周边地区。四至六等耕地在两省区分别占耕地面积的 29.81％和 21.83％。七至十等耕地在两省区的面积分别有 194.74 万 hm² 和 44.42 万 hm²，占比为 60.54％和 75.54％。可见，在内蒙古西部和青海两省区，中、高等的耕地占比不高，而低等级耕地占比则超过六成，甚至接近八成。

甘肃和宁夏的耕地质量总体介于上述两种情况之间，其高等级耕地占其境内耕地面积比重在 10％～18％之间，主要分布在河西走廊地区的张掖、临夏等地市，以及银川平原部分地区；两省区的中等质量耕地占比分别为 40.08％和 22.93％，占比低于陕西和新疆两省；低等级耕地占比主要介于 50％～60％之间，其中以七、八等级为主。由此可以看出，甘肃、宁夏两省区的耕地质量总体不高，高等级耕地主要分布在水源较为丰富的河西走廊与能够引黄灌溉的河套地区，其余耕地的等级均较低。

16.1.3　农业水土资源利用分区

本研究对西北旱区 58 个市级区农业水土资源利用进行分区，结果主要可分为以下 4 类分区（图 16-3）：

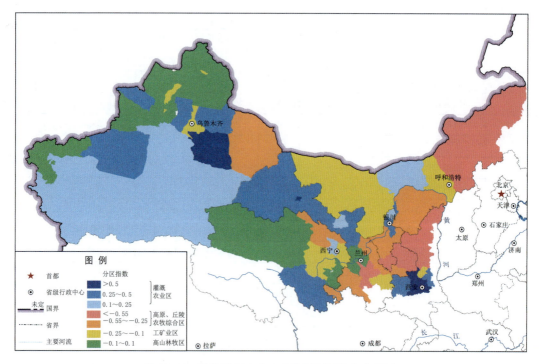

图 16-3　西北旱区农业水土资源利用综合分区图

（1）第一类型区是以图中蓝色表示的灌溉农业区，涵盖了西北旱区主要的人工绿洲和灌溉平原，地貌类型主要为盆地和平原，耕地面积比例为 11.9％。该区蓝水资源耗用量较大，耕地灌溉率在75%以上，农业用水量占区域用水总量的70%以上。农业生产的综合产出水平较高，农业在区域社会经济发展中起重要作用，农业产值占地区生产总值的17.9%，单位耕地面积的农业产值达到了2000元/亩以上。该区主要的农作物种类依区域特色而类型多样，包括粮食作物、经济作物以及瓜果、蔬菜等众多农业产品，其中粮食作物播种面积占农作物总播种面积的55.8%，是西北旱区重要的农业和粮食生产基地。

（2）第二类型区以红色为代表，是生态环境脆弱的高原、丘陵农牧综合区，区域气候类型以半干旱区为主。该区农业生产类型表现为农牧兼营的方式，农业用水以绿水资源为主，主要采用旱作生产的耕作方式，耕地灌溉率仅为23.2%。区域内，对于自然环境已经受到破坏的地区，水土流失、土壤侵蚀较为严重，如黄土高原区；对于生态环境保持相对良好的地区，则表现为草原广阔，植被覆盖度较高，但不合理的土地资源利用，如过度放牧，极易造成生态环境的退化。农业生产的综合产出水平相对较低，农业产值占地区生产总值的17.2%，耕地面积比例为11.7%，而单位耕地面积农业产值仅为857元/亩，远低于第一类型区中灌溉农业的生产水平。农作物种植种类中以杂粮类居多，粮食播种面积占农作物总播种面积的65%以上。

（3）第三类型区是以黄色表示的工矿业区。该区水资源短缺，耕地资源贫乏，主要是以工业作为支柱产业的地区，农业在该类型区中发展优势不明显。农业产值在地区生产总值中的比例仅为8.2%，远低于其他几种类型区（分别为17.9%、17.3%和15.7%），而单位耕地面积的农业产值为789.7元/亩，是四种类型区中最低的区域。同时，农业用水比例也相对较低，为54.5%，但其耕地面积比例与其他类型区相当，为13%。

（4）第四类型区则是以绿色表示的高山林牧区。该区地貌类型以高山、河谷为主，构成了峡谷、盆地等地形特征，农业生产以林牧业为主，属农、林、牧兼营的地区。该区畜牧业资源较为丰富，在地区经济社会发展中占主要优势，耕地面积仅占土地总面积的5.7%，但单位耕地面积产值为935.3元/亩，高于第二、第三类型区的产出水平。

1. 第一类型区

为充分理解各类型区的具体区域特征，根据区域的地理位置和干湿气候特征，对4种类型区又进行了具体区域的特征分析（表16-10）。其中第一类型区中主要包括了关中平原灌溉农业区、河套平原灌溉农业区、河西走廊绿洲农业区、吐鲁番盆地灌溉农业区、塔里木盆地灌溉农业区、新疆天山山麓灌溉绿洲区以及青藏高原区。

表16-10　　　西北旱区农业水土资源利用分区的具体区域和名称

型区	分区命名	属　　地
第一类型区	关中平原灌溉农业区	宝鸡、西安、咸阳、杨凌、渭南
	河套平原灌溉农业区	巴彦淖尔、乌海、银川、石嘴山
	河西走廊绿洲农业区	武威、张掖、金昌、酒泉、嘉峪关
	吐鲁番盆地灌溉农业区	吐鲁番、昌吉、石河子
	塔里木盆地灌溉农业区	和田、喀什、巴音郭楞蒙古自治州
	新疆天山山麓灌溉绿洲区	阿克苏、博尔塔拉蒙古自治州
	青藏高原区	西宁、果洛藏族自治州

型区	分区命名	属　　　地
第二类型区	黄土高原旱作农业区	陕北高原的延安、榆林两市以及内蒙古的鄂尔多斯市、宁夏的吴忠市、中卫市、固原市以及甘肃的庆阳市、平凉市和白银市
	内蒙古高原牧草区	乌兰察布、锡林郭勒盟
	陇南黄土丘陵沟壑畜牧区	定西、陇南、甘南
	新疆哈密农牧区	哈密
	青藏高原区	海北藏族自治州、玉树藏族自治州
第三类型区	内蒙古高原工矿区	呼和浩特、包头、阿拉善
	陕西关中矿产区	铜川
	新疆经济发展区	乌鲁木齐、克拉玛依
	甘肃天水工业区	天水
	青藏高原区	海东市、海南藏族自治州
第四类型区	陇中黄土丘陵沟壑区	兰州、临夏
	新疆山缘牧场区	克孜勒苏柯尔克孜自治州、塔城、阿勒泰、伊犁
	青海柴达木盆地区	海西蒙古族藏族自治州
	青南高原区	黄南藏族自治州

（1）关中平原灌溉农业区。该区位于陕西省中部，包括宝鸡、西安、咸阳、杨凌和渭南 5 个市区，地势平坦，素有"八百里秦川"的称号。地貌类型以河流阶地和黄土台塬为主。该区属暖温带半湿润易旱气候，多年平均降水量为 500～700mm，其中 50％～70％集中在 7—9 月 3 个月，为雨热同季，年平均气温为 11～13℃。该区土地肥沃，作物产量高，是陕西乃至整个西北旱区自然条件最好，农业生产条件最为优越的传统农业区，农业生产以灌溉用水为主，区内地表水、地下水丰富，有得天独厚的灌溉条件；同时水利设施条件优越，修建有宝鸡峡引渭灌溉工程、引泾灌溉工程等，为农业丰收奠定了水利基础。该区现有耕地面积 144.9 万 hm²，占全区土地总面积的 32％，其中有效灌溉面积为 92.2 万 hm²，耕地灌溉率超过 60％。区内主要的粮食作物为小麦、玉米等，粮食作物播种面积为 178 万 hm²，占总播种面积的 81.3％，是我国重要的粮食生产基地。

（2）河套平原引黄灌溉农业区。该区包括内蒙古巴彦淖尔市、乌海市以及宁夏的银川市、石嘴山市。该区地势相对平坦，土质较好，有黄河灌溉之利，为宁夏与内蒙古地区重要农业生产区和商品粮基地，素有"黄河百害，唯富一套"之美誉，属温带大陆性干旱气候，年均降水量在 200mm 左右，年平均气温为 5～8℃，是没有灌溉就没有农业的地区。区内分布有中国设计灌溉面积最大的灌区——河套灌区，也是亚洲最大的一首制灌区。灌区年黄河引水量为 52 亿 m³，灌溉面积达到 57 万 hm²，整个区域有效灌溉面积为 77.3 万 hm²，耕地灌溉率为 82.3％。有利的灌溉条件打破了河套平原荒漠与荒漠草原这一地带性的束缚，形成了内蒙古乃至中国重要的农业生产基地。该区主要的农作物包括小麦、玉米、谷物、大豆、高粱、甜菜等，经济作物有西红柿、瓜果、葵花、胡麻等，被称为"塞外米粮川"。

（3）河西走廊绿洲农业区。该区包括武威市、金昌市、张掖市、嘉峪关市和酒泉市，区内地貌类型有沙漠、戈壁、山前平原等，属干旱气候区，且由东向西降水逐渐减少，降水量较大的东部地区，年均降水量在 200mm 左右，而西部的部分地区年降水量则不足 100mm。该区以祁连山冰雪融水所灌溉的绿洲农业较盛，耕地灌溉率在 85% 以上，粮食年产量达 268 万 t，具有"西北粮仓"的美誉。平地绿洲主要种植春小麦、大麦、糜子、谷子、玉米，以及少量水稻、高粱、马铃薯等；油料作物以胡麻为主；瓜类有西瓜、仔瓜和白兰瓜，同时还有枣、梨、苹果等果树；山前地区则以夏杂粮为主，包括青稞、黑麦、蚕豆、豌豆、马铃薯和油菜。该区是甘肃省重要农业区之一，也是我国西北内陆著名的灌溉农业区和主要的商品粮基地及经济作物集中产区。

（4）吐鲁番盆地灌溉农业区。该区包括吐鲁番、昌吉、石河子，属干旱荒漠气候。该区地势较低，是典型的地堑盆地，同时四周被高山围绕，具有增热迅速，但散热较慢的特点，并形成了降水稀少、风力较强、气温偏高、昼夜温差大且日照时间长的特点，是中国最热的地区，素有"火州""风库"之称，区内分布有著名的山脉"火焰山"。年均气温在 14℃左右，日最高气温可达 45℃以上。年平均降水量基本在 50mm 以内，吐鲁番地区个别年份的年降水量甚至不足 10mm。高山积雪和地下水资源成为该区农业灌溉的主要用水水源，有著名的"坎儿井"灌溉系统。由于光热资源丰富，该区形成了中国重要的特色农产品生产区，包括葡萄、哈密瓜以及长绒棉的生产，是北疆地区重要的农业生产基地。

（5）塔里木盆地灌溉农业区。该区位于新疆南疆地区，包括和田、喀什和巴音郭楞蒙古自治州。该区气候极端干旱，分布有中国最大的沙漠——塔克拉玛干沙漠，年均降水量在 100mm 以内，大部分地区不足 50mm，属温带荒漠气候。该区主要地貌类型包括了沙漠、戈壁、绿洲，区内绿洲农业主要分布在水源充足的山麓地带及河流水源处，是典型的没有灌溉就没有农业的地区。该区光照条件较好，热量丰富，农业以经济作物种植为主，是中国优质棉种植的高产稳产区，同时瓜果资源丰富，著名的有库尔勒香梨、库车白杏、阿图什无花果、叶城石榴、和田红葡萄，以及木本油料的薄壳核桃等，是南疆地区的主要农业生产区。

（6）新疆天山山麓灌溉绿洲区。该区包括阿克苏和博尔塔拉蒙古自治州，分别位于天山的南麓和北麓，区内气候较为干旱，年降水量在 120mm 左右，其中博尔塔拉蒙古自治州稍高于阿克苏地区，在 160mm 或以上。区内水资源量较丰富，地均水资源在 $77953m^3/km^2$，高出西北旱区平均值的 30% 以上，天山积雪及高山冰川融水是该区地表河水的主要补给源泉，灌溉水相对充足，农业用水比重较大，达到了 97% 以上。该区主要的农作物种类有棉花、甜菜、红枣、西瓜等，是新疆东疆地区主要的农产区。

（7）青藏高原区。该区包括青海西宁和果洛州，属典型的高原大陆性气候，区内大气稀薄，辐射较强，气候温凉寒冷，光照时间长，但热量不足，其中西宁地区由于地处湟水谷地，耕地资源相对丰富，耕地面积比例在接近 20%，但耕地灌溉率仅为 24.6%，远低于同一类型区中的其他地区，主要农作物有小麦、青稞、豌豆、蚕豆、马铃薯、油菜、蓖麻等，大部分采用旱作的耕作方式。果洛地区为黄河的源头，水资源相对丰富，气候较为湿润，因而表现出第一类型区的特点，但其农业以雨养为主。

2. 第二类型区

第二类型区中包括了黄土高原旱作农业区、内蒙古高原牧草区、陇南黄土丘陵沟壑畜牧区、新疆哈密农牧区以及青藏高原区，其具体特征如下：

(1) 黄土高原旱作农业区。该区是黄土高原的核心区域，包括位于陕北高原的延安、榆林两市以及内蒙古的鄂尔多斯市、宁夏的吴忠市、中卫市、固原市以及甘肃的庆阳市、平凉市和白银市9个地区。区内地貌类型以黄土塬、梁、峁、沟为代表的丘陵沟壑为主，属暖温带半干旱气候区，年均降水量为250～500mm，大部分降水仍集中在7—9月3个月，且强度较大，年平均气温为8～10℃。该区气候干燥，植被稀疏，水土流失严重，土地贫瘠，生产力较低。农牧业均有一定程度发展，农业生产以旱地为主，耕地灌溉率为23.9%。近年来，由于水资源的严重短缺及退耕还林政策的实施，农业生产逐渐向林果业方向转变，如苹果、红枣、柿树、葡萄等果树种植面积不断增加。区内粮食生产以杂粮为主，包括小米、玉米、荞麦、糜子、黄豆、豌豆、马铃薯、高粱等；牧草作物主要有紫花苜蓿、沙打旺、小冠花、鸡脚草、红豆草、柠条等，是我国主要的农牧交错区。

(2) 内蒙古高原牧草区。该区主要包括了内蒙古中部的乌兰察布市和锡林郭勒盟，是中国主要的天然牧场分布区，也是世界四大草原的分布地之一。区内气候干燥，年降水量为200～350mm，年均气温为0～5℃。该区主要农作物有小麦、莜麦、马铃薯、胡麻等，以旱作农业为主；耕地面积比例为8.6%，其中锡林郭勒盟仅为1.1%；主要的畜产品有羊、牛、马、驼等，是国家重要的畜产品基地。

(3) 陇南黄土丘陵沟壑畜牧区。该区包括定西、陇南和甘南藏族自治州，区内高山、河谷、丘陵、盆地交错，气候温润，森林茂密，资源富集，野生药材种类繁多，为我国主要的中药材产地之一；畜牧业以经营绵羊、山羊、牦牛、马等为主，是西北天然草地中载畜能力较强，耐牧性较强的草场地；农业以种植青稞、油菜籽、牧草为主；土特产品有鹿茸、麝香、熊掌、熊胆、冬虫夏草等。

(4) 新疆哈密农牧区。该区位于天山山脉的东缘，是新疆最东部地区，区内气候干旱，蒸发强烈，年降水量在100mm以下。该区地跨天山南北，南北区域间差异较大，山北草原广阔，气温偏低，为重要的牧业生产区；山南气候干燥，昼夜温差大，日照时间长，但通过依靠天山冰雪和地下水资源，部分地区发展为典型的人工绿洲区；主要盛产瓜果产品，如哈密瓜、红枣、葡萄等，但宜耕面积有限，耕地面积尚不足土地总面积的1%。

(5) 青藏高原区。该区包括海北藏族自治州和玉树藏族自治州，分别位于青海的北部和南部地区。海北州草场地势平坦，光照充足，雨热同季，畜牧业较为发达，具有发展畜牧业的得天独厚的自然条件。农业以旱作为主，灌溉用水主要来自祁连山脉的高山融水，耕地灌溉率为21.4%。且耕地面积比例较低，占全区土地总面积的不足1%。玉树州海拔较高，是青藏高原的重要组成部分，同时也是长江、黄河、澜沧江三大河流发源地，以高寒气候为主要特征。境内河网密布，水源充裕，但灾害性天气多，大雪、早霜、低温、干旱、冰雹等自然灾害严重制约着农牧业生产的发展。主要农作物有青稞、豌豆、洋芋、油菜等。森林资源丰富，野生动物较多，并盛产各种野生名贵药材，如冬虫夏草、雪莲、鹿茸、麝香等，是一个以牧为主，农牧兼营的地区。

3. 第三类型区

第三类型区是受中心城市的区位发展优势及资源的比较优势影响而形成的以工矿业为主的区域发展类型，主要包括了内蒙古高原工矿区、陕西关中矿产区、新疆经济发展区、甘肃天水工业区以及青藏高原区。

(1) 内蒙古高原工矿区。该区包括阿拉善盟、包头市、呼和浩特市，区内气候干旱，位于巴彦淖尔市的两侧，由于巴彦淖尔有利的灌溉条件打破了荒漠草原与荒漠这一地带性的束缚，使得区域呈现地域的间隔分布特征。其中，位于巴彦淖尔西部的阿拉善盟年均降水量在150mm以下，且风沙较大，年平均风速在3～5m/s，三大沙漠巴丹吉林、腾格里、乌兰布和沙漠横贯全境。该区水资源短缺严重，土地资源贫瘠，由于区内矿产资源丰富，分布着重要的煤炭、石油、芒硝、石膏、萤石、花岗岩、大理石、铁矿等，形成明显的矿产资源优势。因此，区域经济形成了以工矿业为主的发展特点。农业主要分布于具有灌溉条件的湖盆周围，形成典型的绿洲农业。位于巴彦淖尔东部的包头和呼和浩特两市年降水量稍高，在300mm左右，区内有阴山山脉的大青山、乌拉山。其矿产资源包括了金属矿（如铁、稀土、铌、钛、锰、金、铜等），非金属矿（如石灰石、白云岩、石墨、蛭石、大理石、花岗岩等），同时还有煤、油页岩等能源，是内蒙古重要的工业基地和经济发展中心。该区农业产值较低，仅占地区生产总值2.5%，而工业产值占到了90%以上。

(2) 陕西关中矿产区。该区位于陕西省的中心地带，也是关中平原向陕北高原的过渡地带。区内地貌类型复杂，塬、梁、峁、沟谷、河川均有分布，年均气温在10℃左右，年降水量平均为590mm。尽管具备农业生产的自然地理条件，但由于区域内矿产资源丰富（如煤炭等），逐渐形成了陕西省重要的工业城市，耕地面积比例仅次于陕北黄土高原的延安、榆林两市。

(3) 新疆经济发展区。该区包括乌鲁木齐市和克拉玛依市，为新疆地区经济发展重点区域，地区生产总值占到整个新疆GDP的1/3以上。乌鲁木齐市具有省会城市的发展优势，经济发展水平较高，地区生产总值为984.19亿元，是新疆地区生产总值最高的地区；同时，地均生产总值为691.3万元/km^2，高出新疆平均水平的5倍以上。克拉玛依为地级市，经济发展主要依靠第二、第三产业，农业生产不具主导地位，其GDP为568.25亿元，地均生产总值为656.6万元/km^2，与乌鲁木齐市相当。

(4) 甘肃天水工业区。该区地处陕、甘、川交界地带，是通往西北内陆区的必经之地，地理位置优越，交通便利，使得发展较早，工业发达，是中国西北重要的工业城市，也是国家重要的经济建设区。尽管气候相对湿润，降水量在400mm左右，同时地势稍高使得光照充足，适合多种作物生长，但其东部、南部呈山地地貌类型，而北部为黄土丘陵沟壑区。加之，国家发展战略需求，农业生产的主导地位不明显。

(5) 青藏高原区。该区包括海东市和海南藏族自治州，以高寒干旱、日照时间长、太阳辐射强为基本气候特点。海东地区处于祁连山支脉大板山南麓和昆仑山系余脉日月山东坡，属于黄土高原向青藏高原过渡镶嵌地带，年均降水量为330mm，年均气温为3～5℃，耕地面积约占16%，在青海各地州中位居第二，仅次于西宁市（为19.5%）。该地区主要农作物种类有小麦、青稞、豌豆、蚕豆、马铃薯、菜籽等。同时，矿产资源丰富，储蓄较多的有石灰石、石英石、钙芒硝、石膏、煤炭等，畜牧业有一定发展。海南地区地处青藏高原东北边缘，年均降水量为 322mm，年均气温为 6.1℃。该地区土地类型以山地、高台滩地、河湖谷地为主。农业主要分布在河湖谷地，但耕地面积较少，仅占全区土地面积的 1.85%。畜牧业相对发达，同时水电资源丰富，是黄河水利电力资源的"富矿区"。

4. 第四类型区

第四类型区反映的是以发展林牧业为主，农林牧兼营的区域，包括陇中黄土丘陵沟壑区、新疆山缘牧场区以及青海柴达木盆地区青海高原区。

(1) 陇中黄土丘陵沟壑区。该区包括了兰州市和临夏回族自治州，属于黄土高原的一部分，年均降水量在 300mm 左右，为半干旱气候区。该区入境水资源丰富，属黄河水系，但水资源分布极不均衡，南部年均降水量达到 500mm，而西北部部分地区仅为 200mm 左右。水资源的不均衡分布使得土地类型复杂多样，中低山地区以林牧业为主；而水资源便利的河谷平原与台地地区则形成了较发达的灌溉农业区，以生产蔬菜和瓜果为主，低山丘陵区以粮油生产为主。该区农、林、牧、副、渔业均有较大开发潜力。然而，该区水土流失严重，侵蚀强度较大，是黄河上游水土流失最为严重的地区之一。

(2) 新疆山缘牧场区。该区主要沿新疆边境分布，包括克孜勒苏柯尔克孜自治州、伊犁哈萨克自治州、塔城、阿勒泰，地跨昆仑山东缘北坡、天山山脉、阿勒泰山。区内降水资源相对丰富，年均降水量 300～500mm，山区降水量能达到 600mm，同时河流较多，水利资源丰富，分布有新疆第二大河流——额尔齐斯河。该区宜农宜牧，是农牧结合地区。农牧业区主要分布在平原、盆地和谷地。草场广阔，牧草资源丰富，发展高山草原畜牧业有一定的潜力。主要农作物有大麦、小麦、玉米、水稻、甜菜、棉花、油菜等，瓜果有苹果、葡萄、西瓜、哈密瓜等，牲畜种类主要有绵羊、山羊、牛、马、骆驼、猪等，是物产丰富的重要特色农业生产基地。

(3) 青海柴达木盆地区。该区位于海西蒙古族藏族自治州，区内气候干旱，年平均降水量在 150mm 以内，其中西部地区不足 50mm，且风沙严重，主要的自然景观为干旱荒漠，并形成了著名的"雅丹"地貌。区内耕地资源短缺，耕地面积仅占全区土地总面积的 0.1%。同时畜牧业用地较少，大部分为沙漠、戈壁、盐沼地等，农业生产发展的条件较差。

(4) 青南高原区。该区位于黄南藏族自治州，地势南高北低，并形成了南牧北农的经济格局。北部以农为主，农牧兼营；南部主要为牧业区。草场地势平坦，光照充足，雨热同季，畜牧业较为发达，具有发展畜牧业的得天独厚的自然条件。农业以旱作为主，耕地灌溉率为 28.9%。但耕地面积较低，占全区土地总面积的不足 1%。主要种植的农作物有小麦、青稞、豌豆、玉米、洋芋等粮食作物，油菜、胡麻等经济作物及一些瓜果、蔬菜类作物等。

根据以上分析可知，尽管四个类型区在青海地区均有呈现，但由于其独特的高原大陆性气候，区域整体表现为以牧为主的农业生产特点，与农业水土资源利用的四种类型分区代表特征有所不同。

16.2 水土资源匹配与开发潜力

水土资源的高效利用是区域保障粮食安全与生态安全的基础，也是实现可持续发展的重要任务之一。在粮食安全中涉及的生产、分配、加工和消费等多个环节中，保障粮食生产安全是其中最为基础，也是最重要的部分。而区域的水资源和耕地资源的分布状况直接影响着区域粮食生产能力。水资源和耕地资源是粮食生产中的刚性约束，两者的利用水平及匹配状况影响着粮食生产的资源综合利用效率，进而影响着区域粮食安全[4]。因此，分析西北旱区农业水资源和耕地资源的匹配状况，并进一步探讨存在的问题与发展对策，对实现农业水土资源的可持续利用和保障粮食安全具有重要的现实意义。

16.2.1 水土资源开发现状

1. 水资源开发现状

(1) 总用水量。 内蒙古、陕西、甘肃、青海、宁夏和新疆 6 省区 2000—2020 年时段内的用水总量情况见表 16-11，其不同地区用水总量变化如图 16-4～图 16-6 所示。西北旱区用水总量均值为 1023.63 亿 m^3，在时间上呈现逐年增加的趋势。地区用水总量占全国用水总量的 17% 左右，且省域间用水总量差异显著。从空间分布上来看，新疆用水总量最大，约占西北旱区用水总量的 50%，多年用水量的均值为 534.22 亿 m^3，呈现逐年增加趋势，从 2000 年的 479.95 亿 m^3 增加至 2020 年的 570.40 亿 m^3。内蒙古的多年用水量次之，平均值为 181.82 亿 m^3，也呈现明显的增加趋势，用水量从 2000 年的 172.24 亿 m^3 增加至 2020 年的 194.40 亿 m^3。虽然青海的水资源总量较大，但青海却是西北旱区用水总量最小的省区，在 2000—2020 年间呈现先增加后减小的趋势，多年用水量的均值为 28.47 亿 m^3。

表 16-11 　　　　　　　　　　2000—2020 年西北旱区用水总体情况

项目	年份	内蒙古	陕西	甘肃	青海	宁夏	新疆	西北旱区
用水总量 /亿 m^3	2000	172.24	78.66	122.73	27.87	87.23	479.95	968.68
	2005	174.76	78.76	122.97	30.65	78.09	508.48	993.71
	2010	181.90	83.40	121.82	30.77	72.37	535.08	1025.34
	2015	185.80	91.20	119.20	26.80	70.40	577.20	1070.60
	2020	194.40	90.60	109.90	24.30	70.20	570.40	1059.80
	均值	181.82	84.52	119.32	28.08	75.66	534.22	1023.63
各省用水量占西北旱区用水比重/%	2000	17.78	8.12	12.67	2.88	9.01	49.55	100.00
	2005	17.59	7.93	12.37	3.08	7.86	51.17	100.00
	2010	17.74	8.13	11.88	3.00	7.06	52.19	100.00
	2015	17.35	8.52	11.13	2.50	6.58	53.91	100.00
	2020	18.34	8.55	10.37	2.29	6.62	53.82	100.00
	均值	17.76	8.25	11.69	2.75	7.42	52.13	100.00

续表

项目	年份	内蒙古	陕西	甘肃	青海	宁夏	新疆	西北旱区
占全国用水总量比重/%	2000	3.13	1.43	2.23	0.51	1.59	8.73	17.62
	2005	3.10	1.40	2.18	0.54	1.39	9.03	17.64
	2010	3.02	1.38	2.02	0.51	1.20	8.89	17.03
	2015	3.04	1.49	1.95	0.44	1.15	9.46	17.54
	2020	3.34	1.56	1.89	0.42	1.21	9.81	18.23
	均值	3.13	1.45	2.06	0.48	1.31	9.18	17.61

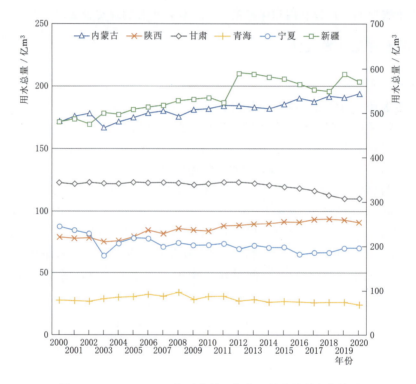

图 16-4　2000—2020 年西北旱区各省区用水总量变化情况

同时，在研究时段内西北旱区用水总量也表现出较大的年际波动性。从空间分布上看，新疆的用水总量最大，且呈现增加趋势，约占西北旱区用水总量的 52%。内蒙古的用水总量次之，约占西北旱区用水总量的 17.76%。甘肃、陕西和宁夏的用水总量分别占西北旱区用水总量的 11.69%、8.25% 和 7.42%。青海的用水总量最少，仅占西北旱区用水总量的 2.75%。

（2）灌溉需水量。由于西北旱区气候干旱，年降水量较低，农业发展主要依赖于灌溉。净灌溉需水量是指在雨养条件下作物整个生长期间内实际需要补充的灌溉用水。根据多年平均气候条件，分析获得春玉米、春小麦和冬小麦全生育期所需的净灌溉需水量空间分布情况如图 16-7～图 16-9 所示。

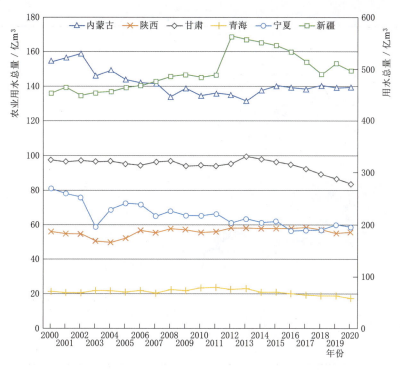

图 16-5　2000—2020 年西北各省区农业用水总量变化情况

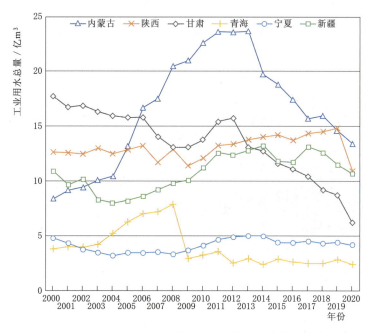

图 16-6　2000—2020 年西北各省区工业用水总量变化情况

由图 16-7 可以看出，西北旱区后备耕地资源春玉米单位面积灌溉需水量平均值为 304.08mm，最大值为 817.17mm。其中，新疆的单位面积灌溉需水量最大，平均值为 374.75mm，最大值为 817.17mm，春玉米灌溉需水量较大的区域主要分布在新疆南部地

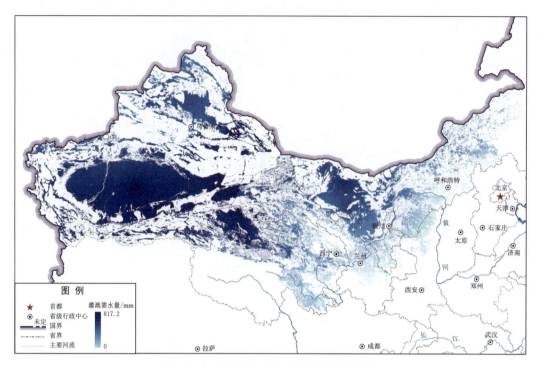

图 16 - 7　西北旱区春玉米灌溉需水量分布

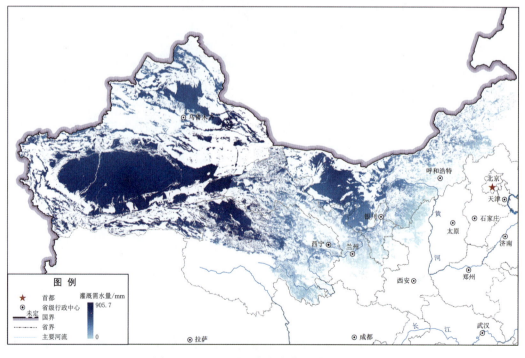

图 16 - 8　西北旱区春小麦灌溉需水量分布

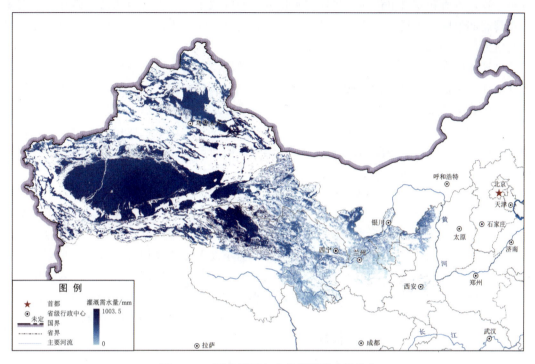

图 16-9 西北旱区冬小麦灌溉需水量分布

区；其次为甘肃、青海和内蒙古，其春玉米灌溉需水量的平均值分别为 214.75mm、270.68mm 和 196.08mm，最大值分别为 484.45mm、480.33mm 和 371.55mm。从空间分布来看，青海单位面积耕地需水量较大的区域主要在青海西北部，而内蒙古则主要分布在其西南部。宁夏春玉米灌溉需水量在区域内的分布较为均匀，单位面积灌溉需水量平均值为 101mm，最大值为 235.72mm。陕西的单位面积耕地需水量整体较小，主要集中在陕北地区，平均值为 7.26mm，最大值为 82.08mm。

由图 16-8 可以看出，西北旱区后备耕地资源春小麦单位面积灌溉需水量平均值为 350.79mm，最大值为 905.67mm。其中，新疆的单位面积灌溉需水量最大，平均值为 420.66mm，最大值为 905.67mm，春小麦灌溉需水量较大的区域主要分布在新疆南部地区；其次为内蒙古、甘肃和青海，其春小麦灌溉需水量的平均值分别为 296.40mm、251.18mm 和 248.46mm，最大值分别为 492.12mm、523.07mm 和 469.51mm。从空间分布来看，青海单位面积耕地需水量较大的区域主要在青海西北部，而内蒙古则主要分布在其西南部。陕西的单位面积耕地需水量整体较小，主要集中在陕北地区，平均值为 38.43mm，最大值为 201.26mm。

由图 16-9 可以看出，西北旱区后备耕地资源冬小麦单位面积灌溉需水量平均值为 426.80mm，最大值为 1003.47mm。其中，新疆的单位面积灌溉需水量最大，平均值为 468.14mm，最大值为 1003.47mm，冬小麦灌溉需水量较大的区域主要分布在新疆南部地区；其次为青海、内蒙古和甘肃，其冬小麦灌溉需水量的平均值分别为 376.65mm、294.15mm 和 281.60mm，最大值分别为 657.49mm、419.36mm 和 624.37mm。从空间分布来看，青海和甘肃单位面积耕地需水量较大的区域主要在青海西北部，而甘肃主要集中在其北部地区。宁夏冬小麦灌溉需水量在区域内分布的较为均匀，单位面积灌溉需水量平均值为 192.16mm，最大值为 370.20mm。

尽管整体存在上述变化趋势，但 3 种作物的灌溉需水量在新疆地区西、北部存在逆趋势降低现象，这主要是受到新疆地区降水分布的影响。新疆区域受西风带寒潮及地形影响，给西北旱区带来充沛的水汽，受山脉阻隔形成降水，同时阻隔了水汽向东南方向的推进，形成新疆区域降水西北高而东南低的分布格局。尽管柴达木盆地存在与新疆西北部相似的地形，但本身位于内陆高海拔地区，新疆地区的西风、西南季风以及从沿海地区登陆的东南季风均受到重重山脉阻隔而难以抵达，成为 3 种作物共同的灌溉需水高值区。

春玉米（C4 作物）与小麦（C3 作物）的灌溉需水量存在差异，春玉米的需水量通常略低于小麦，尤其在沙质土壤（如荒漠化沙地）上表现更明显。这主要源于 C4 作物光合作用效率高、气孔导度较低、蒸腾系数较小、水分利用效率优于 C3 作物。在干热、蒸发强烈的沙漠地带，春玉米对灌溉的依赖性更低，而小麦因蒸腾作用强，需水量较高。冬小麦与春小麦相比，受温度适宜区（如温和湿润地区）影响，其灌溉需水量较低的区域分布有限。然而，在相同的气候和土壤条件下，冬小麦因生育期较长（7～9 个月），总灌溉需水量通常高于生育期较短的春小麦（3～4 个月）。为优化水资源利用，需根据土壤类型、气候条件和作物生育期合理安排灌溉。

2. 土地资源利用现状

西北旱区具有多个自然带交汇的特征，气候总体干旱、寒冷且多风沙，水资源缺乏，荒草地面积广泛，耕地后备资源丰富等特点。由于西北旱区靠近最强的西伯利亚—蒙古高压中心，气候干冷、地面平坦、植被稀疏而沙源丰富，风沙现象在大多数时间较为普遍。近 50 年来，西北旱区特别是内陆干旱区一直是我国最大的农垦区之一，新疆累积开荒面积已超过 300 万 hm²，但实际留存约 200 万 hm²。尽管每年都有新土地被开垦，但由于干旱、风沙和盐碱等不利因素，弃耕现象也时有发生[5]。

西北旱区耕地面积约有 37.00 万 km²（未进行非耕地系数扣除，下同），占整个西北旱区总面积 8.67%；林地面积约 32.00 万 km²，占 7.49%；草地面积约 169.00 万 km²，占比 39.59%；水域与城乡工矿建设用地合计占比不足 4.00%；相比较而言，西北旱区的未利用土地面积较大，为 175.84 万 km²，占全区面积 41.20%。2020 年西北旱区土地利用/覆被类型概况如图 16-10 所示，由此可以看出，西北旱区土地利用/覆被的总体特征是以草地和未利用土地为主，其次是耕地和林地，其余地类面积较少。

16.2.2　水土资源开发潜力

本研究采用农业生态区划（AEZ）模型，系统评估了西北旱区后备耕地的粮食生产潜力。该模型的核心在于通过逐层引入关键气候限制因子来精细化产量估算：模型基于区域光照资源确定基准的光合生产潜力；通过叠加温度胁迫因子的影响，将光合潜力修正为更能反映热量状况的光温生产潜力；在此基础上，评估进一步整合了水分条件，考虑自然降水以及不同灌溉保证率下的水分有效性，计算出综合反映光、温、水匹配状况的气候生产潜力。研究通过此方法定量揭示特定土地单元在不同水资源管理策略下可达到的粮食产出上限。

（1）西北旱区春玉米的生产潜力。 根据模型参数表和系列文献对西北旱区春玉米的最大叶面积系数进行了修正，同时应用省级生育期数据作为模型输入参数，采用的生育期长度、最大叶面积指数及修正系数见表 16-12。

表 16-12　　　西北旱区春玉米生育期长度、最大叶面积指数及其修正系数

省 区	生育期长度/天	最大叶面积指数	叶面积修正系数
内蒙古	142	4.233	0.931
陕西	134	4.000	0.910
宁夏	147	4.400	0.946
甘肃	154	4.633	0.967
新疆	144	4.300	0.937
青海	153	4.600	0.964

为便于统一计算和分析，将春玉米划分为播种—出苗（ST1）、出苗—拔节（ST2）、拔节—抽雄（ST3）、抽雄—成熟（ST4）4 个阶段，各阶段的收获系数见表 16-13。

表 16-13　　　　　西北旱区春玉米各阶段作物系数

省 区	播种—出苗	出苗—拔节	拔节—抽雄	抽雄—成熟
内蒙古	0.31	0.94	1.52	0.98
陕西	0.30	0.80	1.15	0.70
宁夏	0.30	0.90	1.15	0.70
甘肃	0.40	0.80	1.15	0.70
新疆	0.43	1.32	1.47	0.90
青海	0.46	0.89	1.29	0.68

西北旱区春玉米光合生产潜力、光温生产潜力和气候生产潜力的空间分布图如图 16-10～图 16-12 所示，颜色越深则代表生产潜力数值越高。

由图 16-10 可以看出，西北旱区不同省区内部栅格单位耕地面积春玉米光合生产潜力差异也较大，例如内蒙古单位耕地面积光合生产潜力较大的区域主要分布在其西南部，最大值为 30.27t/hm²，最小值为 24.23t/hm²。青海单位耕地面积光合生产潜力较大的区域主要分布在其西北部，最大值为 29.92t/hm²，最小值为 18.56t/hm²。甘肃南部整体的单位耕地面积光合生产潜力均较小，其最大值为 30.64t/hm²，最小值为 18.64t/hm²，也是西北旱区单位耕地面积光合生产潜力的最大值和最小值。

由图 16-11 可以看出，西北旱区不同省区内部栅格单位耕地面积春玉米光温生产潜力差异也较大，西北旱区单位耕地面积光温生产潜力的最大值为 17.78t/hm²，平均值为 12.46t/hm²。甘肃单位耕地面积光温生产潜力较大的区域主要分布在其西南部，最大值为 17.78t/hm²，平均值为 14.19t/hm²。青海单位耕地面积光温生产潜力较大的区域主要分布在其西北部，最大值为 15.93t/hm²，平均值为 7.88t/hm²。新疆单位耕地面积光温生产潜力分布较为均匀，最大值为 17.61t/hm²，平均值为 12.63t/hm²。

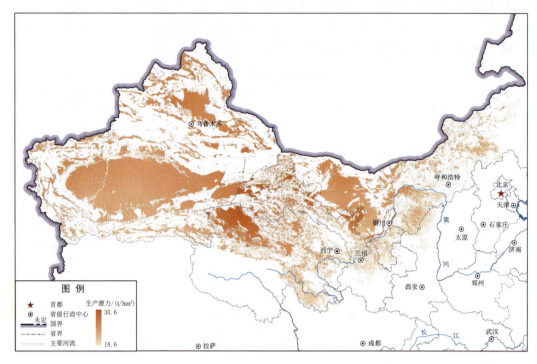

图 16-10　西北旱区春玉米光合生产潜力

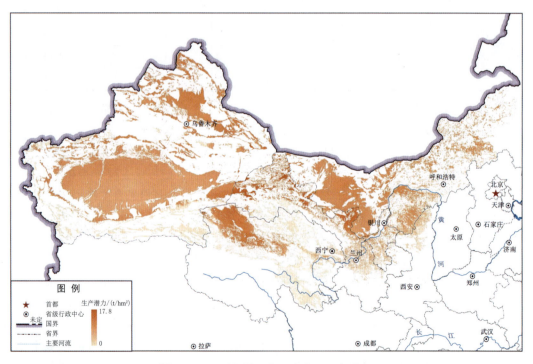

图 16-11　西北旱区春玉米光温生产潜力

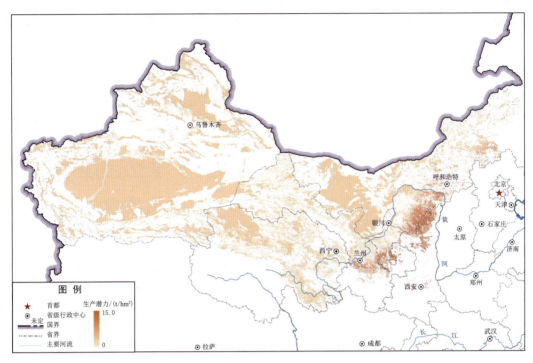

图 16-12 西北旱区春玉米气候生产潜力

由图 16-12 可以看出，西北旱区不同省区内部栅格单位耕地面积春玉米气候生产潜力差异也较大，西北旱区单位耕地面积气候生产潜力的最大值为 15.03t/hm²，平均值为 0.49t/hm²。陕西单位耕地面积气候生产潜力较大的区域主要分布在其北部，最大值为 14.81t/hm²，平均值为 11.71t/hm²。宁夏单位耕地面积气候生产潜力较大的区域主要分布在其南部，最大值为 14.64t/hm²，平均值为 3.87t/hm²。青海单位耕地面积气候生产潜力分布较为均匀，最大值为 6.57t/hm²，平均值为 0.05t/hm²。甘肃单位耕地面积气候生产潜力较大的区域主要分布在其东南部，最大值为 15.03t/hm²，最小值为 1.24t/hm²。

（2）西北旱区春小麦的生产潜力。 与春玉米的分析类似，根据模型参数表对和系列文献对西北旱区春小麦的最大叶面积系数进行了修正，同时应用省级生育期数据作为模型输入参数，采用的生育期长度、最大叶面积指数及修正系数见表 16-14。

表 16-14　　西北旱区春小麦生育期长度、最大叶面积指数及其修正系数

省　区	生育期长度/天	最大叶面积指数	叶面积修正系数
内蒙古	121	4.033	0.913
宁夏	123	4.100	0.919
甘肃	127	4.233	0.931
新疆	112	3.733	0.875
青海	147	4.900	0.991
陕西	112	3.433	0.836

春小麦划分为播种—出苗（ST1）、出苗—分蘖（ST2）、分蘖—拔节（ST3）、拔节—抽穗（ST4）、抽穗—成熟（ST5）5 个阶段，各阶段的收获系数见表 16-15。

表 16-15　　　　　　　　　　　西北旱区春小麦各阶段作物系数

省　区	播种—出苗	出苗—分蘖	分蘖—拔节	拔节—抽穗	抽穗—成熟
内蒙古	0.47	0.72	0.90	1.47	0.82
宁夏	0.39	0.93	1.15	1.37	0.20
甘肃	0.35	0.35	0.63	0.91	1.20
新疆	0.86	0.86	1.05	1.24	0.67
青海	0.66	0.77	0.97	1.16	0.48
陕西	0.35	0.75	1.13	0.70	0.25

西北旱区春小麦光合生产潜力、光温生产潜力和气候生产潜力的空间分布图如图 16-13～图 16-15 所示，颜色越深则代表生产潜力数值越高。

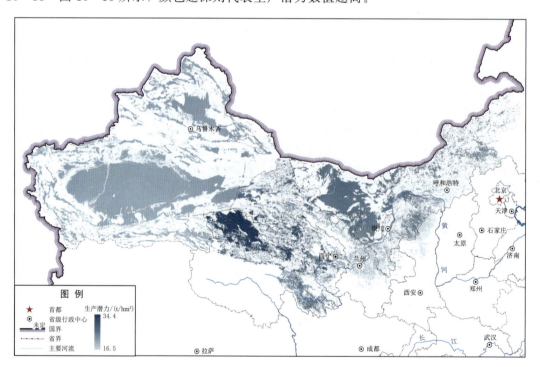

图 16-13　西北旱区春小麦光合生产潜力

由图 16-13 可以看出，西北旱区不同省区内部栅格单位耕地面积春小麦的光合生产潜力差异也较大，西北旱区春小麦单位耕地面积光温生产潜力的最大值为 34.42t/hm²，最小值为 16.48t/hm²，平均值为 22.62t/hm²。内蒙古春小麦单位耕地面积光合生产潜力较大的区域主要分布在其西南部，最大值为 24.96t/hm²，最小值为 22.10t/hm² 平均值为 23.51t/hm²。青海春小麦单位耕地面积光合生产潜力较大的区域主要分布在其西北部，最大值为 28.97t/hm²，最小值为 18.56t/hm²，平均值为 26.96t/hm²。甘肃南部整体的单位

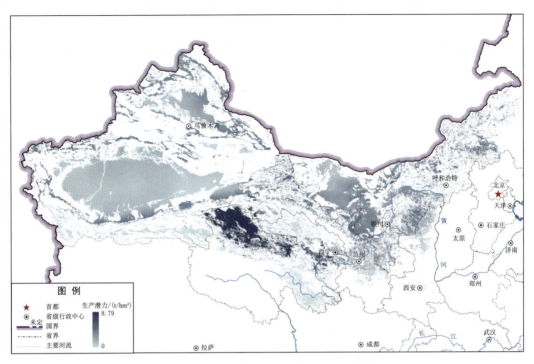

图 16-14 西北旱区春小麦光温生产潜力

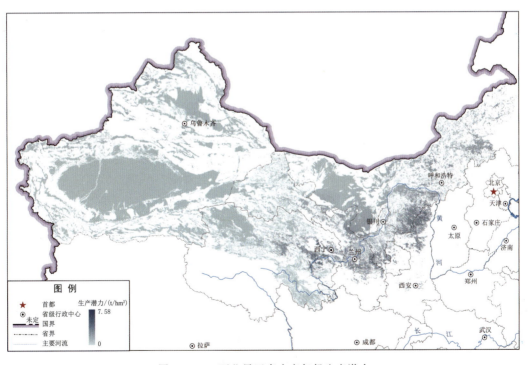

图 16-15 西北旱区春小麦气候生产潜力

耕地面积光合生产潜力均较小，最大值为 28.81t/hm²，最小值为 18.24t/hm²，平均值为 23.78t/hm²。

由图 16-14 可以看出，西北旱区不同省区内部栅格的单位耕地面积春小麦光温生产潜力差异也较大，西北旱区春小麦单位耕地面积光温生产潜力的最大值为 8.79t/hm²，平均值为 4.43t/hm²。青海单位耕地面积光温生产潜力较大的区域主要分布在其西北部和中部，最大值为 8.79t/hm²，平均值为 5.09t/hm²。内蒙古单位耕地面积光温生产潜力较大的区域主要分布在其西南部，最大值为 6.95t/hm²，平均值为 5.23t/hm²。新疆单位耕地面积光温生产潜力分布较为均匀，最大值为 8.53t/hm²，平均值为 3.77t/hm²。

由图 16-15 可以看出，西北旱区不同省区内部栅格的单位耕地面积春小麦气候生产潜力差异也较大，西北旱区春小麦单位耕地面积气候生产潜力的最大值为 7.58t/hm²，平均值为 0.39t/hm²。陕西单位耕地面积气候生产潜力较大的区域主要分布在其北部，最大值为 5.14t/hm²，平均值为 3.68t/hm²。宁夏单位耕地面积气候生产潜力较大的区域主要分布在其南部，最大值为 6.40t/hm²，平均值为 1.90t/hm²。青海春小麦单位耕地面积气候生产潜力分布较为均匀，最大值为 7.41t/hm²，平均值为 0.44t/hm²。甘肃单位耕地面积气候生产潜力较大的区域主要分布在其东南部，最大值为 7.37t/hm²，平均值为 1.24t/hm²。

(3) 西北旱区冬小麦的生产潜力。与春玉米和春小麦的分析类似，根据模型参数表对和系列文献对西北旱区冬小麦的最大叶面积系数进行了修正，同时应用省级生育期数据作为模型输入参数，采用的生育期长度、最大叶面积指数及修正系数见表 16-16。

表 16-16　　　　　　西北旱区冬小麦生育期长度、最大叶面积指数及其修正系数

省　区	生育期长度/天	最大叶面积指数	叶面积修正系数
陕西	264	5.000	1.000
宁夏	274	5.000	1.000
甘肃	274	5.000	1.000
新疆	253	5.000	1.000
青海	244	5.000	1.000

冬小麦划分为播种—出苗（ST1）、出苗—分蘖（ST2）、分蘖—越冬（ST3）、越冬—返青（ST4）、返青—拔节（ST5）、拔节—抽穗（ST6）、抽穗—成熟（ST7），其中部分地区的冬小麦生育资料并无越冬期，但为便于统一计算，这些地区的越冬期定为当年日序数 365，返青期定为次年日序数 1，各阶段的收获系数见表 16-17。

表 16-17　　　　　　西北旱区冬小麦各阶段作物系数

省区	播种—出苗	出苗—分蘖	分蘖—越冬	越冬—返青	返青—拔节	拔节—抽穗	抽穗—成熟
陕西	0.59	0.59	0.82	0.47	0.68	0.97	1.16
宁夏	0.60	0.60	0.30	0.50	0.70	1.15	0.40
甘肃	0.60	0.60	0.30	0.50	0.70	1.15	0.40
新疆	0.80	0.93	0.79	0.90	0.96	1.05	0.88
青海	0.80	0.93	0.79	0.90	0.96	1.05	0.88

　　西北旱区冬小麦光合生产潜力、光温生产潜力和气候生产潜力的空间分布图如图16-16～图16-18所示，颜色越深则代表生产潜力数值越高。

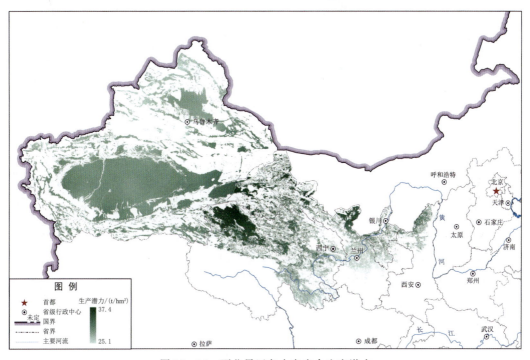

图 16-16　西北旱区冬小麦光合生产潜力

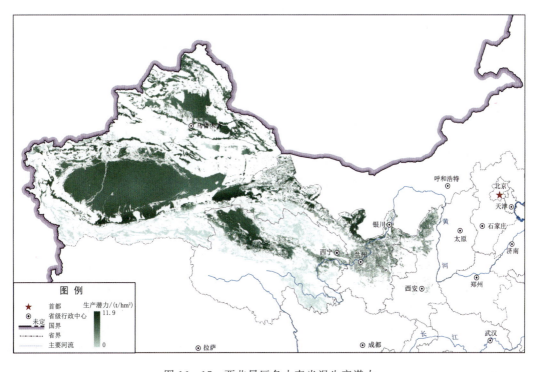

图 16-17　西北旱区冬小麦光温生产潜力

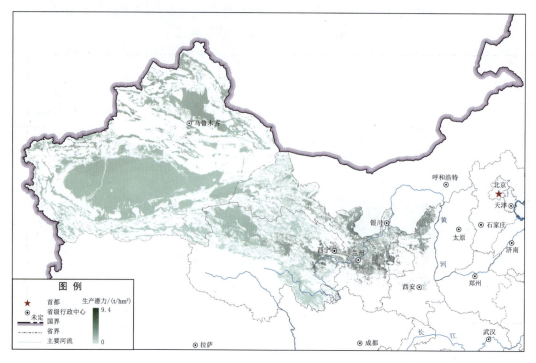

图 16-18　西北旱区冬小麦气候生产潜力

由图 16-16 可以看出，西北旱区不同省区内部单位耕地面积冬小麦光合生产潜力差异也较大，青海单位耕地面积光合生产潜力较大的区域主要分布在其西北部，最大值为 33.19t/hm²，最小值为 25.31t/hm²。甘肃南部整体的单位耕地面积光合生产潜力均较小，最大值为 32.99t/hm²，最小值为 25.44t/hm²。宁夏的单位耕地面积光合生产潜力分布的较为均匀，最大值为 31.73t/hm²，最小值为 30.58t/hm²。

由图 16-17 可以看出，西北旱区不同省区内部单位耕地面积冬小麦的光温生产潜力差异也较大，西北旱区单位耕地面积光温生产潜力的最大值为 11.91t/hm²，平均值为 8.57t/hm²。其中新疆单位耕地面积冬小麦光温生产潜力较大的区域主要分布在其西南部，最大值为 11.91t/hm²，平均值为 9.04t/hm²。甘肃单位耕地面积冬小麦光温生产潜力较大的区域主要分布在其西北和中部地区，最大值为 11.59t/hm²，平均值为 9.69t/hm²。青海单位耕地面积光温生产潜力较大的区域主要分布在其西北部，最大值为 11.70t/hm²，平均值为 5.88t/hm²。宁夏单位耕地面积冬小麦光温生产潜力分布较为均匀，最大值为 11.19t/hm²，平均值为 10.59t/hm²。

由图 16-18 可以看出，西北旱区不同省区内部单位耕地面积冬小麦的气候生产潜力差异也较大，西北旱区单位耕地面积气候生产潜力的最大值为 9.39t/hm²，平均值为 0.82t/hm²。陕西单位耕地面积气候生产潜力较大的区域主要分布在其北部，最大值为 6.02t/hm²，平均值为 2.85t/hm²。宁夏单位耕地面积气候生产潜力较大的区域主要分布在其南部，最大值为 9.02t/hm²，平均值为 3.04t/hm²。青海单位耕地面积气候生产潜力较大的区域主要分布在其东部，最大值为 6.77t/hm²，平均值为 0.71t/hm²。甘肃单位耕地面积气候生产潜力较大的区域主要分布在其东中部，最大值为 9.39t/hm²，平均值为 1.78t/hm²。新疆冬小麦的单位耕地面积气候生产潜力较小，其最大值为 2.97t/hm²，平均值为 0.62t/hm²。

根据光合生产潜力、光温生产潜力及气候生产潜力的计算结果，进行相邻项向前求差，得到春玉米、春小麦、冬小麦 3 种主要粮食作物的光合—光温生产潜力差和光温—气候生产潜力。光合—光温生产潜力差和光温—气候生产潜力分别代表了受气温和降水影响而削减的作物产量，数值越高意味着该区域内作物受气温和降水两项气象因素的不利影响越强，也说明通过保温措施和灌溉补充能够提升粮食产量的空间越大。为简化名称，后文中用气温生产潜力差和水分潜力差分别代指光合—光温生产潜力差和光温—气候生产潜力。主要计算方法如下：

$$YG_1 = Y_0 - Y_{mp} \tag{16-1}$$
$$YG_2 = Y_{mp} - Y_c \tag{16-2}$$
$$\Delta Y = Y - Y_c \tag{16-3}$$
$$IWIE = \frac{\Delta Y}{IR_n} \tag{16-4}$$

式中：YG_1 为光合—光温生产潜力差，kg/hm²；YG_2 为光温—气候生产潜力差，kg/hm²；Y 为各灌溉情景下的光温水生产潜力；ΔY 为不同灌溉情景下，灌溉水的增产潜力，kg/hm²；$IWIE$ 为灌溉水分增产率，kg/m³，该参数是基于灌溉水分生产率的概念，为消除地区降水的差异，进行地区间的灌溉增产效应对比而提出的计算指标，它是指补充灌溉的单位灌溉水分相对于雨水养殖能够提高的粮食生产潜力。

西北旱区春玉米、春小麦和冬小麦的气温生产潜力差的空间分布图如图 16-19～图 16-21 所示，颜色越深则代表生产潜力差数值越高。

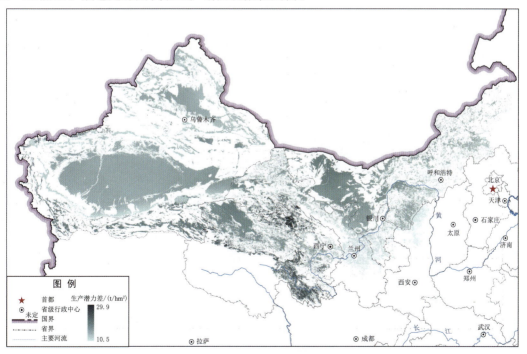

图 16-19　西北旱区春玉米气温生产潜力差

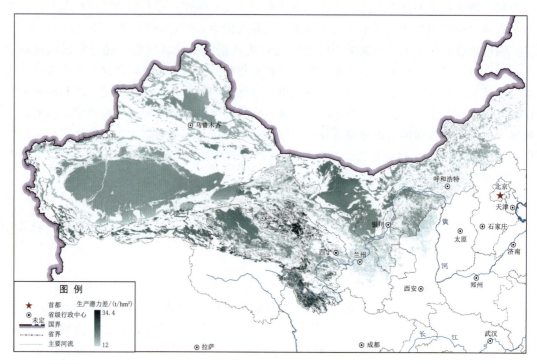

图 16-20　西北旱区春小麦气温生产潜力差

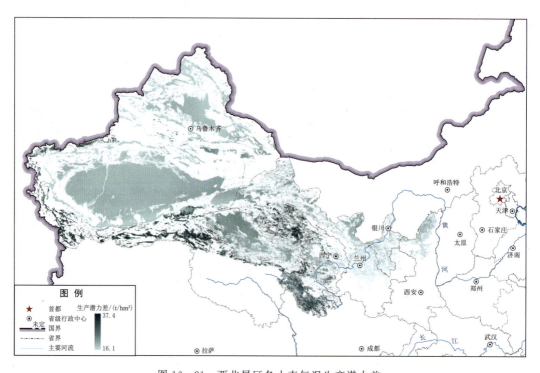

图 16-21　西北旱区冬小麦气温生产潜力差

由图 16-19 可以看出，西北旱区不同省区内部栅格的单位耕地面积春玉米气温生产潜力差差异较大，西北旱区单位耕地面积气温生产潜力差的最大值为 29.86t/hm²，最小值为 11.78t/hm²，平均值为 19.91t/hm²。青海南部春玉米的单位耕地面积气温生产潜力差较大，最大值为 29.86t/hm²，最小值为 11.78t/hm²，平均值为 22.80t/hm²。内蒙古春玉米的单位耕地面积气温生产潜力差主要集中在中部和西南部，最大值为 27.53t/hm²，最小值为 11.15t/hm²，平均值为 12.17t/hm²。陕西单位耕地面积气温生产潜力差较大的区域主要分布在其北部，最大值为 22.30t/hm²，最小值为 10.51t/hm²，平均值为 11.56t/hm²。宁夏春玉米的单位耕地面积气温生产潜力差分布较为均匀，最大值为 27.52t/hm²，最小值为 11.44t/hm²，平均值为 12.16t/hm²。甘肃春玉米的单位耕地面积气温生产潜力差也较为均匀，最大值为 29.88t/hm²，最小值为 10.90t/hm²，平均值为 14.41t/hm²。

由图 16-20 可以看出，西北旱区不同省区内部栅格的单位耕地面积春小麦气温生产潜力差差异也较大，西北旱区单位耕地面积春小麦气温生产潜力差的最大值 34.37t/hm²，最小值为 11.99t/hm²，平均值为 18.19t/hm²。青海南部春小麦的单位耕地面积气温生产潜力差较大，最大值为 28.89t/hm²，最小值为 12.83t/hm²，平均值为 21.86t/hm²。内蒙古春小麦的单位耕地面积气温生产潜力差主要集中在西南部，最大值为 23.40t/hm²，最小值为 13.68t/hm²，平均值为 18.27t/hm²。陕西单位耕地面积气温生产潜力差整体较小，其较大的区域主要分布在北部，最大值为 17.58t/hm²，最小值为 11.99t/hm²，平均值为 14.01t/hm²。宁夏春小麦的单位耕地面积气温生产潜力差分布较为均匀，最大值为 22.79t/hm²，最小值为 14.08t/hm²，平均值为 16.31t/hm²。甘肃春小麦的单位耕地面积气温生产潜力差主要分布在其西北部和中部，最大值为 28.81t/hm²，最小值为 12.78t/hm²，平均值为 18.11t/hm²。

由图 16-21 可以看出，西北旱区不同省区内部栅格的单位耕地面积冬小麦气温生产潜力差差异较大，西北旱区单位耕地面积气温生产潜力差的最大值为 37.44t/hm²，最小值为 16.08t/hm²，平均值为 21.65t/hm²。青海南部冬小麦的单位耕地面积气温生产潜力差较大，最大值为 33.07t/hm²，最小值为 18.18t/hm²，平均值为 25.36t/hm²。陕西单位耕地面积气温生产潜力差较大的区域主要分布在其北部，最大值为 27.62t/hm²，最小值为 16.20t/hm²，平均值为 20.47t/hm²。宁夏冬小麦的单位耕地面积气温生产潜力差分布较为均匀，最大值为 31.13t/hm²，最小值为 18.09t/hm²，平均值为 20.00t/hm²。甘肃冬小麦的单位耕地面积气温生产潜力差除了其东南部外也较为均匀，最大值为 32.92t/hm²，最小值为 17.13t/hm²，平均值为 21.68t/hm²。

西北旱区春玉米、春小麦和冬小麦的水分生产潜力差的空间分布图如图 16-22～图 16-24 所示，颜色越深则代表生产潜力数值越高。

由图 16-22 可以看出，西北旱区不同省区内部栅格的单位耕地面春玉米水分生产潜力差差异较大，西北旱区单位耕地面积水分生产潜力差的最大值为 17.78t/hm²，平均值为 11.97t/hm²。整体来看，青海北部春玉米的单位耕地面积水分生产潜力差较大，最大值为 15.93t/hm²，平均值为 7.83t/hm²。内蒙古春玉米的单位耕地面积水分生产潜力差主要集中在西南部，最大值为 17.59t/hm²，平均值为 13.52t/hm²。陕西单位耕地面积水分

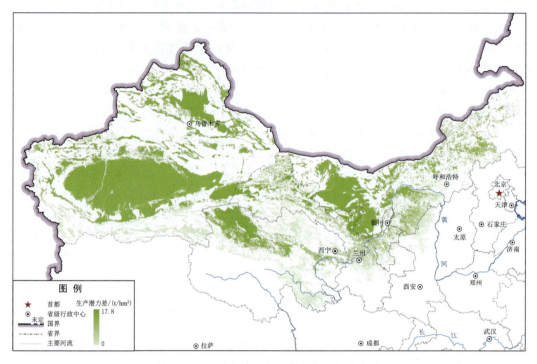

图 16 - 22　西北旱区春玉米水分生产潜力差

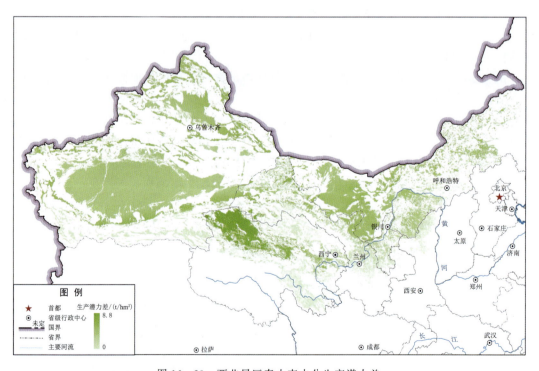

图 16 - 23　西北旱区春小麦水分生产潜力差

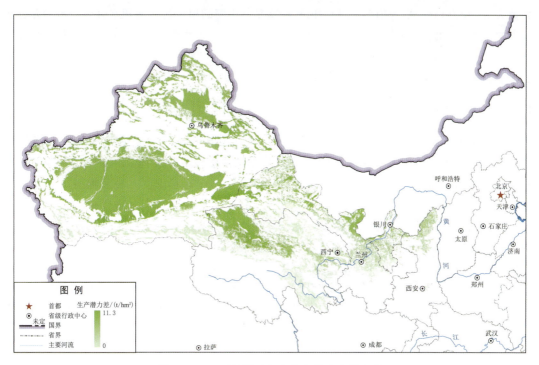

图 16-24　西北旱区冬小麦水分生产潜力差

生产潜力差整体较小，最大值为 12.28t/hm²，平均值为 1.29t/hm²。宁夏春玉米的单位耕地面积水分生产潜力差分布较为均匀，最大值为 16.16t/hm²，平均值为 10.85t/hm²。甘肃春玉米的单位耕地面积水分生产潜力差较大的区域集中在西北和中部地区，最大值为17.78t/hm²，平均值为 12.96t/hm²。新疆春玉米的单位耕地面积水分生产潜力差与甘肃较为接近，最大值为 17.61t/hm²，平均值为 12.63t/hm²。

　　由图 16-23 可以看出，西北旱区不同省区内部栅格的单位耕地面积春小麦水分生产潜力差差异较大，西北旱区春小麦单位耕地面积水分生产潜力差的最大值为 8.79t/hm²，平均值为 4.04t/hm²。青海西北部地区春小麦的单位耕地面积水分生产潜力差较大，最大值为 8.79t/hm²，平均值为 4.65t/hm²。内蒙古春小麦的单位耕地面积水分生产潜力差主要集中在中部和西南部，最大值为 6.50t/hm²，平均值为 4.53t/hm²。陕西单位耕地面积水分生产潜力差整体较小，最大值为 4.20t/hm²，平均值为 1.00t/hm²。宁夏春小麦的单位耕地面积水分生产潜力差分布较为均匀，最大值为 5.96t/hm²，平均值为 4.11t/hm²。甘肃春小麦的单位耕地面积水分生产潜力差主要分布在西北部和中部地区，最大值为7.40t/hm²，平均值为 4.43t/hm²。新疆春小麦的单位耕地面积水分生产潜力差最大值为8.53t/hm²，平均值为 3.73t/hm²。

　　由图 16-24 可以看出，西北旱区不同省区内部栅格的单位耕地面积冬小麦水分生产潜力差差异较大，西北旱区单位耕地面积水分生产潜力差的最大值为 11.25t/hm²，平均值为 7.76t/hm²。青海西北部地区冬小麦的单位耕地面积水分生产潜力差较大，最大值为10.46t/hm²，平均值为 5.17t/hm²。陕西单位耕地面积水分生产潜力差北部地区较大，最

大值为 $8.56t/hm^2$，平均值为 $7.14t/hm^2$。宁夏冬小麦的单位耕地面积水分生产潜力差分布较为均匀，最大值为 $9.69t/hm^2$，平均值为 $7.55t/hm^2$。甘肃冬小麦的单位耕地面积水分生产潜力差主要分布在西北部和中部地区，最大值为 $10.84t/hm^2$，平均值为 $7.91t/hm^2$。新疆冬小麦的单位耕地面积水分生产潜力差最大值为 $11.25t/hm^2$，平均值为 $6.85t/hm^2$。

16.2.3　水土资源匹配分析

为了全面评估农业水土资源的匹配情况，本研究构建了一套包含 3 个视角的指数体系。其中，基于自然资源禀赋的匹配指数着重衡量区域可利用水资源（区分蓝水与绿水）和农业基本用水需求（反映耕地及种植结构）的关系。在此基础上，考虑灌溉工程效率的匹配指数进一步融入了灌溉效率因素，以体现工程技术和管理水平对水资源有效利用程度的影响。同时，为了顾及环境可持续性，构建了考虑环境因素的匹配指数，通过纳入农业灰水量来评估水土利用的环境影响。农业水土资源匹配程度分级标准见表 16-18。

表 16-18　　　　　　　　　　农业水土资源匹配程度分级标准

类别	环境型资源短缺区域			水资源短缺区域			相对平衡区域	耕地资源短缺区域		
级别	重度	中度	轻度	重度	中度	轻度	—	轻度	中度	重度
匹配指数	<-2	-2~-1	-1~0	0~0.6	0.6~0.8	0.8~0.9	0.10~1.1	1.1~1.5	1.5~2.0	>2.0

1. 水土资源匹配状况

(1) 基于自然资源禀赋的农业水土资源匹配状况。基于自然资源禀赋的农业水土资源匹配指数通过考虑由当前可利用蓝水资源及绿水资源构成的区域农业水资源可利用量、由区域耕地资源和作物种植结构反映的区域农业需水量，共同体现了区域当前农业水土资源禀赋下的农业水土资源匹配状况。由于水资源、耕地资源及作物种植情况的不同，2000—2020 年西北旱区各省区基于自然资源禀赋的农业水土资源匹配状况也表现出明显的差异（图 16-25）。

在西北旱区各省区基于自然资源禀赋的农业水土资源匹配指数中，青海的匹配指数值远高于其他省区，且在研究时段内呈波动上升趋势。2000—2020 年，青海的匹配指数从 21.8 增加 38.5，增加了 69.4%。根据匹配状况分级标准，青海属于重度耕地资源短缺区域，青海地区产生这一匹配状况主要有两方面原因：一是青海有着较为丰富的蓝水资源；二是青海的作物种植面积相对较小。以 2020 年为例，青海的农业水资源可利用量为 319 亿 m^3，占西北旱区农业水资源可利用总量的 20.8%，然而该地区的作物播种面积占整个西北旱区的 2.3%。从整个研究时段来看，尽管青海的作物播种面积有一定程度增加，但农业水资源可利用量的增幅更大，这一严重的水土资源错位导致了青海处于严重的耕地资源短缺状态。

新疆和内蒙古的匹配指数的变化状况较为相似，在研究时段内均呈波动下降趋势。其中，新疆的匹配指数从 2.4（2000 年）下降至 0.95（2020 年），匹配状态从重度耕地资源短缺发展为水土资源相对平衡；内蒙古的匹配指数从 1.23（2000 年）下降至 0.96（2020 年），匹配状态从轻度耕地资源短缺发展为相对平衡。尽管这两个省区水土资源的变化状

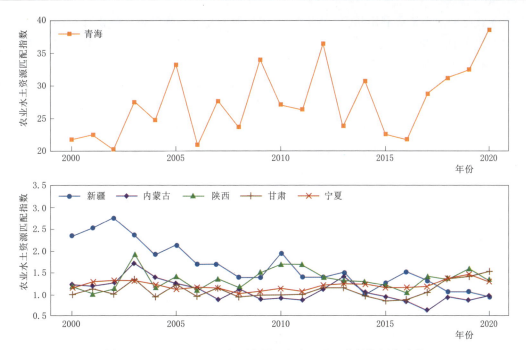

图 16-25　2000—2020 年西北旱区各省区基于自然资源禀赋的
农业水土资源匹配指数变化状况

况相似，但原因却有所差异。新疆在农业可利用水资源量减少的趋势下仍保持了作物播种面积的不断增加，实现了对水资源较为充分的利用。根据对农业水资源可利用量的分析，尽管新疆的可利用蓝水资源在研究时段内减少了 14.9%，绿水资源却增加了 92.2%，即通过对绿水的资源充分利用保证了农业水土资源的匹配状态。内蒙古的农业水资源量和作物种植面积均表现为增加趋势，由于作物种植面积较快的增长导致的农业需水量增速高于农业水资源可利用量的增加状况，内蒙古农业水土资源匹配指数在研究时段内波动下降。

甘肃、宁夏和陕西的农业水土资源匹配指数均表现为一定程度上升趋势。甘肃的农业水土资源匹配指数从 2015 年的 0.85 上升至 2020 年的 1.53，匹配状态从轻度水资源短缺发展为轻度耕地资源短缺。甘肃的农业水资源可利用量在研究时段内增加了 69.8%；相比之下，作物播种面积仅有小幅增长。对于水资源，甘肃的蓝水资源可利用量和绿水资源在研究时段内均有较大幅度的增长，分别增加了 43.9% 和 66.2%。因此，可利用水资源的快速增加和作物播种面积的小幅增加导致了甘肃匹配指数的增长，由水资源短缺发展为耕地资源短缺。陕西和宁夏的农业水土资源匹配指数总体均呈小幅上升趋势，匹配状态在年际间基本处于轻度耕地资源短缺状态。陕西的匹配指数从 1.19（2000 年）增加至 1.34（2020 年）；宁夏的匹配指数从 1.17（2000 年）增加至 1.29（2020 年），匹配状态从轻度耕地资源短缺发展为相对平衡。陕西的农业水资源量变幅较小，但作物播种面积在研究时段内下降了 8.7%，是匹配指数增加的主要原因。宁夏的农业水资源可利用量与作物播种面积均呈小幅增长，匹配指数在年际间变化不大。

在厘清西北旱区各省区基于自然资源禀赋的农业水土资源匹配指数的基础上，深入分析各省区灌溉农业和雨养农业各自的农业水土资源匹配指数，能够进一步明确各省区灌溉和雨养农业的水土资源利用状况，为制定水土资源匹配状态提升策略提供针对性依据。

2020 年西北旱区各省区灌溉面积占耕地面积的比例与 2000 年度的比较情况见表 16-19。在研究时段内，西北旱区中陕西、甘肃、青海、宁夏的灌溉面积占比有所增加，内蒙古、新疆的灌溉面积有所下降。灌溉面积占比增加的省区中，陕西和宁夏的增幅较大，分别增加了 67.20% 和 65.22%；甘肃和青海的增幅次之，分别增加了 30.65% 和 23.00%。灌溉面积占比减少的省区为内蒙古和新疆，降幅分别为 -10.94% 和 -6.44%。

表 16-19　2020 年西北旱区各省区灌溉面积占耕地面积的比例与 2000 年比较情况　　　　%

省　区	灌溉面积占耕地面积比例		变　化　情　况	
	2000 年	2020 年	变化量	变化率
内蒙古	31.25	27.83	-3.42	-10.94
陕西	27.25	45.56	18.31	67.20
甘肃	19.67	25.70	6.03	30.65
青海	31.59	38.86	7.27	23.00
宁夏	27.97	46.22	18.25	65.22
新疆	74.31	69.52	-4.79	-6.44

注　表中的变化量为 2020 年值与 2000 年值之差，变化率为变化量占 2014 年值的百分比。变化量或变化率为正表示 2020 年较 2000 年有所增加，反之则减少。

基于自然资源禀赋的灌溉农业水土资源匹配指数反映了区域当前灌溉农业中可利用农业水资源量与灌溉农业需水量间的关系。总体来看，由于为反映区域农业水土资源的实际禀赋状况而未考虑灌溉水有效利用系数，西北旱区中各省区的灌溉农业的匹配指数均大于1，匹配状态表现为不同程度的耕地资源相对短缺，也即与这一理想状态相比，各省区均有一定程度的农业水土资源潜力以提高粮食生产水平。具体到西北旱区内的各省区而言，青海的灌溉农业水土资源匹配指数远高于其他地区且呈上升趋势，2020 年该指数为116.14，属于重度耕地资源短缺区域，是由于青海地区远高于其他省区的农业水资源可利用量和较低的农业需水量共同导致的。其余省区中，甘肃的灌溉农业水土资源匹配指数较高，2020 年该指数为 5.49。尽管甘肃的农业水资源可利用量在西北旱区内处于中等水平且灌溉面积占比较小，但由于灌溉农业面积相对较小，灌溉农业匹配指数相对较高。内蒙古、陕西和宁夏的灌溉农业匹配指数较为接近，2020 年该指数值分别为 2.92、2.82 和2.58。这 3 个省区中，内蒙古的灌溉占比面积较小，陕西和宁夏的灌溉面积占比较为接近，由于内蒙古的农业水资源可利用量及农业需水量都较其余两个省区更大，最终的灌溉面积占比较为接近。新疆是西北旱区中灌溉农业水土资源匹配指数最低的省区，2020 年该指数为 1.37。尽管新疆的农业水资源可利用量和灌溉面积占比均最高，但作物播种面积也较大，共同导致了相对较低的灌溉农业水土资源匹配指数。就变化趋势而言，表现为灌溉农业水土资源匹配指数下降的省区为新疆、宁夏、内蒙古和陕西，上升的省区为青海和甘肃。新疆的匹配指数从 2000 年的 3.20 下降至 2020 年的 1.4，减少了 57.2%，但仍处于轻度耕地资源短缺状态；宁夏、内蒙古和陕西匹配指数的下降幅度较为接近，2000—2020年分别下降了 35.5%、39.5% 和 27.7%，均属于水资源相对丰富的重度耕地资源短缺状态。匹配指数增加的省区中，青海和甘肃的增幅分别为 43.0% 和 15.8%（图 16-26）。

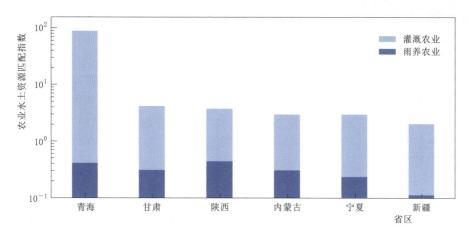

图 16-26 2000—2020 年西北旱区各省区基于自然资源禀赋的灌溉
和雨养农业水土资源匹配指数

基于自然资源禀赋的雨养农业水土资源匹配指数反映了区域当前种植结构下雨养作物对于绿水的利用水平。总体而言，在研究时段内西北旱区各省区基于自然资源禀赋的雨养农业匹配指数均小于 0.6，即均处于重度水资源短缺的状态，进一步表明了区域水资源的紧缺性以及较大的水土资源利用潜力提升空间。具体到区域内各省区该指数的变化情况，青海和陕西的匹配指数较其他省区更高，2020 年该指数分别为 0.51 和 0.46，但是这两个省区匹配指数较高的原因又有所差异。青海的绿水资源并不丰富，在研究时段内仅占整个西北旱区的 1.3%，同时雨养作物面积占比也较大，但由于青海的作物播种面积较小，所需的水资源量也较小，使得青海地区雨养农业的匹配指数较高。与之相反，陕西则是由于雨养作物面积占比相对较小，同时绿水资源相对丰富，在维持雨养作物所需的需水量中发挥了重要作物，表现出相对较高的匹配指数。其余省区中，内蒙古和甘肃的匹配指数较为接近，2020 年该指数分别为 0.38 和 0.36。尽管这两个省区的雨养面积占比也都相对较大，但绿水资源也都相对丰富。在进一步增加灌溉面积后，该指数值会有进一步提升。宁夏 2020 年雨养农业的匹配指数为 0.28，在西北旱区中属于较低水平。尽管宁夏地区雨养农业占比相对较低，但由于宁夏地区降水量较少导致相对短缺的绿水资源，使得该匹配指数较低。新疆的雨养农业水土资源匹配指数远低于其他地区，2020 年该指数仅为 0.10。新疆的雨养农业占比较小，绿水资源也处于中等水平，主要是由于较大的作物播种面积带来的相对较高的农业需水量导致雨养农业作物匹配水平较低。就变化趋势而言，除新疆有小幅下降外，其余省的雨养农业水土资源匹配指数均表现出一定上升趋势，但增加幅度较小。

（2）考虑灌溉工程效率的农业水土资源匹配状况。基于灌溉工程效率的农业水土资源匹配指数在区域农业水土资源禀赋的基础上，通过将灌溉工程效率纳入指标体系，进一步体现了区域当前节水工程发展水平对于农业水土资源匹配状况的影响。2020 年西北旱区各省区灌溉水有效利用系数与 2000 年的比较情况见表 16-20。在研究时段内，西北旱区各省区的灌溉水有效利用系数均有一定程度提升，2020 年各省区的该系数值均在 0.5 以上。就增量而言，宁夏增量最大，为 0.167；青海增量最小，为 0.099。就增幅而言，宁夏增幅最大，为 43.62％；其次分别为内蒙古、新疆、甘肃、陕西；青海增幅最小，为 24.62％。

表 16-20　　　　　2020 年西北旱区各省区灌溉水有效利用系数与 2000 年比较情况

省　区	灌溉水有效利用系数		变　化　情　况	
	2000 年	2020 年	变化量	变化率/％
内蒙古	0.404	0.564	0.160	39.66
陕西	0.456	0.579	0.123	27.09
甘肃	0.436	0.570	0.134	30.67
青海	0.402	0.501	0.099	24.62
宁夏	0.384	0.551	0.167	43.62
新疆	0.409	0.570	0.161	39.36

注　表中的变化量为 2020 年值与 2000 年值之差，变化率为变化量占 2014 年值的百分比。

由于考虑灌溉工程效率后实际农业需水量的增加，相较于基于自然资源禀赋的农业水土资源匹配指数，各省区当前的水土资源匹配指数均有所下降（图 16-27）。青海仍是西北旱区中基于灌溉工程效率的匹配指数最高的省区，在研究时段内呈现波动上升趋势，从 2020 年的 17.3 上升至 2020 年的 33.2，匹配状态仍始终处于重度耕地资源短缺的状态。陕西的匹配指数变化幅度较小，在研究时段内基本处于农业水土资源相对平衡的状态。一方面是陕西的可利用水资源量相较农业需水量更丰富，另一方面是陕西的灌溉水有效利用系数较高。陕西 2020 年该系数为 0.579，是整个西北旱区中最高的。宁夏的匹配指数在研究时段内也有所上升，匹配指数从 2000 年的 0.86 增加至 2020 年的 1.03，匹配状态也由轻度水资源相对短缺发展为水土资源相对平衡。因此，宁夏地区若要继续维持这一相对平

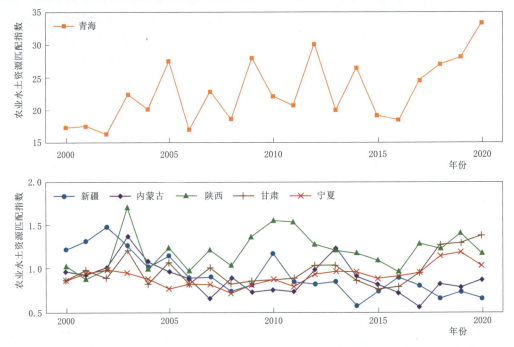

图 16-27　2000—2020 年西北旱区各省区基于灌溉工程效率的农业水土资源匹配指数

衡的状态，在农业水资源可利用量增量不大的情况下，若要增加农业需水量，还需要同步提高灌溉水有效利用系数。新疆与内蒙古的匹配指数在研究时段内呈现波动下降趋势。新疆的匹配指数从 2000 年的 1.2 下降至 2020 年的 0.65，匹配状态从轻度耕地资源短缺发展为中度水资源短缺。内蒙古的匹配指数下降幅度相对较小，从 2000 年的 0.96 下降至 2020 年的 0.87，匹配状态从水土资源相对平衡发展轻度水资源短缺。这两个省区均是作物播种面积较大的省区，考虑灌溉水有效利用系数均表现出一定程度的水资源短缺。因此，若要在维持农业生产规模的前提下提高农业水土资源匹配状况，就需要进一步提高水资源利用效率、增强绿水的有效利用，同时提高灌溉水有效利用系数，加强农业用水管理水平。

（3）考虑生态因素的农业水土资源匹配状况。考虑生态因素的农业水土资源匹配指数进一步将农业生产中的灰水排放纳入评价体系，综合体现了区域农业水土资源禀赋、节水灌溉水平及农业生产对环境的影响。在农业水资源可利用量中考虑农业灰水后，由于可利用水量的减少，2000—2020 年西北旱区各省区的水土资源匹配指数整体上均有不同程度的降低（图 16-28）。

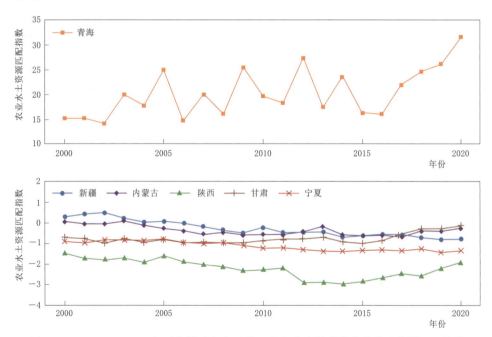

图 16-28　2000—2020 年西北旱区各省区基于考虑生态因素的农业水土资源匹配指数

总体来看，西北旱区中除青海地区外，其他省区的匹配指数均为负值，处于不同程度的环境型水资源短缺状态，表明西北旱区在承担粮食生产的同时也面临着较大的生态环境压力。具体到区域内的其他省区，在 2000—2020 年间，除青海和甘肃呈上升趋势外，其余省区的该匹配指数均表现为不同程度的下降趋势。对于青海地区，由于作物播种面积较小使得农业生产过程中产生的农业灰水也较小，再加上较为丰富的可利用农业水资源，在研究时段内仍为耕地资源重度短缺的区域。青海匹配指数在研究时段内也呈现波动上升趋势，从 2020 年的 15.29 上升至 2020 年的 31.71。甘肃的匹配指数从 2000

年的－0.67 增加至 2020 年的－0.11。与青海地区该指数增长的原因相似，甘肃也是由于农业可利用水资源量增幅较大、同时农业灰水变幅相对较小共同导致的这一指数的上升。其余在 2000—2020 年间呈下降趋势的省区多是由于农业灰水量的增速高于农业水资源可利用量。

然而，尽管处于环境型水资源短缺状态，但 2015 年以来除新疆外，其余省区基于考虑生态因素的农业水土资源匹配指数均表现不同的上升趋势。内蒙古的匹配指数从 2015 年的－0.60 增加至 2020 年的－0.26；陕西的匹配指数从 2015 年的－2.96 增加至 2020 年的－1.98；甘肃的匹配指数从 2015 年的－0.90 增加至 2020 年的－0.11。宁夏的匹配指数也有所上升但变幅较小。这是由于 2015 年以来，我国开始倡导农业绿色化发展以提高资源利用效率并降低环境风险，以实现高质量的农业可持续发展，减少化肥施用是其中的一项重要举措。在这一政策导向下，氮肥施用量明显降低，农业灰水下降，考虑生态因素的农业水土资源匹配水平也因此有所好转。但目前农业灰水排放量仍较大，多数省区仍处于环境型水资源短缺状态，需要进一步减少化肥、农药的用量并提高其利用效率。2020 年西北旱区各省区氮肥施用量与 2014 年的比较情况见表 16 - 21。从西北旱区总体来看，氮肥施用量从 2014 年的 361.46 万 t 减少到 2020 年的 310.93 万 t。从各省区来看，区域内各省区的氮肥施用量均有一定程度减少。就减量而言，内蒙古和陕西减量较大，分别减少了 20.04 万 t、16.32 万 t；就降幅而言，青海降幅最大，为 47.74%，其次分别为甘肃、内蒙古和陕西，新疆降幅最小，为 0.49%。

表 16 - 21　　　　　2020 年西北旱区各省区氮肥施用量与 2014 年比较情况

省　区	氮肥施用量/万 t		变　化　情　况	
	2014 年	2020 年	变化量/万 t	变化率/%
内蒙古	97.15	77.11	－20.04	－20.63
陕西	96.12	79.8	－16.32	－16.98
甘肃	40.67	30.93	－9.74	－23.95
青海	3.98	2.08	－1.90	－47.74
宁夏	17.84	15.83	－2.01	－11.27
新疆	105.7	105.18	－0.52	－0.49
西北	361.46	310.93	－50.53	－13.98

注　表中的变化量为 2020 年值与 2014 年值之差，变化率为变化量占 2014 年值的百分比。

2. 水土资源匹配提升策略

根据西北旱区各省区不同视角的农业水土资源匹配指数结果及匹配水平，结合各类型匹配指数的影响因素，可以进一步制定各省区针对性的农业水土资源状况匹配状况提升策略以提高水土资源效率，进而发挥农业生产潜力从而缓解水土资源压力，在保障粮食安全的同时降低对环境的影响，提高西北旱区内农业绿色发展水平。

（1）根据基于区域农业水土资源禀赋的匹配指数，进行区域农业生产布局的基础决策。对于水资源短缺区域，一方面需要通过优化区域水资源配置、加强非常规水利用等措施来增加可利用农业水量；另一方面需要通过控制农业种植规模、减少高耗水作物的种植面积，进行亏缺灌溉等措施保障粮食安全和水安全。此外，还可以根据当地降水量变化状况进行种植结构调整，以充分利用区域的绿水资源。对于耕地资源短缺区域，在仍有后备耕地的条件下可适当增加耕地面积以适应水资源状况，提高区域粮食产量。而在耕地面积增加有限的情况下，更应注重保护现有耕地并提高耕地质量。此外，还需要充分利用当地相对丰富的农业水资源以提高农业水土资源匹配程度，具体措施包括调整种植结构以增加高耗水作物的种植比例、提高复种指数、进一步发展灌溉工程将雨养农业发展为灌溉农业以充分利用当地的水资源。

根据西北旱区 2020 年的基于资源禀赋的农业水土资源匹配指数和上述提升策略，总体而言，在研究时段内，西北旱区适水发展水平不断提高，区域内的省区处于耕地资源相对短缺或相对平衡的状态。具体到区域内的各省区，青海处于重度耕地资源短缺的状态，由于耕地面积限制，可适当调整种植结构，增加高耗水作物的种植比例并提高复种指数。陕西、甘肃和宁夏则处于轻度或中的耕地资源短缺状态，同样需要提高作物复种指数，扩大灌溉面积。内蒙古和新疆地区尽管 2020 年处于水土资源平衡状态，但存在年际间的波动，一些年份下可能出现水资源相对短缺的状态，表明仍需要注重水资源的优化配置、提高绿水资源利用水平以扩大可利用水资源量。

（2）根据基于灌溉工程效率的农业水土资源匹配指数，确定区域重点需要提升的灌溉工程基础设施和现代化管理平台建设。若区域呈现水资源短缺状态，可优先针对性地提高灌溉工程效率进行缓解，包括完善渠系设施、加强渠道衬砌等。若呈现耕地资源短缺状态，可优先进行耕地保护、提高耕地质量。根据西北旱区 2020 年的基于灌溉工程效率的农业水土资源匹配指数和上述提升策略，各省区的重点提升内容如下。总体上，尽管 2000—2020 年间西北旱区各省区的灌溉水有效利用系数都有不同程度的提高，但是考虑到农业绿色发展及水资源"三条红线"的相关要求，仍需要进一步提高灌溉水有效利用系数以适应现代农业的发展。具体到西北旱区内的各个省区，内蒙古和新疆均处于水资源短缺状态，其中内蒙古为轻度水资源短缺，新疆为中度水资短缺。尽管在基于自然资源禀赋的农业水土资源匹配指数下能够达到水土相对平衡的状态，考虑灌溉工程效率后，仍表现为水资源相对短缺。因此，除增加可利用农业水资源量外，还需要从工程节水、农艺节水、生物节水、管理节水、化学节水等多个方面进行提升和改善，以提高灌溉工程效率进而提升农业水资源管理水平。其中，工程节水措施包括渠道衬砌防渗以减少输入过程中的渗漏损失，输水管道化以减少渗漏和蒸发，采取如畦灌、沟灌以及推广喷微灌、喷灌等更加节水的地面灌溉方式；农艺节水措施包括覆膜、保墒等措施；生物节水包括发展抗旱品种、亏缺灌溉、非充分灌溉，优化种植结构等措施；管理节水包括发展现代化灌区管理理念、改善灌区管理方式及体系等。对于陕西、甘肃和宁夏地区，匹配状态处于轻度或中度耕地资源相对短缺的状态的地区而言，在仍有后备耕地的情况下，可优先实施适当扩大耕地面积、适度增加耗水作物的种植面积等措施，以充分利用当地的水资源以提升农业水土资源的匹配状态。对于青海，由于考虑灌溉水有效利用系数后仍处于耕地资源重度短缺状态，可优先发展高耗水的作物，同时适当提高灌溉工程效率。

（3）根据考虑环境因素的农业水土资源匹配指数，若区域呈现环境型水资源短缺状态，需要根据区域农业生产情况增施有机肥、提高化肥利用效率，以减少农药化肥施用量，降低农业灰水，进而减少对生态环境的负面影响。若区域为耕地资源短缺，可根据区域农业生产情况适当扩大农业生产增加农业产量。根据西北旱区 2020 年的考虑生态因素的农业水土资源匹配指数和上述提升策略，各省区的重点提升内容如下。除青海仍保持耕地资源短缺状态外，其他省区都处于环境型水资源短缺的状态。因此，青海省可适当增加耕地面积以充分利用当地的水资源，但仍要注意在化肥施用过程中的提质增效。而对于环境型水资源短缺的省区，包括轻度环境型水资源短缺地区如内蒙古、甘肃和新疆，重度环境型水资源短缺如陕西和宁夏，尽管近年来考虑生态因素的农业水土资源匹配指数有所提升，重点措施仍需要根据区域农业生产状况进一步提高化肥利用效率、增施有机肥以减少化肥施用总量。

（4）结合不同类型的匹配指数还能够制定改善区域水土资源匹配状况的综合措施。例如，结合基于农业水土资源禀赋的匹配指数与基于灌溉工程效率的匹配指数，能够分离区域水土资源利用强度与灌溉科技、管理水平的影响，明确区域提高农业水土资源匹配度的重点发展方向。对于基于自然资源禀赋的匹配指数未呈现水资源短缺但基于资源利用效率呈现水资源短缺状态的区域，应更加注重通过进一步提高灌溉工程效率、提高农业水资源管理水平等措施来提高农业水土资源匹配水平。例如，新疆和内蒙古在考虑灌溉工程效率后，匹配指数有明显下降，匹配状态也表现为水资源短缺，就需要优先提高灌溉工程效率以提高农业水土资源匹配水平。

各类型的匹配指数从不同角度反映了区域农业水土资源的匹配状况，能够为发挥区域水土资源匹配潜力提供依据。基于农业水土资源禀赋的匹配指数反映了区域当前的种植结构下可利用农业水资源与耕地资源的匹配状况。随着未来区域种植结构的调整、农业供水水平的提高以及耕地资源的保护与质量提升，西北旱区各省区基于农业水土资源禀赋的匹配指数将趋于相对匹配状态。基于灌溉工程效率的农业水土资源匹配指数反映了区域当前农业用水水平下的水土资源匹配状况。该匹配指数将随着我国各省区灌溉科技、灌溉工程建设投入和农业管理水平的提高而进一步提升。考虑生态因素的农业水土资源匹配指数综合反映了区域当前科技与环境因素下的农业水土资源匹配水平，能够为粮食安全与环境安全的协同保障提供调整依据。随着农业绿色化水平发展，化肥施用量的降低，我国水土资源匹配指数的均值将有所提高，同时变异系数将下降，西北旱区总体的水土资源匹配状况将进一步趋于合理化，水土资源的综合利用效率也将进一步提升。

16.3 "水—粮—生"安全战略

水土资源作为农业生产和生态安全中基础性、战略性和敏感性的因素，既是区域社会经济发展的支撑和保障条件，又是生态环境合理运行的基本组成要素，水土资源平衡及时空匹配问题一直是学者关注的焦点。水土资源是农业土地利用的关键制约因素，其数量的丰富与否和空间分布影响着农业土地利用结构的合理程度。近年来，随着经济的发展，工业化、城镇化进程的快速推进，迫使土地利用方式和覆被发生了变化，影响着水循环过程中的蒸发、土壤入渗和径流量等过程，进而影响着区域水资源的空间分布，势必会影响到水土资源的平衡。由于水资源不合理利用而导致的挤占、短缺和区域性结构破坏等土地资源非持续利用问题，已严重制约着区域的经济发展与粮食和生态安全。因此，亟需系统阐述我国农业水土资源状况及其对粮食生产和生态安全的影响，为区域农业经济的可持续发展提供科学依据和决策支持。

16.3.1 水土资源匹配与粮食安全

水土资源的匹配对于粮食安全具有至关重要的意义。只有合理配置和利用水土资源，才能保证农业生产的稳定和可持续发展，从而实现粮食安全。同时，也需要加强水土资源的保护和管理，提高资源利用效率，以确保农业生产的可持续发展和粮食安全。本节在介绍西北旱区粮食产量、种植面积、粮食单产、种植结构和粮食需求状况的基础上，分析西北旱区粮食供需平衡[6]。

1. 西北旱区粮食需求状况

世界粮食首脑会议将粮食安全定义为：在个人、家庭、国家、区域和全球各级的粮食安全是所有人在任何时候都能在物质和经济上获得充足、安全和具有营养的粮食进而来满足居民积极健康生活的饮食需求和食物偏好，才算实现了国家、区域或全球的粮食安全。然而，对于像我国这样的人口大国来说，通常以粮食自给率作为本国的粮食安全标准。粮食自给率是从粮食生产和消费两个角度来衡量一个国家或区域的粮食自给程度，即一个区域粮食的产量能够满足本区域居民正常的生活中对于粮食消费量的需求，进而来反映该国或区域的粮食安全水平[7]。目前对于粮食消费量的计算方法主要有两种：一种是基于定额统计法来计算区域粮食消费量[8]；另一种是采用消费统计法来计算区域粮食消费量[9]。

(1) 以定额统计法来量化西北旱区粮食消费量。在中国粮食安全的中长期规划纲要中明确指出（2008—2020）：人均粮食消费量为 400kg/(人·年)。计算结果显示，2000—2020 年，西北旱区的粮食消费量呈显著的线性增加趋势（$P < 0.01$），年均增幅为 0.5%（图 16-29）。通过对其进行 M-K 趋势检验分析可知，2000—2003 年西北旱区粮食消费量增加趋势不显著，2004—2020 年呈显著增加趋势（$P < 0.05$）。这两个阶段的粮

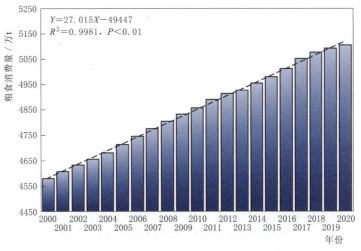

图 16-29 2000—2020 年西北旱区粮食消费量动态变化

食消费量均值分别为 $4.62×10^7$ t 和 $4.91×10^7$ t。从统计学角度而言，随着时间的推移，每增加一年则西北旱区的粮食消费量将增加 $2.6×10^5$ t。研究期间粮食消费量多年平均值达到 $4.85×10^7$ t，2020 年的粮食消费量分别比多年平均值和 2000 年高 5.2% 和 11.5%。

根据不同地区人口数量变化不同，不同地区粮食消费量变化情况存在地区差异（图 16-30）。陕西、甘肃、内蒙古和新疆的粮食消费量较大，年均值分别为 $1.5×10^7$ t、$1.0×10^7$ t、$9.7×10^6$ t 和 $8.8×10^6$ t，宁夏和青海因人口较少，粮食消费量较少，年均值分别为 $2.5×10^6$ t 和 $2.2×10^6$ t。西北旱区各省区粮食消费量在时间变化中存在较大差异，甘肃和内蒙古的粮食消费量随时间变化呈先缓慢增大后减少趋势，陕西、新疆、青海和宁夏整体呈逐渐增长趋势。新疆年均增长率最大为 1.7%，宁夏、青海和陕西的年均增长率分别为 1.3%、0.7% 和 0.4%。在定额统计法下，粮食需求量与人口数量有直接关系，新世纪家庭婚育观的转变以及人口控制政策初见成效，内蒙古和甘肃的人口数量在 2000 年后增长缓慢，到 2010 年进入负增长时期，粮食需求量也随之呈现负增长现象；宁夏的粮食消费量增幅最大，为 30.1%，原因是随着经济的稳步增长，宁夏的人口数量也在稳步增长，近 10 年的人口增长超 90 万。

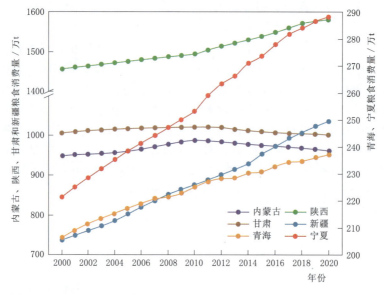

图 16-30　2000—2020 年基于定额统计法的分地区粮食消费量动态变化

（2）以消费统计法来量化西北旱区粮食消费量。除了以定额统计法来量化区域粮食消费量外，用得最多的就是消费统计法。消费统计法将粮食消费量划分为 5 部分，分别为直接消费量、工业用粮消费、饲料用粮消费、运输及储存过程中存在的损耗和粮食留种。考虑到工业用粮的数量相对较小且获得数据较为困难，故此处西北旱区粮食消费量的计算主要包括直接消费、饲料消费、运输及储存过程中粮食损耗和留种 4 个部分。

2000—2020 年，西北旱区的粮食消费量呈显著的线性增加趋势（$P<0.05$），年均增幅为 0.4%（图 16-31）。通过对其进行 M-K 趋势检验分析可知，2000—2011 年西北旱区粮食消费量增加趋势不显著，2012—2020 年呈显著增加趋势（$P<0.05$）。这两个阶段

的粮食消费量均值分别为 $4.37×10^7$ t 和 $4.50×10^7$ t。从统计学角度而言，随着时间的推移，每增加一年则西北旱区的粮食消费量将增加 $1.1×10^5$ t。研究期间粮食消费量多年平均值达到 $4.42×10^7$ t，2020 年的粮食消费量分别比多年平均值和 2000 年高 3.7％和 5.1％。

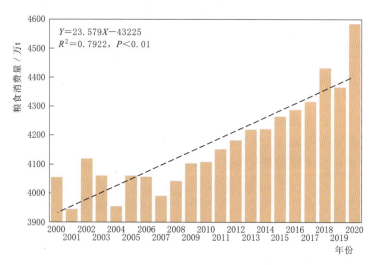

图 16-31 2000—2020 年西北旱区粮食消费量动态变化

此处针对西北旱区粮食消费量的计算主要涉及直接城市和农村直接粮食消费、饲料消费、留种和运输储存过程中的损耗消费。其中饲料消费主要涉及猪肉、牛肉、羊肉、食用油、禽肉、禽蛋、水产品和鲜奶，他们对于粮食的转化率分别为 4.6、4.1、4.1、4.6、3.2、3.6、2.0 和 0.8。此外，粮食生育期、收获期、运输及储存期间存在相应的无效浪费，再者为了确保粮食可持续生产的有效循环，需要留存一定数量的优质粮食种子作为下一季的种子。故此处将相关粮食浪费和留存种子的数量定为当年西北旱区粮食总产量的 5％。

从膳食结构来看，2000—2020 年西北旱区粮食消费结构由原粮逐步向动物性食物转变（图 16-32）。2000—2020 年居民对于粮食的直接消费数量减少了 33.7％，年均减幅为 2.5％。而对于食用油、猪肉、牛羊肉、禽类、水产品、蛋类和奶类的粮食间接消费均呈现出逐年增加的趋势，他们的年均增幅分别为 1.3％、1.5％、6.3％、6.7％、4.1％、2.6％和 6.6％。其中膳食结构占比增幅最大的是禽类和猪肉，2000—2020 年这两种食物的消费量占比分别由 3.3％和 19.6％，增加到 7.7％和 23.9％。不同食物的单位热量水足迹不同，例如，每千克谷物提供的热量仅需要 $2.87m^3$ 的水足迹，而单位乳制品提供的热量却需要 $31.03m^3$ 的水足迹，西北旱区膳食结构的改变对水土资源做出了新要求。通过对于研究期间这几种动物性产品消费量的变化趋势亦可知，未来西北旱区对于他们的消费需求将进一步增加，而这些动物性产品的生产需要更多的粮食，这必将对西北旱区的粮食安全带来新的挑战。

2. 西北旱区粮食供需平衡分析

随着人口不断增长以及人们生活水平的提高，对粮食的需求量也逐步增加，而以我国

图 16-32　2000—2020 年西北旱区粮食消费结构

为代表的发展中国家正面临城市化和人口老龄化问题,粮食生产能力提升受阻,这对西北旱区粮食安全和粮食绿色化生产带来了新的挑战。探究当前西北旱区粮食供需平衡关系,有利于预测西北旱区未来的粮食安全水平以及提前采取有效的应对措施,对保障西北旱区长久的粮食安全以及粮食绿色化生产意义重大。一般将自给率为 100% 及以上划分为粮食完全自给;自给率在 95%～100%,划分为粮食基本自给;自给率在 90%～95%,划分为可接受的粮食安全水平;若自给率小于 90%,则为粮食安全存在风险或不满足粮食安全最低标准。我国的粮食自给率要基本保持在 95% 以上。

(1) 采用定额统计法计算粮食消费量后的粮食供需平衡分析。采用定额统计法计算 2000—2020 年西北旱区粮食自给率动态变化如图 16-33 所示。结合西北旱区粮食产量的动态变化趋势可知,西北旱区的粮食自给率由存在风险阶段逐步过渡到粮食完全自给阶段。若进一步划分,2000—2001 年西北旱区粮食自给率处于风险阶段,自给率均值为 90.2%,但 2001 年为 89.6%,不满足粮食安全最低标准。2002—2004 年为可接受的粮食安全水平,自给率均值为 94.5%。2005—2007 年初步达到粮食完全自给阶段,自给率均值为 103.2%。2008—2020 年为粮食完全自给阶段,且自给率处于稳步增长状态,粮食自给率多年平均值为 145.80%。西北旱区逐年提高的粮食自给率水平,也奠定了其在保障中国粮食安全中的重要地位,这也符合我国全面粮食安全战略的表现。随着城市化和工业化进程的加快,我国沿海地区和南方地区大量耕地被占用,这无疑从粮食生产和粮食需求方面都大大增加了对粮食安全的挑战,严重威胁到了该区域乃至全国的粮食安全水平。而西北旱区作为中国长期以农业生产为主的地区,其工业发展相对落后,正是这种发展现状,促进了西北旱区在保障我国粮食安全中的地位。因此,充分保障西北旱区粮食生产的可持续发展,对于保障该区域乃至全国粮食安全的均具有重大意义。

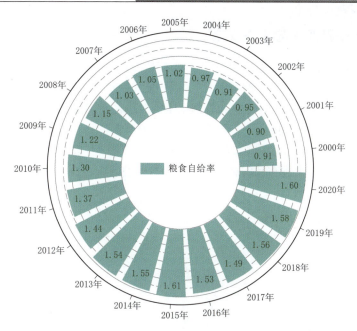

图 16-33 2000—2020 年定额统计法下西北旱区粮食自给率动态变化

（2）采用消费统计法计算粮食消费量后的粮食供需平衡分析。结合西北旱区粮食产量的动态变化趋势可知，西北旱区的粮食自给率由基本自给阶段逐步过渡到粮食完全自给阶段（图 16-34）。若进一步划分，2000—2003 年西北旱区粮食自给率处于基本自给阶段，自给率均值为 97.4%。2004—2020 年为粮食完全自给阶段，自给率均值为 149.9%。相较于定额统计法而言，消费统计法得到的西北旱区粮食自给率偏高，均达到很高的粮食安全水平。

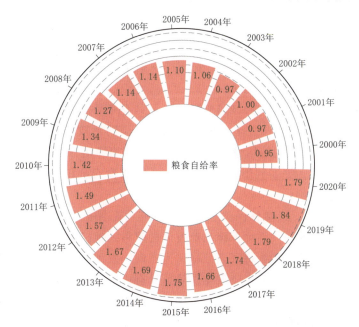

图 16-34 2000—2020 年消费统计法下的西北旱区粮食自给率动态变化

16.3.2　水土资源匹配与生态安全

水土资源匹配的合理性是保证生态安全的基础之一，而生态安全的实现需要依赖水土资源的协调发展。只有通过合理配置和利用水土资源，才能实现生态系统的稳定和可持续发展，保障生态安全[10]。同时，保护和管理水土资源也是实现生态安全的必要条件之一。在未来的生态建设和环境保护中，需要重视水土资源的匹配问题，促进水土资源的协调发展，以实现生态环境的可持续发展和生态安全的实现[11]。国家一直重视西北旱区水土资源的合理开发与利用，自 2000 年来颁布和实施了大量的生态保护政策、规划及工程（图 16 - 35）。

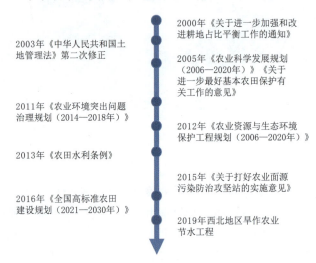

图 16 - 35　2000 年以来涉及西北旱区的国家主要生态保护政策、规划及工程

化肥施用和农药使用情况关乎农业面源污染问题，农用柴油和农用塑料薄膜的使用会产生农业碳排放。2000—2020 年西北旱区化肥、农药、农用柴油和农用塑料薄膜的使用状况如图 16 - 36 所示。西北旱区化肥、农药、农用柴油和农用塑料薄膜的年均施（使）用量分别为 647.25 万 t、9.91 万 t、244.33 万 t、40.76 万 t。化肥和农药的施用量是影响粮食作物产量的重要因素，2002—2015 年西北旱区化肥和农药施用量的年均增长率达 6.03% 和 9.28%。自 2015 年《关于打好农业面源污染防治攻坚战的实施意见》颁布后，化肥、农药、农用塑料薄膜的使用量均有下降趋势，年均降幅分别为 15.16 万 t、1.18 万 t 和 0.91 万 t，减量增效、提高利用效率，是同时保证粮食安全和生态环境安全的重要方法措施（图 16 - 36）。

"三北"防护林工程、天然林保护工程等一系列生态保护工程，是西北旱区为防风治沙、减少水土流失所开展的一系列保障农业发展的政策措施。三江源和祁连山等重点地区的综合治理相继实施，进一步推进了西北旱区生态向好发展，生态系统质量也在稳定持续改善。而西北旱区是我国重要的生态安全屏障，具有极其重要的生态地位、生态功能、生态价值、生态责任和生态使命，构建西北旱区生态保护格局是实施国家区域发展战略的重要支撑和提升新发展格局质量的重要保障。2000—2020 年，西北旱区生态服务功能稳步提升。2020 年西北旱区新增的水土流失面积达 184.47 万 km²，但相对 2003 年减少了

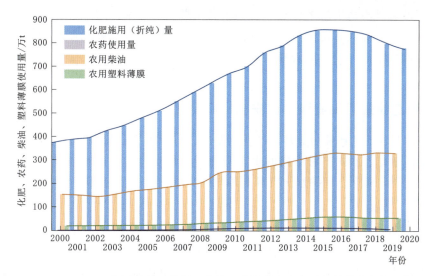

图16-36 2000—2020年西北旱区化肥、农药、农用柴油和农用塑料薄膜的施(使)用量

54.54万km²,水土流失治理成效显著。造林总面积由人工造林、飞播造林、封山育林、退化林修复和人工更新等方法构成,每年造林面积的稳定推进,为植被覆盖率提升做出了重要贡献,为生态多样性保护和固碳转化等生态功能的实现提供保障。

但受西北旱区自然环境本底影响,西北旱区生态系统仍呈现整体脆弱情况,资源型缺水问题依然显著、森林生态系统总体脆弱、抗侵蚀能力较差、水土流失情况严重、局部地区土壤风蚀严重、盐渍化蔓延等(图16-37)。并且随着气候变化、人类活动引发了生态系统新问题,例如黄河流域部分地区水资源短缺情况严重,但农业生产需求较大,以宁夏为例,2020年宁夏水资源总量为160.41亿m³,黄河灌区的引扬黄河水量为58.84亿m³,占水资源总量的36.7%,占黄河干流宁夏段入境实测年径流量的11.99%,这导致了生态环境区的土壤干燥化,植被恢复趋近水资源可持续利用上限。节水灌溉的大规模实施也导致了荒漠绿洲地下水依赖型植被的退化,生物多样性减少。城市化的不断推进加剧了水

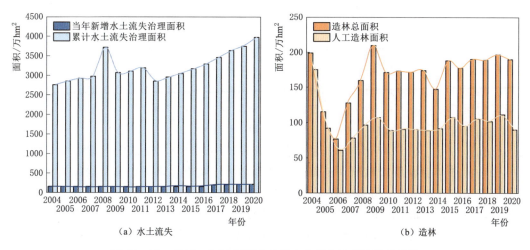

(a)水土流失

(b)造林

图16-37 2004—2020年西北旱区水土流失治理和造林情况

土流失和荒漠化，不透水层的增加，加强了黄土塬面的汇水能力，塬面侵蚀和破碎化问题出现。西北旱区煤炭燃烧量较大，并且工业废气治理设施装机量严重滞后，后续治理费用不足，西北旱区大气污染现象频现，空气质量恶化和气候变化会让当地生态环境雪上加霜。

16.3.3　设定情景下粮食和生态安全

水土资源是农业生产和生态环境的重要基础。不同的水土资源匹配情景模式下，粮食和生态安全的情况也不同。对不同的水土资源匹配情景模式下的粮食和生态安全进行分析，可以帮助制定科学合理的水土资源利用政策和措施，从而实现粮食和生态安全的双重保障。

1. 设定情境下粮食安全分析

西北旱区 2035 年粮食安全通过粮食自给率来反映。西北旱区粮食产量预测通过综合水土资源指数的预测和与粮食产量的回归分析获得，粮食需求量数据结合西北旱区人口数量、人口老龄化水平和城市化水平结合城乡居民的膳食结构进行预测。

（1）2035 年粮食生产预测。以综合水土资源匹配指数为基准，本文运用 GM(1，1) 模型对 2035 年研究区粮食产量进行预测，以 2000—2016 年各省区的综合水土资源匹配指数，借助灰色预测模型预测了未来综合水土资源匹配指数，并结合 2017—2020 年综合水土资源匹配指数进行验证。预测 2035 年西北旱区各省区的综合水土资源匹配指数：内蒙古（－0.93）、陕西（－3.29）、甘肃（－0.07）、青海（28.44）、宁夏（－1.86）、新疆（－1.00），综合水土资源匹配指数考虑了生态因素，负值代表处于环境型水资源短缺状态。以综合水土资源匹配指数为基准，与粮食产量进行回归分析，西北旱区各省区回归模型见表 16－22。

表 16－22　　　　　　　　综合水土资源匹配指数与粮食产量的回归模型

省区	回归模型	复相关系数	省区	回归模型	复相关系数
内蒙古	$y=1664.31-2154.69x$	0.59	青海	$y=88.71+0.52x$	0.35
陕西	$y=793.60-157.63x$	0.73	宁夏	$y=147.77-171.93x$	0.89
甘肃	$y=1229.37+354.68x$	0.53	新疆	$y=1029.21-818.89x$	0.87

各省区回归模型的复相关系数均达到 0.35 及以上，具有相关性；除青海外，其他省区均达 0.50 以上，达到中等相关性。结合 2035 年综合水土资源指数的预测结果和与粮食产量间的回归模型函数可计算得到 2035 年西北旱区的粮食产量：内蒙古（$3.67×10^7$t）、陕西（$1.31×10^7$t）、甘肃（$1.20×10^7$t）、青海（$0.10×10^7$t）、宁夏（$0.47×10^7$t）、新疆（$1.85×10^7$t）。2035 年西北旱区总粮食产量为 $8.61×10^7$t，较 2020 年增长 4.8%。

（2）2035 年粮食需求预测。随着人口数量增长，城市化水平提高，居民对动物性产品的消费需求逐年增加，将会导致未来西北旱区粮食需求量的大幅增长。大幅增加的粮食消费量，不仅对西北旱区的粮食安全带来更高的要求，也对其如何更好地保障我国粮食安全提出了更大的挑战。根据联合国经济和社会事务部人口司提供的未来人口数量预测值和《国家人口发展规划（2020—2030 年）》，得到 2035 年中国人口数量、人口结构和城市化水平，并依据 2020 年西北旱区与我国的比值得到西北旱区各年份的人口数量、人口老龄化水平和城市化水平。再依据 2000—2016 年西北旱区城市和农村居民不同的膳食结构，借助灰色预测模型来预测未来的人均粮食消费量。2017—2021 年对膳食结构的预测数据进行验证，误差在 5.0% 以内，可靠性较高。依据人均粮食消费量和 2035 年西北旱区人口数量的乘积可以得到 2035 年西北旱区粮食消费量，预测结果见表 16-23。

表 16-23 2035 年西北旱区粮食消费量预测

因　　素	等　级		
	低等	中等	高等
人口数量/×10⁶ 人	130.07	134.45	138.83
粮食消费总量/×10⁶ t	68.61	70.51	72.39

（3）2035 年粮食安全分析。2035 年的人口预测值最少将比 2020 年增长 1.9%，最多增长 8.8%。低等、中等、高等人口预测数量下西北旱区的粮食消费总量较 2020 年增长 34.4%、38.1%、41.8%。

基于综合水土资源匹配指数下的粮食生产量预测，2035 年的粮食产量较 2020 年有所提高，基于人口数量、人口老龄化和城市化水平的粮食消费量预测也较 2020 年大幅增加，粮食产量的提高有助于保障区域粮食安全，但其增幅相较于粮食消费需求而言较小。这在一定程度上说明了未来西北旱区的粮食安全程度并不十分乐观。这也直观反映在粮食安全指数上，在低等、中等和高等粮食消费量预测水平下，2035 年西北旱区粮食自给率分别为 79.6%、81.9% 和 84.1%，处于不满足粮食安全的最低标准。可见未来西北旱区粮食安全水平并不乐观，尤其是随着国家对农业绿色化发展的重视。例如国家颁布的《农业绿色发展技术导则（2018—2030 年）》《到 2020 年化肥使用量零增长行动方案》《到 2020 年农药使用量零增长行动方案》以及《新一轮退耕还林还草总体方案》等。控制化肥和农药的施用量必然会对区域粮食产量带来影响，必须尽早采取有效的应对措施。再者，随着城市化水平的发展，农业水资源可用量和耕地数量在大幅减少，耕地质量在大幅下降，农户的种粮积极性也在降低。因此，单纯通过开发本区域的粮食生产潜力来达到粮食安全的目的较为困难。在采取有效措施缓解以上因素对区域粮食生产带来的威胁，并在保障本国口粮绝对安全的基础上，积极发展国际间的粮食贸易不失为一个有效的措施。国际间粮食贸易可以充分发挥国家或地区间的优势产业，有效克服了本国或地区水资源和耕地资源对粮食产量的限制。

2. 设定情境下生态安全分析

（1）西北旱区农业水资源可持续评价。利用西北旱区农业水足迹总量（对蓝水资源的消耗量，包含蓝水足迹和灰水足迹）与农业水行星边界比值构建水资源利用可持续性指数，当数值大于 1 时，水资源占用处于不可持续状态；当数值等于 1 时，表明农业水资源占用供需平衡；当数值小于 1 时，表明农业水资源占用处于可持续状态[12]。2000—2020 年西北旱区农业水资源可持续状况如图 16-38 所示。可以看出，研究时段内仅有 23.8% 的年份中农业水资源利用处于可持续性状态，农业蓝水足迹为主要贡献源。年际变化间，水资源利用可持续指数无明显变化规律，但从 2015 年后表现出明显的下降规律，与相关节水政策和"减肥减药"政策的提出和实施有关。

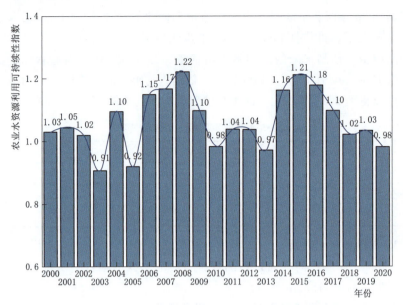

图 16-38　2000—2020 年西北旱区农业水资源可持续状况

　　农业水资源盈余量和赤字量反映了西北旱区各省区间水资源利用的变化差异情况[13]（图 16-39），新疆为农业水资源赤字最大的省区，年均赤字量为 158.99 亿 m³。由

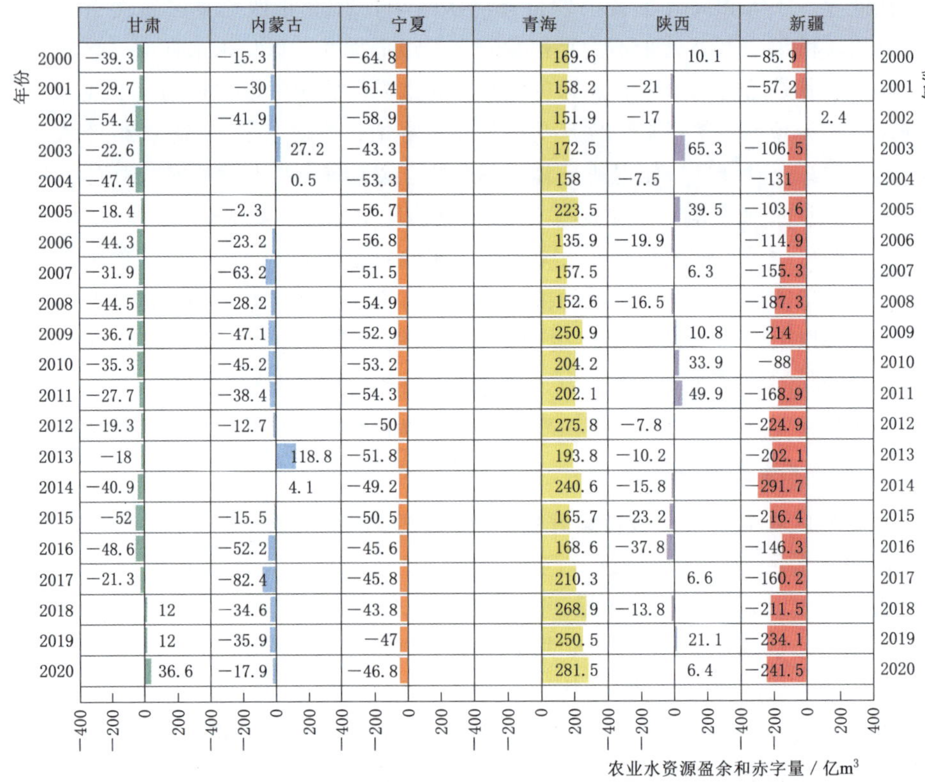

年份	甘肃	内蒙古	宁夏	青海	陕西	新疆	年份
2000	−39.3	−15.3	−64.8	169.6	10.1	−85.9	2000
2001	−29.7	−30	−61.4	158.2	−21	−57.2	2001
2002	−54.4	−41.9	−58.9	151.9	−17	2.4	2002
2003	−22.6	27.2	−43.3	172.5	65.3	−106.5	2003
2004	−47.4	0.5	−53.3	158	−7.5	−131	2004
2005	−18.4	−2.3	−56.7	223.5	39.5	−103.6	2005
2006	−44.3	−23.2	−56.8	135.9	−19.9	−114.9	2006
2007	−31.9	−63.2	−51.5	157.5	6.3	−155.3	2007
2008	−44.5	−28.2	−54.9	152.6	−16.5	−187.3	2008
2009	−36.7	−47.1	−52.9	250.9	10.8	−214	2009
2010	−35.3	−45.2	−53.2	204.2	33.9	−88	2010
2011	−27.7	−38.4	−54.3	202.1	49.9	−168.9	2011
2012	−19.3	−12.7	−50	275.8	−7.8	−224.9	2012
2013	−18	118.8	−51.8	193.8	−10.2	−202.1	2013
2014	−40.9	4.1	−49.2	240.6	−15.8	−291.7	2014
2015	−52	−15.5	−50.5	165.7	−23.2	−216.4	2015
2016	−48.6	−52.2	−45.6	168.6	−37.8	−146.3	2016
2017	−21.3	−82.4	−45.8	210.3	6.6	−160.2	2017
2018	12	−34.6	−43.8	268.9	−13.8	−211.5	2018
2019	12	−35.9	−47	250.5	21.1	−234.1	2019
2020	36.6	−17.9	−46.8	281.5	6.4	−241.5	2020

农业水资源盈余和赤字量／亿 m³

图 16-39　2000—2020 年西北旱区各省区农业水资源盈余和赤字量

于地处干旱半干旱地区，且地域辽阔，植被覆盖消耗了大部分绿水资源，农业生产需要大量的灌溉水。2020年新疆棉花产量占全国的87.3%，农业水资源赤字量不断增加，由2000年的85.9亿 m³增长至2020年的241.5亿 m³，农业用水供需矛盾逐步恶化。有"中国水塔"之称的青海，是黄河、澜沧江和长江的发源地，拥有丰富的水资源储量，因此农业水资源盈余量最大并且随着时间变化，青海农业水资源盈余量在不断增长。此外，甘肃、内蒙古和宁夏存在不同程度的农业水资源赤字状况，随时间变化整体呈现赤字量减少趋势。陕西随降雨年型的变化，盈余和赤字量无明显变化规律。

（2）西北旱区农业碳排放可持续评价。与农业水资源可持续性指数相同，利用农业碳足迹和碳行星边界的比值构建农业碳排放可持续性指数[14]。西北旱区农业碳足迹未超过碳行星边界值，碳排放处于可持续发展状态下（图16-40），由于西北旱区存在大量焚烧秸秆以及化肥使用量多但效率较低的现象，农业碳足迹基数仍然较大。年际变化间大致可以分为以下3个阶段：①2001—2005年碳足迹处于缓慢上升阶段，年均值为0.28，此阶段农业机械投入和化肥施用量还未大量增长，西北旱区农业碳排放对碳边界值的占用并不多，可持续状况保持较好状态；②2006—2015年处于不断增长阶段，年均值达到0.45，年均增幅为0.027，此阶段化肥施用量不断增长，甚至出现过量使用状况（胡斐使用效率低），造成了农业碳足迹的增长；③2016—2019年，和灰水足迹减小原因相同，政策制定者意识到人类活动对生态环境的影响，"一控两减三基本"等政策的实施促进了农业碳足迹的减小，此阶段西北旱区农业碳排放可持续性指数为0.55，降幅为0.05。西北旱区毗邻很多中亚国家，可与之充分地进行粮食贸易，在实现互利共赢的基础上，合理调整西北旱区的作物种植结构，可以大大提高粮食作物的经济效益和生态效益，在实现区域粮食安全的基础上，保障粮食生产的可持续发展。

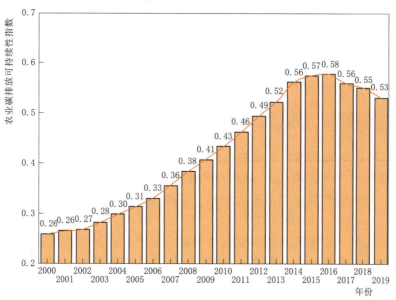

图16-40　2000—2020年西北旱区农业碳排放可持续状况

碳足迹边界内，西北旱区农业碳盈余较多的省区为陕西，年均值为 30.08×10^7 t CO_2 e/年，其次为甘肃、内蒙古和新疆，年均值分别为 20.24×10^7 t CO_2 e/年、19.08×10^7 t CO_2 e/年和 16.72×10^7 t CO_2 e/年，宁夏和青海因边界值较小，所以盈余量相对其他省区较小。年际变化间，陕西和内蒙古的碳盈余量在不断减小，降幅分别为 1.31×10^7 t CO_2 e/年和 2.62×10^7 t CO_2 e/年，这 3 个省区的农业碳边界都是在逐年减少的，但农业碳足迹仍在大幅增加。新疆的碳盈余量增幅明显，为 2.64×10^7 t CO_2 e/年（图 16 - 41）。

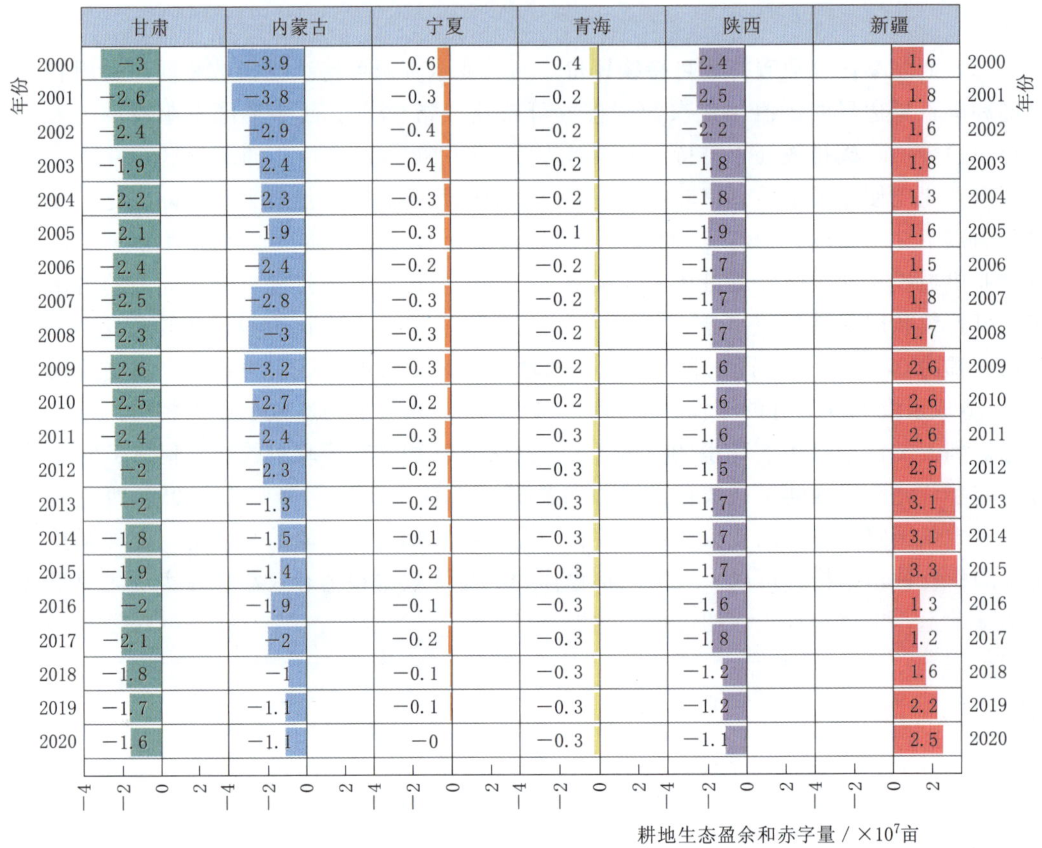

年份	甘肃	内蒙古	宁夏	青海	陕西	新疆	年份
2000	-3	-3.9	-0.6	-0.4	-2.4	1.6	2000
2001	-2.6	-3.8	-0.3	-0.2	-2.5	1.8	2001
2002	-2.4	-2.9	-0.4	-0.2	-2.2	1.6	2002
2003	-1.9	-2.4	-0.4	-0.2	-1.8	1.8	2003
2004	-2.2	-2.3	-0.3	-0.2	-1.8	1.3	2004
2005	-2.1	-1.9	-0.3	-0.1	-1.9	1.6	2005
2006	-2.4	-2.4	-0.2	-0.2	-1.7	1.5	2006
2007	-2.5	-2.8	-0.3	-0.2	-1.7	1.8	2007
2008	-2.3	-3	-0.3	-0.2	-1.7	1.7	2008
2009	-2.6	-3.2	-0.3	-0.2	-1.6	2.6	2009
2010	-2.5	-2.7	-0.2	-0.2	-1.6	2.6	2010
2011	-2.4	-2.4	-0.2	-0.2	-1.6	2.6	2011
2012	-2	-2.3	-0.2	-0.2	-1.5	2.5	2012
2013	-2	-1.3	-0.2	-0.3	-1.7	3.1	2013
2014	-1.8	-1.5	-0.1	-0.3	-1.7	3.1	2014
2015	-1.9	-1.4	-0.2	-0.3	-1.7	3.3	2015
2016	-2	-1.9	-0.1	-0.2	-1.6	1.3	2016
2017	-2.1	-2	-0.2	-0.3	-1.8	1.2	2017
2018	-1.8	-1	-0.1	-0.3	-1.2	1.6	2018
2019	-1.7	-1.1	-0.1	-0.2	-1.2	2.2	2019
2020	-1.6	-1.1	-0	-0.3	-1.1	2.5	2020

耕地生态盈余和赤字量 / $\times 10^7$ 亩

图 16 - 41　2000—2020 年西北旱区各省区农业碳排放盈余和赤字量

（3）西北旱区农业耕地资源可持续利用评价。耕地安全评估划定了包含保证粮食安全的最小耕地边界和保障生态安全的耕地生态边界[15]，最小耕地边界通过我国粮食安全的中长期规划纲要中指出的人均粮食消费量为 400kg/（人·年）来划定，生态边界则通过 12% 的生态面积保留来划定。研究时段内，耕地足迹均大于最小耕地边界和耕地生态边界，说明其满足粮食安全的最小值，但违反了生态安全。但在年际变化间，耕地足迹和耕地生态边界变化曲线间的距离在逐渐缩小，耕地生态安全威胁在逐步减小，差值由 2000 年的 8.68×10^7 亩到 2020 年的 1.69×10^7 亩，这仍得益于政策制定者对生态问题的重视提升。最小耕地边界是根据粮食安全由人口数量变化决定的，因此变化趋势与耕地足迹变化趋势并不相似，差值在 2018 年最小，为 $5.42 \times$

10^7 亩，在 2000 年最大，为 $11.24×10^7$ 亩，但当前西北旱区耕地足迹与最小耕地边界的差值反映出西北旱区的粮食安全随着年际变化均能得到可靠的保障，年均差值达到 $8.98×10^7$ 亩。仍需注意的是随着建设用地占用耕地、灾毁耕地、生态退耕和农业结构调整，各省区的耕地面积存在不同程度的减少状况，未来可能会威胁到区域粮食安全和稳定发展（图 16-42）。

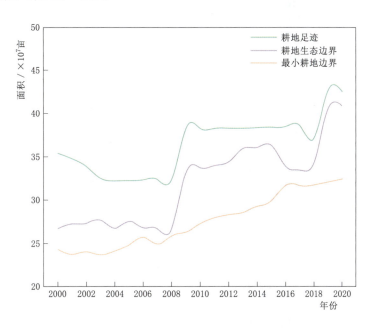

图 16-42 2000—2020 年西北旱区各省区最小耕地边界、
耕地足迹和耕地生态边界变化情况

2000—2020 年西北旱区各省区间最小耕地边界的超额量和欠缺量存在较大差异（图 16-43），其中内蒙古的超额量最大，年均值为 $2.88×10^7$ 亩；新疆虽然幅员辽阔，但适宜耕地的面积占比不大，超额量较小，为 $1.06×10^7$ 亩/年，2009—2018 年间甚至出现最小耕地边界欠缺量，耕地无法保证粮食安全的最低界限。在这一时期内，除陕西外，其他省区在 2008 年以前最小耕地边界超额量处于下降趋势，随后在 2009 年突增后处于下降趋势；内蒙古和新疆在 2018 年后最小耕地边界超额量再次突增。陕西的最小耕地边界超额量随时间变化整体处于缓慢减少趋势，但在 2017 年后大幅减少。

2000—2020 年西北旱区各省区间耕地生态盈余量和赤字量的变化差异如图 16-44 所示。在这 20 年间除新疆外，其他 5 个省区均存在不同程度的赤字状况，耕地生态处于不可持续状态，其中甘肃、内蒙古的赤字量较大，年均值分别为 $2.18×10^7$ 亩、$2.25×10^7$ 亩，新疆是唯一产生耕地生态盈余量的省区，年均盈余量 $2.07×10^7$ 亩，这主要归因于新疆的单位面积粮食产量大，年均值为 0.43t/亩，而其余 5 个省区均未达到 0.30t/亩。在这一时期内，各省区的耕地生态可持续状况整体处于变好趋势（赤字量减少或者盈余量增多），内蒙古的赤字量降幅达 $2.79×10^7$ 亩。

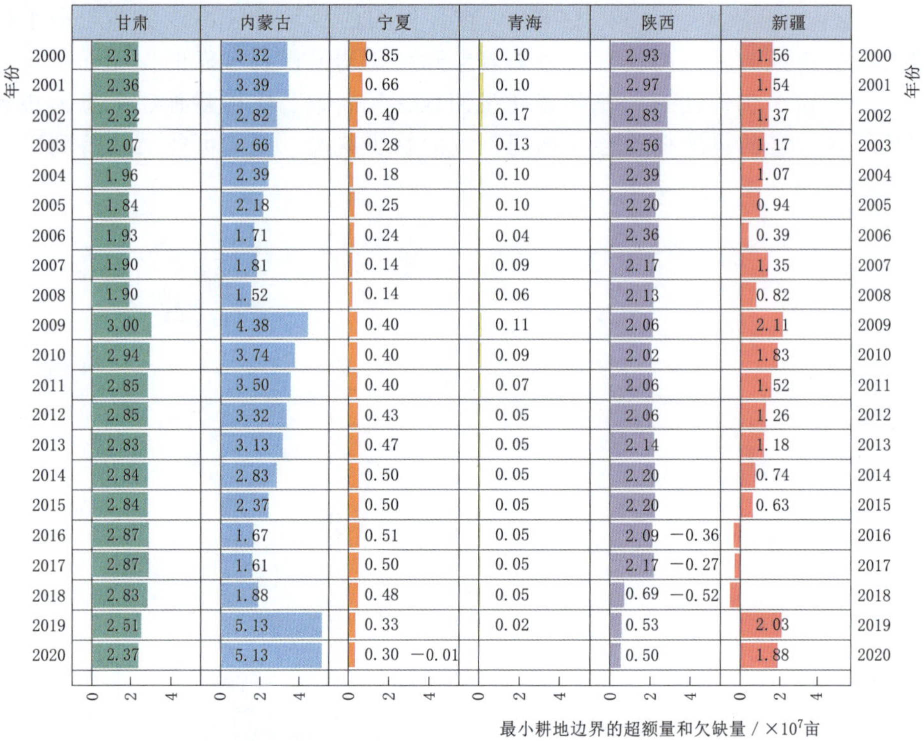

	甘肃	内蒙古	宁夏	青海	陕西	新疆	
2000	2.31	3.32	0.85	0.10	2.93	1.56	2000
2001	2.36	3.39	0.66	0.10	2.97	1.54	2001
2002	2.32	2.82	0.40	0.17	2.83	1.37	2002
2003	2.07	2.66	0.28	0.13	2.56	1.17	2003
2004	1.96	2.39	0.18	0.10	2.39	1.07	2004
2005	1.84	2.18	0.25	0.10	2.20	0.94	2005
2006	1.93	1.71	0.24	0.04	2.36	0.39	2006
2007	1.90	1.81	0.14	0.09	2.17	1.35	2007
2008	1.90	1.52	0.14	0.06	2.13	0.82	2008
2009	3.00	4.38	0.40	0.11	2.06	2.11	2009
2010	2.94	3.74	0.40	0.09	2.02	1.83	2010
2011	2.85	3.50	0.40	0.07	2.06	1.52	2011
2012	2.85	3.32	0.43	0.05	2.14	1.26	2012
2013	2.83	3.13	0.47	0.05	2.14	1.18	2013
2014	2.84	2.83	0.50	0.05	2.20	0.74	2014
2015	2.84	2.37	0.50	0.05	2.20	0.63	2015
2016	2.87	1.67	0.51	0.05	2.09 −0.36		2016
2017	2.87	1.61	0.50	0.05	2.17 −0.27		2017
2018	2.83	1.88	0.48	0.05	0.69 −0.52		2018
2019	2.51	5.13	0.33	0.02	0.53	2.03	2019
2020	2.37	5.13	0.30 −0.01		0.50	1.88	2020

最小耕地边界的超额量和欠缺量 / ×10⁷ 亩

图 16-43　2000—2020 年西北旱区各省区最小耕地边界的超额量和欠缺量变化情况

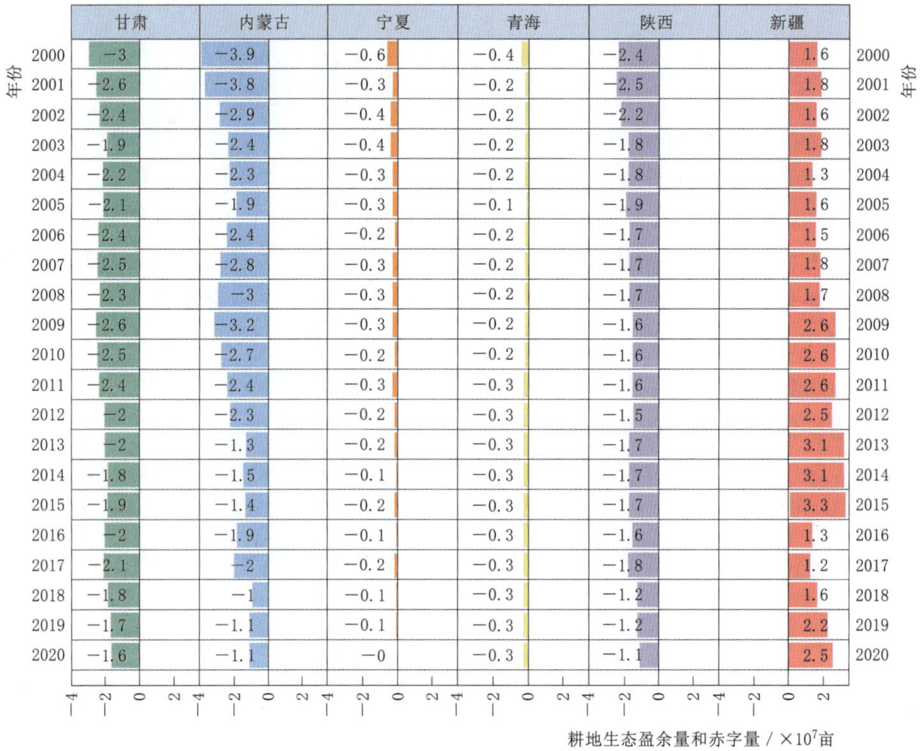

	甘肃	内蒙古	宁夏	青海	陕西	新疆	
2000	−3	−3.9	−0.6	−0.4	−2.4	1.6	2000
2001	−2.6	−3.8	−0.3	−0.2	−2.5	1.8	2001
2002	−2.4	−2.9	−0.4	−0.2	−2.2	1.6	2002
2003	−1.9	−2.4	−0.4	−0.2	−1.8	1.8	2003
2004	−2.2	−2.3	−0.3	−0.2	−1.8	1.3	2004
2005	−2.1	−1.9	−0.3	−0.1	−1.9	1.6	2005
2006	−2.4	−2.4	−0.2	−0.2	−1.7	1.5	2006
2007	−2.5	−2.8	−0.3	−0.2	−1.7	1.8	2007
2008	−2.3	−3	−0.3	−0.2	−1.7	1.7	2008
2009	−2.6	−3.2	−0.3	−0.2	−1.6	2.6	2009
2010	−2.5	−2.7	−0.2	−0.2	−1.6	2.6	2010
2011	−2.4	−2.4	−0.3	−0.3	−1.6	2.6	2011
2012	−2	−2.3	−0.2	−0.3	−1.5	2.5	2012
2013	−2	−1.3	−0.2	−0.3	−1.7	3.1	2013
2014	−1.8	−1.5	−0.1	−0.3	−1.7	3.1	2014
2015	−1.9	−1.4	−0.2	−0.3	−1.7	3.3	2015
2016	−2	−1.9	−0.1	−0.3	−1.6	1.3	2016
2017	−2.1	−2	−0.2	−0.3	−1.8	1.2	2017
2018	−1.8	−1	−0.1	−0.3	−1.2	1.6	2018
2019	−1.7	−1.1	−0.1	−0.3	−1.2	2.2	2019
2020	−1.6	−1.1	−0	−0.3	−1.1	2.5	2020

耕地生态盈余量和赤字量 / ×10⁷ 亩

图 16-44　2000—2020 年西北旱区各省区农业耕地生态盈余量和赤字量变化情况

参 考 文 献

［1］ 钱正英. 关于西北地区水资源配置、生态环境建设和可持续发展战略研究项目成果的汇报（节录）
［J］. 中国水土保持，2003（5）：11-13.

［2］ 邓铭江. 中国西北"水三线"空间格局与水资源配置方略［J］. 地理学报，2018，73（7）：1189-
1203.

［3］ 邓铭江，等. 中国西北"水三线"空间格局与区域协调发展战略研究［M］. 北京：中国水利水电
出版社，2023.

［4］ 孙侦，贾绍凤，严家宝，等. 中国水土资源本底匹配状况研究［J］. 自然资源学报，2018，33
（12）：2057-2066.

［5］ 陈宁，辛存林，唐道斌，等. 中国西北地区多情景土地利用优化与碳储量评估［J］. 环境科学，
2023，44（8）：4655-4665.

［6］ 康绍忠. 水安全与粮食安全［J］. 中国生态农业学报（中英文），2014，22（8）：880-885.

［7］ 孙才志，魏亚琼，赵良仕. 干旱区水—能源—粮食纽带系统协同演化——以中国西北地区为例
［J］. 自然资源学报，2022，37（2）：320-333.

［8］ Qi X，Vitousek P M，Liu L. Provincial food security in China：a quantitative risk assessment based
on local food supply and demand trends［J］. Food Security，2015（7）：621-632.

［9］ Gerbens-Leenes P W，Nonhebel S，Ivens W. A method to determine land requirements relating to
food consumption patterns［J］. Agriculture，ecosystems & environment，2002，90（1）：47-58.

［10］ 陈亚宁，杨青，罗毅，等. 西北干旱区水资源问题研究思考［J］. 干旱区地理，2012，35（1）：
1-9.

［11］ 姚华荣，吴绍洪，曹明明，等. 区域水土资源的空间优化配置［J］. 资源科学，2004（1）：99-
106.

［12］ 杨建锋，左力艳，姚晓峰，等. 人类活动对全球淡水循环影响与水行星边界评估研究进展［J］. 水
文地质工程地质，2022，49（4）：1-9.

［13］ 刘利花，张丙昕，刘向华. 粮食安全与生态安全双视角下中国省域耕地保护补偿研究［J］. 农业工
程学报，2020，36（19）：252-263.

［14］ 周涛，王云鹏，龚健周，等. 生态足迹的模型修正与方法改进述评［J］. 生态学报，2015，35
（14）：1-17.

［15］ Zhao Z，Lei M，Wen L，et al. Research status，development trends，and the prospects of cultivated
land risk［J］. Frontiers in Environmental Science，2023（11）：1175239.

第17章　西北旱区农业高质量发展评价与产业结构调整

农业是国民经济的基础，农业高质量发展对实现农业现代化及可持续发展具有深远意义。2022年中央一号文件明确强调，做好"三农"工作要坚持稳中求进总基调，实现高质量发展，促进共同富裕，推动农业农村现代化迈出新步伐。西北旱区是我国重要的粮食生产区和农业区域，也是我国最干旱、最贫困的地区之一。近年来，随着经济社会的发展和人民生活水平的提高，西北旱区农业发展也迫切需要实现高质量发展。产业结构不仅决定着农业生产的经济效益、社会效益和生态效益，而且影响着农业的高质量发展，因此构建合理的农业产业结构是实现西北旱区农业高质量发展的核心任务。

17.1　农业高质量发展定量评价

西北旱区是我国的重要粮食生产区之一，也是实施乡村振兴战略的重点区域。近年来，随着我国经济的快速发展和农村改革的推进，西北旱区的农业高质量发展也受到了广泛关注。进行西北旱区农业高质量发展评价分析对于评估农业高质量发展水平、指导农业转型升级、推动农村经济发展和促进区域协调发展具有重要作用。

17.1.1　农业高质量发展特征

农业高质量发展是指在保障粮食安全、提高农民收入、促进农村繁荣等基础上，以提高农产品质量、增强农业竞争力、实现农业可持续发展为目标，实现农业现代化和全面建设社会主义现代化国家的需要。

1. 农业高质量发展内涵

农业作为国民经济的重要产业，是以土地作为基本生产资料，通过人们对自然资源的开发和利用，生产粮食和其他各类食品以及工业原材料的产业。狭义上的农业指种植业，而广义上的农业还包括林业、畜牧业、渔业等多种产业及其相关的加工业和服务业。农业始终是我国经济的重要组成部分，农业发展水平关乎国计民生，是其他一切生产活动的首要条件，对国家经济建设和发展起着重要支撑作用，与人民的美好生活需要息息相关[1]。

农业高质量发展是一个综合性概念，既与农业本质属性密切相关，又与经济发展规律紧密相连。

（1）农业高质量发展需与农业本质属性相协同。受"大国小农"的特殊国情、农情制约，我国农业高质量发展要以安全为本底，在产品供给和产业发展的基础上，逐步拓展至生态、康养、人文与社会四大功能。因此，农业高质量发展不仅是新形势下生产能力的综合反映，是农业永续发展的具体体现，还是农村社会稳定的重要支撑。

（2）农业高质量发展要与经济高质量发展的基本规律相一致。从这个意义上讲，农业高质量发展是从为增长而生产转向为福利而转型，并在扎实推进共同富裕的目标任务下，转化为满足人民群众日益增长的多方面美好生活需要的发展。

从理论角度看，农业高质量发展是坚持人民主体性的发展，是实现农业农村现代化的必然选择，也是中国式现代化道路的重要支撑。以实现"碳达峰、碳中和"目标为牵引推动农业高质量发展，已成为当前和今后中长期内社会主义现代化建设的重要内容之一。从实践角度看，推动农业高质量发展要兼顾质量和效益双重价值取向，不仅包括农产品的提档升级，还包括产业发展质量的持续提升和农业功能的不断拓展。简言之，农业高质量发展的主要目标，就是要通过深化供给侧结构性改革，增加总量、优化结构、拓展来源和改善品质，提高农业供给体系与需求体系的协同性、适配性，提升农业发展的质量、效益和性能，不断增强创新力、市场竞争力和抗风险能力[2]。

2. 农业高质量发展表现形式

农业高质量发展是农业发展向高质量转型的形式和状态，主要表现在以下 3 个方面：

(1) 农业产品质量提升。农业高质量发展表现在农产品质量提升，在市场中更具竞争力。通过研发和应用先进种植技术和培育技术，提高农产品的科技水平，建立起绿色科技生产服务体系，使科技先行、品质安全、绿色发展的理念得以充分实践，推进生产方式的绿色转型，实现农产品清洁生产、优质生产；通过制定更严格完善的质量要求细则，使标准化生产和规范化管理得到普及，"三品一标"（无公害产品、绿色产品、有机产品、农产品地理标志）产品生产比例和销售份额上升，新品种、新技术和新设备应用更加广泛；在农产品质量提高的同时，农业产品种类也更加丰富，产品结构更加优化，如有机农业、智慧农业、旅游农业等形式得到充分发展，实现农业产业向中高端转型，农产品需求端与供给端的矛盾得到缓解，能够更好地满足人民多元化的消费需求；通过科技创新和数字化等手段为生产赋能，农产品供给与需求的匹配效率提高，生产成本和市场流通成本下降，建立起价格优势，提升了农业产品的市场竞争力。

(2) 农业产业经营水平提高。农业高质量发展表现在产业经营水平提高，发展更加兴旺。在机械化生产广泛运用和现代农业产业园蓬勃发展的态势下，农业生产的规模化程度提高，高效运营的产业化进程不断加快；农业生产更加注重人与自然和谐发展，经营方式更具可持续性，资源整合方式更加优化，生态农业、绿色经营成为农业生产的重要形式；新技术、新手段推广，资源、技术与市场等要素组合不断优化，使农产品深加工层次提升，农业产业链和价值链延伸，形成原材料供应、种植栽培、加工生产、运输销售等多环节一体化经营的产业链条，产品附加值和产品效益增加；农业与其他产业的融合程度提高，乡村旅游、观光、养生等新产业和新业态实现充分发展，形成农业经济新的增长点；农业产业生产更加专业化，各区域根据自己的优势，更合理地聚集生产和经营要素，建立集约水平更加先进、组织方式更加合理的产业化经营模式，实现农业生产的规模效益。

(3) 农村居民生活状况改善。农业高质量发展最终要体现在广大农民收入水平提高，生活状况改善。更高质量农产品的产出和更具效益农业经营体系的形成，奠定了提高农民收入水平和消费水平的基础；产业融合发展以及与城市地区的紧密联系加速了农业和农村要素流动，激发了市场活力，同时扩大了农民收入渠道，农村居民与城市居民收入差距进一步缩小；城乡发展不平衡不充分的问题得到有效缓解，收入分配机制、社会保障制度和农村产权制度更加健全，农民主体地位得到保障，形成农村居民收入分配状况改善和农业产值提高的有机协同局面。

3. 农业高质量发展典型特征

中国特色社会主义进入了新时代，我国经济发展由高速增长转向高质量发展阶段。而高质量发展的实现过程中深刻体现着"创新、协调、绿色、开放和共享"的新发展理念，高质量发展的特征也正是新发展理念的内容和要求。从新发展理念的视角分析，农业高质量发展具有以下特征：①创新驱动能力显著增强，通过技术进步与管理创新提升农业效率；②经济结构更加协调优化，实现产业融合与城乡统筹发展；③生产方式持续绿色化，注重生态保护与资源可持续利用；④对外开放水平不断深化，拓展国际市场与合作；⑤共同富裕水平提高，缩小城乡差距，满足人民多样化需求（图17-1）。

图 17-1　农业高质量发展特征示意图

（1）创新驱动能力提高。农业高质量发展的首要特征是创新驱动能力提高，形成创新引领农业发展质量提升的机制。农业创新发展表现在以下方面：

1）科技创新在农业生产和经营中的应用程度加深，更加先进的技术和更具效率的生产方式大幅推广。在水资源和耕地资源有限的情况下改进了生产效率，提高了劳动生产率和土地产出率。

2）科技成果推广和使用步伐加快，高标准农田、智能化播种、机械化农业等生产形式普及，农业生产科技含量提升，实现由劳动力等传统要素驱动向技术、创新等要素驱动转化，从而产出高质量的农产品，形成高效率的产业体系。

3）农业农村人力资本水平提高。一方面农业科技人员从业人数增加，科技服务人才队伍壮大，农业高层次科技指导人员覆盖范围广；另一方面农村教育保障机制得到强化，优质教育资源供给增加，农村居民整体受教育水平和专业水平取得较大进步，劳动力整体素质实现提升。

（2）经济结构协调优化。农业高质量发展要求实现经济结构的协调优化，进而推进农业发展质量提升。农业协调发展主要表现在以下两个方面：

1）产业结构更加协调。农业产业发展更加多元，不仅种植业继续蓬勃发展，林业、畜牧业、渔业产量也同样增加，实现产业类型的多样化、丰富化。基于人民群众消费需求，从供给侧着手，规模农业、科技农业、生态农业实现突破发展，农业产业现代化水平提升，产业发展模式更加高端。同时，农业与加工业、服务业等产业的融合程度进一步增强，基于地域优势和发展基础打造出自己的特色产业集群，形成各类产业协同发展的格局和更加完善的产业链，产业结构向合理优化的方向转型。

2）城乡发展更加协调。在农业高质量背景下，城乡收入差距进一步缩小。伴随着科技创新、产业振兴，以及加大创业扶持、财政支持力度，农村居民经营性收入进一步提高，奠定了农民增收基础。城乡融合发展进程加快，城市与乡村在空间、产业、生态等方面的融合趋势增强，不仅使农民市民化权利得到充分保障，也增加了农民就业途径，扩大了收入来源，农村居民与城市居民收入差距缩小。

（3）绿色生产方式加强。农业实现绿色和可持续发展是高质量发展的重要特征，绿色发展是形成以生产和加工绿色食品为轴心的农业生产经营方式。农业绿色发展主要表现在以下方面：

1）农业生产中资源利用更加高效，资源投入方式更加注重集约，资源利用过程中的消耗减少，具有可持续性，农业生产要素得到更合理的应用，遏制了过度浪费现象。通过对农业产生的废弃物进行无害化和有机化处理，实现废弃物的资源化再生，形成农业资源节约与循环利用的发展模式。

2）农药、化肥的使用更加高效合理，达到产前、产中、产后全程绿色一体化的生产状态，不仅使生产出的农产品更加健康和绿色，也使环境污染状况得到改善，耕地环境和生产环境更加优化。

3）人居环境整治力度加强，生活垃圾无害化处理水平提升，卫生状况优化，形成人人参与和环境保护的良好氛围，农村整体生态环境大大改善，人民生活环境更加美丽宜居。

（4）对外开放程度加深。开放发展是农业高质量发展的重要特征之一，深化对外开放程度、提高对外开放水平是高质量农业的重要体现。农业开放发展主要表现在以下两个方面：

1）农业"走出去"步伐加快。在以国内大循环为主体、国内国际双循环相互促进的新发展格局下，农业高质量发展不仅要求生产出的农产品满足国内居民的需要，也需积极扩大对外开放，面向世界消费市场，参与国际市场竞争，推动中国特色、中国品牌的农产品走向世界；同时，形成绿色安全的农产品生产体系，在符合国际标准的基础上更加健康和优质，在国际市场上具有竞争力，实现在国际大循环中的畅通。

2）农业"引进来"趋势增强。通过与国外农业发达国家交流合作和贸易往来，推进国内外资源要素的广泛聚集。通过新品种、新产品和新技术的引进，既在一定程度上破除了农业发展动能不足的瓶颈，又为消费者提供了更加多样丰富和具有特色的地域产品，也形成培育农业农村发展的新优势，进而促进了国内大循环的稳定运行。

（5）共同富裕水平提高。实现共同富裕和共享发展是农业高质量发展的根本目的和最终目标。党的二十大以来，我国社会主要矛盾已转变为人民对美好生活的需要同不平衡不充分的发展之间的矛盾，以人民为中心的发展思想重要性更加凸显。在农业发展中，同样需要注重以人文本，促进社会公平正义。因此，共同富裕扎实推进是农业高质量发展的重要特征。主要表现在以下方面：

1）农村居民收入水平切实提高。农民在实现共同富裕上取得更明显的实质性进展。城乡收入差距、区域间收入差距缩小，分配机制更加公平合理，脱贫攻坚成果得到有效巩固。

2）农村公共服务水平提升。农村居民生活更具满足感和幸福感。在消费结构上，除基本生活需要之外，文化、教育、娱乐等项目的支出增加，消费对象和形式更加丰富多样，消费结构升级，农村居民消费需求得到更大程度的满足。城乡间要素流动更加通畅，城市与农村、工业与农业之间分割状态的体制弊端破解，城镇综合服务能力提升，呈现城乡互促、共同繁荣的发展格局。农村公共服务体系更加完善，公共基础设施供给质量提升，农村公路、环保、文化娱乐、通信等设施建设完备，公共服务优质共享机制逐步形成。

3）农村公共治理体系完善。呈现乡风文明的发展风貌。自治、德治、法治的乡村社会治理体系得到巩固，形成以党建为引领，以人民为中心的凝聚群众、服务群众的乡村治理格局，夯实了农业高质量发展的群众根基。

17.1.2　农业高质量发展的挑战与路径

阐明农业高质量发展的优势条件和面临的挑战有助于更好地认识农业发展的潜力和机遇，可帮助农业产业、政府和其他相关利益相关方更好地把握农业发展的方向和重点，从而提高农业发展的质量和效益[2]。

1. 优势条件

近年来，我国消费结构不断升级，粮食等农产品综合生产能力显著提高，农业供给侧结构性改革扎实推进，政策环境不断优化，这些都为农业高质量发展奠定了坚实基础。

（1）实现农业高质量发展有广阔的消费市场空间。构建"双循环"新发展格局下，城乡居民的消费能力和水平将发生不可逆转的重大变化，多元化、个性化消费需求增长迅速，即时、高端、品质等新兴消费将为农业高质量发展提供强劲动力。消费者对安全、优质和个性农产品的消费将产生更强烈的渴望，也愿意支付更高的成本。与此同时，消费者对大米、小麦等粮食的需求将不断下降，而对肉蛋奶、果菜茶、畜产品以及农产品质量安全的需求将显著增长。综合判断，高价值农产品和多功能农业的发展将引发新的农业产业革命，为农业高质量发展带来巨大的市场拉动力。

（2）实现农业高质量发展有坚实的粮食安全基础。党的十九大以来，我国粮食总产量已连续 5 年的年产量达到 1.3 万亿斤以上，其中西北旱区的粮食年产量维持在 4548 万 t 以上，粮食生产能力持续增强，供需结构不断优化，储备调控能力和市场流通水平明显提高，粮食安全保障能力再上新台阶。从基本面上看，我国重要农产品保障力度不断增加，油料、蔬菜、水果和茶叶等主要经济作物产量总体保持较高水平，大宗粮食储备库存充裕、特色优势产品丰富多样。当前，尽管粮食安全仍面临一些风险挑战，但总体上，供应宽松的好形势为农业高质量发展提供了良好的转型契机和较大的回旋空间。

（3）实现农业高质量发展有较强的物质技术装备。近年来，我国不断加大高标准农田、现代种业、大中型农机具研发和水利设施投入力度，加快推进农业科技创新联盟建设，大规模推广应用良种良法，促进农业科技成果转化应用，农业基础设施水平和物质技术装备水平快速提升。2022 年中央一号文件提出，全国要建设高标准农田 1 亿亩，累计建成面积将达到 10 亿亩。随着"藏粮于技"战略不断推进，到 2025 年，我国农作物耕种收综合机械化水平将达到 75%，农业科技进步贡献率将达到 64%。同时，我国传统精耕细作的农艺农法与现代技术装备加速融合，农业发展将加速由量变积累向质变提升转变，也为农业高质量发展提供了有力支撑。

（4）实现农业高质量发展有绿色低碳发展的社会共识。"碳达峰、碳中和"目标对农业绿色发展提出了新的更高要求，2022年中央一号文件专门对推进农业绿色低碳发展作出了具体部署。近年来，我国把绿色发展摆在突出位置，不断创新体制机制和政策体系，实施耕地质量保护与提升行动，打好农业面源污染防治攻坚战，强化畜禽粪污治理，健全动物防疫和病虫害防治体系，推进禁牧休牧和草畜平衡，农药、化肥利用率显著提高。2021年，农业农村部发布的《关于贯彻实施〈中华人民共和国固体废物污染环境防治法〉的意见》提出，到2025年，我国畜禽粪污综合利用率、秸秆综合利用率、农膜回收率和农药包装废弃物回收率均要稳定达到80%以上。总之，农业绿色低碳发展相关领域政策、举措取得积极成效，为农业高质量发展奠定了良好基础。

(5) 实现农业高质量发展有源源不竭的改革动力。改革开放40多年来，我国农村改革取得突破性进展，重大改革举措有力有效。特别是党的十八大以来，农村改革的顶层设计不断健全，各类改革试点全面发力，束缚农业高质量发展的体制机制多点突破，农村土地制度改革、集体产权制度改革、农业支持保护制度改革、城乡融合发展体制机制、乡村治理体系改革以及农村社会事业领域改革等纵深推进，惠民生、强主体、促转型等重要环节的改革取得实质性成效。进入新时代，农村改革将加速"提标""扩面""集成"，城乡联动改革将一体推进，为农业高质量发展提供强大的改革动力。

2. 面临的挑战

目前我国在推进农业高质量发展的过程中，在创新、协调、绿色、开放、共享等方面还面临挑战。

(1) 创新驱动能力薄弱，农业产业增长缺乏动力。创新是农业实现高质量发展的首要驱动因素。在我国农业发展中，创新能力不强使农业产业增长缺乏足够动力，制约了农业高质量发展的推进。尤其是广大西部地区，研发基础和科技支撑能力较弱，投入产出水平相对较低。创新能力的短板主要表现在：

1) 农业发展过程中科技创新能力偏弱，科技成果产出水平偏低。农业科技创新投入力度不足，使生产技术依然存在短板，生产过程中对先进技术的应用受到限制，部分地区依然主要依靠传统要素驱动发展农业生产，生产成本较高，产出效率低下。农业创新技术主要集中在促进生产和提高产量方面，而在加工、质量等方面的技术支撑较为缺乏。

2) 创新机制不健全，科技成果落地存在障碍。当前，我国农业科技创新依然以政府、科研院所等为主要力量，市场和企业的主体地位较弱，且市场监督机制、创新激励机制和风险防范机制不健全，科研活动缺乏有力的反馈机制，使农业创新技术的推广和应用难以适应市场化的要求，造成农业创新效率较低，阻碍了科技成果的转化。

3) 人力资本积累不足，高素质农业劳动力队伍有待壮大。尽管当前我国农村教育相较过去已取得较大水平的提升，但我国农业劳动力整体文化程度依然不高，尤其受过高等教育的人数较少，高水平、高学历的人才依然缺乏，特别是相关农业科技人员储备不足，专业性人才匮乏。职业技术教育普及力度不足，培养体系不够完善，农村劳动力缺乏专业理论知识，农业生产受到知识能力等方面的限制，不利于创新的持续有效推进。

(2) 协调发展有待推进，农业农村结构问题凸显。农业发展的协调优化是农业高质量发展中的重要一环。目前我国大部分地区以农业高质量发展为目标，积极调整农业生产结构并推进城乡融合发展，提升了农业产业附加值，缩小了城乡发展差距。但我国部分地区依然存在城乡二元对立、产业结构不够高端等协调性问题。主要表现在以下方面：

1）产业结构水平具有较大提升空间。我国农业发展结构中，传统种植业仍占据较大比重，林牧渔加工业和服务业发展较为缓慢，产品同质化严重，产业发展丰富性、多样化程度不足，农业新模式、新业态还有待进一步成长，产业结构高级化水平较低，供给侧的结构性矛盾成为农业持续健康发展的瓶颈。农业发展产业化水平较低，缺乏农产品的深加工和新型经营方式，农业其他功能挖掘力度不足，农产品加工流通链条较短，与第二、第三产业融合程度不够，使各产业间的产业链条联系松散，叠加产出、蝶式效应较低，农业边际收益少。

2）城乡发展不平衡，二元经济结构问题仍然存在。城乡居民收入差距较大，随着全面建成小康社会和脱贫攻坚工作取得重大胜利，农村居民收入已有大幅提升，但农村居民的收入依然落后于城市居民，城乡居民人均可支配收入的绝对差距与相对差距依然存在。城市与农村之间存在一定体制鸿沟，融合发展趋势还有待进一步深化，城乡之间在空间发展格局和基础设施建设方面存在脱节现象，公共资源、金融资源等配置不均等，工业与农业、城市与乡村经济发展以及城市与农村居民生活水平之间发展不均衡。基本公共服务和公共治理体系水平也有明显差距，二元经济结构问题依然凸显，城乡协调发展战略、城乡互动发展机制还有待进一步完善。

3）区域发展不平衡，发展不平衡不充分问题依然比较突出。其中东部地区的高质量发展水平总体领先，而广大中西部地区还处于一般或落后水平。东部地区在经济发展基础、创新能力、产业结构、对外开放竞争力等方面整体上领先于中西部地区；区域间农业发展联动性不足，在生产、分配、流通、消费等环节间的循环还存在阻碍，要素自由流动机制不通畅，各地区在融入区域供需循环过程中还存在区划壁垒，阻碍了区域协调发展新格局的形成和区域间发展水平差异的缩小。

（3）绿色发展状况不佳，可持续观念有待深入践行。实现绿色发展是农业高质量发展的重要条件。虽然目前我国农业农村生态文明建设已取得较大成效，但农业绿色发展不平衡不充分、资源损耗与环境污染的问题依然存在，且在农业高质量发展总体水平较为领先的地区也较为明显。主要表现在以下方面：

1）农业生产中资源利用不合理。尽管农业产值不断增长，但在生产过程中过于注重产业总量和速度增长，导致资源整体利用率较低，存在发展粗放、资源过度浪费的问题。自然资源过度开发，耕地、林地和草地等土地资源的数量与质量呈现下降趋势，森林覆盖面积减少，草场沙化，土壤肥力下降。部分地区甚至依然采用漫灌的灌溉方式，造成了严重的水资源浪费，湖泊面积、湿地面积减少，河流流量减少，农业淡水资源环境质量退化，农业用水缺口现象逐渐严重。农业品种多样性锐减，部分农作物栽培品种、野生种逐渐消失，畜禽品种、水产养殖生物品种数量下降，部分生物甚至处于濒危状态。

2）环境污染和破坏问题较为严重。农业生产对化学品依赖程度较大，在农作物种植和培育过程中，化肥、农药、农用塑料薄膜、人工合成激素等使用强度较高，养殖过程中抗生素和重金属等大量投入，造成了土壤污染的问题。未分解、未挥发的化肥等通过农田径流进入周围水体，产生水源污染，对生态环境造成破坏。农村生态治理理念缺失，环境保护基础设施投入力度不足，农村生活污水依然存在随意排放的现象，生活垃圾处理方式不合理，甚至直接排入周围环境，产生严重的环境污染，并对农业生产造成负面影响。

（4）农业开放水平不高，农产品国际竞争力较弱。开放是农业实现高质量发展的必由之路，但我国当前农产品出口竞争力较弱，对外开放水平不高，高附加值产品出口比重低。尤其在广大西部地区，由于产业基础相对薄弱、平台支撑不足，对外开放竞争力较低，制约了农业向高质量发展转型的步伐。主要表现在以下方面：

1）农业"走出去"效益较低。高端化、高质量的农产品生产能力薄弱，缺乏农产品品牌化建设，出口农产品国际知名度不高。生产主体较为分散，农业生产组织化程度偏低，缺少具有国际影响力的大型农业贸易企业，且行业内组织和协调关系较为松散，限制了农产品出口。农业生产质量检测标准与国际标准间存在距离，出口的增长更多地依靠价格优势，而技术含量较低，难以满足国际高端市场的消费需求，出口竞争力较弱，大多省份常年存在农业贸易逆差问题。在农业对外合作中，大型企业、龙头企业所占比重较少，相关企业管理经验缺乏，经营理念陈旧，特别是懂农业、懂经营方面的复合型跨国人才较少，制约了农业对外投资的发展，加快"走出去"的步伐受到一定制约。

2）农业"引进来"质量有待提高。农业进口依赖化程度较深，且进口结构较为单一，良种引进未能充分发挥作用。农业引资、引技、引智重视力度不足，相关优惠政策和机制不够完善，使农业先进模式的引进远远落后于其他产业。在国外高水平农业生产技术的引进过程中，由于缺乏相关经验和对相关技术的系统性认识，存在盲目引进、适用性低的问题，且在引进后对技术的学习和吸收程度不深，未能将其有效地应用于生产实际，更无基于生产实际的再次创新，导致农业生产仍过多依赖技术进口。

（5）共享成效有待深化，共同富裕仍需稳步推进。实现共享发展是农业高质量发展的根本目的，是发展为了人民、发展依靠人民理念的深刻践行。2020年我国已全面建成小康社会，农业共享发展总体水平实现质的提升。随着我国开启全面建设社会主义现代化国家新征程，为实现共同富裕的目标，共享发展依然存在较大提升空间。主要表现在以下方面：

1）农村居民收入有待提高。由于产品、产业多样性不足，且农产品质量不高，农业生产成本较大，农业产业收益较低，农民增收基础不稳固。财政、金融、就业等方面的相关政策不健全，产业发展类型单一，就业途径受到一定限制，居民增收渠道较为狭窄，非经营性收入水平提高缓慢。土地制度和产权制度还需进一步完善，农村宅基地和集体建设性土地方面的机制还未完全激发农民活力，需通过改革让农民真正从中获得收益，提高其财产性收入。

2）生活质量还需进一步提升。在农村居民消费中，食品、日常必需品等方面消费所占比例依然较高，而文教娱乐等方面的发展型消费、服务型消费类型的支出较少，消费结构升级速度缓慢，这也限制了农村居民生活质量的改善。农村市场环境还需优化，由于农村市场主体多、范围广，监管难以全面覆盖，存在假冒伪劣产品等市场乱象，村民消费安全、消费品质未得到有效保障，也限制了消费能力的提升。农村地区在道路交通、庭院环境、信息网络等方面的基础设施不够健全，村容村貌还需改善，人居环境质量还有待优化。

3）公共服务和公共治理体系不够完善。在就业、社会保障、医疗卫生、教育文化、休闲娱乐等方面投入力度尚有不足，农村居民生活需求难以得到完全满足，公共服务水平还需进一步提升。部分地区行政管理与农村居民自治之间的关系还需实现有效协调，同时存在治理不规范、村民主体地位被忽视的问题，公众参与感不高，制约了公共治理效率的提高和治理效果的改善。

3. 路径选择

推动农业高质量发展，必须按照全面推进乡村振兴的部署要求，以提质增效为目标，以科技创新为驱动，以深化改革为手段，强化消费培育、要素激活、标准规范与执法监管，推动我国从农业大国向农业强国转变。

（1）转变生产方式。推动农业高质量发展，需要加快构建高质量的供给体系、生产体系和投入体系，坚持绿色发展导向、落实功能分区制度、实施布局再平衡战略，实现绿色安全清洁生产。第一，坚持品种多样化。加大种质资源保护力度，培育筛选品质优良、功能多元、形态多样的个性化品种，不断丰富农产品市场供给。第二，加快推进农业标准化。适应农业高质量发展要求，加快农业标准修订完善，推进不同标准之间衔接、配套、集成与转化，形成统一规划、左右互通的标准体系。第三，完善农业投入品支持体系。开展种业自主创新、协同创新、整体创新，支持研发推广绿色高效药肥，鼓励发展数字化、智能化农业装备，提高安全绿色投入品补贴力度。第四，强化农业绿色技术集成推广。加大对生态高效农业的政策支持力度，分区域、分作物集成组装一批化肥、农药减量增效的技术模式，推广集节水、节肥、节药于一体的农技农艺结合新技术。

（2）调整生产结构。推动农业高质量发展，需要推动农业转型升级，加快构建与资源承载力、环境容纳力相匹配的农业生产布局。第一，调减市场剩余的低端供给。重点调减非优势区和非优势品种生产，减少品质低、效益差、资源消耗多、生态代价大的农产品。第二，调增适销对路的优质农产品。尽快改变片面追求产量的"短线思维"，扩大绿色优质农产品供给，推动农业由增产导向向提质导向转变，提升农产品的质量档次。第三，加强特色品种和产地保护。加强老工艺、老字号、老品种的保护与传承，发展本乡本土的乡村产业，培育一批家庭车间、手工作坊，深挖地方土特产和小品种的发展潜力，把特色小产品做成农民增收的大产业。第四，调优农业区域布局。依托各地资源禀赋，积极推进"五区"和"三园"建设。

（3）强化监督管理。推动农业高质量发展，需要加快提升农业执法能力，建立农产品质量和食品安全联动激励和约束机制，形成"依法者受益、违法者受罚"的发展环境。第一，大力推进"三品一标"认证和监管。加大对"三品一标"认证机构的整治力度，提高认证门槛和标准，加强认证后监管，改变认证机构和认证品种多、杂、乱的局面，真正建立起有公信力的认证体系，提升认证的权威性和影响力。第二，加强农产品质量安全监管。推进农产品质量安全追溯体系建设，强化风险评估预警和应急处置，激励生产经营主体参与溯源管理。第三，严格农业投入品监管。建立生产者信用档案、黑名单制度、诚信分级制度，进行生产全过程质量控制，引导农业生产者和投入品供应商自觉遵守限用禁用有关法律法规和技术规范。

（4）培育主体品牌。推动农业高质量发展，需要重视培育经营主体和品牌，以主体促品牌，以品牌带主体，实现主体发展能力和品牌公信力"双提升"。

1）加大新型职业农民培育力度。实施新型职业农民培育工程，强化现场培训、职业教育和实践养成，重视挖掘乡土人才，就地培养造就一支新型职业农民队伍。

2）加快培育各类新型农业经营主体。支持家庭农场、农民合作社等加快发展，培育发展新型农业服务主体，吸引"新农人"返乡务农，引导各类主体开展横向联合与纵向合作。

3）提升农产品品牌公信力。以市场需求为导向，夯实品牌根基，推进区域公用品牌建设，提升品牌整体形象，保护改造提升一批"特""优"字牌，培育一批"土"字牌，创建一批"名"牌。

4. 政策保障

推动农业高质量发展，必须立足当前、着眼长远，制定中长期的发展目标，完善政策体系，加强政策支持、减少政策限制，强化政策衔接配合，为农业持续健康发展创造良好的政策环境。

(1) 完善规划引领体系。科学编制并有效实施农业高质量发展规划，统一规划体系，确保规划之间衔接耦合。

1）对照《国家质量兴农战略规划（2018—2022年）》提出的目标和任务，开展第三方评价，将评价结果作为调整和完善新一阶段制定农业高质量发展规划的重要依据。

2）国家层面要突破短期思维，聚焦长期性、结构性问题，加快制定中长期农业高质量发展战略，建立健全推动农业高质量发展的长效机制。

3）各地区各部门要制定相应的专项规划或产品规划，明确目标任务、框架布局与实施路径，构建以国家规划为统领，区域规划、地方规划、年度计划为支撑的农业高质量规划体系。同时，强化规划实施保障，完善规划实施机制，提升规划的可操作性和约束力。

(2) 完善投入保障体系。明确财政支出责任，细化投入支持方案，推进涉农资金统筹整合，强化各级财政对推动农业高质量发展的保障作用。

1）针对不同领域的农业投入差距，加大对有机肥、低毒高效农药研发推广应用的支持力度。公共财政对研发、施用安全高效有机肥、农兽药，特别是高效缓释肥料、生物肥料、生物农药、低残留兽药等新型产品，以及生物智能防治技术研发和产业化推广应用等应给予适当补助。

2）针对专业化、社会化服务供给不足的缺陷，调整优化现有规模经营支持方向，重点支持以农业生产托管为主的服务带动型规模经营，采用事前补助与事后奖励相结合的方法，加大对市场化运作不成熟的农业生产服务领域和环节的支持力度。

3）针对农业金融保险短缺的制约，加大对社会资本投入农业的支持力度。充分发挥财政资金的引导作用，完善激励与约束并重的金融支农机制，健全以政策性保险为基础的农业保险政策体系，撬动更多信贷资金和社会资金投入高质量农业。

(3) 完善评价考核体系。从国家和政府层面来看，农业农村部要发挥牵头抓总的作用，围绕农产品质量、农业生产环境质量两个重点，主动担当起推进质量兴农的主体责任，整合发改、药监等涉农部门相关职能，强化评价考核、统计监测与绩效评价，为农业高质量发展提供保障。

1）建立国家农产品质量评价体系，在政府主导的原则下，由行业组织牵头制定标准，完善评价指标体系，签订目标责任书，对投入品使用、农产品加工和市场流通等重点领域进行监督检查。

2）建立农业高质量发展科学评估体系，委托第三方机构对质量兴农工作开展专业评估，通过日常监测、抽样调查、明察暗访与数据爬虫等方式方法，对农业高质量发展进行客观公正的综合评估。同时要强化评估的过程管理，确保流程规范、各方参与、统一权威，及时向公众发布相关信息。

3）加快推动形成可量化、能考核的农业高质量发展指标体系，将农业高质量发展实施情况纳入各级政府的绩效考核范围，逐步提高考核权重，倒逼相关政策落地见效。

4）健全生产者市场化退出机制，发挥公众媒体监督作用，加强社会舆论监督，形成集市场性、行业性、社会性于一体的联合性约束惩戒体系。

(4) 完善人才支撑体系。推动农业高质量发展，必须下大力气吸引各类人才回到农村、进入农业。

1）加大对高素质农民培育的支持力度。推动全面建立职业农民制度，统筹整合农业教育资源，实现常规性培训与专题性培训相结合，确保学历教育、知识更新与技能提升相协同，加大对新型经营主体带头人、青年农场主的培训力度。

2）加大对农村实用人才培养的支持力度。鼓励农业广播电视学校、农业院校等采取专门培养、委托培养、定制培养、远程函授、线上教学等形式，开设农业生产技术、经营管理技能、农业电子商务、农产品加工、农产品市场营销等相关领域的知识技能课程。

3）加大对各类人才返乡下乡创新创业的支持力度。加大对大中专毕业生、退伍军人、返乡农民工发展乡村产业的支持力度，在金融支持、社会保障、创业指导等方面给予政策优惠。加快取消农业科研院所与合作社和家庭农场对接、科研人员到合作社和龙头企业兼职取酬等方面的限制。

(5) 完善农业执法监管体系。安全优质的农产品既是产出来的，也是管出来的。强化农业执法监管工作。

1）深化农业综合执法体制改革。针对农业领域风险特点，强化行政管理、执法监督和技术支撑体系，整合组建农业综合执法队伍，全面加强农业执法体系建设，建立部门协同、齐抓共管的执法联动机制。

2）提升农业执法能力和水平。实施农业执法监管能力建设工程，落实农业执法机构和人员编制，保障和加大农业执法投入，改善执法设施装备，强化依法履职条件，提升执法能力和水平。

3）加大农业执法监管力度。健全农业执法信息共享和执法联动机制，强化省部两级监督指导基层执法、协调跨区域执法和查处重大违法案件等职责。建立执法人员教育培训制度，落实持证上岗制度，完善以随机抽查为重点的监督检查制度。

17.1.3　农业高质量发展定量评价

1. 评价指标体系

构建农业高质量发展评价体系对于西北旱区农业高质量发展具有重要的意义，可以为农业发展提供科学依据和支持，促进农业现代化和提高农民收入水平[4]。

　　根据现代生态农业的核心内涵与基本特征（表17-1），充分借鉴同类研究思路，构建以经济效益、生态效益和社会效益为一级指标、"高效率""高品质""高效益"和"高素质"为评价核心的西北旱区现代生态农业高质量发展水平综合评价指标体系（表17-2）。

表 17-1　　　　　　　　　　农业高质量发展的评价指标体系框架

效益指标	高品质	高效率	高效益	高素质
经济效益		$C11$	$C14$	
		$C12$	$C15$	
		$C13$	$C16$	
			$C17$	
			$C18$	
			$C19$	
生态效益	$C25$	$C210$	$C21$	
	$C26$	$C211$	$C22$	
	$C27$		$C23$	
	$C28$		$C24$	
	$C29$		$C212$	
社会效益			$C33$	$C31$
			$C37$	$C32$
				$C34$
				$C35$
				$C36$

表 17-2　　　　　　西北旱区现代生态农业高质量发展水平综合评价指标体系

一级指标	二级指标	基 础 指 标 解 释	方向
经济效益 $B1$	农业投入产出效率 $C11$	农业生产技术效率	正
	耕地有效灌溉率 $C12$	耕地有效灌溉面积/耕地总面积/%	正
	农业用水效率 $C13$	同等产出下最小用水与实际用水之比	正
	单位水农业产值 $C14$	农业总产值/农业耗水量/（百万元/亿 m³）	正
	单位水粮食产量 $C15$	粮食总产量/农业耗水量/（万 t/亿 m³）	正
	农民人均农业收入 $C16$	家庭农业收入/家庭从事农业生产人数/（元/人）	正
	农村居民人均可支配收入 $C17$	农村居民工资性收入＋经营净收入＋财产净收入＋转移净收入/（元/人）	正
	农产品产值 $C18$	地区粮食作物＋棉花＋油料作物＋甜菜＋蔬菜＋果用瓜＋苜蓿的产值/亿元	正
	畜牧产品产值 $C19$	地区肉类＋牛奶＋绵羊毛＋山羊毛＋羊绒＋禽蛋＋蜂蜜的产值/亿元	正

续表

一级指标	二级指标	基 础 指 标 解 释	方向
生态效益 B2	压盐效果 C21	专家评分法	正
	盐碱地面积 C22	盐碱地面积/万 hm²	负
	供水总量 C23	各省供水总量/亿 m³	正
	人工生态环境补水 C24	人工生态环境补水/亿 m³	正
	碳排放 C25	IPCC 法计算农业生产碳排放量/万 t	负
	万元农业 GDP 耗能 C26	一个计量单位（通常为万元）的农业 GDP 所消费的能源（吨标准煤/万元）	负
	单位面积农药使用强度 C27	每单位耕地使用的农药数量/(t/10³hm²)	负
	单位面积化肥使用强度 C28	每单位耕地使用的化肥数量/(t/10³hm²)	负
	单位面积农膜使用强度 C29	每单位耕地使用的农膜数量/(t/10³hm²)	负
	农业用水总量 C210	农业用水总量/亿 m³	负
	节水灌溉面积 C211	地区节水灌溉面积/10³hm²	正
	水土流失治理面积 C212	在山丘地区水土流失面积上，按照综合治理的原则，采取各种治理措施以及按小流域综合治理措施所治理的水土流失面积总和/10³hm²	正
	单位耕地供水量 C213	耕地供水总量/耕地总面积/(亿 m³/10³hm²)	正
社会效益 B3	互联网普及率 C31	地区互联网用户数占地区常住人口总数的比例/%	正
	农村居民家庭恩格尔系数 C32	食品支出总额占消费支出总额的比重/%	正
	财政支农力度 C33	地方财政的农林水支出/亿元	正
	非农就业人数 C34	就业总人数－第一产业就业人数/万人	正
	抗干旱能力 C35	干旱情况下单位耕地用水效率/(万 m³/10³hm²)	正
	农民支持率 C36	农民节水技术采纳程度/%	正
	人均粮食产量 C37	人均粮食产量/kg	正

2. 评价方法

制定农业高质量发展的评价方法的主要是为了全面、科学地评估农业发展的质量和效益，以便更好地指导和促进农业现代化发展。农业高质量发展评价方法的内容主要包括评价模型设定、指标因子权重确定、数据来源及标准化处理和模型测算。

（1）评价模型。西北旱区高质量发展指标评价模型（AT）设定为

$$AT_t = W_1 B_1 + W_2 B_2 + W_3 B_3 = \sum_{i=1}^{n} W_i B_i \tag{17-1}$$

其中

$$B_1 = W_{11} C_{11} + W_{12} C_{12} + W_{13} C_{13} = \sum_{i=1}^{n} W_{1i} C_{1i} \tag{17-2}$$

$$B_2 = W_{21} C_{21} + W_{22} C_{22} + W_{23} C_{23} = \sum_{i=1}^{n} W_{2i} C_{2i} \tag{17-3}$$

$$B_3 = W_{31} C_{31} + W_{32} C_{32} + W_{33} C_{33} = \sum_{i=1}^{n} W_{3i} C_{3i} \tag{17-4}$$

式中：AT_t 为一级子系统指数；W_i 为各级子系统权重；B_i 为各类效益测度模型；B_1 为经济效益测度模型；B_2 为生态效益测度模型；B_3 为社会效益测度模型；W_{11} 为农业投入产出效率权重；C_{11} 为农业投入产出效率；W_{12} 为耕地有效灌溉率权重；C_{12} 为耕地有效灌溉率；W_{13} 为农业用水效率权重；C_{13} 为农业用水效率；W_{21} 为压盐效果权重；C_{21} 为压盐效果；W_{22} 为盐碱地面积权重；C_{22} 为盐碱地面积；W_{23} 为供水总量权重；C_{23} 为供水总量；W_{31} 为互联网普及率权重；C_{31} 为互联网普及率；W_{32} 为农村居民家庭恩格尔系数权重；C_{32} 为农村居民家庭恩格尔系数；W_{33} 为财政支农力度权重；C_{33} 为财政支农力度。

（2）确定权重。确定权重是多指标综合评价的关键。本研究综合主观赋权法和客观赋权法常用方法的优点，基于 AHP（层次分析法）—熵值法确定指标权重，该方法综合吸收了主管和客观赋权法的优点，既降低了层次分析主观赋权可能导致的偏颇，又克服了传统熵值法仅仅依据指标观测值差异大小确定权重出现的不合理现象，使权重设定具有较高的可靠性和可信度。运用层次分析法和熵值法分别计算各指标主观赋权权重 WC 和客观赋权权重 WS，并通过 $W=(WC+WS)/2$ 确定各指标综合权重。

1）层次分析法（Analytie Hierarehy Proeess，AHP）。层次分析方法是美国运筹学家 Saaty 于 20 世纪 70 年代提出的，是一种将定性分析和定量分析相结合的多目标决策方法。该方法吸收利用了行为科学的特点，对有关专家的经验判断进行量化，将定性、定量的方法有机结合起来，用数值衡量方案差异，使决策者对复杂对象的决策思维过程条理化。该方法特别适用于对目标结构复杂且缺乏必要数据的多目标多准则的系统进行分析评价。水资源约束下现代生态农业高质量发展综合评价涉及众多因素，从评价体系的构建来看，划分为目标层、准则层、准则亚层和指标层四个层次，涉及社会、经济和生态三大方面的综合效益评价。从实际应用来看，层次分析法主要有以下步骤：

第一步，构建层次模型，确立系统的递阶层次关系。根据具体问题，一般将评价系统分为目标层、准则层和措施层。依照水资源约束下现代生态农业高质量发展综合评价指标体系，其评价层次模型从低到高依次为措施层、准则层和目标层。

第二步，构造判断矩阵，判断指标相对权重。对同一层次的各个元素关于上一层次中的某一准则的重要性进行两两比较，构造判断矩阵。判断矩阵的构造是多目标投标决策层次分析法的关键，其直接反映了以决策人立场审视各决策准则对同一目标的相对重要性，判断矩阵构造的是否科学、实际和准确直接决定了决策的可靠性和准确性。

第三步，求解判断矩阵的最大特征值 $\lambda_{\max}$ 和特征向量 W，并进行一致性检验。当且仅当判断矩阵具有唯一非零 $\lambda_1=\lambda_{\max}=n$ 时，该矩阵具有完全一致性，否则存在偏差。当判断矩阵不完全一致性时，就需要对判断矩阵的一致性进行检验，其检验公式为

$$CR=\frac{CF}{RI} \tag{17-5}$$

式中：CR 为判断矩阵的一致性检验指标为随机一致性比率；CF 为判断矩阵偏离一致性指标取平均值，其值等为 $CF=(\lambda_{\max}-n)/(n-1)$；$RI$ 为判断矩阵随机一致性标准。

最后，确定相应权重。求出特征向量集 $W=\{W_1,W_2,W_3,\cdots,W_m\}$，对于其上一层指标集 $F=\{F^{(1)},F^{(2)},F^{(3)},\cdots,F^{(n)}\}$ 各单个因素 $F^{(i)}$ 的权重 $W_j^i=(i=1,2,\cdots,n;j=1,2,\cdots,m)$，以及 F 中各指标对于决策层的权重 $a_1,a_2,a_3,\cdots,a_n$ 则求出特征向量集 W 对决

策层的相对权重 $W_1, W_2, W_3, \cdots, W_n$。其计算公式为

$$W_j = \sum_{i=1}^{n} a_i W_j^i \quad (j = 1, 2, \cdots, m) \tag{17-6}$$

2）熵值法。熵值法是一种相对客观的权重赋值方法。在信息论中，熵是对不确定性的一种度量。信息量越大，不确定性就越小，熵也就越小；信息量越小，不确定性越大，熵也越大。根据熵的特性，用熵值来判断某个指标的离散程度，指标的离散程度越大，该指标对综合评价的影响越大。通过计算所选指标的信息熵，根据其相对变化程度对系统整体的影响来决定指标的权重，可以在一定程度上避免主观因素带来的偏差。

第一步，数据标准化，首先采用极值法对各个指标进行去量纲化处理。假设给定了 m 个指标 $X_1, X_2, X_3, \cdots, X_m$，其中，$x_i = x_1, x_2, x_3, \cdots, x_n$。

假设对各指标数据标准化后的值为 $Y_1, Y_2, Y_3, \cdots, Y_m$，则

$$Y_{ij} = \frac{x_{ij} - \min(x_i)}{\max(x_i) - \min(x_i)} + 0.0001（正向指标时） \tag{17-7}$$

$$Y_{ij} = \frac{\max(x_i) - x_{ij}}{\max(x_i) - \min(x_i)} + 0.0001（负向指标时） \tag{17-8}$$

第二步，求各指标在不同年份下的比值，其计算公式为

$$P_{ij} = \frac{Y_{ij}}{\sum_{i=1}^{n} Y_{ij}} \quad (i = 1, 2, \cdots, n; j = 1, 2, \cdots, m) \tag{17-9}$$

第三步，求各指标的信息熵，其计算公式为

$$E_j = -\ln(n)^{-1} \sum_{i=1}^{n} P_{ij} \ln P_{ij} \tag{17-10}$$

第四步，确定各指标的权重，通过计算信息冗余度来计算效用值，其计算公式为

$$D_j = 1 - E_j \tag{17-11}$$

最后，计算指标权重，其计算公式为

$$W_j = \frac{D_j}{\sum_{j=1}^{m} D_j} \tag{17-12}$$

现代生态农业的核心是以生态、经济、社会"三大效益"的协调统一为目标，然而实现可持续发展的前提仍然是足够的经济效益驱动，同时通过协调农业发展与环境之间、资源利用与保护之间的矛盾，形成生态上与经济上两个良性循环，实现长远发展。因此，"三大效益"中经济效益占比最高，其次是生态效益，最后是社会效益。经济效益的核心即实现区域现代生态农业的高产量与高产值，考虑到西北旱区农业发展面临水资源短缺和土壤盐渍化两大资源环境问题，保证水资源供应充足，提高水资源利用效率，改良土壤环境是实现旱区现代生态农业的重中之重。由此可见，指标体系中各指标权重赋值具有合理

性和可靠性（表 17-3）。

（3）数据来源及标准化处理。本研究所用基础数据来源于新疆、内蒙古、陕西、甘肃、宁夏相应的统计年鉴（省年鉴、市年鉴）（2010—2020 年）、中国农村统计年鉴（2010—2020 年）、中国环境统计年鉴（2010—2020 年）、中国财政统计年鉴（2010—2020 年）、中国水利统计年鉴（2010—2020 年）、中国第三产业统计年鉴（2010—2020 年）、中国区域统计年鉴（2010—2020 年）、中国经济与社会发展统计数据库以及各省/市统计局网站。其中，部分指标由原始数据经过计算整理而得。

为消除不同计量单位对综合测定结果的影响，并考虑正向指标和负向指标代表含义差异，对正负指标采用不同算法对原始数据进行标准化处理，具体算法如下：

正向指标为

$$x'_{ij} = \left[\frac{x_{ij} - \min(x_{1j}, x_{2j}, \cdots, x_{nj})}{\max(x_{1j}, x_{2j}, \cdots, x_{nj}) - \min(x_{1j}, x_{2j}, \cdots, x_{nj})} \right] \times 100\% \qquad (17-13)$$

负向指标为

$$x'_{ij} = \left[\frac{\max(x_{1j}, x_{2j}, \cdots, x_{nj}) - x_{ij}}{\max(x_{1j}, x_{2j}, \cdots, x_{nj}) - \min(x_{1j}, x_{2j}, \cdots, x_{nj})} \right] \times 100\% \qquad (17-14)$$

根据收集数据和数学方法，确定了西北旱区现代生态农业高质量发展一级和二级指标综合权重，见表 17-3 和表 17-4。

表 17-3　　　　西北旱区现代生态农业高质量发展一级指标体系综合权重

一级指标	层次分析法权重（W_c）	熵值法权重（W_s）	综合权重（W）
经济效益	0.4499	0.4295	0.4397
生态效益	0.3433	0.3375	0.3404
社会效益	0.2068	0.2329	0.21985

表 17-4　　　　西北旱区现代生态农业高质量发展二级指标体系综合权重

一级指标	二 级 指 标	层次分析法权重（W_c）	熵值法权重（W_s）	综合权重（W）
经济效益	单位面积农业机械动力	0.0351	0.0534	0.0443
	耕地有效灌溉率	0.0385	0.0348	0.0367
	单位耕地供水量	0.0351	0.0945	0.0648
	单位水农业产值	0.0635	0.0747	0.0691
	单位水粮食产量	0.0604	0.0427	0.0516
	农民人均农业收入	0.0604	0.0273	0.0439
	农村居民人均可支配收入	0.0667	0.0295	0.0481
	农产品产值	0.0451	0.0324	0.0388
	畜牧产品产值	0.0451	0.0402	0.0427

一级指标	二级指标	层次分析法权重 （W_c）	熵值法权重 （W_s）	综合权重 （W）
生态效益	压盐效果	0.0367	0.0258	0.0312
	盐碱地面积	0.0371	0.0669	0.0520
	供水总量	0.0408	0.0213	0.0311
	人工生态环境补水	0.0471	0.0093	0.0282
	碳排放	0.0331	0.0411	0.0371
	万元农业 GDP 耗能	0.0315	0.0258	0.0287
	单位面积农药使用强度	0.0100	0.0097	0.0099
	单位面积化肥使用强度	0.0100	0.0240	0.0170
	单位面积农膜使用强度	0.0100	0.0143	0.0122
	农业用水总量	0.0352	0.0189	0.0271
	节水灌溉面积	0.037	0.0470	0.0420
	水土流失治理面积	0.034	0.0335	0.0338
社会效益	互联网普及率	0.0178	0.0308	0.0243
	农村居民家庭恩格尔系数	0.0313	0.0346	0.0330
	财政支农力度	0.0258	0.0353	0.0306
	非农就业人数	0.0212	0.0322	0.0267
	抗干旱能力	0.0381	0.0557	0.0469
	农民支持率	0.0354	0.0310	0.0332
	人均粮食占有量	0.01801	0.0133	0.0157

(4) 模型测算。将标准化后的指标数值与权重代入设定的评价模型，即可得到测度西北半干旱地区现代生态农业发展水平的综合评价指数及分项指标评价指数。

3. 评价结果分析

(1) 高质量发展综合评价分析。2009—2019 年西北旱区现代生态农业高质量发展的省区比较如图 17-2 所示。由图可知，西北旱区现代生态农业高质量发展总体呈上升趋势，且增速加快。其中，陕西的现代生态农业发展最优，其次为新疆、内蒙古和宁夏，最后为甘肃。从发展水平来看，陕西、新疆和内蒙古地区现代生态农业发展水平高于区域平均水平，宁夏与区域平均持平，而甘肃则低于区域平均，且与区域平均发展水平相比有一定的差距。以 2019 年为例，甘肃现代生态农业发展水平是陕西的 69.82%。就发展速度而言，2009 年，除甘肃省发展较慢以外，其余 4 个省区发展起点基本一致。在 2009—2019 年里，陕西发挥其领头羊的作用，发展速度最快，同比增速 36.13%；第二梯队是新疆、内蒙古和甘肃 3 省区的发展增速基本持平，但明显低于陕西；发展速度最慢的为宁夏。相较而言，宁夏现代生态农业起点较高，然而近十年来发展滞缓，未

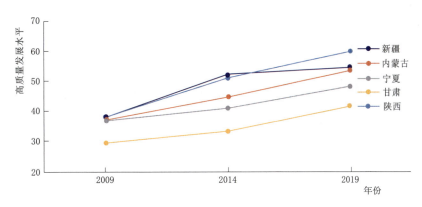

图 17-2　2009—2019 年西北旱区现代生态农业高质量发展区域比较

发挥其起跑优势。

（2）经济效益、社会效益和生态效益评价。 2009 年、2014 年和 2019 年的西北旱区现代生态农业高质量发展子系统比较示意如图 17-3～图 17-5 所示。各省区经济效益、生态效益、社会效益三大子系统发展水平与增速都较为不均衡。陕西与新疆作为目前西北旱区现代生态农业发展最好的两个省区，都以经济效益发展为主，经济效益增速较快，然而生态建设力度相对不足，近年来生态效益有所下降，但总体发展结构较为均衡，具有较强的长期发展潜力。相反，甘肃、宁夏与内蒙古 3 省区的现代生态农业主要以生态建设为主，近年来经济领域也得到充分发展，经济建设取得初步成就。但目前的总体经济发展仍稍显不足，但其坚实的生态基础为长远的经济建设奠定了坚实的基础，发展前景较好。尤其宁夏近年来调整了发展重心，在大力强化生态效益的同时，放缓了经济效益，虽然短期来看增速较慢，但好的农业发展结构必将为该地生态农业的长远发展助力。

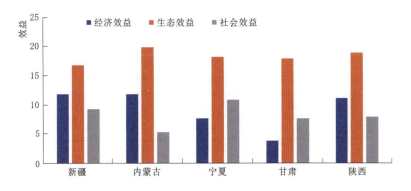

图 17-3　2009 年西北旱区现代生态农业高质量发展子系统比较示意图

（3）发展阶段划分。 参照同类研究与农业发达省市相关参数，结合西北旱区农业的实际情况，将现代生态农业发展划分为 5 个阶段（表 17-5、表 17-6）。西北旱区的农业产业均处于现代生态农业发展的起步与准备阶段，其中甘肃和内蒙古处于现代生态农业准备阶段，陕西、新疆和宁夏处于现代生态农业起步阶段。

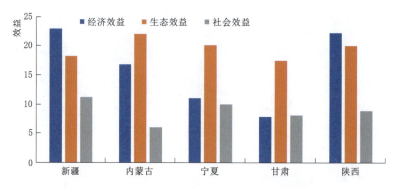

图 17-4　2014 年西北旱区现代生态农业高质量发展子系统比较示意图

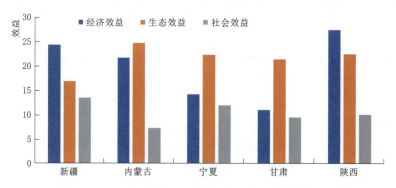

图 17-5　2019 年西北旱区现代生态农业高质量发展子系统比较示意图

表 17-5　　　　　　　　　　现代生态农业发展阶段划分标准

现代生态农业发展阶段	评价值范围	现代生态农业发展阶段	评价值范围
准备阶段	<40	基本实现阶段	80～90
起步阶段	40～65	实现阶段	>90
初步实现阶段	65～80		

表 17-6　　　　　　　　　　4 个分区现代生态农业发展阶段划分

年份	项目	新疆	内蒙古	宁夏	甘肃	陕西
2009	综合得分	38.1704	37.2978	37.0124	29.5926	38.2401
	发展阶段	准备阶段	准备阶段	准备阶段	准备阶段	准备阶段
2014	综合得分	52.3803	44.8466	41.1563	33.4706	51.1466
	发展阶段	起步阶段	起步阶段	起步阶段	准备阶段	起步阶段
2019	综合得分	54.5749	53.5517	48.3468	41.8038	59.8712
	发展阶段	起步阶段	起步阶段	起步阶段	起步阶段	起步阶段

　　分析各省区现代生态农业发展水平综合得分可知（表 17-7、图 17-6～图 17-8）：总体来说，2009—2019 年区域差异不大，西北旱区各省区的现代生态农业发展已完全从准备阶段过渡到了起步阶段。为进一步把握地区发展差异，本研究将该地区划分为 3 个梯

队。第一梯队以甘肃为主，起步较慢，刚从现代生态农业发展准备阶段过渡到起步阶段，发展速度较慢，发展空间较大；第二梯队以宁夏和内蒙古为主，已经稳定在现代生态农业发展起步的初级阶段，逐渐积攒力量向下一阶段前进；第三梯队以陕西和新疆地区为主，这一梯队的两省区进入现代生态农业起步阶段较早，已经明确自己的发展优势，发展速度较快，已逐步进入初步实现现代生态农业的过渡阶段。

表 17 - 7　　　　西北旱区各省区现代生态农业高质量发展综合指数得分

年份	省区名称	经济效益	生态效益	社会效益	合计
2019	新疆	24.2977	17.3512	13.4408	55.0897
	内蒙古	21.6204	23.1844	7.2235	52.0282
	宁夏	14.1609	18.3429	11.9106	44.4145
	甘肃	10.9707	19.3019	9.4661	39.7387
	陕西	27.3955	19.1066	10.0367	56.5388
2014	新疆	22.9186	19.0067	11.2073	53.1326
	内蒙古	16.7923	19.5362	6.0206	42.3491
	宁夏	11.0379	16.4138	9.9892	37.4409
	甘肃	7.8624	16.0554	8.1367	32.0546
	陕西	22.2168	16.6866	8.8898	47.7933
2009	新疆	11.9186	17.0295	9.3393	38.2875
	内蒙古	11.8985	17.3721	5.3736	34.6443
	宁夏	7.7346	14.4054	10.9282	33.0682
	甘肃	3.8391	15.4950	7.7022	27.0364
	陕西	11.1898	16.0789	7.9900	35.2587

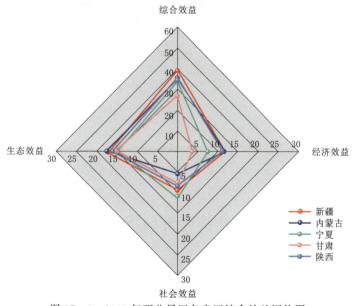

图 17 - 6　2009 年西北旱区各省区综合效益评价图

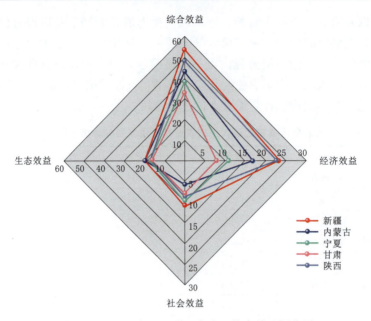

图 17-7　2014 年西北旱区各省区综合效益评价图

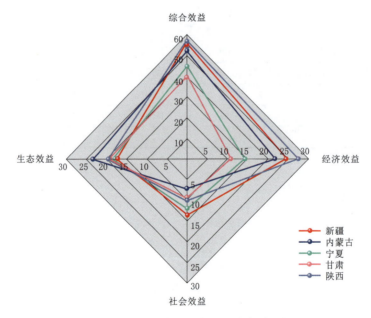

图 17-8　2019 年西北旱区各省区综合效益评价图

17.2　产业结构评价与优势农业产业

优势产业是指对一国或地区产业结构的升级转换和经济持续快速增长起根本性、全局性作用的产业。由于西北各地区所处的地理位置资源禀赋、区位条件、产业发展规模不同，使得各地区发展农业产业的优劣势不同。农业优势产业评价具有较强的针对性，特别是在国家经济调整和实施西部大开发战略的背景下，西北各地区科学的选择和发展优势产业，对加快西部地区工业化进程，增强区域经济竞争力，以及优化经济结构，避免产业结构趋同具有重大的现实意义[5]。

17.2.1 西北旱区产业结构演变特征

1. 西北旱区产业结构变化趋势

2000—2020 年西北旱区产业结构变化趋势如图 17-9 所示。可以看出，西北旱区在 2015 年之前保持着"二三一"产业结构的发展态势，具有我国以基础资源为主要发展依托的城市产业结构的普遍特色。随着我国"十三五"的进程扩张，我国推行去产能去库存等一系列的产业结构转型举措，西北旱区产业结构快速转型发展，并从 2015 年起转变为"三二一"的产业结构。第三产业所占比重在逐年递增，2020 年达到 50.19%；第二产业占比先从 2000 年的 43.77%增加至 2011 年的 52.48%，随后降至 2020 年的 39.54%，表明尽管西北旱区的工业与制造业仍保持着地区内支柱的作用，但重要性已经明显被削弱；虽然西北旱区第一产业占比相对较小，但随着地区经济发展的进步，第一产业仍在不断被削弱。

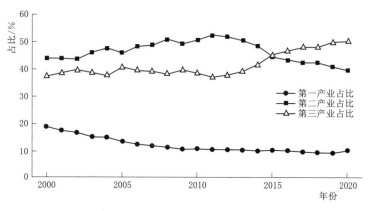

图 17-9 2000—2020 年西北旱区产业结构变化趋势图

2. 各省区产业结构变化趋势

2000—2020 年陕西省第一、第二、第三产业产值大幅度增加，上升幅度分别为 103.40 亿元/年、594.43 亿元/年和 604.62 亿元/年。然而，第一产业占比持续下降，2020 年降至 8.73%。第二、第三产业占比基本保持较为稳定的波动变化。尽管第二产业作为陕西省的传统性支柱产业，占比在 42.92%～53.19%之间波动，然而 2015 年后，第三产业占比有反超趋势。其主要原因是陕西省在发展低能耗、高效益的制造业外，还努力发展金融、科研发展、信息、科技、贸易、物流等生产性服务业和现代服务业，逐渐实现产业结构优化升级（表 17-8）。

甘肃省的产业结构以第二、第三产业为主。第一、第二和第三产业产值分别从 2000 年的 196.93 亿元、424.99 亿元和 340.56 亿元增加到 2020 年的 1198.14 亿元、2852.03 亿元和 4966.54 亿元。2014 年起，第三产业飞速发展，第二产业呈现滑坡式下降。然而，甘肃省呈现的产业结构"三二一"状态的形成并非与理论上的"三二一"高度一致。而是技术支持型企业转型升级，和未能及时获得相应的替代品作为新动力的结果。在对知识和产业技术的集约化、服务经济与其他产业的融合上仍存在明显的欠缺之处。

表 17-8　　　　　　　西北旱区 2000—2020 年各省区三产产值统计分析表

年份	变量	省　区					
		新疆	宁夏	青海	甘肃	陕西	内蒙古
2000	第一产业/亿元	321.15	32.29	25.53	196.93	266.28	176.59
	占比/%	31.52	3.17	2.51	19.33	26.14	17.33
	第二产业/亿元	543.97	107.69	120.55	424.99	755.92	421.37
	占比/%	22.91	4.54	5.08	17.90	31.84	17.75
	第三产业/亿元	479.05	82.67	99.16	340.56	738.93	291.72
	占比/%	23.57	4.07	4.88	16.76	36.36	14.36
2005	第一产业/亿元	545.03	51.81	50.88	312.51	431.96	279.06
	占比/%	32.61	3.10	3.04	18.70	25.85	16.70
	第二产业/亿元	1250.34	224.43	256.97	855.31	1743.54	1414.29
	占比/%	21.76	3.91	4.47	14.89	30.35	24.62
	第三产业/亿元	1001.18	229.55	202.19	769.50	1565.00	1300.37
	占比/%	19.76	4.53	3.99	15.18	30.88	25.66
2010	第一产业/亿元	1148.20	119.86	134.92	556.05	985.79	513.45
	占比/%	33.20	3.47	3.90	16.08	28.51	14.85
	第二产业/亿元	2878.03	550.07	768.87	1964.31	4894.70	5125.66
	占比/%	17.79	3.40	4.75	12.14	30.25	31.68
	第三产业/亿元	2062.86	561.75	645.23	1521.79	3748.32	3790.85
	占比/%	16.73	4.56	5.23	12.34	30.40	30.74
2015	第一产业/亿元	1870.98	237.78	208.61	895.17	1593.12	746.55
	占比/%	33.70	4.28	3.76	16.12	28.69	13.45
	第二产业/亿元	4160.43	1514.42	1092.00	2488.94	7875.81	7111.65
	占比/%	17.16	6.25	4.50	10.27	32.49	29.33
	第三产业/亿元	4763.49	1164.07	816.16	3364.13	7602.54	6864.09
	占比/%	19.38	4.74	3.32	13.69	30.94	27.93
2020	第一产业/亿元	1981.28	338.01	335.20	1198.14	2257.79	885.59
	占比/%	28.32	4.83	4.79	17.13	32.27	12.66
	第二产业/亿元	4744.45	1608.96	1143.05	2852.03	11133.67	5459.08
	占比/%	17.61	5.97	4.24	10.59	41.33	20.26
	第三产业/亿元	7071.85	1973.58	1527.72	4966.54	12471.51	6185.65
	占比/%	20.68	5.77	4.47	14.52	36.47	18.09

随着城市化的步伐不断加快以及区域旅游行业发展，2018 年青海省产业结构由"二三一"模式转变成"三二一"模式。基本形成以绿色能源、绿色产业、绿色消费、绿色农牧业为基础的绿色发展模式。宁夏第一、第二产业占比分别由 2000 年的 14.50% 和 48.37% 降至 2020 年的 8.62% 和 41.04%，第三产业增长迅猛，逐渐替代第二产业，成为创造财富的主要产业。

内蒙古经济不断向第三产业聚集，第一、第二产业占比逐渐由 2000 年的 19.85% 和 47.36% 减小至 2020 年的 7.07% 和 43.57%。第三产业占比从 32.79% 上升至 49.37%。内蒙古的产业结构从"二三一"的结构逐渐向"三二一"的产业结构转变，产业结构不断优化升级，向着高质量发展。尽管内蒙古属于农牧业大省，但是其第一产业总体实力较弱，资源利用没有达到最优配置，不具有竞争优势，且农牧业后续产业链发展不够成熟。仍需继续加快产业结构调整，优化升级现有产业结构，从而促进内蒙古整体经济步入快速、高效、可持续发展的道路。

从 2015 年起，新疆的第三产业崛起超越第二产业，成为新疆地区产业占比最高的产业，而第一产业占比从 2000 年的 23.89% 降至 2020 年的 14.36%。随着农业现代化的完善，新型工业化进程走向中高端水平和现代服务业的逐渐壮大，新疆经历了重大的产业结构调整，开始以第一产业为主，向以第二产业为主转变，最终转变成以第三产业为主体的"三二一"式产业结构，产业结构趋于合理化、高级化。然而第一产业占比偏高而第三产业占比偏低，结构有待进一步优化及巩固。

3. 产业结构空间分布特征

2020 年西北旱区产业结构空间分布，28 个地级市产业结构呈"三二一"分布形式，涉及新疆西部、甘肃、陕西南部、内蒙古中部的市域单元，第三产业为其城市发展的主要职能。21 个地级市产业分布呈"二三一"梯度形式，主要分布于新疆东部、陕西北部、青海北部、内蒙古西部和宁夏北部的市域单元。甘肃的定西、张掖、武威、甘南藏族自治州、新疆的喀什地区、和田地区、宁夏的固原及青海的黄南、海北藏族自治州产业分布均为"三一二"形式，工业发展相对欠缺。青海玉树藏族自治州和新疆塔城地区产业分布仍为"一三二"形式，区域经济亟待发展。

尽管新疆大部分地区第一产业不是主导产业，但其占比相对较高，远超全国平均水平，对西北旱区第一产业产值贡献最大，是西北旱区第一产业发展的主要区域。而陕西和内蒙古两省第二、第三产业产值具有绝对优势，是第二、第三产业发展的主要集中区。总的来说，逐年增加的人口数量和空间分布的不均衡性，对西北旱区的可持续发展提出更高的要求。

17.2.2 产业结构调整原则与优势产业选择方法

西北旱区农业产业结构调整的总体思路是，以西北旱区农业产业发展现状出发，在坚持市场导向和区域农业产业比较的基本原则下，充分考虑西北旱区农业水资源、生态环境双重约束的特殊性，结合产业发展中的劳动力素质、产业盈利水平、技术水平、区位条件、资金条件、政策及产业发展环境等要素，构建西北旱区农业优势产业选择的评价标准和方法。在此基础上，运用实地调研数据进行实证分析，最后确定西北旱区农业优势产业的类别，并分析论证其发展潜力，为西北旱区建设现代农业提供理论依据和政策建议。

1. 产业结构调整原则

(1) 整体原则。生态农业系统是一个复杂的复合系统，其建设目标是通过产业化推动系统整体进入良性循环轨道。为此，区域生态农业产业结构调整应遵循"整体协调与循环再生"的生态原理，注重大范围内各子系统间的运行协调，维护系统整体的生态平衡结构，实现经济、技术与生态的有机融合。通过构建生态农业产业化经营发展体系，促进农业各产业的协同配合，最终实现区域整体协调发展。

(2) 生态适宜原则。生态农业种群是依据生态适宜性分布在各种不同的农业生态体系的时空之中。西北旱区地域分异的自然资源条件决定了生态系统建设的多样性，也决定了产业化模式建设的多样性。为了优化区域生态资源，从而形成具有显著比较优势的产业，在生态农业产业化建设的过程中就必须按地域分异规律，对不同区域的自然资源、生态环境、市场建设水平进行全面的调查分析，从而选择正确的生态农业产业化模式。

(3) 复合多样性原则。其实质是，生态农业产业化突破了传统农业建设的范畴，其是农业建设与第二、第三产业结合而形成的农村农业复合生态系统，包括结构元、结构链和结构网。结构元、结构链和结构网的多样性决定了系统构造的多样性，主要表现为资源多样性、耦合关系多样性、时空多样性、营养多样性和产业多样性，最重要的是产业多样性。不同的产业种类使各农业生态体系之间形成了异质的产业关系，形成了产业关系的多样性特点，而产业间关系的多样化决定了产业化模式的多样化。

(4) 区位优势原则。区位优势条件决定着生态农产品的市场竞争力。明确区位优势的观点，有利于在生态农业产业化的进程中选准主导产业，促进其专业化生产、规模化建设、产业化经营、社会化服务，以提高市场竞争力，实现比较优势向生产力的转换。

2. 产业结构优化指标

产业结构优化能够合理利用和有效保护资源的作用，根据以上产业结构优化的总体思路和原则，西北旱区产业结构优化指标主要包括产业区域效益水平、产业规模保障水平、产业结构协调水平、产业结构适宜水平和产业结构优势水平[6]，具体含义和计算方法如下：

（1）产业区域效益水平，采用产业区域份额分量（N_j）评价，即各产业均按全国GDP 增长率增长时，j 地区应该实现的增长份额，其计算公式为

$$N_{ij} = Y_{ij} \left[\frac{S_i(t)}{S_i(t_0)} - 1 \right] \qquad (17-15)$$

式中：$S_i(t)$ 为 i 产业在全国范围内的经济总量（通常为产值或增加值）在 t 时刻的值；$S_i(t_0)$ 为 i 产业在全国范围内的经济总量在基期 t_0 时刻的值；Y_{ij} 为 j 地区 i 产业的产值。

将实际增长水平与假定的增长水平进行比较，如果实际增长水平低于假定的增长水平，则该区域总偏离值为负值；如果实际增长水平高于假定的增长水平，则该区域的总偏离值为正值。

（2）产业规模保障水平，采用产业结构分量（P_j）评价，即按照不同的增长率计算出

来的 i 产业增长额之间的差异，一般首先用全国 i 产业增长率和全国 GDP 增长率分别计算其所实现的增长额，然后再比较两者之间的差异，其计算公式为

$$P_{ij} = Y_{ij} \left[\frac{S_i(t)}{S_i(t_0)} - \frac{S(t)}{S(t_0)} \right], \quad S(t) = \sum_i S_i(t), \quad P_j = \sum_i P_{ij} \qquad (17-16)$$

式中：P_{ij} 主要反映 j 地区的 i 产业是如何随着全国 i 产业的变动而变动的。P_{ij} 为正，则说明 j 地区产业为快速增长型，产业结构对经济增长的贡献比全国平均水平要高；P_{ij} 为负，则说明 j 地区的产业结构相对落后，产业结构对经济增长的贡献比全国平均水平要低。

（3）产业结构适宜水平，采用产业竞争力分量（D_{ij}）评价，即用实际增长率计算所实现的增长额，然后与全国统一产业所实现的增长额进行比较，求得两者之间的差异，其计算公式为

$$D_{ij} = Y_{ij}(t_0) \left[\frac{Y_{ij}(t)}{Y_{ij}(t_0)} - \frac{S_i(t)}{S_i(t_0)} \right], \quad D_j = \sum_{i=1}^n D_{ij} \qquad (17-17)$$

式中：D_{ij} 为 j 地区 i 产业按不同增长率所计算出来的增长额之间的差异。

该指标通过与全国水平的比较，能反映出 j 地区发展 i 产业所具有的区位优势或劣势。$D_{ij} > 0$，说明该地区的区位竞争力高于全国平均水平；$D_{ij} < 0$，说明该地区的区位竞争力低于全国平均水平。

（4）产业结构协调水平，采用产业偏离分量（S_{ij}）评价，即区域经济增长量和全国份额分量的差额，其计算公式为

$$S_{ij} = P_{ij} + D_{ij} = G_{ij} - N_{ij}, \quad S_i = \sum_{i=1}^n S_{ij} \qquad (17-18)$$

式中：S_{ij} 为 j 地区 i 产业实际的经济增长量与按照全国总体增长率所能达到的增长量之间的差额。

$S_{ij} > 0$，则说明 j 地区的相对表现比全国平均水平要高；$S_{ij} < 0$，则说明 j 地区的相对表现比全国平均水平要低。一般而言，经济发展只要处于增长阶段，全国份额分量 N_j 和经济增长量 G_j 就应该大于 0，偏离分量 S_j 则既可能大于 0，也可能小于 0 或等于 0。产业结构分量 P_j 和竞争力分量 D_j 也可能出现正值、负值或 0。

产业结构优势水平，采用产业结构比较优势指数 A_j 评价，即 j 区域与所在大区（或全国）相比，因产业结构差异而引起的经济增长率的差异，其计算公式为

$$A_j = \frac{\sum\limits_{i=1}^n (N_{ij} + P_{ij})}{Y_j(t_0)} \qquad (17-19)$$

3. 农业优势产业特征及其作用

（1）农业优势产业的特征。由于农业是自然资源依赖型产业，如果某地区的气候气象、土壤水分、地形地貌等自然条件适合某种农产品的生长，并在长期历史选择中选中该农产品作为重点开发的特色产业，该产业即为该地区的农业优势产业。

优势产业应具有以下显性特征：①具有经济比较优势，产业效益好；②具有市场竞争优势，产业竞争能力强；③市场容量大，发展前景广阔；④产业关联效应强，能有力带动

区域专业化分工、协作及其产业集群的发展；⑤促进产业升级与结构优化，推动区域经济增长由粗放向集约、高效、可持续的根本转变；⑥有利于增加就业，能持续提高从业者的收入水平；⑦具有良好的自我演进的产业生态进化能力，持续保持动态优势。

农业优势产业与主导产业和支柱产业不同。当优势产业发展到一定规模，并在农业经济中占据一定的比例，对关联产业具有较强的辐射带动作用，优势产业才能成为农业主导产业；当优势产业产值在地区国民经济中占据较大份额，并起着支撑带动作用时，优势产业才能成为支柱产业。

（2）农业优势产业在区域经济发展中的作用。农业优势产业有利于促进区域农业经济的快速增长，提升农业产业竞争力。农业优势产业不仅体现在"特色"优势上，也体现在"竞争"优势上，即不仅要具有特色资源、特色产品、特色技术和特色产业，也要有市场竞争优势，而且特色优势的根本落脚点在于其竞争优势。农业优势产业作为农业经济中起支柱作用的产业部门，他们能带动区域农业经济实现较快的增长，并且保持各个农业产业间及其内部比例的协调发展。

农业优势产业有利于促进农业经济结构转换，优化区域农业经济增长方式。农业优势产业的发展有利于实现区域农业经济结构的转变，充分发挥出区域农业优势部门的优势，更好地适应市场经济竞争的要求，使区域农业经济系统从整体上能发挥出最大的经济效益。

农业优势产业有利于实现农业区域分工，提高农民收入水平。大力发展区域农业优势产业，能充分利用不同区域的优势资源，深化区域农业产业分工，提高资源的利用率，适应和满足市场竞争的需要，达到优势农业产品的适销对路，防范农产品滞销的风险，提高地区农业竞争优势和市场优势，能充分调动农民的生产积极性，从而达到提高农民收入和实现农业可持续发展的要求。

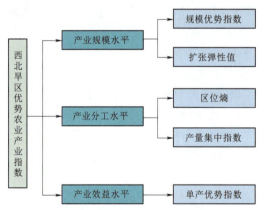

图 17-10　西北旱区优势农业产业评价指标体系

4. 优势农业产业评价指标及方法

优势农业能够合理利用和有效保护资源，是合理调整农业产业结构的关键指标。根据以上西北旱区优势农业产业选择的总体思路和原则，西北旱区优势农业产业选择指标主要包括产业规模水平、产业分工水平和产业效益水平（图 17-10）。

西北旱区优势农业产业选择指标体系中各个指标的经济含义和计算方法具体如下：

（1）产业规模水平评价。

1）规模优势指数。规模优势指数反映一个地区某一作物生产的规模程度，是资源禀赋、市场需求和种植情况综合体现，是产业比较优势的静态描述，其计算公式为

$$X_{ij} = \left(\frac{S_{ij}}{S_i} \right) \bigg/ \left(\frac{S_j}{S} \right) \tag{17-20}$$

式中：X_{ij} 为 i 地区 j 作物规模优势指数；S_{ij} 为 i 地区 j 作物的播种面积；S_i 为 i 地区所

研究作物总播种面积；S_j 为指定高一级区域 j 作物的播种面积；S 为指定高一级区域所研究作物总播种面积。

$X_{ij}>1$，说明与高一级区域平均水平相比 i 地区该作物生产显示规模优势；$X_{ij}<1$，说明 i 地区该作物显示规模劣势。X_{ij} 值越大，规模优势越明显。

2）扩张弹性值。扩张弹性值是衡量产业规模变化的重要动态指标，扩张弹性值高说明产业规模扩大有市场前景，其计算公式为

$$T_{ij}=\left(\frac{Y_{tij}}{Y_{0ij}}\right)\bigg/\left(\frac{Y_{tj}}{Y_{0i}}\right) \tag{17-21}$$

式中：T_{ij} 为 i 地区 j 作物扩张弹性值；Y_{tij} 为 i 地区 j 作物本期产量；Y_{0ij} 为 i 地区 j 作物基期产量；Y_{tj} 为 i 地区所研究作物 j 本期总产量；Y_{0i} 为 i 地区所研究作物基期总产量。

$X_{ij}>1$，说明该作物规模呈扩张趋势，$X_{ij}=1$，说明规模未变；$X_{ij}<1$，说明规模呈萎缩趋势。

（2）产业分工水平评价。

1）区位熵。区位熵用于衡量某一区域要素的空间分布情况，反映某一产业部门的专业化程度以及某一区域在高层次区域的地位和作用。在产业结构研究中，运用区位熵指标主要是分析区域主导专业化部门的状况。所谓熵，就是比率的比率。其是由哈盖特所提出的概念，反映某一产业部门的专业化程度，以及某一区域在高层次区域的地位和作用。区位熵的计算公式为

$$LQ_{ij}=\left(\frac{q_{ij}}{q_j}\right)\bigg/\left(\frac{q_i}{q}\right) \tag{17-22}$$

式中：LQ_{ij} 为 j 地区的 i 产业在西北旱区的区位熵；q_{ij} 为 j 地区的 i 产业的相关指标（例如产值、就业人数等）；q_j 为 j 地区所有产业的相关指标；q_i 为在西北旱区范围内 i 产业的相关指标；q 为西北旱区所有产业的相关指标。

LQ_{ij} 的值越高，地区产业集聚水平就越高，一般来说，当 $LQ_{ij}>1$ 时，本研究认为 j 地区的区域经济在全国来说具有优势；当 $LQ_{ij}<1$ 时，认为 j 地区的区域经济在全国来说具有劣势。区位熵方法简便易行，可在一定程度上反映出地区层面的产业集聚水平。

2）产量集中指数。产量集中指数反映产业集中度和地区专业化程度，其计算公式为

$$C_{ij}=\left(\frac{Y_{ij}}{P_i}\right)\bigg/\left(\frac{Y_j}{P}\right) \tag{17-23}$$

式中：C_{ij} 为 i 地区 j 作物产量集中指数；Y_{ij} 为 i 地区 j 作物产量；P_i 为 i 地区农村人口；Y_j 为指定高一级区域 j 作物产量；P 为指定高一级区域农村人口。

$C_{ij}>1$，说明该作物比较集中，i 地区生产该作物专业化水平高；$C_{ij}<1$，说明该作物在 i 地区专业化水平较低。

（3）产业效益水平评价。 主要用单产优势指数来衡量。该指标是从生产力角度衡量产业产出效益优势，是资源禀赋、生产投入和科技进步的综合体现，其计算公式为

$$D_{ij}=\left(\frac{AY_{ij}}{AY_i}\right)\bigg/\left(\frac{AY_j}{AY}\right) \tag{17-24}$$

式中：D_{ij} 为 i 地区 j 作物单产优势指数；AY_{ij} 为 i 地区 j 作物单位产品净利润；AY_i 为 i 地区所研究作物平均单位产品净利润；AY_j 为指定高一级区域 j 作物单位产品净利润；AY 为指定高一级区域所研究作物平均单位产品净利润。

$D_{ij} > 1$，说明与高一级区域平均水平相比 i 地区该作物有单产优势；$D_{ij} < 1$，说明 i 地区该作物处于单产劣势；D_{ij} 值越大单产优势越明显。

(4) 确定权重。 在评价指标体系中，由于各指标的单位不同、量纲不同、数量级不同、不便于分析，甚至会影响评价的结果。因此，为统一标准，要对所有的评价指标进行标准化处理，以消除量纲，将其转化成无量纲、无数量级差别的标准分，然后再进行分析评价。此处，考虑到所有评价指标均为正向指标，因此建议采用归一化标准化方法对指标进行标准化处理，其计算公式为

$$X'_i = \frac{X_i}{\sum_{i=1}^{n} X_i} \tag{17-25}$$

式中：X'_i 为标准化后的指标数据；X_i 为指标原数据。

评价指标体系中各个指标权重的确定坚持定性评价和定量评价相结合的原则来确定。

1）确定定性评价指标权重。运用专家打分法，邀请国内知名专家作为评价专家，采用匿名打分的方法，拟安排 3～4 轮的专家打分，最后确定出每个具体指标的定性评价权重。具体做法是，邀请西北农林科技大学 25 名专家作为打分专家，分三轮进行打分，最后将第三轮的打分结果通过计算每个指标的算术平均值，得出每个指标的定性评价指标权重（图 17-11）。

2）确定定量评价指标权重。拟采用变异系数法来确定指标的权重。变异系数法是一种客观赋权的方法，是直接利用各项指标所包含的信息，通过计算得到指标的权重。此方法的基本做法是：在评价指标体系中，指标取值差异越大的指标，也就是越难以实现的指标，这样的指标更能反映被评价单位的差距。由于评价指标体系中的各项指标的量纲不同，不宜直接比较其差别程度。为了消除各项评价指标的量纲不同的影响，需要用各项指标的变异系数来衡量各项指标取值的差异程度。各项指标的变异系数公式为

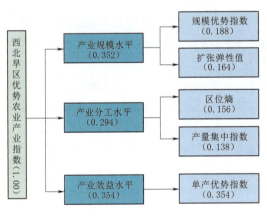

图 17-11　西北旱区优势农业产业评价指标定性确定的权重值

$$V_i = \frac{\sigma_i}{\overline{X}_i} \quad (i=1,2,\cdots,n) \tag{17-26}$$

式中：V_i 为第 i 项指标的变异系数；σ_i 为标准差系数，是第 i 项指标的标准差；$\overline{X}_i$ 为第 i 项指标的平均数。

各项指标的权重为

$$W_i = \frac{V_i}{\sum_{i=1}^{n} V_i} \tag{17-27}$$

根据研究数据，采用变异系数法确定的定量评价指标权重如图 17-12 所示。

3）确定定性评价与定量评价结果结构。同样使用专家打分法，具体结果可以在定性评价中同时进行。假设定性评价的结构权重为 α，则定量评价的权重就为 $1-\alpha$。同时，在确定定性与定量评价指标权重的时候，通过专家三轮打分，确定出了定性指标权重与定量指标权重之间的比例，通过计算第三轮的打分结果的算术平均值，得出定性指标权重与定量指标权重之间的比例关系为 0.573 和 0.427。

4）确定综合权重 W_i。其计算公式为

$$W_{i综合} = \alpha W_{i定性} + (1-\alpha) W_{i定量} \tag{17-28}$$

经过加权平均法，得出西北旱区优势农业产业评价指标综合权重值如图 17-13 所示。

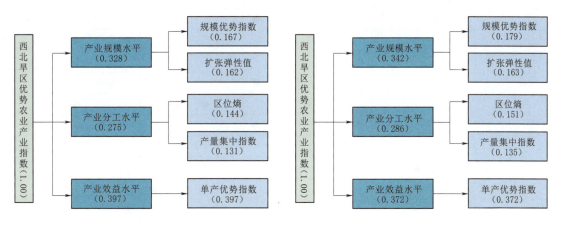

图 17-12 西北旱区优势农业产业
评价指标定量确定的权重值

图 17-13 西北旱区优势农业产业
评价指标综合权重值

(5) 评价总分值的计算。根据以上指标标准后的 X 和确定的权重 $W_{i综合}$，就可以确定出农业内部各个产业的评价结果 S_i，并发现其存在的不足，提出相应的建议。具体计算公式为

$$S_i = \sum_{i=1}^{n} X'_i W_{i综合} \tag{17-29}$$

17.2.3 优势农业产业布局

为进一步推进西北旱区现代生态农业高质量发展，需探究市域角度的优势产业布局。本研究从青海、甘肃、内蒙古和宁夏的市域维度，新疆生产建设兵团的师域角度，探究西北旱区特色优势农业产业布局，为进一步完善产业分工、优势互补的西北旱区农业产业格局提供指导，具体特色优势农业产业分布见表 17-9。

表 17 - 9　　　　　　　　　西北旱区特色优势农业产业汇总表

序号	省区		小麦	玉米	薯类	蔬菜	油料	苹果	棉花	梨	葡萄	红枣	猪肉	牛肉	羊肉	奶类	禽蛋
1.1	青海	西宁市				●	●						●			●	●
1.2		海东州	●	●	●								●	●	●		
1.3		海北州	●			●								●	●		
1.4		黄南州						●	●	●	●	●		●	●		
1.5		海南州	●	●				●	●	●	●					●
1.6		果洛州		●				●	●	●						●	
1.7		海西州					●									●	●
2.1	甘肃	兰州市				●		●									
2.2		嘉峪关市				●		●			●					●	
2.3		金昌市	●					●						●			
2.4		白银市			●		●			●		●					
2.5		天水市						●				●	●				●
2.6		武威市									●			●	●		
2.7		张掖市		●													
2.8		平凉市						●					●				
2.9		酒泉市				●				●	●				●		
2.10		庆阳市	●	●				●					●				
2.11		定西市			●												●
2.12		临夏州		●			●			●							
2.13		甘南州	●		●		●					●		●		●	
3.1	内蒙古	呼和浩特市		●									●			●	
3.2		包头市			●	●								●		●	
3.3		锡林郭勒盟	●		●								●				
3.4		乌兰察布市	●		●	●							●		●		●
3.5		鄂尔多斯市		●									●	●			
3.6		巴彦淖尔市	●												●		●
3.7		阿拉善盟														●	
4.1	新疆	一师阿拉尔市			●			●	●	●		●					
4.2		二师铁门关市			●					●				●			
4.3		三师图木舒克市						●		●					●		
4.4		四师可克达拉市	●	●	●			●						●			
4.5		五师双河市		●			●				●						●
4.6		六师五家渠市	●										●				●
4.7		七师胡杨河市				●			●							●	
4.8		八师石河子市							●							●	

续表

序号	省区		小麦	玉米	薯类	蔬菜	油料	苹果	棉花	梨	葡萄	红枣	猪肉	牛肉	羊肉	奶类	禽蛋
4.9		九师	●	●										●	●		
4.10		十师北屯市					●							●			
4.11	新疆	十二师				●	●				●					●	
4.12		十三师					●				●	●					
4.13		十四师昆玉市										●			●		●
5.1		西安市	●				●		●		●						●
5.2		铜川市		●				●									●
5.3		宝鸡市	●			●					●		●				
5.4	陕西	咸阳市					●	●		●		●			●		
5.5		渭南市	●				●	●				●					●
5.6		延安市			●	●		●		●	●	●					
5.7		榆林市			●		●										
6.1		银川市	●				●							●	●	●	
6.2		石嘴山市	●				●										
6.3	宁夏	吴忠市			●	●									●	●	
6.4		固原市	●											●	●		
6.5		中卫市			●	●	●					●					●

根据西北旱区现代生态农业发展水平表（表17-9），西北旱区特色优势产业呈现明显的区域差异和资源禀赋特征。总体来看，种植业以小麦、玉米、薯类、油料、蔬菜、苹果、红枣等为主，养殖业以肉牛、肉羊、奶牛、生猪和禽蛋为主。

（1）种植业分布规律。

1）粮食作物。小麦和玉米在青海海东、海北、海南，甘肃庆阳，内蒙古巴彦淖尔，宁夏石嘴山，陕西延安，新疆生产建设兵团四师等地区占优，反映西北旱区粮食安全的基础地位。

2）经济作物。油料种植在青海全省、甘肃白银、内蒙古包头、宁夏中卫、陕西榆林等地较为集中；苹果、红枣、葡萄等特色果业在甘肃天水、平凉、黄南，陕西咸阳、渭南，新疆生产建设兵团一师、三师等地发展突出，体现区域品牌效应。

3）蔬菜与薯类。蔬菜种植在西宁、海东、海南，甘肃兰州、酒泉，宁夏银川，陕西西安等地占优；薯类种植在甘肃定西、内蒙古乌兰察布、宁夏吴忠、陕西延安等地表现突出，适合干旱地区资源条件。

（2）养殖业分布规律。

1）肉牛与肉羊。肉牛与肉羊养殖在青海全省、甘肃平凉、庆阳，内蒙古鄂尔多斯、锡林郭勒盟、宁夏银川、固原，陕西延安，新疆生产建设兵团九师、十师等地占主导地位，依托草原资源优势。

2）奶牛与禽蛋。奶牛养殖在内蒙古呼和浩特、包头，甘肃嘉峪关、金昌，宁夏吴忠，陕西宝鸡，新疆生产建设兵团七师、八师等地较集中；禽蛋养殖在甘肃天水、定西，内蒙古巴彦淖尔，宁夏中卫，陕西西安、渭南等地占优，满足市场需求。

3）生猪养殖。生猪养殖在西宁、海东、海南，甘肃武威，内蒙古呼和浩特，宁夏银川，陕西延安，新疆生产建设兵团二师、六师等地较为普遍，保障肉类供给。

17.3　农业种植结构调整策略

西北旱区是中国的大型农业生产区之一，该地区的农业种植结构优化对于提高农业生产效率、促进农村经济发展、保护生态环境等方面具有重要意义。

17.3.1　农业种植结构优化原则与方法

农业种植结构的优化是指根据自然条件、农业生产技术和市场需求等因素，科学合理地配置不同作物的种植面积和比例，从而达到提高农业生产效益、促进农村经济发展、保护生态环境等方面的目的[7]。

1. 种植结构优化原则

种植结构优化主要是指更改原来的农产品种植结构，放弃落后的种植手段，使农业生产由粗放经营向集约经营转变的过程，更是一种从低级进化到高级的过程。通过使用先进的种植技术手段或者全方位推广先进技术，以期提高农林牧渔业生产过程中的科技水平，转变和改善农业生产方式，使农业生产方法依靠科学和技术的进步而发展，并且要通过这样的调整提高农民素质，以达到技术含量低的传统农业向技术含量高的现代农业模式转型。

水土资源作为人类生存的最基本资源，也是绿洲农业形成的先决条件，对农业适水发展规模的研究，本质上就是对绿洲水、土资源的研究。然而资源都是有一定承载能力的，在水土资源开发利用的过程中，如果其内部消耗超出了资源可承载的范围，则会对整个系统造成不可逆的破坏，因此农业适水发展首先必须建立在水土资源可承载的基础上。随着人口的增长，绿洲农业发展需求与其自身的水土资源承载力之间的矛盾越来越突出，经济和环境的双重压力，要求绿洲基于水土资源合理开发利用，平衡区域生态环境和社会经济的协调发展，解决经济发展与生态建设之间的发展难题（图 17 - 14）。在一定的水土资源

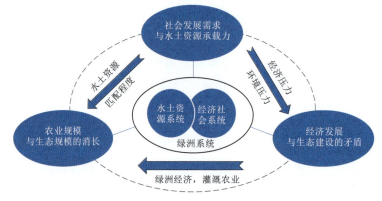

图 17 - 14　经济发展与生态建设之间的发展难题

可承载的范围内，农业规模与生态规模中一方的扩张必然引起另一方的削减，如何动态平衡两者此消彼长的关系，确定适度的农业规模成为解决上述矛盾的关键因素之一。

西北旱区种植结构调整的基本原则是实现区域生态健康前提下的农业水资源高效利用。农业水资源高效利用的核心在于自上而下考虑以水资源定农业规模、以水资源定种植结构，同时考虑自下而上的下层种植结构对上层农业规模和农业用水量的反馈作用，从而保障生态和农业的可持续发展，提高生态效益和经济效益，从更高层面实现农业适水发展。

2. 种植结构优化方法

种植结构优化是以社会总需求、社会经济等为约束，综合考虑水安全、生态效益、食物安全和经济效益，以区域农业系统综合效益最大化为优化目标，获得最优的农业种植结构[8]。以水安全、生态安全、食物安全以及经济效益为目标函数构建多目标优化模型，拟从优化西北旱区作物种植结构的角度来促进该区域可持续发展，具体优化模型如下：

(1) 水安全目标函数。充分考虑了西北旱区水资源短缺现状，农业可用水资源量限制以及气候变化对区域水安全的威胁，提出缓解西北旱区水压力的目标函数，即作物蓝水利用量最小，绿水足迹占比最大的目标函数。

作物蓝水资源消耗最小：

$$\min U_{blue} = \sum_{i=1}^{6} \sum_{j=1}^{10} x_{ij} q_{ij} CWF_{blue}^{ij} \tag{17-30}$$

式中：U_{blue} 为研究时段内的作物生产蓝水足迹总量，m^3；CWF_{blue}^{ij} 为区域 i 中作物 j 的生产蓝水足迹，m^3/kg；i 为西北旱区 6 省区；j 为典型作物；x_{ij} 为区域 i 中作物 j 的种植面积，hm^2；q_{ij} 为区域 i 中作物 j 的单位面积产量，kg/hm^2。

作物绿水足迹占比最大：

$$\max U_{green} = \frac{\sum_{i=1}^{6} \sum_{j=1}^{10} x_{ij} q_{ij} CWF_{green}^{ij}}{\sum_{i=1}^{6} \sum_{j=1}^{10} x_{ij} q_{ij} CWF^{ij}} \tag{17-31}$$

式中：U_{green} 为研究时段内的作物生产绿水足迹总量，m^3；CWF_{green}^{ij} 为区域 i 中作物 j 的生产绿水足迹，kg/hm^2。

(2) 生态安全目标函数。充分考虑西北旱区是我国重要的生态安全屏障的身份，遵循尊重自然、顺应自然、保护自然的理念，提出保障西北旱区生态安全目标函数，即生态效益最大的目标函数，以期推进西北旱区生态建设和高质量发展，其计算公式为

$$M_{eco} = 4.01 \sum_{i=1}^{6} \sum_{j=1}^{10} e_j x_{ij} \tag{17-32}$$

式中：M_{eco} 为生态效益，元；4.01 为生态服务价值的当量因子，分别为食物生产（0.85）、原材料生产（0.4）、水资源供给（0.02）、气体调节（0.67）、气候调节（0.36）、净化环境（0.1）、水文调节（0.27）、土壤保持（1.03）、维护养分循环（0.12）、生物多样性（0.13）、提高美学景观（0.06），以上 11 种当量因子之和；e_j 为一个生态服务价值当量因子的经济价值，元/hm^2。

(3) 最大经济目标函数。充分考虑西北旱区经济社会发展自身的需求，提出了提高粮

食市场竞争力，促进作物净效益最大的目标函数，其计算公式为

$$\max M = \sum_{i=1}^{6} \sum_{j=1}^{10} x_{ij} q_{ij} (P_{ij} - D_{ij}) \qquad (17-33)$$

式中：M 为作物净效益，元；P_{ij} 为区域 i 中单位质量作物 j 的售价，元/kg；D_{ij} 为区域 i 中作物 j 的生产成本，元/kg。

（4）约束条件。

1）耕地面积约束。随着城市化的快速发展，导致粮食作物种植面积进一步增加的潜力较小。故作物的种植面积上限设为现状年的作物种植面积之和。此外，考虑约 30% 的农户可接受种植结构的调整，故将各作物种植面积的下线设置为现状年的 70%，即

$$A \geqslant \sum_{i=1}^{6} \sum_{j=1}^{10} x_{ij} \qquad (17-34)$$

$$70\% x_{ij} \leqslant x_{ij} \leqslant \sum_{j=1}^{10} x_{ij} \qquad (17-35)$$

式中：A 为典型作物的现状总种植面积，hm^2。

2）农业用水量约束。所种植作物的农业灌溉用水量不能超过该年度所能提供给灌溉用水的总量，即

$$\sum_{i=1}^{6} \sum_{j=1}^{10} x_{ij} q_{ij} CWF_{blue}^{ij} \leqslant B \qquad (17-36)$$

式中：B 为西北旱区全年可用于作物灌溉的水资源量，m^3。

3）食物安全约束。充分考虑了西北旱区作物生产的根本目的是保障区域的食物需求，提出作物产量需求最低保障约束，以确保西北旱区的食物安全，即

$$\sum_{i=1}^{6} \sum_{j=1}^{10} x_{ij} q_{ij} \geqslant \sum_{i=1}^{6} \sum_{j=1}^{10} P_i D_j \qquad (17-37)$$

式中：P_i 为区域 i 的人口数量，万人；D_j 为人均作物 j 的需求量，kg，依据中国居民膳食指南 2021 可知，人均谷物（水稻、小麦和玉米）为 91.25kg/（人·年），薯类为 36.5kg/（人·年），大豆为 9.10kg/（人·年），蔬菜为 109.50kg/（人·年），水果为 73kg/（人·年）；食用油为 9.13kg/（人·年）（油料出油率按 40% 来计算）；2020 年人均棉花占有量为 4.2kg/人。

4）非负约束。所有作物的种植面积都不应为负数，即

$$0 \leqslant x_{ij}, \forall i, j \quad (i=1,2,3,\cdots,6; j=1,2,3,\cdots,10) \qquad (17-38)$$

17.3.2　西北旱区农业种植结构演变特征

明确西北旱区农业种植结构的演变特征可以为科学制定农业发展战略提供依据，为优化农业种植结构提供参考，为加强农业品牌建设提供支撑，并能为促进农村经济发展提供依据。

（1）主要粮食作物播种面积时空演变特征。在西北旱区现代生态农业高质量发展评价体系中，粮食作物结构演变是经济效益的重要体现。从图 17-15 可以看出，2000—2020 年玉米播种面积从约 250 万 hm^2 增至 400 万 hm^2，占比从 26.39% 提升至 47.57%，小麦面积从约 400 万 hm^2 降低至 300 万 hm^2，占比从 45.45% 降低至 32.15%，薯类面积从

150 万 hm² 降低至 120 万 hm²，占比从 16.04％ 降低至 13.37％。玉米因适应性强、产量高，逐渐成为粮食种植主体，反映资源利用效率的提升（经济效益）。生态补水支持下，玉米种植兼顾生态效益（绿色生产）。同时，粮食结构优化带动农民收入增长（社会效益），为共同富裕奠定基础。

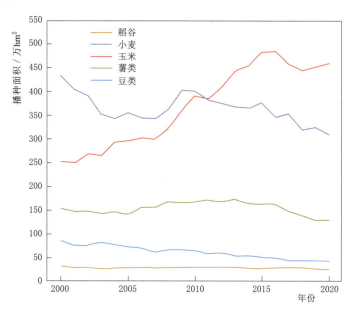

图 17-15　2000—2020 年西北旱区主要粮食作物和经济作物
播种面积变化趋势图

从各省区主要粮食作物播种面积对西北旱区整体粮食作物播种面积的贡献来看，2020年小麦播种面积由大到小依次为新疆、陕西、甘肃、内蒙古、青海、宁夏（表 17-10）。陕西是小麦种植面积大省，甘肃省是薯类的种植面积大省。

表 17-10　　　　　　　2020 年西北旱区各省区具体农作物播种面积统计表　　　　　单位：×10³ hm²

作物种类	内蒙古	陕西	甘肃	青海	宁夏	新疆	西北旱区
稻谷	21.51	3.77	2.97	0	60.82	47.6	136.67
豆类	46.53	106.59	143.47	12.49	12.66	32.7	354.44
薯类	219.84	229.63	509.73	61.54	95.11	20.3	1136.15
小麦	200.71	829.41	622.72	79.39	92.92	1069	2894.16
玉米	790.66	946.58	924.48	17.9	322.73	1051.1	4053.44
粮食作物	1279.25	2115.98	2203.37	171.32	584.24	2220.7	8574.86

（2）主要经济作物播种面积变化情况。从经济作物播种结构而言，西北旱区经济作物播种面积主要由水果、油料和棉花构成。2000—2020 年水果、油料和棉花多年平均播种面积分别占西北旱区经济作物总播种面积的 34.25％、23.04％ 和 24.76％。麻类播种面积所占比例最低，仅为 0.09％。此外，水果播种面积占比从 2000 年的 25.97％ 增长至 2020年的 34.39％，棉花播种面积占比由 2000 年的 22.66％ 增长至 2020 年的 30.18％，而油料

作物播种面积占比由 2000 年的 35.03％降低至 2020 年的 17.57％。说明西北旱区作物播种重心逐渐向水果和棉花倾斜（图 17-16）。

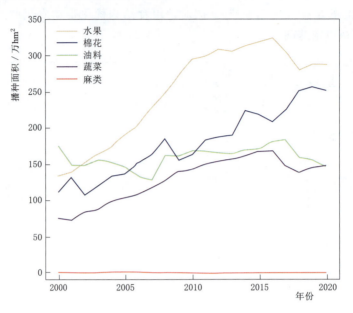

图 17-16　2000—2020 年西北旱区主要粮食作物和经济作物播种面积变化趋势图

从各省区主要经济作物播种面积对西北旱区整体经济作物播种面积的贡献来看，新疆是西北旱区棉花的主要播种区，陕西是蔬菜的主要播种区，新疆和陕西是水果的主产区（表 17-11）。

表 17-11　　　　　　　　2020 年西北旱区各省区经济作物播种面积统计表　　　　　单位：×10³ hm²

作物种类	内蒙古	陕西	甘肃	青海	宁夏	新疆	西北旱区
园林水果	33.72	1087.12	289.31	7.23	104.69	907.8	2429.88
瓜果	18.36	57.32	47.62	0.44	63.74	116.46	303.95
棉花	0	0.59	16.59	0	0	2501.9	2519.08
蔬菜	84.02	351	359.84	43.27	135.19	309.5	1282.82
油料	574.4	107.75	244.31	143.22	33	176.82	1279.5
经济作物	710.5	1603.78	957.67	194.16	336.62	4012.48	7815.23

17.3.3　基于水资源的农业种植结构调整

以 2020 年西北旱区典型作物的种植面积为基础，在不增加资金、技术投入、用水量和耕地面积的前提下，最大限度的优化种植结构，在缓解区域水资源和保障生态安全的基础上促进区域经济发展。优化后种植结构正是充分考虑西北旱区的生态安全、水安全和经济社会发展，以满足食物最低需求、种植面积和农业用水量为约束的结果。优化后的作物种植结构与 2020 年相比，表现出不同程度的变化（图 17 - 17）。整体而言，相较于现状的 1777.432 万 hm^2，调整后的西北旱区作物种植面积减少了 15.82%，为 1496.264 万 hm^2。这在一定程度上缓解了西北旱区的水资源、耕地资源，减少了对生态环境的危害，保障了西北旱区的水安全和生态安全。

从作物种类而言，西北旱区种植结构优化后小麦的种植面积减少了 29.99%，从 309.66 万 hm^2 减少到 216.8 万 hm^2。这主要归咎于小麦的生产成本较高，其整个生育期需要大量的人力和物力投入，但其单产水平和单产蓝水足迹水平仍较低。玉米一直是西北旱区种植面积最大的粮食作物，这可能有两个原因：一是 2015 年之前，中国政府颁布了玉米库存政策，以保护性价格来收购玉米，这直接导致了农户大面积的种植玉米作物，尽管已取消库存政策，但由于种植习惯的影响，玉米的种植面积仍较大；二是与其他粮食作物相比，玉米从播种期到收获期均不需要投入过多的人力、物力来进行农田管理，这可大大解放农业劳动力，进而去从事其他工作来获得更多收入。这是其一直受到农户青睐，长期具有较大种植面积的原因。

种植结构优化后，玉米种植面积减少了 132.414 万 hm^2。这个结果也与农业政策较为一致，2016 年国家提出《全国种植业结构调整规划（2016—2020 年)》，其鼓励减少玉米的种植面积。经调整，稻谷的种植面积减少了 30%，这主要归咎于稻谷较高的蓝水消耗量。

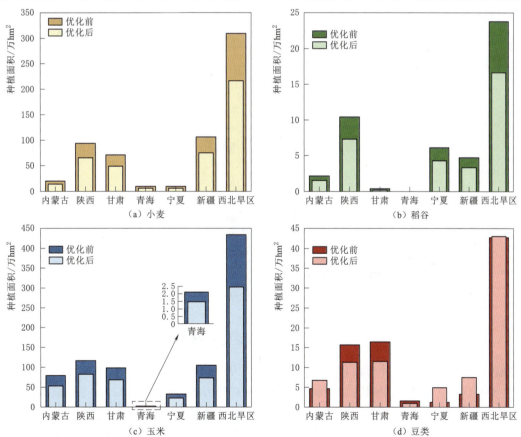

图 17 - 17（一） 2020 年西北旱区优化前后作物种植面积

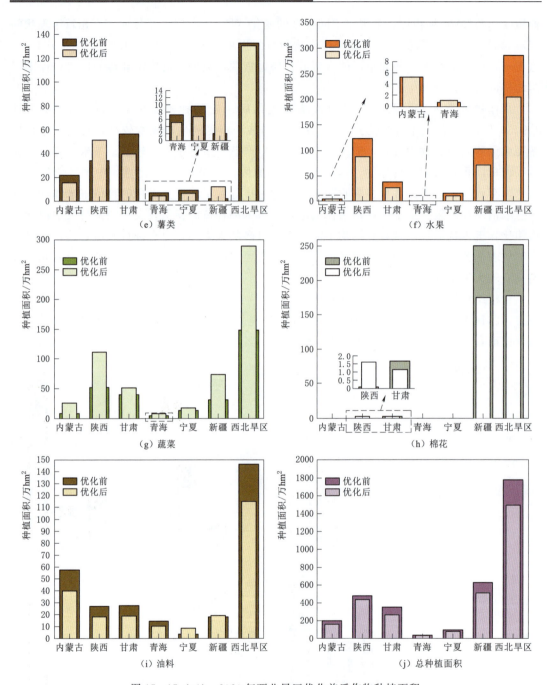

图 17-17（二）　2020 年西北旱区优化前后作物种植面积

豆类种植结构优化后的种植面积提高了 0.71%，从 42.692 万 hm² 增长至 42.995 万 hm²，这主要是因为：豆类在中国是一种弱势作物，单产约为玉米的 0.3 倍，且土地成本高，经常通过进口豆类来满足需求。但是，为了保障人民的确保安全，实施"藏粮于地、藏粮于技"战略，国家和地方政府的农业供给侧改革，大豆种植面积得到适当恢复。薯类种植结构优化后的种植面积略微减少，从 132.133 万 hm² 减少到 130.653 万 hm²。水果的种植面积减少了 82.523 万 hm²，而蔬菜种植面积增加了 140.593 万 hm²。这主要归咎于相对水果，蔬菜耗水量较小。种植结构优化后，棉花种植面积减少量 74.024 万 hm²，从 250.19 万 hm² 减少到 175.274 万 hm²。与 2016 年国家提出《全国种植业结构调整规划（2016—2020 年）》中，到 2020 年，新疆棉花面积稳定在 2500 万亩左右（约 166.667 万 hm²）相一致。除此之外，油料种植面积优化后减少了 21.56%，这主要归咎于其较低的单产水平和单产蓝水足迹水平。

从各省区作物种植结构优化而言，与现状年相比，优化后的内蒙古、陕西、甘肃、青海、宁夏和新疆作物种植面积分别减少量 357.96×10³hm²、367.42×10³hm²、809.71×10³hm²、61.55×10³hm²、91.42×10³hm² 和 1123.62×10³hm²。种植结构不仅从国家宏观调控层面还是从农户追求高效益而言，均能满足要求。这有望在实现水安全、食物安全和生态安全的基础上，缓解西北旱区水土资源不匹配的压力，提高西北旱区作物市场竞争力，实现农业生产的可持续发展。

为评估西北旱区农业高质量发展策略的效果，本研究通过优化前后对比，分析水安全、生态安全和经济目标函数值的变化。

（1）水安全目标函数值。西北旱区水资源匮乏，日益成为制约我国和区域食物安全和农业可持续发展的最重要因素。目前，西北内陆河流域水资源严重超载，经济发展用水已经远超用水总量"红线"。尤其是农业用水量过大，水资源甚至难以维持现有的农业生产格局，更加无法支撑未来的"增量"。因此，考虑到西北旱区食物安全和水安全问题，通过调整作物种植结构，使有效的水资源发挥最大的效益，进而提高蓝水利用效率，缓解区域水资源压力。经调整作物种植结构，西北旱区蓝水利用量可减少 107.25 亿 m³（图 17-18）。

从作物种类来看，调整后的玉米蓝水利用量减少最多，较调整前减少了 62.98 亿 m³；其次

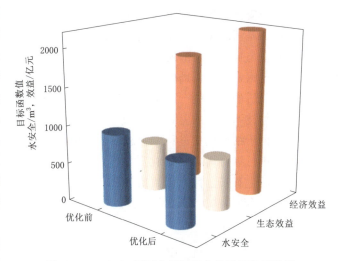

图 17-18　2020 年西北旱区优化前后目标函数值

是水果，较现状年减少了 49.61 亿 m³；其次是棉花、小麦、油料和稻谷。而豆类、薯类和蔬菜的蓝水利用量有所增加，这主要是综合考虑各个目标函数的基础上进行优化，而非对水资源利用量单一进行优化。种植结构优化后的蓝水利用量减少最为明显的是新疆，其蓝水利用量由现状年的 416.73 亿 m³ 减少到优化后的 357.74 亿 m³，减少了 14.15%。其次是甘肃，其蓝水利用量由现状年的 169.24 亿 m³ 减少到优化后的 136.61 亿 m³，减少了 19.28%。而后依次是内蒙古、陕西、宁夏和青海，种植结构优化后相较于现状年分别减少了 9.45%、1.52%、6.77% 和 5.81%（图 17-19）。这进一步说明，通过种植结构调整可以达到减少西北旱区各省区蓝水资源利用量的目的，进而缓解区域水资源压力，实现该

区的食物安全、水安全和农业生产的可持续发展。

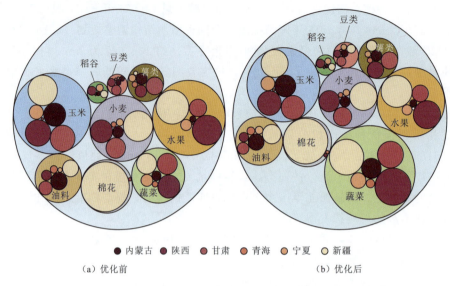

●内蒙古　●陕西　●甘肃　●青海　●宁夏　●新疆
（a）优化前　　　　　　　　　　　　（b）优化后

图 17 - 19　2020 年西北旱区各省区优化前后水安全目标函数值

（2）生态安全目标函数值。西北旱区是我国极其重要的生态屏障，改善生态系统、搞好生态建设，是西北旱区开发建设的前提条件。因此农业生产不能仅局限于食物供给与经济产出，农业与自然之间的协调发展需要得到重视，生态效益逐渐成为农业生产过程中一个重要的考虑因素。故借助生态服务价值对农业生产过程中的生态效益进行量化，以追求种植结构优化后的农业生产所带来的生态效益最大，实现生态安全。

在不增加技术投入的基础上，仅通过种植结构优化即可提升西北旱区的生态安全水平。然而，由于结构优化过程中生态安全目标函数需与水安全和经济效益目标函数以及各种约束条件进行综合博弈，优化后的生态安全目标函数值增幅有限。2020 年西北旱区各省区优化前后生态安全目标函数值如图 17 - 20 所示。可以看出，西北旱区生态安全目标函数值从现状年的 603.3 亿元增至优化后的 738.8 亿元，增加 135.5 亿元，增长率为 22.46%。这表明种植结构调整能够有效提升生态安全水平，改善西北旱区生态环境恶化状况。此外，各省区的生态安全目标函数值表现出不同的变化特征。种植结构优化后，生态安全目标函数值提升最为明显的是宁夏，由现状年的 13.2 亿元增加至 33.1 亿元，增加 19.9 亿元，增长率为 150.76%；其次是内蒙古，由 34.9 亿元增长至 66.1 亿元，增加 31.2 亿元，增长率为 89.40%；随后依次为陕西、新疆、甘肃和青海，优

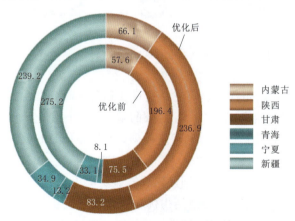

■内蒙古
■陕西
■甘肃
■青海
■宁夏
■新疆

图 17 - 20　2020 年西北旱区各省区优化
前后生态安全目标函数值

化后生态安全目标函数值分别由 196.4 亿元、275.2 亿元、75.5 亿元和 8.1 亿元增长至 236.9 亿元、312.5 亿元、82 亿元和 8.2 亿元，分别增加 40.5 亿元（增长 20.62%）、37.3 亿元（增长 13.55%）、6.5 亿元（增长 8.61%）和 0.1 亿元（增长 1.23%）。这表明种植结构调整对西北旱区各省区的生态效益均有提升作用，有助于改善区域生态系统，进而保障生态安全。

（3）经济目标函数值。在西北旱区现代生态农业高质量发展评价体系中，种植结构优化是实现经济效益、生态效益、社会效益协同的重要途径。2020 年西北旱区各省区优化前后经济效益安全目标函数值如图 17 - 21 所示。可以看出，优化后作物生产净效益目标函数值从 1716.64 亿元增长至 2187.38 亿元，增长 27.43%。其中，内蒙古增幅最大（65.39%），由 151.47 亿元增长至 250.52 亿元；青海增加 13.30 亿元，增长 47.95%。结合前文，玉米种植占比从 26.39% 增长至 47.57%，资源利用效率提升（经济效益）；生态补水支持下，生态安全目标函数值从 603.3 亿元增长至 738.8 亿元（增长 22.46%）。种植结构优化通过提高净效益，调动了农户积极性，为粮食安全和可持续发展提供了保障。

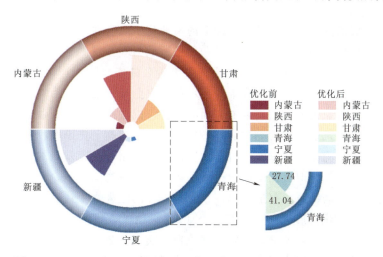

图 17 - 21　2020 年西北旱区各省区优化前后经济效益安全目标函数值

此章节创建的优化模型是建立在西北旱区 2020 年的基础上，在不增加农业生产资料投入、不提高农业生产技术、不考虑人口数量和结构的变化以及其他区域的食物安全的基础上，探究种植结构调整对改善西北旱区食物安全、生态安全、水安全和农业生产净效益的潜力。然而，该模型尚存在不足之处。例如，对于食物需求的约束，仅考虑了西北旱区自身，未充分考虑随着城市化进程的发展，"北粮南运"格局的形成和巩固，对食物需求量和农业需水量提升的影响；对种植面积进行优化过程中，仅从种植面积整体进行优化，未考虑优先减少低质量地区的作物的种植比例。

总的来说，在不考虑其他区域的食物需求的前提下，通过优化种植结构，可以进一步促进区域的水安全、食物安全、生态安全以及提高农业净效益。然而为了保障我国其他区域的食物安全，西北旱区不得不选择以大量消耗水资源，牺牲生态环境，减少经济效益的种植方式来进行农业生产。因此，还需从其他角度进行调控，以期减少西北旱区的水资源压力，实现区域均衡发展。

17.4　农牧林业高质量发展模式

本节选取国外的美国、荷兰、以色列为例，总结国外农业高质量发展的典型模式，分析其发展中可借鉴的经验，并据此提出西北旱区农业高质量发展提升措施与发展模式。

17.4.1　国外典型农业高质量发展模式

1. 美国发展模式

美国国土面积为 937 万 km²，耕地面积约占 20％，是世界上农业最发达的国家之一。2020 年，美国农业产值达 1758.02 亿美元，约占 GDP 的 8.40％。美国在世界农业市场中也占据重要地位，具有较强的竞争力。2019 年，美国农产品出口额为 1350 亿美元，是世界上最大的农业出口国，农业发展质量在世界处于先进水平。美国依托其丰富的资源和地多人少的优势形成了高度规模化的大农场模式[9]。

(1) 大力发展家庭农场，推进农业经营的商业化。政府通过为农场提供补贴，鼓励农业向机械化、规模化方向发展，大型农场和种植园成为农业发展主要形式，促进了农业生产的专业化水平，形成了诸如玉米带、棉花带等著名的农作物生产带。设立数据收集站，运用物联网、大数据等技术手段，收集并公示各类农业基础信息，为农场发展提供了技术和数据支撑。加强农业投入与信贷融资方面的支持，以法律形式为农业提供补贴，在农业投入、农产品价格以及农业保险等方面不断完善立法，提高了美国农业的国际竞争力。

(2) 推进产业多元化。由于农业自身发展性质的限制，农业发展的多样性和丰富性无法与工业和服务业相比，但美国政府通过规划小城镇和农村周边圈，创造了多种类型的就业岗位，增加了农村居民收入渠道，提高了农村居民的收入水平；农业产销实现从田园种植到餐桌饮食的一体化，形成"农工综合企业"，吸纳了大量劳动力。以非盈利的方式成立农场间合作组织，促使农业体系运转更加流畅，实现优势互补。

(3) 实施精准农业发展方式。以云计算、物联网等为主要方式的农业高科技公司为农场主提供了个性化、高精度的优化和预测服务，依托大数据技术搜集环境信息，掌控作物生产过程，以可视化手段实现农产品生长周期的全过程智能决策，提升农业生产效率和智能化程度。同时，更加精细的耕作方式也降低了资源损耗和环境污染程度，促使美国农业的国际竞争力大幅提升。

(4) 优化农村生活环境。尽管美国城市化率较高，农村居民人数较少，但农村地区在基础设施、公共服务上较为完善，生活环境宜居，配套措施规划合理，自然环境良好。

2. 荷兰发展模式

荷兰国土面积为 4 万 km²，耕地面积约占 29.8％，农业资源较为匮乏，但其农业发展取得了较好的成效。2019 年，荷兰农产品出口额达 945 亿欧元，进口额为 641 亿欧元，其农业贸易顺差达 304 亿欧元。从具体出口类型来看，荷兰在花卉、肉类、水果、奶制品以及农业设备材料和技术出口等方面所占比重较大，该类产品附加值较高，为荷兰带来了较多的贸易收益。荷兰大力发展畜牧业和高利润的园艺作物，形成优质高产的高科技农业发展模式[10]。

(1) 重视农业科研的投入和人才建设。不断研发各种新型农业技术产品，如智能控温系统、自动化环境控制和监测系统、现代化水耕技术体系、废水和废弃物处理循环系统等，应用于农作物的播种、培育、植保的各个环节。例如其高标准玻璃智能温室结合先进栽培方式与配套化现代硬件设施，采用高脊形设计，在保证室内环境稳定的同时，增强缓冲能力，有利于规模化和机械化生产。大力投资农村教育，注重对农民的专业技术培训，并设置相应证书提高农民培训积极性，从而提高其从事生产的技术能力；以花卉、蔬果、乳制品为核心，建立完备的产业群和农业市场，促使农业生产的供应、加工、销售等环节构成完整高效的产业链系统。

(2) 注重土地的规划与合理利用。荷兰的农业发展效益提升与土地整理的精细化密切相关。从 20 世纪 60 年代开始，荷兰对农业用地进行统一规划和建设，在保障农业生产力的基础上，调整农业产业结构，加强农村基础设施的建设。20 世纪 70 年代后期，荷兰更加注重景观农业、生态农业、旅游农业的发展，以维护农业用地的可持续性。

(3) 实行多重会员制的合作社。荷兰在育苗、种植、收购、销售等各领域建立明确细化的分工机制，在农户与合作社之间形成全产业链条的密切协作，并持续扩大产业规模，吸收和集成各类先进技术，保证了合作社稳定发展与竞争力的提高。

(4) 建立病虫害预防屏障。荷兰以严格密闭的温室系统、自动化通风系统调控实现病虫害的隔离，为清洁的生产环境奠定了基础。通过信息化手段建立病虫监测机制，以生物防治、物理防治为核心，利用害虫天敌和温度控制对其进行防治，尽可能减少化学药剂的使用，实现有机生产。

3. 以色列发展模式

以色列国土面积为 2.574 万 km^2，近一半面积为沙漠地区，降水不足，淡水资源极其匮乏，但以色列农业却非常发达，其劳动生产率、土地产出率及农民人均年收入均位居世界前列。以色列在资源匮乏、荒漠化严重的情况下发展了高投入、高产出的农业发展模式[11]。

(1) 政府持续加大农业研发投资，并通过立法鼓励农业科技创新，建立高效协作的农业技术研发体系。通过科研扶持助力农业发展，增强农业科技的研发与投入力度，在试种、育苗、耕种、灌溉、收获、加工、保管、运输等各环节全面追求最高标准，形成专业化的技术密集产业。依靠高科技农业公司、农业研究院所推进农业生产技术改进，形成科研人员与农民密切合作的产学研互促体系，推动节水灌溉技术、温室大棚自动控温技术、育种技术、数字农业等相关技术成果的迅速利用。

(2) 建立新型农业经营组织形式。以莫沙夫等家庭农场联合体的组织模式为代表，通过农场联合构建供销模式，推进农业集体合作。同时加强职业农民培训，促进农民技能多样化，为农民在联合体中的岗位变动奠定技术基础。大力发展经济效益高的设施农业，将农业生产网络与互联网技术相结合，通过远程管理提高生产效率，在生产中精准施策。

(3) 重视节约资源的技术改造。以色列在极度缺水的情况下，以治理污水、淡化海水、高效采集地下水为主要方式，采用径向引流法、滴灌技术等手段，积极发展节水农业，提升水资源利用率，通过集约生产提高农业产业效益。资源节约导向的技术改造一方面为不断建设改造农业基础设施提供了动力，有利于美化农村社区环境；另一方面又推动了农业科技的发展与智能化、机械化的广泛应用，依托管理信息化和数据化提升农业生产的效率和精准性，同时组织化的生产有助于资源节约、高效生产，并能加速市场流通，实现居民便捷消费。

4. 发展经验借鉴

总结概括美国、荷兰、以色列农业高质量发展模式，主要有以下可以借鉴的经验：

（1）推进农业规模化经营。可通过家庭农场、合作社等形式，加快农业集约化、合作化生产，并以电子商务等手段畅通经营渠道，为农业生产循环和周转提供有力保障。

（2）加大农业科技研发投入力度。完善农业研发体制机制，重视种业等基础性农业技术工作，同时积极推进科研成果的转化和应用，并搭建科研院所、企业、生产经营主体间高效联系与合作的桥梁，提高研发体系与需求结构的适配性。

（3）重视农业可持续发展。健全针对保护农业生产环境的法律法规，规范生产过程中农药、化肥的使用标准，以数字化和智能化方式赋能生产，降低资源损耗，并完善农村地区垃圾清运、污水排放等方面的基础设施建设，提高生产废弃物处理能力，实现农业生产的生态友好发展。

17.4.2　西北旱区农牧林业高质量发展提升措施

农牧林业高质量发展是适应现代农业新形势、推动西北旱区经济社会可持续发展的必然要求。西北旱区（包括陕西、宁夏、甘肃、新疆、青海、内蒙古）农牧林资源丰富，但各省区产业结构和发展水平差异显著，面临资源约束、技术落后等挑战。为实现西北旱区农牧林业高质量发展，应在深入分析各省区产业现状的基础上，明确提升措施：①优化种植结构，提高资源利用效率；②推广生态补水等绿色技术，增强生态效益；③创新技术与经济循环模式，如发展农牧结合、林下经济，构建区域协同的高质量发展模式，从而提升经济效益、生态效益和社会效益，促进区域可持续发展。

1. 技术提升措施

农牧林业是西北旱区经济发展的重要支柱，也是保障当地居民基本生活的重要产业。在当前全球气候变化和资源环境压力的背景下，实现农牧林业的高质量发展对于西北旱区的可持续发展和全面建设社会主义现代化国家具有重要意义。技术模式的创新可以提高农业生产效率、资源利用效率，还可以推动农牧林业向智能化、数字化、可持续化等方向发展，实现农牧林业现代化转型。因此，通过开展西北旱区农牧林高质量发展技术模式的研究，有利于推进西北旱区的农牧林业高质量发展，促进农村经济和社会可持续发展。

（1）农业高质量发展技术提升措施。西北旱区受气候、水资源和土地等自然条件限制，农业生产面临诸多挑战。为实现农业高质量发展，可采用以下技术模式：

1）精准农业技术模式。精准农业技术通过现代信息技术提高农业生产效率和产品质量，减少成本和风险，保障农产品安全。其应用包括：①利用遥感技术和传感器监测作物生长和病虫害情况，智能调整施肥、灌溉等；②通过数字化地图和精准定位技术优化施肥和灌溉；③利用物联网技术实现农业生产全过程追溯管理，提升产品质量与安全。

2）绿色农业技术模式。绿色农业强调环境友好和资源节约，减少环境污染，提高农产品质量和安全性。其应用包括：①通过生物防治、轮作和秸秆还田等控制病虫害，减少化肥和农药使用；②推广有机食品种植，增加绿色农产品供给；利用雨水、河水等进行农田灌溉，实现生态修复；③发展农业生态旅游，增加农民收入。

3）水资源高效利用技术模式。在水资源匮乏的西北旱区，水资源高效利用是农业发展的关键。其应用包括：①推广滴灌、喷灌、微喷等节水技术，提高灌溉水效率；②发展旱作农业，选择耐旱作物，如小麦、油菜等；采用人工降雨技术，如云雾增雨、火箭弹增雨等；③回用污水和雨水，通过水处理技术循环利用水资源。

4）现代化农机装备技术模式。现代化农机装备通过自动化、智能化提高农业生产效率，减少成本。其应用包括：①推广智能化农机，如自动播种机、智能收割机等，提高生产效率；②利用遥感技术进行土地监测，利用互联网技术进行农产品销售，实现信息化、智能化生产；③发展农机租赁服务，降低农民成本；④加强农机装备管理，延长使用寿命，提高效率。

5）农业资源综合利用技术模式。通过科学利用农业资源，提高农业生产效益。其应用包括：①发展农产品深加工，利用副产品，如秸秆、麸皮等生产生物质燃料和有机肥；②利用畜禽粪便等废弃物生产沼气等；③推广农牧结合、种养结合等循环经济模式，实现资源综合利用；④加强农业科技创新，发展高效的新技术，推动资源循环利用。

(2) 牧业高质量发展技术提升措施。 西北旱区牧业高质量发展以绿色发展为目标，旨在缓解草畜矛盾、提升生态服务功能。通过信息技术与智能技术，推动牧业向资源节约、环境友好、优质高效方向发展（图 17－22）。主要技术措施如下：

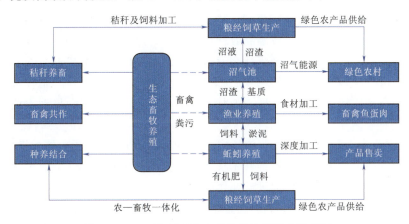

图 17－22　西北旱区生态畜牧业发展模式示意图

1）放牧草地智慧管理。基于自然恢复解决方案（NbS），结合季节性休牧和草畜平衡模式，利用遥感、气象数据及智慧草场 App，精细化管理草地，恢复草原生态功能，减缓草地退化。在生态补水支持下，草原生产与生态功能显著提升。

2）精准饲喂与智慧监管。通过个体识别（RFID 技术）和智能化饲喂设备，实现精准饲喂，动态满足牲畜营养需求；利用物联网和传感器技术监测养殖环境，优化资源利用效率，减少环境污染。

3）动物福利监测。应用行为监测和卫星定位技术，保障牲畜健康，提升畜产品品质，间接支持生态安全。

（3）林业高质量发展技术提升措施。西北旱区作为我国重要生态屏障，林业高质量发展对生态环境保护和经济社会可持续发展至关重要。通过技术创新，可提升森林生态服务功能，促进区域绿色发展。主要措施如下：

1）精准林业与信息化管理。利用遥感、无人机和地理信息系统（GIS）技术，监测林木生长环境和资源分布，实施精准施肥、灌溉，优化林地布局，提高资源利用效率；推广智能化防火系统，提升森林管理水平。

2）生态系统恢复。针对干旱、荒漠化等挑战，结合生态补水，推广人工造林和水土保持技术，防治水土流失，恢复森林生态功能，增强防沙固土能力（生态修复面积增加）。

3）林下经济与碳汇协同。发展林下养殖（如养蜂、养羊）与种植（如果树），结合牧业优势产业（肉牛、肉羊养殖），提高农民收入；通过森林管理和低碳技术，提升碳汇能力，实现生态效益与经济效益双赢。

上述措施有效提升了西北旱区森林生态服务功能（如防沙固土、碳汇），为生态屏障建设和区域可持续发展提供了支撑。

2. 经济发展措施

西北旱区农牧林业高质量发展经济循环模式是指通过优化生产方式、改善产品质量、推进产业转型升级等手段，实现经济循环发展。通过提高资源利用效率、减少环境污染、增加农民收入，促进农村经济的可持续发展，同时加强农牧林业产业之间的协调，形成生态化循环发展模式，推动经济社会可持续发展。

（1）农业高质量发展经济循环模式。农业高质量发展的经济循环模式通过优化生产、强化资源利用和环境保护，推动资源高效利用、产业升级和生态保护，提升农业产业链效益、增强抗风险能力，促进农村经济社会发展。西北旱区的主要模式包括以下方面：

1）农业资源综合利用循环模式。通过粮食、果蔬和牲畜养殖等产业有机结合，实现农业资源的综合利用和产业协同发展。如甘肃省陇南市实施该模式，推动农业废弃物资源化利用，促进农业循环经济发展。

2）现代农业产业园循环模式。依托农业产业园区，通过资源整合、节约、再利用，推动农业产业可持续发展。如新疆维吾尔自治区阿拉尔市实施该模式，通过规模化、标准化农业生产提高资源利用效率，促进产业协同发展。

3）生态农业旅游循环模式。结合生态农业与旅游业，推动生态、农业和旅游的可持续发展。如陕西省延安市黄陵县实施该模式，通过农业生产、生态保护和旅游产业的结合，实现资源多元化利用。

4）微生物—农业循环模式。应用微生物技术调节土壤微生态环境，提高土壤肥力和农作物品质。如宁夏回族自治区灵武市通过引进微生物菌剂和有机肥料，提高农作物品质，并实现废弃物的资源化利用。

5）农产品电商循环模式。通过电商平台销售农产品，打破地域限制，优化供应链，提高农产品附加值。如陕西省商洛市柞水县实施该模式，推动绿色生态农业和优质农产品的发展。

6）农村废弃物循环模式。通过废弃物分类处理、转化利用等方式，实现资源的节约与回收利用。如陕西省汉中市南郑区实施该模式，采用生物发酵技术将有机垃圾转化为有机肥料。

7）水—光伏—农业循环模式。在水资源和光照充足的条件下，结合光伏发电和农业种植，形成循环经济模式。如宁夏回族自治区通过太阳能发电和光伏农业技术，促进作物生长并实现水资源的循环利用。

（2）牧业高质量发展经济循环模式。生态畜牧业循环经济模式主要依托畜禽养殖，结合饲料粮（草）生产基地和畜禽粪便消纳土地，通过清洁生产技术，生产出优质、无污染的农畜产品，同时实现资源减量化消耗和循环无害化利用。在西北旱区，发展生态畜牧业循环经济对于发挥地方特色资源优势、保障农产品供给和绿色发展具有重要意义。当前西北旱区的典型模式有以下 3 种：

1）规模化养殖废弃物循环利用模式。规模化养殖废弃物循环利用模式是通过合理的资源循环，实现畜禽养殖产业的经济与生态协调发展。一方面，规模化养殖有效保障了城乡畜禽产品供给；另一方面，其废弃物处置也成为环境保护的重要议题。西北旱区已探索形成了几种典型模式。

①典型模式 1：新疆绿洲农牧循环模式。新疆绿洲农牧循环模式通过建立生态闭环系统，实现资源减量化和废弃物高效再利用。资源减量化系统采用滴灌、喷灌节水技术，亩均用水量降至 420m³，节水效率达 40%，并通过种植苜蓿等优质饲草料解决牲畜饲料供应问题。废弃物再利用系统将畜禽粪便利用微生物发酵制成高效有机肥料，沼气作为锅炉燃料，沼液用于农田施肥灌溉，污水经淡化处理后再灌溉饲草基地。此模式实现了畜牧养殖与农业种植的高效循环发展（图 17-23）。

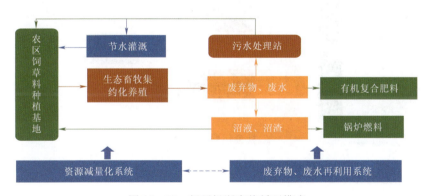

图 17-23　新疆绿洲农牧循环模式

②典型模式 2：扎兰屯市委托第三方专业公司粪污高值化利用模式。扎兰屯市与第三方公司合作，以集中和分散处理相结合的方式处理畜禽粪污。针对规模化养殖场建立区域和无害化处理中心，辐射周边养殖户，进行粪污集中处理和有机肥深加工；针对小型散养户，配备环保堆肥箱就近处理后还田或集中深加工。以哈多河镇区域处理中心为例，每年可处理粪污 1.8 万 t，年产有机肥料 1 万 t，营收达 1000 万元，创造就业岗位 50 个。此模式有效解决了粪污处理问题，增加了当地经济效益和社会就业（图 17-24）。

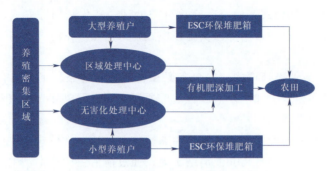

图 17-24　第三方专业公司粪污高值化利用模式

③典型模式 3：巴彦淖尔区域粪污治理模式。巴彦淖尔市临河区针对畜禽养殖户规模较大、粪污运输困难等问题，建设了分级粪污处理设施，包括村组堆沤场和区域集中处理中心。堆沤场集中处理庭院小、无储存场地的小养殖户粪污，处理后就近还田；区域集中处理中心采用纳米膜好氧堆肥、条垛式发酵等技术集中处理规模养殖场和村组堆沤场的粪污，部分就近还田，部分供应有机肥厂。同时成立社会化服务平台，整合运输、处理、再利用环节资源。该模式有效解决粪污运输及资源化利用难题，形成了高效的畜禽废弃物处理与循环利用体系（图 17-25）。

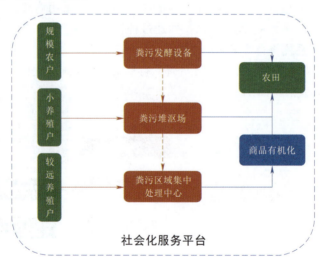

图 17-25　区域粪污治理模式

2）种养结合循环经济模式。种养结合模式是将养殖与种植相结合，通过处理养殖业的粪污、进行发酵处理并将其作为有机肥回田的方式，优化资源利用，减少环境污染，促进农业的可持续发展。西北旱区的种养结合循环经济模式主要有以下 3 种典型形式：

①典型模式 1：新疆奶牛场草畜一体化粪污循环利用技术模式。新疆奶牛场草畜一体化模式通过两大循环系统实现了粪污的循环利用：一是牛床垫料再生系统（BBU）利用粪污生产牛床垫料，不仅减少了粪污排放，还提高了牛床的舒适度，保障了奶牛健康；二是通过固液分离和堆肥等工艺，粪污转化为有机肥，供草料基地使用。该模式促进了奶牛养殖的高效化，改善了生态环境，同时也提升了养殖效益（图 17-26）。

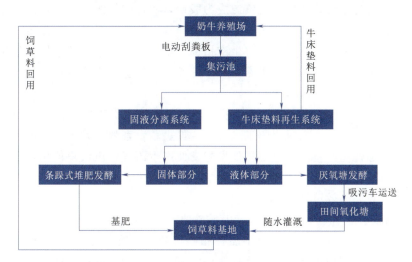

图 17-26　奶牛场草畜一体化粪污循环利用技术模式

②典型模式 2：甘肃省生态循环农牧业发展模式。甘肃省通渭县通过全膜双垄沟播旱作农业技术，实现了"种植＋养殖"的良性循环。全膜玉米的种植推动了草食畜牧业的发展，同时利用牲畜粪便改良土壤肥力，促进农作物增产。通过沼气池发酵粪便和秸秆，不仅产生沼气为农户提供能源，还将沼渣和沼液回田，进一步提高了土壤肥力。该模式实现了清洁能源的使用和生态农业的可持续发展（图 17-27）。

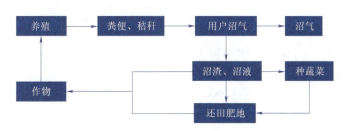

图 17-27　牛谷河流域农牧业循环系统图

③典型模式 3：鄂托克前旗沙化土地种养结合的农牧业生态循环模式。鄂托克前旗的种养结合模式通过畜禽与作物的结合，实施粪污资源的有效利用。牲畜排泄物在沙黏土中发酵后被用作基肥，改善了土壤肥力，提升了作物品质。同时，在果园内散养土鸡，鸡粪还园，不仅提高了土壤肥力，还促进了水果和土鸡的优质生产。这一模式通过高效利用资源，推动了农牧业的绿色发展和生态环境保护。

3）放牧型生态畜牧业循环经济发展模式。西北旱区的放牧型生态畜牧业通过合理利用草地资源，实现牲畜粪便的直接排放与利用，从而增加土壤肥力、减少污染，并提高产草量，形成草喂牲畜—粪养草的良性循环。国家通过禁牧、休牧和划区轮牧等政策，加快了畜群周转、提高出栏率，同时保护和利用草场，最大化草场产草量，促进畜牧业循环经济发展。

①典型模式 1：青海拉格日生态畜牧业合作社模式。青海拉格日合作社通过将牧民资

源折股量化、市场化定价，使牧民的资源成为股份，实行多层级共同治理。合作社通过控制草场载畜量、提高良种率和优化畜牧结构，引导牧民转型为绿色高质量生产。生产小组内实施"基本工资＋提成"计件制，将生产指标与草原奖补资金挂钩，推动牧民向绿色发展转型。合作社集中整合资源，推进专业化、标准化、信息化现代牧业生产，提升产品产出率和资源利用效率。

②典型模式 2：阿巴嘎旗集约化发展模式。阿巴嘎旗根据不同自然环境条件，采取适应性强的畜牧业发展模式。通过全膜玉米种植，促进草食畜牧业发展，并利用牲畜粪便改良土壤肥力，增加作物产量。通过沼气池发酵粪便产生沼气，供农户使用，沼液和沼渣回田增强土壤肥力。通过季节性划区轮牧和科学刈割等措施，提高草场利用效率，推动集约化经营，促进畜牧业高效可持续发展。

③典型模式 3：锡林郭勒盟正蓝旗寺郎城蒙原公司"托牛所"模式。"托牛所"模式允许牧民将奶牛托管给专业公司，按奶牛品种和产量分红，牧民可利用空余时间进城工作。公司通过轮牧和合理规划草地使用，确保草场的可持续利用，避免过度放牧。通过集约化管理和草原承载力计算，减少草畜矛盾，实现草场与畜牧业的平衡，推动牧民和合作社形成利益共同体。

4）西北旱区智能畜牧业全产业链发展模式。西北旱区依托自身资源禀赋，形成了一批优势特色主导产业。近年来，我国草原畜牧业发展方式逐步转变，草原生态恶化趋势得到初步遏制，综合生产能力持续提升，标准化规模养殖稳步推进，对保障牛羊肉、乳制品等畜产品市场供给发挥了重要作用。但是，草原畜牧业生产基础比较薄弱，草畜矛盾依然突出，发展方式相对落后，草原生态保护和产业发展面临诸多挑战。

针对西北旱区智能畜牧业全产业链发展的瓶颈问题，需要围绕智能营养、智能化养殖生产、食品安全管控—可信追溯体系和大数据育种等关键技术展开攻关，构建出横到边、纵到端的"云边端"一体化西北旱区智能畜牧业全产业链模式（图 17 - 28），从而推动我国现代畜牧业发高效发展，助力乡村振兴。

全产业链发展模式需要开展的主要工作如下：

①智能营养关键技术。坚持生态优先、"以水定地""以水定草""以水定畜""以水定产"的"四水四定"原则，开展多尺度草场智能高效节水灌溉、草场自动管控及决策调度关键技术、数字化可控生物饲料创制及多层次营养调控、智能化粪污处理及还田管控关键技术研究，从而解决水草畜平衡、饲料短缺、生态环境的问题。

②智能化养殖生产管理关键技术。针对西北旱区特色畜种，开展畜禽生物安全智能管控系统、智慧养殖管理系统、食品安全管控—可信追溯体系、生产智能决策管理系统研发，实现智慧养殖，其中智慧养殖管理系统应该包括猪智慧养殖、牛智慧养殖、羊智慧养殖、马智慧养殖、山羊智慧养殖等不同种类牲畜管理系统。

③大数据育种关键技术。深度融合生物技术、信息技术与智能技术，开展西北旱区牛羊生产性能自动测定、大数据繁育、大数据育种等研究，实现牛羊育种的全流程数字化管理，提高西北旱区牛羊育种信息化水平和育种效率，为绿色、高效、优质等突破性新品种选育提供强有力的支撑。

（3）林业高质量发展经济循环模式。林业高质量发展经济循环模式依托资源循环利用

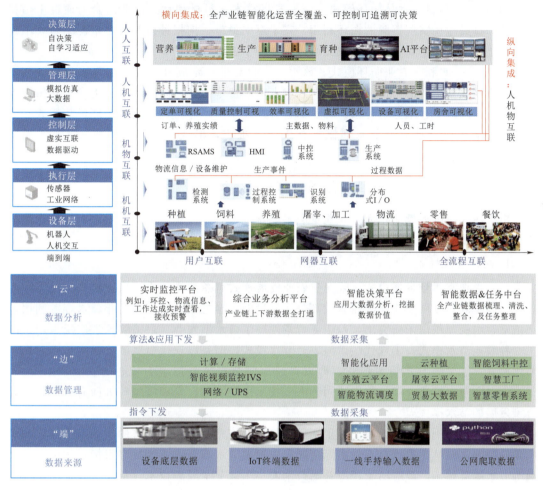

图 17-28　"云边端"一体化西北旱区智能畜牧业全产业链体系技术架构

和可持续发展，加强林业产业与相关产业的协同发展，推动资源高效利用和产业升级。西北旱区的林业经济循环模式主要包括以下几类：

1）林木—木制品—生物质能循环模式。该模式将林木和木制品产业结合，木制品生产过程中产生的废弃物可转化为生物质能源，如生物质燃料和生物质发电。在陕西省宝鸡市岐山县，木材加工和木制品生产增加了附加值，并通过将木材剩余物转化为生物质燃料替代传统能源，推动了林业循环经济的发展，提升了资源利用效率。

2）林业—旅游—文化循环模式。该模式结合林业、旅游和文化产业，通过开发森林资源和文化遗址，推动生态和文化旅游发展。陕西省延安市黄陵县依托丰富的森林资源和文化历史，发展森林和文化旅游，提高了地方收入，并保护了森林资源，促进了当地文化传承和创新。

3）林业—环保—节能循环模式。该模式将林业与环保、节能结合，提高资源利用效率，减少污染。在甘肃省天水市麦积区，通过林木资源开发和废弃物利用，生产木材制品和生物质燃料，同时发展生态旅游和林下经济，提升了经济效益和生态效益。

4）林木—药材—食品循环模式。该模式将林木、药材和食品产业结合，通过中药材的种植和食品生产实现资源的循环利用。在宁夏中卫市，枸杞种植与林木资源结合，不仅改善了土地利用效率，也提高了农民收入，推动了农村经济发展。

5）林业—水利—农业循环模式。该模式结合林业、水利和农业，实现水资源的高效利用，推动农业生产的可持续发展。在甘肃省庆阳市华池县，修建水库和水渠为农田灌溉提供保障，同时通过中药材种植与林业结合，形成了多产业协调发展的循环经济模式。宁夏回族自治区西吉县通过节水灌溉和林下经济推广，形成了林木—水利—农业的循环经济。

17.4.3　西北旱区农牧林业高质量发展模式

由于西北旱区区域面积大，农业资源禀赋差异显著，需要明确西北旱区农林牧产业高质量发展途径和相关技术模式，并据此构建西北各省区农业高质量发展模式。

1. 陕西发展模式

(1) 农业高质量发展模式。 陕西省农业发展模式可总结为节水型农业模式、立体种养模式、围绕农业发展模式。陕西省大部分灌溉设施已经持续运转了几十年，水资源利用效率低下，水资源供需矛盾突出，基于此背景发展了节水型农业。目前陕西省广泛采用了以下 3 种农业节水模式：①现代喷微灌农业节水模式，即是以现代喷微灌技术为核心的农业节水模式；②常规节水灌溉模式，即以普通地面节水灌溉技术为核心的农业节水模式；③综合农业节水模式，即是将上述两种灌溉技术以及农艺、管理措施等方面有机结合，综合型发展的节水模式[12]。

以榆林市为例，水资源缺乏严重制约着榆林经济尤其是农业经济的发展。面对这一现实条件制约，榆林市根据自身的实际情况，以发展节水灌溉农业为战略目标，积极引进滴灌等节水灌溉技术。政府给予相应补贴鼓励农户采取节水灌溉技术，从而更大范围地推进节水灌溉农业的发展。同时，榆林市政府加大财政支农投入，推进了一系列以小杂粮、马铃薯为主要作物的节水项目，全市新增节水灌溉面积高达 8.3 万亩，原有 45 万亩节水灌溉土地亦得到改进。榆林市以示范县为样板，积极带动榆林各县节水灌溉农业的发展，定边等示范县共建立节水示范田 34.6 万亩，极大地提高了水资源的节约。据统计，定边县的玉米示范区使水资源利用率从 30% 提高到 40%。示范田的建设不仅有利于缓解水资源供需矛盾的制约，还提高了农作物产量，带动了农业生产经济效益的提高，仅玉米作物这一项就增加了 1.79 亿元产值。鉴于榆林市在节水建设方面取得的巨大成就，被授予"全国节水型社会建设示范区"的光荣称号。榆林在推动节水灌溉社会的建设中，以节约用水为理念，以节水城市建设为契机，积极优化经济发展方式，从用水、供水、排水等方面推进水资源利用体系的建设，逐渐摸索出水资源节约型的新型经济发展模式。榆林市各产业积极围绕节水原则探索适合自身的发展路径，特别是对水资源需求较大的农业，通过节水农业的整体建设提高了农户的节水意识，为节水城市建设奠定了基础。各行业积极投入到节水社会的建设中，使榆林市节水型社会的建设成效显著，水资源的利用效率有了进一步改善。全市每万元生产总值耗水量降低到 30m³，而每万元工业增加值耗水量也减少到 10m³，与全国水平相比也处于领先地位。全市用水总量控制在 7 亿 m³，既保证了水资源利用的合理配置，也保证了榆林市经济的发展以及社会生活的需求。陕北地区发展节水农业模式很好地缓解了水资源的供需矛盾，促进了农业经济的稳定发展，一定程度上也改善了农业的生产环境，在陕北农业可持续发展中扮演了重要的角色。

陕西省地形复杂，关中平原、陕北黄土高原、陕南山区交错，农机使用无法形成规模效应。因此陕西大力推广应用立体种养新型高效农作模式。

陕西地区的林药间作立体生态模式间、套作复合生物群体间的互惠利用体现在以下方面：①空间上的互补，将处于不同空间生态位的农作物按其生长特性进行优化组合，实现空间上的有效利用，减少漏光损失；②互惠效应，利用喜光植物和耐阴植物的合理搭配，能够提高光能利用率，增加空气流动；③病虫害的减少，间、套作的生产方式改变了田间小气候状况，使一些因气候环境导致的病害得以改善。同时，由于作物品种的增加，导致害虫的天敌数量也同时增加，在一定程度上减少了虫害的发生。由于对中草药无节制的过度开采，导致目前野生中药材已经无法满足日益增长的市场需求，发展人工药材种植也成了农业经济中的一个重要领域，而林药间作的复合经营模式成为很多地区发展农业经济的首选。林药间作的复合经营模式促进了多产业的协同发展，实现了空间上的充分利用，同时也实现了经济效益、生态效益和社会效益的共同提升。该模式特点是大间距的种植林木，为药材生长提供充分的阳光和空间。通过林木的庇护作用，在小范围内改善了生态系统的小气候和土壤环境，为药材提供了优厚的生存环境。在此条件下，药农可以培育出优质高产的中药材，提高自身收入水平。在具体操作中，要根据种植药材的品种决定林木的种植行距，一切以中药材种植发展为前提。而在林木品种的选择上，除了考虑到经济性外，同时要注重其生态涵养、水土保持的作用。

值得注意的是，立体种养既是陕西农业发展模式也是陕西林业发展模式。同时，在毗邻西安市的地区，还发展了农业发展模式。近年来，西安市对农业发展的大力扶持，使得区域内初步形成了以粮食、瓜果、蔬菜、养殖以及农产品加工为主的农业功能体系，并且形成了多个现代农业示范基地、农业企业集聚区、农业技术服务中心以及环山路的休闲农业产业带，同时形成了一批品牌产品和龙头企业，如周至猕猴桃、户县葡萄和王莽鲜桃 3 个国家地理标志产品，以及西安市葡萄研究所和曲江现代农业园区等知名企业，为区域都市现代农业的进一步发展奠定了良好的基础。区域内初步形成了以传统种植业、畜牧业、特色农业和休闲观光农业为主的产业体系。目前，在秦岭北麓环山公路沿线，各类园区项目已陆续开展建设，沿环山公路两侧已经显现出宽度约为 2～3km 的休闲观光农业带及时令水果带；已初步建成西安现代农业科技展示中心、陕西阳光雨露现代农业示范园、嘉艺现代高科技生态农业园（国家级农业旅游示范点）、西安市葡萄研究所科技示范园、西安良种核桃研究中心、西安曲江现代农业园区、西安周至现代农业示范园、中国猕猴桃主题公园等各类示范园区 103 个。并且当地农业主管部门加大与高校和科研院所合作力度，通过一系列诸如科技三下乡、远程教育等手段对广大农业从业人员进行培训，对其普及农业科技知识，使得广大农业从业者综合素质得到不断提高。

（2）牧业高质量发展模式。陕西畜牧业发展以千家万户的小规模、分散饲养为主要模式，优势产业没有真正形成优势产业区，龙头企业发展滞后，产业化水平不高。所以"猪—沼—果"循环农业模式比较适用于家庭化畜牧业生产。此模式是以沼气池为纽带，实现物质能量循环利用，把牲畜养殖与果业发展联系起来，达到节约资源、改善环境的效果。具体操作上看，就是把人畜粪便与农业废弃资源投入沼气池，利用沼气发酵装置和工艺，为农户提供日常能源消耗所需的沼气，沼气池产生的沼液和沼渣可以作为有机肥料施用于果园。在这种模式基础上还衍生出"猪—沼—鱼""猪—沼—菜"等生产模式。

自 2008 年起，洛川县依托当地苹果产业优势，发展生猪养殖业，推广"养猪—沼气池—果园"循环型低碳农业模式，推动传统农业向生态农业转型。政府投入 2 亿元补贴资金，计划 2008—2010 年支持养猪农户，目标建成百万生猪大县。至 2013 年，已建成存栏万头养殖场 1 个、千头养殖场 1 个、百头养殖场 21 个，以及养猪合作社和社区 21 个，显著提升生猪产业规模和养殖效益，增加农户收入。同时，全县累计建成沼气池 2.4 万座，利用果业废弃物（苹果枝条、落果）、生猪粪便及生活垃圾，通过厌氧发酵生产沼气（供农户生活能源），沼液和沼渣加工成有机肥还田，支持苹果种植和土壤改良，形成"养殖—粪污—种植"闭环。该模式具有三大优势：①优化农业结构，优质农产品（如苹果、猪肉）增加农民收入；②改善生态环境，沼气替代柴禾减少空气污染，粪污发酵降低环境负荷；③提升土壤肥力，有机肥还田抑制病虫害，提高苹果产量与品质。在西北旱区，该模式结合生态补水支持苹果种植灌溉，与前文奶牛场草畜一体化模式（图 17-26）相呼应，显著提升经济效益（生猪与果业产值增长）和生态效益（土壤有机质提升，减少粪污污染），为农业高质量发展提供了实践路径。

（3）林业高质量发展模式。 陕西省一直致力于推动林业高质量发展，为建设美丽陕西做出了重要贡献。陕西省现有的林业高质量发展模式主要有森林资源管理与保护、森林经济发展、生态保护与修复、市场化发展和国际合作等方面：

1）森林资源管理与保护模式。陕西省采取了一系列措施，加强森林资源管理和保护。例如，实行林权制度改革，完善林地确权登记制度，加强林地保护和利用，促进森林资源的可持续利用。同时，加强森林监测和防火工作，提高森林资源的安全保障能力。截至 2020 年，陕西省森林覆盖率已经达到 38.1%，林木蓄积量达到 4.43 亿 m^3，其中用材林、竹林、经济林分别为 3.43 亿 m^3、1.6 亿 m^3 和 1.6 亿 m^3，森林资源得到有效保护和利用。

2）森林经济发展模式。陕西省通过推进林下经济、林上产业、林下观光等方式，加快森林经济的发展。推动林下经济的发展，如茶园林下种植、蜂业林下养殖等，提高了森林资源的效益。同时，积极发展木材加工产业，提高木材的附加值。截至 2020 年，陕西省林业产业总产值达到 1707 亿元，林业产业综合效益明显提高，林下经济占林业总产值比重为 57.4%，林下经济发展成效显著。

3）生态保护与修复模式。陕西省注重森林生态保护与修复，积极推动生态文明建设，大力实施重点生态工程。例如，陕西省实施了秦岭北麓生态修复工程，采取了退耕还林、退牧还草、植树造林等措施，恢复了大片破坏的森林生态系统。同时，陕西省积极开展森林防火、病虫害防治等工作，全面提升森林资源的质量和安全。截至 2020 年，陕西省共完成秦岭北麓生态修复面积 640 万亩，实施"退耕还林"工程面积达到 420 万亩，实现了生态效益、经济效益、社会效益的有机融合。

4）市场化发展模式。陕西省积极推进林业市场化发展，通过建立现代林业经营体系，完善林业资本市场，推动林业资源流转和经济效益的提升。例如，陕西省采取了土地流转、承包经营等方式，促进林地利用和资源流转。截至 2020 年，陕西省林业产业市场化水平不断提升，森林资源流转面积达到 200 万亩，涉及资金逾 100 亿元。林地流转加快了林业产业化进程，带动了农村经济的发展。

5）国际合作模式。陕西省积极开展国际合作，吸引外资、引进技术、借鉴经验，推动林业高质量发展。例如，与日本、韩国等国家和地区开展林业合作，加强技术交流和人才培训，提高了陕西省林业的管理水平和技术能力。截至 2020 年，陕西省累计引进外资 2.5 亿元，积极开展国际合作和交流，不断提升林业的国际化水平和竞争力。

2. 宁夏发展模式

(1) 农业高质量发展模式。宁夏作为地处内陆的小省区，基本区情决定了必须把农业作为经济社会发展中的重要基础产业发展，而农业发展的根本出路在于大力发展现代农业。近年来宁夏以发展现代农业为重点，立足资源优势，取得了明显成效。农业产业化经营水平不断提高，主要农产品加工转化率不断提高，多种特色产品跻身于中国名牌产品行列，宁夏现代农业呈现出超常规、跨越式发展的态势，形成了特色化、规模化、产业化的新格局。多年来宁夏致力于发展具有宁夏特色的优势特色农业产业，按照因地制宜、分类指导、突出特色、发挥优势的原则，重点培育和发展了枸杞、清真牛羊肉、奶牛、马铃薯、瓜菜五大战略性主导产业[13]。

2007 年以来宁夏设施农业迅速扩张，发展势头强劲，实现了周年生产，均衡供应，70％的产品销往周边及南方省区；截至 2024 年，全区设施农业总面积达 5.67 万 hm^2，其中面积 3333hm^2 以上的县（区）有 7 个，集中连片基地分布广泛：33hm^2 以上基地 320 个，67hm^2 以上基地 140 个，667hm^2 以上基地 9 个。

绿色循环农业发展模式是将种植业、畜牧业、渔业、物联网技术等与加工业有机联系的综合经营方式，利用物种多样化微生物科技的核心技术在农林牧副渔多模块间形成整体生态链的良性循环，力求解决环境污染问题，优化产业结构，节约农业资源，提高产出效果，打造了新型的多层次生态循环农业生态系统，成就出一种良性的生态循环环境。宁夏农业发展模式正朝着绿色循环农业发展模式转变中，但是目前还受到种种因素制约。例如宁南山区人均占有耕地面积较大，当地农民开荒地均在 0.667hm^2 以上，粮食种植产量低而不稳，农业经济整体上处于以供给粗放的初级产品和服务为主的发展阶段，产业集中程度低。农业虽然是该区域的主要支撑，但是特色产业规模小、档次低，产业化进程缓慢，主导产业竞争力不强。农产品加工业也主要以原料和粗加工为主，转化率低、增值率低，农产品运销明显滞后，缺乏市场竞争力，农产品的加工率比全国低 40％～50％，比全区低 20％～30％，严重制约着当地经济可持续发展。

(2) 牧业高质量发展模式。宁夏畜牧业发展模式以政府大力扶持奶产业，外地奶业企业加大在宁投资为特点。宁夏综合资源禀赋、生态环境、产业优势、市场供求等因素，调整优化区域布局和产业结构，巩固提升兴庆、贺兰、灵武、利通、青铜峡、沙坡头、中宁等奶产业主产县（市、区）规模效益，支持建设利通区五里坡和孙家滩、灵武市白土岗、平罗县河东等现代奶产业园区。以原州、西吉、隆德、泾源、彭阳、海原、同心、红寺堡 8 个县（区）为核心，突出发展优质肉牛繁育和特色牛肉加工；以平罗、永宁、中宁、沙坡头等引黄灌区县（区）为重点，加快发展肉牛高效育肥和优质牛肉生产。以盐池、同心、海原、红寺堡、灵武 5 个县（市、区）为重点，加快滩羊核心区现代产业园和标准化规模养殖基地建设，建立完善引黄灌区和南部山区滩羊改良羊生产体系。着力稳固沙坡头、灵武、中宁、青铜峡、隆德 5 个养猪重点县（市、区）产业基础，扩大盐池、平罗、原州、彭阳 4 个养猪潜力县（区）产能。巩固发展贺兰、永宁、沙坡头、原州等县（区）种鸡产业和商品鸡产业。宁夏奶产业、肉牛和滩羊产业综合生产能力显著提高。实施种业科技创新行动、畜禽遗传改良计划和现代种业提升工程，构建产学研融合、育繁推一体化的现代种业科技创新体系，加强优质高产奶牛、肉牛新品种（系）培育和育种核心群建设，推动育种体系和良种繁育体系深度融合，加快奶牛、肉牛、滩羊和饲草良种选育扩繁，建立完善良种示范推广体系，提升奶牛、肉牛等品种核心种源自给率。推进中国（宁夏）良种牛繁育中心和奶牛胚胎推广示范中心建设，继续实施奶牛、肉牛和滩羊良种补贴项目，加强畜禽种质资源保护和利用，推进滩羊、中卫山羊、静原鸡本品种选育和提纯复壮，支持自治区级以上畜禽保种场、核心育种场建设。并统筹资源环境承载力，科学布局畜禽养殖产业，鼓励畜禽粪污全部还田利用，促进养殖业规模与资源环境相匹配，实现畜禽养殖和生态环境保护协调发展。

（3）林业高质量发展模式。宁夏林业发展通过大力实施退耕还林还草、天然林保护、三北防护林建设、精准造林等重大生态工程建设，全面加强山水林田湖草一体化保护修复，生态建设成效显著。森林面积由 2015 年的 984.3 万亩增加到 2019 年的 1230 万亩，森林覆盖率由 12.63% 增长到 15.8%。全区荒漠化面积由 4348 万亩减少到 4183 万亩，沙化面积由 1743 万亩减少到 1686 万亩，实现了漠化土地和沙化土地连续 20 多年持续减少的目标。全区草原补播改良 830 万亩，重度沙化草原面积由 246.8 万亩减少到 204.8 万亩。草原综合植被覆盖度由 53.25% 增长到 56.23%。宁夏将以黄河流域生态保护和高质量发展为主线，以推进林草治理体系和治理能力现代化为统领，坚持以水定林、量水而行，因地制宜、分区施策，持续抓好"三山一河"生态保护和修复重大工程，总体考虑是：围绕一条主线、突出两个重点、开展三大行动、落实四项制度、夯实五大基础保障、深化六项改革、实施十大工程。具体是指围绕黄河流域生态保护和林草高质量发展，全面推进山水林田湖草一体化保护修复主线，着力抓好黄河流域宁夏段生态保护与治理，打造以黄河干流为轴、支流为脉、两岸为单元，全区域统筹、干支流共治、左右岸齐抓的叶脉式治理新模式，确保黄河生态安全。

1）突出两个重点。突出两个重点是指以自然保护地建设和林草现代化治理体系制度建设为重点。完成自然保护地整合优化归并，理顺管理体制，构建以国家公园为主体的自然保护地体系。进一步健全生态保护和修复制度，推进林草治理体系和治理能力现代化。

2）开展三大行动。开展三大行动是指推进大规模国土绿化、产业提质增效、资源保护管理创新三大行动。计划到 2025 年，全区新增营造林 450 万亩，森林覆盖率达到 16.8%。

3）落实四项制度。落实四项制度是指落实好中央明确的天然林、湿地、荒漠、草原保护修复四项制度。

4）夯实五大基础保障。夯实五大基础保障是指强化科技、种苗、防火防灾、基层队伍、基础设施五大保障，提升制度建设、政策制定、保障机制等方面的服务保障能力。

5）深化六项改革。深化六项改革是指全面持续深化国有林场林区、集体林权制度、草原制度、林草资源资产、林长制、行政审批六项改革。

6）实施十大工程。实施十大工程是指实施黄河支流源头水源涵养林建设、黄河支流两岸水土保持林建设、黄河干流绿色长廊建设、黄河两岸沙化土地治理、沿黄湿地保护修复建设、以国家公园为主体的自然保护地体系建设、天然林保护修复、退化草原保护修复、特色经济林提质增效、人工促进生态修复和森林质量精准提升建设等十大重点生态工程。

3. 甘肃发展模式

（1）农业高质量发展模式。甘肃全省耕地近 5200 万亩，其中有灌溉条件和设施的灌溉耕地只占约 30%，而旱地占 70% 左右，旱作农业（旱地农业、雨养农业）是农业生产的主要发展模式。甘肃省 2020 年粮食产量为 1202.2 万 t，比上年同比增产 3.4%，其中旱作农业区粮食播种面积占全省粮食作物播种面积比重为 58.03%。旱作农业区在甘肃省粮食农业中拥有重要的战略位置，已成为甘肃省粮食作物的主产区。同时，甘肃大力发展节水农业，通过推广应用全膜双垄沟播技术体系，在发展旱作节水农业方面取得重大进展[14]。

甘肃省 70% 的耕地是山坡旱地，在 20 世纪 80—90 年代，全省粮食总产量从 500 万 t 上升到 600 万 t，用时 11 年。进入 21 世纪以来，从 600 万 t 到 700 万 t，用时 4 年；从 700 万 t 到 800 万 t，用时 3 年；2009—2011 年 3 年时间，粮食总产量从 800 万 t 上升到 1100 万 t，并连续多年保持在 1000 万 t 以上，旱作农业对粮食增产起到了决定性作用。2012 年被农业农村部命名为全国唯一的国家级旱作农业示范区。

以甘肃省武威市为例，武威市节水推广面积当前稳定在 250 万亩左右，仅占总耕地面积的 37.8%；其中，膜下滴灌技术推广面积达 48 万亩，约占总耕地面积的 6%；垄膜沟灌占 24.5%，而其他节水技术占 7.3%。说明高效节水推广面积占总耕地面积比例极其偏低。膜下滴灌、垄膜沟灌、全膜双垄、全膜垄作、半膜平作、水肥一体化等技术是目前武威市农田高效节水的主要技术，而其他模式节水技术仍然比较短缺。玉米、棉花、食葵、辣椒、瓜菜为武威市主要农作物，利用节水灌溉技术对其增加经济效益效果明显。其中，在膜下滴灌节水下，亩降本增效由大到小依次为棉花、食葵、瓜类、辣椒。与传统膜下暗灌相比，水肥一体化滴灌对番茄和辣椒经济作物的生产增效明显。其中，番茄亩增产 8.3%，辣椒亩增产 7.6%，节水率均达到 45% 以上。水肥一体化技术有待成为武威市未来经济作物增产增效的主流技术。

（2）牧业高质量发展模式。畜牧业作为重要支柱产业，甘肃地区呈现出遗传性稳定、能够适应严酷的自然条件、耐粗放的饲养管理等特征，种种特征证明甘肃地区畜牧业养殖具备独特的自然条件、产品优势。甘肃省草原面积广阔，虽然有得天独厚的自然资源，但是也存在超载放牧、水土流失、草原生态恶化等问题。

甘肃畜牧业发展模式主要为半牧区和农区草食畜牧业发展模式，是全国第五大牧区，投资建设了张临高奶、肉牛基地等 7 个草食畜牧业商品基地，有力推动了草食畜牧业发展的规模化、区域化。牧区草类品种丰富，农区和半农半牧区饲草料储量与质量较高，但是天然草场退化严重，人工草地经营比较粗放。甘肃根据各地区草场沙化、盐碱化和退化的实际情况，进行草原生态恢复、建设与保护，在保护草原资源、维持草原生态平衡的基础上，采取"划区轮牧""围封转移"与"舍饲圈养"等措施，来实现草畜平衡。

甘南推行农牧互补产业化发展模式，舍饲和半舍饲养殖比重逐年提高，牛羊出栏周期普遍缩短，畜牧业生产水平得到提升。2019 年 8 个纯牧业县牛、羊出栏分别达到 53.2 万头和 228.8 万只。12 个半农半牧区大力推广秸秆养畜、牛羊杂交改良、标准化舍饲养殖等集成配套技术，畜牧业逐步实现集约化、专业化、标准化、规模化，牛羊规模养殖比重达到 52%。规模养殖涌现出示范园区型、龙头带动型、整村推进型、股份合作型、农户联建型等模式。

同时，在凉州区等试点地区，大力探索和发展"种植—青贮—饲喂"结合模式，凉州区建成集饲草料种植、秸秆青贮利用和牛羊养殖为一体的种养结合型示范基地 150 个，其中荣华公司建成集 1.33 万 hm^2 饲草种植、4 万头奶牛养殖为一体的现代农业产业化基地。

(3) 林业高质量发展模式。甘肃省是我国西北部的重要林业产业地，当前甘肃全省的林地面积为耕地面积的 2～3 倍。林业发展模式以第一产业为主，第二、第三产业占比过低，产品附加值低。林业产业区域化格局基本形成。现阶段"大而全、小而全"的生产格局被全面打破，各种林产品呈现出创新发展态势，干鲜果经济林基地以临泽、静宁为代表；森林生态旅游区则以天水、兰州为代表；花卉基地县以甘谷、陇西为代表。在甘肃陇东黄土高原地区，如庆阳地区，则大力发展林下经济模式，取得了一定的成果；在武威则广泛推广种植酿酒葡萄、皇冠梨、红枣等经济作物的"特色林果业"主体生产模式。还有其他林业与其他产业互补的发展模式见表 17-12。

表 17-12　　　　　　　　　甘肃省林业与其他产业互补发展模式

模　式	立　地　条　件	示　范　品　种
林—药模式	退耕山地	芍药、牡丹
林—药模式	经济林地	大黄、板蓝根、牛籽等
林—菌模式	天然次生林	平菇、香菇、木耳
林—粮模式	经济林地	豆类、小杂粮等
林—经模式	山地核桃林	白瓜籽、紫苏、马铃薯、瓜菜类
林—禽模式	退耕林地	芦花鸡、三黄鸡、当地土鸡
林—禽模式	退耕林地	珍珠鸡、火鸡、乌骨鸡
林—畜模式	退耕林地	约克、杜洛克
林—畜模式	天然次生林	野猪杂交 1、2 代
林—畜模式	退耕林地	杜泊、小尾寒羊、波尔
林—畜模式	退耕平台地	法系、德系獭兔
山区林业立体开发模式	山地生态林	山杏低效林改造

4. 新疆发展模式

(1) 农业高质量发展模式。新疆的农业发展模式可总结为绿洲农业、特色农业、"南北疆模式"、循环农业、节水农业等发展模式[15]。

绿洲农业又称绿洲灌溉农业或沃洲农业，是指分布于干旱荒漠地区有水源灌溉地方的农业。其种植结构不合理，粮食和棉花种植面积占绝对比重，饲草作物种植面积小，农业结构单一化。由于今年来棉花经济效益较高，棉花种植规模迅速扩大，粮棉比例呈现失调态势，土壤肥力下降。新疆绿洲农业是典型的灌溉农业，随着新疆绿洲农业规模的扩大，农业用水总量不断增加。又由于灌溉方式不合理，不少地方毛灌溉定额高达 11250mm，导致农业用水占总用水量的比例高达 95.2%，农作物种植灌溉又占农业总用水量的 81.4%。这种高耗水、高耗能的农业生产方式又会进一步造成严重的生态环境问题。

特色农业如新疆棉花产业、红色产业和特色林果园艺业等。新疆特色林果业已经形成了以下 3 个产业带：①南疆环塔里木盆地产业带，该区域以红枣、核桃、巴旦木、杏、香梨、苹果为主林果基地；②东疆吐哈盆地产业带，该区域以鲜食葡萄、红枣为主的优质林果基地；③北疆伊犁河谷和天山北坡产业带，该区域以鲜食和酿酒葡萄、枸杞、小浆果、时令水果为主的特色鲜明的林果基地。近年来，随着人民生活水平的不断提高，消费者对农产品品质和营养价值的要求也在不断提高，在新疆各种特色优势农业产业中，以番茄、枸杞、红枣及红花为代表的新疆红色产业发展特别迅速，已经成为新疆继石油、棉花等之后的新的支柱产业。新疆已成为全国最大的商品棉、啤酒花和番茄酱的生产基地和全国重要的甜菜糖生产基地。同时新疆基础设施系统完善、交通设施健全、农业机械化程度高。但是新疆特色农业生产规模小、产业化程度低、特色农产品及加工品的科技含量低。形成特色农业产业集群农业发展模式。可细分为"龙头企业带动型""公司＋基地＋专业合作社（农户）型""政府推动型"。

在新疆地区经济较发达地区，即沿天山北坡经济带，农业产业化水平比较先进，因此农业发展模式称之为"北疆模式"，指天山北坡经济带一些经营较好的农民专业合作组织与当地县域的农户进行农作物的统一"示范基地"种植，采取"特色农作物基地建设"和"产业带动专业合作社"的县域农业现代化发展模式。

在新疆经济较落后地区，如喀什和和田地区，农业产业发展较多依靠地方政府主导，其农业发展模式称之为"南疆模式"，也是县域农业发展模式，采取"地方政府组织加农业产业示范大户带动效应"，即政府带头寻找经销商和扶持农业产业大户生产及带动作用的模式。该模式可以积极对接总体模式，通过"订单式"途径，由地方政府组织协调农作物种植和"总体模式"下的农业技术推广，实现农业较好发展。

同时，在新疆昌吉市也发展了循环农业发展模式。新户村位于昌吉市三工镇境内，其循环农业发展模式的基本原理是以新户村海奥奶牛合作社养殖场为核心，以废弃物（粪便）资源转化为主要手段的区域循环系统（图 17-29）。从原理上看，其模式为物质再利用模式，从范围角度看属于合作社小循环模式。经过十年来的发展，该循环系统内形成了两条循环链：①主链，即"奶牛—粪便沼气站—蔬菜"，该链将新户村奶牛养殖和蔬菜种植通过沼气站连接起来，在解决牲畜粪便污染的同时也解决了种植肥源的问题，沼气站的参与，实现了废弃物资源的再利用，沼渣沼液的使用减少了化肥的使用量，提高绿色农产品的品质；②支链，即"奶牛粪便沼气站—有机肥料—市场"，该循环链将除自用外过剩的沼渣制作成有机肥料，对外进行出售，一方面避免了合作社剩余粪便的浪费，另一方面经过加工的成品有机肥则提高了合作社收入，同样达到了废弃物资源化和价值化的目的。

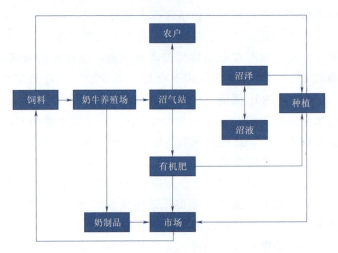

图 17-29　新户村循环农业发展模式图

　　而在位于昌吉市北郊滨湖镇，循环农业的基本原理是以联合社为纽带、以堆肥为技术、以统一化管理为手段的跨合作社循环系统，在循环范围上属于片区中循环模式。联合社下属的堆肥厂将由养殖合作社运来的粪便制作堆肥，堆肥制成后运送至蔬菜合作社施放进土壤，蔬菜合作社再将地里的秸秆运送至养殖合作社添加到饲料中，以达成"秸秆饲料养殖场堆肥厂—蔬菜—秸秆饲料"的循环链。

　　节水农业是提高用水有效性的农业，是水、土、作物资源综合开发利用的系统工程。衡量节水农业的标准是作物的产量及其品质，用水的利用率及其生产率。节水农业是随着节水观念的加强和具体实践而逐渐形成的。节水农业包括节水灌溉农业和旱地农业。节水灌溉农业是指合理开发利用水资源，用工程技术、农业技术及管理技术达到提高农业用水效益的目的。旱地农业是指降水偏少而灌溉条件有限而从事的农业生产。

　　新疆兵团自 2001 年开始推广节水技术到目前为止，兵团节水灌溉面积已达 73 万 hm^2，新疆地方节水灌溉面积达 100 万 hm^2。建设无渗漏现代高效节水灌溉网络，田间以有压盐作用，而且最节水的膜下滴灌为主，逐步实现微灌化，输配水渠道管道化，河川径流水库化。加上膜下滴灌对耕作层的压盐作用，就会根治干旱地区农田的痼疾——盐化危害；节约的水扩大灌溉面积种树种草，建设绿洲高标准的防护林和田间林网，根治沙化；保持农田面积以维持生计，扩灌种草推行 1∶1 大比例的草田轮作，加快提高耕作层土壤有机质含量，根治农田肥力退化，根治了土地沙化、荒漠化、盐渍化，为建设绿洲农林牧复合生态系统提供了前提。按照资源条件、经济发展水平和区位条件等将其分为生态资源较丰富经济欠发达区、农牧业主产区、城郊经济发达区、绿洲边缘节水区和外围的近沙区等五个区划。每一个区划的现代化节水发展模式各具特色。

　　新疆塔城、阿勒泰、喀什、和田地区生态资源丰富但经济欠发达，属偏远地区，农业增加值占 GDP 约 40%，整体发展水平较低。在该地区，节水农业模式通过高效利用生态资源推动经济发展，成为生态资源开发的重要路径。具体包括以下措施：①推广滴灌、膜下滴灌技术，结合生态补水，高效利用塔河流域水资源，保障农业灌溉；②优化种植结构，发展高附加值作物（如喀什棉花、和田红枣，表 17-9），提升土地产出效益；③构建绿洲农业体系，结合水土保持技术，防治土地沙化，维护生态平衡。该模式在开发水土资源的同时，兼顾生态保护与经济效益提升（如棉花、红枣产值增长），为西北旱区偏远地区农业高质量发展提供了可行路径。

该区域存在的主要问题是生态资源尚未得到有效的利用和开发，区域的经济主要是效益较低的传统农业，以种植业为主要收益，并且农村区域内工业和第三产业发展极为缓慢，农牧民收入很难保证。基于上述理由，该区域的节水生态农业现代化的重心是对生态资源的开发，通过开发当地生态资源来带动农业现代化的发展。主要表现在重新对该区域的生态资源进行合理的定位，通过对当地资源环境的开发转化为节水生态农业的增长优势，从而促进现代农业的高效率发展，其也可采用生态标志型产品开发、生态旅游农业开发等生态农业综合开发等模式。该模式做法如下：

1）确定地域内的生态资源类的主导产品。主导产品要根据当地的经济、资源和区位等条件初步进行选择，然后要结合市场的导向，政府的扶持政策等方面，最终确定自己的主导产品。

2）对生态标志性产品进行认证，保护产品的竞争优势。通过相关的认证部门对生态产品进行认证，既保护了产品不被模仿，又可以提高产品的竞争力。

3）构建专业化的生态产品生产基地。通过对产品进行专业化生产，提高产品的规模效应，还能带动当地就业，最终生产出符合标准的生态产品，进而生产出富营养、多功能、多系列的安全食品，实现生态标志型产品的规模效益。如和田的红枣，青河的沙棘产品等已享誉全国。

农牧业主产区的节水农业模式是"农—林—牧—加"复合生态农业模式。该区域主要分布在新疆的伊犁地区、博尔塔拉州地区，农牧业较发达，形成了优势产业带和特色优势产品的基地，农业增加值占生产总值 40％左右，工业和第三产业增加值占生产总值的60％左右，整体经济发展水平较高。这一地区产业结构比较单一，农副产品产品效益比较低，产品深加工附加值不高，农牧民在增收方面不太容易，并且随着当地经济和人口压力的增长，对当地的土地资源有很大的压力。该区节水型生态农业现代化的发展路径是在继续发展优势产业的基础上，对这些产业进行生态化升级改造和产业化经营，提高产品的附加值。该分区采取的为"农—林—牧—加"复合生态运行模式，其主要内涵如下：

1）以生态化的方式改造现有的比较发达的种植业。一是改善现有农田生态环境。利用滴灌节水技术对农田进行林网化改造，对区域内农田进行统一规划，铺设节水设备，提高农业用水效率。二是调整现有的种植业结构。充分利用当地资源，由传统的粮食类生产或者粮食、经济作物的二元生产结构调整为粮食、经济作物和饲料作物三元结构，为区域内的畜牧业发展提供原料。三是实行林果、粮经立体生态套种的复合模式。依据作物不同的生长特征，在林果类前期的生长阶段进行套种粮食、经济作物等瓜果类。如在棉花地套种茴香，在果树中套种打瓜等，通过这些复合形式的套种，提高土地的利用率，获得更高的单位收益。

2）以生态化的方式改造现有较发达的畜牧业。一是实施林果—畜禽复合生态种养工程，在林地或果园内放养各种畜禽动物。放养畜禽应以野生取食为主，人工饲养为辅，以便达到生产出更为优质、安全的多种畜禽产品的目的。二是建立大型生态养殖场或养殖基地。其中，养殖应以畜禽动物养殖为主，辅以相应规模的饲料粮（草）生产基地，以此达到生产优质畜产品。同时，还应围绕基地来对农产品的规模化生产和供给，积极引导产业集聚，推进生态农业产业化发展。此外，还要通过对企业和农户全过程的生态化生产和销售，达到发展龙头企业和绿色品牌，推进生态农业产业化进程。

城郊经济发达区的节水农业模式是生态农业发展模式。该区域主要分布在昌吉州、乌鲁木齐地区，地区生产总值较高，城市化程度较高，农村人口较少，第二、第三产业较发达，第二、第三产业增加值占生产总值的 70% 左右，是区域经济社会发展水平最高的区域。该区域的农业的功能和农村的结构比较单一，农业投入大、劳动力成本高、产品无法满足都市的需要。该区域节水型生态农业现代化的发展路径为生态农业发展模式。该模式是充分利用城郊地域优势，结合高科技种植技术，多依靠生态农业科技园区的形式，集农业生产、加工和销售为一体的生态农业发展模式，其主要包括以下方面：

1）根据区位优势、资源优势和需要，围绕着生态功能来对农业生产的目标和功能定位进行调整。使服务于基本生活保障的低级农产品的农业生产转向服务于生活需求较高级别的农产品和服务的现代的、开放的农业生产。

2）用绿色健康的理念调整农业生产方式，大力发展无公害农产品、绿色农产品、有机农产品的生产，实现农业生产的无害化和全过程的清洁生产。

3）根据目前休闲的需求，大力发展庭院经济。全面建设生态村，使这些区域不仅成为生态产业发达的区域，提升居住和消费水平，而且成为人居环境优美的区域，以便吸引城市人到这里居住、生活和休闲。

绿洲边缘的节水型生态农业现代化模式选择是生态恢复和治理模式。该区域主要分布在阿克苏地区，位于塔克拉玛干沙漠边缘，生态系统脆弱，承载力有限，且地处偏远，经济不发达，主要以农业为主。该区域由于环境因素，处于绿洲边缘，生态比较脆弱，农业生产受到一定影响，同时面临经济贫困的问题。因此，该区域在发展节水型生态农业现代化的过程中主要选择生态恢复和治理模式，通过引进生态恢复技术，重视生态环境的治理，保障农业生产，发展生态产业。其主要是以自然保育、恢复为主，辅之以人工过程修复受损的生态功能，主要包括以下方面：

1）通过建设灌排系统，引进优质牧草品种和科学确定载畜量等措施，以减少对天然草场的压力。与此同时，通过对一些沙地或天然草场进行改良，为牧业的发展提供更为优质的饲料，并在绿洲边缘的草场建立防护林，防治由于风沙对草地生态系统的侵害，造成草场的退化。

2）继续实施和加大退耕还林或退牧还草工程，在不适合耕种的耕地上种草或树，以便达到恢复生态系统的目的。主要有两种做法：一种是采用草地围栏工程，即用围栏把一些生态退化的草地固定起来，防止由于过度放牧造成草地的破坏，达到恢复草地生态系统的目的；另一种是采用轮放的方法放牧，避免由于过度放牧造成草场的超载，最终保障了区域草地生态系统的良性循环。

3）以人工方式建设家庭生态牧场。这种模式是在绿洲边缘把散养放牧方式固定下来，建立家园，不再采用逐水草而居的生活，目前，在新疆牧业发达地区已经采用这种模式。这种模式主要是以牧业为主，同时利用当地资源和人工种草的方式固定下来，适度发展基本的农业生产。这种模式通过人工的方式提高牧业的产量和利用率，保障了生态的可持续性。

外围近沙区的节水型生态农业现代化模式选择是沙区生态产业化模式。该区域主要分布在哈密地区，地处库姆塔格沙漠的近沙区，是绿洲和沙漠的过渡带，水资源较丰富，荒漠化、盐碱化较重。选择耐盐碱的植物建立乔灌草复合带，不仅利用了绿洲生产废水（农田排出的微咸水），有效防止了绿洲次生盐渍化侵蚀，还形成了巨大的绿洲生态屏障，改变了传统绿洲防护（农田防风林）格局，有巨大的生态效益。

这一地区生态农业现代化路径为发展沙产业，形成独具特色的沙区生态产业化模式。该模式主要是立足当地的水土光热资源，充分应用科技手段，形成沙产业发展的"生态—产业—技术"模式，主要包括以下方面：

1）建立荒漠生态保护区，发展荒漠生态旅游业。该模式的做法是指一些具备开发农业生态旅游资源的地区，根据各自的农业资源、农业生产条件和季节特点，充分考虑其区位条件和交通条件，对传统农业进行加工和包装，把农业生产、科技应用、艺术加工和旅客参与农事活动融为一体，利用原有的旅游景区和景点，扩大和增加观光农业项目，达到既发展了农业，又保护了环境的农业与旅游业合一的新型产业模式。如新疆兵团150团的驼铃梦坡荒漠生态旅游。

2）配合"三北"防护林体系建设，大造防风固沙林带，封滩育林育草，加大"绿色生态屏障"规模。

3）大力实施"白色革命"，推广温室技术，发展地膜粮食、棉花和温室大棚蔬菜瓜果等现代设施农业。

4）大力发展以中药材为主的沙产业。20世纪80年代，钱学森提出沙产业的构想，为我国防沙治沙提供了一个新的思维。沙漠也是一种资源，它的光、热等资源为一些如肉苁蓉、甘草、锁阳等中药材原料提供生长的空间。如新疆兵团149团建立人工种植滴灌梭梭肉苁蓉667hm^{2}示范基地，接种肉苁蓉200hm^2，目前已经有所成效，单产鲜肉苁蓉150～3000kg/hm^2，产值在30000～45000元/hm^2，并且是一次播种多次寄生，一次寄生多次采割，经济效益可持续5～8年。在保护生态效益的同时农户又有了一定的经济效益，极大促进了近沙区节水生态农业现代化的发展。

（2）牧业高质量发展模式。 新疆地域辽阔，气候条件独特，资源禀赋丰富，是我国重要的畜牧业生产基地之一。为了推动新疆畜牧业高质量发展，新疆在畜牧业方面采取了一系列措施，形成了多种模式。

1）特色化发展模式。新疆拥有广袤的草原资源和独特的畜牧业特色，针对当地的生态环境和市场需求，采取特色化发展模式，推动畜牧业的差异化发展。如新疆广泛发展了羊绒产业和骆驼养殖产业，这些产业具有当地独特的资源优势和市场需求，可以有效地提高畜牧业的附加值和经济效益。2019年，新疆维吾尔自治区羊绒总产量达到1.14万t，占全国总产量的近90%；骆驼肉产量达到1.1万t，占全国总产量的90%以上。这些特色产业成为新疆畜牧业高质量发展的重要支撑。

2）绿色生态发展模式。新疆是我国的生态脆弱地区之一，畜牧业的发展需要充分考虑环境保护和生态平衡。新疆采取绿色生态发展模式，大力推进畜牧业生态化、规模化和产业化。例如，新疆积极推广草畜平衡养殖模式，将草原资源、畜牧业和环境保护有机结合起来，提高草原生态系统的稳定性和维持性，同时促进畜牧业的可持续发展。2019 年，新疆草原面积达到 96.2 万 km^2，畜牧业总产值达到 2706 亿元，占全区农牧业总产值的近 60%。这些数据表明，新疆的绿色生态发展模式在畜牧业的高质量发展中发挥了重要作用。

3）生态畜牧业发展模式。这种模式注重生态保护，保持生态环境的稳定性和完整性。其中典型代表是阿勒泰草原生态畜牧业示范区。该区域在生态保护上进行了大量的努力，包括禁止砍伐和放牧，推广生态畜牧业和生态旅游等。由此带动了区域经济的发展，2019 年阿勒泰州生态畜牧业总产值达到了 80 亿元，畜牧业成为当地支柱产业。

4）规模化畜牧业发展模式。这种模式通过规模化经营、现代化管理和科技支持，实现了畜牧业的高效发展。新疆生产建设兵团的肉牛养殖就是典型代表之一，该养殖业实行了现代化的管理，运用大数据和人工智能技术，将生产效率和产品质量最大化，形成了以肉牛为主的规模化畜牧业产业链。2019 年，该产业链总产值达到了 195 亿元，成为新疆生产建设兵团的支柱产业。

5）科技养殖业发展模式。该模式是一种利用科技手段来提高养殖效率和质量，促进养殖业现代化发展的模式，其通常包括数字化、智能化和自动化等技术手段，以及精细化管理和智能化决策等管理手段。在新疆地区，科技养殖业发展模式得到了广泛应用。以养殖生猪为例，一些新疆的科技养殖企业采用先进的数字化养殖设备和智能化管理系统，实现了对养殖过程的全程监测和控制，能够实时采集和分析养殖环境、饲料供应、生猪健康等数据，通过算法预测疾病发生风险，从而实现了对养殖过程的精细化管理和智能化决策，提高了生产效率和产品质量。此外，新疆地区的一些科技养殖企业还开展了养殖废弃物处理和资源化利用等技术研究，实现了养殖环保和可持续发展。例如，一些企业将养殖废弃物进行有机肥化处理，并通过农田还田等方式实现了废弃物资源化利用，降低了养殖对环境的影响。

(3) 林业高质量发展模式。新疆是我国重要的林果产区之一，拥有丰富的特色林果资源。为了实现林业高质量发展，新疆采取了一系列发展模式，包括推进林业现代化、推广精准造林和发展林下经济等：

1）发展特色产业链。新疆以吐鲁番的葡萄、哈密的瓜果和伊犁的苹果等为代表，推动特色林果产业链的发展。通过建立产业链协调机制、品牌建设和营销推广活动，新疆提升了特色林果的知名度和市场竞争力。此外，农产品质量安全认证的推进也提高了产品的质量和安全性。以伊犁苹果产业为例，产业链中企业已超过 400 家，涵盖了从苗木培育到果品加工销售的各环节，带动了 10 余万人就业，2019 年总产量 132.9 万 t，销售收入 257 亿元。

2）推广精准造林。新疆地域辽阔且人稀，为提升森林覆盖率和保护生态环境，采取精准造林模式。通过科学选择树种、优化林分结构和管理模式，确保树木高效生长和经济效益最大化。塔什库尔干塔吉克自治县的荒漠化土地造林项目取得显著成果，森林覆盖率从 1998 年的 1.36% 提升至 2019 年的 22.54%。

3）发展林下经济。新疆部分地区由于气候限制，不适宜大规模农作物种植。为此，新疆发展林下经济，通过在林地内进行种植、养殖和旅游等产业，实现经济与生态的双赢。如伊犁地区的林下养殖模式已成为特色产业，养殖企业通过科学管理和资源利用，推动了生态环境与经济效益的协同发展。

新疆通过特色林果产业链建设、精准造林和林下经济等模式推动了林业高质量发展，并取得了显著成果。这些做法不仅为其他地区提供了操作经验，也为林业可持续发展提供了有效的思路和模式，具有广泛的借鉴和推广价值。

5. 青海发展模式

(1) 农业高质量发展模式。 青海农业耕地面积较少，林地面积的比重也较低，面积最大的是畜牧业用地。根据青海省第二次土地调查数据，目前耕地面积有将近 $60hm^2$，仅占总面积不到 1%，不宜开发的旱地达近 70%，适宜种植的水浇地仅占 32% 左右，东部的耕地面积占总耕地面积的 90.8%，该区具有川、浅、脑立体阶地，较难大面积开发利用，机械化难度大，如果开发耗费人力资源较多。目前青海的林地面积显示有 $67.7hm^2$，是总面积的 0.9%；青海耕地的面积和宜使用情况不甚理想，林地面积也有些糟糕，但是青海的草地面积可以达到总面积的 60%，其中可利用部分有 4 亿多 hm^2，牧区大多集中在青海的西部，易于管理和利用[16]。

所以青海立足高原特色农牧业实际，农业发展模式为发展循环绿色农业模式，以资源利用集约化、生产过程清洁化、废弃物利用资源化为主线，不断推进循环农业"绿色发展"。以海西州国家级循环经济试验区、海南州生态畜牧业国家可持续发展实验区、海北州生态畜牧业示范区、黄南州有机畜牧业示范区为循环农牧业发展的重要示范。在青海地区特色农业产业主要有青稞、油菜、马铃薯等农作物，近些年，地区结合自身区位优势积极发展特色农业产业，进一步改善生态环境，提高种植户经济效益。种植结构自 20 世纪发生较大改变，其基本特征是粮食播种面积大幅度下降，油料和蔬菜面积大幅度上升，以乡镇企业为核心的农村非农产业的迅速发展。油料、肉类、蔬菜逐步向外向型经济转化。

(2) 牧业高质量发展模式。 青海畜牧业发展模式也是循环农牧业模式，形成了一系列地域特色鲜明、主导产业突出、功能效益明显的循环农牧业成功模式。如湟源模式："草业建设—牛羊育肥—畜产品加工—有机肥生产—返田"的现代农牧业大循环的发展新模式；民和模式："粮—草—畜—沼—果"循环农业；大通模式：以设施农业为主体的集约农业、以沼气为纽带的种养循环农业、以流通销售为导向的市场农业、以生产娱乐为一体的休闲农业、以民族文化为特色的创意农业；刚察模式：构建特色草产业，绿色畜产品生产、藏羊良种繁育、羔羊养殖、畜产品加工和科技培训六大互为支撑、互为循环的畜牧业体系。

青海牧区畜种繁多，包括藏羊、耗牛、河曲马、浩门马等，其中以耗牛和藏羊的出栏量与存栏量最多。青藏高原独特的生态环境和资源要素培育了高原牦牛、藏羊肉等被称为"有机食品"的畜牧产品。2014 年，青海省畜牧业转变发展思路，建立了"草地生态畜牧业试验区"，逐步从传统粗放式发展转向"草原生态畜牧业"发展模式。生态畜牧业的发展旨在提高农牧业生产效益、增加农牧民收入，并不断调整和优化农牧业产业结构，形成高原特色的现代生态农牧业。青海省科学组织并完成了多个重大生态环境治理工程，如退牧还草、三江源地区、青海湖流域和祁连山流域等，有效遏制了生态环境恶化的趋势。此外，青海省全面落实草原生态保护补助奖励政策，并在全国率先建立了草原生态保护补奖绩效考核管理机制。为进一步改善环境，青海还加大了农牧区环境资源整治，广泛推广农作物秸秆综合利用技术，建立和完善了农田残膜回收机制，并开展了养殖环节的综合污染治理，取得了农牧业面源污染治理的阶段性成效。

但是总体而言，青海农牧业发展模式，受到脆弱的生态环境、落后的基础设施和技术装备、生产经营方式落后、从业人员文化程度低、市场化程度低、科技贡献率低等现状制约。

(3) 林业高质量发展模式。青海林业突出特点是高寒、高旱，森林资源量少，种类单一，林地覆盖面积小，灌木林面积大，主要集中在三江源头的峡谷地区。

青海林业发展模式总体采用生态林业发展模式，治理和发展并重。从林业资源面积上来看，青海省天然林面积和蓄积情况近年来一直保持良好的增长态势，但是青海省人均林业面积仅为世界人均林业面积的 19.68%，林业资源总储备量仅占世界平均水平的 15.87%，人工林面积的增长更加快速，林业个体的经营比重较之以往也有了明显的提高。总之，青海林业已经进入了一个快速发展阶段。但经营比较分散，青海森林或林木的所有权大部分都为集体所有，林农或企业单位通常只具有使用权，林业生产技术落后。经济林树木种植不足，加之林木资源分布不均，森林生态环境脆弱，青海省荒漠化分布区面积3996 万 hm²，占全省总面积的 55.4%。荒漠化土地总面积 2045.2 万 hm²，占全省土地面积的 28.4%。林业结构不合理，第二产业占比过多，第一、第三产业占比有待提高。

目前，青海省在发展林业产业的过程中，关注到了区位条件的不同，提出"东部沙棘、西部枸杞、南部藏茶、河湟杂果"的产业发展思路，因地制宜发展林业产业。

6. 内蒙古发展模式

(1) 农业高质量发展模式。内蒙古农业发展模式主要有生态循环农业模式、高效节水农业模式、家庭背景实用型循环农业发展模式、低碳农业模式[17]。

内蒙古在生态农业建设方面，在全国开展的比较早，也卓有成效。内蒙古工业不发达，对农业的污染少，优于其他省区。因此，内蒙古以生态农业建设为基础，开发马铃薯、燕麦、大豆、专用玉米、杂粮及奶牛、肉牛、肉羊等无公害特色农畜产品与绿色食品、有机食品为目的的循环经济发展模式。

内蒙古赤峰市通过生态循环农业模式，推进农作物秸秆和畜禽粪便的资源化利用，实施"四控"（化肥、农药、地膜、用水量）减量化管理（表 17-13）。2020 年，全市秸秆总产生量为 638.77 万 t，可收集量 580.69 万 t，综合利用量达 504.57 万 t，利用率86.89%。具体利用方式包括：饲料化利用 372 万 t（占比 67.7%，如"秸秆—青贮饲料—养殖业"）；肥料化利用 121.02 万 t（占比 20.84%，如"秸秆—肥料—土壤"）；燃料化利用 61.57 万 t（占比 10.60%，如"秸秆—成型燃料—农户"）；基料化利用 0.21 万 t（占比 0.86%，如"秸秆—基料—食用菌"）。同时，通过推广滴灌技术（结合生态补水）和精准施肥，减少化肥、农药、地膜使用，降低用水量，实现资源节约与环境友好。该模式与前文洛川县"养猪—沼气池—果园"模式（沼气池 2.4 万座）类似，形成"种植—养殖—肥料"闭环，结合区域牧业优势（肉牛、肉羊养殖，表 17-24），提升经济效益（秸秆利用产值增长）和生态效益（土壤有机质提升，减少污染），为西北旱区生态循环农业发展提供了可借鉴经验。

表 17 - 13 赤峰市 2020 年秸秆再利用数据

秸秆总产量/万 t	可收集量/万 t	有效利用量/万 t			有效利用率		
		504.57			86.89%		
636.77	580.69	牲畜饲料/万 t	燃料化利用/万 t	肥料化利用/万 t	基料化利用/万 t		
		372	61.57	121.02	0.21		

同时，赤峰市发展了以畜禽粪便处理为纽带的综合利用模式，粗略核算，年产粪便量约 2518 万 t，利用量 1994 万 t。有机肥施用面积 1053 万亩，各类有机肥使用量达 1189.67 万 t。一些大型养殖企业纷纷借助循环农业进行转型升级，推行"猪—沼—菜（果、粮）"等循环模式，上联养殖业、下联种植业，有效促进了生态循环农业发展。

除了大型企业以外，以单个家庭作为主体，发展家庭背景实用型循环农业发展模式。在家庭的庭院内部等有限空间中运用农业循环经济理念和相关的技术手段，基于对空间资源与废弃物的利用，建立沼气池来对有机垃圾进行处理。通过这种方式，可以实现资源再生，将有机垃圾变为有机肥料，提高土地质量。与此同时，沼气池所提供的能源基本可以满足家庭生活的使用。在此背景下，家庭内部形成了"种植—养殖—生活"的循环链，实现了对废物的有效处理和再次利用，达到了资源化与减量化目标。这种方式将农村家庭作为独立的生产单位，具有规模小、应用范围广的特点，不仅可以降低家庭能源支出，而且可以减少资源浪费、提高家庭经济运行效率，进而能改善农村环境。目前，该模式在内蒙古利用率较高。

高效节水农业。内蒙古水资源日益贫乏，由此发展了高效节水农业，推广节水设施使用，如喷灌、滴灌技术。以赤峰市为例的节水增产为目标的高标准农田建设有序推进，通过高标准农田建设，可以增加 10% 耕地，亩均增产 90kg 以上，节水 64%，节电 30%，减少化肥用量 25%、农药用量 40%。

低碳农业基于生态视角，通过农业碳中和及林业、草地碳汇，利用光合作用吸收二氧化碳，具备巨大的自然碳汇潜力，并通过市场化交易助力碳中和目标。内蒙古黄河流域面临资源要素空间分布不匹配、水资源短缺等困境，低碳农业模式通过"水—能源—粮食"协同机制，协调资源供给与需求，促进经济社会高质量发展。具体以下措施：①统筹黄河上游水资源与沙漠沙地资源，推进南水北调"西线工程"分段实施，结合"山水林田湖草沙"系统治理，构建沿黄城市集群经济带；②实施黄河凌汛溢水截流工程，实现防凌防汛与引水治沙双赢，改善供水体系；③在保障生态安全前提下，实施沙漠沙地变良田工程，发展水能转换工程，形成"绿氢产业＋生态产业"新农业模式。

结合西北旱区背景，该模式依托生态补水和前文草地智慧管理技术（图 17 - 22），提升草地碳汇能力，与赤峰市秸秆利用（利用率 86.89%，表 17 - 13）、洛川县"养猪—沼气池—果园"模式（沼气池 2.4 万座）形成互补，显著改善生态效益（生态安全目标函数值从 603.3 亿元增加至 738.8 亿元，增长 22.46%），为黄河流域低碳农业发展提供了实践路径。

（2）牧业高质量发展模式。 内蒙古草原退化面积比较严重，目前是我国牧区草原退化最为严重的地区之一，21 世纪初第四次草普时已有近 3/4 的草原不同程度退化，因此发展模式为生态畜牧业发展模式，控制牧区人口和牲畜头数。以内蒙古赛诺草原羊业有限公司为例，草原生态畜牧业发展模式以提高单位羊只效益，减少牧户养羊规模为目的，通过"公司＋联合社"专业化分工来实现。

以阿鲁科尔沁旗为例，逐步实现了从靠天养畜到种草养畜的转变，阿旗在 2002 年末全部核定了载畜量，完成了草畜平衡落实工作。目前，全旗草原长期禁牧面积达 29.13 万 hm²，季节性休牧面积达 65.4 万 hm²。2013 年阿旗以沙地苜蓿为主的优质牧草种植面积达到 4.47 万 hm²，建成一批节水灌溉优质牧草区示范基地。畜牧业逐步由数量型向质量、效率、生态型方向转变，由于山羊对草原破坏作用较大，阿旗加大调整畜种畜群结构力度。自从阿旗肉牛产业被农业农村部列入《2008—2015 年全国肉牛优势区域布局规划》以后，阿旗大力发展肉牛产业，加强牧区繁育基地建设和良种培育工作。"阿鲁科尔沁牛肉""阿鲁科尔沁羊肉"成为驰名全国的绿色品牌。同时推动规模化生产，产业化经营。并且通过异地移民搬迁、禁牧舍饲、沙源治理、退耕还林还草生态建设项目退出和保护草场。

总体而言，内蒙古畜牧业生产方式由传统向现代转变，归纳起来，就是草场利用由超载过牧向科学利用转变，饲养方式由自然放牧向舍饲、半舍饲转变，牲畜品种和生产方式由低质粗放向优质集约化、产业化转变。

（3）林业高质量发展模式。 内蒙古林业发展模式：内蒙古林业生态体系具有总量丰富、种类多样的特点，营造林、经济林产品的种植与采集和林木育种和育苗的第一产业；营造木材加工和木、竹、藤、棕、苇制品制造业的第二产业；营造林业旅游于休闲服务业的第三产业发展模式。内蒙古依托得天独厚的自然条件，培育了具有地区优势的特色经济林，内蒙古地区的林业第一产业发展较为缓慢，且其林业结构较差，在林业市场上缺乏竞争力。该地区林业经济的发展主要依靠第一和第二产业的拉动，但是第三产业具备较高的发展潜力。

从 2002 年西部大开发以来，国家林业"六大"生态建设工程在内蒙古全面实施，内蒙古也成为涵盖这"六大"工程的唯一省区，所有旗县都有相关工程，年均生态建设任务约占全国 1/10，工程见表 17-14。

表 17-14　　　　　　　　　　内蒙古林业"六大"生态建设工程

工 程 名	面积/万亩	投入资金/亿元
京津风沙源治理工程	1634.5	14.75
"三北"防护林体系建设四期工程	829.21	9.36
退耕还林工程	613	133.85
天然林资源保护工程	2637	29.76
自然保护区及湿地保护建设工程	16000	1.2
速生丰产用材林基地建设工程	12.2	1.8

参 考 文 献

[1] 黄修杰，蔡勋，储霞玲，等. 我国农业高质量发展评价指标体系构建与评估 [J]. 中国农业资源与区划，2020，41（4）：124-133.

[2] 刘涛，李继霞，霍静娟. 中国农业高质量发展的时空格局与影响因素 [J]. 干旱区资源与环境，2020，34（10）：1-8.

[3] 方琳娜，尹昌斌，方正，等. 黄河流域农业高质量发展推进路径 [J]. 中国农业资源与区划，2021，42（12）：16-22.

[4] 杨传喜，刘文博，张俊飚. 基于农业生态区划的农业高质量发展水平测度、区域差异及收敛性研究 [J]. 中国农业大学学报，2023，28（12）：194-213.

[5] 张前进，刘小鹏. 中国西部地区特色优势产业发展与优化研究——以宁夏为例 [J]. 宁夏大学学报（自然科学版），2006（1）：75-79.

[6] 郑瑞强，朱晨曦，黄璜，等. 区域产业结构优化与全要素生产率提升互馈协变及促进机制研究 [J]. 农业现代化研究，2024，45（6）：917-928.

[7] 罗其友，刘洋，唐华俊，等. 新时期我国农业结构调整战略研究 [J]. 中国工程科学，2018，20（5）：31-38.

[8] 蔡超，夏建新，任华堂. 基于蓝水资源的新疆农业种植结构调整分析 [J]. 农业现代化研究，2015，36（2）：265-269.

[9] Gardner B L. American agriculture in the twentieth century：How it flourished and what it cost [M]. Harvard University Press，2002.

[10] Barghusen R，Sattler C，Deijl L，et al. Motivations of farmers to participate in collective agri-environmental schemes：the case of Dutch agricultural collectives [J]. Ecosystems and People，2021，17（1）：539-555.

[11] Gulati A，Zhou Y，Huang J，et al. Israeli agriculture-Innovation and advancement [J]. From Food Scarcity to Surplus：Innovations in Indian，Chinese and Israeli Agriculture，2021：299-358.

[12] 赵国锋. 乡村振兴视阈下陕西构建现代农业产业体系的发展路径 [J]. 贵州农业科学，2020，48（7）：135-140.

[13] 董俭堂. 宁夏现代农业发展模式及关键环节研究 [J]. 农村经济与科技，2010，21（6）：89-90.

[14] 程弘. 甘肃林业产业发展的现状、特征及建议 [J]. 中国林业，2011（14）：38-39.

[15] 许栋，李海英. 新疆畜牧业高质量发展实践与思考 [J]. 草食家畜，2021，（6）：56-60.

[16] 李白家. 青海省发展现代生态农业的对策 [J]. 青海农技推广，2016，（4）：37-38.

[17] 韩翊. 内蒙古特色农产品产业化发展研究 [D]. 太原：山西农业大学，2017.

第 18 章 新疆盐生植物产业化模式

随着科学技术的进步，人们对盐碱土改良有了更深入的认识，采用灌排、物理和化学等方法进行盐碱地治理已经取得了显著的效果，但这些方法存在工程量大、费用高、除盐外还会带走植物必需的矿物质元素以及造成地下水和下游水体污染等问题。因此，需要关注盐碱土的生物学改良措施，以提高土壤肥力和改善土壤结构[1-4]。新疆盐碱化问题严重，目前主要采用灌排系统"排水洗盐"的方式进行改良，但这种方法不仅需要大量的水资源和高额的投资，同时也容易造成下游土地的次生盐渍化，对环境和生态系统产生不良影响。因此，开始探讨盐碱土的生物学改良措施，如直接种植耐盐植物，该方式不需要大量的经济投入和高额的水资源，同时也能提高水分利用效率，为新疆盐碱地改良提供更加可持续的解决方案。当前的生物改良研究不仅致力于盐碱地利用植物种植进行修复，还在探索盐碱地类型与耐盐植物之间的关系，积极引进适用于盐碱地的不同作物，形成了配套的技术体系和模式，为新疆盐碱地资源化利用指明了发展方向。

18.1 盐生植物分类与耐盐碱机制

盐分是植物面临的主要环境胁迫因子，耕地盐碱化加剧将对全球产生严重的影响。据估计，到 21 世纪中叶，大约 50% 的耕地可能会因土壤盐碱化而遭到破坏。土壤盐碱化会对植物造成生长效率降低、光合作用减弱和产量减少等影响。大多数植物无法耐受土壤中的高盐含量，但盐生植物可以在含盐量高达 70mmol/L 以上的土壤中正常生长和繁殖。他们的存在会对盐碱地中的盐分和养分分布产生一定影响。同时，盐生植物在长期进化过程中，已经形成了一系列适应盐生环境的特殊生存策略[2]，本章在介绍盐生植物分类的基础上，详细阐述盐生植物的耐盐机制，并给出新疆地区盐生植物资源和特点。

18.1.1 盐生植物的分类及基本特征

盐生植物是在土壤溶液单位盐含量为 200mmol/L 及以上生境中生长并能完成其生活史的一类植物。盐生植物具有丰富的食用、饲用、药用、观赏等价值，同时还具有降低盐渍土中易溶性盐离子、改善土壤理化性质等功能，因此在盐碱地改良中发挥着重要作用[5-7]。根据盐生植物体内离子的积累和运输特点，将盐生植物分为泌盐盐生植物、真盐生植物和假盐生植物三大类。

(1) 泌盐盐生植物。泌盐盐生植物是一类可通过盐腺泌出体内盐分的植物。根据其泌盐结构和机理的不同，盐腺可分为盐囊泡、多细胞盐腺、双细胞盐腺和单细胞盐腺 4 类。

盐囊泡通常由柄细胞和膨大的泡状细胞组成，柄细胞内有丰富的胞间连丝，分别与泡状细胞和相邻的叶肉细胞相连，且表皮细胞上覆有角质层。盐离子被隔离在泡状细胞的大液泡中，以滨藜（*Atriplex patens*）为代表性植物。多细胞盐腺呈球形或盘状结构，由基底收集细胞和远端分泌细胞构成。整个结构常陷入表皮中，使分泌细胞的表皮处于或低于细胞表皮水平。收集细胞与周围的叶肉细胞间有许多胞间连丝，收集细胞利用渗透梯度，从邻近的叶肉细胞收集盐离子，并将其输送到分泌细胞。分泌细胞除了与收集细胞接触的部分外均被角质层包围，防止盐通过质外体泄漏回邻近组织[8]。分泌细胞的内表面向内突起，增加了表面积，且顶部的角质层上有孔，盐可以通过这些孔排出细胞，以二色补血草（*Limonium bicolor*）为代表性植物。双细胞盐腺由一个基底收集细胞和一个帽细胞组成，两者通过胞间连丝相连。帽细胞和基底细胞中都充满了许多储存盐分的小液泡。研究发现这些液泡可以与帽细胞的质膜融合，并将其内容物释放到帽细胞顶部外的空间。帽细胞被一层角质层覆盖，其上有孔。帽细胞和角质层之间有一个间隙，形成一个可以积聚盐分的空腔，盐分可通过角质层的孔分泌出来，以大米草（*Spartina anglica*）为代表性植物。单细胞盐腺有大液泡和很少的细胞器，具分泌毛。当盐分在分泌毛中积累时，会导致尖端破裂，将盐分释放。土壤盐含量下降时分泌毛会重新生长。植物为适应外界的盐分水平，可自我调节分泌毛的类型和数量。盐分在分泌毛中的传输类似于双细胞盐腺，但盐分的释放与盐囊泡相似，以 *Porteresia coarctata* 为代表性植物。

（2）真盐生植物。真盐生植物是一类将盐离子积累在肉质化组织和液泡中的植物，显著的特征之一是茎叶肉质化，代表植物有盐角草（*Salicornia europaea*）和碱蓬（*Suaeda glauca*）等。这类植物茎、叶部肉质化，盐分隔离在细胞特定区域，使植株体内盐浓度降低。这为植物体内释放有毒离子提供了更大的空间，且增加了植物的总含水量，对于平衡离子毒性至关重要。碱蓬具有较高的 Na^+ 和 Cl^- 积累能力，这与液泡膜 H^+-ATPase 和 H^+-PPase 的高活性有关。在 200mM NaCl 下生长的碱蓬，其液泡中 Na^+ 和 Cl^- 的浓度大约是细胞质中的 4 倍。

（3）假盐生植物。假盐生植物是一类能够将盐分积累在液泡的植物，主要有芦苇（*Phragmites australis*）和沙蒿（*Artemisia desertorum*）等。他们的根外皮层栓质化，主要由不透水、不透气的角质组成，因此溶解于土壤水分中的盐分难以进入根中。茎的表皮切向壁表面具有发达的角质层，维管束呈星散分布；叶上表皮的表皮毛较多，气孔下陷；叶肉细胞排列疏松，细胞间隙较大，叶脉维管束鞘有两层细胞。在 NaCl 处理下，假盐生植物通过降低叶片水分含量来应对外部渗透压的增加。此外，假盐生植物还在细胞内积累相容性溶质和无机离子进行渗透调节。细胞质中的脯氨酸、可溶性糖和甜菜碱等相容性溶质可以通过保持稳定的渗透压来防止脱水，也可以保护蛋白质和核酸等大分子不变性。随着盐度的增加，无机离子的积累也有助于渗透调节。大多数积累的无机离子被分隔在液泡中，以避免细胞质中的离子毒性。

18.1.2 盐生植物种类及特点

对盐生植物生物多样性及其资源状况的研究是盐生植物研究领域一个基础性的研究内容。许多有盐渍土分布的国家和地区都曾对区域盐生植物种类及资源状况进行过调查。本节旨在概述全球、中国、中国西北以及新疆地区盐生植物的物种组成，并特别关注于新疆地区盐生植物的种类及其特征。

1. 盐生植物种类

（1）世界盐生植物。关于世界盐生植物种类的报道，至今尚未见到一种比较全面的能够概括世界大部分盐生植物的专著，1989 年美国亚利桑那大学旱地研究室 Aronson 等由亚利桑那大学出版的世界耐盐植物的基础资料记载世界盐生植物共有 1560 余种，分属 117 科、550 属。这个数字距离世界上现有盐生植物的种类相差太远，难以概括世界上盐生植物种类。1999 年 Menze 和 Lieth 发表在《生物气象学进展》13 卷附录 4：盐生植物数据库中报道，世界盐生植物有 2600 余种，分属 126 科、776 属。这较 Aronson 报道的数量多1000 余种，但也不能包括世界上盐生植物的所有种类。根据 Le 于 1993 年估算，他认为Aronson 报道的世界盐生植物种类只有世界盐生植物种类的 20%～30%，Menze 和 Lieth报道的数量也只有世界盐生植物的 43%～52%，世界现有盐生植物种类大约有 5000～6000 种，约占世界种子植物的 2%。Aronson 报道的盐生植物中，57% 来自 13 科，盐生植物最多的是藜科，除此禾本科外，豆科和菊科中盐生植物的数量占第二位。Menze 和Lieth 报道的盐生植物中几个大科如藜科、禾本科、豆科和菊科中盐生植物所占的比例类似 Aronson 报道的[9]。

综合目前区域性及世界范围内盐生植物调查研究的结果可以发现，尽管盐生植物物种十分丰富，但在盐渍生境中能够形成优势群落或成为优势种的植物主要是藜科中的滨藜属、藜属、碱蓬属、猪毛菜属、盐角草属、盐节木属、盐穗木属，禾本科的碱茅属、鼠尾粟属、獐毛属、大麦属，以及菊科、豆科、白花丹科、柽柳科植物。这些群落优势种主要是多年生植物，很少一年生植物和裸子植物。一年生植物在盐渍生境中很少形成优势群落可能是因为盐生植物种子耐盐能力较低，在干旱、盐渍环境中难于萌发的缘故。

（2）中国盐生植物。在我国，赵可夫等[10] 曾多次到我国东北、西北、内蒙古、华北、华东以及华南盐碱地区进行长期的全面调查研究，于 1999 年编撰出版《中国盐生植物》，2002 年又在《植物学通报》上撰文对书中遗漏的盐生植物属种进行补遗，使盐生植物增加到 555 种（包括 9 个亚种 23 个变种），隶属于 228 属、71 科，其中种类最多的为藜科、禾本科、菊科和豆科，这四科的盐生植物种数占我国盐生植物种数的 56.4%。在上述555 种盐生植物中，无裸子植物、蕨类植物也很少，仅有 3 种，双子叶植物对中国盐生植物区系的组成具有决定性的作用。

我国盐碱地分布范围相当广阔，各盐渍土区均有盐生植物分布。在我国长江以北地区，盐生植物中藜科、禾本科及菊科占绝大多数，根据各地气候条件的不同，常见盐生植物分布略有差异。干旱、半干旱地区如甘肃、内蒙古、新疆、青海等分布有大面积的盐碱地，这些省区普遍气候干旱，蒸降比失衡，地形封闭或低平，生长在其上的盐生植物种类繁多，如滨藜、柽柳、碱蓬等，这类植物具有很强的耐盐性及耐旱性。东北地区的盐碱地除以上特点外，其气候有低温特点，生长在其上的盐生植物可见东亚滨藜、西伯利亚滨藜等耐寒种类。我国南部沿海区域，主要以红树林植物及其伴生植物为主，如木榄、秋茄、红树、草海桐等。松嫩平原以耐盐碱植物为主，如盐地肤、长角碱蓬、滨藜、碱地肤等。而在西藏，由于气候条件恶劣，其盐碱地上盐生植物的种类及数量均较少。同时，在一些土壤盐碱化并不严重的南方省份，也有少量盐生植物分布，主要以豆科、禾本科盐生植物为主。

（3）西北盐生植物。西北旱区盐生植物多样性较为丰富，有 38 科、129 属、354 种，分别占全国盐生植物科、属、种的 52.1%、58.9% 和 70.5%，这些盐生植物中约 63.9% 的种集中分布于藜科、菊科、禾本科和豆科中，多数建群植物为中亚、亚洲中部或地中海地区盐生植物区系成分，盐生植被的旱生特性明显，有国家二级濒危植物 3 种，分别为盐桦、野大豆、瓣鳞花，渐危和稀有三级保护植物 7 种，分别为梭梭、胡杨、灰胡杨、沙生柽柳、盐生肉苁蓉、深裂肉苁蓉、管花肉苁蓉。

（4）新疆盐生植物。新疆盐生植物有 38 科、125 属、331 种，包括 15 变种 7 亚种[3]，其科、属、种分别占全国盐生植物科、属、种的 56.7%、55.8%、61.3%。此外，新疆特有种 7 种，新疆特有分布种 123 种、3 变种、3 亚种，两者共计 130 种 3 变种 3 亚种，占新疆盐生植物总数的 44.7%，占全国盐生植物总量的 25.7%[4]。新疆盐生植物资源丰富，其中许多盐生植物具有重要的经济价值、药用价值及观赏价值，可以进行深入的开发研究。

2. 医药原料

新疆盐生药用植物有 66 种，分别隶属 20 科、40 属，科、属、种数分别占新疆盐生植物的 52.6%、32.0% 和 21.4%[5]。药用盐生植物主要隶属于藜科、豆科、柽柳科、蒺藜科。其中，有 10 种盐生植物药用价值较高，资源又相当丰富；3 种药用价值很高但濒临灭绝[6]。如甘草属有类似肾上腺皮质激素样作用，对组胺引起的胃酸分泌过多有抑制作用，并有抗酸和缓解胃肠平滑肌痉挛作用；甘草中富含的甘草黄酮、甘草浸膏及甘草次酸均有明显的镇咳、祛痰作用；甘草还有抗炎、抗过敏作用，能保护发炎的咽喉和气管黏膜；甘草里含有甘草素，有助于平衡女性体内的激素含量，常用来治疗随更年期而来的症状；甘草所含的次酸能阻断致癌物诱发肿瘤生长的作用。

罗布麻叶含有大量黄酮、三萜、有机酸、氨基酸等化学成分，黄酮化学结构系槲皮素和异槲皮素苷，其具有降血压、降血脂、增加冠状动脉流的药理作用，具有清热泻火、平肝熄风、养心安神、利尿消肿的作用。肉苁蓉（Cistanche）具有滋阴、壮阳、明目、补血之功效，素有"沙漠人参"之美誉，具有极高的药用价值，是我国传统的名贵中药材。

枸杞属植物的果实富含枸杞多糖，枸杞多糖是一种水溶性多糖，由阿拉伯糖、葡萄糖、半乳糖、甘露糖、木糖、鼠李糖 6 种单糖成分组成，具有生理活性，能够增强非特异性免疫功能，提高抗病能力，抑制肿瘤生长和细胞突变；枸杞果实能有效降低患高脂血症的大鼠血清中甘油三酯和胆固醇的含量，具有明显的降血脂、调节脂类代谢功能，对预防心血管疾病具有积极作用；枸杞富含胡萝卜素，在人体内能转化成维生素 A，具有维持上皮组织正常生长与分化的功能，量充足时可预防鼻、咽、喉和其他呼吸道感染，提高呼吸道抗病能力。白刺（Nitraria）果实味甘酸，性温，具有健脾胃、助消化、安神解表、下乳等功效。

（1）园林绿化。有一些盐生植物的叶色及树冠很美丽，可用来美化环境。新疆可作园林绿化的观赏盐生植物有 40 余种，其中观赏价值高、资源分布广、具有很好开发前景的有 10 余种[7]。如沙枣耐盐碱能力较强，在硫酸盐土全盐量 1.5% 以下时可以生长。侧根发达，根幅很大，在疏松的土壤中，能生出很多根瘤，其中的固氮根瘤菌还能提高土壤肥力，改良土壤。侧枝萌发力强，顶芽长势弱。枝条茂密，常形成稠密株丛。枝条被沙埋后，易生长不定根，有防风固沙作用。叶带有白色鳞片，其花飘香四溢，既是盐碱地行道树绿化的优选树种，又是优良的蜜源植物。

补血草属的花不但美丽，而且花萼、花瓣宿存不脱落，花色也不消退，是很好的切花材料，也可作为花卉栽培。其中深波叶补血草，别名勿忘我，寓意缠绵优美，近年来在我国切花市场上销量较大；杂种补血草，别名情人草，其花枝硬挺，花色艳丽，花朵细小，小花呈宝塔形着生，层次分明，鲜亮夺目，整个花枝远看如雾状，有一种朦胧美，花色有蓝色、蓝紫色、紫粉色、黄色、白色等，是近年来发展较快的一类新型配花及干花类鲜切花，作为各种类型插花作品的优良配花大有取代传统配花（满天星）的发展趋势；二色补血草，别名干枝梅，其花在初期呈现紫色和粉红色，随着成熟变为白色，交相辉映，植株内水分含量少，花朵久不萎蔫，在园艺上又有"自然干燥花"之称。

（2）食品原料。一些盐生植物的果实、种子、叶子、块根等含有丰富的营养成分，如淀粉、脂肪、蛋白质、维生素、氨基酸等，可以作为食品原料。如碱蓬和盐角草的种子富含油脂和蛋白质，且不饱和脂肪酸含量高，是品质优良的食品和工业用油料。滨藜属植物叶片富含蛋白质，一般 100kg 新鲜叶片可提取 5kg 叶蛋白，可作为饲料添加剂或人类食品添加剂。

猪毛菜的叶片和白刺、枸杞的果实中富含维生素 C，甘草、西北天门冬是制造甜味剂的原料，用于制糖业。新疆食用盐生植物主要包括淀粉类植物、蛋白质类植物、油料植物、蔬菜类植物、保健饮料植物和食品加工类植物六大类别，集中归属于藜科、蒺藜科、茄科、胡颓子科和豆科。淀粉类植物主要有鸢尾、马蔺；蛋白质类植物主要有滨藜属、猪毛菜、苜蓿等；油料类植物主要有碱蓬、盐角草等；蔬菜类植物主要有碱蓬、猪毛菜、藜属等；保健饮料植物主要有沙棘、枸杞、黑果枸杞、白刺等；食品加工类植物主要有西北天门冬、甘草属等。

（3）纤维原料。新疆有纤维盐生植物 20 余种，主要为禾本科、夹竹桃科和柽柳科植物。很多盐生植物的茎皮、叶片含有丰富的纤维素，既可用来纺织各种用途的布料，也是制造纸浆的上好原料。罗布麻茎皮是一种良好的纤维原料，纤维细而长，是一种比较理想的新的天然纺织原料，被誉为"野生纤维之王"。用罗布麻纤维精加工纺织而成的服装具有透气性好、吸湿性强、柔软、抑菌、冬暖夏凉等特点，穿着大方、新颖、潇洒，且易洗涤、烫熨。在造纸方面，芦苇含纤维素 $40\%\sim60\%$，是一种廉价的材料，且芦苇的质地细腻，便于加工，是造纸的良好原料。此外，芦苇是制造宣纸的重要材料，一般的树木是无法造出宣纸的。芨芨草含纤维素 46%，是草类造纸原料，具有纸张质量好、成本低、消耗少、污染轻等特点。芨芨草具有耐干旱、耐盐碱、抗逆性强等特性，充分利用荒漠、盐碱地和弃耕地大面积栽培种植，可防止荒漠化，具有良好的生态效益。利用芨芨草作为造纸原料，可以解决原料短缺问题，减少了木浆进口，在造纸行业有良好前景。柽柳的木材也可用做高级纸的制浆原料。

（4）饲料和牧草。初步统计，新疆饲料牧草植物达 240 余种，其中禾本科 80 余种、豆科 76 种、菊科 25 种、莎草科 28 种、藜科 29 种。新疆盐生植物中绝大多数具有饲料和放牧的价值，盐渍土区盐生植物是牲畜的主要牧草来源。新疆藜科牧草主要在荒漠地中以建群种或优势种组成不同的类型。木地肤、驼绒藜以较高的生物量、营养价值和良好的适口性而成为新疆荒漠草地中最重要的优良牧草种类。他们不仅蛋白质含量高，富含钙，且一年四季为家畜喜食。碱茅属植物耐盐、耐旱又耐冻，饲料营养价值较其他种类高，粗蛋白含量为 9.9%～18.1%，脂肪含量为 3.0%～4.0%。猪毛菜茎叶含粗蛋白 15.0% 左右，年产饲料 $10t/hm^2$，值得在盐碱地区推广。豆科植物骆驼刺草质优良，适口性好，生态分布幅度宽，资源数量大，具有很好的开发前景。

新疆盐生植物资源极为丰富，盐生植物资源的开发利用也有很大发展，然而盐生植物的保护及保育力度仍不够，生态环境遭受严重破坏，资源数量急剧减少。此外，一些具有开发利用潜质的盐生植物人工繁育技术缺乏，规模化种植技术和经验匮乏；大多数盐生植物资源还处于原材料出售和利用阶段，即使一些产品进行了加工，也是粗加工，产品的深加工和综合利用不足。针对上述问题，首先应当加大保护力度，进一步摸清新疆盐生植物多样性，对一些濒临灭绝、稀少和重要的植物资源进行重点保护，采用"禁采禁挖、轮采轮挖、采大留小"的措施，并对一些破坏严重区域采用人工恢复措施，恢复自然植被，实现可持续利用。同时，开展引种驯化、人工繁育，实现规模化种植，从而减少对野生植物资源的破坏。加强种植技术研究，大力推行规模化种植，尤其应加深盐渍土环境下的植物资源规模化种植技术研究，从而将有害的盐渍土转化成生态绿地，提高生态效益和经济效益，拓宽盐生植物产品种类。

此外，由于人们对盐生植物认识不足，普遍将其归列为荒草、杂草，认为其利用价值不高。因此，应开展盐生植物深加工和综合利用，提升附加值，开拓应用新领域，延长产业链，促进资源优势向经济优势转化。针对不同的盐生植物种类，建议主要从以下方面深入开发研究（表 18-1），改善其利用现状，使其服务于新疆的经济建设和生态绿化。

表 18-1　　　　　　　　　　新疆主要盐生植物资源利用现状及发展前景

种类	主要物种	利用现状	未来发展前景
药用植物	甘草、肉苁蓉、罗布麻、白刺、枸杞等	原材料的采收与出售；粗加工成茶叶等	开发新的保健品、医药及抗癌药品；开发成饮料及酒类等
园林植物	沙枣、柽柳、补血草等	仅用于荒漠地区的造林，并未对其进行培育等	将其应用于微咸土的园林绿化中；培育出具有观赏价值的新物种
食品原料	碱蓬、猪毛菜、枸杞、沙棘等	碱蓬、猪毛菜等几乎未被食用	开发种子脂肪酸油、枝叶蛋白胶囊、果实保健品等
纤维原料	罗布麻、芦苇、芨芨草、柽柳等	仅芦苇被用于造纸种，其他物种几乎无利用	在高盐碱荒漠区大量种植；充分开发各物种的价值
饲料牧草	猪毛菜、碱蓬、驼绒藜、骆驼刺等	利用率低下	在高盐碱荒漠区大量种植；开发出高营养成分饲料，将其加工成粉、饼等，提高其经济价值

18.1.3　盐生植物耐盐机制

为应对盐胁迫的损害，高等植物已逐步形成一系列的转运盐离子的机制，以提高自身的耐盐能力。不同种类的盐生植物的耐盐生理基础大不相同，但唯一不变的是他们都维持细胞质及除了液泡之外的细胞器中较低的 Na^+/K^+[11]。盐生植物通过拒盐、泌盐和稀盐这 3 种途径达到上述目的。

(1) 拒盐。拒盐是指植物的根及根茎结合部对盐离子的透性很小，可阻止盐离子进入根部或减少盐离子向地上部分运输。因此，多余的盐分就被积累于木质薄壁细胞等细胞中，而不对地上部分产生影响。芦苇作为典型的拒盐植物，在盐胁迫下，Na^+ 转运速率从根至芽依次降低，这就可限制在芦苇芽中积累过量的 Na^+。而且在芦苇植物的枝条中 Na^+ 转运率明显较低，其原因可能是由于 Na^+ 从枝条基部至根部的净向下转运。在红树林中也发现了质外体屏障的沉积导致其根部的有效排盐，而且内皮层具有良好的疏水性，可以有效地阻止 Na^+ 和 Cl^- 通过根部的质外体通路进入木质部，从而对盐胁迫具有较高的抵抗力。不只盐生植物中存在这种调控机制，在玉米和高粱中也发现了相似的调控机制，为植物耐盐机理的研究提供了更加有力的数据支持。

(2) 泌盐。盐生植物对于体内多余的盐分主要通过特殊的泌盐结构分泌，以平衡体内的离子稳态，从而达到提高植物耐盐性的目的。因此，研究盐生植物这些特殊的泌盐结构对于进一步解释盐生植物的耐盐机制是十分重要且必要的。泌盐即排盐，通过盐腺、盐囊泡等特殊的泌盐结构，将多余的盐分排出体外。红树林通过分布在叶子表面的盐腺将多余的盐分排出体外，参与盐胁迫的响应。这些盐腺只对外排 Na^+ 和 Cl^-，而对 K^+、Ca^{2+} 和 Mg^{2+} 不起作用。乌拉尔甘草也是通过叶片上的盐腺和气孔排出多余的盐分，从而减轻叶片所承受的盐胁迫伤害。除此之外，盐腺在柽柳、二色补血草、大米草和长叶红砂等盐生植物的耐盐胁迫中发挥了重要作用。除了盐腺作为主要且重要的泌盐结构之外，盐囊泡也是盐生植物向体外分泌多余盐分的重要结构，盐囊泡存在于大约 50% 的盐生植物表面。冰叶日中花通过盐囊泡暂时储存盐分和水分，维持细胞内部的离子稳态，以避免盐胁迫带来的损害。在滨藜响应盐胁迫的过程中，盐囊泡也充当至关重要的角色。而且郭欢等[12] 对滨藜叶片中 Na^+ 进行定位分析发现，在高盐处理后，Na^+ 主要积累在幼叶中的盐囊泡内和成熟叶片中叶肉细胞的液泡内。而且，Cl^- 是盐囊泡中含量最多的元素，这表明盐囊泡中暂时储存大量的 Cl^-，对于提高耐盐性同样重要。在抵抗盐胁迫过程中，盐囊泡除了作为暂时储存盐离子、大量水分和有机渗透调节物质的重要场所，以维持离子稳态，免受渗透胁迫和离子胁迫之外，还具有一定的光合能力并且可防止外界紫外线对细胞的损伤。

(3) 稀盐。稀盐还可以通过快速生长、大量吸水、提高肉质化程度等途径，增加细胞体积（如盐角草的贮水细胞），配合细胞内一些重要的转运蛋白维持离子稳定，降低盐胁迫带来的伤害。细胞内水含量以稀释盐离子，避免高盐对植物造成不可逆转的伤害。作为稀盐盐生植物的代表之一，研究发现海蓬子中的液泡可作为 Na^+ 库，并且存在着 Na^+ 的多区室化机制，甚至可利用 Na^+ 维持细胞生长，促进光合能力。刘爱荣等[13] 通过表面扫描电镜图像和 Na^+ X-ray 微区分析结果表明盐芥是稀盐盐生植物。此外，盐生植物还会通过一些重要的转运蛋白，提高自身的耐盐性，盐地碱蓬中分离出的 SsHKT1,1 是 HKT1 的同源物，在 K^+ 的转运方面发挥至关重要的作用，并且通过参与维持细胞溶质中阳离子稳态而参与盐胁迫的响应过程，特别是在盐胁迫下维持 K^+ 稳态。陈雷等[14] 研究表示，碱蓬对镉具有较强的累积能力，对重金属镉污染的盐碱土地有一定的修复能力。但有研究表明，稀盐盐生植物的脯氨酸含量低于泌盐和拒盐盐生植物，并且认为这主要是由于稀盐盐生植物通过增加细胞内的无机离子含量而非脯氨酸调节渗透胁迫。不同的盐生植物的吸盐能力也千差万别。郭洋等对 4 种盐生植物吸收 Na^+、Cl^- 的能力进行比较分析发现，盐角草强于盐地碱蓬、高碱蓬和野榆钱菠菜，特别是其对 Cl^- 有很强的吸收能力[15]。上述研究为人们开发利用盐生植物改良盐碱土地提供了理论基础和实验依据。

目前，利用盐生植物可吸收土壤中多余的盐分，降低耕作层的盐分，增加土壤中的有机质，从而对盐碱土地进行生物改良。研究表明，种植紫花苜蓿的滨海盐渍土壤较空白地的可溶性盐含量明显降低，而且土壤的有机质、土壤肥力和氮含量有所增加[16]。通过种植盐地碱蓬可降低盐碱土壤的电导率，增加土壤的有机质及微生物的数量，这对于改善盐碱土地具有积极的意义。种草的土壤盐分和容重均下降，无论孔隙率、耕作层、有机质、氮含量，还是微生物总数和土壤活力均有所增加。盐生植物会增加土壤中的微生物种类和总数，只是不同的盐生植物增加的程度不一，其中柽柳的作用优于二色补血草、马蔺、金银花和中亚滨藜。盐生植物不仅可改善盐碱土地的理化性质，还可提高盐渍化土壤中包括脲酶在内的酶活性。除此之外，通过广泛种植白茎盐生草可达到"拔盐抽碱"的目的，从而改善盐碱土地的盐碱含量，而且植物体内聚集的盐分通过加工转化成生物碱被利用。其次，对盐碱地的生物改良还包括在盐碱土地上种植一些耐盐的经济作物，例如，西洋海笋、海滨甘蓝、海茴香等已被广泛种植和规模化生产。此外，柽柳和沙枣都因具有防风固沙、保持水土及耐盐碱等优点而作为优良的绿化植物；中华补血草、盐地碱蓬因具有重要的药用和食用价值而在盐碱地上得到广泛种植；芦苇、盐角草及碱蓬具有很好的工业价值，是重要的工业原材料。综上所述，鉴于盐生植物重要的经济价值和实用价值，进一步开发可持续发展的盐土农业，利用好盐生植物对盐碱土地进行改良，对我国经济、环境及社会发展具有不可替代的意义。

18.2　典型盐生植物改良盐碱地效能

开展盐生植物改良盐碱地效能的分析对于评估盐生植物在盐碱地改良中的实际效果，探究盐生植物对盐碱地改良的机理，促进盐碱地资源的开发利用和生态环境的保护具有重要作用。本节以目前新疆常见的几种藜科盐生植物（盐地碱蓬、四翅滨藜、盐角草、野榆钱菠菜、高碱蓬、红叶藜、驼绒藜）为研究对象，分析他们对盐碱地改良的作用效能。其中，盐地碱蓬改良效能单独分析，其他藜科植物改良效能综合分析。

18.2.1　盐地碱蓬的改良效能

盐地碱蓬为一年生草本植物，属于叶肉质化的稀盐耐盐植物，适生于潮间带、海滨、湖边、荒漠以及内陆重盐斑等处的盐碱荒地，可在含盐量为 2.5%～3.0% 的土壤中生长。当土壤含盐量在 1% 左右且较湿润时生长最为繁茂，常常形成单优势植物群落，是一种典型的盐碱地指示植物。此外，盐地碱蓬嫩枝叶可做蔬菜，种子可榨油，保健价值极高，而且种植盐地碱蓬可明显降低土壤含盐量。研究盐生植物（如碱蓬）的集盐能力及其对土壤理化性状影响，不仅能为灌区盐分平衡调控提供重要依据，而且可对盐渍化土地的生物改良提供示范。

1. 盐地碱蓬对土壤剖面盐分分布的影响

滴灌条件下盐地碱蓬种植年限对土壤剖面盐分分布的影响如图 18-1 所示。对照处理条件下土壤剖面盐分出现表聚现象，表明了对照处理对土壤盐分的影响并不明显。随着盐地碱蓬种植年限的增加，土壤剖面整体盐分含量逐渐减小。值得注意的是，上层土壤逐渐脱盐，底层土壤盐分累积增加。这表明盐地碱蓬能够有效改善盐碱土壤的质地和结构，促进盐分向下迁移。

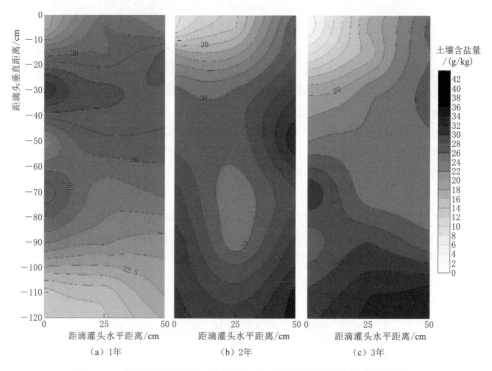

图 18-1　滴灌条件下盐地碱蓬种植年限对土壤剖面盐分分布的影响

在滴灌条件下，盐地碱蓬种植年限还对滴头周围的脱盐淡化区产生了显著影响。随着种植年限的增加，脱盐淡化区不断扩大，其周围存在盐分积累区。特别是在种植 3 年后，盐分积累区主要位于土壤剖面 60cm 以下。这说明盐地碱蓬的生长和代谢过程能够加速土壤中盐分的迁移和转化，从而产生了盐分积累和脱盐淡化现象。因此，盐地碱蓬是一种理想的植物修复盐碱土壤的选择[17]。

2. 盐地碱蓬对土壤盐分含量的影响

盐地碱蓬种植对土壤盐分移除的影响见表 18-2。由表可知，随着盐地碱蓬种植年限的增加，通过弋割方式移除的土壤盐分量逐渐增加。例如，在连续种植 3 年盐地碱蓬的情况下，通过盐地碱蓬地上部分的刈割，每亩土地可以移除 1300kg 的盐分，年均移除 440kg/亩[18]。

滴灌条件下盐地碱蓬种植年限对土壤盐分含量的影响见表 18-3。由表可知，在盐地碱蓬种植 1 年后，0～20cm 和 20～50cm 土层土壤含盐量明显下降，分别下降了 54.4％和 29.4％。但 50～100cm 土层含盐量有所增加，增加了 54.8％。随着盐地碱蓬种植年限的

表 18-2 　　　　　　　　　　　　盐地碱蓬种植对土壤盐分移除的影响

项目	1 年		2 年		3 年	
	含量 /(mg/g)	移除量 /(kg/亩)	含量 /(mg/g)	移除量 /(kg/亩)	含量 /(mg/g)	移除量 /(kg/亩)
Na^+	79.24±5.41	104.6±7.1	80.46±1.57	113.4±2.2	67.65±3.79	98.1±5.5
Ga^{2+}	0.60±0.19	0.8±0.2	0.45±0.09	0.6±0.1	0.53±0.09	0.8±0.1
Mg^{2+}	15.09±3.11	19.9±4.1	11.95±2.43	16.8±3.4	13.41±0.94	19.4±1.4
K^+	13.27±3.92	17.5±5.2	12.86±2.37	18.1±3.3	12.01±1.49	17.4±2.2
Cl^-	119.12±7.35	157.2±9.7	112.72±8.20	158.9±11.6	95.16±2.52	138.0±3.6
SO_4^{2-}	20.95±4.40	27.7±5.8	19.89±2.08	28.1±2.9	20.38±0.27	29.6±0.4
灰分	331.53±4.29	437.6±5.7	316.92±3.77	446.9±5.3	296.67±19.58	430.2±28.4

注　盐地碱蓬干生物量，第 1、2、3 年为 1320kg/亩、1410kg/亩和 1450kg/亩。

增加，土壤盐含量的变化趋势也在发生变化。盐地碱蓬种植 2 年后，0～20cm 和 20～50cm 土层土壤含盐量相较第 1 年明显下降，较种植前分别下降了 72.55％和 39.60％；而 50～100cm 土层土壤含量继续增加，较种植前增加了 83.9％。在种植 3 年后，0～20cm 和 20～50cm 土层土壤含盐量较种植前分别下降了 86.70％和 39.60％，而 50～100cm 土层土壤含盐量继续增加，较种植前增加了 112.90％。可以看出，盐地碱蓬种植对土壤盐分具有明显的移除效果。

表 18-3 　　　　　　滴灌条件下盐地碱蓬种植年限对土壤盐分含量的影响

处理	土壤含盐量/(g/kg)			较种植前盐分变化/%		
	0～20cm	20～50cm	50～100cm	0～20	20～50	50～100
种植前	20.98±1.40	14.47±1.12	5.04±0.59	—	—	—
1 年	9.56±0.85	10.22±1.30	7.80±0.95	−54.43	−29.37	+54.76
2 年	5.76±0.65	8.74±0.32	9.27±1.48	−72.55	−39.60	+83.93
3 年	2.79±0.59	6.92±0.99	10.73±1.48	−86.70	−52.18	+112.90

注　"−"表示土壤总盐含量下降，"＋"表示土壤总盐含量上升。

研究结果表明，盐地碱蓬连续种植 3 年后，0～20cm 土层土壤盐分由 20.98g/kg 下降到 2.79g/kg，土壤含盐量减少了约 3800kg/亩；20～50cm 土层土壤盐分由 14.47g/kg 下降到 6.92g/kg，土壤含盐量减少了约 2400kg/亩；50～100cm 土层盐分含量由 5.04g/kg 增加到 10.73g/kg，土壤含盐量增加了约 3000kg/亩。据粗略估算，50～100cm 土层盐分累积量为 3000kg/亩，盐生植物带走的盐分总量为 1313kg/亩，剩余的土壤盐分为 1887kg，应该在 100cm 土层以下。

3. 盐地碱蓬对盐碱地改良的效能

(1) 盐地碱蓬改善了盐碱化土壤结构。盐地碱蓬种植年限对 0～40cm 土层土壤容重的影响如图 18-2 所示。由图可知，盐地碱蓬的种植年限对 0～40cm 土层土壤容重有显著影响。随着种植年限的增加，土壤容重下降的幅度也逐渐增大。针对表层土壤 0～10cm 而言，盐地碱蓬的种植年限分别为 1 年、2 年和 3 年时，相对于对照处理，土壤容重分别降低了 7.0%、17.1% 和 22.8%。10～20cm 土层土壤容重的相应降低比率分别为 3.8%、11.55% 和 16.0%。20～30cm 土层土壤容重的降低比率分别为 4.0%、5.4% 和 8.1%。而 30～40cm 土层土壤容重的变化不大。结果表明，盐地碱蓬的种植可以有效降低土壤容重，进而提高土壤的保水能力，便于植物生长。

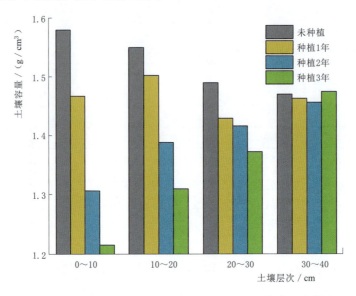

图 18-2　盐地碱蓬种植年限对 0～40cm 土层土壤容重的影响

土壤孔隙是土壤固体颗粒之间能够容纳水分和空气的空间，是土壤物质和能量交换的场所。盐地碱蓬种植年限对 0～40cm 土层土壤总孔隙度的影响见表 18-4。由表可知，随着种植年限的增加，土壤孔隙率显著增加，这可以促进土壤通气和排水，提高土壤的保水性和肥力。与未种植时相比，种植盐地碱蓬 3 年后，0～10cm 和 10～20cm 土层土壤总孔隙度分别增加了 34.0% 和 22.4%。这些结果表明，盐地碱蓬的种植可以有效地改善盐碱土壤的物理性质，提高土壤质量。

表 18-4　　　　　盐地碱蓬种植年限对 0～40cm 土层土壤总孔隙度的影响　　　　　　　　%

土层/cm	种植前	种植 1 年	种植 2 年	种植 3 年
0～10	40.37±0.41b	44.65±2.19b	50.73±3.03a	54.09±4.13a
10～20	41.3±0.76c	43.47±3.53bc	47.74±1.55ab	50.55±3.62a
20～30	43.66±0.8b	46.18±2.69ab	46.67±2.67ab	48.3±0.84a
30～40	44.47±3.43a	44.84±0.97a	45.03±2.2a	44.53±0.69a

（2）盐地碱蓬增强了土壤水分入渗和淋洗盐分的能力。入渗是水分进入土壤的过程，在土壤盐分淋洗中起着重要作用，其中稳定入渗率是影响土壤盐分淋洗的决定因素。野外试验和室内土柱模拟试验结果表明，在相同的入渗时间（180min）内，种植盐地碱蓬可显著增加土壤水分的累积入渗量、初始入渗率及稳定入渗率，分别是对照处理的 3.6 倍、2.5 倍和 3.0 倍。这表明盐地碱蓬种植可以改善土壤入渗性，有利于提高土壤的保水能力和降低盐分累积。

（3）盐地碱蓬改良重度盐碱土的功效。盐地碱蓬具有"吸盐"特性，一方面能通过植株吸收盐分并随植株生长过程中逐步割离带走；另一方面，其生长过程中可改善土壤结构，促进土壤可溶性盐分的下渗淋洗。由于盐地碱蓬的根系主要分布在40cm土层内（图18-3），其根系繁茂形成的通道有利于灌溉水分的渗透，加速土壤脱盐进程。然而，50cm土层以下盐地碱蓬的根系分布较少，而滴灌等高频少量灌溉方式的应用也限制了盐分的淋洗。因此，50～100cm土层盐分持续增加是盐碱地改良过程中需要解决的难题。连续种植盐地碱蓬3年后，其吸收的总盐量为1313kg/亩，仅占0～50cm土层盐分减少量6200kg/亩的21.18%。由此可见，盐地碱蓬改良盐碱地的主要作用是通过其生长改善土壤结构，加速盐分淋洗，实现盐碱地的快速脱盐。

图18-3　盐地碱蓬种植及根系分布

18.2.2　其他盐生植物改良效能

聚盐能力是评价盐生植物对盐碱地生物改良能力的一个重要参考指标。针对不同的盐碱地类型，有目的地选择生物量大且聚盐能力强的盐生植物，是实现盐碱地快速改良的关键。比较不同盐生植物的盐离子吸收类型及能力，可为盐碱地生物改良选择适宜的植物材料提供参考[19]。本节选取7种新疆常见的藜科植物（四翅滨藜、盐角草、野榆钱菠菜、高碱蓬、红叶藜、驼绒藜、盐地碱蓬），分析并评价其对盐碱地生物改良的效能。

1. 盐生植物的生物量比较

不同盐生植物地上部生物量（图18-4）存在显著差异（$P<0.05$）。试验条件下，7种藜科植物地上部生物量累积的大小顺序为野榆钱菠菜（35077kg/hm²）、高碱蓬（16160kg/hm²）、驼绒藜（12421kg/hm²）、四翅滨藜（10798kg/hm²）、红叶藜（10134kg/hm²）、盐角草（9576kg/hm²）；其中，野榆钱菠菜地上部干物质量极显著高于其他植物（$P<0.01$），分别是盐地碱蓬、高碱蓬的1.8倍和2.2倍。

2. 盐生植物地上部分组织内离子浓度比较

不同盐生植物组织内离子浓度有明显差异（$P<0.05$）（图18-5）。本研究中，高碱蓬、野榆钱菠菜、盐地碱蓬、盐角草和红叶藜5种植物组织内，均表现为Na^+、Cl^-和SO_4^{2-}浓度显著高于其他离子（$P<0.05$），5种植物3种离子之和依次分别占到所测离子总量的88.82%、87.24%、84.97%、75.14%和89.91%；盐角草表现出很强的离子吸收能力，组织内Na^+、Cl^-浓度均显著高于其他几种植物，尤其对Cl^-表现出极强的吸收能

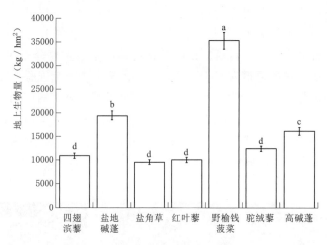

图 18 - 4 不同盐生植物地上部生物量

力。驼绒藜和四翅滨藜对离子的选择性吸收表现出相似性。体内 K^+、Cl^- 和 Na^+ 浓度较高，两种植物 3 种离子之和依次分别占所测离子总量的 74.36％ 和 81.28％；尤其对 K^+ 表现出很强的吸收能力，体内 K^+ 浓度显著高于其他离子（$P<0.05$）。Ca^{2+} 和 Mg^{2+} 在盐生植物组织内浓度较低。本研究的 7 种盐生植物组织内 Ca^{2+} 浓度均显著低于其他离子（$P<0.05$）。

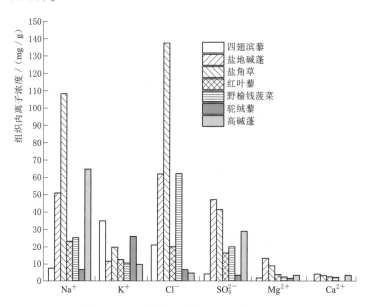

图 18 - 5 不同盐生植物组织内离子浓度

3. 盐生植物地上部盐分离子累积能力

盐离子累积量代表着植物从土壤中吸收离子并聚积在体内的能力，是衡量植物改良盐碱地潜力的重要指标。不同植物的离子累积量受地上部生物量、离子选择性吸收特征和组织内离子浓度的共同影响，呈现出与地上部生物量（图 18 - 4）、组织内离子浓度（图 18 - 5）

不同的特征。

新疆盐碱土中的盐离子以 Na^+、Cl^-、SO_4^{2-} 为主，可选择这 3 种离子总量评价不同盐生植物的移盐能力。6 种植物地上部分的 Na^+、Cl^-、SO_4^{2-} 3 种盐离子累积量之和由大到小依次为野榆钱菠菜（3835kg/hm²）、盐角草（2749kg/hm²）、高碱蓬（2253kg/hm²）、红叶藜（615kg/hm²）、四翅滨藜（367kg/hm²）、驼绒藜（220kg/hm²）。其中野榆钱菠菜、盐角草和高碱蓬 3 种植物地上部盐离子累积量较高。

本研究中，6 种藜科植物地上部 Na^+ 累积量由高到低依次为高碱蓬（1055kg/hm²）、盐角草（1040kg/hm²）、野榆钱菠菜（900kg/hm²）、红叶藜（240kg/hm²）、驼绒藜（89kg/hm²）、四翅滨藜（86kg/hm²）；Cl^- 累积量由高到低依次为野榆钱菠菜（2224kg/hm²）、盐角草（1317kg/hm²）、高碱蓬（724kg/hm²）、四翅滨藜（233kg/hm²）、红叶藜（207kg/hm²）、驼绒藜（86kg/hm²）；SO_4^{2-} 累积量由高到低依次为野榆钱菠菜（711kg/hm²）、高碱蓬（474kg/hm²）、盐角草（392kg/hm²）、红叶藜（167kg/hm²）、四翅滨藜（48kg/hm²）、驼绒藜（45kg/hm²）。

通过比较 6 种植物可知，地上部生物量累积对植物离子累积量的大小有至关重要的作用。在生物量和组织内盐离子浓度的共同作用下，盐离子累积量表现由大到小依次为野榆钱菠菜、盐角草、高碱蓬、红叶藜、四翅滨藜、驼绒藜。组织内离子浓度较低，但地上生物量大的植物也可达到较高的离子累积量。因而，选育地上部生物量大且组织内盐害离子浓度高的品种，是实现盐碱地迅速脱盐的关键。以盐角草为例，其组织内盐离子浓度显著高于其他植物，表现出较强的吸盐能力。而其盐离子累积量显著低于野榆钱菠菜，主要是因为其地上部生物量较低。有研究表明，不同盐度下施氮均可显著促进盐角草的生长量和对 Na^+ 的累积，施氮量为 450kg/hm² 时，盐角草干草产量可达 28825kg/hm²，是本研究结果的 3 倍[19]，说明提高盐生植物地上部生物量对盐生植物改良盐碱地的推广应用意义重大。

盐碱地的生物改良技术，其核心就是依靠耐盐碱植物的生长发育，吸收土壤中的盐碱成分来达到修复盐碱地的目的。植物"吸盐"能力由其地上部生物量和组织内的离子浓度共同决定。本研究以刈割盐生植物地上部移出的 Na^+、Cl^- 和 SO_4^{2-} 3 种盐离子总量代替灰分累积量进行植物吸盐量的计算。结果表明，不同植物的"吸盐"能力有显著差异，其中高碱蓬、野榆钱菠菜和盐角草 3 种盐生植物的盐离子地上部累积量较高，是盐碱地改良的优良材料。

18.3　盐生植物的产业化模式

习近平总书记强调，开展盐碱地综合利用对保障国家粮食安全、端牢中国饭碗具有重要战略意义。为此，需要加强种质资源和耕地保护与利用等基础性研究，转变育种观念，由治理盐碱地适应作物向选育耐盐碱植物适应盐碱地转变，挖掘盐碱地的开发利用潜力，努力在关键核心技术和重要创新领域取得突破，加速将科研成果转化为现实生产力。我国有近 1 亿 hm² 的盐碱地，其中 0.36 亿 hm² 是可利用的国家重要后备耕地资源。此外，在国际上，盐生植物已成为食用油、蛋白质、维生素和矿物质的重要来源。我国有 600 多种盐生植物广泛分布在盐渍土壤区域、盐湖以及海洋的浅水水域中，其中有 200 多种盐生植物具有经济价值，占我国盐生植物总量的 36％，这些物种中有 50 种以上的盐生植物的种子是潜在的食用油和蛋白质来源，如盐角草、盐地碱蓬、秋葵等。因此，高效利用我国的盐碱土和盐生植物资源，将山水林田湖草沙盐作为一个紧密相连的生命共同体，扩大农业发展空间，增加农作物种类，从盐生植物中获取食物，具有重大的科学价值和深远的现实意义。

盐生植物种质资源繁育与开发利用是改良利用和控制盐碱地的重要生态措施，也是开启盐碱植被开发与利用的重要支撑。由于盐生植物生长特性、土壤盐碱化程度以及植物生长的水土资源环境存在差异，因此迫切需要明确不同盐生植物的繁育开发利用模式。

18.3.1　牧草和现代畜牧业产业化模式

盐碱地区非常适合现代化大型畜牧业发展，但是目前该地区奶牛场牧草大部分要靠进口，经济成本高。若解决或部分解决盐碱地区牧草本地化问题，可大大降低经济成本，带动畜牧业的迅速发展[20]。

（1）盐生植物饲料。经过对野榆钱菠菜、盐地碱蓬、红叶藜、盐角草、高碱蓬等盐生植物的饲料价值进行评价后发现，他们不仅可以作为牲畜的饲料，还具有潜在的药用价值（表 18-5）。这些盐生植物在初花期的粗蛋白含量通常都在 9％以上，其中红叶藜的粗蛋白含量可高达 14.81％，与苜蓿的 15.13％相当。此外，他们的无氮浸出物、粗脂肪等也能够满足饲料利用的要求。在初花期，与苜蓿相比，盐生植物的粗蛋白和无氮浸出物等易消化吸收养分含量最高，而盐分和粗纤维含量相对较低，营养价值较高。根据评价结果，这些盐生植物的饲用价值大小依次为红叶藜、野榆钱菠菜、盐地碱蓬、高碱蓬、盐角草。然而，这些盐生植物的盐分含量较高，通常为 17％～42％，而且植物草酸盐含量有所超标，这限制了他们长期单一饲喂草畜家畜的利用。因此，为了更好地利用这些盐生植物的饲料价值，需要将他们与其他饲料搭配混合饲喂。可将盐生植物与其他常规饲草料调制成混合青贮饲料，从而最大限度地利用他们的营养成分。

表 18-5　　　　　　　　　　五种盐生植物饲料价值评价结果

样品名称	生育期	粗蛋白	无氮浸出物	粗灰分	中性洗涤纤维	酸性洗涤纤维	粗脂肪
红叶藜	营养期	11.37±2.18	55.24±3.62	21.04±1.99	26.60±2.19	10.90±0.71	1.11±0.32
	初花期	14.81±1.81	43.94±0.81	25.65±2.01	30.13±0.87	13.68±1.16	1.27±0.16
	结实期	13.37±0.33	37.61±2.09	26.45±0.51	39.85±1.06	20.41±2.11	2.16±0.28
野榆钱菠菜	营养期	11.51±0.97	47.55±0.97	21.58±0.39	35.95±1.91	18.20±0.56	1.15±0.17
	初花期	13.63±1.36	44.87±1.41	19.34±0.04	40.20±1.84	20.90±.56	1.20±0.38
	结实期	10.74±1.76	42.61±2.04	17.58±0.42	54.39±2.21	27.81±1.41	1.25±0.23
盐地碱蓬	营养期	12.84±0.59	44.14±0.52	36.12±0.81	21.50±0.01	8.80±0.42	1.09±0.05
	初花期	10.75±1.23	41.18±2.73	31.51±0.23	32.20±2.12	15.00±2.82	1.25±0.17
	结实期	9.17±1.15	46.01±1.93	24.33±0.15	41.40±1.06	19.20±0.71	1.28±0.15

样品名称	生育期	粗蛋白	无氮浸出物	粗灰分	中性洗涤纤维	酸性洗涤纤维	粗脂肪
盐角草	营养期	9.29±0.22	33.16±0.55	46.92±0.28	22.25±1.20	9.65±0.07	0.99±0.14
	初花期	10.70±1.38	31.60±2.78	43.09±1.44	23.65±0.21	14.30±1.55	1.10±0.22
	结实期	7.70±1.43	31.63±0.44	41.88±1.19	28.55±2.89	17.50±1.13	1.29±0.39
高碱蓬	营养期	9.35±0.31	48.02±0.90	24.33±0.54	38.65±2.89	16.75±0.63	1.45±0.06
	初花期	9.44±0.23	9.44±1.61	24.86±0.69	44.02±0.85	17.65±0.63	1.53±0.02
	结实期	8.81±0.95	8.81±0.95	23.61±0.24	56.84±0.41	27.63±0.65	3.80±0.83

(2) 盐生植物饲料青贮料技术。在初花期，盐生植物可以采收到每亩 5300～7500kg 的鲜重青贮料。这些青贮料可以与其他植物材料如青贮玉米和饲用高粱混合，按比例组成日粮饲喂给家畜。为了保持适当的含水量，一般将青贮料的含水量控制在 60%～70%。对于红叶藜，可以按照 1:1 的质量比与常规青贮料混合饲喂给家畜。而野榆钱菠菜和盐地碱蓬，则适宜与常规青贮料按照 1:3 的质量比混合饲喂给家畜。这样的混合饲料可以提高盐生植物的饲用价值，使得他们更加适合用于家畜饲喂。同时，对于青贮料的控制也十分关键，因为不同植物材料的含水量和质量比例都会影响到最终的营养价值和品质。因此，在混合饲料的制备过程中，应该严格控制各种植物材料的比例和含水量，以保证混合饲料的品质和营养均衡。

(3) 盐地植物饲料饲养效能。研究表明，通过在家畜日粮中添加 40%～50% 的碱蓬籽，可以有效地调节畜产品脂肪酸组成。碱蓬籽富含硫氨基酸，而蛋氨酸和胱氨酸的含量则优于苜蓿草粉。赖氨酸是一种较为重要的必需氨基酸，其在碱蓬籽和苜蓿草粉中的含量相近。研究还表明，用碱蓬籽替代日粮中 25% 的羊草，可以减少日粮中豆粕 20.83%。此外，碱蓬替代日粮中的羊草可以显著提高绵羊的采食量和日增重，以及能量、有机物和酸性洗涤纤维的消化率，但会显著提高绵羊的饮水量、排尿量和粪中含水量。随着碱蓬添加量的增加，粪钠和尿钠排泄也会显著增加，但钾排泄则显著减少。日粮中添加碱蓬还会对肌肉组织中的钙含量产生显著影响（$P<0.05$），随着碱蓬含量的增加，羊肉中的钙含量会显著减少。羊肉铁含量随着碱蓬的增加有提高的趋势，但铜含量则表现出降低的趋势。肝中铁和铜的含量变化也表现出与肌肉组织相似的趋势。此外，研究还表明，绵羊肉中的硒含量显著增加，同时还能显著提高羊肉中反式亚油酸的含量，该脂肪酸是动物体内共轭亚油酸合成的前体物质，可以提高羊肉的品质。

(4) 应用案例。青贮饲料是牛、羊、驴、骆驼等草食家畜主要的饲料之一。在新疆福禾鑫盛生物科技有限公司的种植基地中，他们采用了"企业＋农户"的方式成立合作社，通过种植 500 亩盐地碱蓬、野榆钱菠菜、红叶藜等和 1000 多亩饲用玉米，加工混合青贮饲料 6000 余吨，颗粒饲料 300 余吨，从而满足了当地畜牧业的需求。青贮料的销售价为 0.8～1.2 元/kg。投入产出分析显示，盐生植物种植投入成本平均为 640 元/亩，而平均收获的原料为 6t/亩，以鲜草 0.3 元/kg 计，平均亩产值为 1800 元/亩，减去生产性投入后，平均亩效益在 1000 元。此外，该公司还编制了企业《饲用盐生植物青贮加工技术规程》(QSK YJD003—2020),为提高饲用盐生植物青贮的生产效率和质量提供了技术支持。

18.3.2 新型有机蔬菜开发利用模式

盐碱地上生长着大量野生优质蔬菜,如果进行规模化种植将形成新型有机蔬菜,对于解决西北盐碱地区人民吃菜问题有重大战略意义。

目前被大规模开发的盐生植物有机蔬菜主要包括碱蓬和冰菜等。碱蓬是一种盐生植物,没有污染,而且营养价值也很高,富含丰富的甜菜红素、维生素和膳食纤维,以及植物盐、多糖、黄酮及多酚等多种功能组分,具有抑菌抗炎、调控血脂、调节糖代谢及抗氧化等功效。冰菜原产于南非的马达加斯加,雨季时冰菜长得就像菠菜,到了旱季就产生盐囊泡并且光合作用也由 C3 变成 CAM。研究发现,冰菜在雨季时通过 C3 途径进行光合作用,实际光合碳化效率很低,抗性也比较差;在旱季时,土壤里水分蒸发,把盐都带上来变成盐碱地,冰菜在一周之内变成 CAM 植物,采用仙人掌那样的景天酸代谢,白天气孔关闭,晚上气孔开启,在液泡里面积累着大量的苹果酸。目前,冰菜已经成为名贵的盐生植物蔬菜,除此以外还有盐角草、海马齿、秋茄等,他们种类少,但营养价值和产量非常高,而且是有机特色蔬菜,是一个很有前途的产业。

18.3.3 盐生植物盐开发利用模式

盐生植物体内含有高达 27%～42% 的盐分,具有开发生物功能盐的巨大潜力。目前已经初步建立了盐生植物生物盐开发技术模式,这为生物盐的开发提供了技术储备。在该模式中,通过对盐生植物进行筛选、培育和采集等一系列步骤,可以从盐生植物中提取到生物盐,并进一步加工制成多种用途的盐产品。这些生物盐产品不仅具有优异的生物活性,还具有较低的毒性和副作用,因此在医药、食品、化妆品等多个领域有着广泛的应用前景。此外,随着技术的不断进步和优化,未来盐生植物生物盐开发的效率和质量还将得到进一步提升[21]。

(1) 盐生植物粗盐的开发技术。烘干后的盐角草和盐地碱蓬可以使用研磨机进行粉碎。通过使用孔径为 0.5mm (35 目)、0.25mm (60 目) 和 0.125mm (120 目) 的标准筛,初盐可以被筛选出来。其中,盐角草粗盐中含有 45% 的 NaCl,盐地碱蓬粗盐中含有 35% 的 NaCl,每亩种植一季可以产生 500～600kg 的生物粗盐。经过应用比较等综合分析,使用 0.25mm (60 目) 的植物粗盐比较合理。

(2) 盐生植物精盐开发环境。经过研究比较发现,将盐角草或盐地碱蓬过 60 目筛后,采用液料比为 1∶20,在 60℃ 温度下进行浸提可得到较为理想的盐溶液。该盐溶液经过滤、干燥和结晶等步骤,最终形成了植物精盐。在经济投入和产量方面,这种方法比其他方法更为合理。

18.3.4 生物质能源产业开发利用模式

生物质能源是利用植物吸收太阳能,然后将储存的碳水化合物、纤维素、脂肪转化成燃料乙醇、生物柴油等,具有绿色、环保、可持续特点,是未来能源的发展方向。盐基生物炭是一种重要的生物质能源（表18-6、图18-6）。

表 18-6 盐生植物生物炭理化性质

原材料	木质素/%	灰分/%	pH	EC/(μS/cm)	Ca^{2+}	K$^+$	Mg^{2+}	Na$^+$/(g/kg)	全氮	全磷	全钾	全碳/%
盐地碱蓬	28.59^b	18.77^c	5.95^a	647.3^c	3.100^a	7.067^d	11.883^a	46.667^c	9.145^b	0.335^d	6.842^d	34.83^d
盐角草	16.73^c	35.68^a	5.96^a	1236.7^a	3.055^a	11.947^a	12.381^a	117.498^a	13.918^a	0.980^b	11.353^a	26.23^e
高碱蓬	38.56^a	10.74^d	5.49^b	330.7^d	0.697^{bc}	9.748^b	1.026^b	28.280^d	4.424^d	0.457^c	11.811^a	40.81^b
野榆钱菠菜	37.12^a	7.51^e	5.52^b	244.3^e	0.381^c	6.839^d	0.909^b	20.824^e	6.305^c	0.448^c	8.553^c	42.77^a
盐穗木	30.79^b	30.02^b	5.79^{ab}	880.7^b	1.671^b	8.192^c	1.309^b	102.369^b	14.725^a	1.349^a	9.759^b	36.15^c

图 18-6 盐基生物炭对酸化红壤豌豆幼苗生长的影响

研究表明，以盐地碱蓬、盐角草、高碱蓬、野榆钱菠菜和盐穗木为材料，在500℃下炭化2h，盐基生物炭产率可达30%～50%，灰分含量为20.22%～68.37%。此外，盐基生物炭中富含Na$^+$、K$^+$、Ca^{2+}、Mg^{2+}等元素，且pH高达10.0，但不适合作为北方农田生物炭的应用材料。然而，在南方酸性红壤上应用盐基生物炭，经过盆栽试验，表现出良好的改良效果[22]。因此，盐碱地生态治理技术产业化和规模化应用盐基生物炭是未来重要的经济增长点。

18.3.5 中草药产业开发利用模式

很多药材具有很强的适应性，在一些盐碱沙荒地仍然可以较好地生长发育，获得很高的产量。如枸杞在土壤含盐量为0.3%，甚至达1%和pH为10的条件下也能生长。如果土壤的含盐量在0.2%以下，pH为8～8.5，并且土质较为肥沃时，管理得当也可以获得较高的药材产量。又如在盐碱地上种植金银花时，只要土壤中的含盐量不超过0.3%，药材的生长和发育基本上不会受到影响。土壤的含盐量在0.5%以下时，只要适当地增施有机肥料，加强水肥管理，进行合理修剪，5 年生金银花药材的产量可以达到 200kg/亩左右，效益相当可观。盐碱地中生长的有些药材有效成分比非盐碱地长出的还要高，比如罗布麻、补血草、甘草、黄耆等。在南疆盐碱地生长有中草药植物马豆，含有丰富的生物碱，具有一定的中药效能。此外，盐碱地还生长有罗布麻，是一种很名贵的中草药，可以降压降血脂。补血草本身是名贵的中草药，而且它是泌盐性植物，在盐碱地上种植不需要改土。其他可以在盐碱地上种植的药材，还有元参、知母、苦参、苦豆子、沙参、蔓荆子、草红花、水飞蓟、地肤、白茅根、大麻、蓖麻、牛蒡和酸枣等。还有一些药材耐瘠薄性较强，可以在沙滩地上进行种植，如香附、麻黄、甘草、酸枣、苦豆子等。在盐碱沙荒地上种植药材，不仅可以获得良好的经济收益，长期种植还能够改良土壤结构，获得良好的生态效益。实现规模化种植，必将带动盐碱地地区中草药产业链的形成和发展。

参 考 文 献

［1］ 田长彦，买文选，赵振勇. 新疆干旱区盐碱地生态治理关键技术研究 ［J］. 生态学报，2016，36 （22）：7064 - 7068.

［2］ 邵雪娟. 盐碱地改良技术研究综述 ［J］. 种子科技，2021，39 （6）：71 - 72.

［3］ 王雷，张道远，黄振英，等. 新疆盐生植物区系分析 ［J］. 林业科学，2008，（7）：36 - 42.

［4］ 郗金标，阎平，陈阳，等. 新疆盐生植物及其与中国、世界盐生植物的比较分析 ［C］//西部地区第二届植物科学与开发学术讨论会. 乌鲁木齐，2001.

［5］ 崔德宝，刘彬. 新疆盐生药用植物资源及开发利用建议 ［J］. 干旱区资源与环境，2010，24 （7）：171 - 175.

［6］ 郗金标，张福锁，毛达如，等. 新疆药用盐生植物及其利用潜力分析 ［J］. 中国农业科技导报，2003 （1）：43 - 48.

［7］ 郗金标，张福锁，陈阳，等. 新疆绿化观赏盐生植物及其利用潜力分析 ［J］. 中国野生植物资源，2004 （5）：17 - 20.

［8］ 马成亮. 盐生植物的盐渍适应性及利用价值 ［J］. 林业科技，2003 （6）：66 - 67.

［9］ Aronson J. Halophytes ［J］. A Database of Salt Tolerant Plant of the World；Office of Arid Lands Studies，University Arizona Tucson：Tucson，AZ，USA，1989.

［10］ 赵可夫，李法曾，樊守金，等. 中国的盐生植物 ［J］. 植物学报，1999，16 （3）：201.

［11］ 朱雷，田松，黄金侠，等. 植物对盐胁迫的响应及调控研究进展 ［J］. 分子植物育种，2025：1 - 12.

［12］ 郭欢，潘雅清，包爱科. NaCl 在四翅滨藜适应渗透胁迫中的作用 ［J］. 草业学报，2020，29 （7）：112 - 121.

［13］ 刘爱荣，赵可夫. 盐胁迫对盐芥生长及硝酸还原酶活性的影响 ［J］. 植物生理与分子生物学学报，2005 （5）：469 - 476.

［14］ 陈雷，杨亚洲，郑青松，等. 盐生植物碱蓬修复镉污染盐土的研究 ［J］. 草业学报，2014，23 （2）：171 - 179.

［15］ 弋良朋，马健，李彦. 荒漠盐生植物根际土壤盐分和养分特征 ［J］. 生态学报，2007 （9）：3565 - 3571.

［16］ 敖雁，吴启. 2 种生境盐胁迫下碱蓬的响应差异研究进展 ［J］. 种业导刊，2019 （1）：7 - 12.

［17］ 王旭，田长彦，赵振勇，等. 滴灌条件下盐地碱蓬种植年限对盐碱地土壤盐分离子分布的影响 ［J］. 干旱区地理，2020，43 （1）：211 - 217.

［18］ 杨策，陈环宇，李劲松，等. 盐地碱蓬生长对滨海重盐碱地的改土效应［J］. 中国生态农业学报，2019，27（10）：1578－1586.

［19］ 李梅梅，吴国华，赵振勇，等. 新疆 5 种藜科盐生植物的饲用价值［J］. 草业科学，2017，34（2）：361－368.

［20］ 季洪亮，路艳. 滨海盐碱地生态修复效果评价［J］. 西北林学院学报，2017，32（2）：301－307.

［21］ 王全九，单鱼洋. 微咸水灌溉与土壤水盐调控研究进展［J］. 农业机械学报，2015，46（12）：117－126.

［22］ 毛明月，赵振勇，王守乐，等. 5 种盐生植物生物炭产率及其理化性质［J］. 干旱区研究，2019，36（6）：1494－1501.

第*19*章　西北旱区生态农业需突破关键技术与发展模式

西北旱区生态农业高质量发展应以农业高效用水与生态服务功能提升为根本途径，本研究针对西北旱区现代灌区建设与生态农业发展面临的"5大"问题与挑战，按照"农业生产和生态建设"二元互促、"生产—生活—生态"三生空间优化、"物质—能量—信息—价值"四流同驱的发展思想，以旱区水土资源空间平衡战略、绿洲生态结构与生态安全、农业产业布局与结构优化、现代灌区建设与生态农业发展、盐碱地治理与低产田改造、作物生境调控与智慧农业、现代灌区建设与高水效农业发展体制机制为重点突破的"6+1"技术模式和保障制度，构建集优质农产品—特色农牧带—优势产业链于一体的规模化、集约化生产经营模式（图 19-1）。

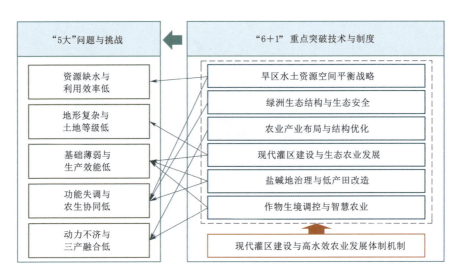

图 19-1　"5大"问题与"6+1"重点突破技术及保障制度关系图

19.1　水土资源匹配与利用策略

西北旱区既是我国重要生态功能区，也是我国粮食安全重要供给基地和后备耕地保障区，但资源性缺水、土地质量低、生态环境脆弱等问题直接制约着水土资源高效利用和区域社会经济的健康发展。在适水发展的大背景下，需要从不同视角研判水土资源匹配状况，保障水土资源可持续而高效利用、三生空间科学配置，以及乡村振兴战略的有效实施。

1. 空间匹配

西北旱区正面临着来自粮食安全和生态安全的双重挑战，在绿色与可持续发展目标下，农业生产既要提高资源利用效率，又要减少对生态环境的负面影响。因此，根据西北旱区水土资源现状和时空演变规律，通过构建不同视角下的水土资源匹配指数，明确西北旱区各区域的水土资源匹配状况，对确保水资源可持续利用、保障区域内粮食安全与生态安全都具有重要意义[1]。

(1) 基于水土资源禀赋。对于水资源短缺区域，如新疆和甘肃等省区，一方面需要通过优化区域水资源配置、加强非常规水利用等措施增加可利用农业水量；另一方面需要通过控制农业种植规模、减少高耗水作物的种植面积，并采取亏缺灌溉等措施保障粮食安全和水安全。对于耕地资源短缺区域，如青海可适当增加耕地面积以合理利用水资源，提高区域粮食生产能力，同时注重保护现有耕地并提高耕地质量[2]。

(2) 基于灌溉工程效率。需要进一步强化灌溉工程基础设施和现代化管理平台建设，对于呈现水资源短缺状态的区域，可优先提高灌溉工程利用效率，包括完善渠系设施、加强渠道衬砌等措施。对于呈现耕地资源短缺状态的区域，可优先进行耕地保护、提高耕地质量。

(3) 基于生态环境。若区域呈现环境型水资源短缺状态，可根据区域农业生产情况增施有机肥、提高化肥利用效率，以减少农药化肥施用量，降低农业灰水，进而减少对生态环境的负面影响。若区域呈现耕地资源短缺状况，可根据区域水资源情况适当扩大农业生产，提高农业产能。

(4) 综合匹配分析。综合基于农业水土资源禀赋的匹配指数与基于灌溉工程效率的匹配指数，需明晰区域水土资源利用强度与灌溉技术、管理水平的影响，确立区域提高农业水土资源匹配度的重点发展方向。对于未呈现水资源短缺但基于资源利用效率呈现水资源短缺状态的区域，应注重通过进一步提高灌溉工程效率、提高农业水资源管理水平等措施来改善农业水土资源匹配状况。灌溉农业区应降低高耗水作物种植比例和应用水肥生产效能的微生物和水肥一体化技术等；雨养农业区需提升雨水资源化利用程度和控制水土养分流失；草原牧业区应加大节水型牧草种植比例和发展补充型节水灌溉技术；农牧交错带应增加粮饲一体化种植比例和有效控制水蚀风蚀。

2. 水—粮—生安全战略与水土资源利用

对于西北旱区而言，在综合考虑粮食安全和生态安全的基础下，要着重提高水资源利用效率，并在保证耕地数量和质量的前提下，实现耕地绿色利用。

(1) 保护耕地数量和质量，优化作物种植结构。继续推行"以地换地"的政策，地方政府在将现有耕地分配给非农业用途之前，先收回相同数量的耕地，并且采取"以优换优"的原则，减少对优质耕地的占用。同时，正确引导区域进行作物种植结构调整，保障耕地质量和水资源节约利用。在农业结构调整中，要注重发展粮食作物的立体种植，以提高耕地复种指数，进而达到变相增加耕地数量的目的，并且协调好高耗水作物和低耗水作物的种植结构。政府应进一步出台有利于农业健康发展的政策，以免出现"弃耕而经商"的现象，并且引导农户根据粮食安全需要，合理调整粮食作物和经济效益高的作物的种植比例，实现节约用水。同时，应加强并调整种粮补贴政策及对农民的扶贫帮困力度，鼓励农民从主观上科学保护和利用耕地。

(2) 持续推进生态环境保护和修复工程，促进农业生产绿色化发展。西北旱区生态系统类型多样，自然生态系统碳汇提升方面潜力巨大，可结合国家生态保护修复重大工程，探索开展基于自然解决方案的国土空间绿化行动。人类活动对生态环境的负面影响着重体现在农业化肥和农药施用数量和类型方面，应培育抗虫害的作物新品种，科学施肥并增加有机肥和有机改良剂的施用，减肥减药的同时提高化肥和农药的使用效率，在保证粮食生产的同时减少对生态环境的破坏。通过加大农田水利基础设施建设力度、推广节水灌溉技术（如滴灌、喷灌和调亏灌溉等）等措施提高水分生产效率。同时要充分考虑脆弱的生态环境，必须在不威胁生态安全的基础上，通过水肥一体化技术的推广，提高水肥的利用效率，进而达到提高粮食产量的目的。

(3) 建设调水工程破解水资源短缺问题，保障国家粮食和生态安全。由于西北旱区水资源开发利用已至极限，水资源匮乏是长期制约区域生态保护和高质量发展的重要因素。跨流域调水工程可改善西北旱区的生态状况，促进当地农林牧业发展，进而增加农业产值。同时，由于跨流域调水人为改变了地区水情，势必会破坏生态环境，打破原有的生态平衡。因此，跨流域调水工程应当全面考虑工程对社会、经济和生态环境等方面的影响，从战略高度上对工程的社会、经济、技术和生态环境等方面进行统一规划、综合评价和科学管理，建立完善的跨区域调水工程规划方案。通过跨区域调水工程有望破解西北旱区水资源短缺问题，进而缓解区域耕地压力，更好地保障水土资源安全、粮食安全和生态环境安全。

19.2 绿洲结构与生态安全

西北旱区自然条件多样，地形地貌复杂，拥有草原、农田、荒漠、森林等多种类型的生态系统，呈现农田、草原、沙漠、戈壁等交错分布的空间格局，同时也是我国大江大河的主要发源地，是国家重要的生态安全屏障区。明确西北旱区绿洲生态系统和生态治理结构，推进西北旱区农业可持续发展，加强生态屏障建设，治理农业面污染问题，对于西北旱区乃至全国应对气候变化、涵养水源、保护生态环境意义重大[3]。

1. 生态服务功能提升

以国家生态安全战略为引领，因地制宜的科学配置山水林田湖草沙盐等生态单元的水源涵养、水土保持、防风固沙、盐分处置、污染物净化、生物多样性维护等重要生态功能的容量和空间格局（图 19-2）。

(1) 从生态功能分区来看。充分利用山区产水、储水、保水的"水塔"能力，科学保护自然形成的物种分布避难所和生物多样性栖息地。以小流域为单位，科学配置流域植被，实现产水、保水、控污一体化，保障流域生态安全。充分发挥和挖掘河流、湖泊、湿地等诸多水体的蓄水、输水、配水、养水功能，科学规划水体的规模和空间分布，为人类农业生产、工业生产以及日常生活提供必不可少的淡水资源。在流域和灌区尺度，科学规划林地和草地空间分布及其规模，充分发挥其保育水土、涵养水源、调节径流、防风固沙、净化空气和水源、调节小气候等作用，以及保护生物多样性、维持物种存续和林牧业生产等方面的功能。将农田生态系统的生产功能与生态功能有机结合、粮食生产与饲料生

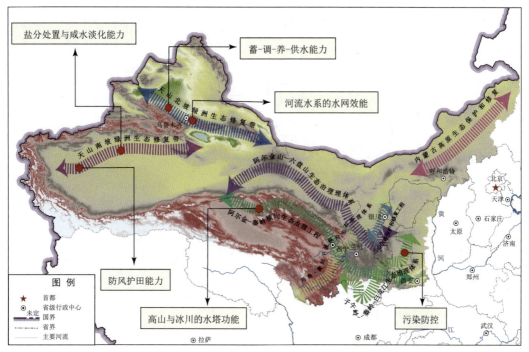

图 19-2　西北旱区生态服务功能提升布局图

产有机结合、土地利用与社会经济发展结合，实现农田生态多功能化。充分利用沙漠区独特的水文特征、维持区域水分平衡重要角色及其熔盐纳污效能，科学利用沙漠区巨大净化水的能力，因地制宜将排水和废水输送到沙漠地区净化水质和培育植被，有效控制扬尘等问题，同时可以发展沙漠和盐生产业，实现沙漠区多功能化[4,5]。

（2）从农业功能分区来看。 重点提高以下 3 个方面效能：

1）提高农牧交错区和草原牧业区的防风固沙与保土养土效能，包括人工防护林营造、人工湿地水域景观的建设，形成防风固沙、改善人工绿洲气候。

2）提高雨养农业区的水土保持与雨水资源化效能，包括退耕还林还草、退牧还草，构建非生育期土壤蓄水—生育期降雨补水—雨水集流补充灌溉的水资源利用模式。

3）提高灌溉农业区控盐减排与农业面污染防控效能，包括构建多措施调境—多过程控盐—多界面供养—多要素提效的盐渍化农田改良模式，同时创新化肥农药减量增效技术（图 19-3）。

2. 西北旱区生态安全保障体系

随着大规模土地开发和水利工程建设，西北水资源开发利用程度越来越高，许多中小河流已经"喝干榨尽"，河湖生态系统严重退化。如新疆的伊犁河、额尔齐斯河两条跨界河流，水资源开发利用程度虽然较低，但大规模的水利水电工程显著改变了河流自然水文节律，河湖生态系统也呈现出了逐渐退化趋势。依据斑块—区段—廊道—基质—绿洲单元的空间尺度推绎，可将旱区生态系统和生态治理划分为五个层次结构，即复苏山川河湖湿地生态系统结构，构建"三屏两环"主体生态安全大格局；调控天然绿洲与人工绿洲二元景观异质结构（图 19-4），维持社会经济系统与自然生态系统合理的耗用水比例；修复治

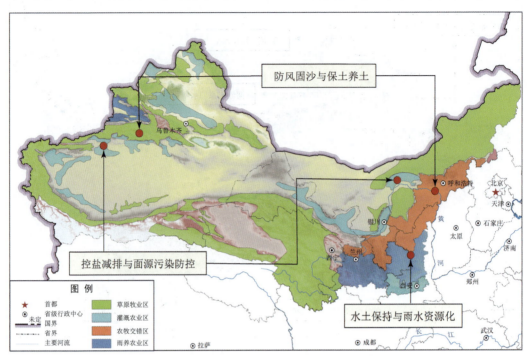

图 19-3　西北旱区四大农业功能区生态效能提升途径分布图

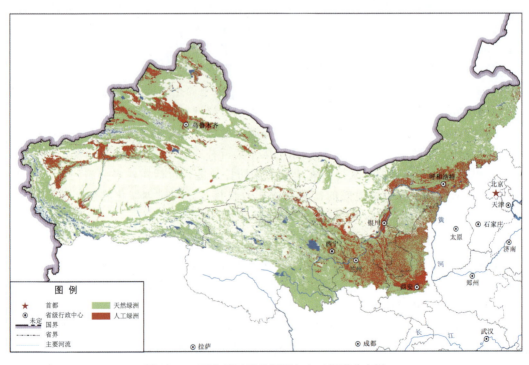

图 19-4　西北旱区天然绿洲与人工绿洲分布图

理自然水系和人工水系生态廊道脉络结构，打造"多廊—水网"组合的绿洲廊道生态景观；巩固荒漠—绿洲生态防护结构，遏阻风沙侵袭，改善绿洲宜居环境；建设"城乡—村落—庭院"独具特色的生态单元结构，提升绿洲生态文明，营造先进文化交流融合平台（图19-5）。

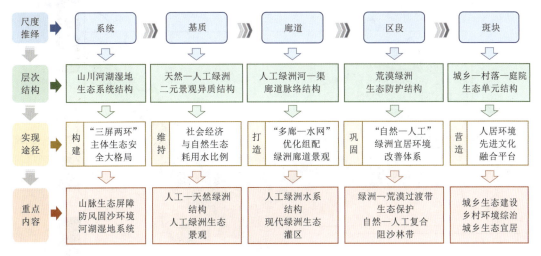

图 19-5　干旱区内陆河生态系统框图

19.3　农业产业布局与结构优化

随着社会经济发展和农业生产改造升级，西北旱区农林牧产业得到迅速发展，主要农产品生产稳定快速增长，形成了一批优势主导产业。但三产中第一产业占比大，农业供给侧问题依然突出，农民增产不增收问题依然存在，严重制约着乡村振兴战略的有效实施。迫切需要以乡村振兴为引导，依据资源禀赋与特色产业优势，科学规划三产结构和规模。

1. 构建优质农产品—特色农牧带—优势产业链的西北产业格局

按照"强化特色、突出优势、规模发展"的原则，科学规划"优质种植区、特色农业带、优势产业链"农牧林业产业体系，建成优质农产品规模化生产基地，创建名优产品，提高品质效益，大力发展深加工企业，积极开发以农产品为原料的高档保健品、生物制品等市场前景广阔、科技含量高的新兴深加工业，延伸产业链，提高附加值。以具有地理品牌的优质产品为主打，形成农—牧—林初级农产品生产带、农—牧—林产品深加工产业链；建立多类型多形式的政府主导、企业主营、农民入股的农牧林合作社或股份公司，形成研发—生产—供应—销售为一体的经营实体，打造品牌、拓展市场、提升效益[6]。

将西北旱区分为特色作物和林果集中种植区、畜牧业发展区和农牧混合发展区三大农牧林业高质量发展区，培育特色农产品和品牌企业，提升农产品的市场竞争能力。建设横跨陕西、内蒙古、宁夏、甘肃、新疆省区的优质红枣、核桃、苹果、香梨、葡萄、枸杞等特色农产品生产基地，以及建设横跨内蒙古、宁夏、甘肃、青海和新疆省区的牧业发展区，形成以农牧林业初级产品深加工基地和产业链，如浓缩果汁、果酱、饮料、核桃乳加工业等，枣酒、苹果酒等果酒加工业，制干、制脯、杏仁油、核桃油加工业，以农产品为原料的高档保健品、生物制品等，以及绿色高质量奶和肉制品加工产业，建设具有西北旱区地理标志的优质农产品、特色农业带、优势产业链（图 19-6）。

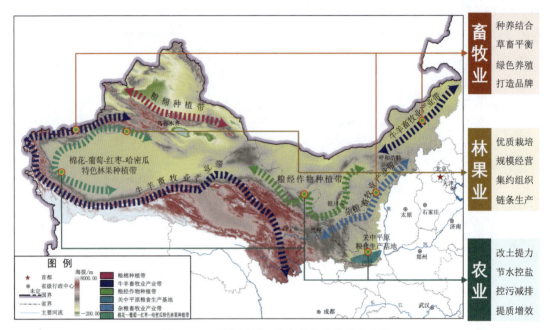

图 19-6　西北旱区特色农产品产业带分布图

2. 特色农—林—牧业发展途径

西北旱区国土面积大，农林牧业发展的资源禀赋时空分布差异性显著，需要统筹规划区域农林牧业发展格局，实现生产资料互补、多产业链互促、资源与生产协调的协同发展态势。

（1）农业发展途径。 特色农业发展应着重开展资源利用与种植结构、集约经营与多样发展、科技创新与引领发展、绿色循环与持续发展、优质产品与特色发展等方面研究。

1）水资源高效利用与种植结构优化。西北旱区粮食作物以小麦、玉米为主，主要的经济作物以棉花、油葵为主，农业种植结构较为单一。同时，区域水资源分布与经济发展、用水量与用水效益不匹配，需要依据水资源状况和作物种植效益合理布局农业种植结构，按照"量水种植""以水定地"的原则进行农业种植结构的规划与调整。同时积极引进和培育耐旱节水新品种，发展适宜的工程节水、农艺节水和管理节水技术，提高水资源生产效能。

2）科技创新与农业提质增产增效。依据特色农产品生产需求，把增产增效并重、良种良法配套、农机农艺结合、生产生态协调作为基本要求，促进农业技术集成化、劳动过程机械化、生产经营信息化，构建适应高产、优质、高效、生态、安全农业发展要求的技术体系。着力突破良种培育、高效节水灌溉、智能农机装备、新型肥药、循环农业等方面的关键技术。

3）微生物技术利用与可持续发展。微生物是一种重要的生物资源，同时微生物技术也是农业生产的一次"绿色革命"。针对西北旱区农业发展面临的关键问题与生产需求，开发能生产具有高附加值农产品的微生物产品，如微生物肥料、微生物农药、微生物饲料、微生物食品、微生物能源等。此外，建立微生物资源库与微生物资源信息平台，实现微生物资源的数字化管理和共享服务。同时，探索合理的利用技术和模式，提高农业微生物产品的应用效果和经济效益。

4）构建多类型农产品生产组织模式。对于土地利用型农产品生产，建立适度规模经营户＋社会化服务组织形式。通过适度规模降低平均成本，高效可持续地经营小麦、玉米等大田作物，利用社会化服务组织提供机耕、机种、机收、施肥、施药等服务。对于劳动密集型农产品生产，可采用小规模经营户＋合作社的组织生产形式。发挥小规模农户劳动力资源优势，采用合作经营，增加农产品附加值，避免同质化竞争。充分挖掘西北旱区蔬菜等的附加价值和开发潜力，使其成为中国推进农业现代化的核心力量之一。

（2）林果业发展与提质增效。在林业提质增效方面，从栽培环节入手，全面提高果品质量。树立起"有质量才有效益"的市场观念，按照标准化生产，推进提质增效工程。大力推广实施各项优质技术，建立高质量果品生产体系，包括改良土壤、增施有机肥、科学调控水分、合理整形修剪、种植中小冠树形、化学促控和花果管理技术及病虫害综合防治技术，生产高品质绿色果品。

1）培育特色农产品与发展优势产业链。按照"突出重点、规模发展"的原则，建设基于新型栽培模式的优质红枣、核桃、苹果、香梨、葡萄等西北旱区特色农产品基地，形成规模优势，创建名优产品，提高品质效益。大力发展浓缩果汁、果酱、饮料、核桃乳加工业等，积极发展枣酒、苹果酒等果酒加工业，重点发展制干、制脯、杏仁油、核桃油加工业。此外，鼓励发展以农产品为原料的高档保健品、生物制品等市场前景广阔、科技含量高的新兴精深加工业，发展各种系列产品，延伸产业链，提高附加值。

2）突出地方特色与果品市场准入制度。要实行和强化政府对果品质量的监管，设立相应的果品质量检测监测管理机构，从果树栽培到果品销售的所有环节进行全程监督、检查，禁止农药残留超标的果品流入市场，并建立相应的果品市场准入制度，确保果品优质优价和食用安全。按照无公害、绿色农产品和生态健康果园的生产技术规程，实施标准化生产，提高地方特色果品的品质，创建地方特色果品品牌。

3）强化果品标准建设与完善流通体制。加强果品标准化生产的管理，根据国际国内果品市场对果品质量的要求，组建专门的果品标准化制定与监督部门，不断完善和健全标准化生产与管理体系，确保标准化工作的质量和水平。加强以果品批发市场为中心的果品流通体系建设，逐步完善以果品批发市场为中心，以集贸市场、连锁店、贮运中心和零售网点为辐射的"公司＋农户"果品市场销售网络，拓展国内外市场。

4）强化科技开发与核心竞争能力提升。强化林果业精深加工技术的开发应用，提高林果业的科技含量，提升林果业的产业化水平。开发以当地林果产品为原料的深加工技术和特色、优质名牌产品，提高核心竞争力。在科研投入和产品开发方面，一方面可以根据营利能力设定固定的科技投入比例，另一方面鼓励、引导社会资金向现有大专院校、科研部门或企业的技术部门投资，形成面向市场的新产品开发和技术创新机制。

（3）畜牧业发展途径。特色畜牧业重点开展种养结合与生态化养殖、草畜平衡与农牧业融合、绿色发展与生态保护协调、科技创新与精细化养殖、打造品牌与提升竞争力等方面研究。

1）人工饲草饲料基地建设与水草平衡。调整农牧业结构，优化生产力布局，开展草田轮作，扩大优质耐旱高产品种的种植面积。发展种养一体化模式，建立饲草生产与畜牧业发展的紧密联系，实现饲草就地消化利用，降低运输成本，提高畜牧业的生产效率。此外，建立稳定的市场机制，加强饲草产销信息服务，构建合理的价格形成机制和风险保障机制，促进饲草市场的有效供求对接。

2）多模式畜牧业特色发展与草畜平衡。建立基本草原保护制度，划定草原生态保护红线，保持一定的草原生产能力，为畜牧业发展提供足量、优质饲草；完善草畜平衡和禁牧休牧制度，基于不同区域草原实际，科学核定载畜量，切实做到以草定畜，解决草原超载问题；采取科学措施保护草原，特别是在实施围栏的区域，应充分考虑草原牲畜活动特性及范围，为他们留出生命通道。

3）现代畜牧业绿色化发展与科技创新。以绿色发展理念为指导，以为牲畜提供优质饲料、饮水、健康环境为切入点，研制开发新的中药产品，作为抗生素的替代产品，探索"中医药＋"模式，促进饲草饲料供给的绿色化。通过大数据、物联网和人工智能技术与畜牧业的跨界融合，及时发布动物生理和健康状况、疾病信息预警和市场需求，形成新动力，培育新业态，实现畜牧业全产业链提质、增产、增效，推动畜牧业绿色可持续发展。

4）完善政策保障与畜牧业高质量发展。强化顶层设计，加大政策的扶持力度，建立具有前瞻性、稳定性的政策支持，扶持发展优质饲草产业，扶持畜牧业发展方式的绿色转型。根据畜禽养殖禁养限养的"生态红线"，逐步加大对规范化、标准化养殖的政策扶持力度。特别针对畜牧业中废弃物资源化利用、病死牲畜个体无害化处理，加大政策支持力度。强化对牲畜产品质量的监测，建立全产业链质量追溯体系，覆盖畜牧业的饲料、生产、加工、运输、储存和销售等各个环节，全面落实质量安全责任。

3. 产业结构优化与科技驱动

充分挖掘与发挥第三产业融合主体（尤其是新型农业经营主体）的规模优势、技术优势、管理优势等，加快现代生产要素对传统要素的更新替代，降低农业生产对传统要素资源的过度依赖，提高土地产出率、资源利用率和劳动生产率，通过农业与第二、第三产业的协同发展，深化农业供给侧结构性改革。

（1）优化目标。在遵循产业结构演替规律的前提下，通过调整供给结构以满足需求结构，实现资源优化配置和再配置，推进产业结构合理化和高度化过程，并以合理化促进高度化、以高度化带动合理化。在整个农村产业结构中，由第一产业占比大逐渐向第二、第三产业占比大演进；由劳动密集型产业逐步向资金密集型、技术密集型产业演进；由初级产品生产为主逐步向中间产品、最终产品演进。

（2）调整途径。以"一产供给二产、二产提升一产、三产服务一二产"为原则优化三产空间格局，构建原料提供、产品加工、资源保障相协调、三产有机融合、产供销一体的产业高质量发展格局。以农林牧业产品就地深加工为切入点，以市场需求为牵引，组建三产有机结合的产业联盟，形成多环节专业化生产队，将原材料供给、产品加工、成品销售融为一体，形成农牧互补的农业与牧业协同发展格局。以政府为主导，建立原材料供给、产品加工、成品销售等环节成本、效益和风险统一管理与动态调整机制，将部分销售环节利润反补于生产者，保障生产者基本利益和生产积极性；建立科技服务农产品产供销全过程的激励机制，推动农业现代化的步伐。

(3) 市场体系与科技驱动。建立全国统一的市场体系，既要发挥区域农业比较优势的引导力量，又要推动产品和要素自由流动，为区域判定和利用自身的比较优势提供准确信息，促进农业和农村经济稳定发展和建设高效的农产品市场体系。

1）加强农产品市场的软硬件建设。农产品市场的硬件建设包括交通、金融、信息、生活服务、仓储设施等，这些建设属于一次性投资，需要政府进行必要的财政资助。农产品市场的软件建设主要包括政府制定一系列的市场法规，以确保市场的正常运行，其主要包括市场的进入规则、保证公平交易的市场规则、协调和解决交易矛盾的市场监督和仲裁规则3个方面。

2）强化活跃农业要素市场建设。一方面建立完整开放的劳动力市场，发挥西北旱区农业劳动力丰富的优势，既可为西北落后地区的农业劳动力转移创造更多机会，又可降低该地区发展农业的宏观与微观机会成本。另一方面进行农地制度的改革，明晰农村土地所有权，依法建立村级经济合作组织。加快实现土地使用权的合理流动，从而实现土地资源在流动中与劳动力、资金、技术等生产要素的合理配置和促进土地适当集中。此外，大力发展农村资本市场，发挥农村民间传统的非制度金融，并适当加以规范和引导。

3）突出农民的自组织化生产活动。农户自组织是对农业及相关的分工不完备的一类重要形式的补充。推进农民的组织化程度，普及市场经济基本知识，增强农民的市场观念和风险意识，通过教育示范等方式，提高农民对新经济体制的理解，增强市场意识，培养适应市场和抵御风险的能力。

(4) 科技引领与优势提升。发挥农业科技力量与提升比较优势是推动农村产业结构升级换代的重要途径，特别是在农业新技术研发、科技推广、农民素质提升方面需重点开展工作。

1）加大对农业科学技术研发的投入力度。农业科技工作具有长期性、区域性和综合性特点，强化农业科研对农业科技进步的源头作用，突出政府在农业科学技术研发中扮演的重要角色。政府须加大对农业科研部门的投资力度和政策支持，国家可设立专项经费建立农业发展基金，专门用于西北旱区农业科学研究和推广工作。同时，构建多方投资和融资渠道，包括科技信贷、社会投入等多元化、多层次、多渠道的农业科技投资体系。

2）加强农业新技术新设备推广应用工作。农业技术推广、扩散以及技术培训在农业技术进步与推动农民增产增收方面具有极其重要的作用。在农业科技推广组织方面，政府进一步加强财政支持和行政手段，构建遍布各地农村的推广组织，根据用户导向实时提供技术服务。政府应解决农业科技推广经费不足的问题，特别是我国农业科技推广经费仅为农业总产值的0.1%，推广经费与研究经费之比为1:2，低于世界银行关于"欠发达国家的农业经费应占农业总产值的1%～2%，推广经费应高于研究经费"的建议水平。因此，对于西北旱区，政府应该加大投资与行政支持，建立政府主导、科技人员为主体、农民参与的农业推广体制。

3) 提高农民素质与强化现代农民培养。农业经营主体是农民，农民素质直接关系农业经营主体组织化程度，应大力进行人力资本投资，提高农民素质，培养现代农民，解决农业现代技术推广应用的瓶颈问题。特别是通过正规及非正规教育提高农民素质，培养现代农民。强化"绿色证书"工程，对农业劳动者进行岗前培训；充分利用农业广播电视网络，发展农村远程教育资源，促进农村改革，调动农民学科学、用科学的积极性。

19.4 现代灌区建设与高水效农业发展

我国灌溉农业生产的粮食占全国粮食总产量的 75%，经济作物占 90%。其中，大中型灌区利用全国 11% 的耕地面积，生产了全国 22% 的粮食，创造了全国农业总产值的 1/3，保障了 2.1 亿农民的生产发展和增收致富，提供了全国 1/7 的城镇工业和生活用水。其中西北旱区灌溉面积为 1.62 亿亩，生产了 0.86 亿 t 粮食，是我国商品粮的重要生产基地，在农业生产和农村经济发展中占有举足轻重的地位。但资源性缺水已成为西北旱区农业和经济持续发展、生态健康保护关键性的制约因素。特别是随着社会经济快速发展及全球气候变化的影响，西北旱区生产、生活、生态对水资源的需求日益增长，农业生产与生态争夺有限水资源而产生的矛盾在不断加剧，直接关系到国家的供水安全、粮食安全和生态安全，适水发展已成为西北旱区可持续发展的必然选择[7,8]。

1. 灌区分类建设

现代灌区的建设需从资源优化配置、生产效能持续提高、农业生产与生态环境协同发展 3 个方面开展顶层设计，依据西北旱区降雨和水系分布、自然地理景观、作物—林果的需水特征，因地制宜的构建具有十大特征的灌溉依赖型灌区、灌溉主导型灌区、灌溉补充型灌区、灌溉提质型灌区（图 6-3）的现代灌区建设模式。积极推进建设与管理的统一、多元化的农业经营和政策支持相协同。通过不断创新和完善理论与技术体系，实现灌区农业生产效益和质量的提高，促进农业可持续发展。

灌区按降雨量和对农业的贡献度可分为以下 4 类：①灌溉依赖型（降雨<50mm，贡献<10%），农作物完全依赖人工灌溉；②灌溉主导型（降雨 50~150mm，贡献 10%~30%），农作物主要靠灌溉，生态林草仅需少量灌溉；③灌溉补充型（降雨 150~250mm，贡献 30%~50%），农作物依靠灌溉和降雨共同供水，生态林草无需灌溉即可生长；④灌溉提质型（降雨>250mm，贡献>50%），降雨可满足作物生存但无法达到目标产量，生态林草不需灌溉即可发挥功能。

2. 适水发展与水土资源配置

针对西北旱区土地面积广和开发潜力大、资源性缺水的现实，水土资源开发利用应遵循"总量控制、适度开发、分区调控、分类保障"的总体要求，以及"以水定城、以水定地、以水定人、以水定产"的适水发展原则，宏观指导灌区的农业规模、结构与用水分配，科学评价西北旱区水土资源承载力，通过水土平衡、水盐平衡、生态平衡及空间平衡调控路径，优化三生空间布局，实现水资源高效利用与生态服务功能提升（图 19-7）。

(1) 适水发展的内涵。由于西北旱区水资源是农业发展和生态环境建设的关键性制约

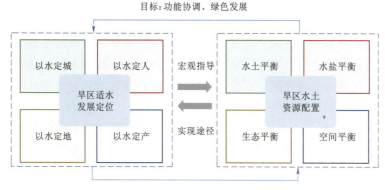

图 19-7 适水发展与水土资源配置关系图

因素，而水资源是土地资源发挥最大效能的基础保障，水资源的合理利用直接影响土地资源的生产效率。同时，西北灌区生态系统的演替呈现十分明显的双向性，即存在着"荒漠化、盐碱化"与"绿洲化"极易转化的特征。由于近年来节水灌溉技术的大面积应用和灌区农业生产规模扩大，引发了诸多生态环境问题，包括土壤盐碱化、土地沙化、湖沼湿地面积萎缩、耕地减少且质量下降、地面沉降和水体污染及生态保护规模缩减等问题。因此，适水发展是区域水土资源科学利用与社会经济发展规划的基本原则，也是灌区节水农业发展的基本准则。

适水发展是按照"以水定城、以水定地、以水定人、以水定产"的基本原则，遵循可持续发展理念，利用先进生产技术、水资源高效利用技术和生态环境保护及修复技术等，充分挖掘水的生活、生产和生态功能，通过科学配置和严格管理，不断满足生活、生产和生态用水需求，提升水土资源的承载能力，实现社会、经济、生态环境的协同与可持续发展。此外，适水发展是平衡区域或灌区农业水土资源的关键，根据自然和社会经济特点，依据区域耗水结构与水资源状况，构建与水土资源状况相适应的适水农业发展模式和水土资源平衡利用模式。

（2）水土资源配置。水土资源作为农业生产和生态安全的基础性、战略性和敏感性因素，既是区域社会经济发展的支撑和保障条件，又是生态环境合理运行的基本组成要素。由于水资源是土地利用的关键制约因素，其数量的丰富与否和空间分布影响着土地利用结构的合理程度。随着社会经济的发展，工业化、城镇化进程的快速推进，使土地利用方式发生了较大变化，改变区域水资源的空间分布，进而影响水土资源的平衡。根据西北旱区国家发展战略，水土资源开发利用与优化配置需考虑以下 4 个方面的平衡[9]：

1）水土平衡。遵循以水定地、量水而行的原则，综合分析灌区降水、地表水、地下水、非常规水等各种水源及供水能力。依据灌区产业和社会经济发展规划，明确适宜的生产、生活、生态规模比例。根据气候和土壤特征及"宜农则农、宜草则草、宜林则林"的原则，系统评价灌区生产、生活、生态用水需求和用水结构。依据水土资源平衡，优化水资源和土地利用方式，建立与水土资源相适应的农业发展规模、种植结构、灌溉方式，实现水土资源利用效率最大化。

2）水盐平衡。以盐分与作物和谐共处为理念，系统分析灌区盐分来源、传输与累积特征，以及作物耐盐度和灌区盐分消纳能力。建设多功能的农田控制排水系统，优化节水控盐的灌排制度，发展"大气水—地表水—土壤水—地下水"互作的作物生育期和非生育期农田水盐平衡调控方式，合理管控地下水位和盐分来源。构建灌区土壤、地下水、排水系统、盐分排泄区多级盐分存储、消减管控模式，重构灌区水盐分布格局，保障农田根区土壤盐分平衡和作物的正常生长。

3）生态平衡。按照生态系统生产者、消费者、分解者间物质和能量平衡原理，以灌区农业生产与生态环境建设相协调为原则，明确灌区生态系统的服务功能和价值，系统分析生态系统防风固沙、水源涵养、水土保持、生物多样性保护、适宜人居环境营造的能力与适宜规模。发展秸秆还田、施加绿肥和微生物菌剂等保土养土技术，建立种养结合、粮饲协调、牲畜废弃物资源化的循环农牧业发展方式，构建集农业生产（包括草田轮作、间作）、灾害防治（包括农田防护林带）、环境营造（包括渠道和湿地保护林草带、乡镇绿化带）、农业资源循环利用（包括地下水补给、增加土壤有机质和微生物）为一体灌区生态平衡发展模式。

4）空间平衡。根据适水发展与空间适配的原则，依据灌区水资源条件、土地利用适宜性、生态环境承载力等因素，科学规划灌区生产、生活和生态功能的空间布局。科学规划建设蓄—输—配—用一体的灌区水网系统，实现灌区供用水时空匹配。综合评价灌区生态系统盐分消纳能力的空间分布特征，构建土壤剖面—农田—灌区多尺度盐分消纳模式。依据灌区生态系统生产和生态功能的空间分布特征，建立农林牧结合、种养与粮经饲一体的农林牧业空间发展格局，实现灌区三生功能协调与可持续健康发展。

3. 高水效农业理论与技术体系

(1) 基础理论。围绕农业用水所涉及作物用水、农田水转化及区域水调配三个环节开展前沿性基础研究，明确作物生命健康需水阈值及调控机理，量化表征农田水转化效率链，发展考虑水转化及生态响应的水资源调配理论与方法，为研发农业节水关键技术与重点产品提供理论基础[10]。

1）作物生命健康需水阈值与调控机理。以主要粮食作物、经济作物及果蔬种植体系为对象，研究基于节水调质的作物生命健康需水过程与量化表达方法、作物生命健康需水阈值；研究作物生命健康需水过程对变化环境的响应关系，预测未来气候变化下的作物生命健康需水演变情况。阐明作物高效用水的生理生态调控机理，提出作物节水增效的全要素协同调控途径。

2）农田水转化多过程驱动与效率提升机制。研究农田作物生长—水分消耗—土壤水—地下水耦合机理及定量表征方法，阐明农田水效率提升机制。研究农业输配水—农田水转化—作物用水全过程用水效率链统一表征方法，辨识制约用水效率提升的主体因素。研究农业水转化及农业用水效率链对环境变化的响应及适应性调控机理，挖掘农业水效率提升的潜力。

3）基于水转化过程及生态环境响应的农业水资源调配方法。研究农业用水与生态环境的互馈机制，建立基于水转化过程的农业水资源配置模型，发展农业水多源多汇配置方法。提出基于作物生产—水资源—生态环境系统耦合的农业水资源配置理论，发展农业用水效率—效益统一评价方法，建立基于气候变化及水资源不确定的农业水资源配置与风险评价方法。

（2）关键技术。围绕制约农业用水效率大幅提高，突出农业用水全链条控制及多要素协同，创新作物生物节水、农艺节水、灌溉节水及化学节水关键技术，研发作物节水增效关键产品，实现农田降蒸减耗。突破输配水及水源系统"卡脖子"节水技术，研发具有自主知识产权的农业水信息技术与产品，构建现代灌区及管理决策框架，实现农业用水精量化、自动化、信息化、智能化，形成现代农业节水技术体系，为主导种植业节水增效标准化技术体系区域节水增效解决方案提供共性技术与产品。

1）作物生命健康需水过程控制技术（生物节水）。研究作物抗旱品种选育与鉴别技术，筛选主要作物区域适应性抗旱品种；研究作物生命需水过程数字化表征技术，建立作物生命需水健康诊断及水土肥气综合调控技术体系；研究作物节水型冠层构建及生境多要素协同调控技术，建立作物全生命过程的生物节水技术体系。

2）节水绿色环保制剂与产品（化学节水）。研究绿色环保型节水抗旱种衣剂、植物蒸腾抑制剂、土壤结构调节及保水剂、根系生长调控制剂，建立作物生长调节—叶片减蒸—土壤保水多维化学节水技术体系，形成系列具有自主知识产权的节水绿色环保制剂产品。

3）保水保肥生态型农艺技术（农艺节水）。研究节水型种植密度优化技术、节水型生态栽培与耕作技术、面向地力提升的土壤改良技术、土壤蓄水保水调控技术、作物生育期水肥耦合动态调控技术，提出农田节水增效农艺技术方案，建立融合作物生境响应及多途径调控的现代农艺综合节水技术体系。

4）规模化高效节水灌溉技术与产品（灌溉节水）。研究作物时空亏缺灌溉调控技术、集约化精细地面灌溉关键技术与设备，建立规模化高效地面灌溉技术体系；研究精准滴灌施肥一体化与自动化控制技术、底压抗堵经济型微灌系统及其配套产品、变量多目标喷灌系统及其配套产品，形成规模化精量灌溉技术体系；研发新一代农田节水灌溉智能决策及预报系统，建立田间节水方案数字化设计平台。

5）节水生态型灌排系统技术与设备（渠系节水）。研究渠系选型优化设计技术、渠系自动量水技术与产品、防冻胀等功能性渠系衬砌材料、产品及快速施工方法，建立灌溉渠系设计技术体系及数据库；研究渠系节水阈值确定技术、灌区生态型控制性排水技术、灌区沟渠及输配水管网优化布局技术，建立灌区灌排系统优化布局技术体系，研发节水生态型灌排系统设计平台。

19.5　盐碱地治理与低产田改造

世界现有灌溉农田中约有50%受到土壤次生盐碱化的威胁，部分耕地因灌溉与排水设施不配套，产生了土壤次生盐碱化问题。盐碱地与低产田治理作为西北旱区一项长期任务，涉及多种土壤环境要素调控，是一项系统性的常态化工程。盐碱地作为重要的后备耕地资源，科学治理盐碱地和改良低产田，以及建设高标准农田是西北旱区生态农业高质量发展的重要任务。

1. 灌区水盐多层级调控

随着旱区淡水资源短缺问题的日益突出以及对生态环境保护的日益重视，以水利措施、化学措施为基本依托，充分利用生物和微生物技术，对盐障碍进行消减，更好地开发利用盐碱地，改善生态环境，促进区域社会经济可持续发展。为了实现灌区盐碱地治理与生态环境保护相协调，以灌区"绿色、高效、可持续"发展为出发点，以"提升土地生产能力、促进作物健康生长、协同生态环境效应"作为盐分控害增效调控理念，创新与优化调控措施的功能，重构盐分分布空间格局，发展灌区盐分多层级调控与消纳模式，创建盐碱胁迫农业生态系统水盐调控技术体系（图 19-8），提升灌区控盐改土促生措施功效，实现改善土地质量和促进作物生长的目标[12,13]。

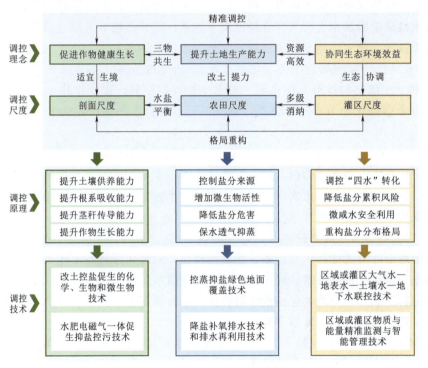

图 19-8　灌区水盐多层级调控体系框图

（1）剖面尺度。以改善作物根区土壤环境为主要任务，发展提高土壤供肥能力和根系吸收养分能力，促进作物生长的改良技术。研究和开发促进土壤盐分淋洗和有害离子形成络合物和螯合物、养分存储和供给能力的化学和微生物技术，强化耐盐植物培育，合理配施微生物有机肥和绿色有机肥及秸秆还田（50%生物量），发展有效控制盐分危害与提升地力的作物栽培模式。采用活化灌溉水（磁化、去电子、增氧等）技术、节水灌溉（滴灌和微喷灌等）技术与施肥技术有机结合，在调控根区盐分的同时为作物生长提供适宜的土壤水分、养分环境，通过水肥耦合效应缓解盐胁迫对作物生长的不利影响[14]。

（2）农田尺度。构建水利措施、化学措施、生物措施和农艺措施为一体农田水盐调控方法，充分发挥四类措施的优势和效能。在控制根区盐分累积的同时，提高土壤有机质含量，实现根区土壤质量提升与控制盐分累积双重目标。排水系统不仅要控制地下水与排除土壤盐分，同时在作物生育期为根区提供氧气，促进盐渍地区作物根区的气体更新。同时加强农田排水再利用技术的研发，发展绿色能源驱动的咸水处理技术（如膜技术、纳米材料吸附技术等），控制农田排水对下游水体污染。在排水不畅区域，发展井排井灌与增氧结合技术，促进根区土壤气体更新和提升微生物活力及根系吸收能力。在干旱荒漠地区，可将农田排水作为生态用水，用于改善荒漠区的生态环境。

（3）灌区尺度。根据土壤盐分淋洗、累积动力机制和主控因子，明确区域地下水对盐分输送功能和区域内"四水"转化特征，建立"四水"互作的作物生育期和非生育期土壤盐分调控方式。为有效控制区域排水对水环境污染，建设区域降盐性湿地或农业生态保护区，发挥河流、湖泊、草地、林地、荒地或沙漠区的储盐功能，发展绿色能源驱动的农田排水降盐技术、旱区植被生态用水调控技术，实现区域排水资源高效、安全利用。构建区域大气—土壤—地下水—作物系统的特征指标智能监测系统，研发农业生态系统水、肥、气、热、盐、光等要素的精确而快速测定设备，以及适应不同情形下大气—土壤—地下水—作物系统物质和能量传输与转化预测分析系统，创建高效、精准的区域物质传输与能量转化的智能化管理模式，实现经济效益和生态环境效益最大化[15,16]。

2. 低产田改造与地力提升

由于西北旱区国土面积大，自然条件和耕地质量区域差异显著，土地质量退化及其形成机制各不相同，需要发展分区分类地力提升技术。土壤改良与地力提升是指运用水利学、土壤学、生物学、生态学等多学科的理论与技术，排除或防治影响农作物生育和引起土壤退化等不利因素，改善土壤性状，提高土壤肥力，为农作物创造良好土壤环境条件的一系列技术措施的统称。其主要措施包括物理、化学、生物和耕作措施[17]。

（1）土壤物理改良。土壤物理改良包括土壤水利改良和土壤工程改良，以及运用平整土地、兴修梯田、引洪漫淤等工程措施，改善土壤性状，提高土壤肥力。利用灌溉排水工程技术淋洗和排出农田土壤盐分，有效调节农田土壤湿度和盐分浓度；利用客土、漫沙、漫淤等方法，对土壤理化特性进行调节；利用秸秆还田和客土相结合的方式，增加土壤有机质和改善土壤结构；对于过砂或过黏的土壤，采取中和的方法，将砂土和黏土中和，改善土壤的透气性和持水性。对于土地平整度低和地形落差大的农田，采取削高填低的土地平整技术，改善田间灌排条件和耕作条件。对于水蚀风蚀严重区域，采取种植防护林带和植被保护带，抵御干热风引发的作物灼伤及暴雨导致的水土养分流失[18]。

（2）土壤化学改良。土壤化学改良是指主要施用化肥和各种土壤改良剂等提高土壤肥力，改善土壤结构，消除土壤污染等。对于西北旱区碱性土壤，施加石膏、磷石膏、氯化钙、硫酸亚铁、腐殖酸钙、糠醛渣等土壤改良剂，降低土壤 pH、碱化度以及改善土壤结构。施加有机肥料提高土壤肥力和改善土壤结构，特别通过增加土壤有机质和微生物数量和群落，提升土壤微生物对养分转化的效能及土壤的保水性。此外，通过施加磷肥、钾肥和硫酸铵等，提高土壤的养分含量和改善土壤的理化性质，促进根系发育和作物生长[19]。

（3）土壤生物改良。土壤生物改良是指通过种植人工培育绿肥作物和植物，增加土壤养分和改善土壤结构，如豆科绿肥牧草借助根瘤菌的共生作用，固定大气氮和增加土壤氮；禾本科绿肥牧草利用其繁茂的须根系，改善土壤结构等，促进土壤中难溶性养分转化。通过翻耕绿肥作物，增加土壤新鲜有机能源物质，促进微生物繁殖和活力、腐殖质的形成和养分的有效化、加速土壤熟化。绿肥的种植方式包括单作绿肥、间种绿肥（如玉米行间种黄豆）、套种绿肥（如麦田套种草木樨）、混种绿肥（如豆科绿肥与非豆科绿肥）、插种或复种绿肥等。此外，可利用微生物菌肥改良土壤。通过施加微生物菌肥，如固氮菌、磷酸菌、溶磷菌、植物生长促进菌等，促进作物吸收养分、增加土壤肥力、调节植物生长、抑制病虫害的发生等。

（4）土壤耕作改良。土壤耕作改良是指通过合理的田间耕作增加土壤的透水、透气能力，改善土壤的温度环境，控制杂草，减少病虫害，提高土壤中有机质的含量，增加土壤微生物活性，从而改善土壤的肥力。利用现代农业机械设备，采取翻耕、中耕、浅耕、深松等耕作方式，营造作物适宜耕床。发展适宜于西北旱区的保护性耕作技术，包括免耕或少耕，以及秸秆覆盖还田等耕作方式，实现保护土壤生态功能和提高肥力，减少土壤水分蒸发，增加降水下渗，提高土壤含水量，降低灌溉水量，提高水分利用效率，调节养分平衡，增强作物的抗逆能力，降低劳动强度。此外，研发多种方式的秸秆还田技术，包括秸秆直接还田技术、间接还田技术（堆肥、沤肥、过腹还田、栽培食用菌后还田、炭化还田技术等），提高土壤有机碳、全氮、全磷、全钾等养分含量，促进土壤微生物的繁殖和多样性，增加土壤酶活性和呼吸强度，提高土壤的生物肥力，实现农业废弃物的资源化、减少环境污染物和碳排放。同时要发展适用于西北旱区耕作栽培与生物技术有机结合的模式，如水田和旱田轮作、粮食作物与牧草轮作、秸秆还田二轮一还模式，促进农业绿色循环发展。

19.6 生境调控与智慧农业

作物生长与气候、土壤等环境要素密切相关，研发农田作物生境精准调控和智能管控技术，通过对环境信息的智能感知、作物生长的智能诊断和生境要素的智能管控，调节农田中光照、温度、水分、盐分等关键因素，创造适合作物生长发育的微气候条件，使作物能够充分利用光能和热能，提高作物的抗逆性和品质，实现农业优质高效、绿色生态的高质量发展。

1. 作物生境要素调控过程与路径

作物生境是指某一特定生物体或生物群体以外的空间及直接或间接影响作物或生物群体生存的一切事物的总和，包括大气环境、土壤环境和地下水环境，作物生境表现为整体性、有限性、隐显性和持续性特征。作物生境关键要素是指在作物生境中对作物生长发育起决定性作用的因素。也就是说，如果缺少或超出一定范围，就会影响作物的正常生长发育和产量的因素。一般可将作物生境要素分为气候、土壤、地形、水文等与作物生长密切相关的环境要素，以及各要素间相互联系、相互影响，形成一个复杂的动态系统，影响作物生长发育的主要因素包括水、肥、气、热、盐、生、药、光、电等关键要素。

通过调节农田中关键要素，创造适合作物生长发育的微气候条件，改良土壤结构和提升肥力，实现高效节水、节肥、节药、节能、提质增效的目标。以小麦为例，农田作物生境调控基本理论框架包括灌排治智、生境调控、果土感知 3 大环节（图 10-1）。灌排治智是通过水源引水、输配水、灌溉、排水等关键过程的智能精准管控，提高水资源利用效率，实现灌区水盐平衡，为农田作物创造适宜的生长环境；生境调控是通过多种物理、化学和生物措施对水、肥、气、热、盐、生、药、光、电等生境关键要素进行精准调控，形成高产优质的生境营造模式；果土感知是基于对土壤环境及作物生理表征信号的感知，精细调控作物生理代谢及基因表达过程，促进作物果实及品质关键成分的积累。

2. 作物生境调控关键技术与模式

在明确不同区域和作物的适宜生境调控阈值的基础上，大力发展三大环境（农田小气候环境、土壤环境和地下水环境）、四大界面（气—冠界面、土—气界面、土—根界面、包气带与饱和带界面）、九大要素（水、肥、气、热、盐、生、药、光、电）间物能传输与转化的高效、绿色、智能调控技术。并按照三大环境中的关键过程、主要功能及其物质传输与能量转化特征，创新作物生境绿色而高效营造模式。如以农田光能分布、空气温湿度、风速、二氧化碳浓度和土壤温湿度为调控对象，发展农田小气候环境要素综合调控模式，包括冠层遮光技术、作物间套作技术、应用生长调节剂等技术模式；以土壤温度、湿度、微生物、养分、盐分为主要调控对象的智能化土壤环境调控技术模式，提高土壤供养能力和作物吸收能力，主要包括活化水灌溉技术、地面覆盖技术、农田节水—控盐灌排技术、水肥一体化技术、微生物调控等综合技术模式；以植被健康生长的合理盐渍临界地下水埋深、生态警戒地下水埋深及合理开发地下水埋深等阈值为调控对象，发展地下水环境高效调控技术模式；以农田适宜生长环境为营造目标，结合节水灌溉和冬春灌技术与工程措施（明排、暗排、竖排等）及非工程措施（生物排水），将区域盐分排放与排水再利用有机融合，发展灌区垂直和横向排水系统，有效控制灌区农田土壤盐分累积，实现土地可持续利用。同时，将灌区农业生产区与盐分排放区相对分离，实施控制性排水和排污权管理，实现定点排放或达标排放，维持和控制农业生产区盐分相对平衡，并利用农田排水改善旱区生态环境。

（1）水分调控。构建"蓄、输、配、用、排"等作物用水五大过程有机结合模式，充分利用土地平整、土壤改良、保护性耕作、地面覆盖、活化水节水灌溉、控制排水等技术，提高降水、灌水、地下水、土壤水、控制排水"五源"供水能力，控制土面蒸发与深层渗漏、改善土壤蓄水和根系吸收能力，实时适量调节土壤水分，实现水分高效利用。

（2）养分调控。科学诊断作物需肥规律，大力发展农家肥、绿肥、秸秆还田技术，将供肥与养土有机结合。按照作物的需肥类型，针对性研制大量元素与微量元素及微生物肥为一体的高效肥料。研制智能化水肥一体化技术，推广靶向精准施肥技术、多界面施肥技术及作物厨房模式，实时适量供给作物所需养分和控制养分无效损失，提高肥料生产效能。

（3）气体调控。创新土壤气体交换能力与灌溉水补气和排水系统充气有机结合方式，并通过合理选种、轮作和间作等耕作栽培措施，提升土壤氧气供给能力，促进土壤微生物活性和养分转化及作物生长。

（4）温度调控。构建集大气增温、耕作控温、覆盖改温、灌排调温为一体的农田土壤温度智能调节模式，为土壤有益微生物活动、养分转化、根系吸水和作物生长创造适宜的温度条件。

（5）盐分调控。培育和应用耐盐作物新品种和降盐害的微生物菌剂，创立工程、物理、化学和生物相融合的"控源、改土、调盐、降害、提效"西北旱区土壤盐分调控模式，实现盐碱胁迫农田全周期节水、控盐、改土、提质、增效。

（6）生物调控。利用现代微生物和分子生物学技术，筛选和培育适应西北旱区的高效固氮、解磷、溶钾、抑病等功能性微生物菌株和耐寒耐盐作物品种，研发适宜的微生物菌剂和生物肥料，构建西北农田生物调控策略和技术体系。

（7）农药调控。根据作物病虫害特点和发生规律，优选适宜的农药种类和剂型、施用方式，将抗病品种、栽培管理、群落结构、天敌和生物制剂等技术有机结合，创新农药与非农药防治手段的协同模式，实现病虫害绿色、有效防治。

（8）光能调控。创新光照强度、质量、周期和方向的栽培和遮光技术，科学调节作物光强的垂向和纵向分布，缓解光合饱和或抑制现象及提升有利波长的吸收，增加作物的有效光合积累，提高作物的产量、品质和抗逆性。

（9）电子调控。研发有效调节土—根—作系统电子转运技术，包括磁电活化技术、零价铁添加技术和微生物电子转移技术，改善土壤微生物群落结构、提高微生物活力和养分转化能力，提高水土资源生产效能。

3. 智能化管理与信息化服务

（1）智能化管理。以现代灌区建设与农业生产全过程为管控对象，利用现代信息技术发展灌区信息化管理技术。搭建现代监测和数字灌区平台，实现按需供水、按量收费、动态调控。基于卫星定位和导航系统及农业数字地图，构建适应不同空间尺度的农业生产智能管理系统，使农业生产各个环节实现可视化和可控化，精准调控作物生长各个过程，并利用无人机技术开展大面积施肥和喷药、智能监测，实现农业精细化管理。利用现代信息技术，建设农业信息服务平台，实现农业生产、流通、消费等各个环节的信息采集、传输、处理、分析和应用。

（2）信息化服务。包括农业信息的收集、处理、传播和应用等环节，涉及政府、企业、媒体、科研机构和农民等多方主体。加强农业信息基础设施建设，建立健全农业信息标准体系，制定统一的农业信息分类、编码、格式和质量标准，保证农业信息的准确性、及时性和可比性。建立健全农业信息安全制度，保护农业信息的合法权益；发挥政府在农业信息服务中的主导作用，提供公共性和基础性的农业信息。同时，政府应加强对农业信息服务的监督和评估，确保服务的质量和效果，鼓励企业、媒体、科研机构等社会力量参与农业信息服务，利用各自的优势和特色，为不同类型和层次的农民提供有针对性和有价值的农业信息。

19.7　现代灌区建设与高水效农业发展的体制机制

现代灌区建设是西北旱区高水效农业发展的首要任务，利用现代发展理念引领农业，利用现代科学技术改造灌区，利用生态农业模式提升效益，利用现代经营管理保障农业，提高土地产出率、资源利用率和农业劳动生产率，以及农业高效化、机械化和信息化管理水平[11]。围绕现代灌区和高标准农田建设、高水效生态农业发展、现代灌区运行管理、生态功能提升与提质增效 4 个方面，提出包括"人、财、物"和"建、用、管"等 15 方面应建立和完善的体制机制（图 19 - 9）。

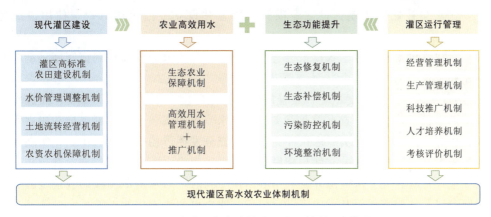

图 19-9　现代灌区与高水效农业发展体制机制框架图

1. 现代灌区与高标准农田建设管理保障体制机制

(1) 保障机制。主要包括资金投入机制、建设与利用管理机制、建后管护机制等方面。

1）资金投入机制。根据现代灌区与高标准农田建设任务、标准和成本，各地优化财政支出结构，合理保障财政资金投入。完善多元化筹资机制，按规定及时落实地方资金，用好用足地方政府债券、新增耕地指标调剂收益、土地出让收入等，引导金融和社会资本投入现代灌区与高标准农田建设，力争高标准农田建设亩均投入逐步达到 3000 元左右。鼓励金融机构支持现代灌区与高标准农田建设，积极开发适宜的金融产品，支持实施主体以市场化经营收益作为还本付息来源从金融机构贷款，鼓励国家开发银行、农业发展银行等按市场化原则为项目提供中长期资金和优惠利率支持。强化组织领导，将现代灌区与高标准农田建设投融资创新列入重要议事日程，强化部门间协调配合，完善配套政策，细化操作程序，规范项目组织实施、资金管理、投资收益分配等，及时协调解决项目推进过程中的困难和问题。

2）建设与利用管理机制。明确建设、利用、管理主体责任，保障现代灌区与高标准农田建设效果的长效性。建立政府引导，行业部门监管，村级组织、受益农户、新型农业经营主体和专业管理机构、社会化服务组织等共同参与的管护机制和体系，实施集中统一、全程实时动态的管理。按照"谁受益、谁使用、谁管护"的原则，落实管护主体，对各项工程设施进行经常性检查维护，确保长期有效与稳定利用。现代灌区与高标准农田建成后，应开展绿色工艺、产品、技术、装备、模式的综合集成及示范推广应用，搭建现代灌区与高标准农田高效利用智能管控平台与预警系统。

3）建后管护机制。改造提升后的高标准农田要及时划为永久基本农田，任何单位和个人不得损毁、擅自占用或改变用途。经依法批准占用高标准农田的，要严格实行高标准农田先补后占和占补平衡、进出平衡，确保高标准农田数量不减少、质量不降低。推动将现代灌区与高标准农田保护情况纳入相关政府机构责任目标考核等年度考核评价，切实防止已建成的高标准农田因建设占用、农业结构调整而减少。建立群众自我管护为主、项目指挥部巡回管理、乡镇政府定期检查的工作机制；明确管护主体，签订管护合同并落实管护责任，建立奖补惩戒机制；设立专项管护资金并设立专门机构对资金使用情况进行监督。

（2）水权水价管理机制。水权水价管理机制主要包括水资源确权登记制度、动态水价调节机制和水权交易机制 3 个方面。

1）水资源确权登记制度。统一完善的产权登记制度对于明确水权归属、促进水权交易以及维护水权主体利益均具有重要意义。完善水资源确权登记制度可以推动建立水权交易市场，更好地治理各类水资源产权冲突问题，充分发挥市场化手段的作用，实现灌区水资源优化配置。通过规范相关文件与配发水权证书以明确水资源权属范围，有效与水权物权登记、水权行政许可、水资源开发利用等衔接。同时，对水资源确权的登记范围、登记机关的职责以及法律责任等基本内容进行规定，建立更加法治化的水资源确权登记制度。

2）动态水价调节机制。统筹考虑经济社会发展、水资源开发利用效率、用水户水价承受能力等因素，建立健全水价调整机制。依据用户可支配收入、农资投入增长率等指标，实现水价同向、同步、同幅变动。考虑供水季节性差异和局部性缺水程度，实现按用途分类定价、按时段丰枯水价、按水量阶梯定价的动态价格机制。从"以工补农""以城补乡""以经补粮"等方面，进一步完善财政对供水单位或用水户的精准补贴机制。区分农业和非农业供水类型，区分农业、经济、生活、工业、生态等供水对象，区别公益性与非公益性供水，区分供水管理单位性质，实行差别化供水成本分摊、价格水平和定价方式。

3）水权交易机制。明晰农业水权，根据国家水资源"红线"要求，综合分析区域经济社会发展各行业用水需求变化，按照用水总量控制指标。开展农业用水以及区域内地表水、地下水等的用水指标分解。水资源使用权明晰到乡（镇），为下一步指标细化延伸到农户打下基础。开展水权交易数据库建设，运用大数据进行精准研判分析，为水资源优化配置、提高水资源利用效率和效益提供科技支撑。加强水权交易基础性工作，探索水权交易模式，逐步培养和发展水权交易市场，促进水资源高效利用。

（3）土地流转及经营机制。土地流转及经营机制主要包括农民土地承包经营权、土地流转多元化两方面。

1）农民土地承包经营权。农村土地是农民生存的根基和命脉，是农村经济发展的重要支撑。为了实现农民土地承包经营权的稳定和长期性，必须加强土地承包制度的顶层设计和制度建设，促进土地流转和市场化经营，强化土地流转市场的监管和规范，为农民提供更多的土地经营机会和选择空间。同时，需完善土地承包经营权的法律保护和监督机制，确保土地承包经营权的合法性和权益保护。政府应积极引导农民参与农村土地流转，提高农民的土地经营能力和市场化意识，帮助农民实现土地经济的增收和发展。政府、企业、金融机构和学术界等部门单位应共同合作，保障农村土地产权的合法关系，实现农村经济的可持续发展。

2）土地流转多元化。为了促进与保障土地合理流转，体现土地更真实的价值，必须坚持土地流转的多元化方针：①坚持流转主体多元化，积极培育产业化龙头企业、专业型农业种养大户、家庭农场和农业公司等企业型的农业市场主体，发展农村各类专业新型合作经济组织和农民经纪人队伍，发挥农业科研推广单位的技术推广与引导其他经营主体参与流转的作用，有效化解农村土地流转有效需求不足的难题；②坚持流转方式多样化，推广转包、转让、租赁等多种基本流转方式，探索土地托管、委托流转、集中连片流转等创新方式，倡导产业大户联合经营，推动区域性规模发展，引导农民以土地等生产要素折价入股方式，建立专业合作组织，实行股份合作经营。

2. 高水效生态农业发展机制

(1) 保障机制。保障机制主要包括构建生态农业发展保障体系、生态农业产业链、生态农业市场体系三方面。

1）构建生态农业发展保障体系。强化生态农业发展的统筹协调，构建上下联动、多方协同的工作格局。各级政府农业管理部门成立生态农业专家指导组，负责关键技术攻关和集成推广，总结遴选生态农业技术模式，指导地方开展规划方案编制、扶持政策创设、生产技术应用和实施效果评价，督促各地扎实开展建设工作。基层乡镇等应成立相配合的协调工作组，细化实施方案，强化责任落实，建立长效机制，高质量推进生态农业发展。强化政府引导作用，将财政支持、金融服务、生态补偿等扶持政策落实落地。

2）构建生态农业产业链。省级农业农村部门要把培育发展生态农业产业链作为重要任务，制定并实施生态农业产业链培育发展实施方案，精心组织、精密谋划、精细指导。开展生态农业产业链试点，建立统筹推进、分工协作的工作机制，提出产业链规划、应用领域、区域分布等，出台相应配套支持政策。搭建农产品加工园区平台、信息交流平台、企科对接平台、土地要素对接平台等，整合农业科技、农业资源、市场信息等产业要素，促进生态农业产业链优势的有效发挥。

3）构建生态农业市场体系。建立健全市场监管机制，保障市场的公平、公正和透明，提高市场的竞争性和效率。加强对农业市场的监督、检查和评估，制定严格的市场准入标准、规范市场行为。完善农产品质量安全检测和认证体系，加强对农产品生产、加工、运输、销售等环节的监督和管理、推广和实施认证体系等。引入现代化管理技术，提高农业生产和管理科技水平，提高农业生产的质量和产量。建立完善的信息化平台，提高农业产—供—销一体的信息化管理水平，提供全面、准确、及时的信息服务。

(2) 推广与管理机制。推广与管理机制主要包括农业高效用水技术推广机制、农业节水补偿与监督机制两方面。

1）农业高效用水技术推广机制。建立健全乡镇基层水利服务机构、专业化服务队伍和农民用水合作组织"三位一体"的基层水利服务体系，在节水灌溉技术模式、田间水分管理、农田感知设备安装与运行维护等方面为农民提供指导。充分发挥灌溉试验站、抗旱服务组织、节水灌溉企业等专业化服务队伍在节水灌溉、抗旱减灾、设备维修、技术推广等方面的作用。组织开展针对基层水利技术人员、农技推广人员及农民的技术培训，提高其管水、用水的能力。重视解决基层水利技术人员和农技推广人员在生产生活中的实际困难。

2）农业节水补偿与监督机制。遵循"谁受益，谁补偿"的原则，不论是农民节水还是供水单位节水，都必须给予足额的补偿。建立与节水成效、调价幅度、财力状况相匹配的农业用水精准补偿机制。各地根据实际情况自行确定合理的补偿方式，包括补贴的对象、标准、程序以及资金使用管理等。同时，加强水资源统一管理，强化农业用水管理和监督，严格控制农业用水量，合理确定灌溉用水定额。明确农业节水工程设施管护主体，落实管护责任。建立农业用水和农业节水监测评估制度，进行年度监测和定期评估，确保工程长期发挥效益。

3. 现代灌区运行管理与服务保障机制

(1) 经营主体管理机制。经营主体管理机制主要包括农民合作社组织机制、农民合作社收益分配机制两方面。

1) 农民合作社组织机制。引导以家庭农场为主要成员联合组建农民合作社，开展统一生产经营服务。在产业基础薄弱、主体发育滞后、农民组织化程度低的地区，鼓励村党支部领办农民合作社，聚集人才、资源优势发展特色产业。引导各类主体加强联合合作，建立紧密的利益联结和组织机制，发挥小农户、家庭农场的生产主体作用和农民合作社的组织平台功能，加快构建主体多元、功能互补、运行高效的现代农业产业组织体系。鼓励农民合作社根据发展需要，采取出资新设、收购或入股等形式办公司，以所办公司为平台整合资源要素、延长产业链条、提升经营效益。

2) 农民合作社收益分配机制。健全组织机构，指导农民合作社依法建立成员（代表）大会、理事会和监事会并认真履行职责。规范利益分配，指导农民合作社建立合理的收益分配制度，强化同成员的利益联结。指导农民合作社执行合作社财务制度和会计制度，健全内控制度，加强财务管理和会计核算。通过政府引导和市场主导相结合，构建由"教导员＋服务中心"组成的新型农业经营主体指导服务体系，区别不同地区、发展阶段和产业基础，强化分类指导，增强指导服务的针对性和有效性。

(2) 生产经营管理机制。生产经营管理机制主要包括优势农产品经营保障机制和农业产业化经营推广机制两方面。

1) 优势农产品经营保障机制。大力发展"龙头企业＋合作社＋农户"等经营模式，促进龙头企业通过股份制等形式，与农户在产权上结成更紧密的利益共同体，形成"风险共担、利益共享"的新机制，切实保护企业和农户的利益。充分调动协会、龙头企业积极性，完善品牌授权使用和管理考评机制，发挥区域公用品牌对优质资源的聚集优势。推进区域公用品牌与种—养—加紧密结合，用品牌覆盖产业链，立足特色优势产业，依托精深加工，实现产品优质优价。

2) 农业产业化经营推广机制。按照"扶优、扶大、扶强"的原则，重点扶持一批布局合理，具有一定规模和辐射带动能力的农畜产品加工、贮藏、流通龙头企业。鼓励龙头企业通过联合、兼并、收购、租赁、组装上市等形式，实行低成本扩张，增强辐射带动能力。加大对合作社、龙头企业的金融扶持力度，创新信贷担保手段和担保办法，解决特色优势产业基地建设、产品收购、贮藏、运销、加工等环节中的资金需求，促进特色农产品种养生产基地建设，大力推进农业产业化经营。

(3) 农业科技创新与应用推广机制。农业科技创新与应用推广机制主要包括农业科技创新鼓励与支持机制、完善农业科技投入机制两方面。

1) 农业科技创新鼓励与支持机制。完善农业科研立项机制，实行定向委托和自主选题相结合、稳定支持和适度竞争相结合。大力推进现代农业产业技术体系建设，完善以产业需求为导向、以农产品为单元、以产业链为主线、以综合试验站为基点的新型农业科技资源组合模式，及时发现和解决生产中的技术难题，充分发挥技术创新、试验示范、辐射带动的积极作用。建立健全的农业科技推广体系，包括科技推广示范基地（建立区域或流域生态农业发展与示范基地）、农技推广站和农业科技推广人员等，通过示范推广、培训指导等方式，将农业科技成果应用到实际生产中。

2）完善农业科技投入机制。建立财政稳定投入机制，加大政府对农业科研的投入力度，鼓励企业、私人投资，逐步形成国家投入占主体，地方、企业、社会多元化投入的格局。优化政府科研投入结构，有效提高科技机构和科技人员的创新活力。完善农业科研预算管理制度，根据农业科研的特点，设立专门的预算科目，科学设计和核定预算标准，激励科研人员深入基层和生产一线从事科研推广活动，鼓励科研机构之间、科研机构与企业之间开展联合攻关。建立合理、有效、公平的科技评审和经费管理体系，开展绩效考评和问责，对科技项目执行和经费使用进行监督与评估。

（4）农业技术人才保障机制。农业技术人才保障机制主要包括人才培养机制与人才激励机制两方面。

1）人才培养机制。综合利用教育培训资源，依托农业大学、职业院校、科研院所、现代远程教育系统、农业技术推广机构以及各类农民教育培训项目，建立"层次分明、结构合理、布局科学、规模适度、开放有序"的人才教育培训体系。充分发挥重大工程、产业发展项目和经营组织在人才培养中的重要作用，鼓励高校和职业院校毕业生到农村创业服务，以及加强城乡、区域、院地之间的人才培养合作与交流，调动各种社会力量参与人才培养。重点培养农业发展急需的生产型人才、经营型人才、技能服务型人才、社会服务型人才和技能带动型人才，为生态农业发展提供人才支撑。

2）人才激励机制。深化农业技术人员职称制度改革，畅通农业技术人员职称晋升渠道，优化评价标准，完善评审程序。鼓励在岗农业技术人员、科技人员直接参与农业产业发展，支持涉农技术人员以技术入股参与农业企业发展，以及涉农技术人员通过兼职、定期服务、项目引进和科技咨询等方式"柔性"流动，促进农村人才资源合理流动和农业科技人才充分发挥作用。

（5）绿色发展机制。绿色发展机制主要包括绿色发展的考核评价机制与激励机制两方面。

1）考核评价机制。强化绿色发展指挥棒作用，把农业绿色发展纳入领导干部任期生态文明建设责任制内容，将农业生态资源保护与清洁生产等农业绿色发展的实绩作为干部考核评价、奖惩的重要依据。建立领导干部农业生态资源离任审计，完善农业资源环境监测网络，将农业绿色发展纳入各级政府生态资源环境离任审计的重要内容。同时，将农业绿色发展评价纳入地方政府绩效考核内容，建立财政资金分配与农业绿色发展挂钩的激励约束机制。

2）激励机制。构建标准明确、激励有效、约束有力的绿色发展制度环境，健全以绿色、生态为导向的投入补贴制度，强化粮食主产区利益补偿、耕地保护补偿、生态补偿、金融激励等政策支持，完善绿色农业相关法律法规和标准体系。建立健全绿色农业标准体系，完善农业投入品、废弃物排放和农产品质量安全等领域的相关标准和行业规范，引导市场主体按绿色标准进行生产经营。有效利用绿色金融激励机制，探索绿色金融服务农业绿色发展的有效方式，加大绿色信贷及专业化担保支持力度，创新绿色生态农业保险产品。

4. 生态功能提升与提质增效体制机制

(1) 国土空间生态修复机制。国土空间生态修复机制主要包括法律法规与政策保障、考核评价机制两方面。

1）法律法规与政策保障。实施主体功能区战略和制度，建立国土空间规划体系，开展资源环境承载能力和国土空间开发适宜性评价，科学有序统筹布局生态、农业、城镇等功能空间。积极完善自然保护地、森林草原区、河道、湿地保护补偿等方面的法律法规制度。强化自然生态保护领域监管和执法，建立健全执法监督责任追究制度，严厉打击各类非法挤占自然生态空间、破坏生态环境的行为，严格落实生态环境损害赔偿制度。

2）考核评价机制。将生态修复工作开展和任务落实情况列入自然资源部门目标管理考评和督查工作重点，科学设立考核评价指标体系和考评机制。按照"谁破坏、谁负责""谁修复、谁受益"的原则，建立奖惩制度，对参与国土空间生态修复的个人或集体，应给予一定奖励。对因失职、渎职导致生态环境遭到破坏的，依法依规追究相关责任。完善自然资源资产价格形成机制和生态产品价值核算体系，开展 GEEP（绿色经济生态生产总值）、GEP（生态系统生产总值）核算工作，将绿色 GDP 作为政绩考核的依据[5]。

(2) 生态补偿机制。生态补偿机制主要包括分类补偿机制、综合补偿机制和多元化补偿机制 3 方面。

1）分类补偿机制。综合考虑生态保护地区经济社会发展状况、生态保护成效等因素确定补偿水平，健全以生态环境要素为实施对象的分类补偿机制。完善以绿色生态为导向的农业生态治理补贴制度，以及耕地保护补偿机制，因地制宜推广保护性耕作，健全耕地轮作休耕制度。落实好草原生态保护补奖政策，将退化和沙化草原列入禁牧范围。结合生态空间中并存的多元生态环境要素系统谋划，依法稳步推进不同渠道生态保护补偿资金统筹使用，以灵活有效的方式一体化推进生态保护补偿工作，提高生态保护整体效益。有关部门要加强沟通协调，避免重复补偿。

2）综合补偿机制。按照生态空间功能，实施纵横结合的综合补偿机制。中央预算内投资对重点生态功能区基础设施和基本公共服务设施建设予以倾斜。继续对生态脆弱脱贫地区给予生态保护补偿，保持对原深度贫困地区支持力度不减。在重点生态功能区转移支付测算中通过提高转移支付系数、加计生态环保支出等方式加大支持力度。根据生态效益外溢性、生态功能重要性、生态环境敏感性和脆弱性等特点，在重点生态功能区转移支付中实施差异化补偿。开展跨区域联防联治，支持沿线省（自治区、直辖市）在干流及重要支流自主建立省际和省内横向生态保护补偿机制。

3）多元化补偿机制。按照受益者付费的原则，通过市场化、多元化方式，促进生态保护者利益得到有效补偿。加快自然资源统一确权登记，建立归属清晰、权责明确、保护严格、流转顺畅、监管有效的自然资源资产产权制度。发展基于水权、排污权、碳排放权等各类资源环境权益的融资工具，扩大绿色金融改革创新试验区试点范围，把生态保护补偿融资机制与模式创新作为重要试点内容。鼓励地方将环境污染防治、生态系统保护修复等工程与生态产业发展有机融合，建立持续性惠益分享机制。

(3) 农业面源污染防控管理机制。农业面源污染防控管理机制主要包括健全完善农业生态环境管理机制、养殖业粪污处理与资源高效利用管理机制两方面。

1) 健全完善农业生态环境管理机制。制定区域内农业环境管控政策，尤其注意完善区域内农药化肥、废弃物排放管理的政策法规。完善农业环境管理政策立法，引导、规范农户生产经营行为，推进农业生产生活废弃物的资源化利用，优化各项资源循环化利用方案，有效实现农业面污染控制目标。明确农业面污染控制各主管部门职责，建立农业、环保、水土等部门的综合协调机制，以提升农业面污染治理的管理效率。明确补偿主体、对象和依据，严格资金管理办法程序和机制。

2) 养殖业粪污处理与资源高效利用管理机制。各地政府因地制宜制定养殖业粪污处理管理办法，以种养结合为重点，优化种植业与养殖业空间布局，推动种养殖规模匹配与高效衔接，推广种养业循环一体化发展模式。因地制宜采取就地还田、生产有机肥、生产沼气和生物天然气等方式，加大畜禽粪污资源化利用力度。加快畜禽粪污资源利用综合化运用处置厂、加强畜禽粪污处理设施配备建设力度，兴建各种功能齐备的畜禽粪污综合化运用项目，集中、统一地处置本地区畜禽养殖粪污。

(4) 人饮安全与农村环境整治机制。人饮安全与农村环境整治机制主要包括农村饮水工程建设管理机制、农村饮水安全保障机制和农村生态环境综合整治 3 方面。

1) 农村饮水工程建设管理机制。农村饮水安全工程建设应当按照统筹城乡发展的要求，优化水资源配置，合理布局，优先采取城镇供水管网延伸或建设跨村、跨乡镇联片集中供水工程等方式，大力发展规模集中供水，实现供水到户，确保工程质量和效益。发展改革部门负责农村饮水安全工程项目审批、投资计划审核下达等工作，监督检查投资计划执行和项目实施情况。财政部门负责审核下达预算、拨付资金、监督管理资金、审批项目竣工财务决算等工作，落实财政扶持政策。水利部门负责农村饮水安全工程项目前期工作文件编制审查等工作，组织指导项目的实施及运行管理，指导饮用水水源保护。

2) 农村饮水安全保障机制。卫生计生部门负责提出地氟病、血吸虫疫区及其他涉水重病区等需要解决饮水安全问题的范围，有针对性地开展卫生学评价和项目建成后的水质监测等工作，加强卫生监督。环境保护部门负责指导农村饮用水水源地环境状况调查评估和环境监管工作，督促地方把农村饮用水水源地污染防治作为重点流域水污染防治、地下水污染防治、江河湖泊生态环境保护项目以及农村环境综合整治"以奖促治"政策实施的重点优先安排，统筹解决污染型水源地水质改善问题。

3) 农村生态环境综合整治。各省市要制定农村生态环境问题整治考核标准和办法，以县为单位进行检查验收。要把整治工作纳入本省市政府目标责任考核范围，作为征集考核的重要内容。相关部门根据整治方案及目标任务，定期组织督导评估。具体到乡村，聚焦农村生活垃圾、生活污水治理和村容村貌提升等重点领域，梯次推动乡村山水林田路房整体改善。从目前全国大部分农村来看，人居环境矛盾最突出的就是垃圾污水带来的环境污染和"脏乱差"问题。尤其要统筹推进农村生活污水治理与改厕工作，强化治理措施衔接、部门工作协调和县级实施整合。

(5) 农资和农机服务保障机制。农资和农机服务保障机制主要包括现代农资物流与供应链管理体系、农业机械化生产管理机制两方面。

1）现代农资物流与供应链管理体系。制定农资物流与供应链一体化管理体系和实施办法，鼓励农资物流业的发展，规范农资物流的组织行为，将建立农资物流体系作为工作的重点，实现农资生产与市场的紧密对接，形成大生产、大公司、大流通、大市场的一体化运行格局，构建农资信息支撑平台，促进农资物流龙头企业健康快速的发展。

2）农业机械化生产管理机制。政府或者社会组织建立公共农业机械服务平台，促进农户与专业化农业机械服务机构之间对接与合作。培育和发展各类适宜的农机服务组织，满足不同类型的农户需求。建立健全农机服务市场监管制度和标准体系，规范和引导农机服务价格形成机制，维护服务主体和受益主体的合法权益。完善和落实购置补贴、运营补贴、保险补贴等政策措施，增加对丘陵山区、设施农业、畜牧水产等领域的扶持力度，鼓励和引导社会资本投入到农机服务领域，提高服务主体的积极性和能力。

参 考 文 献

［1］ 尚旭东，朱守银，段晋苑. 国家粮食安全保障的政策供给选择——基于水资源约束视角［J］. 经济问题，2019（12）：81-88.

［2］ 耿庆玲. 西北旱区农业水土资源利用分区及其匹配特征研究［D］. 杨凌：西北农林科技大学，2014.

［3］ 石岳，赵霞，朱江玲，等. "山水林田湖草沙"的形成、功能及保护［J］. 自然杂志，2022，44（1）：1-18.

［4］ 杨永坤. 黄河流域农业立体污染综合防治模式研究［D］. 北京：中国农业科学院，2010.

［5］ 张林波，陈鑫，梁田，等. 我国生态产品价值核算的研究进展、问题与展望［J］. 环境科学研究，2023，36（4）：743-756.

［6］ 聂媛，李晓云，江文曲，等. 基于水足迹视角的中国北方10省三大粮食作物种植结构优化［J］. 资源科学，2022，44（11）：2315-2329.

［7］ 王沛芳，钱进，侯俊，等. 生态节水型灌区建设理论技术及应用［M］. 北京：科学出版社，2020.

［8］ 吴炳方，闫娜娜，曾红伟，等. 节水灌溉农业的空间认知与建议［J］. 中国科学院院刊，2017，32（1）：70-77.

［9］ 姚华荣，吴绍洪，曹明明，等. 区域水土资源的空间优化配置［J］. 资源科学，2004（1）：99-106.

［10］ "中国工程科技2035发展战略研究"项目组. 中国工程科技2035发展战略［M］. 北京：科学出版社，2019.

［11］ 罗锡文. 提高农业机械化水平促进农业可持续发展［J］. 农业工程学报，2016（32）：1-11.

［12］ 杨劲松，姚荣江，王相平，等. 中国盐碱地研究：历程、现状与展望［J］. 土壤学报，2022，59（1）：10-27.

［13］ 王全九，邓铭江，宁松瑞，等. 农田水盐调控现实与面临问题［J］. 水科学进展，2021，32（1）：139-147.

［14］ 段曼莉，李志健，刘国欢，等. 改性生物炭对土壤中 Cu^{2+} 吸附和分布的影响［J］. 环境污染与防治，2021，43（2）：150-155，160.

［15］ 汪林，甘泓，王珊，等. 宁夏引黄灌区水盐循环演化与调控［M］. 北京：中国水利水电出版社，2003.

［16］ 李仰斌. 大中型灌区现代化改造技术路线与关键技术［J］. 中国水利，2021（17）：12-14.

［17］ 田长彦，买文选，赵振勇. 新疆干旱区盐碱地生态治理关键技术研究［J］. 生态学报，2016，

36（22）：7064－7068.

[18] 赵鹏，黄占斌，任忠秀，等. 中国主要退化土壤的改良剂研究与应用进展［J］. 排灌机械工程学报，2022，40（6）：6110－625.

[19] 刘刚，司永胜，林建涵，等. 激光平地控制器的开发与农田试验分析［C］//农业工程科技创新与建设现代农业——2005 年中国农业工程学会学术年会论文集第一分册. 广州：中国农业工程学会. 2005.

第20章　西北旱区农业高效用水与生态服务功能提升策略

为了实现西北旱区农业高质量发展，以适水发展为指导，以生态安全为前提，以农业高效用水和生态功能提升为抓手，提出适水发展与生态安全建设、农业高效用水评价、旱区生态农业体系构建、旱区现代灌区建设、雨养农业与生态协同发展、调水改土及水网建设等六方面建议。

20.1　构建西北旱区适水发展与生态安全保障体系

西北旱区具有资源性缺水与土地资源丰富的显著特征，土地资源大面积开发与水资源高度利用必然会引发诸多生态环境问题，构建西北旱区适水发展与生态安全保障体系成为现实需要，也是实现西北旱区可持续发展的必然科学途径。

1. 水资源过度开发对典型流域生态环境影响

河湖的水量、水域、水质、水流、水生态（简称量—域—质—流—生）是维系河湖生态环境最基本的要素。水资源的过度开发，显著改变了河湖的"量—域—质—流—生"，对河湖生态环境造成严重影响。

(1) 塔里木河流域。1957—1962 年，恰拉站年均径流量为 12.30 亿 m^3；1996—2000年，恰拉站年均径流量为 2.53 亿 m^3，减少了近 80%。2001 年位于塔里木河干流中游的英巴扎断面出现断流，断流河道长增至 826km，2008 年最长断流 228 天；"五十年代防洪，六十年代漫灌，七十年代节水，八十年代抗旱，九十年代断流"是塔里木河下游绿色走廊环境恶化的真实写照[1]。

(2) 玛纳斯河流域。流域多年平均地表水资源量约 12.8 亿 m^3，可耕地面积 500 万亩。20 世纪 50 年代以来，玛纳斯河流域内修建了大泉沟、蘑菇湖、大海子水库和其他水利工程，发展灌溉农业，现有耕地灌溉面积 316 万亩。由于大规模灌溉引水，进入下游河道的水量逐渐减少；1961 年建成夹河子拦河水库后下游河道基本断流，20 世纪 70 年代玛纳斯湖完全干涸[2]。

(3) 石羊河流域。全流域水资源开发利用程度达到 124.4%，地下水超采量 4.04 亿 m^3。由于上游过度截留和中游过度取用地表水，石羊河下游民勤段长期断流，青土湖等湖泊干涸，湿地退化，生物多样性丧失。此外，由于地下水超采和灌溉效率低下，导致地下水位下降，风蚀强度加剧，沙漠化面积扩大，土地盐渍化程度加重[3]。

(4) 黑河流域。1990 年以来，莺落峡和正义峡的水量分别以 190 万 m^3/年和 2210 万 m^3/年递减，同时中游每年用水量增加 2020 万 m^3。由于中游水资源过度利用，下游来水量的减少使河流尾闾绿洲出现荒漠化、植被大量死亡、湖泊干涸等生态环境问题。自 20 世纪 50 年后期，黑河中游供水量不断减少，径流量年均递减 0.11 亿 m³，下游东西居延海先后干涸[4]。

(5) 黄河流域。黄河流域用水总量由 2004 年的 1154.8 亿 m³ 增加到 2021 年的 1258.7 亿 m³，增长了 9%。黄河流域水资源开发利用率高达 80%，远超一般流域 40% 的生态警戒线。目前，黄河流域整体处于工业化中期到后期的转型发展阶段，产业结构单一化和刚性化，流域内第一、第二产业的耗水量大，水资源利用率低，产业转型动力不足[5]。

2. 生态安全保障面临的问题与挑战

党和国家高度重视大江大河生态环境保护与修复，习近平总书记多次考察长江、黄河流域，并亲自擘画江河战略。在西北极端干旱、水资源供需矛盾突出地区，开展河湖生态环境复苏和大尺度生态调度，既存在生态用水方式粗放和效率不高、现有水利工程生态用水量考虑不足、河湖生态复苏标准不明确等现实问题，也面临着社会经济发展用水与河湖生态环境复苏用水长期竞争激烈的挑战。

(1) 生态供水方式粗放，用水效率不高。以新疆为例，2000 年以来塔里木河生态输水、额尔齐斯河梯级水库群生态调度等河湖生态环境复苏实践，多以筑坝壅水、大流量集中下泄或大水漫灌等粗放方式为主，对水—生境—生物的耦合关系认识不深，片面追求大水面、大湿地，生态用水效率不高。如塔里木河生态输水主要目标还是维持塔里木河尾闾湖泊——台特玛湖一定的水域面积，台特玛湖位于沙漠腹地，水域面积的无限扩大，造成"低效"蒸发量大量增加，有限水资源未充分发挥其生态作用。

(2) 社会经济用水与河湖生态环境用水竞争激烈。在干旱区，大部分河流基本"喝干榨尽"，社会经济发展需水增长迫切；复苏河湖生态环境，还需将社会经济发展用水已挤占的河湖生态用水退还河湖。西北旱区的社会经济发展与生态环境保护的压力长期存在，社会经济发展用水与河湖生态环境复苏用水竞争激烈。如何实现水资源—社会经济发展—河湖生态环境保护三者的协调，是河湖生态环境复苏面临的主要挑战。

(3) 水资源空间结构性缺水，水资源优化配置格局尚未形成。地表水的开采利用量已近极限，部分地区地下水过度超采，而一些地区则地下水利用远远不足，其他水源的开发利用也尚处于初级阶段。部分地区特别是河流上、中游，由于水量相对丰沛，容易粗放管理导致用水效率较低，间接挤占下游生态用水。西北旱区供水主要以地表引水工程为主，缺水、土壤盐渍化和绿洲过渡带衰退成为伴生性问题。

(4) 人工绿洲不断侵占天然绿洲，生态耗水结构在枯水期易被打破。以新疆为例，人工绿洲和天然绿洲的面积比例由 1990 年的 1∶1.6 演变为 2020 年的 1.3∶1，已趋于绿洲合理配比的临界范围值（1.5∶1）。耗水与用水基本符合"三七调控、五五分账"的水资源调控管理模式。现状耗水结构是在水文情势明显好转的背景下实现的，随着丰水周期结束，水资源供需矛盾将加剧，这一合理耗水结构将面临严重挑战。

(5) 天然植被局部退化，生态水的调控能力不足。天然绿洲生态耗水呈增加趋势，天然植被质量总体好转，但衰退型面积仍占 8.7%（776.96 万亩）；气象干旱仍呈增强趋势，将会导致植被损失概率进一步增大，因此亟需加强该区域生态水的优化配置和精准调控。然而目前生态水调控能力弱，部分流域缺失生态水调控方案，生态水调控随机粗放、生态水利用效率不高。

3. 对策建议

西北旱区水资源短缺，水资源分布与社会经济布局、耕地分布极不匹配，社会经济发展用水与生态环境保护用水竞争激烈。要实现有限水资源量的社会经济效益和生态效益共赢，建议如下：

(1) 调控天然绿洲与人工绿洲二元景观异质结构，维持社会经济系统与自然生态系统合理的耗用水比例。 应将全社会全方位全过程的节水作为水资源开发利用的关键措施，根据绿洲适宜配比确定，维持干旱区经济社会系统与自然生态系统耗水比例总体上各占 50%。科学界定人工绿洲的适宜发展规模，加强人工绿洲内自然生态系统的保护与修复，合理配置经济用水与河湖生态环境用水，提高用水效率；做好生态环境、基本农田保护规划，减少工业化城镇化对生态环境的影响，建立和谐、稳定、高效、宜居的人工绿洲系统。

(2) 修复治理自然水系和人工水系生态廊道脉络结构，打造"多廊—水网"组合的绿洲廊道生态景观。 应围绕后坝工时代和跨流域调水后的生态环境问题，打造"山区—绿洲—荒漠"三元镶嵌的"水系—廊道"网式交错景观结构。此外，重点打造山区水库—管道输水—自压滴灌模式与分区灌排模式，在保证灌排系统完整性和输配水功能的基础上，将灌排渠系与自然水系连接成水生态网络，共同维系灌区水体的良性循环；通过河流内的水生植物与渠系边缘空间的植被造景来保证灌区生态廊道的连续性；渠道两岸设置缓冲带，改善水质保护和水生态安全；同时有一定量灌溉水回补灌区外围地下水，保障荒漠—绿洲过渡带植被用水需求。

(3) 巩固荒漠—绿洲生态防护结构，遏阻风沙侵袭，改善绿洲宜居环境。 荒漠—绿洲自然防护林带面临着生态供水不足和人为破坏的双重压迫，使其成为最为典型的生态脆弱带。应着重自然防护林带的增"量"提"质"。增"量"即巩固和适当扩大自然防护林带的规模，重点保护在绿洲外围自然形成的、以胡杨为主的防沙林带。提"质"即逐步修复实现自然防沙林带空间结构的完整性，丰富其生态系统服务功能的多样性，增强其应对环境变化的生态稳定性。此外，需加快人工生态建设，促进人与自然和谐共生。

20.2　构建基于适水发展的旱区农业高效用水评价体系

西北旱区社会经济后发优势带来持续增长空间，需要充分利用资源优势，在生态安全的前提下推动经济社会健康发展。这就要求坚持以水定城、以水定地、以水定人、以水定产，提升水资源利用效率，增强水资源承载能力，构建农业高效用水评价体系，从根本上解决该区域严重缺水问题，支撑国家乡村振兴战略的实施。

1. 水资源开发与用水现状

(1) 水资源量与利用。 西北旱区承担着重要的粮食生产任务，农业用水量直接决定着区域粮食安全。2021 年西北旱区水资源总量 1351.6 亿 m³（占全国总量 7.9%），每平方千米水资源量只有 3.9 万 m³（约占全国平均水平 12.7%），其中地表水资源量 1247.5 亿 m³，地下水资源量 744.4 亿 m^3。总供水量达到 669.3 亿 m^3，其中地表水 484.0 亿 m^3（占 72.3%），地下水 178.7 亿 m^3（占 26.70%）。农业用水 603.9 亿 m^3（占 90.2%），工业用水 16.5 亿 m^3（占 2.5%），生活用水 22.9 亿 m^3（占 3.4%）[6]。

(2) 农业灌溉用水效率。2018 年全国农田灌溉水有效利用系数为 0.554，这意味着每使用 1m^3 水资源，仅 0.554m^3 被农作物吸收利用，与发达国家 0.7～0.8 的利用系数相比差距明显。2018 年西北"水三线"地区渠系防渗比例为 74%，平均渠系水利用系数为 0.65，平均田间水利用系数为 0.86，平均灌溉水利用系数为 0.54，平均灌溉定额为 476.59m^3/亩。从统计结果来看，西北旱区灌溉定额均高于全国平均 380m^3/亩的水平，尤其是奇策线西南地区为 696.57m^3/亩，远高于西北"水三线"其他地区以及全国平均水平。

(3) 高效节水灌溉技术发展。西北旱区耕地面积为 3.90 亿亩，灌溉面积为 1.62 亿亩，高效节水灌溉面积为 8227.09 万亩，占总灌溉面积的 50.78%；其中微灌面积为 6545.27 万亩，占总灌溉面积的 40.40%；西北旱区高效节水灌溉面积中有 79.55% 为微灌，且其中 78.25% 的微灌面积分布在新疆。由此可见，新疆的节水强度、规模和投入都是十分巨大的。由于自然条件、灌区规模和资金投入的差异，河西内陆河流域及半干旱草原区的高效节水面积仅为 37.80% 和 27.69%，显著低于新疆地区 55.84% 的发展水平[7]。

(4) 灌区排水控盐。西北内陆干旱区诸多河流 80% 以上的地表水被引入灌区，各种以水流为载体的物质如盐分、化肥、农药残余等污染物，不断在土壤中累积，导致约 1/3 耕地次生盐碱化，要将土壤中盐分"洗出"并保持脱盐状态，灌排比例应达到 4:1，这是干旱区农业用水的重要组成部分。目前从流域—灌区—农田—土壤剖面尺度来看，普遍处于恶性循环的积盐进程，在干旱区，灌溉与排水、供需平衡与水盐平衡，两者之间任何一方的失衡都将影响灌溉农业可持续发展。

2. 水盐调控和高效用水面临的问题与挑战

(1) 土壤次生盐碱化严重，盐碱地改良和水盐调控技术有待突破。我国盐碱地主要集中在西北旱区（占全国盐碱地面积的 2/3），新疆盐碱化程度最高，盐碱化耕地面积为 3495.8 万亩，约占耕地面积的 1/3，其中南疆占 50%。新疆地区高效节水灌溉面积达到 6195 余万亩，大规模的节水灌溉彻底改变了农田水盐运移特征，以明排为主的盐碱地改良模式已不可持续。

(2) 节水基础设施滞后，需要进一步实施现代化改造。水利基础设施调控能力不足、欠账较多，尤其是南疆重大蓄水工程建设进展缓慢，季节性缺水严重，无法满足节水灌溉所要求的适时适量灌溉要求。灌区内大量的平原水库蒸发渗漏损失严重，大中型灌区续建配套与现代化改造任务依然繁重。

(3) 偏重田间节水灌溉技术，忽视输配水系统节水改造。由于渠道防渗率低，配套设施简陋，水质含沙量大，导致高效节水灌溉系统供水保证率低，使灌溉系统的整体效果和效益欠佳。如新疆绝大部分高效节水灌溉采用加压灌溉，按 6000 万亩滴灌面积推算，年耗电约 60 亿 kW·h，排放 CO_2 约 612 万 t。新疆灌溉水源多来自山区河流或水库，放弃地势落差而重新加压灌溉，浪费了巨大能源。

(4) 现有高效节水灌溉良性运行难以为继。目前高效节水每亩投资约 1500 元，而贫困地区财政和农民自筹能力有限，仍有 2500 元/亩的资金缺口导致高效节水工程建设质量和后期运维先天不足。由于社会环境和经济能力的差异，南北疆节水灌溉发展水平差异较大，其中南疆地区已建成的高效节水工程良好运行的仅有 50% 左右，造成大量浪费。

（5）把被挤占的生态用水作为评价农业节水潜力的依据。 长期以来，一些地区和部门不顾生态用水被大量挤占的现实情况，将既有的用水量作为本部门的使用权，并在此基础上评价农业节水的潜力。错误地认为现状用水量还比较充裕，从而淡化了节水意识，掩盖了高效节水和生态保护的急迫性。如果在退化生态用水的前提下，客观评价农业节水潜力，现有的水资源条件早已无法支撑过于庞大的灌溉农业规模。

3. 对策建议

（1）构建基于适水发展的灌区高效用水评价体系。 农业用水涉及输配水、灌溉、作物吸收等多个过程，农业用水效率与效益的综合评价对指导灌区种植结构调整、灌水技术优化、田间管理等方面具有重要意义。因此迫切需要构建灌区高效用水的评价方法，定量评价灌区用水的效率与效益，为促进灌区综合效益提供理论支撑。农业高效用水的评价应综合考虑提高利用效率、提升生产能力、改善生态环境、增加农民收益等方面作用。建议采用灌溉水利用系数、水分生产效率、经济效益和生态效益作为农业高效用水的评价指标，综合评价高效用水水平。

（2）积极推进高水效农业发展策略。 西北旱区水资源紧缺，水土不适配，"水缺"比"地少"更为严重。水资源短缺已成为农业可持续发展的刚性约束，挑战日益严峻，但缓解水资源短缺和灌溉用水增加导致生态环境问题。应通过农业高效用水核心关键技术与重大关键产品和绿色高效用水模式的突破，进一步推进灌区现代化改造，尤其是输配水系统节水改造，加强高效节水工程的运行管理，提高灌溉水利用率和水的生产效率。通过区域水土资源的优化配置和作物种植结构、种植制度调整，合理布局农业生产，更好挖掘水资源的效率和效益提升潜力。

（3）实施水盐调控重大科技工程。 依据盐碱地分布特点及盐渍化类型，结合盐碱地治理经验，主要采取四类治理措施。"盐碱较重、地下水位较高"农田，实施暗管、暗管＋竖井相结合的排水控盐措施；"盐碱较重、地下水位较深"农田，实施暗管＋化学改良＋生物改良相结合的措施；"盐碱较轻、地下水位较高"农田，实施竖井强排等措施降低地下水位，防止土壤次生盐碱化；"盐碱较轻、地下水位较深"农田，实施深耕深松，结合冬春灌等农艺措施促使耕层土壤盐分下移。根据水土资源状况、碱化土壤分布、土壤碱化程度、地形地质条件、土壤质地、地下水埋深等条件，对中、重度盐碱地及土壤能力薄弱的灌区，进行分级分区改良利用，优先改善集中连片、效益低下的中重度盐碱地，分轻重缓急依次实施。

20.3　构建多维度—多业态—多模式—规模化生态农业发展体系

在农业资源环境约束增强和社会对农产品安全要求提高的形势下，需构建旱区多维度—多业态—多模式—规模化生态农业高质量发展体系，促进传统农业向生态农业转变，落实"藏粮于地、藏粮于技"的战略方针，科学协调农业发展和生态建设间的关系，合理配置和高效利用农业资源，保障水土资源安全、粮食安全和生态环境安全。

1. 西北典型灌溉农业区发展概况

(1) 新疆。受自然地理环境的制约，新疆耕地资源相对较少，主要集中在北疆的伊犁、塔城、昌吉地区，南疆的阿克苏、喀什和巴音郭楞地区。农户户均耕地面积基本保持在 24 亩左右，人均耕地面积由 2010 年的 3.88 亩上升至 2018 年的 4.79 亩。2021 年新疆粮食、棉花、油料、甜菜、林果的种植面积分别达到 3558 万亩、3757 万亩、170 万亩、71.37 万亩、1850 万亩，产量分别达到 1735.80 万 t、520.10 万 t、54.40 万 t、462.23 万 t、1789.60 万 t。

(2) 河西走廊。自 2000 年以来，节水灌溉无论是在技术上还是在政策上都得到了大力发展，并得到了广泛的应用。甘肃省以 18% 的耕地，生产出全省 17% 的粮食、26% 的水果、81% 的甜菜、95% 的棉花、30% 的油料，是甘肃省综合性商品农产品基地。目前河西地区不同的县区基于各自地区的地理环境特征和条件来种植适宜自身的农作物，并以此形成了各有特色且具一定规模的农业区块[8]。

(3) 河套灌区。河套灌区总土地面积 1784 万亩，现引黄灌溉面积近 1000 万亩。根据国家统计局的数据，2019 年河套灌区的农业总产值达到了 1.20 万亿元，占全国农业总产值的 6.7%，位居全国第三位。河套灌区的农业产业结构以粮食作物为主，占比达到了 67.8%，其中小麦和玉米为主要品种。河套灌区还是全国重要的棉花、油料、蔬菜、水果、畜牧等特色农产品生产基地，这些产品占全国比例分别为 9.4%、5.6%、4.8%、3.7% 和 8.7%[9]。

(4) 陕西关中。陕西关中平原又称"八百里秦川"，自古以来土地肥沃，物产富饶，不仅拥有五千年历史文化积淀，更是全省的政治、经济、文化中心。2021 年关中地区粮食总产量占全省 61.40%；其中夏秋粮产量占比分别为 51% 和 49%。在抓好粮食增产的同时，关中地区突出渭北苹果、秦岭北麓猕猴桃、西咸新区都市农业等板块特色发展，2017 年水果产量 1287.50 万 t，占陕西省的 71.5%，比 2010 年增加 296.30 万 t，增长 29.9%[10]。

2. 生态农业发展面临的问题与挑战

(1) 土地经营模式传统单一，难以适应现代规模化经营和机械化作业。由于西北农业生产的多样性，耕地经营规模较小和专业化程度较低，以及农业区域化生产带来的地域、农作物品种以及管理技术等差异性，加之耕地质量提升的综合性，使耕地质量调控与管理方面存在大量产品、技术、设备、品种等技术资源不足，导致西北旱区耕地质量管理的科技水平不高。随着国家实施中低产田改造、土地整理、高标准基本农田建设等重大治理工程，西北旱区耕地总量大体保持动态平衡，但耕地质量不断下降，成为耕地资源利用中的突出问题。因此，应实现土地资源管理由数量为主向数量、质量、生态管护相协调转变，保证耕地资源的可持续利用。

(2) 缺乏现代生态农业发展模式，农业提质增效难以实现。当前以"石油农业"为主要特征的农业生产模式，注重短期的农业经济效益，未有效统筹协调农业生产与生态环境关系，导致农业生态系统良性循环受到破坏，土地质量不断下降。由于大水大肥的种植管理模式和农药过量使用，导致农产品质量下降，农业面源污染严重，直接影响农业生产的提质增效。需依据生态农业发展理论，优化农业产业结构，构建现代生态农业发展模式，实现农业健康持续发展。

（3）缺乏因地制宜的适水发展保障机制，生态农业高质量发展受限。最严格水资源管理制度的"三条红线"，是西北旱区水资源管控的基本依据。但"三条红线"未根据不同区域自然状况、土壤盐碱化状况和特色农业产业发展需求，出台适水发展模式与保障机制，优化区域水土资源和社会经济发展规模，以及农业产业结构，导致一些地区水量与农业发展规模不匹配，特色产业和高附加值农产品生产的积极性受到影响，为此亟需研究制定不同地区适水发展保障机制，实现生态农业高质量发展。

（4）高素质农业科技人员培养机制缺乏，难以适应生态农业高质量发展需要。在涉农知识结构方面，农业学科交叉融合不足，已有人才的知识结构较为单一，不能适应农业农村现代化发展的需求。科技人员知识结构较为传统，对智慧农业、数字技术相关的知识和能力缺乏，现有农业科技人员难以支撑乡村现代产业发展的需求。在农业培训体系方面，农业劳动力培训未达到与现代灌区生态农业发展相适应的能力。因此，需根据现代灌区建设和生态农业发展要求，开展农民职业教育和培训体制，培养职业农民。

（5）高标准农田建设资金投入不足，缺乏有效资金投入机制。2019 年机构改革后，由农业农村部门牵头实施的高标准农田建设，亩均投资达到 1500 元左右，但若要将高标准农田的全部内容建设齐全，亩均投资需要 4000 元，现在仍有 2500 元的缺口。在现有资金条件下，特别是近两年建材、人工、机械等成本普遍上涨的情况下，高标准农田建设仅够开展土地平整或高效节水工程建设，无法全面完成田间道路、农田防护林、斗农渠防渗、农田输配电、耕地质量提升等其他建设内容。

3. 对策建议

（1）明确多维度生态农业发展方向。生态农业是利用现代科学技术与生态工程原理，形成产供销全链条产业绿色循环且生态功能持续提升的一种农业体系。生态农业的驱动与发展可从"产—生—人"三个维度来阐释，包括产供销的过程维度、"山水林田湖草沙盐"生命共同体的生态维度，及社会—经济—人文—地理的社经维度。因此，应从"产—生—人"的多维视角来理解生态农业，要基于生态、社会、经济等多方面因素，科学规划农业重点与特色发展区域。对于西北旱区，要优化农林牧产业结构，打造粮饲结合、农林牧一体的循环经济发展模式，构建适宜旱区特点的农业高质量发展技术体系，建设具有优质农产品—特色农牧带—优势产业链的旱区生态农业发展模式。

（2）构建多业态—多模式—规模化生态农业结构。以高效益、高效率、高品质和高素质为目标，以农业生物技术为动力，以提升农业生产力为抓手，以高质量农业模式为突破口，以构建生态农业体系为途径，综合发展旱区多业态生态农业结构。重点发展优质棉业、精品果业、优质粮草、生态养殖、特色小镇、地理产品六个方面特色产业；构建节水控盐协同模式、生境智能管控模式、"园机"一体化模式、循环经济发展模式、城乡统筹发展模式、"三产"一体化模式等六大模式构成的多模式农业提质增效技术体系。同时，因地制宜地构建生态农业保障体制机制。

（3）积极开展高标准农田建设与土地质量提升工程。为提高农业水资源生产效能，提升规模化、机械化、集约化生产效能，根据气候、土壤和种植结构、灌溉方式和现代农业机械化作业要求，实施高标准农田建设与土地质量提升示范工程。采取现代物理—化学—生物综合技术，提升土地质量等级 2～3 级，同时加强农田防护与生态环境保护工程，构建适宜当地管理模式的高标准农田建设与土地质量提升工程模式，以适应现代生态农业生产和经营方式。

20.4　构建现代灌区与作物生境智能调控体系

随着西北旱区灌溉面积的不断增大，灌区农业用水已经远远超过了水资源承载能力。灌区新老交织、碎片化、零散化问题突出，渠道建设随意性大，渠系建设杂乱无章，用水效率低，必须对灌区进行"外科手术"式的改造，构建"蓄—输—配—灌—排"协同高效现代生态灌区，增加灌区的节水能力，提高灌区水资源的生产效能，才能破解西北旱区水资源超红线的问题，才有可能抵御未来气候变化导致水资源不足的风险，确保国家粮食安全。

1. 典型区域灌区建设概况

(1) 新疆灌区。根据第三次新疆国土调查成果，新疆实际灌溉面积为 11782.00 万亩（不含人工林面积）。新疆现有灌区 506 处，地方灌区为 420 处，兵团灌区为 86 处。其中，大型灌区 76 处，中型灌区 399 处，小型灌区 31 处。76 处大型灌区中，兵地共建灌区 8 处，灌溉面积 1677.23 万亩，其中地方、兵团分别为 1009.19 万亩、668.04 万亩；南疆兵地共建灌区仅有博斯腾灌区 1 处，灌溉面积为 545.43 万亩（其中，地方 491 万亩、兵团 54.43 万亩）。

(2) 河西走廊灌区。全区有效灌溉面积从 1979 年的 674 万亩增加到 2015 年 896 万亩。近年来，节水灌溉无论是在技术上还是在政策上都得到了大力发展。自 2000 年节水灌溉技术推广以来，节水技术得到了广泛的应用。节水灌溉面积，包含配备喷灌、微灌、低压管灌、渠道防渗等节水灌溉工程的灌溉农田面积迅速扩大。2000 年后节水灌溉面积占有效灌溉面积的比例迅速增加，由 1999 年 55％占比增长到 2015 年的 86％。

(3) 河套灌区。灌区以三盛公枢纽从黄河控制引水，由总干渠输配供水，通过 13 条干渠控制整个灌区的灌溉，形成一个"带状"的一首制灌区。灌水渠系共设 7 级，即总干、干、分干、支、斗、农、毛渠。近年来，通过大型灌区节水改造以及近几年的水权转换工程等不同的投资建设渠道，河套灌区节水灌溉工程取得了显著成效。截至 2022 年底，河套灌区共有引黄渠道长度约 5000km，节制闸门数量约 2000 个，泵站数量约 3000 个，输配水管网长度约 1.5 万 km，节水灌溉面积约 1.8 万 km^2。

(4) 陕西关中灌区。泾惠渠、宝鸡峡、洛惠渠等是关中地区主要的灌区。泾惠渠灌区设施灌溉面积为 147 万亩，有效灌溉面积为 136 万亩，灌区以占全省 2.4％的耕地，生产出占全省 5.8％的粮食，是陕西省重要的农产品生产区之一。宝鸡峡灌区有效灌溉面积 263 万亩，承担着宝鸡、咸阳、杨凌、西安 4 市（区）14 个县（区）农田灌溉任务，是全省重要的粮油果菜基地。洛惠渠灌区灌溉面积 77.55 万亩，实灌面积 45.70 万亩，失灌面积 28.5 万亩，其中因田间工程老化损毁失灌 12.15 万亩，缺水失灌 11.25 万亩，水利工程及城乡建设占地 5.55 万亩。

2. 灌区建设存在的问题与面临的挑战

(1) 水资源过度开发利用，农业用水需求有增无减。西北旱区水资源量约为 1303 亿 m^3（仅占全国 5.7%），每平方千米水资源约为 7.4 万 m^3（仅为全国平均水平的 1/5）。农业用水占该区域水资源消耗量 90% 以上，水分生产率为 1.42kg/m^3，与美国和以色列等灌溉发达国家（2.0kg/m^3 以上）仍存在较大差距。此外，乡村振兴战略、美丽乡村建设、扶贫搬迁等社会工程仍需要大量的水土资源增量作为支撑。因此，西北灌区需要进一步优化水土资源配置，大力提升水土资源生产效率。

(2) 灌区布局不够合理，难以适应现代农业发展要求。西北旱区灌区分布大多新老交织，碎片化、零散化问题突出。加之盲目开荒，渠道建设随意性大，渠系布置杂乱无章，渠道数量多、控制面积小，单位面积渠道占比大。以叶尔羌河流域灌区为例，全流域灌溉面积 651.5 万亩，灌区平原水库 24 座、有效库容 10.4 亿 m^3，年均损失水量 6.6 亿 m^3；灌区东西长 400 余千米，灌区分布呈"一字排开"格局，不仅输水路径长，而且损失了高位水源蕴涵的内在能量。

(3) 农业与生态用水矛盾突出，农业面源污染问题加剧。由于盲目扩大生产规模，灌区农业用水和生态需水超出水资源承载能力，引发诸多生态环境问题，导致粮食减产和农业生产效率降低。如新疆 2017 年用水总量为 552 亿 m^3（超红线 26 亿 m^3），同时地下水开采量超红线 35 亿 m^3，用水矛盾突出。此外，为了提高生产能力，农药和化肥过量使用、不合理的地膜覆盖利用及农村废水缺乏有效处理，造成灌区水土环境污染严重。因此，需要明晰灌区水土资源利用理论与方法，协调农业生产与生态环境保护间关系。

3. 对策建议

(1) 构建现代灌区建设理论与技术体系。以灌区农业生产系统、物能输配系统、生态环境系统为建设对象，以灌区生态服务功能优化配置、灌区农田物能调控和灌区生态系统安全评估为三大核心理论，以灌区系统控污与景观价值提升技术、灌排系统管控技术、作物生境要素综合调控技术为三大关键技术，形成西北现代生态灌区理论与技术保障体系，为我国西北灌溉农业高质量可持续发展提供理论与技术指导。

(2) 构建现代灌区生境智能调控体系。建议构建现代灌区生境智能调控体系，重点发展"灌排治智、生境调控、果土感知"三大核心环节：通过优化灌排网络布局，实施水源引水、输配水、灌溉和排水等关键过程的智能精准管控，减少污染物排放，提高水资源利用效率，实现灌区水盐平衡；整合物理、化学和生物技术手段，对水、肥、气、热、盐、生、药、光、电等生境关键要素实施精准调控，构建高产优质的生境营造模式；加强土壤环境及作物生理表征信号的实时监测能力，精细调控作物生理代谢及基因表达过程，促进果实发育和品质关键成分积累，提升农产品质量和市场竞争力。

(3) 高效农业"水网"建设与灌排协同的灌区改造工程。根据新疆气候、土壤、水资源和农业产业结构，建设以灌区为单位的"地表水—地下水—非常规水"多水源联调、"水质—水量—水能"多元素并用、"生产用水—生活用水—生态用水"多功能协调、灌溉—排水系统配套、明渠与管道输配水合理配置、水盐协同管控的灌区水网建设与现代化灌区节水改造工程，降低输配水工程水量和水能损失，提高灌区实时调配水能力，建设具有"优质的土地资源、先进的节水灌溉、高效的控盐排水、协调的生态环境、集约的物能利用、规模的生产经营、智能的过程监控、专业的科技服务、优秀的文化传承、持续的效能发挥"特征的现代生态灌区,实现作物实时灌溉和水资源高效利用。

20.5 构建黄土高原雨养农业与生态建设协同发展体系

西北雨养农业区耕地约占该地区耕地面积的一半,是农业发展的主体和方向。西北雨养农业有利于水资源可持续利用,减少水土流失和环境污染;有利于提高农田生产力和稳定性,增加农民收入和粮食安全;有利于适应气候变化,增强生态系统的抗逆性和调节能力。

1. 黄土高原雨养农业战略地位

(1) 发展潜力巨大。西北旱区自然特征表明该地区发展旱区雨养农业具有巨大潜力。从地理特征方面来看,黄土高原地区地形复杂,以丘陵、山地为主,耕地分布十分零散,这种特征不利于发展水利灌溉工程,却对发展微、小型的集雨节灌工程极其有利。同时,一部分不适宜耕种的坡耕地可为雨水集流提供充足的空间。从降水条件来看,雨季降水多且以强降雨的形式出现,为人工集蓄雨水提供了有利条件。从光热条件来看,海拔较高,年日照时数可达 3000h 以上,光热资源丰富,可以满足作物生长所需的光热条件。黄土高原区地理生态条件适宜旱区雨养农业的发展,具有较大的发展潜力[11]。

(2) 保障粮食安全贡献突出。西北旱区该地区拥有耕地 3.4 亿亩的面积(占全国 19%),其中雨养农业占耕地面积的一半(约 1.7 亿亩)。该区域生产了全国 11.5%的粮食、58.4%的棉花、9.6%的油料和 5.5%的大豆。雨养农业以充分利用自然降水为前提,用好自然降水将直接或间接地起到节水的作用,可以有效缓解水资源紧缺造成的农业用水压力。根据西北旱区的生态特征和资源禀赋条件,加强旱区农业基础设施建设,充分利用好降水、地表水和地下水等各种水资源,做到水旱并重,才能确保粮食生产能力的稳定和提高[12]。

(3) 黄河流域重要生态屏障。黄土高原是我国重要的碳汇区域之一,通过植被恢复和管理,可以提高生态系统的固碳能力和减排效益。据估算,黄土高原退耕还林还草工程的固碳现状为 3.8 亿 t/年,固碳潜力为 5.4 亿 t/年。同时,植被恢复也有利于改善微气候条件,降低地表温度,增加降水量,缓解干旱和热岛效应。同时,黄土高原是我国重要的生物多样性保护区域之一,维管植物约 4000 种,其中特有种约 500 种;鸟类约 400 种,其中特有种约 20 种;哺乳动物约 200 种,其中特有种约 30 种。这些动植物资源不仅具有很高的科学价值和观赏价值,还为人类提供了许多重要的经济产品和生态服务[13]。

2. 黄土高原雨养农业发展面临的问题与挑战

西北旱区雨养农业在新中国成立后发展的几十年的过程中,虽然农业生产状况有所改善,但仍然面临诸多问题。

(1) 自然灾害频繁,作物产量低而不稳。旱灾是该地区农业面临最频繁的自然灾害,降水量不足固然易导致干旱,但西北旱区旱情发生的最根本原因,是雨水时空分布的不均匀性,以及年际间的差异较大,而落后的旱作农业技术,并不能有效弥补降水变化的不足,从而导致粮食生产受灾概率增大。冷害、冻害、干热风、冰雹等自然灾害也时有发生，会造成作物大量减产，甚至颗粒无收。

（2）种植与产业结构单一，生产潜力有待提升。农牧业发展多注重单一产业开发，种、养业结合不足，种、养、加发展不协调，相关发展模式还没有得到推广应用；果园多采用清耕制，幼龄果园间作油菜、大豆、玉米等模式还未得到大面积推广；农田种植作物单一，农作物间作、轮作与套作理论体系未完善，无法进行推广；特色产业的规模化开发少，生产专业水平不够，难以形成规模效应，旱区农业生产潜力的开发还不到 50%。

（3）人为因素影响，生态平衡受到威胁。开发利用地下水资源时缺乏科学发展观，没有兼顾科学规律，最终引发如水土流失、土地盐渍化等一系列生态环境问题，严重阻碍了可持续稳定发展。如长期膜下滴灌使得灌溉水中的盐分集聚在作物根底，并没有使盐分排除土体；又如地膜覆盖技术的应用，由于残膜回收效率低下，导致大量地膜残留于土壤中，破坏土壤结构、抑制土壤微生物和土壤酶的活性、阻碍水肥的运输，且大量残膜造成白色污染，引发次生环境问题。

3. 对策建议

当前，我国西北旱区雨养农业高质量发展面临以下两个刚性约束：一是在保障国家水安全前提下，农业用水要实现零增长，对于雨养农业，进一步充分挖潜天然降水是实现其高质量发展的重要保障；二是国家碳中和战略目标，即在 2030 年实现碳达峰，2060 年实现碳中和，这要求雨养农业在提高用水效率的同时也要充分挖潜其固碳减排潜力。为此，提出如下建议以推动西北旱区雨养农业的可持续发展。

（1）构建黄土高原雨养农业与生态建设协同发展体系。根据黄土高原雨养农业发展现状与面临的问题，需从黄土高原雨养农业区梁峁水土保持生态系统建设、黄土高原雨养农业区坡面经济林生态系统建设、缓坡中药材和小杂粮生态系统建设、坝沟主粮与畜牧养殖复合生态系统建设、农业生态服务系统构建、农业生态系统物能三级调控体系构建六个方面综合推进农业产业发展与生态环境建设。

（2）降低极端气候频发对雨养农业的影响。近年来，受全球气候变化的影响，西北旱区雨养农业区极端暴雨、极端干旱、寒潮等极端气候频发，对雨养农业的可持续发展造成重大威胁。培养抗寒抗旱抗逆新品种、因地制宜做好极端气候防御措施、加大农业保险覆盖面是降低极端气候对该区农业高质量发展影响的重要举措。

（3）构建一体化系统解决方案，提升农田地力与综合生态系统服务功能。针对西北旱区雨养农业水资源不足、土壤肥力差、现代化水平低等问题，建立以政府为引导、以科技为主导、农户为主体、龙头企业为引领的四方协作平台，通过绿肥还田、集雨补灌、水肥一体化、病灾防治、智能控制等技术体系研发，提高水肥药协同水平，提升产量与品质，改善生态环境，促进生产与生态的协同，最终实现西北旱区雨养农业的高质量发展。

20.6　构建黄河"几字弯""一轴—三带—十片"水网体系

规划建设几字弯水网，系统破解水资源短缺制约，实现水资源供给与城市发展、乡村振兴、能源开发、生态保护与修复等目标任务协调匹配，可以充分激发经济活力，释放能源和矿产潜力，提升生态保护修复能力，促进农牧业和农村现代化发展，不仅有望成为黄河重大国家战略的新引擎，带动国家腹地经济持续发展，对于保障国家能源安全、生态安全和粮食安全也将发挥巨大作用[14]。

1. 黄河"几字弯"区的战略地位

(1) 西部经济社会发展的桥头堡。黄河"几字弯"区拥有 2 个省会城市（西安、银川）、1 个省域副中心城市（延安），以及鄂尔多斯（内蒙古 GDP 排名第 1）、榆林（陕西 GDP 排名第 2）、庆阳（甘肃 GDP 排名第 2）、天水（甘肃 GDP 排名第 3）等省内经济强市，以占陕西、甘肃、宁夏、内蒙古 4 省区 20% 的土地面积承载了 55% 的人口，创造了 59% 的 GDP，是西北旱区经济发展的桥头堡。2020 年，黄河"几字弯"区共有西安、榆林等 8 个市 GDP 超过 1000 亿元，过去十年，黄河"几字弯"区 GDP 年均增速达到 8.6%，是西部地区经济增长的重要引擎[15]。

(2) 世界级能源矿产资源富集区。黄河"几字弯"区拥有全国 66% 的煤炭资源、12% 的原油储量、90% 的煤层气储量。全国 14 个亿吨级大型煤炭基地中的 4 个（宁东、神东、陕北、黄陇）分布在该地区。同时，也是油气资源的富集区，且未动用储量规模大、可采储量采出程度低，如长庆油田于 2020 年成为我国首个年产 6000 万吨级别的特大型油气田。此外，钠盐保有量占全国 70%，铀、铝、钼、稀土、铌矿储量占中国一半以上[16]。

(3) 我国北方重要的生态屏障带。黄河"几字弯"区作为黄河流域和"两屏三带"中黄土高原生态屏障所在区域，对于维护关中平原和华北平原，乃至全国生态安全具有重要意义。由于该区域大部分位于干旱、半干旱地带，沟壑纵横，地形破碎，生态敏感区和脆弱区面积大、类型多、程度深，是全国水土流失最严重的地区，生态系统不稳定。目前黄土高原约 3.2 亿亩水土流失面积亟待治理，尤其是 1.18 亿亩的多沙粗沙区和粗泥沙集中来源区对下游构成严重威胁。可以说，黄土高原生态健康直接维系着黄河的健康[17]。

(4) 黄河重大国家战略主要承载区。黄河"几字弯"区是黄河流域重要组成部分，区域面积、人口规模和 GDP 分别占流域总量的 46%、44% 和 54%。此外，黄河"几字弯"是陕甘宁等革命老区集中分布区，由于历史、自然条件等原因影响，在全国范围内经济社会发展相对滞后，居民生活生产水平相对较低，也是打赢脱贫攻坚战的重要区域。黄河"几字弯"区多为干旱、半干旱地区，自然生态环境脆弱，由于气候变化和人为因素的交互作用，荒漠化和水土流失较为严重，是生态保护的重要区域。黄河"几字弯"区是黄河重大国家战略实施的核心区和主战场，其生态保护和高质量发展水平直接决定了黄河重大国家战略的建设水平[18]。

2. 黄河"几字弯"区生态经济发展面临的问题

黄河"几字弯"区水资源十分短缺，2020 年人均水资源量不足 340m³，仅为全国平均值的 17%，长期受到水资源供给"天花板"的严重制约，经济社会发展和生态保护修复受到严重影响。

(1) 地处干旱半干旱，自产水资源量少。黄河"几字弯"区处于中纬度地带，大部分处于干旱、半干旱区，多年平均降水量 432.0mm，降水空间分布不均，呈西北少、东南多的趋势。该地区多年平均地表水资源量 130.5 亿 m³，地下水资源量 122.4 亿 m³，水资源总量 174.9 亿 m³。其中，乌海、石嘴山、吴忠等市水资源总量不足 5 亿 m³。该地区人均水资源量 337.8m³，为全国平均值的 17% 左右，其中银川、乌海、吴忠等市不到全国平均值的 10%；水资源折合地表径流深仅 44.7mm，仅为全国平均水平的 1/5，其中白银、吴忠、中卫不到全国平均水平的 1/20。

（2）黄河流域水资源开发利用已至极限。黄河流域水资源开发利用率已经接近 80%，是全国十大一级流域片区中开发利用程度最高的流域，远超国际公认的 40% 阈值。为了满足用水需求，黄河流域大量开采地下水，20 世纪 80 年代黄河流域年均地下水开采量约为 90 亿 m³，2000 年增加到 145 亿 m³，近年来维持在 120 亿 m³ 左右，仍较 20 世纪 80 年代增加了近 30 亿 m³，部分地区地下水超采严重。水资源过度开发利用还导致干流生态水量严重衰减，黄河干流利津站 1919—1959 年多年平均实测径流量为 463.6 亿 m³，2000—2016 年仅有 156.6 亿 m³，减少了 66.2%。在此情况下，黄河自身水资源难以支撑几字弯区跨越式发展。

（3）水资源紧缺问题已经高度凸显。2010—2020 年，黄河"几字弯"区年均用水量 169.8 亿 m³，其中农业 122.73 亿 m³、工业 20.9 亿 m³、生活 18.5 亿 m³、生态 7.6 亿 m³；年均供水量 169.8 亿 m³，其中地表水 116.1 亿 m³、地下水 47.4 亿 m³，其他水源 6.4 亿 m³。在大规模节水型社会建设和水资源供给"天花板"的共同作用下，过去 10 年"几字弯"区用水总量呈下降趋势，其中农业用水量与工业用水量都呈下降趋势，受人口数量增加，生活用水量持续上升，此外生态环境用水量也呈缓慢上升趋势。

3. 对策建议

（1）构建黄河"几字弯""一轴—三带—十片"水网体系。黄河"几字弯"水网就是基于西线调水入洮河方案，充分利用洮河与"几字弯"区高程差，以隧洞形式穿越六盘山区，沿分水岭全程自流引入到几字弯中部白于山高地，形成几字弯"水脊"，并以此为轴线，自流辐射南部关中城市群提升带、东部沿黄能源经济带和北部高原特色农牧业带，形成"一轴—三带—十片"的水网总体格局（图 20-1）。近期可主要考虑生活、工业和部分生态用水需求，调水规模为 25 亿 m³，远期可进一步拓展。

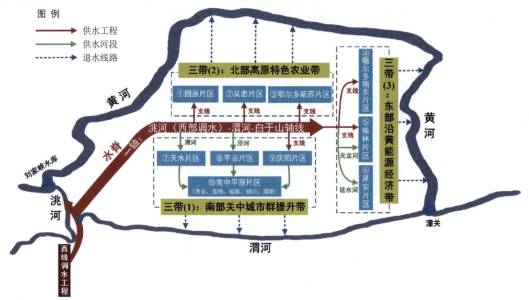

图 20-1　南水北调西线东延工程及黄河"几字弯"水网总体格局概化图

（2）**深入开展黄河几字弯水网工程规划论证**。现有工作还仅是战略层面的研究构想，建议国家相关部门基于本构想研究基础，深入开展黄河几字弯水网研究论证工作，基于几字弯区情、水情，结合黄河重大国家战略和国家能源安全、生态安全、粮食安全保障重大需求，细化完善黄河几字弯水网总体布局、工程规模和实施方案。

（3）**将黄河几字弯水网纳入南水北调西线规划论证**。按照党中央、国务院统一部署，国家发改委、水利部等有关部门正在开展《南水北调总体规划》修编、《国家水网工程规划》编制和南水北调西线工程规划论证等工作，建议将黄河几字弯水网纳入南水北调西线规划方案比选论证，优化完善南水北调西线工程规划。

参 考 文 献

［1］ 李志赟，邓晓雅，龙爱华，等．三维生态足迹视角下塔里木河流域水土资源与生态承载状况评价［J］．环境工程，2022，40（6）：286－294.

［2］ 魏卿，薛联青，王桂芳，等．玛纳斯河流域用水结构时空演化及水资源空间匹配分析［J］．水资源保护，2021，37（5）：124－130.

［3］ 王磊，符向前，何玉江，等．石羊河流域水资源模拟与合理配置研究［J］．中国农村水利水电，2021（8）：94－97.

［4］ 姚黎明，徐忠雯，卢浩钧，等．基于二层鲁棒优化的流域水资源全局均衡配置：以黑河为例［J］．中国管理科学，2024，32（8）：285－296.

［5］ 唐家凯，丁文广，李玮丽，等．黄河流域水资源承载力评价及障碍因素研究［J］．人民黄河，2021，43（7）：73－77.

［6］ 陈亚宁，李忠勤，徐建华，等．中国西北干旱区水资源与生态环境变化及保护建议［J］．中国科学院院刊，2023，38（3）：385－393.

［7］ 丁宏伟，周亚平，张记忠，等．西北灌区节水与信息化建设现状及思考［C］//中国水利学会．中国水利学会2021学术年会论文集第四分册．2021：334－338.

［8］ 赵文智，任珩，杜军，等．河西走廊绿洲生态建设和农业发展的若干思考与建议［J］．中国科学院院刊，2023，38（3）：424－434.

［9］ 蒋钱正，罗彪，郭萍，等．基于粮食生产安全调控的河套灌区农业水土资源管理［J］．中国农业大学学报，2022，27（12）：42－58.

［10］ 龙小翠，凌莉，刘京，等．陕西关中农业现代化时空分异特征［J］．农业工程学报，2022，38（5）：250－258.

［11］ 傅伯杰，刘彦随，曹智，等．黄土高原生态保护和高质量发展现状，问题与建议［J］．中国科学院院刊，2023，38（8）：1110－1117.

［12］ 刘晓琳，卢晓妍，秦张璇，等．退耕还林还草背景下黄土高原粮食生产系统可持续性的时空演变［J］．农业工程学报，2022，38（10）：249－257.

［13］ 迟妍妍，王夏晖，宝明涛，等．重大工程引领的黄河流域生态环境一体化治理战略研究［J］．中国工程科学，2022，24（1）：104－112.

［14］ 赵勇，王浩，邓铭江，等．黄河几字弯水网：南水北调西线配套东延工程构想［J］．水利学报，2023，54（9）：1015－1024.

［15］ 李玲蔚，白永平，杨雪荻，等．黄河几字弯地区可持续发展的动态演变及区域差异［J］．干旱区地理，2022，45（2）：639－649.

［16］ 申艳军，杨博涵，王双明，等．黄河几字弯区煤炭基地地质灾害与生态环境典型特征［J］．煤田地质与勘探，2022，50（6）：104－117.

[17]　韩琭，陶德鑫，史鲁彦. 黄河流域两大区域的土地生态安全动态评价及比较 [J]. 水土保持学报，
　　　　2023，38（1）：255－266.

[18]　苗长虹，夏成，金凤君，等. 黄河流域生态保护和高质量发展战略实施成效与推进策略 [J]. 自然
　　　　资源学报，2025，40（3）：569－583.